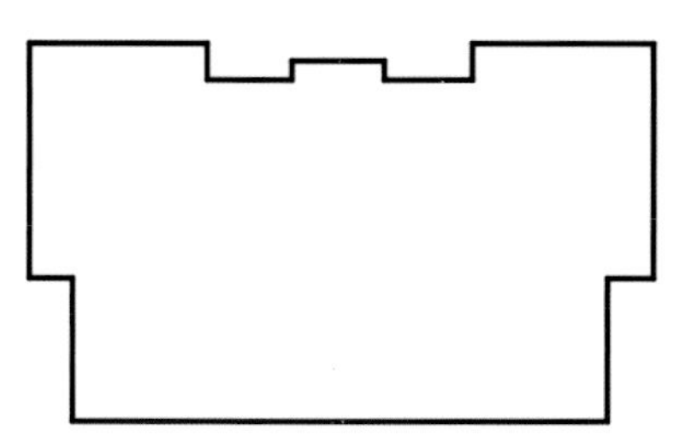

绘制外形轮廓

绘制楼梯图形

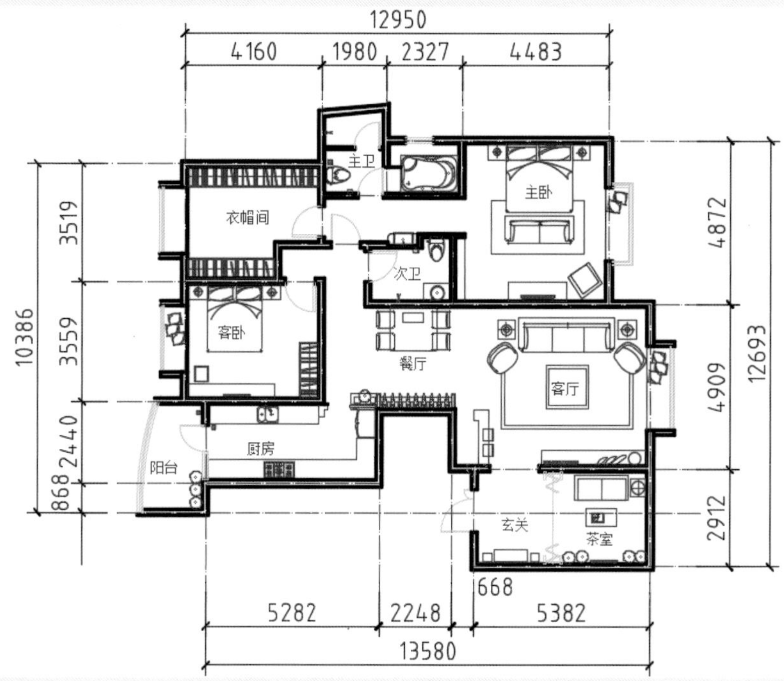



局部打开图形

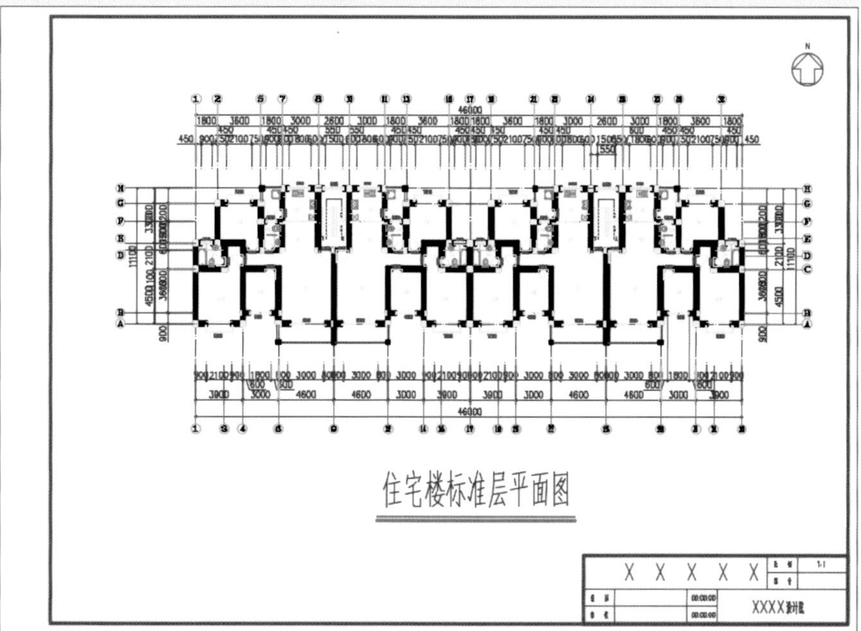



输出 PDF 格式文件

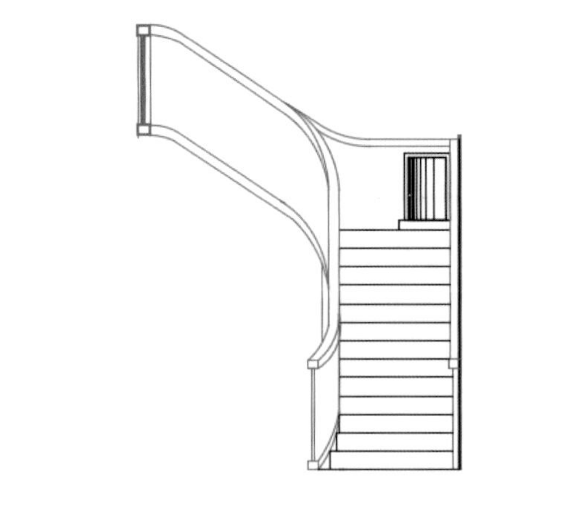

绘制楼梯立面图

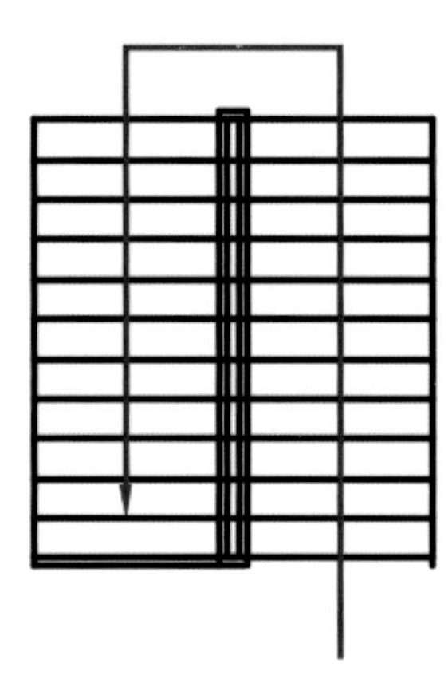

绘制楼梯指引符号

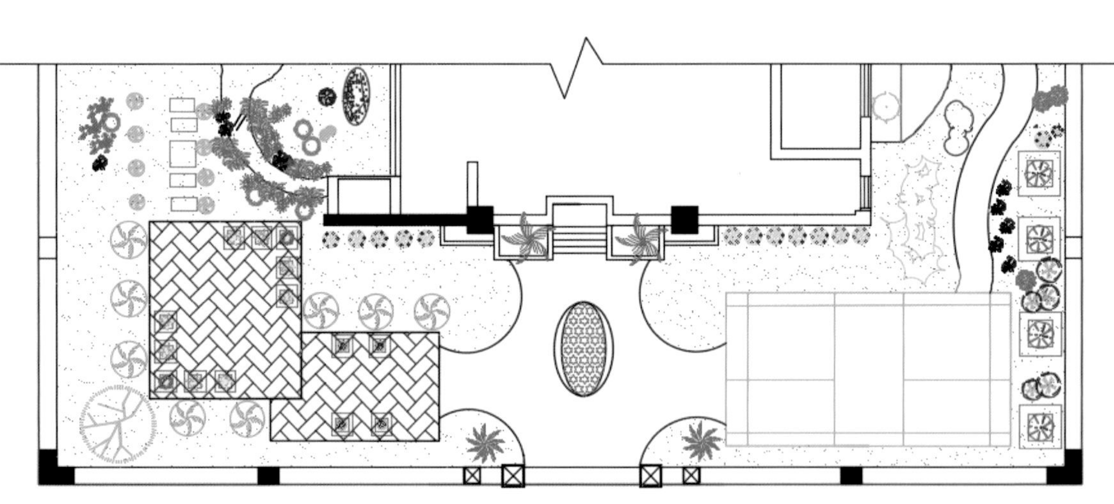

花坛平面图

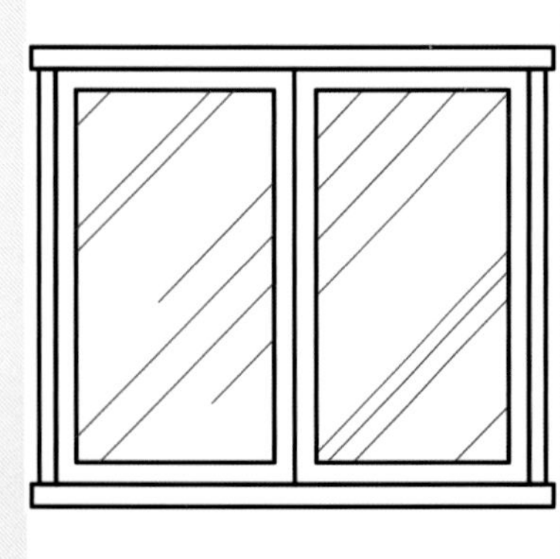

立面窗

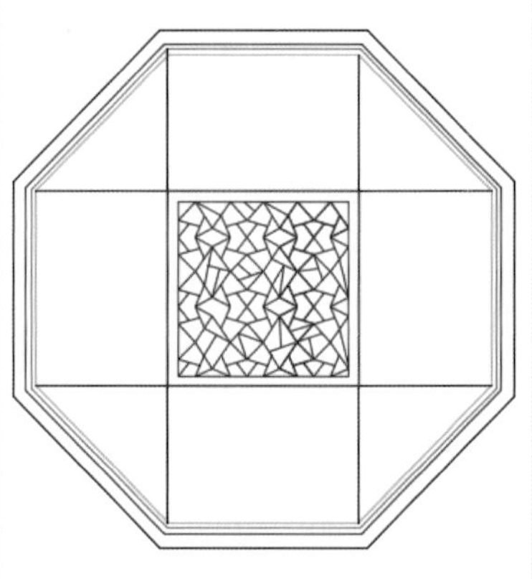

中式花格窗

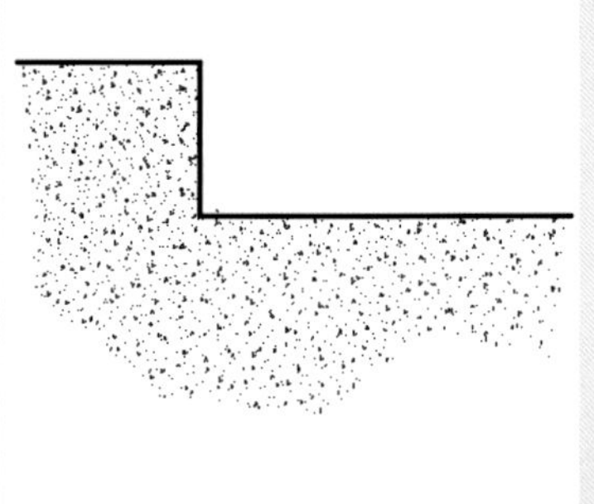

无边界的混凝土填充

阵列布置立面窗图形

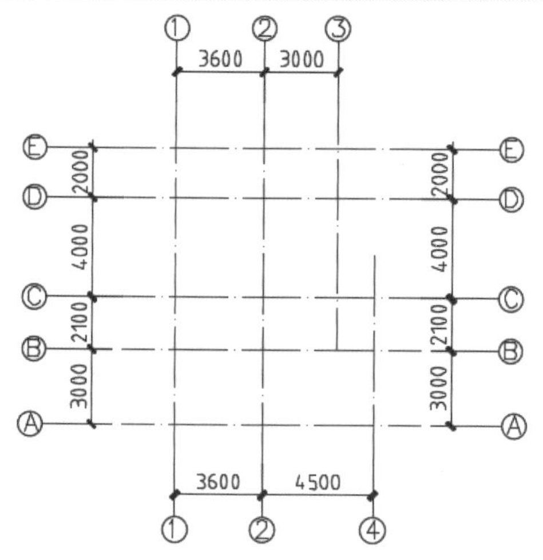


连续标注轴线尺寸

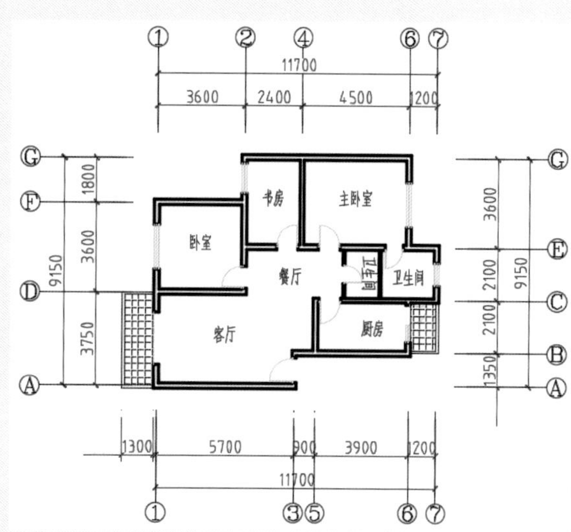


调整间距优化图形

创建标高

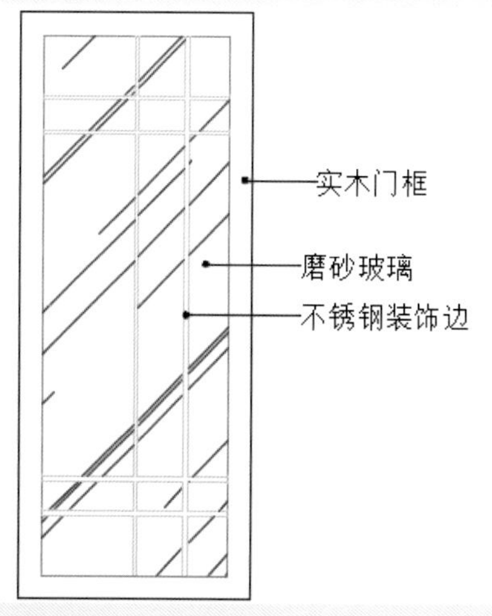


创建多重引线标注

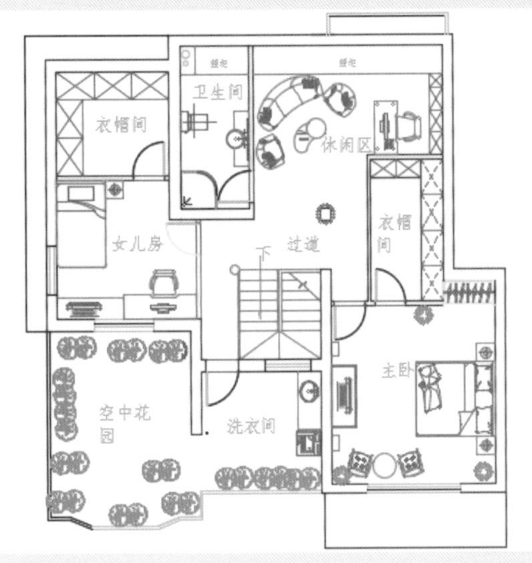


通过图层控制图形

书柜立面图

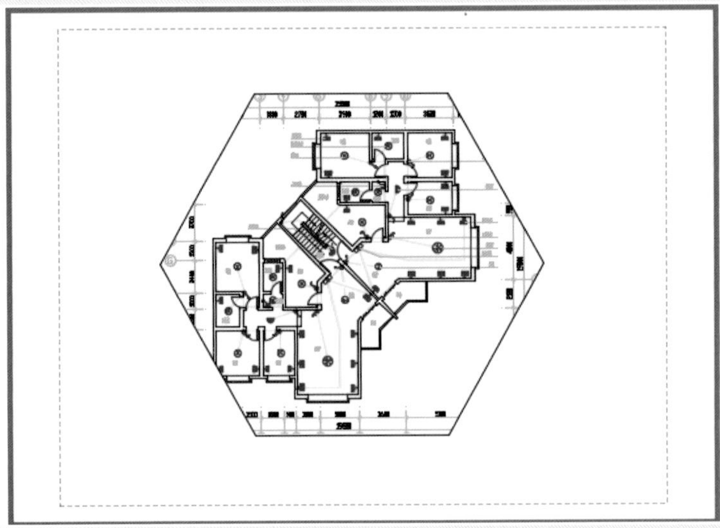

创建多边形视口

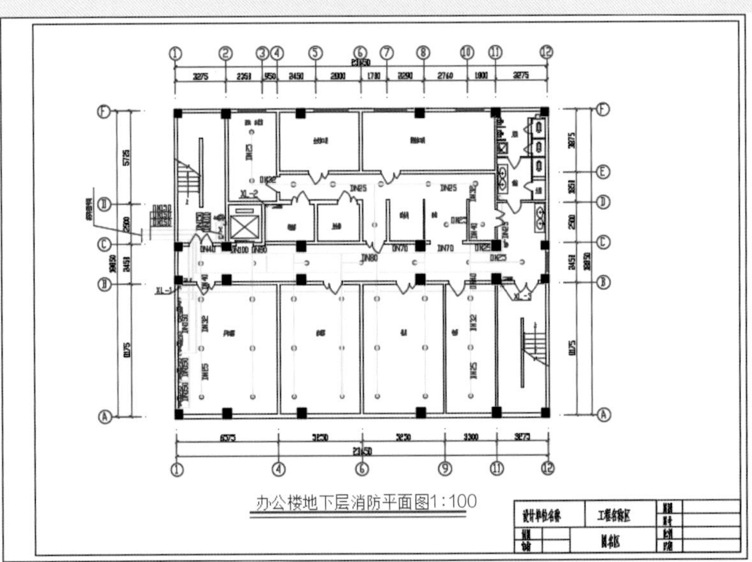


单行文字注释断面图

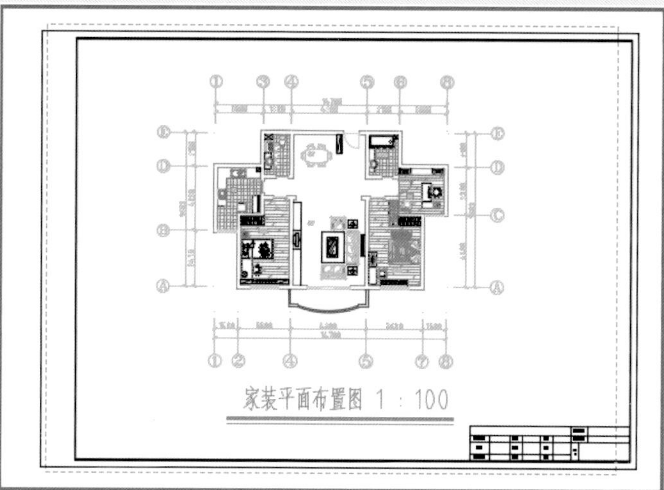


单比例打印图纸

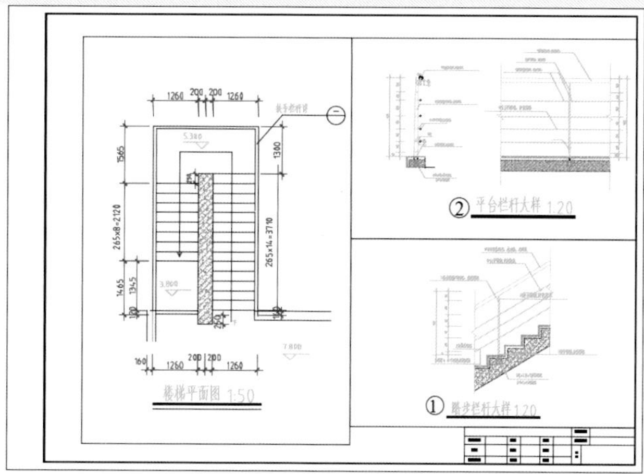


多比例打印图纸

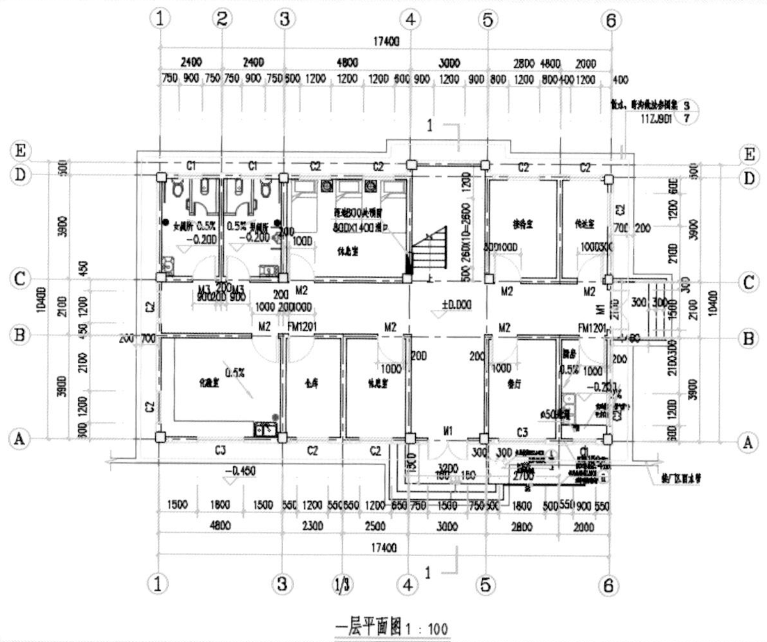


某污水厂综合楼一层平面图

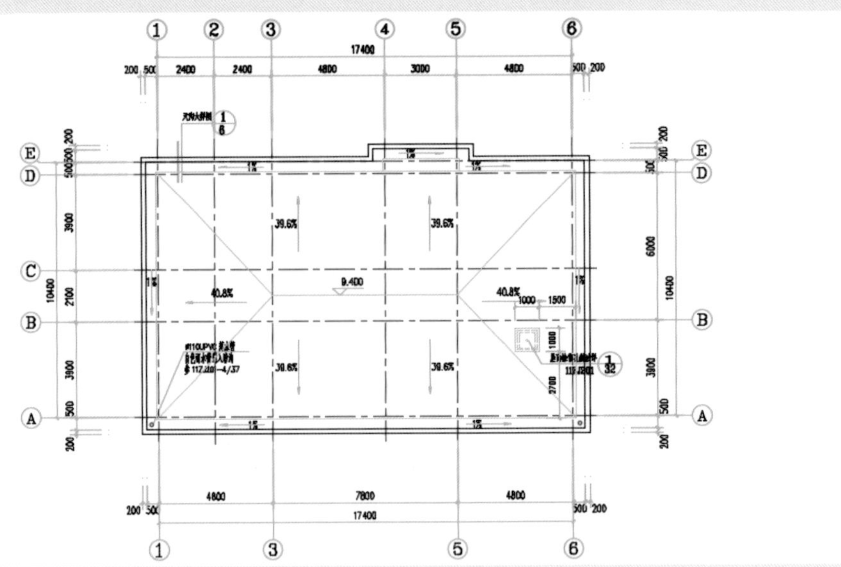

某污水厂综合楼屋顶平面图

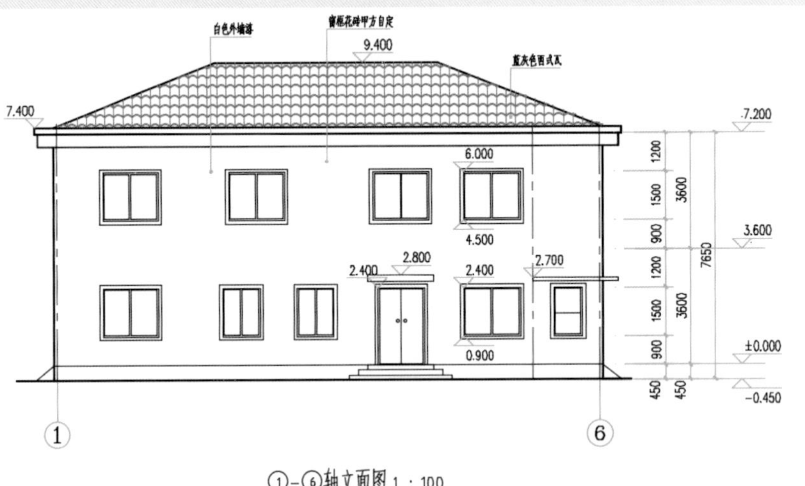


某污水厂综合楼立面图

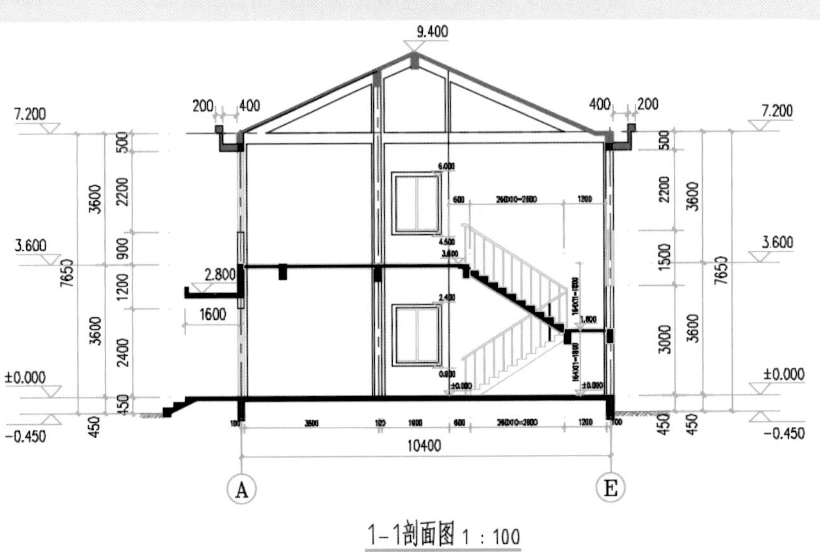


某污水厂综合楼剖面图

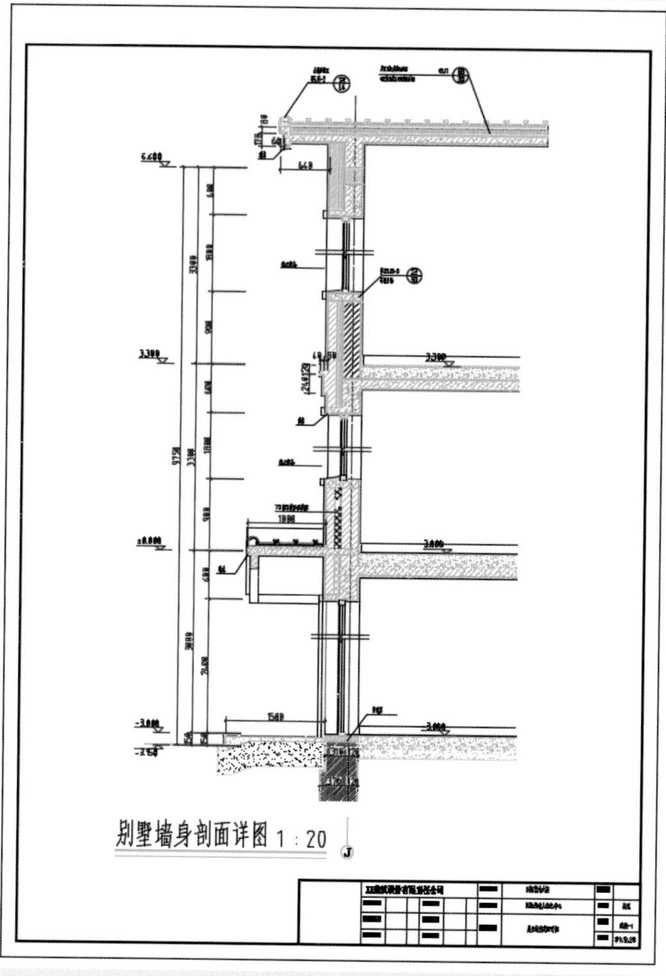


别墅墙身剖面详图

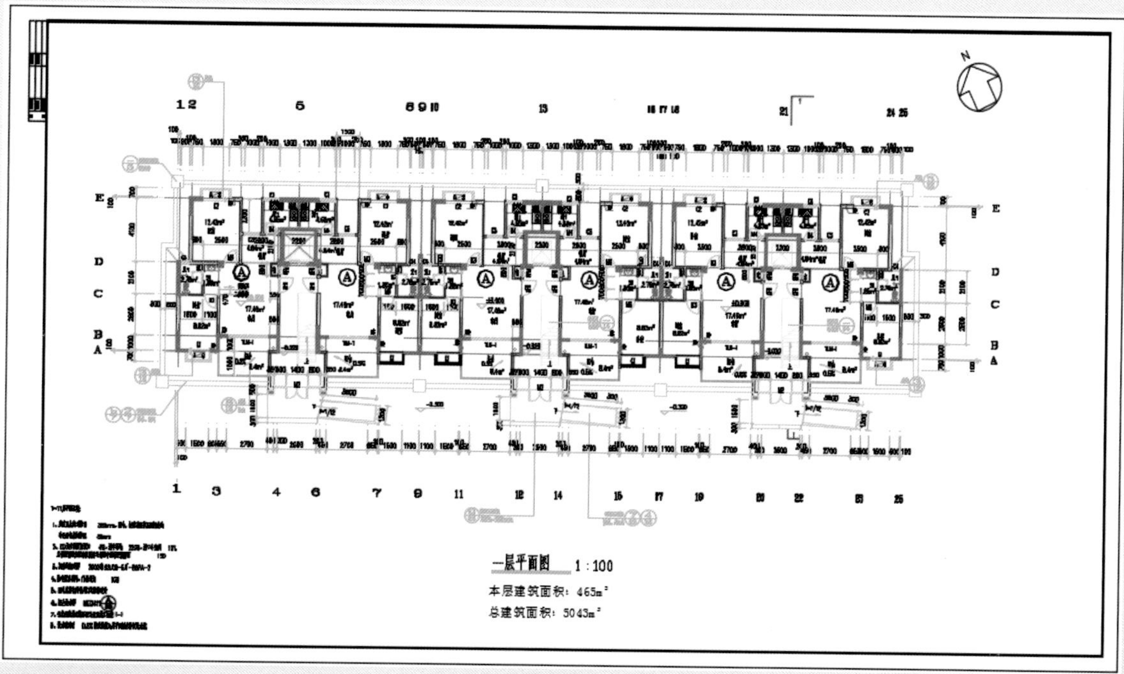


住宅楼一层平面图

# 资源内容说明

## 配套高清视频精讲（共 143 集）

【练习5-1】设置点样式创建刻度.m...
【练习5-2】定数等分.mp4
【练习5-3】通过定数等分布置家具...
【练习5-4】通过定数等分获得加工...
【练习5-5】定距等分.mp4
【练习5-6】使用直线绘制五角星.m...
【练习5-7】绘制与水平方向呈30°...
【练习5-8】根据投影规则绘制相贯...
【练习5-9】绘制水平和倾斜构造线...
【练习5-10】绘制圆完善零件图.m...
【练习5-11】绘制圆弧完善景观图...
【练习5-12】绘制葫芦形体.mp4
【练习5-13】绘制台盆.mp4
【练习5-14】绘制圆环完善电路图...
【练习5-15】指定多段线宽度绘制...
【练习5-16】通过多段线绘制斐波...
【练习5-17】设置墙体样式.mp4
【练习5-18】绘制墙体.mp4
【练习5-19】编辑墙体.mp4
【练习5-20】使用矩形绘制电视机...
【练习5-21】绘制外六角扳手.mp4

## 配套全书例题素材

【练习5-1】设置点样式创建刻度.d...
【练习5-1】设置点样式创建刻度-...
【练习5-2】定数等分.dwg
【练习5-2】定数等分-OK.dwg
【练习5-3】通过定数等分布置家具...
【练习5-3】通过定数等分布置家具...
【练习5-4】通过定数等分获得加工...
【练习5-4】通过定数等分获得加工...
【练习5-5】定距等分.dwg
【练习5-5】定距等分-OK.dwg
【练习5-6】使用直线绘制五角星.d...
【练习5-6】使用直线绘制五角星-O...
【练习5-7】绘制与水平方向呈30°...
【练习5-8】根据投影规则绘制相贯...
【练习5-8】根据投影规则绘制相贯...
【练习5-9】绘制水平和倾斜构造线-...
【练习5-10】绘制圆完善零件图.dwg
【练习5-10】绘制圆完善零件图-O...
【练习5-11】绘制圆弧完善景观图...
【练习5-11】绘制圆弧完善景观图-...
【练习5-12】绘制葫芦形体.dwg
【练习5-12】绘制葫芦形体-OK.dwg
【练习5-13】绘制台盆.dwg
【练习5-13】绘制台盆-OK.dwg
【练习5-14】绘制圆环完善电路图...
【练习5-14】绘制圆环完善电路图-...
【练习5-15】指定多段线宽度绘制...
【练习5-15】指定多段线宽度绘制...
【练习5-16】通过多段线绘制斐波...
【练习5-18】绘制墙体.dwg
【练习5-18】绘制墙体-OK.dwg
【练习5-19】编辑墙体-OK.dwg
【练习5-20】使用矩形绘制电视机...
【练习5-20】使用矩形绘制电视机-...
【练习5-21】绘制外六角扳手.dwg
【练习5-21】绘制外六角扳手-OK...

## 附录与工具软件（共 5 个）

autodeskdwf-v7.msi
COINSTranslate.exe

附录1——AutoCAD常见问题索引.doc

附录2——AutoCAD行业知识索引.doc

附录3——AutoCAD命令索引.doc

## 超值电子书（共 9 本）

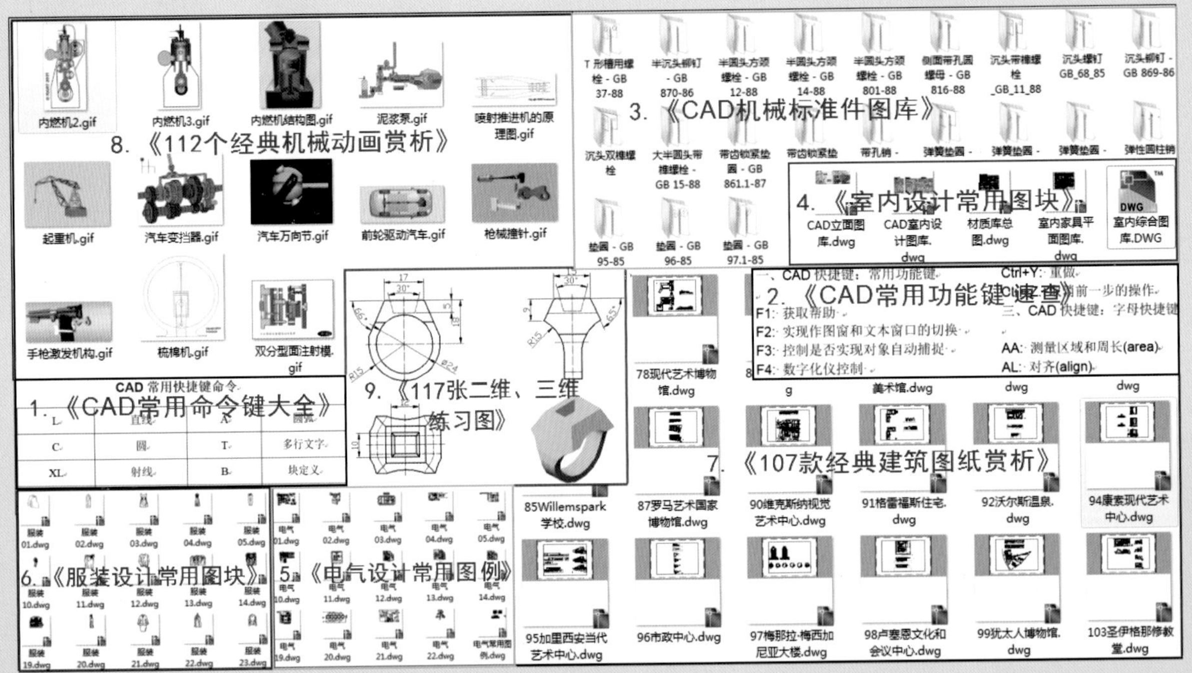

# 中文版 AutoCAD 2016 建筑设计从入门到精通

CAD辅助设计教育研究室　编著

人 民 邮 电 出 版 社
北 京

图书在版编目（CIP）数据

中文版AutoCAD 2016建筑设计从入门到精通 / CAD辅助设计教育研究室编著. -- 北京 : 人民邮电出版社, 2017.9
ISBN 978-7-115-45234-4

Ⅰ. ①中… Ⅱ. ①C… Ⅲ. ①建筑设计－计算机辅助设计－AutoCAD软件 Ⅳ. ①TU201.4

中国版本图书馆CIP数据核字(2017)第094475号

## 内 容 提 要

本书是一本帮助 AutoCAD 2016 与建筑设计相关的初学者实现从入门、提高到精通的学习宝典。全书采用“基础＋手册＋案例”的写作方法，一本书相当于 3 本书。

本书分为 4 篇共 19 章，第 1 篇为基础篇，主要介绍建筑设计行业与 AutoCAD 2016 的基本知识，包括建筑设计的规章制度、AutoCAD 软件入门、文件管理、设置绘图环境、图形坐标系等；第 2 篇为绘图篇，介绍了 AutoCAD 二维图形的绘制和编辑，以及精确绘图工具、文字与表格、尺寸标注等功能；第 3 篇为进阶提高篇，介绍了图层与显示、块与设计中心、图形打印和输出、图形信息查询等高级内容；第 4 篇为行业应用篇，通过 7 章具体的工程实例，包括总平面图、平面图、立面图、剖面图、详图以及两个综合案例，详细介绍 AutoCAD 在建筑设计中的应用。

本书配有多种配套资源，不仅有生动详细的高清讲解视频，还有本书中各例题的素材文件和效果文件，以及诸多超值的电子书，可以增强读者的学习兴趣，提高学习效率。

本书适合 AutoCAD 初、中级用户阅读使用，可作为广大 AutoCAD 初学者和爱好者学习 AutoCAD 的专业指导教材。对建筑专业技术人员来说，本书也是一本不可多得的参考书和速查手册。

◆ 编　　著　CAD 辅助设计教育研究室
　责任编辑　张丹阳
　责任印制　陈　犇
◆ 人民邮电出版社出版发行　　北京市丰台区成寿寺路 11 号
　邮编　100164　　电子邮件　315@ptpress.com.cn
　网址　http://www.ptpress.com.cn
　北京市艺辉印刷有限公司印刷
◆ 开本：787×1092　1/16
　印张：24.5　　彩插：4
　字数：755 千字　　2017 年 9 月第 1 版
　印数：1－2 500 册　　2017 年 9 月北京第 1 次印刷

定价：59.00 元

读者服务热线：(010)81055410　印装质量热线：(010)81055316
反盗版热线：(010)81055315
广告经营许可证：京东工商广登字 20170147 号

# Foreword 前言

在当今的计算机工程界，恐怕没有一款软件比AutoCAD更具有知名度和普适性了。AutoCAD是美国Autodesk公司推出的集二维绘图、三维设计、参数化设计、协同设计及通用数据库管理和互联网通信功能为一体的计算机辅助绘图软件包。自1982年推出以来，AutoCAD从初期的1.0版本，经多次版本更新和性能完善，现已发展到AutoCAD2016版本。它不仅在机械、电子、建筑、室内装潢、家具、园林和市政工程等工程设计领域得到了广泛的应用，而且在地理、气象、航海等特殊图形的绘制方面，甚至在乐谱、灯光和广告等领域也得到了广泛的应用。目前，AutoCAD已成为计算机CAD系统中应用最为广泛的图形软件之一。

同时，AutoCAD也是一个最具有开放性的工程设计开发平台，其开放性的源代码可以供各个行业进行广泛的二次开发，目前国内一些著名的二次开发软件，如适用于机械设计的CAXA、PCCAD系列；适用于建筑设计的天正系列；适用于服装设计的富怡CAD系列……这些无不是在AutoCAD的基础上进行本土化开发的产品。

## ◎ 编写目的

根据AutoCAD强大的功能和有效的工程应用性能，我们力图编写一套全方位介绍AutoCAD在各个工程行业应用实际情况的丛书。具体就每本书而言，我们都将以AutoCAD命令为脉络，以操作实例为阶梯，帮助读者逐步掌握使用AutoCAD进行本行业工程设计的基本技能和技巧。

## ◎ 本书内容安排

本书是一本介绍利用AutoCAD 2016进行建筑设计的应用教程，主要讲解AutoCAD在建筑制图中的具体应用，同时还会结合绘图内容介绍一定的建筑设计知识。

为了让读者更好地学习本书的知识，我们在编写时特地对本书采取了疏导分流的措施，本书的内容划分为4篇共19章，具体编排如下表所示。

| 篇 名 | 内容安排 |
|---|---|
| 基础篇<br>（第1章~第4章） | 本篇内容主讲一些行业基础知识与AutoCAD的基本使用方法，具体章节介绍如下：<br>第1章：介绍建筑设计中的基本知识与通用图形规范；<br>第2章：介绍AutoCAD基本界面的组成与执行命令的方法等基础知识；<br>第3章：介绍AutoCAD文件的打开、保存、关闭以及与其他软件的交互；<br>第4章：介绍AutoCAD工作界面的构成，以及一些辅助绘图工具的用法 |
| 绘图篇<br>（第5章~第8章） | 本篇内容相对于第一篇内容来说有所提高，且更为实用。学习之后能让读者从“会画图”上升到“满足工作需要”的层次，具体章节介绍如下：<br>第5章：介绍AutoCAD中各种绘图工具的使用方法；<br>第6章：介绍AutoCAD中各种图形编辑工具的使用方法；<br>第7章：介绍AutoCAD中各种标注、注释工具的使用方法；<br>第8章：介绍AutoCAD文字与表格工具的使用方法 |
| 进阶提高篇<br>（第9章~第12章） | 本篇内容相对于第二篇内容来说有所提高，难度也较大。学习内容包括图层、图块、信息查询以及打印输出等高级内容，具体章节介绍如下：<br>第9章：介绍图层的概念以及AutoCAD中图层的使用与控制方法；<br>第10章：介绍图块的概念以及AutoCAD中图块的创建和使用方法；<br>第11章：介绍AutoCAD中信息查询类命令的使用方法；<br>第12章：介绍AutoCAD各打印设置与控制打印输出的方法 |

| 篇 名 | 内容安排 |
| --- | --- |
| 行业应用篇<br>（第13章~第19章） | 本篇针对建筑行业中的各类型零件，分别通过若干综合性的实例来讲解具体的绘制方法与设计思路，包括零件图与装配图，具体章节介绍如下：<br>第13章：通过实例介绍建筑总平面图的绘制方法；<br>第14章：通过实例介绍建筑平面图的绘制方法；<br>第15章：通过实例介绍建筑立面图的绘制方法；<br>第16章：通过实例介绍建筑剖面图的绘制方法；<br>第17章：通过实例介绍建筑详图的绘制方法；<br>第18章：通过住宅楼建筑施工图这一综合实例，回顾整个建筑从设计到绘图的过程；<br>第19章：通过办公楼建筑施工图这一综合实例，回顾整个建筑从设计到绘图的过程 |

## ◎ 本书写作特色

为了让读者更好地学习与翻阅，本书在具体的写法上也颇具特色，具体总结如下。

### ■ 6大解说板块 全方位解读命令

书中各命令均配有6大解说板块："执行方式""操作步骤""选项说明""初学解答""熟能生巧"和"精益求精"。在讲解前还会有命令的功能概述。各板块的含义说明如下。

- **执行方式：** AutoCAD中各命令的执行方式不止一种，因此该板块主要介绍命令的各种执行方法。
- **操作步骤：** 介绍命令执行之后该如何进行下一步操作，因此该板块中便给出了命令行中的内容做参考。
- **选项说明：** AutoCAD中许多命令都具有丰富的子选项，因此该板块主要针对这些子选项进行介绍。
- **初学解答：** 有些命令在初学时难以理解，容易犯错，因此该板块便结合过往经验，对容易引起歧义、误解的知识点进行解惑。
- **熟能生巧：** AutoCAD的命令颇具机巧，读者也许已经熟练掌握了各种绘图命令，但有些图形仍是难明个中究竟，因此该板块便对各种匠心独运的技法进行总结，让读者茅塞顿开。
- **精益求精：** 该板块在"熟能生巧"上更进一步，所含内容均为与工作实际相关的经典经验总结。

### ■ 3大索引功能速查 可作案头辞典用

本书不仅能作为业界初学者入门与进阶的学习书籍，也能作为有经验的设计师的案头速查手册。书中提供了"AutoCAD常见问题""AutoCAD行业知识""AutoCAD命令快捷键"3大索引附录，可供读者快速定位至所需的内容。

- **AutoCAD常见问题索引：** 读者可以通过该索引在书中快速准确地查找到各疑难杂症的解决办法。
- **AutoCAD行业知识索引：** 通过该索引，读者可以快速定位至自己所需的行业知识。
- **AutoCAD命令快捷键索引：** 按字母顺序将AutoCAD中的命令快捷键进行排列，方便读者查找。

### ■ 难易安排有节奏 轻松学习乐无忧

本书的编写特别考虑了初学者的感受，因此对于内容有所区分。

- ★进阶★：带有 ★进阶★ 的章节为进阶内容，有一定的难度，适合学有余力的读者深入钻研。
- ★重点★：带有 ★重点★ 的为重点内容，是AutoCAD实际应用中使用极为频繁的命令，需重点掌握。

其余章节则为基本内容，只要熟加掌握即可满足绝大多数的工作需要。

### ■ 全方位上机实训 全面提升绘图技能

读书破得万卷，下笔才能如出神入化。AutoCAD也是一样，只有多加练习才能真正掌握它的绘图技法。我们深知AutoCAD是一款操作性的软件，因此在书中精心准备了108个操作【练习】，以及近200页的行业操作实例。内容均通过层层筛选，既可作为命令介绍的补充，也符合各行各业实际工作的需要。因此从这个角度来说，本书还是一本不可多得的、能全面提升读者绘图技能的练习手册。

**■ 软件与行业相结合 大小知识点一网打尽**

除了基本内容的讲解，在书中还给出了82个“操作技巧”“设计点拨”与“知识链接”等小提示，不放过任何知识点。各项提示含义介绍如下。

- **操作技巧：** 介绍相应命令比较隐晦的操作技巧。
- **设计点拨：** 介绍行业应用中比较实用的设计技巧、思路，以及各种需引起注意的设计误区。
- **知识链接：** 第一次介绍陌生命令时，会给出该命令在本书中的对应章节，供读者翻阅。

## 本书的配套资源

本书物超所值，除了书本之外，还附赠以下资源。扫描“资源下载”二维码即可获得下载方法。

资源下载

**■ 配套教学视频**

针对本书各大小实例，我们专门制作了143集共433分钟的高清教学视频，读者可以先看视频，像看电影一样轻松愉悦地学习本书内容，然后对照课本加以实践和练习，可以大大提高学习效率。

**■ 全书实例的源文件与完成素材**

本书附带了很多实例，包含行业综合实例和普通练习实例的源文件和素材，读者可以安装AutoCAD 2016软件，打开并使用它们。

**■ 超值电子书**

除了与本书配套的附录之外，还提供了以下9本电子书。

1. **《CAD常用命令键大全》：** AutoCAD各种命令的快捷键大全。
2. **《CAD常用功能键速查》：** 键盘上各功能键在AutoCAD中的作用汇总。
3. **《CAD机械标准件图库》：** AutoCAD在机械设计上的各种常用标准件图块。
4. **《室内设计常用图块》：** AutoCAD在室内设计上的常用图块。
5. **《电气设计常用图例》：** 电气设计上的常用图例。
6. **《服装设计常用图块》：** 服装设计上的常用图块。
7. **《107款经典建筑图纸赏析》：** 只有见过好的，才能做出好的，因此特别附赠该赏析，供读者学习。
8. **《112个经典建筑动画赏析》：** 经典的建筑原理动态示意图，供读者寻找设计灵感。
9. **《117张二维、三维混合练习图》：** AutoCAD为操作性的软件，只有勤加练习才能融会贯通。

## 本书创作团队

本书由CAD辅助设计教育研究室组织编写，具体参与编写的有陈志民、江凡、张洁、马梅桂、戴京京、骆天、胡丹、陈运炳、申玉秀、李红萍、李红艺、李红术、陈云香、陈文香、陈军云、彭斌全、林小群、刘清平、钟睦、刘里锋、朱海涛、廖博、喻文明、易盛、陈晶、张绍华、陈文轶、杨少波、杨芳、刘有良、刘珊、赵祖欣、毛琼健、江涛、张范、田燕等。

由于编者水平有限，书中疏漏与不妥之处在所难免。在感谢读者选择本书的同时，也希望读者能够把对本书的意见和建议告诉我们。

联系信箱：lushanbook@qq.com

读者QQ群：368426081

编者

2017年6月

# 目录 Contents

## ■ 基础篇 ■

## 第1章 建筑设计基本理论



## 第2章 AutoCAD 2016入门

视频讲解：1分钟



## 第3章 文件管理

视频讲解：12分钟

## 第4章 坐标系与辅助绘图工具

视频讲解：17分钟



# ■ 绘图篇 ■

## 第5章 图形绘制

视频讲解：46分钟

## 第6章 图形编辑

视频讲解：19分钟



## 第7章 创建图形标注

视频讲解：25分钟

## 第8章 文字和表格

视频讲解：19分钟



# ■ 进阶提高篇 ■

## 第9章 图层与图层特性

视频讲解：8分钟



## 第10章 图块与外部参照

视频讲解：14分钟



## 第11章 图形信息查询

视频讲解：2分钟

## 第12章 图形打印和输出

视频讲解：32分钟



## ■ 行业应用篇 ■

## 第13章 绘制建筑总平面图

视频讲解：35分钟



## 第14章 绘制建筑平面图

视频讲解：50分钟



## 第15章 绘制建筑立面图

视频讲解：20分钟

## 第16章 绘制建筑剖面图

视频讲解：20分钟



## 第17章 绘制建筑详图

视频讲解：71分钟



## 第18章 住宅楼建筑施工图的绘制

视频讲解：29分钟



## 第19章 办公楼建筑施工图的绘制

视频讲解：13分钟



## 附录

# 第 1 章 建筑设计基本理论

■ 基础篇 ■

建筑设计是指在建造建筑物之前，设计者按照设计任务，将施工过程和使用过程中所存在的或可能会发生的问题，事先做好通盘的设想，拟订好解决这些问题的方案与办法，并用图纸和文件的形式将其表达出来。

本章主要介绍建筑设计的一些基本理论，包括建筑制图特点、建筑设计要求和规范、建筑制图的内容等，最后总结了住宅楼设计的原则与技巧，为后面学习相关建筑工程图纸的绘制打下坚实的理论基础。

## 1.1 建筑设计基本理论

民用建筑的构造组成如图 1-1 所示，房屋的组成部分主要有基础、墙、楼地层、楼梯、屋顶、门窗等，其中某些构造部分的含义如下。

◆ 基础：位于地下的承重构件，承受建筑物的全部荷载，但不传给地基。

◆ 墙：作为建筑物的承重与维护构件，承受房屋和楼层传来的荷载，并将这些荷载传给基础。墙体的围护作用主要体现在抵御各种自然因素的影响与破坏，另外还要承受一些水平方向的荷载。

◆ 楼地层：作为建筑中的水平承重构件，承受家具、设备和人的重量，并将这些荷载传给墙或柱。

◆ 楼梯：作为楼房建筑的垂直交通设施，主要供人们平时上下和紧急疏散时使用。

◆ 屋顶：作为建筑物顶部的围护和承重构件，由屋面和屋面板两部分构成。屋面用来抵御自然界雨、雪的侵袭，屋面板则用来承受房屋顶部的荷载。

◆ 门窗：门用来作为内外交通的联系及分隔房间，窗的作用是通风及采光。门窗均不是承重构件。

除此之外，房屋还有一些附属的组成部分，如散水、阳台、台阶等。这些建筑构件可以分为两大类，即承重结构和围护结构，分别起着承重作用和围护作用。

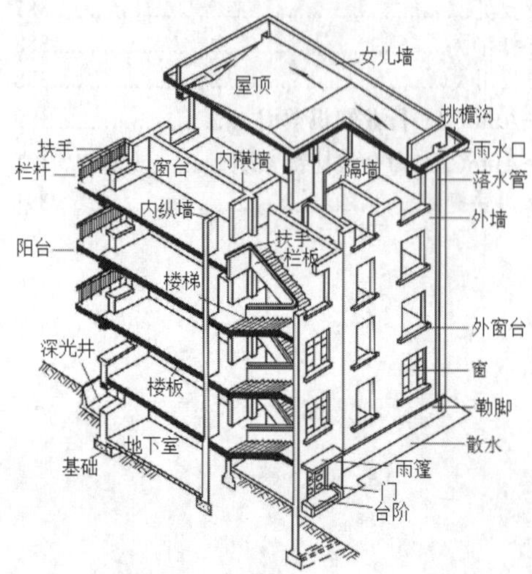


图 1-1 民用建筑的构造组成

### 1.1.1 建筑设计的内容

建筑设计既指一项建筑工程的全部设计工作，包括各个专业，可称为建筑工程设计；也可单指建筑设计专业本身的设计工作。

一栋建筑物或一项建筑工程的建成，需要经过许多环节。如建筑一栋民用建筑物，首先要提出任务、编制设计任务书、任务审批；其次为选址、场地勘测、工程设计，以及施工、验收；最后交付使用。

建筑工程设计是整个工程设计中不可或缺的重要环节，也是一项政策性、技术性、综合性较强的工作。整个建筑工程设计应包括建筑设计、结构设计、设备设计等部分。

◎ 建筑设计

可是一个单项建筑物的建筑设计，也可以使一个建筑群的总体设计。根据审批下达的设计任务书和国家有关政策规定，综合分析其建筑功能、建筑规模、建筑标准、材料供应、施工水平、地段特点、气候条件等因素，提出建筑设计方案，直到完成全部的建筑施工图的设计及绘制。

◎ 结构设计

根据建筑设计方案完成结构方案与选型，确定结构布置，进行结构计算和构建设计，完成全部结构施工图的设计及绘制。

◎ 设备设计

根据建筑设计完成给水排水、采暖、通风、空调、电气照明及通信、动力、能源等专业的方案、选型、布置以及施工图的设计及绘制。

建筑设计应由建筑设计师完成，而其他各专业的设计，则由相应的工程师来承担。

建筑设计是在反复分析比较，与各专业设计协调配合，贯彻国家和地方的有关政策、标准、规范和规定，反复修改，才逐步成熟起来的。

建筑设计不是依靠某些公式，简单地套用、计算出来的，因此建筑设计是一项创作活动。

### 1.1.2 建筑设计的基本原则

◎ 应该满足建筑使用功能要求

因为建筑物使用性质和所处条件、环境的不同，所以其对建筑设计的要求也不同。如北方地区要求建筑在冬季能够保温，而南方地区则要求建筑在夏季能通风、散热，对要求有良好声环境的建筑物则要考虑吸音、隔音等。

总而言之，为了满足使用功能需要，在进行构造设计时，需要综合有关技术知识，进行合理的设计，以便选择、确定最经济合理的设计方案。

◎ 要有利于结构安全

建筑物除了根据荷载大小、结构的要求确定构件的必需尺度外，对一些零部件的设计，如阳台、楼梯的栏杆、顶面、墙面的装饰，门、窗与墙体的结合及抗震加固等，都应该在构造上采取必要的措施，以确保建筑物在使用时的安全。

◎ 应该适应建筑工业化的需要

为提高建设速度，改善劳动条件，保证施工质量，在进行构造设计时，应该大力推广先进技术，选用各种新型建筑材料，采用标准设计和定型构件，为构、配件的生产工厂化、现场施工机械化创造有利条件，以适应建筑工业化的需要。

◎ 应讲求建筑经济的综合效益

在进行构造设计时，应注意建筑物的整体效益问题，既要注意降低建筑造价，减少材料的能源消耗，又要有利于降低施工、维修和管理的费用，考虑其综合的经济效益。

另外，在提倡节约、降低造价的同时，还必须保证工程质量，不可为了追求效益而偷工减料，粗制滥造。

◎ 应注意美观

构造方案的处理还要考虑造型、尺度、质感、纹理、色彩等艺术和美观问题。

## 1.2 建筑施工图的概念和内容

作为表达建筑设计意图的工具，绘制建筑施工图是进行建筑设计所必不可少的环节，本节介绍建筑施工图的基础知识，包括建筑施工图的概念及其所包含的内容。

### 1.2.1 建筑施工图的概念

建筑施工图是将建筑物的平面布置、外形轮廓、尺寸大小、结构构造及材料做法等内容，按照国家制图标准中的规定，使用正投影法详细并准确地绘制出的图样。

建筑施工图是用来组织、指导建筑施工、进行经济核算、工程监理并完成整个房屋建造的一套图样。

### 1.2.2 建筑施工图的内容

按照专业内容或者作用的不同，可以将一套完整的建筑施工图分为建筑施工图、建筑结构施工图、建筑设备施工图。

#### 1 建筑施工图（建施）

主要表示建筑物的总体布局、外部造型、内部布置、细部构造、内外装饰等内容，包括设计说明、总平面图、平面图、立面图、剖面图及详图等。

图 1-2 所示为绘制完成的建筑施工图。

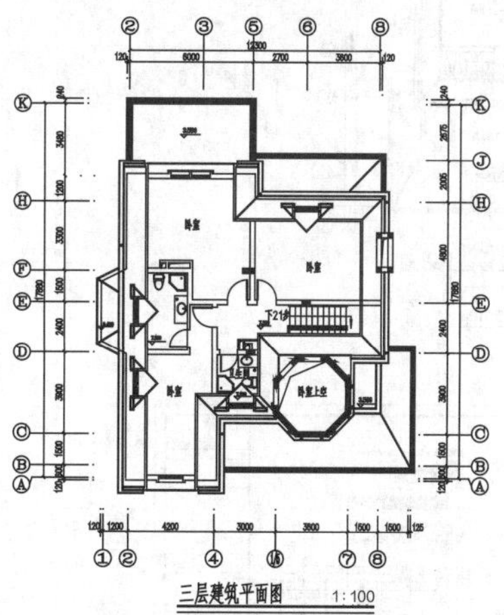


图 1-2 建筑施工图

#### 2 建筑结构施工图（结施）

主要表示建筑物各承重构件的布置、形状尺寸、所用材料及构造做法等内容，包括设计说明、基础平面图、基础详图、结构平面布置图、钢筋混凝土详图、节点构造详图等。

图 1-3 所示为绘制完成的建筑结构施工图。

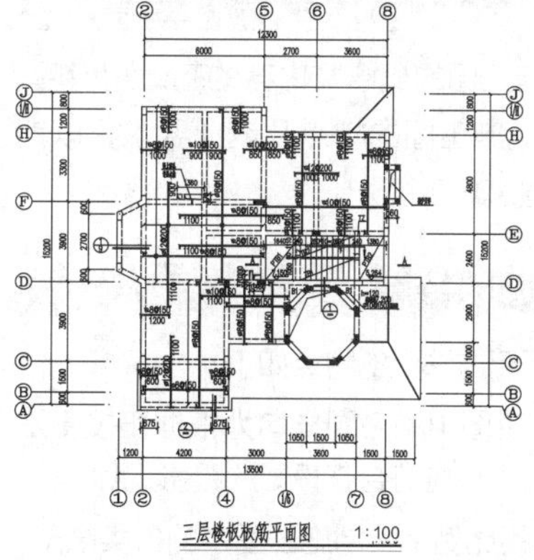


图 1-3 建筑结构施工图

#### 3 建筑设备施工图（设施）

主要表示建筑工程各专业设备、管道及埋线的布置和安装要求等内容，包括给水排水施工图（水施）、采暖通风施工图（暖施）、电气施工图（电施）等。建筑设备施工图由施工总说明、平面图、系统图、详图等组成。

图 1-4 所示为绘制完成的建筑设备施工图。

全套的建筑施工图的编排顺序为：图纸目录、总平面图、建筑施工图、结构施工图、给水排水施工图、采暖通风施工图、电气施工图等。

图 1-5 所示为绘制完成的电气设计施工说明。

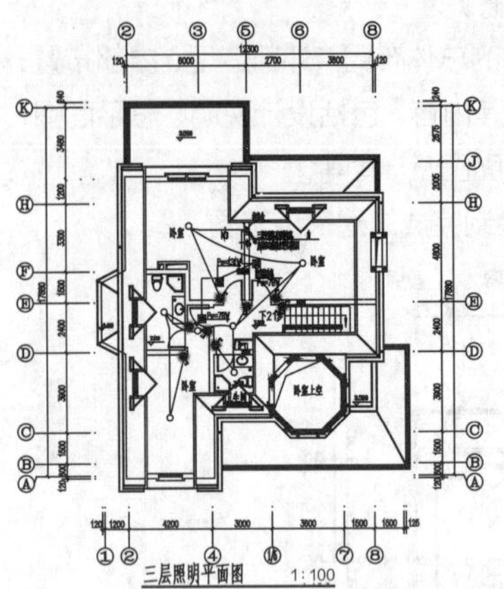


图 1-4 建筑设备施工图

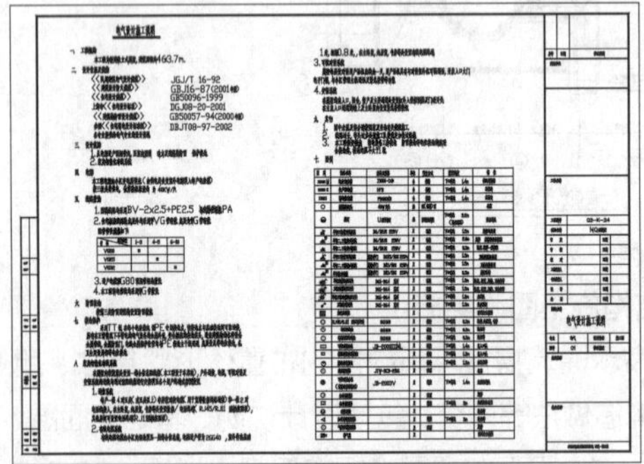

图 1-5 电气设计施工说明

## 1.3 建筑施工图的特点和设计要求

在了解了建筑施工图的概念及内容的基础知识后，本节进一步介绍建筑施工图的特点及设计要求，以期读者更进一步了解建筑施工图。

### 1.3.1 建筑施工图的特点

建筑施工图在图示方法上的特点如下。

① 由于建筑施工图中的各图样均为根据正投影法来绘制，因此所绘的图样应符合正投影的投影规律。

② 应采用不同的比例来绘制施工图中的各类图形。假如房屋主体较大，则应采用较小的比例来绘制。但房屋内部的各建筑构造较为复杂，则用较大的比例来绘制，因为在小比例的平面图、立面图、剖面图中不能表达清楚其细部构造。

③ 因为房屋建筑工程的构配件及材料种类繁多，为简便作图起见，国家制图标准规定了一系列的图例符号及代号来代表建筑构配件、建筑材料、卫生设备等。

④ 除了标高及总平面图外，施工图中的尺寸都必须以毫米为单位，但是在尺寸数字的后面不需要标注尺寸单位。

### 1.3.2 施工图设计要点

各类建筑施工图的设计要点如下。

**1 总平面图的设计要点**

① 总平面图要有一定的范围，仅有用地范围不够，要有场地四邻原有规划的道路、建筑物、构筑物。

② 保留原有地形和地物，指场地测量坐标网及测量标高，包括场地四邻的测量坐标或定位尺寸。

③ 总图必要的详图设计，指道路横断面、路面结构，反映管线上下、左右尺寸关系的剖面图，以及挡土墙、护坡排水沟、广场、活动场地、停车场、花坛绿地等详图。

**2 建筑设计说明绘制要点**

① 装饰做法仅是文字说明表达不完整。

各种材料做法一览表加上各部位装修材料一览表才能完整地表达清楚房屋建筑工程的做法。

②门窗表。

对组合窗及非标窗，应绘制立面图，并把拼接件选择、固定件、窗扇的大小、开启方式等内容标注清楚。假如组合窗面积过大，请注明要经有资质的门窗生产厂家设计方可。另外还要对门窗性能，如防火、隔声、抗风压、保温、空气渗透、雨水渗透等技术要求应加以说明。

例如，建筑物 1~6 层和 7 层及 7 层以上对门窗气密性要求不一样，1~6 层为 3 级，7 层及以上为 4 级。

③ 防火设计说明。

按照《建筑工程设计文件编制深度规定》中的要求，需要在每层建筑平面中注明防火分区面积和分区分隔位置示意图，并宜单独成图，但可不标注防火分区的面积。

**3 建筑平面图设计要点**

① 应标注最大允许设计活荷，假如有地下室则应在底层平面图中标注清楚。

② 标注主要建筑设备和固定家具的位置及相关做法索引，如卫生间的器具、雨水管、水池、橱柜、洗衣机的位置等。

③ 应标注楼地面预留孔洞和通气管道、管线竖井、烟道、垃圾道等的位置、尺寸和做法索引，包括墙体预留空调机孔的位置、尺寸及标高。

**4 建筑立面图设计要点**

① 容易出现立面图与平面图不一致的情况，如立面图两端无轴线编号，立面图除了标注图名外还需要标注比例。

② 应把平面图上、剖图上未能表达清楚的标高和高度标注清楚，不应该仅标注表示层高的标高，还应把女儿墙顶、檐口、烟囱、雨篷、阳台、栏杆、空调隔板、台阶、坡道、花坛等关键位置的标高标注清楚。

③ 对立面图上的装饰材料、颜色应标注清楚，特别是底层的台阶、雨篷、橱柜、窗细部等较为复杂的地方也应标注清楚。

**5 建筑剖面图设计要点**

① 剖切位置应选择在层高不同、层数不同、内外空间比较复杂，具有代表性的部位。

② 平面图墙、柱、轴线编号及相应的尺寸应标注清楚。

③ 要完整的标注剖切到或可见的主要结构和建筑结构的部位，如室外地面、底层地坑、地沟、夹层、吊灯等。

### 1.3.3 施工图绘制步骤

绘制建筑施工图的步骤如下。

① 确定绘制图样的数量。

根据房屋的外形、层数、平面布置各构造内容的复杂程度，以及施工的具体要求来确定图样的数量，使表达内容既不重复也不遗漏。图样的数量在满足施工要求的条件下以少为好。

② 选择适当的绘图比例。

一般情况下，总平面图的绘图比例多为1 : 500、1 : 1000、1 : 2000等；建筑物或构筑物的平面图、立面图、剖面图的绘图比例多为1 : 50、1 : 100、1 : 150等；建筑物或构筑物的局部放大图的绘图比例多为1 : 10、1 : 20、1 : 25等；配件及构造详图的绘图比例多为1 : 1、1 : 2、1 : 5等。

③ 进行合理的图面布置

图面布置（包括图样、图名、尺寸、文字说明及表格等）要主次分明、排列均匀紧凑，表达清楚，并尽可能保持各图之间的投影关系。相同类型的、内容关系密切的图样，集中在一张或图号连续的几张图纸上，以便对照查阅。

## 1.4 建筑制图的要求及规范

目前建筑制图所依据的国家标准为2010年8月18日发布，2011年3月1日起实施的《房屋建筑制图统一标准》（GB/T 50001-2010）。该标准中列举了一系列在建筑制图中所应遵循的规范条例，涉及图纸幅面及图纸编排顺序、图线、字体等方面的内容。

由于《房屋建筑制图统一标准》中内容较多，本节仅摘取其中一些常用的规范条例进行介绍，而其他的内容读者可参考《房屋建筑制图统一标准》（GB/T 50001-2010）。

### 1.4.1 图纸幅面规格

图纸幅面指图纸宽度与长度组成的图面。图纸幅面及图框尺寸，应符合表1-1中的规定。

表1-1 幅面和图框尺寸（mm）

| 幅面代号 / 尺寸代号 | A0 | A1 | A2 |
|---|---|---|---|
|  | 841×1189 | 594×841 | 420×594 |
| c | 10 | | |
| a | 25 | | |

| 幅面代号 / 尺寸代号 | A3 | A4 |
|---|---|---|
|  | 297×420 | 210×297 |
| c | 5 | |
| a | 25 | |

**提示**

b——幅面短边尺寸；l——幅面长边尺寸；c——图框线与幅面线间宽度；a——图框线与装订边间宽度。

图纸及图框应符合图1-6、图1-7所示中的格式。

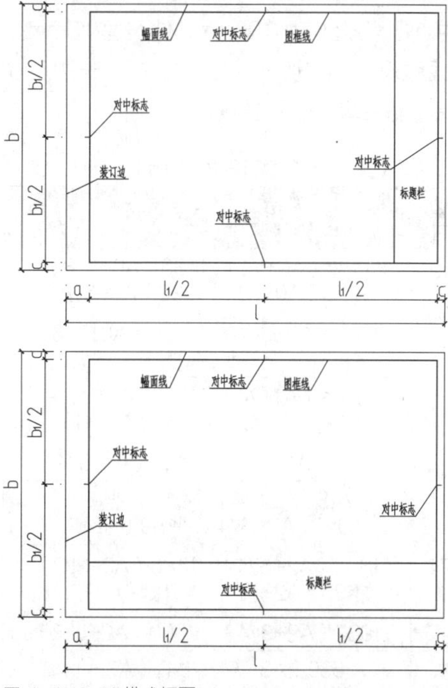


图 1-6 A0~A3横式幅面

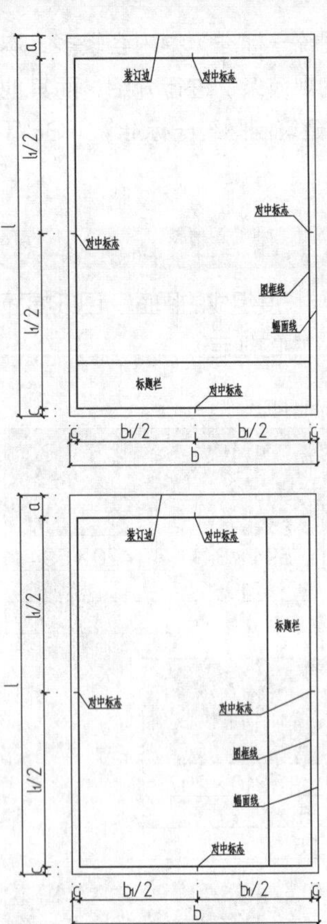

图 1-7 A0~A4 横式幅面

需要微缩复制的图纸，在其中一个边上应附有一段准确的米制尺度，4 个边上均应附有对中标志。米制尺度的总长应为 100mm，分格应为 10mm。对中标志应画在图纸各边长的中点处，线宽应为 0.35mm，伸入框内 5mm。

图纸的短边尺寸不应加长，A0~A3 幅面长边尺寸可加长，但是应符合表 1-2 中的规定。

表 1-2 图纸长边加长尺寸（mm）

| 幅面代号 | 长边尺寸 | 长边加长后的尺寸 |
|---|---|---|
| A0 | 1189 | 1486（A0+l/4） 1635（A0+3l/8）<br>1783（A0+l/2） 1932（A0+5l/8）<br>2080（A0+3l/4） 2230（A0+7l/8）<br>2378（A0+l） |
| A1 | 841 | 1051（A1+l/4） 1261（A1+l/2）<br>1471（A1+3l/4） 1682（A1+l）<br>1892（A1+5l/4） 2102（A1+3l/4） |
| A2 | 594 | 743（A2+l/4） 891（A2+l/2）<br>1041（A2+3l/4） 1189（A2+l）<br>1338（A2+5l/4） 1486（A2+3l/2）<br>1635（A2+7l/4） 1783（A2+2l）<br>1932（A2+9l/4） 2080（A2+5l/2） |
| A3 | 420 | 630（A3+l/2） 841（A3+l）<br>1051（A3+3l/2） 1261（A3+2l）<br>1471（A3+5l/2） 1682（A3+3l）<br>1892（A3+7l/2） |

**提示**

有特殊需要的图纸，可采用b×l为841mm×891mm与1189mm×1261mm的幅面。

图纸长边加长的示意图如图 1-8 所示。

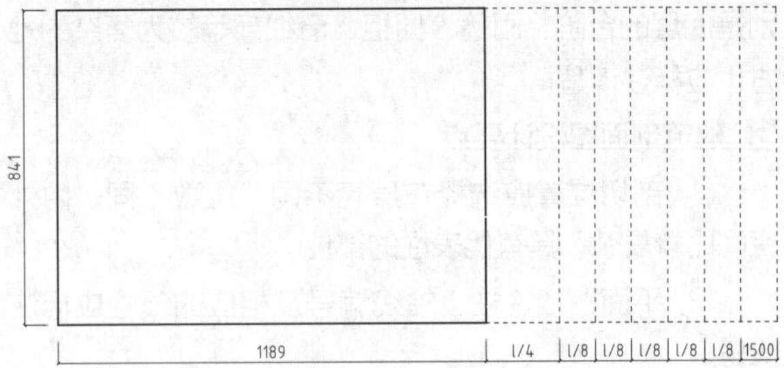

图 1-8 图纸长边加长的示意图（以 A0 图纸为例）

图纸以短边作为垂直边称为横式，以短边作为水平边称为立式。A0~A3 图纸宜横式使用，在必要时，也可作立式使用。在一个工程设计中，每个专业所使用的图纸，不应多余两种图幅，其中不包含目录及表格所采用的 A4 幅面。此外，图纸可采用横式，也可采用立式，分别如图 1-6、图 1-7 所示。

图纸内容的布置规则为：为能够清晰、快速的阅读图纸，图样在图面上排列要整齐。

## 1.4.2 标题栏与会签栏

图纸中应有标题栏、图框线、幅面线、装订边线及对中标志。其中图纸的标题栏及装订边位置，应符合下列规定。

（1）横式使用的图纸，应按图 1-9 所示的形式进行布置。

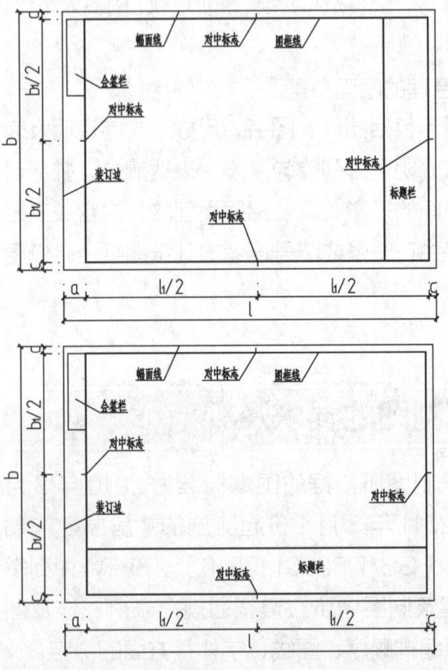

图 1-9 A0~A3 横式幅面

（2）立式使用的图纸，应按图 1-10 所示的形式进行布置。

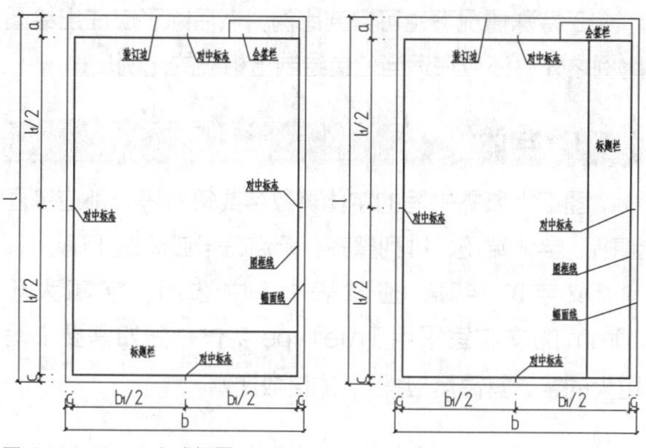


图 1-10 A0~A4 立式幅面

标题栏应按照图 1-11 所示的格式进行设置，柑橘工程的需要选择确定其内容、尺寸、格式及分区。签字栏包括实名列和签名列。

① 标题栏可横排，也可竖排。

② 标题栏的基本内容可按照图 1-11 进行设置。

③ 涉外工程的标题栏内，各项主要内容的中文下方应附有译文，设计单位的上方或左方，应增加“中华人民共和国”字样。

④ 在计算机制图文件中如使用电子签名与认证，必须符合《中华人民共和国电子签名法》中的有关规定。

设计单位名称区
注册师签章区
项目经理区
修改记录区
工程名称区
图号区
签字区
会签栏

设计单位名称区 | 注册师签章区 | 项目经理区 | 修改记录区 | 工程名称区 | 图号区 | 签字区 | 会签栏

图 1-11 标题栏

## 1.4.3 图线

图线是用来表示工程图样的线条，由线型和线宽组成。为表达工程图样的不同内容，且能够分清楚主次，应使用不同的线型和线宽的图线。

线宽指图线的宽度，用 b 来表示，宜从 1.4mm、1.0mm、0.7mm、0.5mm、0.35mm、0.25mm、0.18mm、0.13mm 的线宽系列中选取。

图宽不应小于 0.1mm，每个图样应根据复杂程度与比例大小，先选定基本线宽 *b*，然后再选用表 1-3 中相应的线宽组。

表 1-3 线宽组（mm）

| 线宽比 | 线宽组 | | | |
|---|---|---|---|---|
| *b* | 1.4 | 1.0 | 0.7 | 0.5 |
| 0.7*b* | 1.0 | 0.7 | 0.5 | 0.35 |
| 0.5*b* | 0.7 | 0.5 | 0.35 | 0.25 |
| 0.25*b* | 0.35 | 0.25 | 0.18 | 0.13 |

提示：1.需要微缩的图纸，不宜采用0.18mm及更细的线宽

2.同一张图纸内，各种不同线宽中的细线，可统一采用较细的线宽组的细线

工程建筑制图应选用表 1-4 中的图线。

表 1-4 图线

| 名称 | | 线 型 | 线宽 | 一般用途 |
|---|---|---|---|---|
| 实线 | 粗 | | *b* | 主要可见轮廓线 |
| | 中 | | 0.5*b* | 可见轮廓线 |
| | 细 | | 0.25*b* | 可见轮廓线、图例线 |
| 虚线 | 粗 | | b | 见有关专业制图标准 |
| | 中 | | 0.5*b* | 不可见轮廓线 |
| | 细 | | 0.25*b* | 不可见轮廓线、图例线 |
| 单点长画线 | 粗 | | *b* | 见有关专业制图标准 |
| | 中 | | 0.5*b* | 见有关专业制图标准 |
| | 细 | | 0.25*b* | 中心线、对称线等 |
| 双点长画线 | 粗 | | *b* | 见有关专业制图标准 |
| | 中 | | 0.5*b* | 见有关专业制图标准 |
| | 细 | | 0.25*b* | 假想轮廓线、成型前原始轮廓线 |
| 折断线 | | | 0.25*b* | 断开界线 |
| 波浪线 | | | 0.25*b* | 断开界线 |

在同一张图纸内，相同比例的各图样，应该选用相同的线宽组。

图纸的图框和标题栏线，可选用表 1-5 中的线宽。

表 1-5 线宽

| 幅面代号 | 图框线 | 标题栏外框线 | 标题栏分格线 |
|---|---|---|---|
| A0、A1 | *b* | 0.5*b* | 0.25*b* |
| A2、A3、A4 | *b* | 0.7*b* | 0.35*b* |

相互平行的图例线，其净间隙或线中间隙不宜小于 0.2mm。

虚线、单点长画线或双点长画线的线段长度和间隔，宜各自相等。

单点长画线或双点长画线，当在较小图线中绘制有困难时，可用实线来代替。

单点长画线或双点长画线的两端，不应是点。点画线与点画线交接点或点画线与其他图线交接时，应是线段交接。

虚线与虚线交接或虚线与其他图线交接时，应是线段交接。虚线为实线的延长线时，不得与实线相接。

图线不得与文字、数字或符号重叠、混淆，不可避免时，应首先保证文字的清晰。

## 1.4.4 比例

图样的比例，应为图形与实物相对应的线性尺寸之比。

比例的符号为“ : ”，比例应以阿拉伯数字来表示。

比例宜注写在图名的右侧，字的基准线应取平；比例的字高宜比图名的字高小一号或二号，如图 1-12 所示。

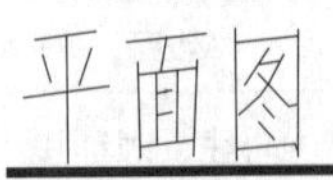


图 1-12 注写比例

绘图所用的比例应根据图样的用途与被绘对象的复杂程度，从中选中，并宜优先采用表 1-6 中常用的比例。

表 1-6 绘制所用比例

| | |
|---|---|
| 常用比例 | 1:1、1:2、1:5、1:10、1:20、1:30、1:50、1:100、1:150、1:200、1:500、1:1000、1:2000 |
| 可用比例 | 1:3、1:4、1:6、1:15、1:25、1:49、1:60、1:80、1:250、1:300、1:400、1:600、1:5000、1:10000、1:20000、1:50000、1:100000、1:200000 |

在一般情况下，一个图样应仅选用一种比例。根据专业制图的需要，同一图样可选用两种比例。

在特殊情况下也可自选比例，然后除了应注出绘图比例之外，还应在适当位置绘制出相应的比例尺。

## 1.4.5 字体

图纸上所需书写的字体、数字或符号等，都应笔画清晰、字体端正、排列整齐，标点符号应清楚正确。

文字的字高，应从表 1-7 中选用。字高大于 10mm 的文字宜采用 TrueType 字体，假如需要书写更大的字，其高度应按$\sqrt{2}$的倍数递增。

表 1-7 文字的字高（mm）

| 字体种类 | 中文矢量字体 | TrueType字体及非中文矢量字体 |
|---|---|---|
| 字高 | 3.5、5、7、10、14、20 | 3、4、6、8、10、14、20 |

图样及说明中的汉字，宜采用长仿宋体（矢量字体）或黑体，同一图纸字体种类不应该超过两种。长仿宋体的宽度与高度的关系应符合表 1-8 的规定，黑体字的宽度与高度应该相同。大标题、图册封面、地形图等的汉字，也可书写成其他字体，但是应该易于辨认。

表 1-8 长仿宋字高宽关系（mm）

| 字高 | 20 | 14 | 10 | 7 | 5 | 3.5 |
|---|---|---|---|---|---|---|
| 字宽 | 14 | 10 | z | 5 | 3.5 | 2.5 |

汉字的简化书写，应符合国务院颁布的《汉字简化方案》及有关规定。

图样及说明中的拉丁字母、阿拉伯数字与罗马数字，宜采用单线简体或 Roman 字体。拉丁字母、阿拉伯数字与罗马数字的书写规则，应符合表 1-9 中的规定。

表 1-9 拉丁字母、阿拉伯数字与罗马数字的书写规则

| 书写格式 | 字体 | 窄字体 |
|---|---|---|
| 大写字母高度 | *h* | *h* |
| 小写字母高度（上下均无延伸） | 7/10*h* | 10/14*h* |
| 小写字母伸出的头部或尾部 | 3/10*h* | 4/14*h* |
| 笔画宽度 | 1/10*h* | 1/14*h* |
| 字母间距 | 2/10*h* | 2/14*h* |
| 上下行基准线的最小间距 | 15/10*h* | 21/14*h* |
| 词间距 | 6/10*h* | 6/14*h* |

拉丁字母、阿拉伯数字与罗马数字，假如需要写成斜字体，其斜度应是从字的底线逆时针向上倾斜 75°，斜字体的高度和宽度应与相应的直体字相等。

拉丁字母、阿拉伯数字与罗马数字的字高，不应该小于 2.5mm。

分数、百分数和比例数的注写，应该采用阿拉伯数字和数字符号。

当注写的数字小于 1 时，应该写出各进位的“0”，小数点应采用圆点，并对齐基准线来书写。

长仿宋汉字、拉丁字母、阿拉伯数字与罗马数字示例应符合国家现行标准《技术制图—字体》（GB/T 14691）的有关规定。

## 1.4.6 符号

本节介绍在建筑制图中常用符号的绘制标准，如剖切符号、索引符号、引出线等。

### 1 剖切符号

剖视的剖切符号应由剖切位置线及剖视方向线组成，都应以粗实线来绘制。剖视的剖切符号应该符合下列规定。

① 剖切位置线的长度宜为 6~10mm，剖视方向线应垂直于剖切线位置，长度应短于剖切位置线，宜为 4~6mm，如图 1-13 所示；也可采用国际统一及常用的剖视方法，如图 1-14 所示。在绘制剖视剖切符号时，符号不应与其他图线相接触。

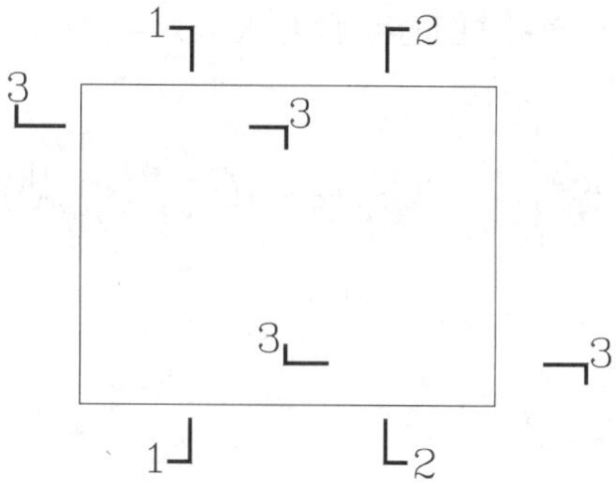

图 1-13 剖视的剖切符号（一）

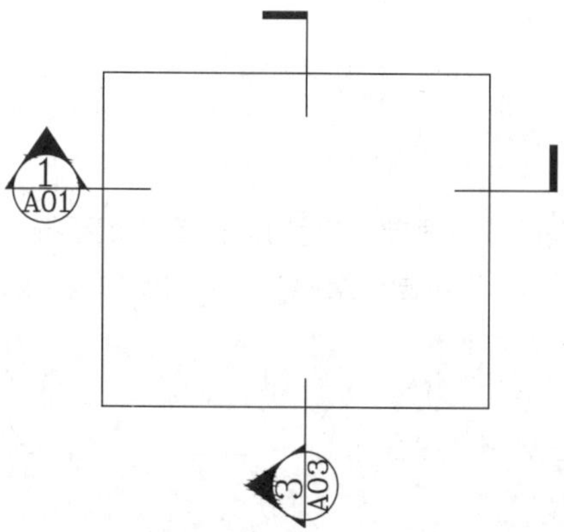

图 1-14 剖视的剖切符号（二）

② 剖视剖切符号的编号宜采用粗阿拉伯数字，按照剖切顺序由左至右、由下至上连续编排，并注写在剖视方向线的端部。

③ 需要转折的剖切位置线，应在转角的外侧加注与该符号相同的编号。

④ 建（构）筑物剖面图的剖切符号应注在 ±0.000 标高的平面图或首层平面图上。

⑤ 局部剖面图（首层除外）的剖切符号应注在包含剖切部位的最下面一层的平面图上。

断面的剖切符号应符合下列规定。

① 断面的剖切符号应只用剖切位置线来表示，并应以粗实线来绘制，长度宜为 6~10mm。

② 断面剖切符号的编号宜采用阿拉伯数字，按照顺序连续编排，并应注写在剖切位置线的一侧；编号所在的一侧应为该断面的剖视方向，如图 1-15 所示。

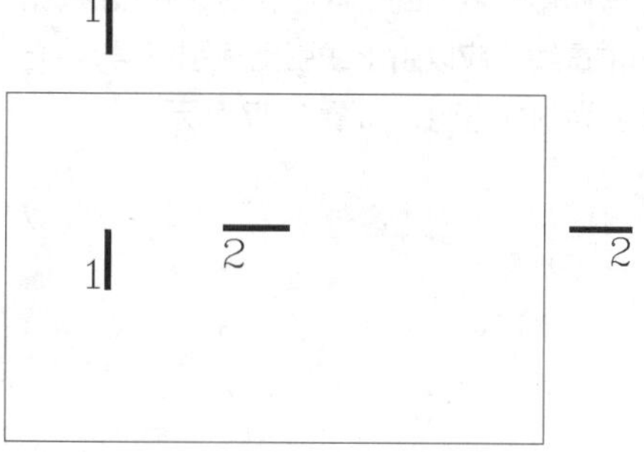

图 1-15 断面的剖切符号

剖面图或断面图，假如与被剖切图样不在同一张图内，则应在剖切位置线的另一侧注明其所在图纸的编号，也可在图上集中说明。

### 2 索引符号与详图符号

图样中的某一局部或者构件，假如需要另见详图，则应以索引符号索引，如图 1-16a 所示。索引符号是由直径为 8~10mm 的圆和水平直径组成，圆及水平直径应以细实线来绘制。索引符号应按照下列规定来编写。

① 索引出的详图，假如与被索引的详图同在一张图纸内，应在索引符号的上半圆中用阿拉伯数字注明该详图的编号，并在下半圆中间画一段水平细实线，如图 1-16b 所示。

② 索引出的详图，假如与被索引的详图不在同一张图纸内，应该在索引符号的上半圆中用阿拉伯数字注明该详图的编号，在索引符号的下半圆用阿拉伯数字注明该详图所在的图纸的编号，如图 1-16c 所示。当数字较多时，可添加文字标注。

③ 索引出的详图，假如采用标准图，则应在索引符号水平直径的延长线上加注该标准图册的编号，如图 1-16d 所示。需要标注比例时，文字在索引符号右侧或

延长线下方，与符号对齐。

图 1-16 索引符号

索引符号假如用于索引剖视详图，应该在被剖切的部位绘制剖切位置线，应以引出线引出索引符号，引出线所在的一侧应为剖视方向，如图 1-17 所示。

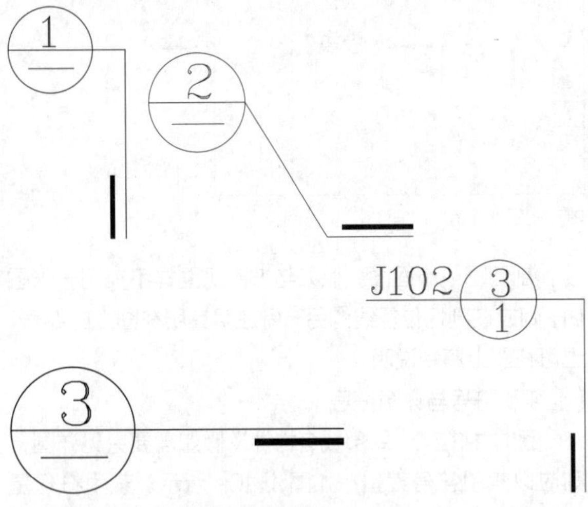


图 1-17 用于索引剖面详图的索引符号

零件、钢筋、杆件、设备等的编号直径宜以 5~6mm 的细实线圆来表示，同一图样应保持一致，其编号应用阿拉伯数字按顺序来编写，如图 1-18 所示。消火栓、配电箱、管井等的索引符号，直径宜以 4~6mm 为宜。

图 1-18 零件、钢筋等的编号

详图的位置和编号，应该以详图符号表示。详图符号的圆应该以直径为 14mm 粗实线来绘制。详图应按以下规定来编号。

① 详图与被索引的图样同在一张图纸内时，应在详图符号内用阿拉伯数字注明详图的编号，如图 1-19 所示。

② 详图与被索引的图样不在同一张图纸内时，应用细实线在详图符号内画一水平直径，在上半圆中注明详图编号，在下半圆中注明被索引的图纸的编号，如图 1-20 所示。

图 1-19 详图与被索引的图样同在一张图纸内

图 1-20 详图与被索引的图样不在同一张图纸内

## 3 引出线

引出线应以细实线来绘制，宜采用水平方向的直线、与水平方向成 30°、45°、60°、90° 的直线，或经上述角度再折为水平线。文字说明宜注写在水平线的上方，如图 1-21a 所示；也可注写在水平线的端部，如图 1-21b 所示；索引详图的引出线，应与水平直径线相连接，如图 1-21c 所示。

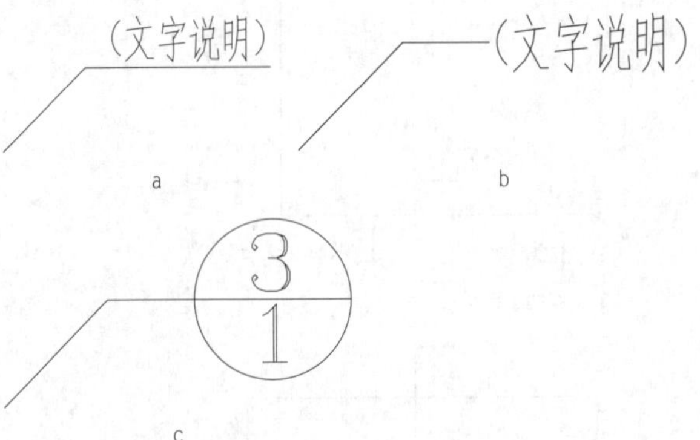


图 1-21 引出线

同时引出的几个相同部分的引出线，宜互相平行，如图 1-22a 所示；也可画成集中于一点的放射线，如图 1-22b 所示。

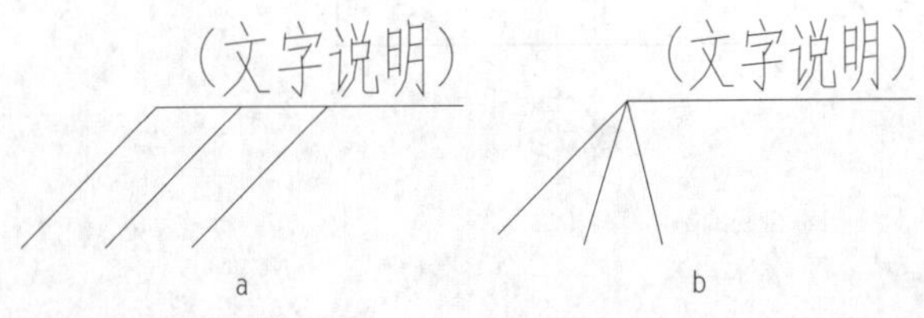


图 1-22 共同引出线

多层构造或多层管道共用引出线，应通过被引出的各层，并用圆点示意对应各层次。文字说明宜注写在水平线的上方，或注写在水平线的端部，说明的顺序应由上至下，并应与被说明的层次对应一致。假如层次为横向排序，则由上至下的说明顺序应与由左至右的层次对应一致，如图 1-23 所示。

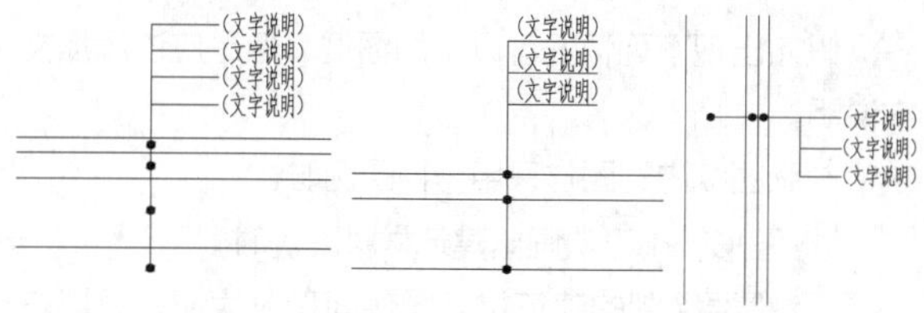


图 1-23 多层共用引出线

### 4 其他符号

① 对称符号由对称线和两端的两对平行线组成。对称线用单点长画线绘制，平行线用细实线绘制，其长度宜为 6~10mm，每对的间距宜为 2~3mm；对称线垂直平分于两对平行线，两端超出平行线宜为 2~3mm，如图 1-24a 所示。

② 连接符号应以折断线表示需连接的部位。两部位相距过远时，折断线两端靠图样一侧应标注大写拉丁字母表示连接编号。两个被连接的图样应用相同的字母编号，如图 1-24b 所示。

③ 指北针的形状符合如图 1-24c 所示的规定，其圆的直径宜为 24mm，用细实线绘制；指针尾部的宽度宜为 3mm，指针头部应注“北”或“N”字。需用较大直径绘制指北针时，指针尾部的宽度宜为直径的 1/8。

④ 对图纸中局部变更部分宜采用云线，并宜注明修改版次，如图 1-24d 所示。

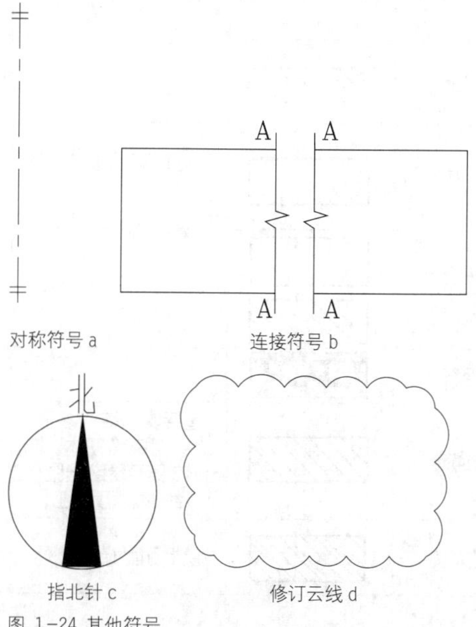


图 1-24 其他符号

## 1.4.7 定位轴线

定位轴线应使用细单点长画线来绘制。

定位轴线应该编号，编号应注写在轴线端部的圆内。圆应使用细实线来绘制，直径为 8~10mm。定位轴线圆的圆心应在定位轴线的延长线或延长线的折线上。

除了较为复杂需要采用分区编号或圆形、折线形外，一般平面上定位轴线的编号，宜标注在图样的下方或左侧。横向编号应使用阿拉伯数字，从左至右顺序编写；竖向编号应使用大写拉丁字母，从下至上顺序编写，如图 1-25 所示。

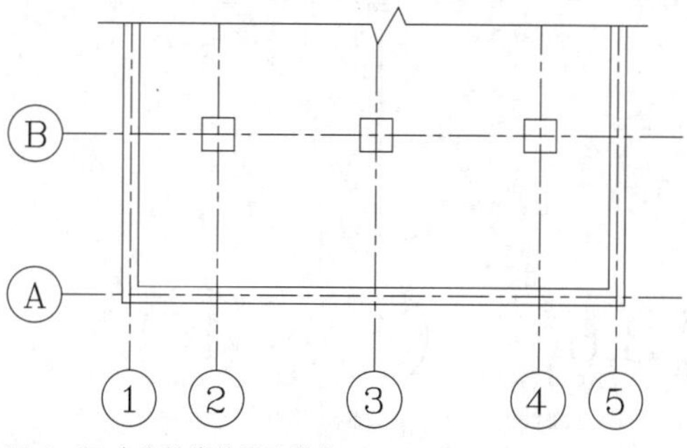


图 1-25 定位轴线的编号顺序

拉丁字母作为轴线号时，应全部采用大写字母，不应该使用同一个字母的大小写来区分轴线号。拉丁字母的 I、O、Z 不得用作轴线编号。当字母数量不够用时，可增用双字母或单字母来加数字注脚。

组合较为复杂的平面图中定位轴线也可采用分区编号，如图 1-26 所示。编号的注写形式应为“分区号—该分区编号”。“分区号—该分区编号”采用阿拉伯数字或大写拉丁字母表示。

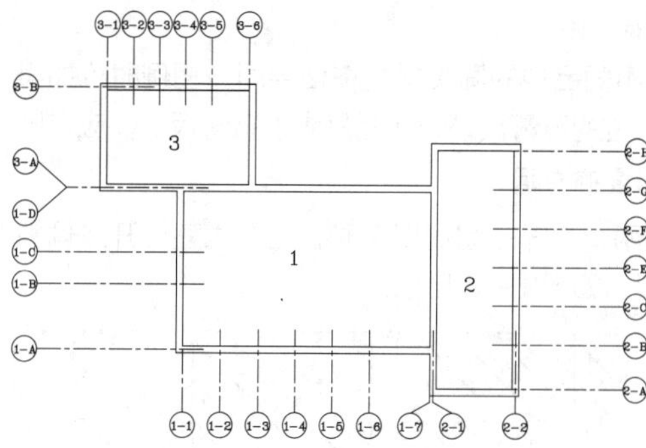


图 1-26 定位轴线的分区编号

附加定位轴线的编号，应以分数形式表示，并应符合下列规定。

① 两根轴线的附加轴线，应以分母表示前一轴线的编号，分子表示附加轴线的编号。编号宜使用阿拉伯数字顺序编写。

② 1 号轴线或 A 号轴线之前的附加轴线的分母应以 01 或 0A 表示。

一个详图适用于几根轴线时，应同时注明各有关轴线的编号，如图 1-27 所示。

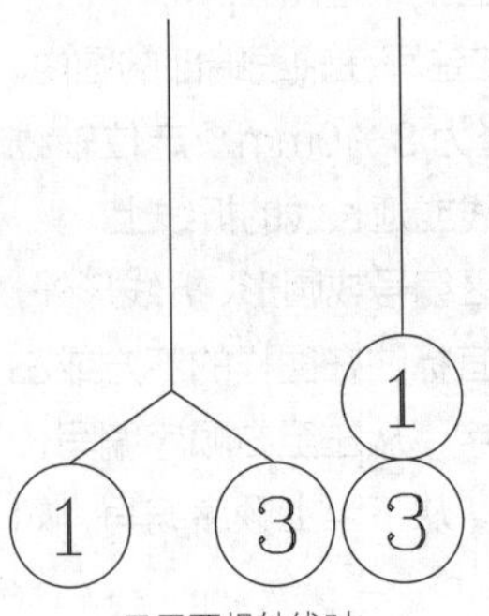


用于两根轴线时

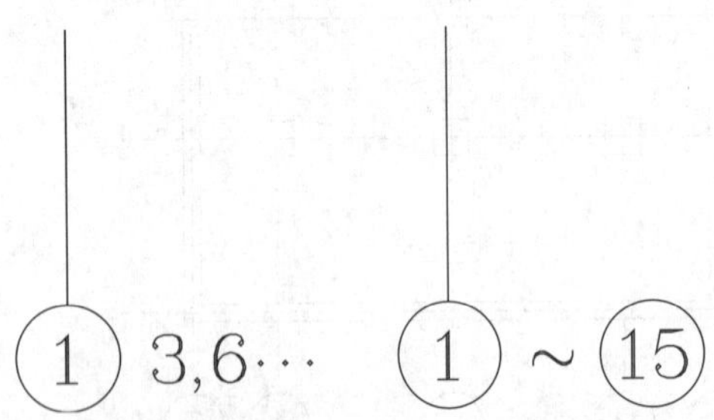


用于 3 根或 3 根以上轴线时　用于 3 根以上连续编号的轴线时

图 1-27 详图的轴线编号

通用详图中的定位轴线，应该只画圆，不注写轴线编号。

## 1.4.8 常用建筑材料图例

在《房屋建筑制图统一标准》中仅规定常用建筑材料的图例画法，对其尺度比例不做具体规定。在使用时，应根据图样大小而定，并应注意以下事项。

① 图例线应间隔均匀，疏密有度，做到图例正确，表示清楚；

② 不同品种的同类材料在使用同一图例时（如某些特定部位的石膏板必须注明是防水石膏板），应在图上附加必要的说明。

③ 两个相同的图例相接时，图例线宜错开或倾斜方向相反，如图 1-28 所示。

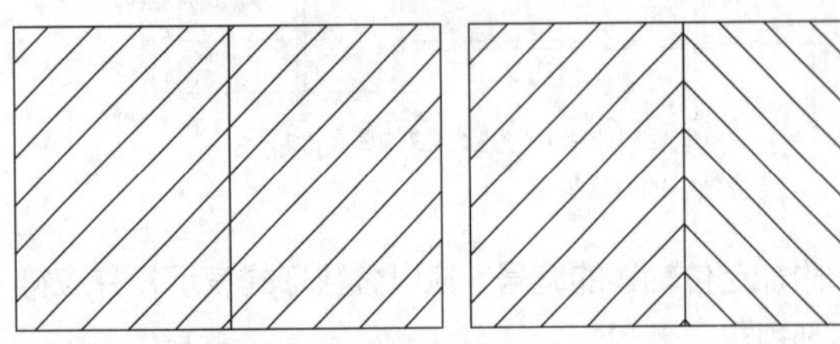

图 1-28 相同图例相接时的画法

两个相邻的涂黑图例间应留有空隙，其净宽不宜小于 0.5mm，如图 1-29 所示。

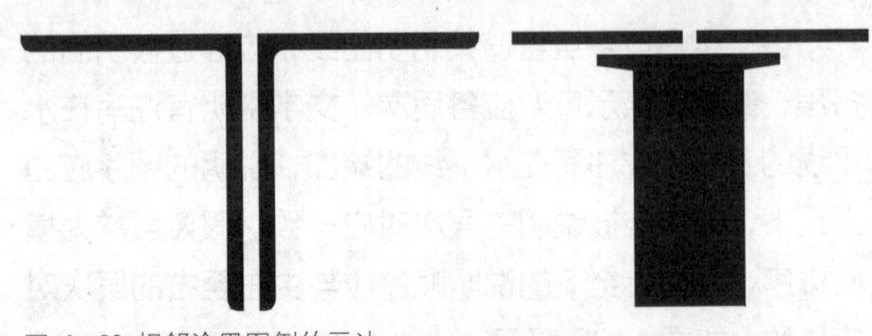

图 1-29 相邻涂黑图例的画法

假如出现下列情况可以不加图例，但是应该添加文字说明。

一张图纸内的图样只用一种图例时：

① 图形较小无法画出建筑材料图例时。

② 需要绘制的建筑材料图例面积过大时，可以在断面轮廓线内，沿着轮廓线作局部表示，如图 1-30 所示。

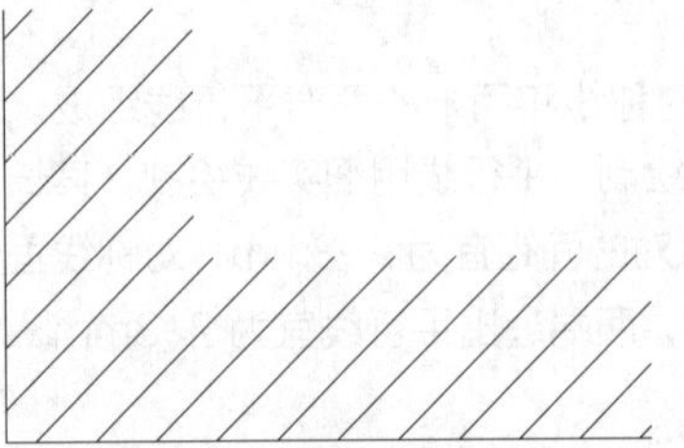

图 1-30 局部表示图例

在选用《房屋建筑制图统一标准》中未包括的建筑材料时，可以自编图例。但是不能与标准中所列的图例重复，在绘制时，应该在图纸的适当位置绘制该材料的图例，并添加文字说明。

常用的建筑材料应按照表 1-10 中所示的图例画法进行绘制。

表 1-10 常用的建筑材料图例

| 序号 | 名称 | 图例 | 备注 |
|---|---|---|---|
| 1 | 自然土壤 | | 包括各种自然土壤 |
| 2 | 夯实土壤 | | |
| 3 | 砂、灰土 | | 靠近轮廓线绘较密的点 |
| 4 | 砂砾石、碎砖三合土 | | |
| 5 | 石材 | | |
| 6 | 毛石 | | |
| 7 | 普通砖 | | 包括实心砖、多孔砖、砌块等砌体。断面较窄不易绘出图例线时，可涂红 |
| 8 | 耐火砖 | | 包括耐酸砖等砌体 |

续表

| 序号 | 名称 | 图例 | 备注 |
|---|---|---|---|
| 9 | 空心砖 |  | 指非承重砖砌体 |
| 10 | 饰面砖 |  | 包括铺地砖、马赛克、陶瓷锦砖、人造大理石等 |
| 11 | 焦渣、矿渣 | 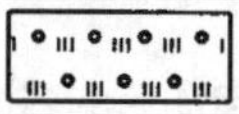 | 包括与水泥、石灰等混合而成的材料 |
| 12 | 混凝土 | 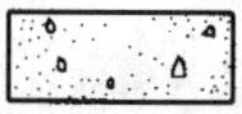 | （1）本图例指能承重的混凝土及钢筋混凝土<br>（2）包括各种强度等级、骨料、添加剂的混凝土<br>（3）在剖面图上画出钢筋时，不画图例线<br>（4）断面图形小，不易画出图例线时，可涂黑 |
| 13 | 钢筋混凝土 |  | |
| 14 | 多孔材料 | 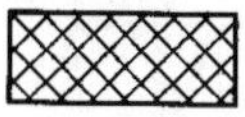 | 包括水泥珍珠岩、沥青珍珠岩、泡沫混凝土、非承重加气混凝土、软木、蛭石制品等 |
| 15 | 纤维材料 | 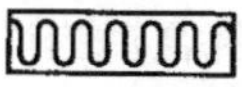 | 包括矿棉、岩棉、玻璃棉、麻丝、木丝板、纤维板等 |
| 16 | 泡沫塑料材料 | 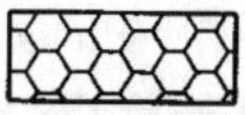 | 包括聚苯乙烯、聚乙烯、聚氨酯等多孔聚合物类材料 |
| 17 | 木材 | 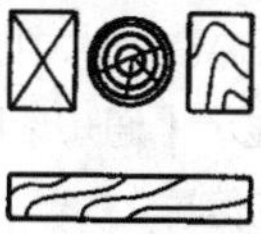 | （1）上图为横断面，上左图为垫木、木砖或木龙骨；<br>（2）下图为纵断面 |
| 18 | 胶合板 | 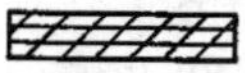 | 应注明为×层胶合板 |
| 19 | 石膏板 | 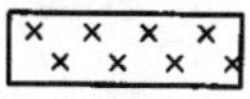 | 包括圆孔、方孔石膏板、防水石膏板等 |
| 20 | 金属 |  | （1）包括各种金属<br>（2）图形小时，可涂黑 |
| 21 | 网状材料 |  | （1）包括金属、塑料网状材料<br>（2）应注明具体材料名称 |
| 22 | 液体 |  | 应注明具体液体名称 |
| 23 | 玻璃 | | 包括平板玻璃、磨砂玻璃、夹丝玻璃、钢化玻璃、中空玻璃、加层玻璃、镀膜玻璃等 |
| 24 | 橡胶 |  | |
| 25 | 塑料 |  | 包括各种软、硬塑料及有机玻璃等 |

续表

| 序号 | 名称 | 图例 | 备注 |
|---|---|---|---|
| 26 | 防水材料 |  | 构造层次多或比例大时，采用上面图例 |
| 27 | 粉刷 |  | 本图例采用较稀的点 |

**提示**

序号1、2、5、7、8、13、14、16、17、18图例中的斜线、短斜线、交叉线等均为45°。

# 第 2 章 AutoCAD 2016入门

AutoCAD 是由美国 Autodesk 公司开发的通用计算机辅助设计软件。在深入学习 AutoCAD 绘图软件之前，本章首先介绍 AutoCAD 2016 的启动与退出、操作界面、视图的控制和工作空间等基本知识，使读者对 AutoCAD 及其操作方式有一个全面的了解和认识，为熟练掌握该软件打下坚实的基础。

## 2.1 AutoCAD的启动与退出

要使用 AutoCAD 进行绘图，首先必须启动该软件。在完成绘制之后，应保存文件并退出该软件，以节省系统资源。

### 1 启动 AutoCAD 2016

安装好 AutoCAD 后，启动 AutoCAD 的方法有以下几种。

◆【开始】菜单：单击【开始】按钮，在菜单中选择“所有程序 |Autodesk| AutoCAD 2016- 简体中文（Simplified Chinese）| AutoCAD 2016- 简体中文（Simplified Chinese）”选项，如图 2-1 所示。

◆与 AutoCAD 相关联格式文件：双击打开与 AutoCAD 相关格式的文件 (*.dwg、*.dwt 等)，如图 2-2 所示。

◆快捷方式：双击桌面上的快捷图标，或者 AutoCAD 图纸文件。

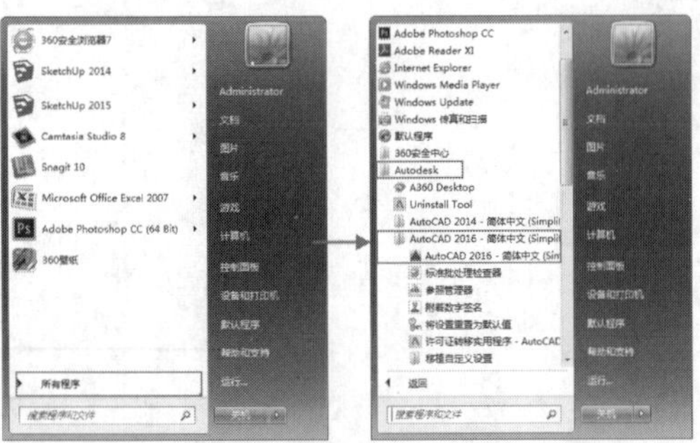

图 2-1 【开始】菜单打开 AutoCAD 2016

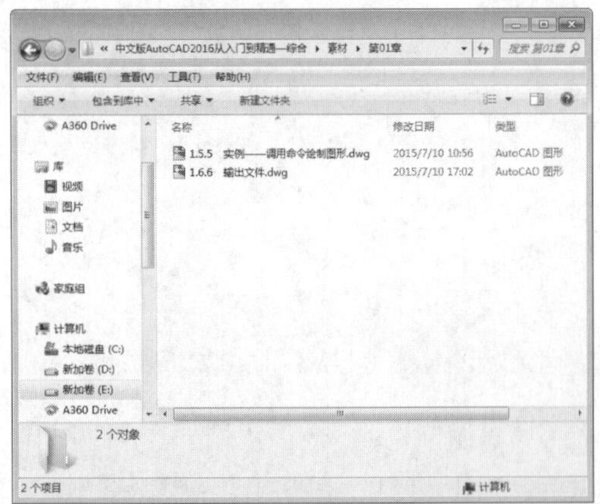

图 2-2 CAD 图形文件

AutoCAD 2016 启动后的界面如图 2-3 所示，主要由【快速入门】、【最近使用的文档】和【连接】3 个区域组成。

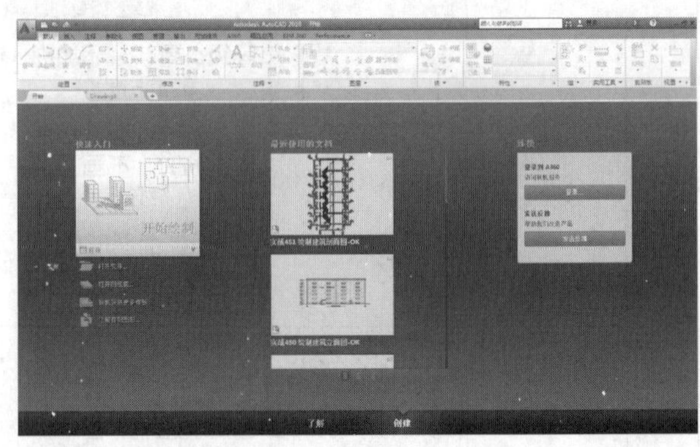

图 2-3 AutoCAD 2016 的开始界面

◆【快速入门】：单击其中的【开始绘制】区域即可创建新的空白文档进行绘制，也可以单击【样板】下拉列表选择合适的样板文件进行创建。

◆【最近使用的图档】：该区域主要显示最近用户使用过的图形，相当于“历史记录”。

◆【连接】：在【连接】区域中，用户可以登录 A360 账户或向 AutoCAD 技术中心发送反馈。如果有产品更新的消息，将显示【通知】区域，在【通知】区域可以收到产品更新的信息。

### 2 退出 AutoCAD 2016

在完成图形的绘制和编辑后，退出 AutoCAD 的方法有以下几种。

◆应用程序按钮：单击应用程序按钮，选择【关闭】选项，如图 2-4 所示。

◆菜单栏：选择【文件】|【退出】命令，如图 2-5 所示。

◆标题栏：单击标题栏右上角的【关闭】按钮，如图 2-6 所示。

◆快捷键：Alt+F4 组合键或 Ctrl+Q 组合键。

◆命令行：QUIT 或 EXIT，如图 2-7 所示。命令行中输入的字符不分大小写。

图 2-4 【应用程序】菜单关闭软件

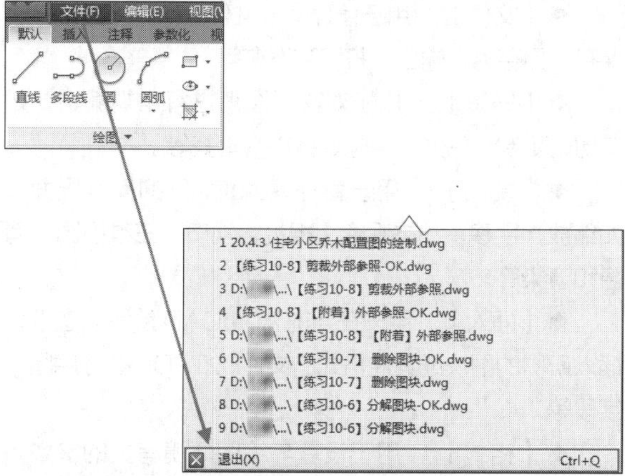


图 2-5 菜单栏调用【退出】命令

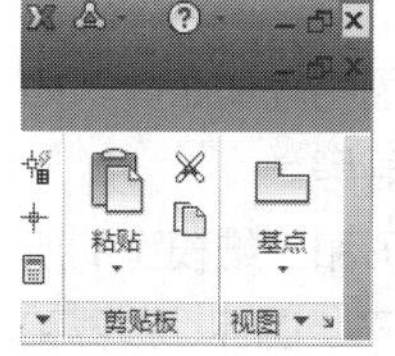

图 2-6 标题栏【关闭】按钮关闭软件

图 2-7 命令行输入关闭命令

若在退出AutoCAD 2016之前未进行文件的保存，系统会弹出如图 2-8 所示的提示对话框。提示使用者在退出软件之前是否保存当前绘图文件。单击【是】按钮，可以进行文件的保存；单击【否】按钮，将不对之前的操作进行保存而退出；单击【取消】按钮，将返回到操作界面，不执行退出软件的操作。

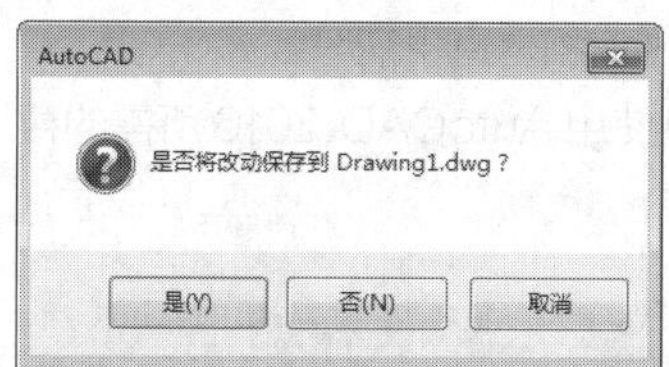


图 2-8 退出提示对话框

## 2.2 AutoCAD 2016操作界面

AutoCAD 的操作界面是 AutoCAD 显示、编辑图形的区域。AutoCAD 的操作界面具有很强的灵活性，用户可以根据自己的绘图习惯来设置个人专用的操作界面。

### 2.2.1 AutoCAD 的操作界面简介

AutoCAD 的默认界面为【草图与注释】工作空间的界面，关于【草图与注释】工作空间及其他信息在本章的 2.5 节中有详细介绍，此处仅简单介绍界面中的主要元素。该工作空间界面包括应用程序按钮、快速访问工具栏、菜单栏、标题栏、交互信息工具栏、功能区、标签栏、十字光标、绘图区、坐标系、命令行、状态栏及文本窗口等，如图 2-9 所示。

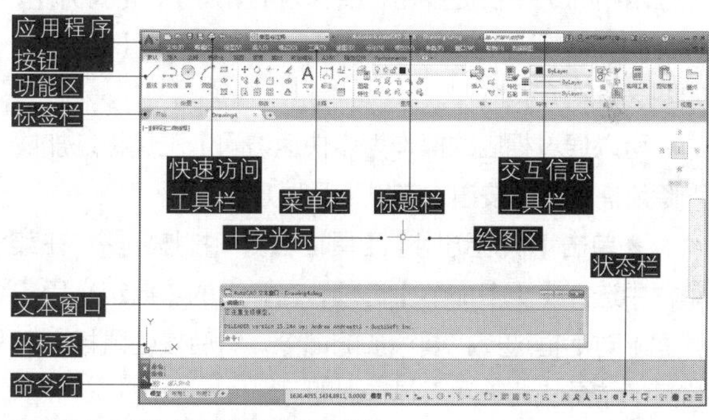


图 2-9 AutoCAD 2016 默认的工作界面

### 2.2.2 【应用程序】按钮

【应用程序】按钮▲位于窗口的左上角，单击该按钮，系统将弹出用于管理 AutoCAD 图形文件的菜单，包含【新建】、【打开】、【保存】、【另存为】、【输出】及【打印】等命令，右侧区域则是【最近使用文档】列表，如图 2-10 所示。

此外，在应用程序【搜索】按钮左侧的空白区域输入命令名称，即会弹出与之相关的各种命令的列表，选择其中对应的命令即可执行，效果如图 2-11 所示。

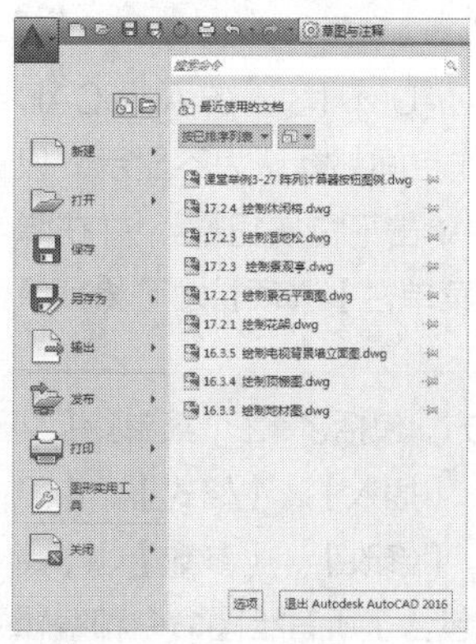


图 2-10 【应用程序】菜单

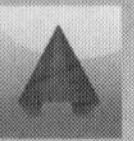



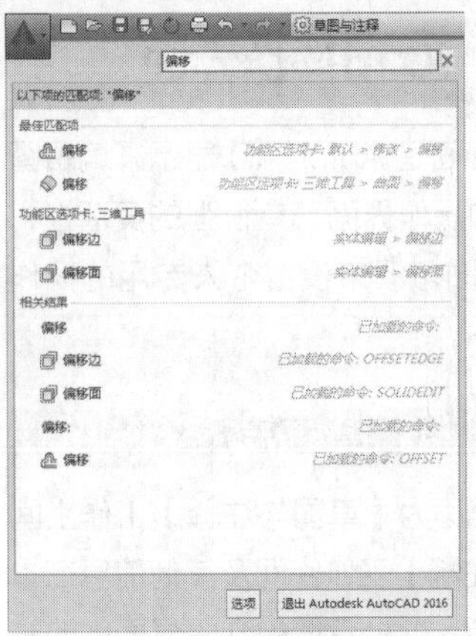

图 2-11 搜索功能

## 2.2.3 快速访问工具栏

快速访问工具栏位于标题栏的左侧，它包含了文档操作常用的 7 个快捷按钮，依次为【新建】、【打开】、【保存】、【另存为】、【打印】、【放弃】和【重做】，如图 2-12 所示。

可以通过相应的操作为【快速访问】工具栏增加或删除所需的工具按钮，有以下几种方法。

◆单击【快速访问】工具栏右侧下拉按钮，在菜单栏中选择【更多命令】选项，在弹出的【自定义用户界面】对话框选择将要添加的命令，然后按住鼠标左键将其拖动至快速访问工具栏上即可。

◆在【功能区】的任意工具图标上单击鼠标右键，选择其中的【添加到快速访问工具栏】命令。

而如果要删除已经存在的快捷键按钮，只需要在该按钮上单击鼠标右键，然后选择【从快速访问工具栏中删除】命令，即可完成删除按钮操作。

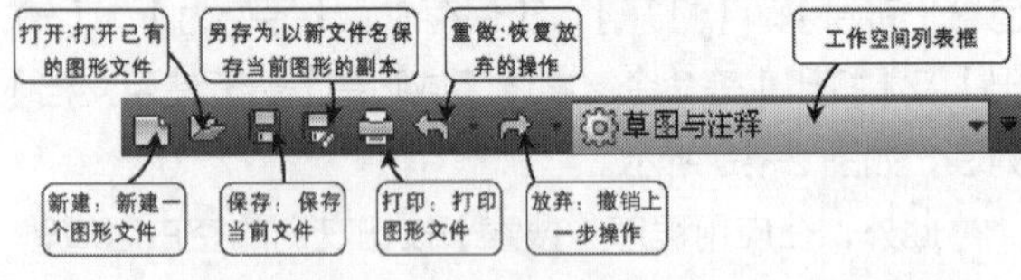


图 2-12 快速访问工具栏

## 2.2.4 菜单栏

与之前版本的 AutoCAD 不同，在 AutoCAD 2016 中，菜单栏在任何工作空间都默认为不显示。只有在【快速访问】工具栏中单击下拉按钮，并在弹出的下拉菜单中选择【显示菜单栏】选项，才可将菜单栏显示出来，如图 2-13 所示。

菜单栏位于标题栏的下方，包括了 12 个菜单：【文件】、【编辑】、【视图】、【插入】、【格式】、【工具】、【绘图】、【标注】、【修改】、【参数】、【窗口】、【数据视图】，几乎包含了所有绘图命令和编辑命令，如图 2-14 所示。

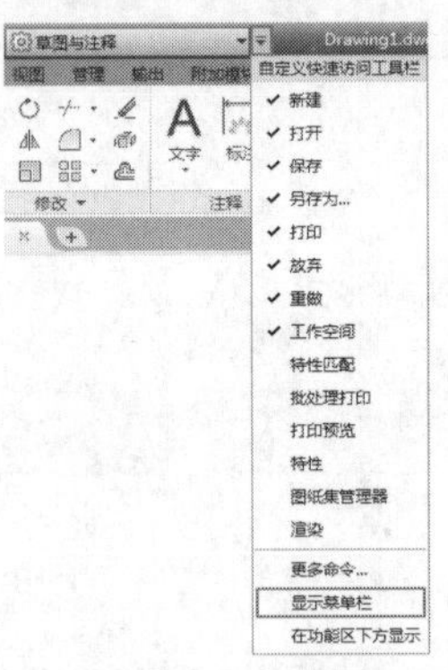


图 2-13 选择【显示菜单栏】选项

图 2-14 菜单栏

这 12 个菜单栏的主要作用介绍如下。

◆【文件】：用于管理图形文件，如新建、打开、保存、另存为、输出、打印和发布等。

◆【编辑】：用于对文件图形进行常规编辑，如剪切、复制、粘贴、清除、链接、查找等。

◆【视图】：用于管理 AutoCAD 的操作界面，如缩放、平移、动态观察、相机、视口、三维视图、消隐和渲染等。

◆【插入】：用于在当前 AutoCAD 绘图状态下，插入所需的图块或其他格式的文件，如 PDF 参考底图、字段等。

◆【格式】：用于设置与绘图环境有关的参数，如图层、颜色、线型、线宽、文字样式、标注样式、表格样式、点样式、厚度和图形界限等。

◆【工具】：用于设置一些绘图的辅助工具，如选项板、工具栏、命令行、查询和向导等。

◆【绘图】：提供绘制二维图形和三维模型的所有命令，如直线、圆、矩形、正多边形、圆环、边界和面域等。

◆【标注】：提供对图形进行尺寸标注时所需的命令，如线性标注、半径标注、直径标注、角度标注等。

◆【修改】：提供修改图形时所需的命令，如删除、复制、镜像、偏移、阵列、修剪、倒角和圆角等。

◆【参数】：提供对图形约束时所需的命令，如几何约束、动态约束、标注约束和删除约束等。

◆【窗口】：用于在多文档状态时设置各个文档的屏幕，如层叠，水平平铺和垂直平铺等。

◆【帮助】：提供使用 AutoCAD 2016 所需的帮助信息。

## 2.2.5 标题栏

标题栏位于 AutoCAD 窗口的最上方，如图 2-15

所示，标题栏显示了当前软件名称，以及显示当前新建或打开的文件的名称等。标题栏最右侧提供了用于【最小化】按钮、【最大化】按钮/【恢复窗口大小】按钮和【关闭】按钮。

Autodesk AutoCAD 2016 Drawing1.dwg

图 2-15 标题栏

## 练习 2-1 在标题栏中显示出图形的保存路径

一般情况下，在标题栏中不会显示出图形文件的保存路径，如图 2-16 所示；但为了方便工作，用户可以自行将其调出，以便能在第一时间得知图形的保存地址，效果如图 2-17 所示。

Autodesk AutoCAD 2016 练习1.dwg

图 2-16 标题栏中不显示文件保存路径

Autodesk AutoCAD 2016 F:\CAD2016综合\素材\02章\练习1.dwg

图 2-17 标题栏中显示出图形的保存路径

操作步骤如下。

**Step 01** 在命令行中输入OP或OPTIONS并按Enter键，如图2-18所示；或在绘图区空白处单击鼠标右键，在弹出的快捷菜单中选择【选项】，如图2-19所示，系统即弹出【选项】对话框。

图 2-18 在命令行中输入字符

**Step 02** 在【选项】对话框中切换至【打开和保存】选项卡，在【文件打开】选项组中勾选【在标题中显示完整路径】复选框，单击【确定】按钮，如图2-20所示。设置完成后即可在标题栏显示出完整的文件路径，如图2-17所示。

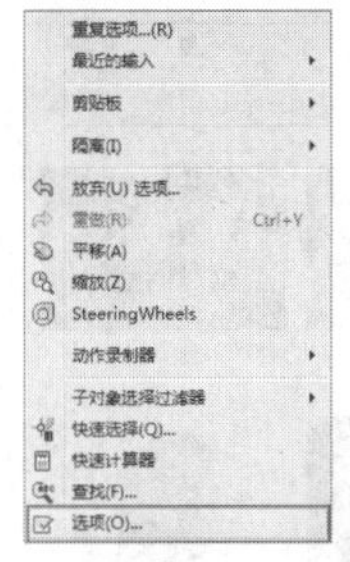


图 2-19 在快捷菜单中选择【选项】

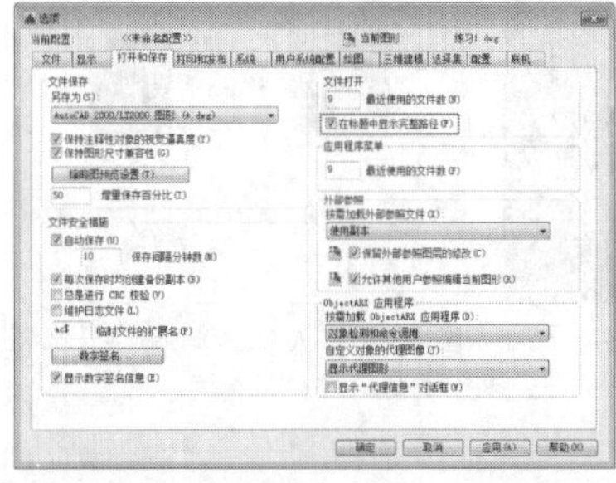

图 2-20 【选项】对话框

## 2.2.6 交互信息工具栏 ★进阶★

交互信息工具栏主要包括搜索框、A360 登录栏、Autodesk 应用程序、外部连接等 4 个部分组成，具体作用说明如下。

### ◎ 搜索框

如果用户在使用 AutoCAD 的过程中，对某个命令不熟悉，可以在搜索框中输入该命令，打开帮助窗口来获得详细的命令信息。

### ◎ A360 登录栏

“云技术”的应用越来越多，AutoCAD 也日渐重视这一新兴的技术，并有效将其和传统的图形管理连接起来。A360 即是基于云的平台，可用于访问从基本编辑到强大的渲染功能等一系列云服务。除此之外还有一个更为强大的功能，那就是如果将图形文件上传至用户的 A360 账户，即可随时随地访问该图纸，实现云共享，无论是计算机还是手机等移动端，均可以快速查看图形文件，分别如图 2-21 和图 2-22 所示，这无疑极大地提高了技术人员在对外交流工作中的灵活性。

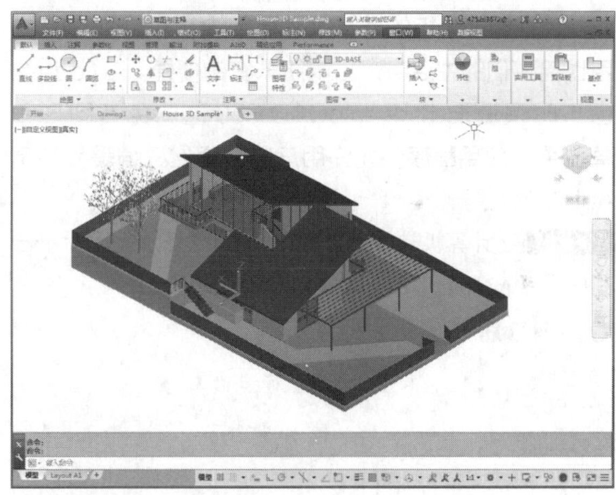

图 2-21 在计算机上用 AutoCAD 软件打开图形

图 2-22 在手机上用 AutoCAD 360 APP 打开图形

而要体验 A360 云技术的便捷，只需单击登录按钮 登录 ，在下拉列表中选择【登录到 A360】对话框，即弹出【Autodesk- 登录】对话框，在其中输入账号、密码即可，如图 2-23 所示。如果没有账号可以单击【注册】按钮，打开【Autodesk- 创建账户】对话框，按要求进行填写即可进行注册，如图 2-24 所示。下面便通过一个简单的例题来进行讲解。

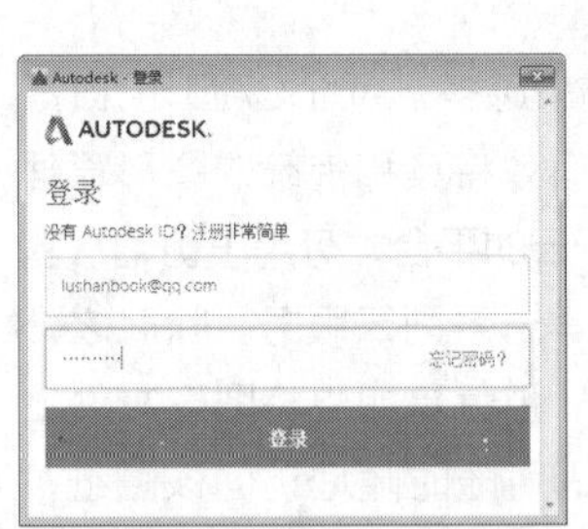
图 2-23 【Autodesk- 登录】对话框

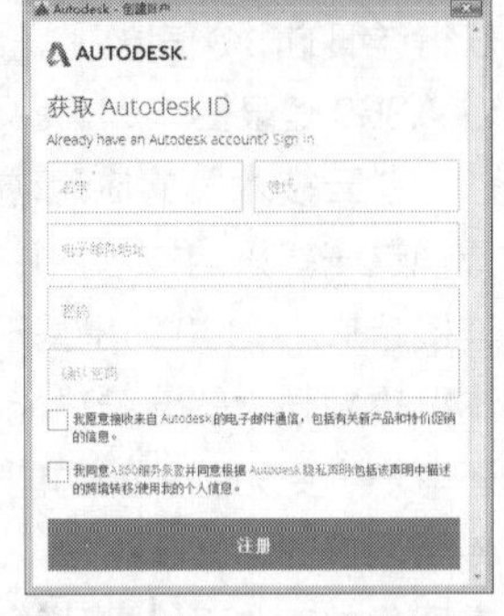
图 2-24 【Autodesk- 创建账户】对话框

## 练习 2-2 用手机 APP 实现计算机 AutoCAD 图纸的云共享

现在智能手机的普及率很高，其中大量的 APP 应用也给人们的生活带来了前所未有的便捷。Autodesk 也与时俱进推出了 AutoCAD 360 这款免费图形和草图手机应用程序，允许用户随时查看、编辑和共享 AutoCAD 图形。

**Step 01** 在计算机端注册并登录A360，登录完成后单击其中的【A360】选项，如图2-25所示。

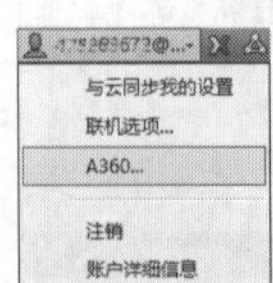

图 2-25 登录后单击【A360】选项

**Step 02** 浏览器自动打开A360 DRIVE网页，第一次打开页面如图2-26所示。

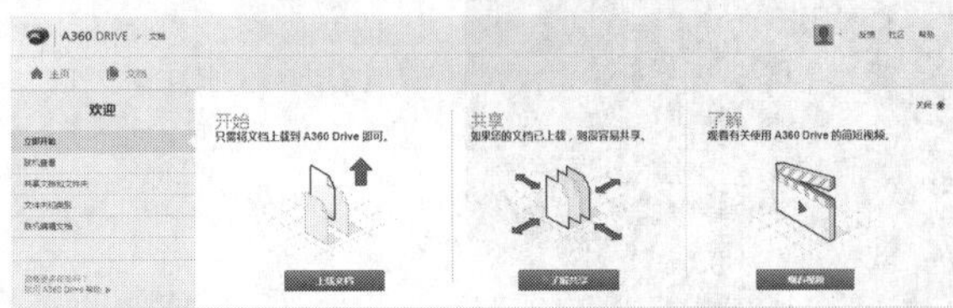
图 2-26 A360 DRIVE 页面

**Step 03** 单击其中的【上载文档】，打开【上载文档】对话框，按提示上传要用手机查看的图形文件，如图2-27所示。

**Step 04** 用手机下载AutoCAD 360这款APP（又名AutoCAD WS），如图2-28所示。

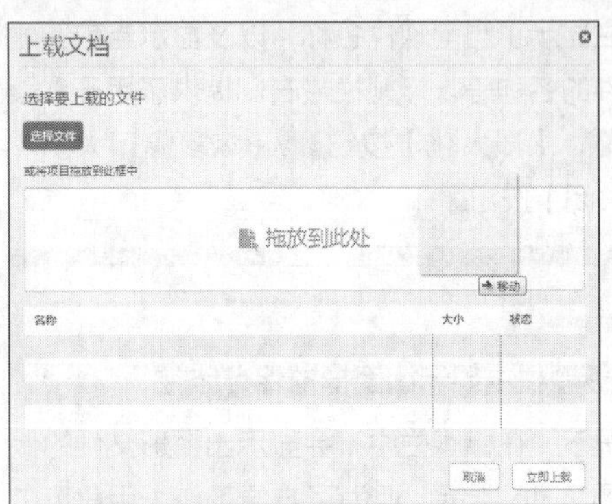

图 2-27 【上载文档】对话框

图 2-28 使用手机下载 AutoCAD 360 的 APP

**Step 05** 在手机上启动AutoCAD 360，输入A360的账号、密码，即可登录，如图2-29所示。

**Step 06** 登录后在手机界面选择要打开的图形文件，如图2-30所示。

**Step 07** 手机打开后的效果如图2-31所示，即完成文件共享。

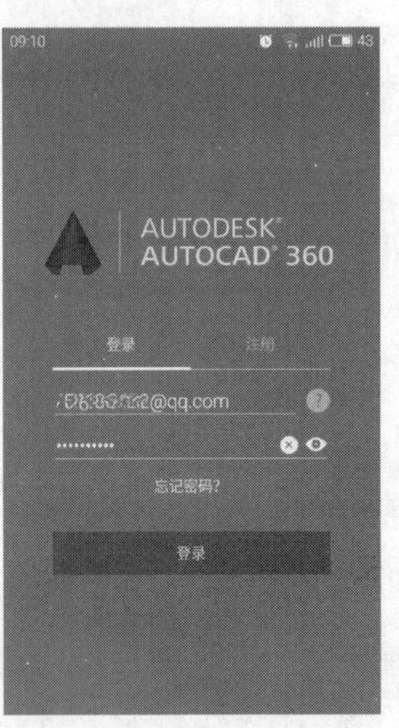

图 2-29 在手机端登录 AutoCAD 360

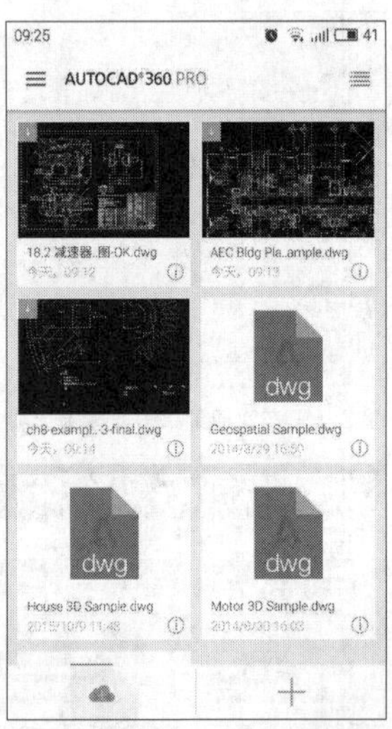

图 2-30 在 AutoCAD 360 中选择要打开的文件

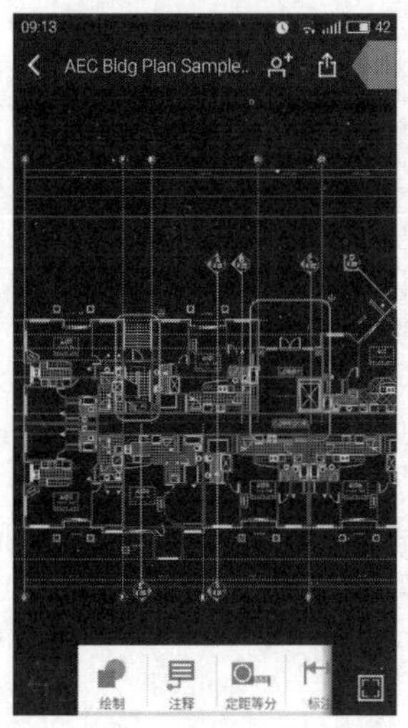
图 2-31 使用手机打开 AutoCAD 图形

### Autodesk 应用程序

单击【Autodesk 应用程序】按钮 可以打开 Autodesk 应用程序网站，如图 2-32 所示。其中可以下载许多与 AutoCAD 相关的各类应用程序与插件。

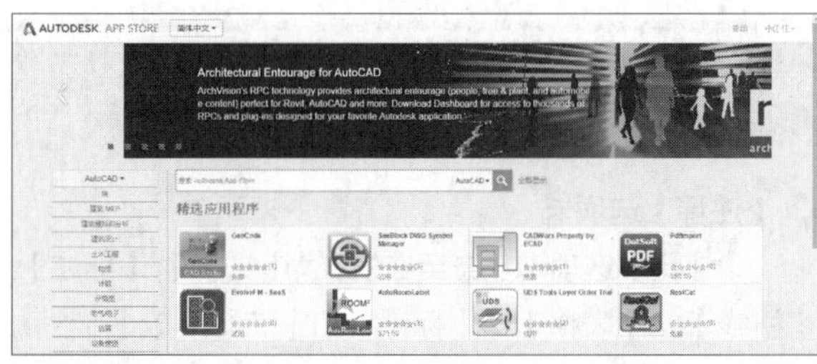
图 2-32 Autodesk 应用程序网站

关于 Autodesk 应用程序的下载与具体应用请看本章的【练习 2-3】：下载 Autodesk 应用程序实现 AutoCAD 的文本翻译。

### 外部连接

外部连接按钮 的下拉列表中提供了各种快速分享窗口，如优酷、微博，单击即可快速打开各网站内的有关信息。

## 2.2.7 功能区 ★重点★

【功能区】是各命令选项卡的合称，它用于显示与绘图任务相关的按钮和控件，存在于【草图与注释】、【三维基础】和【三维建模】空间中。【草图与注释】工作空间的【功能区】包含了【默认】、【插入】、【注释】、【参数化】、【视图】、【管理】、【输出】、【附加模块】、【A360】、【精选应用】、【BIM 360】、【Performance】等 12 个选项卡，如图 2-33 所示。每个选项卡包含有若干个面板，每个面板又包含许多由图标表示的命令按钮。

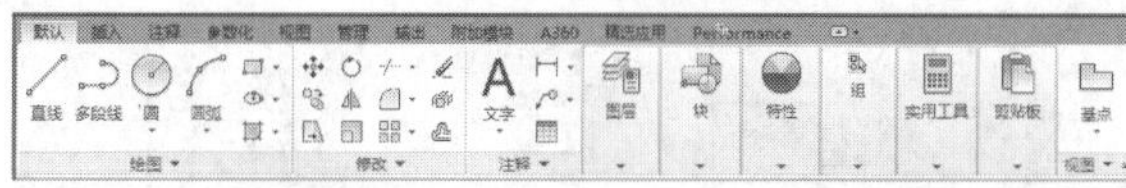
图 2-33 功能区选项卡

用户创建或打开图形时，功能区将自动显示。如果没有显示功能区，那么用户可以执行以下操作来手动显示功能区。

◆菜单栏：选择【工具】|【选项板】|【功能区】命令。

◆命令行：ribbon。如果要关闭功能区，则输入 ribbonclose 命令。

### 1 切换功能区显示方式

功能区可以以水平或垂直的方式显示，也可以显示为浮动选项板。另外，功能区可以以最小化状态显示，其方法是在功能区选项卡右侧单击下拉按钮 ，在弹出的列表中选择以下 4 种中一种最小化功能区状态选项。而单击切换按钮，则可以在默认和最小化功能区状态之间切换。

◆【最小化为选项卡】：最小化功能区以便仅显示选项卡标题，如图 2-34 所示。

图 2-34 【最小化为选项卡】时的功能区显示

◆【最小化为面板标题】：最小化功能区以便仅显示选项卡和面板标题，如图 2-35 所示。

图 2-35 【最小化为面板标题】时的功能区显示

◆【最小化为面板按钮】：最小化功能区以便仅显示选项卡标题和面板按钮，如图 2-36 所示。

图 2-36 【最小化为面板按钮】时的功能区显示

◆【循环浏览所有项】：按以下顺序切换所有 4 种功能区状态：完整功能区、最小化面板按钮、最小化为面板标题、最小化为选项卡。

### 2 自定义选项卡及面板的构成

用鼠标右键单击面板按钮，弹出显示控制快捷菜单，如图 2-37 与图 2-38 所示，可以分别调整【选项卡】与【面板】的显示内容，名称前被勾选则内容显示，反之则隐藏。

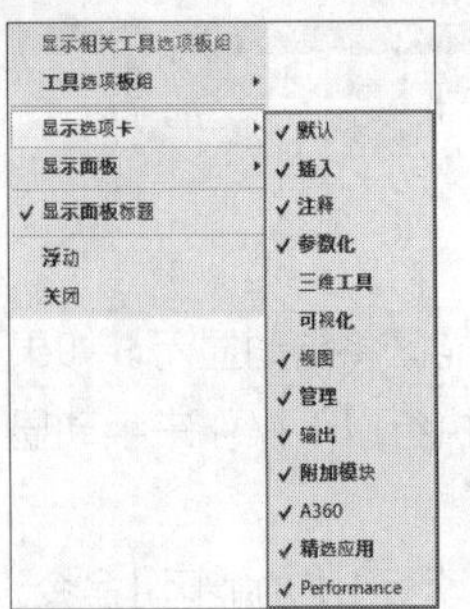


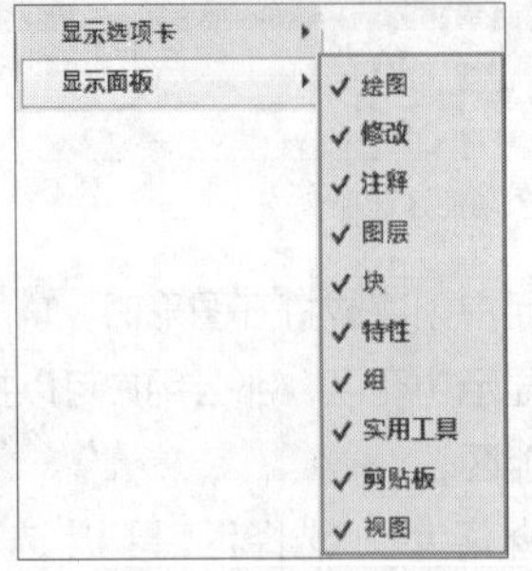


图 2-37 调整功能选项卡显示　图 2-38 调整选项卡内面板显示

**操作技巧**

面板显示子菜单会根据不同的选项卡进行变换，面板子菜单为当前打开选项卡的所有面板名称列表。

### 3 调整功能区位置

在【选项卡】名称上单击鼠标右键，将弹出如图 2-39 所示的菜单，选择其中的【浮动】命令，可使【功能区】浮动在【绘图区】上方，此时用鼠标左键按住【功能区】左侧灰色边框拖动，可以自由调整其位置。

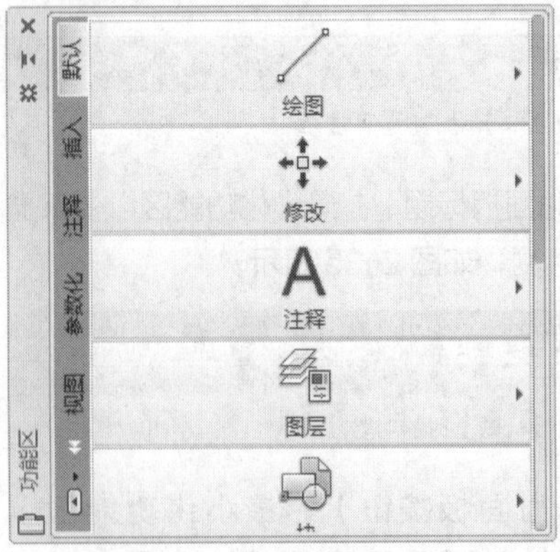


图 2-39 浮动功能区

**操作技巧**

如果选择菜单中的【关闭】命令，则将整体隐藏功能区，进一步扩大绘图区区域，如图2-40所示。

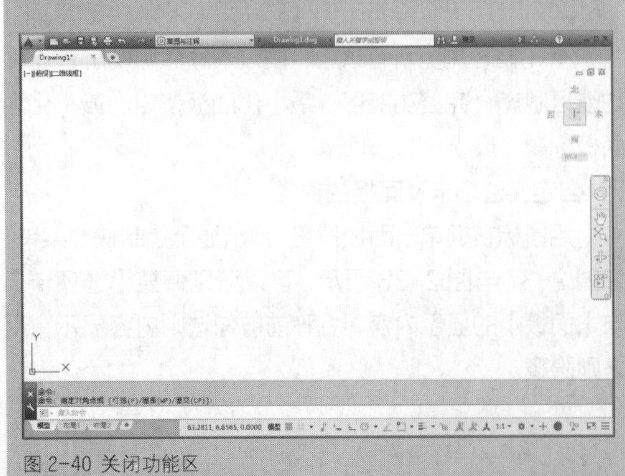

图 2-40 关闭功能区

### 4 功能区选项卡的组成

因【草图与注释】工作空间最为常用，因此只介绍其中的 10 个选项卡。

#### 【默认】选项卡

【默认】选项卡从左至右依次为【绘图】、【修改】、【图层】、【注释】、【块】、【特性】、【组】、【实用工具】、【剪贴板】和【视图】10 大功能面板，如图 2-41 所示。【默认】选项卡集中了 AutoCAD 中常用的命令，涵盖绘图、标注、编辑、修改、图层、图块等各个方面，是最主要的选项卡。

图 2-41 【默认】功能选项卡

#### 【插入】选项卡

【插入】选项卡从左至右依次为【块】、【块定义】、【参照】、【点云】、【输入】、【数据】、【链接和提取】和【位置】8 大功能面板，如图 2-42 所示。【插入】选项卡主要用于图块、外部参照等外在图形的调用。

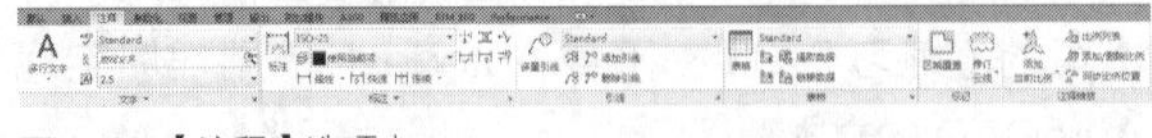

图 2-42 【插入】选项卡

#### 【注释】选项卡

【注释】选项卡从左至右依次为【文字】、【标注】、【引线】、【表格】、【标记】和【注释缩放】6 大功能面板，如图 2-43 所示。【注释】选项卡提供了详尽的标注命令，包括引线、公差、云线等。

图 2-43 【注释】选项卡

#### 【参数化】选项卡

【参数化】选项卡从左至右依次为【几何】、【标注】、【管理】3 大功能面板，如图 2-44 所示。【参数化】选项卡主要用于管理图形约束方面的命令。

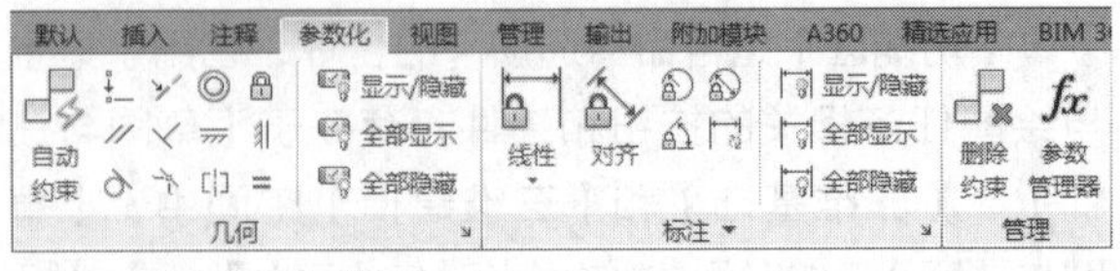


图 2-44 【参数化】选项卡

#### 【视图】选项卡

【视图】选项卡从左至右依次为【视口工具】、【视图】、【模型视口】、【选项板】、【界面】、【导航】6 大功能面板，如图 2-45 所示。【视图】选项卡提供了大量用于控制显示视图的命令，包括 UCS 的显现、绘图区上 ViewCube 和【文件】、【布局】等等标签的显示与隐藏。

图 2-45 【视图】选项卡

### ◎【管理】选项卡

【管理】选项卡从左至右依次为【动作录制器】、【自定义设置】、【应用程序】、【CAD 标准】4 大功能面板，如图 2-46 所示。【管理】选项卡可以用来加载 AutoCAD 的各种插件与应用程序。

图 2-46 【管理】选项卡

### ◎【输出】选项卡

【输出】选项卡从左至右依次为【打印】、【输出为 DWF/PDF】2 大功能面板，如图 2-47 所示。【输出】选项卡集中了图形输出的相关命令，包含打印、输出 PDF 等。在功能区选项卡中，有些面板按钮右下角有箭头，表示有扩展菜单，单击箭头，扩展菜单会列出更多的操作命令，如图 2-48 所示的【绘图】扩展菜单。

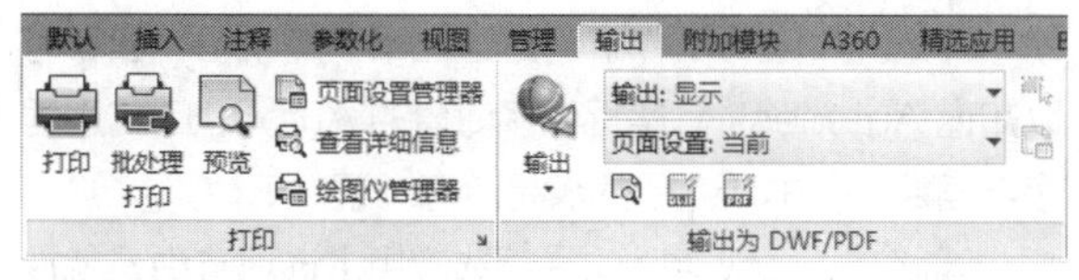

图 2-47 【输出】选项卡

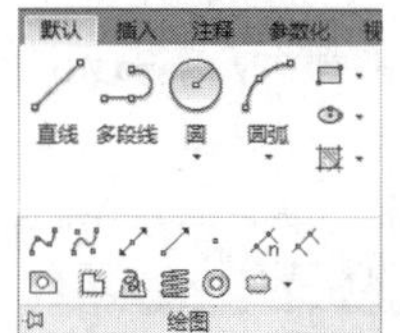

图 2-48 【绘图】扩展菜单

### ◎【附加模块】选项卡

【附加模块】选项卡如图 2-49 所示，在 Autodesk 应用程序网站中下载的各类应用程序和插件都会集中在该选项卡。

图 2-49 【附加模块】选项卡

**练习 2-3 下载 Autodesk 应用程序实现 AutoCAD 的文本翻译** ★进阶★



| 难度： | ☆☆☆☆ |
|---|---|
| 素材文件路径： | 素材/第2章/2-3下载程序实现AutoCAD的文本翻译.dwg |
| 效果文件路径： | 素材/第2章/2-3下载程序实现AutoCAD的文本翻译-OK.dwg |
| 视频文件路径： | 视频/第2章/2-3下载AutodesK应用程序实现AutoCAD的文本翻译.MP4 |
| 播放时长： | 44秒 |

2.2.6 小节中介绍过 Autodesk 应用程序按钮，单击之后便可以打开 Autodesk 应用程序网站，在其中可以下载许多有用的各类 AutoCAD 插件，其中就包括 COINS Translate 这款翻译插件。使用该插件只需单击鼠标即可直接将 AutoCAD 中的单行、多行文字、尺寸标注、引线标注等各种文本对象转换为所需的外语，如图 2-50 所示，十分高效。

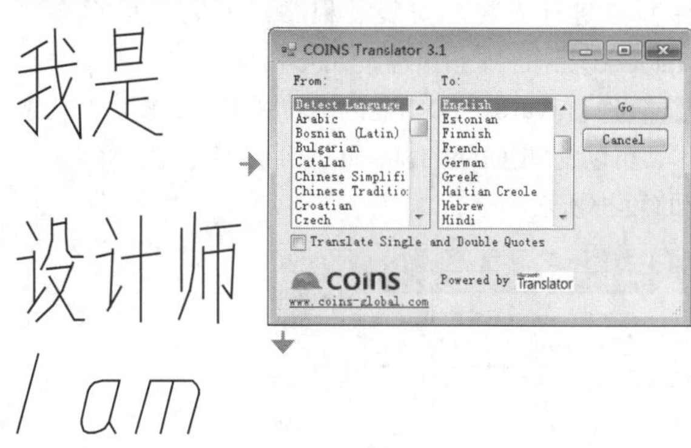



图 2-50 使用插件快速翻译文本

**Step 01** 打开素材文件，素材文件中已经创建好了“建筑设计”的多行文字，如图2-51所示；然后单击交互信息工具栏中的【Autodesk应用程序】按钮，打开Autodesk应用程序网站。

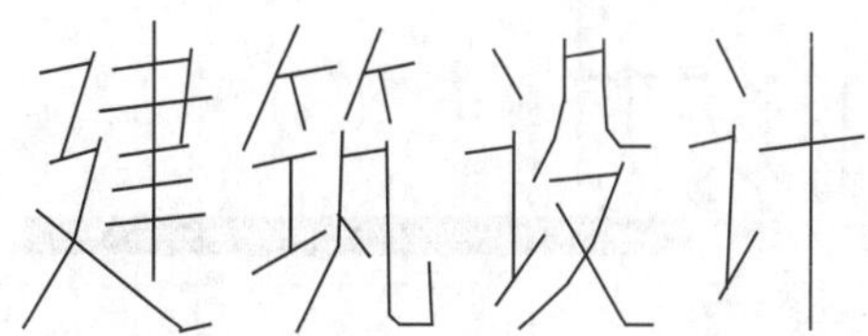



图 2-51 素材文件

**Step 02** 在网页的搜索框中输入“coins”，搜索到COINS Translate应用程序，如图2-52所示。

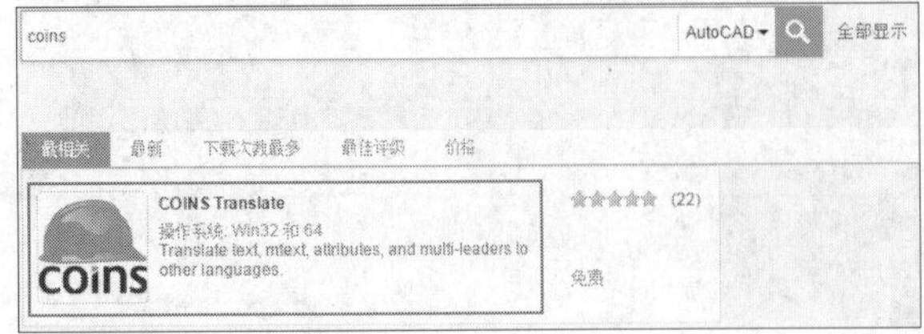

图 2-52 搜索到 COINS Translate 应用程序

**Step 03** 单击该应用程序图标，转到“项目详细信息”页面，单击页面右侧的下载按钮，进行下载，如图2-53所示。

图 2-53 下载 COINS Translate 应用程序

**Step 04** 下载完成后直接双击COINS Translate.exe文件（或者双击本书附件中提供的COINS Translate.exe文件），进行安装，安装过程略。安装完成后会在AutoCAD界面右上角出现如图2-54所示的提示。

**Step 05** 在AutoCAD功能区中转到【附加模块】选项卡，可以发现COINS Translate应用程序已被添加进来，如图2-55所示。

图 2-54 COINS Translate 成功加载的提示信息

图 2-55 COINS Translate 添加进【附加模块】选项卡

**Step 06** 单击【附加模块】选项卡中的COINS Translate按钮，然后选择要翻译文本对象，如图2-56所示。

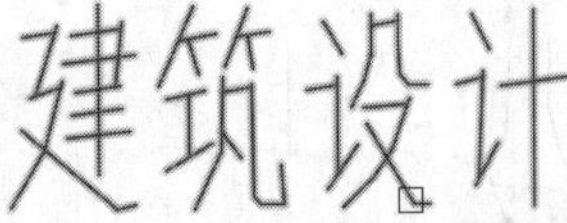


图 2-56 选择要翻译的对象

**Step 07** 选择之后单击Enter键，弹出【COINS Translator】对话框，在对话框中可以选择要翻译成的语言种类（如英语），单击【Go】按钮即可实现翻译，如图2-57所示。

图 2-57 翻译效果

### 【A360】选项卡

【A360】选项卡如图2-58所示，可以看作是2.2.6小节所介绍的交互信息工具栏的扩展，主要用于A360的文档共享。

图 2-58 【A360】选项卡

### 【精选应用】选项卡

在本书2.2.6小节的【Autodesk应用程序】中，已经介绍过了Autodesk应用程序网站，并在【练习2-3】中详细介绍了如何下载并使用这些应用程序来辅助AutoCAD进行工作。通过这些章节的学习，读者可以知道Autodesk其实提供了海量的AutoCAD应用程序与插件，本书所介绍的仅是沧海一粟。

因此在AutoCAD的【精选应用】选项卡中，就提供了许多最新、最热门的应用程序，供用户试用，如图2-59所示。这些应用种类各异，功能强大，本书无法尽述，有待读者去自行探索。

图 2-59 【精选应用】选项卡

## 2.2.8 标签栏

文件标签栏位于绘图窗口上方，每个打开的图形文件都会在标签栏显示一个标签，单击文件标签即可快速切换至相应的图形文件窗口，如图2-60所示。

AutoCAD 2016的标签栏中【新建选项卡】图形文件选项卡重命名为【开始】，并在创建和打开其他图形时保持显示。单击标签上的按钮，可以快速关闭文件；单击标签栏右侧的按钮，可以快速新建文件；用鼠标右键单击标签栏的空白处，会弹出快捷菜单，如图2-61所示，利用该快捷菜单可以选择【新建】、【打开】、【全部保存】、【全部关闭】命令。

图 2-60 标签栏

图 2-61 快捷菜单

此外，在光标经过图形文件选项卡时，将显示模型的预览图像和布局。如果光标经过某个预览图像，相应的模型或布局将临时显示在绘图区域中，并且可以在预览图像中访问【打印】和【发布】工具，如图 2-62 所示。

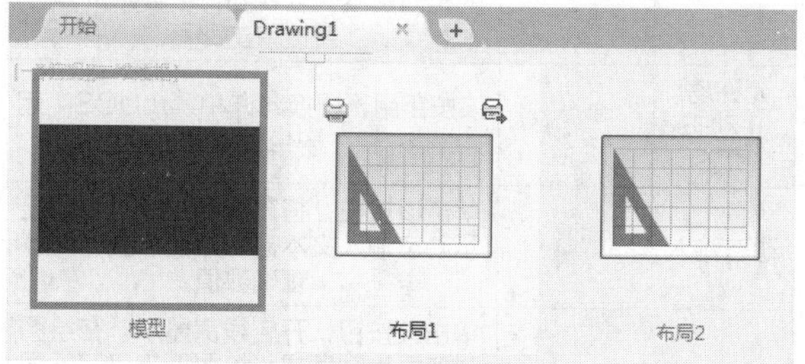


图 2-62 文件选项卡的预览功能

## 2.2.9 绘图区

【绘图窗口】又常被称为【绘图区域】，它是绘图的焦点区域，绘图的核心操作和图形显示都在该区域中。在绘图窗口中有 4 个工具需注意，分别是光标、坐标系图标、ViewCube 工具和视口控件，如图 2-63 所示。其中视口控件显示在每个视口的左上角，提供更改视图、视觉样式和其他设置的便捷操作方式，视口控件的 3 个标签将显示当前视口的相关设置。注意当前文件选项卡决定了当前绘图窗口显示的内容。

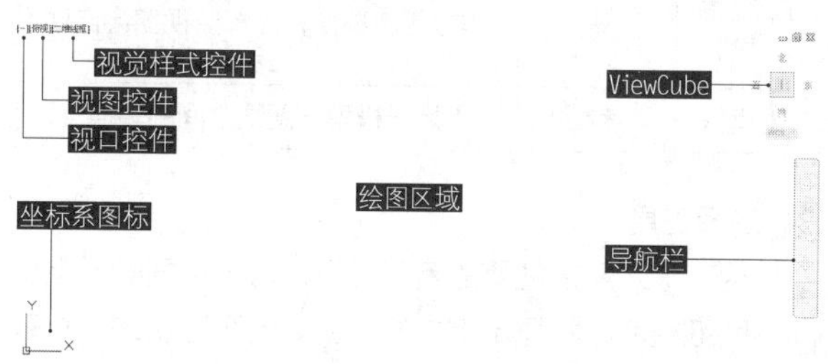


图 2-63 绘图区

图形窗口左上角有 3 个快捷功能控件，可以快速地修改图形的视图方向和视觉样式，如图 2-64 所示。

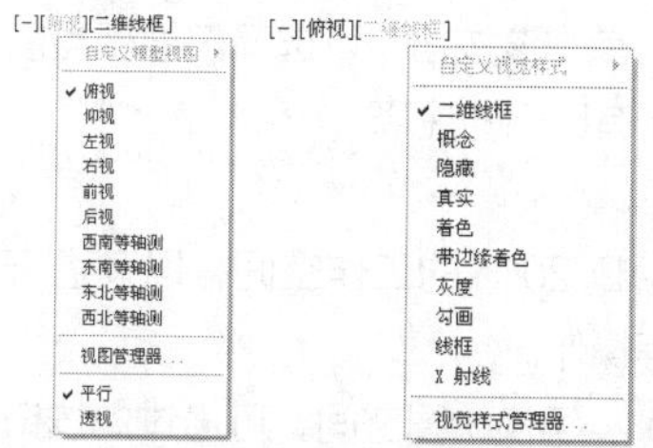


图 2-64 快捷功能控件菜单

## 2.2.10 命令行与文本窗口

命令行是输入命令名和显示命令提示的区域，默认的命令行窗口布置在绘图区下方，由若干文本行组成，如图 2-65 所示。命令窗口中间有一条水平分界线，它将命令窗口分成两个部分：命令行和命令历史窗口。位于水平线下方为【命令行】，它用于接收用户输入命令，并显示 AutoCAD 提示信息；位于水平线上方为【命令历史窗口】，它含有 AutoCAD 启动后所用过的全部命令及提示信息，该窗口有垂直滚动条，可以上下滚动查看以前用过的命令。

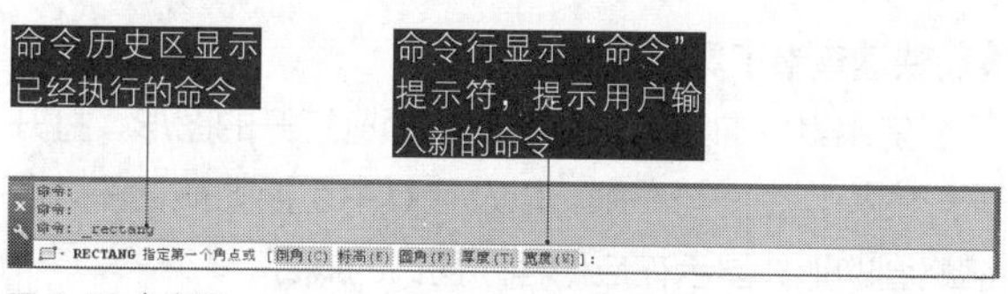


图 2-65 命令行

AutoCAD 文本窗口的作用和命令窗口的作用一样，它记录了对文档进行的所有操作。文本窗口在默认界面中没有直接显示，需要通过命令调取。调用文本窗口有以下几种方法。

- 菜单栏：选择【视图】|【显示】|【文本窗口】命令。
- 快捷键：Ctrl+F2。
- 命令行：TEXTSCR。

执行上述命令后，系统弹出如图 2-66 所示的文本窗口，记录了文档进行的所有编辑操作。

将光标移至命令历史窗口的上边缘，当光标呈现 ÷ 形状时，按住鼠标左键向上拖动即可增加命令窗口的高度。在工作中通常除了可以调整命令行的大小与位置外，在其窗口内单击鼠标右键，选择【选项】命令，单击弹出的【选项】对话框中的【字体】按钮，还可以调整【命令行】内文字字体、字形和大小，如图 2-67 所示。

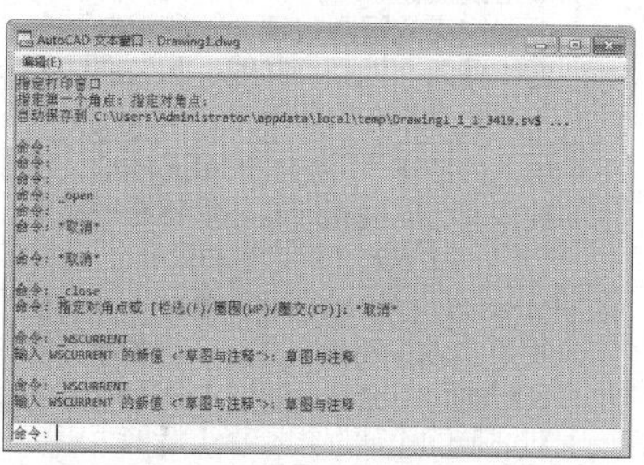


图 2-66 AutoCAD 文本窗口

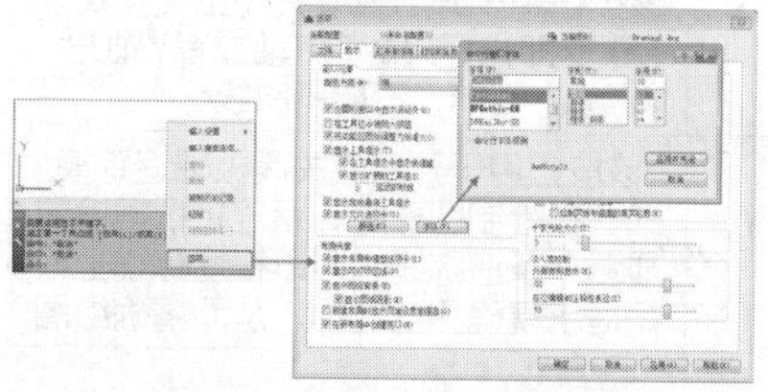

图 2-67 调整命令行字体

## 2.2.11 状态栏

状态栏位于屏幕的底部，用来显示 AutoCAD 当前的状态，如对象捕捉、极轴追踪等命令的工作状态。主要由 5 部分组成，如图 2-68 所示。同时 AutoCAD 2016 将之前的模型布局标签栏和状态栏合并在一起，并且取消显示当前光标位置。

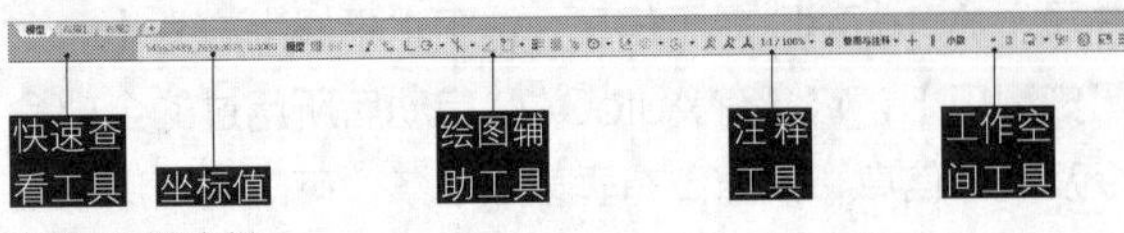


图 2-68 状态栏

### 1 快速查看工具

使用其中的工具可以快速地预览打开的图形，打开图形的模型空间与布局，以及在其中切换图形，使之以缩略图的形式显示在应用程序窗口的底部。

### 2 坐标值

坐标值一栏会以直角坐标系的形式（*Z*，*Y*，*Z*）实时显示十字光标所处位置的坐标。在二维制图模式下，只会显示 *X*、*Y* 轴坐标，只有在三维建模模式下才会显示第 3 个 *Z* 轴的坐标。

### 3 绘图辅助工具

主要用于控制绘图的性能，其中包括【推断约束】、【捕捉模式】、【栅格显示】、【正交模式】、【极轴追踪】、【二维对象捕捉】、【三维对象捕捉】、【对象捕捉追踪】、【允许/禁止动态 UCS】、【动态输入】、【显示/隐藏线宽】、【显示/隐藏透明度】、【快捷特性】和【选择循环】、【注释监视器】、【模型】等工具。各工具按钮具体说明如表 2-1 所示。

表2-1 绘图辅助工具按钮一览

| 名 称 | 按 钮 | 功 能 说 明 |
|---|---|---|
| 推断约束 | | 单击该按钮，打开推断约束功能，可设置约束的限制效果，比如限制两条直线垂直、相交、共线、圆与直线相切等 |
| 捕捉模式 | | 单击该按钮，开启或者关闭捕捉。捕捉模式可以使光标能够很容易地抓取到每一个栅格上的点 |
| 栅格显示 | | 单击该按钮，打开栅格显示，此时屏幕上将布满小点。其中，栅格的X轴和Y轴间距也可以通过【草图设置】对话框的【捕捉和栅格】选项卡进行设置 |
| 正交模式 | | 该按钮用于开启或者关闭正交模式。正交即光标只能走X轴或者Y轴方向，不能画斜线 |
| 极轴追踪 | | 该按钮用于开启或关闭极轴追踪模式。在绘制图形时，系统将根据设置显示一条追踪线，可以在追踪线上根据提示精确移动光标，从而精确绘图 |
| 二维对象捕捉 | | 该按钮用于开启或者关闭对象捕捉。对象捕捉能使光标在接近某些特殊点的时候能够自动指引到那些特殊的点，如端点、圆心、象限点 |
| 三维对象捕捉 | | 该按钮用于开启或者关闭三维对象捕捉。对象捕捉能使光标在接近三维对象某些特殊点的时候能够自动指引到那些特殊的点 |
| 对象捕捉追踪 | | 单击该按钮，打开对象捕捉模式，可以通过捕捉对象上的关键点，并沿着正交方向或极轴方向拖曳光标，此时可以显示光标当前位置与捕捉点之间的相对关系。若找到符合要求的点，直接单击即可 |
| 允许/禁止动态UCS | | 该按钮用于切换允许和禁止UCS（用户坐标系） |
| 动态输入 | | 单击该按钮，将在绘制图形时自动显示动态输入文本框，方便绘图时设置精确数值 |
| 显示/隐藏线宽 | | 单击该按钮，开启线宽显示。在绘图时如果为图层或所绘图形定义了不同的线宽（至少大于0.3mm），那单击该按钮就可以显示出线宽，以标识各种具有不同线宽的对象 |
| 显示/隐藏透明度 | | 单击该按钮，开始透明度显示。在绘图时如果为图层和所绘图形设置了不同的透明度，那单击该按钮就可以显示透明效果，以区别不同的对象 |
| 快捷特性 | | 单击该按钮，显示对象的快捷特性选项板，能帮助用户快捷的编辑对象的一般特性。通过【草图设置】对话框的【快捷特性】选项卡可以设置快捷特性选项板的位置模式和大小 |
| 选择循环 | | 开启该按钮可以在重叠对象上显示选择对象 |
| 注释监视器 | + | 开启该按钮后，一旦发生模型文档编辑或更新事件，注释监视器会自动显示 |
| 模型 | 模型 | 用于模型与图纸之间的转换 |

### 4 注释工具

用于显示缩放注释的若干工具。对于不同的模型空间和图纸空间，将显示相应的工具。当图形状态栏打开后，将显示在绘图区域的底部；当图形状态栏关闭时，将移至应用程序状态栏。

◆注释比例：可通过此按钮调整注释对象的缩放比例。

◆注释可见性：单击该按钮，可选择仅显示当前比例的注释或是显示所有比例的注释。

### 5 工作空间工具

用于切换 AutoCAD 2016 的工作空间，以及进行自定义设置工作空间等操作。

◆切换工作空间：切换绘图空间，可通过此按钮切换 AutoCAD 2016 的工作空间。

◆硬件加速：用于在绘制图形时通过硬件的支持提高绘图性能，如刷新频率。

◆隔离对象：当需要对大型图形的个别区域进行重点操作，并需要显示或临时隐藏和显示选定的对象。

◆全屏显示：单击即可控制 AutoCAD 2016 的全屏显示或者退出。

◆自定义：单击该按钮，可以对当前状态栏中的按钮进行添加或是删除，方便管理。

## 2.3 AutoCAD 2016执行命令的方式

命令是 AutoCAD 用户与软件交换信息的重要方式，本节将介绍执行命令的方式，如何终止当前命令、退出命令及如何重复执行命令等。

### 2.3.1 命令调用的 5 种方式

AutoCAD 中调用命令的方式有很多种，这里仅介绍最常用的 5 种。本书在后面的命令介绍章节中，将专门以【执行方式】的形式介绍各命令的调用方法，并按常用顺序依次排列。

#### 1 使用功能区调用

3 个工作空间都是以功能区作为调整命令的主要方式。相比其他调用命令的方法，功能区调用命令更为直观，非常适合不能熟记绘图命令的 AutoCAD 初学者。

功能区使绘图界面无须显示多个工具栏，系统会自动显示与当前绘图操作相应的面板，从而使应用程序窗口更加整洁。因此，可以将进行操作的区域最大化，使用单个界面来加快和简化工作，如图 2-69 所示。

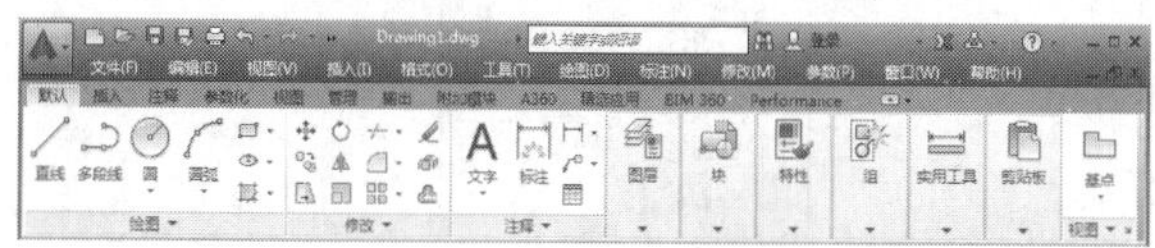

图 2-69 功能区面板

#### 2 使用命令行调用

使用命令行输入命令是 AutoCAD 的一大特色功能，同时也是最快捷的绘图方式。这就要求用户熟记各种绘图命令，一般对 AutoCAD 比较熟悉的用户都用此方式绘制图形，因为这样可以大大提高绘图的速度和效率。

AutoCAD 绝大多数命令都有其相应的简写方式。如【直线】命令 LINE 的简写方式是 L，【矩形】命令 RECTANGLE 的简写方式是 REC，如图 2-70 所示。对于常用的命令，用简写方式输入将大大减少键盘输入的工作量，提高工作效率。另外，AutoCAD 对命令或参数输入不区分大小写，因此操作者不必考虑输入的大小写。

在命令行输入命令后，可以使用以下的方法响应其他任何提示和选项。

◆要接受显示在尖括号“[ ]”中的默认选项，则按 Enter 键。

◆要响应提示，则输入值或单击图形中的某个位置。

◆要指定提示选项，可以在提示列表（命令行）中输入所需提示选项对应的亮显字母，然后按 Enter 键。也可以使用鼠标单击选择所需要的选项，在命令行中单击选择“倒角（C）”选项，等同于在此命令行提示下输入“C”并按 Enter 键。

指定另一个角点或 [面积(A)/尺寸(D)/旋转(R)]:
命令: RECTANG
指定第一个角点或 [倒角(C)/标高(E)/圆角(F)/厚度(T)/宽度(W)]: *取消*
命令: RECTANG
RECTANG 指定第一个角点或 [倒角(C) 标高(E) 圆角(F) 厚度(T) 宽度(W)]:

图 2-70 功能区面板

#### 3 使用菜单栏调用

菜单栏调用是 AutoCAD 2016 提供的功能最全、最强大的命令调用方法。AutoCAD 绝大多数常用命令都分门别类的放置在菜单栏中。例如，若需要在菜单栏中调用【多段线】命令，选择【绘图】|【多段线】菜单命令即可，如图 2-71 所示。

#### 4 使用快捷菜单调用

使用快捷菜单调用命令，即单击鼠标右键，在弹出的菜单中选择命令，如图 2-72 所示。

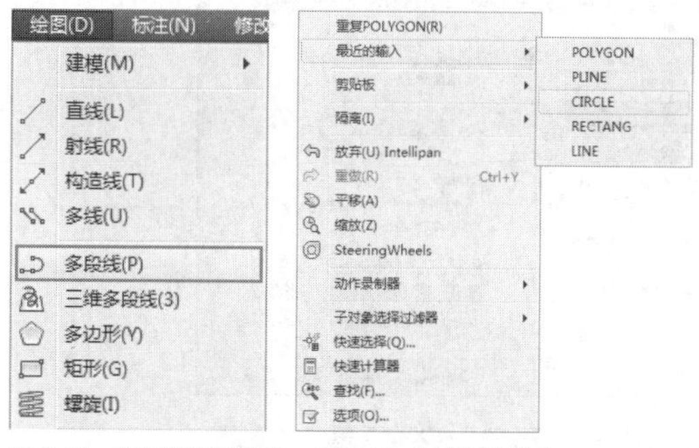


图 2-71 菜单栏调用【多段线】命令　图 2-72 右键快捷菜单

#### 5 使用工具栏调用

工具栏调用命令是 AutoCAD 的经典执行方式，如图 2-73 所示，也是旧版本 AutoCAD 最主要的执行方法。但随着时代进步，该种方式也日渐不适合人们的使用需求，因此与菜单栏一样，工具栏也不显示在 3 个工作空间中，需要通过【工具】|【工具栏】|【AutoCAD】命令调出。单击工具栏中的按钮，即可执行相应的命令。用户可以在其他工作空间绘图，也可以根据实际需要调出工具栏，如 UCS、【三维导航】、【建模】、【视图】、【视口】等。

为了获取更多的绘图空间，可以按住快捷键 Ctrl+O 隐藏工具栏，再按一次即可重新显示。

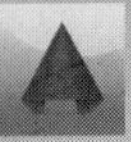



图 2-73 通过 AutoCAD 工具栏执行命令

## 2.3.2 命令的重复、撤销与重做

在使用 AutoCAD 绘图的过程中，难免会需要重复用到某一命令或对某命令进行了误操作，因此有必要了解命令的重复、撤销与重做方面的知识。

### 1 重复执行命令

在绘图过程中，有时需要重复执行同一个命令，如果每次都重复输入，会使绘图效率大大降低。执行【重复执行】命令有以下几种方法。

◆快捷键：按 Enter 键或空格键。

◆快捷菜单：单击鼠标右键，系统弹出的快捷菜单中选择【最近的输入】子菜单选择需要重复的命令。

◆命令行：MULTIPLE 或 MUL。

如果用户对绘图效率要求很高，那可以将鼠标右键自定义为重复执行命令的方式。在绘图区的空白处右击，在弹出的快捷菜单中选择【选项】，打开【选项】对话框，然后切换至【用户系统配置】选项卡，单击其中的【自定义右键单击（I）】按钮，打开【自定义右键单击】对话框，勾选两个【重复上一个命令（L）】选项，即可将右键设置为重复执行命令，如图 2-74 所示。

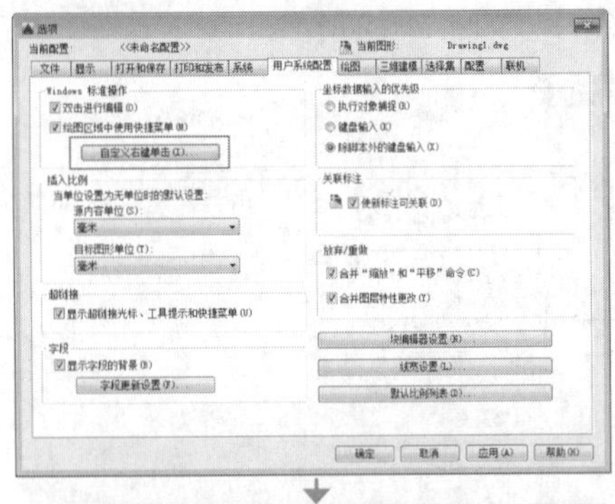

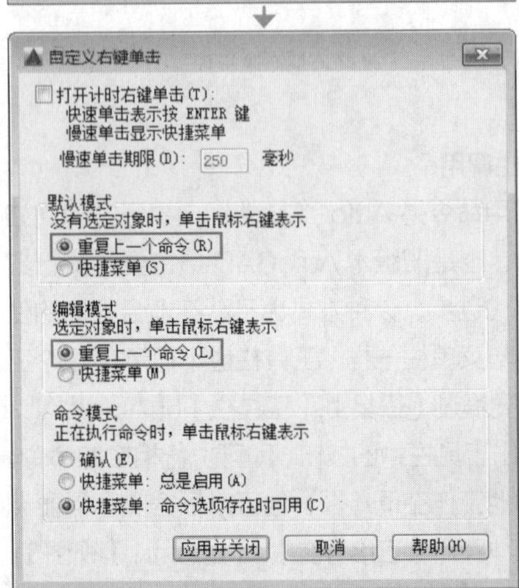


图 2-74 使用插件快速翻译文本

### 2 放弃命令

在绘图过程中，如果执行了错误的操作，此时就需要放弃操作。执行【放弃】命令有以下几种方法。

◆菜单栏：选择【编辑】|【放弃】命令。

◆工具栏：单击【快速访问】工具栏中的【放弃】按钮。

◆命令行：Undo 或 U。

◆快捷键：Ctrl+Z。

### 3 重做命令

通过重做命令，可以恢复前一次或者前几次已经放弃执行的操作，重做命令与撤销命令是一对相对的命令。执行【重做】命令有以下几种方法。

◆菜单栏：选择【编辑】|【重做】命令。

◆工具栏：单击【快速访问】工具栏中的【重做】按钮。

◆命令行：REDO。

◆快捷键：Ctrl+Y。

> **操作技巧**
>
> 如果要一次性撤销之前的多个操作，可以单击【放弃】按钮后的展开按钮，展开操作的历史记录如图2-75所示。该记录按照操作的先后，由下往上排列，移动指针选择要撤销的最近几个操作，如图2-76所示，单击即可撤销这些操作。

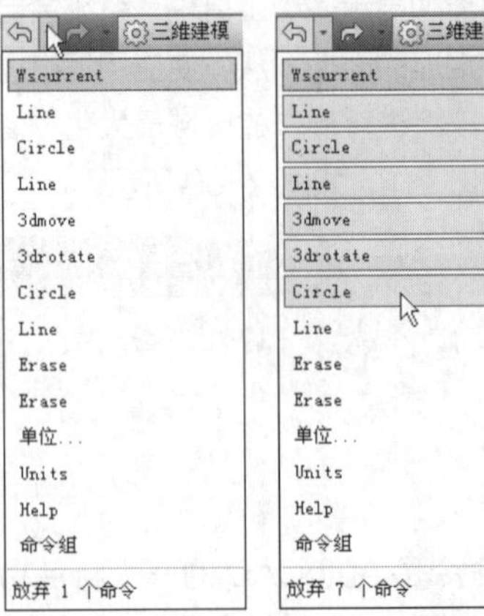


图 2-75 命令操作历史记录　图 2-76 选择要撤销的最近几个命令

## 2.3.3 透明命令 ★进阶★

在 AutoCAD 2016 中，有部分命令可以在执行其他命令的过程中嵌套执行，而不必退出其他命令单独执行，这种嵌套的命令就称为透明命令。例如，在执行【圆】命令的过程中，是不可以再去另外执行【矩形】命令的，但却可以执行【捕捉】命令来指定圆心，因此【捕捉】就可以看作是透明命令。透明命令通常是一些可以查询、改变图形设置或绘图工具的命令，如 GRID【栅格】、

SNAP【捕捉】、OSNAP【对象捕捉】、ZOOM【缩放】等命令。

执行完透明命令后，AutoCAD 自动恢复原来执行的命令。工具栏和状态栏上有些按钮本身就定义成透明使用的，便于在执行其他命令时调用，如【对象捕捉】、【栅格显示】和【动态输入】等。执行【透明】命令有以下几种方法。

◆ 在执行某一命令的过程中，直接通过菜单栏或工具按钮调用该命令。

◆ 在执行某一命令的过程中，在命令行输入单引号，然后输入该命令字符并按 Enter 键执行该命令。

## 2.3.4 自定义快捷键

丰富的快捷键功能是 AutoCAD 的一大特点，用户可以修改系统默认的快捷键，或者创建自定义的快捷键。如【重做】命令默认的快捷键是 Ctrl+Y，在键盘上这两个键因距离太远而操作不方便，此时可以将快捷键设置为 Ctrl+2。

选择【工具】|【自定义】|【界面】命令，系统弹出【自定义用户界面】对话框，如图 2-77 所示。在左上角的列表框中选择【键盘快捷键】选项，然后在右上角【快捷方式】列表中找到要定义的命令，双击其对应的主键值并进行修改，如图 2-78 所示。需注意的是，按键定义不能与其他命令重复，否则系统弹出提示信息对话框，如图 2-79 所示。

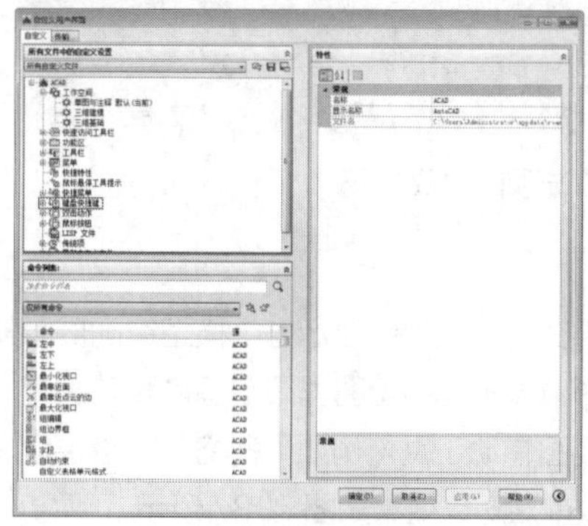

图 2-77 【自定义用户界面】对话框

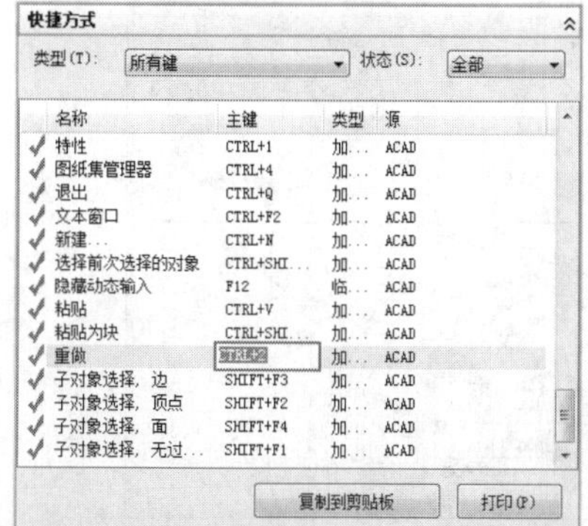


图 2-78 修改【重做】按键

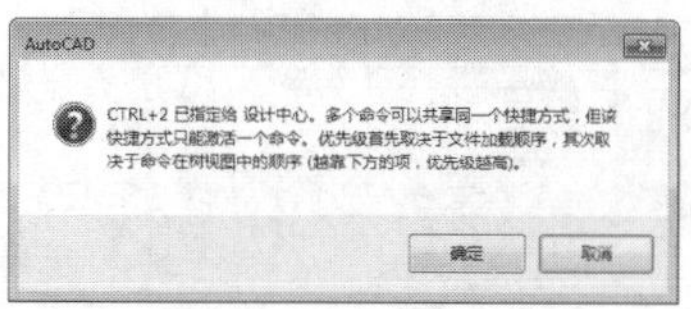


图 2-79 提示对话框

**练习 2-4 向功能区面板中添加【多线】按钮**

AutoCAD 的功能区面板中并没有显示出所有的可用命令按钮，如绘制墙体的【多线】（MLine）命令在功能区中就没有相应的按钮，这给习惯使用面板按钮的用户来说带来了不便。因此学会根据需要添加、删除和更改功能区中的命令按钮，就会大大提高我们的绘图效率。

下面以添加【多线】（MLine）命令按钮作讲解。

**Step 01** 单击功能区【管理】选项卡【自定义设置】组面板中【用户界面】按钮，系统弹出【自定义用户界面】对话框，如图2-80所示。

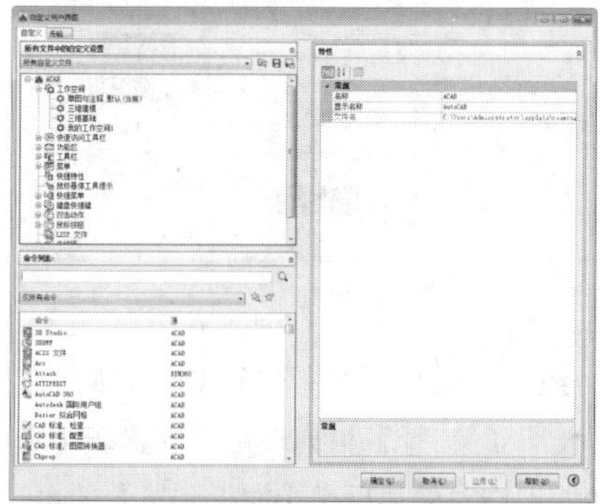

图 2-80 【自定义用户界面】对话框

**Step 02** 在【所有文件中的自定义设置】选项框中选择【所有自定义文件】下拉选项，依次展开其下的【功能区】|【面板】|【二维常用选项卡-绘图】树列表，如图2-81所示。

**Step 03** 在【命令列表】选项框中选择【绘图】下拉选项，在绘图命令列表中找到【多线】选项，如图2-82所示。

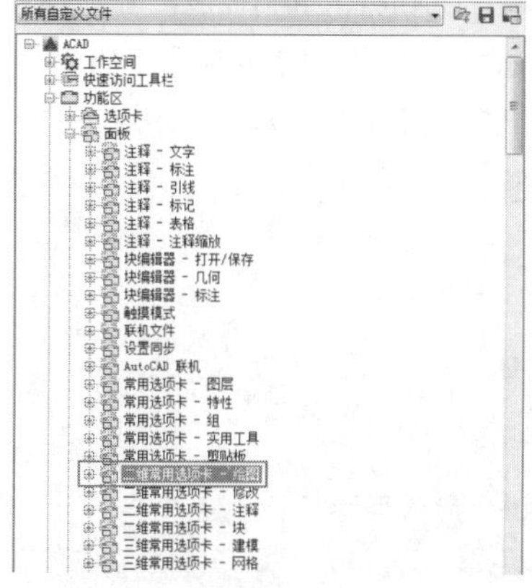


图 2-81 选择要放置命令按钮的位置

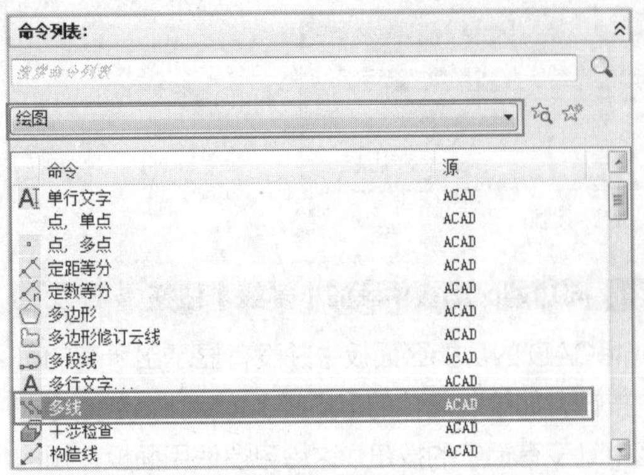
图 2-82 选择要放置的命令按钮

**Step 04** 单击【二维常用选项卡-绘图】树列表，显示其下的子选项，并展开【第3行】树列表，在对话框右侧的【面板预览】中可以预览到该面板的命令按钮布置，可见第3行中仍留有空位，可将【多线】按钮放置在此，如图2-83所示。

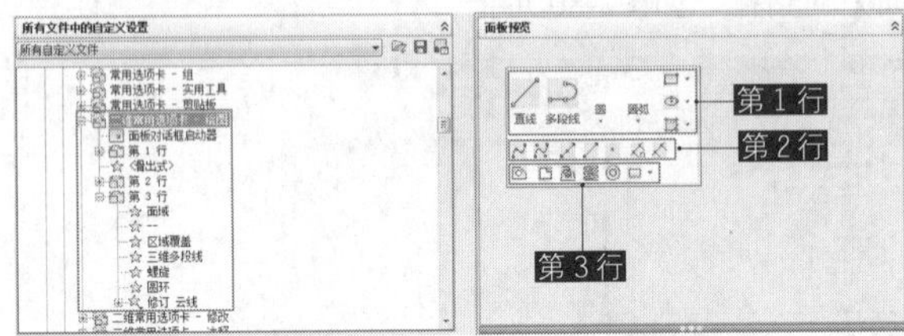

图 2-83 【二维常用选项卡 - 绘图】中的命令按钮布置图

**Step 05** 点选【多线】选项并向上拖动至【二维常用选项卡-绘图】树列表下【第3行】树列表中，放置在【修订 云线】命令之下，拖动成功后在【面板预览】的第3行位置处出现【多线】按钮，如图2-84所示。

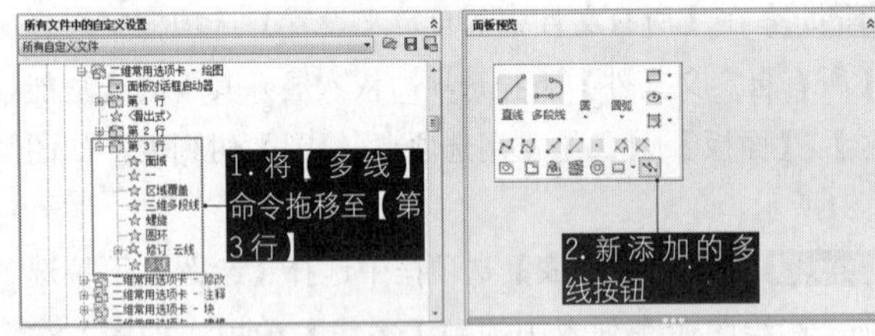

图 2-84 在【第 3 行】中添加【多线】按钮

**Step 06** 在对话框中单击【确定】按钮，完成设置。这时【多线】按钮便被添加进了【默认】选项卡下的【绘图】面板中，只需单击便可进行调用，如图2-85所示。

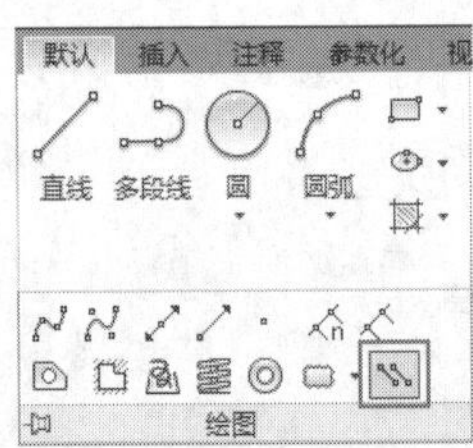
图 2-85 添加至【绘图】面板中的多线按钮

# 2.4 AutoCAD视图的控制

在绘图过程中，为了更好地观察和绘制图形，通常需要对视图进行平移、缩放、重生成等操作。本节将详细介绍 AutoCAD 视图的控制方法。

## 2.4.1 视图缩放

视图缩放命令可以调整当前视图大小，既能观察较大的图形范围，又能观察图形的细部而不改变图形的实际大小。视图缩放只是改变视图的比例，并不改变图形中对象的绝对大小，打印出来的图形仍是设置的大小。执行【视图缩放】命令有以下几种方法。

◆功能区：在【视图】选项卡中，单击【导航】面板选择视图缩放工具，如图 2-86 所示。

◆菜单栏：选择【视图】|【缩放】命令。

◆工具栏：单击【缩放】工具栏中的按钮。

◆命令行：ZOOM 或 Z。

◆快捷操作：滚动鼠标滚轮。

图 2-86 【视图】选项卡中的【导航】面板

执行缩放命令后，命令行提示如下。

```
命令: Z↙        ZOOM
                                    //调用【缩放】命令
指定窗口的角点，输入比例因子 (nX 或 nXP)，或者
[全部(A)/中心(C)/动态(D)/范围(E)/上一个(P)/比例(S)/窗口(W)/对象(O)] <实时>:
```

命令行中各个选项的含义如下。

### 1 全部缩放

全部缩放用于在当前视口中显示整个模型空间界限范围内的所有图形对象（包括绘图界限范围内和范围外的所有对象）和视图辅助工具（例如，栅格），也包含坐标系原点，缩放前后对比效果如图 2-87 所示。

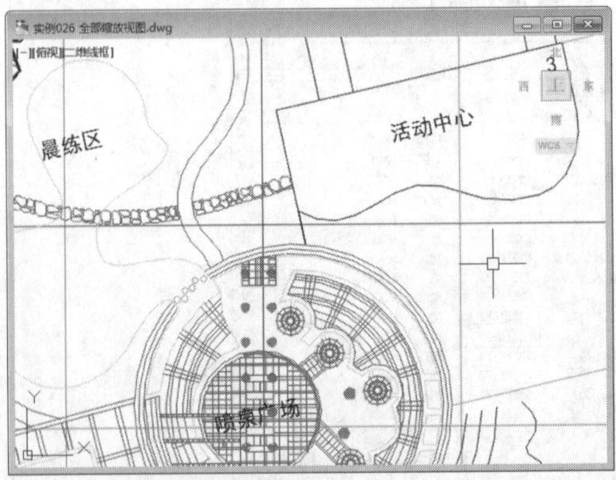

图 2-87 全部缩放效果

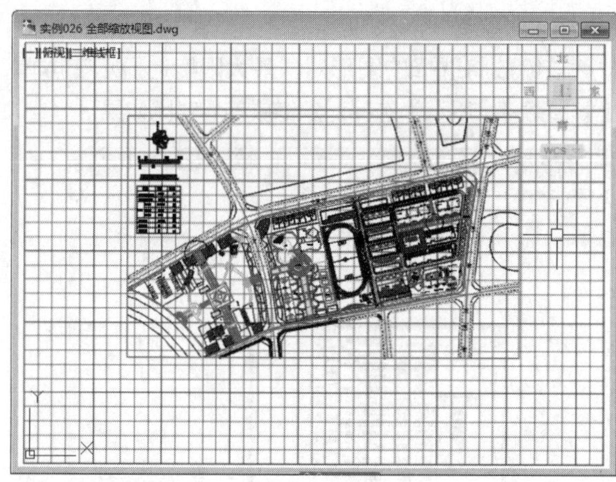

图 2-87 全部缩放效果（续）

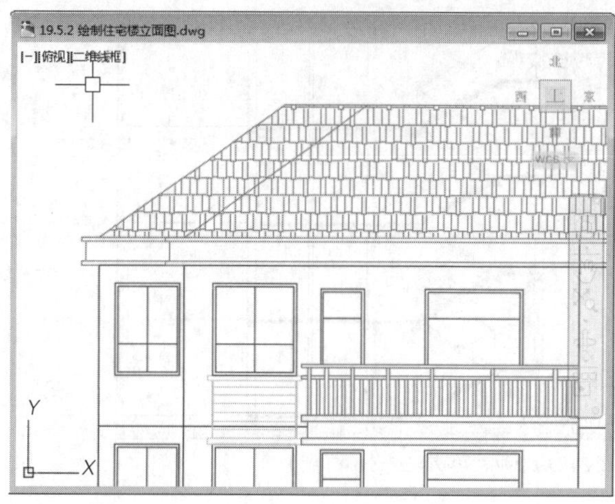

图 2-88 动态缩放效果（续）

## 2 中心缩放

中心缩放以指定点为中心点，整个图形按照指定的缩放比例缩放，缩放点成为新视图的中心点。使用中心缩放命令行提示如下。

```
指定中心点:                    //指定一点作为新视图的显示中心点
输入比例或高度<当前值>:          //输入比例或高度
```

【当前值】为当前视图的纵向高度。若输入的高度值比当前值小，则视图将放大；若输入的高度值比当前值大，则视图将缩小。其缩放系数等于“当前窗口高度 / 输入高度”的比值。也可以直接输入缩放系数，或缩放系数后附加字符 X 或 XP。在数值后加 X，表示相对于当前视图进行缩放；在数值后加 XP，表示相对于图纸空间单位进行缩放。

## 3 动态缩放

动态缩放用于对图形进行动态缩放。选择该选项后，绘图区将显示几个不同颜色的方框，拖动鼠标移动方框到要缩放的位置，单击鼠标左键调整大小，最后按 Enter 键即可将方框内的图形最大化显示，如图 2-88 所示。

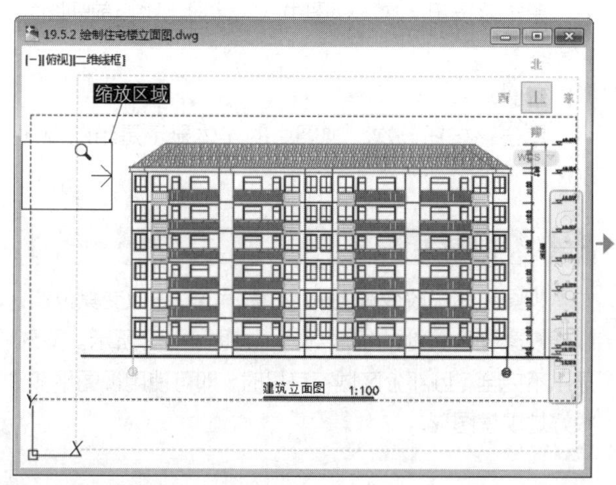


图 2-88 动态缩放效果

## 4 范围缩放

范围缩放使所有图形对象最大化显示，充满整个视口。视图包含已关闭图层上的对象，但不包含冻结图层上的对象。范围缩放仅与图形有关，会使得图形充满整个视口，而不会像全部缩放一样将坐标原点同样计算在内，因此是使用最为频繁的缩放命令。而双击鼠标中键可以快速进行视图范围缩放。

## 5 缩放上一个

恢复到前一个视图显示的图形状态。

## 6 比例缩放

比例缩放按输入的比例值进行缩放。有 3 种输入方法：

◆ 直接输入数值，表示相对于图形界限进行缩放，如输入“2”，则将以界限原来尺寸的 2 倍进行显示，如图 2-89 所示（栅格为界限）；

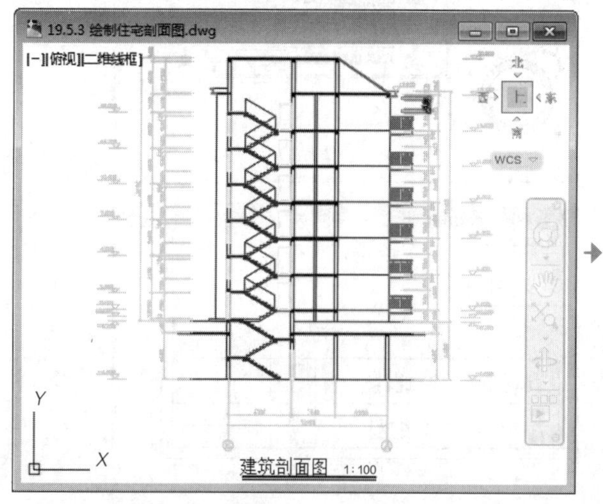


图 2-89 比例缩放输入“2”效果

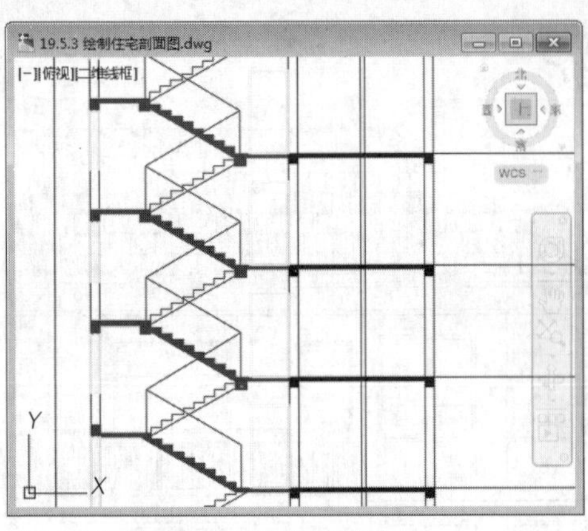
图 2-89 比例缩放输入"2"效果（续）

◆ 在数值后加 X，表示相对于当前视图进行缩放，如输入"2X"，使屏幕上的每个对象显示为原大小的2倍。

◆ 在数值后加 XP，表示相对于图纸空间单位进行缩放，如输入"2XP"，则以图纸空间单位的 2 倍显示模型空间。在创建视口时适合输入不同的比例来显示对象的布局。

**7 窗口缩放**

窗口缩放可以将矩形窗口内选择的图形充满当前视窗。

执行完操作后，用光标确定窗口对角点，这两个角点确定了一个矩形框窗口，系统将矩形框窗口内的图形放大至整个屏幕，如图 2-90 所示。

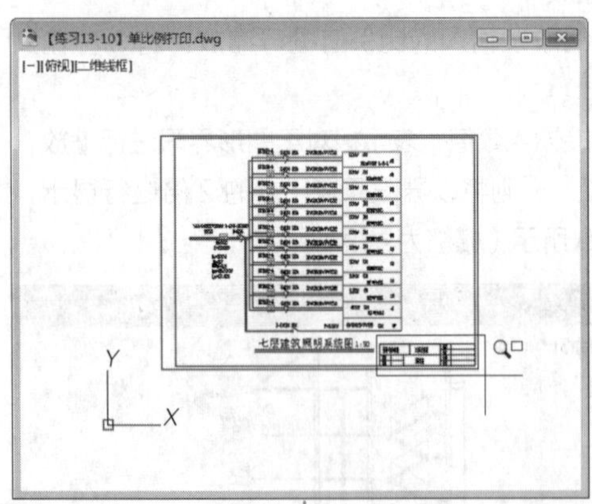

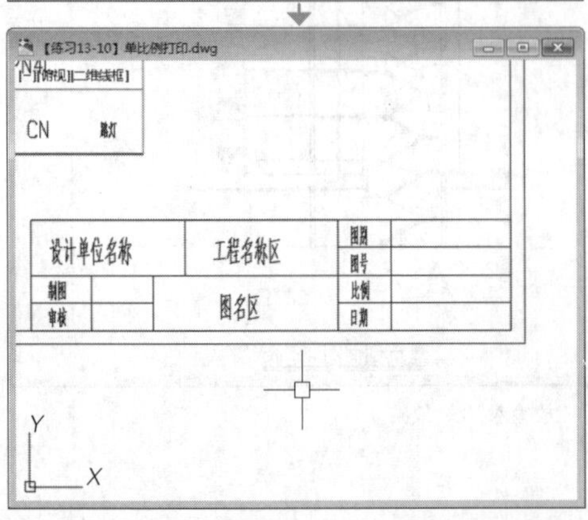
图 2-90 窗口缩放效果

**8 缩放对象**

该缩放将选择的图形对象最大限度地显示在屏幕上。图 2-91 所示为选择对象缩放前后对比效果。

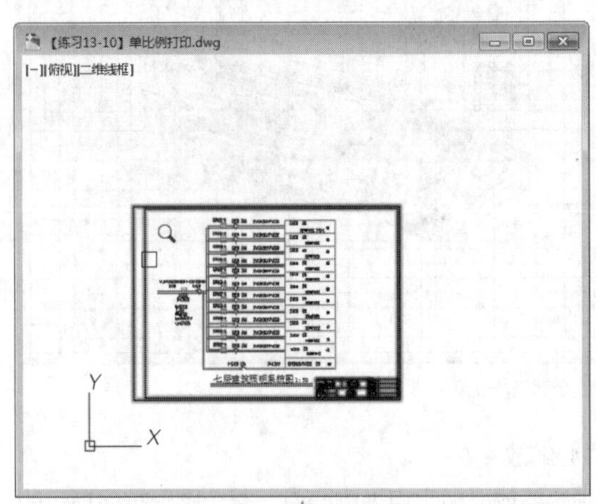

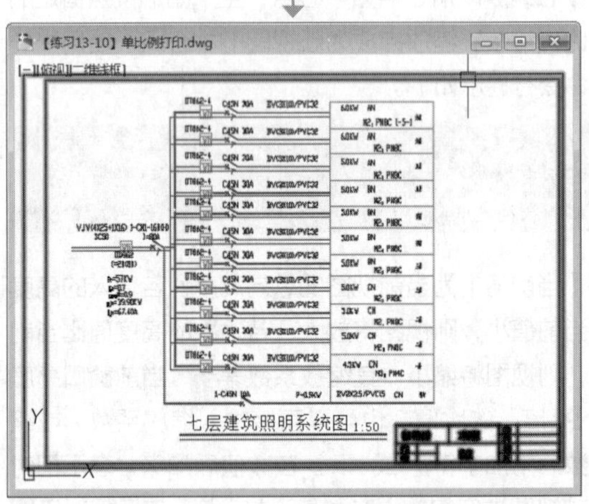
图 2-91 缩放对象效果

**9 实时缩放**

实时缩放为默认选项。执行缩放命令后直接按 Enter 键即可使用该选项。在屏幕上会出现一个🔍形状的光标，按住鼠标左键不放向上或向下移动，即可实现图形的放大或缩小。

**10 放大**

单击该按钮一次，视图中的实体显示比当前视图大 1 倍。

**11 缩小**

单击该按钮一次，视图中的实体显示是当前视图 50%。

### 2.4.2 视图平移

视图平移不改变视图的大小和角度，只改变其位置，以便观察图形其他的组成部分，如图 2-92 所示。图形显示不完全，且部分区域不可见时，即可使用视图平移，很好地观察图形。

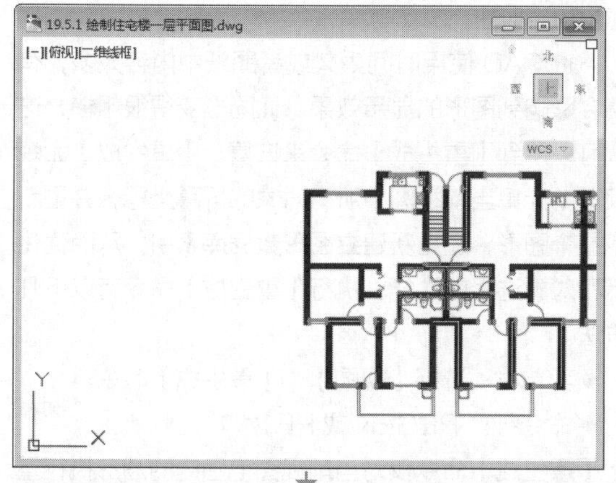


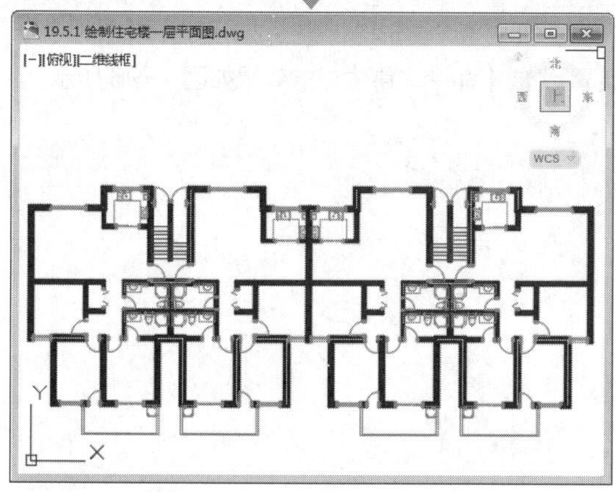


图 2-92 视图平移效果

执行【平移】命令有以下几种方法。

◆功能区：单击【视图】选项卡中【导航】面板的【平移】按钮。

◆菜单栏：选择【视图】|【平移】命令。

◆工具栏：单击【标准】工具栏上的【实时平移】按钮。

◆命令行：PAN 或 P。

◆快捷操作：按住鼠标滚轮拖动，可以快速进行视图平移。

视图平移可以分为【实时平移】和【定点平移】两种，其含义如下。

◆实时平移：光标形状变为手形，按住鼠标左键拖曳可以使图形的显示位置随鼠标向同一方向移动。

◆定点平移：通过指定平移起始点和目标点的方式进行平移。

在【平移】子菜单中，【左】、【右】、【上】、【下】分别表示将视图向左、右、上、下 4 个方向移动。必须注意的是，该命令并不是真的移动图形对象，也不是真正改变图形，而是通过位移图形进行平移。

## 2.4.3 使用导航栏

导航栏是一种用户界面元素，是一个视图控制集成工具，用户可以从中访问通用导航工具和特定于产品的导航工具。单击视口左上角的“[-]”标签，在弹出菜单中选择【导航栏】选项，可以控制导航栏是否在视口中显示，如图 2-93 所示。

导航栏中有以下通用导航工具。

◆ViewCube：指示模型的当前方向，并用于重定向模型的当前视图。

◆SteeringWheels：用于在专用导航工具之间快速切换的控制盘集合。

◆ShowMotion：用户界面元素，为创建和回放电影式相机动画提供屏幕显示，以便进行设计查看、演示和书签样式导航。

◆3Dconnexion：一套导航工具，用于使用 3Dconnexion 三维鼠标重新设置模型当前视图的方向。

◆导航栏中有以下特定于产品的导航工具，如图 2-94 所示。

◆平移：沿屏幕平移视图。

◆缩放工具：用于增大或减小模型的当前视图比例的导航工具集。

◆动态观察工具：用于旋转模型当前视图的导航工具集。

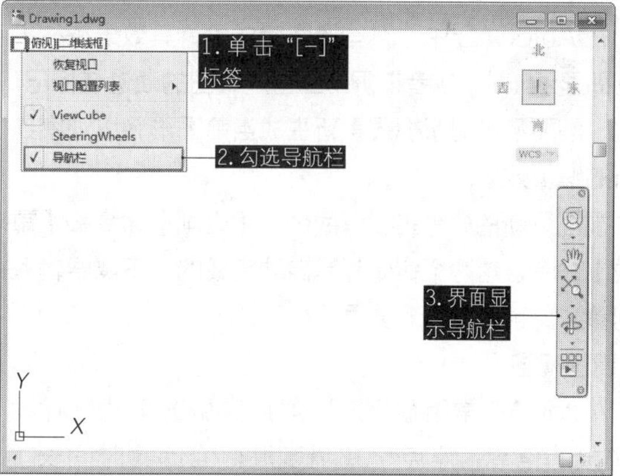


图 2-93 使用导航栏

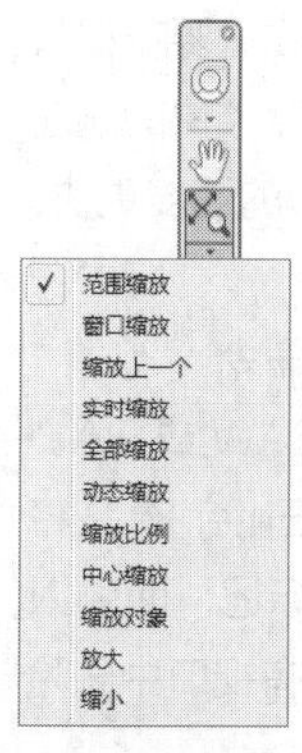


图 2-94 导航工具

### 2.4.4 命名视图 ★进阶★

命名视图是指将某些视图命名并保存，供以后随时调用，一般在三维建模中使用。执行【命名视图】命令有以下几种方法。

◆功能区：单击【视图】面板中的【视图管理器】按钮。

◆菜单栏：选择【视图】|【命名视图】命令。

◆工具栏：单击【视图】工具栏中的【命名视图】按钮。

◆命令行：VIEW 或 V。

执行该命令后，系统弹出【视图管理器】对话框，如图 2-95 所示，可以在其中进行视图的命名和保存。

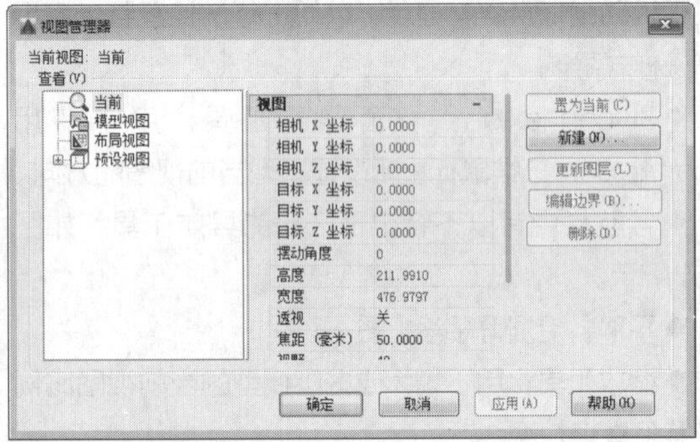


图 2-95 【视图管理器】对话框

### 2.4.5 重画与重生成视图

在 AutoCAD 中，某些操作完成后，其效果往往不会立即显示出来，或者在屏幕上留下绘图的痕迹与标记。因此，需要通过刷新视图重新生成当前图形，以观察到最新的编辑效果。

视图刷新的命令主要有两个：【重画】命令和【重生成】命令。这两个命令都是自动完成的，不需要输入任何参数，也没有可选选项。

#### 1 重画视图

AutoCAD 常用数据库以浮点数据的形式储存图形对象的信息，浮点格式精度高，但计算时间长。AutoCAD 重生成对象时，需要把浮点数值转换为适当的屏幕坐标。因此对于复杂图形，重新生成需要花很长的时间。为此软件提供了【重画】这种速度较快的刷新命令。重画只刷新屏幕显示，因而生成图形的速度更快。执行【重画】命令有以下几种方法。

◆菜单栏：选择【视图】|【重画】命令。

◆命令行：REDRAWALL 或 RADRAW 或 RA。

在命令行中输入 REDRAW 并按 Enter 键，将从当前视口中删除编辑命令留下来的点标记；而输入 REDRAWWALL 并按 Enter 键，将从所有视口中删除编辑命令留下来的点标记。

#### 2 重生成视图

AutoCAD 使用时间太久或者图纸中内容太多，有时就会影响到图形的显示效果，让图形变得很粗糙，这时就可以用到【重生成】命令来恢复。【重生成】命令不仅重新计算当前视图中所有对象的屏幕坐标，并重新生成整个图形，还重新建立图形数据库索引，从而优化显示和对象选择的性能。执行【重生成】命令有以下几种方法。

◆菜单栏：选择【视图】|【重生成】命令。

◆命令行：REGEN 或 RE。

【重生成】命令仅对当前视图范围内的图形执行重生成，如果要对整个图形执行重生成，可选择【视图】|【全部重生成】命令。重生成的效果如图 2-96 所示。

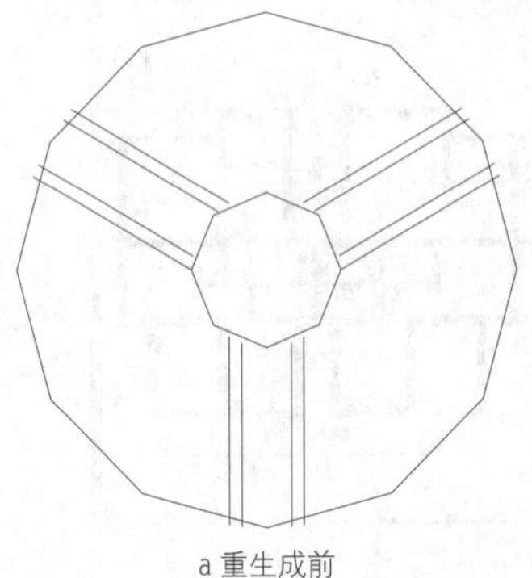

a 重生成前

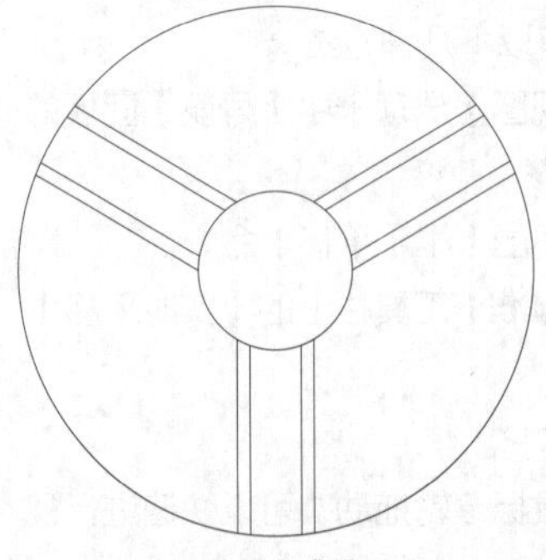

b 重生成后

图 2-96 重生成前后的效果

## 2.5 AutoCAD 2016工作空间

中文版 AutoCAD 2016 为用户提供了【草图与注释】、【三维基础】以及【三维建模】3 种工作空间。选择不同的空间可以进行不同的操作，如在【三维建模】工作空间下，可以方便地进行更复杂的三维建模为主的绘图操作。

### 2.5.1 【草图与注释】工作空间 ★重点★

AutoCAD 2016 默认的工作空间为【草图与注释】空间，也是水暖电设计中的主要工作空间。其界面主要由【应用程序】按钮、功能区选项板、快速访问工具栏、绘图区、命令行窗口和状态栏等元素组成。在该空间中，可以方便地使用【默认】选项卡中的【绘图】、【修改】、【图层】、【注释】、【块】和【特性】等面板绘制和编辑二维图形，如图 2-97 所示。

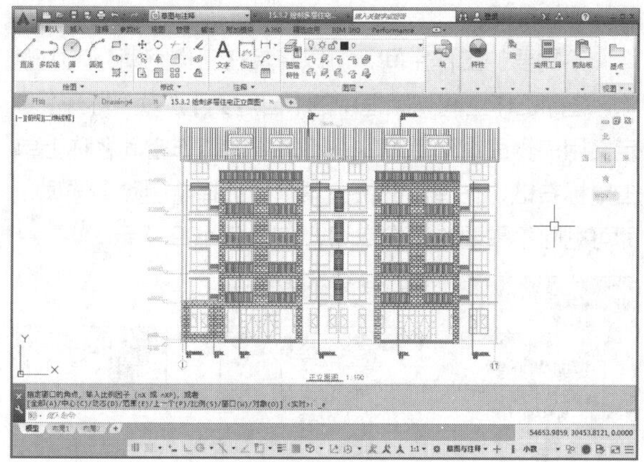

图 2-97 【草图与注释】工作空间

## 2.5.2 【三维基础】工作空间

【三维基础】空间与【草图与注释】工作空间类似，但【三维基础】空间功能区包含的是基本的三维建模工具，如各种常用的三维建模、布尔运算以及三维编辑工具按钮，能够非常方便地创建简单的基本三维模型，如图 2-98 所示。

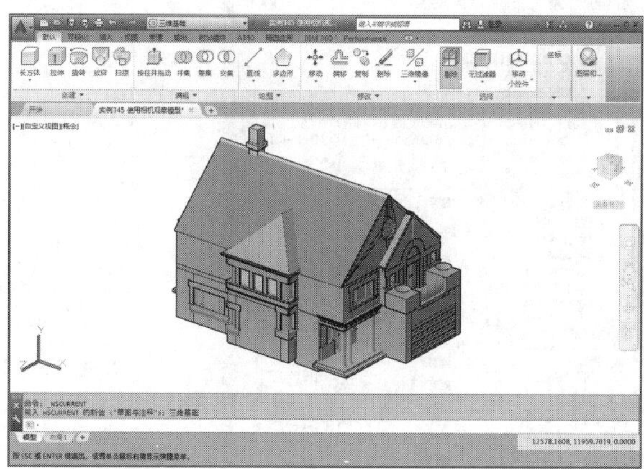

图 2-98 【三维基础】工作空间

## 2.5.3 【三维建模】工作空间

【三维建模】空间界面与【三维基础】空间界面较相似，但功能区包含的工具有较大差异。其功能区选项卡中集中了实体、曲面和网格的多种建模和编辑命令，以及视觉样式、渲染等模型显示工具，为绘制和观察三维图形、附加材质、创建动画、设置光源等操作提供了非常便利的环境，如图 2-99 所示。

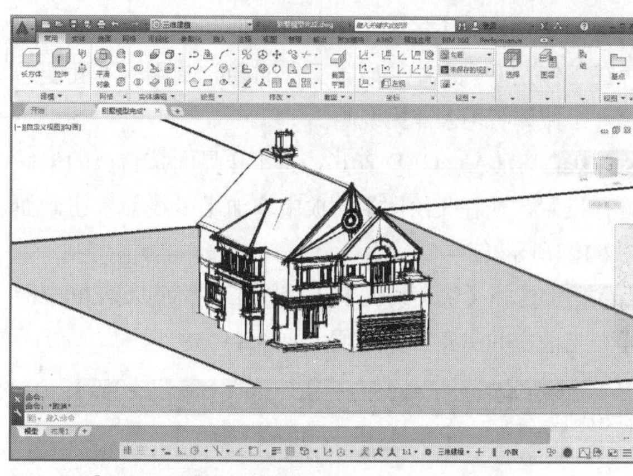

图 2-99 【三维建模】工作空间

## 2.5.4 切换工作空间

在【草图与注释】空间中绘制出二维草图，然后转换至【三维基础】工作空间进行建模操作，再转换至【三维建模】工作空间赋予材质、布置灯光进行渲染，此即 AutoCAD 建模的大致流程，因此可见这 3 个工作空间是互为补充的。而切换工作空间则有以下几种方法。

◆快速访问工具栏：单击快速访问工具栏中的【切换工作空间】下拉按钮草图与注释，在弹出的下拉列表中进行切换，如图 2-100 所示。

◆菜单栏：选择【工具】|【工作空间】命令，在子菜单中进行切换，如图 2-101 所示。

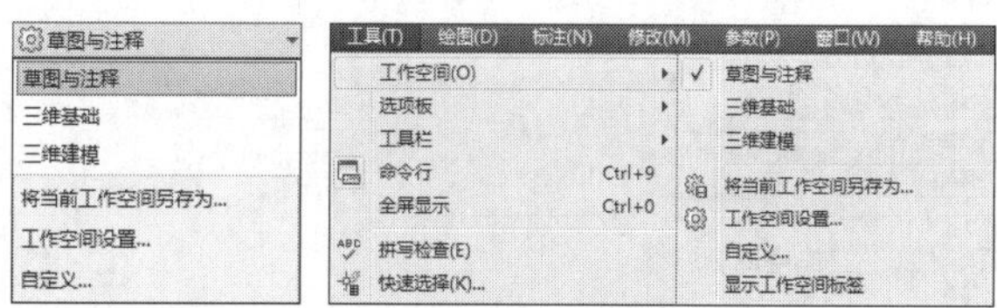


图 2-100 通过下拉列表切换工作空间　图 2-101 通过菜单栏切换工作空间

◆工具栏：在【工作空间】工具栏的【工作空间控制】下拉列表框中进行切换，如图 2-102 所示。

◆状态栏：单击状态栏右侧的【切换工作空间】按钮，如图 2-103 所示在弹出的下拉菜单中进行切换。

图 2-102 通过工具栏切换工作空间　图 2-103 通过状态栏切换工作空间

### 练习 2-5 创建个性化的工作空间

除以上提到的 3 个基本工作空间外，根据水暖电设计绘图的需要，用户可以自定义自己的个性空间（如【练

习2-4】中含有【多线】按钮的工作空间），并将其保存在工作空间列表中，以备工作时随时调用。下面便通过一个具体练习来详见说明。

Step 01 启动AutoCAD 2016，将工作界面按自己的偏好进行设置，如在【绘图】面板中增加【多线】按钮，如图2-104所示。

Step 02 选择【快速访问】工具栏工作空间类表框中的【将当前空间另存为】选项，如图2-105所示。

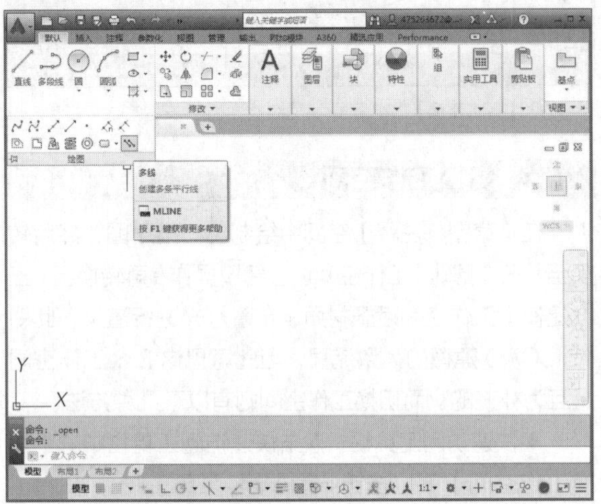

图 2-104 自定义的工作空间

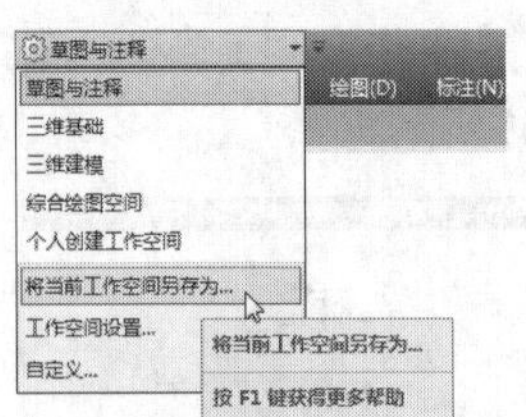

图 2-105 工作空间列表框

Step 03 系统弹出【保存工作空间】对话框，输入新工作空间的名称，如图2-106所示。

Step 04 单击【保存】按钮，自定义的工作空间即创建完成，如图2-107所示。在以后的工作中，可以随时通过选择该工作空间，快速将工作界面切换为相应的状态。

图 2-106 【保存工作空间】对话框

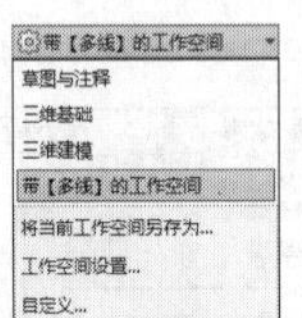

图 2-107 工作空间列表框

## 2.5.5 工作空间的设置

通过【工作空间设置】可以修改AutoCAD默认的工作空间。这样做的好处就是能将用户自定义的工作空间设为默认，这样在启动AutoCAD后即可快速工作，无须再进行切换。

执行【工作空间设置】的方法与切换工作空间一致，只需在给列表框中选择【工作空间设置】选项即可。选择之后弹出【工作空间设置】对话框，如图2-108所示。在【我的工作空间（M）=】下拉列表中选择要设置为默认的工作空间，即可将该空间设置为AutoCAD启动后的初始空间。

不需要的工作空间，可以将其在工作空间列表中删除。选择工作空间列表框中的【自定义】选项，打开【自定义用户界面】对话框，在不需要的工作空间名称上单击鼠标右键，在弹出的快捷菜单中选择【删除】选项，即可删除不需要的工作空间，如图2-109所示。

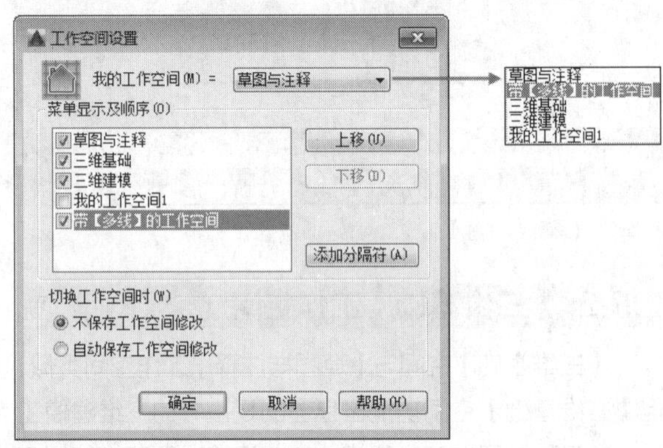

图 2-108 【工作空间设置】对话框

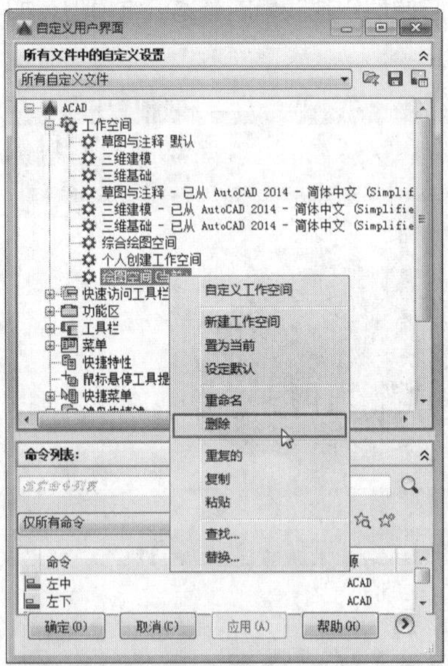

图 2-109 删除不需要的工作空间

### 练习 2-6 创建带【工具栏】的经典工作空间

从2015版本开始，AutoCAD取消了【经典工作空间】的界面设置，结束了长达十余年之久的通过工具栏来调用命令的操作方式。但对于一些有基础的建筑设计师来说，相较于2016，他们习惯于使用工具栏来调用命令，也更习惯于2005、2008、2012等经典版本的工作界面，如图2-110所示。

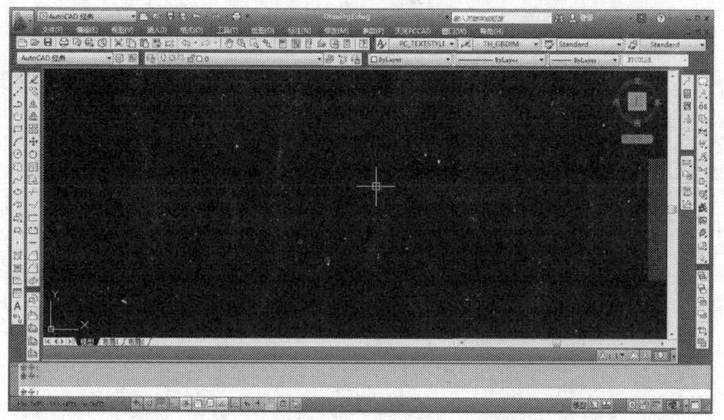

图 2-110 旧版本 AutoCAD 的经典空间

在 AutoCAD 2016 中，仍然可以通过设置工作空间的方式，创建出符合自己操作习惯的经典界面，方法如下。

**Step 01** 单击快速访问工具栏中的【切换工作空间】下拉按钮，在弹出的下拉列表中选择【自定义】选项，如图2-111所示。

**Step 02** 系统自动打开【自定义工作界面】对话框，然后选择【工作空间】一栏，单击右键，在弹出的快捷菜单中选择【新建工作空间】选项，如图2-112所示。

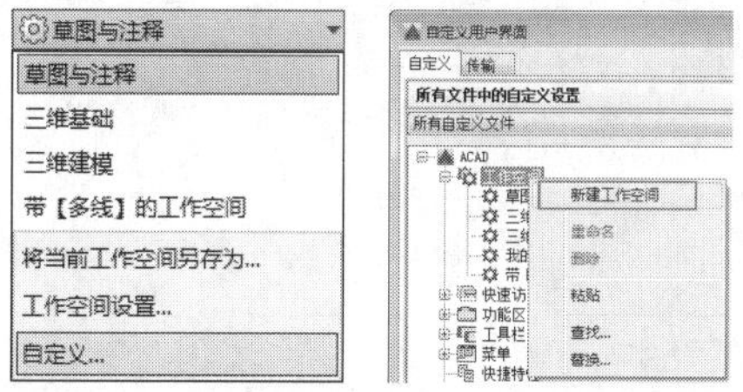


图 2-111 选择【自定义】 图 2-112 新建工作空间

**Step 03** 在【工作空间】树列表中新添加了一工作空间，将其命名为【经典工作空间】，然后单击对话框右侧【工作空间内容】区域中的【自定义工作空间】按钮，如图2-113所示。

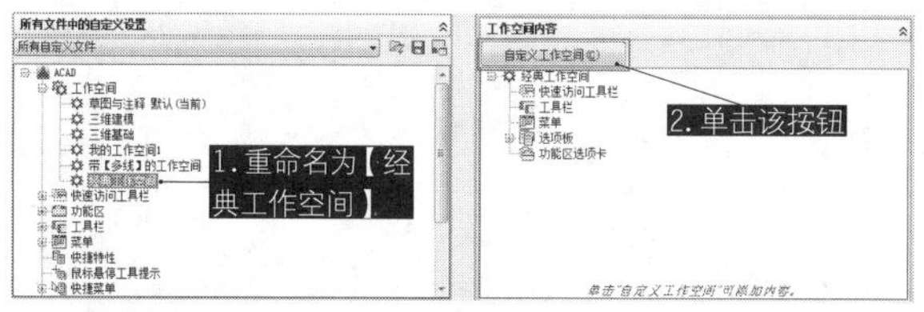


图 2-113 命名为【经典工作空间】

**Step 04** 返回对话框左侧【所有自定义文件】区域，单击⊞按钮展开【工具栏】树列表，依次勾选其中的【标注】、【绘图】、【修改】、【标准】、【样式】、【图层】、【特性】等7个工具栏，即旧版本AutoCAD中的经典工具栏，如图2-114所示。

**Step 05** 再返回勾选上一级的整个【菜单栏】与【快速访问工具栏】下的【快速访问工具栏1】，如图2-115所示。

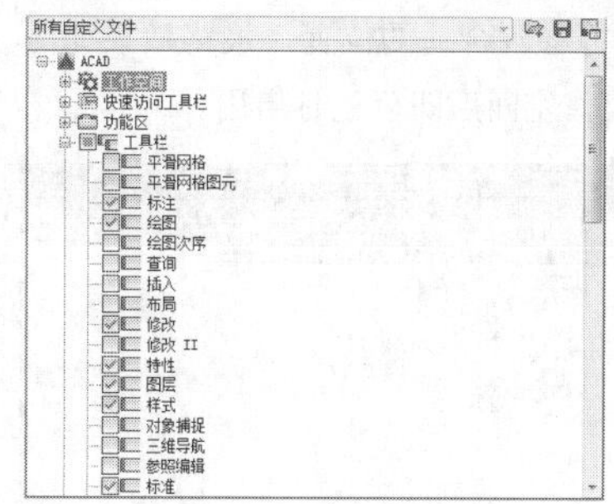

图 2-114 勾选 7 个经典工具栏

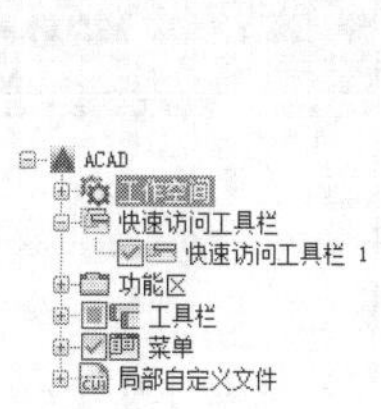

图 2-115 勾选菜单栏与快速访问工具栏

**Step 06** 在对话框右侧的【工作空间内容】区域中已经可以预览到该工作空间的结构，确定无误后单击其上方的【完成】按钮，如图2-116所示。

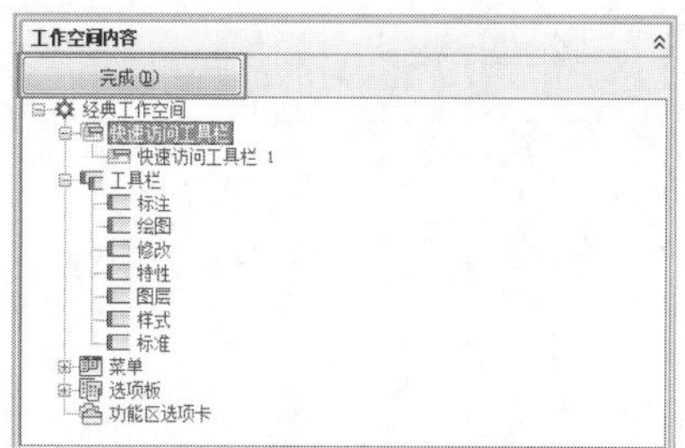

图 2-116 完成经典工作空间的设置

**Step 07** 在【自定义工作界面】对话框中先单击【应用】按钮，再单击【确定】，退出该对话框。

**Step 08** 将工作空间切换至刚刚创建的【经典工作空间】，效果如图2-117所示。

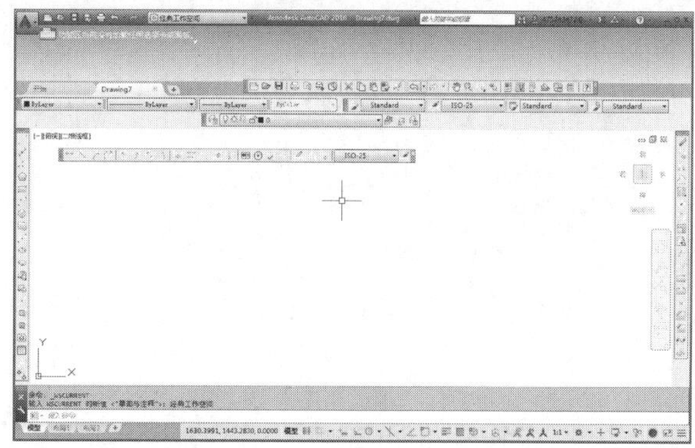

图 2-117 创建的【经典工作空间】

**Step 09** 可见在原来的【功能区】区域已经消失，但仍空出了一大块，影响界面效果。可以该处右击，在弹出的快捷菜单中选择【关闭】选项，即可关闭【功能区】显示，如图2-118所示。

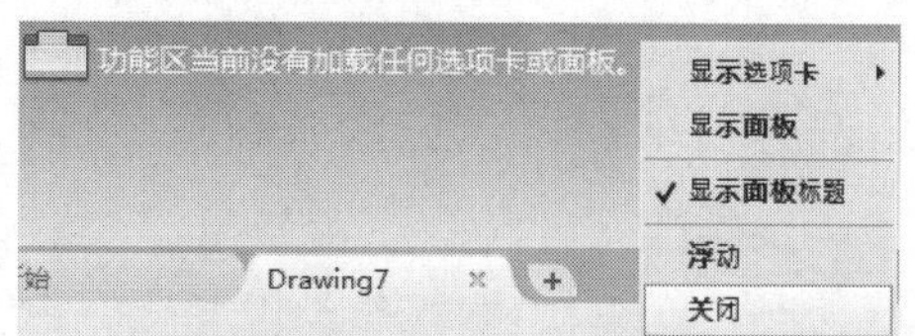


图 2-118 创建的经典工作空间

**Step 10** 将各工具栏拖移到合适的位置，最终效果如图2-119所示。保存该工作空间后即可随时启用。

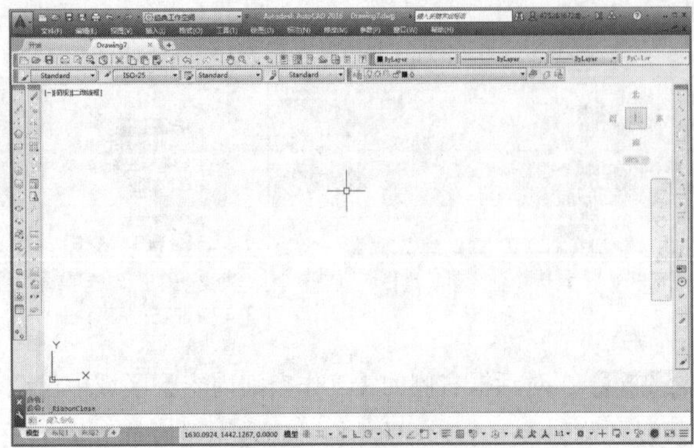

图 2-119 经典工作空间

# 第 3 章 文件管理

文件管理是管理 AutoCAD 文件。在深入学习 AutoCAD 绘图之前，本章首先介绍 AutoCAD 文件的管理、样板文件、文件的输出及文件的备份与修复等基本知识，使读者对 AutoCAD 文件的管理有一个全面的了解和认识，为快速运用该软件打下坚实的基础。

## 3.1 AutoCAD文件的管理

文件管理是软件操作的基础，在 AutoCAD 2016 中，图形文件的基本操作包括新建文件、打开文件、保存文件、查找文件和输出文件等。

### 3.1.1 AutoCAD 文件的主要格式

AutoCAD 能直接保存和打开的主要有以下 4 种格式：【.dwg】、【.dws】、【.dwt】和【.dxf】，分别介绍如下。

◆【.dwg】：dwg 文件是 AutoCAD 的默认图形文件，是二维或三维图形档案。如果另一个应用程序需要使用该文件信息，则可以通过输出将其转换为其他的特定格式，详见本章的“2.3 文件的输出”一节。

◆【.dws】：dws 文件被称为标准文件，里面保存了图层、标注样式、线型、文字样式。当设计单位要实行图纸标准化，对图纸的图层、标注、文字、线型有非常明确的要求时就可以使用 dws 标准文件。此外，为了保护自己的文档，可以将图形用 dws 的格式保存，dws 格式的文档，只能查看，不能修改。

◆【.dwt】：dwt 是 AutoCAD 模板文件，保存了一些图形设置和常用对象（如标题框和文本），详见本章的“2.2 样板文件”。

◆【.dxf】：dxf 文件是包含图形信息的文本文件，其他的 CAD 系统（如 UG、Creo、Solidworks）可以读取文件中的信息。因此可以用 dxf 格式保存 AutoCAD 图形，使其在其他绘图软件中打开。

其他几种与 AutoCAD 有关的格式介绍如下。

◆【.dwl】：dwl 是 与 AutoCAD 文 档 dwg 相关的一种格式，意为被锁文档（其中 L=Lock）。其实这是早期 AutoCAD 版本软件的一种生成文件，当 AutoCAD 非法退出的时候容易自动生成与 dwg 文件名同名但扩展名为 dwl 的被锁文件。一旦生成这个文件则原来的 dwg 文件将无法打开，必须手动删除该文件才可以恢复打开 dwg 文件。

◆【.sat】：即 ACIS 文件，可以将某些对象类型输出到 ASCII（SAT）格式的 ACIS 文件中。可将代表剪过的 NURBS 曲面、面域和实体的 ShapeManager 对象输出到 ASCII（SAT）格式的 ACIS 文件中。

◆【.3ds】：即 3D Studio（3DS）的文件。3DSOUT 仅输出具有表面特征的对象，即输出的直线或圆弧的厚度不能为零。宽线、多段线的宽度或厚度不能为零。圆、多边形网格和多面始终可以输出。实体和三维面必须至少有 3 个唯一顶点。如果有必要，可将几何图形在输出时网格化。在使用 3DSOUT 之前，必须将 AME（高级建模扩展）和 AutoSurf 对象装换为网格。3DSOUT 将命名视图转换为 3D Studio 相机，并将相片级光跟踪光源转换为最接近的 3D Studio 等效对象：点光源变为泛光光源，聚光灯和平行光变为 3D Studio 聚光灯。

◆【.stl】：即平板印刷文件，可以使用与平板印刷设备（SLA）兼容的文件格式写入实体对象。实体数据以三角形网格面得形式装换为 SLA。SLA 工作站使用该数据来定义代表部件的一系列图层。

◆WIMF：WIMF 文件在许多 Windows 应用程序中使用。WIMF（Windows 图文文件格式）文件包含矢量图形或光栅图形格式，但只在矢量图形中创建 WIMF 文件。矢量格式与其他格式相比，能实现更快的平移和缩放。

◆光栅文件：可以为图形中的对象创建与设备无关的光栅图像。可以使用若干命令将对象输出到与设备无关的光栅图像中，光栅图像的格式可以是位图、JPEG、TIFF 和 PNG。某些文件格式在创建时即为压缩形式，如 JPEG 格式。压缩文件占有较少的磁盘空间，但有些应用程序可能无法读取这些文件。

◆PostScript 文件：可以将图形文件转换为 PostScript 文件，很多桌面发布应用程序都使用该文件格式。将图形转换为 PostScript 格式后，也可以使用 PostScript 字体。

### 3.1.2 新建文件

启动 AutoCAD 2016 后，系统将自动新建一个名为“Drawing1.dwg”的图形文件，该图形文件默认以 acadiso.dwt 为样板创建。如果用户需要绘制一个新的图形，则需要使用【新建】命令。启动【新建】命令有以下几种方法。

◆应用程序按钮：单击【应用程序】按钮，在下拉菜单中选择【新建】选项，如图3-1所示。

◆快速访问工具栏：单击【快速访问】工具栏中的【新建】按钮。

◆菜单栏：执行【文件】|【新建】命令。

◆标签栏：单击标签栏上的按钮。

◆命令行：NEW或QNEW。

◆快捷键：Ctrl+N。

用户可以根据绘图需要，在对话框中选择打开不同的绘图样板，即可以样板文件创建一个新的图形文件。单击【打开】按钮旁的下拉菜单可以选择打开样板文件的方式，共有【打开】、【无样板打开－英制（I）】、【无样板打开－公制（M）】3种方式，如图3-2所示。通常选择默认的【打开】方式。

图3-1 【应用程序】按钮新建文件

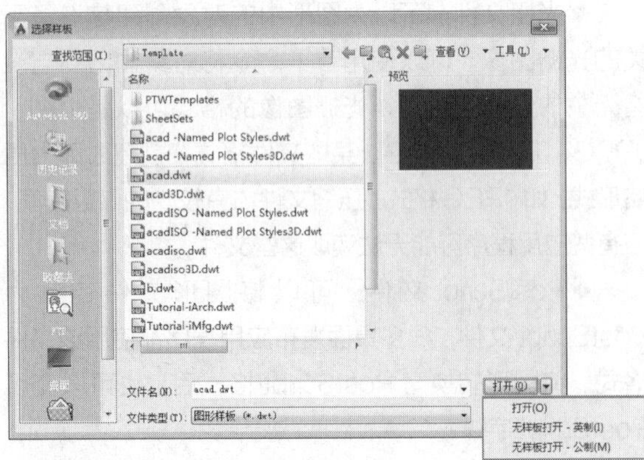


图3-2 【选择样板】对话框

## 3.1.3 打开文件

AutoCAD文件的打开方式有很多种，启动【打开】命令有以下几种方法。

◆应用程序按钮：单击【应用程序】按钮，在弹出的快捷菜单中选择【打开】选项。

◆快速访问工具栏：单击【快速访问】工具栏【打开】按钮。

◆菜单栏：执行【文件】|【打开】命令。

◆标签栏：在标签栏空白位置单击鼠标右键，在弹出的右键快捷菜单中选择【打开】选项。

◆命令行：OPEN或QOPEN。

◆快捷键：Ctrl+O。

快捷方式：直接双击要打开的.dwg图形文件。

执行以上操作都会弹出【选择文件】对话框，该对话框用于选择已有的AutoCAD图形，单击【打开】按钮后的三角下拉按钮，在弹出的下拉菜单中可以选择不同的打开方式，如图3-3所示。

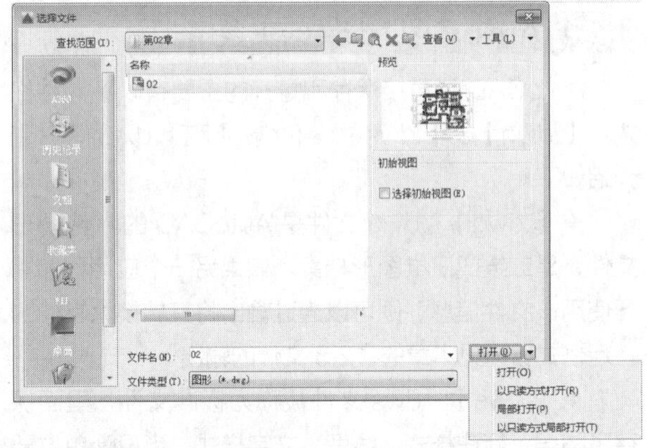


图3-3 【选择文件】对话框

对话框中各选项含义说明如下。

◆【打开】：直接打开图形，可对图形进行编辑、修改。

◆【以只读方式打开】：打开图形后仅能观察图形，无法进行修改与编辑。

◆【局部打开】：局部打开命令允许用户只处理图形的某一部分，只加载指定视图或图层的几何图形。

◆【以只读方式局部打开】：局部打开的图形无法被编辑修改，只能观察。

### 练习3-1 局部打开图形

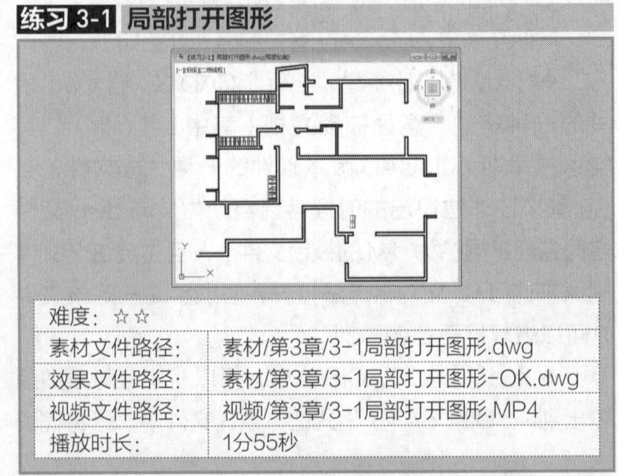

| 难度：☆☆ | |
|---|---|
| 素材文件路径： | 素材/第3章/3-1局部打开图形.dwg |
| 效果文件路径： | 素材/第3章/3-1局部打开图形-OK.dwg |
| 视频文件路径： | 视频/第3章/3-1局部打开图形.MP4 |
| 播放时长： | 1分55秒 |

素材图形完整打开的效果如图 3-4 所示。本例使用局部打开命令即只处理图形的某一部分，只加载素材文件中指定视图或图层上的几何图形。当处理大型图形文件时，可以选择在打开图形时需要加载的尽可能少的几何图形，指定的几何图形和命名对象包括：块（Block）、图层（Layer）、标注样式（DimensionStyle）、线型（Linetype）、布局（Layout）、文字样式（TextStyle）、视口配置（Viewports）、用户坐标系（UCS）及视图（View）等，操作步骤如下。

**Step 01** 定位至要局部打开的素材文件，然后单击【选择文件】对话框中【打开】按钮后的三角下拉按钮，在弹出的下拉菜单中，选择其中的【局部打开】项，如图3-5所示。

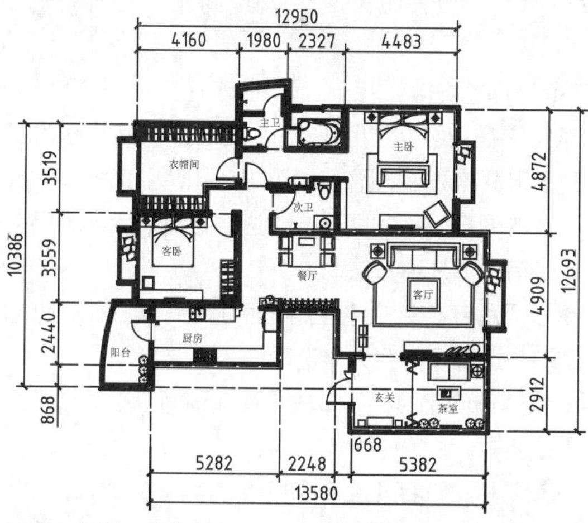


图 3-4 完整打开的素材图形

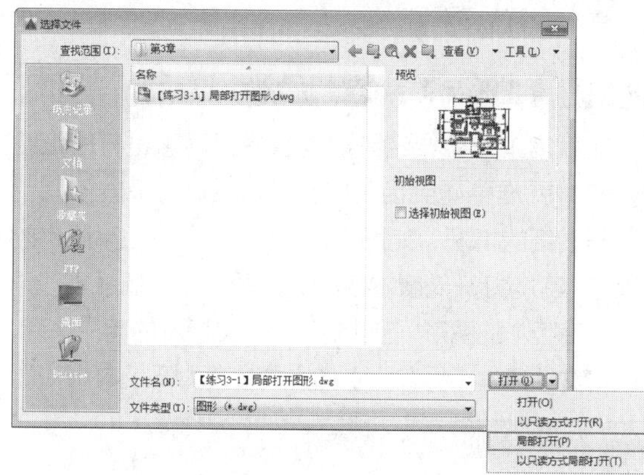


图 3-5 选择【局部打开】

**Step 02** 接着系统弹出【局部打开】对话框，在【要加载几何图形的图层】列表框中勾选需要局部打开的图层名，如【QT-000墙体】，如图3-6所示。

**Step 03** 单击【打开】按钮，即可打开仅包含【QT-000墙体】图层的图形对象，同时文件名后添加有“（局部加载）”文字，如图3-7所示。

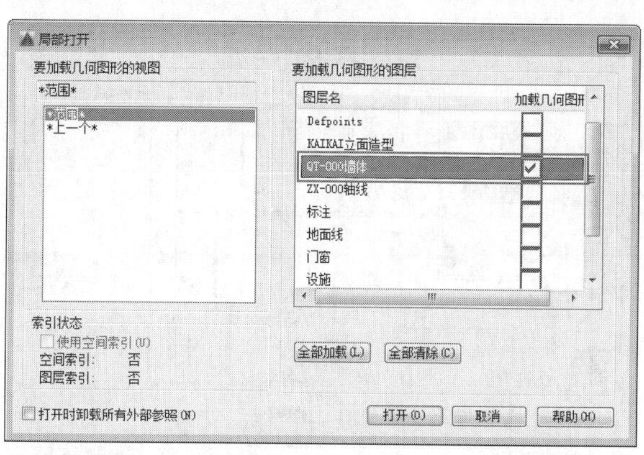


图 3-6【局部打开】对话框

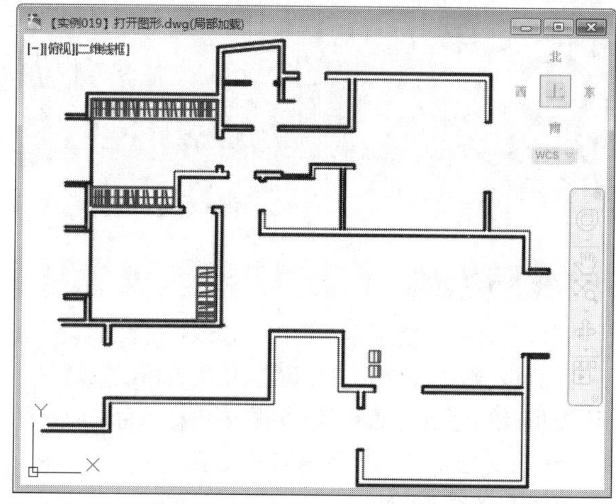


图 3-7 局部加载效果

**Step 04** 对于局部打开的图形，用户还可以通过【局部加载】将其他未载入的几何图形补充进来。在命令行输入PartialLoad，并按Enter键，系统弹出【局部加载】对话框，与【局部打开】对话框主要区别是可通过【拾取窗口】按钮划定区域放置视图，如图3-87所示。

**Step 05** 勾选需要加载的选项，如【标注】和【门窗】，单击【局部加载】对话框中【确定】按钮，即可得到加载效果如图3-9所示。

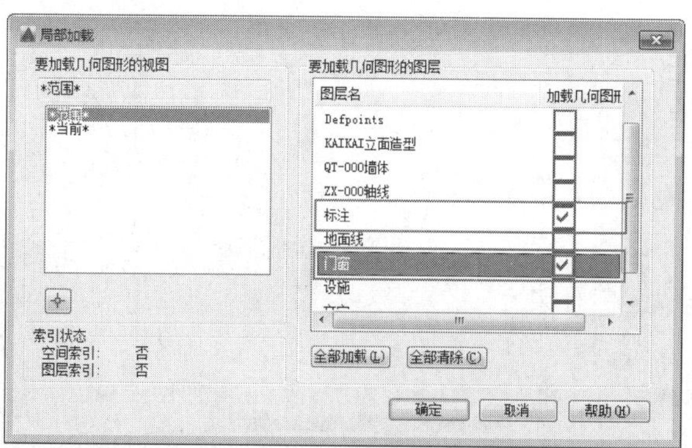


图 3-8【局部加载】对话框

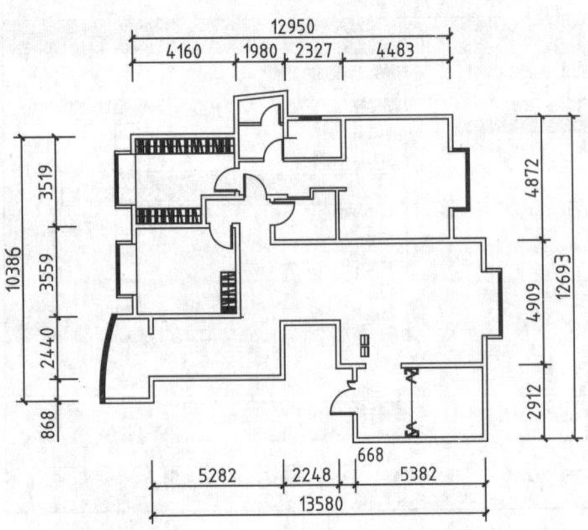


图 3-9 【局部加载】效果

> **操作技巧**
>
> 【局部打开】只能应用于当前版本保存的CAD文件。如果部分文件局部打开不了的文件全部打开，然后另存为最新的CAD版本即可。

## 3.1.4 保存文件

保存文件不仅是将新绘制的或修改好的图形文件进行存盘，以便以后对图形进行查看、使用或修改、编辑等，还包括在绘制图形过程中随时对图形进行保存，以避免意外情况发生而导致文件丢失或不完整。

### 1 保存新的图形文件

保存新文件就是对新绘制还没保存过的文件进行保存。启动【保存】命令有以下几种方法。

◆ 应用程序按钮：单击【应用程序】按钮▲，在弹出的快捷菜单中选择【保存】选项。

◆ 快速访问工具栏：单击【快速访问】工具栏【保存】按钮。

◆ 菜单栏：选择【文件】|【保存】命令。

◆ 快捷键：Ctrl+ S。

◆ 命令行： SAVE 或 QSAVE。

图 3-10 【图形另存为】对话框

执行【保存】命令后，系统弹出如图 3-10 所示的【图形另存为】对话框。在此对话框中，可以进行如下操作。

◆ 设置存盘路径。单击上面【保存于】下拉列表，在展开的下拉列表内设置存盘路径。

◆ 设置文件名。在【文件名】文本框内输入文件名称，如我的文档等。

◆ 设置文件格式。单击对话框底部的【文件类型】下拉列表，在展开的下拉列表内设置文件的格式类型。

> **操作技巧**
>
> 默认的存储类型为“AutoCAD 2013图形（*.dwg）”。使用此种格式将文件存盘后，文件只能被AutoCAD 2013及以后的版本打开。如果用户需要在AutoCAD早期版本中打开此文件，必须使用低版本的文件格式进行存盘。

### 2 另存为其他文件

当用户在已存盘的图形基础上进行了其他修改工作，又不想覆盖原来的图形，可以使用【另存为】命令，将修改后的图形以不同图形文件进行存盘。启动【另存为】命令有以下几种方法。

◆ 应用程序：单击【应用程序】按钮▲，在弹出的快捷菜单中选择【另存为】选项。

◆ 快速访问工具栏：单击【快速访问】工具栏【另存为】按钮。

◆ 菜单栏：选择【文件】|【另存为】命令。

◆ 快捷键：Ctrl+Shift+S。

◆ 命令行：SAVE As。

### 练习 3-2 将图形另存为低版本文件

在日常工作中，经常要与客户或同事进行图纸往来，有时就难免碰到因为彼此 AutoCAD 版本不同而打不开图纸的情况，如图 3-11 所示。原则上高版本的 AutoCAD 能打开低版本所绘制的图形，而低版本却无法打开高版本的图形。因此对于使用高版本的用户来说，可以将文件通过【另存为】的方式转存为低版本。

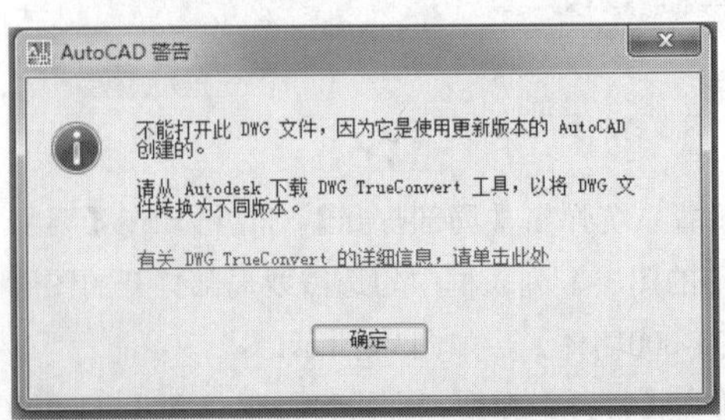


图 3-11 因版本不同出现的 AutoCAD 警告

**Step 01** 打开要【另存为】的图形文件。

**Step 02** 单击【快速访问】工具栏的【另存为】按钮

，打开【图形另存为】对话框，在【文件类型】下拉列表中选择【AutoCAD2000/LT2000图形（*.dwg）】选项，如图3-12所示。

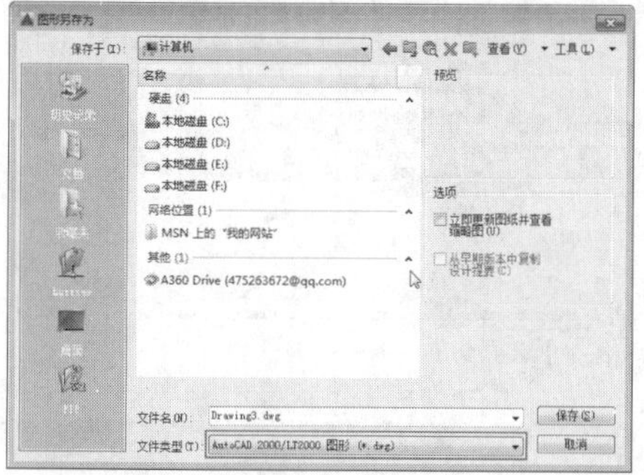

图 3-12 【图形另存为】对话框

**Step 03** 设置完成后，AutoCAD所绘图形的保存类型均为AutoCAD 2000类型，任何高于2000的版本均可以打开，从而实现工作图纸的无障碍交流。

### 3 定时保存图形文件

除了手动保存外，还有一种比较好的保存文件的方法，即定时保存图形文件，可以免去随时手动保存的麻烦。设置定时保存后，系统会在一定的时间间隔内实行自动保存当前文件编辑的文件内容，自动保存的文件后缀名为 .sv$。

### 练习 3-3 设置定时保存

AutoCAD 在使用过程中有时会因为内存占用太多而造成崩溃，让辛苦绘制的图纸全盘付诸东流。因此除了在工作中要养成时刻保存的好习惯之外，还可以在 AutoCAD 中设置定时保存来减小意外造成的损失。

**Step 01** 在命令行中输入OP，系统弹出【选项】对话框。

**Step 02** 单击选择【打开和保存】选项卡，在【文件安全措施】选项组中选中【自动保存】复选框，根据需要在文本框中输入适合的间隔时间和保存方式，如图3-13所示。

**Step 03** 单击【确定】按钮关闭对话框，定时保存设置即可生效。

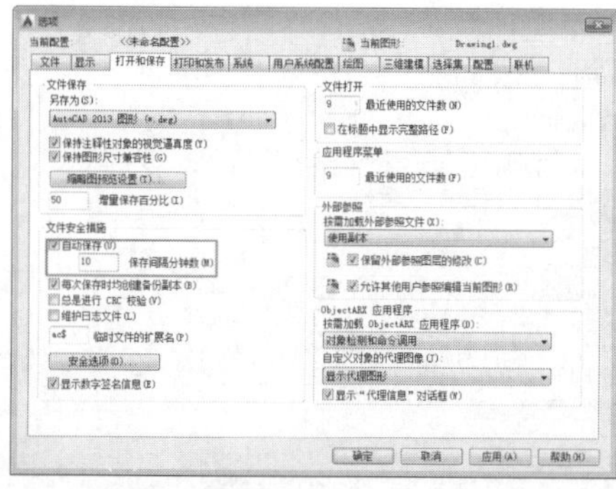

图 3-13 设置定时保存文件

> **操作技巧**
>
> 定时保存的时间间隔不宜设置过短，这样会影响软件正常使用；也不宜设置过长，这样不利于实时保存，一般设置在10分钟左右较为合适。

## 3.1.5 关闭文件

为了避免同时打开过多的图形文件，需要关闭不再使用的文件，选择【关闭】命令的方法如下。

◆ 应用程序按钮：单击【应用程序】按钮，在下拉菜单中选择【关闭】选项。

◆ 菜单栏：执行【文件】|【关闭】命令。

◆ 文件窗口：单击文件窗口右上角的【关闭】按钮，如图 3-14 所示。

◆ 标签栏：单击文件标签栏上的【关闭】按钮。

◆ 命令行：CLOSE。

◆ 快捷键：Ctrl+F4。

执行该命令后，如果当前图形文件没有保存，那么关闭该图形文件时系统将提示是否需要保存修改，如图 3-15 所示。

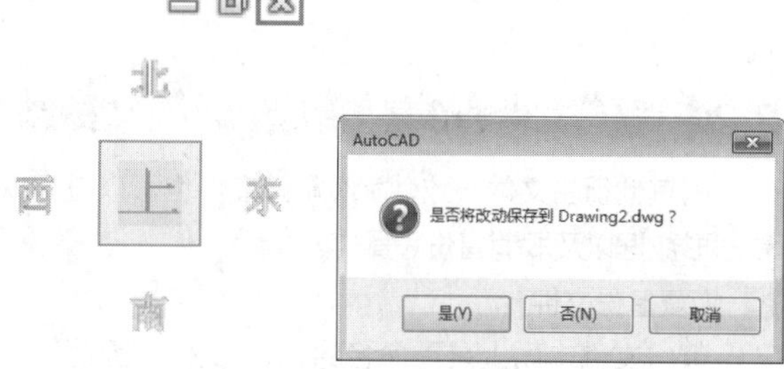


图 3-14 文件窗口右上角的【关闭】按钮　图 3-15 关闭文件时提示保存

> **操作技巧**
>
> 如单击软件窗口的【关闭】按钮，则会直接退出AutoCAD。

# 3.2 文件的备份、修复与清理

文件的备份、修复有助于确保图形数据的安全，使得用户在软件发生意外时可以恢复文件，减小损失；而当图形内容很多的时候，会影响到软件操作的流畅性，这时可以使用清理工具来删除无用的累赘。

## 3.2.1 自动备份文件 ★重点★

很多软件都将创建备份文件设置为软件默认配置，尤其是很多编程、绘图、设计软件，这样的好处是当源

资源下载验证码：52817

文件不小心被删掉、硬件故障、断电或由于软件自身的BUG而导致自动退出时，还可以在备份文件的基础上继续编辑，否则前面的工作将付诸东流。

在AutoCAD中，后缀名为bak的文件即是备份文件。当修改了原dwg文件的内容后，再保存了修改后的内容，那么修改前的内容就会自动保存为bak备份文件（前提是设置为保留备份）。默认情况下，备份文件将和图形文件保存在相同的位置，且和dwg文件具有相同的名称。例如，“site_topo.bak”即是一份备份文件，是“site_topo.dwg”文件的精确副本，是图形文件在上次保存后自动生成的，如图3-16所示。值得注意的是，同一文件在同一时间只会有一个备份文件，新创建的备份文件将始终替换旧的备份，并沿用相同的名称。

图3-16 自动备份文件与图形文件

## 3.2.2 备份文件的恢复与取消 ★重点★

同其他衍生文件一致，bak备份文件也可以进行恢复图形数据以及取消备份等操作。

### 1 恢复备份文件

备份文件本质上是重命名的dwg文件，因此可以再通过重命名的方式来恢复其中保存的数据。如“site_topo.dwg”文件损坏或丢失后，可以重命名“site_topo.bak”文件，将后缀改为.dwg，再在AutoCAD中打开该文件，即可得到备份数据。

### 2 取消文件备份

有些用户觉得在AutoCAD中每个文件保存时都创建一个备份文件很麻烦，而且会消耗部分硬盘内存，同时bak备份文件可能会影响到最终图形文件夹的整洁美观，每次手动删除也比较费时间，因此可以在AutoCAD中就设置好取消备份。

在命令行中输入OP并按Enter键，系统弹出【选项】对话框，切换到【打开和保存】选项卡，将【每次保存时均创建备份副本】复选框取消勾选即可，如图3-17所示。也可以用在命令行输入ISAVEBAK，将ISAVEBAK的系统变量修改为0。

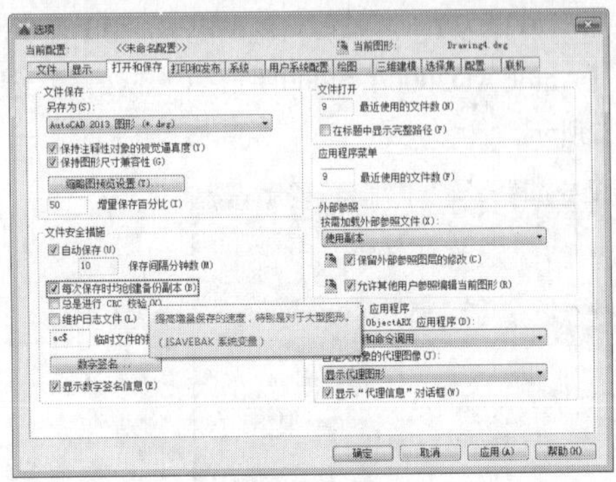

图3-17 【打开和保存】选项卡

**操作技巧**

bak备份文件不同于系统定时保存的.sv$文件，备份文件只会保留用户截止到上一次保存之前的内容，而定时保存文件会根据用户指定的时间间隔进行保存，且二者的保存位置也完全不一样。当意外发生时，最好将.bak文件和.sv$文件相互比较，恢复修改时间稍晚的一个，以尽量减小损失。

## 3.2.3 文件的核查与修复 ★进阶★

在计算机突然断电，或者系统出现故障的时候，软件被强制性关闭。这个时候就可以使用【图形实用工具】中的命令来核查或者修复意外中止的图形。下面我们就来介绍这些工具的用法。

### 1 核查

使用该命令可以核查图形文件是否与标准冲突，然后再解决文件中的冲突。标准批准处理检查器一次可以核查多个文件。将标准文件和图形相关联后，可以定期检查该图形，以确保它符合其标，这在许多人同时更新一个文件时尤为重要。

执行【核查】命令的方式有以下几种。

◆应用程序按钮：鼠标单击【应用程序】按钮，在下拉列表中选择【图形实用工具】|【核查】命令，如图3-18所示。

◆菜单栏：执行【文件】|【图形实用工具】|【核查】命令，如图3-19所示。

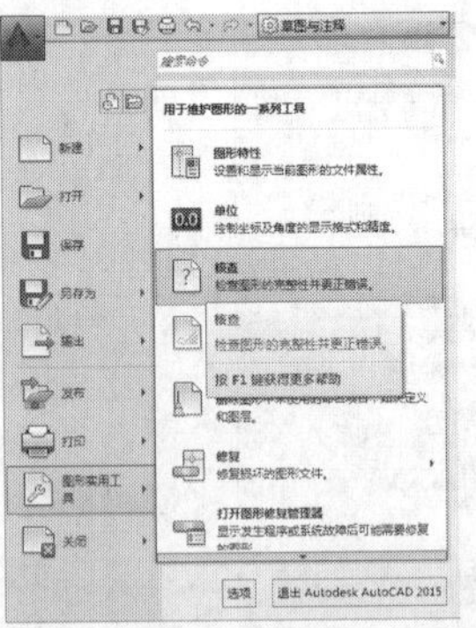

图3-18 【应用程序】按钮调用【核查】命令

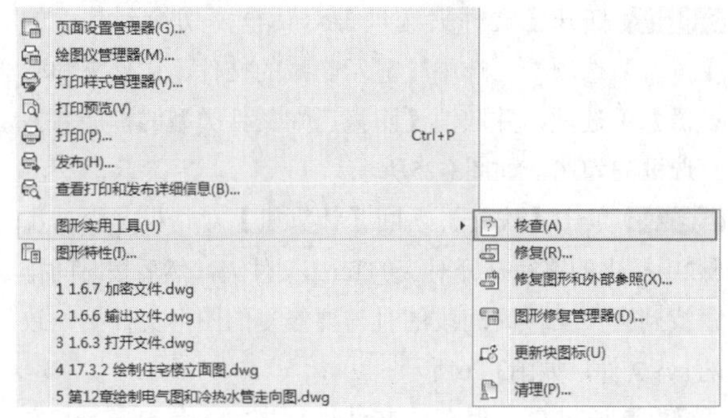


图 3-19 【菜单栏】调用【核查】命令

【核查】命令可以选择修复或者忽略报告的每个标准冲突。如果忽略所报告的冲突，系统将在图形中对其进行标记。可以关闭被忽略的问题的显示，以便下次核查该图形的时候不在将它们作为冲突的情况而进行报告。

如果对当前的标准冲突未进行修复，那么在【替换为】列表中将没有项目显示，【修复】按钮也不可用。如果修复了当前显示在【检查标准】对话框中的标准冲突，那么，除非单击【修复】或【下一个】按钮，否则此冲突不会在对话框中删除。

在整个图形核查完毕后，将显示【检查完成】消息。此消息总结在图形中发现的标准冲突，还显示自动修复的冲突、手动修复的冲突和被忽略的冲突。

**操作技巧**

如果非标准图层包含多个冲突（例如，一个是非标准图层名称冲突，另一个是非标准图形特性冲突），则将显示遇到的第一个冲突。不计算非标准图层上存在的后续冲突，因此也不会显示。用户需要再次运行命令，来检查其他冲突。

### 2 修复

单击【应用程序】按钮▲，在其下拉列表中选择【图形实用工具】|【修复】|【修复】命令，系统弹出【选择文件】对话框，在对话框中选择一个文件，然后单击【打开】按钮。核查后，系统弹出【打开图形 - 文件损坏】对话框，显示文件的修复信息，如图 3-20 所示。

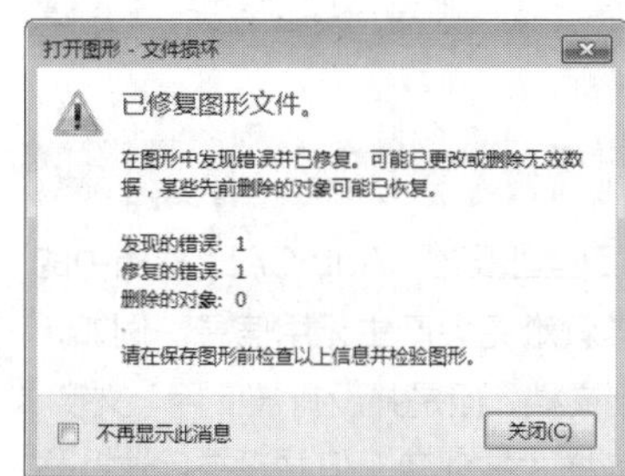


图 3-20 【打开图形 - 文件损坏】对话框

**操作技巧**

如果将AUDITCTL系统变量设置为1（开），则核查结果将写入核查日志（ADT）文件。

## 3.2.4 图形修复管理器

单击【应用程序】按钮▲，在其下拉列表中选择【图形实用工具】|【修复】|【打开图形修复管理器】命令，即可打开【图形修复管理器】选项板，如图 3-21 所示。在选项板中会显示程序或系统失败时打开的所有图形文件列表，如图 3-22 所示。在该对话框中可以预览并打开每个图形，也可以备份文件，以便选择要另存为 DWG 文件的图形文件。

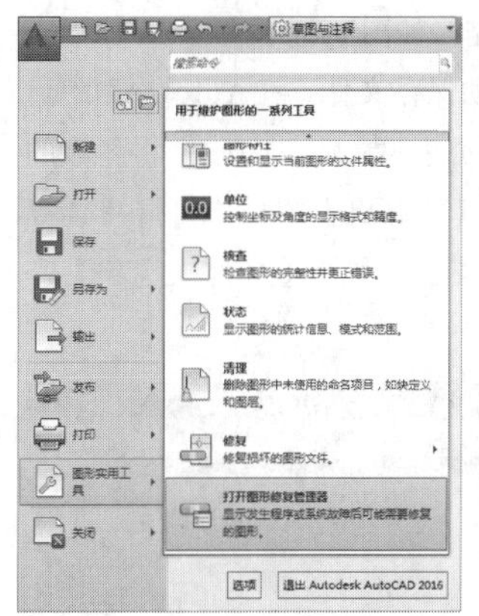


图 3-21 【应用程序】按钮调用【打开图形修复管理器】

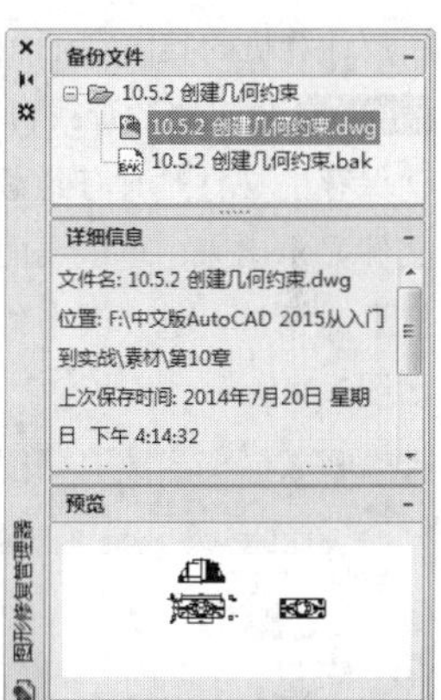


图 3-22 【图形修复管理器】选项板

【图形修复管理器】选项板中各区域的含义介绍如下。

◆【备份文件】区域：显示在程序或者系统失败后可能需要修复的图形，顶层图形节点包含了一组与每个图形相关联的文件。如果存在，最多可显示 4 个文件，包含程序失败时保存的以修复的图形文件（dwg 和 dws）、自动保存的文件，也成为【自动保存】文件（sv$）、图形备份文件（bak）和原始图形文件（dwg 和 dws）。打开并保存了图形或备份文件后，将会从【备份文件】区域中删除相应的顶层图形节点。

◆【详细信息】区域：提供有关的【备份文件】区域中当前选定节点的以下信息。如果选定顶层图形的节点，将显示有关于原始图形关联的每个可用图形文件或备份文件的信息；如果选定的一个图形文件或备份文件，将显示有关该文件的其他信息。

◆【预览】区域：显示当前选定的图形文件或备份文件的缩略图预览图像。

### 练习 3-4 通过自动保存文件来修复意外中断的图形

对于很多刚刚开始学习 AutoCAD 的用户来说，虽然知道了自动保存文件的设置方法，但却不知道自动保存文件到底保存在哪里，也不知道如何通过自动保存文件来修复自己想要的图形。本例便从自动保存的路径开始介绍修复方法。

**Step 01** 查找自动保存的路径。新建空白文档，在命令行中输入OP，打开【选项】对话框。

**Step 02** 切换到【选项】对话框中的【文件】选项卡，在【搜索路径、文件和文件位置】列表框中找到【临时图形文件位置】选项，展开此选项，便可以看到自动保存文件的默认保存路径（C：\Users \Administrator\appdata\local \temp），其中Administrator是指系统用户名，根据用户计算机的具体情况而定，如图3-23所示。

**Step 03** 根据路径查找自动保存文件。在AutoCAD中自动保存的文件是具有隐藏属性的文件，因此需将隐藏的文件显示出来。单击桌面【计算机】图标，打开【计算机】对话框，选择其中的【工具】|【文件夹选项】，如图3-24所示。

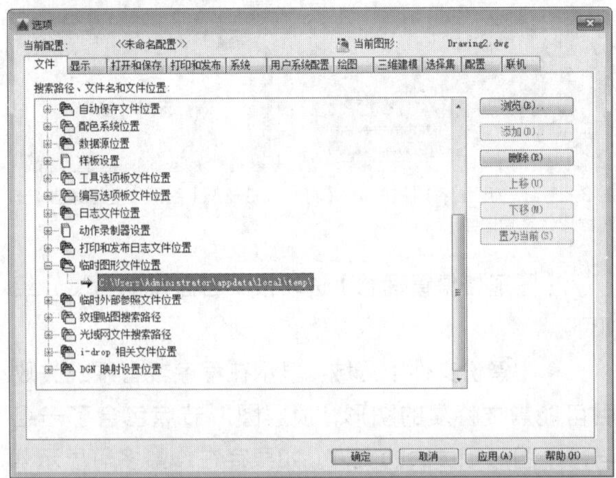

图 3-23 查找自动保存文件的保存路径

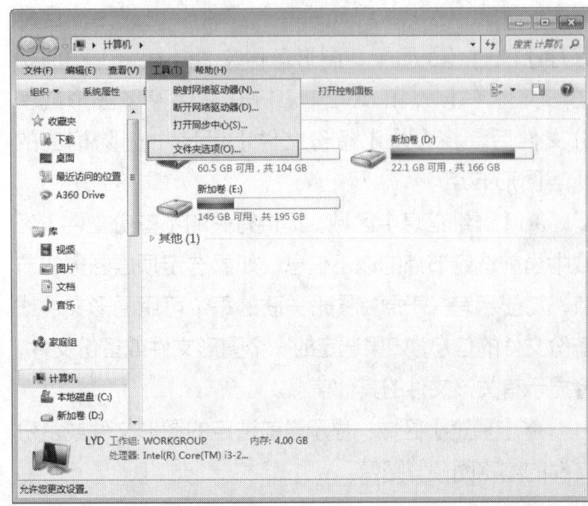

图 3-24 【计算机】对话框

**Step 04** 打开【文件夹选项】对话框，切换到其中的【查看】选项卡，选中【显示隐藏的文件、文件夹和驱动器】单选项，并取消【隐藏已知文件类型的扩展名】复选框的勾选，如图3-25所示。

**Step 05** 单击【确定】返回【计算机】对话框，根据步骤2中提供的路径打开对应的Temp文件夹，然后按时间排序找到丢失文件时间段的且与要修复的图形文件名一致的.sv$文件，如图3-26所示。

**Step 06** 通过自动保存的文件进行恢复。复制该.sv$文件至其他文件夹里，然后将扩展名.sv$改成.dwg，改完之后再双击打开该.dwg文件，即可得到自动保存的文件。

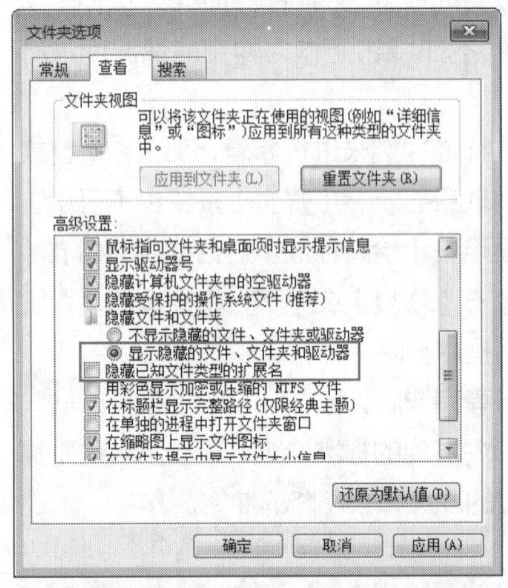

图 3-25 【文件夹选项】对话框

图 3-26 找到自动保存文件

## 3.2.5 清理图形

绘制复杂的大型工程图纸时，AutoCAD 文档中的信息会非常巨大，这样就难免会产生无用信息。例如，许多线型样式被加载到文档，但是并没有被使用；文字、尺寸标注等大量的命名样式被创建，但并没有用这些样式进行创建任何对象；许多图块和外部参照被定义，但文档中并未添加相应的实例。久而久之，这样的信息越来越多，占用了大量的系统资源，降低了计算机的处理效率。因此，这些信息是应该删除的“垃圾信息”。

AutoCAD 提供了一个非常实用的工具——【清理】（PURGE）命令。通过执行该命令，可以将图形数据库中已经定义，但没有使用的命名对象删除。命名对象包括已经创建的样式、图块、图层、线型等对象。

启动 PURGE 命令的方式如下。

◆应用程序按钮：鼠标单击【应用程序】按钮，在下拉列表中选择【图形实用工具】|【清理】命令，如图 3-27 所示。

◆菜单栏：【文件】|【绘图实用程序】|【清理】。

◆命令行：PURGE。

执行该命令后，系统弹出如图 3-28 所示的【清理】对话框，在此对话框中显示了可以被清理的项目，可以删除图形中未使用的项目，如块定义和图层，从而达到简化图形文件的目的。

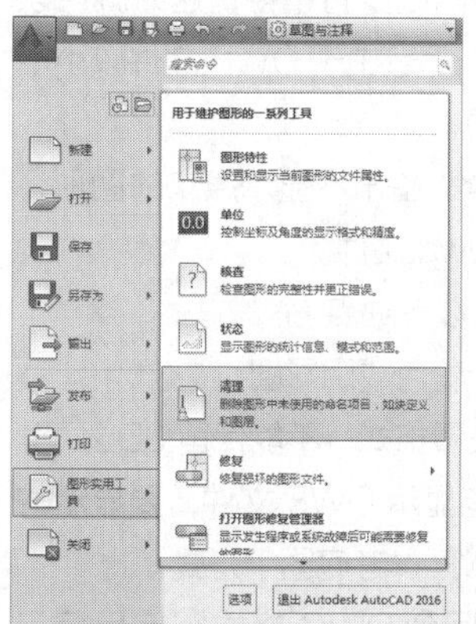

图 3-27 【应用程序】按钮打开【清理】工具

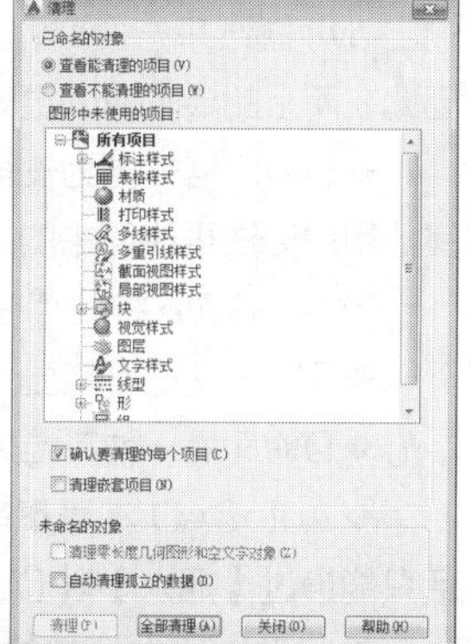

图 3-28 【清理】对话框

**操作技巧**

PURGE命令不会从块或锁定图层中删除长度为零的几何图形或空文字和多行文字对象。

对话框中的一些项目及其用途介绍如下。

◆【已命名的对象】：查看能清理的项目，切换树状图形以显示当前图形中可以清理的命名对象的概要。

◆【清理嵌套项目】：从图形中删除所有未使用的命名对象，即使这些对象包含在其他未使用的命名对象中或者是被这些对象所参照。

## 3.3 文件的输出

AutoCAD 拥有强大、方便的绘图能力，有时候我们利用其绘图后，需要将绘图的结果用于其他程序，在这种情况下，我们需要将 AutoCAD 图形输出为通用格式的图像文件，如 JPG、PDF 等。

### 3.3.1 输出为 stl 文件 ★进阶★

stl 文件是一种平板印刷文件，可以将实体数据以三角形网格面形式保存，一般用来转换 AutoCAD 的三维模型。近年来发展迅速的 3D 打印技术就需要使用到该种文件格式。除了 3D 打印之外，stl 数据还用于通过沉淀塑料、金属或复合材质的薄图层的连续性来创建对象。生成的部分和模型通常用于以下方面：

◆可视化设计概念，识别设计问题。

◆创建产品实体模型、建筑模型和地形模型，测试外形、拟合和功能。

◆为真空成型法创建主文件。

**练习 3-5 输出 stl 文件并用于 3D 打印**

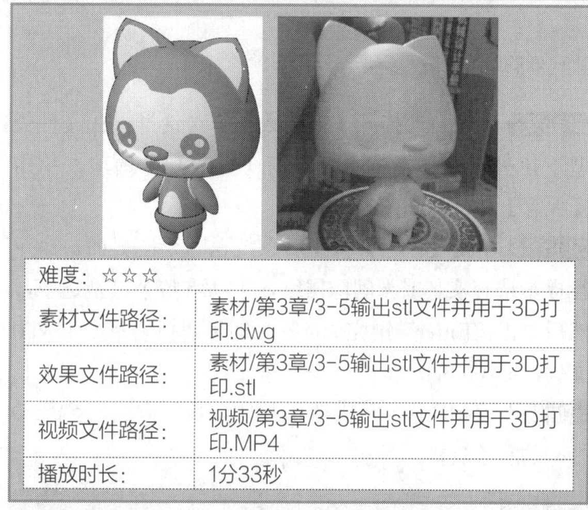

| 难度：☆☆☆ | |
|---|---|
| 素材文件路径： | 素材/第3章/3-5输出stl文件并用于3D打印.dwg |
| 效果文件路径： | 素材/第3章/3-5输出stl文件并用于3D打印.stl |
| 视频文件路径： | 视频/第3章/3-5输出stl文件并用于3D打印.MP4 |
| 播放时长： | 1分33秒 |

除了专业的三维建模，AutoCAD 2016 所提供的三维建模命令也可以使得用户创建出自己想要的模型，并通过输出 stl 文件来进行 3D 打印。

**Step 01** 打开素材文件“第3章/3-5输出stl文件并用于3D打印.dwg”，其中已经创建好了一三维模型，如图3-29所示。

**Step 02** 单击【应用程序】按钮，在弹出的快捷菜单中选择【输出】选项，在右侧的输出菜单中选择【其他格式】命令，如图3-30所示。

图 3-29 素材模型

图 3-30 输出其他格式

**Step 03** 系统自动打开【输出数据】对话框，在文件类型下拉列表中选择【平板印刷（*.stl）】选项，单击【保存】按钮，如图3-31所示。

**Step 04** 单击【保存】按钮后系统返回绘图界面，命令行提示选择实体或无间隙网络，手动将整个模型选中，然后单击按Enter键键完成选择，即可在指定路径生成stl文件，如图3-32所示。

**Step 05** 该stl文件即可支持3D打印，具体方法请参阅3D打印的有关资料。

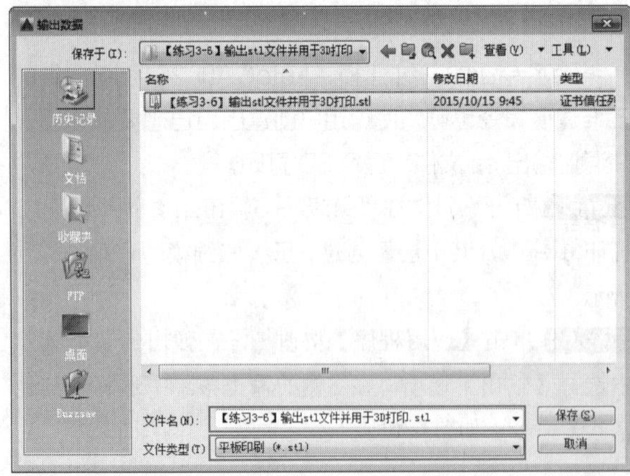

图 3-31 【输出数据】对话框

图 3-32 输出 .stl 文件

## 3.3.2 输出为 dwf 文件 ★进阶★

为了能够在 Internet 上显示 AutoCAD 图形，Autodesk 采用了一种称为 DWF（Drawing Web Format）的新文件格式。dwf 文件格式支持图层、超级链接、背景颜色、距离测量、线宽、比例等图形特性。用户可以在不损失原始图形文件数据特性的前提下通过 dwf 文件格式共享其数据和文件。用户可以在 AutoCAD 中先输出 DWF 文件，然后下载 DWF Viewer 这款小程序来进行查看。

DWF 文件与 DWG 文件相比，具有以下优点。

◆DWF 占用内存小。DWF 文件可以被压缩。它的大小比原来的 DWG 图形文件小 8 倍，非常适合整理公司数以千计的大批量图纸库。

◆DWF 适合多方交流。对于公司的其他部门如财务、行政来说，AutoCAD 并不是一款必需的软件，因此在工作交流中查看 dwg 图纸多有不便，这时就可以输出 dwf 图纸来方便交流。而且由于 DWF 文件较小，因此在网上的传输时间更短。

◆DWF 格式更为安全。由于不显示原来的图形，其他用户无法更改原来的 dwg 文件。

当然，DWF 格式存在以下缺点。

◆DWF 文件不能显示着色或阴影图。

◆DWF 是一种二维矢量格式，不能保留 3D 数据。

◆AutoCAD 本身不能显示 DWF 文件，要显示的话只能通过【插入】|【DWF 参考底图】方式。

◆将 DWF 文件转换回到 DWG 格式需使用第三方供应商的文件转换软件。

### 练习 3-6 输出 dwf 文件加速设计图评审

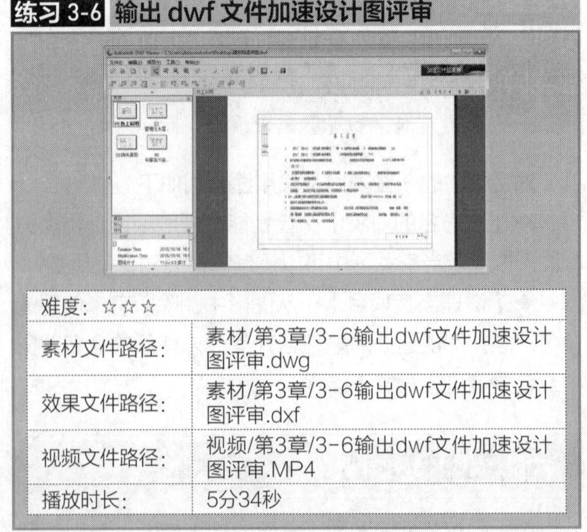

| 难度：☆☆☆ | |
|---|---|
| 素材文件路径： | 素材/第3章/3-6输出dwf文件加速设计图评审.dwg |
| 效果文件路径： | 素材/第3章/3-6输出dwf文件加速设计图评审.dxf |
| 视频文件路径： | 视频/第3章/3-6输出dwf文件加速设计图评审.MP4 |
| 播放时长： | 5分34秒 |

设计评审是对一项设计进行正式的、按文件规定的、系统的评估活动，由不直接涉及开发工作的人执行。由于 AutoCAD 不能一次性打开多张图纸，而且图纸数量

一多，在 AutoCAD 中来回切换时就多有不便，在评审时经常因此耽误时间。这时就可以利用 DWF Viewer 查看 dwf 文件的方式，一次性打开所需图纸，且图纸切换极其方便。

**Step 01** 打开素材文件"第3章/3-6输出dwf文件加速设计图评审.dwg"，其中已经绘制好了4张图纸，如图3-33所示。

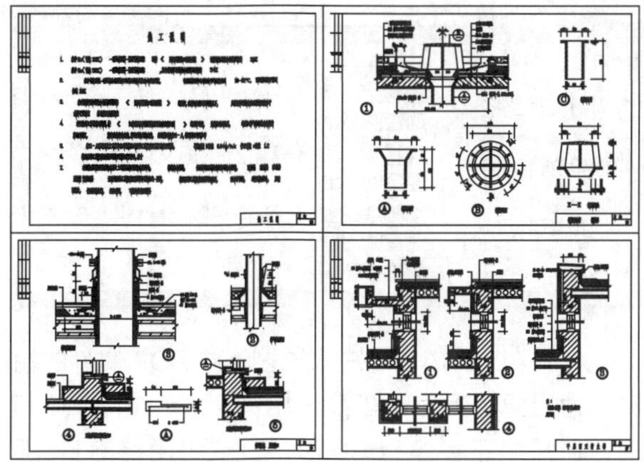

图 3-33 素材文件

**Step 02** 在状态栏中可以看到已经创建好了对应的4个布局，如图3-37所示，每一个布局对应一张图纸，并控制该图纸的打印（具体方法请见本书的第13章 图形的输出与打印）。

模型 | 热工说明 | 管道泛水屋面出口图 | 铸铁罩图 | 平屋面天窗大样图 | +

图 3-37 素材创建好的布局

**Step 03** 单击【应用程序】按钮，在弹出的快捷菜单中选择【发布】选项，打开【发布】对话框，在【发布为】下拉列表中选择【DWF】选项，在【发布选项】中定义发布位置，如图3-34所示。

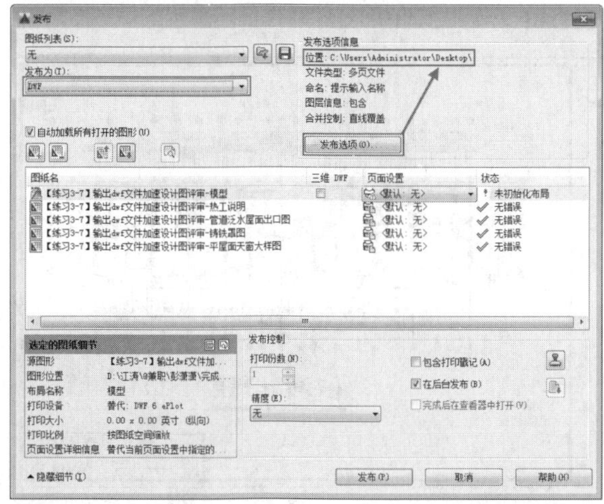

图 3-34 【发布】对话框

**Step 04** 在【图纸名】列表栏中可以查看到要发布为DWF的文件，用鼠标右键单击其中的任一文件，在弹出的快捷菜单选择【重命名图纸】选项，如图3-35所示，为图形输入合适的名称，最终效果如图3-36所示。

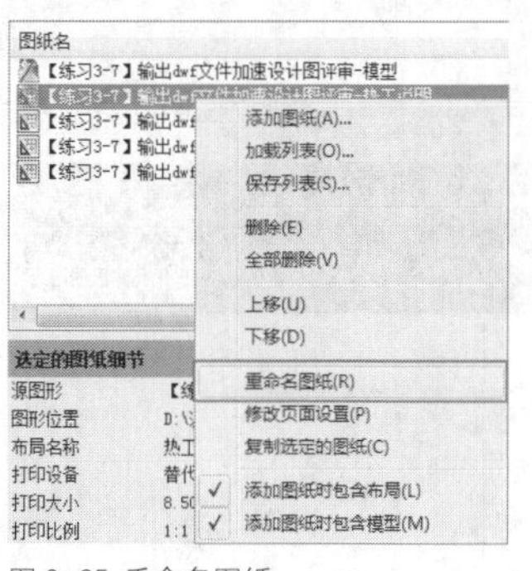

图 3-35 重命名图纸　　图 3-36 重命名效果

**Step 05** 设置无误后，单击【发布】对话框中的【发布】按钮，打开【指定DWF文件】对话框，的【文件名】文本框中输入发布后DWF文件的文件名，单击【选择】即可发布，如图3-37所示。

**Step 06** 如果是第一次进行DWF发布，会打开【发布-保存图纸列表】对话框，如图3-38所示，单击【否】即可。

图 3-37 【指定 DWF 文件】对话框

图 3-38 【发布 - 保存图纸列表】对话框

**Step 07** 此时AutoCAD弹出对话框如图3-39所示，开始处理DWF文件的输出；输出完成后在状态栏右下角出现如图3-40所示的提示，DWF文件即输出完成。

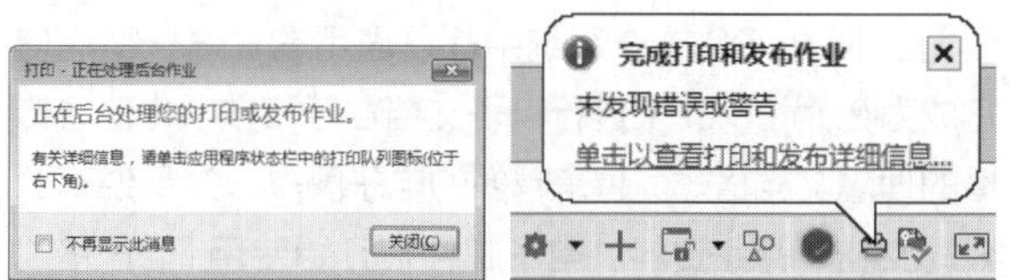


图 3-39 【打印 - 正在处理后台作业】对话框　　图 3-40 完成打印和发布作业的提示

**Step 08** 下载DWF Viewer软件，或者单击本书附件中提供的autodeskdwf-v7.msi文件进行安装。DWF Viewer打开后界面如图3-41所示。

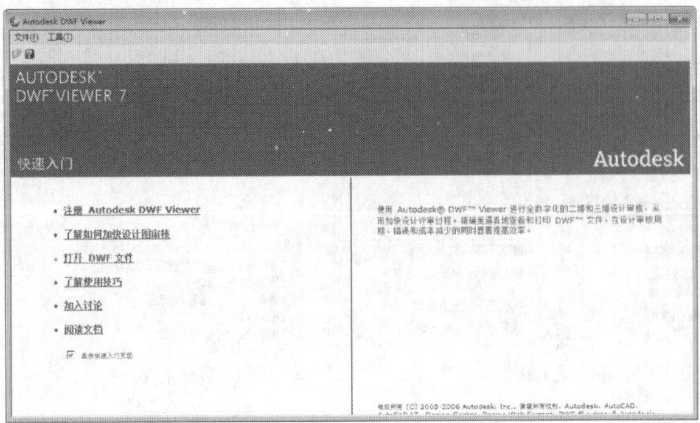


图 3-41 DWF Viewer 软件界面

**Step 09** 单击左侧的【打开DWF文件】链接，打开之前发布的DWF文件，效果如图3-42所示。在DWF窗口除了不能对文件进行编辑外，可以对图形进行观察、测量等各种操作；左侧列表中还可以自由切换图纸，这样一来在进行图纸评审时就方便得多了。

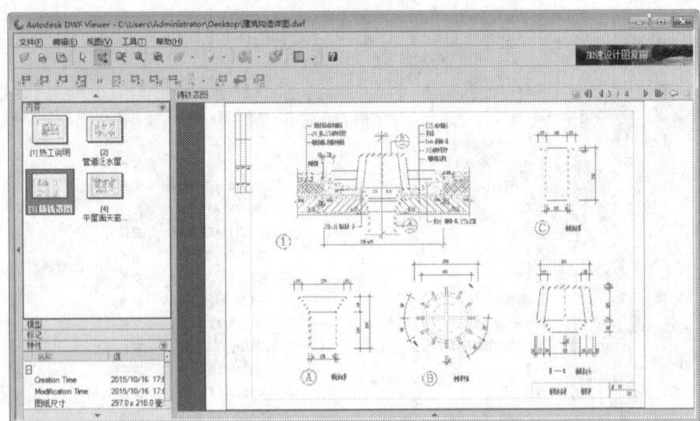

图 3-42 DWF Viewer 查看效果

## 3.3.3 输出为 PDF 文件 ★进阶★

PDF（Portable Document Format 的简称，意为“便携式文档格式”），是由 Adobe Systems 用于与应用程序、操作系统、硬件无关的方式进行文件交换所发展出的文件格式。PDF 文件以 PostScript 语言图像模型为基础，无论在哪种打印机上都可保证精确的颜色和准确的打印效果，即 PDF 会忠实地再现原稿的每一个字符、颜色以及图像。

PDF 这种文件格式与操作系统平台无关，也就是说，PDF 文件不管是在 Windows、Unix 还是在苹果公司的 Mac OS 操作系统中都是通用的。这一特点使它成为在 Internet 上进行电子文档发行和数字化信息传播的理想文档格式。越来越多的电子图书、产品说明、公司文告、网络资料、电子邮件在开始使用 PDF 格式文件。

### 练习 3-7 输出 PDF 文件供客户快速查阅

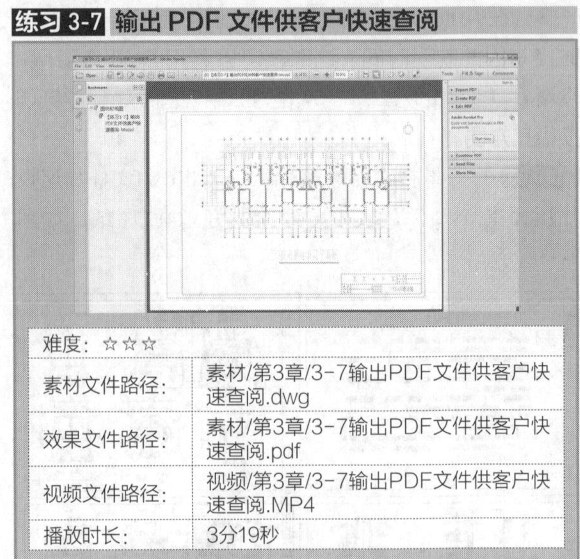

| 难度：☆☆☆ | |
|---|---|
| 素材文件路径： | 素材/第3章/3-7输出PDF文件供客户快速查阅.dwg |
| 效果文件路径： | 素材/第3章/3-7输出PDF文件供客户快速查阅.pdf |
| 视频文件路径： | 视频/第3章/3-7输出PDF文件供客户快速查阅.MP4 |
| 播放时长： | 3分19秒 |

对于 AutoCAD 用户来说，掌握 PDF 文件的输出尤为重要。因为有些客户并非设计专业，在他们的计算机中不会装有 AutoCAD 或者简易的 DWF Viewer，这样进行设计图交流的时候就会很麻烦：直接通过截图的方式交流，截图的分辨率又太低；打印成高分辨率的jpeg图形又不好添加批注等信息。这时就可以将 dwg 图形输出为 PDF，既能高清的还原 AutoCAD 图纸信息，又能添加批注，更重要的是 PDF 普及度高，任何平台、任何系统都能有效打开。

**Step 01** 打开素材文件“第3章/3-7输出PDF文件供客户快速查阅.dwg”，其中已经绘制好了一完整图纸，如图3-43所示。

**Step 02** 单击【应用程序】按钮▲，在弹出的快捷菜单中选择【输出】选项，在右侧的输出菜单中选择【PDF】，如图3-44所示。

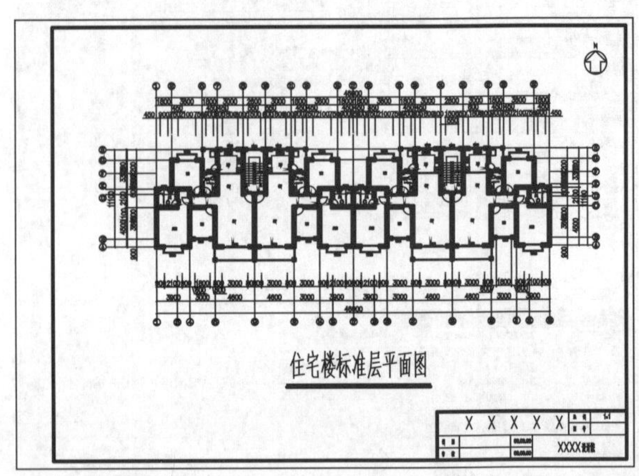


图 3-43 素材模型

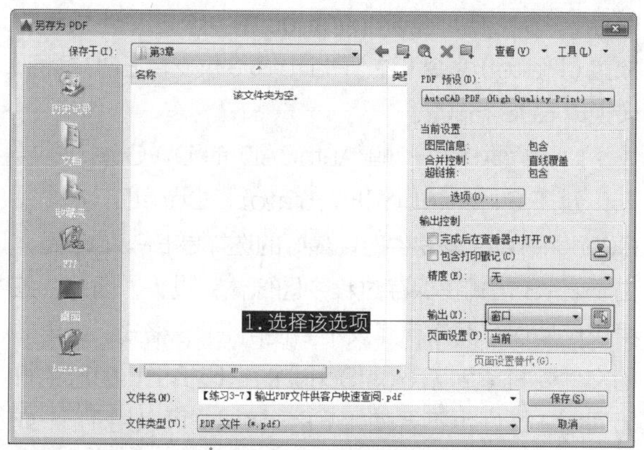


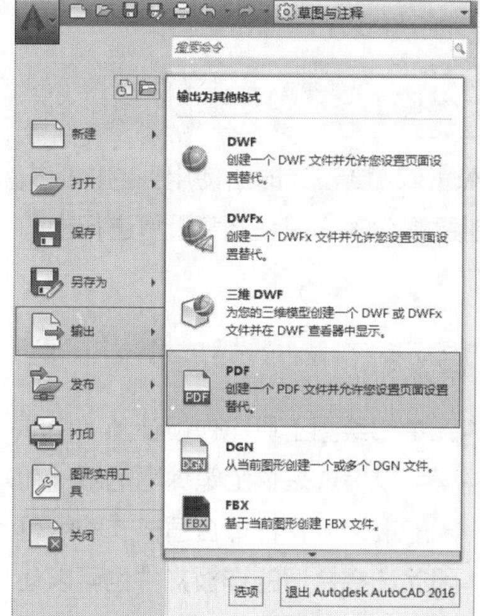

图 3-44 输出 PDF

**Step 03** 系统自动打开【另存为PDF】对话框，在对话框中指定输出路径、文件名，然后在【PDF预设】下拉列表框中选择【AutoCAD PDF（High Quality Print）】，即“高品质打印”，读者也可以自行选择要输出PDF的品质，如图3-45所示。

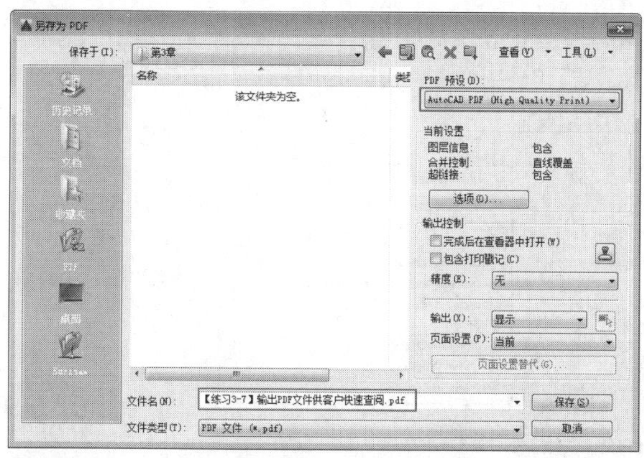

图 3-45 【另存为 PDF】对话框

**Step 04** 在对话框的【输出】下拉列表中选择【窗口】，系统返回绘图界面，然后点选素材图形的对角点即可，如图3-46所示。

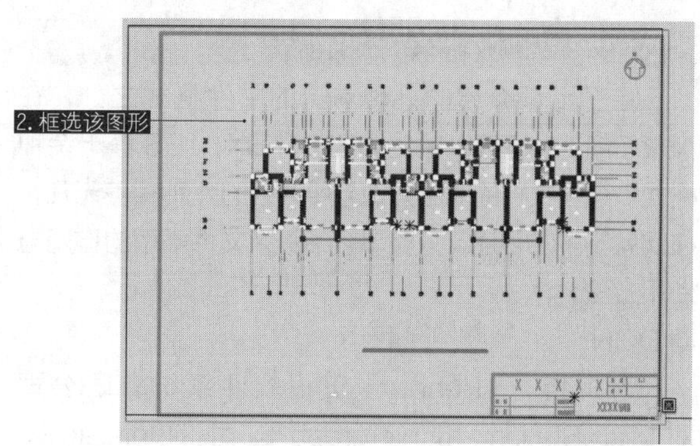


图 3-46 定义输出窗口

**Step 05** 在对话框的【页面设置】下拉列表中选择【替代】，再单击下方的【页面设置替代】按钮，打开【页面设置替代】对话框，在其中定义好打印样式和图纸尺寸，并勾选【布满图纸】选项，如图3-47所示。

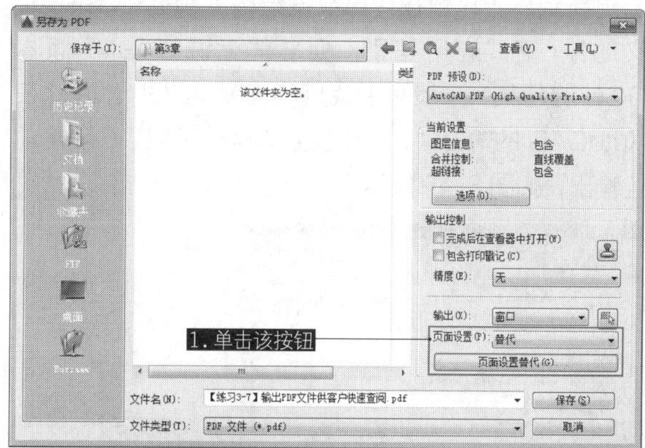


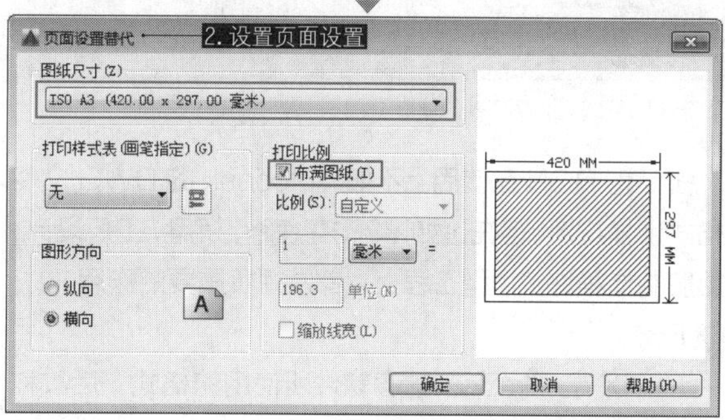


图 3-47 定义页面设置

**Step 06** 单击【确定】按钮返回【另存为PDF】对话框，再单击【保存】按钮，即可输出PDF，效果如图3-48所示。

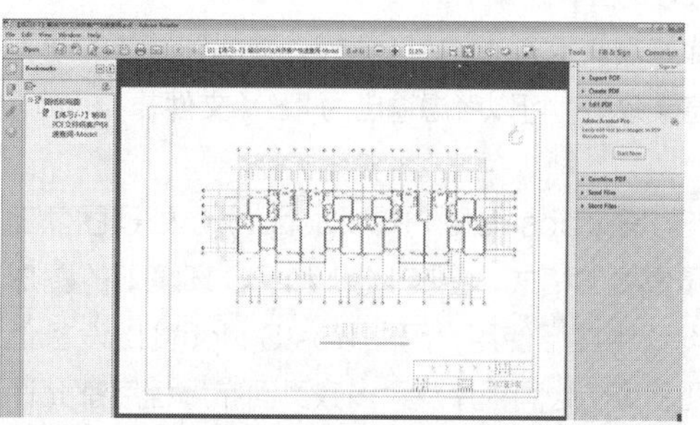

图 3-48 输出的 PDF 效果

### 3.3.4 其他格式文件的输出

除了上面介绍的几种常见的文件格式之外，在AutoCAD中还可以输出DGN、FBX、IGS等十余种格式。这些文件的输出方法与所介绍的4种相差无几，在此就不多加赘述，只简单介绍其余文件类型的作用与使用方法。

**◎ DGN**

为奔特力（Bentley）工程软件系统有限公司的MicroStation 和Intergraph公司的Interactive Graphics Design System (IGDS)CAD程序所支持。在2000年之前，所有DGN格式都基于Intergraph标准文件格式(ISFF)定义，此格式在20世纪80年代末发布。此文件格式通常被称为V7 DGN或者Intergraph DGN。于2000年，Bentley创建了DGN的更新版本。尽管在内部数据结构上和基于ISFF定义的V7格式有所差别，但总体上说它是V7版本DGN的超集，一般来说我们称为V8 DGN。因此在AutoCAD的输出中，可以看到这两种不同DGN格式的输出，如图3-49所示。

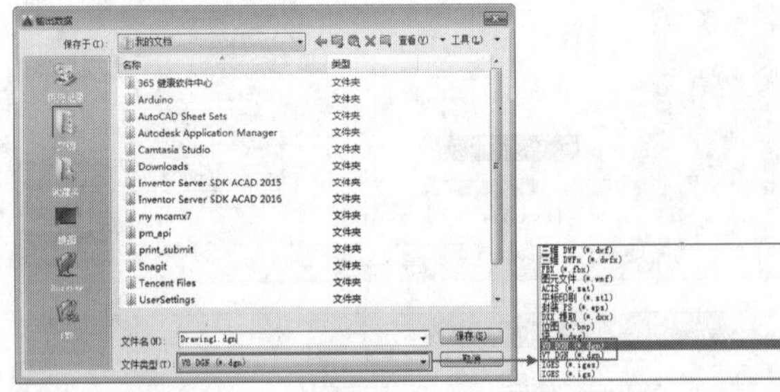

图3-49 V8 DGN和V7 DGN的输出

尽管DGN在使用上不如Autodesk的DWG文件格式那样广泛，但在诸如建筑、高速路、桥梁、工厂设计、船舶制造等许多大型工程上，都发挥着重要的作用。

**◎ FBX**

FBX是FilmBoX这套软件所使用的格式，后改称Motionbuilder。FBX最大的用途是用在诸如在3DS MAX、MAYA、Softimage等软件间进行模型、材质、动作和摄影机信息的互导，这样就可以发挥3DS MAX和MAYA等软件的优势。可以说，FBX文件是这些软件之间最好的互导方案。

因此如需使用AutoCAD建模，并得到最佳的动画录制或渲染效果，可以考虑输出为FBX文件。

**◎ EPS**

EPS（Encapsulated PostScript）是处理图像工作中的最重要的格式，它在Mac和PC环境下的图形和版面设计中广泛使用，用在PostScript输出设备上打印。几乎每个绘画程序及大多数页面布局程序都允许保存EPS文档。在Photoshop中，通过文件菜单的放置（Place）命令（注：Place命令仅支持EPS插图）转换成EPS格式。

如果要将一幅AutoCAD的DWG图形转入到PS、Adobe Illustrator、CorelDRAW、QuarkXPress等软件时，最好的选择是EPS。但是，由于EPS格式在保存过程中图像体积过大，因此，如果仅仅是保存图像，建议不要使用EPS格式。如果你的文件要打印到无PostScript的打印机上，为避免打印问题，最好也不要使用EPS格式。可以用TIFF或JPEG格式来替代。

## 3.4 样板文件

本节主要讲解AutoCAD设计时所使用到的样板文件，用户可以通过创建复杂的样板来避免重复进行相同的基本设置和绘图工作。

### 3.4.1 什么是样板文件

如果将AutoCAD中的绘图工具比作设计师手中的铅笔，那么样板文件就可以看成是供铅笔涂写的纸。而纸，也有白纸、带格式的纸之分，选择合适格式的纸可以让绘图事半功倍，因此选择合适的样板文件也可以让AutoCAD变得更为轻松。

样板文件存储图形的所有设置，包含预定义的图层、标注样式、文字样式、表格样式和视图布局、图形界限等设置及绘制的图框和标题栏。样板文件通过扩展名【.dwt】区别于其他图形文件。它们通常保存在AutoCAD安装目录下的Template文件夹中，如图3-50所示。

图3-50 样板文件

在AutoCAD软件设计中我们可以根据行业、企业或个人的需要定制dwt的模板文件，新建时既可启动自制的模板文件，节省工作时间，又可以统一图纸格式。

AutoCAD 的样板文件中自动包含有对应的布局，这里简单介绍其中使用得最多的几种。

◆ Tutorial-iArch.dwt：样例建筑样板（英制），其中已绘制好了英制的建筑图纸标题栏。

◆ Tutorial-mArch.dwt：样例建筑样板（公制），其中已绘制好了公制的建筑图纸标题栏。

◆ Tutorial-iMfg.dwt：样例机械设计样板（英制），其中已绘制好了英制的机械图纸标题栏。

◆ Tutorial-mMfg.dwt： 样例机械设计样板（公制），其中已绘制好了公制的机械图纸标题栏。

## 3.4.2 无样板创建图形文件

有时候，可能希望创建一个不带任何设置的图形。实际上这是不可能的，但是却可以创建一个带有最少预设的图形文件。在他人的计算机上进行工作，而又不想花时间去掉大量对自己工作无用的复杂设置时，可能就会有这样的需要了。

要以最少的设置创建图形文件，可以执行【文件】|【新建】菜单命令，这时不要在【选择样板】对话框中选择样板，而是单击位于【打开】按钮右侧的下拉箭头按钮 打开(O) ▾，然后在列表选项选择【无样板打开－英制（I）】或【无样板打开－公制（M）】，如图 3-51 所示。

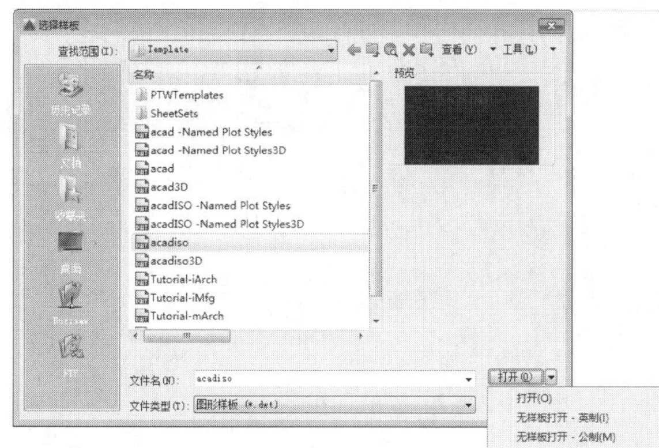

图 3-51 【选择样板】对话框

### 练习 3-8 设置默认样板

样板除了包含一些设置之外，还常常包括了一些完整的标题块和样板（标准化）文字之类的内容。为了适合自己特定的需要，多数用户都会定义一个或多个自己的默认样板，有了这些个性化的样板，工作中大多数的烦琐设置就不需要再重复进行了。

**Step 01** 执行【工具】|【选项】菜单命令，打开【选项】对话框，如图3-52所示。

**Step 02** 在【文件】选项卡下双击【样板设置】选项，然后在展开的目录中双击【快速新建的默认样板文件名】选项，接着单击该选项下面列出的样板（默认情况下这里显示“无”），如图3-53所示。

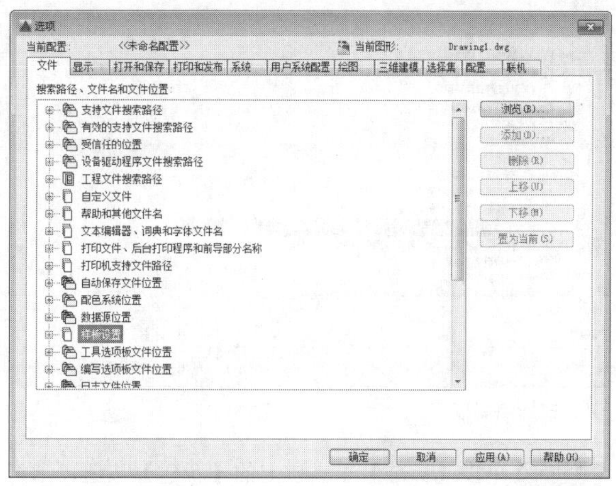

图 3-52 【选项】对话框

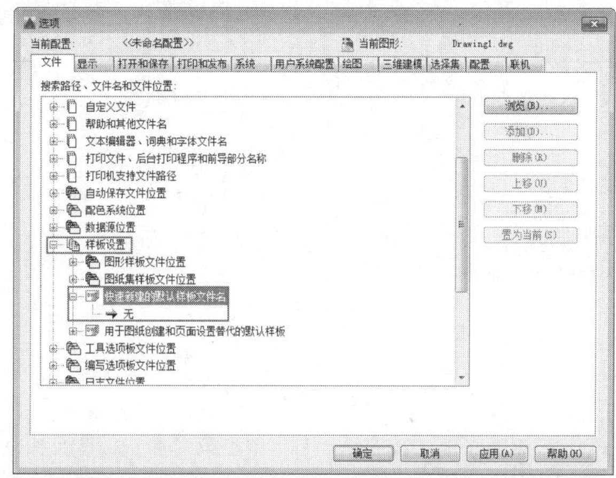

图 3-53 展开【快速新建的默认样板文件名】

**Step 03** 单击【浏览】按钮，打开【选择文件】对话框，如图3-54所示。

**Step 04** 在【选择文件】对话框内选择一个样板，然后单击【打开】按钮将其加载，最后单击【确定】按钮关闭对话框，如图3-55所示。

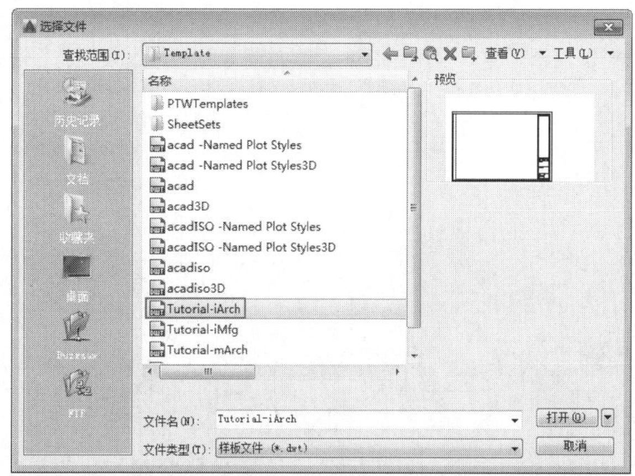

图 3-54 【选择文件】对话框

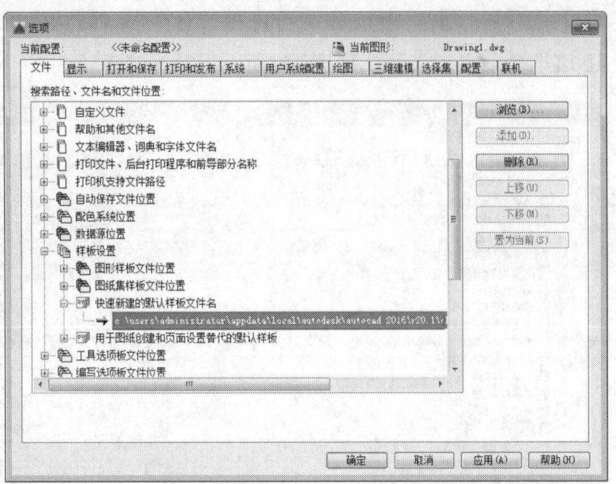

图 3-55 加载样板

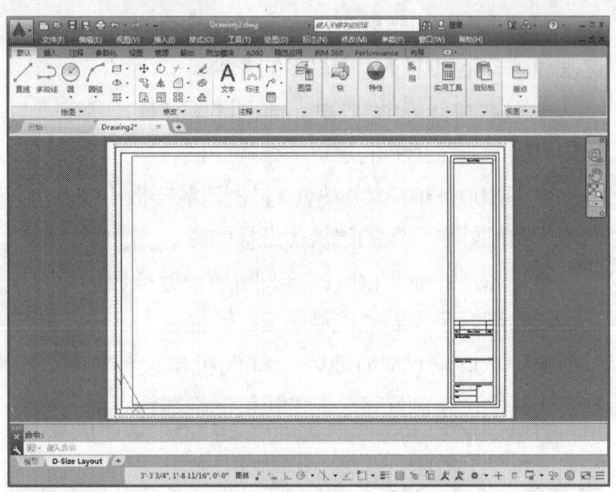
图 3-56 创建一个新的图形文件

**Step 05** 单击【标准】工具栏上的【新建】按钮，通过默认的样板创建一个新的图形文件，如图3-56所示。

# 第 4 章 坐标系与辅助绘图工具

要利用 AutoCAD 来绘制图形，首先就要了解坐标、对象选择和一些辅助绘图工具方面的内容。本章将深入阐述相关内容，并通过实例来帮助大家加深理解。此外本章还将介绍 AutoCAD 绘图环境的设置，如背景颜色、光标大小等。

## 4.1 AutoCAD的坐标系

AutoCAD 的图形定位，主要是由坐标系统进行确定。要想正确、高效的绘图，必须先了解 AutoCAD 坐标系的概念和坐标输入方法。

### 4.1.1 认识坐标系

在 AutoCAD 2016 中，坐标系分为世界坐标系（WCS）和用户坐标系（UCS）两种。

**1 世界坐标系（WCS）**

世界坐标系统（World Coordinate SYstem，WCS）是 AutoCAD 的基本坐标系统。它由 3 个相互垂直的坐标轴 *X*、*Y* 和 *Z* 组成，在绘制和编辑图形的过程中，它的坐标原点和坐标轴的方向是不变的。

如图 4-1 所示，世界坐标系统在默认情况下，*X* 轴正方向水平向右，*Y* 轴正方向垂直向上，*Z* 轴正方向垂直屏幕平面方向，指向用户。坐标原点在绘图区左下角，在其上有一个方框标记，表明是世界坐标系统。

**2 用户坐标系（UCS）**

为了更好地辅助绘图，经常需要修改坐标系的原点位置和坐标方向，这时就需要使用可变的用户坐标系统（User Coordinate SYstem，USC）。在用户坐标系中，可以任意指定或移动原点和旋转坐标轴，默认情况下，用户坐标系统和世界坐标系统重合，如图 4-2 所示。

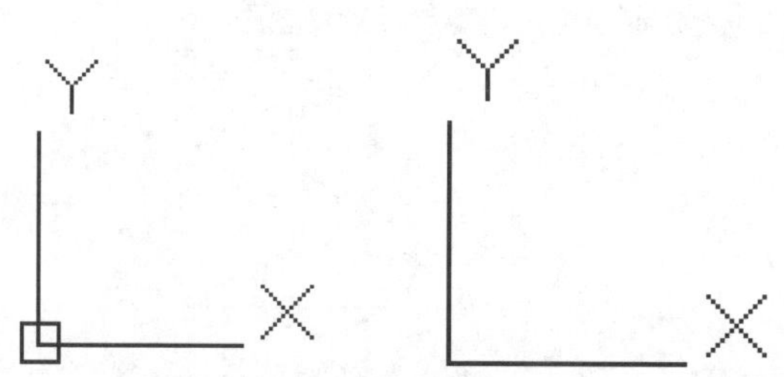

图 4-1 世界坐标系统图标（WCS） 图 4-2 用户坐标系统图标（UCS）

### 4.1.2 坐标的 4 种表示方法 ★重点★

在指定坐标点时，既可以使用直角坐标，也可以使用极坐标。在 AutoCAD 中，一个点的坐标有绝对直角坐标、绝对极坐标、相对直角坐标和相对极坐标 4 种方法表示。

**1 绝对直角坐标**

绝对直角坐标是指相对于坐标原点（0,0）的直角坐标，要使用该指定方法指定点，应输入逗号隔开的 *X*、*Y* 和 *Z* 值，即用（*X*,*Y*,*Z*）表示。当绘制二维平面图形时，其 *Z* 值为 0，可省略而不必输入，仅输入 *X*、*Y* 值即可，如图 4-3 所示。

**2 相对直角坐标**

相对直角坐标是基于上一个输入点而言，以某点相对于另一特定点的相对位置来定义该点的位置。相对特定坐标点（*X*，*Y*，*Z*）增加（n*X*，n*Y*，n*Z*）的坐标点的输入格式为（@n*X*，n*Y*，n*Z*）。相对坐标输入格式为（@*X*,*Y*），“@”符号表示使用相对坐标输入，是指定相对于上一个点的偏移量，如图 4-4 所示。

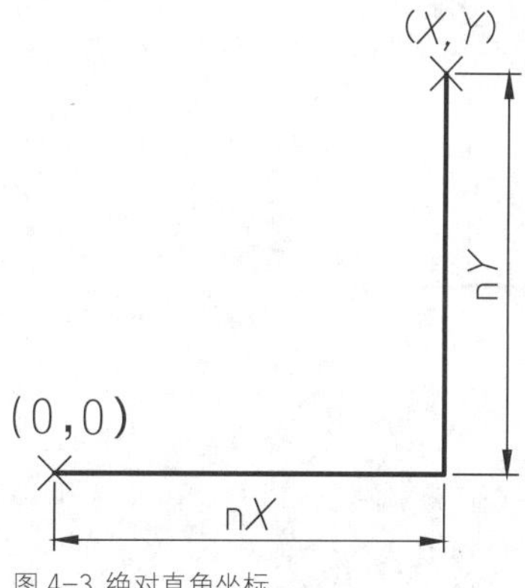

图 4-3 绝对直角坐标

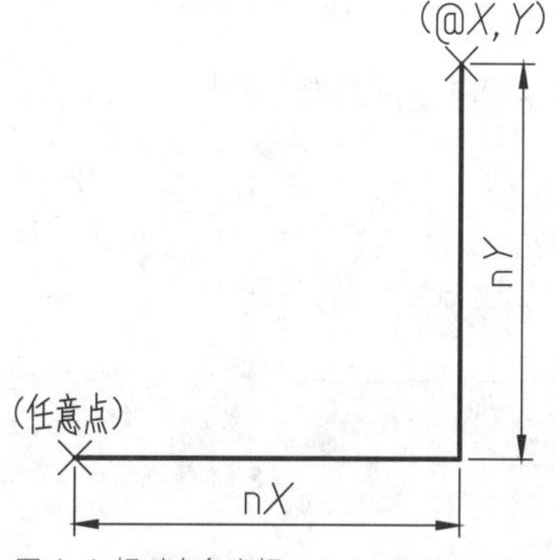

图 4-4 相对直角坐标

**操作技巧**

坐标分割的逗号“,”和“@”符号都应是英文输入法下的字符，否则无效。

### 3 绝对极坐标

该坐标方式是指相对于坐标原点（0,0）的极坐标。例如，坐标（12<30）是指从X轴正方向逆时针旋转30°，距离原点12个图形单位的点，如图4-5所示。在实际绘图工作中，由于很难确定与坐标原点之间的绝对极轴距离，因此该方法使用较少。

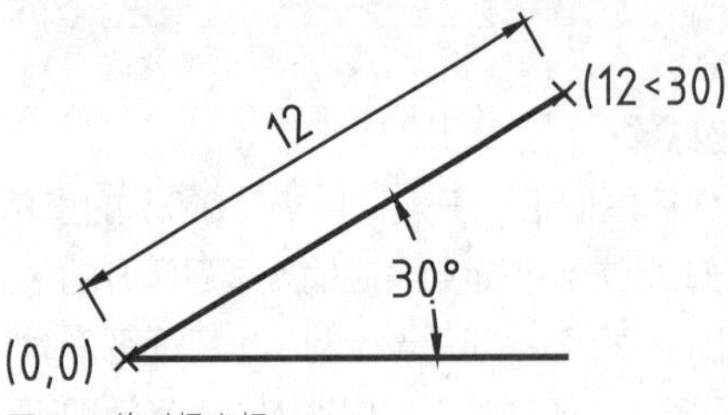


图 4-5 绝对极坐标

### 4 相对极坐标

以某一特定点为参考极点，输入相对于参考极点的距离和角度来定义一个点的位置。相对极坐标输入格式为（@A<角度），其中A表示指定与特定点的距离。例如，坐标（@14<45）是指相对于前一点角度为45°，距离为14个图形单位的一个点，如图4-6所示。

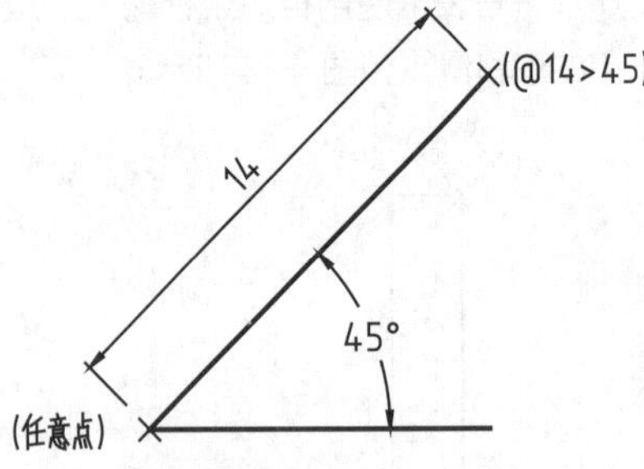


图 4-6 相对极坐标

> **操作技巧**
>
> 这4种坐标的表示方法，除了绝对极坐标外，其余3种均使用较多，需重点掌握。以下便通过3个例子，分别采用不同的坐标方法绘制相同的图形，来做进一步的说明。

## 练习 4-1 通过绝对直角坐标绘制图形

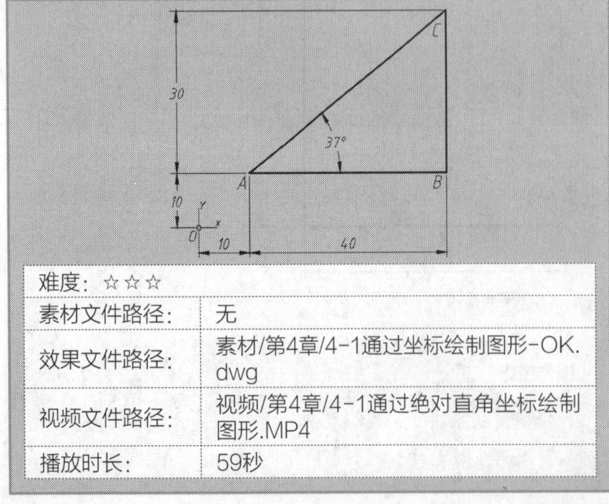


| 难度：☆☆☆ | |
|---|---|
| 素材文件路径： | 无 |
| 效果文件路径： | 素材/第4章/4-1通过坐标绘制图形-OK.dwg |
| 视频文件路径： | 视频/第4章/4-1通过绝对直角坐标绘制图形.MP4 |
| 播放时长： | 59秒 |

以绝对直角坐标输入的方法绘制如图4-7所示的图形。图中O点为AutoCAD的坐标原点，坐标即(0,0)，因此A点的绝对坐标则为（10，10），B点的绝对坐标为（50，10），C点的绝对坐标为（50，40）。因此绘制步骤如下。

**Step 01** 在【默认】选项卡中，单击【绘图】面板上的【直线】按钮，执行直线命令。

**Step 02** 命令行出现"指定第一点"的提示，直接在其后输入"10,10"，即第一点A点的坐标，如图4-8所示。

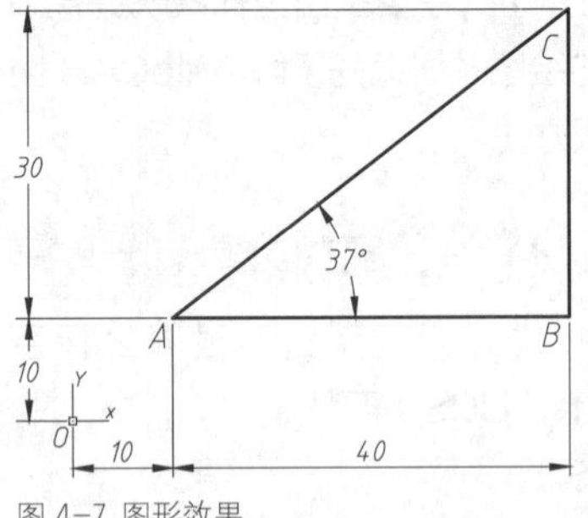


图 4-7 图形效果

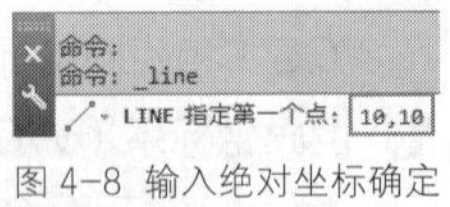


图 4-8 输入绝对坐标确定第一点

**Step 03** 单击Enter键确定第一点的输入，接着命令行提示"指定下一点"，再按相同方法输入B、C点的绝对坐标值，即可得到如所示的图形效果。完整的命令行操作过程如下。

```
命令: L LINE                              //调用【直线】命令
指定第一个点: 10,10↙                       //输入A点的绝对坐标
指定下一点或 [放弃(U)]: 50,10↙              //输入B点的绝对坐标
指定下一点或 [放弃(U)]: 50,40↙              //输入C点的绝对坐标
指定下一点或 [闭合(C)/放弃(U)]: c↙          //闭合图形
```

> **操作技巧**
>
> 本书中命令行操作文本中的"↙"符号代表按Enter键；"//"符号后的文字为提示文字。

## 练习 4-2 通过相对直角坐标绘制图形

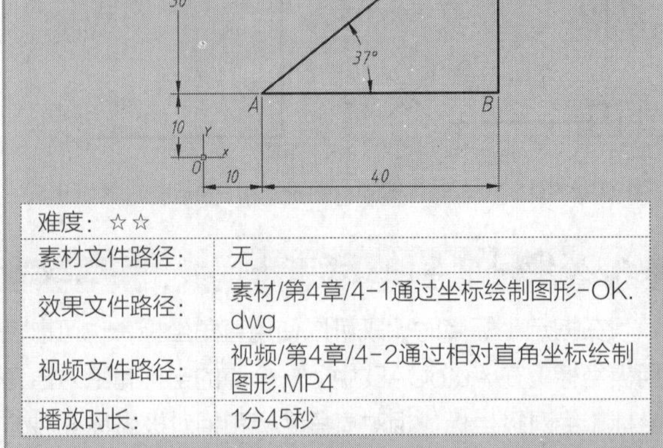


| 难度：☆☆ | |
|---|---|
| 素材文件路径： | 无 |
| 效果文件路径： | 素材/第4章/4-1通过坐标绘制图形-OK.dwg |
| 视频文件路径： | 视频/第4章/4-2通过相对直角坐标绘制图形.MP4 |
| 播放时长： | 1分45秒 |

以相对直角坐标输入的方法绘制如图 4-7 所示的图形。在实际绘图工作中，大多数设计师都喜欢随意在绘图区中指定一点为第一点，这样就很难界定该点及后续图形与坐标原点（0,0）的关系，因此往往多采用相对坐标的输入方法来进行绘制。相比于绝对坐标的刻板，相对坐标显得更为灵活多变。

**Step 01** 在【默认】选项卡中，单击【绘图】面板上的【直线】按钮，执行直线命令。

**Step 02** 输入A点。可按上例中的方法输入A点，也可以在绘图区中任意指定一点作为A点。

**Step 03** 输入B点。在图4-7中，B点位于A点的正*X*轴方向、距离为40点处，*Y*轴增量为0，因此相对于*A*点的坐标为（@40,0），可在命令行提示“指定下一点”时输入“@40,0”，即可确定B点，如图4-9所示。

**Step 04** 输入C点。由于相对直角坐标是相对于上一点进行定义的，因此在输入C点的相对坐标时，要考虑它和B点的相对关系，C点位于B点的正上方，距离为30，即输入“@0,30”，如图4-10所示。

图 4-9 输入 B 点的相对直角坐标

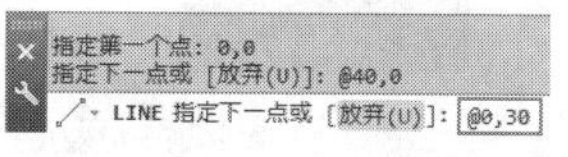

图 4-10 输入 C 点的相对直角坐标

**Step 05** 将图形封闭即绘制完成。完整的命令行操作过程如下。

```
命令: L LINE                        //调用【直线】命令
指定第一个点:10,10↙
                                    //输入A点的绝对坐标
指定下一点或 [放弃(U)]: @40,0↙
            //输入B点相对于上一个点（A点）的相对坐标
指定下一点或 [放弃(U)]: @0,30↙
            //输入C点相对于上一个点（B点）的相对坐标
指定下一点或 [闭合(C)/放弃(U)]: c↙       //闭合图形
```

## 练习 4-3 通过相对极坐标绘制图形

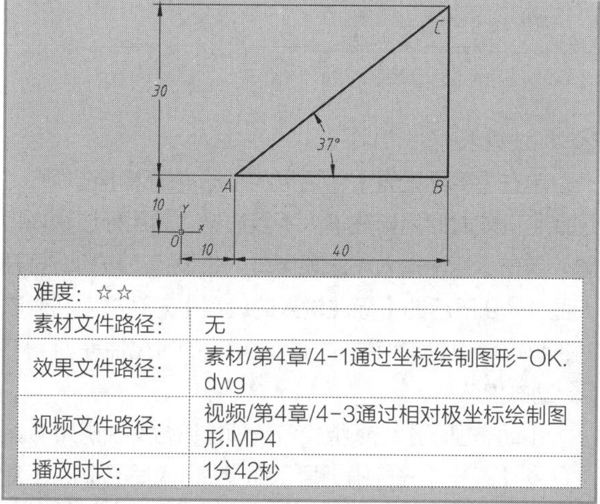


| 难度: ☆☆ | |
|---|---|
| 素材文件路径: | 无 |
| 效果文件路径: | 素材/第4章/4-1通过坐标绘制图形-OK.dwg |
| 视频文件路径: | 视频/第4章/4-3通过相对极坐标绘制图形.MP4 |
| 播放时长: | 1分42秒 |

以相对极坐标输入的方法绘制如图 4-7 所示的图形。相对极坐标与相对直角坐标一样，都是以上一点为参考基点，输入增量来定义下一个点的位置。只不过相对极坐标输入的是极轴增量和角度值。

**Step 01** 在【默认】选项卡中，单击【绘图】面板上的【直线】按钮，执行直线命令。

**Step 02** 输入A点。可按上例中的方法输入A点，也可以在绘图区中任意指定一点作为A点。

**Step 03** 输入C点。A点确定后，就可以通过相对极坐标的方式确定C点。C点位于A点的37° 方向，距离为50（由勾股定理可知），因此相对极坐标为（@50<37），在命令行提示“指定下一点”时输入“@50<37”，即可确定C点，如图4-11所示。

**Step 04** 输入B点。B点位于C点的 -90° 方向，距离为30，因此相对极坐标为（@30< -90），输入“@30< -90”即可确定B点，如图4-12所示。

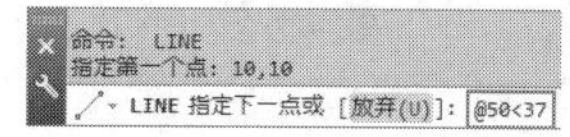

图 4-11 输入 C 点的相对极坐标

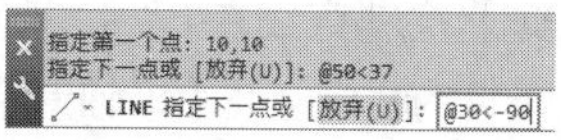

图 4-12 输入 B 点的相对极坐标

**Step 05** 将图形封闭即绘制完成。完整的命令行操作过程如下。

```
命令: _LING                       //调用【直线】命令
指定第一个点: 10,10↙              //输入A点的绝对坐标
指定下一点或 [放弃(U)]: @50<37↙
            //输入C点相对于上一个点（A点）的相对极坐标
指定下一点或 [放弃(U)]: @30< -90↙
            //输入B点相对于上一个点（C点）的相对极坐标
指定下一点或 [闭合(C)/放弃(U)]: c↙     //闭合图形
```

### 4.1.3 坐标值的显示

在 AutoCAD 状态栏的左侧区域，会显示当前光标所处位置的坐标值，该坐标值有 3 种显示状态。

◆绝对直角坐标状态：显示光标所在位置的坐标（118.8822, -0.4634, 0.0000）。

◆相对极坐标状态：在相对于前一点来指定第二点时可以使用此状态（37.6469<216, 0.0000）。

◆关闭状态：颜色变为灰色，并“冻结”关闭时所显示的坐标值，如图 4-13 所示。

用户可根据需要在这 3 种状态之间相互切换。

◆Ctrl+I 可以关闭开启坐标显示。

◆当确定一个位置后，在状态栏中显示坐标值的区域，单击也可以进行切换。

◆在状态栏中显示坐标值的区域，用鼠标右键单击即可弹出快捷菜单，如图 4-14 所示，可在其中选择所需状态。

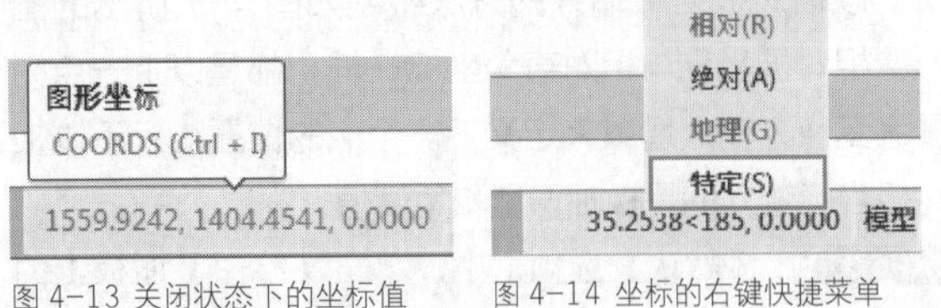


图 4-13 关闭状态下的坐标值　　图 4-14 坐标的右键快捷菜单

## 4.2 辅助绘图工具

本节将介绍 AutoCAD 2016 辅助工具的设置。通过对辅助功能进行适当的设置，可以提高用户制图的工作效率和绘图的准确性。在实际绘图中，用鼠标定位虽然方便快捷，但精度不够，因此为了解决快速准确定位问题，AutoCAD 提供了一些绘图辅助工具，如动态输入、栅格、栅格捕捉、正交和极轴追踪等。

【栅格】类似定位的小点，可以直观地观察到距离和位置;【栅格捕捉】用于设定鼠标光标移动的间距;【正交】控制直线在 0°、90°、180° 或 270° 等正平竖直的方向上;【极轴追踪】用以控制直线在 30°、45°、60° 等常规或用户指定角度上。

### 4.2.1 动态输入

在绘图的时候，有时可在光标处显示命令提示或尺寸输入框，这类设置即称作【动态输入】。在 AutoCAD 中，【动态输入】有 2 种显示状态，即指针输入和标注输入状态，如图 4-15 所示。

【动态输入】功能的开、关切换有以下两种方法。

◆快捷键：按 F12 键切换开、关状态。

◆状态栏：单击状态栏上的【动态输入】按钮，若亮显则为开启，如图 4-16 所示。

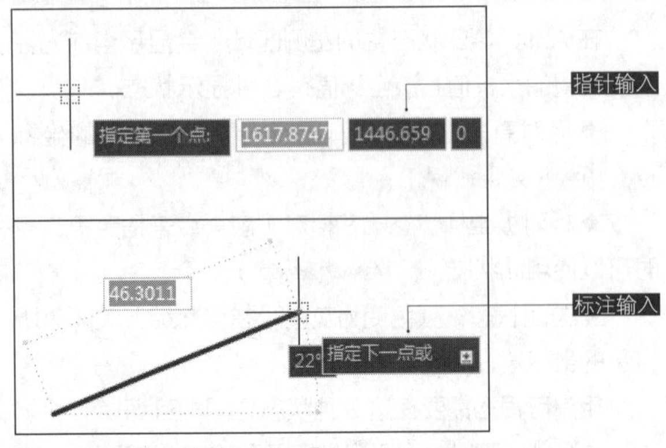


图 4-15 不同状态的【动态输入】

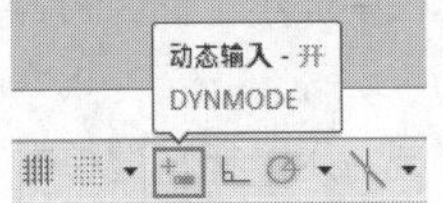


图 4-16 状态栏中开启【动态输入】功能

右键单击状态栏上的【动态输入】按钮，选择弹出【动态输入设置】选项，打开【草图设置】对话框中的【动态输入】选项卡，该选项卡可以控制在启用【动态输入】时每个部件所显示的内容。选项卡中包含 3 个组件，即指针输入、标注输入和动态显示，如图 4-17 所示，分别介绍如下。

**1 指针输入**

单击【指针输入】选项区的【设置】按钮，打开【指针输入设置】对话框，如图 4-18 所示。可以在其中设置指针的格式和可见性。在工具提示中，十字光标所在位置的坐标值将显示在光标旁边。命令提示用户输入点时，可以在工具提示框（而非命令行）中输入坐标值。

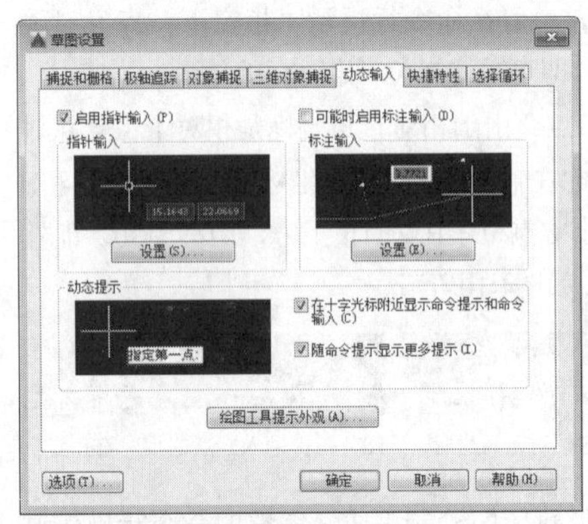


图 4-17 【动态输入】选项卡

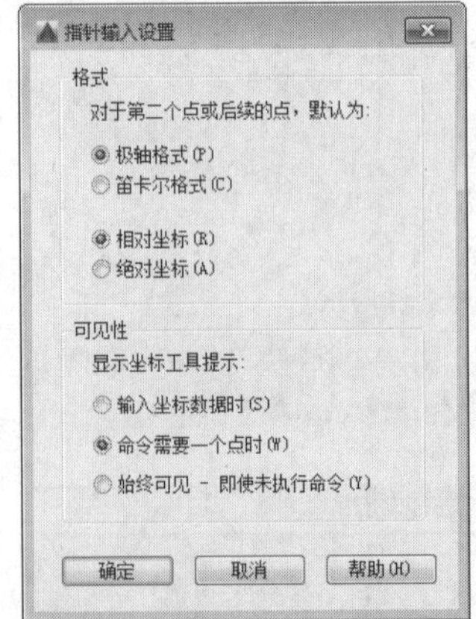


图 4-18 【指针输入设置】对话框

**2 标注输入**

单在【草图设置】对话框的【动态输入】选项卡，选择【可能时启用标注输入】复选框，启用标注输入功能。单击【标注输入】选项区域的【设置】按钮，打开如图 4-19 所示的【标注输入的设置】对话框。利用该对话框可以设置夹点拉伸时标注输入的可见性等。

**3 动态提示**

【动态显示】选项组中各选项按钮含义说明如下。

◆【在十字光标附近显示命令提示和命令输入】复选框：勾选该复选框，可在光标附近显示命令显示。

◆【随命令提示显示更多提示】复选框：勾选该复选框，显示使用 Shift 键 和 Ctrl 键进行夹点操作的提示。

◆【绘图工具提示外观】按钮：单击该按钮，弹出如图 4-20 所示的【工具提示外观】对话框，从中进行颜色、大小、透明度和应用场合的设置。

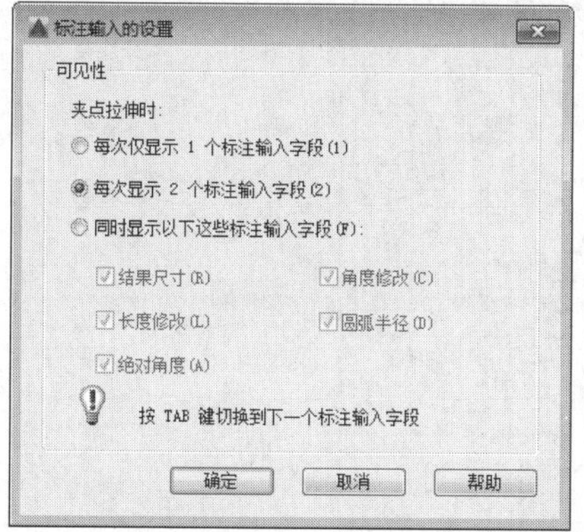


图 4-19 【标注输入的设置】对话框

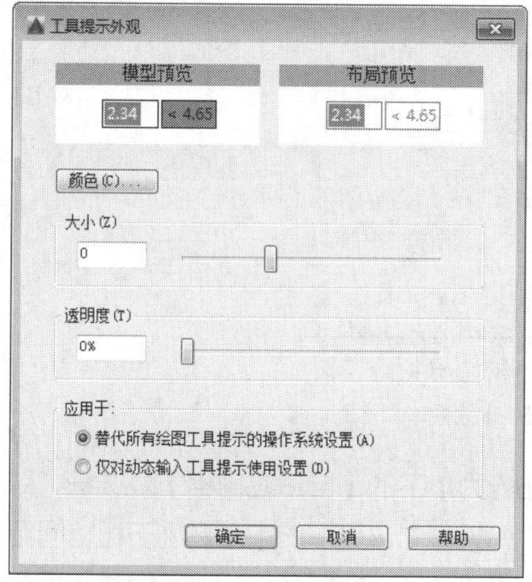


图 4-20 【工具提示外观】对话框

## 4.2.2 栅格

【栅格】相当于手工制图中使用的坐标纸，它按照相等的间距在屏幕上设置栅格点（或线）。使用者可以通过栅格点数目来确定距离，从而达到精确绘图的目的。【栅格】不是图形的一部分，只供用户视觉参考，打印时不会被输出。

控制【栅格】显示的方法如下。

◆快捷键：按 F7 键可以切换开、关状态。

◆状态栏：单击状态栏上的【显示图形栅格】按钮▦，若亮显则为开启，如图 4-21 所示。

用户可以根据实际需要自定义【栅格】的间距、大小与样式。在命令行中输入 DS【草图设置】命令，系统自动弹出【草图设置】对话框，在【栅格间距】选项区中设置间距、大小与样式。或是调用 GRID 命令，根据命令行提示同样可以控制栅格的特性。

### 1 设置栅格显示样式

在 AutoCAD 2016 中，栅格有两种显示样式：点矩阵和线矩阵，默认状态下显示的是线矩阵栅格，如图 4-22 所示。

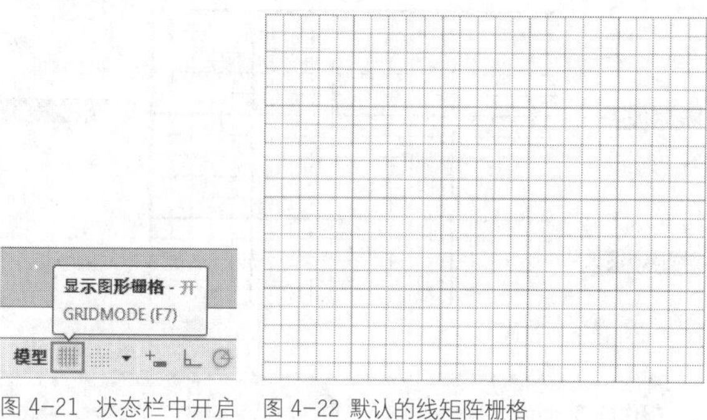


图 4-21 状态栏中开启【栅格】功能　　图 4-22 默认的线矩阵栅格

右键单击状态栏上的【显示图形栅格】按钮▦，选择弹出的【网格设置】选项，打开【草图设置】对话框中的【捕捉和栅格】选项卡，然后选择【栅格样式】区域中的【二维模型空间】复选框，即可在二维模型空间显示点矩阵形式的栅格，如图 4-23 所示。

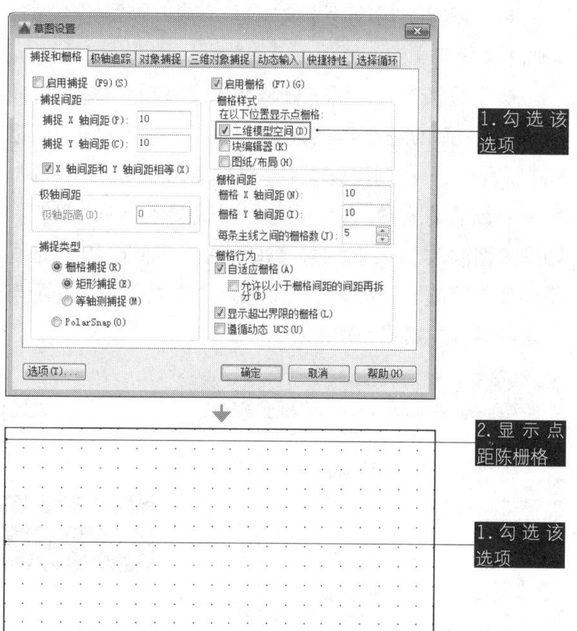


图 4-23 显示点矩阵样式的栅格

同理，勾选【块编辑器】或【图纸/布局】复选框，即可在对应的绘图环境中开启点矩阵的栅格样式。

### 2 设置栅格间距

如果栅格以线矩阵而非点矩阵显示，那么其中会有若干颜色较深的线（称为主栅格线）和颜色较浅的线（称为辅助栅格线）间隔显示，栅格的组成如图 4-24 所示。在以小数单位或英尺、英寸绘图时，主栅格线对于快速测量距离尤其有用。在【草图设置】对话框中，可以通过【栅格间距】区域来设置栅格的间距。

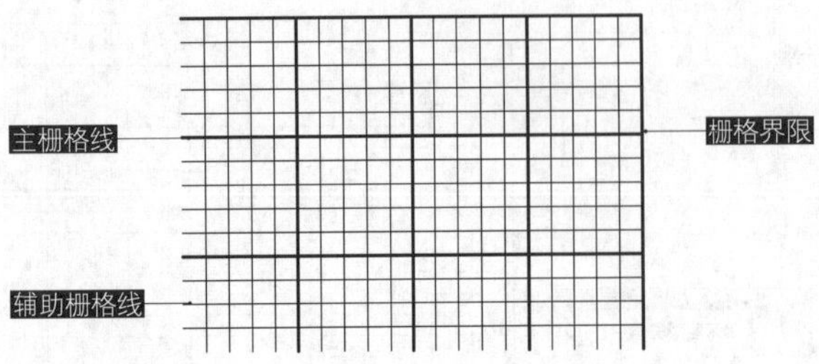


图 4-24 栅格的组成

**操作技巧**

【栅格界限】只有使用Limits命令定义了图形界限之后方能显现，详见本书第4章4.6.1设置图形界限小节。

【栅格间距】区域中的各命令含义说明如下。

◆【栅格 *X* 轴间距】文本框：输入辅助栅格线在 *X* 轴上（横向）的间距值；

◆【栅格 *Y* 轴间距】文本框：输入辅助栅格线在 *Y* 轴上（纵向）的间距值；

◆【每条主线之间的栅格数】文本框：输入主栅格线之间的辅助栅格线的数量，因此可间接指定主栅格线的间距，即：主栅格线间距 = 辅助栅格线间接 × 数量。

◆默认情况下，*X* 轴间距和 *Y* 轴间距值是相等的，如需分别输入不同的数值，需取消【*X* 轴间距和 *Y* 轴间距相等】复选框的勾选，方能输入。输入不同的间距与所得栅格效果如图 4-25 所示。

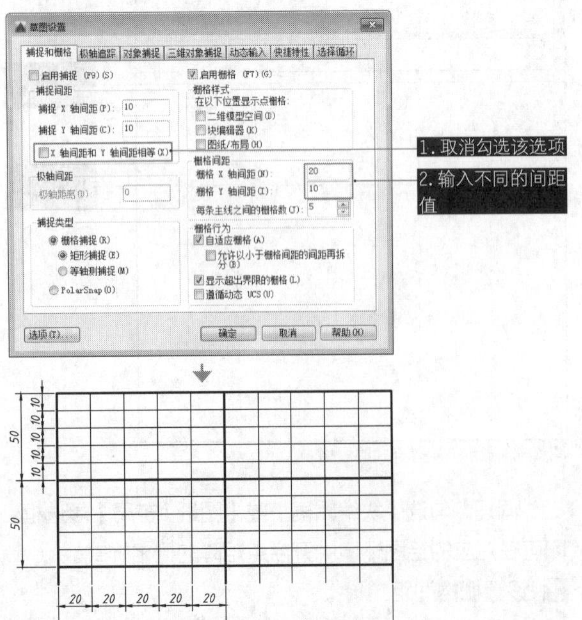


图 4-25 不同间距下的栅格效果

## 3 在缩放过程中动态更改栅格

如果放大或缩小图形，将会自动调整栅格间距，使其适合新的比例。例如，如果缩小图形，则显示的栅格线密度会自动减小；相反，如果放大图形，则附加的栅格线将按与主栅格线相同的比例显示。这一过程称为自适应栅格显示，如图 4-26 所示。

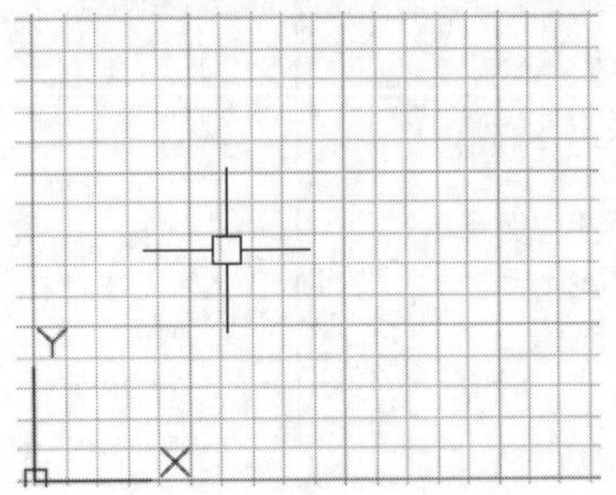

视图缩小栅格随之缩小

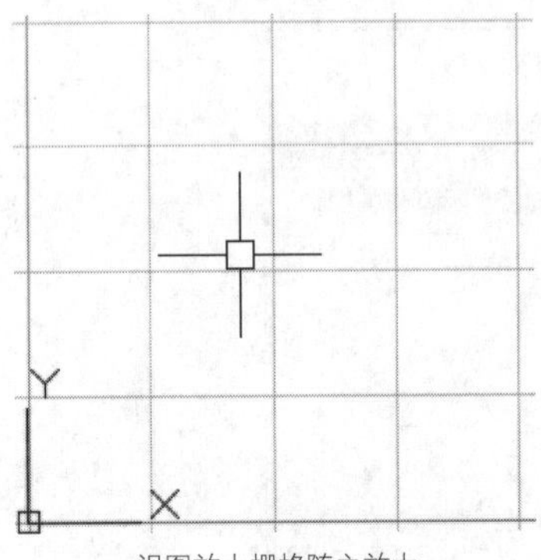

视图放大栅格随之放大

图 4-26 【自适应栅格】效果

勾选【栅格行为】下的【自适应栅格】复选框，即可启用该功能。如果再勾选其下的【允许小于栅格间距的间距再拆分】复选框，则在视图放大时，会生成更多间距更小的栅格线，即以原辅助栅格线替换为主栅格线，然后再进行平分。

## 4 栅格与 UCS 的关系

栅格和捕捉点始终与 UCS 原点对齐。如果需要移动栅格和栅格捕捉原点，需移动 UCS。如果需要沿特定的对齐或角度绘图，可以通过旋转用户坐标系（UCS）来更改栅格和捕捉角度，如图 4-27 所示。

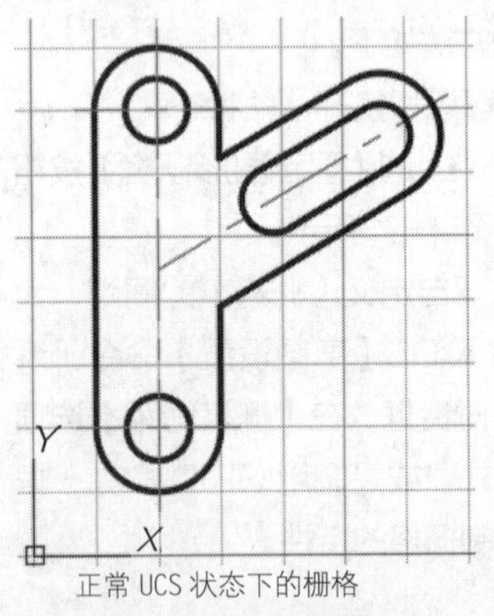

正常 UCS 状态下的栅格

图 4-27 UCS 旋转效果与栅格

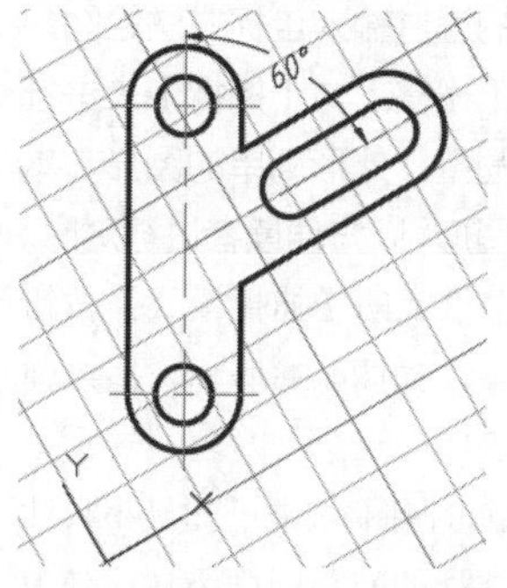


将 UCS 旋转了 30° 后的栅格

图 4-27 UCS 旋转效果与栅格（续）

此旋转将十字光标在屏幕上重新对齐，以与新的角度匹配。在图 4-27 样例中，将 UCS 旋转 30° 以与固定支架的角度一致。

## 4.2.3 捕捉

【捕捉】功能可以控制光标移动的距离。它经常和【栅格】功能连用，当捕捉功能打开时，光标便能停留在栅格点上，这样就只能绘制出栅格间距整数倍的距离。

控制【捕捉】功能的方法如下。

◆快捷键：按 F9 键可以切换开、关状态。

◆状态栏：单击状态栏上的【捕捉模式】按钮，若亮显则为开启。

同样，也可以在【草图设置】对话框中的【捕捉和栅格】选项卡中控制捕捉的开关状态及其相关属性。

### 1 设置栅格捕捉间距

在【捕捉间距】下的【捕捉 X 轴间距】和【捕捉 Y 轴间距】文本框中可输入光标移动的间距。通常情况下，【捕捉间距】应等于【栅格间距】，这样在启动【栅格捕捉】功能后，就能将光标限制在栅格点上，如图 4-28 所示；如果【捕捉间距】不等于【栅格间距】，则会出现捕捉不到栅格点的情况，如图 4-29 所示。

在正常工作中，【捕捉间距】不需要和【栅格间距】相同。例如，可以设定较宽的【栅格间距】用作参照，但使用较小的【捕捉间距】以保证定位点时的精确性。

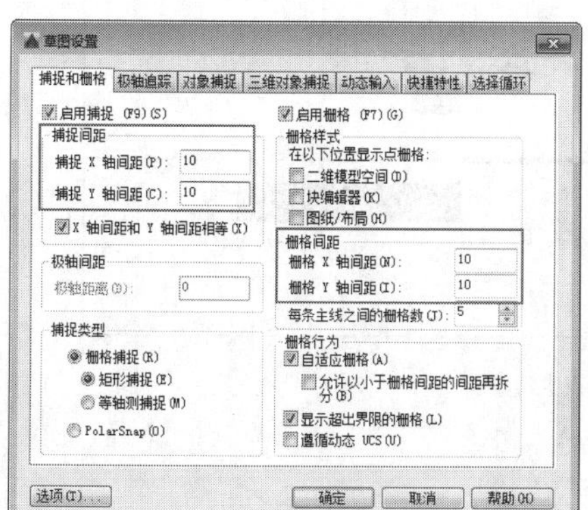


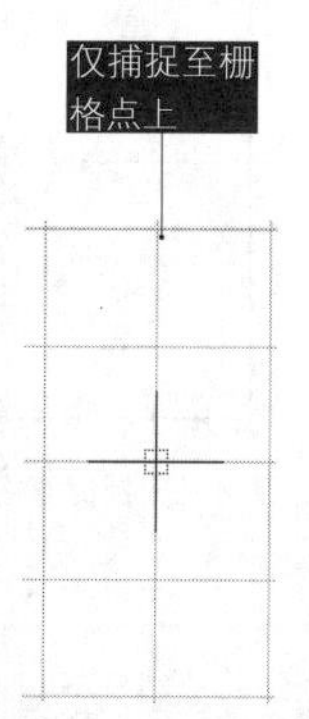


图 4-28 【捕捉间距】与【栅格间距】相等时的效果

图 4-29 【捕捉间距】与【栅格间距】不相等时的效果

### 2 设置捕捉类型

捕捉有两种捕捉类型：栅格捕捉和极轴捕捉，两种捕捉类型分别介绍如下。

#### 栅格捕捉

设定栅格捕捉类型。如果指定点，光标将沿垂直或水平栅格点进行捕捉。【栅格捕捉】下分两个单选按钮：【矩形捕捉】和【等轴测捕捉】，分别介绍如下。

◆【矩形捕捉】单选按钮：将捕捉样式设定为标准“矩形”捕捉模式。当捕捉类型设定为【栅格】并且打开【捕捉】模式时，光标将捕捉矩形捕捉栅格，适用于普通二维视图，如图 4-30 所示。

◆【等轴测捕捉】单选按钮：将捕捉样式设定为“等轴测”捕捉模式。当捕捉类型设定为【栅格】并且打开【捕捉】模式时，光标将捕捉等轴测捕捉栅格，适用于等轴测视图，如图 4-31 所示。

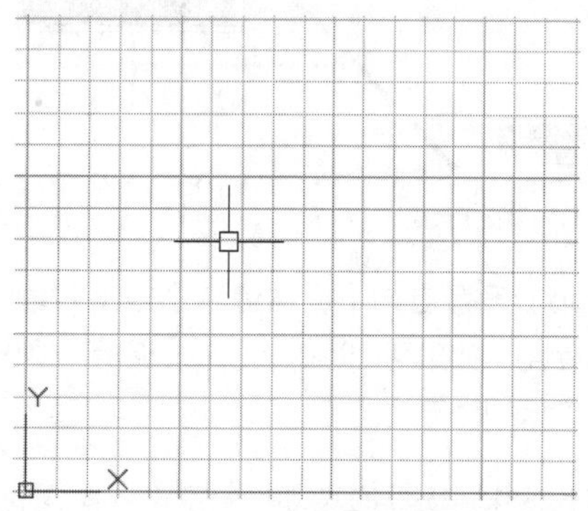


图 4-30 【矩形捕捉】模式下的栅格

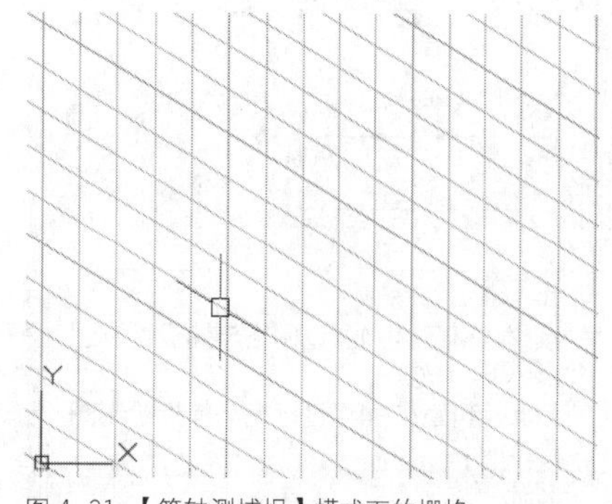


图 4-31 【等轴测捕捉】模式下的栅格

### ◎ PolarSnap（极轴捕捉）

将捕捉类型设定为【PolarSnap】。如果启用了【捕捉】模式并在极轴追踪打开的情况下指定点，光标将沿在【极轴追踪】选项卡（见本章 3.2.4 小节）上相对于极轴追踪起点设置的极轴对齐角度进行捕捉。

启用【PolarSnap】后，【捕捉间距】变为不可用，同时【极轴间距】文本框变得可用，可在该文本框中输入要进行捕捉的增量距离，如果该值为 0，则【PolarSnap】捕捉的距离采用【捕捉 X 轴间距】文本框中的值。启用【PolarSnap】后无法将光标定位至栅格点上，但在执行【极轴追踪】的时候，可将增量固定为设定的整数倍，效果如图 4-32 所示。

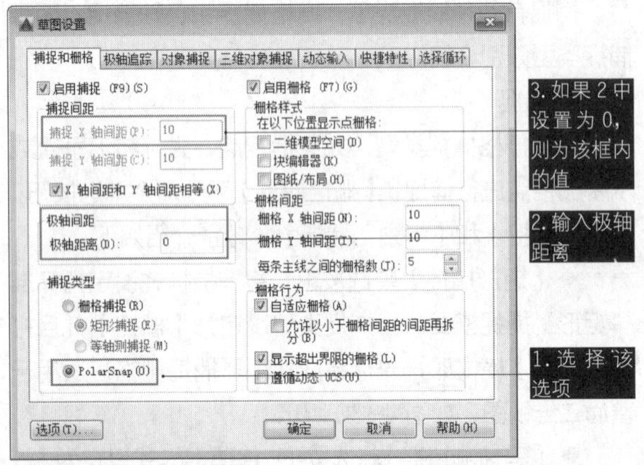


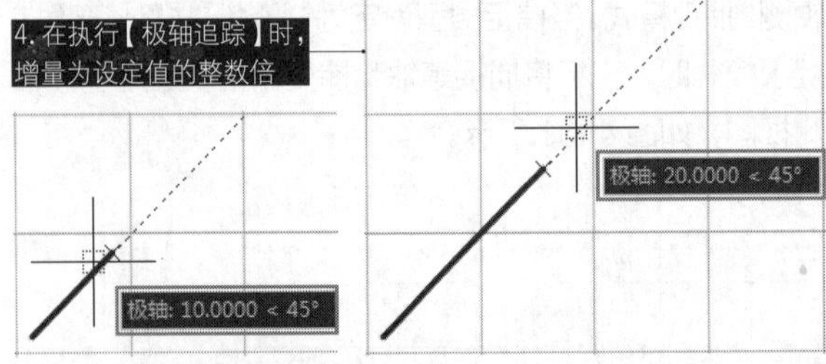


图 4-32 PolarSnap（极轴捕捉）效果

【PolarSnap】设置应与【极轴追踪】或【对象捕捉追踪】结合使用，如果两个追踪功能都未启用，则【PolarSnap】设置视为无效。

### 练习 4-4 通过栅格与捕捉绘制图形

| 难度：☆☆ | |
|---|---|
| 素材文件路径： | 无 |
| 效果文件路径： | 素材/第4章/4-4通过栅格与捕捉绘制图形-OK.dwg |
| 视频文件路径： | 视频/第4章/4-4通过栅格与捕捉绘制图形.MP4 |
| 播放时长： | 1分59秒 |

除了前面练习中所用到的通过输入坐标方法绘图，在 AutoCAD 中还可以借助【栅格】与【捕捉】来进行绘制。该方法适合绘制尺寸圆整、外形简单的图形，本例同样绘制如图 4-7 所示的图形，以方便读者进行对比。

**Step 01** 用鼠标右键单击状态栏上的【捕捉模式】按钮 ，选择【捕捉设置】选项，如图4-33所示，系统弹出【草图设置】对话框。

**Step 02** 设置栅格与捕捉间距。在图4-7中可知最小尺寸为10，因此可以设置栅格与捕捉的间距同样为10，使得十字光标以10为单位进行移动。

**Step 03** 勾选【启用捕捉】和【启用栅格】复选框，在【捕捉间距】选项区域改为捕捉*X*轴间距10，捕捉*Y*轴间距10；在【栅格间距】选项区域，改为栅格*X*轴间距为10，栅格*Y*轴间距为10，每条主线之间的栅格数为5，如图4-34所示。

**Step 04** 单击【确定】按钮，完成栅格的设置。

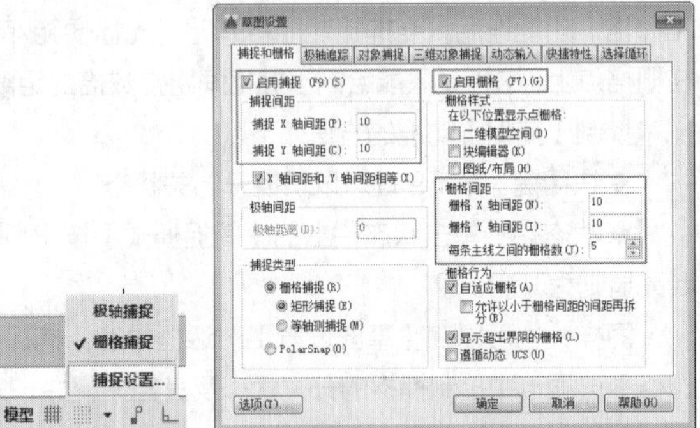


图 4-33 设置选项　　图 4-34 设置参数

**Step 05** 在命令行中输入L，调用【直线】命令，可见光标只能在间距为10的栅格点处进行移动，如图4-35所示。

**Step 06** 捕捉各栅格点，绘制最终图形如图4-36所示。

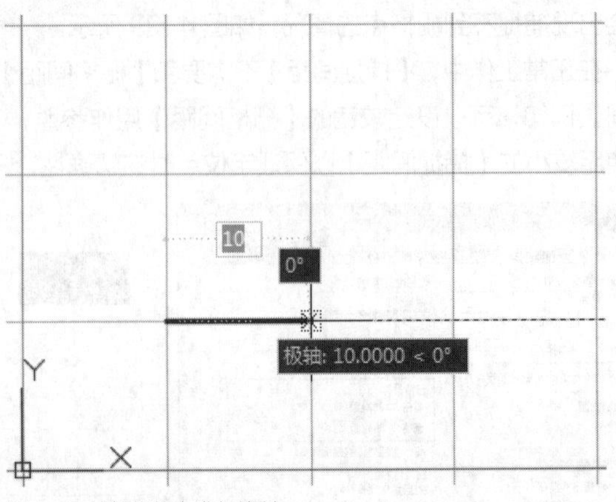


图 4-35 捕捉栅格点进行绘制

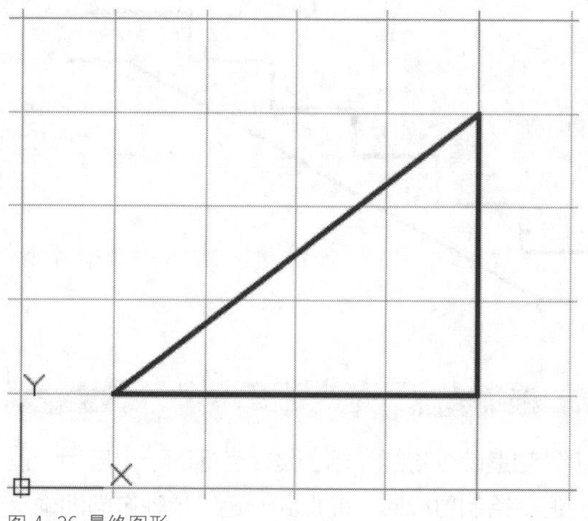


图 4-36 最终图形

## 4.2.4 正交

★重点★

在绘图过程中，使用【正交】功能便可以将十字光标限制在水平或者垂直轴向上，同时也限制在当前的栅格旋转角度内。使用【正交】功能就如同使用了丁字尺绘图，可以保证绘制的直线完全呈水平或垂直状态，方便绘制水平或垂直直线。

打开或关闭【正交】功能的方法如下。

◆快捷键：按 F8 键可以切换正交开、关模式。

◆状态栏：单击【正交】按钮，若亮显则为开启，如图 4-37 所示。

因为【正交】功能限制了直线的方向，所以绘制水平或垂直直线时，指定方向后直接输入长度即可，不必再输入完整的坐标值。开启正交后光标状态如图 4-38 所示，关闭正交后光标状态如图 4-39 所示。

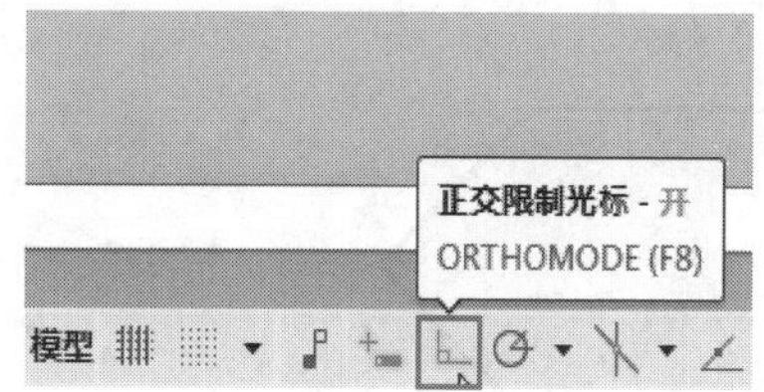


图 4-37 状态栏中开启【正交】功能

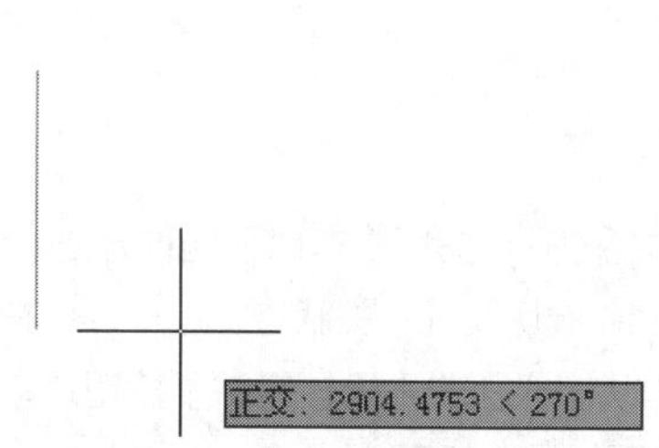


图 4-38 开启【正交】效果

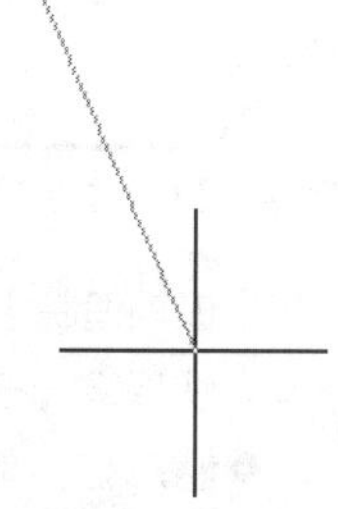

图 4-39 关闭【正交】效果

### 练习 4-5 通过【正交】绘制楼梯图形

| 难度：☆☆ | |
|---|---|
| 素材文件路径： | 素材/第4章/4-5通过【正交】绘制楼梯图形.dwg |
| 效果文件路径： | 素材/第4章/4-5通过【正交】绘制楼梯图形-OK.dwg |
| 视频文件路径： | 视频/第4章/4-5通过【正交】绘制楼梯图形.MP4 |
| 播放时长： | 1分52秒 |

楼梯在建筑物中作为楼层间垂直交通用的构件，用于楼层之间和高差较大时的交通联系，如图 4-40 所示。在设有电梯、自动梯作为主要垂直交通手段的多层和高层建筑中也要设置楼梯。高层建筑尽管采用电梯作为主要垂直交通工具，但仍然要保留楼梯供火灾时逃生之用。楼梯由连续梯级的梯段（又称梯跑）、平台（休息平台）和围护构件等组成。

本例通过【正交】绘制图 4-41 所示的楼梯图形。【正交】功能开启后，系统自动将光标强制性地定位在水平或垂直位置上，在引出的追踪线上，直接输入一个数值即可定位目标点，而不用手动输入坐标值或捕捉栅格点来进行确定。

图 4-40 楼梯

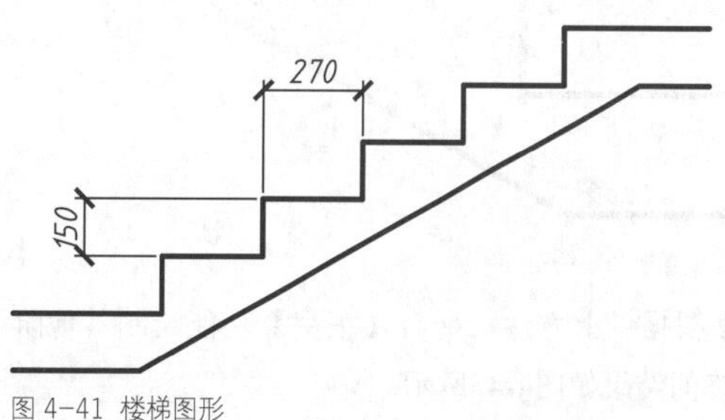


图 4-41 楼梯图形

**Step 01** 单击【快速访问】工具栏中的【打开】按钮，打开“第4章/练习4-5通过【正交】绘制楼梯图形.dwg”素材文件，其中已经绘制好了部分楼梯图形，如图4-42所示。

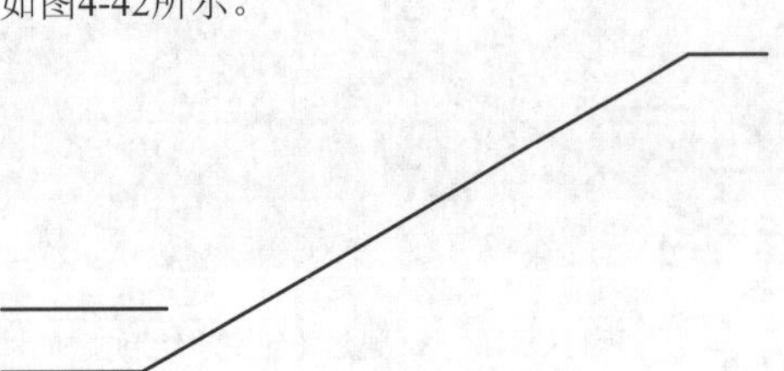

图 4-42 通过正交绘制楼梯图形

**Step 02** 单击状态栏中的按钮，或按F8功能键，激活【正交】功能。

**Step 03** 单击【绘图】面板中的按钮，激活【直线】命令，配合【正交】功能，绘制图形。命令行操作过程如下。

```
命令: _line
指定第一点:          //在绘图区中指定A点作为起点
指定下一点或 [放弃(U)]:150↙ //向上移动光标，引出90° 正交追踪线，输入150，如图4-43所示
指定下一点或 [放弃(U)]:270↙ //向右移动光标，引出0° 正交追踪线，输入270，如图4-44所示
指定下一点或 [放弃(U)]:150↙
                    //向上移动光标，引出90° 正交追踪线，输入150，定位下一阶楼梯起点
```

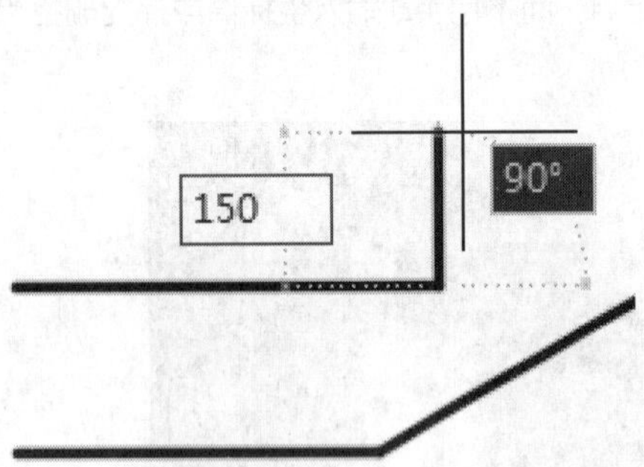


图 4-43 绘制第二条直线

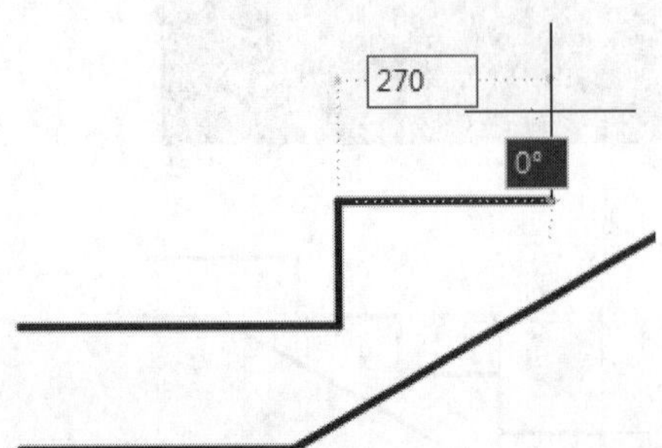


图 4-44 绘制第一条直线

**Step 04** 根据以上方法，配合【正交】功能绘制其他阶梯，最终的结果如图4-45所示。

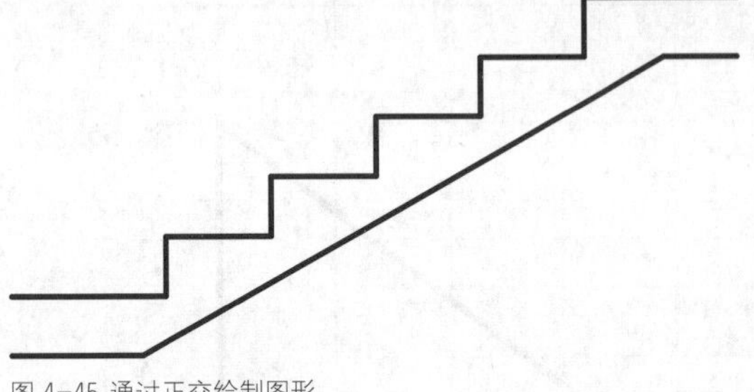

图 4-45 通过正交绘制图形

## 4.2.5 极轴追踪 ★重点★

【极轴追踪】功能实际上是极坐标的一个应用。使用极轴追踪绘制直线时，捕捉到一定的极轴方向即确定了极角，然后输入直线的长度即确定了极半径，因此和正交绘制直线一样，极轴追踪绘制直线一般使用长度输入确定直线的第二点，代替坐标输入。【极轴追踪】功能可以用来绘制带角度的直线，如图 4-46 所示。

一般来说，极轴可以绘制任意角度的直线，包括水平的 0° 、180° 与垂直的 90° 、270° 等，因此某些情况下可以代替【正交】功能使用。【极轴追踪】绘制的图形如图 4-47 所示。

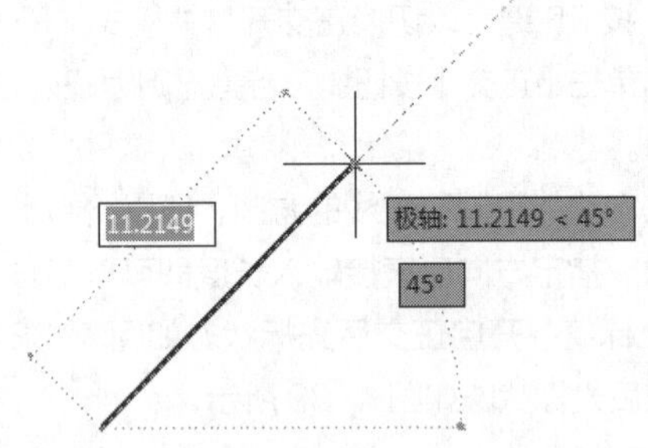


图 4-46 开启【极轴追踪】效果

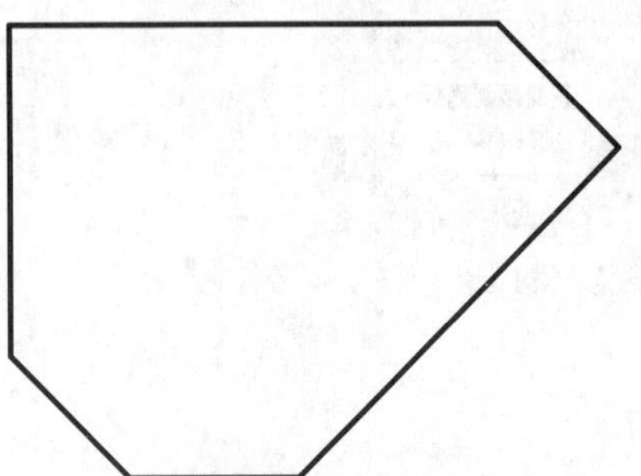

图 4-47 【极轴追踪】模式绘制的直线

【极轴追踪】功能的开、关切换有以下两种方法。

◆ 快捷键：按 F10 键切换开、关状态。

◆ 状态栏：单击状态栏上的【极轴追踪】按钮，若亮显则为开启，如图 4-48 所示。

右键单击状态栏上的【极轴追踪】按钮，弹出追踪角度列表，如图 4-48 所示，其中的数值便为启用【极轴追踪】时的捕捉角度。然后在弹出的快捷菜单中选择

【正在追踪设置】选项，则打开【草图设置】对话框，在【极轴追踪】选项卡中可设置极轴追踪的开关和其他角度值的增量角等，如图 4-49 所示。

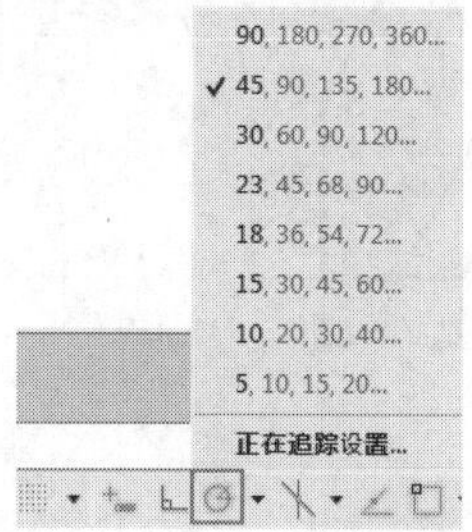


图 4-48 选择【正在追踪设置】命令

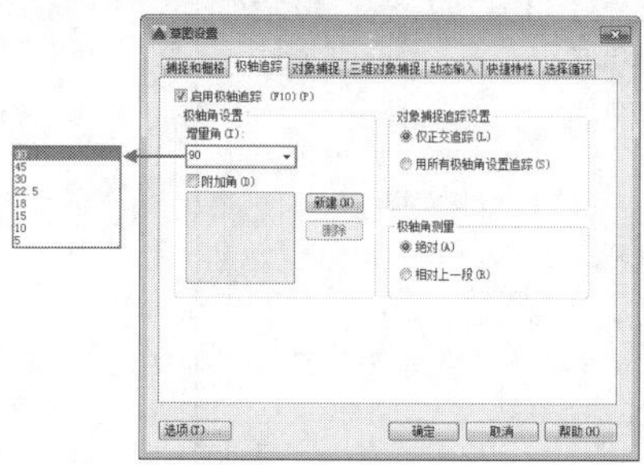

图 4-49 【极轴追踪】选项卡

【极轴追踪】选项卡中各选项的含义如下。

◆【增量角】列表框：用于设置极轴追踪角度。当光标的相对角度等于该角，或者是该角的整数倍时，屏幕上将显示出追踪路径，如图 4-50 所示。

◆【附加角】复选框：增加任意角度值作为极轴追踪的附加角度。勾选【附加角】复选框，并单击【新建】按钮，然后输入所需追踪的角度值，即可捕捉至附加角的角度，如图 4-51 所示。

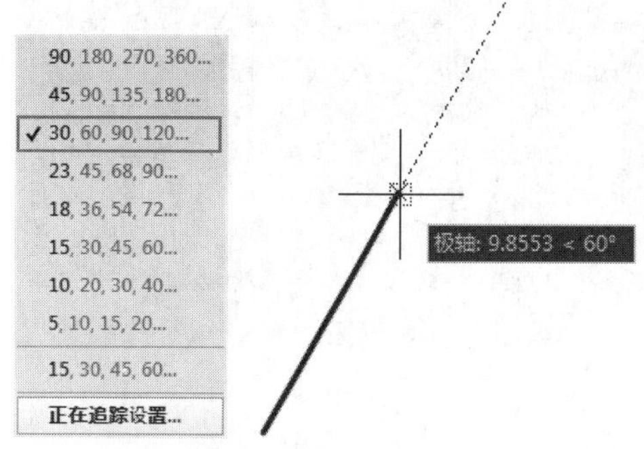


图 4-50 设置【增量角】进行捕捉

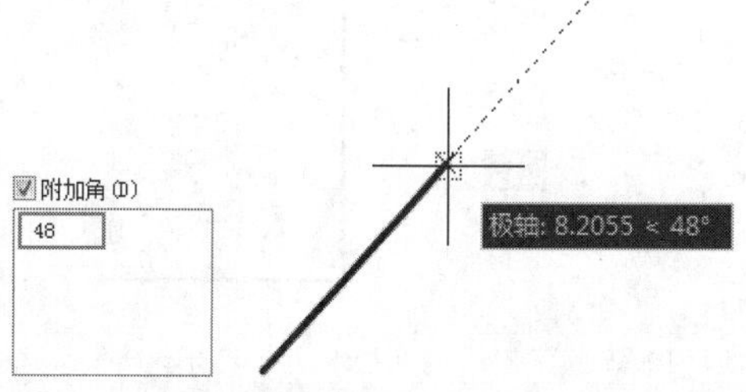


图 4-51 设置【附加角】进行捕捉

◆【仅正交追踪】单选按钮：当对象捕捉追踪打开时，仅显示已获得的对象捕捉点的正交（水平和垂直方向）对象捕捉追踪路径，如图 4-52 所示。

◆【用所有极轴角设置追踪】单选按钮：对象捕捉追踪打开时，将从对象捕捉点起沿任何极轴追踪角进行追踪，如图 4-53 所示。

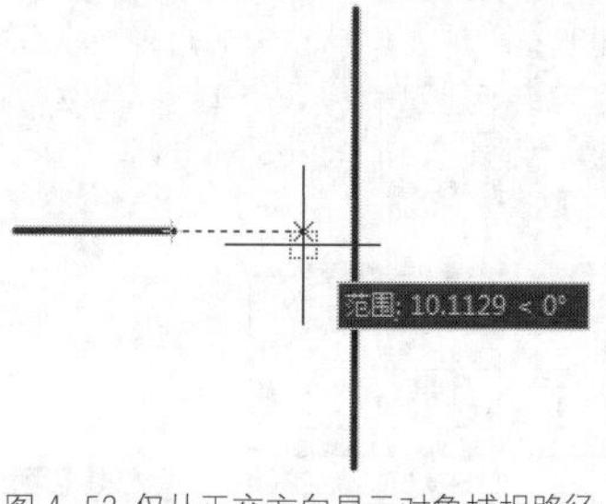


图 4-52 仅从正交方向显示对象捕捉路径

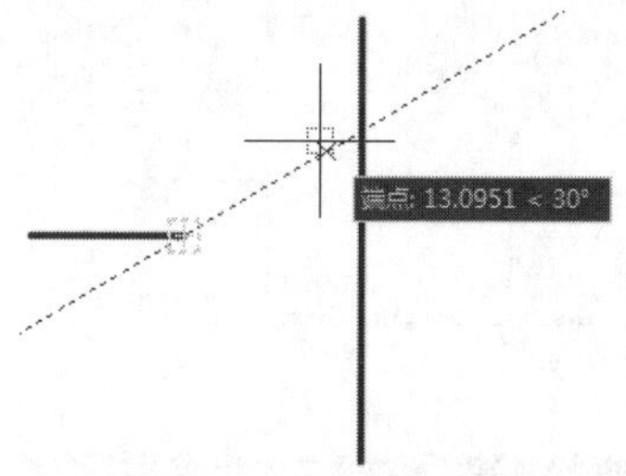


图 4-53 可从极轴追踪角度显示对象捕捉路径

◆【极轴角测量】选项组：设置极轴角的参照标准。【绝对】单选按钮表示使用绝对极坐标，以 $X$ 轴正方向为 0°。【相对上一段】单选按钮根据上一段绘制的直线确定极轴追踪角，上一段直线所在的方向为 0°，如图 4-54 所示。

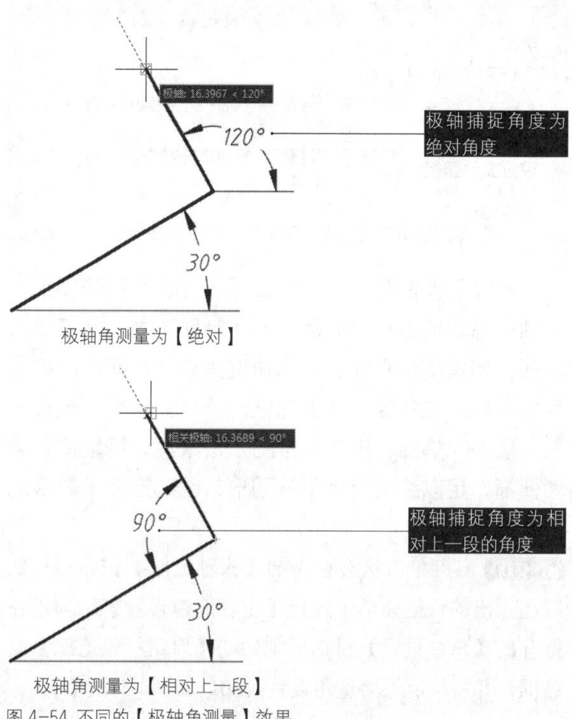


图 4-54 不同的【极轴角测量】效果

**操作技巧**

细心的读者可能发现，极轴追踪的增量角与后续捕捉角度都是成倍递增的，如图4-48所示；但图中唯有一个例外，那就是23° 的增量角后直接跳到了45° ，与后面的各角度也不成整数倍关系。这是由于AutoCAD的角度单位精度设置为整数，因此22.5° 就被四舍五入为了23° 。所以只需选择菜单栏【格式】|【单位】，在【图形单位】对话框中将角度精度设置为【0.0】，即可使得23° 的增量角还原为22.5° ，使用极轴追踪时也能正常捕捉至22.5° ，如图4-55所示。

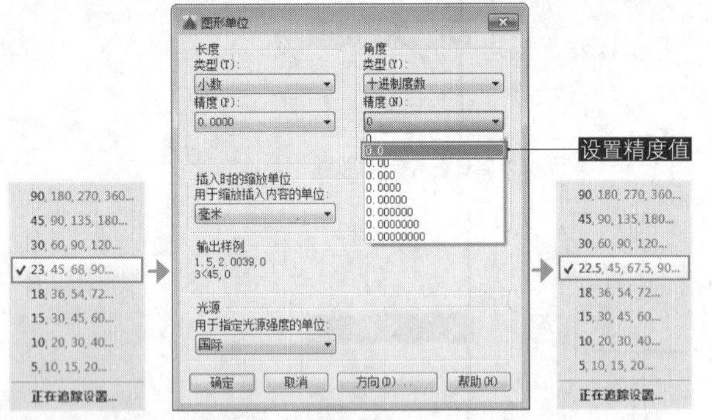


图 4-55 图形单位与极轴捕捉的关系

## 练习 4-6 通过【极轴追踪】绘制图形

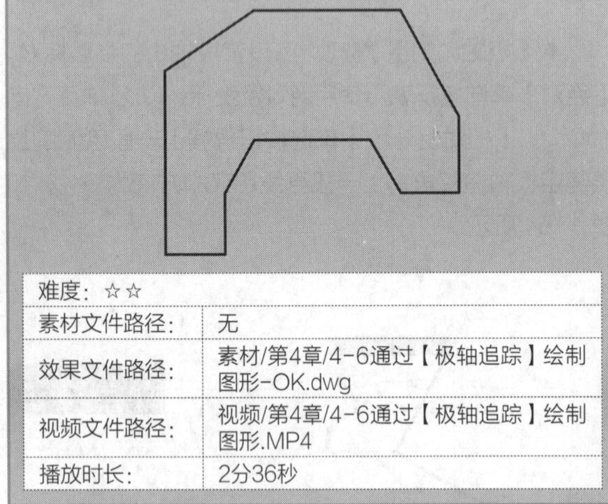

| 难度：☆☆ | |
|---|---|
| 素材文件路径： | 无 |
| 效果文件路径： | 素材/第4章/4-6通过【极轴追踪】绘制图形-OK.dwg |
| 视频文件路径： | 视频/第4章/4-6通过【极轴追踪】绘制图形.MP4 |
| 播放时长： | 2分36秒 |

通过【极轴追踪】绘制如图 4-56 所示的图形。极轴追踪功能是一个非常重要的辅助工具，此工具可以在任何角度和方向上引出角度矢量，从而可以很方便地精确定位角度方向上的任何一点。相比于坐标输入、栅格与捕捉、正交等绘图方法来说，极轴追踪更为便捷，足以绘制绝大部分图形，因此是使用最多的一种绘图方法。

**Step 01** 右键单击状态栏上的【极轴追踪】按钮，然后在弹出的快捷菜单中选择【正在追踪设置】选项，在打开的【草图设置】对话框中勾选【启用极轴追踪】复选框，并将当前的增量角设置为60，如图4-57所示。

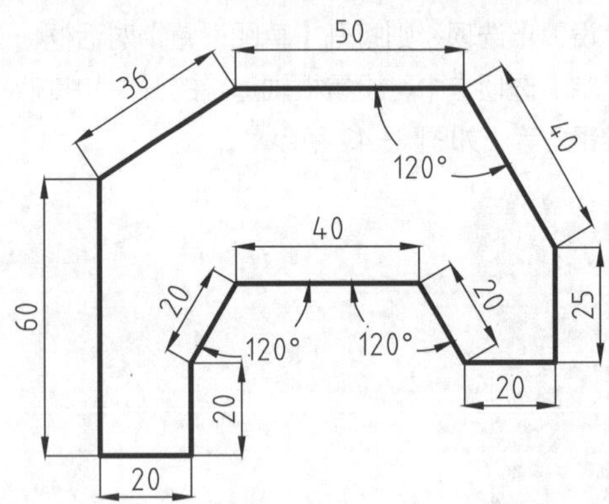


图 4-56 通过【极轴追踪】绘制图形

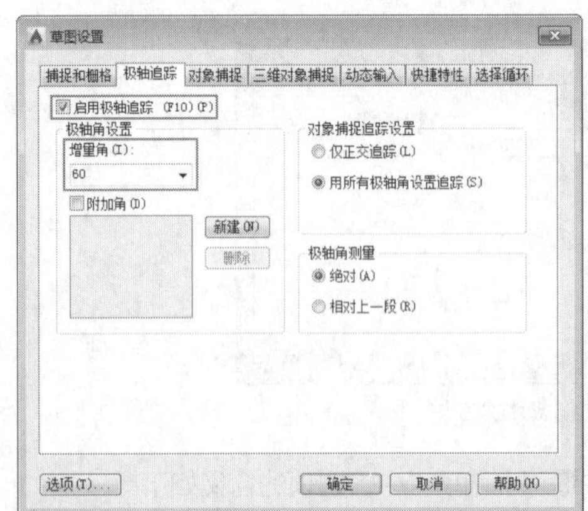


图 4-57 设置【极轴追踪】参数

**Step 02** 单击【绘图】面板中的按钮，激活【直线】命令，配合【极轴追踪】功能，绘制外框轮廓线。命令行操作过程如下。

```
命令:_line
指定第一点:          //在适当位置单击左键，拾取一点作为起点
指定下一点或 [放弃(U)]:60↙  //垂直向下移动光标，引出90° 的极轴追踪虚线，如图4-58所示，此时输入60，定位第2点
指定下一点或 [放弃(U)]:20↙  //水平向右移动光标，引出0° 的极轴追踪虚线，如图4-59所示，输入20，定位第3点
指定下一点或 [放弃(U)]:20↙  //垂直向上移动光标，引出90° 的极轴追踪线，如图4-60示，输入20，定位第4点
指定下一点或 [放弃(U)]:20↙  //斜向上移动光标，在60° 方向上引出极轴追踪虚线，如图4-61所示，输入20，定位定第5点
```

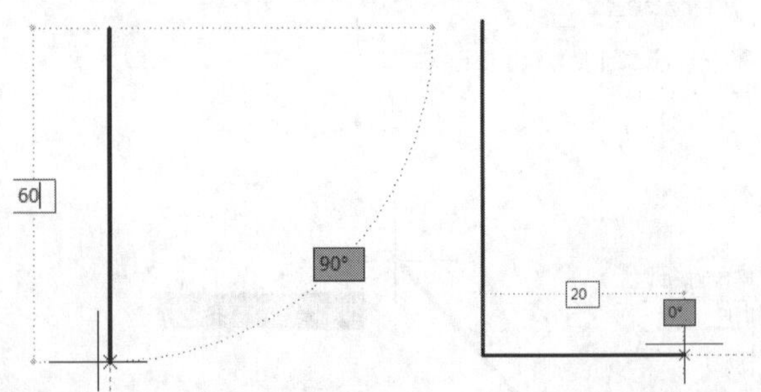


图 4-58 引出 90° 的极轴追踪虚线　　图 4-59 引出 0° 的极轴追踪虚线

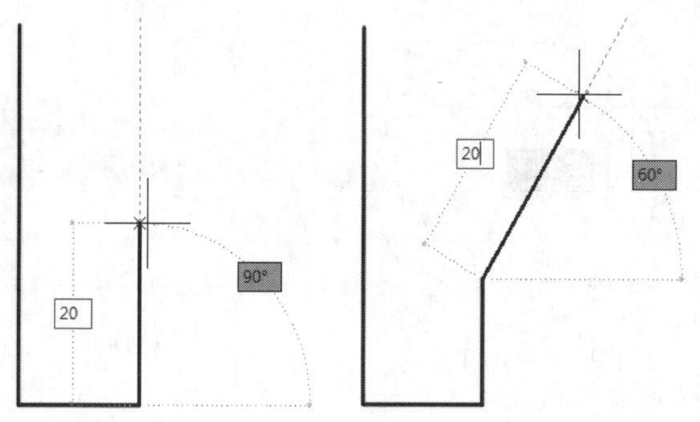


图 4-60 引出 90° 的极轴追踪虚线　图 4-61 引出 60° 的极轴追踪虚线

**Step 03** 根据以上方法，配合【极轴追踪】功能绘制其他线段，即可绘制出如图4-56所示的图形。

## 4.3 对象捕捉

通过【对象捕捉】功能可以精确定位现有图形对象的特征点，如圆心、中点、端点、节点、象限点等，从而为精确绘制图形提供了有利条件。

### 4.3.1 对象捕捉概述

鉴于点坐标法与直接肉眼确定法的各种弊端，AutoCAD 提供了【对象捕捉】功能。在【对象捕捉】开启的情况下，系统会自动捕捉某些特征点，如圆心、中点、端点、节点、象限点等。因此，【对象捕捉】的实质是对图形对象特征点的捕捉，如图 4-62 所示。

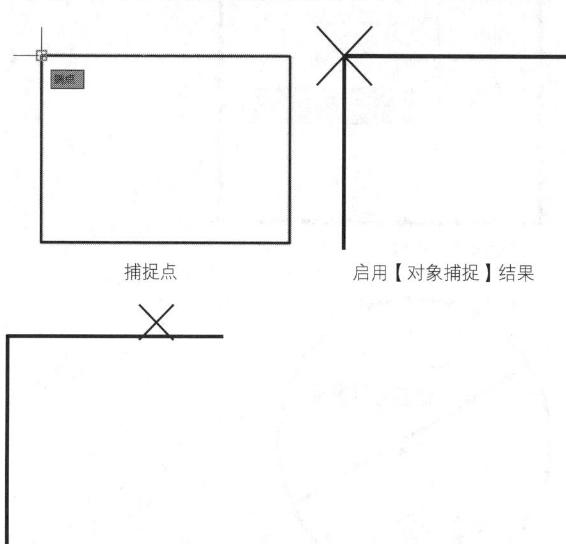


捕捉点　启用【对象捕捉】结果

不启用【对象捕捉】结果

图 4-62 对象捕捉

【对象捕捉】功能生效需要具备 2 个条件。

◆【对象捕捉】开关必须打开。

◆必须是在命令行提示输入点位置的时候。

如果命令行并没有提示输入点位置，则【对象捕捉】功能是不会生效的。因此，【对象捕捉】实际上是通过捕捉特征点的位置，来代替命令行输入特征点的坐标。

### 4.3.2 设置对象捕捉点 ★重点★

开启和关闭【对象捕捉】功能的方法如下。

◆菜单栏：选择【工具】|【草图设置】命令，弹出【草图设置】对话框。选择【对象捕捉】选项卡，选中或取消选中【启用对象捕捉】复选框，也可以打开或关闭对象捕捉，但这种操作太烦琐，实际中一般不使用。

◆快捷键：按 F3 键可以切换开、关状态。

◆状态栏：单击状态栏上的【对象捕捉】按钮 ，若亮显则为开启，如图 4-63 所示。

◆命令行：输入 OSNAP，打开【草图设置】对话框，单击【对象捕捉】选项卡，勾选【启用对象捕捉】复选框。

在设置对象捕捉点之前，需要确定哪些特性点是需要的，哪些是不需要的。这样不仅仅可以提高效率，也可以避免捕捉失误。使用任何一种开启【对象捕捉】的方法之后，系统弹出【草图设置】对话框，在【对象捕捉模式】选项区域中勾选用户需要的特征点，单击【确定】按钮，退出对话框即可，如图 4-64 所示。

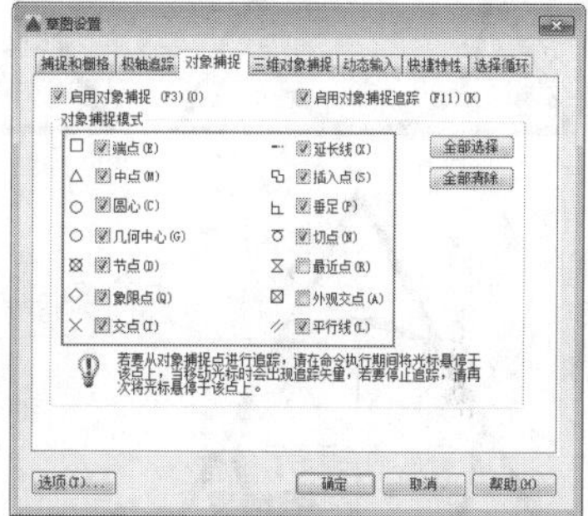


图 4-63 状态栏中开启【对象捕捉】功能　图 4-64 【草图设置】对话框

在 AutoCAD 2016 中，对话框共列出 14 种对象捕捉点和对应的捕捉标记，含义分别如下。

◆【端点】：捕捉直线或曲线的端点。

◆【中点】：捕捉直线或是弧段的中心点。

◆【圆心】：捕捉圆、椭圆或弧的中心点。

◆【几何中心】：捕捉多段线、二维多段线和二维样条曲线的几何中心点。

◆【节点】：捕捉用【点】、【多点】、【定数等分】、【定距等分】等 POINT 类命令绘制的点对象。

◆【象限点】：捕捉位于圆、椭圆或是弧段上 0°、90°、180° 和 270° 处的点。

◆【交点】：捕捉两条直线或是弧段的交点。

◆【延长线】：捕捉直线延长线路径上的点。

◆【插入点】：捕捉图块、标注对象或外部参照的插入点。

◆【垂足】：捕捉从已知点到已知直线的垂线的垂足。

◆【切点】：捕捉圆、弧段及其他曲线的切点。

◆【最近点】：捕捉处在直线、弧段、椭圆或样条曲线上，而且距离光标最近的特征点。

◆【外观交点】：在三维视图中，从某个角度观察两个对象可能相交，但实际并不一定相交，可以使用【外观交点】功能捕捉对象在外观上相交的点。

◆【平行】：选定路径上的一点，使通过该点的直线与已知直线平行。

启用【对象捕捉】功能之后，在绘图过程中，当十字光标靠近这些被启用的捕捉特殊点后，将自动对其进行捕捉，效果如图4-65所示。这里需要注意的是，在【对象捕捉】选项卡中，各捕捉特殊点前面的形状符号，如□、×、○等，便是在绘图区捕捉时显示的对应形状。

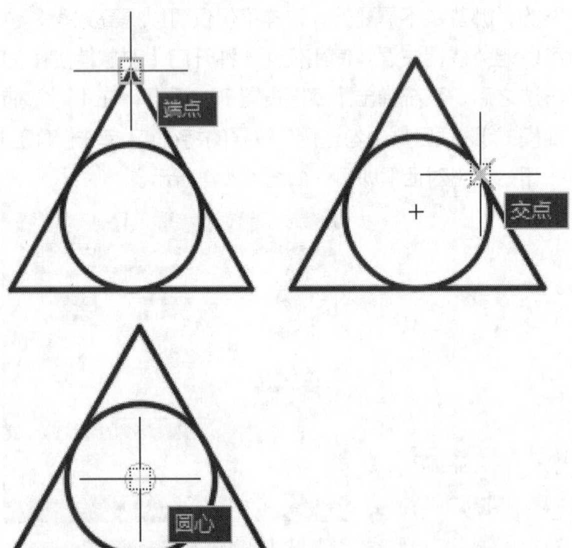

图 4-65 各捕捉效果

**操作技巧**

当需要捕捉一个物体上的点时，只要将鼠标靠近某个或某物体，不断地按Tab 键，这个或这些物体的某些特殊点（如直线的端点、中间点、垂直点、与物体的交点、圆的四分圆点、中心点、切点、垂直点、交点）就会轮换显示出来，选择需要的点左键单击即可以捕捉这些点，如图4-66所示。

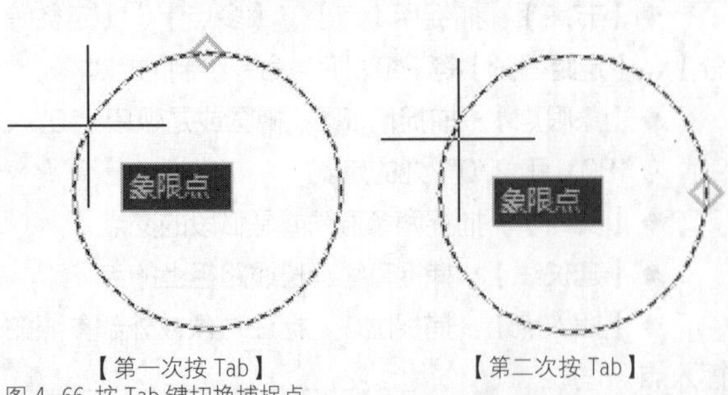

【第一次按 Tab】　【第二次按 Tab】

图 4-66 按 Tab 键切换捕捉点

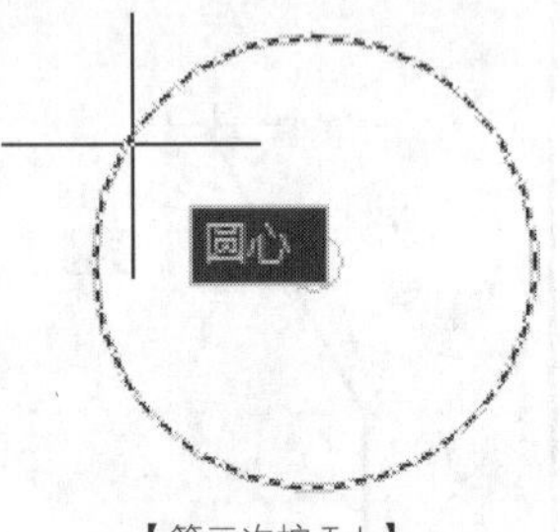

【第三次按 Tab】

图 4-66 按 Tab 键切换捕捉点（续）

## 4.3.3 对象捕捉追踪

在绘图过程中，除了需要掌握对象捕捉的应用外，也需要掌握对象追踪的相关知识和应用的方法，从而能提高绘图的效率。

【对象捕捉追踪】功能的开、关切换有以下两种方法。

◆快捷键：F11 快捷键，切换开、关状态。

◆状态栏：单击状态栏上的【对象捕捉追踪】按钮 ∠。

启用【对象捕捉追踪】后，在绘图的过程中需要指定点时，光标可以沿基于其他对象捕捉点的对齐路径进行追踪，图 4-67 所示为中点捕捉追踪效果，图 4-68 所示为交点捕捉追踪效果。

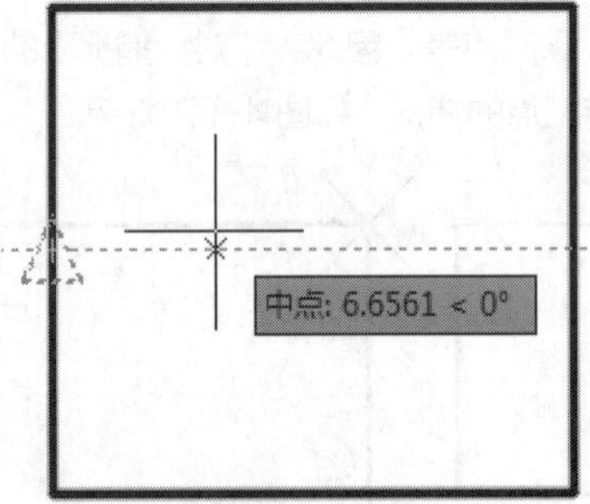

图 4-67 中点捕捉追踪

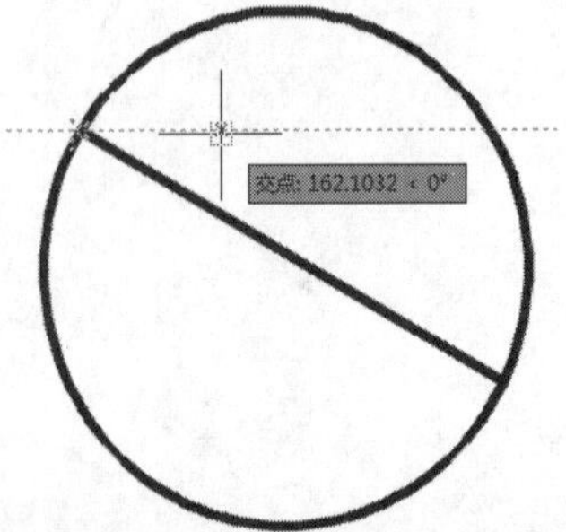

图 4-68 交点捕捉追踪

**操作技巧**

由于对象捕捉追踪的使用是基于对象捕捉进行操作的，因此，要使用对象捕捉追踪功能，必须先开启一个或多个对象捕捉功能。

已获取的点将显示一个小加号（+），一次最多可以获得 7 个追踪点。获取点之后，当在绘图路径上移动光标时，将显示相对于获取点的水平、垂直或指定角度的对齐路径。

例如，在如图 4-69 所示的示意图中，启用了【端点】对象捕捉，单击直线的起点【1】开始绘制直线，将光标移动到另一条直线的端点【2】处获取该点，然后沿水平对齐路径移动光标，定位要绘制的直线的端点【3】。

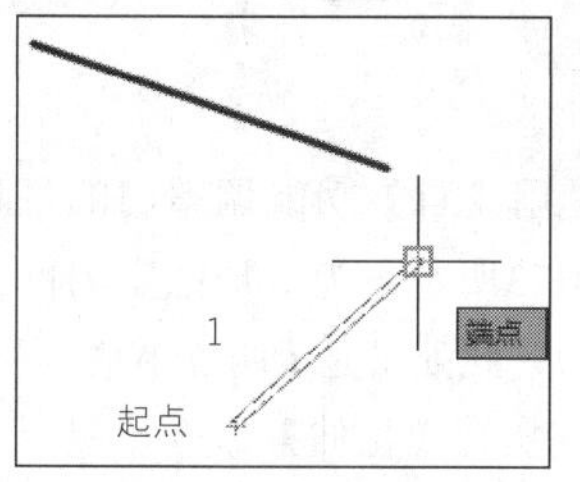


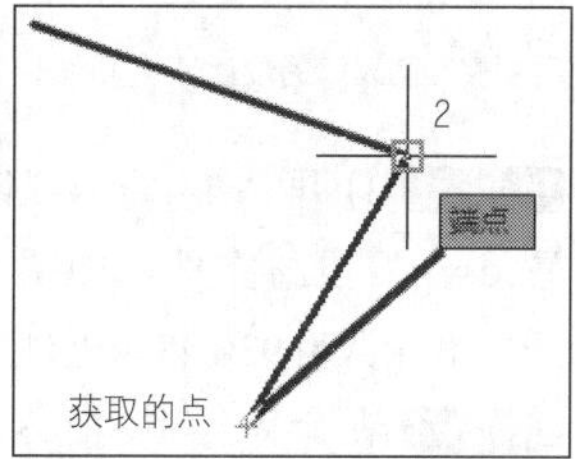


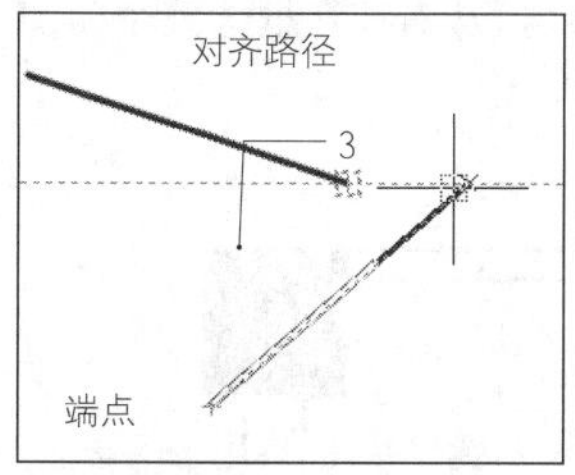


图 4-69 对象捕捉追踪示意图

## 4.4 临时捕捉

除了前面介绍对象捕捉之外，AutoCAD 还提供了临时捕捉功能，同样可以捕捉如圆心、中点、端点、节点、象限点等特征点。与对象捕捉不同的是临时捕捉属于“临时”调用，无法一直生效，但在绘图过程中可随时调用。

### 4.4.1 临时捕捉概述

临时捕捉是一种一次性的捕捉模式，这种捕捉模式不是自动的，当用户需要临时捕捉某个特征点时，需要在捕捉之前手工设置需要捕捉的特征点，然后进行对象捕捉。这种捕捉不能反复使用，再次使用捕捉需重新选择捕捉类型。

#### 1 临时捕捉的启用方法

执行临时捕捉有以下两种方法。

◆右键快捷菜单：在命令行提示输入点的坐标时，如果要使用临时捕捉模式，可按住 Shift 键然后单击鼠标右键，系统弹出快捷菜单，如图 4-70 所示，可以在其中选择需要的捕捉类型。

◆命令行：可以直接在命令行中输入执行捕捉对象的快捷指令来选择捕捉模式。如在绘图过程中，输入并执行 MID 快捷命令将临时捕捉图形的中点，如图 4-71 所示。AutoCAD 常用对象捕捉模式及快捷命令如表 4-1 所示。

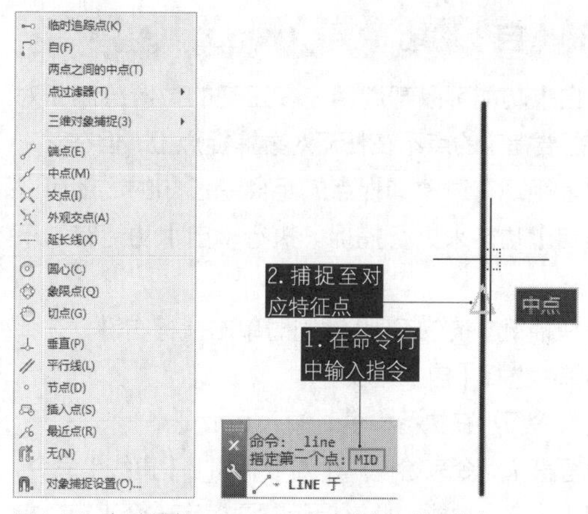


图 4-70 临时捕捉快捷菜单　图 4-71 在命令行中输入指令

表4-1 常用对象捕捉模式及快捷命令

| 捕捉模式 | 快捷命令 | 捕捉模式 | 快捷命令 | 捕捉模式 | 快捷命令 |
|---|---|---|---|---|---|
| 临时追踪点 | TT | 节点 | NOD | 切点 | TAN |
| 自 | FROM | 象限点 | QUA | 最近点 | NEA |
| 两点之间的中点 | MTP | 交点 | INT | 外观交点 | APP |
| 端点 | ENDP | 延长线 | EXT | 平行 | PAR |
| 中点 | MID | 插入点 | INS | 无 | NON |
| 圆心 | CEN | 垂足 | PER | 对象捕捉设置 | OSNAP |

**操作技巧**

这些指令即第一章所介绍的透明命令，可以在执行命令的过程中输入。

#### 2 临时捕捉的类型

通过图 4-70 的快捷菜单可知，临时捕捉比【草图设置】对话框中的对象捕捉点要多出 4 种类型，即：临时追踪点、自、两点之间的中点、点过滤器。各类型具体含义分别介绍如下。

### 4.4.2 临时追踪点

【临时追踪点】是在进行图像编辑前临时建立的、一个暂时的捕捉点，以供后续绘图参考。在绘图时可通过指定【临时追踪点】来快速指定起点，而无须借助辅助线。执行【临时追踪点】命令有以下几种方法。

◆快捷键：按住 Shift 键同时单击鼠标右键，在弹出的菜单中选择【临时追踪点】选项。

◆命令行：在执行命令时输入 tt。

执行该命令后，系统提示指定一临时追踪点，后续操作即以该点为追踪点进行绘制。

## 4.4.3 【自】功能

【自】功能可以帮助用户在正确的位置绘制新对象。当需要指定的点不在任何对象捕捉点上，但在 X、Y 方向上距现有对象捕捉点的距离是已知的，就可以使用【自】功能来进行捕捉。执行【自】功能有以下几种方法。

◆ 快捷键：按住 Shift 键同时单击鼠标右键，在弹出的菜单中选择【自】选项。

◆ 命令行：在执行命令时输入 from。

执行某个命令来绘制一个对象，如 L【直线】命令，然后启用【自】功能，此时提示需要指定一个基点，指定基点后会提示需要一个偏移点，可以使用相对坐标或者极轴坐标来指定偏移点与基点的位置关系，偏移点就将作为直线的起点。

### 练习 4-7 使用【自】功能调整门的位置 ★进阶★

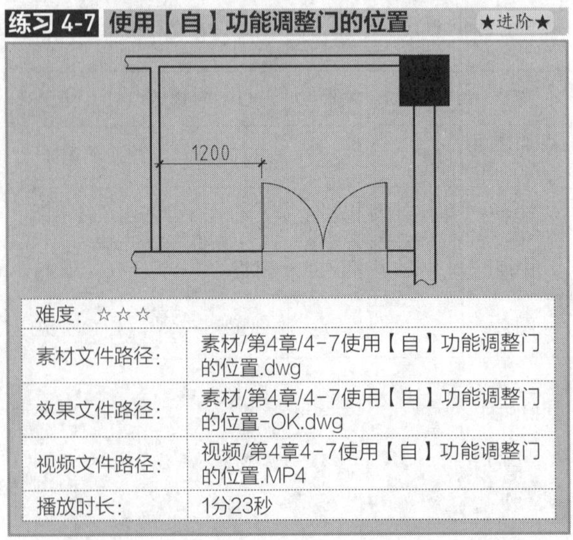


| 难度：☆☆☆ | |
|---|---|
| 素材文件路径： | 素材/第4章/4-7使用【自】功能调整门的位置.dwg |
| 效果文件路径： | 素材/第4章/4-7使用【自】功能调整门的位置-OK.dwg |
| 视频文件路径： | 视频/第4章4-7使用【自】功能调整门的位置.MP4 |
| 播放时长： | 1分23秒 |

如果要对平面图进行修改，如调整门、窗类图形的位置，便可以通过 S【拉伸】命令都可以完成修改。但如果碰到如图 4-72 所示的情况，仅靠【拉伸】命令就很难成效，因为距离差值并非整数，这时就可以利用【自】功能来辅助修改，保证图形的准确性。

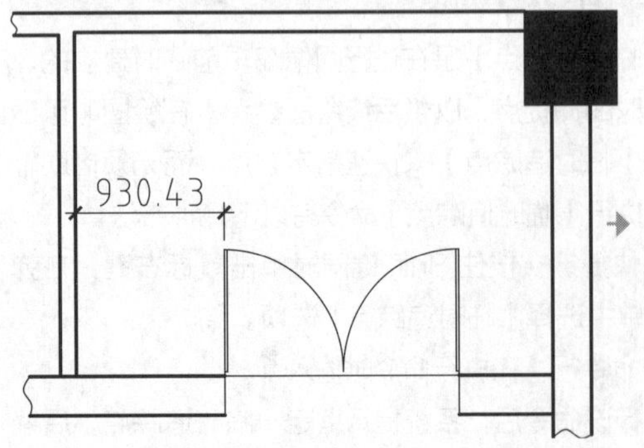


图 4-72 修改门的位置

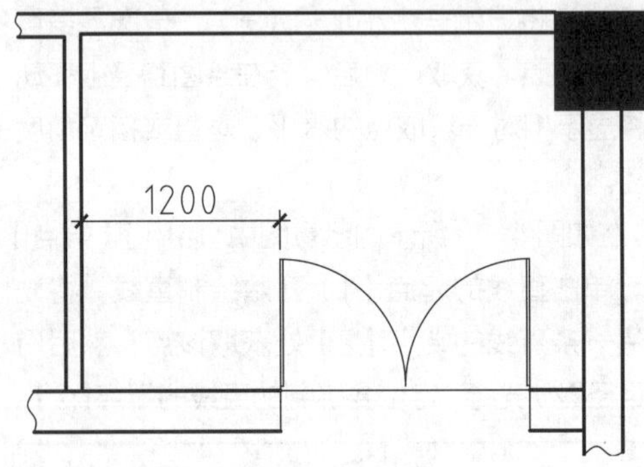


图 4-72 修改门的位置（续）

**Step 01** 打开“第4章/4-7使用【自】功能调整门的位置.dwg”素材文件，如图4-73所示，为一局部室内图形，其中尺寸930.43为无理数，此处只显示两位小数。

**Step 02** 在命令行中输入S，执行【拉伸】命令，提示选择对象时按住鼠标左键不动，从右往左框选整个门图形，如图4-74所示。

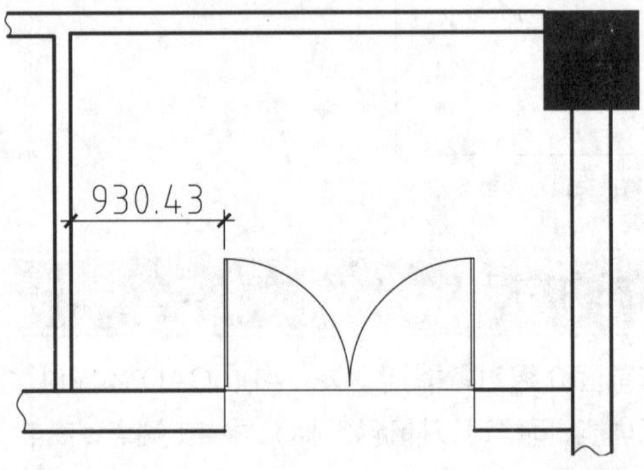


图 4-73 素材文件

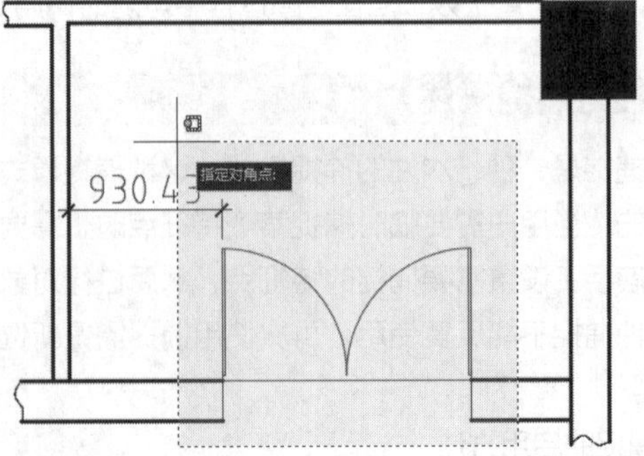


图 4-74 框选门图形

**Step 03** 指定拉伸基点。框选完毕后单击Enter键确认，然后命令行提示指定拉伸基点，选择门图形左侧的端点为基点（即尺寸测量点），如图4-75所示。

**Step 04** 指定【自】功能基点。拉伸基点确定之后命令行便提示指定拉伸的第二个点，此时输入from，或在绘图区中单击鼠标右键，在弹出的快捷菜单中选择【自】选项，执行【自】命令，以左侧的墙角测量点为【自】功能的基点，如图4-76所示。

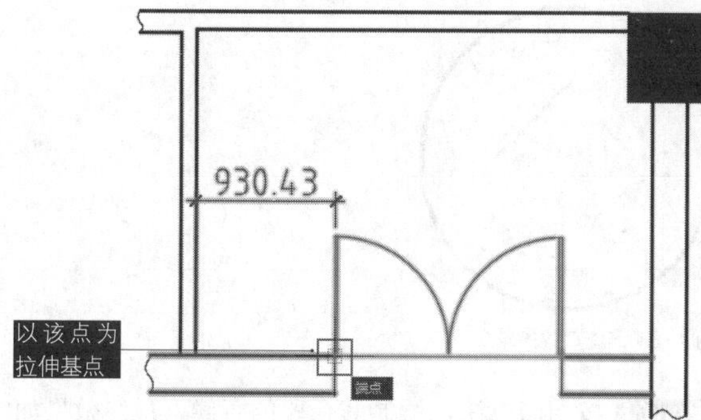


图 4-75 指定拉伸基点

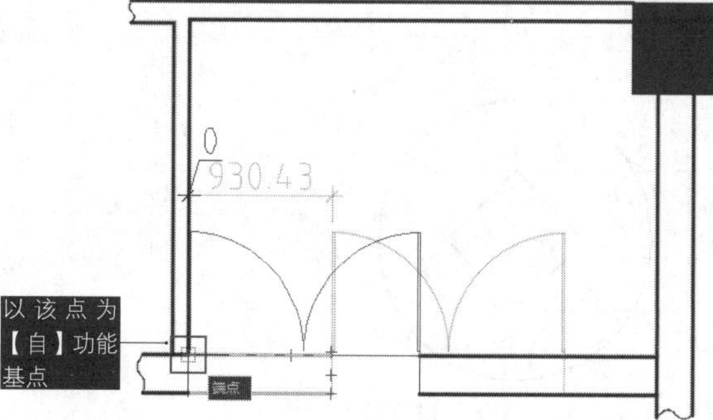


图 4-76 指定【自】功能基点

**Step 05** 输入拉伸距离。此时将光标向右移动，输入偏移距离1200，即可得到最终的图形，如图4-77所示。

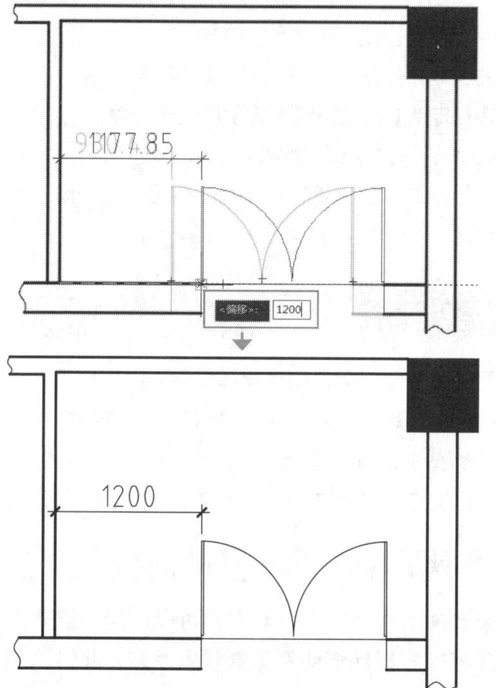


图 4-77 通过【自】功能进行拉伸

**操作技巧**

在为【自】功能指定偏移点的时候，即使动态输入中默认的设置是相对坐标，也需要在输入时加上“@”来表明这是一个相对坐标值。动态输入的相对坐标设置仅适用于指定第2点的时候，例如，绘制一条直线时，输入的第一个坐标被当作绝对坐标，随后输入的坐标才被当作相对坐标。

## 4.4.4 两点之间的中点

两点之间的中点（MTP）命令修饰符可以在执行对象捕捉或对象捕捉替代时使用，用以捕捉两定点之间连线的中点。两点之间的中点命令使用较为灵活，熟练掌握的话可以快速绘制出众多独特的图形。执行【两点之间的中点】命令有以下几种方法。

◆快捷键：按住 Shift 键同时单击鼠标右键，在弹出的菜单中选择【两点之间的中点】选项。

◆命令行：在执行命令时输入 mtp。

执行该命令后，系统会提示指定中点的第一个点和第二个点，指定完毕后便自动跳转至该两点之间连线的中点上。

### 练习 4-8 使用【两点之间的中点】绘制图形

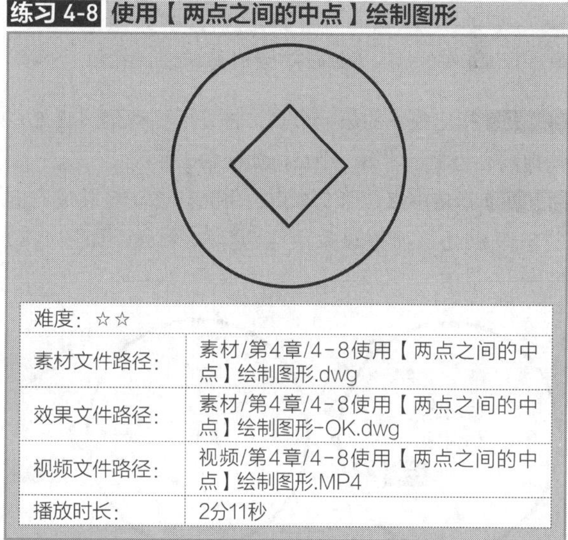

| 难度：☆☆ | |
|---|---|
| 素材文件路径： | 素材/第4章/4-8使用【两点之间的中点】绘制图形.dwg |
| 效果文件路径： | 素材/第4章/4-8使用【两点之间的中点】绘制图形-OK.dwg |
| 视频文件路径： | 视频/第4章/4-8使用【两点之间的中点】绘制图形.MP4 |
| 播放时长： | 2分11秒 |

如图 4-78 所示，在已知圆的情况下，要绘制出对角长为半径的正方形。通常只能借助辅助线或【移动】、【旋转】等编辑功能实现，但如果使用【两点之间的中点】命令，则可以一次性解决，详细步骤介绍如下。

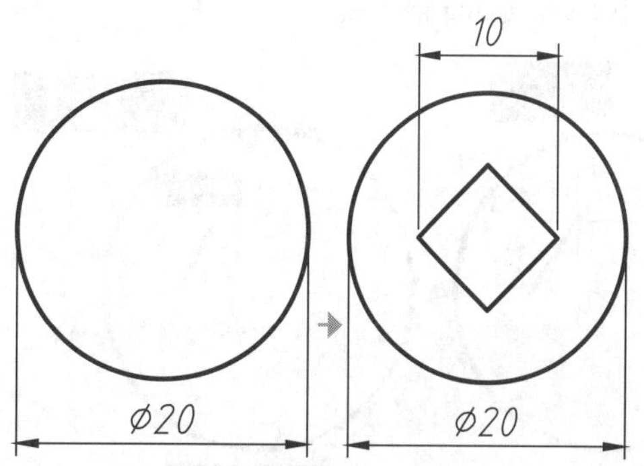


图 4-78 使用【两点之间的中点】绘制图形

**Step 01** 打开素材文件“第4章/4-8使用【两点之间的中点】绘制图形.dwg”，其中已经绘制好了直径为20的圆，如图4-79所示。

**Step 02** 在【默认】选项卡中，单击【绘图】面板上的【直线】按钮，执行直线命令。

**Step 03** 执行【两点之间的中点】。命令行出现“指定第一点”的提示时，输入mtp，执行【两点之间的中点】命令，如图4-80所示。也可以在绘图区中单击鼠标右键，在弹出的快捷菜单中选择【两点之间的中点】选项。

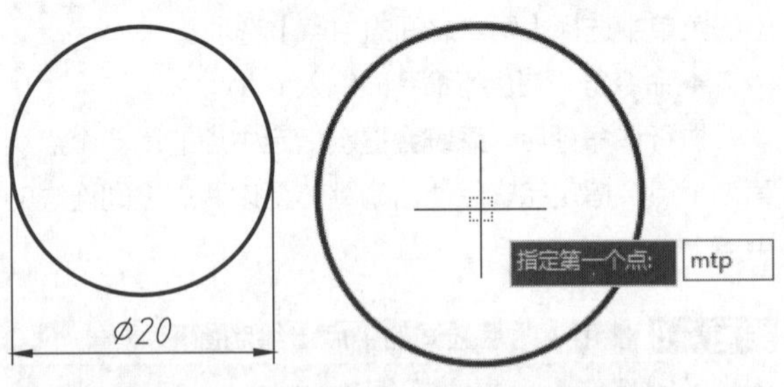


图 4-79 素材图形　　图 4-80 执行【两点之间的中点】

**Step 04** 指定中点的第一个点。将光标移动至圆心处，捕捉圆心为中点的第一个点，如图4-81所示。

**Step 05** 指定中点的第二个点。将光标移动至圆最右侧的象限点处，捕捉该象限点为第二个点，如图4-82所示。

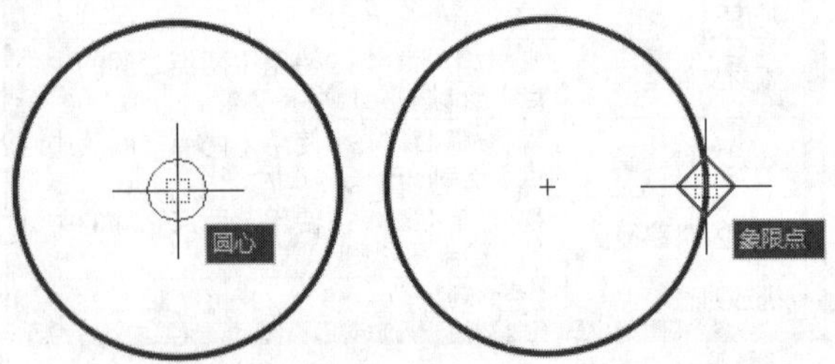


图 4-81 捕捉圆心为中点的第一个点　　图 4-82 捕捉象限点为中点的第二个点

**Step 06** 直线的起点自动定位至圆心与象限点之间的中点处，接着按相同方法将直线的第二点定位至圆心与上象限点的中点处，如图4-83所示。

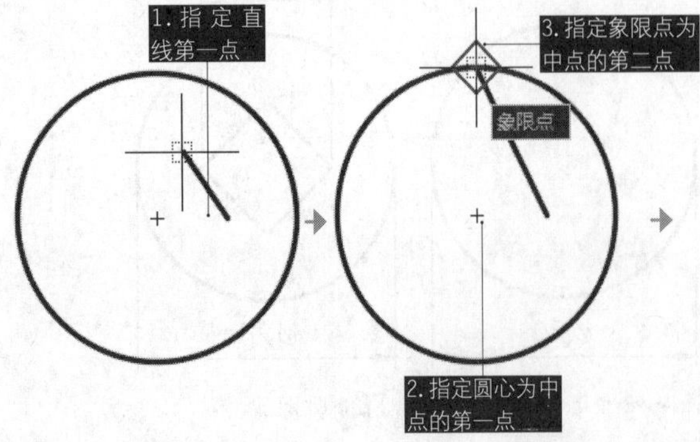


图 4-83 定位直线的第二个点

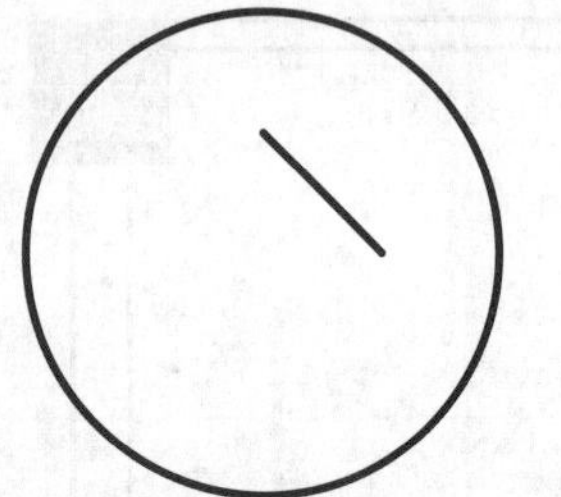

图 4-83 定位直线的第二个点（续）

**Step 07** 按相同方法，绘制其余段的直线，最终效果如图4-84所示。

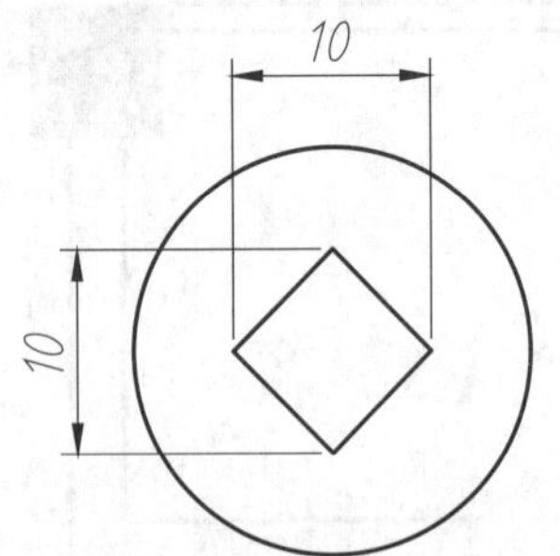


图 4-84 【两点之间的中点】绘制图形效果

## 4.4.5 点过滤器 ★进阶★

点过滤器可以提取一个已有对象的X坐标值和另一个对象的Y坐标值，来拼凑出一个新的(X，Y)坐标位置。执行【点过滤器】命令有以下几种方法。

◆ 快捷键：按住Shift键同时单击鼠标右键，在弹出的菜单中选择【点过滤器】选项后的子命令。

◆ 命令行：在执行命令输入.X或.Y。

执行上述命令后，通过对象捕捉指定一点，输入另一个坐标值，接着可以继续执行命令操作。

# 4.5 选择图形

对图形进行任何编辑和修改操作的时候，必须先选择图形对象。针对不同的情况，采用最佳的选择方法，能大幅提高图形的编辑效率。AutoCAD 2016提供了多种选择对象的基本方法，如点选、框选、栏选、围选等。

## 4.5.1 点选

如果选择的是单个图形对象，可以使用点选的方法。直接将拾取光标移动到选择对象上方，此时该图形对象会虚线亮显表示，单击鼠标左键，即可完成单个对象的选择。点选方式一次只能选中一个对象，如图4-85所示。连续单击需要选择的对象，可以同时选择多个对象，如图4-86所示，虚线显示部分为被选中的部分。

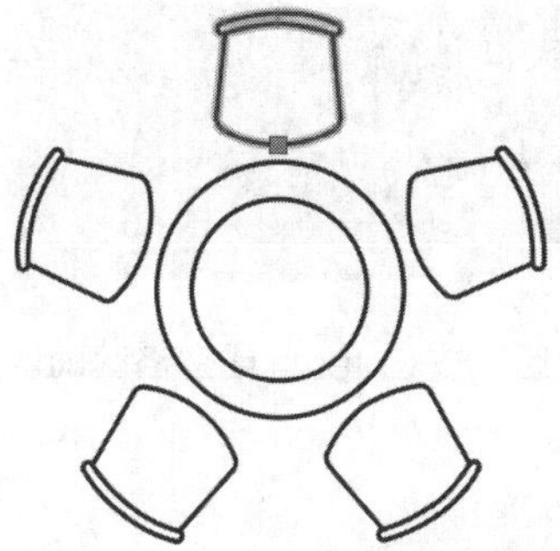

图 4-85 点选单个对象

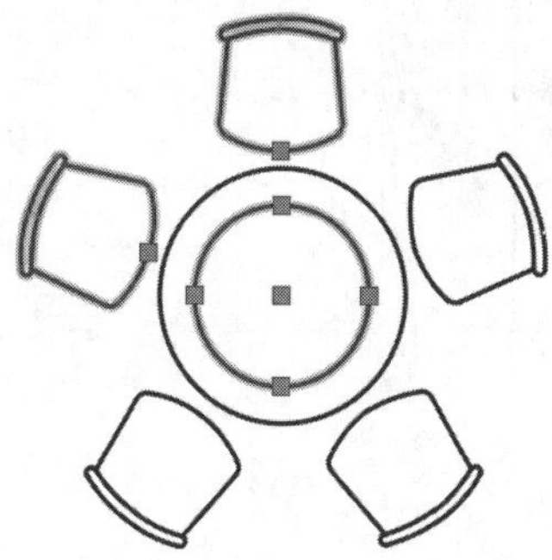

图 4-86 点选多个对象

**操作技巧**

按Shift键并再次单击已经选中的对象，可以将这些对象从当前选择集中删除；按Esc键，可以取消选择对当前全部选定对象的选择。

如果需要同时选择多个或者大量的对象，再使用点选的方法不仅费时费力，而且容易出错。此时，宜使用AutoCAD 2016 提供的窗口、窗交、栏选等选择方法。

## 4.5.2 窗口选择

窗口选择是一种通过定义矩形窗口选择对象的一种方法。利用该方法选择对象时，从左往右拉出矩形窗口，框住需要选择的对象，此时绘图区将出现一个实线的矩形方框，选框内颜色为蓝色，如图 4-87 所示；释放鼠标后，被方框完全包围的对象将被选中，如图 4-88 所示，虚线显示部分为被选中的部分，按 Delete 键删除选择对象，结果如图 4-89 所示。

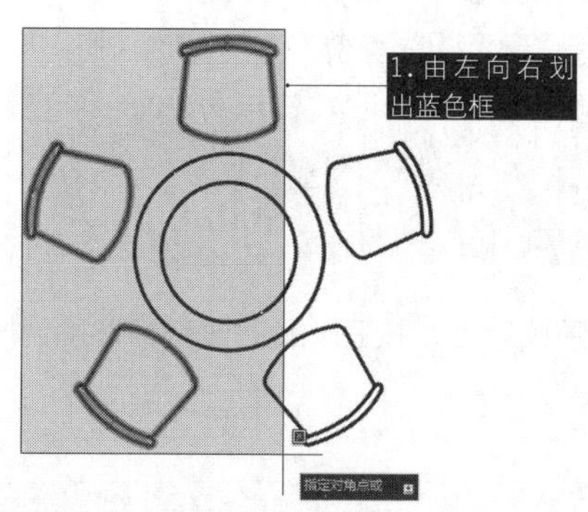


图 4-87 窗口选择

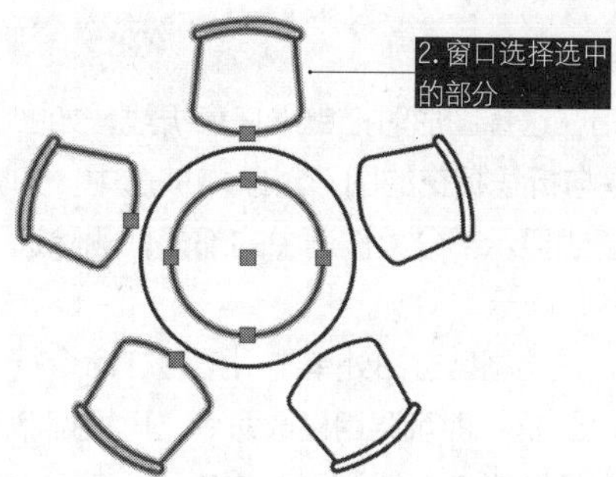


图 4-88 选择结果

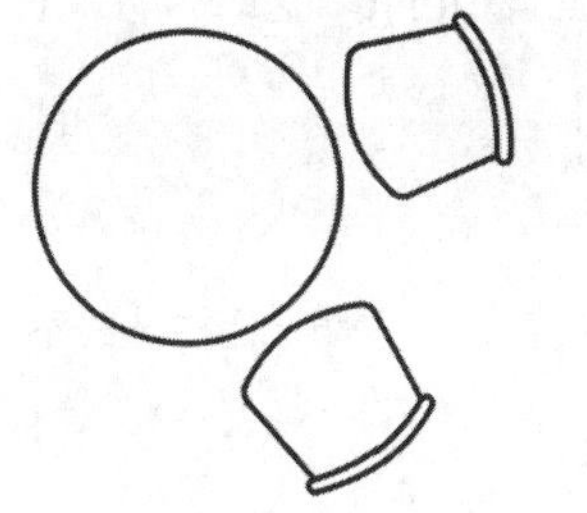

图 4-89 删除对象

## 4.5.3 窗交选择

窗交选择对象的选择方向正好与窗口选择相反，它是按住鼠标左键向左上方或左下方拖动，框住需要选择的对象，框选时绘图区将出现一个虚线的矩形方框，选框内颜色为绿色，如图 4-90 所示，释放鼠标后，与方框相交和被方框完全包围的对象都将被选中，如图 4-91 所示，虚线显示部分为被选中的部分，删除选中对象，如图 4-92 所示。

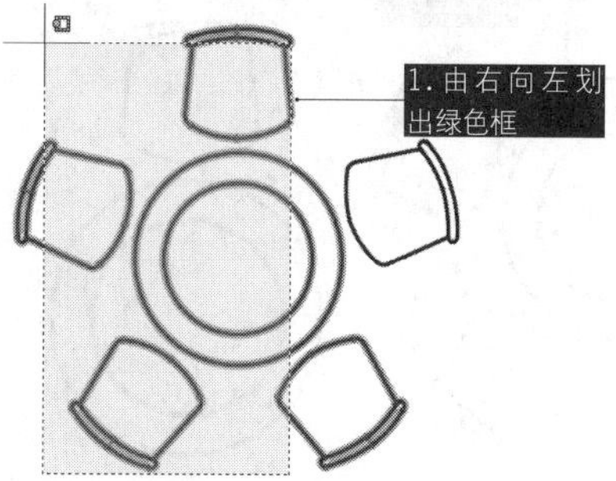


图 4-90 窗交选择

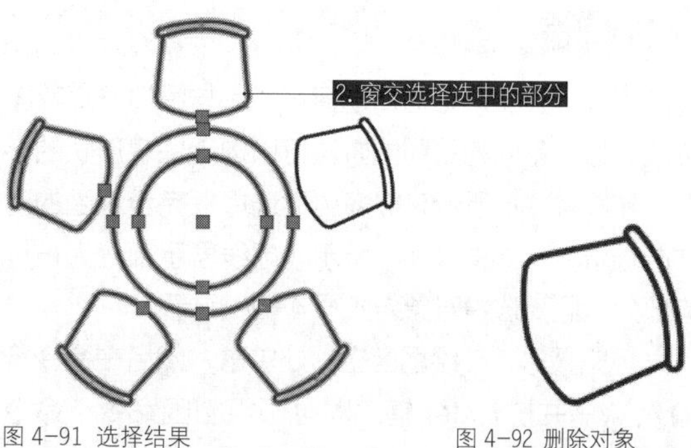


图 4-91 选择结果

图 4-92 删除对象

## 4.5.4 栏选

栏选图形是指在选择图形时拖曳出任意折线，如图4-93所示，凡是与折线相交的图形对象均被选中，如图4-94所示，虚线显示部分为被选中的部分，删除选中对象，如图4-95所示。

光标空置时，在绘图区空白处单击，然后在命令行中输入F并按Enter键，即可调用栏选命令，再根据命令行提示分别指定各栏选点，命令行操作如下。

```
指定对角点或 [栏选(F)/圈围(WP)/圈交(CP)]：F↙
                    //选择【栏选】方式
指定第一个栏选点:
指定下一个栏选点或 [放弃(U)]:
```

使用该方式选择连续性对象非常方便，但栏选线不能封闭或相交。

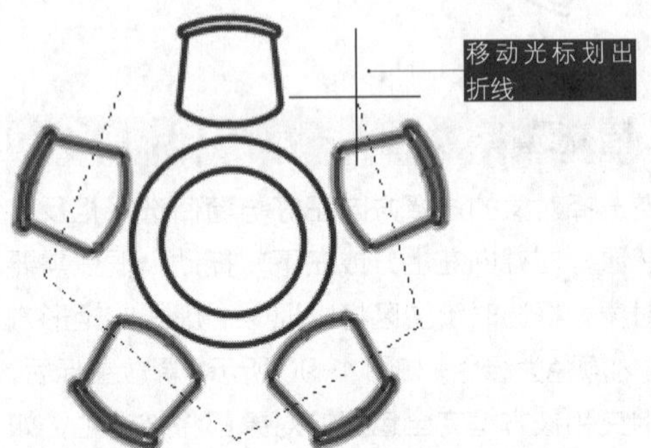


图4-93 栏选

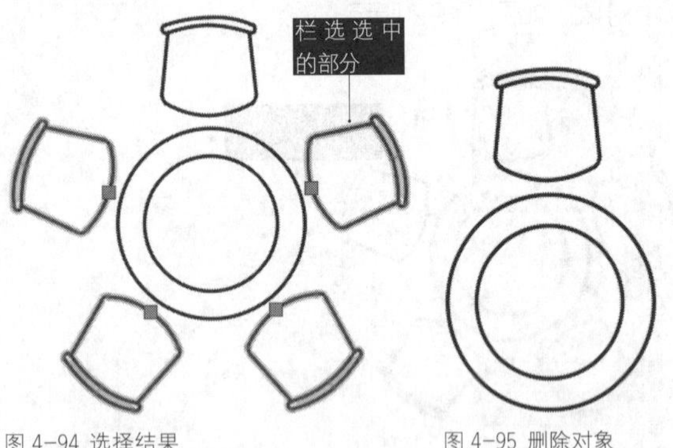


图4-94 选择结果　　图4-95 删除对象

## 4.5.5 圈围

圈围是一种多边形窗口选择方式，与窗口选择对象的方法类似，不同的是圈围方法可以构造任意形状的多边形，如图4-96所示，被多边形选择框完全包围的对象才能被选中，如图4-97所示，虚线显示部分为被选中的部分，删除选中对象，如图4-98所示。

光标空置时，在绘图区空白处单击，然后在命令行中输入WP并按Enter键，即可调用圈围命令，命令行提示如下。

```
指定对角点或 [栏选(F)/圈围(WP)/圈交(CP)]：WP↙
                              //选择【圈围】选择方式
第一圈围点:
指定直线的端点或 [放弃(U)]:
指定直线的端点或 [放弃(U)]:
```

圈围对象范围确定后，按Enter键或空格键确认选择。

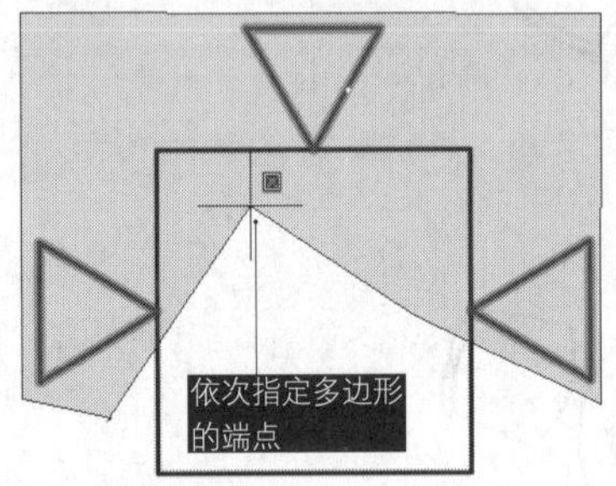


图4-96 圈围选择

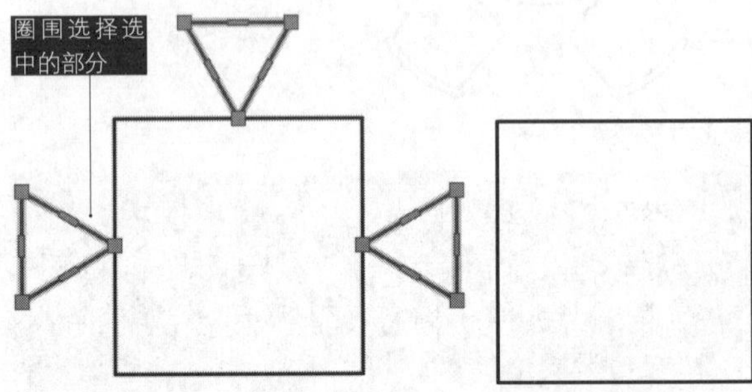


图4-97 选择结果　　图4-98 删除对象

## 4.5.6 圈交

圈交是一种多边形窗交选择方式，与窗交选择对象的方法类似，不同的是圈交方法可以构造任意形状的多边形，它可以绘制任意闭合但不能与选择框自身相交或相切的多边形，如图4-99所示，选择完毕后可以选择多边形中与它相交的所有对象，如图4-100所示，虚线显示部分为被选中的部分，删除选中对象，如图4-101所示。

光标空置时，在绘图区空白处单击，然后在命令行中输入CP并按Enter键，即可调用圈围命令，命令行提示如下。

```
指定对角点或 [栏选(F)/圈围(WP)/圈交(CP)]：CP↙
          //选择【圈交】选择方式
第一圈围点:
指定直线的端点或 [放弃(U)]:
指定直线的端点或 [放弃(U)]:
```

圈交对象范围确定后，按Enter键或空格键确认选择。

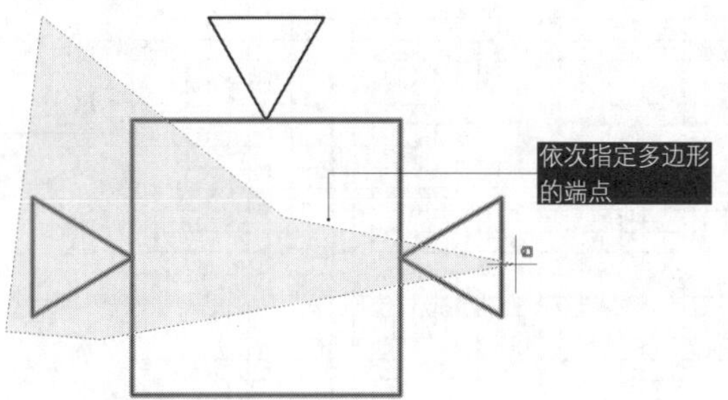


图 4-99 圈交选择

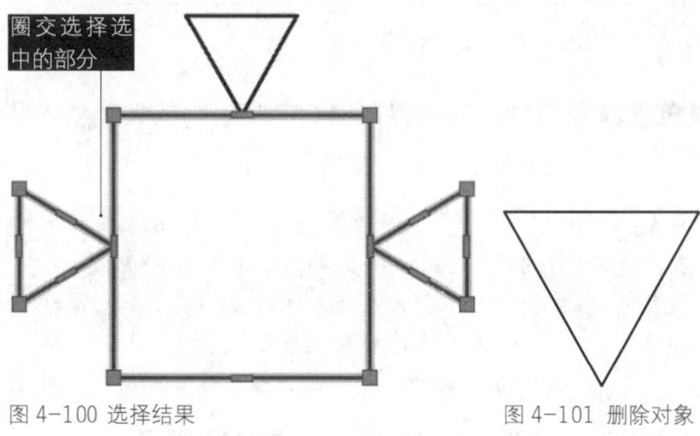


图 4-100 选择结果　　图 4-101 删除对象

## 4.5.7 套索选择

套索选择是 AutoCAD2016 新增的选择方式，是框选命令的一种延伸，使用方法跟以前版本的“框选”命令类似。只是当拖动鼠标围绕对象拖动时，将生成不规则的套索选区，使用起来更加人性化。根据拖动方向的不同，套索选择分为窗口套索和窗交套索 2 种。

◆顺时针方向拖动为窗口套索选择，如图 4-102 所示。

◆逆时针拖动则为窗交套索选择，如图 4-103 所示。

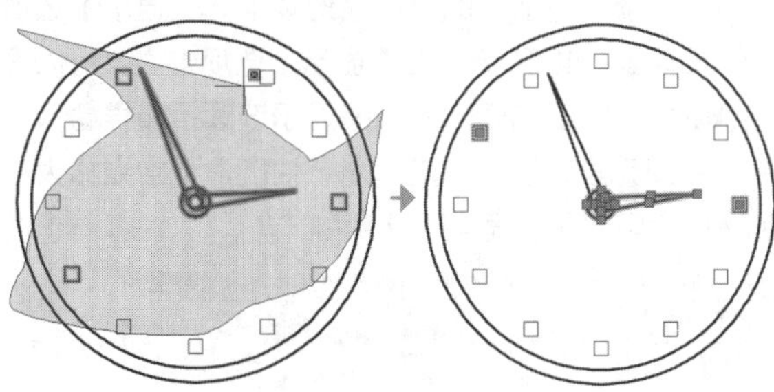

图 4-102 窗口套索选择效果

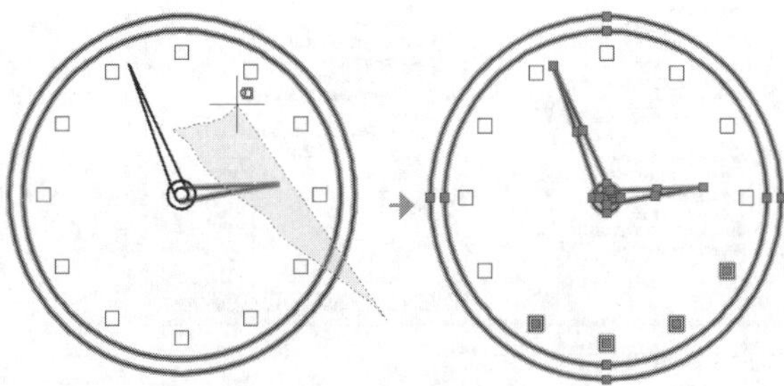

图 4-103 窗交套索选择效果

## 4.5.8 快速选择图形对象

快速选择可以根据对象的图层、线型、颜色、图案填充等特性选择对象，从而可以准确快速地从复杂的图形中选择满足某种特性的图形对象。

选择【工具】|【快速选择】命令，弹出【快速选择】对话框，如图 4-104 所示。用户可以根据要求设置选择范围，单击【确定】按钮，完成选择操作。

如要选择图 4-105 所示中的圆弧，除了手动选择的方法外，就可以利用快速选择工具来进行选取。选择【工具】|【快速选择】命令，弹出【快速选择】对话框，在【对象类型】下拉列表框中选择【圆弧】选项，单击【确定】按钮，选择结果如图 4-106 所示。

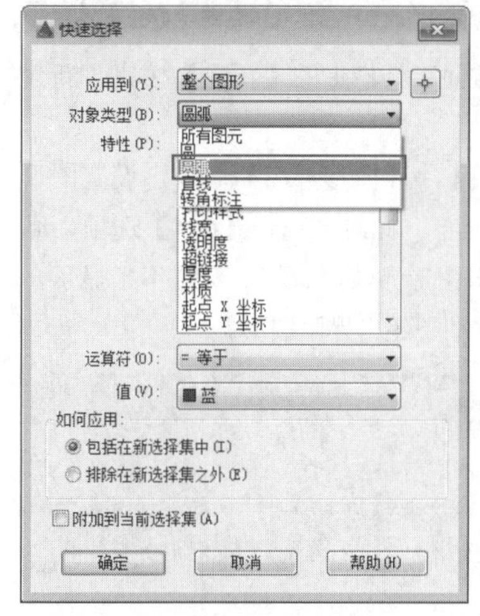


图 4-104 【快速选择】对话框

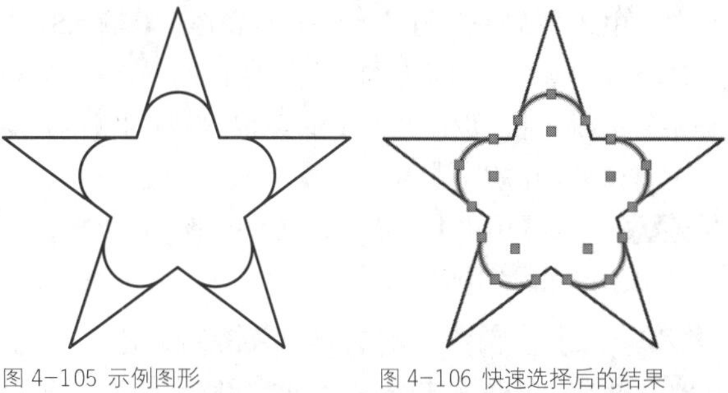

图 4-105 示例图形　　图 4-106 快速选择后的结果

# 4.6 绘图环境的设置

绘图环境指的是绘图的单位、图纸的界限、绘图区的背景颜色等。本章将介绍这些设置方法，而且可以将大多数设置保存在一个样板中，这样就无须每次绘制新图形时重新进行设置。

## 4.6.1 设置图形界限

AutoCAD 的绘图区域是无限大的，用户可以绘制任意大小的图形，但由于现实中使用的图纸均有特定的尺寸（如常见的A4纸大小为297mm×210mm），为了使绘制的图形符合纸张大小，需要设置一定的图形界限。执行【设置绘图界限】命令操作有以下几种方法。

◆ 菜单栏：选择【格式】|【图形界限】命令。
◆命令行：LIMITS。

通过以上任一种方法执行图形界限命令后，在命令行输入图形界限的两个角点坐标，即可定义图形界限。而在执行图形界限操作之前，需要激活状态栏中的【栅格】按钮▦，只有启用该功能才能查看图限的设置效果。它确定的区域是可见栅格指示的区域。

### 练习 4-9 设置A4（297 mm×210 mm）的图形界限

**Step 01** 单击快速访问工具栏中的【新建】按钮，新建文件。

**Step 02** 选择【格式】|【图形界限】命令，设置图形界限，命令行提示如下。此时若选择【ON】选项，则绘图时图形不能超出图形界限，若超出系统不予显示，选择【OFF】选项时准予超出界限图形。

```
命令: _limits                              //调用【图形界限】命令
重新设置模型空间界限:
指定左下角点或 [开(ON)/关(OFF)] <0.0,0.0>: 0,0↙
                              //指定坐标原点为图形界限左下角点
指定右上角点<420.0,297.0>: 297,210↙      //指定右上角点
```

**Step 03** 右击状态栏上的【栅格】按钮▦，在弹出的快捷菜单中选择【网格设置】命令，或在命令行输入SE并按Enter键，系统弹出【草图设置】对话框，在【捕捉和栅格】选项卡中，取消选中【显示超出界限的栅格】复选框，如图4-107所示。

**Step 04** 单击【确定】按钮，设置的图形界限以栅格的范围显示，如图4-108所示。

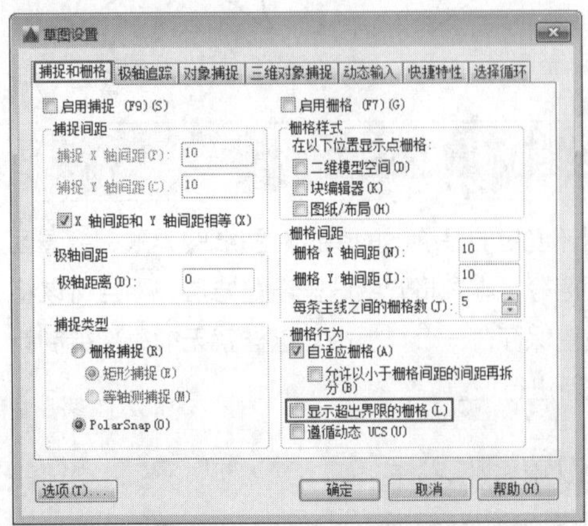


图 4-107 【草图设置】对话框

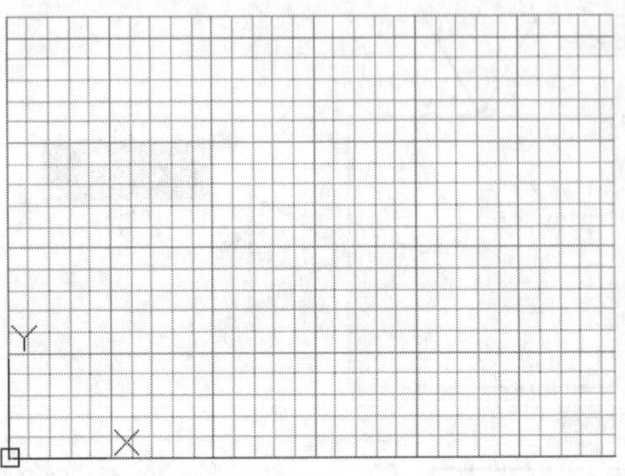

图 4-108 以栅格的范围显示绘图界限

**Step 05** 将设置的图形界限(A4图纸范围)放大至全屏显示，如图4-109所示，命令行操作如下。

```
命令: zoom↙                                        //调用视图缩放命令
指定窗口的角点，输入比例因子 (nX或nXP)，或者
[全部(A)/中心(C)/动态(D)/范围(E)/上一个
(P)/比例(S)/窗口(W)/对象(O)] <实时>: A↙
                              //激活【全部】选项，正在重生成模型。
```

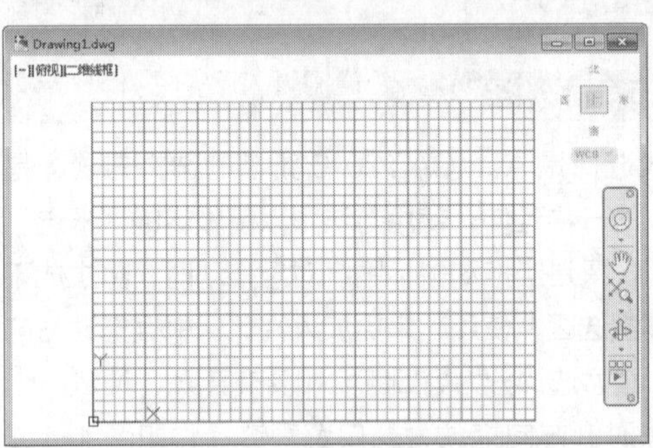


图 4-109 布满整个窗口的栅格

## 4.6.2 设置AutoCAD界面颜色

【选项】对话框的第二个选项卡为【显示】选项卡，如图4-110所示。在【显示】选项卡中，可以设置AutoCAD工作界面的一些显示选项，如界窗口元素、布局元素、显示精度、显示性能、十字光标大小和参照编辑的褪色度等显示属性。

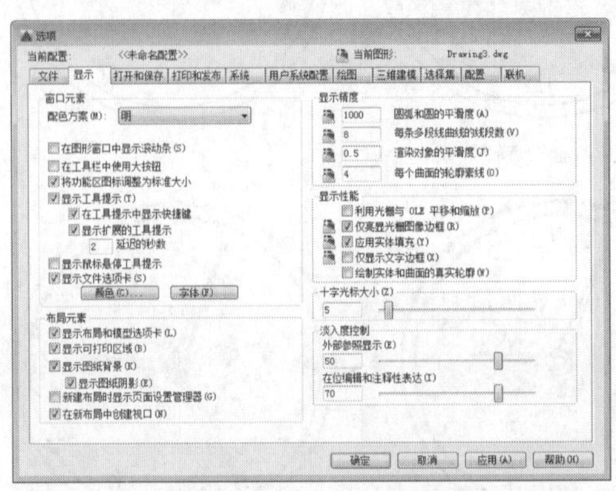


图 4-110 【显示】选项卡

在 AutoCAD 中，提供了 2 种配色方案：明、暗，可以用来控制 AutoCAD 界面的颜色。在【显示】选项卡中选择【配色方案】下拉列表中的两种选项即可，效果分别如图 4-111 和图 4-112 所示。

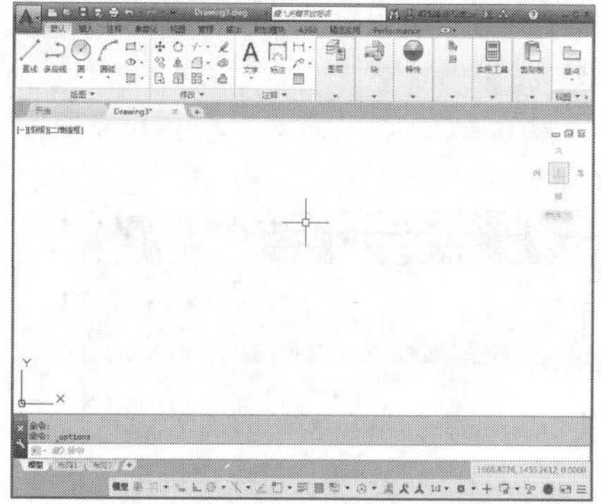

图 4-111 配色方案为明

图 4-112 配色方案为暗

## 4.6.3 设置工具按钮提示

AutoCAD 2016 中有一项很人性化的设置，那就是将鼠标悬停至功能区的命令按钮上时，可以出现命令的含义介绍，悬停时间稍长还会出现相关的操作提示，如图 4-113 所示，这有利于对初学者熟悉相应的命令。

该提示的出现与否可以在【显示】选项卡的【显示工具提示】复选框进行控制，如图 4-114 所示。取消勾选即不会再出现命令提示。

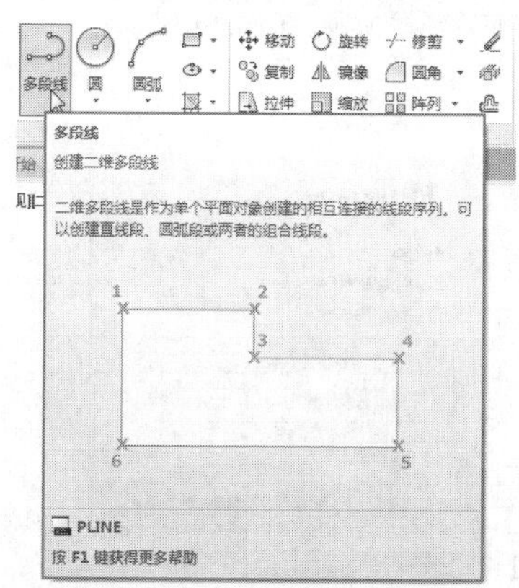


图 4-113 光标置于命令按钮上出现提示

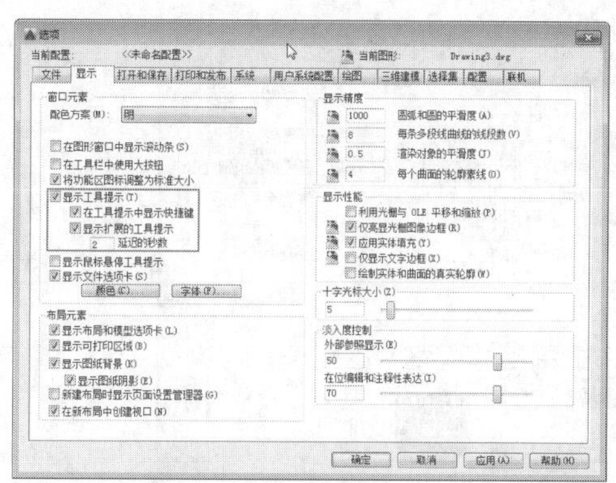


图 4-114 【显示工具提示】复选框

## 4.6.4 设置 AutoCAD 可打开文件的数量

AutoCAD 2016 为方便用户工作，可支持用户同时打开多个图形，并在其中来回切换。这种设置虽然方便了用户操作，但也有一定的操作隐患：如果图形过多、修改时间一长就很容易让用户遗忘哪些图纸被修改过，哪些没有。

这时就可以限制 AutoCAD 打开文件的数量，使得当用软件打开一个图形文件后，再打开一另一个图形文件时，软件自动将之前的图形文件关闭退出，即在【窗口】下拉菜单中，始终只显示一个文件名称。只需取消勾选【显现】选项卡中的【显示文件选项卡】复选框即可，如图 4-115 所示。

## 4.6.5 设置绘图区背景颜色

在 AutoCAD 中可以按用户喜好自定义绘图区的背景颜色。在旧版本的 AutoCAD 中，绘图区默认背景颜色为黑，而在 AutoCAD 2016 中默认背景颜色为白。

单击【显示】选项卡中的【颜色】按钮，打开【图形窗口颜色】对话框，在该对话框可设置各类背景颜色，如二维模型空间、三维平行投影、命令行等，如图 4-116 所示。

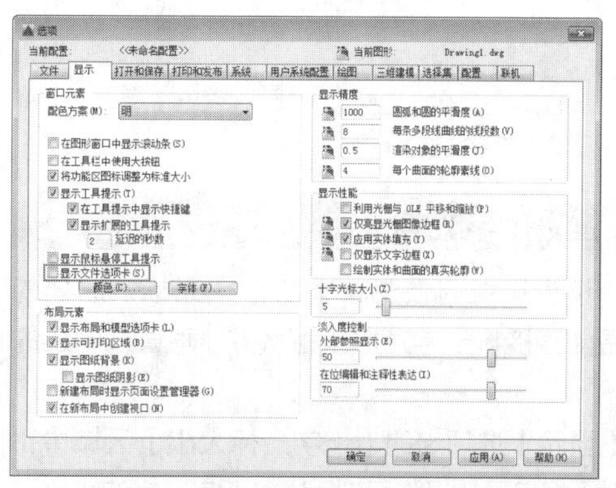


图 4-115 取消勾选【显示文件选项卡】复选框

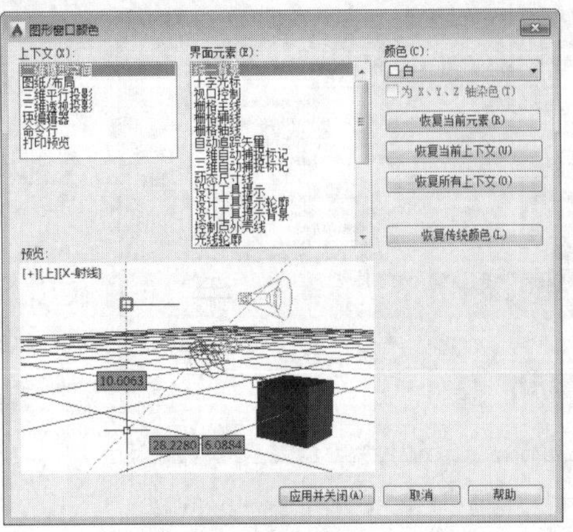
图 4-116 【图形窗口颜色】对话框

## 4.6.6 设置默认保存类型

在日常工作中，经常要与客户或同事进行图纸往来，有时就难免碰到因为彼此 AutoCAD 版本不同而打不开图纸的情况。虽然按照【练习 3-2】的方法可以解决该问题，但仅限于当前图形。而通过修改【打开与保存】选项卡中的保存类型，就可以让以后的图形都以低版本进行保存，达到一劳永逸的目的。该选项卡用于设置是否自动保存文件、是否维护日志、是否加载外部参照，以及指定保存文件的时间间隔等。

在【打开和保存】选项卡的【另存为】下拉列表中选择要默认保存的文件类型，如【AutoCAD2000/LT2000 图形（*.dwg）】选项，如图 4-117 所示。则以后所有新建的图形在进行保存时，都会保存为低版本的 AutoCAD 2000 类型，实现无障碍打开。

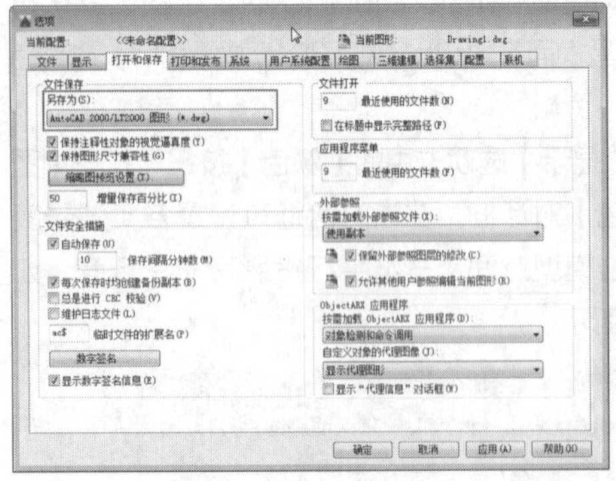
图 4-117 设置默认保存类型

## 4.6.7 设置十字光标大小

部分读者可能习惯于较大的十字光标，这样的好处就是能直接将十字光标作为水平、垂直方向上的参考。

在【显示】选项卡的【十字光标大小】区域中，用户可以根据自己的操作习惯，调整十字光标的大小，十字光标可以延伸到屏幕边缘。拖动右下方【十字光标大小】区域的滑动钮，如图 4-118 所示，即可调整光标长度，调整效果如图 4-119 所示。十字光标预设尺寸为 5，其大小的取值范围为 1~100，数值越大，十字光标越长，100 表示全屏显示。

图 4-118 拖动滑动钮

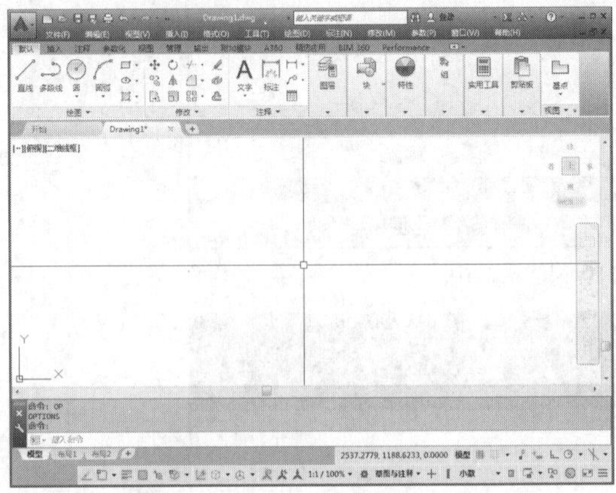
图 4-119 较大的十字光标

## 4.6.8 设置鼠标右键功能模式

【选项】对话框中的【用户系统配置】选项卡，为用户提供了可以自行定义的选项。这些设置不会改变 AutoCAD 系统配置，但是可以满足各种用户使用上的偏好。

在 AutoCAD 中，鼠标动作有特定的含义，如左键双击对象将执行编辑，单击鼠标右键将展开快捷菜单。用户可以自主设置鼠标动作的含义。打开【选项】对话框，切换到【用户系统配置】选项卡，在【Windows 标准操作】选项组中设置鼠标动作，如图 4-120 所示。单击【自定义右键单击】按钮，系统弹出【自定义右键单击】对话框，如图 4-121 所示，可根据需要设置右键单击的含义。

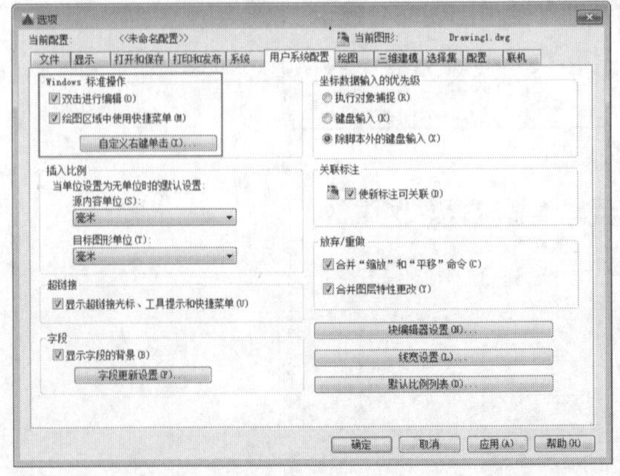
图 4-120 【用户系统配置】选项卡

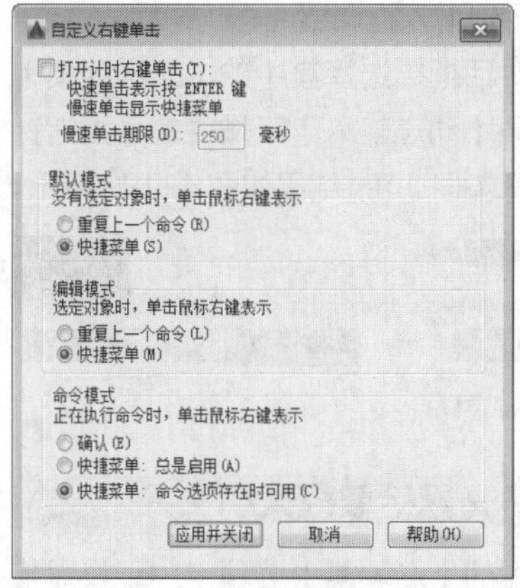


图 4-121 【自定义右键单击】对话框

## 4.6.9 设置自动捕捉标记效果

【选项】对话框中的【绘图】选项卡可用于对象捕捉、自动追踪等定形和定位功能的设置，包括自动捕捉和自动追踪时特征点标记的颜色、大小和显示特征等，如图 4-122 所示。

### 1 自动捕捉设置与颜色

单击【绘图】选项卡中的【颜色】按钮，打开【图形窗口颜色】对话框，在其中可以设置各绘图环境中捕捉标记的颜色，如图 4-123 所示。

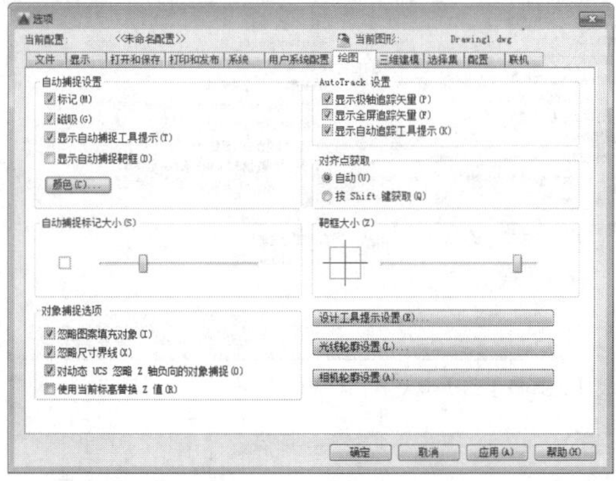

图 4-122 【绘图】选项卡

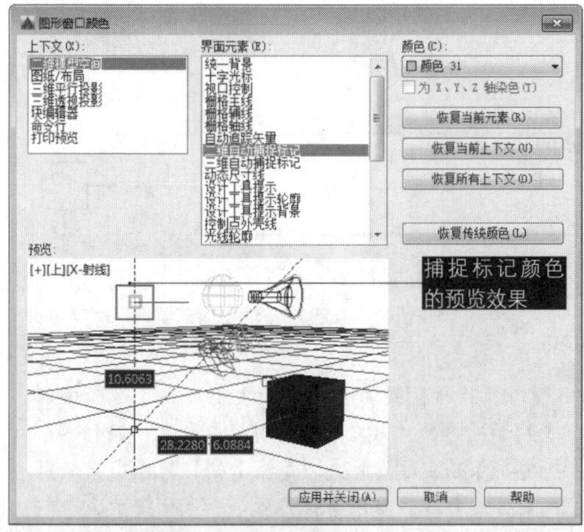


图 4-123 【图形窗口颜色】对话框

在【绘图】选项卡的【自动捕捉设置】区域，可以设定与自动捕捉有关的一些特性，各选项含义说明如下。

◆标记：控制自动捕捉标记的显示。该标记是当十字光标移动至捕捉点上时显示的几何符号，如图 4-124 所示。

◆磁吸：打开或关闭自动捕捉磁吸。磁吸是指十字光标自动移动并锁定到最近的捕捉点上，如图 4-125 所示。

◆显示自动捕捉提示：控制自动捕捉工具提示的显示。工具提示是一个标签，用来描述捕捉到的对象部分，如图 4-126 所示。

◆显示自动捕捉靶框：打开或关闭自动捕捉靶框的显示，如图 4-127 所示。

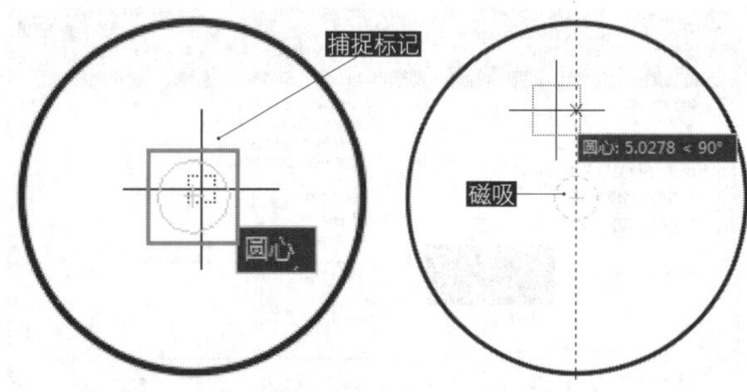


图 4-124 自动捕捉标记　　图 4-125 自动捕捉磁吸

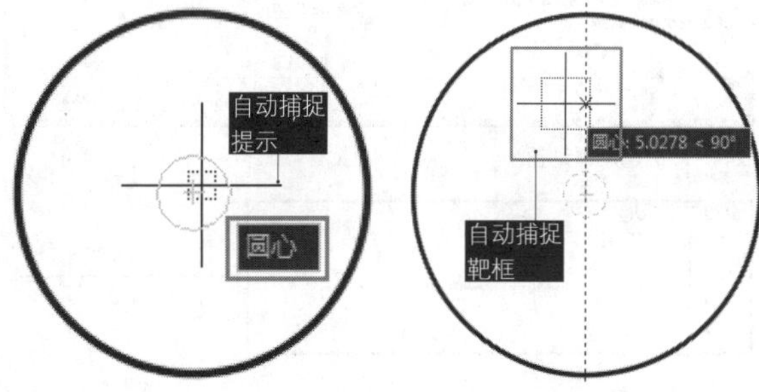


图 4-126 自动捕捉提示　　图 4-127 自动捕捉靶框

### 2 设置自动捕捉标记大小

在【绘图】选项卡拖动【自动捕捉标记大小】区域的滑动钮▯，即可调整捕捉标记大小，如图 4-128 所示。图 4-129 所示为较大的圆心捕捉标记的样式。

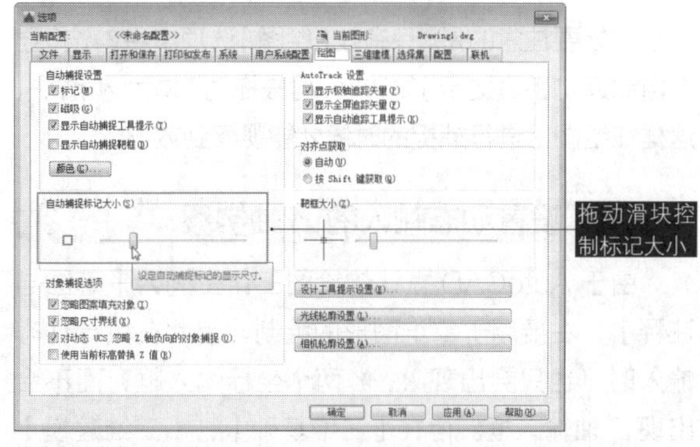


图 4-128 拖动滑动钮

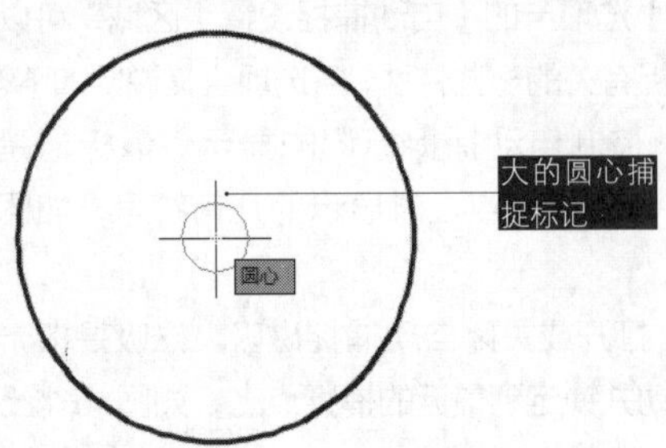


图 4-129 较大的圆心捕捉标记

### 3 设置捕捉靶框大小

在【绘图】选项卡拖动【自动捕捉标记大小】区域的滑块，即可调整捕捉靶框大小，如图 4-130 所示。常规捕捉靶框和大的捕捉靶框对边如图 4-131 所示。

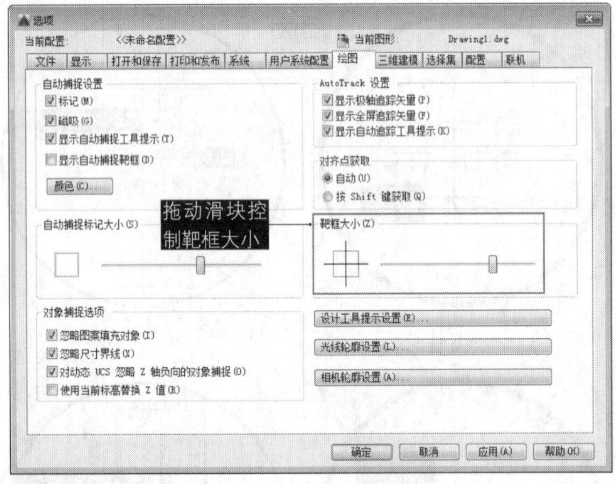


图 4-130 拖动滑动钮

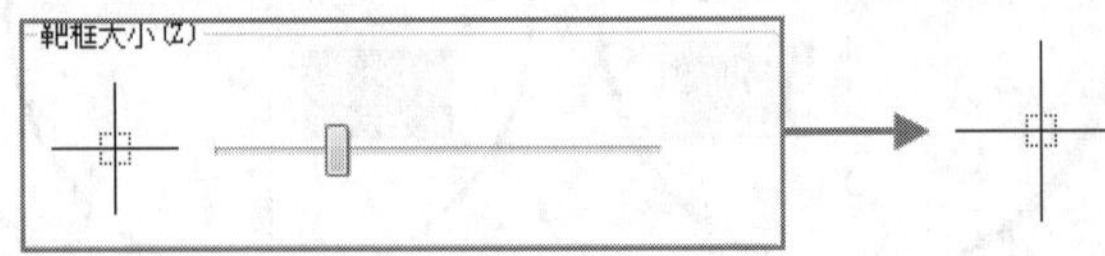


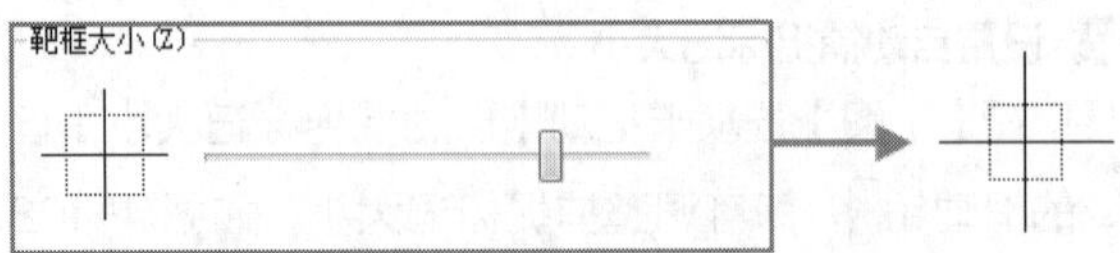


图 4-131 靶框大小示例

此处要注意的是，只有在【绘图】选项卡中勾选【显示自动追踪工具提示】复选框，再去拖动靶框大小滑块，这样在绘图区进行捕捉的时候才能观察到效果。

## 4.6.10 设置动态输入的 Z 轴字段

由于 AutoCAD 默认的绘图工作空间为【草图与注释】，主要用于二维图形的绘制，因此在执行动态输入时，也只会出现 X、Y 两个坐标输入框，而不会出现 Z 轴输入框。但在【三维基础】、【三维建模】等三维工作空间中，就需要使用到 Z 轴输入，因此可以在动态输入中将 Z 轴输入框调出。

打开【选项】对话框，选择其中的【三维建模】选项卡，勾选右下角【动态输入】区域中的【为指针输入显示 Z 字段】复选框即可，结果如图 4-132 所示。

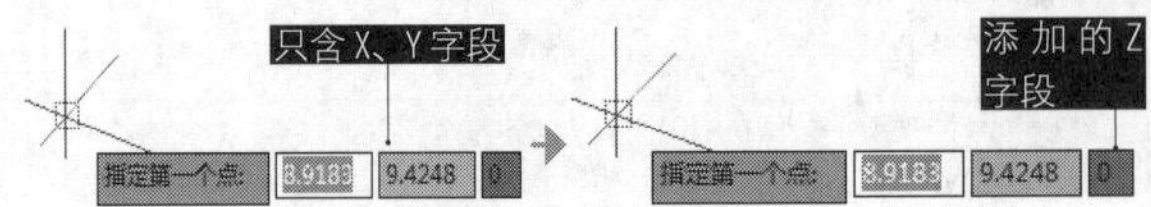


图 4-132 为动态输入添加 Z 字段

## 4.6.11 设置十字光标拾取框大小

【选项】对话框的【选项集】选项卡用于设置与对象选择有关的特性，如选择模式、拾取框及夹点等，如图 4-133 所示。

在 4.2.7 小节中介绍了十字光标大小的调整，但仅限于水平、竖直两轴线的延伸，中间的拾取框大小并没有得到调整。要调整拾取框的大小，可在【选择集】选项卡中拖动【拾取框大小】区域的滑块，常规的拾取框与放大的拾取框对比如图 4-134 所示。

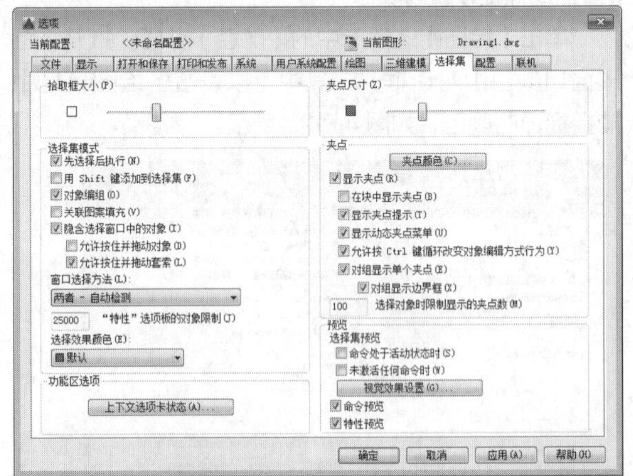

图 4-133 【选择集】选项卡

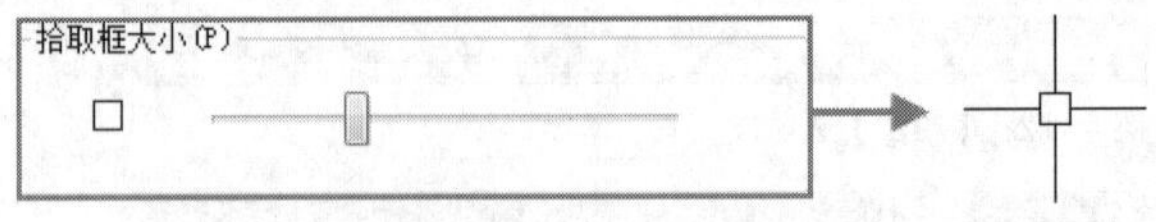


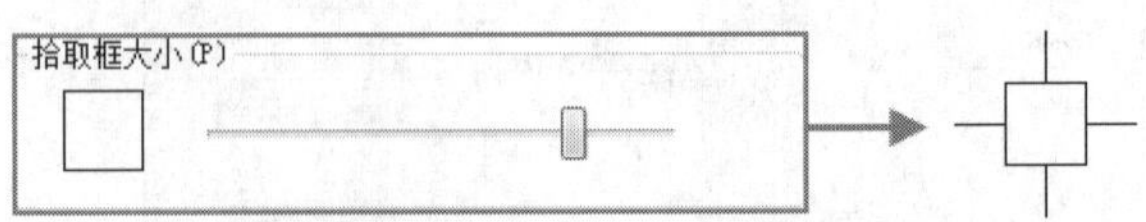


图 4-134 拾取框大小示例

**操作技巧**

4.6.7小节与本节所设置的十字光标大小是指【选择拾取框】，是用于选择的，只在选择的时候起作用；而4.6.9第3小节中拖动的靶框大小滑块，是指【捕捉靶框】，只有在捕捉的时候起作用。当没有执行命令或命令提示选择对象时，十字光标中心的方框是选择拾取框，当命令行提示定位点时，十字光标中心显示的是捕捉靶框。AutoCAD高版本默认不显示捕捉靶框，一旦提示定位点时，如你输入一个L命令并按Enter键后，你会看到十字光标中心的小方框会消失。

## 4.6.12 设置夹点的大小和颜色

除了拾取框和捕捉靶框的大小可以调节之外，还可以通过滑块的形式来调节夹点的显示大小。

夹点（Grips），是指选中图形物体后所显示的特征点，如直线的特征点是两个端点，一个中点；圆形是 4 个象限点和圆心点等，如图 4-135 所示。

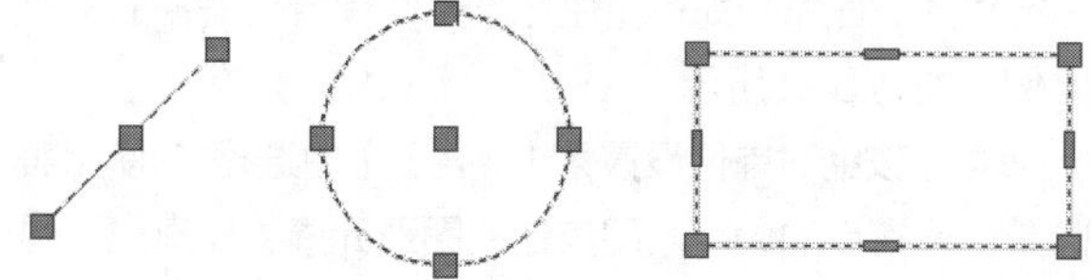

图 4-135 夹点

**操作技巧**

通常情况下夹点显示为蓝色，被称作“冷夹点”；如果在该对象上选中一个夹点，这个夹点就变成了红色，称作“热夹点”。通过热夹点可以对图形进行编辑，详见本书第5章的5.5节。

早期版本中这些夹点只是方形的，但在 AutoCAD 的高版本中又增加了一些其他形式的夹点，如多段线中点处夹点是长方形的，椭圆弧两端的夹点是三角形的加方形的小框，动态块不同参数和动作的夹点形式也不一样，有方形、三角形、圆形、箭头等各种不同形状，如图 4-136 所示。

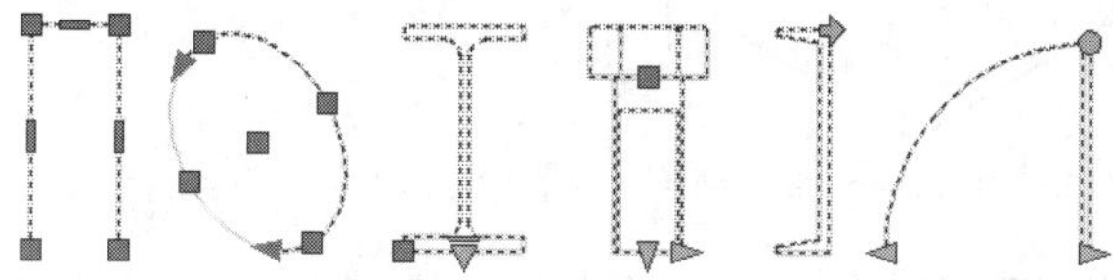

图 4-136 不同的夹点形状

夹点的种类繁多，其表达的意义及操作后的结果也不尽相同，详见表 4-2。

表 4-2 夹点类型及使用方法

| 夹点类型 | 夹点形状 | 夹点移动或结果 | 参数: 关联的动作 |
|---|---|---|---|
| 标准 | ■ | 平面内的任意方向 | 基点：无<br>点：移动、拉伸<br>极轴：移动、缩放、拉伸、极轴拉伸、阵列<br>XY：移动、缩放、拉伸、阵列 |
| 线性 | ▶ | 按规定方向或沿某一条轴往返移动 | 线性：移动、缩放、拉伸、阵列 |
| 旋转 | ● | 围绕某一条轴 | 旋转：旋转 |
| 翻转 | ➡ | 切换到块几何图形的镜像 | 翻转：翻转 |
| 对齐 | ▶ | 平面内的任意方向；如果在某个对象上移动，则使块参照与该对象对齐 | 对齐：无（隐含动作） |
| 查寻 | ▼ | 显示值列表 | 可见性：无（隐含动作）<br>查寻: 对图形中的选项提供查询 |

### 1 修改夹点大小

要调整夹点的大小，可在【选择集】选项卡中拖动【夹点尺寸】区域的滑块，放大夹点后的图形效果如图 4-137 所示。

### 2 修改夹点颜色

单击【夹点】区域中的【夹点颜色】按钮，打开【夹点颜色】对话框，如图 4-138 所示。在对话框中即可设置 3 种状态下的夹点颜色，和夹点的外围轮廓颜色。

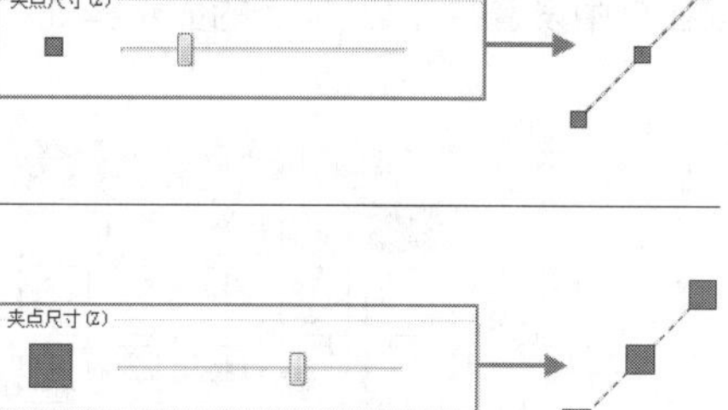


图 4-137 夹点大小对比效果

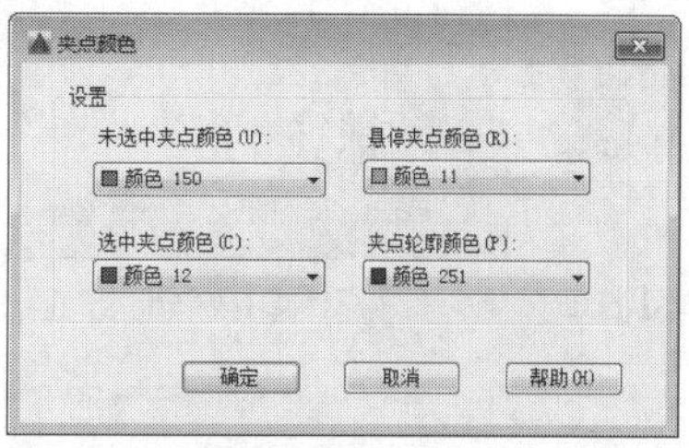


图 4-138 【夹点颜色】对话框

# 第 5 章 图形绘制



任何复杂的图形都可以分解成多个基本的二维图形，这些图形包括点、直线、圆、多边形、圆弧和样条曲线等，AutoCAD 2016 为用户提供了丰富的绘图功能，用户可以非常轻松地绘制这些图形。通过本章的学习，用户将会对 AutoCAD 平面图形的绘制方法有一个全面的了解和认识，并能熟练掌握常用的绘图命令。

## 5.1 绘制点

点是所有图形中最基本的图形对象，可以用来作为捕捉和偏移对象的参考点。在 AutoCAD 2016 中，可以通过单点、多点、定数等分和定距等分 4 种方法创建点对象。

### 5.1.1 点样式

从理论上来讲，点是没有长度和大小的图形对象。在 AutoCAD 中，系统默认情况下绘制的点显示为一个小圆点，在屏幕中很难看清，因此可以使用【点样式】设置，调整点的外观形状，也可以调整点的尺寸大小，以便根据需要，让点显示在图形中。在绘制单点、多点、定数等分点或定距等分点之后，我们经常需要调整点的显示方式，以方便对象捕捉，绘制图形。

**·执行方式**

执行【点样式】命令的方法有以下几种。

◆功能区：单击【默认】选项卡【实用工具】面板中的【点样式】按钮，如图 5-1 所示。

◆菜单栏：选择【格式】|【点样式】命令。

◆命令行：DDPTYPE。

**·操作步骤**

执行该命令后，将弹出如图 5-2 所示的【点样式】对话框，可以在其中设置共计 20 种点的显示样式和大小。

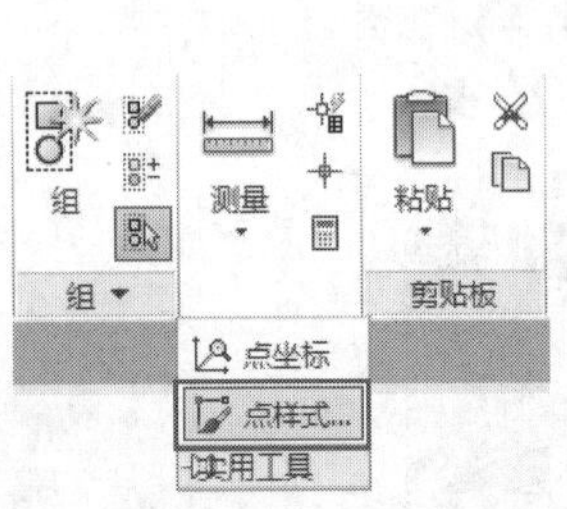


图 5-1 面板中的【点样式】按钮

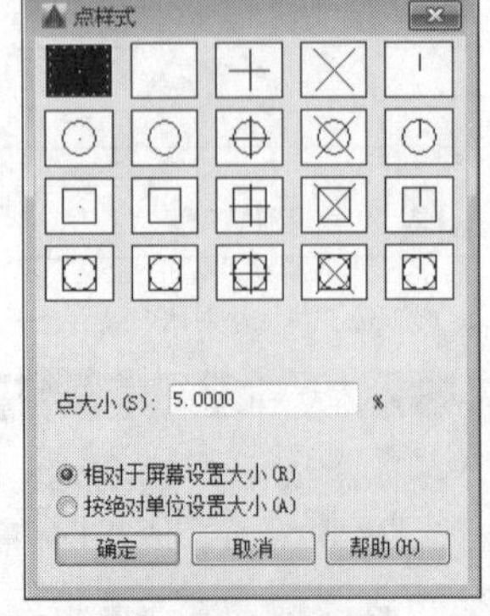


图 5-2 【点样式】对话框

**·选项说明**

对话框中各选项的含义说明如下。

◆【点大小（S）】文本框：用于设置点的显示大小，与下面的两个选项有关。

◆【相对于屏幕设置大小（R）】单选框：用于按 AutoCAD 绘图屏幕尺寸的百分比设置点的显示大小，在进行视图缩放操作时，点的显示大小并不改变，在命令行输入 RE 命令即可重生成，始终保持与屏幕的相对比例，如图 5-3 所示。

◆【按绝对单位设置大小（A）】单选框：使用实际单位设置点的大小，同其他的图形元素（如直线、圆等），当进行视图缩放操作时，点的显示大小也会随之改变，如图 5-4 所示。

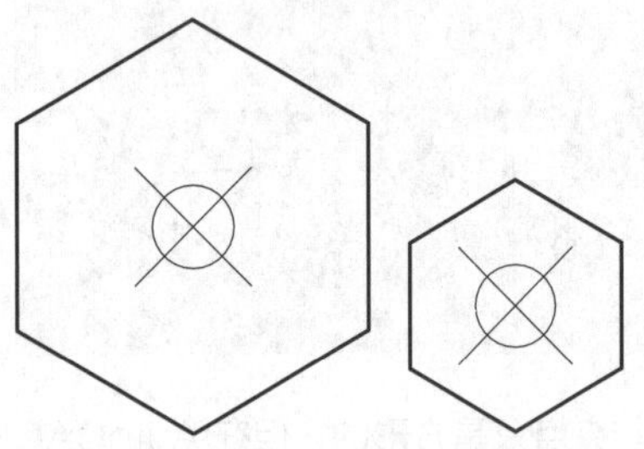

图 5-3 视图缩放时点大小相对于屏幕不变

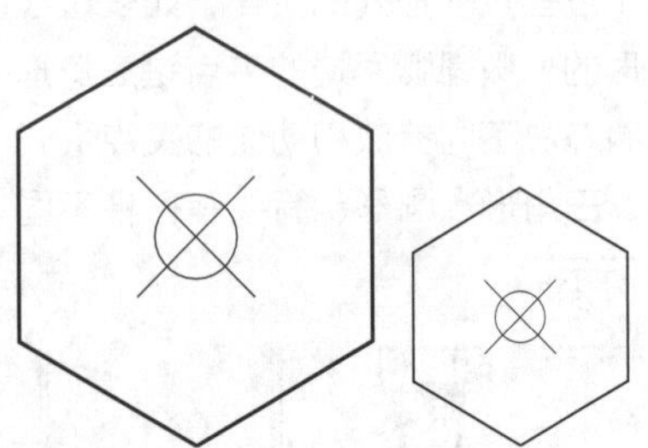

图 5-4 视图缩放时点大小相对于图形不变

**练习 5-1 点样式创建比例尺**

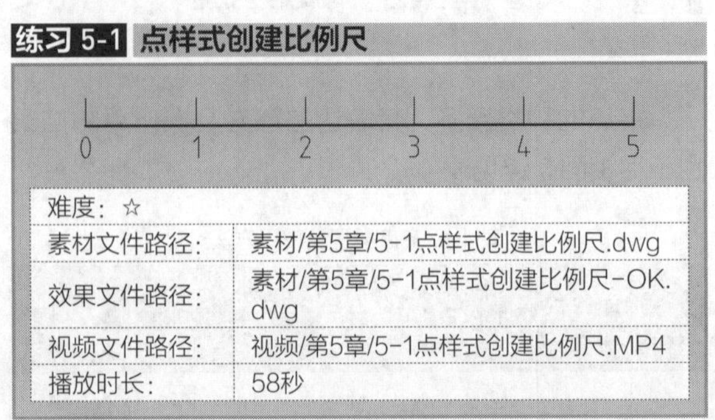


| 难度：☆ | |
| --- | --- |
| 素材文件路径： | 素材/第5章/5-1点样式创建比例尺.dwg |
| 效果文件路径： | 素材/第5章/5-1点样式创建比例尺-OK.dwg |
| 视频文件路径： | 视频/第5章/5-1点样式创建比例尺.MP4 |
| 播放时长： | 58秒 |

通过图 5-2 所示的【点样式】对话框中可知，点样式的种类很多，使用情况也各不一样。通过指定合适的点样式，就可以快速获得所需的图形，如矢量线上的

刻度，操作步骤如下。

**Step 01** 单击【快速访问】工具栏中的【打开】按钮，打开"练习5-1点样式创建比例尺.dwg"素材文件，图形在各数值上已经创建好了点，但并没有设置点样式，如图5-5所示。

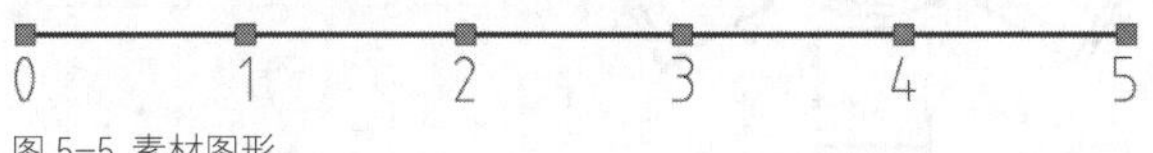


图 5-5 素材图形

**Step 02** 在命令行中输入DDPTYPE，调用【点样式】命令，系统弹出【点样式】对话框，根据需要，在对话框中选择第一排最右侧的形状，然后点选【按绝对单位设置大小（A）】单选框，输入点大小为5，如图5-6所示。

**Step 03** 单击【确定】按钮，关闭对话框，完成【点样式】的设置，最终结果如图5-7所示。

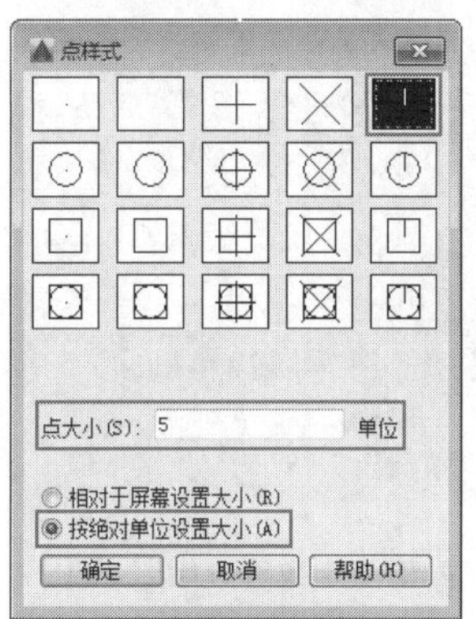


图 5-6 【点样式】对话框

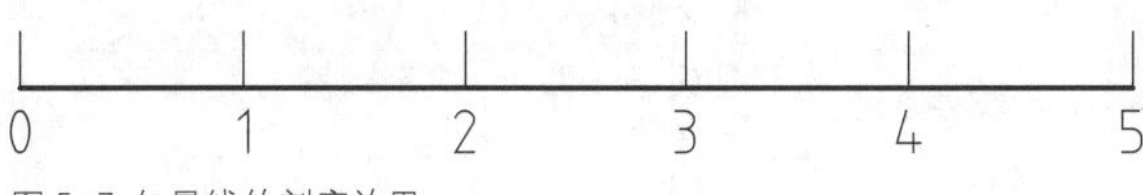


图 5-7 矢量线的刻度效果

**·初学解答** 点样式的特性

【点样式】与【文字样式】、【标注样式】等不同，在同一个dwg文件中有且仅有一种点样式，而文字样式、标注样式可以"设置"出多种不同的样式。要想设置点视觉效果不同，唯一能做的便是在【特性】中选择不同的颜色。

**·熟能生巧** 【点尺寸】与【点数值】

除了可以在【点样式】对话框中设置点的显示形状和大小外，还可以使用 PDSIZE（点尺寸）和 PDMODE（点数值）命令来进行设置。这 2 项参数指令含义说明如下。

◆PDSIZE（点尺寸）：在命令行中输入该指令，将提示输入点的尺寸。输入的尺寸为正值时按"绝对单位设置大小"处理；而当输入尺寸为负值时则按"相对于屏幕设置大小"处理。

◆PDMODE（点数值）：在命令行中输入该指令，将提示输入 pdmode 的新值，可以输入从 0~4、32~36、64~68、96~100 的整数，每个值所对应的点形状如图 5-8 所示。

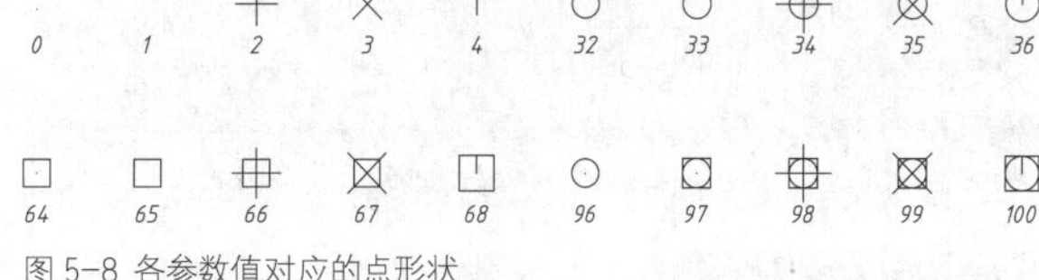


图 5-8 各参数值对应的点形状

## 5.1.2 单点和多点

在 AutoCAD 2016 中，点的绘制通常使用【多点】命令来完成，【单点】命令已不太常用。

### 1 单点

绘制单点就是执行一次命令只能指定一个点，指定完后自动结束命令。

**·执行方式**

执行【单点】命令有以下几种方法。

◆菜单栏：选择【绘图】|【点】|【单点】命令，如图 5-9 所示。

◆命令行：PONIT 或 PO。

**·操作步骤**

设置好点样式之后，选择【绘图】|【点】|【单点】命令，根据命令行提示，在绘图区任意位置单击，即完成单点的绘制，结果如图 5-10 所示。命令行操作如下。

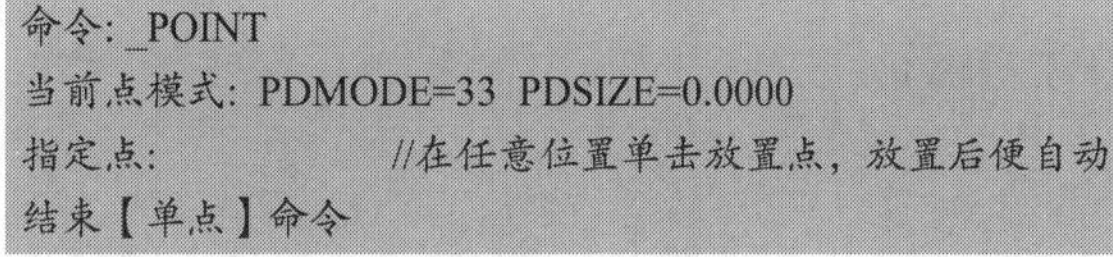

```
命令: _POINT
当前点模式: PDMODE=33  PDSIZE=0.0000
指定点:              //在任意位置单击放置点，放置后便自动结束【单点】命令
```

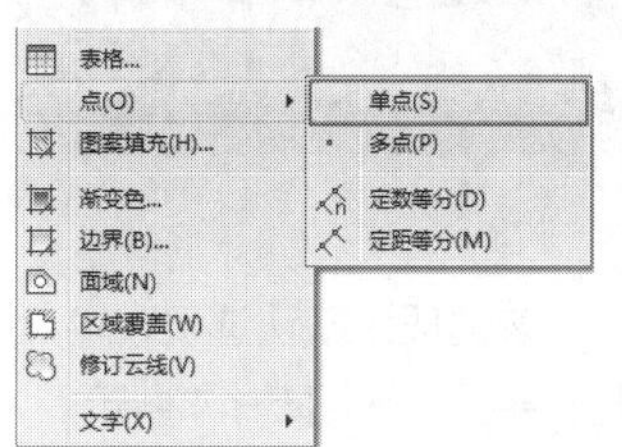


图 5-9 菜单栏中的【单点】

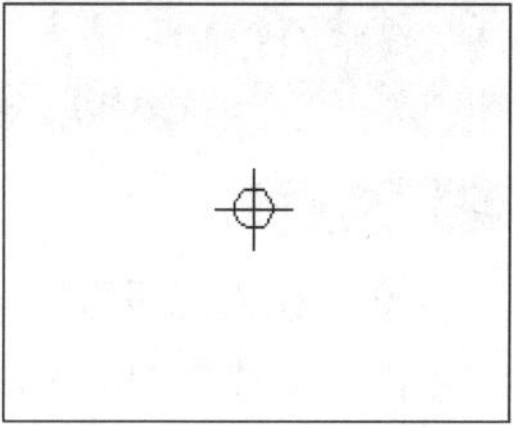

图 5-10 绘制单点效果

### 2 多点

绘制多点就是指执行一次命令后可以连续指定多个点，直到按 Esc 键结束命令。

**·执行方式**

执行【多点】命令有以下几种方法。

◆功能区：单击【绘图】面板中的【多点】按钮，如图 5-11 所示。

◆菜单栏：选择【绘图】|【点】|【多点】命令。

**·操作步骤**

设置好点样式之后，单击【绘图】面板中的【多点】

按钮，根据命令行提示，在绘图区任意 6 个位置单击，按 Esc 键退出，即可完成多点的绘制，结果如图 5-12 所示。命令行操作如下。

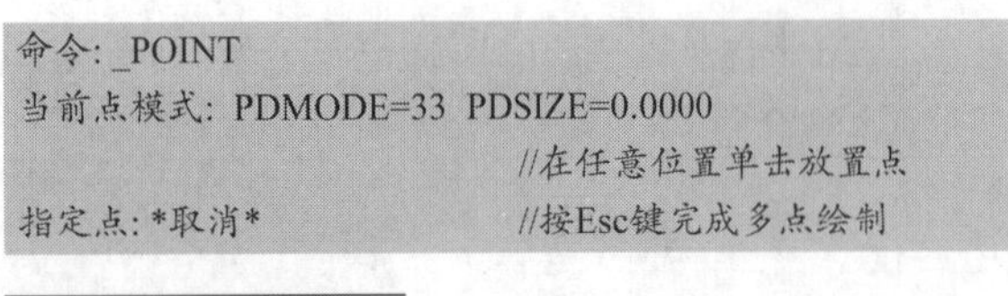

```
命令: _POINT
当前点模式: PDMODE=33  PDSIZE=0.0000
                              //在任意位置单击放置点
指定点: *取消*                 //按Esc键完成多点绘制
```

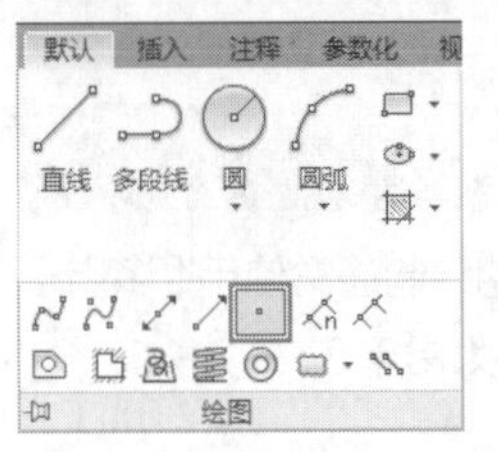


图 5-11 按钮

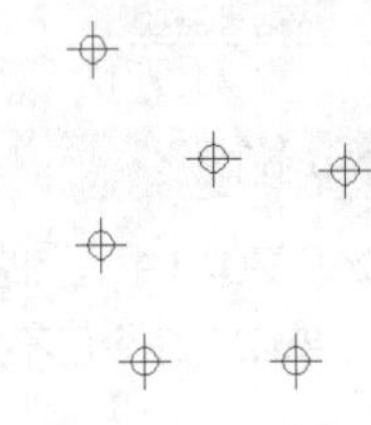

图 5-12 绘制多点效果

## 5.1.3 定数等分

【定数等分】是将对象按指定的数量分为等长的多段，并在各等分位置生成点。

**• 执行方式**

执行【定数等分】命令的方法有以下几种。

◆功能区：单击【绘图】面板中的【定数等分】按钮，如图 5-13 所示。

◆菜单栏：选择【绘图】|【点】|【定数等分】命令。

◆命令行：DIVIDE 或 DIV。

**• 操作步骤**

```
命令: _DIVIDE
        //执行【定数等分】命令
选择要定数等分的对象:
        //选择要等分的对象，可以是直线、圆、圆弧、样条曲线、多段线
输入线段数目或 [块(B)]:                    //输入要等分的段数
```

**• 选项说明**

◆"输入线段数目"：该选项为默认选项，输入数字即可将被选中的图形进行平分，如图 5-14 所示。

◆"块（B）"：该命令可以在等分点处生成用户指定的块，如图 5-15 所示。

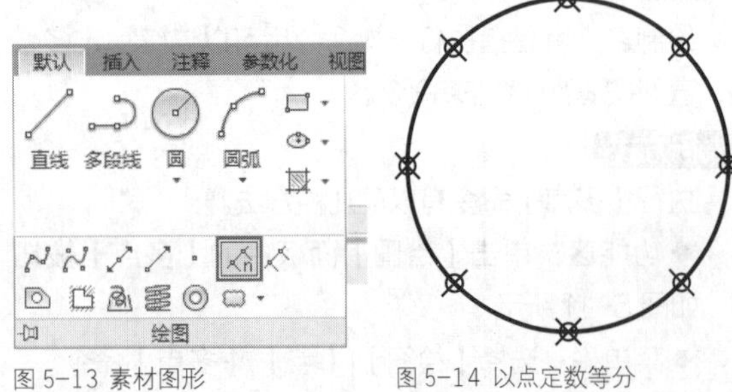


图 5-13 素材图形　　图 5-14 以点定数等分

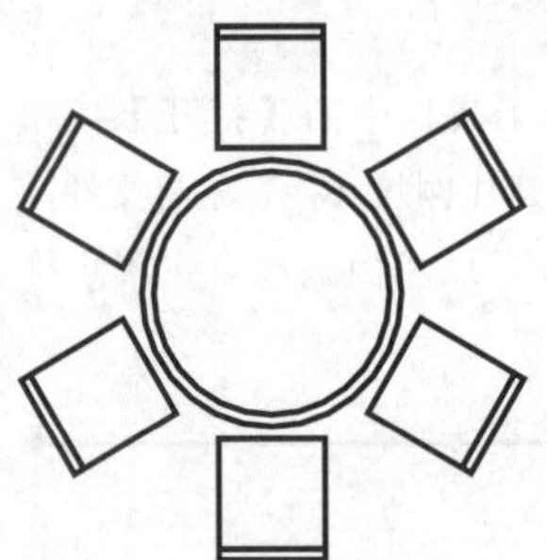

图 5-15 以块定数等分

> **操作技巧**
>
> 在命令操作过程中，命令行有时会出现"输入线段数目或 [块(B)]:"这样的提示，其中的英文字母如"块（B）"等，是执行各选项命令的输入字符。如果我们要执行"块（B）"选项，那只需在该命令行中输入"B"即可。

**练习 5-2 定数等分绘制床头柜**

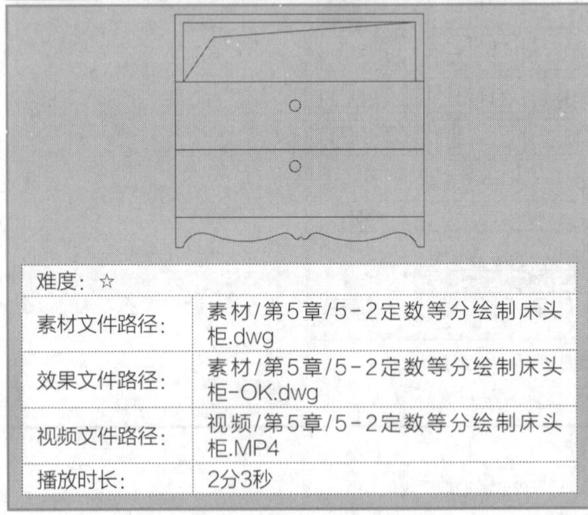

| 难度：☆ | |
|---|---|
| 素材文件路径： | 素材/第5章/5-2定数等分绘制床头柜.dwg |
| 效果文件路径： | 素材/第5章/5-2定数等分绘制床头柜-OK.dwg |
| 视频文件路径： | 视频/第5章/5-2定数等分绘制床头柜.MP4 |
| 播放时长： | 2分3秒 |

床头柜是近代家具中设置床头两边的小型立柜，可供存放杂品用。造型与现代常见的床边柜相仿。居家型柜台，使用方便，有助于物品的安放。储藏于床头柜中的物品，大多为了适应需要和取用的物品如药品等，摆放在床头柜上的则多是为卧室增添温馨的气氛的一些照片、小幅画、插花等。

**Step 01** 按Ctrl+O组合键，打开配套资源提供的"第5章\5-2定数等分绘制床头柜.dwg"素材文件，如图5-16所示。

**Step 02** 选择【绘图】|【点】|【定数等分】命令，对床头柜左侧边轮廓进行等分，命令行提示如下。

```
命令: DIVIDEl                           //执行命令
选择要定数等分的对象:                     //选定左边的垂直轮廓线
输入线段数目或 [块(B)]:3l                 //设置等分数目，按Enter键，等分结果如图5-17所示
```

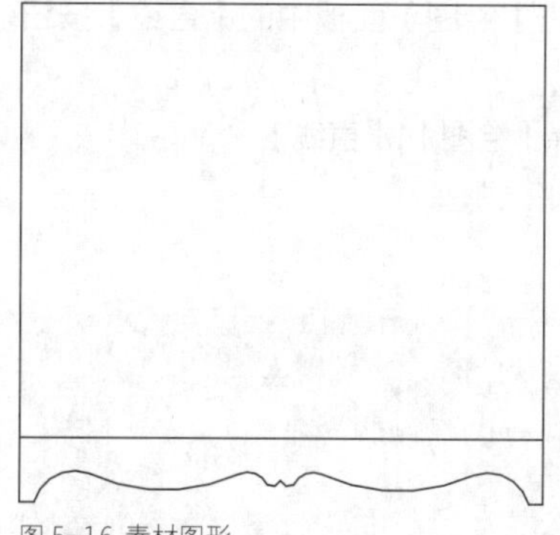

图 5-16 素材图形

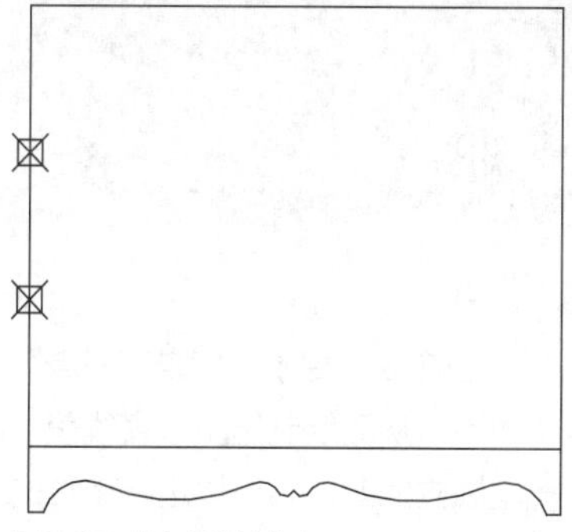

图 5-17 创建定数等分点

**Step 03** 调用L【直线】命令，根据等分点绘制水平直线，结果如图5-18所示。

**Step 04** 调用O【偏移】命令，设置偏移距离为20，向内偏移轮廓线；调用TR【修剪】命令，修剪线段；调用PL【多段线】命令，绘制多段线；调用C【圆】命令，绘制半径为13的圆形表示抽屉拉手。完成床头柜的绘制，如图5-19所示。

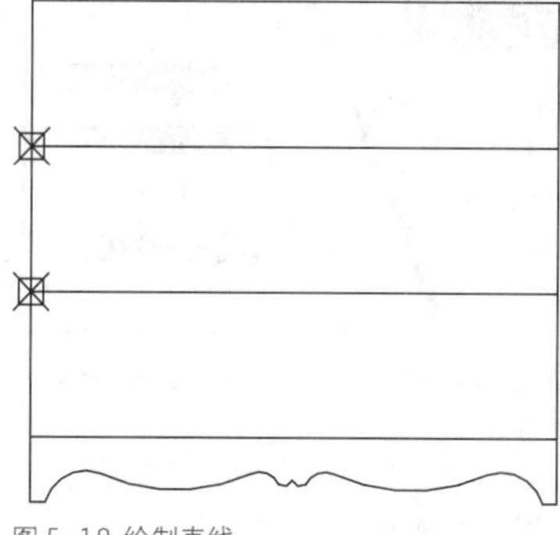

图 5-18 绘制直线

图 5-19 补全床头柜图形

## 5.1.4 定距等分

【定距等分】是将对象分为长度为指定值的多段，并在各等分位置生成点。

**·执行方式**

执行【定距等分】命令的方法有以下几种。

◆功能区：单击【绘图】面板中的【定距等分】按钮，如图 5-20 所示。

◆菜单栏：选择【绘图】|【点】|【定距等分】命令。

◆命令行：MEASURE 或 ME。

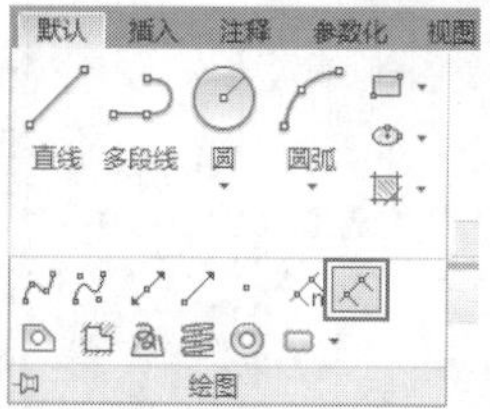


图 5-20 【定距数等分】按钮

**·操作步骤**

```
命令: _MEASURE
        //执行【定距等分】命令
选择要定距等分的对象:
        //选择要等分的对象，可以是直线、圆、圆弧、样条曲线、多段线
指定线段长度或 [块(B)]:        //输入要等分的单段长度
```

**·选项说明**

◆“指定线段长度”：该选项为默认选项，输入的数字即为分段的长度，如图 5-21 所示。

◆“块（B）”：该命令可以在等分点处生成用户指定的块。

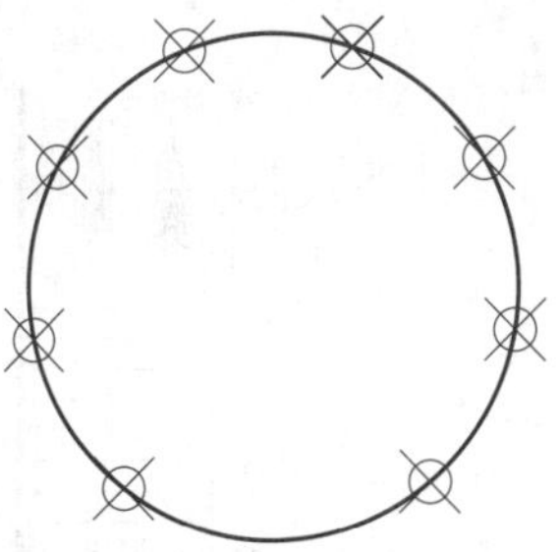

图 5-21 【定距等分】效果

### 练习 5-3 定距等分绘制楼梯立面图

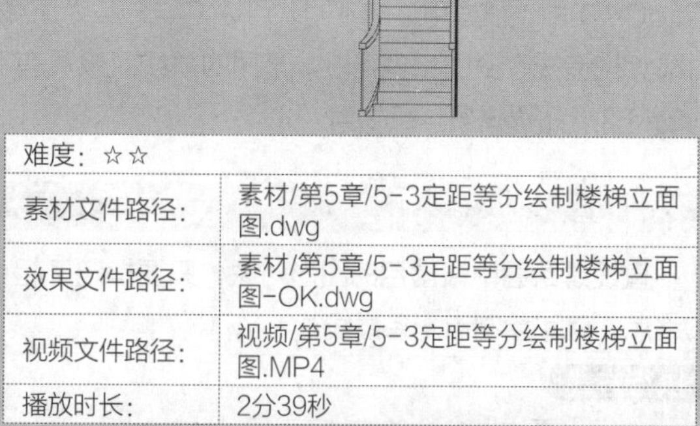

| 难度：☆☆ | |
|---|---|
| 素材文件路径： | 素材/第5章/5-3定距等分绘制楼梯立面图.dwg |
| 效果文件路径： | 素材/第5章/5-3定距等分绘制楼梯立面图-OK.dwg |
| 视频文件路径： | 视频/第5章/5-3定距等分绘制楼梯立面图.MP4 |
| 播放时长： | 2分39秒 |

**Step 01** 按Ctrl+O组合键，打开配套资源中提供的“第5章/5-3 定距等分绘制楼梯立面图.dwg”素材文件，如图5-22所示。

**Step 02** 调用ME定距等分命令，设置等分距离为165，等分右侧直线，如图5-23所示。

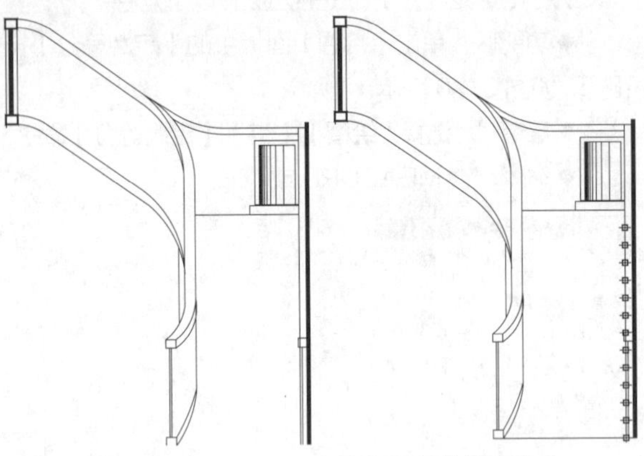

图 5-22 素材图形　　图 5-23 定距等分直线

**Step 03** 调用L【直线】命令，过等分点绘制水平直线，如图5-24所示。

**Step 04** 调用L【直线】命令，绘制垂直直线；调用TR【修剪】命令，修剪线段，完成楼梯立面图的绘制，结果如图5-25所示。

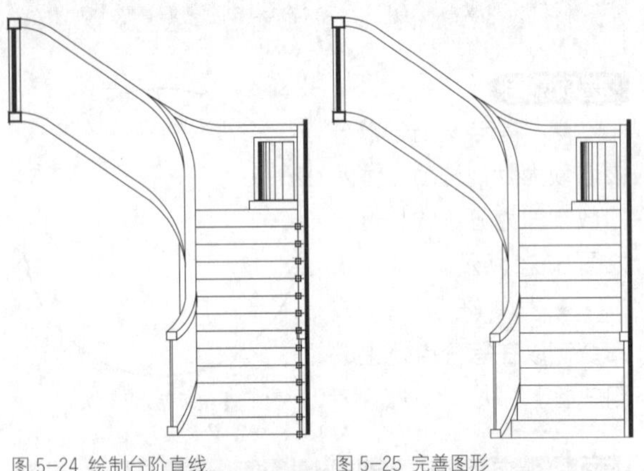

图 5-24 绘制台阶直线　　图 5-25 完善图形

## 5.2 绘制直线类图形

直线类图形是 AutoCAD 中最基本的图形对象，在 AutoCAD 中，根据用途的不同，可以将线分类为直线、射线、构造线、多线和多线段。不同的直线对象具有不同的特性，下面进行详细讲解。

### 5.2.1 直线　★重点★

直线是绘图中最常用的图形对象，只要指定了起点和终点，就可绘制出一条直线。

**·执行方式**

执行【直线】命令的方法有以下几种。

◆功能区：单击【绘图】面板中的【直线】按钮。

◆菜单栏：选择【绘图】|【直线】命令。

◆命令行：LINE 或 L。

**·操作步骤**

```
命令: _LINE                                   //执行【直线】命令
指定第一个点:
            //输入直线段的起点，用鼠标指定点或在命令行中输入点的坐标
指定下一点或 [放弃(U)]:                       //输入直线段的端点。也可以用鼠标指定一定角度后，直接输入直线的长度
指定下一点或 [放弃(U)]:                       //输入下一直线段的端点。输入“U”表示放弃之前的输入
指定下一点或 [闭合(C)/放弃(U)]:               //输入下一直线段的端点。输入“C”使图形闭合，或按Enter键结束命令
```

**·选项说明**

◆“指定下一点”：当命令行提示“指定下一点”时，用户可以指定多个端点，从而绘制出多条直线段。但每一段直线又都是一个独立的对象，可以进行单独的编辑操作，如图 5-26 所示。

◆“闭合（C）”：绘制两条以上直线段后，命令行会出现“闭合（C）”选项。此时如果输入 C，则系统会自动连接直线命令的起点和最后一个端点，从而绘制出封闭的图形，如图 5-27 所示。

◆“放弃（U）”：命令行出现“放弃（U）”选项时，如果输入 U，则会擦除最近一次绘制的直线段，如图 5-28 所示。

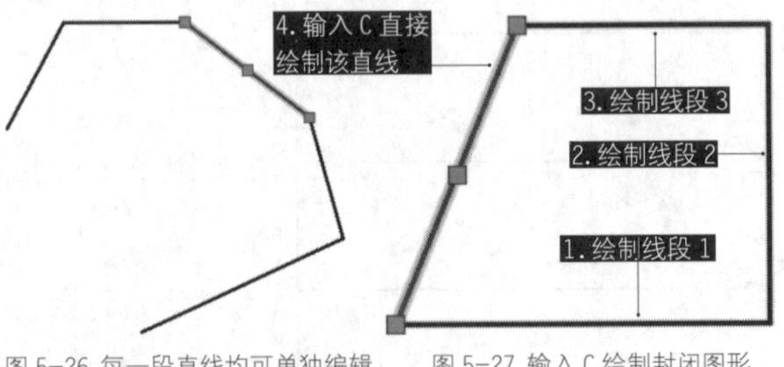


图 5-26 每一段直线均可单独编辑　　图 5-27 输入 C 绘制封闭图形

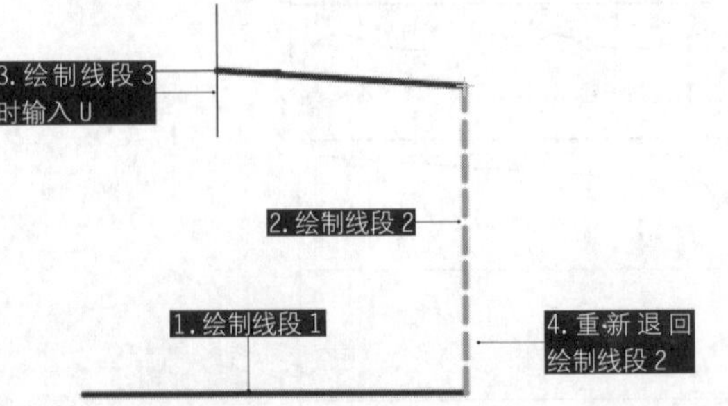


图 5-28 输入 U 重新绘制直线

## 练习 5-4 使用直线绘制建筑物外形轮廓

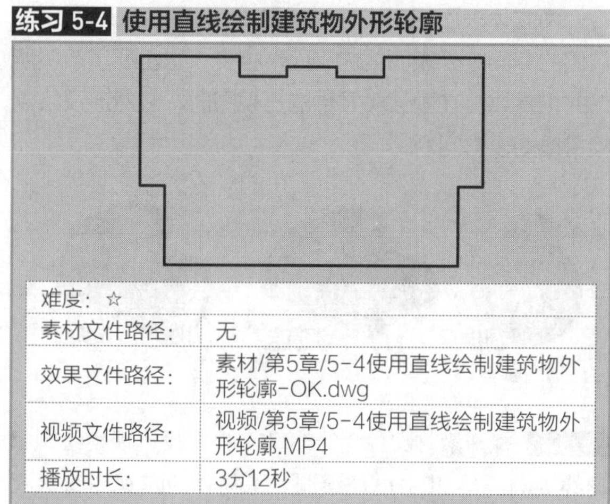

| 难度：☆ | |
|---|---|
| 素材文件路径： | 无 |
| 效果文件路径： | 素材/第5章/5-4使用直线绘制建筑物外形轮廓-OK.dwg |
| 视频文件路径： | 视频/第5章/5-4使用直线绘制建筑物外形轮廓.MP4 |
| 播放时长： | 3分12秒 |

**Step 01** 新建一空白文档，然后按F8键，开启正交绘图模式。

**Step 02** 调用L【直线】命令，根据命令行的提示，指定A点为起点，垂直向下移动鼠标，输入距离值6540，得到B点。按Esc键退出命令，绘制垂直直线的结果如图5-29所示。

**Step 03** 按Enter键重新调用L【直线】命令，以B点为起点，向右移动鼠标，输入距离值1283，单击右键可完成水平直线的绘制，结果如图5-30所示。

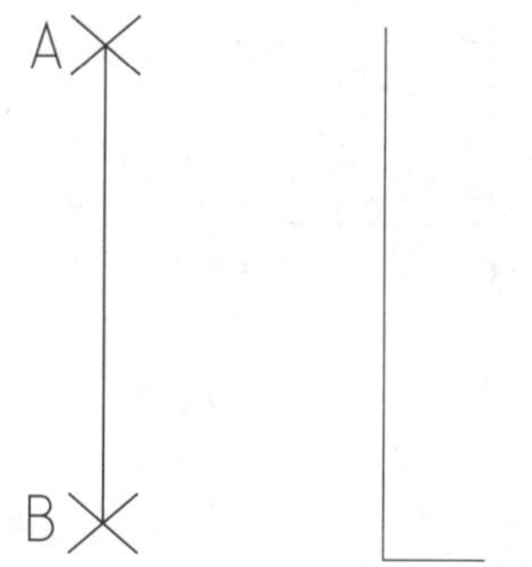


图 5-29 绘制垂直直线　图 5-30 绘制水平直线

**Step 04** 在绘图区单击右键，在快捷菜单中选择“重复LINE(R)”命令，继续绘制直线图形，完成建筑物外轮廓的绘制，图例的绘制结果如图5-31所示。

**Step 05** 选择绘制的图形，在【特性】面板中更改图例的线宽为0.3mm，在状态栏上单击【显示/隐藏线宽】工具按钮，即可看到线宽的效果，如图5-32所示。

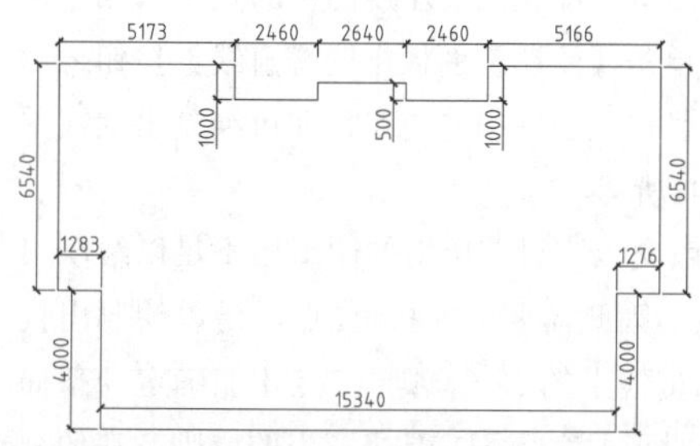


图 5-31 绘制建筑物轮廓

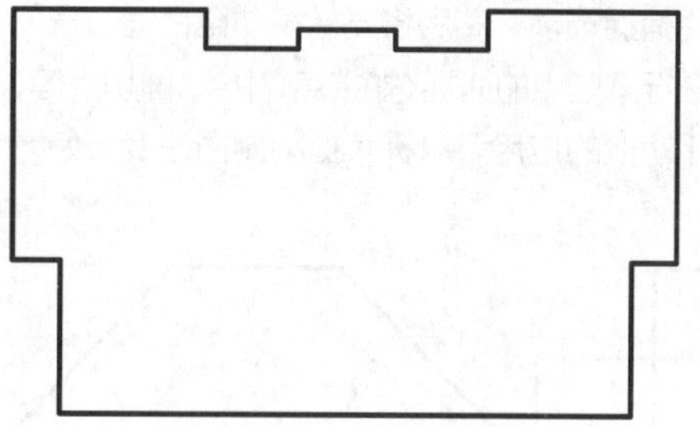

图 5-32 更改线宽

### ·初学解答 直线的起始点

若命令行提示“指定第一个点”时，单击 Enter 键，系统则会自动把上次绘线（或弧）的终点作为本次直线操作的起点。特别地，如果上次操作为绘制圆弧，那单击 Enter 键后会绘出通过圆弧终点的与该圆弧相切的直线段，该线段的长度由鼠标在屏幕上指定的一点与切点之间线段的长度确定，操作效果如图 5-33 所示，命令行操作如下。

```
命令: _LING
指定第一个点: 直线长度: 20
          //按Enter键确认起点，然后输入直线长度
指定下一点或 [放弃(U)]:
          //按Esc键完成绘制
```

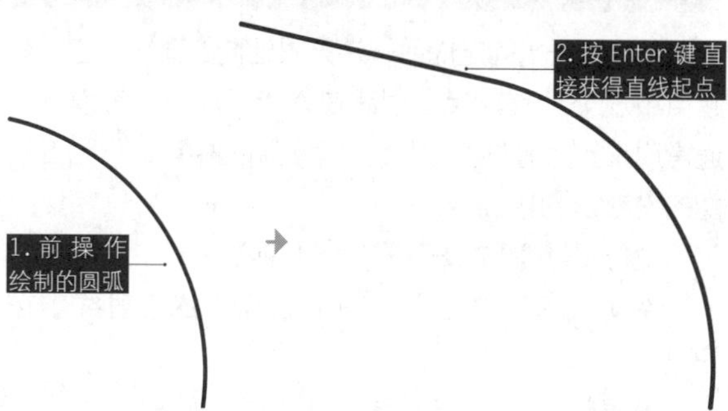


图 5-33 按 Enter 键确认直线起点

### ·熟能生巧 直线（Line）命令的操作技巧

◆绘制水平、垂直直线。可单击【状态栏】中【正交】按钮，根据正交方向提示，直接输入下一点的距离即可，如图 5-34 所示。不需要输入 @ 符号，使用临时正交模式也可按住 Shift 键不动，在此模式下不能输入命令或数值，可捕捉对象。

◆绘制斜线。可单击【状态栏】中【极轴】按钮，在【极轴】按钮上单击右键，在弹出的快捷菜单中可以选择所需的角度选项，也可以选择【正在追踪设置】选项，则系统会弹出【草图设置】对话框，在【增量角】文本输入框中可设置斜线的捕捉角度，此时，图形即进入了自动捕捉所需角度的状态，其可大大提高制图时输入直线长度的效率，效果如图 5-35 所示。

◆捕捉对象。可按 Shift+ 鼠标右键，在弹出的快

捷菜单中选择捕捉选项，然后将光标移动至合适位置，程序会自动进行某些点的捕捉，如端点、中点、圆切点等，【捕捉对象】功能的应用可以极大提高制图速度，如图5-36所示。

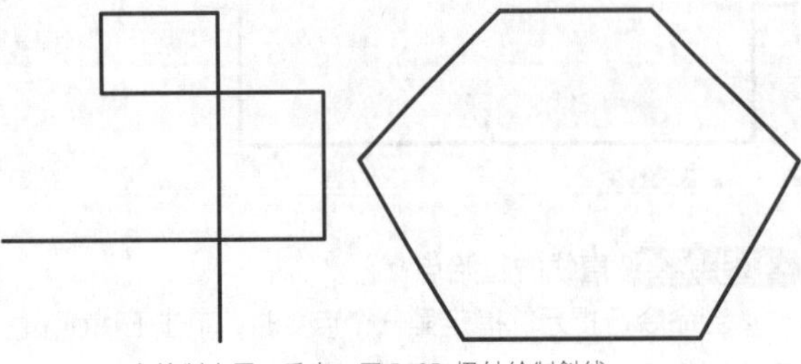

图 5-34 正交绘制水平、垂直直线　图 5-35 极轴绘制斜线

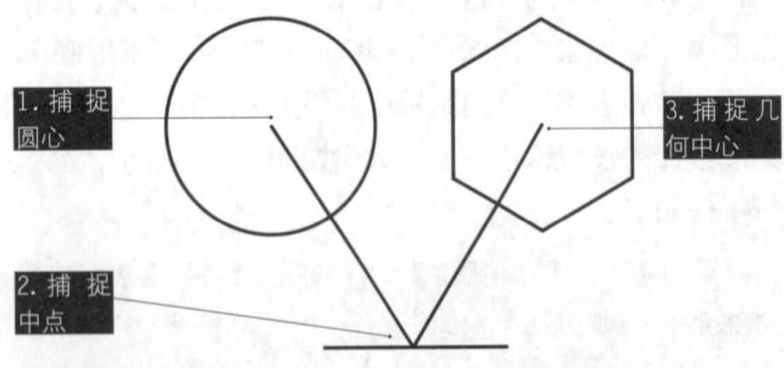


图 5-36 启用捕捉绘制直线

## 5.2.2 射线

★进阶★

射线是一端固定而另一端无限延伸的直线，它只有起点和方向，没有终点。射线在AutoCAD中使用较少，通常用来作为辅助线，尤其在家具制图中可以作为三视图的投影线使用。

执行【射线】的方法有以下几种。

- ◆功能区：单击【绘图】面板中的【射线】按钮。
- ◆菜单栏：选择【绘图】|【射线】命令。
- ◆命令行：RAY。

### 练习 5-5 根据投影规则绘制相贯线

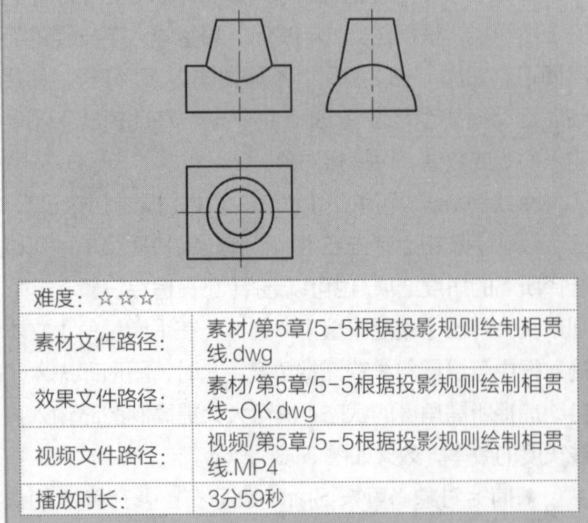

| 难度：☆☆☆ | |
|---|---|
| 素材文件路径： | 素材/第5章/5-5根据投影规则绘制相贯线.dwg |
| 效果文件路径： | 素材/第5章/5-5根据投影规则绘制相贯线-OK.dwg |
| 视频文件路径： | 视频/第5章/5-5根据投影规则绘制相贯线.MP4 |
| 播放时长： | 3分59秒 |

两立体表面的交线称为相贯线，如图5-37所示。它们的表面（外表面或内表面）相交，均出现了箭头所指的相贯线，在画该类零件的三视图时，必然涉及绘制相贯线的投影问题。

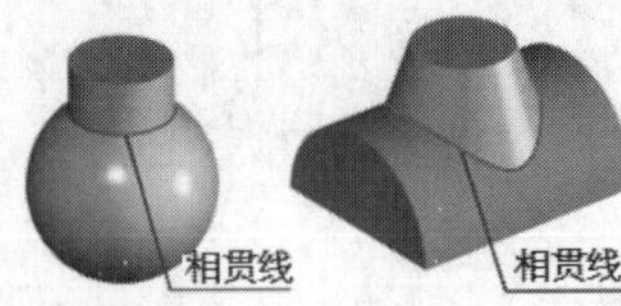

图 5-37 相贯线

**Step 01** 打开素材文件“第5章/5-5根据投影规则绘制相贯线.dwg”，其中已经绘制好了物体的左视图与俯视图，如图5-38所示。

**Step 02** 绘制投影线。单击【绘图】面板中的【射线】按钮，以左视图中各端点与交点为起点向右绘制射线，如图5-39所示。

**Step 03** 绘制投影线。按相同方法，以俯视图中各端点与交点为起点，向上绘制射线，如图5-40所示。

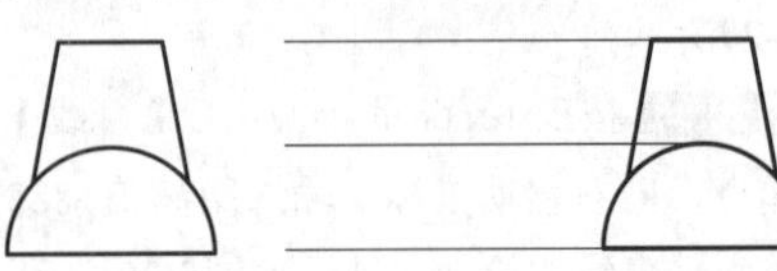

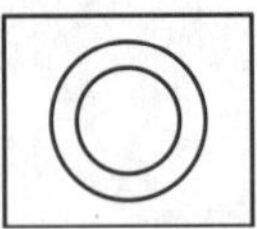

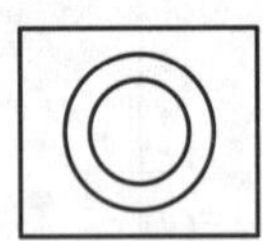

图 5-38 素材图形　图 5-39 绘制水平投影线

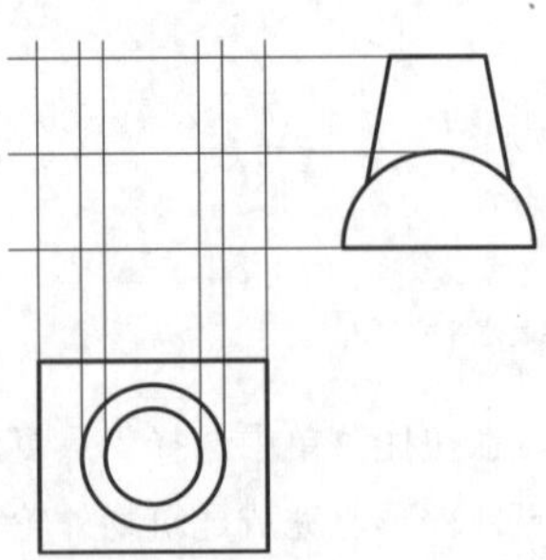

图 5-40 绘制竖直投影线

**Step 04** 绘制主视图轮廓。绘制主视图轮廓之前，先要分析出俯视图与左视图中各特征点的投影关系（俯视图中的点，如1、2等，即相当于左视图中的点1’、2’，下同），然后单击【绘图】面板中的【直线】按钮，连接各点的投影在主视图中的交点，即可绘制出主视图轮廓，如图5-41所示。

**Step 05** 求一般交点。目前所得的图形还不足以绘制出完整的相贯线，因此需要另外找出2点，借以绘制出投影线来获取相贯线上的点（原则上5点才能确定一条曲线）。按“长对正、宽相等、高平齐”的原则，在俯视图和左视图绘制如图5-42所示的两条直线，删除多余射线。

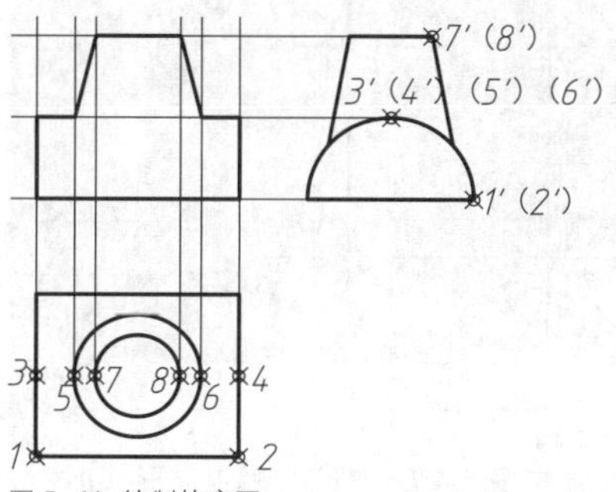
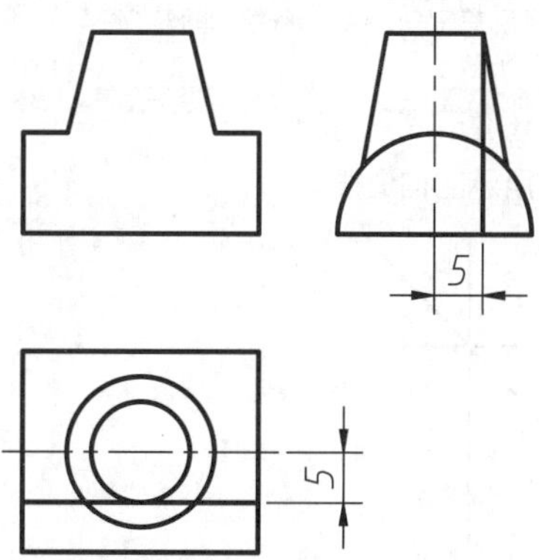

图 5-41 绘制轮廓图

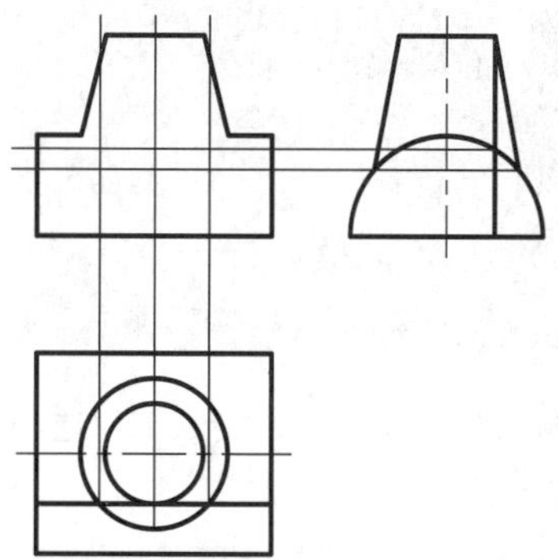

图 5-42 绘制辅助线

**Step 06** 绘制投影线。根据辅助线与图形的交点为起点，分别使用【射线】命令绘制投影线，如图5-43所示。

**Step 07** 绘制相贯线。单击【绘图】面板中的【样条曲线】按钮，连接主视图中各投影线的交点，即可得到相贯线，如图5-44所示。

图 5-43 绘制投影线

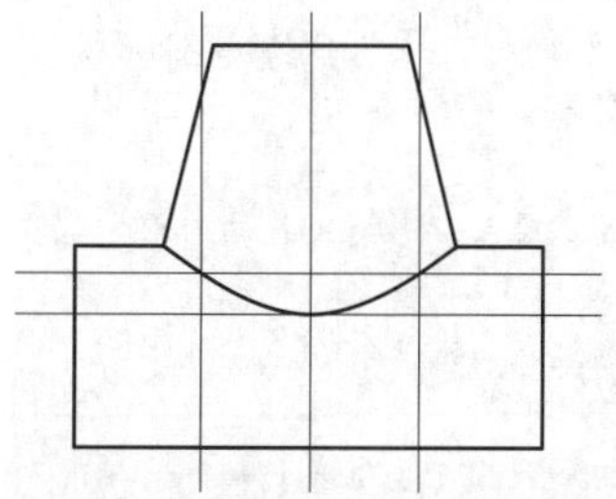

图 5-44 绘制相贯线

## 5.2.3 构造线

构造线是两端无限延伸的直线，没有起点和终点，主要用于绘制辅助线和修剪边界，在建筑设计中常用来作为辅助线，在机械设计中也可作为轴线使用。构造线只需指定两个点即可确定位置和方向。

**·执行方式**

◆功能区：单击【绘图】面板中的【构造线】按钮。

◆菜单栏：选择【绘图】|【构造线】命令。

◆命令行：XLINE 或 XL。

**·操作步骤**

```
命令: _XLINE                          //执行【构造线】命令
指定点或 [水平(H)/垂直(V)/角度(A)/二等分(B)/偏移(O)]:
                                      //输入第一个点
指定通过点:                            //输入第二个点
指定通过点:                            //继续输入点，可以继续画线，按Enter键结束命令
```

**·选项说明**

◆ “水平(H)”“垂直(V)”：选择“水平”或“垂直”选项，可以绘制水平和垂直的构造线，如图 5-45 所示。

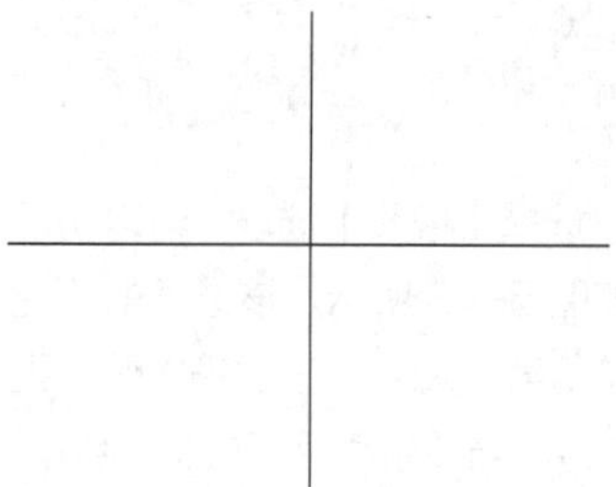

图 5-45 绘制水平或垂直构造线

```
命令: _XLINE
指定点或 [水平(H)/垂直(V)/角度(A)/二等分(B)/偏移(O)]:h
                                      //输入h或v
指定通过点:                            指定通过点，绘制水平或垂直构造线
```

◆ “角度（A）”：选择“角度”选项，可以绘制用户所输入角度的构造线，如图 5-46 所示。

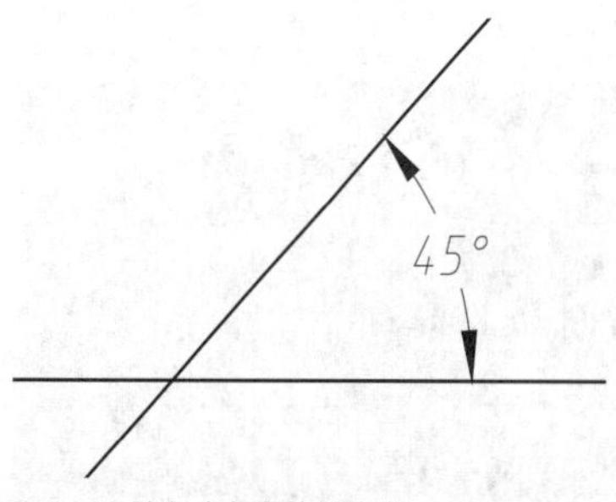


图 5-46 绘制成角度的构造线

```
命令: _XLINE
指定点或 [水平(H)/垂直(V)/角度(A)/二等分(B)/偏移(O)]: a
                    //输入a，选择“角度”选项
输入构造线的角度 (0) 或 [参照(R)]: 45
                    //输入构造线的角度
指定通过点:          //指定通过点完成创建
```

◆ “二等分（B）”：选择“二等分”选项，可以绘制两条相交直线的角平分线，如图 5-47 所示。绘制角平分线时，使用捕捉功能依次拾取顶点 O、起点 A 和端点 B 即可（A、B 可为直线上除 O 点外的任意点）。

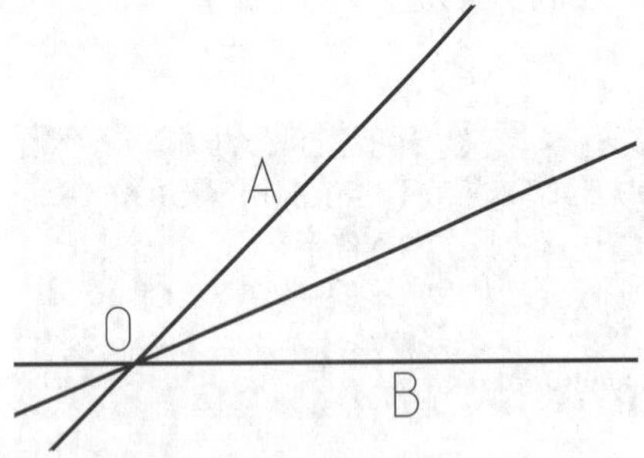


图 5-47 绘制二等分构造线

```
命令: _XLINE
指定点或 [水平(H)/垂直(V)/角度(A)/二等分(B)/偏移(O)]: b
                    //输入b，选择“二等分”选项
指定角的顶点:        //选择O点
指定角的起点:        //选择A点
指定角的端点:        //选择B点
```

◆ “偏移（O）”：选择【偏移】选项，可以由已有直线偏移出平行线，如图 5-48 所示。该选项的功能类似于【偏移】命令（详见第 6 章）。通过输入偏移距离和选择要偏移的直线来绘制与该直线平行的构造线。

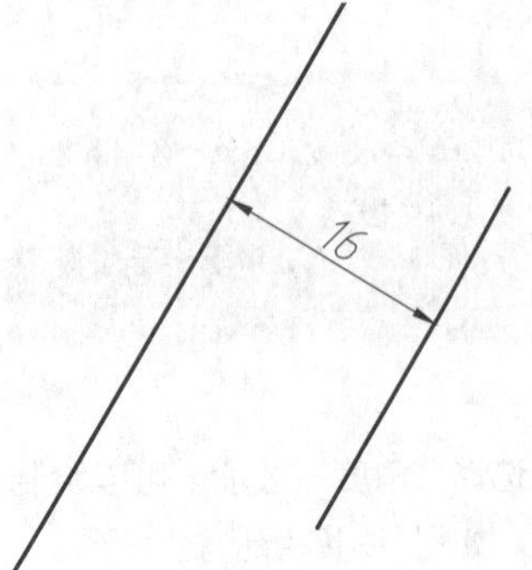


图 5-48 绘制偏移的构造线

```
命令: _XLINE
指定点或 [水平(H)/垂直(V)/角度(A)/二等分(B)/偏移(O)]: o
                                    //输入O，选择“偏
移”选项
指定偏移距离或 [通过(T)] <10.0000>: 16
                                    //输入偏移距离
选择直线对象:                        //选择偏移的对象
指定向哪侧偏移:                      //指定偏移的方向
```

## 练习 5-6 构造线绘制图形

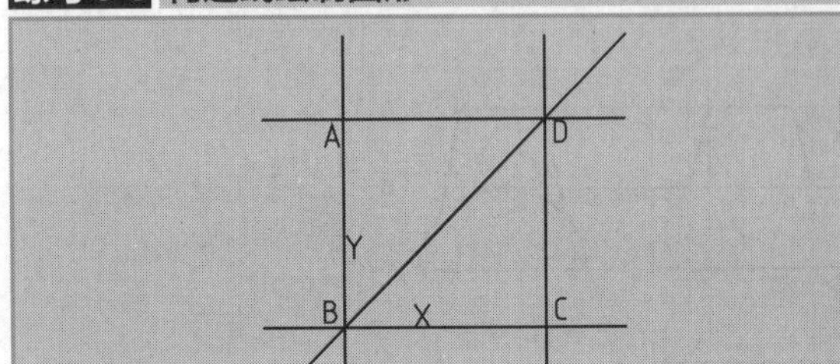


| 难度：☆☆ | |
|---|---|
| 素材文件路径： | 无 |
| 效果文件路径： | 素材/第5章/5-6构造线绘制图形-OK.dwg |
| 视频文件路径： | 视频/第5章/5-6构造线绘制图形.MP4 |
| 播放时长： | 2分6秒 |

绘制如图 3-11 所示的构造线。

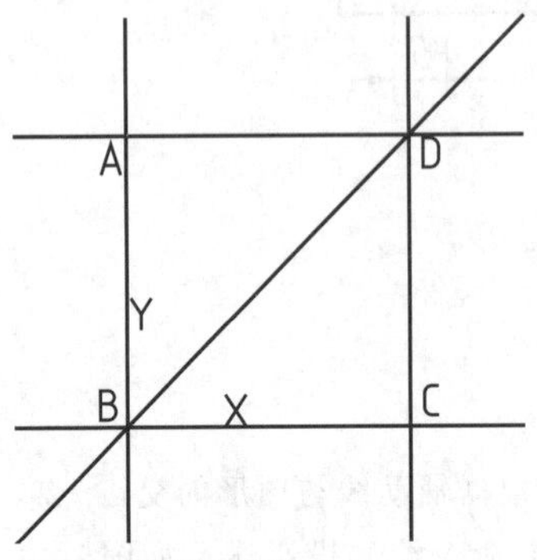


图 5-49 绘制的构造线

**Step 01** 单击【绘图】滑出面板上的【构造线】按钮，绘制竖直构造线AB和CD。命令行操作如下。

```
命令: XLINE↙              //调用【构造线】命令
指定点或 [水平(H)/垂直(V)/角度(A)/二等分(B)/偏移(O)]:V↙
                          //选择绘制垂直构造线
指定通过点:0,0↙
                          //指定通过原点，完成AB线的绘制
指定通过点: 300,0↙
          //指定通过点，完成CD线的绘制
指定通过点:↙              //按Enter键结束【构造线】命令
```

**Step 02** 重复执行【构造线】命令，绘制水平构造线AD和BC。命令行操作如下。

```
命令: XLINE↙
                    //调用【构造线】命令
指定点或 [水平(H)/垂直(V)/角度(A)/二等分(B)/偏移(O)]:H↙
//选择绘制水平构造线
指定通过点:0,0↙
                    //指定通过原点，完成BC线的绘制
指定通过点: 0,300↙
                    //指定通过点，完成AD线的绘制
指定通过点:↙
                    //按Enter键结束【构造线】命令
```

**Step 03** 重复执行【构造线】命令，绘制倾斜构造线 BD。命令行操作如下。

```
命令: XLINE↙          //调用【构造线】命令
指定点或 [水平(H)/垂直(V)/角度(A)/二等分(B)/偏移(O)]: A↙
                       //选择绘制倾斜构造线
输入构造线的角度 (0) 或 [参照(R)]: 45↙ //输入构造线角度
指定通过点: 0,0↙
                       //指定通过点，完成BD线的绘制
指定通过点:↙
                       //按Enter键结束【构造线】命令
```

**·初学解答** 构造线的特点与应用

构造线是真正意义上的"直线"，可以向两端无限延伸。构造线在控制草图的几何关系、尺寸关系方面，有着极其重要的作用，如三视图中"长对正、高平齐、宽相等"的辅助线，如图 5-50 所示（图中细实线为构造线，粗实线为轮廓线，下同）。

而且构造线不会改变图形的总面积，因此，它们的无限长的特性对缩放或视点没有影响，并会被显示图形范围的命令所忽略，和其他对象一样，构造线也可以移动、旋转和复制。因此构造线常用来绘制各种绘图过程中的辅助线和基准线，如机械上的中心线、建筑中的墙体线，如图 5-51 所示。所以构造线是绘图提高效率的常用命令。

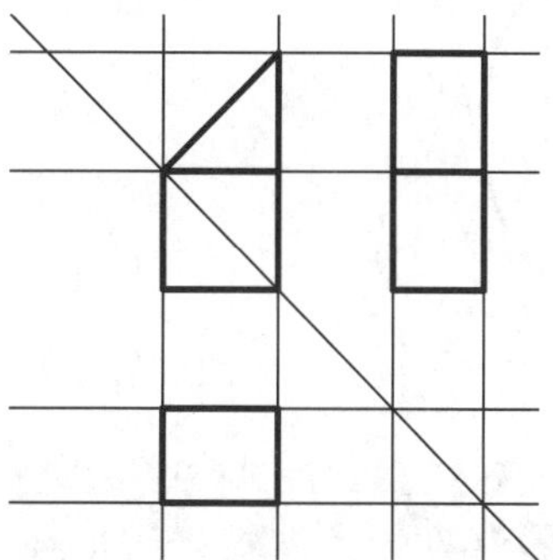

图 5-50 构造线辅助绘制三视图

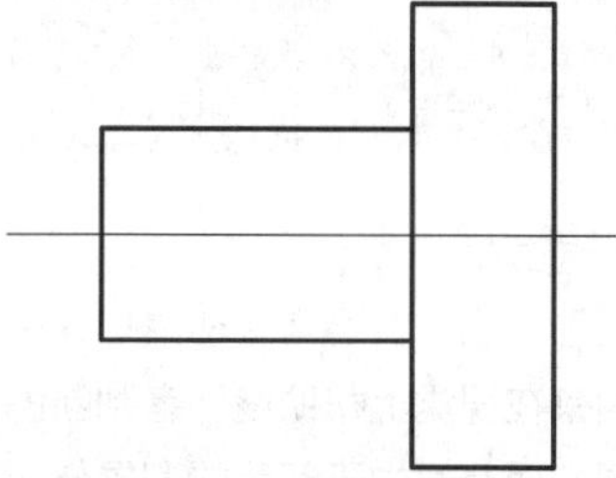

图 5-51 构造线用作中心线

## 5.3 绘制圆、圆弧类图形

在 AutoCAD 中，圆、圆弧、椭圆、椭圆弧和圆环都属于圆类图形，其绘制方法相对于直线对象较复杂，下面分别对其进行讲解。

### 5.3.1 圆 ★重点★

圆也是绘图中最常用的图形对象，因此它的执行方式与功能选项也最为丰富。

**·执行方式**

执行【圆】命令的方法有以下几种。

◆功能区：单击【绘图】面板中的【圆】按钮。

◆菜单栏：选择【绘图】|【圆】命令，然后在子菜单中选择一种绘圆方法。

◆命令行：CIRCLE 或 C。

**·操作步骤**

```
命令: _CIRCLE        //执行【圆】命令
指定圆的圆心或 [三点(3P)/两点(2P)/切点、切点、半径(T)]:
                       //选择圆的绘制方式
指定圆的半径或 [直径(R)]: 3↙
                       //直接输入半径或用鼠标指定半径长度
```

**·选项说明**

在【绘图】面板【圆】的下拉列表中提供了 6 种绘制圆的命令，各命令的含义如下。

◆【圆心、半径（R）】：用圆心和半径方式绘制圆，如图 5-52 所示，为默认的执行方式。

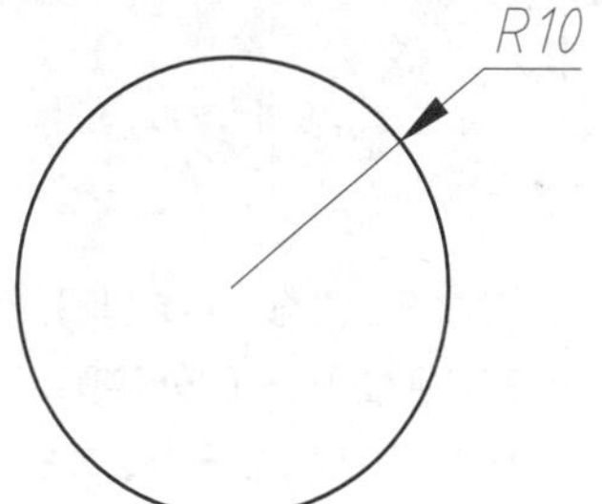


图 5-52 【圆心、半径（R）】画圆

```
命令: C↙
CIRCLE指定圆的圆心或[三点(3P)/两点(2P)/切点、切点、半径(T)]:
//输入坐标或用鼠标单击确定圆心
指定圆的半径或【半径(R)】: 10↙
//输入半径值，也可以输入相对于圆心的相对坐标，确定圆周上一点
```

◆【圆心、直径（D）】：用圆心和直径方式绘制圆，如图 5-53 所示。

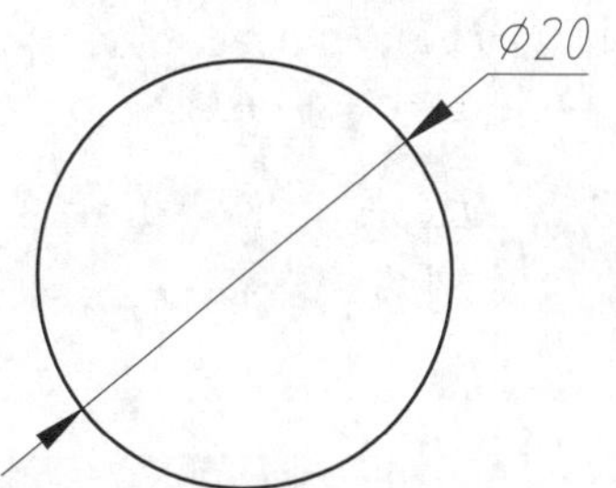


图 5-53 【圆心、直径（D）】画圆

```
命令：C↙
CIRCLE指定圆的圆心或[三点(3P)/两点(2P)/切点、切点、半径(T)]:
                            //输入坐标或用鼠标单击确定圆心
指定圆的半径或[直径(D)]<80.1736>：D↙//选择直径选项
指定圆的直径<200.00>：20↙              //输入直径值
```

◆【两点（2P）】：通过两点（2P）绘制圆，实际上是以这两点的连线为直径，以两点连线的中点为圆心画圆。系统会提示指定圆直径的第一端点和第二端点，如图 5-54 所示。

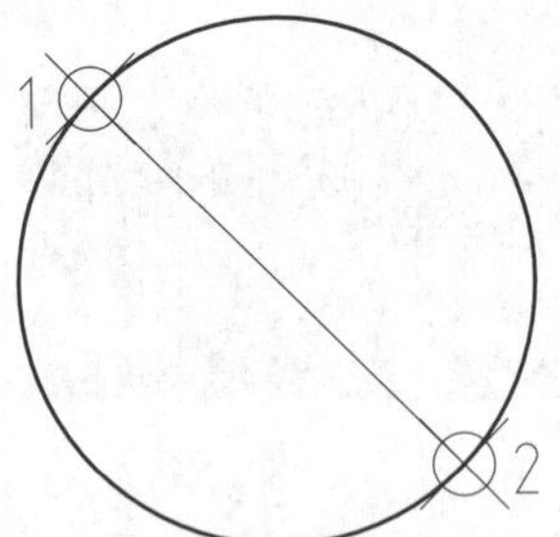


图 5-54 【两点（2P）】画圆

```
命令：C↙
CIRCLE指定圆的圆心或[三点(3P)/两点(2P)/切点、切点、半径(T)]：2P↙          //选择"两点"选项
指定圆直径的第一个端点：      //输入坐标或单击确定直径第一个端点1
指定圆直径的第二个端点：      //单击确定直径第二个端点2，或输入相对于第一个端点的相对坐标
```

◆【三点（3P）】：通过 3 点（3P）绘制圆，实际上是绘制这 3 点确定的三角形的唯一的外接圆。系统会提示指定圆上的第一点、第二点和第三点，如图 5-55 所示。

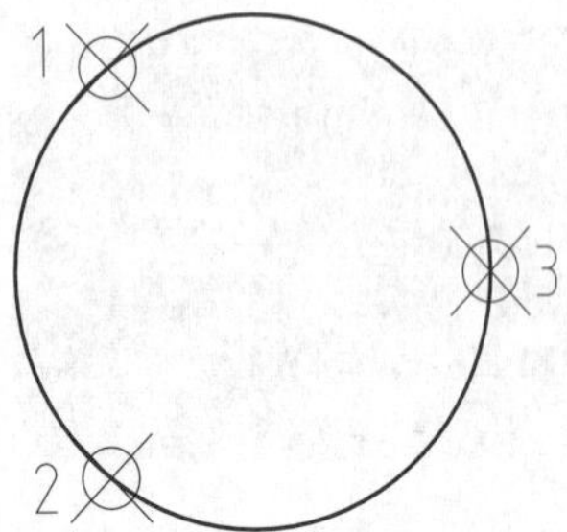


图 5-55 【三点（3P）】画圆

```
命令：C↙
CIRCLE指定圆的圆心或[三点(3P)/两点(2P)/切点、切点、半径(T)]：3P↙          //选择"三点"选项
指定圆上的第一个点：          //单击确定第1点
指定圆上的第二个点：          //单击确定第2点
指定圆上的第三个点：          //单击确定第3点
```

◆【相切、相切、半径（T）】：如果已经存在两个图形对象，再确定圆的半径值，就可以绘制出与这两个对象相切的公切圆。系统会提示指定圆的第一切点和第二切点及圆的半径，如图 5-56 所示。

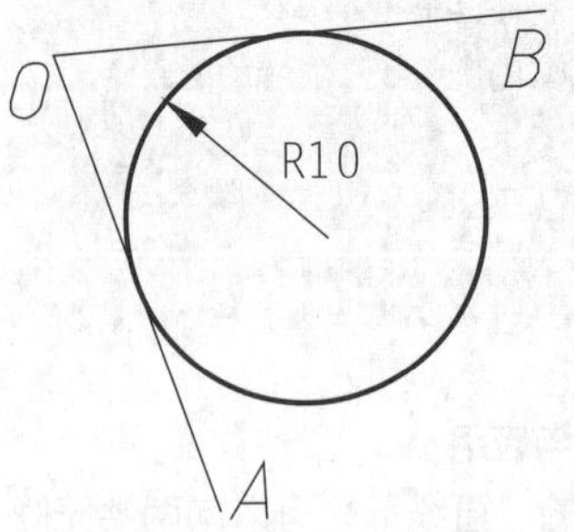


图 5-56 【相切、相切、半径（T）】画圆

```
命令: _CIRCLE
指定圆的圆心或 [三点(3P)/两点(2P)/切点、切点、半径(T)]: T
//选择"切点、切点、半径"选项
指定对象与圆的第一个切点:   //单击直线OA上任意一点
指定对象与圆的第二个切点:   //单击直线OB上任意一点
指定圆的半径: 10↙           //输入半径值
```

◆【相切、相切、相切（A）】：选择 3 条切线来绘制圆，可以绘制出与三个图形对象相切的公切圆。如图 5-57 所示。

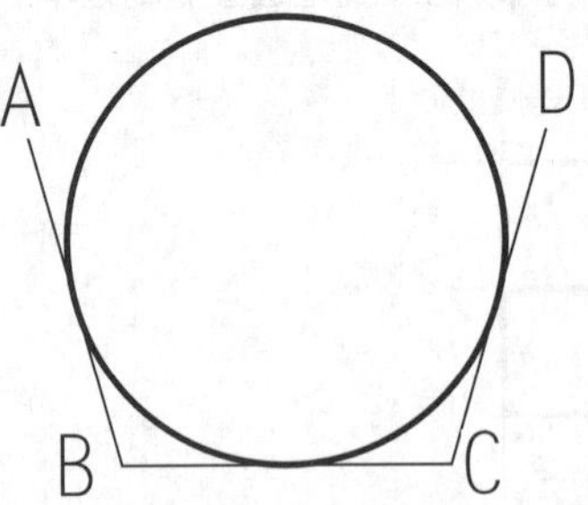


图 5-57 【相切、相切、相切（A）】画圆

```
命令: _CIRCLE
指定圆的圆心或 [三点(3P)/两点(2P)/切点、切点、半径(T)]: _3p
                //单击面板中的"相切、相切、相切"按钮
指定圆上的第一个点: _tan 到   //单击直线AB上任意一点
指定圆上的第二个点: _tan 到   //单击直线BC上任意一点
指定圆上的第三个点: _tan 到   //单击直线CD上任意一点
```

**·初学解答** 绘图时不显示虚线框

用 AutoCAD 绘制矩形、圆时，通常会在鼠标光标处显示一动态虚线框，用来在视觉上帮助设计者判断图形绘制的大小，十分方便。而有时由于新手的误操作，会使得该虚线框无法显示，如图 5-58 所示。

这是由于系统变量 DRAGMODE 的设置出现了问题。只需在命令行中输入 DRAGMODE，然后根据提示，将选项修改为“自动（A）”或“开（ON）”即可（推荐设置为自动）。即可让虚线框显示恢复正常，如图 5-59 所示。

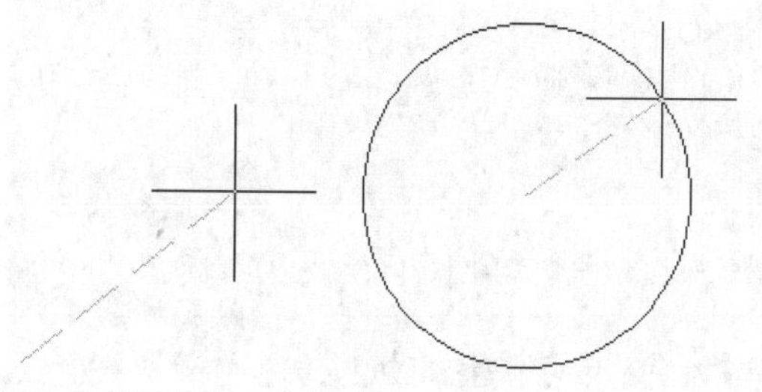

图 5-58 绘图时不显示动态虚线框　　图 5-59 正常状态下绘图显示动态虚线框

## 练习 5-7 绘制台灯平面图

| 难度: ☆☆☆ | |
|---|---|
| 素材文件路径: | 素材/第5章/5-7绘制台灯平面图.dwg |
| 效果文件路径: | 素材/第5章/5-7绘制台灯平面图-OK.dwg |
| 视频文件路径: | 视频/第5章/5-7绘制台灯平面图.MP4 |
| 播放时长: | 40秒 |

**Step 01** 启动AutoCAD 2016，打开素材文件“第5章/5-7 绘制台灯平面图.dwg”，如图5-60所示。

**Step 02** 单击【绘图】面板中的【圆心，半径】按钮，在绘图区中捕捉素材矩形的中心点为圆心，绘制一半径为120的圆，如图5-61所示。

**Step 03** 再单击回车或者空格键，重复执行【圆】命令，绘制一半径为50的同心圆，结果如图5-62所示。

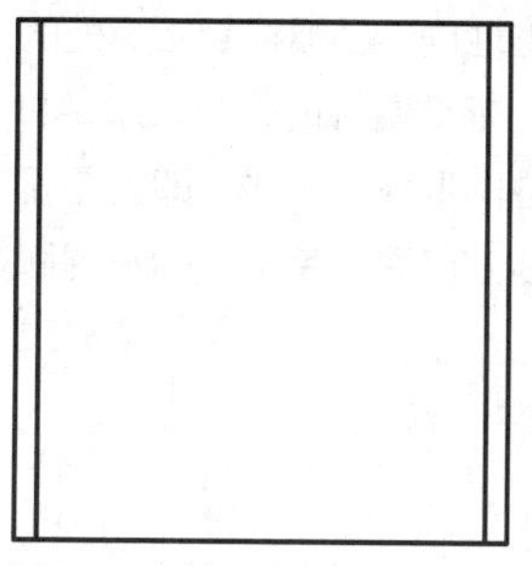

图 5-60 素材图形

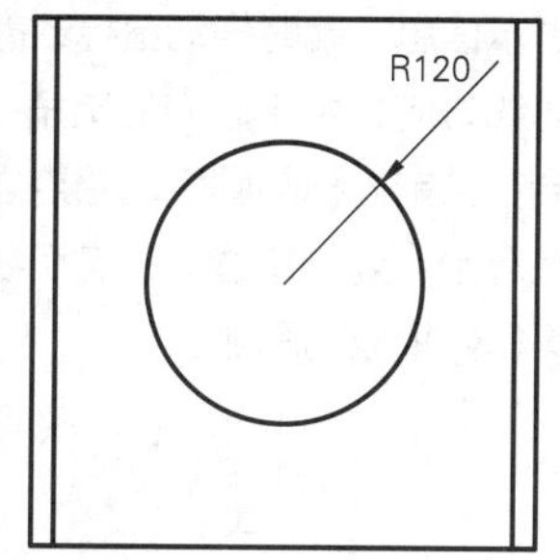


图 5-61 绘制第一个大圆

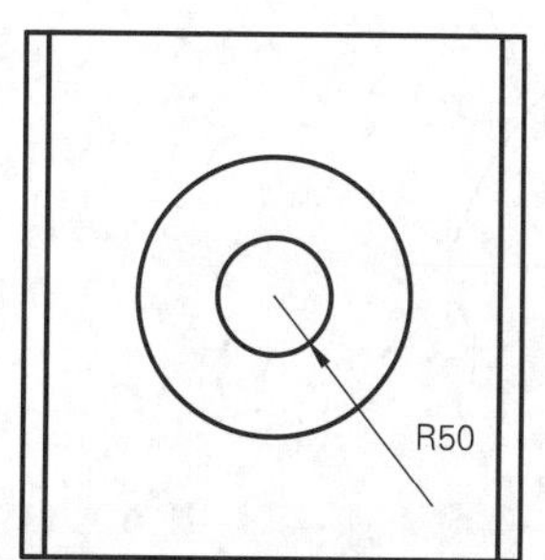


图 5-62 绘制同心圆

## 5.3.2 圆弧

圆弧即圆的一部分，在技术制图中，经常需要用圆弧来光滑连接已知的直线或曲线。

**• 执行方式**

执行【圆弧】命令的方法有以下几种。

◆功能区：单击【绘图】面板中的【圆弧】按钮。

◆菜单栏：选择【绘图】|【圆弧】命令。

◆命令行：ARC 或 A。

**• 操作步骤**

```
命令: _ARC                                    //执行【圆弧】命令
指定圆弧的起点或 [圆心(C)]:
                                              //指定圆弧的起点
指定圆弧的第二个点或 [圆心(C)/端点(E)]:
                                              //指定圆弧的第二点
指定圆弧的端点:                               //指定圆弧的端点
```

**• 选项说明**

在【绘图】面板【圆弧】按钮的下拉列表中提供了 11 种绘制圆弧的命令，各命令的含义如下。

◆ “三点（P）”：通过指定圆弧上的 3 点绘制圆弧，需要指定圆弧的起点、通过的第二个点和端点，如图 5-63 所示。

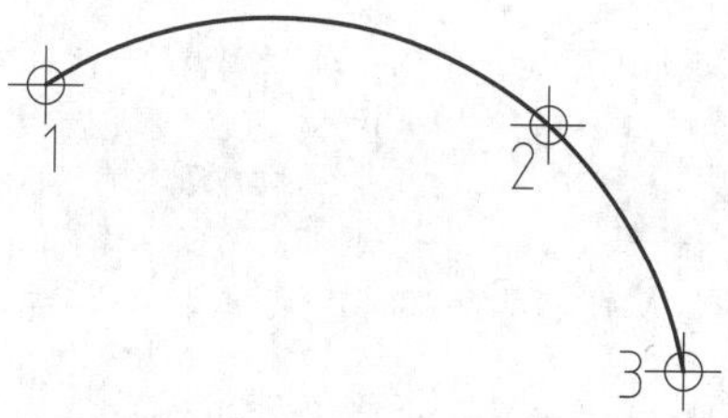


图 5-63 “三点（P）”画圆弧

```
命令: _ARC
指定圆弧的起点或 [圆心(C)]:                  //指定圆弧的起点1
指定圆弧的第二个点或 [圆心(C)/端点(E)]: //指定点2
指定圆弧的端点:                              //指定点3
```

◆ “起点、圆心、端点（S）”：通过指定圆弧的起点、圆心、端点绘制圆弧，如图 5-64 所示。

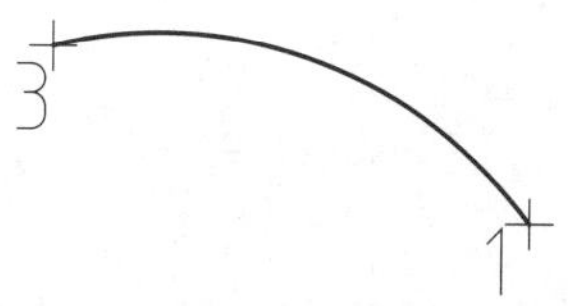


图 5-64 “起点、圆心、端点（S）”画圆弧

```
命令: _ARC
指定圆弧的起点或 [圆心(C)]:                    //指定圆弧的起点1
指定圆弧的第二个点或 [圆心(C)/端点(E)]: _c
                                              //系统自动选择
指定圆弧的圆心:                                //指定圆弧的圆心2
指定圆弧的端点(按住 Ctrl 键以切换方向)或 [角度(A)/弦长
(L)]:
                                              //指定圆弧的端点3
```

◆ “起点、圆心、角度（T）”：通过指定圆弧的起点、圆心、包含角度绘制圆弧，执行此命令时会出现“指定夹角”的提示，在输入角时，如果当前环境设置逆时针方向为角度正方向，且输入正的角度值，则绘制的圆弧是从起点绕圆心沿逆时针方向绘制，反之则沿顺时针方向绘制，如图 5-65 所示。

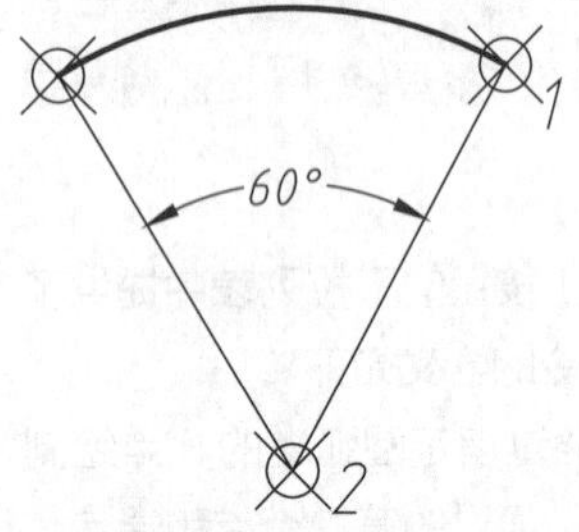


图 5-65 “起点、圆心、角度（T）”画圆弧

```
命令: _ARC
指定圆弧的起点或 [圆心(C)]:                    //指定圆弧的起点1
指定圆弧的第二个点或 [圆心(C)/端点(E)]: _c
                                              //系统自动选择
指定圆弧的圆心:                                //指定圆弧的圆心2
指定圆弧的端点(按住 Ctrl 键以切换方向)或 [角度(A)/弦长
(L)]: _a                                       //系统自动选择
指定夹角(按住 Ctrl 键以切换方向): 60l           //输入圆弧夹角角度
```

◆ “起点、圆心、长度（A）”：通过指定圆弧的起点、圆心、弧长绘制圆弧，如图 5-66 所示。另外，在命令行提示的“指定弦长”提示信息下，如果所输入的值为负，则该值的绝对值将作为对应整圆的空缺部分的圆弧的弧长。

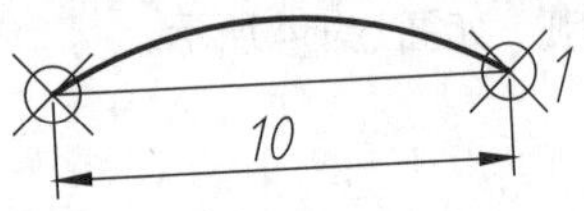


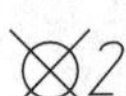


图 5-66 “起点、圆心、长度（A）”画圆弧

```
命令: _ARC
指定圆弧的起点或 [圆心(C)]:                    //指定圆弧的起点1
指定圆弧的第二个点或 [圆心(C)/端点(E)]: _c
                                              //系统自动选择
指定圆弧的圆心:                                //指定圆弧的圆心2
指定圆弧的端点(按住 Ctrl 键以切换方向)或 [角度(A)/弦长
(L)]: _l                                       //系统自动选择
指定弦长(按住 Ctrl 键以切换方向): 10↙           //输入弦长
```

◆ “起点、端点、角度（N）”：通过指定圆弧的起点、端点、包含角绘制圆弧，如图 5-67 所示。

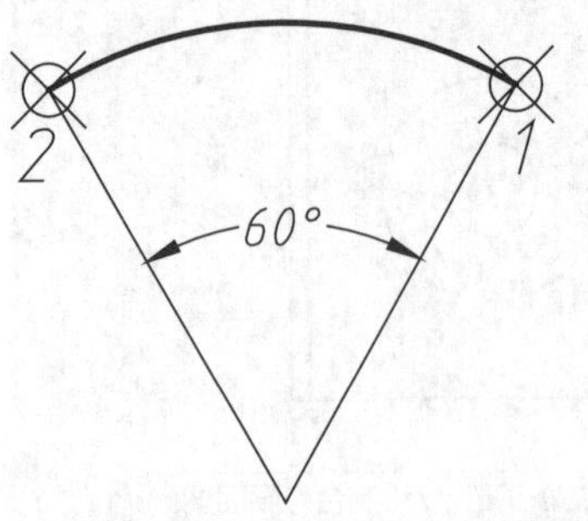


图 5-67 “起点、端点、角度（N）”画圆弧

```
命令: _ARC
指定圆弧的起点或 [圆心(C)]:                    //指定圆弧的起点1
指定圆弧的第二个点或 [圆心(C)/端点(E)]: _e
                                              //系统自动选择
指定圆弧的端点:                                //指定圆弧的端点2
指定圆弧的中心点(按住 Ctrl 键以切换方向)或[角度(A)/方向
(D)/半径(R)]: _a                               //系统自动选择
指定夹角(按住 Ctrl 键以切换方向): 60↙           //输入圆弧夹角角度
```

◆ “起点、端点、方向（D）”：通过指定圆弧的起点、端点和圆弧的起点切向绘制圆弧，如图 5-68 所示。命令执行过程中会出现“指定圆弧的起点切向”提示信息，此时拖动鼠标动态地确定圆弧在起始点处的切线方向和水平方向的夹角。拖动鼠标时，Auto CAD 会在当前光标与圆弧起始点之间形成一条线，即为圆弧在起始点处的切线。确定切线方向后，单击鼠标左键即可得到相应的圆弧。

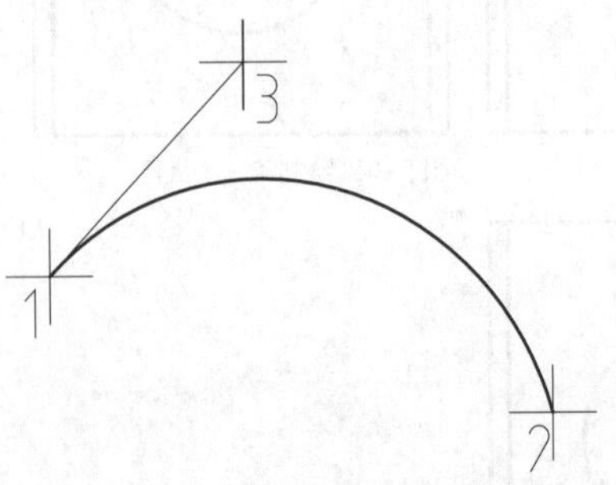


图 5-68 “起点、端点、方向（D）”画圆弧

```
命令: _ARC
指定圆弧的起点或 [圆心(C)]:
//指定圆弧的起点1
指定圆弧的第二个点或 [圆心(C)/端点(E)]: _e          //系统自动选择
指定圆弧的端点:                          //指定圆弧的端点2
指定圆弧的中心点(按住 Ctrl 键以切换方向)或 [角度(A)/方向(D)/半径(R)]: _d          //系统自动选择
指定圆弧起点的相切方向(按住Ctrl键以切换方向): //指定点3确定方向
```

◆ “起点、端点、半径（R）” ：通过指定圆弧的起点、端点和圆弧半径绘制圆弧，如图 5-69 所示。

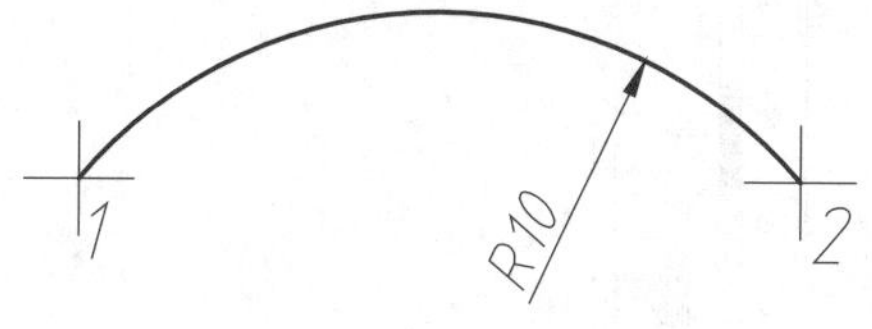


图 5-69 “起点、端点、半径（R）”画圆弧

```
命令: _ARC
指定圆弧的起点或 [圆心(C)]:
//指定圆弧的起点1
指定圆弧的第二个点或 [圆心(C)/端点(E)]: _e          //系统自动选择
指定圆弧的端点:                          //指定圆弧的端点2
指定圆弧的中心点(按住 Ctrl 键以切换方向)或 [角度(A)/方向(D)/半径(R)]: _r          //系统自动选择
指定圆弧的半径(按住 Ctrl 键以切换方向): 10↙        //输入圆弧的半径
```

**提示**

半径值与圆弧方向的确定请参见本节的“初学解答：圆弧的方向与大小”。

◆ “圆心、起点、端点（C）” ：以圆弧的圆心、起点、端点方式绘制圆弧，如图 5-70 所示。

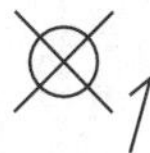


图 5-70 “圆心、起点、端点（C）”画圆弧

```
命令: _ARC
指定圆弧的起点或 [圆心(C)]: _c
        //系统自动选择
指定圆弧的圆心:                    //指定圆弧的圆心1
指定圆弧的起点:                    //指定圆弧的起点2
指定圆弧的端点(按住 Ctrl 键以切换方向)或 [角度(A)/弦长(L)]:                    //指定圆弧的端点3
```

◆ “圆心、起点、角度（E）” ：以圆弧的圆心、起点、圆心角方式绘制圆弧，如图 5-71 所示。

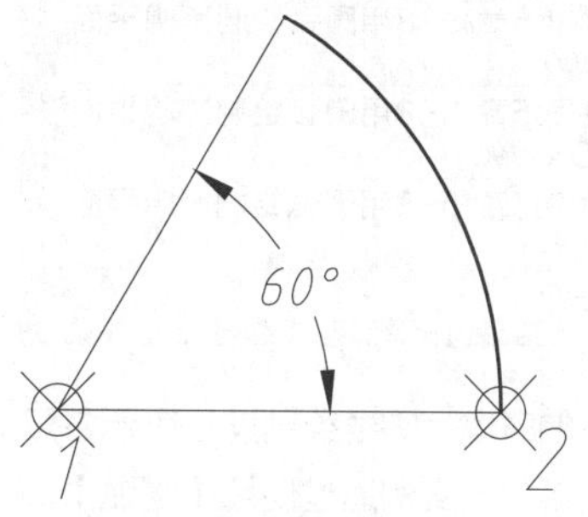


图 5-71 “圆心、起点、角度（E）”画圆弧

```
命令: _ARC
指定圆弧的起点或 [圆心(C)]: _c            //系统自动选择
指定圆弧的圆心:                            //指定圆弧的圆心1
指定圆弧的起点:                            //指定圆弧的起点2
指定圆弧的端点(按住 Ctrl 键以切换方向)或 [角度(A)/弦长(L)]: _a            //系统自动选择
指定夹角(按住 Ctrl 键以切换方向):60↙ //输入圆弧的夹角角度
```

◆ “圆心、起点、长度（L）” ：以圆弧的圆心、起点、弧长方式绘制圆弧，如图 5-72 所示。

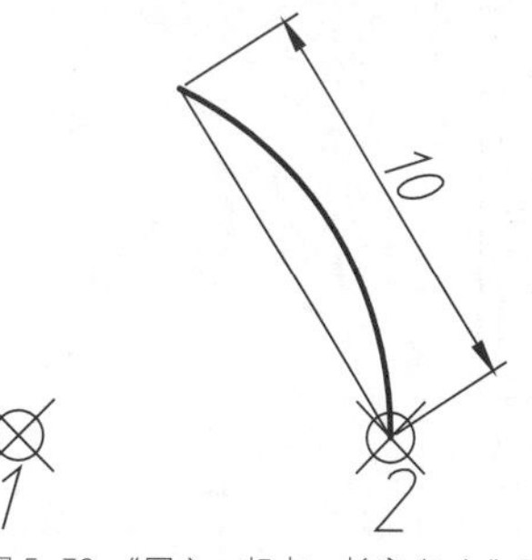


图 5-72 “圆心、起点、长度（L）”画圆弧

```
命令: _ARC
指定圆弧的起点或 [圆心(C)]: _c            //系统自动选择
指定圆弧的圆心:                            //指定圆弧的圆心1
指定圆弧的起点:                            //指定圆弧的起点2
指定圆弧的端点(按住 Ctrl 键以切换方向)或 [角度(A)/弦长(L)]: _l            //系统自动选择
指定弦长(按住 Ctrl 键以切换方向): 10↙  //输入弦长
```

◆ “连续（O）” ：绘制其他直线与非封闭曲线后选择【绘图】|【圆弧】|【继续】命令，系统将自动以刚才绘制的对象的终点作为即将绘制的圆弧的起点。

## 练习 5-8 用圆弧绘制照明平面图

| 难度：☆☆ | |
|---|---|
| 素材文件路径： | 素材/第5章/5-8用圆弧绘制照明平面图.dwg |
| 效果文件路径： | 素材/第5章/5-8用圆弧绘制照明平面图-OK.dwg |
| 视频文件路径： | 视频/第5章/5-8用圆弧绘制照明平面图.MP41 |
| 播放时长： | 3分32秒 |

在绘制照明平面图的时候，需要绘制连线表示各灯具、开关之间的连接关系，本实例通过使用【圆弧】命令绘制连线，练习绘制圆弧的操作。

**Step 01** 按Ctrl+O组合键，打开配套资源提供的“第5章/5-8用圆弧绘制照明平面图.dwg”文件，如图5-73所示。

**Step 02** 调用O【偏移】命令，设置偏移距离为631，选择墙线向内偏移，结果如图5-74所示。

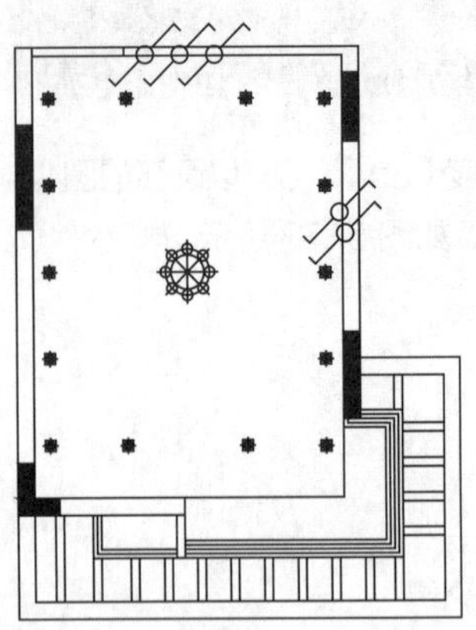

图 5-73 素材图形

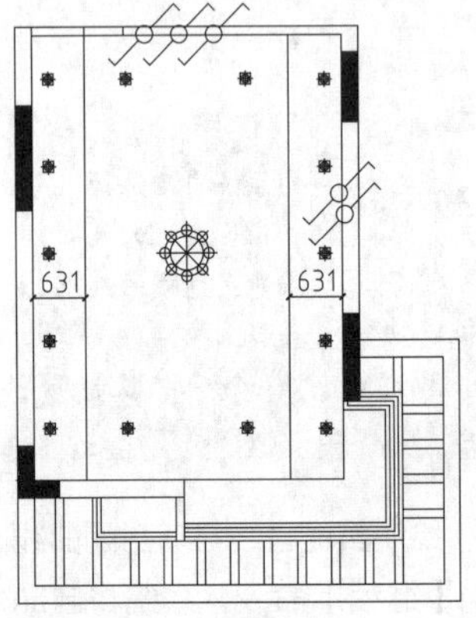


图 5-74 绘制辅助线

**Step 03** 调用A【圆弧】命令，单击左上角第一个射灯的圆心作为圆弧的起点，在辅助线上单击一点作为圆弧的第二个点，单击左上角第二个射灯的圆心作为圆弧的端点，依次类推，绘制灯具连接弧线，如图5-75所示。

**Step 04** 按Enter键重复调用【圆弧】命令，继续绘制位于水平方向上射灯的圆弧连线。调用E【删除】命令，删除辅助线，结果如图5-76所示。

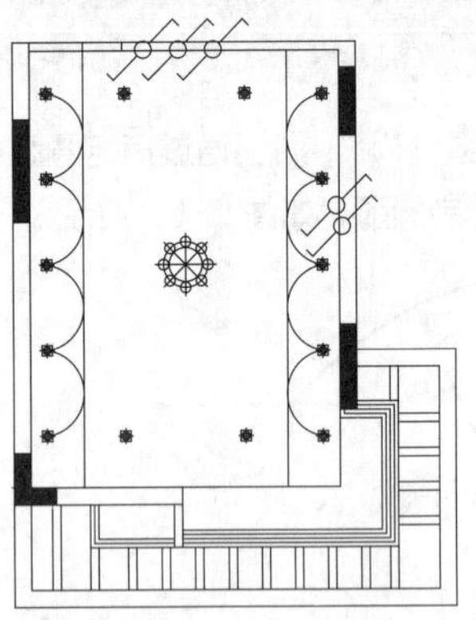

图 5-75 绘制弧线

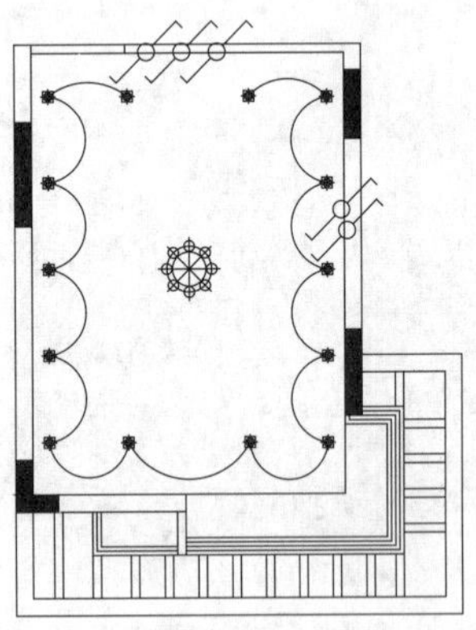

图 5-76 绘制圆弧连线

**Step 05** 单击【绘图】工具栏中的【圆弧】按钮，分别指定圆弧线上的3个点，绘制射灯与开关之间的连线，结果如图5-77所示。

**Step 06** 在绘图区单击鼠标右键，在快捷菜单中选择【重复ARC(R)】命令，绘制吊灯与开关之间的连线，完成照明平面图的绘制，结果如图5-78所示。

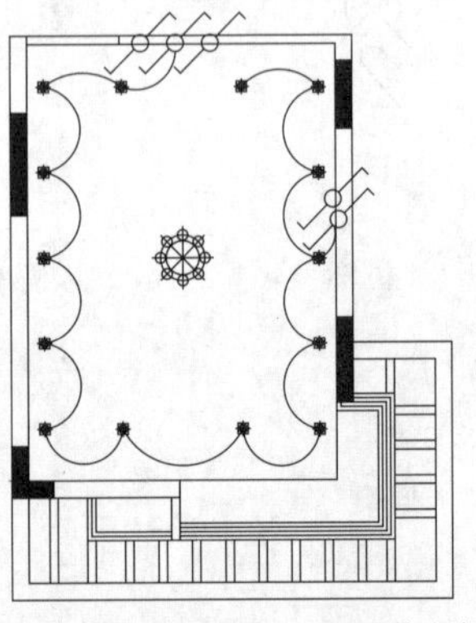

图 5-77 绘制射灯与开关之间的连线

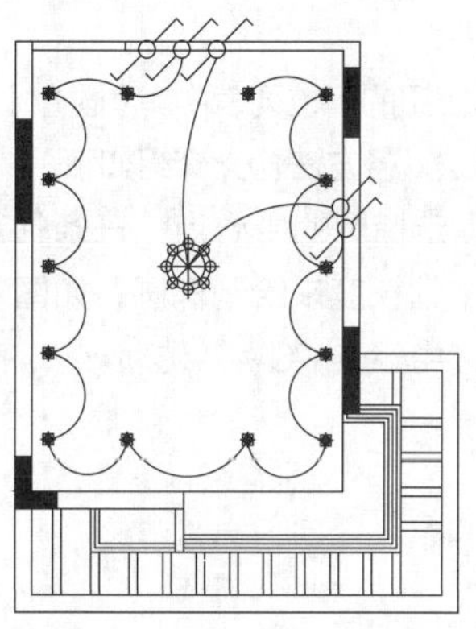

图 5-78 绘制吊灯与开关之间的连线

## 练习 5-9 绘制葫芦形体 ★重点★

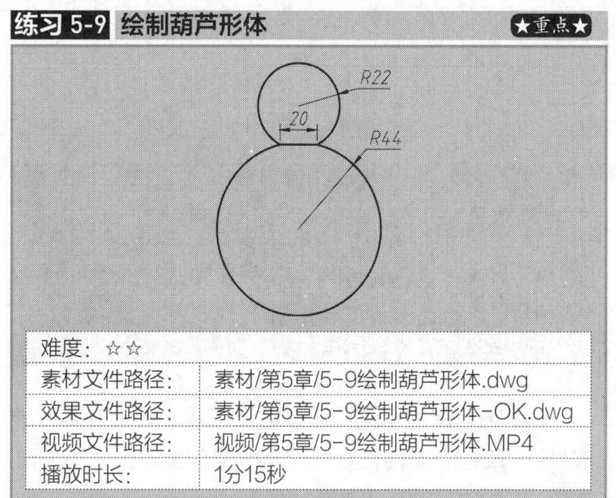


| 难度：☆☆ | |
|---|---|
| 素材文件路径： | 素材/第5章/5-9绘制葫芦形体.dwg |
| 效果文件路径： | 素材/第5章/5-9绘制葫芦形体-OK.dwg |
| 视频文件路径： | 视频/第5章/5-9绘制葫芦形体.MP4 |
| 播放时长： | 1分15秒 |

在绘制圆弧的时候，有些绘制出来的结果和用户本人所设想的不一样，这是因为没有弄清楚圆弧的大小和方向。下面通过一个经典例题来进行说明。

**Step 01** 打开素材文件“第5章/5-9绘制葫芦形体.dwg”，其中绘制好了一长度为20的线段，如图5-79所示。

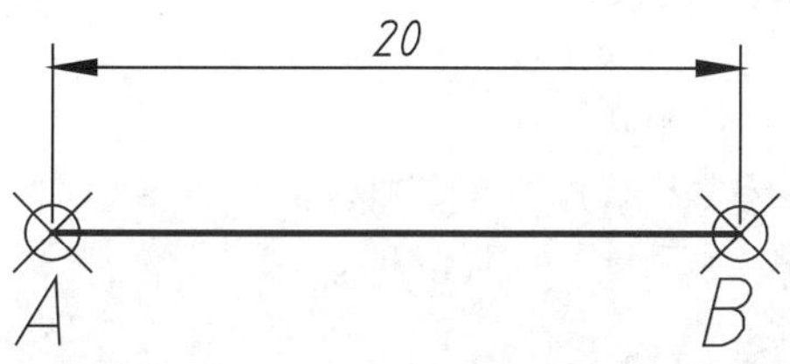


图 5-79 素材图形

**Step 02** 绘制上圆弧。单击【绘图】面板中【圆弧】按钮的下拉箭头▼，在下拉列表中选择【起点、端点、半径】选项，接着选择直线的右端点B作为起点、左端点A作为端点，然后输入半径值 - 22，即可绘制上圆弧，如图5-80所示。

**Step 03** 绘制下圆弧。单击Enter键或空格键，重复执行【起点、端点、半径】绘圆弧命令，接着选择直线的左端点A作为起点，右端点B作为端点，然后输入半径值-44，即可绘制下圆弧，如图5-81所示。

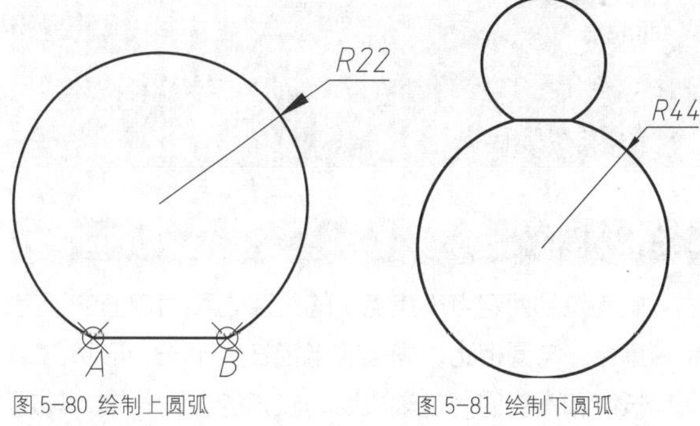


图 5-80 绘制上圆弧　　图 5-81 绘制下圆弧

### ·初学解答 圆弧的方向与大小

【圆弧】是新手最常犯错的命令之一。由于圆弧的绘制方法以及子选项都很丰富，因此初学者在掌握【圆弧】命令的时候容易对概念理解不清楚。如在上例子绘制葫芦形体时，就有两处非常规的地方。

◆为什么绘制上、下圆弧时，起点和端点是互相颠倒的?

◆为什么输入的半径值是负数?

只需弄懂这两个问题，就可以理解大多数的圆弧命令，解释如下。

AutoCAD 中圆弧绘制的默认方向是逆时针方向，因此在绘制上圆弧的时候，如果我们以 A 点为起点，B 点为端点，则会绘制出如图 5-82 所示的圆弧（命令行虽然提示按 Ctrl 键反向，但只能外观发现，实际绘制时还是会按原方向处理）。圆弧的默认方向也可以自行修改，具体请参看本书第 3 章的第 3.2.2 小节。

根据几何学的知识我们可知，在半径已知的情况下，弦长对应着两段圆弧：优弧（弧长较长的一段）和劣弧（弧长短的一段）。而在 AutoCAD 中只有输入负值才能绘制出优弧，具体关系如图 5-83 所示。

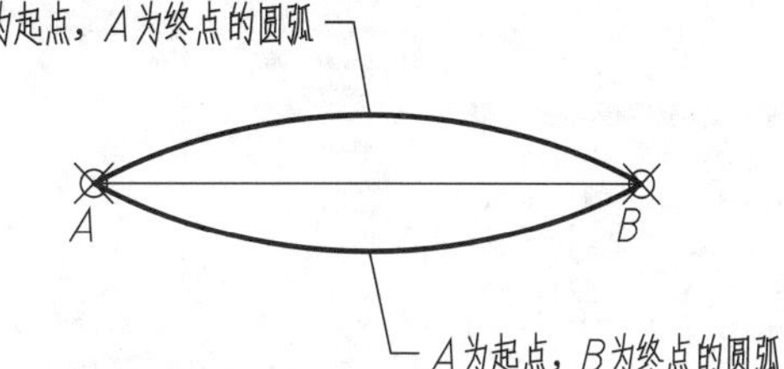


图 5-82 不同起点与终点的圆弧

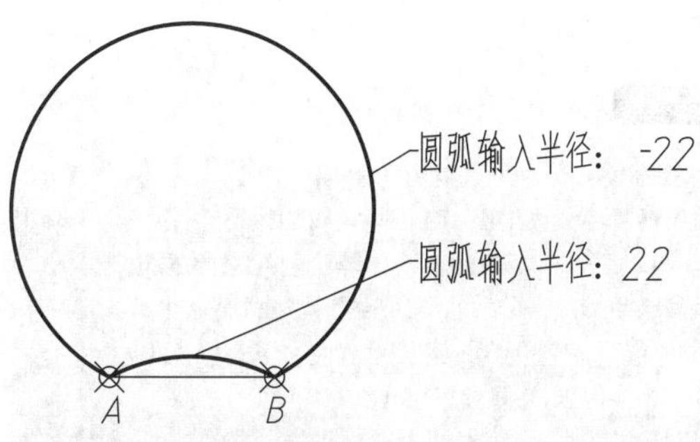


图 5-83 不同输入半径的圆弧

**知识链接**

圆弧的默认方向也可以自行修改，具体请参看本书第4章的第4.1.3小节。

## 5.3.3 椭圆

椭圆是到两定点（焦点）的距离之和为定值的所有点的集合，与圆相比，椭圆的半径长度不一，形状由定义其长度和宽度的两条轴决定，较长的称为长轴，较短的称为短轴，如图 5-84 所示。在建筑绘图中，很多图形都是椭圆形的，如地面拼花、室内吊顶造型等，在机械制图中也一般用椭圆来绘制轴测图上的圆。

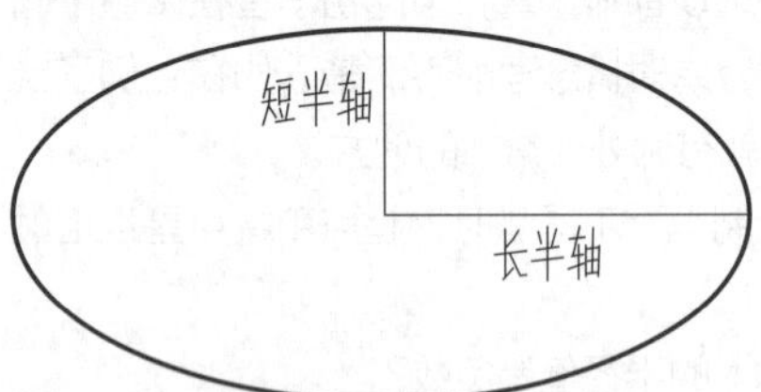


图 5-84 椭圆的长轴和短轴

**·执行方式**

在 AutoCAD 2016 中启动绘制【椭圆】命令有以下几种常用方法。

◆功能区：单击【绘图】面板中的【椭圆】按钮，即【圆心】或【轴，端点】按钮，如图 5-85 所示。

◆菜单栏：执行【绘图】|【椭圆】命令，如图 5-86 所示。

◆命令行：ELLIPSE 或 EL。

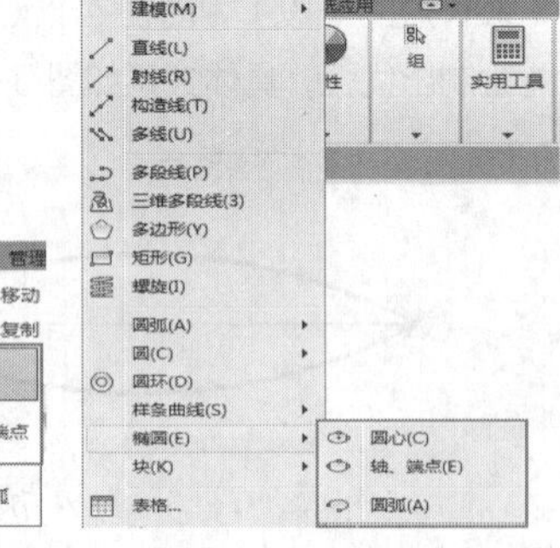


图 5-85 【绘图】面板中的【椭圆】按钮

图 5-86 不同输入半径的圆弧

**·操作步骤**

```
命令: _ELLIPSE              //执行【椭圆】命令
指定椭圆的轴端点或 [圆弧(A)/中心点(C)]: _c
                              //系统自动选择绘制对象为椭圆
指定椭圆的中心点:      //在绘图区中指定椭圆的中心点
指定轴的端点:        //在绘图区中指定一点
指定另一条半轴长度或 [旋转(R)]:
//在绘图区中指定一点或输入数值
```

**·选项说明**

在【绘图】面板【椭圆】按钮的下拉列表中有【圆心】和【轴，端点】2 种方法，各方法含义介绍如下。

◆【圆心】：通过指定椭圆的中心点、一条轴的一个端点及另一条轴的半轴长度来绘制椭圆，如图 5-87 所示。即命令行中的"中心点（C）"选项。

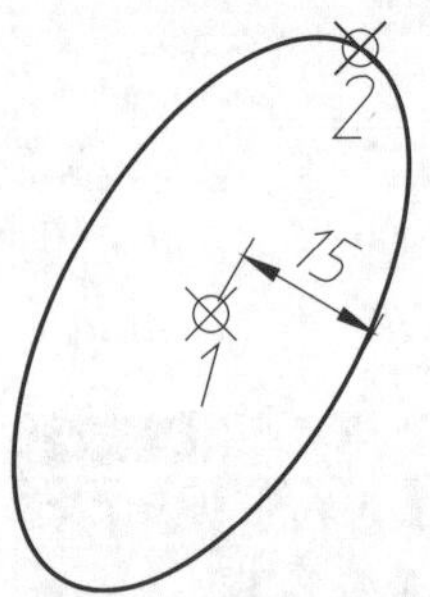


图 5-87 【圆心】画椭圆

```
命令: _ELLIPSE          //执行【椭圆】命令
指定椭圆的轴端点或 [圆弧(A)/中心点(C)]: _c
                        //系统自动选择椭圆的绘制方法
指定椭圆的中心点: //指定中心点1
指定轴的端点:      //指定轴端点2
指定另一条半轴长度或 [旋转(R)]:15↙    //输入另一半轴长度
```

◆【轴，端点】：通过指定椭圆一条轴的两个端点及另一条轴的半轴长度来绘制椭圆，如图 5-88 所示。即命令行中的"圆弧（A）"选项。

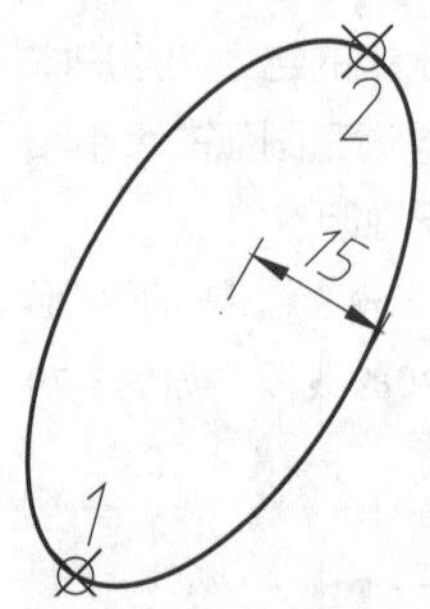


图 5-88 【轴，端点】画椭圆

```
命令: _ELLIPSE                              //执行【椭圆】命令
指定椭圆的轴端点或 [圆弧(A)/中心点(C)]:
//指定点1
指定轴的另一个端点:                            //指定点2
指定另一条半轴长度或 [旋转(R)]: 15↙
//输入另一半轴的长度
```

## 5.3.4 椭圆弧

椭圆弧是椭圆的一部分。绘制椭圆弧需要确定的参数有：椭圆弧所在椭圆的两条轴及椭圆弧的起点和终点的角度。

**·执行方式**

执行【椭圆弧】命令的方法有以下 2 种。

◆面板：单击【绘图】面板中的【椭圆弧】按钮 。

◆菜单栏：选择【绘图】|【椭圆】|【椭圆弧】命令。

**·操作步骤**

```
命令: _ELLIPSE                    //执行【椭圆弧】命令
指定椭圆的轴端点或 [圆弧(A)/中心点(C)]: _a
//系统自动选择绘制对象为椭圆弧
指定椭圆弧的轴端点或 [中心点(C)]:
          //在绘图区指定椭圆一轴的端点
指定轴的另一个端点:   //在绘图区指定该轴的另一端点
指定另一条半轴长度或 [旋转(R)]:
          //在绘图区中指定一点或输入数值
指定起点角度或 [参数(P)]:
          //在绘图区中指定一点或输入椭圆弧的起始角度
指定端点角度或 [参数(P)/夹角(I)]:
          //在绘图区中指定一点或输入椭圆弧的终止角度
```

**·选项说明**

【椭圆弧】中各选项含义与【椭圆】一致，唯有在指定另一半轴长度后，会提示指定起点角度与端点角度来确定椭圆弧的大小，这时有两种指定方法，即“角度（A）”和“参数（P）”，分别介绍如下。

◆“角度（A）”：输入起点与端点角度来确定椭圆弧，角度以椭圆轴中较长的一条来为基准进行确定，如图 5-89 所示。

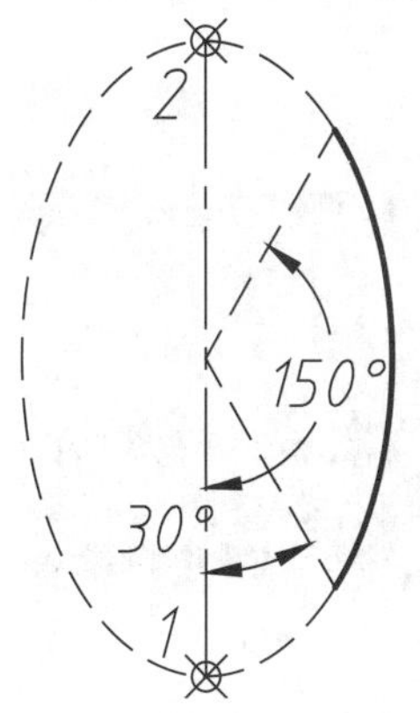


图 5-89 “角度（A）”绘制椭圆弧

```
命令: _ELLIPSE                                //执行【椭圆】命令
指定椭圆的轴端点或 [圆弧(A)/中心点(C)]: _a     //系统自动选择绘制椭圆弧
指定椭圆弧的轴端点或 [中心点(C)]:
//指定轴端点1
指定轴的另一个端点:                            //指定轴端点2
指定另一条半轴长度或 [旋转(R)]: 6↙
//输入另一半轴长度
指定起点角度或 [参数(P)]: 30↙                  //输入起始角度
指定端点角度或 [参数(P)/夹角(I)]: 150↙         //输入终止角度
```

◆“参数（P）”：用参数化矢量方程式【p(n)=c+a×cos(n)+b×sin(n)，其中 n 是用户输入的参数；c 是椭圆弧的半焦距；a 和 b 分别是椭圆长轴与短轴的半轴长】定义椭圆弧的端点角度。使用“起点参数”选项可以从角度模式切换到参数模式。模式用于控制计算椭圆的方法。

◆“夹角（I）”：指定椭圆弧的起点角度后，可选择该选项，然后输入夹角角度来确定圆弧，如图 5-90 所示。值得注意的是，89.4° 到 90.6° 之间的夹角值无效，因为此时椭圆将显示为一条直线，如图 5-91 所示。这些角度值的倍数将每隔 90 ° 产生一次镜像效果。

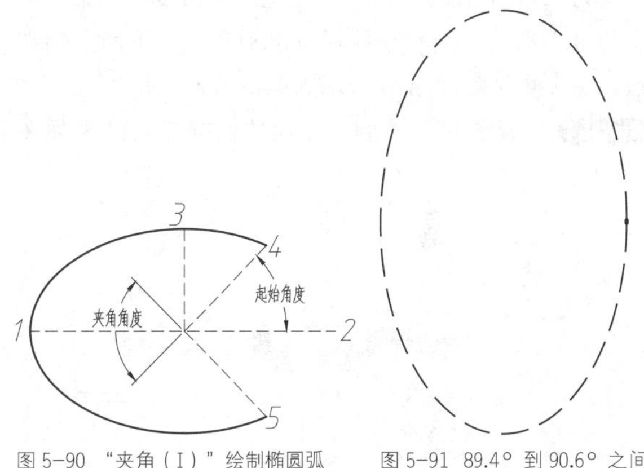


图 5-90 “夹角（I）”绘制椭圆弧　　图 5-91 89.4° 到 90.6° 之间的夹角不显示椭圆弧

椭圆弧的起始角度从长轴开始计算。

**练习 5-10 绘制花坛**

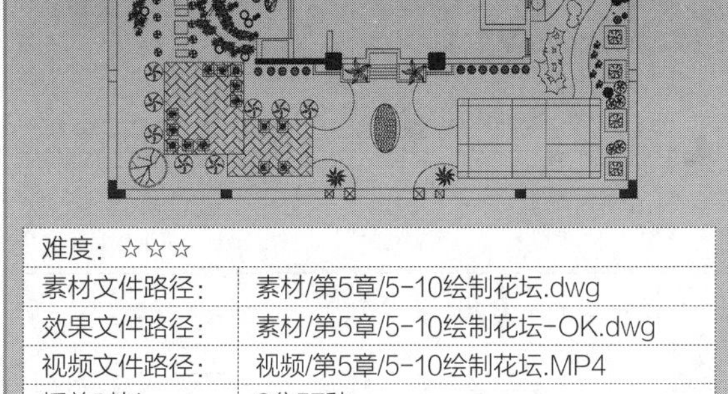

| 难度：☆☆☆ | |
|---|---|
| 素材文件路径： | 素材/第5章/5-10绘制花坛.dwg |
| 效果文件路径： | 素材/第5章/5-10绘制花坛-OK.dwg |
| 视频文件路径： | 视频/第5章/5-10绘制花坛.MP4 |
| 播放时长： | 2分57秒 |

本例介绍别墅庭院花坛的绘制方法。先调用【椭圆】命令，绘制花坛的外轮廓，然后调用【椭圆弧】命令，绘制花坛的线条样式。

**Step 01** 按Ctrl+O组合键，打开配套资源提供的“第5章/5-10 绘制花坛.dwg”文件，如图5-92所示。

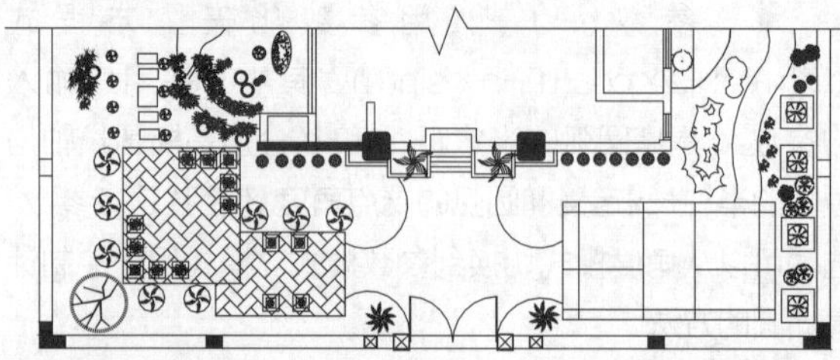

图 5-92 打开素材

**Step 02** 调用EL【椭圆】命令，绘制长轴为2141、短轴为687的椭圆，如图5-93所示。

**Step 03** 选择【绘图】|【椭圆】|【圆弧】命令，以椭圆的两个轴端点作为椭圆弧的轴端点，指定椭圆弧的半轴长度为521，在命令行提示“指定起点角度”“指定端点角度”时，分别移动鼠标单击椭圆的上下两个轴端点，完成椭圆弧的绘制，如图5-94所示。

**Step 04** 重复操作，绘制另一侧的椭圆弧，结果如图5-95所示。

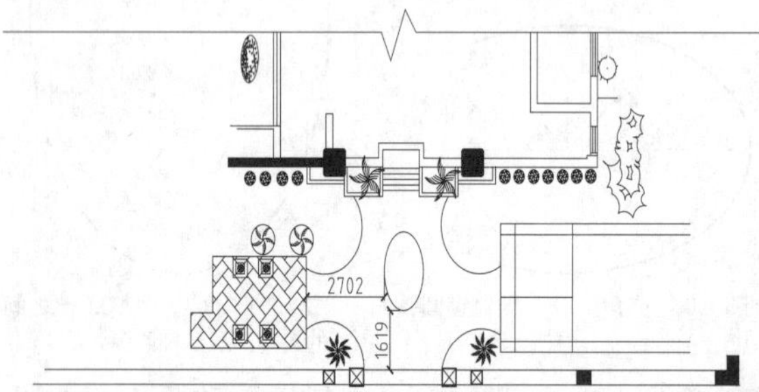


图 5-93 绘制椭圆

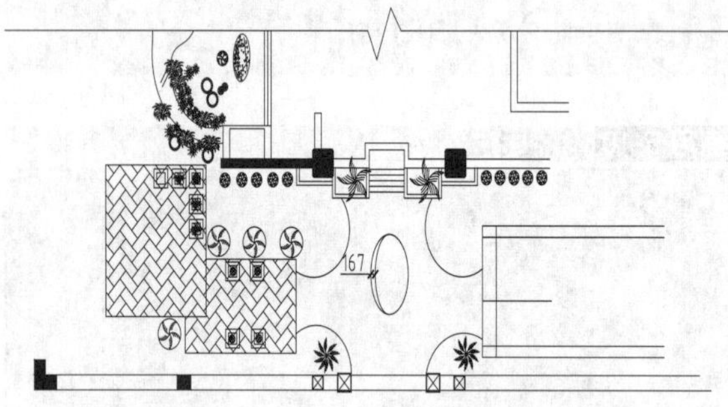


图 5-94 绘制椭圆弧

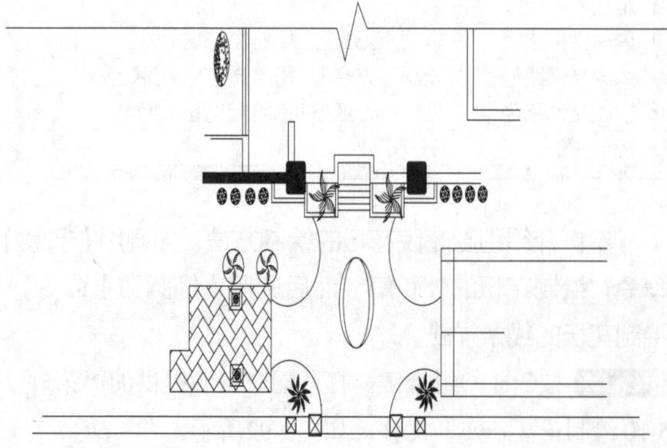

图 5-95 绘制另一侧椭圆弧

**Step 05** 调用H【图案填充】命令，在【图案填充及渐变色】对话框中选择名称为STARS的图案，设置填充比例为20，在花坛内创建图案填充，完成花坛图形的绘制，结果如图5-96所示。

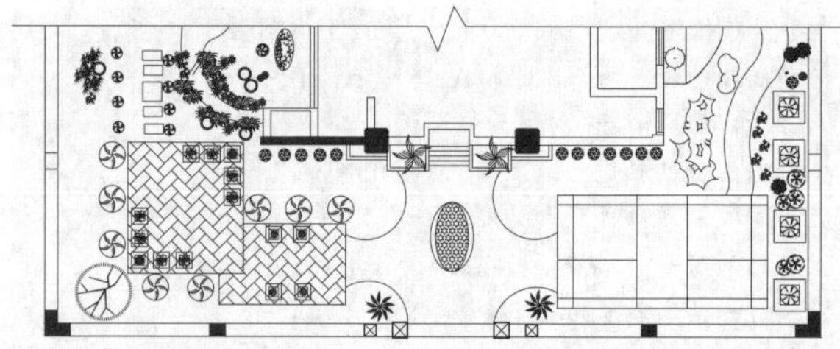

图 5-96 绘制图案填充

## 5.3.5 圆环

★进阶★

圆环是由同一圆心、不同直径的两个同心圆组成的，控制圆环的参数是圆心、内直径和外直径。圆环可分为“填充环”（两个圆形中间的面积填充，可用于绘制电路图中的各接点）和“实体填充圆”（圆环的内直径为0，可用于绘制各种标识）。

**·执行方式**

执行【圆环】命令的方法有以下3种。

◆功能区：在【默认】选项卡中，单击【绘图】面板中的【圆环】按钮◎。

◆菜单栏：选择【绘图】|【圆环】菜单命令。

◆命令行：DONUT或DO。

**·操作步骤**

```
命令: _DONUT                          //执行【圆环】命令
指定圆环的内径 <0.5000>:10↙           //指定圆环内径
指定圆环的外径 <1.0000>:20↙           //指定圆环外径
指定圆环的中心点或 <退出>:
        //在绘图区中指定一点放置圆环，放置位置为圆心
指定圆环的中心点或 <退出>: *取消*
                                      //按Esc键退出圆环命令
```

**·选项说明**

在绘制圆环时，命令行提示指定圆环的内径和外径，正常圆环的内径小于外径，且内径不为零，则效果如图5-97所示；若圆环的内径为0，则圆环为一黑色实心圆，如图5-98所示；如果圆环的内径与外径相等，则圆环就是一个普通圆，如图5-99所示。

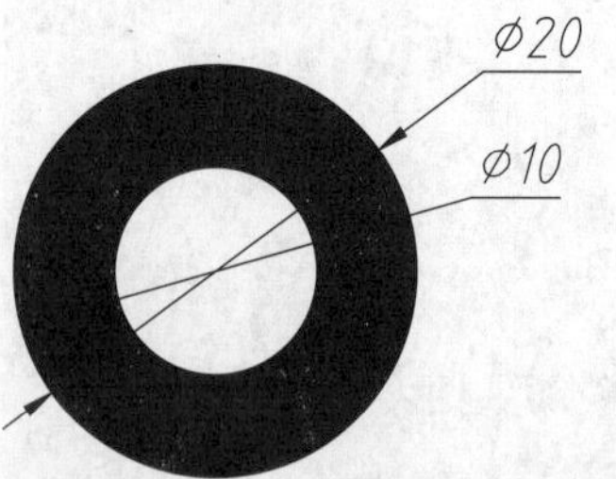


图 5-97 内、外径不相等

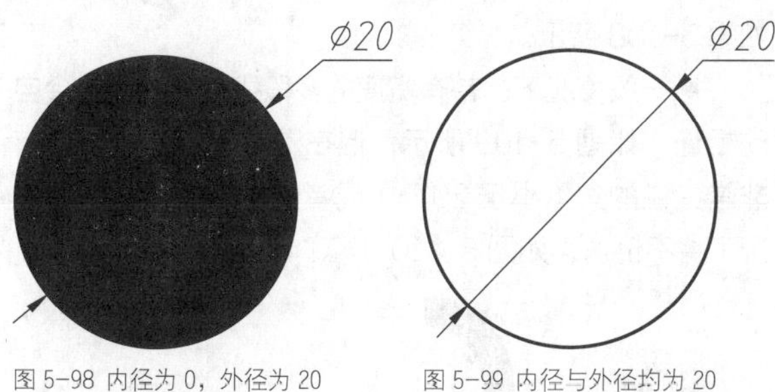


图 5-98 内径为 0，外径为 20　　图 5-99 内径与外径均为 20

**·初学解答 圆环的显示效果**

AutoCAD 默认情况下，所绘制的圆环为填充的实心图形。如果在绘制圆环之前在命令行中输入 FILL，则可以控制圆环和圆的填充可见性。执行 FILL 命令后，命令行提示如下。

```
命令：FILL↙
输入模式[开(ON)][关(OFF)]<开>:
        //输入ON或者OFF来选择填充效果的开、关
```

选择【开 (ON)】模式，表示绘制的圆环和圆都会填充，如图 5-100 所示；而选择【关 (OFF)】模式，表示绘制的圆环和圆不予填充，如图 5-101 所示。

图 5-100 填充效果为【开 (ON)】

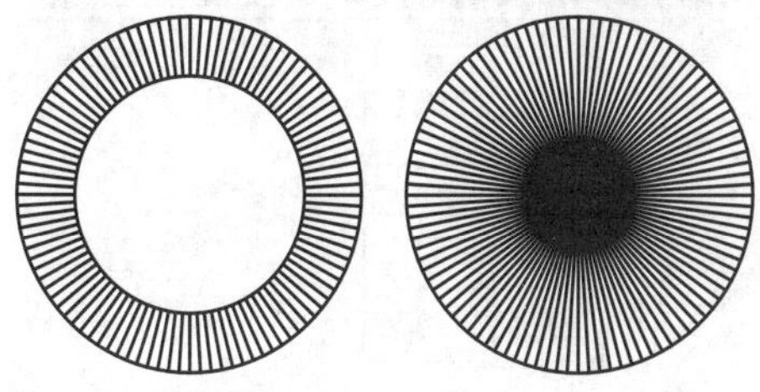

图 5-101 填充效果为【关 (OFF)】

此外，执行【直径】标注命令，可以对圆环进行标注。但标注值为外径与内径之和的一半，如图 5-102 所示。

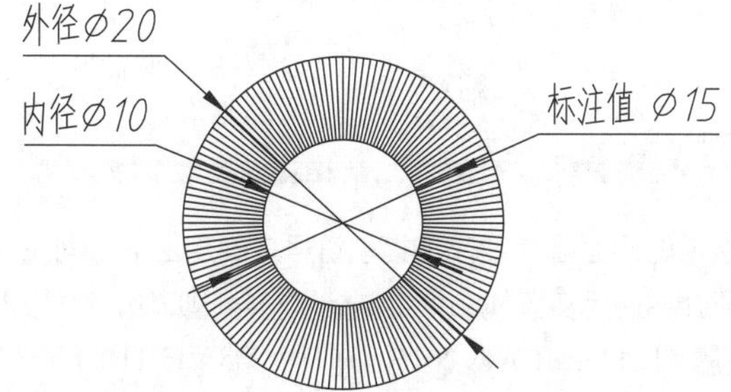


图 5-102 圆环对象的标注值

# 5.4 多段线

多段线又称为多义线，是 AutoCAD 中常用的一类复合图形对象。由多段线所构成的图形是一个整体，可以统一对其进行编辑修改。

## 5.4.1 多段线概述

使用【多段线】命令可以生成由若干条直线和圆弧首尾连接形成的复合线实体。所谓复合对象，即指图形的所有组成部分均为一整体，单击时会选择整个图形，不能进行选择性编辑。直线与多段线的选择效果对比如图 5-103 所示。

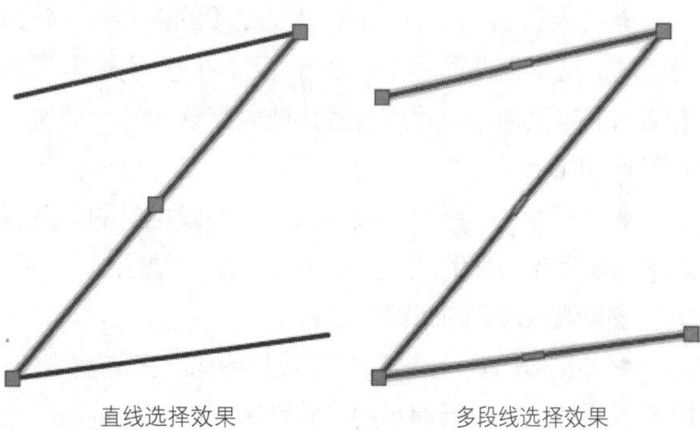


图 5-103 直线与多段线的选择效果对比

**·执行方式**

调用【多段线】命令的方式如下。

◆功能区：单击【绘图】面板中的【多段线】按钮 ，如图 5-104 所示。

◆菜单栏：调用【绘图】|【多段线】菜单命令，如图 5-105 所示。

◆命令行：PLINE 或 PL。

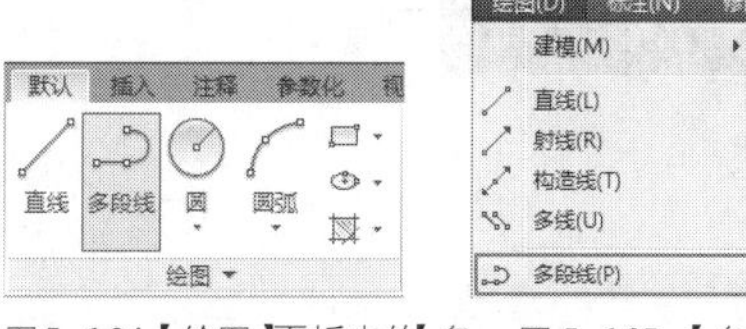


图 5-104【绘图】面板中的【多段线】按钮　　图 5-105 【多段线】菜单命令

**·操作步骤**

◆执行【多段线】命令时，命令行操作介绍如下。

```
命令: _PLINE                    //执行【多段线】命令
指定起点:                       //在绘图区中任意指定一点为起点，有临时的加号标记显示当前线宽为 0.0000
        //显示当前线宽
指定下一个点或 [圆弧(A)/半宽(H)/长度(L)/放弃(U)/宽度(W)]:
        //指定多段线的端点
指定下一点或 [圆弧(A)/闭合(C)/半宽(H)/长度(L)/放弃(U)/宽度(W)]:  //指定下一段多段线的端点
指定下一点或 [圆弧(A)/闭合(C)/半宽(H)/长度(L)/放弃(U)/宽度(W)]:  //指定下一端点或按Enter键结束
```

由于多段线中各子选项众多，因此通过以下两个部分进行讲解：多段线—直线、多段线—圆弧。

## 5.4.2 多段线—直线

在执行多段线命令时，选择“直线（L）”子选项后便开始创建直线，是默认的选项。若要开始绘制圆弧，可选择“圆弧（A）”选项。直线状态下的多段线，除“长度（L）”子选项之外，其余皆为通用选项，其含义效果分别介绍如下。

◆“闭合（C）”：该选项含义同【直线】命令中的一致，可连接第一条和最后一条线段，以创建闭合的多段线。

◆“半宽（H）”：指定从宽线段的中心到一条边的宽度。选择该选项后，命令行提示用户分别输入起点与端点的半宽值，而起点宽度将成为默认的端点宽度，如图 5-106 所示。

◆“长度（L）”：按照与上一线段相同的角度、方向创建指定长度的线段。如果上一线段是圆弧，将创建与该圆弧段相切的新直线段。

◆“宽度（W）”：设置多段线起始与结束的宽度值。择该选项后，命令行提示用户分别输入起点与端点的宽度值，而起点宽度将成为默认的端点宽度，如图 5-107 所示。

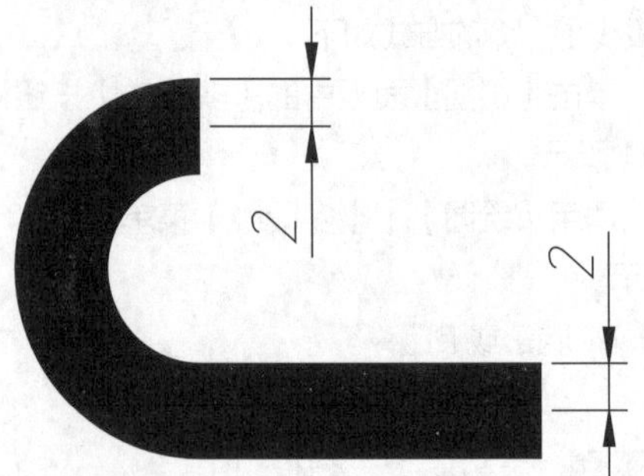


图 5-106 半宽为 2 示例

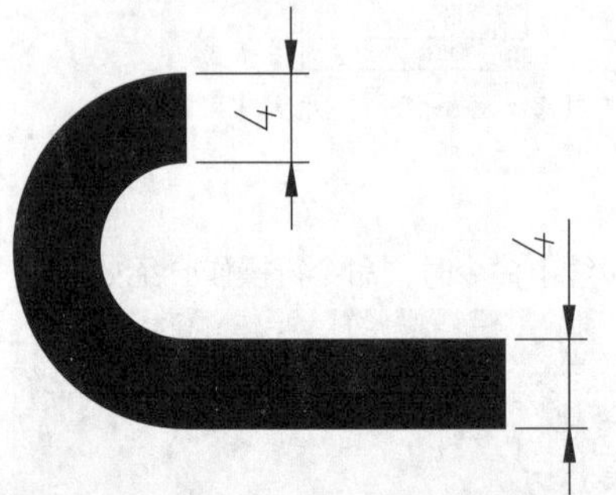


图 5-107 宽度为 4 示例

**·初学解答 具有宽度的多段线**

为多段线指定宽度后，有以下几点需要注意。

◆带有宽度的多段线其起点与端点仍位于中心处，如图 5-108 所示。

◆一般情况下，带有宽度的多段线在转折角处会自动相连，如图 5-109 所示；但在圆弧段互不相切、有非常尖锐的角（小于 29°）或者使用点画线线型的情况下将不倒角，如图 5-110 所示。

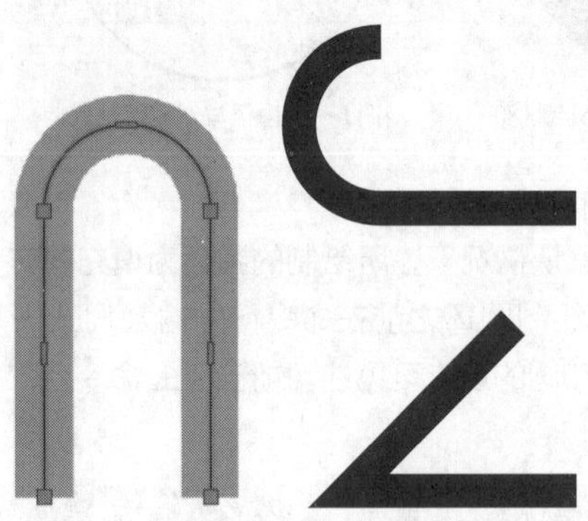

图 5-108 多段线位于宽度效果的中点　图 5-109 多段线在转角处自动相连

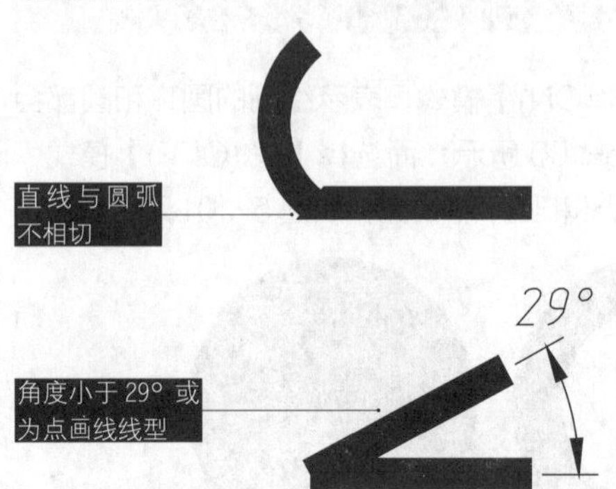


图 5-110 多段线在转角处不相连的情况

**练习 5-11 多段线绘制楼梯指引符号**

| 难度：☆☆ | |
|---|---|
| 素材文件路径： | 素材/第5章/5-11多段线绘制楼梯指引符号.dwg |
| 效果文件路径： | 素材/第5章/5-11多段线绘制楼梯指引符号-OK.dwg |
| 视频文件路径： | 视频/第5章/5-11多段线绘制楼梯指引符号.MP4 |
| 播放时长： | 1分5秒 |

楼梯的平面图需要添加指引符号来确定上下方向，本例便介绍使用多段线命令绘制指引符号的方法。

**Step 01** 启动AutoCAD 2016，打开“第5章/5-11多段线绘制楼梯指引符号.dwg”文件，素材文件内已经绘制好了一楼梯平面图，如图5-111所示。

**Step 02** 绘制第一段多段线。单击【绘图】面板中的【多段线】按钮，选择素材文件中的A点为起点，然后设置起点宽度值为30、端点宽度值为30，连接ABC3点绘制多段线，如图5-112所示，命令行操作过程如下。

```
命令: _PLINE
指定起点:
当前线宽为 0.0000
指定下一个点或 [圆弧(A)/半宽(H)/长度(L)/放弃(U)/宽度(W)]:
W↙                    //选择【宽度】选项
指定起点宽度 <0.0000>: 30↙    //输入起点宽度
指定端点宽度 <30.0000>:30↙
                              //输入端点宽度，直接单击回
车表示与起点一致
```

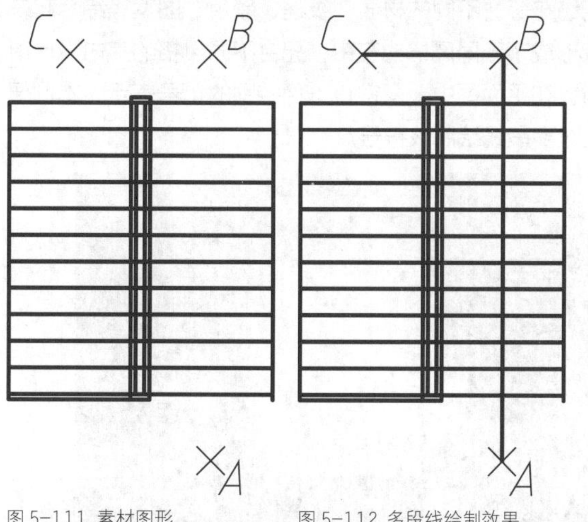


图 5-111 素材图形　　图 5-112 多段线绘制效果

**Step 03** 光标向下移动，引出追踪线确保竖直，输入指引线的长度3295，结果如图5-113所示，命令行操作过程如下。

```
指定下一个点或 [圆弧(A)/半宽(H)/长度(L)/放弃(U)/宽度(W)]:
3295↙               //输入指引线长度
```

**Step 04** 接着重新输入W，指定多段线新的线宽，指定起点宽度为80，端点宽度为0，然后输入长度217，最终结果如图5-114所示。命令行操作过程如下。

```
指定下一点或 [圆弧(A)/闭合(C)/半宽(H)/长度(L)/放弃(U)/宽
度(W)]: W↙                      //选择【宽度】选项
指定起点宽度 <30.0000>: 80↙   //输入起点宽度
指定端点宽度 <80.0000>: 0↙    //输入端点宽度
指定下一点或 [圆弧(A)/闭合(C)/半宽(H)/长度(L)/放弃(U)/宽
度(W)]: 217↙          //输入多段线长度
指定下一点或 [圆弧(A)/闭合(C)/半宽(H)/长度(L)/放弃(U)/宽
度(W)]: ↙             //按Enter键结束绘制
```

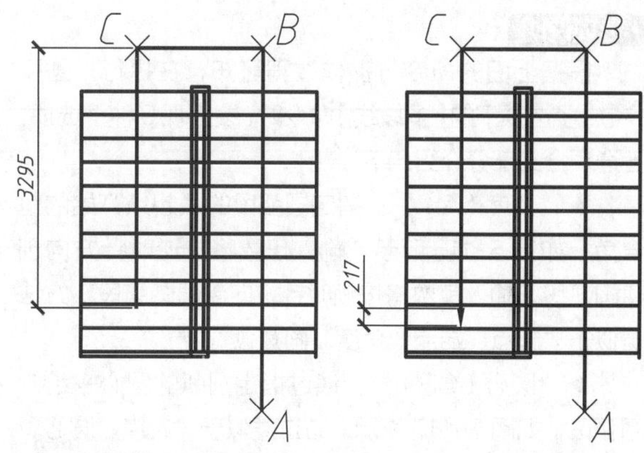


图 5-113 绘制第三段多段线　　图 5-114 最终效果

**操作技巧**

在多段线绘制过程中，可能预览图形不会及时显示出带有宽度的转角效果，让用户误以为绘制出错。而其实只要单击Enter键完成多段线的绘制，便会自动为多段线添加转角处的平滑效果。

### 5.4.3 多段线—圆弧

在执行多段线命令时，选择“圆弧（A）”子选项后便开始创建与上一线段（或圆弧）相切的圆弧段，如图 5-115 所示。若要重新绘制直线，可选择“直线（L）”选项。

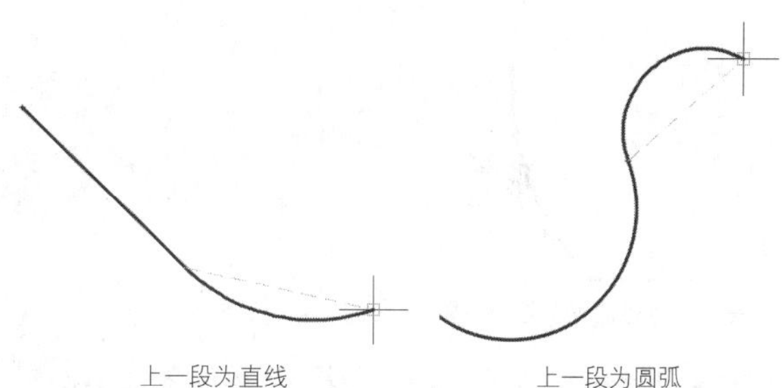


图 5-115 多段线创建圆弧时自动相切

**·操作步骤**

```
命令: _PLINE          //执行【多段线】命令
指定起点:             //在绘图区中任意指定一点为起点
当前线宽为 0.0000
指定下一个点或 [圆弧(A)/半宽(H)/长度(L)/放弃(U)/宽度(W)]:
A↙                    //选择“圆弧”子选项
指定圆弧的端点(按住 Ctrl 键以切换方向)或
                      //指定圆弧的一个端点
[角度(A)/圆心(CE)/方向(D)/半宽(H)/直线(L)/半径(R)/第二个
点(S)/放弃(U)/宽度(W)]:
指定圆弧的端点(按住 Ctrl 键以切换方向)或
                      //指定圆弧的另一个端点
[角度(A)/圆心(CE)/闭合(CL)/方向(D)/半宽(H)/直线(L)/半径
(R)/第二个点(S)/放弃(U)/宽度(W)]: *取消
```

**·选项说明**

根据上面的命令行操作过程可知，在执行“圆弧（A）”子选项下的【多段线】命令时，会出现9种子选项，各选项含义部分介绍如下。

◆“角度（A）”：指定圆弧段的从起点开始的包含角，如图5-116所示。输入正数将按逆时针方向创建圆弧段。输入负数将按顺时针方向创建圆弧段。方法类似于“起点、端点、角度”画圆弧。

◆“圆心（CE）”：通过指定圆弧的圆心来绘制圆弧段，如图5-117所示。方法类似于“起点、圆心、端点”画圆弧。

◆“方向（D）”：通过指定圆弧的切线来绘制圆弧段，如图5-118所示。方法类似于“起点、端点、方向”画圆弧。

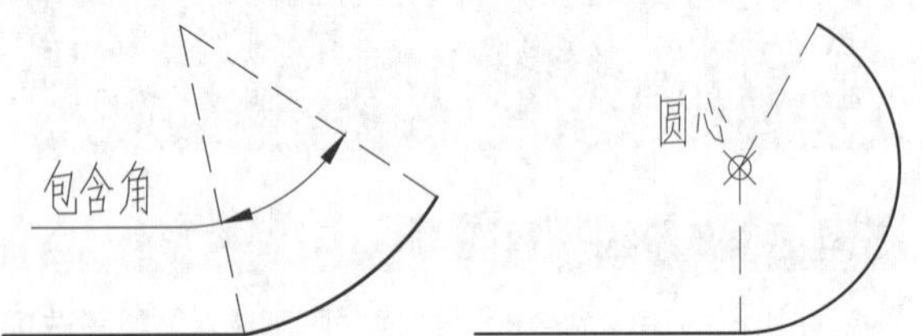


图5-116 通过角度绘制多段线圆弧　图5-117 通过圆心绘制多段线圆弧

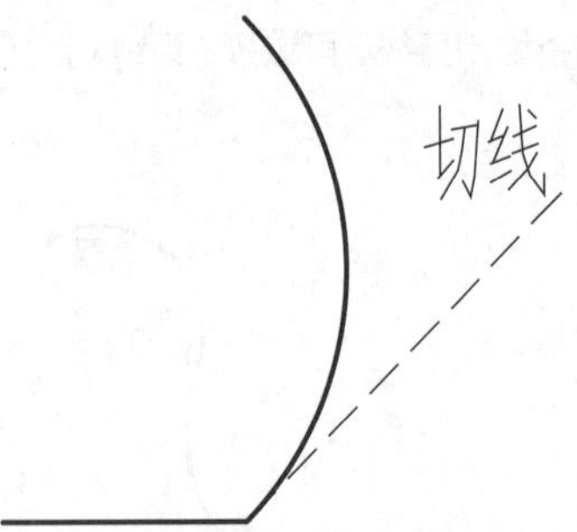


图5-118 通过切线绘制多段线圆弧

◆“直线（L）”：从绘制圆弧切换到绘制直线。

◆“半径（R）”：通过指定圆弧的半径来绘制圆弧，如图5-119所示。方法类似于“起点、端点、半径”画圆弧。

◆“第二个点（S）”：通过指定圆弧上的第二点和端点来进行绘制，如图5-120所示。方法类似于“三点”画圆弧。

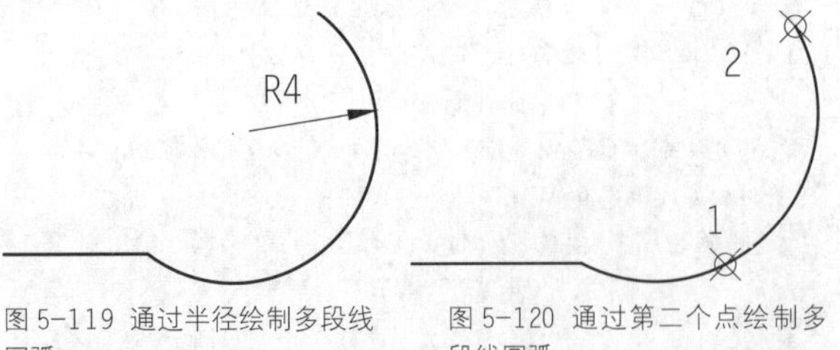


图5-119 通过半径绘制多段线圆弧　图5-120 通过第二个点绘制多段线圆弧

## 练习5-12 多段线绘制窗帘平面图

| 难度：☆☆ | |
|---|---|
| 素材文件路径： | 无 |
| 效果文件路径： | 素材/第5章/5-12多段线绘制窗帘平面图-OK.dwg |
| 视频文件路径： | 视频/第5章/5-12多段线绘制窗帘平面图.MP4 |
| 播放时长： | 2分2秒 |

窗帘是由布、麻、纱、铝片、木片、金属材料等制作的，具有遮阳隔热和调节室内光线的功能，如图5-121所示。布帘按材质分有棉纱布、涤纶布、涤棉混纺、棉麻混纺、无纺布等，不同的材质、纹理、颜色、图案等综合起来就形成了不同风格的布帘，配合不同风格的室内设计窗帘。在平面图中，窗帘有一种特别的符号表示，本例便通过多段线绘制该符号。

图5-121 窗帘

**Step 01** 启动AutoCAD 2016，新建一空白图形，并按F8键开启【正交】功能。

**Step 02** 输入PL执行【多段线】命令，捕捉任意点为起点，接着输入W执行【宽度】子选项，设置起点与端点宽度都为3，向右绘制第一段长度为100的多段线，如图5-122所示，命令行操作如下。

```
命令: _PLINE
指定起点:
当前线宽为 0.0000
指定下一个点或 [圆弧(A)/半宽(H)/长度(L)/放弃(U)/宽度(W)]:
W↙                        //选择【宽度】选项
指定起点宽度 <0.0000>: 3↙                  //输入起点宽度
指定端点宽度 <3.0000>:↙        //输入端点宽度，直接单击回
车与起点一致
指定下一个点或 [圆弧(A)/半宽(H)/长度(L)/放弃(U)/宽度(W)]:
100↙                      //输入第一段多段线长度
```

**Step 03** 再根据命令行提示，输入A执行【圆弧】子选项，切换至圆弧绘制方式，再根据选项提示选择【角度】次子选项，输入角度值180，接着向右移动鼠标，输入150绘制第一段圆弧，如图5-123所示，命令行操作如下。

```
指定下一点或 [圆弧(A)/闭合(C)/半宽(H)/长度(L)/放弃(U)/宽
度(W)]: A↙                          //选择【圆弧】选项
指定圆弧的端点(按住 Ctrl 键以切换方向)或
[角度(A)/圆心(CE)/闭合(CL)/方向(D)/半宽(H)/直线(L)/半径
(R)/第二个点(S)/放弃(U)/宽度(W)]: A↙
                                    //选择【角度】子选项
指定夹角: 180↙                      //输入圆弧夹角角度
指定圆弧的端点(按住 Ctrl 键以切换方向)或 [圆心(CE)/半径
(R)]: 150↙                          //输入圆弧跨度长度
```

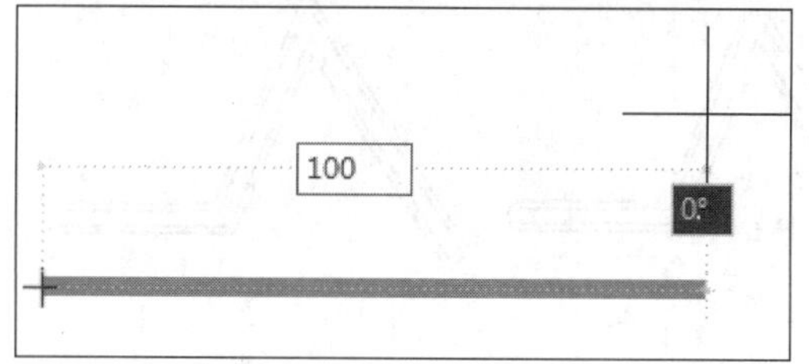


图 5-122 绘制直线多段线

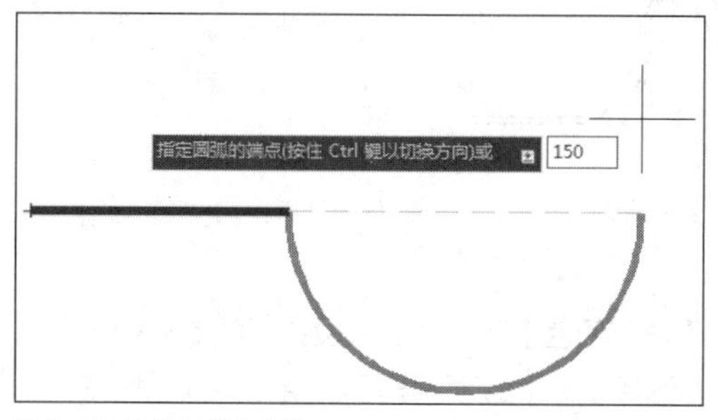


图 5-123 绘制圆弧多段线

**Step 04** 按此方法依次向右绘制圆弧，输入150进行绘制即可，如图5-124所示。

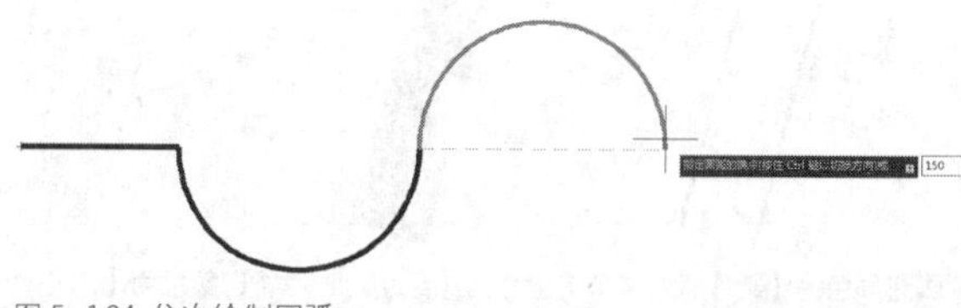

图 5-124 依次绘制圆弧

**Step 05** 依次绘制7段圆弧，如图5-125所示。

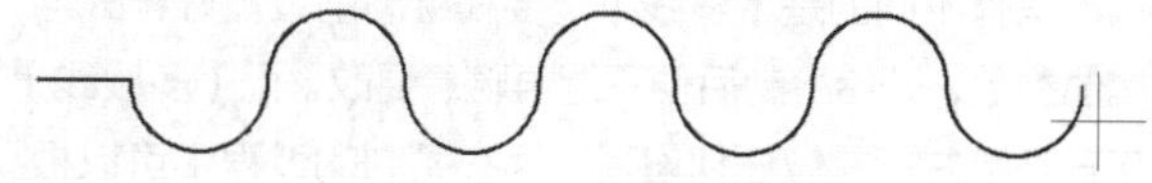

图 5-125 绘制 7 段圆弧

**Step 06** 输入L，执行【直线】子选项，然后向右绘制一段长度为60的直线，如图5-126所示。

**Step 07** 绘制末端箭头。重新输入W，执行【宽度】子选项，设置起点宽度为20，端点宽度为0，接着向右移动光标，输入长度为80，即可绘制末端箭头，结果如图5-127所示。

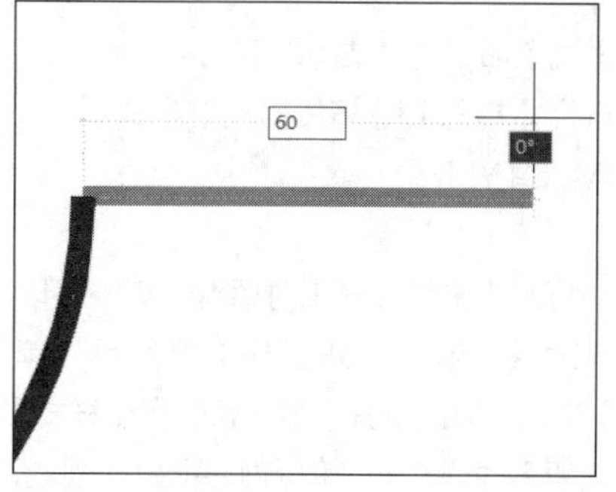


图 5-126 绘制直线段

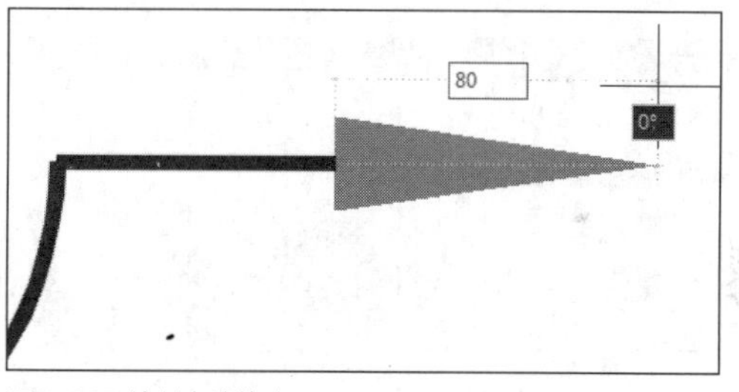


图 5-127 绘制末端箭头

**Step 08** 最终绘制的窗帘平面图如图5-128所示。

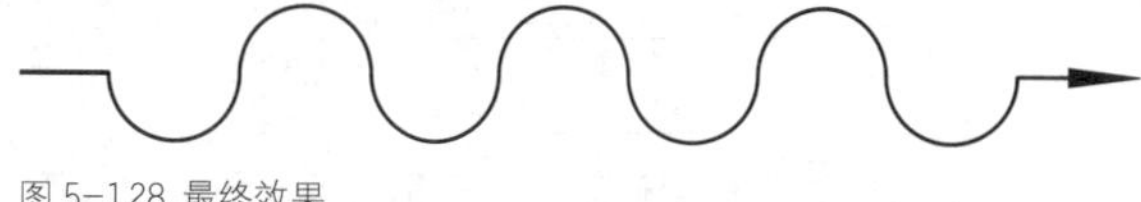

图 5-128 最终效果

## 5.5 多线

多线是一种由多条平行线组成的组合图形对象，它可以由 1~16 条平行直线组成。多线在实际工程设计中的应用非常广泛，通常可以用来绘制各种键槽，因为多线特有的特征形式可以一次性将键槽形状绘制出来，因此相较于直线、圆弧等常规作图方法，有一定的便捷性。

### 5.5.1 多线概述

使用【多线】命令可以快速生成大量平行直线，多线同多段线一样，也是复合对象，绘制的每一条多线都是一个完整的整体，不能对其进行偏移、延伸、修剪等

编辑操作，只能将其分解为多条直线后才能编辑。

稍有不同的是【多线】需要在绘制前设置好样式与其他参数，开始绘制后便不能再随意更改。而【多段线】在一开始并不需做任何设置，而在绘制的过程中可以根据众多的子选项随时进行调整。

## 5.5.2 设置多线样式

系统默认的STANDARD样式由两条平行线组成，并且平行线的间距是定值。如果要绘制不同规格和样式的多线（带封口或更多数量的平行线），就需要设置多线的样式。

**·执行方式**

执行【多线样式】命令的方法有以下几种。

◆菜单栏：选择【格式】|【多线样式】命令。

◆命令行：MLSTYLE。

**·操作步骤**

使用上述方法打开【多线样式】对话框，其中可以新建、修改或者加载多线样式，如图 5-129 所示；单击其中的【新建】按钮，可以打开【创建新的多线样式】对话框，然后定义新多线样式的名称（如平键），如图 5-130 所示。

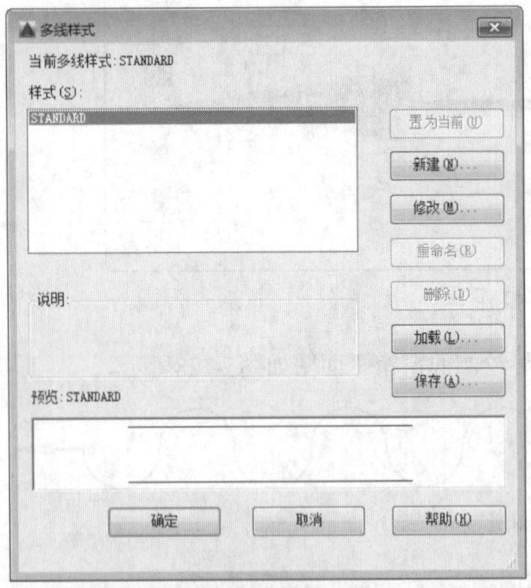


图 5-129 【多线样式】对话框

图 5-130 【创建新的多线样式】对话框

接着单击【继续】按钮，便打开【新建多线样式】对话框，可以在其中设置多线的各种特性，如图 5-131 所示。

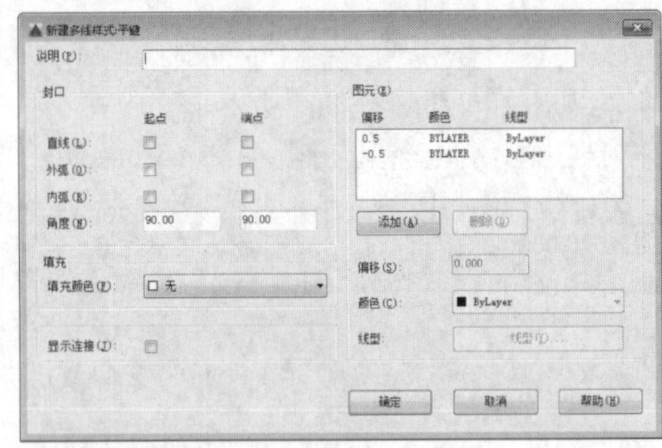

图 5-131 【新建多线样式平键】对话框

**·选项说明**

【新建多线样式平键】对话框中各选项的含义如下。

◆【封口】：设置多线的平行线段之间两端封口的样式。当取消【封口】选项区中的复选框勾选，绘制的多段线两端将呈打开状态，图 5-132 所示为多线的各种封口形式。

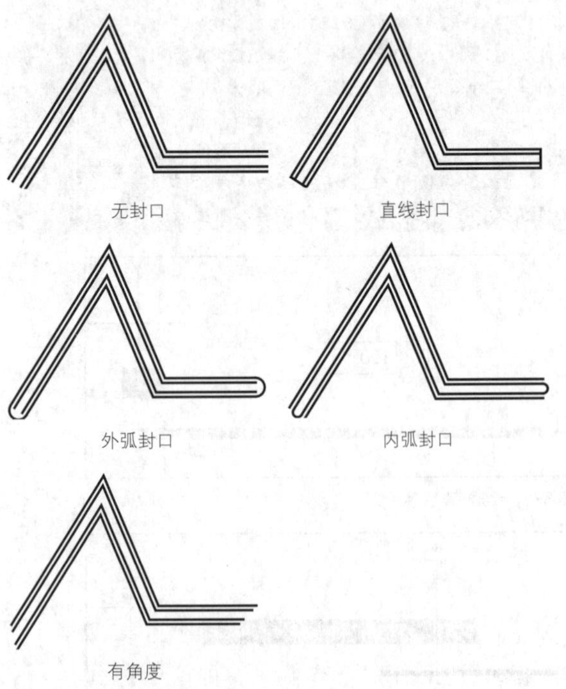


图 5-132 多线的各种封口形式

◆【填充颜色】下拉列表：设置封闭的多线内的填充颜色，选择【无】选项，表示使用透明颜色填充，如图 5-133 所示。

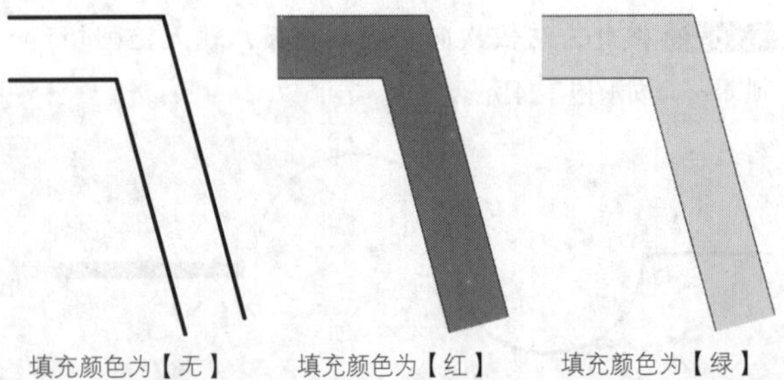


图 5-133 各多线的填充颜色效果

◆【显示连接】复选框：显示或隐藏每条多线段顶点处的连接，效果如图 5-134 所示。

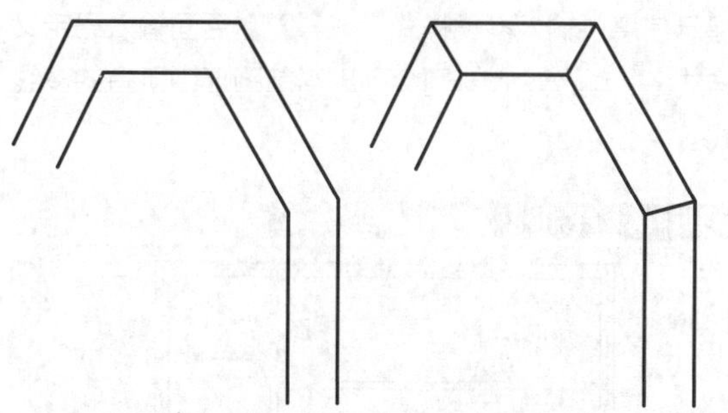

不勾选【显示连接】效果　　勾选【显示连接】效果

图 5-134 【显示连接】复选框效果

◆图元：构成多线的元素，通过单击【添加】按钮可以添加多线的构成元素，也可以通过单击【删除】按钮删除这些元素。

◆偏移：设置多线元素从中线的偏移值，值为正表示向上偏移，值为负表示向下偏移。

◆颜色：设置组成多线元素的直线线条颜色。

◆线型：设置组成多线元素的直线线条线型。

**练习 5-13 创建"墙体"多线样式**

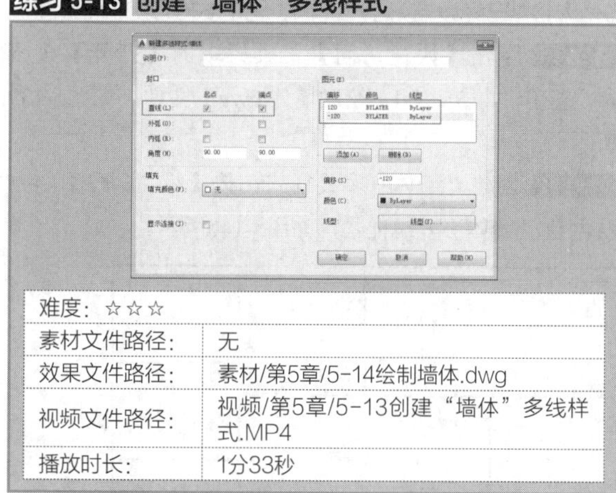

| 难度：☆☆☆ | |
|---|---|
| 素材文件路径： | 无 |
| 效果文件路径： | 素材/第5章/5-14绘制墙体.dwg |
| 视频文件路径： | 视频/第5章/5-13创建"墙体"多线样式.MP4 |
| 播放时长： | 1分33秒 |

多线的使用虽然方便，但是默认的 STANDARD 样式过于简单，无法用来应对现实工作中所遇到的各种问题（如绘制带有封口的墙体线）。这时就可以通过创建新的多线样式来解决，具体步骤如下。

**Step 01** 单击【快速访问】工具栏中的【新建】按钮，新建空白文件。

**Step 02** 在命令行中输入MLSTYLE并按Enter键，系统弹出【多线样式】对话框，如图5-135所示。

**Step 03** 单击【新建】按钮，系统弹出【创建新的多线样式】对话框，新建新样式名为墙体，基础样式为STANDARD，单击【确定】按钮，系统弹出【新建多线样式：墙体】对话框。

**Step 04** 在【封口】区域勾选【直线】中的两个复选框、在【图元】选项区域中设置【偏移】为120与-120，如图5-136所示，单击【确定】按钮，系统返回【多线样式】对话框。

**Step 05** 单击【置为当前】按钮，单击【确定】按钮，关闭对话框，完成墙体多线样式的设置。单击【快速访问】工具栏中的【保存】按钮，保存文件。

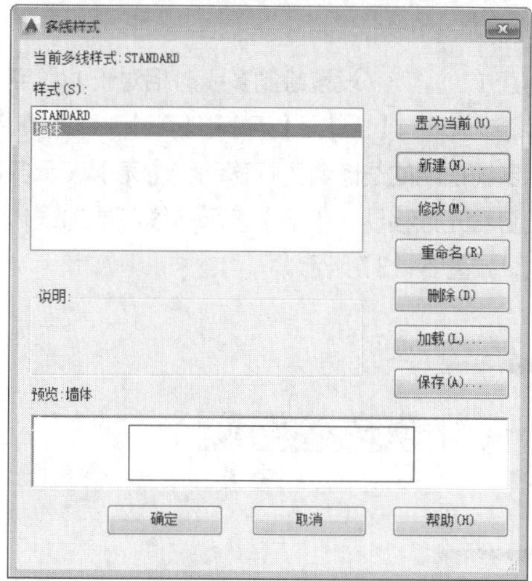


图 5-135 【多线样式】对话框

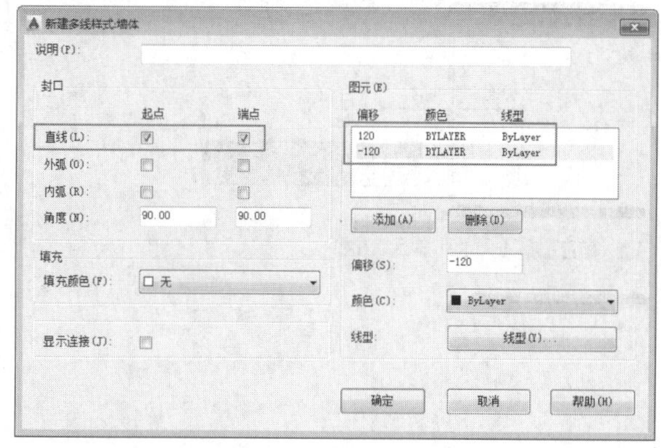


图 5-136 设置封口和偏移值

## 5.5.3 绘制多线

**・执行方式**

在 AutoCAD 中执行【多线】命令的方法不多，只有以下 2 种。不过读者也可以通过本书第一章的【练习 1-4】来向功能区中添加【多线】按钮。

◆菜单栏：选择【绘图】|【多线】命令。

◆命令行：MLINE 或 ML。

**・操作步骤**

执行【多线】命令时，命令操作介绍如下。

```
命令: _MLINE                         //执行【多线】命令
当前设置: 对正 = 上, 比例 = 20.00, 样式 = STANDARD
                                      //显示当前的多线设置
指定起点或 [对正(J)/比例(S)/样式(ST)]:
                        //指定多线起点或修改多线设置
指定下一点:                           //指定多线的端点
```

```
指定下一点或 [放弃(U)]:        //指定下一段多线的端点
指定下一点或 [闭合(C)/放弃(U)]:
            //指定下一段多线的端点或按Enter键结束
```

**·选项说明**

执行【多线】的过程中，命令行会出现 3 种设置类型：“对正（J）”“比例（S）”“样式（ST）”分别介绍如下。

◆ “对正（J）”：设置绘制多线时相对于输入点的偏移位置。该选项有【上】、【无】和【下】3 个选项，【上】表示多线顶端的线随着光标移动；【无】表示多线的中心线随着光标移动；【下】表示多线底端的线随着光标移动，如图 5-137 所示。

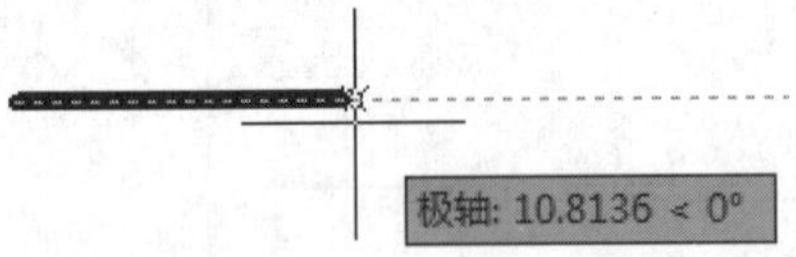


【上】：捕捉点在上

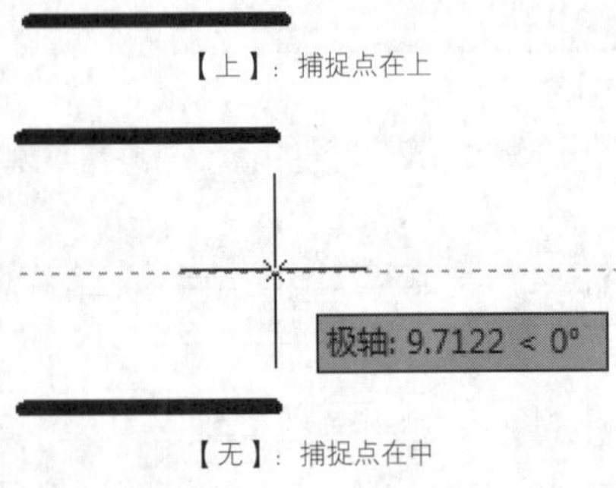


【无】：捕捉点在中

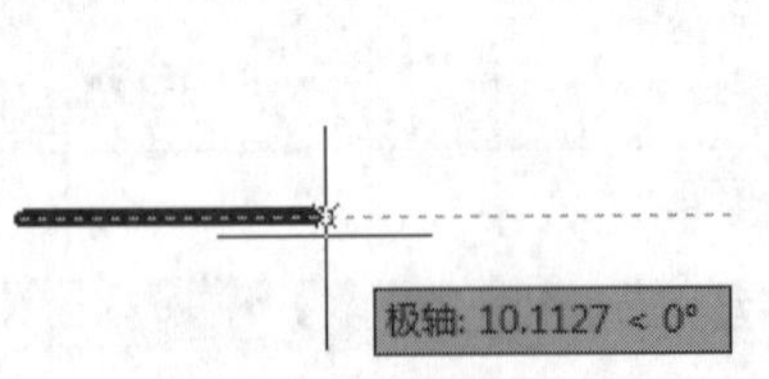


【下】：捕捉点在下

图 5-137 多线的对正

◆ “比例（S）”：设置多线样式中多线的宽度比例，可以快速定义多线的间隔宽度，如图 5-138 所示。

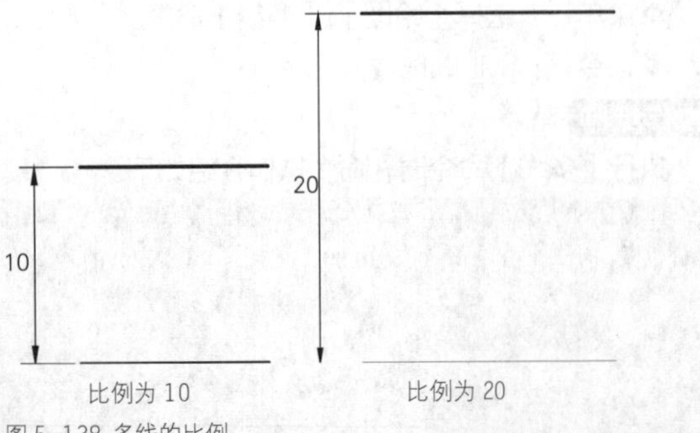


图 5-138 多线的比例

◆ “样式（ST）”：设置绘制多线时使用的样式，默认的多线样式为 STANDARD，选择该选项后，可以在提示信息“输入多线样式”或“？”后面输入已定义的样式名。输入“？”则会列出当前图形中所有的多线样式。

## 练习 5-14 绘制墙体

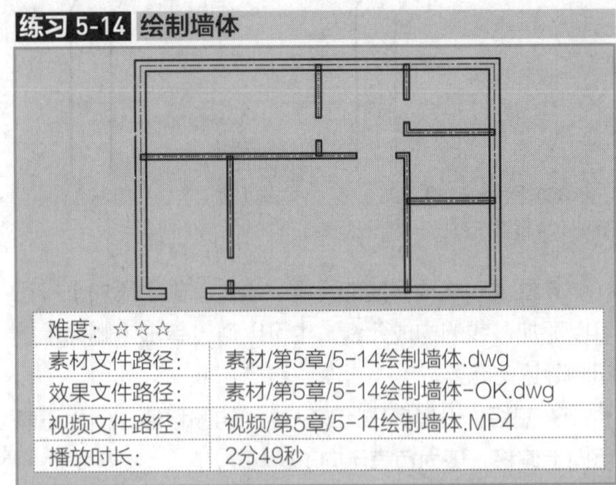

| 难度：☆☆☆ | |
|---|---|
| 素材文件路径： | 素材/第5章/5-14绘制墙体.dwg |
| 效果文件路径： | 素材/第5章/5-14绘制墙体-OK.dwg |
| 视频文件路径： | 视频/第5章/5-14绘制墙体.MP4 |
| 播放时长： | 2分49秒 |

【多线】可一次性绘制出大量平行线的特性，非常适合于用来绘制平面图中的墙体。本例便根据【练习6-17】中已经设置好的“墙体”多线样式来进行绘图。

**Step 01** 单击【快速访问】工具栏中的【打开】按钮，打开“第5章/5-14 绘制墙体.dwg”文件，如图5-139所示。

**Step 02** 创建“墙体”多线样式。按【练习5-13】的方法创建“墙体”多线样式，如图5-140所示。

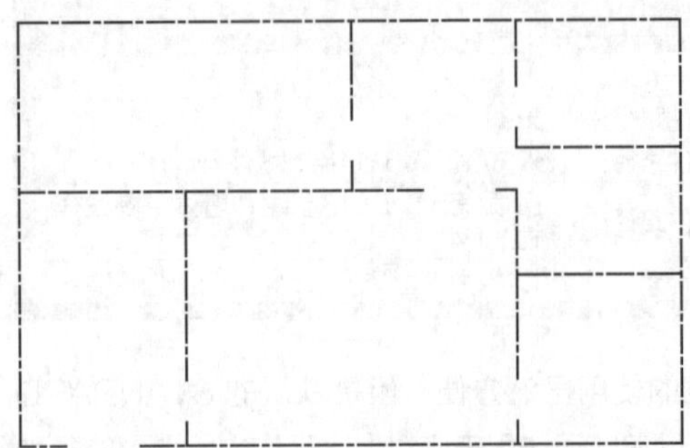

图 5-139 素材图形

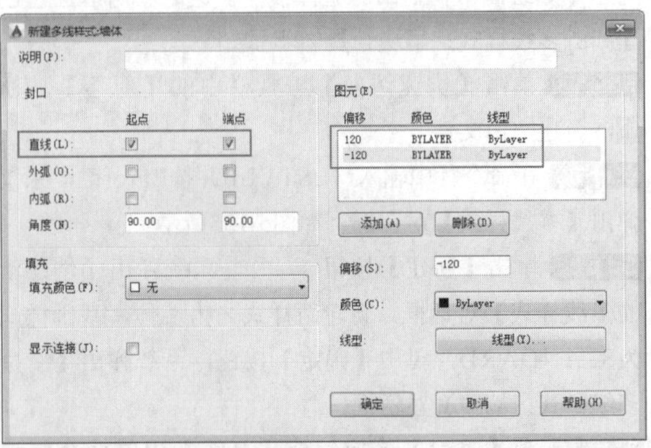


图 5-140 创建“墙体”多线样式

**Step 03** 在命令行中输入MLINE，调用【多线】命令，绘制如图5-141所示墙体，命令行提示如下。

```
命令：_MLINE↙        //调用【多线】命令
当前设置：对正 = 上，比例 = 20.00，样式 = 墙体
指定起点或 [对正(J)/比例(S)/样式(ST)]：S↙
                    //激活【比例(S)】选项
输入多线比例 <20.00>：1↙
                    //输入多线比例
当前设置：对正 = 上，比例 = 1.00，样式 = 墙体
指定起点或 [对正(J)/比例(S)/样式(ST)]：J↙
                    //激活【对正(J)】选项
输入对正类型 [上(T)/无(Z)/下(B)] <上>：Z↙
                    //激活【无(Z)】选项
当前设置：对正 = 无，比例 = 1.00，样式 = 墙体
指定起点或 [对正(J)/比例(S)/样式(ST)]：
                    //沿着轴线绘制墙体
指定下一点：
指定下一点或 [放弃(U)]：
指定下一点或 [闭合(C)/放弃(U)]：↙
                              //按Enter键结束绘制
```

**Step 04** 按空格键重复命令，绘制非承重墙，把比例设置为0.5，命令行提示如下。

```
命令：MLINE↙    //调用【多线】命令
当前设置：对正 = 无，比例 = 1.00，样式 = 墙体
指定起点或 [对正(J)/比例(S)/样式(ST)]：S↙
                    //激活【比例(S)】选项
输入多线比例 <1.00>：0.5↙
                    //输入多线比例
当前设置：对正 = 无，比例 = 0.50，样式 = 墙体
指定起点或 [对正(J)/比例(S)/样式(ST)]：J↙
                    //激活【对正(J)】选项
输入对正类型 [上(T)/无(Z)/下(B)] <无>：Z↙
                    //激活【无(Z)】选项
当前设置：对正 = 无，比例 = 0.50，样式 = 墙体
指定起点或 [对正(J)/比例(S)/样式(ST)]：
指定下一点：        //沿着轴线绘制墙体
指定下一点或 [放弃(U)]：↙
                    //按Enter键结束绘制
```

**Step 05** 最终效果如图5-142所示。

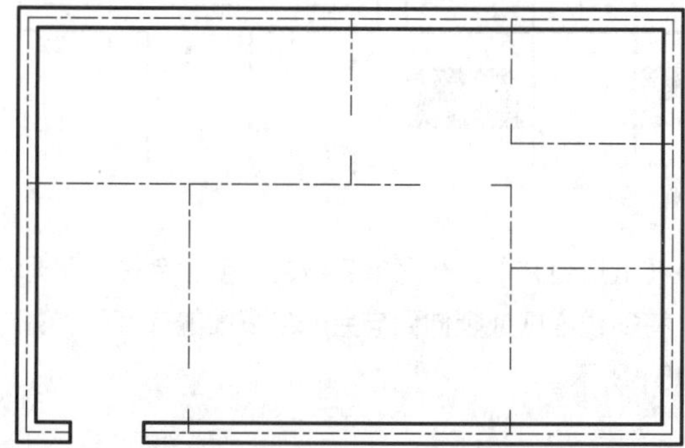

图 5-141 绘制承重墙

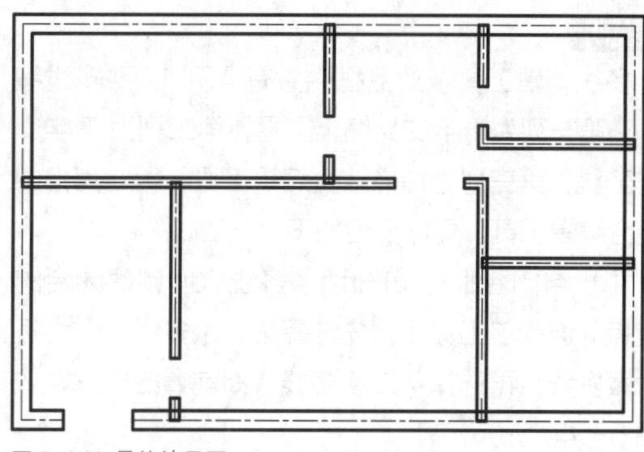

图 5-142 最终效果图

## 5.5.4 编辑多线

之前介绍了多线是复合对象，只能将其分解为多条直线后才能编辑。但在 AutoCAD 中，也可以用自带的【多线编辑工具】对话框中进行编辑。

**• 执行方式**

打开【多线编辑工具】对话框的方法有以下 3 种。

◆ 菜单栏：执行【修改】|【对象】|【多线】命令，如图 5-143 所示。

◆ 命令行：MLEDIT。

◆ 快捷操作：双击绘制的多线图形。

**• 操作步骤**

执行上述任一命令后，系统自动弹出【多线编辑工具】对话框，如图 5-144 所示。根据图样单击选择一种适合工具图标，即可使用该工具编辑多线。

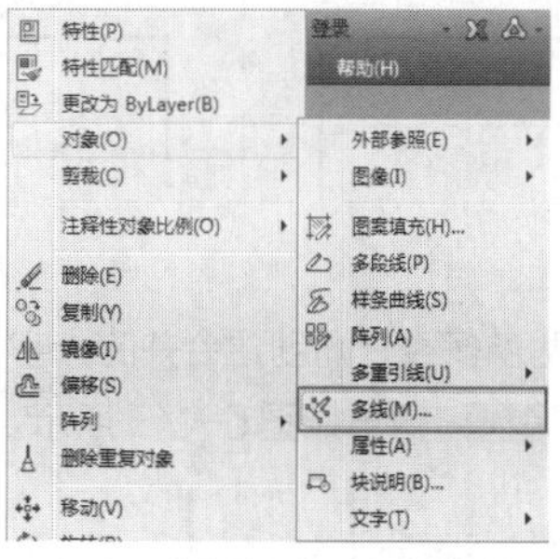


图 5-143 【菜单栏】调用【多线】编辑命令

图 5-144 【多线编辑工具】对话框

**·选项说明**

【多线编辑工具】对话框中共有 4 列 12 种多线编辑工具：第一列为十字交叉编辑工具，第二列为 T 字交叉编辑工具，第三列为角点结合编辑工具，第四列为中断或接合编辑工具。具体介绍如下。

◆【十字闭合】：可在两条多线之间创建闭合的十字交点。选择该工具后，先选择第一条多线，作为打断的隐藏多线；再选择第二条多线，即前置的多线，效果如图 5-145 所示。

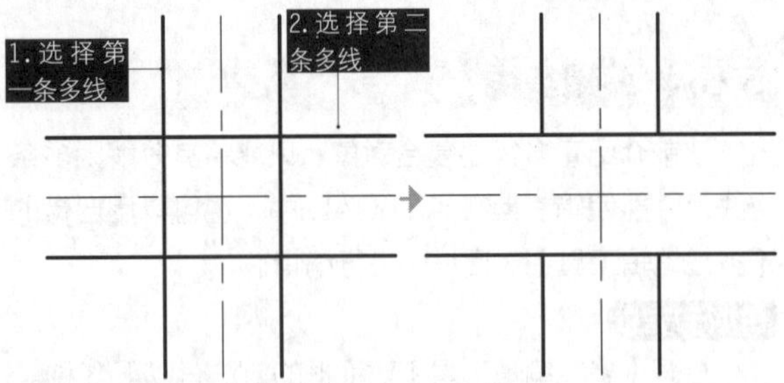


图 5-145 十字闭合

◆【十字打开】：在两条多线之间创建打开的十字交点。打断将插入第一条多线的所有元素和第二条多线的外部元素，效果如图 5-146 所示。

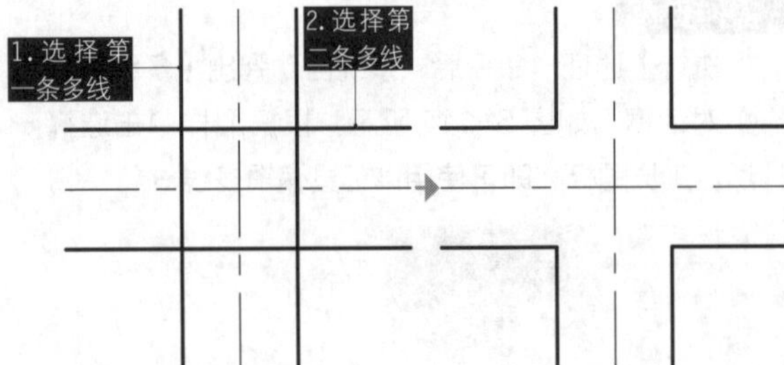


图 5-146 十字打开

◆【十字合并】：在两条多线之间创建合并的十字交点。选择多线的次序并不重要，效果如图 5-147 所示。

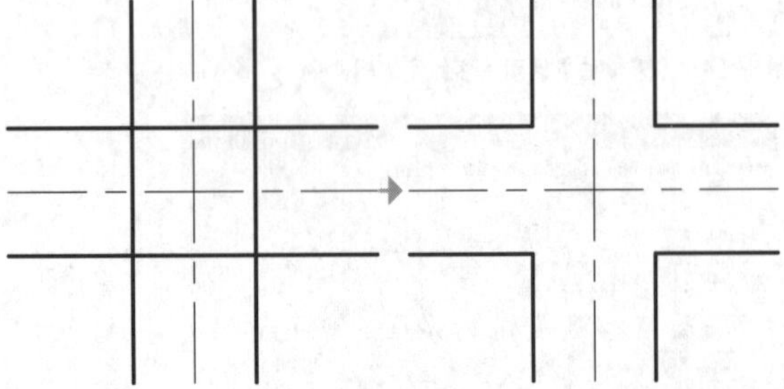

图 5-147 十字合并

**操作技巧**

对于双数多线来说，“十字打开”和“十字合并”结果是一样的；但对于三线，中间线的结果是不一样的，效果如图5-148所示。

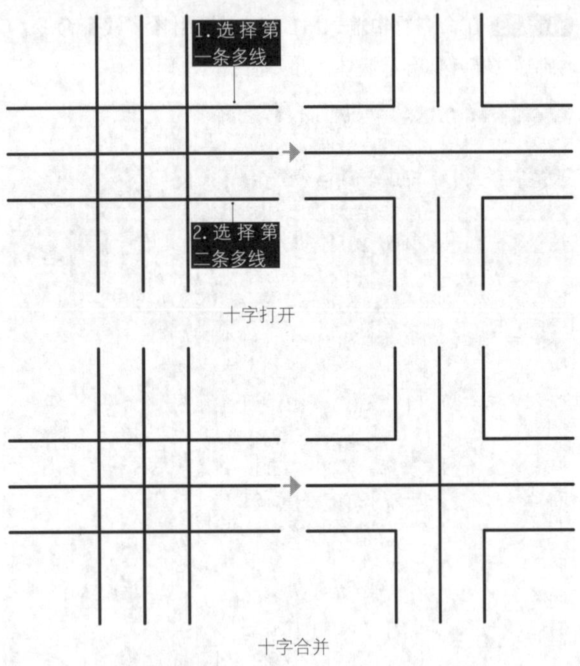


图 5-148 三线的编辑效果

◆【T 形闭合】：在两条多线之间创建闭合的 T 形交点。将第一条多线修剪或延伸到与第二条多线的交点处，如图 5-149 所示。

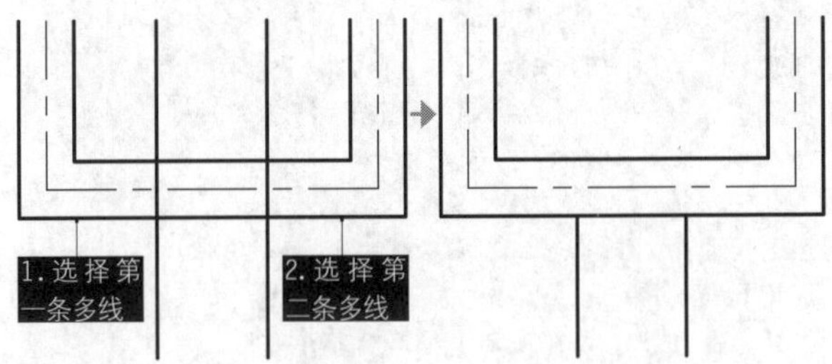


图 5-149 T 形闭合

◆【T 形打开】：在两条多线之间创建打开的 T 形交点。将第一条多线修剪或延伸到与第二条多线的交点处，如图 5-150 所示。

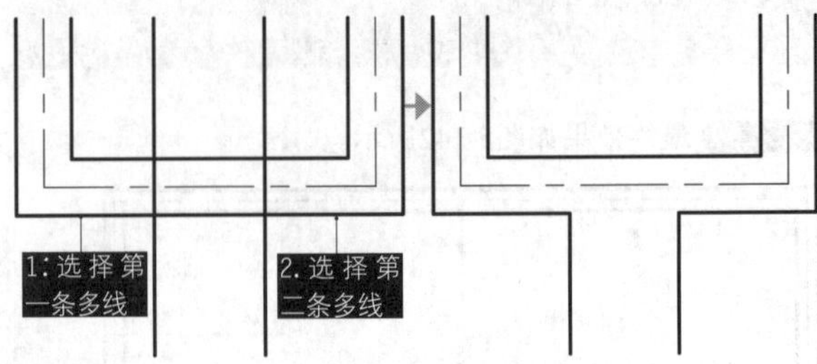


图 5-150 T 形打开

◆【T 形合并】：在两条多线之间创建合并的 T 形交点。将多线修剪或延伸到与另一条多线的交点处，如图 5-151 所示。

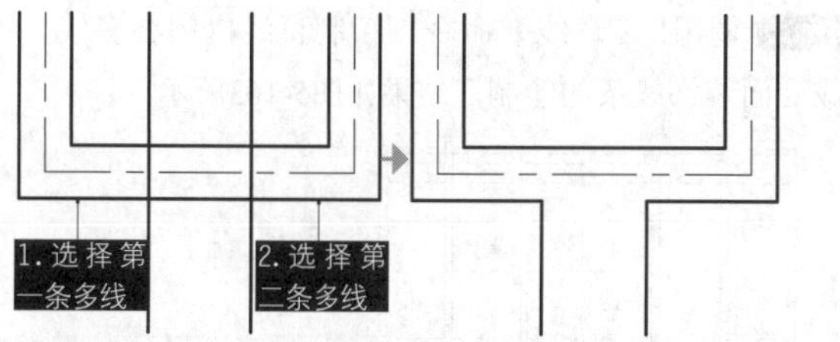


图 5-151 T形合并

**操作技巧**

【T形闭合】、【T形打开】和【T形合并】的选择对象顺序，应先选择T字的下半部分，再选择T字的上半部分，如图5-152所示。

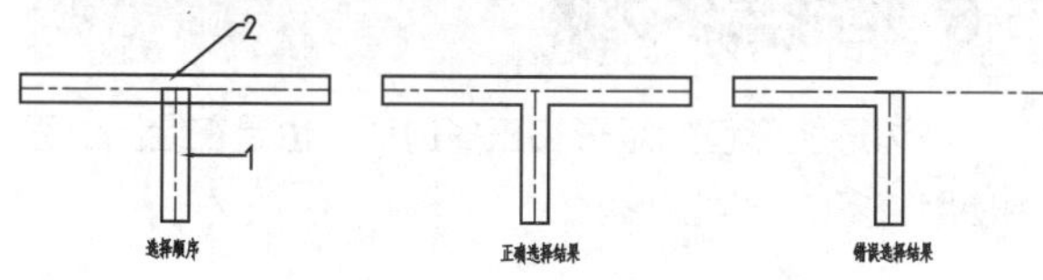


图 5-152 选择顺序

◆【角点结合】：在多线之间创建角点结合。将多线修剪或延伸到它们的交点处，效果如图 5-153 所示。

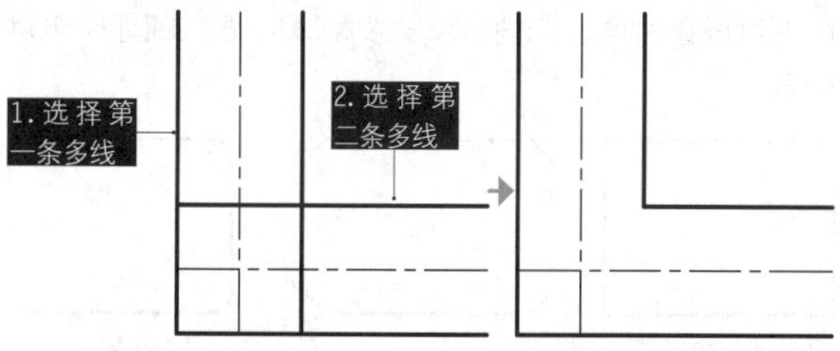


图 5-153 角点结合

◆【添加顶点】：向多线上添加一个顶点。新添加的角点就可以用于夹点编辑，效果如图 5-154 所示。

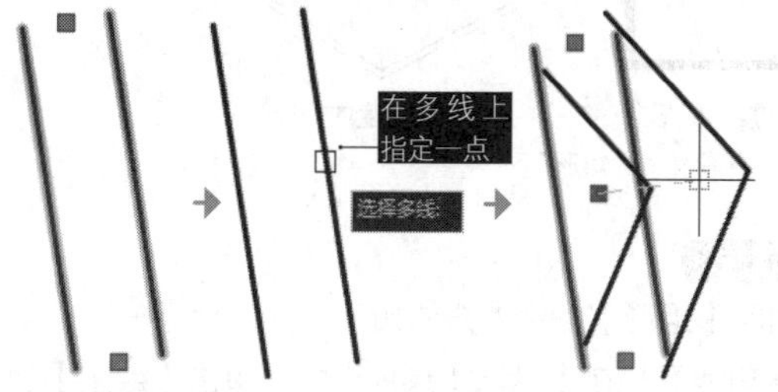


图 5-154 添加顶点

◆【删除顶点】：从多线上删除一个顶点，效果如图 5-155 所示。

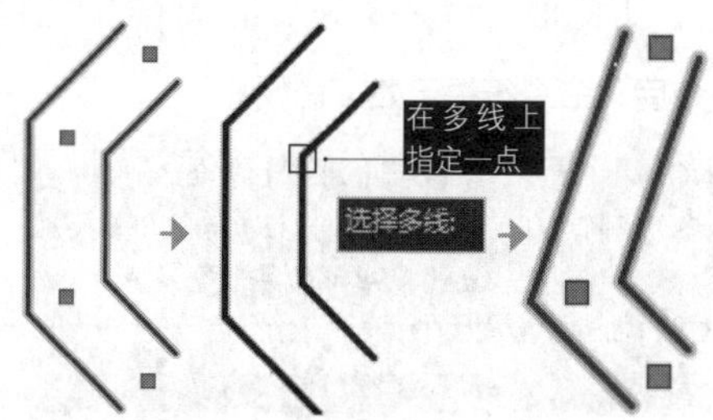


图 5-155 删除顶点

◆【单个剪切】：在选定多线元素中创建可见打断，效果如图 5-156 所示。

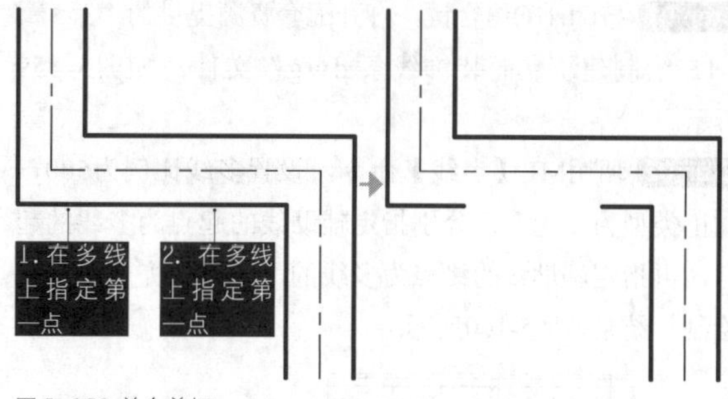


图 5-156 单个剪切

◆【全部剪切】：创建穿过整条多线的可见打断，效果如图 5-157 所示。

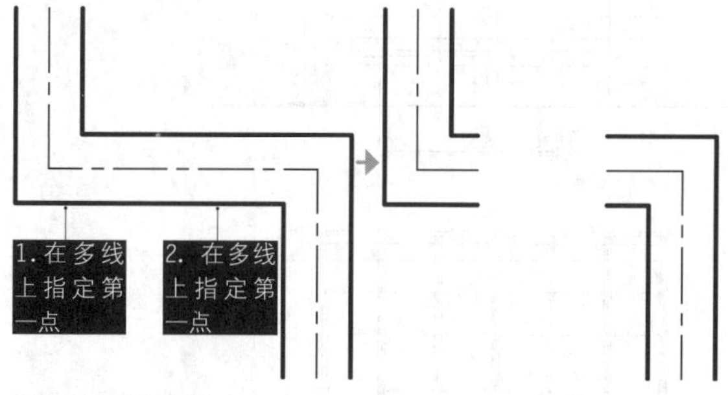


图 5-157 全部剪切

◆【全部接合】：将已被剪切的多线线段重新接合起来，如图 5-158 所示。

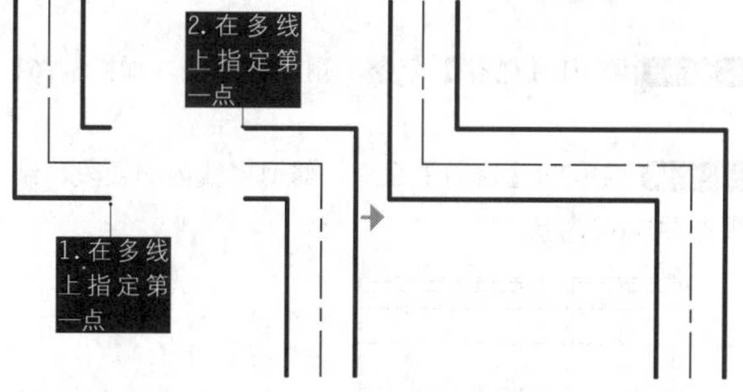


图 5-158 全部接合

## 练习 5-15 绘制建筑立面装饰线条

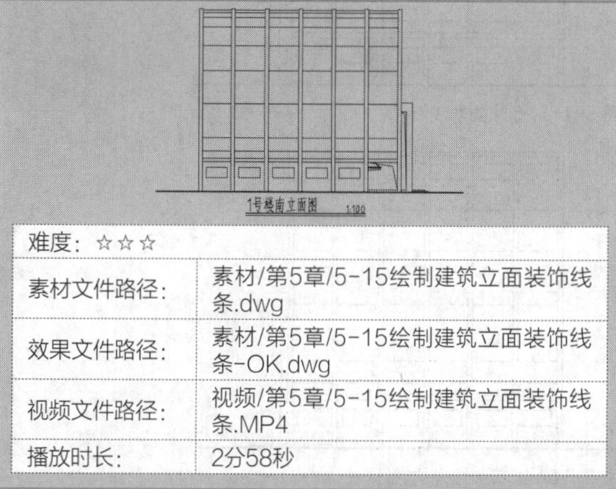

| 难度：☆☆☆ | |
|---|---|
| 素材文件路径： | 素材/第5章/5-15绘制建筑立面装饰线条.dwg |
| 效果文件路径： | 素材/第5章/5-15绘制建筑立面装饰线条-OK.dwg |
| 视频文件路径： | 视频/第5章/5-15绘制建筑立面装饰线条.MP4 |
| 播放时长： | 2分58秒 |

本节介绍使用多线快速绘制建筑立面装饰线条的方法。

**Step 01** 按Ctrl+O组合键，打开配套资源提供的“第5章/5-15 绘制建筑立面装饰线条.dwg”文件，如图5-159所示。

**Step 02** 调用ML【多线】命令，设置多线比例为500，对正类型为“无”，分别指定辅助线的起点为多线的起点，再指定辅助线的终点为多线的下一点，完成多线的绘制，结果如图5-160所示。

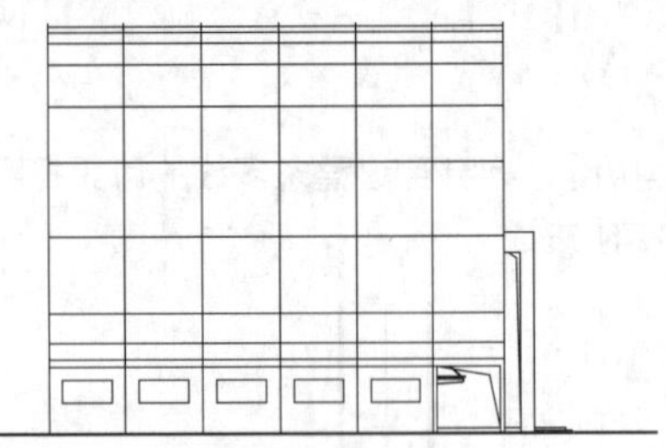


图 5-159 打开素材

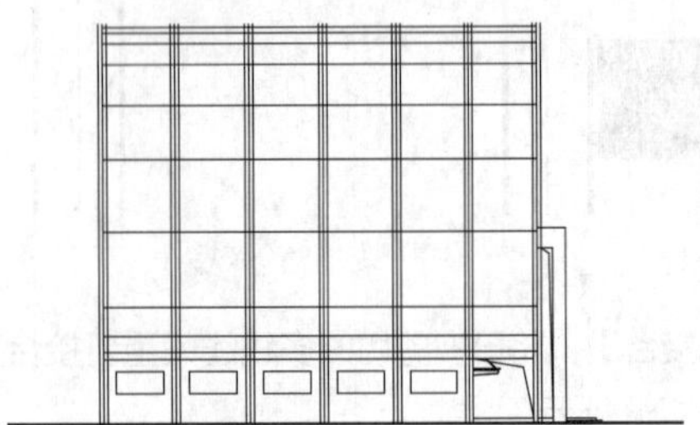

图 5-160 绘制多线

**Step 03** 调用E【删除】命令，删除辅助线，如图5-161所示。

**Step 04** 调用TR【修剪】命令，修剪多线内的线段，结果如图5-162所示。

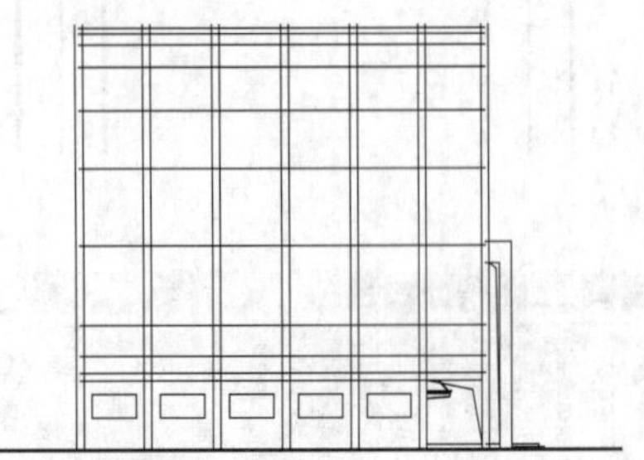

图 5-161 删除辅助线

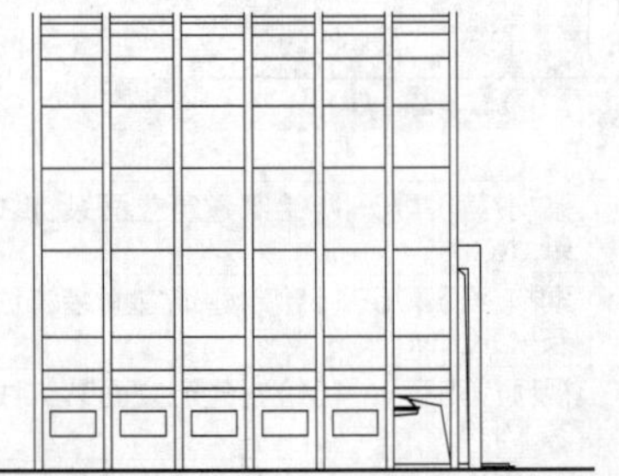

图 5-162 修剪多线内的线段

**Step 05** 调用L【直线】命令，绘制直线以闭合多线，完成立面装饰线条的绘制，结果如图5-163所示。

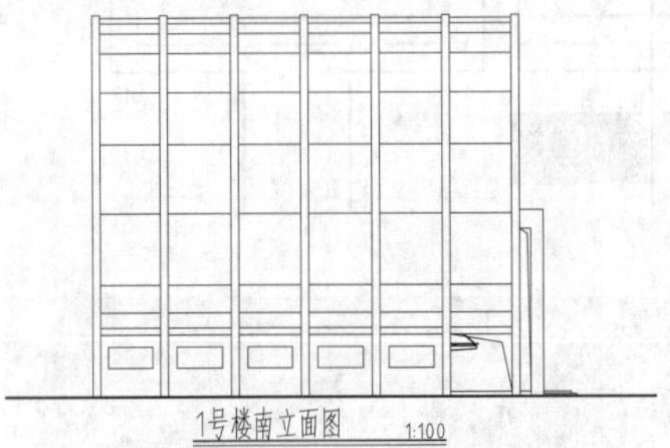


图 5-163 封闭图形

## 5.6 矩形与多边形

多边形图形包括矩形和正多边形，也是在绘图过程中使用较多的一类图形。

### 5.6.1 矩形

矩形就是我们通常说的长方形，是通过输入矩形的任意两个对角位置确定的，在 AutoCAD 中绘制矩形可以为其设置倒角、圆角以及宽度和厚度值，如图 5-164 所示。

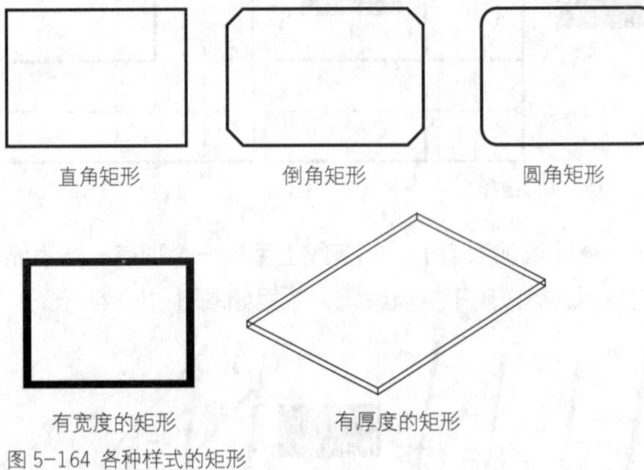


图 5-164 各种样式的矩形

**·执行方式**

调用【矩形】命令的方法如下。

◆功能区：在【默认】选项卡中，单击【绘图】面板中的【矩形】按钮□。

◆菜单栏：执行【绘图】|【矩形】菜单命令。

◆命令行：RECTANG 或 REC。

**·操作步骤**

执行该命令后，命令行提示如下。

```
命令: _RECTANG                    //执行【矩形】命令
指定第一个角点或 [倒角(C)/标高(E)/圆角(F)/厚度(T)/宽度(W)]:    //指定矩形的第一个角点
指定另一个角点或 [面积(A)/尺寸(D)/旋转(R)]:
                                  //指定矩形的对角点
```

**·选项说明**

在指定第一个角点前，有 5 个子选项，而指定第二个对角点的时候有 3 个，各选项含义具体介绍如下。

◆ “倒角（C）”：用来绘制倒角矩形，选择该选项后可指定矩形的倒角距离，如图 5-165 所示。设置该选项后，执行矩形命令时此值成为当前的默认值，若不需设置倒角，则要再次将其设置为 0。

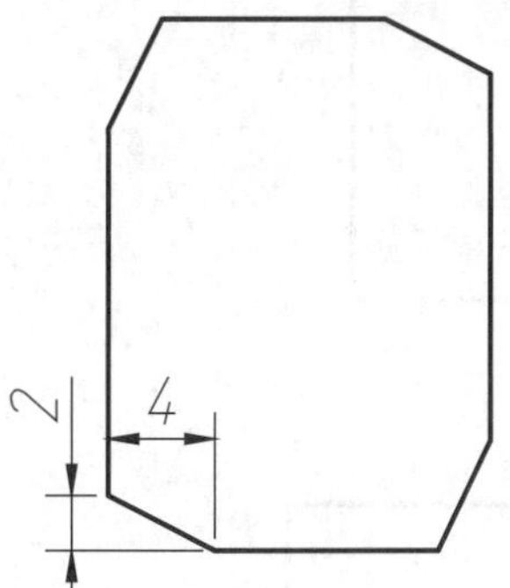


图 5-165 “倒角（C）”画矩形

```
命令: _RECTANG
指定第一个角点或 [倒角(C)/标高(E)/圆角(F)/厚度(T)/宽度(W)]: C        //选择“倒角”选项
指定矩形的第一个倒角距离 <0.0000>: 2        //输入第一个倒角距离
指定矩形的第二个倒角距离 <2.0000>: 4        //输入第二个倒角距离
指定第一个角点或 [倒角(C)/标高(E)/圆角(F)/厚度(T)/宽度(W)]:        //指定第一个角点
指定另一个角点或 [面积(A)/尺寸(D)/旋转(R)]: //指定第二个角点
```

◆ “标高（E）”：指定矩形的标高，即 Z 方向上的值。选择该选项后可在高为标高值的平面上绘制矩形，如图 5-166 所示。

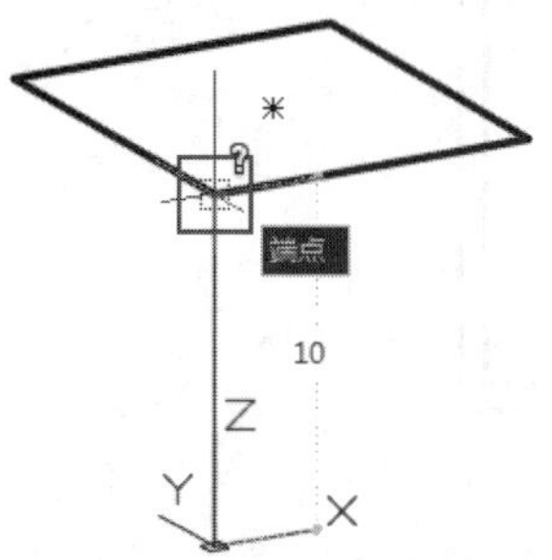


图 5-166 “标高（E）”画矩形

```
命令: _RECTANG
指定第一个角点或 [倒角(C)/标高(E)/圆角(F)/厚度(T)/宽度(W)]: E        //选择“标高”选项
指定矩形的标高 <0.0000>: 10        //输入标高
指定第一个角点或 [倒角(C)/标高(E)/圆角(F)/厚度(T)/宽度(W)]:        //指定第一个角点
指定另一个角点或 [面积(A)/尺寸(D)/旋转(R)]: //指定第二个角点
```

◆ “圆角（F）”：用来绘制圆角矩形。选择该选项后可指定矩形的圆角半径，绘制带圆角的矩形，如图 5-167 所示。

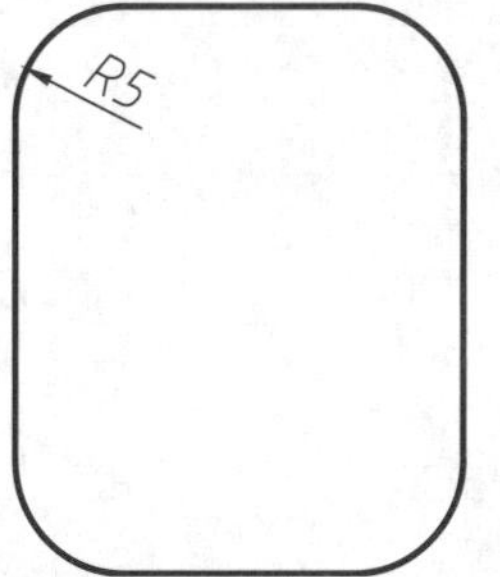


图 5-167 “圆角（F）”画矩形

```
命令: _RECTANG
指定第一个角点或 [倒角(C)/标高(E)/圆角(F)/厚度(T)/宽度(W)]: F        //选择“圆角”选项
指定矩形的圆角半径 <0.0000>: 5
//输入圆角半径值
指定第一个角点或 [倒角(C)/标高(E)/圆角(F)/厚度(T)/宽度(W)]:        //指定第一个角点
指定另一个角点或 [面积(A)/尺寸(D)/旋转(R)]: //指定第二个角点
```

**操作技巧**

如果矩形的长度和宽度太小而无法使用当前设置创建矩形时，绘制出来的矩形将不进行圆角或倒角。

◆ “厚度（T）”：用来绘制有厚度的矩形，该选项为要绘制的矩形指定 Z 轴上的厚度值，如图 5-168 所示。

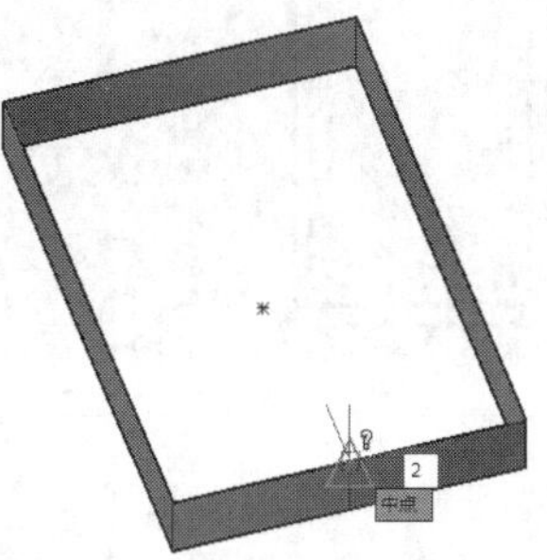


图 5-168 “厚度（T）”画矩形

```
命令: _RECTANG
指定第一个角点或 [倒角(C)/标高(E)/圆角(F)/厚度(T)/宽度(W)]: T
        //选择“厚度”选项
指定矩形的厚度 <0.0000>: 2        //输入矩形厚度值
指定第一个角点或 [倒角(C)/标高(E)/圆角(F)/厚度(T)/宽度(W)]:
        //指定第一个角点
指定另一个角点或 [面积(A)/尺寸(D)/旋转(R)]: //指定第二个角点
```

◆“宽度（W）”：用来绘制有宽度的矩形，该选项为要绘制的矩形指定线的宽度，效果如图5-169所示。

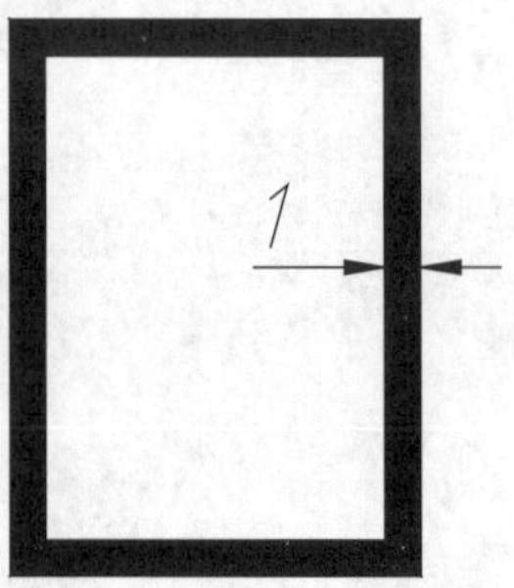

图 5-169 “宽度（W）”画矩形

```
命令: _RECTANG
指定第一个角点或 [倒角(C)/标高(E)/圆角(F)/厚度(T)/宽度(W)]: W        //选择"宽度"选项
指定矩形的线宽 <0.0000>: 1        //输入线宽值
指定第一个角点或 [倒角(C)/标高(E)/圆角(F)/厚度(T)/宽度(W)]:        //指定第一个角点
指定另一个角点或 [面积(A)/尺寸(D)/旋转(R)]: //指定第二个角点
```

◆面积：该选项提供另一种绘制矩形的方式，即通过确定矩形面积大小的方式绘制矩形。

◆尺寸：该选项通过输入矩形的长和宽确定矩形的大小。

◆旋转：选择该选项，可以指定绘制矩形的旋转角度。

## 练习 5-16 绘制建筑立面窗

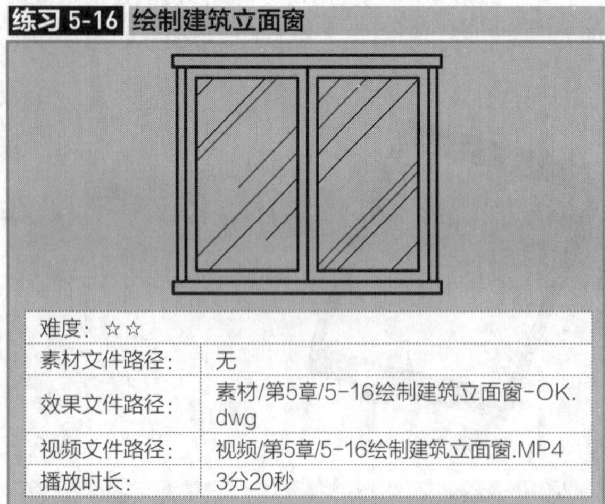

| 难度：☆☆ | |
|---|---|
| 素材文件路径： | 无 |
| 效果文件路径： | 素材/第5章/5-16绘制建筑立面窗-OK.dwg |
| 视频文件路径： | 视频/第5章/5-16绘制建筑立面窗.MP4 |
| 播放时长： | 3分20秒 |

本节介绍建筑立面窗图形的绘制方法。

**Step 01** 启动AutoCAD 2016，新建一空白文档。

**Step 02** 绘制立面窗轮廓。输入REC执行【矩形】命令，绘制尺寸为1740×1467的矩形，接着输入L执行【直线】命令，以矩形上方边的中点为起点，以矩形下方边的中点为直线的端点，绘制直线的结果如图5-170所示。

**Step 03** 单击【绘图】面板中的【矩形】按钮▭，捕捉左上角点为第一角点，绘制尺寸为720×1317的矩形，然后输入M执行【移动】命令，将矩形移动至如图5-171所示的位置。

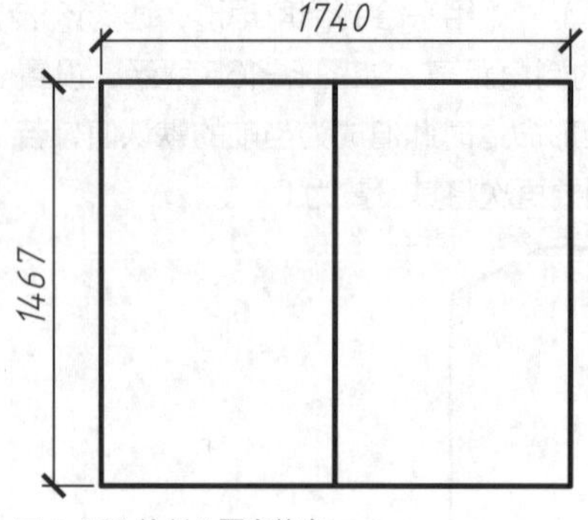

图 5-170 绘制立面窗轮廓

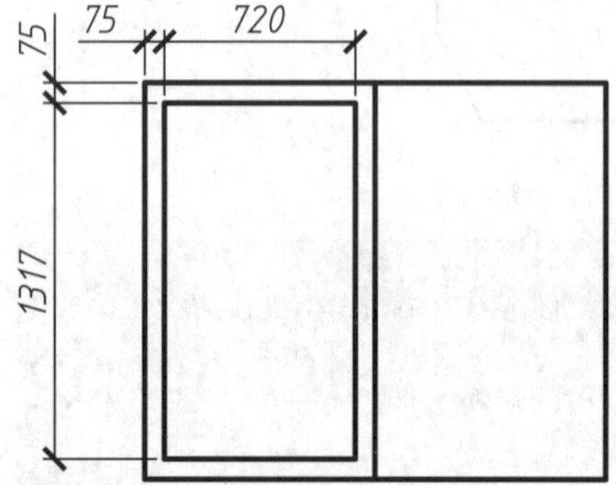

图 5-171 绘制并移动矩形

**Step 04** 输入MI执行【镜像】命令，将新绘制的矩形进行镜像操作，如图5-172所示。

**Step 05** 绘制檐板。单击【绘图】面板中的【矩形】按钮▭，绘制尺寸为1960×80的矩形，并将该矩形的底边中点对齐在第一个矩形的顶边中点上，如图5-173所示。

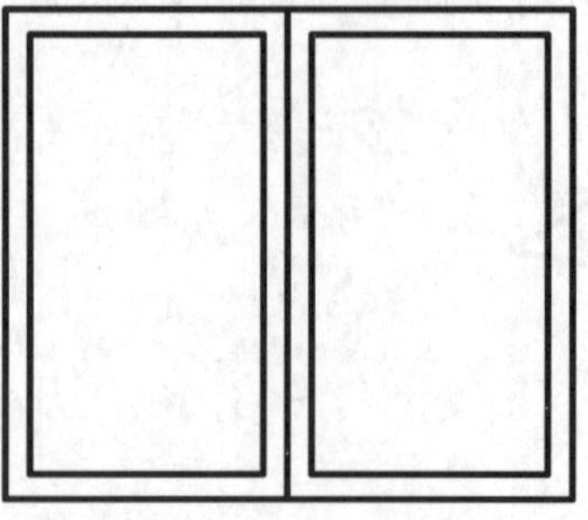
图 5-172 镜像图形

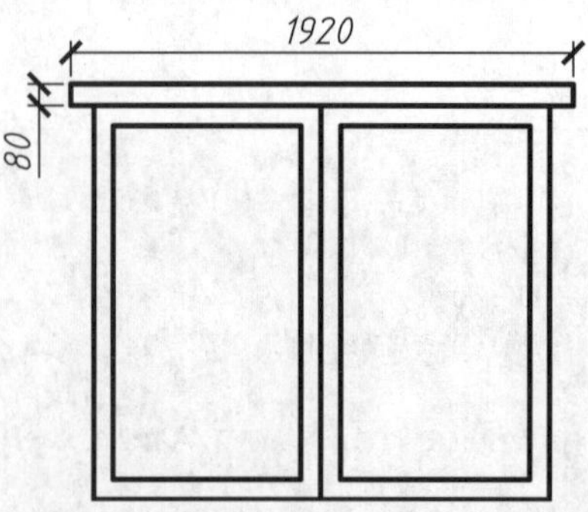

图 5-173 绘制檐板

**Step 06** 绘制窗台板。输入MI执行【镜像】命令，并将绘制的1960×80的矩形进行镜像，结果如图5-174所示。

**Step 07** 绘制窗套。输入REC执行【矩形】命令，绘制尺寸为60×1467的矩形，完成窗套轮廓线的绘制结果如图5-175所示。

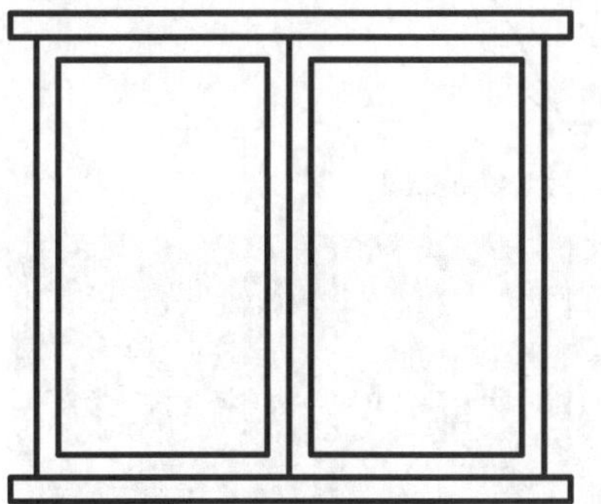

图 5-174 绘制窗台板

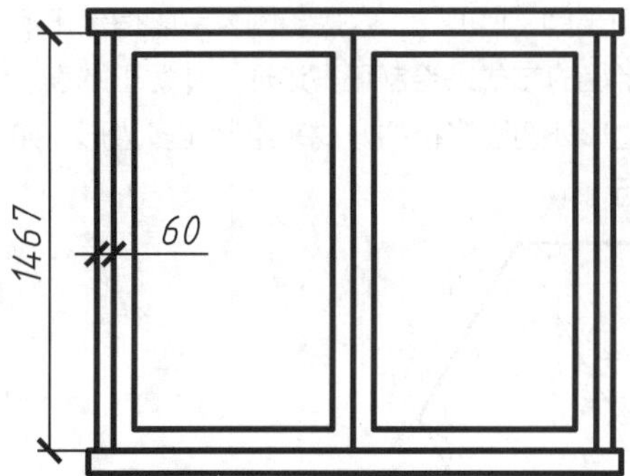


图 5-175 绘制窗套

**Step 08** 制玻璃图案。输入H执行【图案填充】命令，选择其中的“设置（T）”子选项，在弹出的【图案填充和渐变色】对话框中设置填充参数如图5-176所示。

**Step 09** 单击对话框中的【添加：拾取点】按钮，选取尺寸为1467×870的矩形为填充区域，填充的玻璃图案结果如图5-177所示。

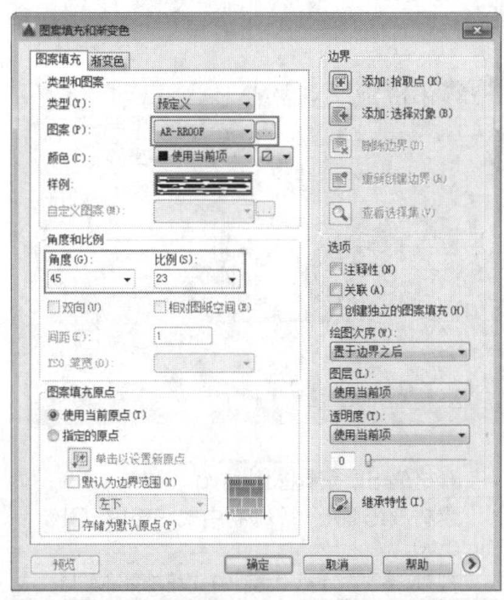


图 5-176 【图案填充和渐变色】对话框

图 5-177 填充的玻璃图案

## 5.6.2 多边形

正多边形是由 3 条或 3 条以上长度相等的线段首尾相接形成的闭合图形，其边数范围值在 3 ~ 1024，图 5-178 所示为各种正多边形效果。

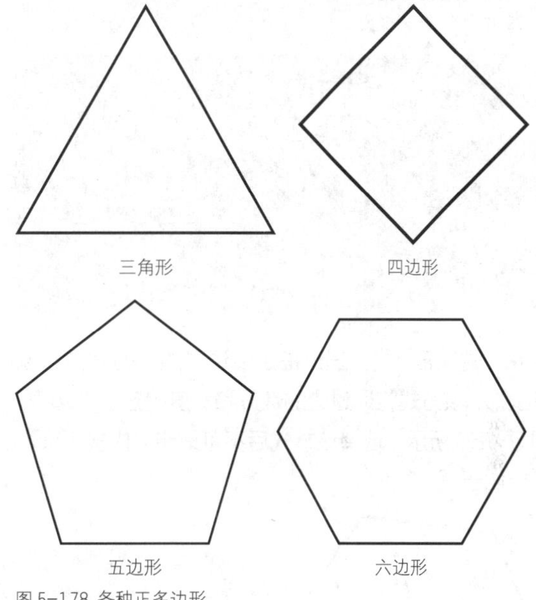


图 5-178 各种正多边形

**• 执行方式**

启动【多边形】命令有以下 3 种方法。

◆功能区：在【默认】选项卡中，单击【绘图】面板中的【多边形】按钮。

◆菜单栏：选择【绘图】|【多边形】菜单命令。

◆命令行：POLYGON 或 POL。

**• 操作步骤**

执行【多边形】命令后，命令行将出现如下提示。

```
命令: POLYGON↙                //执行【多边形】命令
输入侧面数 <4>:
//指定多边形的边数，默认状态为四边形
指定正多边形的中心点或 [边(E)]:
//确定多边形的一条边来绘制正多边形，由边数和边长确定
输入选项 [内接于圆(I)/外切于圆(C)] <I>:
//选择正多边形的创建方式
```

```
指定圆的半径:
//指定创建正多边形时的内接于圆或外切于圆的半径
```

**·选项说明**

执行【多边形】命令时，在命令行中共有 4 种绘制方法，各方法具体介绍如下。

◆中心点：通过指定正多边形中心点的方式来绘制正多边形，为默认方式，如图 5-179 所示。

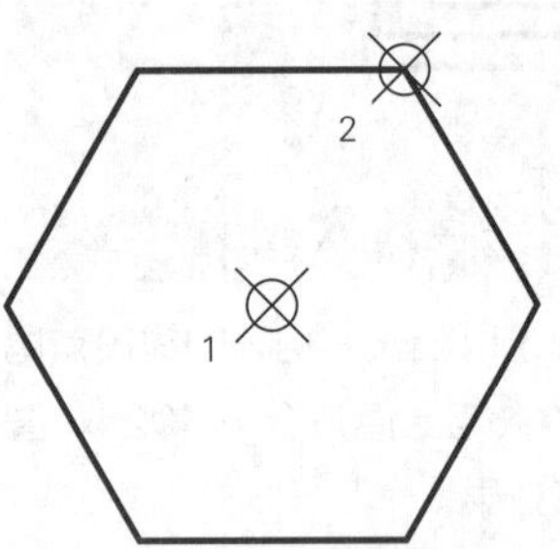


图 5-179 中心点绘制多边形

```
命令: _POLYGON
输入侧面数 <5>: 6                    //指定边数
指定正多边形的中心点或 [边(E)]:
                                     //指定中心点1
输入选项 [内接于圆(I)/外切于圆(C)] <I>:
                                     //选择多边形创建方式
指定圆的半径: 100
                                     //输入圆半径或指定端点2
```

◆“边（E）”：通过指定多边形边的方式来绘制正多边形。该方式将通过边的数量和长度确定正多边形，如图 5-180 所示。选择该方式后不可指定“内接于圆”或“外切于圆”选项。

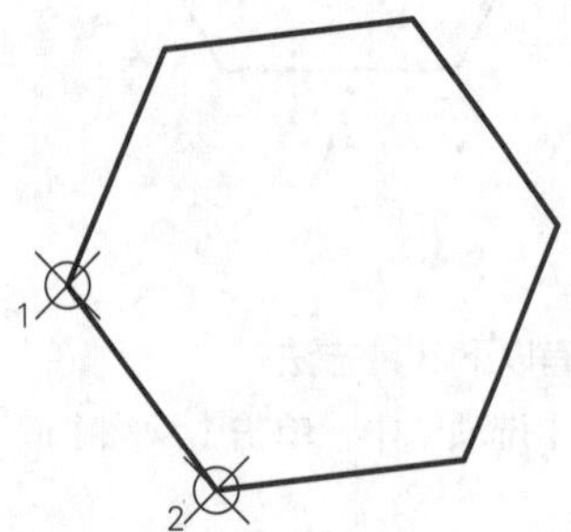


图 5-180 “边（E）”绘制多边形

```
命令: _POLYGON
输入侧面数 <5>: 6                    //指定边数
指定正多边形的中心点或 [边(E)]: E     //选择“边”选项
指定边的第一个端点:                   //指定多边形某条边的端点1
指定边的第一个端点:                   //指定多边形某条边的端点2
```

◆“内接于圆（I）”：该选项表示以指定正多边形内接圆半径的方式来绘制正多边形，如图 5-181 所示。

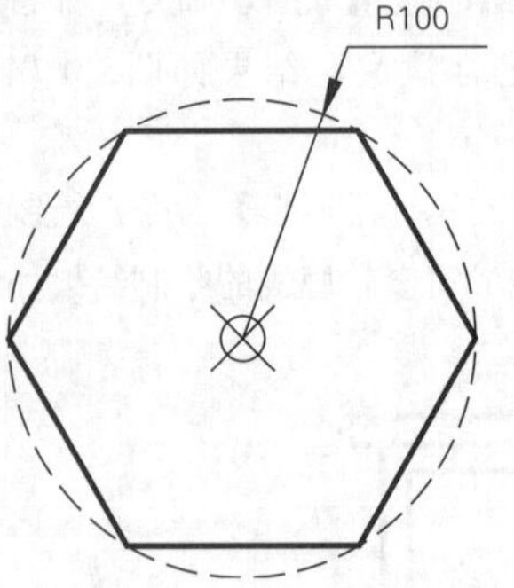


图 5-181 “内接于圆（I）”绘制多边形

```
命令: _POLYGON
输入侧面数 <5>: 6                                  //指定边数
指定正多边形的中心点或 [边(E)]:                     //指定中心点
输入选项 [内接于圆(I)/外切于圆(C)] <I>: //选择“内接于圆”方式
指定圆的半径: 100                                  //输入圆半径
```

◆“外切于圆（C）”：内接于圆表示以指定正多边形内接圆半径的方式来绘制正多边形；外切于圆表示以指定正多边形外切圆半径的方式来绘制正多边形，如图 5-182 所示。

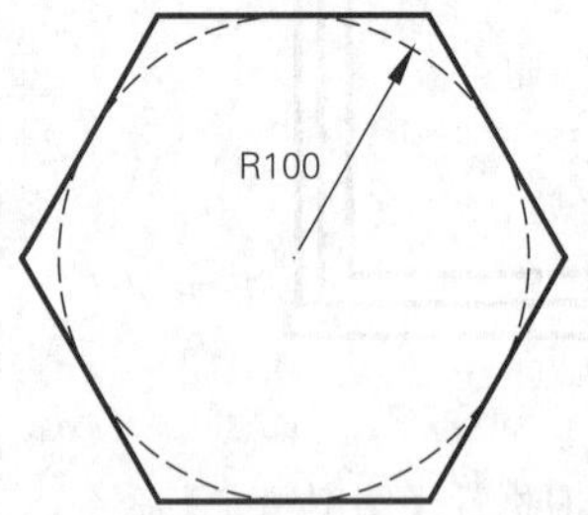


图 5-182 “外切于圆（C）”绘制多边形

```
命令: _POLYGON
输入侧面数 <5>: 6                                  //指定边数
指定正多边形的中心点或 [边(E)]:                     //指定中心点
输入选项 [内接于圆(I)/外切于圆(C)] <I>: C
                                        //选择“外切于圆”方式
指定圆的半径: 100                                  //输入圆半径
```

**练习 5-17 绘制中式花格窗**

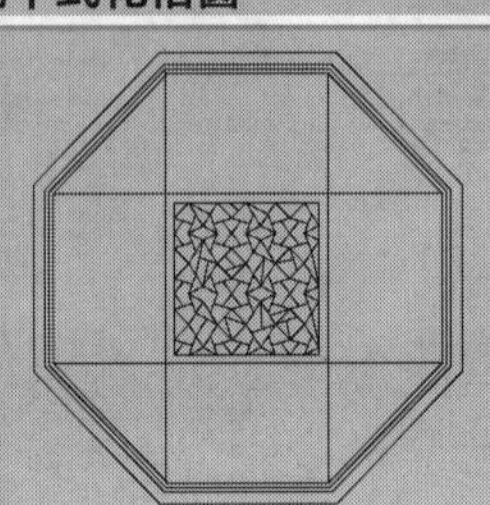

| 难度：☆☆ | |
|---|---|
| 素材文件路径： | 素材/第5章家具图例.dwg |
| 效果文件路径： | 素材/第5章/5-17绘制中式花格窗-OK.dwg |
| 视频文件路径： | 视频/第5章/5-17绘制中式花格窗.MP4 |
| 播放时长： | 1分54秒 |

本实例介绍中式花格窗的绘制方法。首先选择【多边形】命令，绘制花格窗的外轮廓，然后选择【偏移】命令，向内偏移多边形，以表现花格窗富有层次的外轮廓。

**Step 01** 启动AutoCAD 2016，新建一个空白文档。

**Step 02** 选择【绘图】|【多边形】命令，绘制边数为8、半径为550的八边形，结果如图5-183所示。

**Step 03** 调用O【偏移】命令，设置偏移距离分别为27、10、10，向内偏移八边形，结果如图5-184所示。

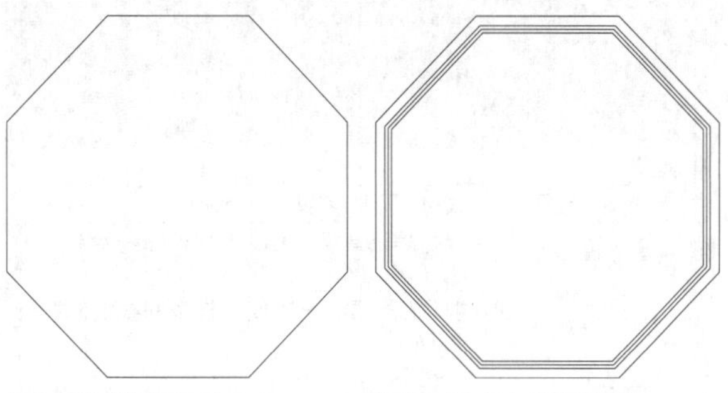

图 5-183 绘制八边形　　图 5-184 向内偏移八边形

**Step 04** 调用L【直线】命令，绘制直线，结果如图5-185所示。

**Step 05** 从配套资源提供的“第5章\家具图例.dwg”文件中提取实木花格图形，完成中式花格窗图形的绘制，结果如图5-186所示。

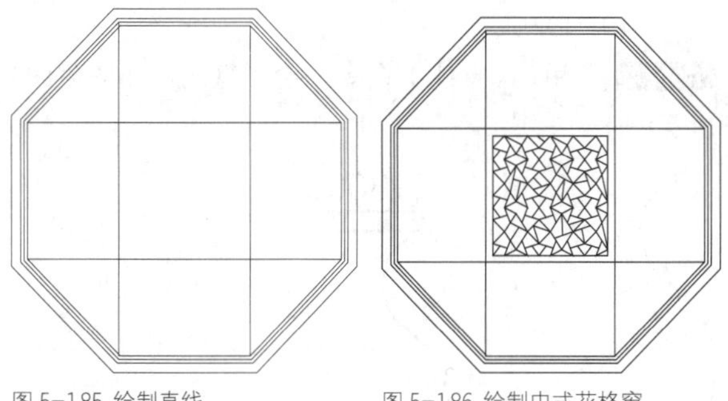

图 5-185 绘制直线　　图 5-186 绘制中式花格窗

## 5.7 样条曲线

样条曲线是经过或接近一系列给定点的平滑曲线，它能够自由编辑，以及控制曲线与点的拟合程度。在景观设计中，常用来绘制水体、流线形的园路及模纹等；在建筑制图中，常用来表示剖面符号等图形；在机械产品设计领域则常用来表示某些产品的轮廓线或剖切线。

### 5.7.1 绘制样条曲线 ★重点★

在 AutoCAD 2016 中，样条曲线可分为“拟合点样条曲线”和“控制点样条曲线”两种，“拟合点样条曲线”的拟合点与曲线重合，如图 5-187 所示；“控制点样条曲线”是通过曲线外的控制点控制曲线的形状，如图 5-188 所示。

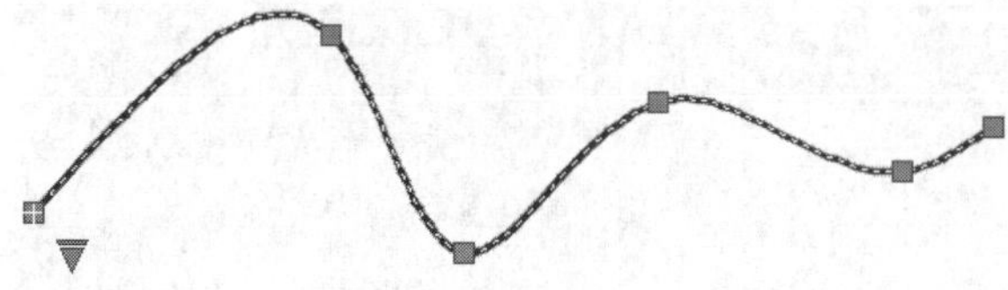

图 5-187 拟合点样条曲线

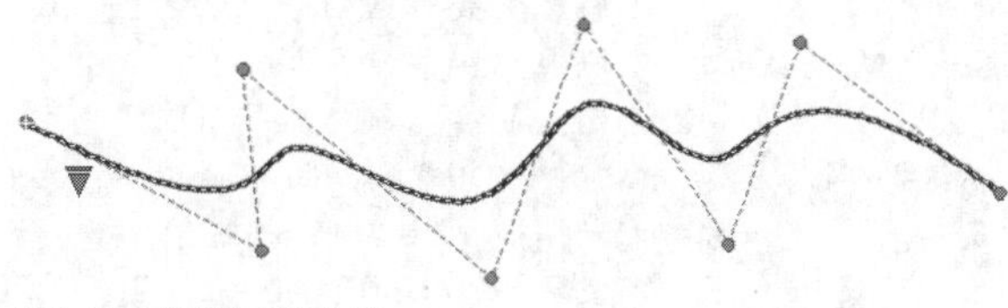

图 5-188 控制点样条曲线

**·执行方式**

调用【样条曲线】命令的方法如下。

◆功能区：单击【绘图】滑出面板上的【样条曲线拟合】按钮或【样条曲线控制点】按钮，如图 5-189 所示。

◆菜单栏：选择【绘图】|【样条曲线】命令，然后在子菜单中选择【拟合点】或【控制点】命令，如图 5-190 所示。

◆命令行：SPLINE 或 SPL。

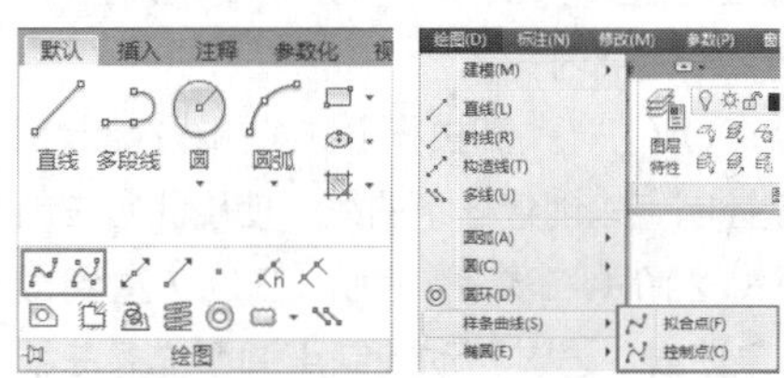


图 5-189 【绘图】面板中的样条曲线按钮　图 5-190 样条曲线的菜单命令

**·操作步骤**

执行【样条曲线拟合】命令时，命令行操作介绍如下。

```
命令: _SPLINE        //执行【样条曲线拟合】命令
当前设置: 方式=拟合  节点=弦
                     //显示当前样条曲线的设置
指定第一个点或 [方式(M)/节点(K)/对象(O)]: _M
                     //系统自动选择
输入样条曲线创建方式 [拟合(F)/控制点(CV)] <拟合>: _FIT
          //系统自动选择“拟合”方式
当前设置: 方式=拟合  节点=弦
                     //显示当前方式下的样条曲线设置
指定第一个点或 [方式(M)/节点(K)/对象(O)]:
                     //指定样条曲线起点或选择创建方式
输入下一个点或 [起点切向(T)/公差(L)]:
                     //指定样条曲线上的第2点
输入下一个点或 [端点相切(T)/公差(L)/放弃(U)/闭合(C)]:
                     //指定样条曲线上的第3点
                     //要创建样条曲线，最少需指定3个点
```

执行【样条曲线控制点】命令时，命令行操作介绍如下。

```
命令: _SPLINE        //执行【样条曲线控制点】命令
当前设置: 方式=控制点  阶数=3
                              //显示当前样条曲线的设置
指定第一个点或 [方式(M)/阶数(D)/对象(O)]: _M
                     //系统自动选择
输入样条曲线创建方式 [拟合(F)/控制点(CV)] <拟合>: _CV
                     //系统自动选择“控制点”方式
当前设置: 方式=控制点  阶数=3
                     //显示当前方式下的样条曲线设置
指定第一个点或 [方式(M)/阶数(D)/对象(O)]:
                     //指定样条曲线起点或选择创建方式
输入下一个点:        //指定样条曲线上的第2点
输入下一个点或 [闭合(C)/放弃(U)]:
                              //指定样条曲线上的第3点
```

**·选项说明**

虽然在AutoCAD 2016中，绘制样条曲线有【样条曲线拟合】和【样条曲线控制点】两种方式，但是操作过程却基本一致，只有少数选项有区别（“节点”与“阶数”），因此命令行中各选项均统一介绍如下。

◆“拟合（F）”：即执行【样条曲线拟合】方式，通过指定样条曲线必须经过的拟合点来创建3阶（3次）B样条曲线。在公差值大于0（零）时，样条曲线必须在各个点的指定公差距离内。

◆“控制点（CV）”：即执行【样条曲线控制点】方式，通过指定控制点来创建样条曲线。使用此方法创建1阶（线性）、2阶（二次）、3阶（3次）直到最高为10阶的样条曲线。通过移动控制点调整样条曲线的形状通常可以提供比移动拟合点更好的效果。

◆“节点（K）”：指定节点参数化，是一种计算方法，用来确定样条曲线中连续拟合点之间的零部件曲线如何过渡。该选项下分3个子选项，“弦”“平方根”和“统一”，具体介绍请见本节的“初学解答：样条曲线的节点”。

◆“阶数（D）”：设置生成的样条曲线的多项式阶数。使用此选项可以创建1阶（线性）、2阶（二次）、3阶（3次）直到最高10阶的样条曲线。

◆“对象（O）”：执行该选项后，选择二维或三维的、二次或3次的多段线，可将其转换成等效的样条曲线，如图5-19所示。

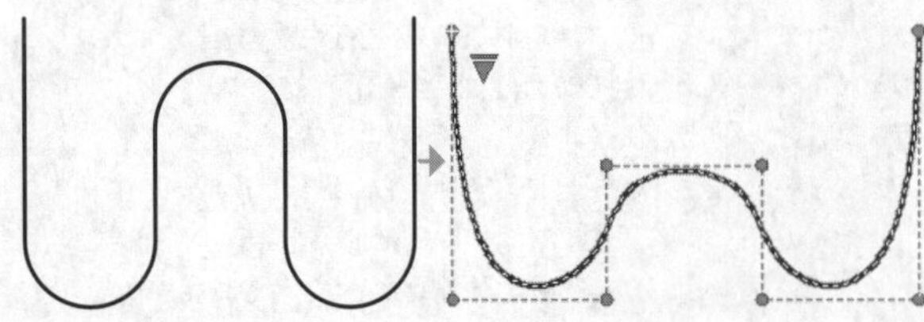

图5-191 将多段线转为样条曲线

**操作技巧**

根据DELOBJ系统变量的设置，可设置保留或放弃原多段线。

## 练习 5-18 使用样条曲线绘制花瓶

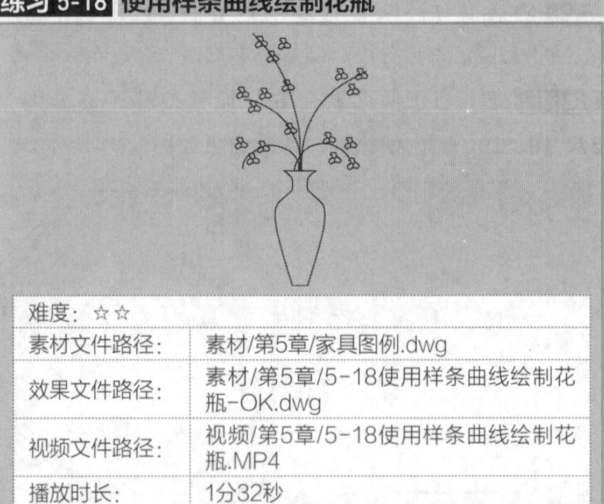

| 难度：☆☆ | |
|---|---|
| 素材文件路径： | 素材/第5章/家具图例.dwg |
| 效果文件路径： | 素材/第5章/5-18使用样条曲线绘制花瓶-OK.dwg |
| 视频文件路径： | 视频/第5章/5-18使用样条曲线绘制花瓶.MP4 |
| 播放时长： | 1分32秒 |

本实例使用样条曲线绘制花瓶。由于花瓶的外轮廓为圆滑的线条，因此使用【样条曲线】命令进行绘制，然后再使用【直线】命令、【圆】命令来绘制花瓶上的图案。

**Step 01** 调用SPL【样条曲线】命令，绘制花瓶外轮廓线，如图5-192所示。

**Step 02** 调用L【直线】命令，绘制直线，如图5-193所示。

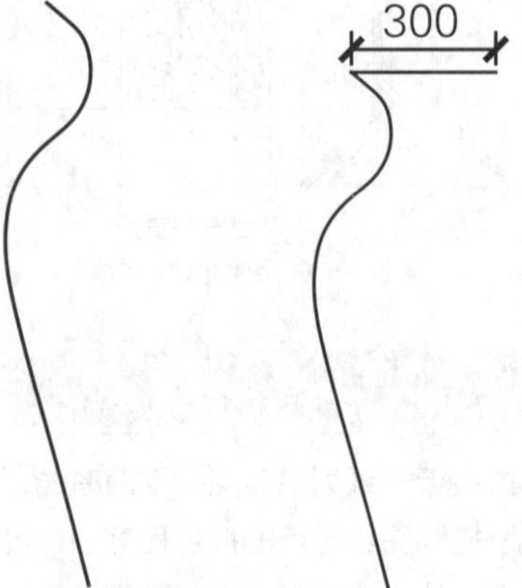


图5-192 绘制样条曲线　图5-193 绘制直线

**Step 03** 调用MI【镜像】命令，镜像复制轮廓线，结果如图5-194所示。

**Step 04** 调用L【直线】命令，绘制直线，封闭轮廓，结果如图5-195所示。

图 5-194 镜像复制轮廓线　图 5-195 绘制直线

**Step 05** 从配套资源提供的"第5章\家具图例.dwg"文件中调入干花图形到合适位置，如图5-196所示。插花花瓶绘制完成。

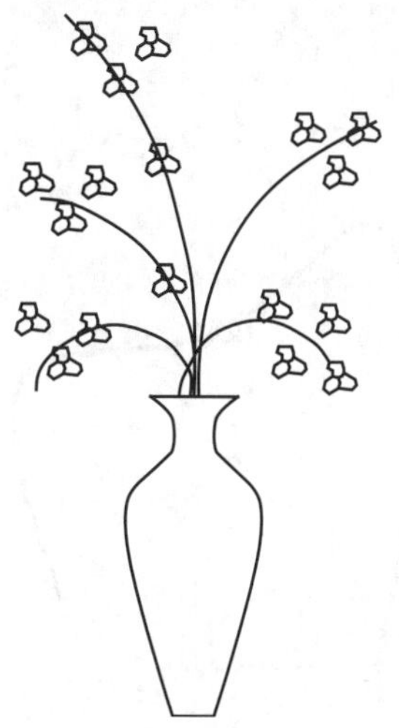

图 5-196 调入干花图形

**·初学解答** 样条曲线的节点

在执行【样条曲线拟合】命令时，指定第一点之前命令行中会出现如下操作提示。

```
指定第一个点或 [方式(M)/节点(K)/对象(O)]:
```

如果选择"节点（K）"选项，则会出现如下提示，共 3 个子选项，分别介绍如下。

```
输入节点参数化 [弦(C)/平方根(S)/统一(U)] <弦>:
```

◆"弦（C）"：（弦长方法）均匀隔开连接每个部件曲线的节点，使每个关联的拟合点对之间的距离成正比，如图 5-197 中的实线所示。

◆"平方根（S）"：（向心方法）均匀隔开连接每个部件曲线的节点，使每个关联的拟合点对之间的距离的平方根成正比。此方法通常会产生更"柔和"的曲线，如图 5-197 中的虚线所示。

◆"统一（U）"：（等间距分布方法）。均匀隔开每个零部件曲线的节点，使其相等，而不管拟合点的间距如何。此方法通常可生成泛光化拟合点的曲线，如图 5-197 中的点画线所示。

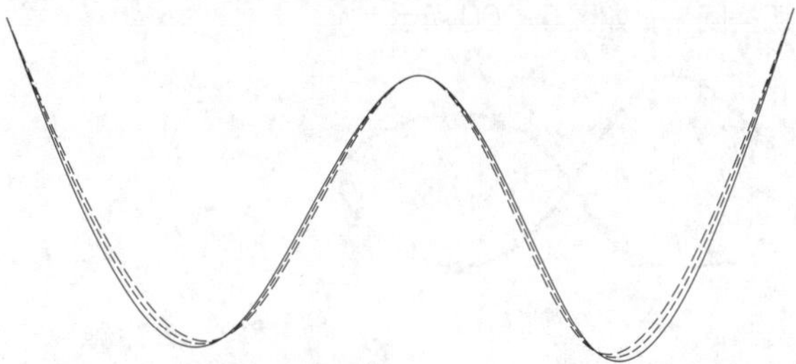

图 5-197 样条曲线中各节点选项效果

## 5.7.2 编辑样条曲线

与【多线】一样，AutoCAD 2016 也提供了专门编辑【样条曲线】的工具。由 SPLINE 命令绘制的样条曲线具有许多特征，如数据点的数量及位置、端点特征性及切线方向等，用 SPLINEDIT（编辑样条曲线）命令可以改变曲线的这些特征。

**·执行方式**

要对样条曲线进行编辑，有以下 3 种方法。

◆功能区：在【默认】选项卡中，单击【修改】面板中的【编辑样条曲线】按钮，如图 5-198 所示。

◆菜单栏：选择【修改】|【对象】|【样条曲线】菜单命令，如图 5-199 所示。

◆命令行：SPEDIT。

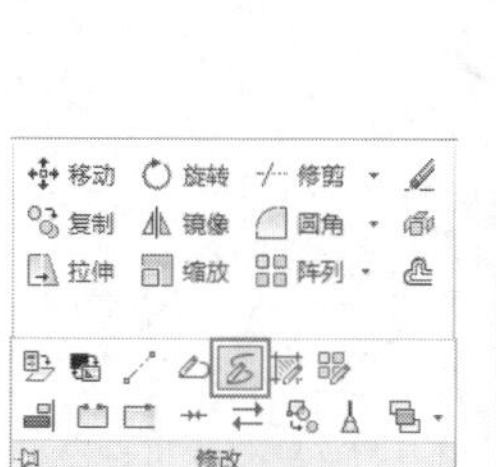


图 5-198 【修改】面板中的编辑【样条曲线】按钮

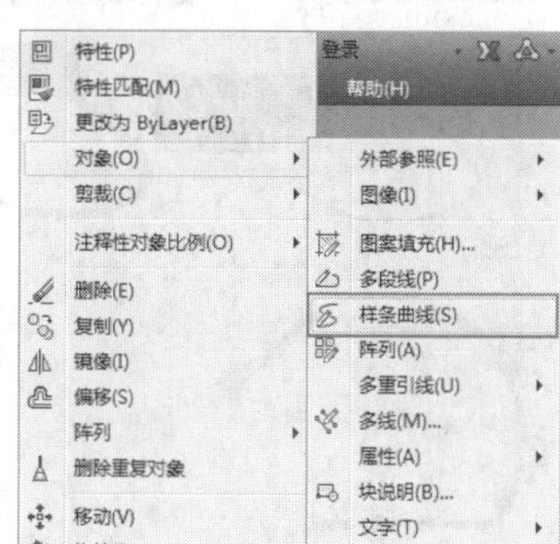


图 5-199 【菜单栏】调用【样条曲线】编辑命令

**·操作步骤**

按上述方法执行【编辑样条曲线】命令后，选择要编辑的样条曲线，便会在命令行中出现如下提示。

```
输入选项[闭合(C)/合并(J)/拟合数据(F)/编辑顶点(E)/转换为多线段(P)/反转(R)/放弃(U)/退出(X)]:<退出>
```

选择其中的子选项即可执行对应命令。

**·选项说明**

命令行中各选项的含义说明如下。

## 1 闭合（C）

用于闭合开放的样条曲线，执行此选项后，命令将自动变为【打开(O)】，如果再执行【打开】命令又会切换回来，如图 5-200 所示。

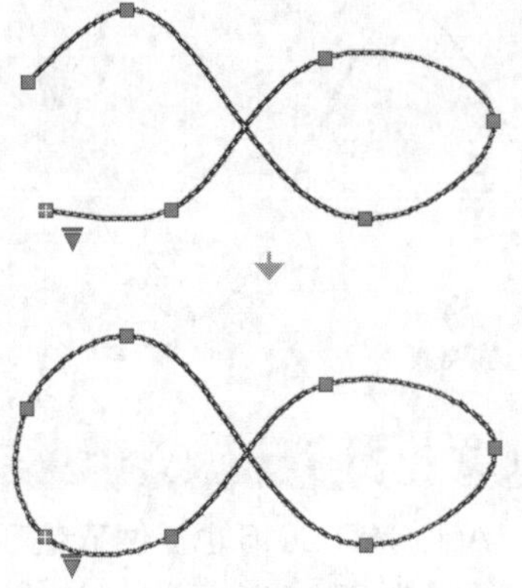

图 5-200 闭合的编辑效果

## 2 合并（J）

将选定的样条曲线与其他样条曲线、直线、多段线和圆弧在重合端点处合并，以形成一个较大的样条曲线。对象在连接点处使用扭折连接在一起（C0 连续性），如图 5-201 所示。

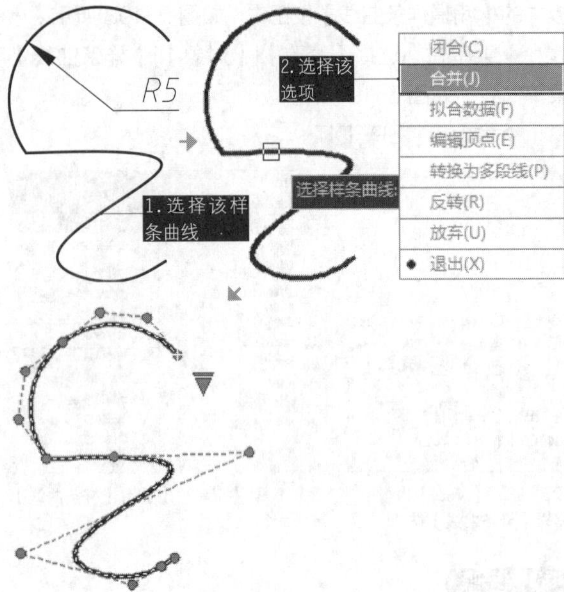


图 5-201 将其他图形合并至样条曲线

## 3 拟合数据（F）

用于编辑"拟合点样条曲线"的数据。拟合数据包括所有的拟合点、拟合公差及绘制样条曲线时与之相关联的切线。

选择该选项后，样条曲线上各控制点将会被激活，命令行提示如下。

```
输入拟合数据选项[添加(A)/闭合(C)/删除(D)/扭折(K)/移动(M)/清理(P)/切线(T)/公差(L)/退出(X)]:<退出>:
```

对应的选项表示各个拟合数据编辑工具，各选项的含义如下。

◆ "添加（A）"：为样条曲线添加新的控制点。选择一个拟合点后，请指定要以下一个拟合点（将自动亮显）方向添加到样条曲线的新拟合点；如果在开放的样条曲线上选择了最后一个拟合点，则新拟合点将添加到样条曲线的端点；如果在开放的样条曲线上选择第一个拟合点，则可以选择将新拟合点添加到第一个点之前或之后。效果如图 5-202 所示。

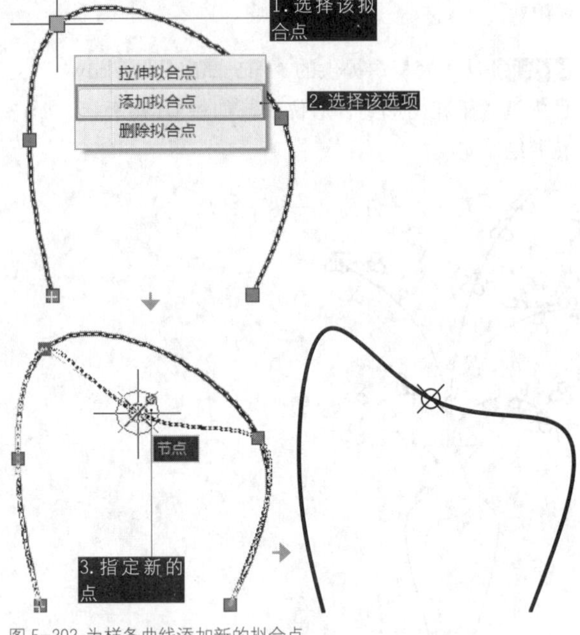


图 5-202 为样条曲线添加新的拟合点

◆ "闭合（J）"：用于闭合开放的样条曲线，效果同之前介绍的"闭合（C）"，如图 5-200 所示。

◆ "删除（D）"：用于删除样条曲线的拟合点并重新用其余点拟合样条曲线，如图 5-203 所示。

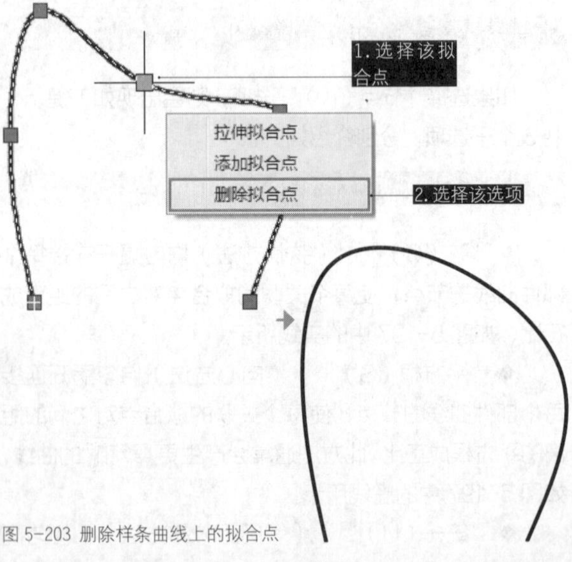


图 5-203 删除样条曲线上的拟合点

◆ “扭折（K）”：凭空在样条曲线上的指定位置添加节点和拟合点，这不会保持在该点的相切或曲率连续性，效果如图 5-204 所示。

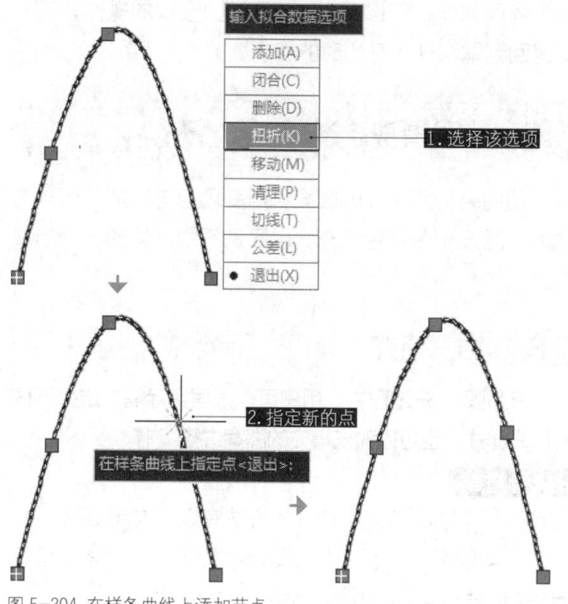

图 5-204 在样条曲线上添加节点

◆ “移动（M）”：可以依次将拟合点移动到新位置。

◆ “清理（P）”：从图形数据库中删除样条曲线的拟合数据，将样条曲线从“拟合点”转换为“控制点”，如图 5-205 所示。

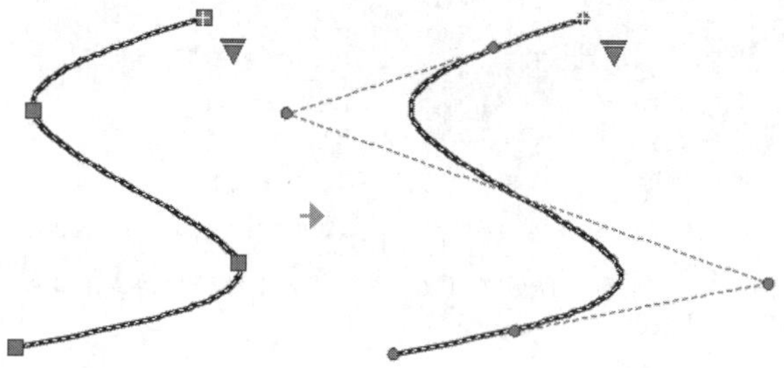
图 5-205 将样条曲线从“拟合点”转换为“控制点”

◆ “切线（T）”：更改样条曲线的开始和结束切线。指定点以建立切线方向。可以使用对象捕捉，如垂直或平行，效果如图 5-206 所示。

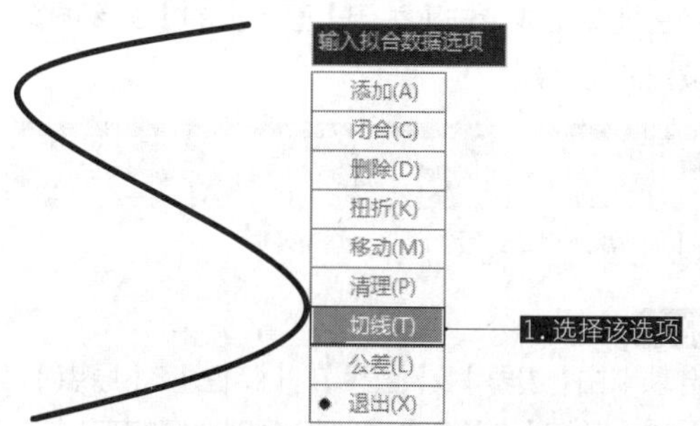

图 5-206 修改样条曲线的切线方向

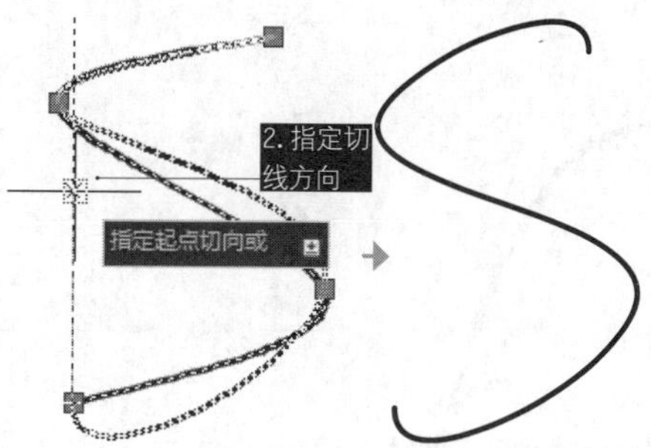

图 5-206 修改样条曲线的切线方向（续）

◆ “公差（L）”：重新设置拟合公差的值。

◆ “退出（X）”：退出拟合数据编辑。

### 4 编辑顶点（E）

用于精密调整“控制点样条曲线”的顶点，选取该选项后，命令行提示如下。

```
输入顶点编辑选项 [添加(A)/删除(D)/提高阶数(E)/移动(M)/权值(W)/退出(X)] <退出>:
```

应的选项表示编辑顶点的多个工具，各选项的含义如下。

◆ “添加（A）”：在位于两个现有的控制点之间的指定点处添加一个新控制点，如图 5-207 所示。

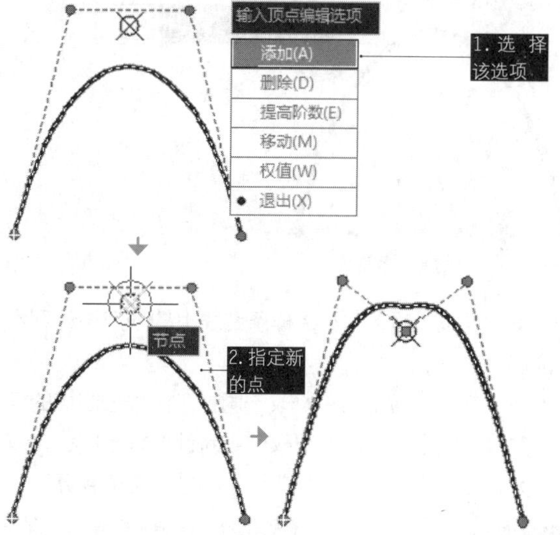

图 5-207 在样条曲线上添加顶点

◆ “删除（D）”：删除样条曲线的顶点，如图 5-208 所示。

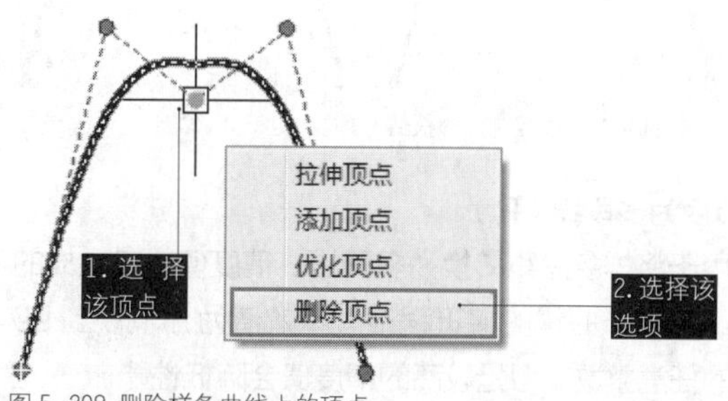

图 5-208 删除样条曲线上的顶点

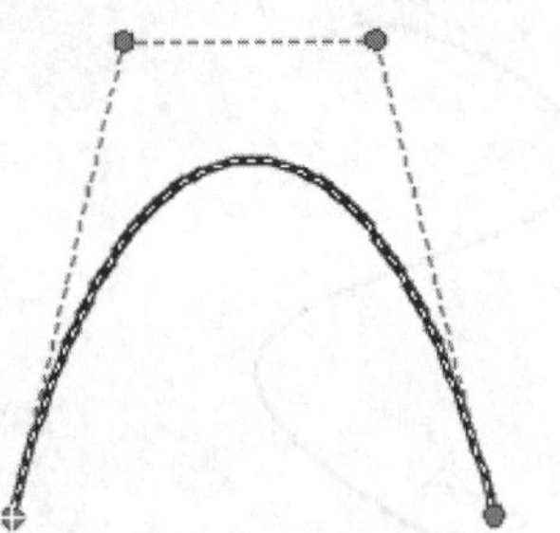

图 5-208 删除样条曲线上的顶点（续）

◆ “提高阶数（E）”：增大样条曲线的多项式阶数（阶数加 1），阶数最高为 26。这将增加整个样条曲线的控制点的数量，效果如图 5-209 所示。

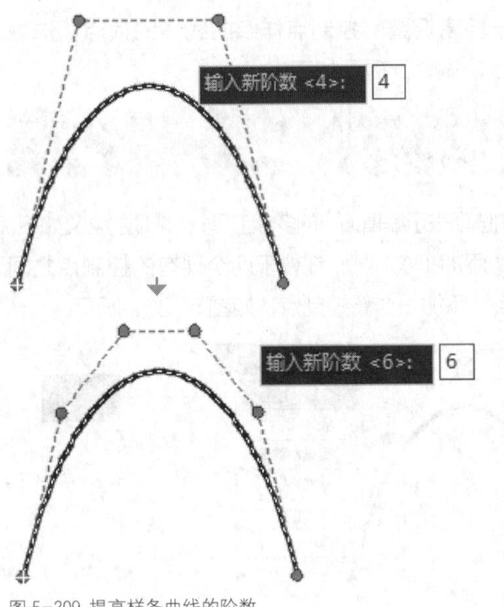


图 5-209 提高样条曲线的阶数

◆ “移动（M）”：将样条曲线上的顶点移动到合适位置。

◆ “权值（W）”：修改不同样条曲线控制点的权值，并根据指定控制点的新权值重新计算样条曲线。权值越大，样条曲线越接近控制点，如图 5-210 所示。

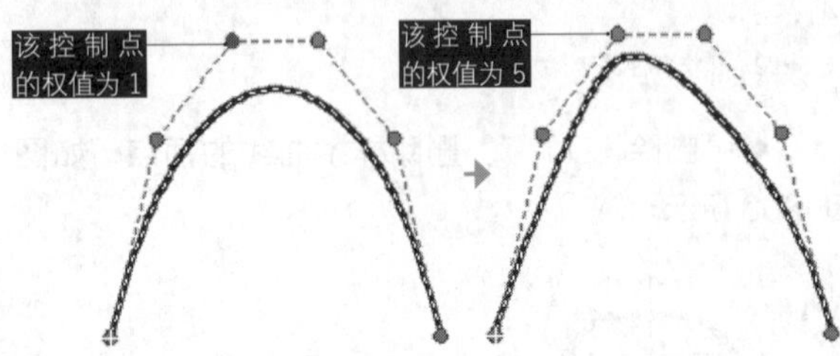


图 5-210 提高样条曲线控制点的权值

**5 转换为多段线（P）**

用于将样条曲线转换为多段线。精度值决定生成的多段线与样条曲线的接近程度，有效值为介于 0 到 99 之间的任意整数。但是较高的精度值会降低性能。

**6 反转（E）**

可以反转样条曲线的方向。

**7 放弃（U）**

还原操作，每选择一次将取消上一次的操作，可一直返回到编辑任务开始时的状态。

## 5.8 图案填充与渐变色填充

使用 AutoCAD 的图案和渐变色填充功能，可以方便地对图案和渐变色填充，以区别不同形体的各个组成部分。

### 5.8.1 图案填充

**在图案填充过程中，用户可以根据实际需求选择不同的填充样式，也可以对已填充的图案进行编辑。**

**• 执行方式**

执行【图案填充】命令的方法有以下常用 3 种。

◆ 功能区：在【默认】选项卡中，单击【绘图】面板中的【图案填充】按钮，如图 5-211 所示。

◆ 菜单栏：选择【绘图】|【图案填充】菜单命令，如图 5-212 所示。

◆ 命令行：BHATCH 或 CH 或 H。

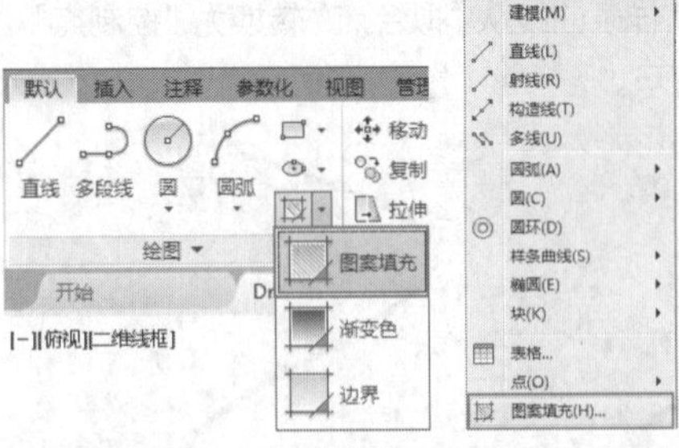


图 5-211 【绘图】面板中的【图案填充】按钮　图 5-212 【图案填充】菜单命令

**• 操作步骤**

在 AutoCAD 中执行【图案填充】命令后，将显示【图案填充创建】选项卡，如图 5-213 所示。选择所选的填充图案，在要填充的区域中单击，生成效果预览，然后于空白处单击或单击【关闭】面板上的【关闭图案填充】按钮即可创建。

图 5-213 【图案填充创建】选项卡

**• 选项说明**

该选项卡由【边界】、【图案】、【特性】、【原点】、【选项】和【关闭】6 个面板组成，分别介绍如下。

**◎【边界】面板**

图 5-214 所示为展开【边界】面板中隐藏的选项，

其面板中各选项的含义。

◆【拾取点】：单击此按钮，然后在填充区域中单击一点，AutoCAD 自动分析边界集，并从中确定包围该店的闭合边界。

◆【选择】：单击此按钮，然后根据封闭区域选择对象确定边界。可通过选择封闭对象的方法确定填充边界，但并不自动检测内部对象，如图 5-215 所示。

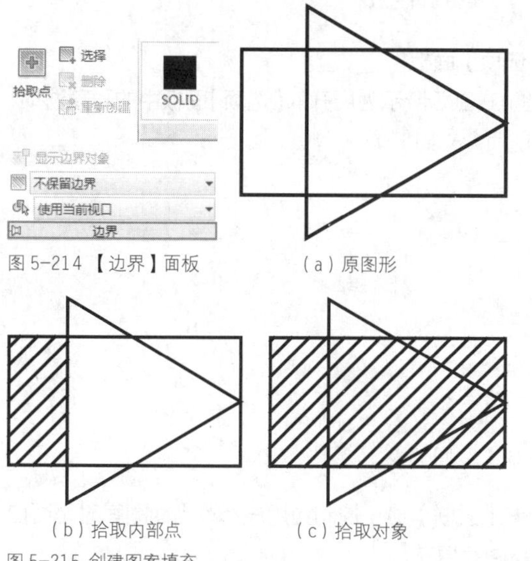


图 5-214 【边界】面板　（a）原图形

（b）拾取内部点　（c）拾取对象

图 5-215 创建图案填充

◆【删除】：用于取消边界，边界即为在一个大的封闭区域内存在的一个独立的小区域。

◆【重新创建】：编辑填充图案时，可利用此按钮生成与图案边界相同的多段线或面域。

◆【显示边界对象】：单击按钮，AutoCAD 显示当前的填充边界。使用显示的夹点可修改图案填充边界。

◆【保留边界对象】：创建图案填充时，创建多段线或面域作为图案填充的边缘，并将图案填充对象与其关联。单击下拉按钮，在下拉列表中包括【不保留边界】、【保留边界：多段线】、【保留边界：面域】。

◆【选择新边界集】：指定对象的有限集（称为边界集），以便由图案填充的拾取点进行评估。单击下拉按钮，在下拉列表中展开【使用当前视口】选项，根据当前视口范围中的所有对象定义边界集，选择此选项将放弃当前的任何边界集。

## 【图案】面板

显示所有预定义和自定义图案的预览图案。单击右侧的按钮可展开【图案】面板，拖动滚动条选择所需的填充图案，如图 5-216 所示。

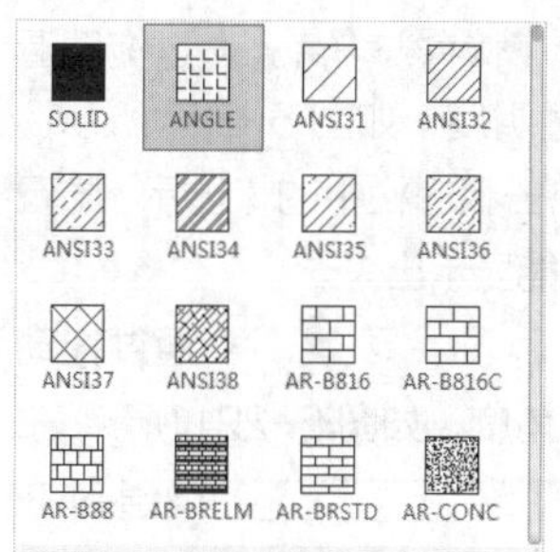


图 5-216 【图案】面板

## 【特性】面板

图 5-217 所示为展开的【特性】面板中的隐藏选项，其各选项含义如下。

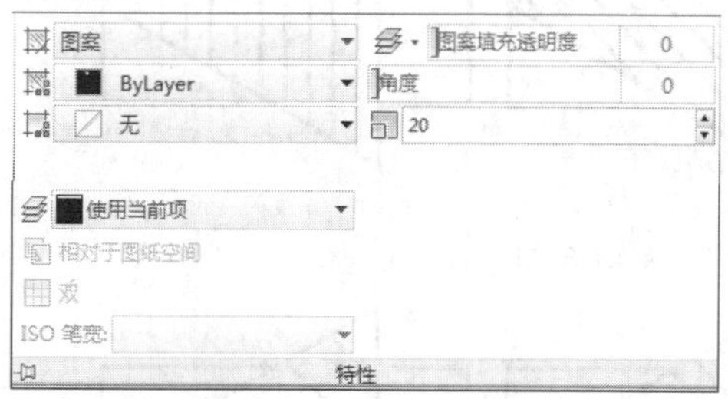


图 5-217 【特性】面板

◆【图案】：单击下拉按钮，在下拉列表中包括【实体】、【图案】、【渐变色】、【用户定义】4 个选项。若选择【图案】选项，则使用 AutoCAD 预定义的图案，这些图案保存在“acad.pat”和“acadiso.pat”文件中。若选择【用户定义】选项，则采用用户定制的图案，这些图案保存在“.pat”类型文件中。

◆【颜色】（图案填充颜色）/（背景色）：单击下拉按钮，在弹出的下拉列表中选择需要的图案颜色和背景颜色，默认状态下为无背景颜色，如图 5-218 与图 5-219 所示。

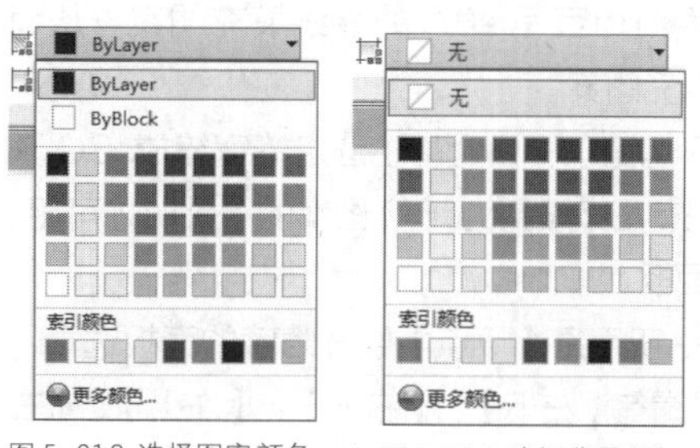


图 5-218 选择图案颜色　图 5-219 选择背景颜色

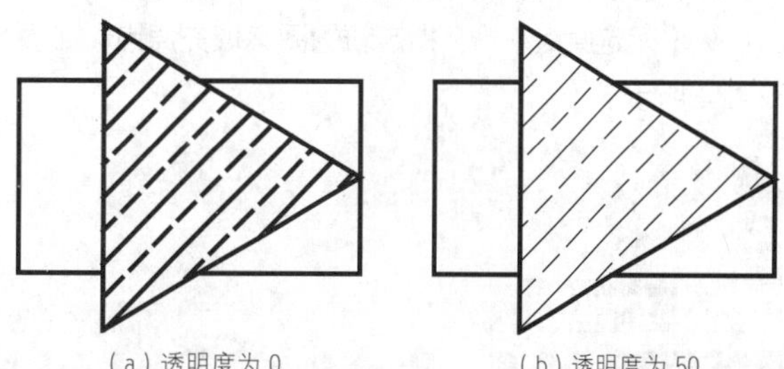

（a）透明度为 0　（b）透明度为 50

图 5-220 设置图案填充的透明度

◆【图案填充透明度】图案填充透明度：通过拖动滑块，可以设置填充图案的透明度，如图5-220所示。设置完透明度之后，需要单击状态栏中的【显示/隐藏透明度】按钮，透明度才能显示出来。

◆【角度】角度 2：通过拖动滑块，可以设置图案的填充角度，如图5-221所示。

◆【比例】1：通过在文本框中输入比例值，可以设置缩放图案的比例，如图5-222所示。

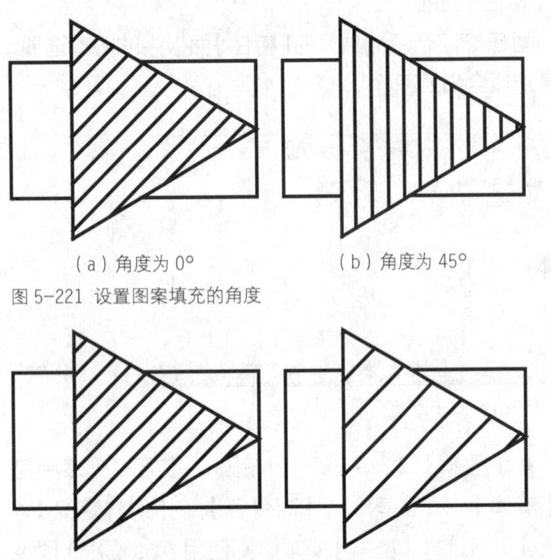

（a）角度为0°　（b）角度为45°

图5-221 设置图案填充的角度

（a）比例为25　（b）比例为50

图5-222 设置缩放图案的比例

◆【图层】：在右方的下拉列表中可以指定图案填充所在的图层。

◆【相对于图纸空间】：适用于布局。用于设置相对于布局空间单位缩放图案。

◆【双】：只有在【用户定义】选项时才可用。用于将绘制两组相互呈90°的直线填充图案，从而构成交叉线填充图案。

◆【ISO笔宽】：设置基于选定笔宽缩放ISO预定义图案。只有图案设置为ISO图案的一种时才可用。

## 【原点】面板

图5-223所示是【原点】展开隐藏的面板选项，指定原点的位置有【左下】、【右下】、【左上】、【右上】、【中心】、【使用当前原点】6种方式。

◆【设定原点】：指定新的图案填充原点，如图5-224所示。

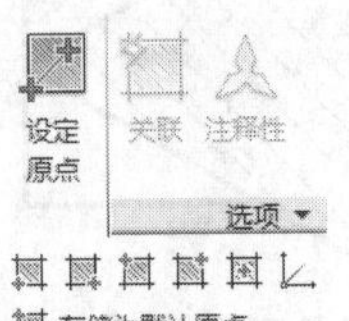


图5-223【原点】面板

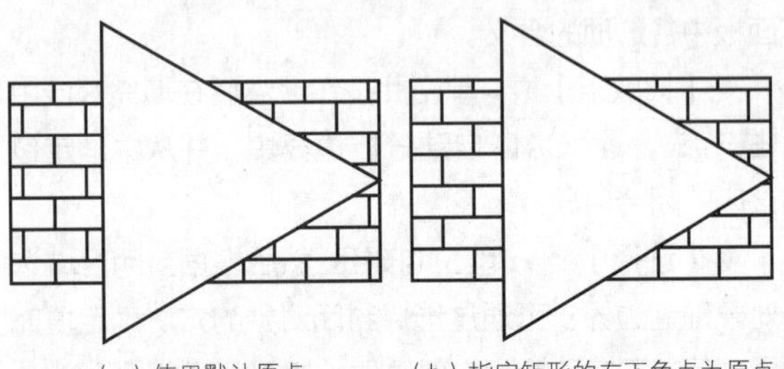

（a）使用默认原点　（b）指定矩形的左下角点为原点

图5-224 设置图案填充的原点

## 【选项】面板

图5-225所示为展开的【选项】面板中的隐藏选项，其各选项含义如下。

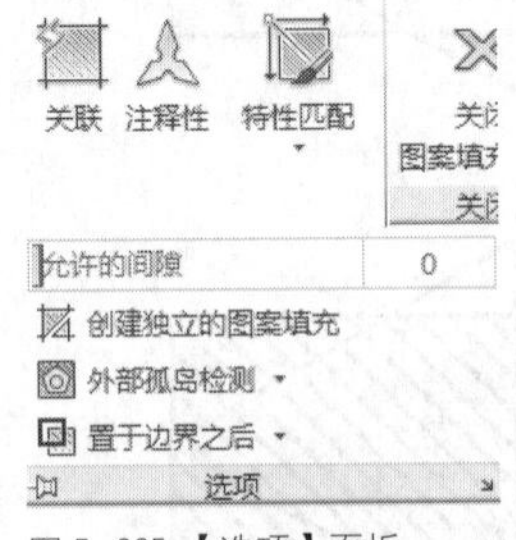


图5-225【选项】面板

◆【关联】：控制当用户修改当期图案时是否自动更新图案填充。

◆【注释性】：指定图案填充为可注释特性。单击信息图标以了解有相关注释性对象的更多信息。

◆【特性匹配】：使用选定图案填充对象的特性设置图案填充的特性，图案填充原点除外。单击下拉按钮，在下拉列表中包括【使用当前原点】和【使用原图案原点】。

◆【允许的间隙】：指定要在几何对象之间桥接最大的间隙，这些对象经过延伸后将闭合边界。

◆【创建独立的图案填充】：一次在多个闭合边界创建的填充图案是各自独立的。选择时，这些图案是单一对象。

◆【孤岛】：在闭合区域内的另一个闭合区域。单击下拉按钮，在下拉列表中包含【无孤岛检测】、【普通孤岛检测】、【外部孤岛检测】和【忽略孤岛检测】，如图5-226所示。其中各选项的含义如下。

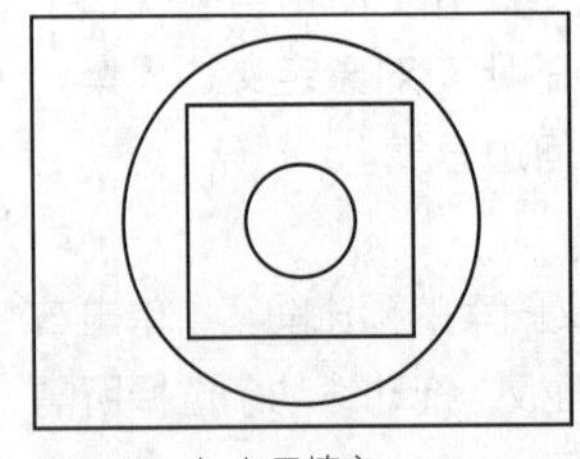

（a）无填充

（b）普通填充方式

图5-226 孤岛的显示方式

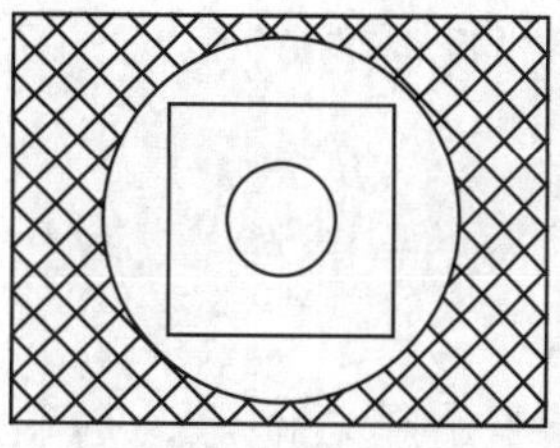
（c）外部填充方式

（d）忽略填充方式

图 5-226 孤岛的显示方式（续）

（a）无孤岛检测：关闭以使用传统孤岛检测方法。

（b）普通：从外部边界向内填充，即第一层填充，第二层不填充。

（c）外部：从外部边界向内填充，即只填充从最外边界向内第一边界之间的区域。

（d）忽略：忽略最外层边界包含的其他任何边界，从最外层边界向内填充全部图形。

◆【绘图次序】：指定图案填充的创建顺序。单击下拉按钮▾，在下拉列表中包括【不指定】、【后置】、【前置】、【置于边界之后】、【置于边界之前】。默认情况下，图案填充绘制次序是置于边界之后。

◆【图案填充和渐变色】对话框：单击【选项】面板上的按钮↘，打开【图案填充和渐变色】对话框，如图 5-227 所示。其中的选项与【图案填充创建】选项卡中的选项基本相同。

图 5-227 【图案填充和渐变色】对话框

## 【关闭】面板

单击面板上的【关闭图案填充创建】按钮，可退出图案填充。也可按 Esc 键代替此按钮操作。

在弹出【图案填充创建】选项卡之后，再在命令行中输入 T，即可进入设置界面，即打开【图案填充和渐变色】对话框。单击该对话框右下角的【更多选项】按钮⊙，展开如图 5-227 所示的对话框，显示出更多选项。对话框中的选项含义与【图案填充创建】选项卡基本相同，不再赘述。

**·初学解答** 图案填充找不到范围

在使用【图案填充】命令时常常碰到找不到线段封闭范围的情况，尤其是文件本身比较大的时候。此时可以采用【Layiso】（图层隔离）命令让欲填充的范围线所在的层“孤立”或“冻结”，再用【图案填充】命令就可以快速找到所需填充范围。

**·熟能生巧** 对象不封闭时进行填充

如果图形不封闭，就会出现这种情况，弹出【图案填充 - 边界定义错误】对话框，如图 5-228 所示；而且在图纸中会用红色圆圈标示出没有封闭的区域，如图 5-229 所示。

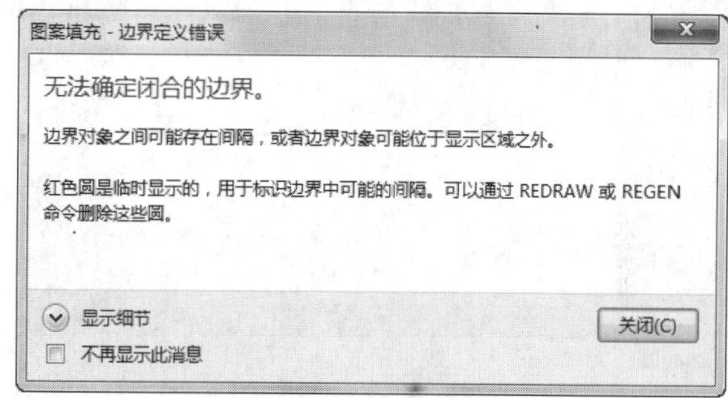


图 5-228 【图案充填 - 边界定义错误】对话框

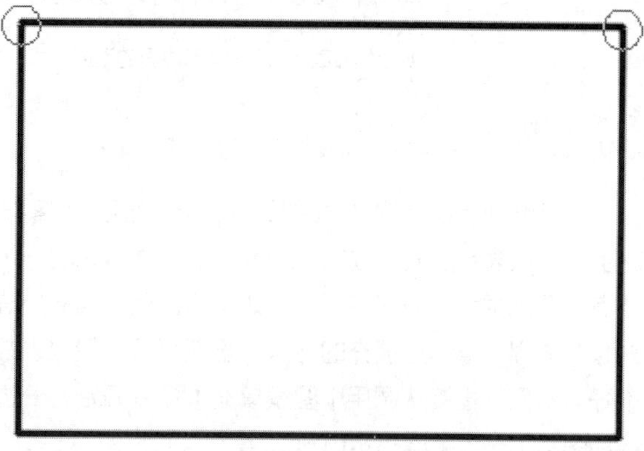

图 5-229 红色圆圈圈出未封闭区域

这时可以在命令行中输入 Hpgaptol，即可输入一个新的数值，用以指定图案填充时可忽略的最小间隙，小于输入数值的间隙都不会影响填充效果，结果如图 5-230 所示。

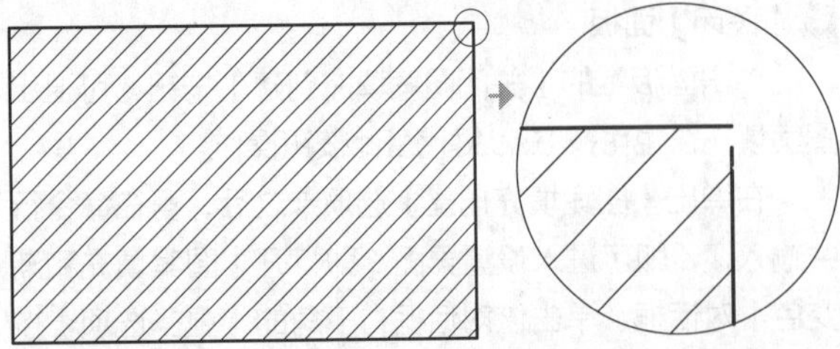

图 5-230 忽略微小间隙进行填充

**·精益求精 创建无边界的图案填充**

在 AutoCAD 中创建填充图案最常用方法是选择一个封闭的图形或在一个封闭的图形区域中拾取一个点。创建填充图案时时我们通常都是输入 HATCH 或 H 快捷键，打开【图案填充创建】选项卡进行填充的。

但是在【图案填充创建】选项卡中是无法创建无边界填充图案的，它要求填充区域是封闭的。有的用户会想到创建填充后删除边界线或隐藏边界线的显示来达成效果，显然这样做是可行的，不过有一种更正规的方法，下面通过一个例子来进行说明。

**练习 5-19 创建无边界的混凝土填充**

| 难度：☆☆☆ | |
|---|---|
| 素材文件路径： | 素材/第5章/5-19创建无边界的混凝土填充.dwg |
| 效果文件路径： | 素材/第5章/5-19创建无边界的混凝土填充-OK.dwg |
| 视频文件路径： | 视频/第5章/5-19创建无边界的混凝土填充.MP4 |
| 播放时长： | 2分9秒 |

在绘制建筑设计的剖面图时，常需要使用【图案填充】命令来表示混凝土或实体地面等。这类填充的一个特点就是范围大，边界不规则，如果仍使用常规的办法先绘制边界、再进行填充的方法，虽然可行，但效果并不好。本例便直接从调用【图案填充】命令开始，一边选择图案，一边手动指定边界。

**Step 01** 打开“第5章/5-19创建无边界的混凝土填充.dwg”素材文件，如图5-231所示。

**Step 02** 在命令行中输入【-HATCH】命令回车，命令行操作提示如下。

```
命令: -HATCH        //执行完整的【图案填充】命令
当前填充图案: SOLID
            //当前的填充图案
指定内部点或 [特性(P)/选择对象(S)/绘图边界(W)/删除边界(B)/高级(A)/绘图次序(DR)/原点(O)/注释性(AN)/图案填充颜色(CO)/图层(LA)/透明度(T)]: P↙
                              //选择“特性”命令
输入图案名称或 [?/实体(S)/用户定义(U)/渐变色(G)]: AR-CONC↙        //输入混凝土填充的名称
指定图案缩放比例 <1.0000>:10↙
                      //输入填充的缩放比例
指定图案角度 <0>: 45↙
            //输入填充的角度
当前填充图案: AR-CONC
指定内部点或 [特性(P)/选择对象(S)/绘图边界(W)/删除边界(B)/高级(A)/绘图次序(DR)/原点(O)/注释性(AN)/图案填充颜色(CO)/图层(LA)/透明度(T)]: W↙
            //选择“绘图编辑”命令，手动绘制边界
```

**Step 03** 在绘图区依次捕捉点，注意打开捕捉模式，如图5-231所示。捕捉完之后按两次Enter键。

**Step 04** 系统提示指定内部点，点选绘图区的封闭区域回车，绘制结果如图5-232所示。

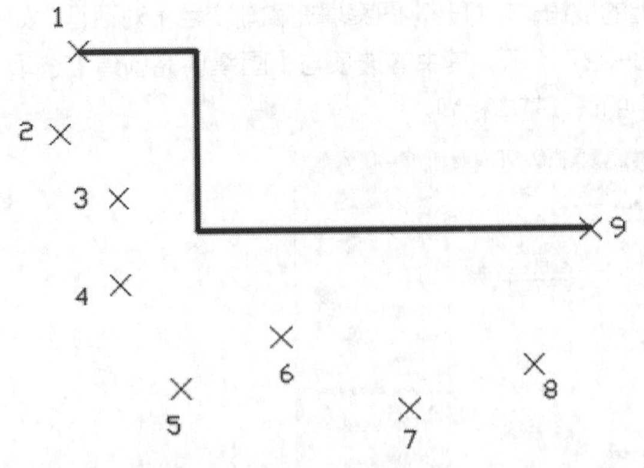


图 5-231 指定填充边界参考点

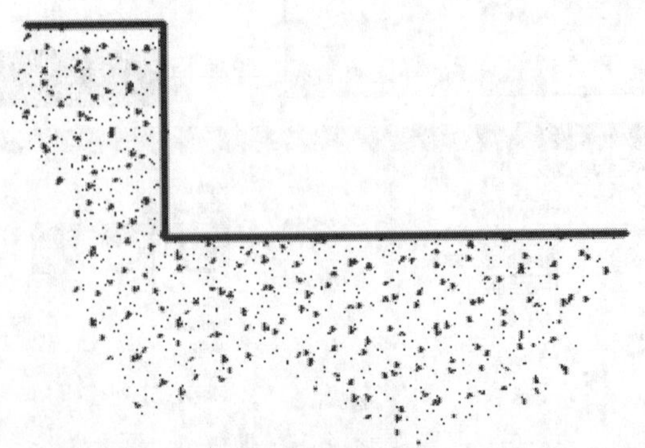

图 5-232 创建的填充图案结果

## 5.8.2 渐变色填充

在绘图过程中，有些图形在填充时需要用到一种或多种颜色。例如，绘制装潢、美工图纸等。在 AutoCAD

2016 中调用【图案填充】的方法有以下几种。

功能区：在【默认】选项卡中，单击【绘图】面板【渐变色】按钮，如图 5-233 所示。

菜单栏：执行【绘图】|【渐变色】命令，如图 5-234 所示。

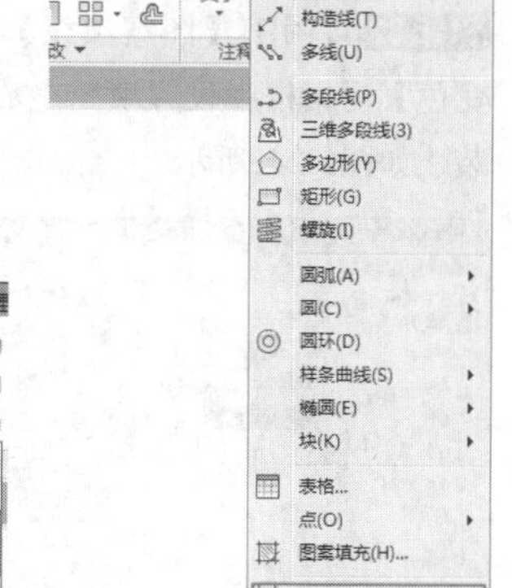


图 5-233【绘图】面板中的【渐变色】按钮　图 5-234【渐变色】菜单命令

执行【渐变色】填充操作后，将弹出如图 5-235 所示的【图案填充创建】选项卡。该选项卡同样由【边界】、【图案】等 6 个面板组成，只是图案换成了渐变色，各面板功能与之前介绍过的图案填充一致，在此不重复介绍。

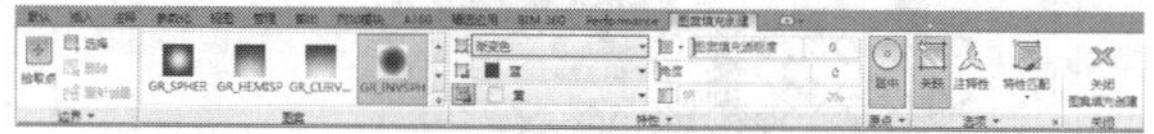

图 5-235【图案填充创建】选项卡

如果在命令行提示“拾取内部点或【选择对象（S）/放弃（U）/设置（T）】:”时，激活【设置（T）】选项，将打开如图 5-236 所示的【图案填充和渐变色】对话框，并自动切换到【渐变色】选项卡。

该对话框中常用选项含义如下。

◆【单色】：指定的颜色将从高饱和度的单色平滑过渡到透明的填充方式。

◆【双色】：指定的两种颜色进行平滑过渡的填充方式，如图 5-237 所示。

◆【颜色样本】：设定渐变填充的颜色。单击浏览按钮打开【选择颜色】对话框，从中选择 AutoCAD 索引颜色（AIC）、真彩色或配色系统颜色。显示的默认颜色为图形的当前颜色。

◆【渐变样式】：在渐变区域有 9 种固定渐变填充的图案，这些图案包括径向渐变、线性渐变等。

◆【向列表框】：在该列表框中，可以设置渐变色的角度以及其是否居中。

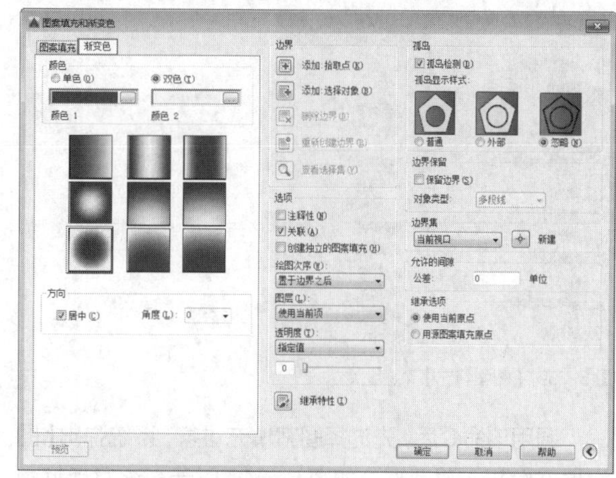

图 5-236【渐变色】选项卡

图 5-237 渐变色填充效果

## 5.8.3 编辑填充的图案

在为图形填充了图案后，如果对填充效果不满意，还可以通过【编辑图案填充】命令对其进行编辑。可编辑内容包括填充比例、旋转角度和填充图案等。AutoCAD 2016 增强了图案填充的编辑功能，可以同时选择并编辑多个图案填充对象。

执行【编辑图案填充】命令的方法有以下常用的 6 种。

◆功能区：在【默认】选项卡中，单击【修改】面板中的【编辑图案填充】按钮，如图 5-238 所示。

◆菜单栏：选择【修改】|【对象】|【图案填充】菜单命令，如图 5-239 所示。

◆命令行：HATCHEDIT 或 HE。

◆快捷操作 1：在要编辑的对象上单击鼠标右键，在弹出的右键快捷菜单中选择【图案填充编辑】选项。

◆快捷操作 2：在绘图区双击要编辑的图案填充对象。

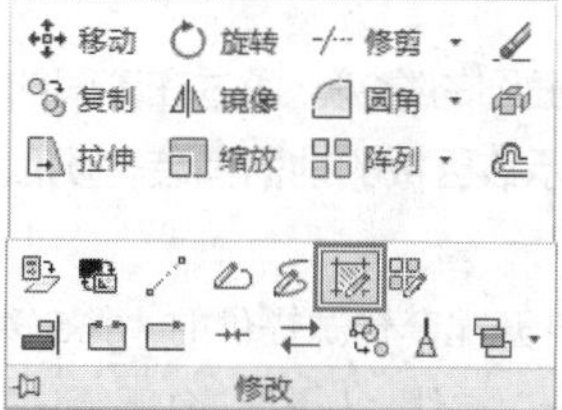


图 5-238【修改】面板中的【编辑图案填充】按钮

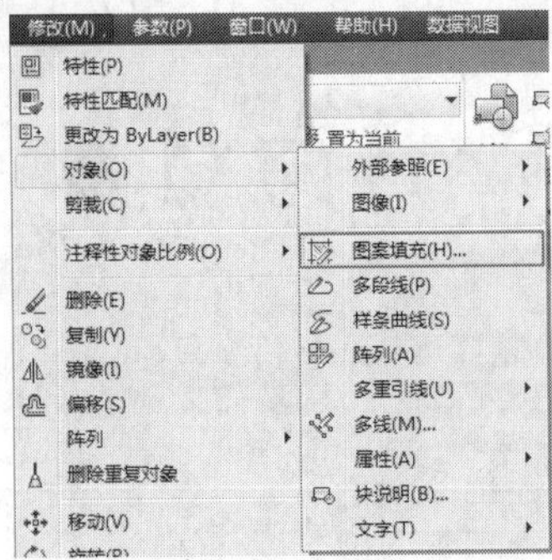

图 5-239 【图案填充】菜单命令

调用该命令后，先选择图案填充对象，系统弹出【图案填充编辑】对话框，如图 5-240 所示。该对话框中的参数与【图案填充和渐变色】对话框中的参数一致，修改参数即可修改图案填充效果。

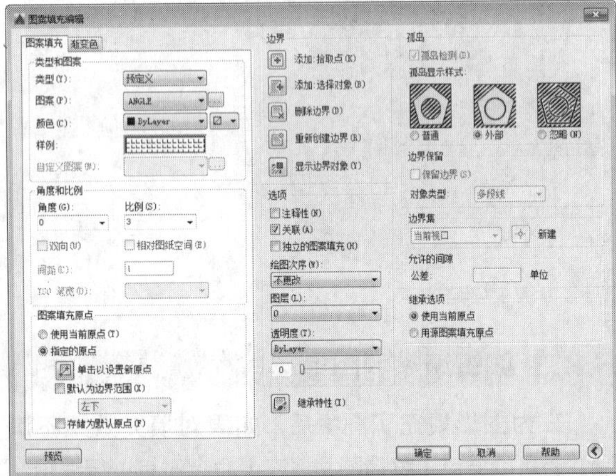

图 5-240 【图案填充编辑】对话框

## 练习 5-20 填充别墅庭院平面图

| 难度：☆☆☆ | |
|---|---|
| 素材文件路径： | 素材/第5章/5-20填充别墅庭院平面图.dwg |
| 效果文件路径： | 素材/第5章/5-20填充别墅庭院平面图-OK.dwg |
| 视频文件路径： | 视频/第5章/5-20填充别墅庭院平面图.MP4 |
| 播放时长： | 3分32秒 |

本实例介绍别墅庭院平面图的绘制。通过在不同的区域填充相应的图案，以表示该区域的地面铺装材质和敷设方式。

**Step 01** 按Ctrl+O组合键，打开配套资源提供的“第5章/5-20填充别墅庭院平面图.dwg”文件，如图5-241所示。

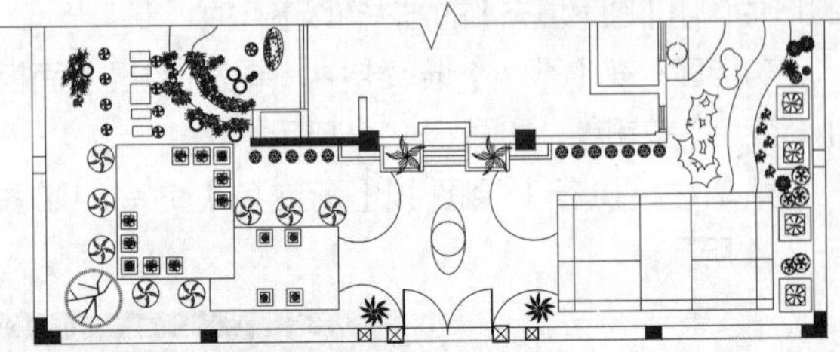

图 5-241 打开素材

**Step 02** 调用H【图案填充】命令，在【图案填充和渐变色】对话框中设置填充参数，绘制休闲小广场地面铺装，如图5-242所示。

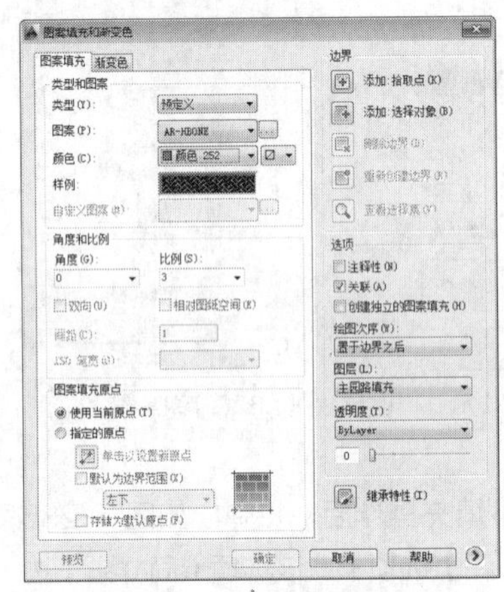

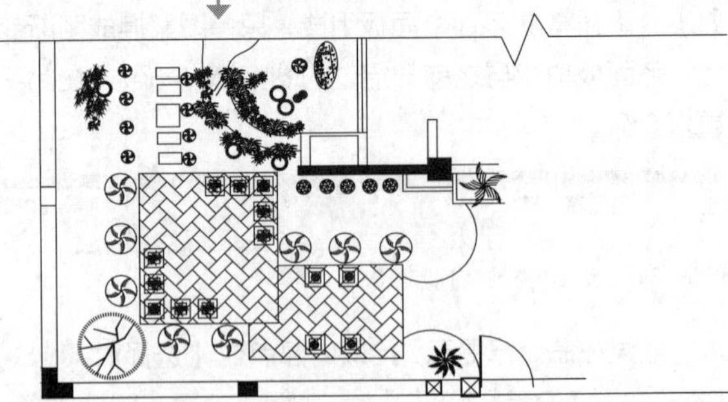

图 5-242 绘制休闲小广场地面铺装

**Step 03** 按Enter键，重新调出【图案填充和渐变色】对话框，在其中更改填充参数，绘制草地的填充图案，如图5-243所示。

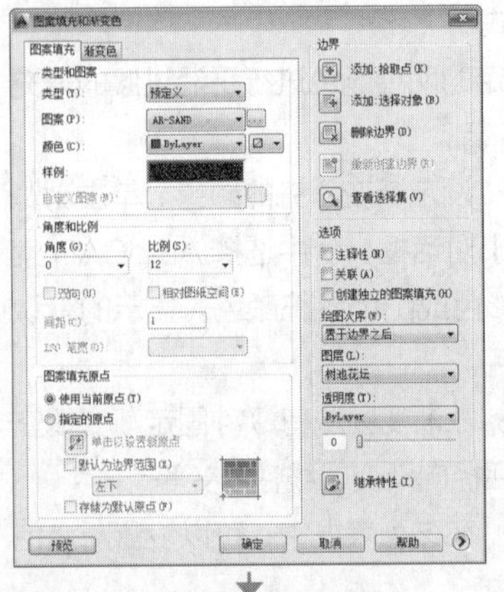

图 5-243 绘制草地的填充图案

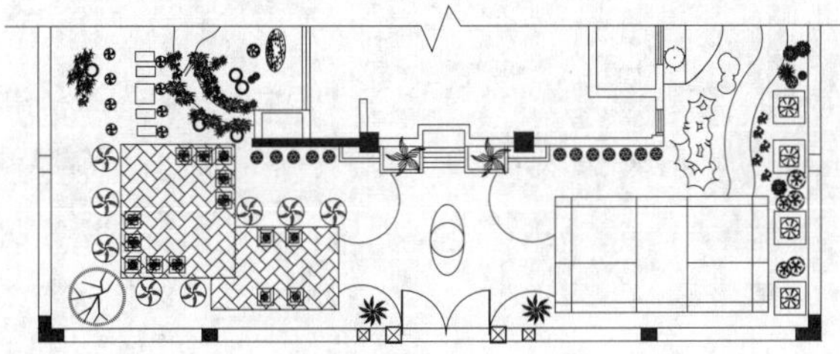

图 5-243 绘制草地的填充图案（续）

**Step 04** 在【图案填充和渐变色】对话框中设置图案名称分别为HONEY、TRIANG，填充比例均为25，绘制花坛的填充图案，如图5-244所示。

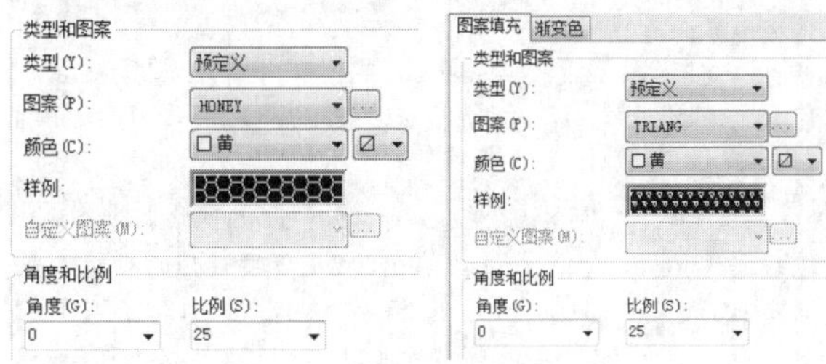


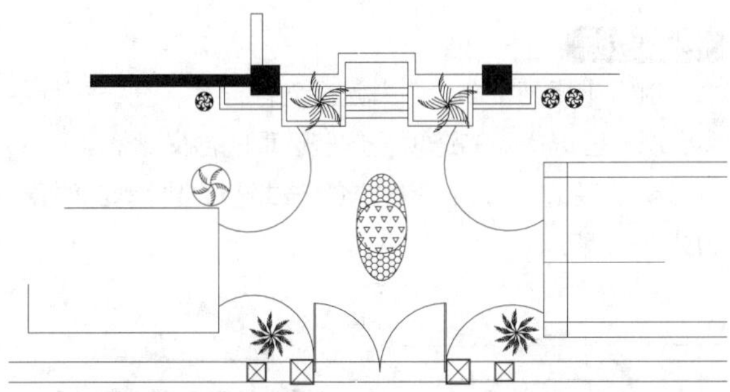

图 5-244 绘制花坛的填充图案

**Step 05** 按Enter键，在弹出的【图案填充和渐变色】对话框中设置地砖参数，绘制别墅入口处地面铺装，如图5-245所示。别墅庭院地面图案创建完成。

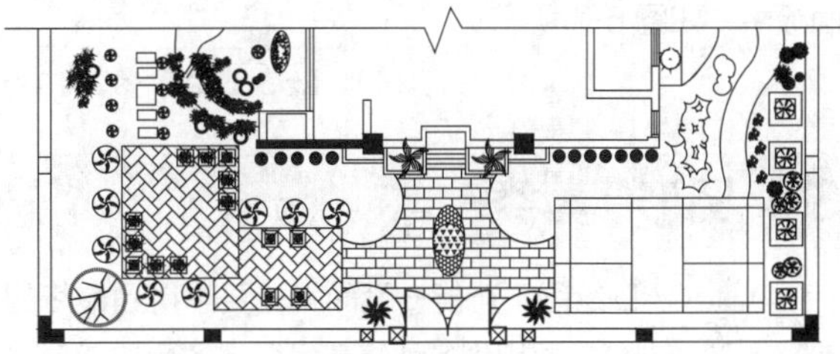

图 5-245 绘制别墅入口处地面铺装

# 第 6 章 图形编辑

前面章节学习了各种图形对象的绘制方法，为了创建图形的更多细节特征以及提高绘图的效率，AutoCAD 提供了许多编辑命令，常用的有【移动】、【复制】、【修剪】、【倒角】与【圆角】等。本章讲解这些命令的使用方法，以进一步提高读者绘制复杂图形的能力。

使用编辑命令，能够方便地改变图形的大小、位置、方向、数量及形状，从而绘制出更为复杂的图形。常用的编辑命令均集中在【默认】选项卡的【修改】面板中，如图 6-1 所示。

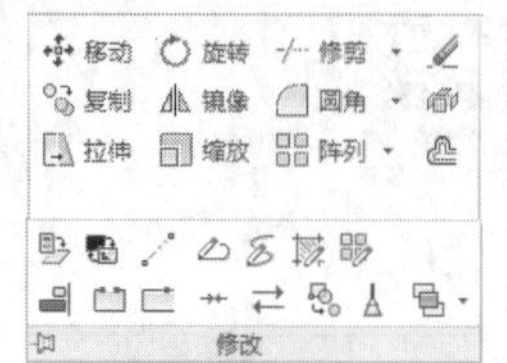

图 6-1 【修改】面板中的编辑命令

## 6.1 图形修剪类

AutoCAD 绘图不可能一蹴而就，要想得到最终的完整图形，自然需要用到各种修剪命令将多余的部分剪去或删除，因此修剪类命令是 AutoCAD 编辑命令中最为常用的一类。

### 6.1.1 修剪 ★重点★

【修剪】命令是将超出边界的多余部分修剪删除掉，与橡皮擦的功能相似。【修剪】操作可以修剪直线、圆、弧、多段线、样条曲线和射线等。在调用命令的过程中，需要设置的参数有“修剪边界”和“修剪对象”两类。要注意的是，在选择修剪对象时光标所在的位置。需要删除哪一部分，则在该部分上单击。

**·执行方式**

在 AutoCAD 2016 中【修剪】命令有以下几种常用调用方法。

◆功能区：单击【修改】面板中的【修剪】按钮 ，如图 6-2 所示。

◆菜单栏：执行【修改】|【修剪】命令，如图 6-3 所示。

◆命令行：TRIM 或 TR。

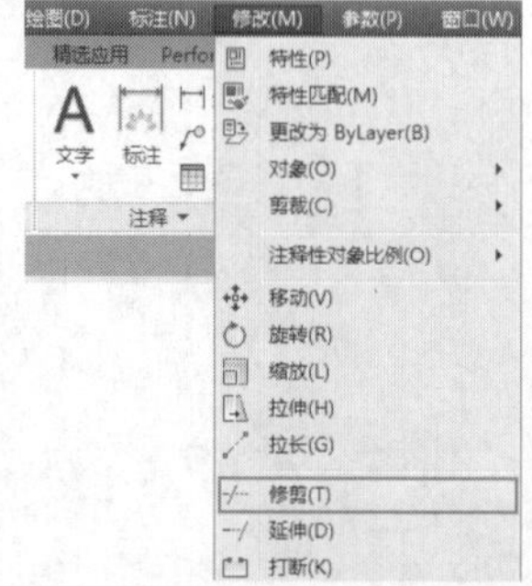

图 6-2 【修改】面板中的【修剪】按钮　图 6-3 【修剪】菜单命令

**·操作步骤**

执行上述任一命令后，选择作为剪切边的对象（可以是多个对象），命令行提示如下。

```
当前设置:投影=UCS，边=无
选择边界的边...
选择对象或 <全部选择>:
                //鼠标选择要作为边界的对象
选择对象:
                //可以继续选择对象或按Enter键结束选择
选择要延伸的对象，或按住 Shift 键选择要延伸的对象，或
[栏选(F)/窗交(C)/投影(P)/边(E)/放弃(U)]:
                //选择要修剪的对象
```

**·选项说明**

执行【修剪】命令、并选择对象之后，在命令行中会出现一些选择类的选项，这些选项的含义如下。

◆ “栏选（F）”：用栏选的方式选择要修剪的对象，如图 6-4 所示。

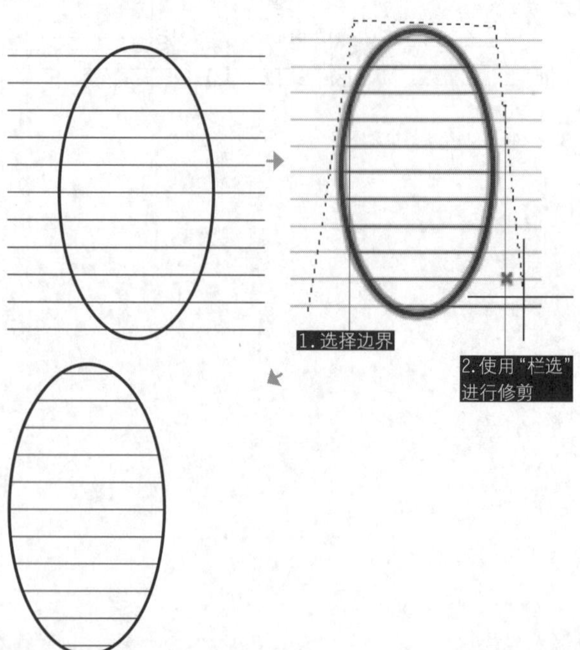


图 6-4 使用“栏选（F）”进行修剪

◆ “窗交（C）”：用窗交方式选择要修剪的对象，如图 6-5 所示。

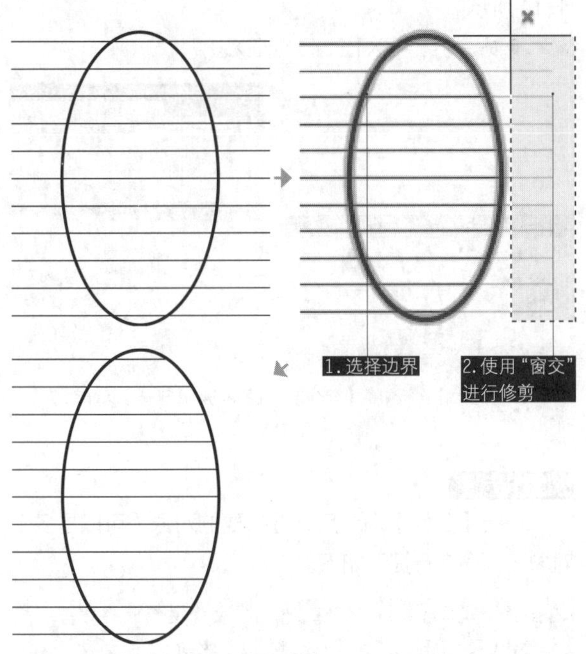


图 6-5 使用"窗交（C）"进行修剪

◆"投影（P）"：用以指定修剪对象时使用的投影方式，即选择进行修剪的空间。

◆"边（E）"：指定修剪对象时是否使用【延伸】模式，默认选项为【不延伸】模式，即修剪对象必须与修剪边界相交才能够修剪。如果选择【延伸】模式，则修剪对象与修剪边界的延伸线相交即可被修剪。如图 6-6 所示的圆弧，使用【延伸】模式才能够被修剪。

◆"放弃（U）"：放弃上一次的修剪操作。

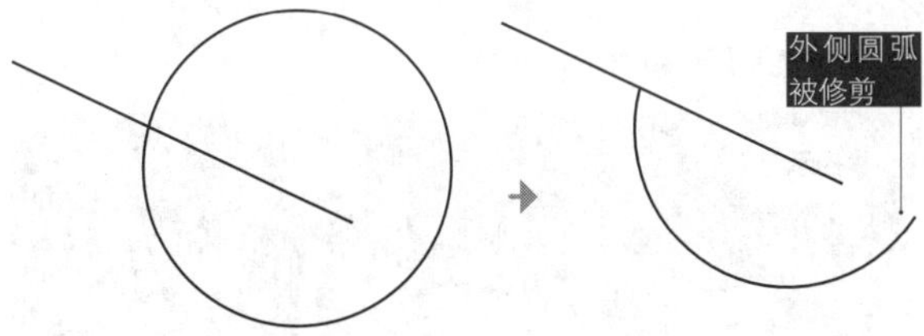


图 6-6 延伸模式修剪效果

**·熟能生巧 快速修剪**

剪切边也可以同时作为被剪边。默认情况下，选择要修剪的对象（即选择被剪边），系统将以剪切边为界，将被剪切对象上位于拾取点一侧的部分剪切掉。

利用【修剪】工具可以快速完成图形中多余线段的删除效果，如图 6-7 所示。

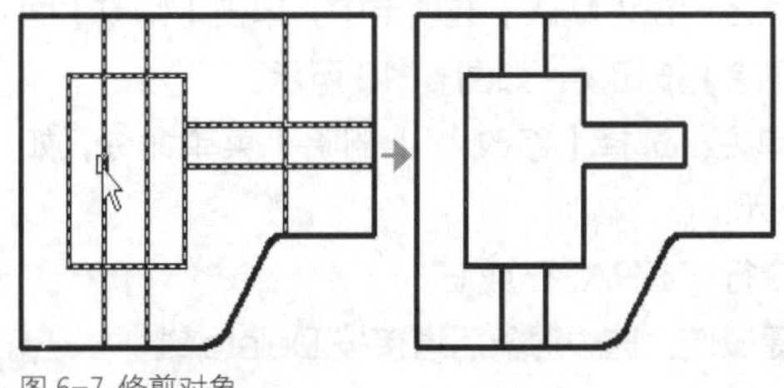

图 6-7 修剪对象

在修剪对象时，可以一次选择多个边界或修剪对象，从而实现快速修剪。例如，要将一个"井"字形路口打通，在选择修剪边界时可以使用【窗交】方式同时选择 4 条直线，如图 6-8b 所示；然后单击 Enter 键确认，再将光标移动至要修剪的对象上，如图 6-8c 所示；单击鼠标左键即可完成一次修剪，依次在其他段上单击，则能得到最终的修剪结果，如图 6-8d 所示。

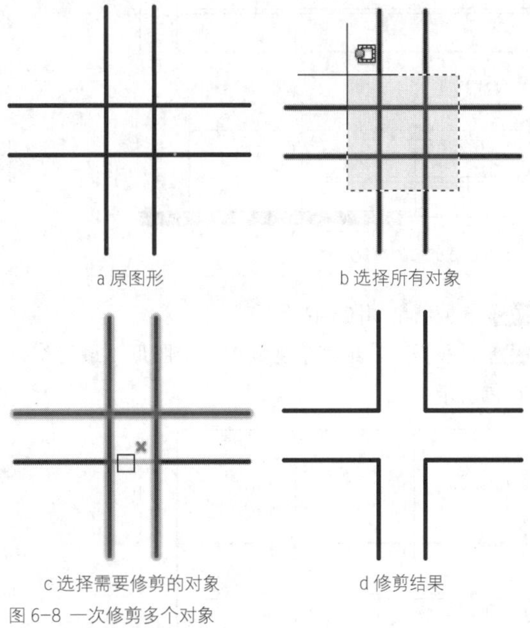


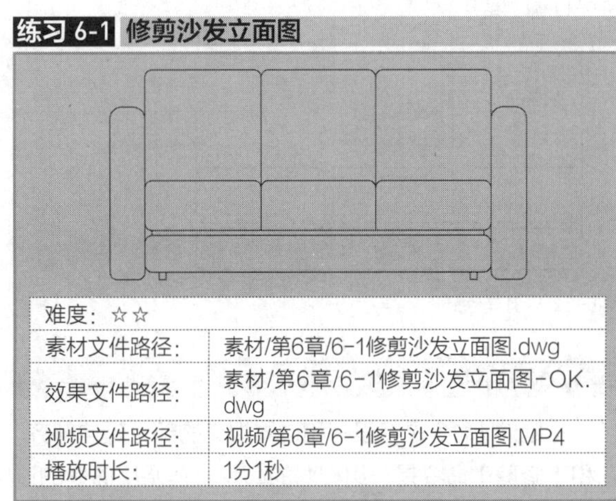


图 6-8 一次修剪多个对象

## 练习 6-1 修剪沙发立面图

| 难度：☆☆ | |
|---|---|
| 素材文件路径： | 素材/第6章/6-1修剪沙发立面图.dwg |
| 效果文件路径： | 素材/第6章/6-1修剪沙发立面图-OK.dwg |
| 视频文件路径： | 视频/第6章/6-1修剪沙发立面图.MP4 |
| 播放时长： | 1分1秒 |

**Step 01** 按Ctrl+O组合键，打开配套资源中提供的"第6章/6-1修剪沙发立面图.dwg"素材文件，如图6-9所示。

**Step 02** 在命令行中输入TR执行【修剪】命令，修剪沙发底座多余的线条，命令行提示如下。

```
命令: TR↙
当前设置:投影=UCS, 边=无
选择剪切边...
选择对象或 <全部选择>:↙                //按Enter键，默认全部图形为修剪边界
```

选择要修剪的对象，或按住 Shift 键选择要延伸的对象，或
[栏选(F)/窗交(C)/投影(P)/边(E)/删除(R)/放弃(U)]:
//在需要修剪的图形上方单击，如图6-10所示

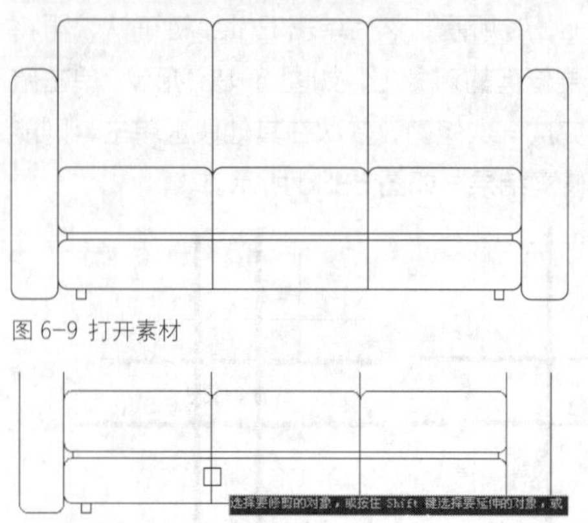
图 6-9 打开素材

图 6-10 选择要修剪的对象

**Step 03** 修剪结果如图6-11所示。

**Step 04** 重复操作，继续修剪其他多余图形，最终结果如图6-12所示。

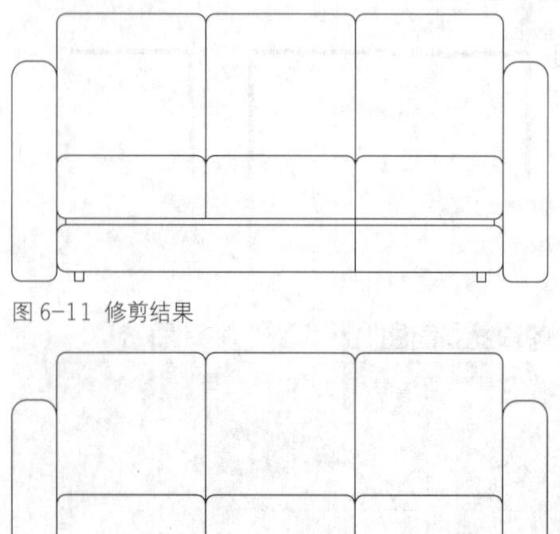
图 6-11 修剪结果

图 6-12 修剪其他图形

## 6.1.2 延伸

【延伸】命令是将没有和边界相交的部分延伸补齐，它和【修剪】命令是一组相对的命令。在调用命令的过程中，需要设置的参数有延伸边界和延伸对象两类。【延伸】命令的使用方法与【修剪】命令的使用方法相似。在使用延伸命令时，如果在按住 Shift 键的同时选择对象，则可以切换执行【修剪】命令。

**·执行方式**

在 AutoCAD 2016 中，【延伸】命令有以下几种常用调用方法。

◆功能区：单击【修改】面板中的【延伸】按钮，如图 6-13 所示。

◆菜单栏：单击【修改】|【延伸】命令，如图 6-14 所示。

◆命令行：EXTEND 或 EX。

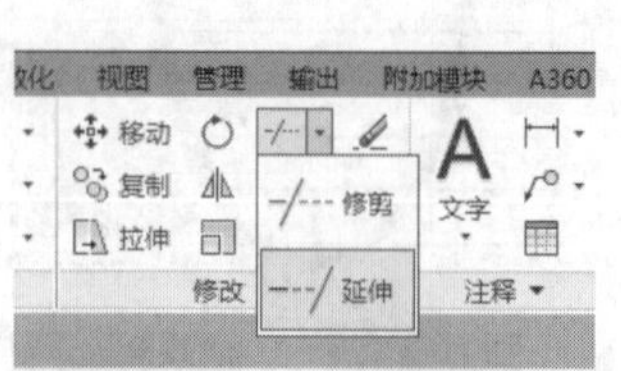
图 6-13 【修改】面板中的【延伸】按钮

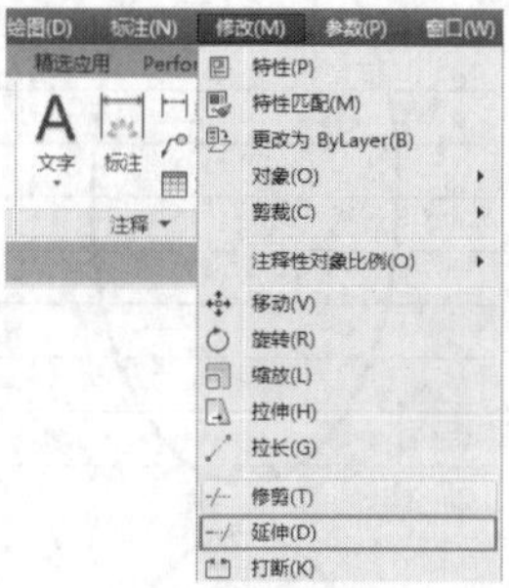

图 6-14 【延伸】菜单命令

**·操作步骤**

执行【延伸】命令后，选择要的对象（可以是多个对象），命令行提示如下。

选择要修剪的对象，或按住 Shift 键选择要修剪的对象，或
[栏选(F)/窗交(C)/投影(P)/边(E)/删除(R)/放弃(U)]:

选择延伸对象时，需要注意延伸方向的选择。朝哪个边界延伸，则在靠近边界的那部分上单击。如图 6-15 所示，将直线 AB 延伸至边界直线 M 时，需要在 A 端单击直线，将直线 AB 延伸到直线 N 时，则在 B 端单击直线。

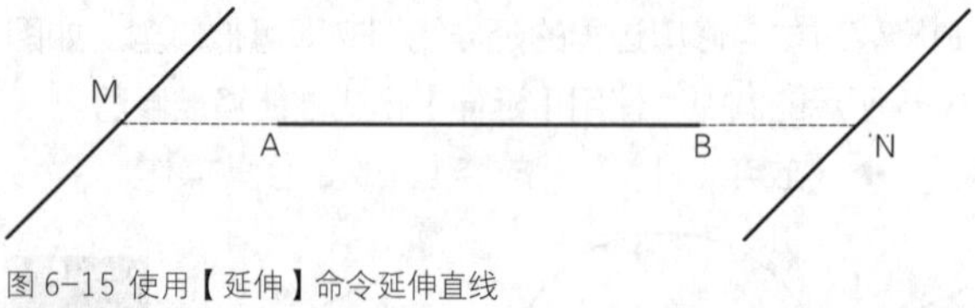

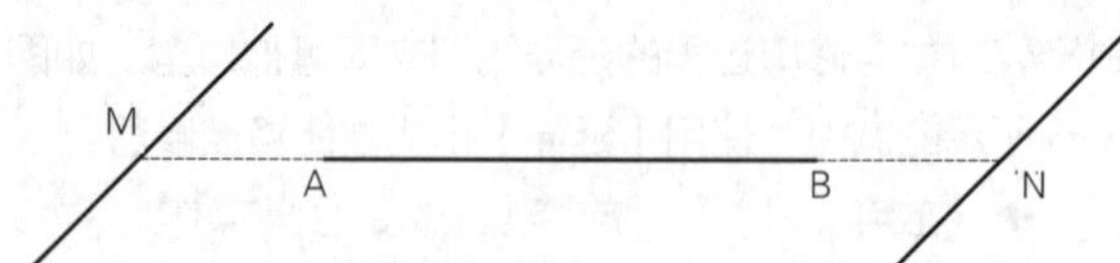

图 6-15 使用【延伸】命令延伸直线

**提示**

命令行中各选项的含义与【修剪】命令相同，在此不多加赘述。

## 6.1.3 删除

【删除】命令可将多余的对象从图形中完全清除，是 AutoCAD 最为常用的命令之一，使用也最为简单。

**·执行方式**

在 AutoCAD 2016 中执行【删除】命令的方法有以下 4 种。

◆功能区：在【默认】选项卡中，单击【修改】面板中的【删除】按钮，如图 6-16 所示。

◆菜单栏：选择【修改】|【删除】菜单命令，如图 6-17 所示。

◆命令行：ERASE 或 E。

◆快捷操作：选中对象后直接按 Delete 键。

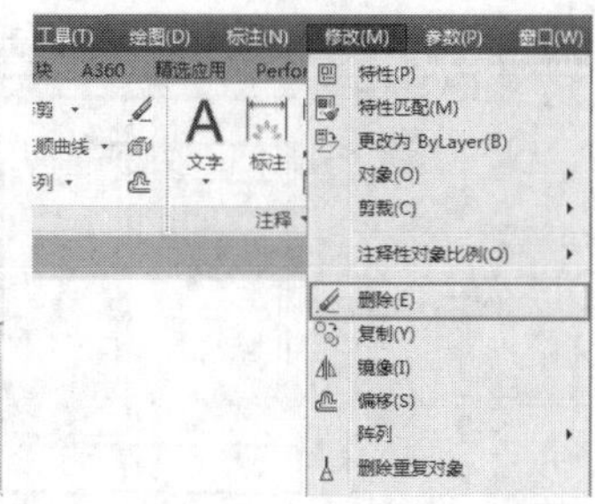


图 6-16【修改】面板中的【删除】按钮　图 6-17 【删除】菜单命令

**·操作步骤**

执行上述命令后，根据命令行的提示选择需要删除的图形对象，按 Enter 键即可删除已选择的对象，如图 6-18 所示。

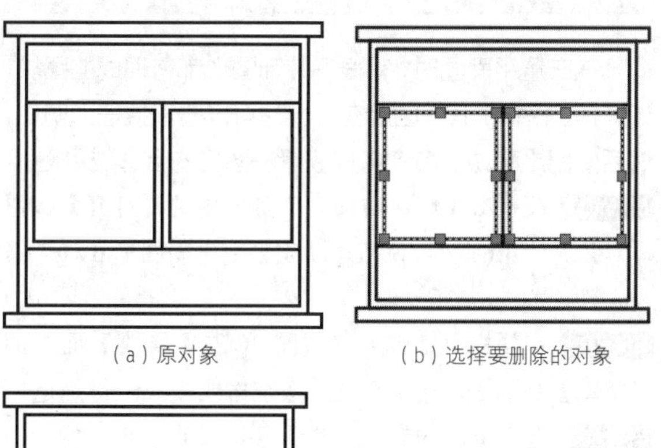

（a）原对象　（b）选择要删除的对象

（c）删除结果

图 6-18 删除图形

**·初学解答** 恢复删除对象

在绘图时如果意外删错了对象，可以使用 UNDO【撤销】命令或 OOPS【恢复删除】命令将其恢复。

◆UNDO【撤销】：即放弃上一步操作，快捷键为 Ctrl+Z，对所有命令有效。

◆OOPS【恢复删除】：OOPS 可恢复由上一个 ERASE【删除】命令删除的对象，该命令对 ERASE 有效。

**·熟能生巧** 删除命令的隐藏选项

此外【删除】命令还有一些隐藏选项，在命令行提示“选择对象”时，除了用选择方法选择要删除的对象外，还可以输入特定字符，执行隐藏操作，介绍如下。

◆输入“L”：删除绘制的上一个对象。

◆输入“P”：删除上一个选择集。

◆输入“All”：从图形中删除所有对象。

◆输入“?”：查看所有选择方法列表。

# 6.2 图形变化类

在绘图的过程中，可能要对某一图元进行移动、旋转或拉伸等操作来辅助绘图，因此操作类命令也是使用极为频繁的一类编辑命令。

## 6.2.1 移动

【移动】命令是将图形从一个位置平移到另一位置，移动过程中图形的大小、形状和倾斜角度均不改变。在调用命令的过程中，需要确定的参数有：需要移动的对象，移动基点和第二点。

**·执行方式**

【移动】命令有以下几种调用方法。

◆功能区：单击【修改】面板中的【移动】按钮 ，如图 6-19 所示。

◆菜单栏：执行【修改】|【移动】命令，如图 6-20 所示。

◆命令行：MOVE 或 M。

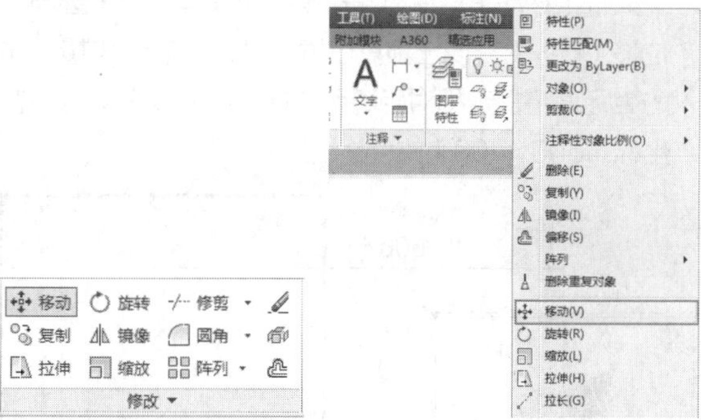


图 6-19【修改】面板中的【移动】按钮　图 6-20 【移动】菜单命令

**·操作步骤**

调用【移动】命令后，根据命令行提示，在绘图区中拾取需要移动的对象后按右键确定，然后拾取移动基点，最后指定第二个点（目标点）即可完成移动操作，如图 6-21 所示。命令行操作如下。

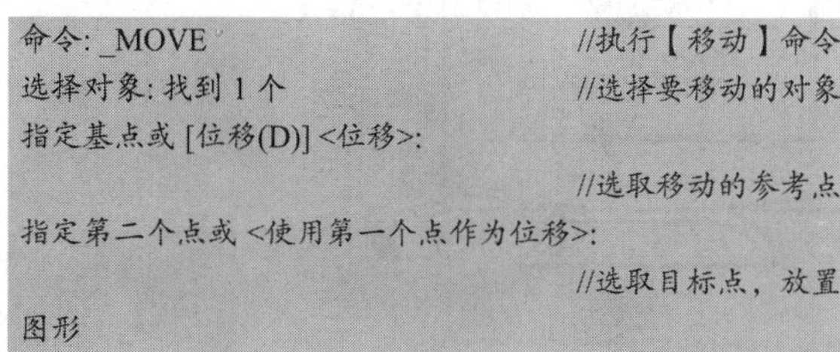

```
命令: _MOVE                              //执行【移动】命令
选择对象: 找到 1 个                      //选择要移动的对象
指定基点或 [位移(D)] <位移>:
                                         //选取移动的参考点
指定第二个点或 <使用第一个点作为位移>:
                                         //选取目标点，放置
图形
```

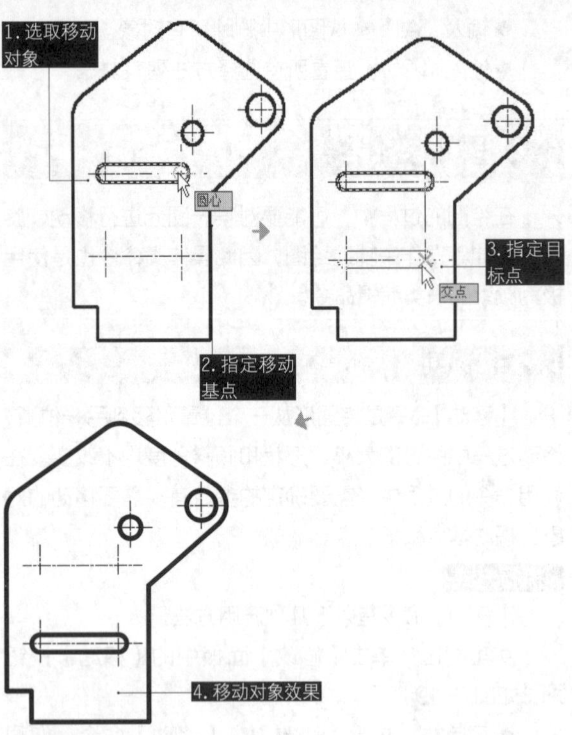


图 6-21 移动对象

**• 选项说明**

执行【移动】命令时，命令行中只有一个子选项："位移（D）"，该选项可以输入坐标以表示矢量。输入的坐标值将指定相对距离和方向，图 6-22 所示为输入坐标（500，100）的位移结果。

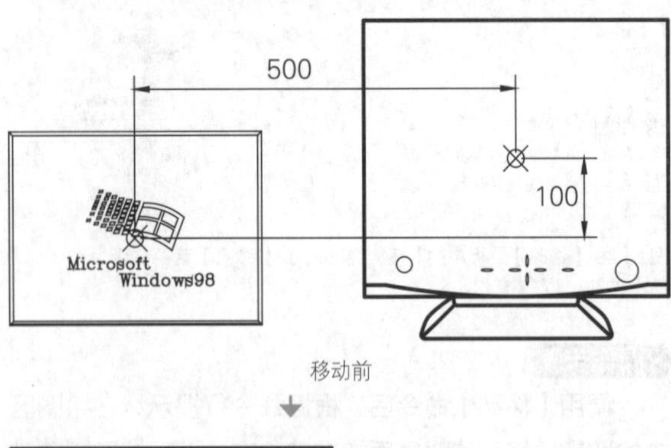

图 6-22 位移移动效果图

## 练习 6-2 使用移动完善卫生间图形

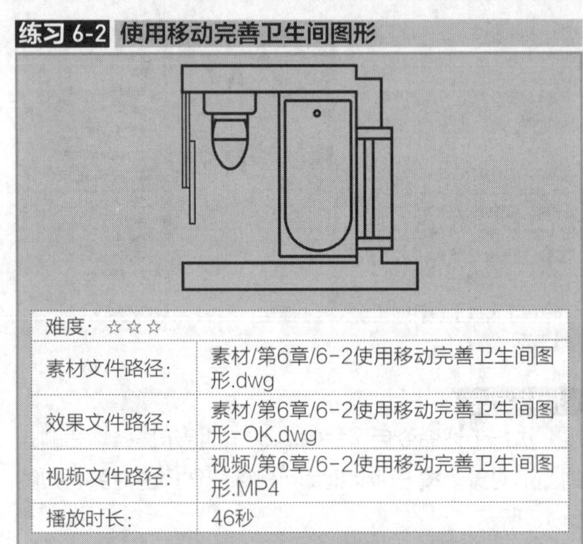

| 难度：☆☆☆ | |
|---|---|
| 素材文件路径： | 素材/第6章/6-2使用移动完善卫生间图形.dwg |
| 效果文件路径： | 素材/第6章/6-2使用移动完善卫生间图形-OK.dwg |
| 视频文件路径： | 视频/第6章/6-2使用移动完善卫生间图形.MP4 |
| 播放时长： | 46秒 |

在布置平面图时，有很多装饰图形都有现成的图块，如马桶、书桌、门等。因此在设计时可以先直接插入图块，然后使用【移动】命令将其放置在图形的合适位置上。

**Step 01** 按单击【快速访问】工具栏中的【打开】按钮，打开"第6章/6-2使用移动完善卫生间图形.dwg"素材文件，如图6-23所示。

**Step 02** 在【默认】选项卡中，单击【修改】面板的【移动】按钮，选择浴缸，按空格或按Enter键确定。

**Step 03** 选择浴缸的右上角作为移动基点，拖至厕所的右上角，如图6-24所示。

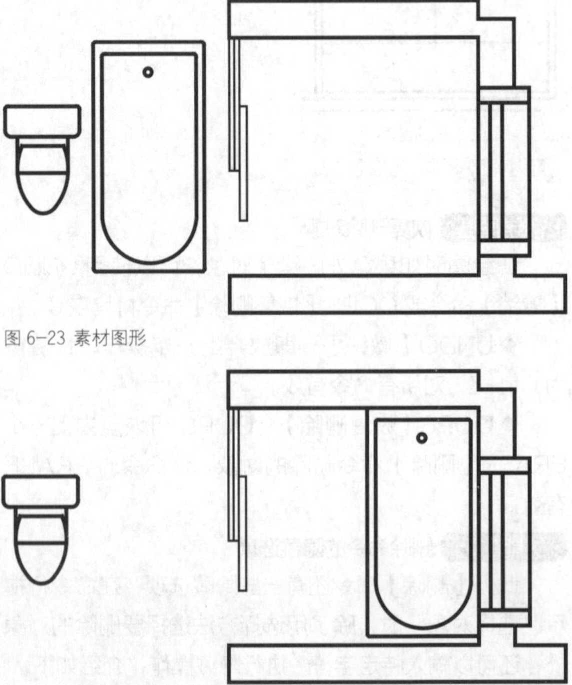

图 6-23 素材图形

图 6-24 移动浴缸

**Step 04** 重复调用【移动】命令，将马桶移至厕所的上方，最终效果如图6-25所示。

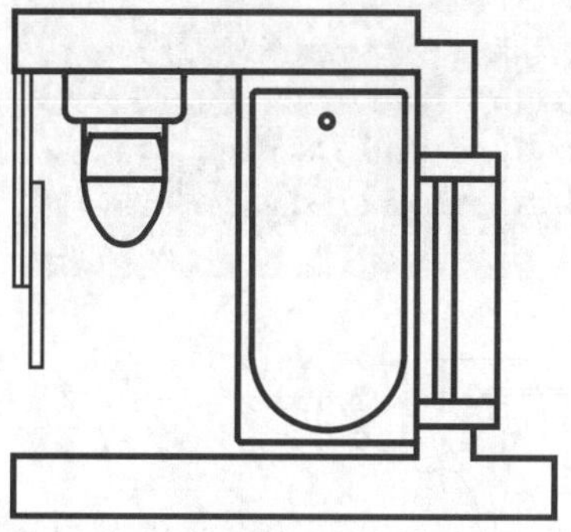

图 6-25 移动马桶

## 6.2.2 旋转

【旋转】命令是将图形对象绕一个固定的点（基点）旋转一定的角度。在调用命令的过程中，需要确定的参数有："旋转对象""旋转基点"和"旋转角度"。默认情况下逆时针旋转的角度为正值，顺时针旋转的角度为负值，也可以通过本书第 4 章 4.1.3 小节来修改。

**• 执行方式**

在 AutoCAD 2016 中【旋转】命令有以下几种常用调用方法。

◆功能区：单击【修改】面板中的【旋转】按钮，如图 6-26 所示。

◆菜单栏：执行【修改】|【旋转】命令，如图 6-27 所示。

◆命令行：ROTATE 或 RO。

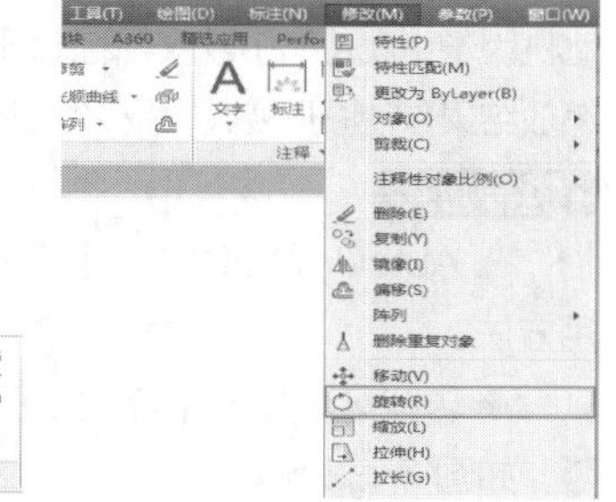

图 6-26 【修改】面板中的【旋转】按钮　图 6-27 【旋转】菜单命令

**• 操作步骤**

按上述方法执行【旋转】命令后，命令后提示如下。

```
命令: ROTATE                    //执行【旋转】命令
UCS 当前的正角方向: ANGDIR=逆时针 ANGBASE=0
                    //当前的角度测量方式和基准
选择对象: 找到 1 个
                    //选择要旋转的对象
指定基点:           //指定旋转的基点
指定旋转角度, 或 [复制(C)/参照(R)] <0>: 45
                    //输入旋转的角度
```

**• 选项说明**

在命令行提示"指定旋转角度"时，除了默认的旋转方法，还有"复制（C）"和"参照（R）"两种旋转，分别介绍如下。

◆默认旋转：利用该方法旋转图形时，源对象将按指定的旋转中心和旋转角度旋转至新位置，不保留对象的原始副本。执行上述任一命令后，选取旋转对象，然后指定旋转中心，根据命令行提示输入旋转角度，按 Enter 键即可完成旋转对象操作，如图 6-28 所示。

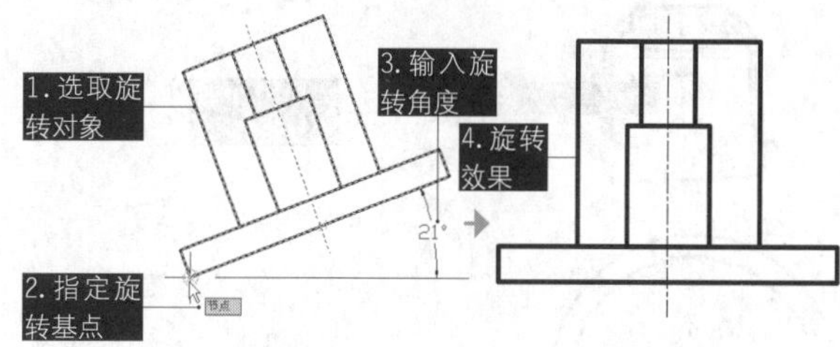


图 6-28 默认方式旋转图形

◆"复制（C）"：使用该旋转方法进行对象的旋转时，不仅可以将对象的放置方向调整一定的角度，还保留源对象。执行【旋转】命令后，选取旋转对象，然后指定旋转中心，在命令行中激活复制 C 子选项，并指定旋转角度，按 Enter 键退出操作，如图 6-29 所示。

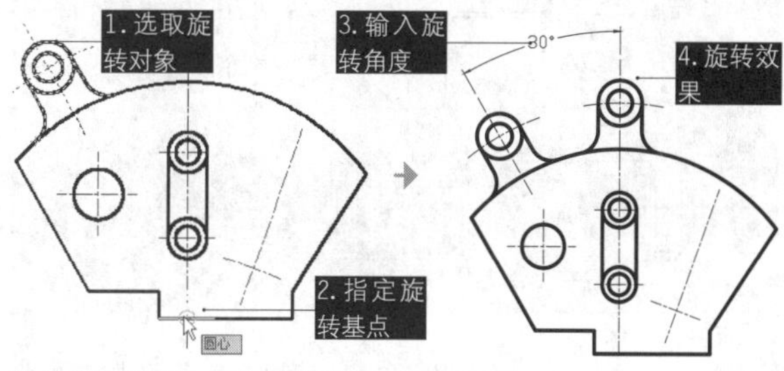


图 6-29 "复制（C）"旋转对象

◆"参照（R）"：可以将对象从指定的角度旋转到新的绝对角度，特别适合于旋转那些角度值为非整数或未知的对象。执行【旋转】命令后，选取旋转对象然后指定旋转中心，在命令行中激活参照 R 子选项，再指定参照第一点、参照第二点，这两点的连线与 X 轴的夹角即为参照角，接着移动鼠标即可指定新的旋转角度，如图 6-30 所示。

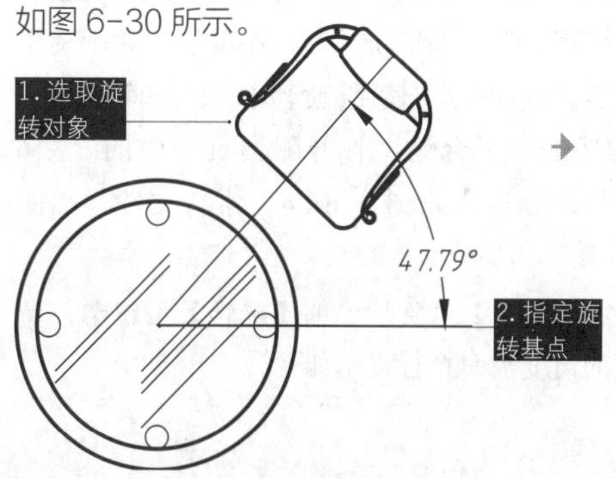


图 6-30 "参照（R）"旋转对象

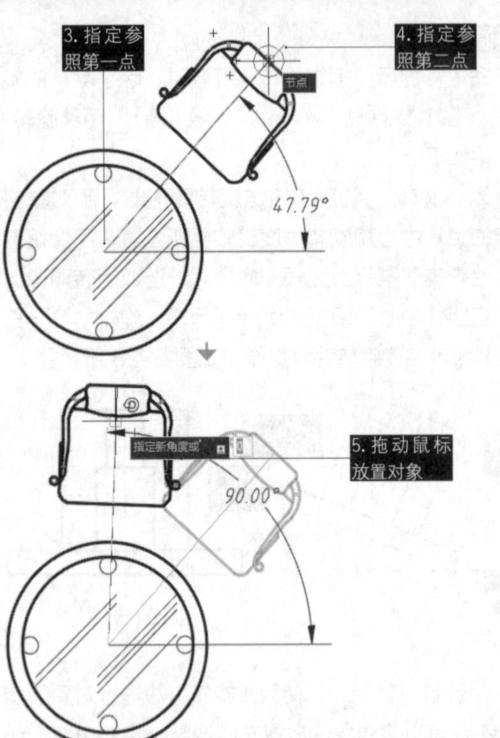


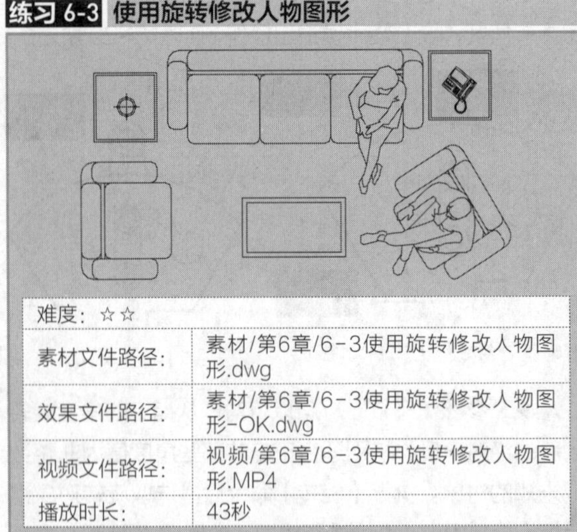


图 6-30 "参照（R）"旋转对象（续）

### 练习 6-3 使用旋转修改人物图形

| 难度：☆☆ | |
|---|---|
| 素材文件路径： | 素材/第6章/6-3使用旋转修改人物图形.dwg |
| 效果文件路径： | 素材/第6章/6-3使用旋转修改人物图形-OK.dwg |
| 视频文件路径： | 视频/第6章/6-3使用旋转修改人物图形.MP4 |
| 播放时长： | 43秒 |

平面图中有许多图块是相同且重复的，如门、窗、人物等图形的图块。【移动】命令可以将这些图块放置在所设计的位置，但某些情况下却力不能及，如旋转了一定角度的位置。这时就可使用【旋转】命令来辅助绘制。

**Step 01** 按Ctrl+O组合键，打开配套资源中的"第6章/6-3使用旋转修改人物图形.dwg"素材文件，如图6-31所示。

**Step 02** 单击【修改】工具栏中的【旋转】按钮，调整单人沙发的角度，命令行提示如下。

```
命令：_rotate
UCS 当前的正角方向：ANGDIR=逆时针 ANGBASE=0
选择对象：指定对角点：找到 1 个
                    //选择右侧的单人沙发图形
指定基点：           //在选定的对象上指定一点作为旋转基点
指定旋转角度，或 [复制(C)/参照(R)] <328>:32↙
        //输入角度参数，按Enter键，完成旋转操作，结果如图6-32所示
```

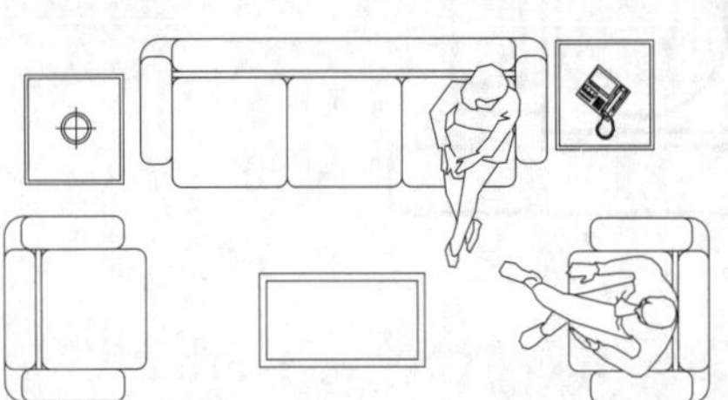

图 6-31 素材图形

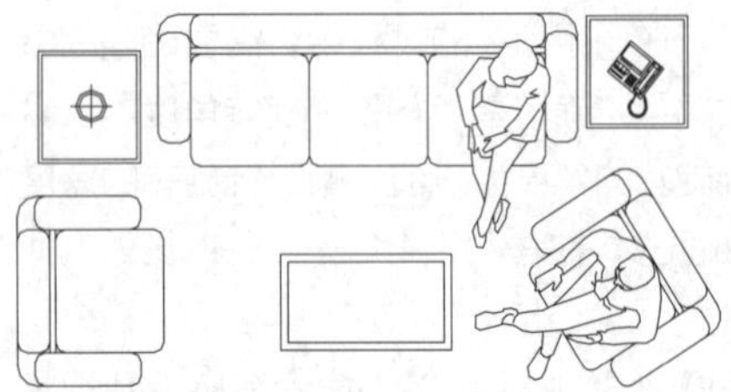

图 6-32 旋转结果

## 6.2.3 缩放

利用【缩放】工具可以将图形对象以指定的缩放基点为缩放参照，放大或缩小一定比例，创建出与源对象成一定比例且形状相同的新图形对象。在命令执行过程中，需要确定的参数有"缩放对象""基点"和"比例因子"。比例因子也就是缩小或放大的比例值，比例因子大于1时，缩放结果是使图形变大，反之则使图形变小。

**·执行方式**

在 AutoCAD 2016 中【缩放】命令有以下几种调用方法。

◆功能区：单击【修改】面板中的【缩放】按钮，如图 6-33 所示。

◆菜单栏：执行【修改】|【缩放】命令，如图 6-34 所示。

◆命令行：SCALE 或 SC。

图 6-33 【修改】面板中的【缩放】按钮　图 6-34 【缩放】菜单命令

**·操作步骤**

执行以上任一方式启用【缩放】命令后，命令行操作提示如下。

```
命令: _SCALE          //执行【缩放】命令
选择对象: 找到 1 个
                      //选择要缩放的对象
指定基点:             //选取缩放的基点
指定比例因子或 [复制(C)/参照(R)]: 2
                      //输入比例因子
```

**·选项说明**

【缩放】命令与【旋转】差不多，除了默认的操作之外，同样有“复制（C）”和“参照（R）”两个子选项，介绍如下。

◆默认缩放：指定基点后直接输入比例因子进行缩放，不保留对象的原始副本，如图 6-35 所示。

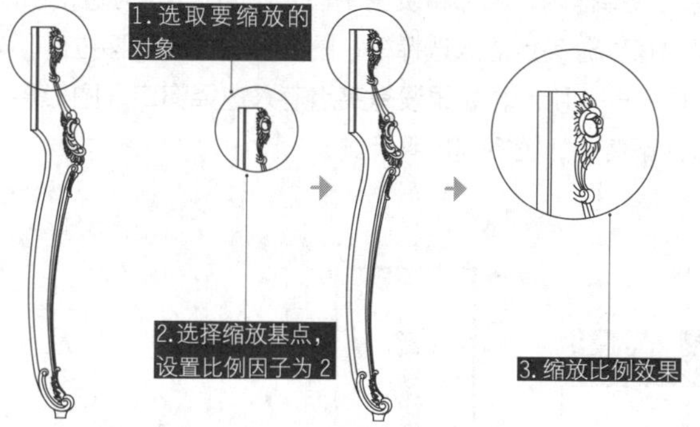


图 6-35 默认方式缩放图形

◆“复制（C）”：在命令行输入 C，选择该选项进行缩放后可以在缩放时保留源图形，如图 6-36 所示。

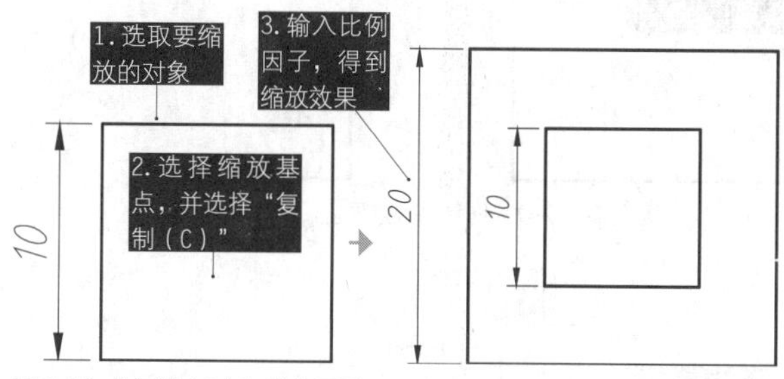


图 6-36 “复制（C）”缩放图形

◆“参照（R）”：如果选择该选项，则命令行会提示用户需要输入“参照长度”和“新长度”数值，由系统自动计算出两长度之间的比例数值，从而定义出图形的缩放因子，对图形进行缩放操作，如图 6-37 所示。

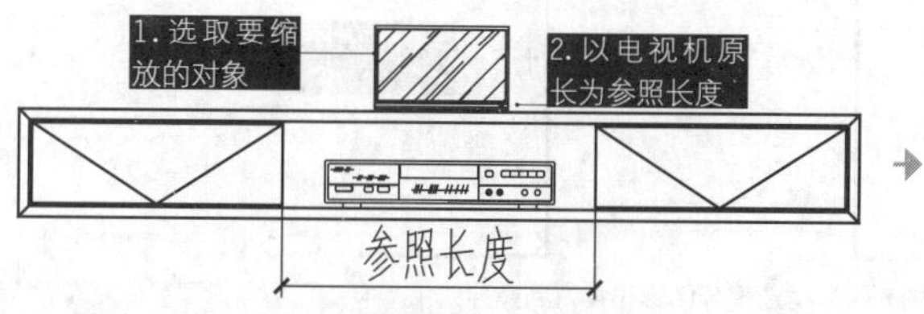


图 6-37 “参照（R）”缩放图形

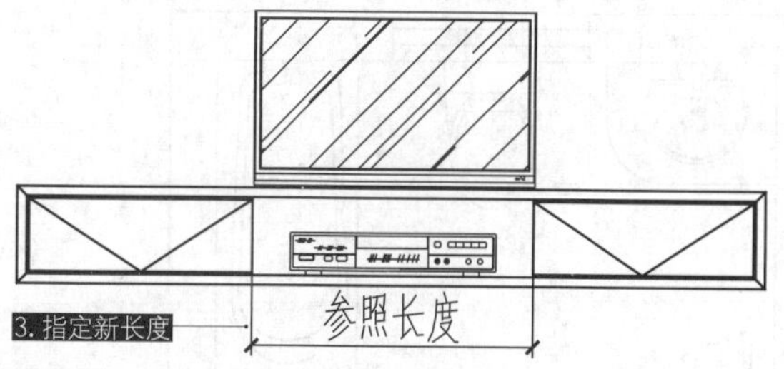


图 6-37 “参照（R）”缩放图形（续）

**练习 6-4 缩放坐便器图形**

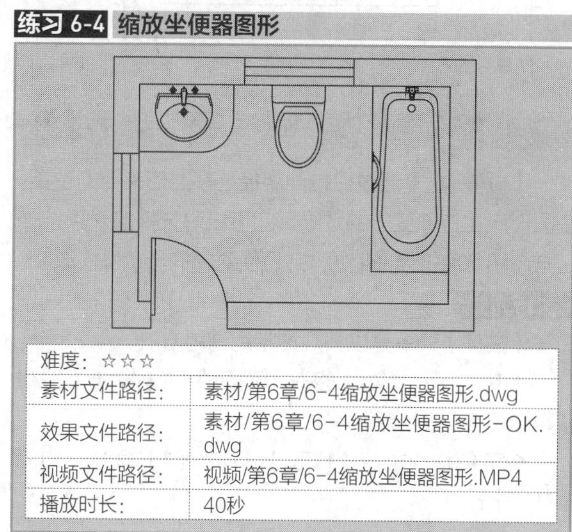

| 难度：☆☆☆ | |
|---|---|
| 素材文件路径： | 素材/第6章/6-4缩放坐便器图形.dwg |
| 效果文件路径： | 素材/第6章/6-4缩放坐便器图形-OK.dwg |
| 视频文件路径： | 视频/第6章/6-4缩放坐便器图形.MP4 |
| 播放时长： | 40秒 |

**Step 01** 按Ctrl+O组合键，打开配套资源中提供的“第6章/6-4缩放坐便器图形.dwg”文件，如图6-38所示。

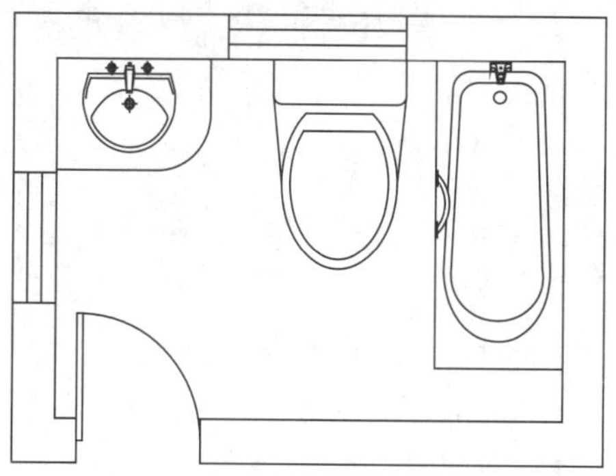

图 6-38 打开素材

**Step 02** 单击【修改】面板中的【缩放】按钮，命令行提示如下。

```
命令: _SCALE
选择对象: 找到 1 个                          //选择坐便器
指定基点:                                    //指定基点
指定比例因子或 [复制(C)/参照(R)]: 0.65↙
            //输入比例因子，按Enter键结束绘制
```

**Step 03** 调整坐便器大小比例结果如图6-39所示。

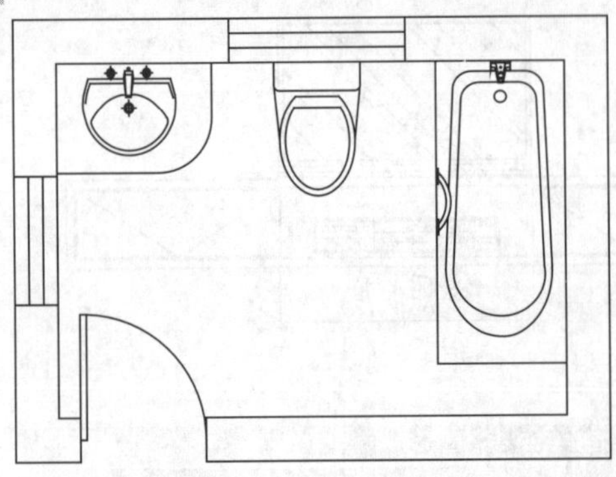

图 6-39 缩放结果

## 6.2.4 拉伸 ★重点★

【拉伸】命令通过沿拉伸路径平移图形夹点的位置，使图形产生拉伸变形的效果。它可以对选择的对象按规定方向和角度拉伸或缩短，并且使对象的形状发生改变。

**·执行方式**

【拉伸】命令有以下几种常用调用方法。

◆功能区：单击【修改】面板中的【拉伸】按钮，如图 6-40 所示。

◆菜单栏：执行【修改】|【拉伸】命令，如图 6-41 所示。

◆命令行：STRETCH 或 S。

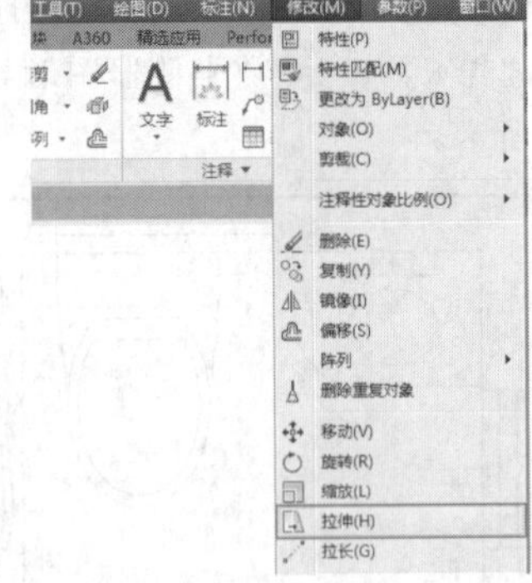

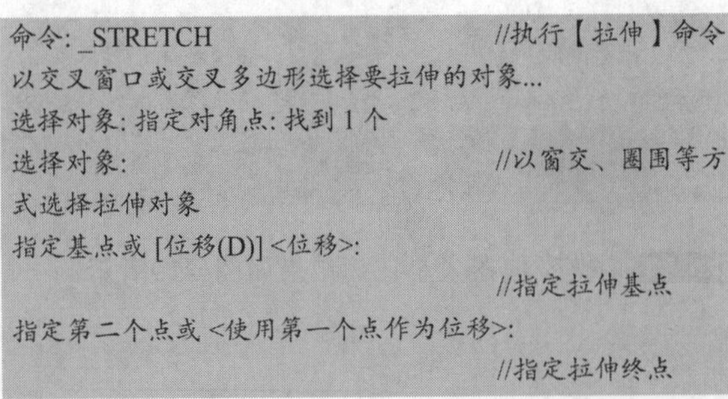

图 6-40 【修改】面板中的【拉伸】按钮　图 6-41 【拉伸】菜单命令

**·操作步骤**

拉伸命令需要设置的主要参数有“拉伸对象”“拉伸基点”和“拉伸位移”等 3 项。“拉伸位移”决定了拉伸的方向和距离，如图 6-42 所示，命令行操作如下。

```
命令: _STRETCH                                //执行【拉伸】命令
以交叉窗口或交叉多边形选择要拉伸的对象...
选择对象: 指定对角点: 找到 1 个
选择对象:                                     //以窗交、圈围等方式选择拉伸对象
指定基点或 [位移(D)] <位移>:
                                              //指定拉伸基点
指定第二个点或 <使用第一个点作为位移>:
                                              //指定拉伸终点
```

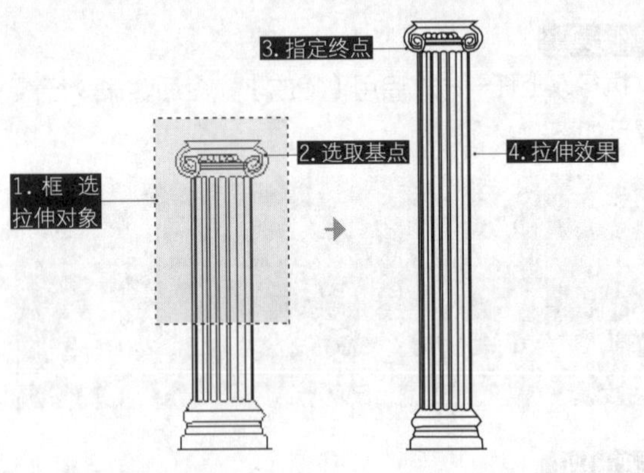


图 6-42 拉伸对象

拉伸遵循以下原则。

◆通过单击选择和窗口选择获得的拉伸对象将只被平移，不被拉伸。

◆通过框选选择获得的拉伸对象，如果所有夹点都落入选择框内，图形将发生平移，如图 6-43 所示；如果只有部分夹点落入选择框，图形将沿拉伸位移拉伸，如图 6-44 所示；如果没有夹点落入选择窗口，图形将保持不变，如图 6-45 所示。

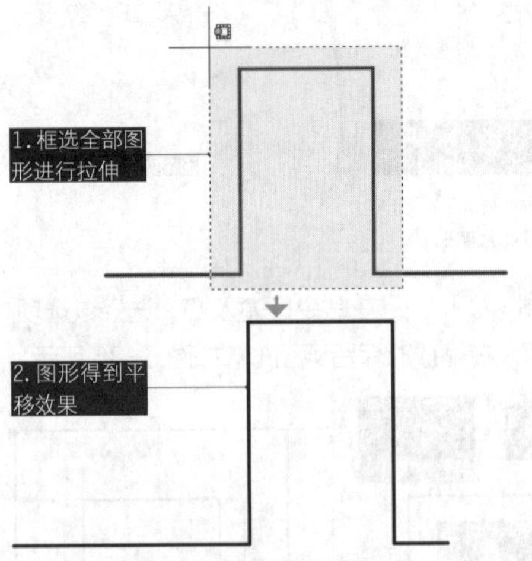


图 6-43 框选全部图形拉伸得到平移效果

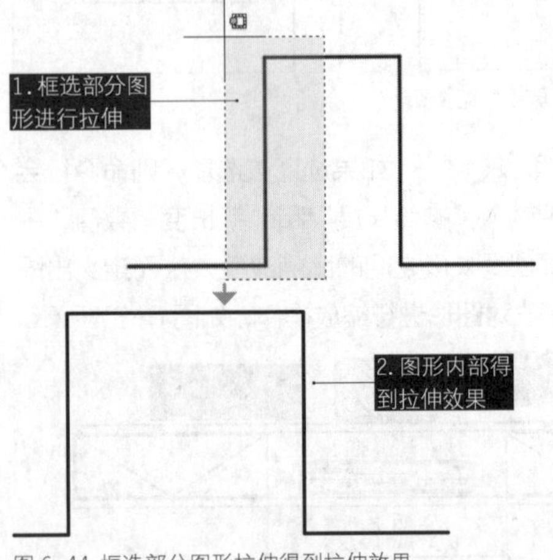


图 6-44 框选部分图形拉伸得到拉伸效果

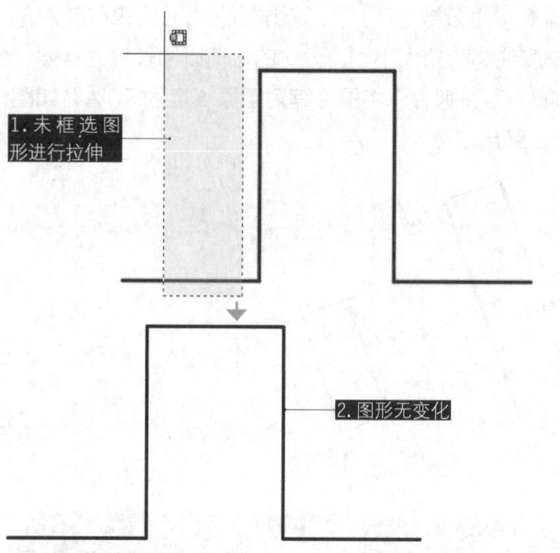


图 6-45 未框选图形拉伸无效果

**·选项说明**

【拉伸】命令同【移动】命令一样，命令行中只有一个子选项：“位移（D）”，该选项可以输入坐标以表示矢量。输入的坐标值将指定拉伸相对于基点的距离和方向，如图 6-46 为输入坐标（1000，200）的位移结果。

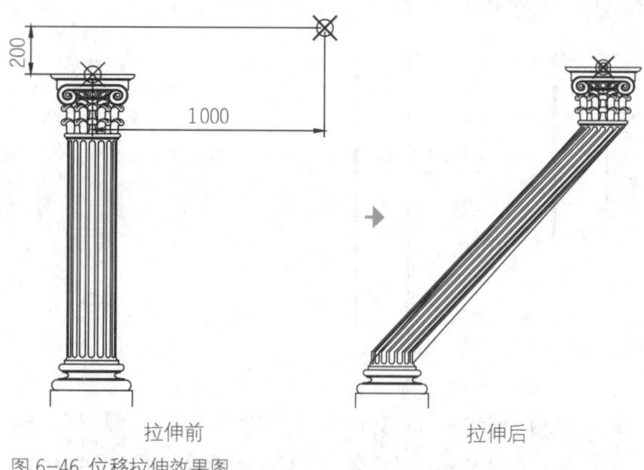


图 6-46 位移拉伸效果图

### 练习 6-5 使用拉伸修改窗户高度

| 难度：☆☆☆ | |
|---|---|
| 素材文件路径： | 素材/第6章/6-5使用拉伸修改窗户高度.dwg |
| 效果文件路径： | 素材/第6章/6-5使用拉伸修改窗户高度-OK.dwg |
| 视频文件路径： | 视频/第6章/6-5使用拉伸修改窗户高度.MP4 |
| 播放时长： | 1分31秒 |

**Step 01** 按Ctrl+O组合键，打开“第6章/6-5使用拉伸修改窗户高度.dwg”文件，如图6-47所示。

**Step 02** 单击“修改”面板中的“拉伸”按钮，命令行提示如下。

```
命令：_STRETCH                    //调用“拉伸”命令
以交叉窗口或交叉多边形选择要拉伸的对象...
选择对象：指定对角点：找到 1 个
                        //交叉框选下方窗台图形，如图6-48所示
选择对象：↙                      //按Enter键结束对象选择
指定基点或 [位移(D)] <位移>:
                                //拾取窗台下沿端点
指定第二个点或 <使用第一个点作为位移>:300↙    //垂直向
下移动光标，指定拉伸的方向，然后在命令行输入拉伸距离
```

**Step 03** 立面窗拉伸结果如图6-48所示。

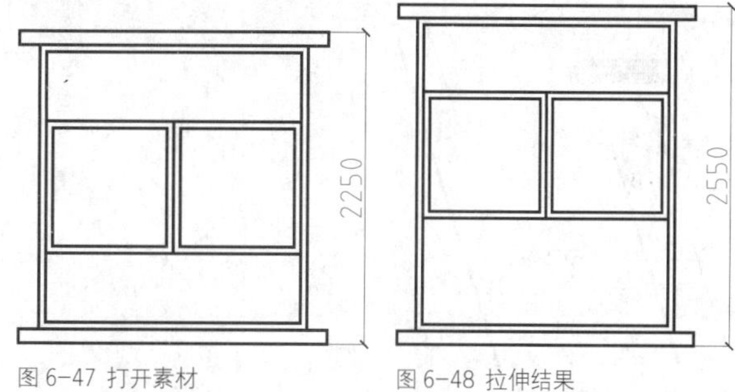


图 6-47 打开素材　　图 6-48 拉伸结果

## 6.2.5 拉长

拉长图形就是改变原图形的长度，可以把原图形变长，也可以将其缩短。用户可以通过指定一个长度增量、角度增量（对于圆弧）、总长度或者相对于原长的百分比增量来改变原图形的长度，也可以通过动态拖动的方式来直接改变原图形的长度。

**·执行方式**

调用【拉长】命令的方法如下。

◆功能区：单击【修改】面板中的【拉长】按钮，如图 6-49 所示。

◆菜单栏：调用【修改】|【拉长】菜单命令，如图 6-50 所示。

◆命令行：LENGTHEN 或 LEN。

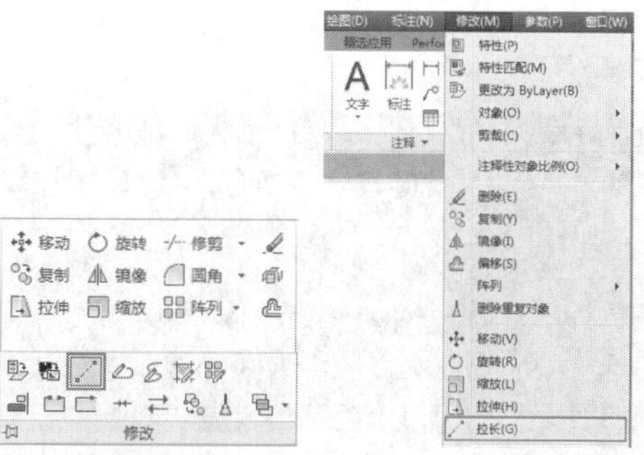


图 6-49 【修改】面板中的【拉长】按钮　　图 6-50 【拉长】菜单命令

**·操作步骤**

调用该命令后，命令行显示如下提示。

```
选择要测量的对象或 [增量(DE)/百分比(P)/总计(T)/动态(DY)]
<总计(T)>:
```

只有选择各子选项确定了拉长方式后，才能对图形进行拉长，因此各操作需结合不同的选项进行说明。

**·选项说明**

命令行中各子选项含义如下。

◆ “增量( DE )”: 表示以增量方式修改对象的长度。可以直接输入长度增量来拉长直线或者圆弧，长度增量为正时拉长对象，如图 6-51 所示，为负时缩短对象；也可以输入 A，通过指定圆弧的长度和角增量来修改圆弧的长度，如图 6-52 所示。

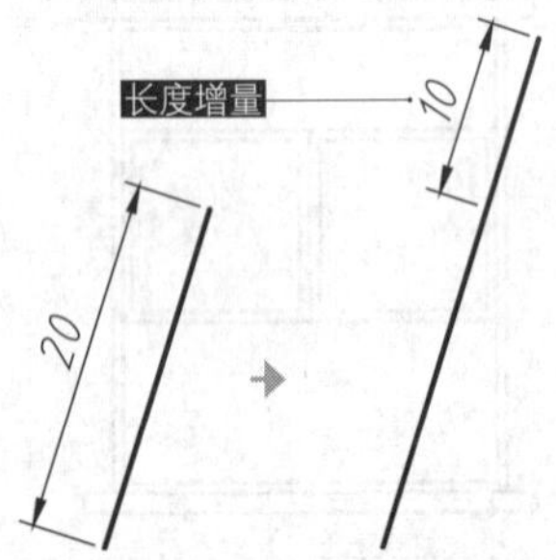


图 6-51 长度增量效果

```
命令: _LENGTHEN
选择要测量的对象或 [增量(DE)/百分比(P)/总计(T)/动态(DY)]: DE
                    //输入DE, 选择“增量”选项
输入长度增量或 [角度(A)] <0.0000>:10     //输入增量数值
选择要修改的对象或 [放弃(U)]:            //按Enter键完成操作
```

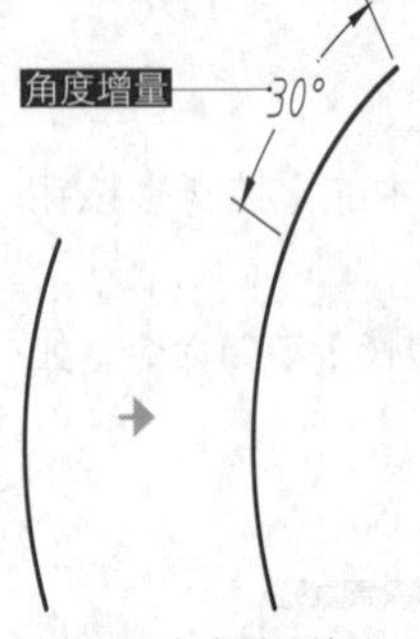


图 6-52 角度增量效果

```
命令: _LENGTHEN
选择要测量的对象或 [增量(DE)/百分比(P)/总计(T)/动态(DY)]: DE
//输入DE, 选择“增量”选项
输入长度增量或 [角度(A)] <0.0000>: A    //输入A执行角度方式
输入角度增量 <0>:30                     //输入角度增量
选择要修改的对象或 [放弃(U)]:            //按Enter键完成操作
```

◆ “百分数（P）”：通过输入百分比来改变对象的长度或圆心角大小，百分比的数值以原长度为参照。若输入 50，则表示将图形缩短至原长度的 50%，如图 6-53 所示。

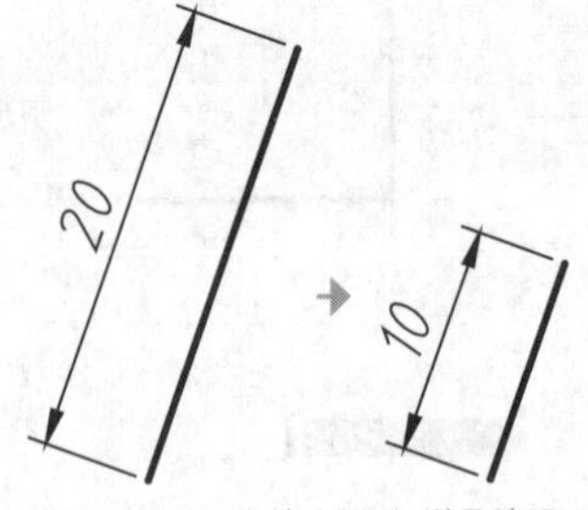


图 6-53 “百分数（P）”增量效果

```
命令: _LENGTHEN
选择要测量的对象或 [增量(DE)/百分比(P)/总计(T)/动态(DY)]: P       //输入P, 选择“百分比”选项
输入长度百分数 <0.0000>:50                  //输入百分比数值
选择要修改的对象或 [放弃(U)]:                //按Enter键完成操作
```

◆ “全部（T）”：将对象从离选择点最近的端点拉长到指定值，该指定值为拉长后的总长度，因此该方法特别适合于对一些尺寸为非整数的线段（或圆弧）进行操作，如图 6-54 所示。

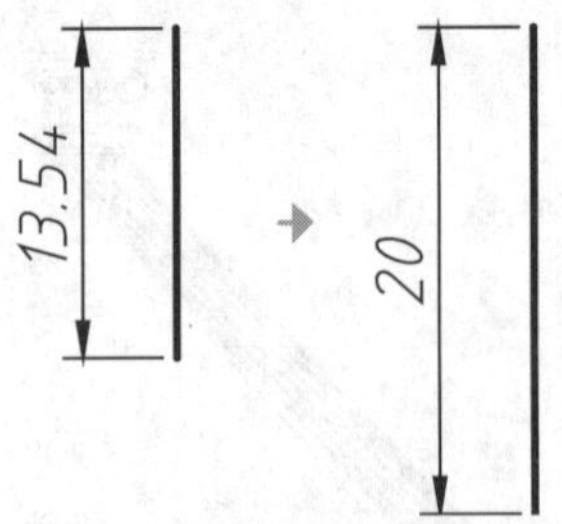


图 6-54 “全部（T）”增量效果

```
命令: _LENGTHEN
选择要测量的对象或 [增量(DE)/百分比(P)/总计(T)/动态(DY)]: T           //输入T, 选择“总计”选项
指定总长度或 [角度(A)] <0.0000>: 20       //输入总长数值
选择要修改的对象或 [放弃(U)]:             //按Enter键完成操作
```

◆ “动态（DY）”：用动态模式拖动对象的一个端点来改变对象的长度或角度，如图 6-55 所示。

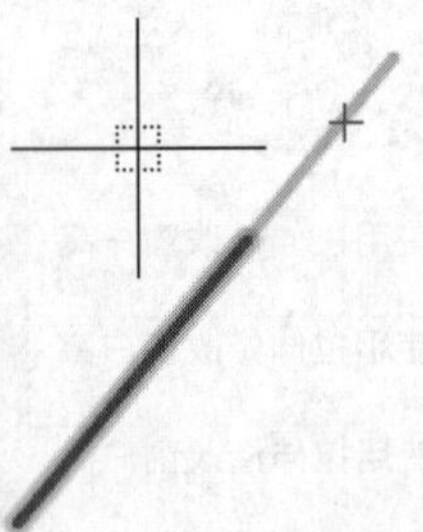

图 6-55 “动态（DY）”增量效果

```
命令: _LENGTHEN
选择要测量的对象或 [增量(DE)/百分比(P)/总计(T)/动态(DY)]: DY      //输入DY，选择"动态"选项
选择要修改的对象或 [放弃(U)]:                    //选择要拉长的对象
指定新端点:                      //指定新的端点
选择要修改的对象或 [放弃(U)]:                    //按Enter键完成操作
```

**练习 6-6 使用拉长修改中心线**

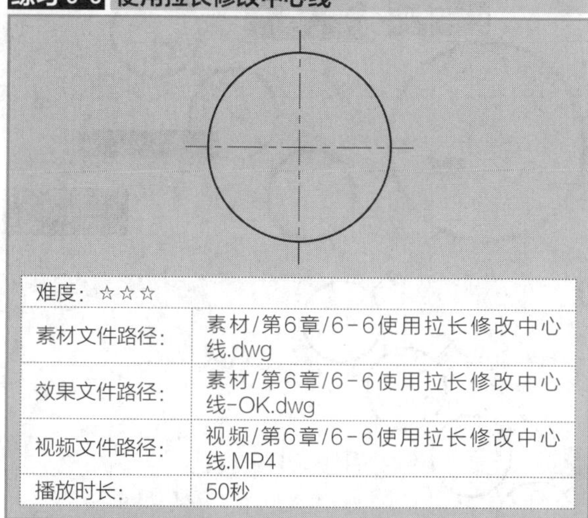

| 难度：☆☆☆ | |
|---|---|
| 素材文件路径： | 素材/第6章/6-6使用拉长修改中心线.dwg |
| 效果文件路径： | 素材/第6章/6-6使用拉长修改中心线-OK.dwg |
| 视频文件路径： | 视频/第6章/6-6使用拉长修改中心线.MP4 |
| 播放时长： | 50秒 |

大部分图形（如圆、矩形）均需要绘制中心线，而在绘制中心线的时候，通常需要将中心线延长至图形外，且伸出长度相等。如果一根根去拉伸中心线的话，就略显麻烦，这时就可以使用【拉长】命令来快速延伸中心线，使其符合设计规范。

**Step 01** 打开"第6章\6-6使用拉长修改中心线.dwg"素材文件，如图6-56所示。

**Step 02** 单击【修改】面板中的按钮，激活【拉长】命令，在2条中心线的各个端点处单击，向外拉长3个单位，命令行操作如下。

```
1命令: _LENGTHEN
选择对象或 [增量(DE)/百分数(P)/全部(T)/动态(DY)]:DE↙
        //选择"增量"选项
输入长度增量或 [角度(A)] <0.5000>: 3↙
                    //输入每次拉长增量
选择要修改的对象或 [放弃(U)]:
选择要修改的对象或 [放弃(U)]:
选择要修改的对象或 [放弃(U)]:
选择要修改的对象或 [放弃(U)]:
                    //依次在两中心线4个端点附近单击，完成拉长
选择要修改的对象或 [放弃(U)]:↙
                    //按Enter键结束拉长命令，拉长结果如图6-57所示
```

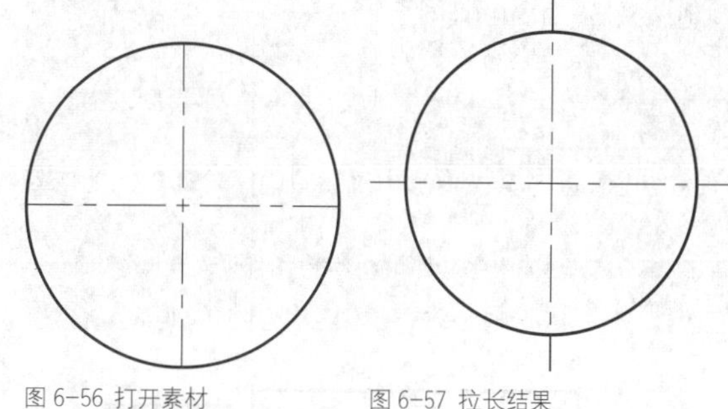

图 6-56 打开素材　　图 6-57 拉长结果

# 6.3 图形复制类

如果设计图中含有大量重复或相似的图形，就可以使用图形复制类命令进行快速绘制，如【复制】、【偏移】、【镜像】、【阵列】等。

## 6.3.1 复制 ★重点★

【复制】命令是指在不改变图形大小、方向的前提下，重新生成一个或多个与原对象一模一样的图形。在命令执行过程中，需要确定的参数有复制对象、基点和第二点，配合坐标、对象捕捉、栅格捕捉等其他工具，可以精确复制图形。

**·执行方式**

在 AutoCAD 2016 中调用【复制】命令有以下几种常用方法。

◆功能区：单击【修改】面板中的【复制】按钮，如图 6-58 所示。

◆菜单栏：执行【修改】|【复制】命令，如图 6-59 所示。

◆命令行：COPY 或 CO 或 CP。

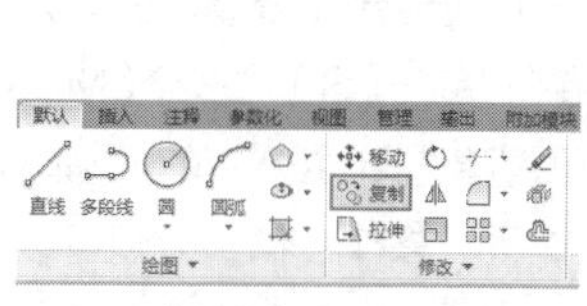

图 6-58 【修改】面板中的【复制】按钮

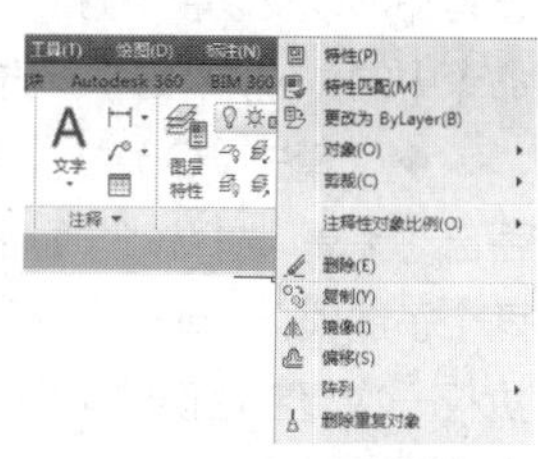

图 6-59 【复制】菜单命令

**·操作步骤**

执行【复制】命令后，选取需要复制的对象，指定复制基点，然后拖动鼠标指定新基点即可完成复制操作，继续单击，还可以复制多个图形对象，如图 6-60 所示。命令行操作如下。

```
命令: _COPY                   //执行【复制】命令
选择对象: 找到 1 个            //选择要复制的图形
当前设置: 复制模式 = 多个      //当前的复制设置
```

```
指定基点或 [位移(D)/模式(O)] <位移>:
        //指定复制的基点
指定第二个点或 [阵列(A)] <使用第一个点作为位移>:
        //指定放置点1
指定第二个点或 [阵列(A)/退出(E)/放弃(U)] <退出>: //指定放置点2
指定第二个点或 [阵列(A)/退出(E)/放弃(U)] <退出>://单击Enter键完成操作
```

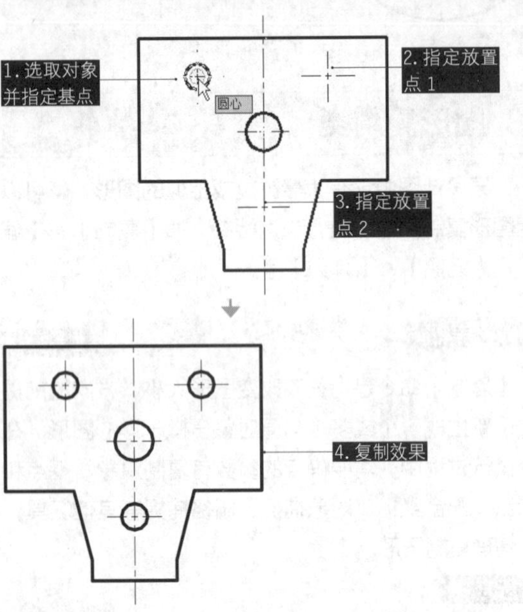


图 6-60 复制对象

**·选项说明**

执行【复制】命令时，命令行中出现的各选项介绍如下。

◆ “位移（D）”：使用坐标指定相对距离和方向。指定的两点定义一个矢量，指示复制对象的放置离原位置有多远以及以哪个方向放置。基本与【移动】、【拉伸】命令中的“位移（D）”选项一致，在此不多加赘述。

◆ “模式（O）”：该选项可控制【复制】命令是否自动重复。选择该选项后会有“单一（S）”“多个（M）”两个子选项，“单一（S）”可创建选择对象的单一副本，执行一次复制后便结束命令；而“多个（M）”则可以自动重复。

◆ “阵列（A）”：选择该选项，可以以线性阵列的方式快速大量复制对象，如图6-61所示。命令行操作如下。

```
命令: _COPY                                //执行【复制】命令
选择对象: 找到 1 个                         //选择复制对象
当前设置: 复制模式 = 多个
指定基点或 [位移(D)/模式(O)] <位移>:
                //指定复制基点
指定第二个点或 [阵列(A)] <使用第一个点作为位移>: A↙
        //输入A，选择“阵列”选项
输入要进行阵列的项目数: 4↙
                //输入阵列的项目数
指定第二个点或 [布满(F)]: 10↙
                //移动鼠标确定阵列间距
指定第二个点或 [阵列(A)/退出(E)/放弃(U)] <退出>:
                //按Enter键完成操作
```

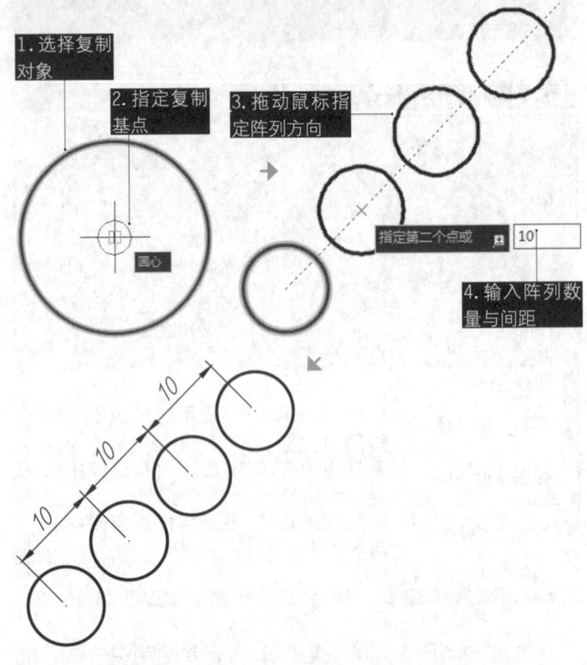


图 6-61 阵列复制

## 练习 6-7 使用复制补全立面图

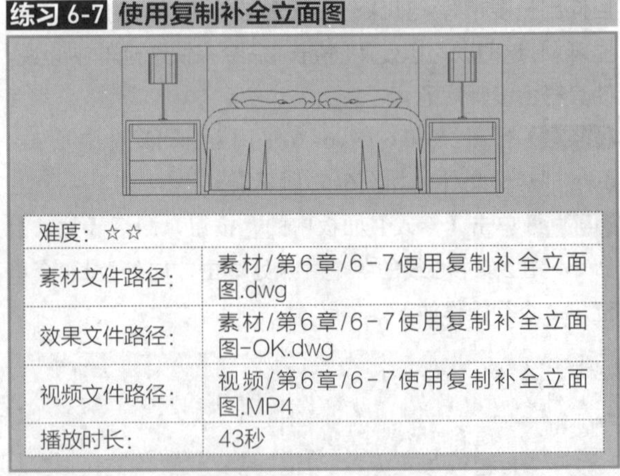

| 难度: | ☆☆ |
|---|---|
| 素材文件路径: | 素材/第6章/6-7使用复制补全立面图.dwg |
| 效果文件路径: | 素材/第6章/6-7使用复制补全立面图-OK.dwg |
| 视频文件路径: | 视频/第6章/6-7使用复制补全立面图.MP4 |
| 播放时长: | 43秒 |

**Step 01** 按Ctrl+O组合键，打开配套资源中提供的“第6章/6-7使用复制补全立面图.dwg”素材文件，如图6-62所示。

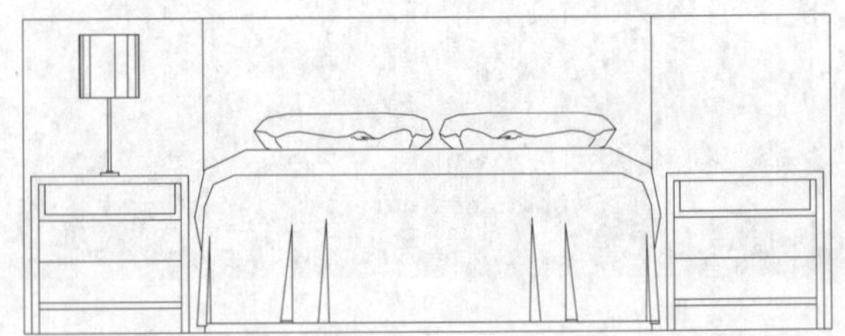

图 6-62 打开素材

**Step 02** 单击【修改】工具栏中的【复制】按钮，复制台灯图形，命令行提示如下。

```
命令: _COPY
选择对象: 指定对角点: 找到 20 个, 总计 20 个
//选择床左侧的台灯图形
当前设置: 复制模式 = 多个
指定基点或 [位移(D)/模式(O)] <位移>:
//在源对象上指定基点
指定第二个点或 [阵列(A)] <使用第一个点作为位移>:
//移动鼠标, 指定目标位置基点, 复制结果如图6-63所示
```

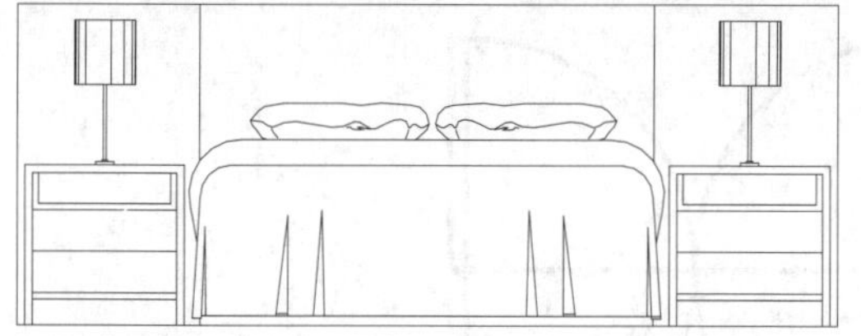

图 6-63 复制结果

## 6.3.2 偏移

使用【偏移】工具可以创建与源对象成一定距离的形状相同或相似的新图形对象。可以进行偏移的图形对象包括直线、曲线、多边形、圆、圆弧等，如图 6-64 所示。

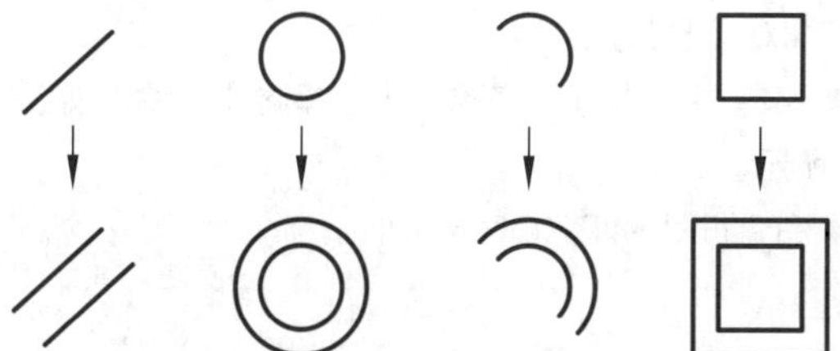

图 6-64 各图形偏移示例

**• 执行方式**

在 AutoCAD 2016 中调用【偏移】命令有以下几种常用方法。

◆功能区：单击【修改】面板中的【偏移】按钮，如图 6-65 所示。

◆菜单栏：执行【修改】|【偏移】命令，如图 6-66 所示。

◆命令行：OFFSET 或 O。

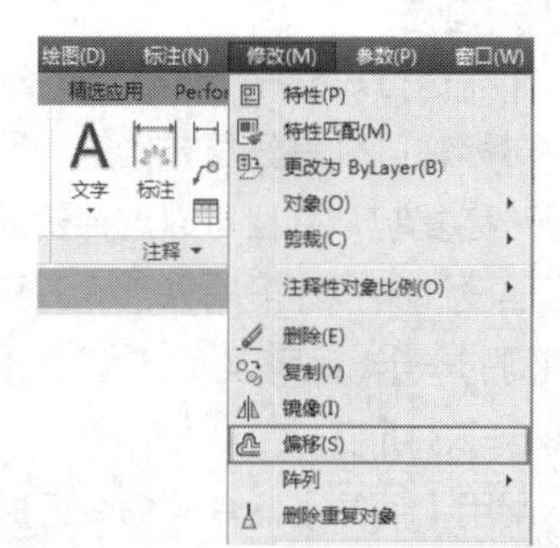


图 6-65 【修改】面板中的【偏移】按钮　图 6-66 【偏移】菜单命令

**• 操作步骤**

偏移命令需要输入的参数有需要偏移的“源对象”“偏移距离”和“偏移方向”。只要在需要偏移的一侧的任意位置单击即可确定偏移方向，也可以指定偏移对象通过已知的点。执行【偏移】命令后命令行操作如下。

```
命令: _OFFSET                                    //调用【偏移】命令
指定偏移距离或 [通过(T)/删除(E)/图层(L)] <通过>:
                                                 //输入偏移距离
选择要偏移的对象, 或 [退出(E)/放弃(U)] <退出>:
                                                 //选择偏移对象
指定通过点或 [退出(E)/多个(M)/放弃(U)] <退出>:
                                                 //输入偏移距离或指定目标点
```

**• 选项说明**

命令行中各选项的含义如下。

◆“通过（T）”：指定一个通过点定义偏移的距离和方向，如图 6-67 所示。

◆“删除（E）”：偏移源对象后将其删除。

◆“图层（L）”：确定将偏移对象创建在当前图层上还是源对象所在的图层上。

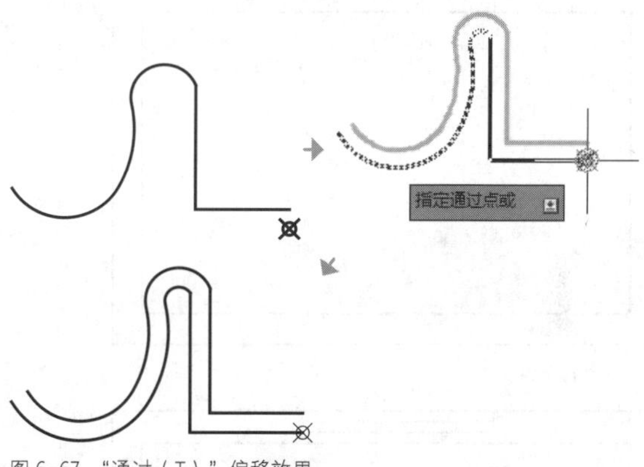


图 6-67 “通过（T）”偏移效果

**练习 6-8 通过偏移绘制窗户图形**

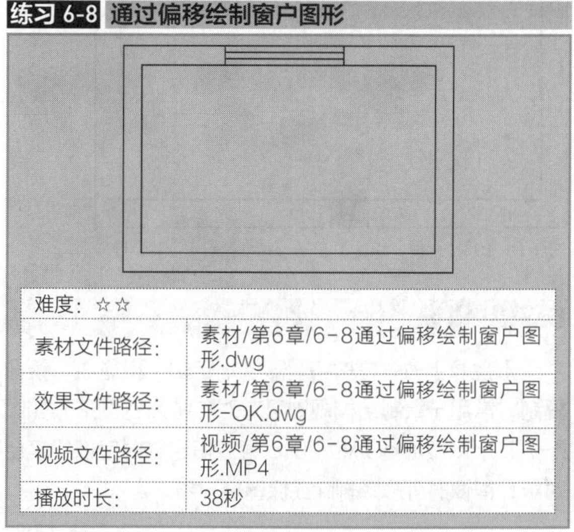

| 难度：☆☆ | |
|---|---|
| 素材文件路径： | 素材/第6章/6-8通过偏移绘制窗户图形.dwg |
| 效果文件路径： | 素材/第6章/6-8通过偏移绘制窗户图形-OK.dwg |
| 视频文件路径： | 视频/第6章/6-8通过偏移绘制窗户图形.MP4 |
| 播放时长： | 38秒 |

窗户，在建筑学上是指墙或屋顶上建造的洞口，用以使光线或空气进入室内。事实上窗和户的本意分别指窗和门，在现代汉语中窗户则单指窗。在建筑制图中，以封边的 4 条平行线作为窗户图形。

**Step 01** 按Ctrl+O组合键，打开配套资源中提供的“第6章/6-8通过偏移绘制窗户图形.dwg”文件，如图6-68所示。

**Step 02** 单击【修改】面板中的【偏移】按钮，设置偏移距离为80，向下偏移线段，结果如图6-69所示。命令行操作如下。

```
命令: _OFFSET
当前设置: 删除源=否  图层=源  OFFSETGAPTYPE=0
指定偏移距离或 [通过(T)/删除(E)/图层(L)] <通过>: 80↙
                                    //输入偏移距离
选择要偏移的对象，或 [退出(E)/放弃(U)] <退出>:
                                    //选择上方的短水平线
指定要偏移的那一侧上的点，或 [退出(E)/多个(M)/放弃(U)] <
退出>:                  //对偏移出来的水平线再次偏移
选择要偏移的对象，或 [退出(E)/放弃(U)] <退出>:↙
                                    //结束命令
```

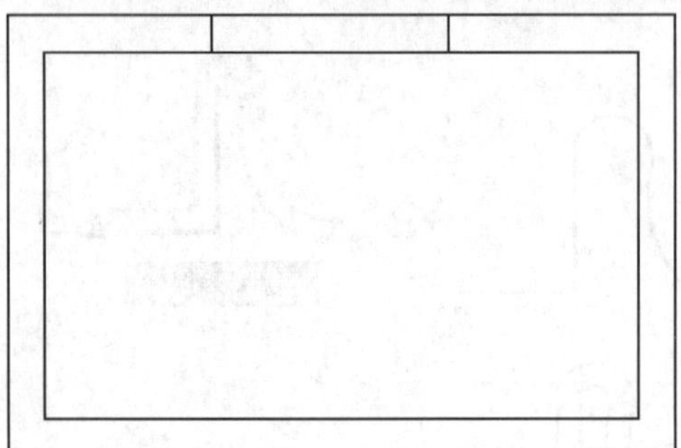

图 6-68 打开素材

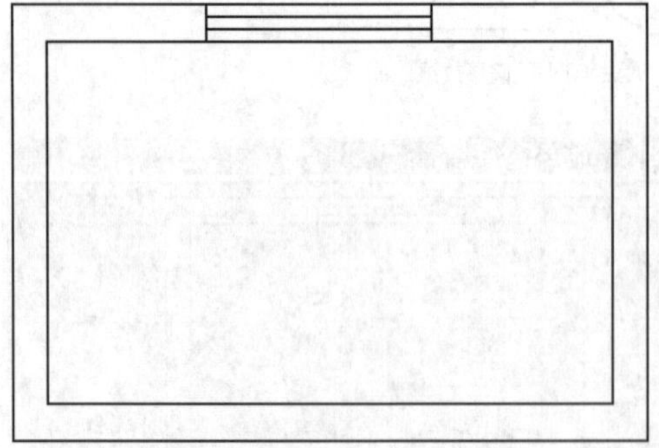

图 6-69 偏移绘制窗

## 6.3.3 镜像

【镜像】命令是指将图形绕指定轴（镜像线）镜像复制，常用于绘制结构规则且有对称特点的图形，如图 6-70 所示。AutoCAD 2016 通过指定临时镜像线镜像对象，镜像时可选择删除或保留原对象。

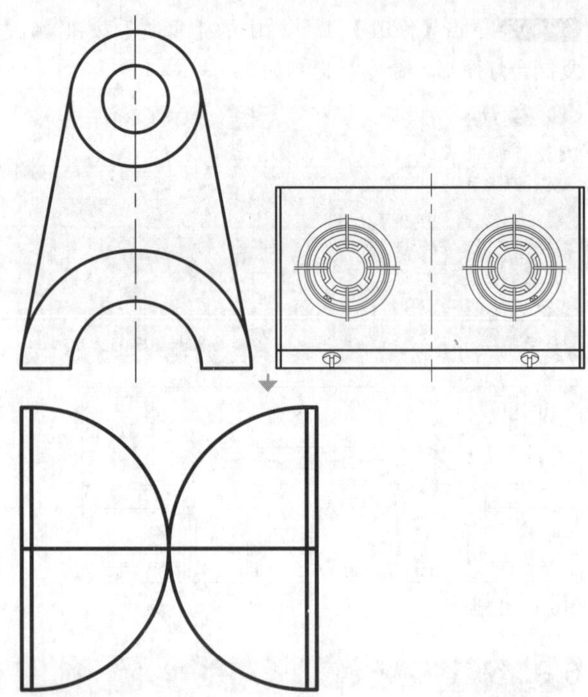

图 6-70 对称图形

**·执行方式**

在AutoCAD 2016 中【镜像】命令的调用方法如下。

◆功能区：单击【修改】面板中的【镜像】按钮，如图 6-71 所示。

◆菜单栏：执行【修改】|【镜像】命令，如图 6-72 所示。

◆命令行：MIRROR 或 MI。

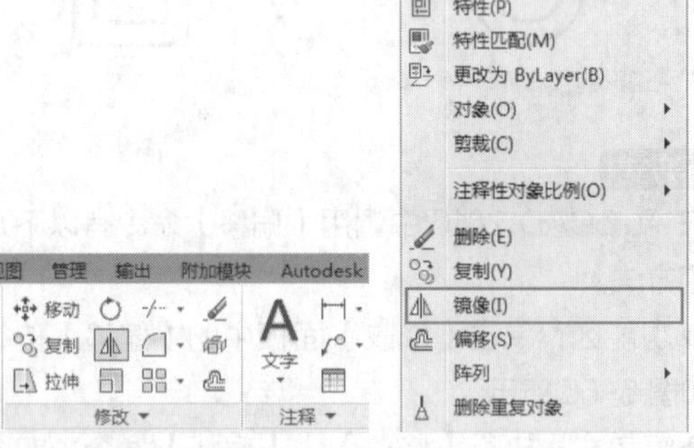


图 6-71 【修改】面板中的【镜像】按钮　图 6-72 【镜像】命令

**·操作步骤**

命令执行过程中，需要确定镜像复制的对象和对称轴。对称轴可以是任意方向的，所选对象将根据该轴线进行对称复制，并且可以选择删除或保留源对象。在实际工程设计中，许多对象都为对称形式，如果绘制了这些图例的一半，就可以通过【镜像】命令迅速得到另一半，如图 6-73 所示。

调用【镜像】命令，命令行提示如下。

```
在命令: _MIRROR              //调用【镜像】命令
选择对象: 指定对角点: 找到 14 个
                             //选择镜像对象
指定镜像线的第一点:           //指定镜像线第一点A
指定镜像线的第二点:           //指定镜像线第二点B
要删除源对象吗? [是(Y)/否(N)] <N>: ↙          //选择是否删除源对象，或按Enter键结束命令
```

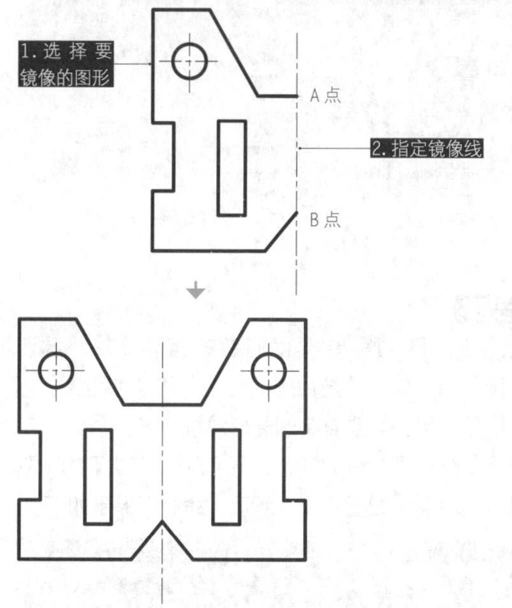


图 6-73 镜像图形

> **操作技巧**
>
> 如果是水平或者竖直方向镜像图形，可以使用【正交】功能快速指定镜像轴。

**• 选项说明**

【镜像】操作十分简单，命令行中的子选项不多，只有在结束命令前可选择是否删除源对象。如果选择“是”，则删除选择的镜像图形，效果如图 6-74 所示。

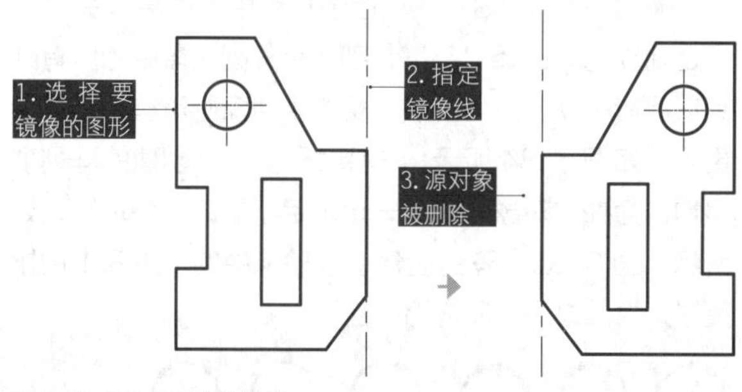


图 6-74 删除源对象的镜像

**• 初学解答 文字对象的镜像效果**

在 AutoCAD 中，除了能镜像图形对象外，还可以对文字进行镜像，但文字的镜像效果可能会出现颠倒，这时就可以通过控制系统变量 MIRRTEXT 的值来控制文字对象的镜像方向。

在命令行中输入 MIRRTEXT，设置 MIRRTEXT 变量值，不同值效果如图 6-75 所示。

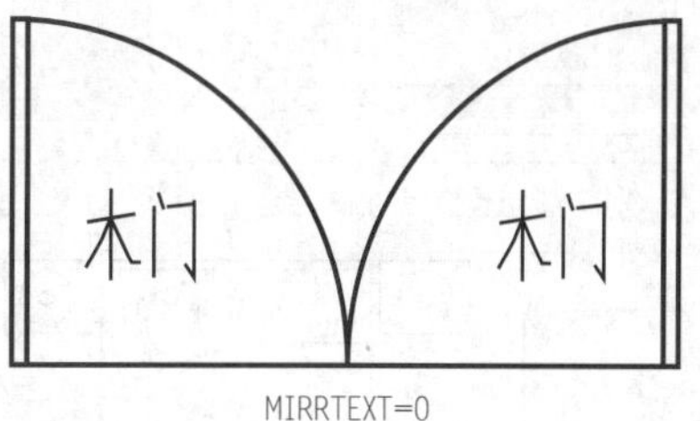


图 6-75 不同 MIRRTEXT 变量值镜像效果

## 练习 6-9 镜像绘制床头柜图形

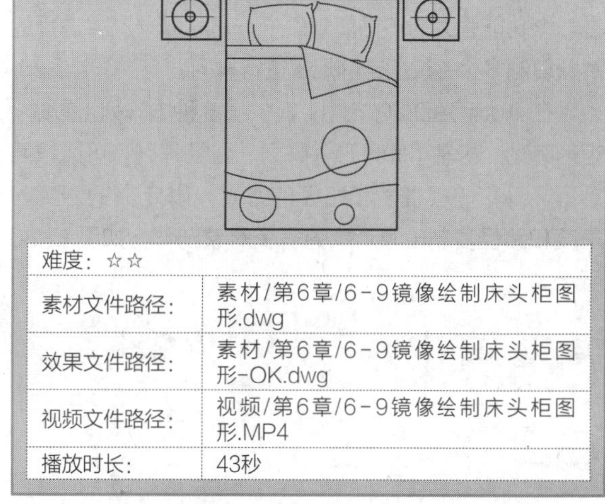

| 难度：☆☆ | |
|---|---|
| 素材文件路径： | 素材/第6章/6-9镜像绘制床头柜图形.dwg |
| 效果文件路径： | 素材/第6章/6-9镜像绘制床头柜图形-OK.dwg |
| 视频文件路径： | 视频/第6章/6-9镜像绘制床头柜图形.MP4 |
| 播放时长： | 43秒 |

许多平面图都具有对称的效果，如各种桌、椅、柜、凳，因此在绘制这部分图形时，就可以先绘制一半，然后利用【镜像】命令来快速完成余下部分。

**Step 01** 按Ctrl+O组合键，打开配套资源中提供的“第6章/6-9 镜像复制床头柜图形.dwg”素材文件，如图6-76所示。

**Step 02** 单击【修改】面板中的【镜像】按钮，镜像复制床头柜图形，命令行提示如下。

```
命令: _MIRROR
选择对象: 指定对角点: 找到 8 个            //选择左边的床头柜图形
选择对象: 指定镜像线的第一点:              //如图6-77所示
指定镜像线的第二点:                        //如图6-78所示
要删除源对象吗? [是(Y)/否(N)] <N>:         //按Enter键，完成镜像复制，结果如图6-79所示
```

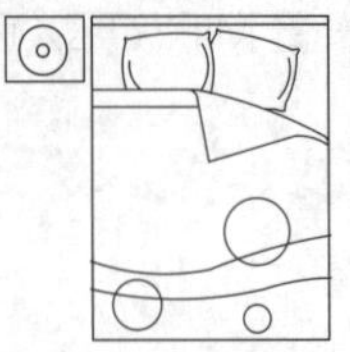
图 6-76 打开素材

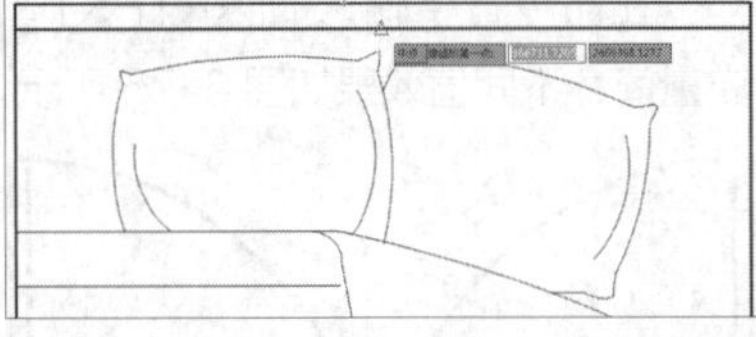
图 6-77 指定镜像线的第一点

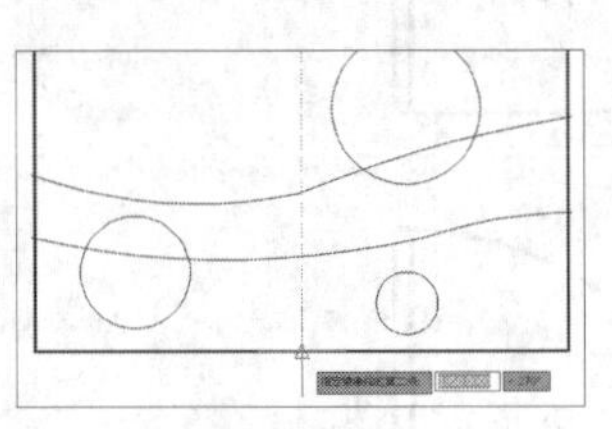
图 6-78 指定镜像线的第二点

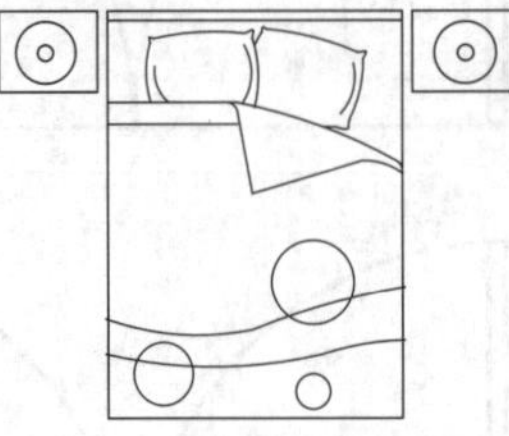
图 6-79 镜像复制结果

## 6.4 图形阵列类

复制、镜像和偏移等命令，一次只能复制得到一个对象副本。如果想要按照一定规律大量复制图形，可以使用 AutoCAD 2016 提供的【阵列】命令。【阵列】是一个功能强大的多重复制命令，它可以一次将选择的对象复制多个并按指定的规律进行排列。

在 AutoCAD 2016 中，提供了 3 种【阵列】方式：矩形阵列、极轴（即环形）阵列、路径阵列，可以按照矩形、环形（极轴）和路径的方式，以定义的距离、角度和路径复制出源对象的多个对象副本，如图 6-80 所示。

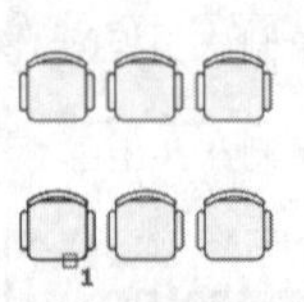
矩形阵列

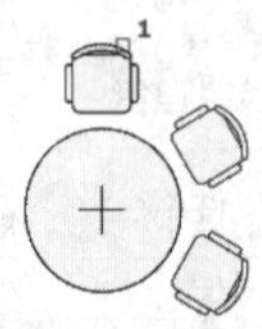
极轴（环形）阵列

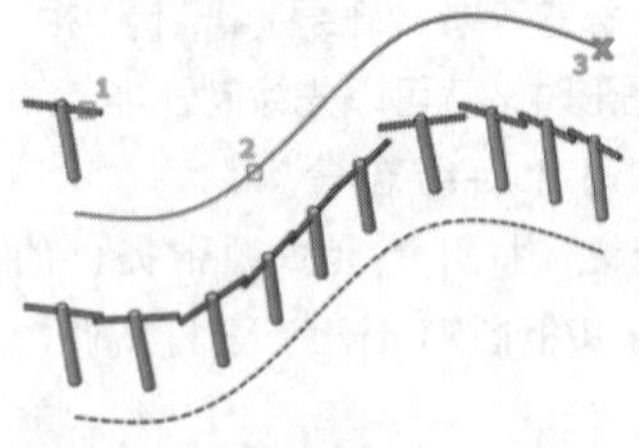
路径阵列

图 6-80 阵列的 3 种方式

### 6.4.1 矩形阵列

矩形阵列就是将图形呈行列类进行排列，如园林平面图中的道路绿化、建筑立面图的窗格、规律摆放的桌椅等。

**·执行方式**

调用【阵列】命令的方法如下。

◆功能区：在【默认】选项卡中，单击【修改】面板中的【矩形阵列】按钮，如图 6-81 所示。

◆菜单栏：执行【修改】|【阵列】|【矩形阵列】命令，如图 6-82 所示。

◆命令行：ARRAYRECT。

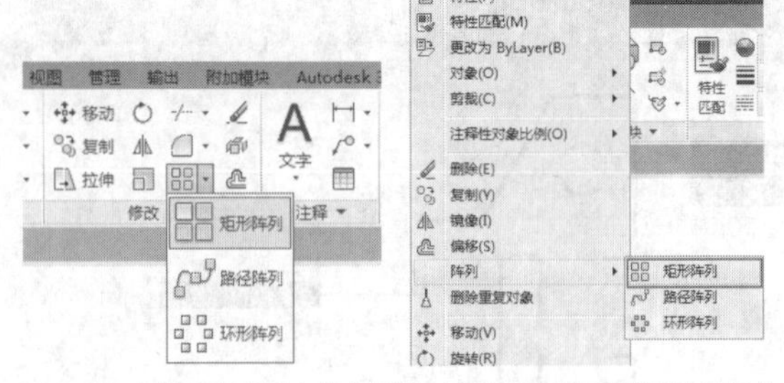

图 6-81 【修改】面板中的【矩形阵列】按钮　图 6-82 【矩形阵列】菜单命令

**·操作步骤**

使用矩形阵列需要设置的参数有阵列的“源对象”“行”和“列”的数目、“行距”和“列距”。行和列的数目决定了需要复制的图形对象有多少个。

调用【阵列】命令，功能区显示矩形方式下的【阵列创建】选项卡，如图 6-83 所示，命令行提示如下。

```
命令: _ARRAYRECT                    //调用【矩形阵列】命令
选择对象: 找到 1 个                  //选择要阵列的对象
类型 = 矩形  关联 = 是               //显示当前的阵列设置
选择夹点以编辑阵列或 [关联(AS)/基点(B)/计数(COU)/间距(S)/列数(COL)/行数(R)/层数(L)/退出(X)]: ↙
//设置阵列参数，按Enter键退出
```

图 6-83 【阵列创建】选项卡

**·选项说明**

命令行中主要选项介绍如下。

◆“关联（AS）”：指定阵列中的对象是关联的还是独立的。选择“是”，则单个阵列对象中的所有阵列项目皆关联，类似于块，更改源对象则所有项目都会更改，如图 6-84 所示；选择“否”，则创建的阵列项目均作为独立对象，更改一个项目不影响其他项目，如所示。图 6-83【阵列创建】选项卡中的【关联】按钮亮显则为“是”，反之为“否”。

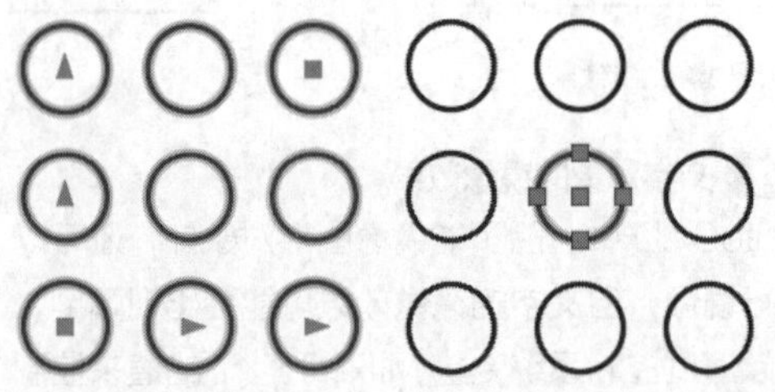
选择“是”：所有对象关联　选择“否”：所有对象独立

图 6-84 阵列的关联效果

◆ “基点（B）”：定义阵列基点和基点夹点的位置，默认为质心，如图 6-85 所示。该选项只有在启用“关联”时才有效。效果同【阵列创建】选项卡中的【基点】按钮。

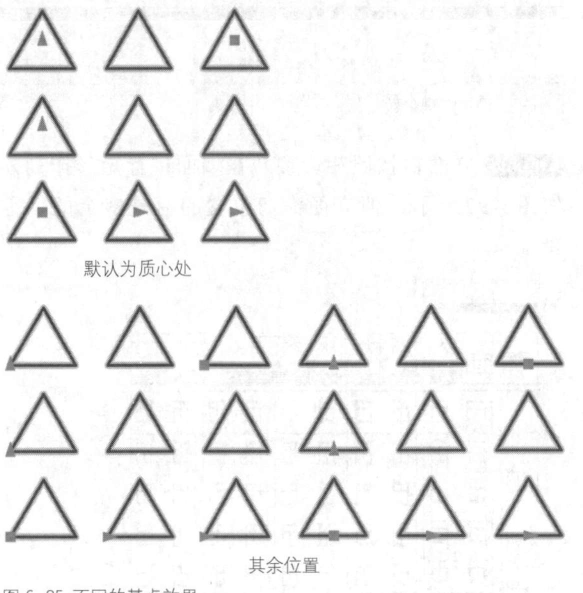


图 6-85 不同的基点效果

◆ “计数（COU）”：可指定行数和列数，并使用户在移动光标时可以动态观察阵列结果，如图 6-86 所示。效果同【阵列创建】选项卡中的【列数】、【行数】文本框。

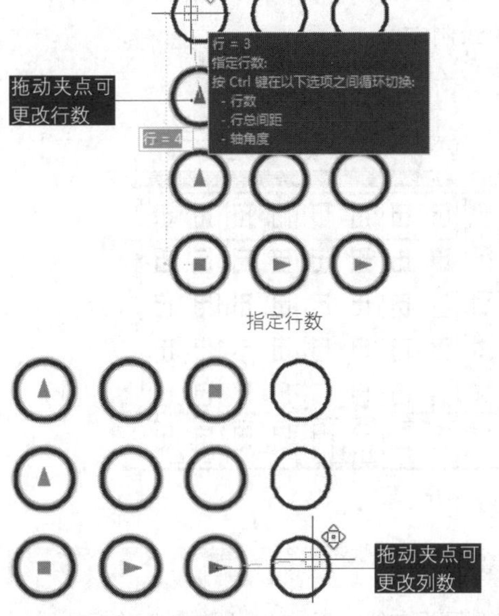


图 6-86 更改阵列的行数与列数

> **操作技巧**
>
> 在矩形阵列的过程中，如果希望阵列的图形往相反的方向复制时，在列数或行数前面加“-”符号即可，也可以向反方向拖动夹点。

◆ “间距（S）”：指定行间距和列间距并使用户在移动光标时可以动态观察结果，如图 6-87 所示。效果同【阵列创建】选项卡中的两个【介于】文本框。

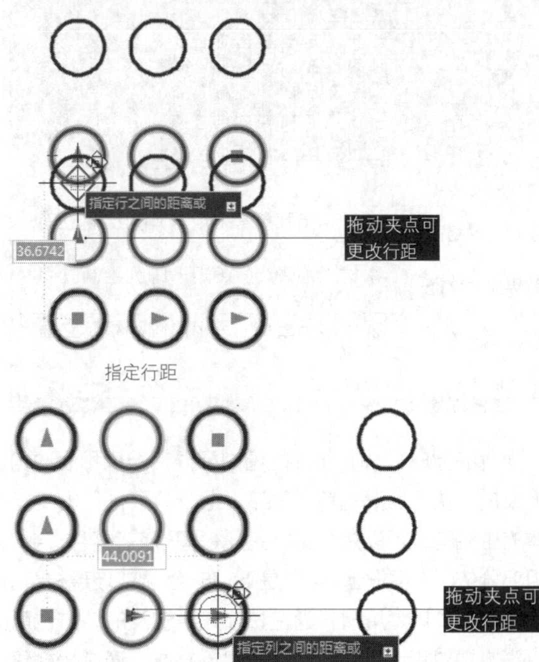


图 6-87 更改阵列的行距与列距

◆ “列数（COL）”：依次编辑列数和列间距，效果同【阵列创建】选项卡中的【列】面板。

◆ “行数（R）”：依次指定阵列中的行数、行间距以及行之间的增量标高。“增量标高”即相当于本书第 5 章 5.6.1 小节中的“标高”选项，指三维效果中 Z 方向上的增量，如图 6-88 所示即为“增量标高”为 10 的效果。

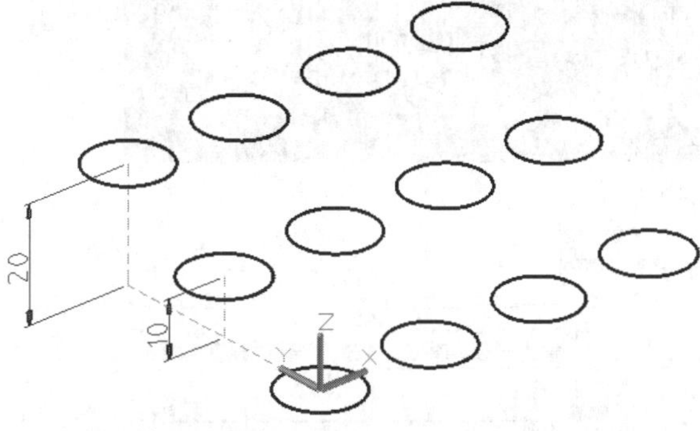


图 6-88 阵列的增量标高效果

◆ “层数（L）”：指定三维阵列的层数和层间距，效果同【阵列创建】选项卡中的【层级】面板，二维情况下无须设置。

## 练习 6-10 矩形阵列绘制立面窗

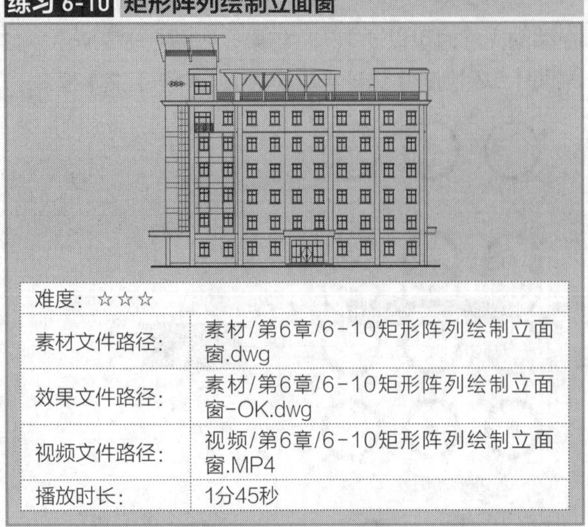

| 难度：☆☆☆ | |
|---|---|
| 素材文件路径： | 素材/第6章/6-10矩形阵列绘制立面窗.dwg |
| 效果文件路径： | 素材/第6章/6-10矩形阵列绘制立面窗-OK.dwg |
| 视频文件路径： | 视频/第6章/6-10矩形阵列绘制立面窗.MP4 |
| 播放时长： | 1分45秒 |

现代的窗户（window）的窗由窗框、玻璃和活动构件（铰链、执手、滑轮等）3部分组成。窗框负责支撑窗体的主结构，可以是木材、金属、陶瓷或塑料材料，透明部分依附在窗框上，可以是纸、布、丝绸或玻璃材料。活动构件主要以金属材料为主，在人手触及的地方也可能包裹以塑料等绝热材料。为了建筑方便，通常一栋建筑物，其窗户形式、规格也都是统一的，如图6-89所示，因此可以通过阵列方式进行绘制。

**Step 01** 按Ctrl+O组合键，打开"第6章/6-10矩形阵列绘制立面窗.dwg"文件，如图6-90所示。

图 6-89 现代建筑

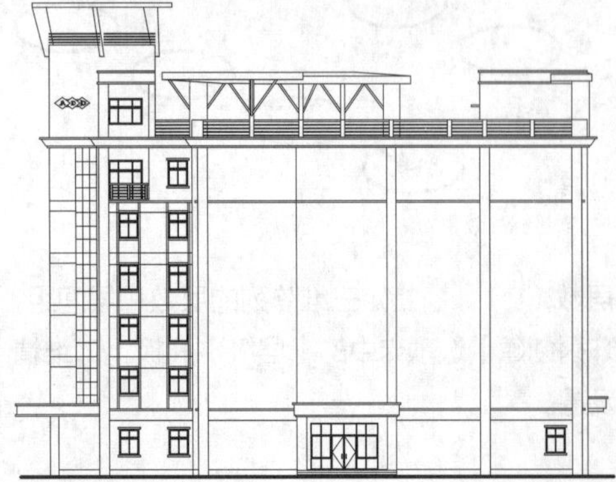

图 6-90 打开素材

**Step 02** 选择建筑立面图右下角的窗图形，单击"修改"面板中的"矩形阵列"按钮，在阵列选项卡中设置参数如图6-91所示。

图 6-91 设置阵列参数

**Step 03** 立面窗按照相应参数在墙面进行矩形排列，如图6-92所示，但立面大门位置的窗是多余的，需要删除。

图 6-92 阵列结果

**Step 04** 单击选择阵列生成的立面窗，所有立面窗即全部选择，按Ctrl键单击大门位置的2扇窗户，将其选中，然后按Delete键将其删除，如图6-93所示。办公楼立面窗绘制完成。

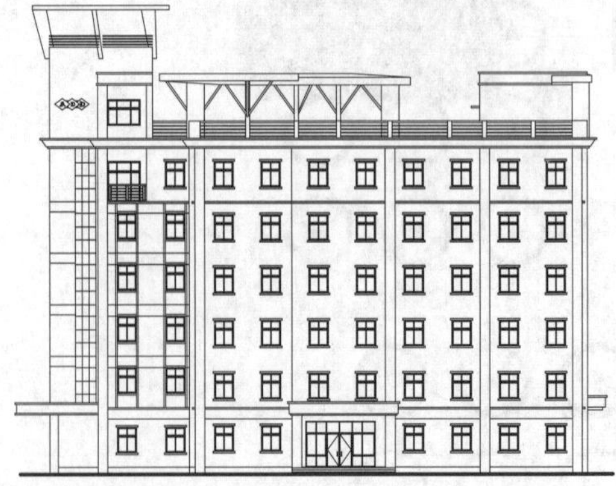

图 6-93 删除阵列对象

## 6.4.2 路径阵列

路径阵列可沿曲线（直线、多段线、三维多段线、样条曲线、螺旋、圆弧、圆或椭圆）阵列复制图形，通过设置不同的基点，能得到不同的阵列结果。在园林设计中，使用路径阵列可快速复制园路与街道旁的树木，或者草地中的汀步图形。

**·执行方式**

调用【路径阵列】命令的方法如下。

◆功能区：在【默认】选项卡中，单击【修改】面板中的【路径阵列】按钮，如图 6-94 所示。

◆菜单栏：执行【修改】|【阵列】|【路径阵列】命令，如图 6-95 所示。

◆命令行：ARRAYPATH。

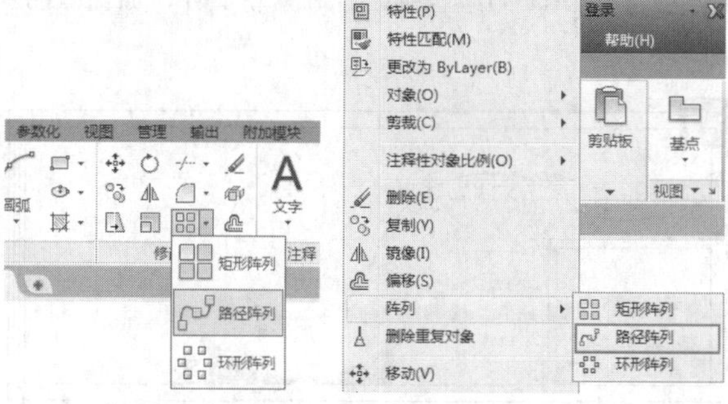


图 6-94 【功能区】调用【路径阵列】命令　　图 6-95 【菜单栏】调用【路径阵列】命令

**·操作步骤**

路径阵列需要设置的参数有“阵列路径”“阵列对象”和“阵列数量”“方向”等。

调用【阵列】命令，功能区显示路径方式下的【阵列创建】选项卡，如图 6-96 所示，命令行提示如下。

```
命令: _ARRAYPATH                    //调用【路径阵列】命令
选择对象: 找到 1 个                  //选择要阵列的对象
选择对象:
类型 = 路径  关联 = 是               //显示当前的阵列设置
选择路径曲线:                        //选取阵列路径
选择夹点以编辑阵列或 [关联(AS)/方法(M)/基点(B)/切向(T)/项目(I)/行(R)/层(L)/对齐项目(A)/Z 方向(Z)/退出(X)] <退出>: ↙
                                    //设置阵列参数，按Enter键退出
```

图 6-96 【阵列创建】选项卡

**·选项说明**

命令行中主要选项介绍如下。

◆“关联（AS）”：与【矩形阵列】中的“关联”选项相同，这里不重复讲解。

◆“方法（M）”：控制如何沿路径分布项目，有“定数等分（D）”和“定距等分（M）”两种方式。效果与本书第 5 章的 5.1.3 定数等分、5.1.4 定距等分中的“块”一致，只是阵列方法较灵活，对象不限于块，可以是任意图形。

◆“基点（B）”：定义阵列的基点。路径阵列中的项目相对于基点放置，选择不同的基点，进行路径阵列的效果也不同，如图 6-97 所示。效果同【阵列创建】选项卡中的【基点】按钮。

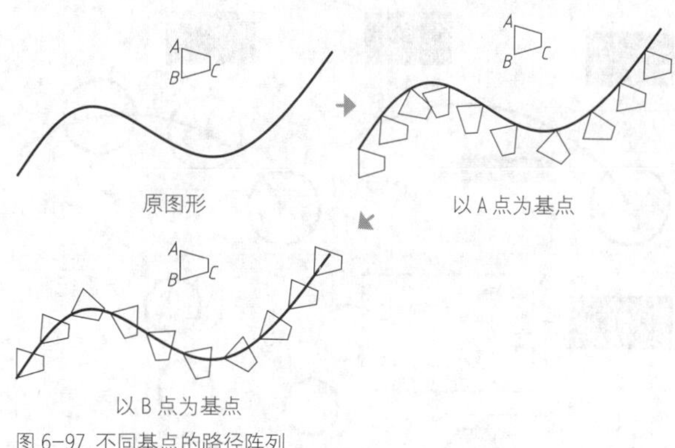


图 6-97 不同基点的路径阵列

◆“切向（T）”：指定阵列中的项目如何相对于路径的起始方向对齐，不同基点、切向的阵列效果如图 6-98 所示。效果同【阵列创建】选项卡中的【切线方向】按钮。

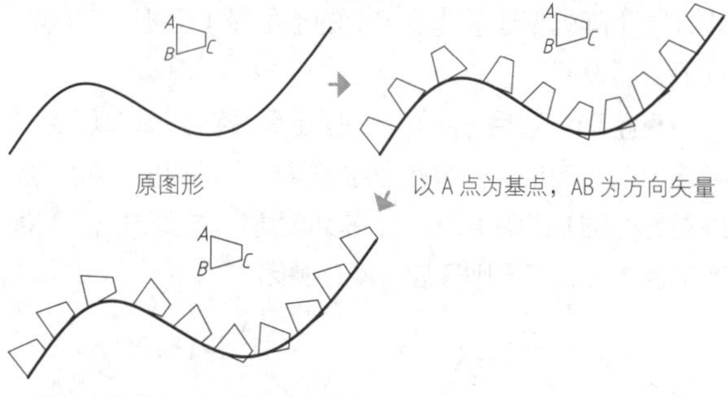


图 6-98 不同基点、切向的路径阵列

◆“项目（I）”：根据“方法”设置，指定项目数（方法为定数等分）或项目之间的距离（方法为定距等分），如图 6-99 所示。效果同【阵列创建】选项卡中的【项目】面板。

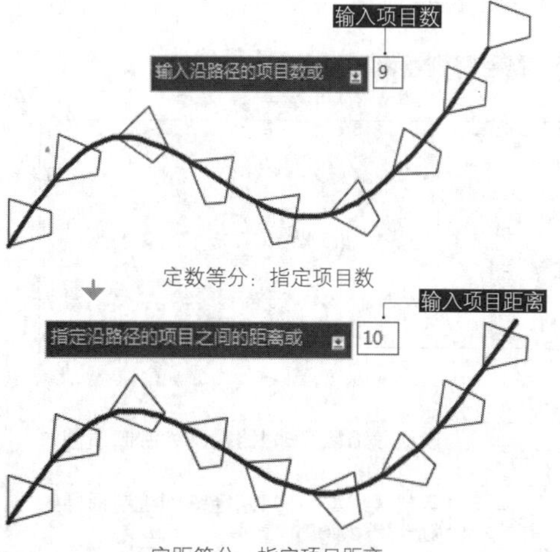


图 6-99 根据所选方法输入阵列的项目数

◆“行（R）”：指定阵列中的行数、它们之间的距离以及行之间的增量标高，如图 6-100 所示。效果同【阵列创建】选项卡中的【行】面板。

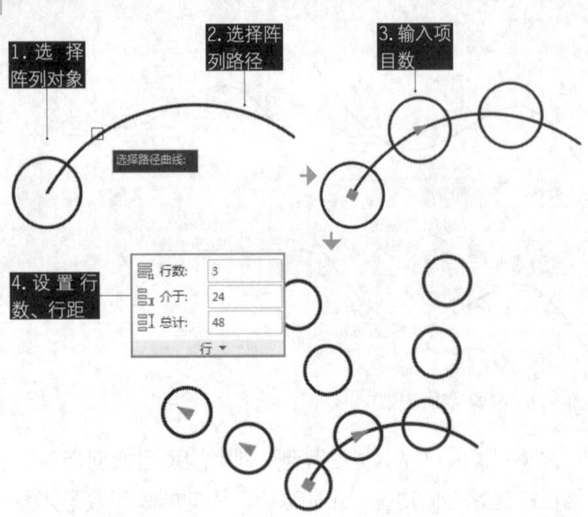


图 6-100 路径阵列的"行"效果

◆"层（L）"：指定三维阵列的层数和层间距，效果同【阵列创建】选项卡中的【层级】面板，二维情况下无须设置。

◆"对齐项目（A）"：指定是否对齐每个项目以与路径的方向相切，对齐相对于第一个项目的方向，效果对比如图 6-101 所示。【阵列创建】选项卡中的【对齐项目】按钮亮显则开启，反之关闭。

开启"对齐项目"效果　　关闭"对齐项目"效果

图 6-101 对齐项目效果

◆Z 方向：控制是否保持项目的原始 Z 方向或沿三维路径自然倾斜项目。

## 练习 6-11 路径阵列绘制顶棚射灯

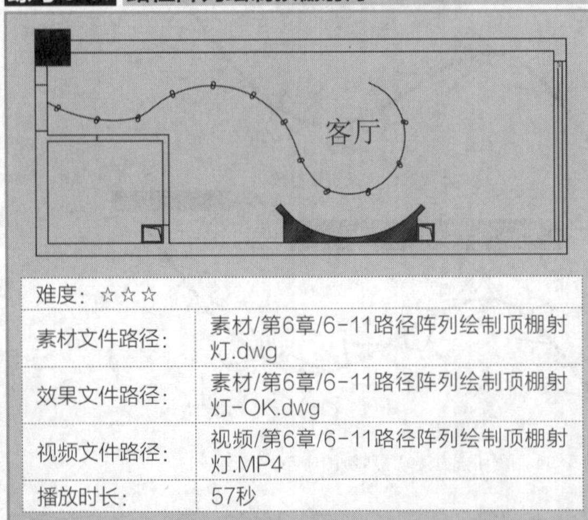


| 难度：☆☆☆ | |
|---|---|
| 素材文件路径： | 素材/第6章/6-11路径阵列绘制顶棚射灯.dwg |
| 效果文件路径： | 素材/第6章/6-11路径阵列绘制顶棚射灯-OK.dwg |
| 视频文件路径： | 视频/第6章/6-11路径阵列绘制顶棚射灯.MP4 |
| 播放时长： | 57秒 |

射灯是典型的无主灯、无定规模的现代流派照明，能营造室内照明气氛，若将一排小射灯组合起来，光线能变幻奇妙的图案。由于小射灯可自由变换角度，组合照明的效果也千变万化。射灯光线柔和，雍容华贵，其也可局部采光，烘托气氛。

**Step 01** 按Ctrl+O组合键，打开素材文件，如图6-102所示。

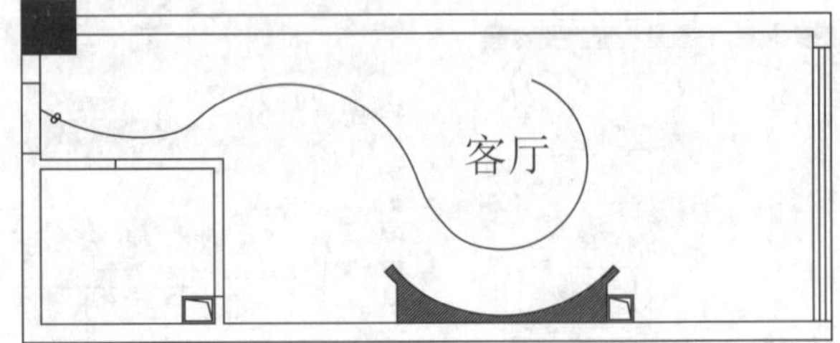


图 6-102 打开图形

**Step 02** 调用【阵列】命令，在曲线路径上布置射灯图形，命令选项如下。

```
命令:ARRAY↙                                      //调用"阵列"命令
选择对象:找到 1 个↙                               //选择灯具图形
选择对象:↙                              //按Enter键结束对象选择
输入阵列类型 [矩形(R)/路径(PA)/极轴(PO)] <极轴>: pal
                                        //选择"路径(PA)"选项
类型 = 路径  关联 = 是
选择路径曲线:11
//选择顶棚曲线作为路径曲线
选择夹点以编辑阵列或 [关联(AS)/方法(M)/基点(B)/切向(T)/项目(I)/行(R)/层(L)/对齐项目(A)/Z 方向(Z)/退出(X)] <退出>: I↙
                                        //选择"项目(I)"选项
指定沿路径的项目之间的距离或 [表达式(E)] <16.444>: 820↙
                                        //输入阵列图形之间的距离
最大项目数 = 13
指定项目数或 [填写完整路径(F)/表达式(E)] <8>: 13↙
                                        //输入阵列的数量
选择夹点以编辑阵列或 [关联(AS)/方法(M)/基点(B)/切向(T)/项目(I)/行(R)/层(L)/对齐项目(A)/Z 方向(Z)/退出(X)] <退出>:↙
                                        //按Enter键应用阵列
```

**Step 03** 路径阵列结果如图6-103所示，顶棚射灯绘制完成。

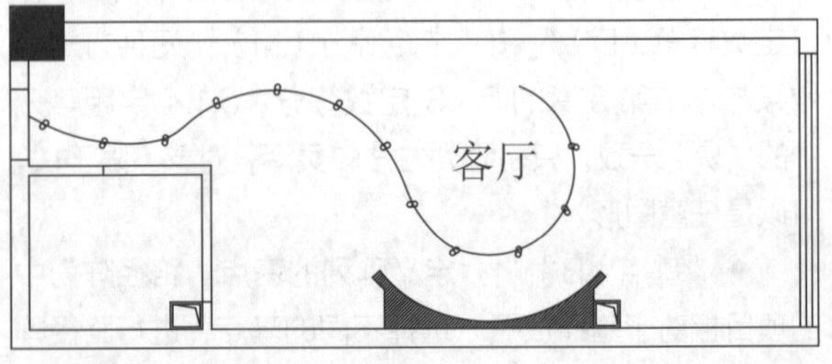


图 6-103 路径阵列

## 6.4.3 环形阵列 ★重点★

【环形阵列】即极轴阵列，是以某一点为中心点进行环形复制，阵列结果是使阵列对象沿中心点的四周均匀排列成环形。

**• 执行方式**

调用【极轴阵列】命令的方法如下。

◆功能区：在【默认】选项卡中，单击【修改】面板中的【环形阵列】按钮，如图 6-104 所示。

◆菜单栏：执行【修改】|【阵列】|【环形阵列】命令，如图 6-105 所示。

◆命令行：ARRAYPOLAR。

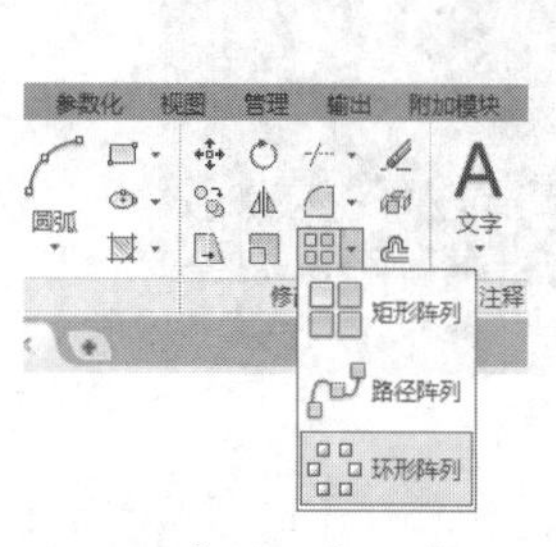


图 6-104 【功能区】调用【环形阵列】命令

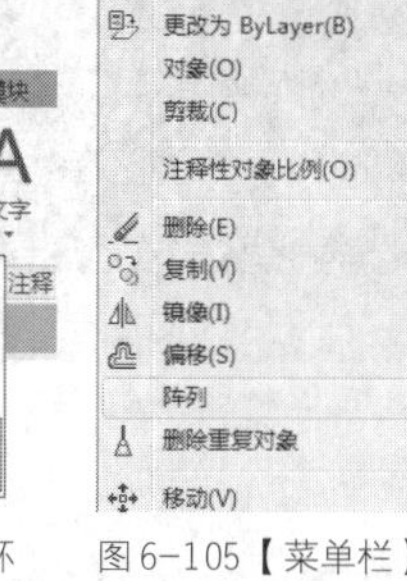


图 6-105 【菜单栏】调用【环形阵列】命令

**• 操作步骤**

【环形阵列】需要设置的参数有阵列的“源对象”“项目总数”“中心点位置”和“填充角度”。填充角度是指全部项目排成的环形所占有的角度。例如，对于 360° 填充，所有项目将排满一圈，如图 6-106 所示；对于 240° 填充，所有项目只排满 2/3 圈，如图 6-107 所示。

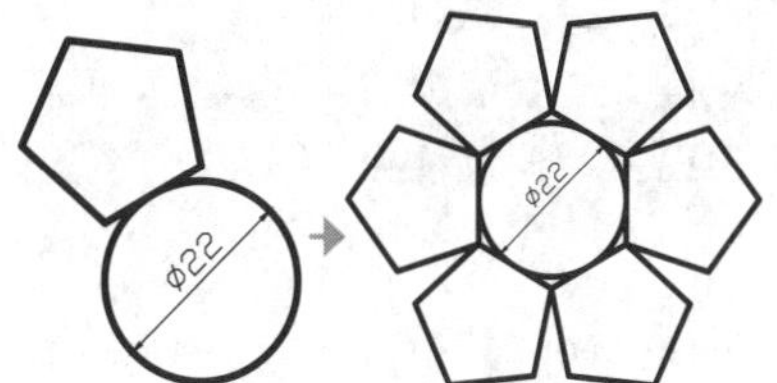


图 6-106 指定项目总数和填充角度阵列

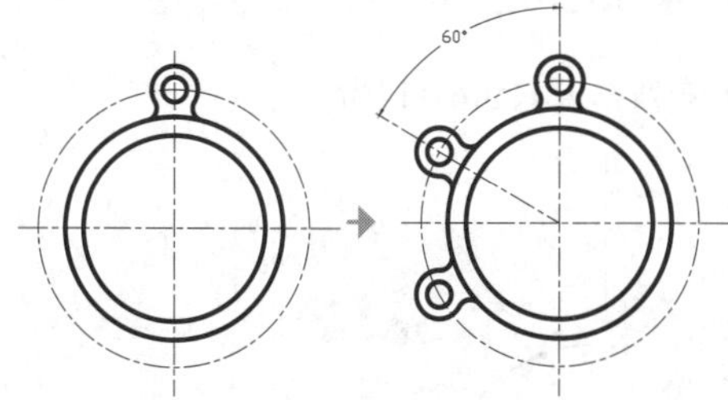


图 6-107 指定项目总数和项目间的角度阵列

调用【阵列】命令，功能区面板显示【阵列创建】选项卡，如图 6-108 所示，命令行提示如下。

```
命令: _ARRAYPOLAR              //调用【环形阵列】命令
选择对象: 找到 1 个             //选择阵列对象
选择对象:
类型 = 极轴  关联 = 是          //显示当前的阵列设置
指定阵列的中心点或 [基点(B)/旋转轴(A)]:
            //指定阵列中心点
选择夹点以编辑阵列或 [关联(AS)/基点(B)/项目(I)/项目间角度(A)/填充角度(F)/行(ROW)/层(L)/旋转项目(ROT)/退出(X)] <退出>: ↙
                    //设置阵列参数并按Enter键退出
```

图 6-108 【阵列创建】选项卡

**• 选项说明**

命令行主要选项介绍如下。

◆ “关联（AS）”：与【矩形阵列】中的“关联”选项相同，这里不重复讲解。

◆ “基点（B）”：指定阵列的基点，默认为质心，效果同【阵列创建】选项卡中的【基点】按钮。

◆ “项目（I）”：使用值或表达式指定阵列中的项目数，默认为 360° 填充下的项目数，如图 6-109 所示。

◆ “项目间角度（A）”：使用值表示项目之间的角度，如图 6-110 所示。同【阵列创建】选项卡中的【项目】面板。

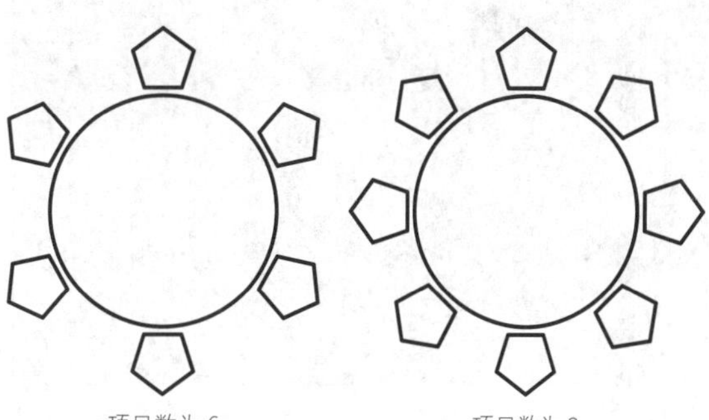


图 6-109 不同的项目数效果

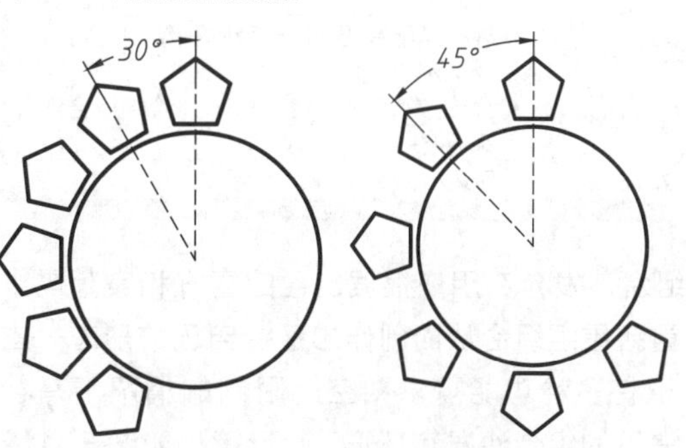


图 6-110 不同的项目间角度效果

◆“填充角度（F）”：使用值或表达式指定阵列中第一个和最后一个项目之间的角度，即环形阵列的总角度。

◆“行（ROW）”：指定阵列中的行数、它们之间的距离以及行之间的增量标高，效果与【路径阵列】中的“行（R）”选项一致，在此不重复讲解。

◆“层（L）”：指定三维阵列的层数和层间距，效果同【阵列创建】选项卡中的【层级】面板，二维情况下无须设置。

◆“旋转项目（ROT）”：控制在阵列项时是否旋转项，效果对比如图 6-111 所示。【阵列创建】选项卡中的【旋转项目】按钮亮显则开启，反之关闭。

开启“旋转项目”效果　　关闭“旋转项目”效果

图 6-111 旋转项目效果

## 练习 6-12 环形阵列绘制组合沙发

| 难度：☆☆ | |
|---|---|
| 素材文件路径： | 素材/第6章/6-12环形阵列绘制组合沙发.dwg |
| 效果文件路径： | 素材/第6章/6-12环形阵列绘制组合沙发-OK.dwg |
| 视频文件路径： | 视频/第6章/6-12环形阵列绘制组合沙发.MP4 |
| 播放时长： | 56秒 |

组合沙发允许用户根据自己的喜好和实际需求进行重新重组组合从而创作出适合自己的形态。主要对于有多种功能需求和空间限制的情况下有帮助。常见的组合沙发有环形、L 形等，如图 6-112 所示。

环形沙发

L 形沙发

图 6-112 组合沙发

**Step 01** 打开“第6章/6-12环形阵列绘制组合沙发.dwg”文件，如图6-113所示。

**Step 02** 在【默认】选项卡中，单击【修改】面板中的【环形阵列】按钮，启动环形阵列。

**Step 03** 选择图形右上角的扇形作为阵列对象，命令行操作如下。

```
类型＝极轴 关联＝是
指定阵列的中心点或 [基点(B)/旋转轴(A)]:
            //指定沙发圆心作为阵列的中心点进行阵列
选择夹点以编辑阵列或 [关联(AS)/基点(B)/项目(I)/项目间角度(A)/填充角度(F)/行(ROW)/层(L)/旋转项目(ROT)/退出(X)] <退出>: I↙
输入阵列中的项目数或 [表达式(E)] <6>: 4↙
选择夹点以编辑阵列或 [关联(AS)/基点(B)/项目(I)/项目间角度(A)/填充角度(F)/行(ROW)/层(L)/旋转项目(ROT)/退出(X)] <退出>:
```

**Step 4** 环形阵列结果如图6-114所示。

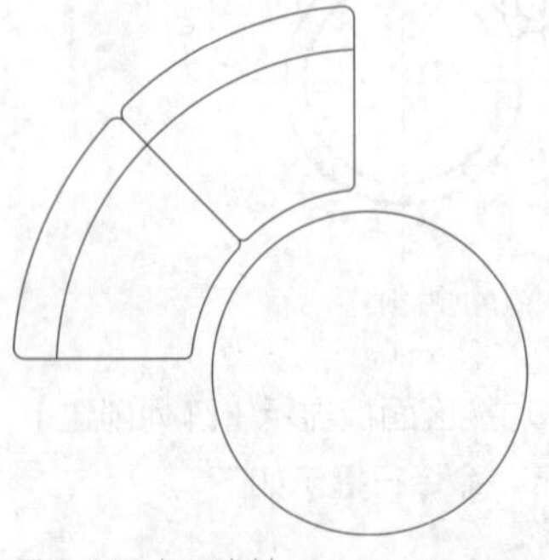

图 6-113 打开素材

图 6-114 环形阵列结果

**·熟能生巧 编辑关联阵列**

要对所创建的阵列的进行编辑，可使用如下方法。

◆命令行：ARRAYEDIT。

◆快捷操作 1：选中阵列图形，拖动对应夹点。

◆快捷操作 2：选中阵列图形，打开如图 6-115 所示的【阵列】选项卡，选择该选项卡中的功能进行编辑。这里要引起注意的是，不同的阵列类型，对应的【阵列】选项卡中的按钮虽然不一样，但名称却是一样的。

◆快捷操作 3：按 Ctrl 键拖动阵列中的项目。

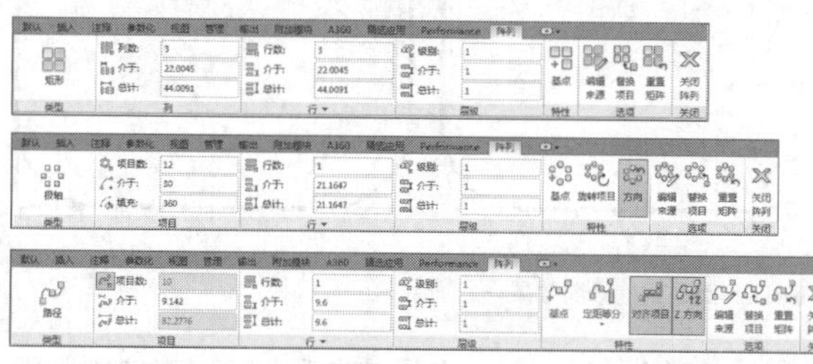

图 6-115 3 种【阵列】选项卡

单击【阵列】选项卡【选项】面板中的【替换项目】按钮，用户可以使用其他对象替换选定的项目，其他阵列项目将保持不变，如图 6-116 所示。

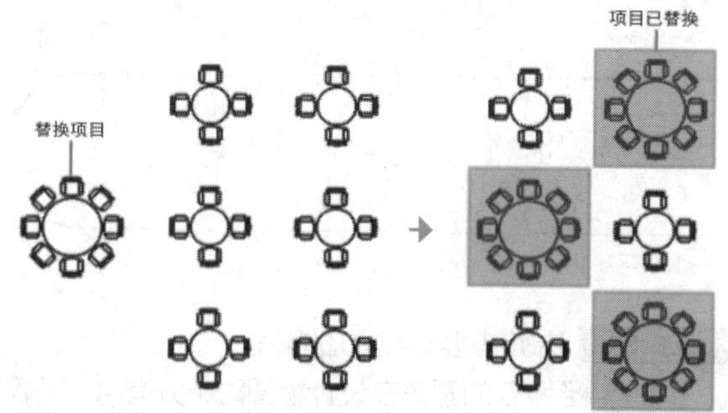


图 6-116 替换阵列项目

单击【阵列】选项卡【选项】面板中的【编辑来源】按钮，可进入阵列项目源对象编辑状态，保存更改后，所有的更改（包括创建新的对象）将立即应用于参考相同源对象的所有项目，如图 6-117 所示。

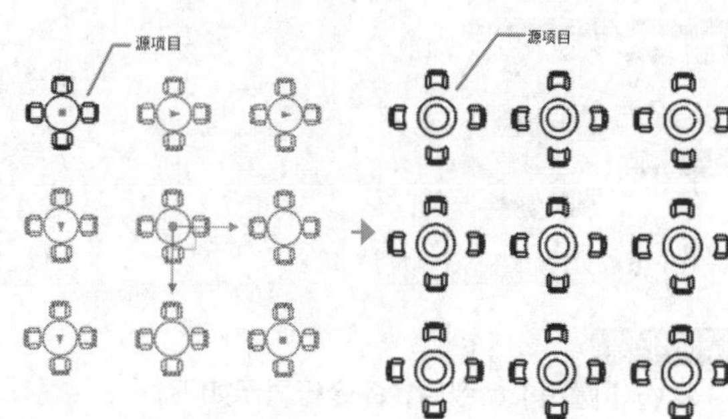


图 6-117 编辑阵列源项目

按 Ctrl 键并单击阵列中的项目，可以单独删除、移动、旋转或缩放选定的项目，而不会影响其余的阵列，如图 6-118 所示。

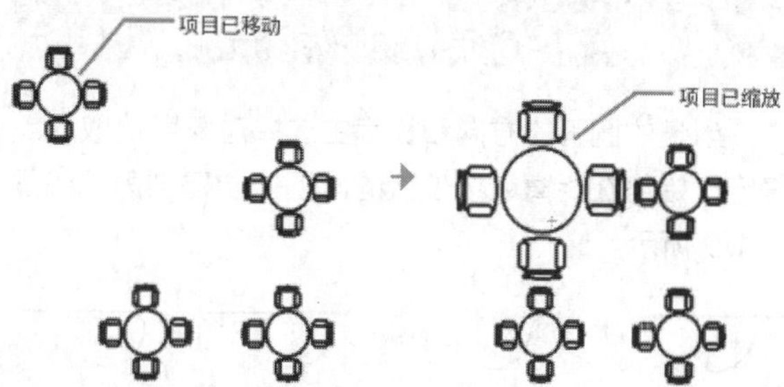


图 6-118 单独编辑阵列项目

## 6.5 辅助绘图类

图形绘制完成后，有时还需要对细节部分做一定的处理，这些细节处理包括倒角、倒圆、曲线及多段线的调整等；此外部分图形可能还需要分解或打断进行二次编辑，如矩形、多边形等。

### 6.5.1 圆角

利用【圆角】命令可以将两条相交的直线通过一个圆弧连接起来，通常用来表示在机械加工中把工件的棱角切削成圆弧面，是倒钝、去毛刺的常用手段，因此多见于机械制图中，如图 6-119 所示。

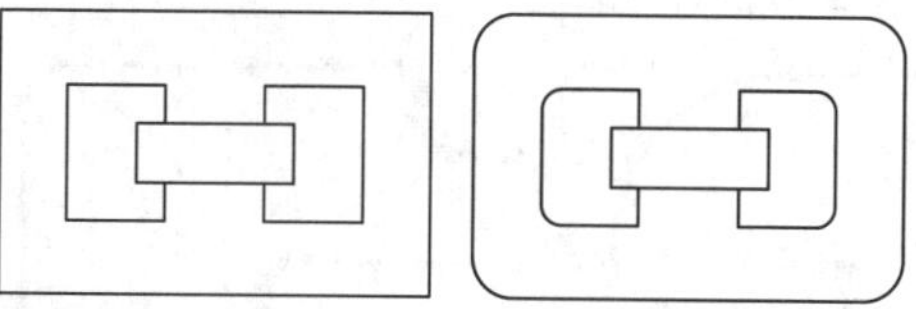

图 6-119 绘制圆角

**·执行方式**

在 AutoCAD 2016 中【圆角】命令有以下几种调用方法。

◆功能区：单击【修改】面板中的【圆角】按钮，如图 6-120 所示。

◆菜单栏：执行【修改】|【圆角】命令。

◆命令行：FILLET 或 F。

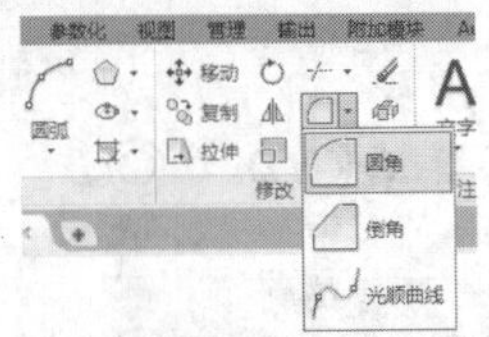

图 6-120 【修改】面板中的【圆角】按钮

**·操作步骤**

执行【圆角】命令后，命令行显示如下。

```
命令: _FILLET                    //执行【圆角】命令
当前设置: 模式 = 修剪，半径 = 3.0000
                                  //当前圆角设置
选择第一个对象或 [放弃(U)/多段线(P)/半径(R)/修剪(T)/多个
(M)]:    //选择要倒圆的第一个对象
选择第二个对象，或按住 Shift 键选择对象以应用角点或 [半
径(R)]:              //选择要倒圆的第二个对象
```

创建的圆弧的方向和长度由选择对象所拾取的点确定，始终在距离所选位置的最近处创建圆角，如图 6-121 所示。

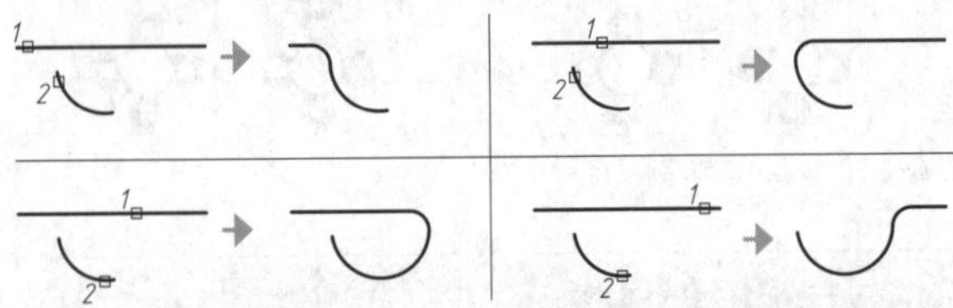

图 6-121 所选对象位置与所创建圆角的关系

重复【圆角】命令之后，圆角的半径和修剪选项无须重新设置，直接选择圆角对象即可，系统默认以上一次圆角的参数创建之后的圆角。

**·选项说明**

命令行中各选项的含义如下。

◆ “放弃（U）”：放弃上一次的圆角操作。

◆ “多段线（P）”：选择该项将对多段线中每个顶点处的相交直线进行圆角，并且圆角后的圆弧线段将成为多段线的新线段（除非“修剪（T）”选项设置为“不修剪”），如图 6-122 所示。

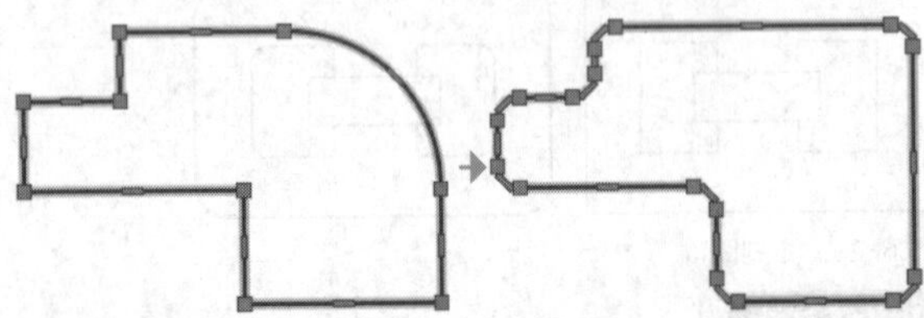

图 6-122 “多段线（P）”倒圆

◆ “半径（R）”：选择该项，可以设置圆角的半径，更改此值不会影响现有圆角。0 半径值可用于创建锐角，还原已倒圆的对象，或为两条直线、射线、构造线、二维多段线创建半径为 0 的圆角会延伸或修剪对象以使其相交，如图 6-123 所示。

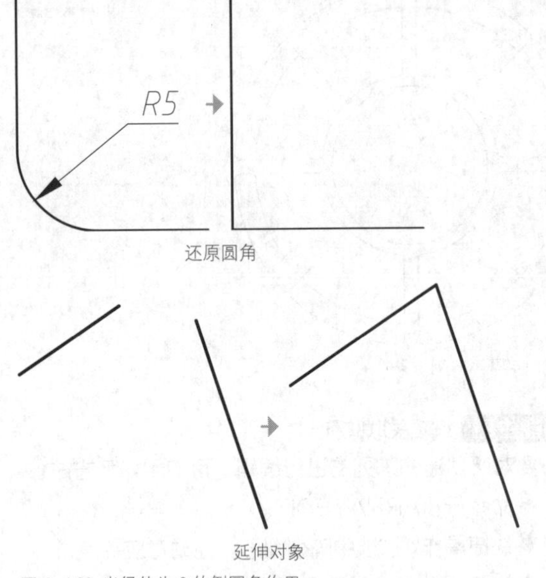


图 6-123 半径值为 0 的倒圆角作用

◆ “修剪（T）”：选择该项，设置是否修剪对象。修剪与不修剪的效果对比如图 6-124 所示。

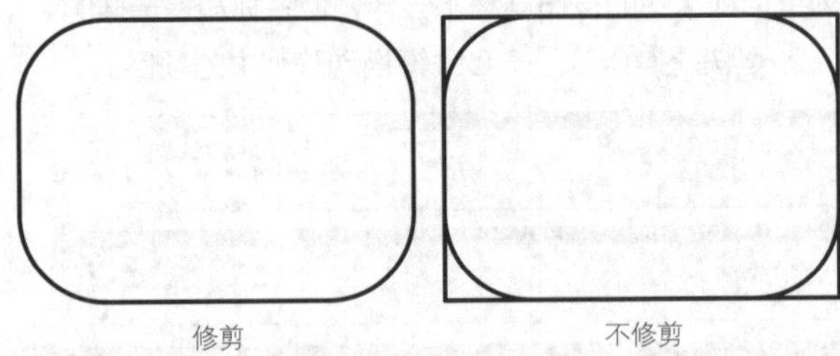


图 6-124 倒圆角的修剪效果

◆ “多个（M）”：选择该选项，可以在依次调用命令的情况下对多个对象进行圆角。

**·熟能生巧 平行线倒圆角**

在 AutoCAD 2016 中，两条平行直线也可进行圆角，但圆角直径需为两条平行线的距离，如图 6-125 所示。

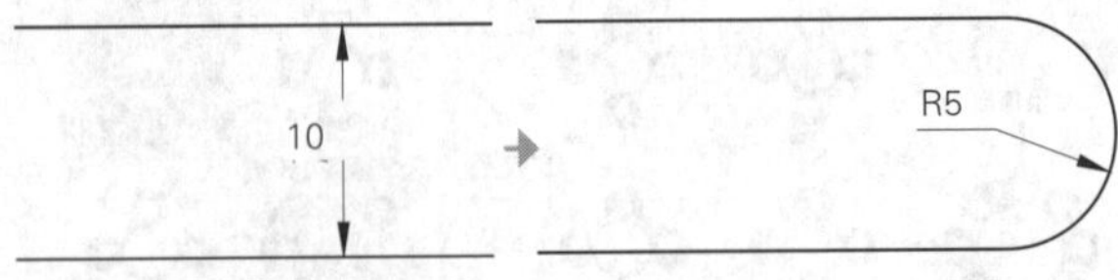


图 6-125 平行线倒圆角

**·熟能生巧 快速创建半径为 0 的圆角**

创建半径为 0 的圆角在设计绘图时十分有用，不仅能还原已经倒圆的线段，还可以作为【延伸】命令让线段相交。

但如果每次创建半径为 0 的圆角，都需要选择“半径（R）”进行设置的话，则操作多有不便。这时就可以按住 Shift 键来快速创建半径为 0 的圆角，如图 6-126 所示。

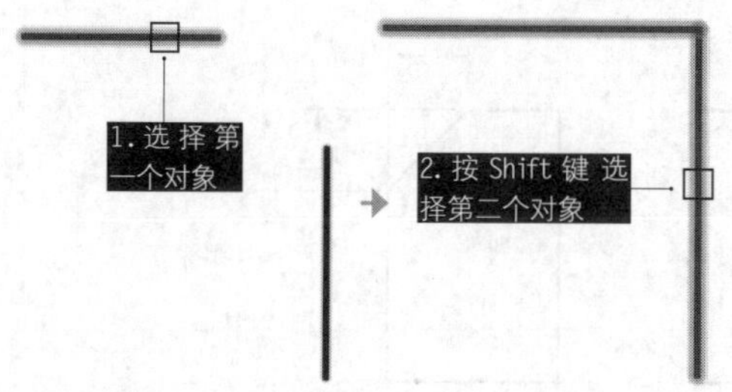


图 6-126 快速创建半径为 0 的圆角

## 练习 6-13 绘制衣柜俯视图

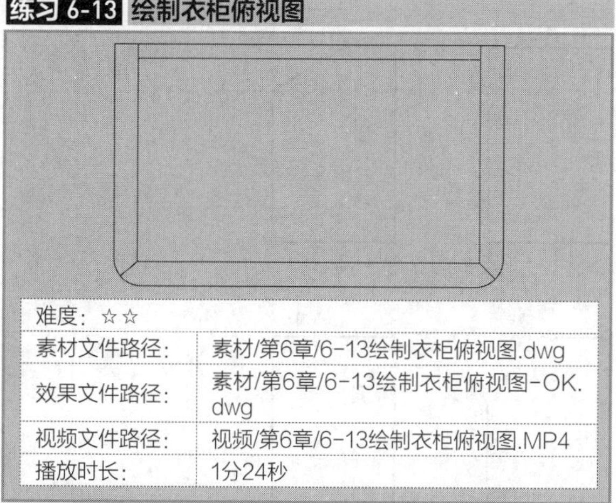

| 难度：☆☆ | |
|---|---|
| 素材文件路径： | 素材/第6章/6-13绘制衣柜俯视图.dwg |
| 效果文件路径： | 素材/第6章/6-13绘制衣柜俯视图-OK.dwg |
| 视频文件路径： | 视频/第6章/6-13绘制衣柜俯视图.MP4 |
| 播放时长： | 1分24秒 |

**Step 01** 打开“第6章/6-13绘制衣柜俯视图.dwg”素材文件，素材图形如图 6-127所示。

**Step 02** 执行X【分解】命令分解矩形，执行O【偏移】命令，选择矩形边向内偏移，结果如图 6-128所示。

图 6-127 素材图形

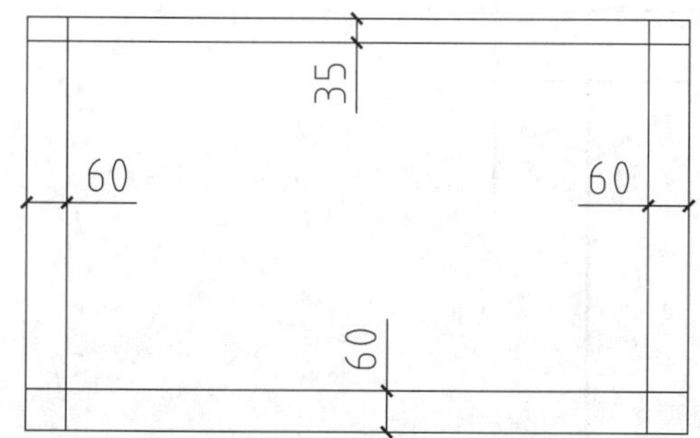


图 6-128 偏移线段

**Step 03** 执行TR【修剪】命令，修剪线段，结果如图 6-129所示。

**Step 04** 执行F【圆角】命令，设置圆角半径为70，对线段执行圆角修剪操作，结果如图 6-130所示。

图 6-129 修剪线段

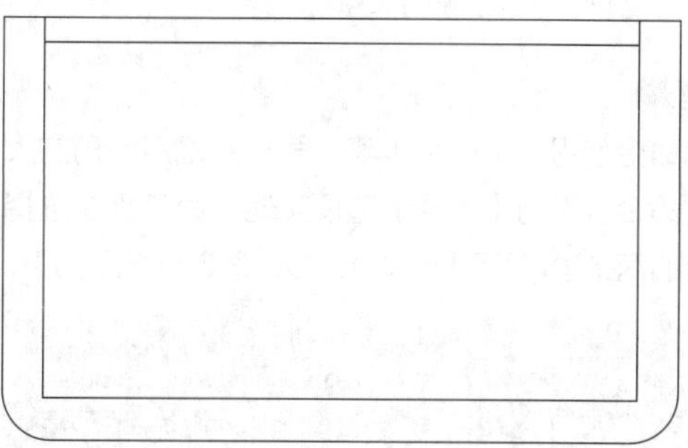

图 6-130 圆角修剪操作

**Step 05** 执行L【直线】命令，绘制对角线如图 6-131所示。

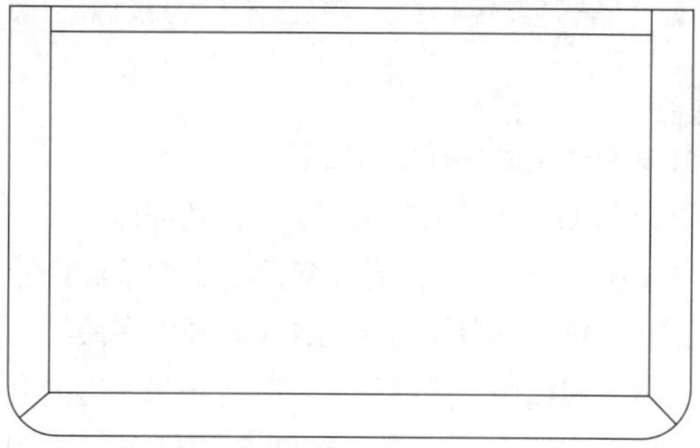

图 6-131 绘制对角线

## 6.5.2 倒角

【倒角】命令用于将两条非平行直线或多段线以一斜线相连，在机械、家具、室内等设计图中均有应用。默认情况下，需要选择进行倒角的两条相邻的直线，然后按当前的倒角大小对这两条直线倒角。如图 6-132所示，为绘制倒角的图形。

**• 执行方式**

在 AutoCAD 2016 中，【倒角】命令有以下几种调用方法。

◆功能区：单击【修改】面板中的【倒角】按钮，如图 6-133 所示。

◆菜单栏：执行【修改】|【倒角】命令。

◆命令行：CHAMFER或CHA。

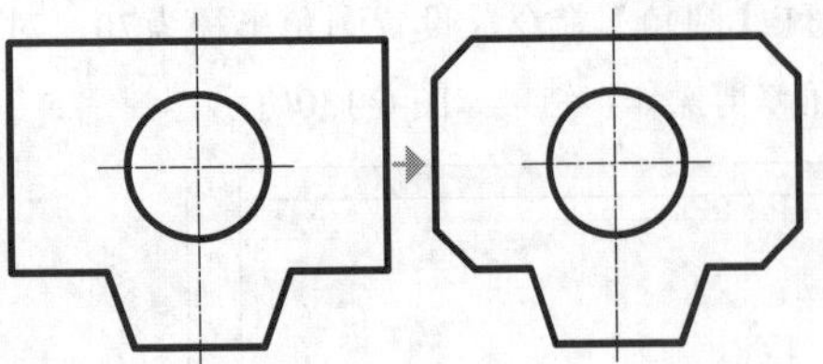

图 6-132 绘制倒角

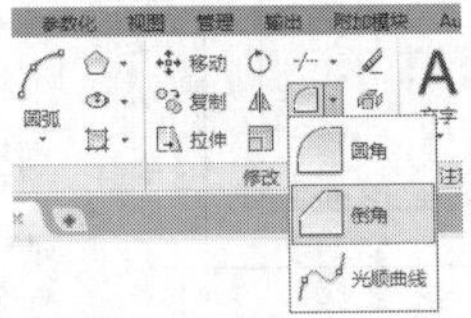


图 6-133 【修改】面板中的【倒角】按钮

**•操作步骤**

倒角命令使用分个两个步骤，第一步确定倒角的大小，通过命令行里的【距离】选项实现，第二步是选择需要倒角的两条边。调用【倒角】命令，命令行提示如下。

```
命令：_CHAMFER                //调用【倒角】命令
("修剪" 模式) 当前倒角距离 1 = 0.0000，距离 2 = 0.0000
选择第一条直线或 [放弃(U)/多段线(P)/距离(D)/角度(A)/修剪(T)/方式(E)/多个(M)]:
//选择倒角的方式，或选择第一条倒角边
选择第二条直线，或按住 Shift 键选择直线以应用角点或 [距离(D)/角度(A)/方法(M)]:
                              //选择第二条倒角边
```

**•选项说明**

执行该命令后，命令行显示如下。

◆ “放弃（U）”：放弃上一次的倒角操作。

◆ “多段线（P）”：对整个多段线每个顶点处的相交直线进行倒角，并且倒角后的线段将成为多段线的新线段。如果多段线包含的线段过短以至于无法容纳倒角距离，则不对这些线段倒角，如图 6-134 所示（倒角距离为 3）。

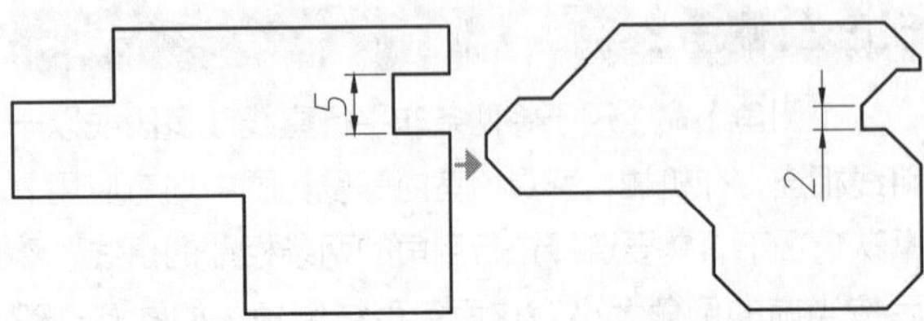


图 6-134 “多段线（P）”倒角

◆ “距离（D）”：通过设置两个倒角边的倒角距离来进行倒角操作，第二个距离默认与第一个距离相同。果将两个距离均设定为零，CHAMFER 将延伸或修剪两条直线，以使它们终止于同一点，同半径为 0 的倒圆角，如图 6-135 所示。

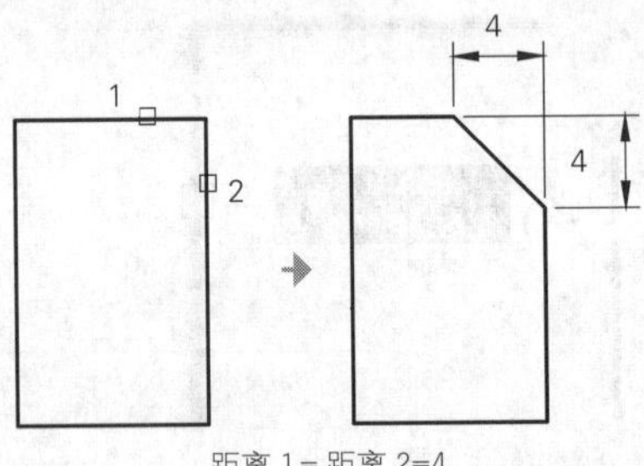


距离 1= 距离 2=4

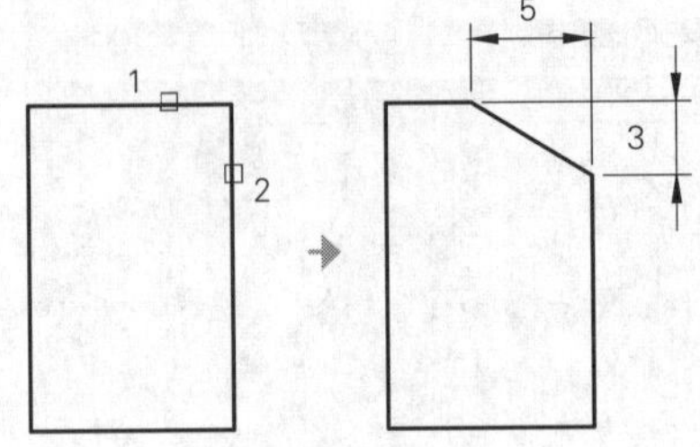


距离 1=5，距离 2=3

1
2

距离 1= 距离 2=0

图 6-135 不同“距离（D）”的倒角

◆ “角度（A）”：用第一条线的倒角距离和第二条线的角度设定倒角距离，如图 6-136 所示。

◆ “修剪（T）”：设定是否对倒角进行修剪，如图 6-137 所示。

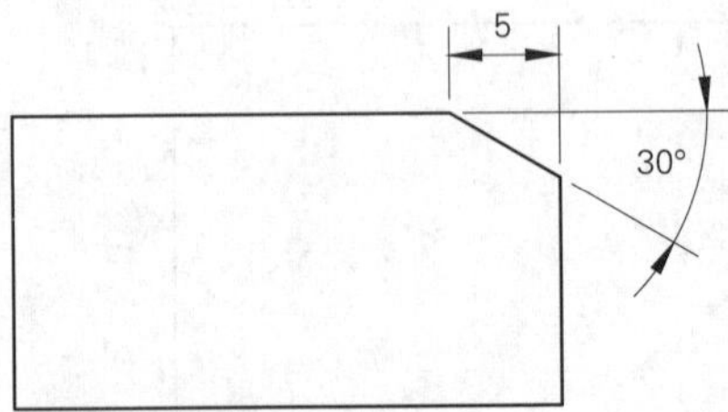


图 6-136 “角度（A）”倒角

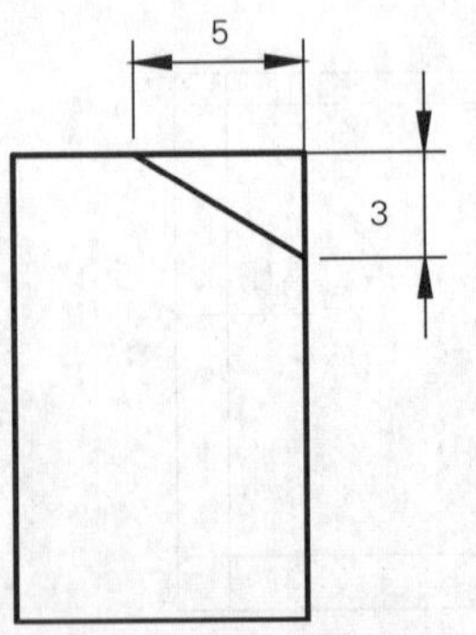


图 6-137 不修剪的倒角效果

◆ "方式(E)"：选择倒角方式，与选择【距离(D)】或【角度(A)】的作用相同。

◆ "多个(M)"：选择该项，可以对多组对象进行倒角。

**练习 6-14 家具倒斜角处理**

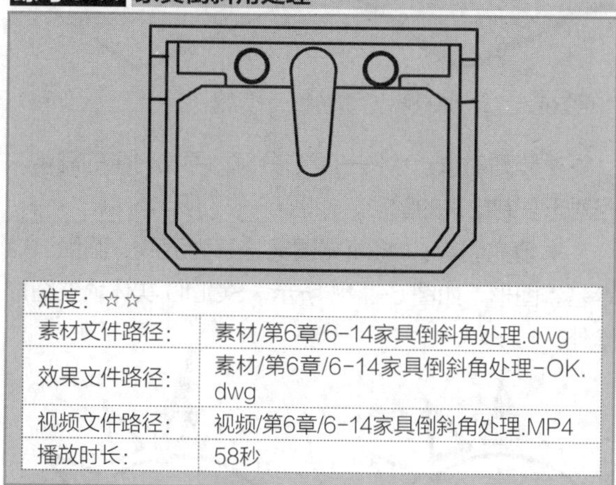

| 难度：☆☆ | |
|---|---|
| 素材文件路径： | 素材/第6章/6-14家具倒斜角处理.dwg |
| 效果文件路径： | 素材/第6章/6-14家具倒斜角处理-OK.dwg |
| 视频文件路径： | 视频/第6章/6-14家具倒斜角处理.MP4 |
| 播放时长： | 58秒 |

**Step 01** 按Ctrl+O组合键，打开"第6章\6-14家具倒斜角处理.dwg"素材文件，如图6-138所示。

**Step 02** 单击【修改】工具栏中的【倒角】按钮，对图形外侧轮廓进行倒角，命令行提示如下。

```
命令: CHAMFER↙
("修剪"模式) 当前倒角距离 1 = 0.0000，距离 2 = 0.0000
选择第一条直线或 [放弃(U)/多段线(P)/距离(D)/角度(A)/修剪(T)/方式(E)/多个(M)]:D↙
        //输入D，选择"距离"选项
指定第一个倒角距离 <0.0000>: 55↙
//输入第一个倒角距离
指定第二个倒角距离 <55.0000>:55↙
//输入第二个倒角距离
选择第一条直线或 [放弃(U)/多段线(P)/距离(D)/角度(A)/修剪(T)/方式(E)/多个(M)]:
选择第二条直线，或按住 Shift 键选择直线以应用角点或 [距离(D)/角度(A)/方法(M)]:
                    //分别选择待倒角的线段，完成倒角操作，结果如图6-139所示
```

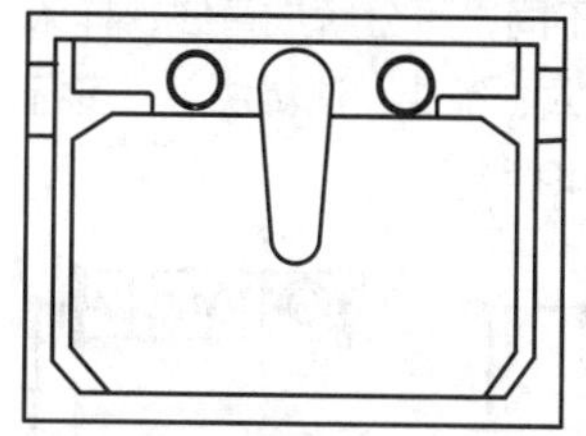

图 6-138 素材图形

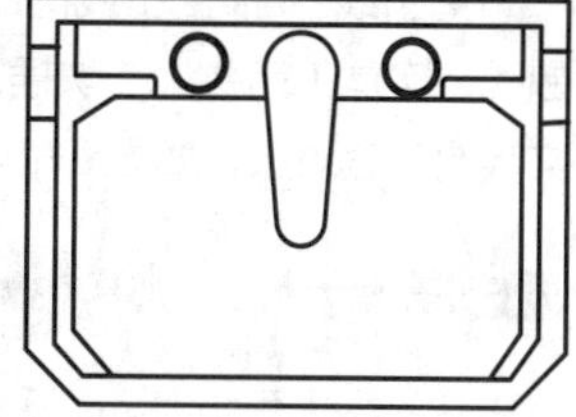

图 6-139 倒角结果

## 6.5.3 光顺曲线

【光顺曲线】命令是指在两条开放曲线的端点之间，创建相切或平滑的样条曲线，有效对象包括直线、圆弧、椭圆弧、螺线、没闭合的多段线和没闭合的样条曲线。

**• 执行方式**

执行【光顺曲线】命令的方法有以下 3 种方法。

◆ 功能区：在【默认】选项卡中，单击【修改】面板中的【光顺曲线】按钮，如图 6-140 所示。

◆ 菜单栏：选择【修改】|【光顺曲线】菜单命令。

◆ 命令行：BLEND。

**• 操作步骤**

光顺曲线的操作方法与倒角类似，依次选择要光顺的 2 个对象即可，效果如图 6-141 所示。有效对象包括直线、圆弧、椭圆弧、螺旋、开放的多段线和开放的样条曲线。

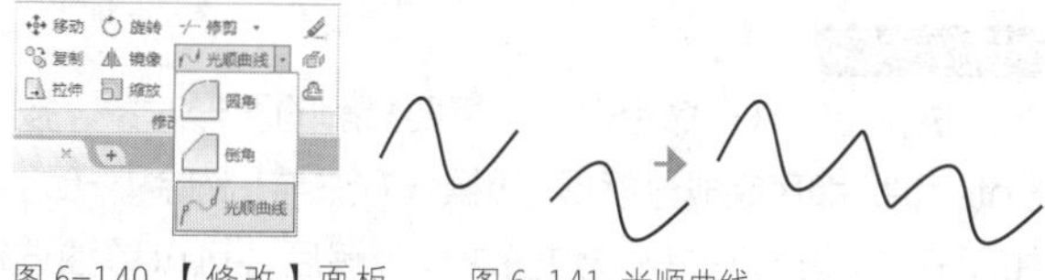

图 6-140 【修改】面板中的【光顺曲线】按钮

图 6-141 光顺曲线

执行上述命令后，命令行提示如下。

```
命令: _BLEND↙                    //调用【光顺曲线】命令
连续性 = 相切
选择第一个对象或 [连续性(CON)]:
                                 //要光顺的对象
选择第二个点: CON↙               //激活【连续性】选项
输入连续性 [相切(T)/平滑(S)] <相切>: S↙
                    //激活【平滑】选项
选择第二个点:                     //单击第二点完成命令操作
```

**• 选项说明**

其中各选项的含义如下。

◆ 连续性(CON)：设置连接曲线的过渡类型，有"相切""平滑"两个子选项，含义说明如下。

◆ 相切(T)：创建一条 3 阶样条曲线，在选定对象的端点处具有相切连续性。

◆ 平滑(S)：创建一条 5 阶样条曲线，在选定对象的端点处具有曲率连续性。

## 6.5.4 分解

【分解】命令是将某些特殊的对象，分解成多个独立的部分，以便于更具体的编辑。主要用于将复合对象，如矩形、多段线、块、填充等，还原为一般的图形对象。分解后的对象，其颜色、线型和线宽都可能发生改变。

**• 执行方式**

在 AutoCAD 2016 中【分解】命令有以下几种调用方法。

◆ 功能区：单击【修改】面板中的【分解】按钮，如图 6-142 所示。

◆ 菜单栏：选择【修改】|【分解】命令，如图

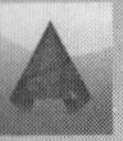



6-143 所示。

◆命令行：EXPLODE 或 X。

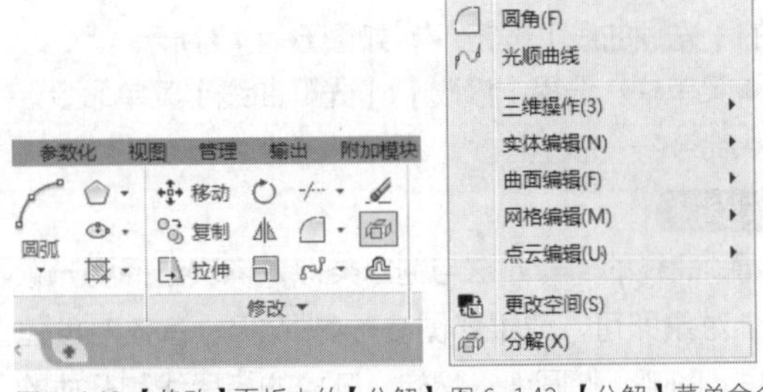


图 6-142【修改】面板中的【分解】按钮 图 6-143【分解】菜单命令

**·操作步骤**

执行上述任一命令后，选择要分解的图形对象，按 Enter 键，即可完成分解操作，操作方法与【删除】一致。如图 6-144 所示的微波炉图块被分解后，可以单独选择到其中的任一条边。

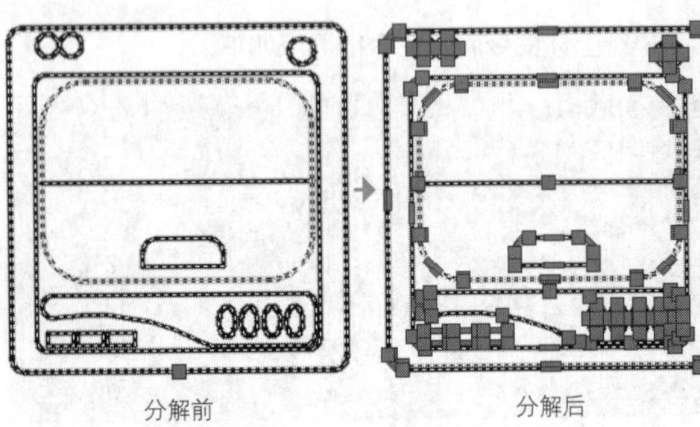


图 6-144 图形分解前后对比

**·初学解答** 各 AutoCAD 对象的分解效果

根据前面的介绍可知，【分解】命令可用于各复合对象，如矩形、多段线、块等，除此之外该命令还能对三维对象及文字进行分解，这些对象的分解效果总结如下。

◆ 二维多段线：将放弃所有关联的宽度或切线信息。对于宽多段线将沿多段线中心放置直线和圆弧，如图 6-145 所示。

◆三维多段线：将分解成直线段。分解后的直线段线型、颜色等特性将按原三维多段线，如图 6-146 所示。

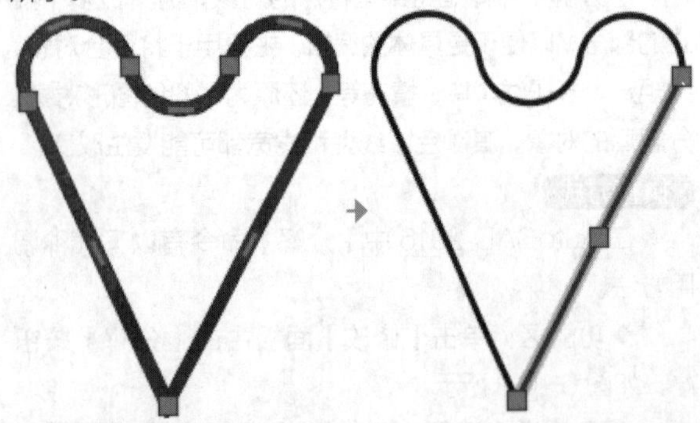

图 6-145 二维多段线分解为单独的线

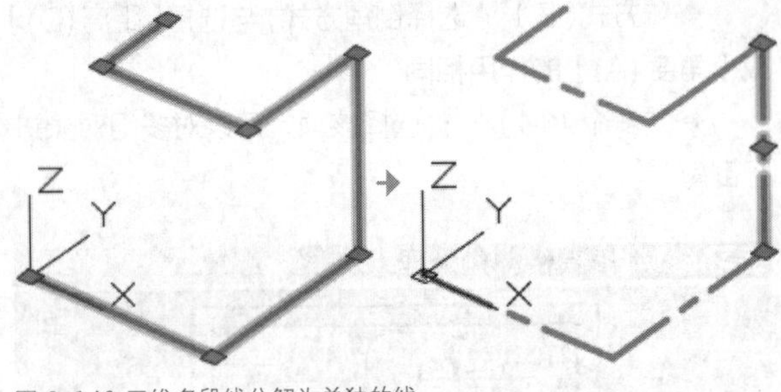


图 6-146 三维多段线分解为单独的线

◆阵列对象：将阵列图形分解为原始对象的副本，相对于复制出来的图形，如图 6-147 所示。

◆填充图案：将填充图案分解为直线、圆弧、点等基本图形，如图 6-148 所示。SOLID 实体填充图形除外。

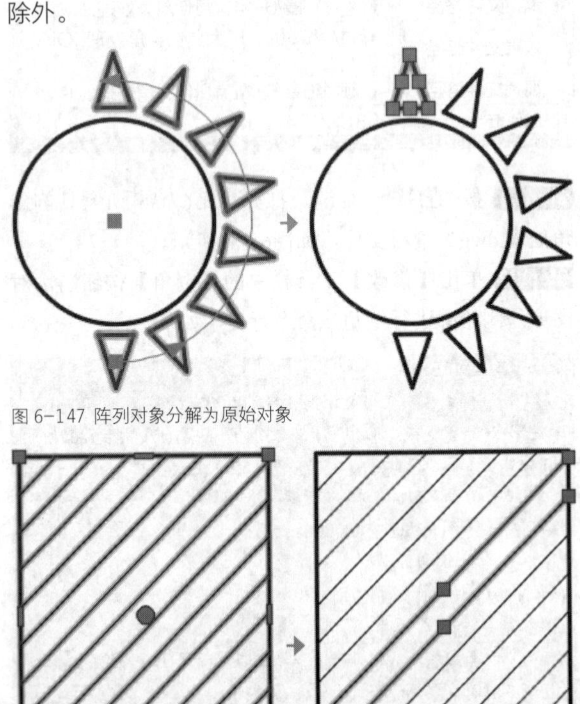

图 6-147 阵列对象分解为原始对象

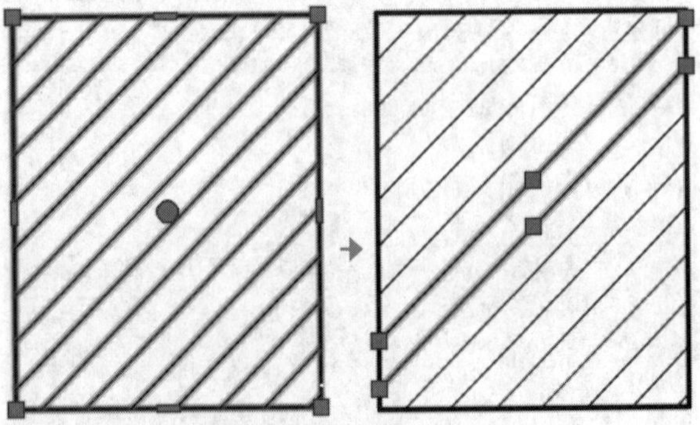

图 6-148 填充图案分解为基本图形

◆引线：根据引线的不同，可分解成直线、样条曲线、实体（箭头）、块插入（箭头、注释块）、多行文字或公差对象，如图 6-149 所示。

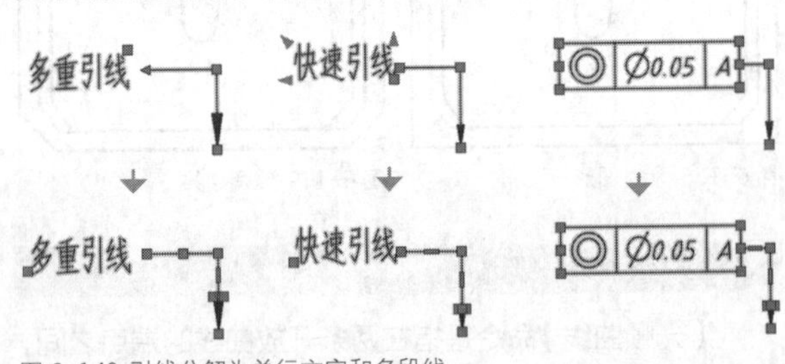


图 6-149 引线分解为单行文字和多段线

◆多行文字： 将分解成单行文字。如果要将文字彻底分解至直线等图元对象，需使用 TXTEXP【文字分解】命令，效果如图 6-150 所示。

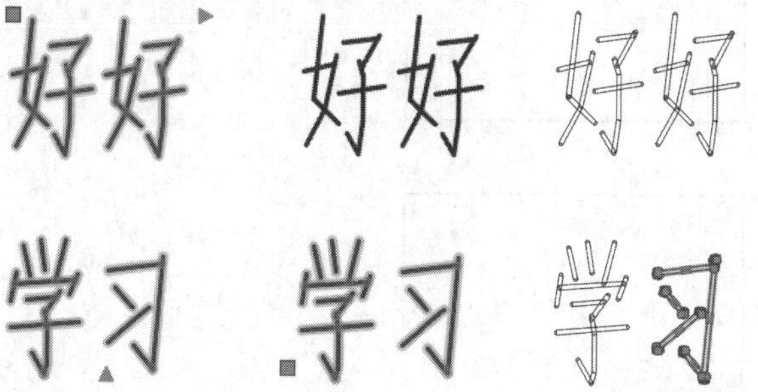

好好 好好 好好

学习 学习 学习

原始图形（多行文字）【分解】效果（单行文字）TXTEXP效果(普通线条)

图 6-150 多行的文字的分解效果

◆面域： 分解成直线、圆弧或样条曲线，即还原为原始图形，消除面域效果，如图 6-151 所示。

◆三维实体： 将实体上平整的面分解成面域，不平整的面分解为曲面，如图 6-152 所示。

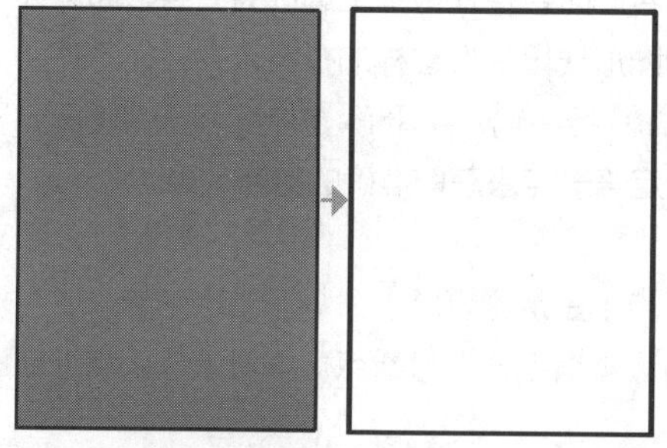

图 6-151 面域对象分解为原始图形

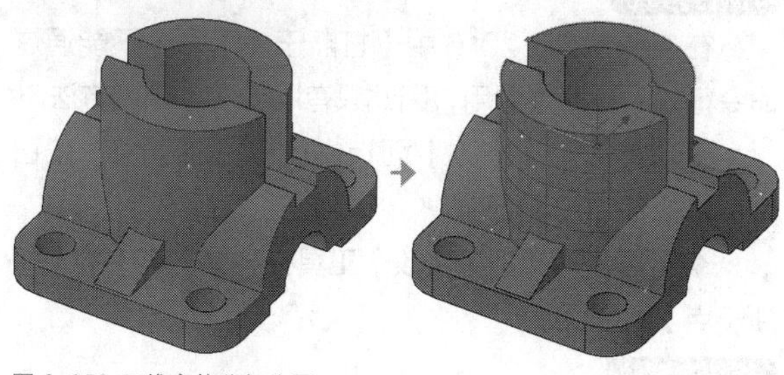

图 6-152 三维实体分解为面

◆三维曲面： 分解成直线、圆弧或样条曲线，即还原为基本轮廓，消除曲面效果，如图 6-153 所示。

◆三维网格： 将每个网格面分解成独立的三维面对象，网格面将保留指定的颜色和材质，如图 6-154 所示。

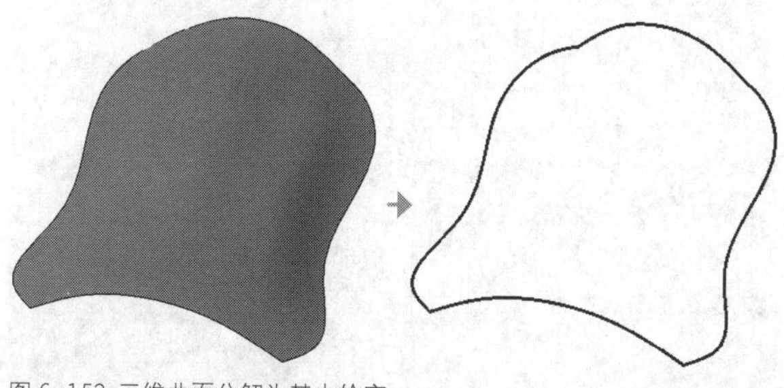

图 6-153 三维曲面分解为基本轮廓

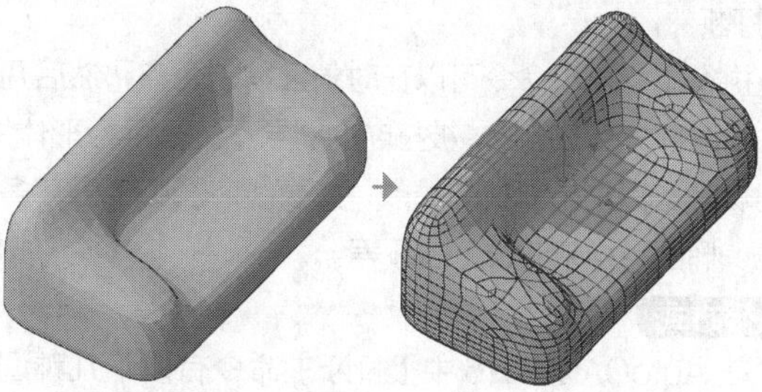

图 6-154 三维网格分解为多个三维面

**·精益求精 不能被分解的图块**

在 AutoCAD 中，有 3 类图块是无法被使用【分解】命令分解的，即 MINSERT【阵列插入图块】、外部参照、外部参照的依赖块等 3 类图块。而分解一个包含属性的块将删除属性值并重新显示属性定义。

◆MINSERT【阵列插入图块】：用 MINSERT 命令多重引用插入的块，如果行列数目设置不为 1 的话，插入的块将不能被分解，如图 6-155 所示。该命令在插入块的时候，可以通过命令行指定行数、列数以及间距，类似于矩形阵列。

◆XATTACH【附着外部 DWG 参照】：使用外部 DWG 参照插入的图形，会在绘图区中淡化显示，只能做参考，不能编辑与分解，如图 6-156 所示。

◆外部参照的依赖块：即外部参照图形中所包含的块。

图 6-155 MINSERT 命令插入并阵列的图块无法分解

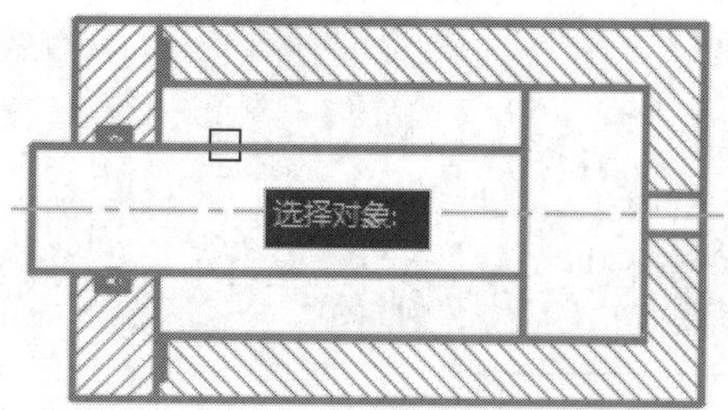


图 6-156 外部参照插入的图形无法分解

## 6.5.5 打断

在 AutoCAD2016 中，根据打断点数量的不同，“打断”命令可以分为【打断】和【打断于点】两种，分别介绍如下。

## 1 打断

执行【打断】命令可以在对象上指定两点，然后两点之间的部分会被删除。被打断的对象不能是组合形体，如图块等，只能是单独的线条，如直线、圆弧、圆、多段线、椭圆、样条曲线、圆环等。

**·执行方式**

在 AutoCAD 2016 中【打断】命令有以下几种调用方法。

◆功能区：单击【修改】面板上的【打断】按钮，如图 6-157 所示。

◆菜单栏：执行【修改】|【打断】命令，如图 6-158 所示。

◆命令行：BREAK 或 BR。

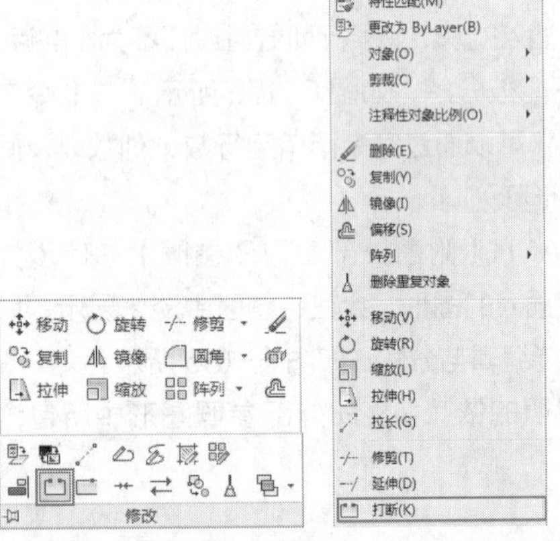


图 6-157 【修改】面板中的【打断】按钮　图 6-158 【打断】菜单命令

**·操作步骤**

【打断】命令可以在选择的线条上创建两个打断点，从而将线条断开。如果在对象之外指定一点为第二个打断点，系统将以该点到被打断对象的垂直点位置为第二个打断点，除去两点间的线段。如图 6-159 所示为打断对象的过程，可以看到利用【打断】命令能快速完成图形效果的调整。对应的命令行操作如下。

```
命令: _BREAK                    //执行【打断】命令
选择对象:                       //选择要打断的图形
指定第二个打断点 或 [第一点(F)]: F↙
//选择"第一点"选项，指定打断的第一点
指定第一个打断点:               //选择A点
指定第二个打断点:               //选择B点
```

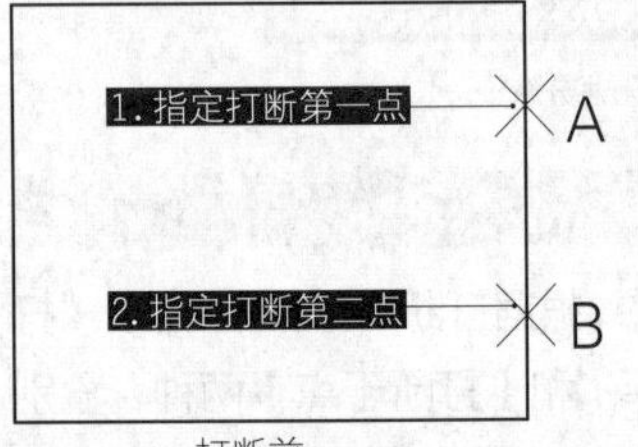


打断前

图 6-159 图形打断效果

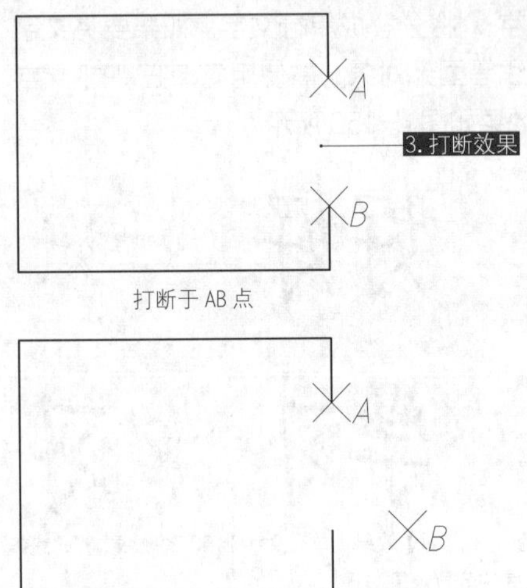


打断于 AB 点

第二点为对象之外的点

图 6-159 图形打断效果（续）

**·选项说明**

默认情况下，系统会以选择对象时的拾取点作为第一个打断点。若此时直接在对象上选取另一点，即可去除两点之间的图形线段，但这样的打断效果往往不符要求，因此可在命令行中输入字母 F，执行"第一点（F）"选项，通过指定第一点来获取准确的打断效果。

## 2 打断于点

【打断于点】是从【打断】命令派生出来的，【打断于点】是指通过指定一个打断点，将对象从该点处断开成两个对象。

**·执行方式**

在 AutoCAD 2016 中【打断于点】命令不能通过命令行输入和菜单调用，因此只有以下 2 种调用方法。

◆功能区：【修改】面板中的【打断于点】按钮，如图 6-160 所示。

◆工具栏：调出【修改】工具栏，单击其中的【打断于点】按钮。

**·操作步骤**

【打断于点】命令在执行过程中，需要输入的参数只有"打断对象"和一个"打断点"。打断之后的对象外观无变化，没有间隙，但选择时可见已在打断点处分成两个对象，如图 6-161 所示。对应命令行操作如下。

```
命令: _BREAK
//执行【打断于点】命令
选择对象:                          //选择要打断的图形
指定第二个打断点 或 [第一点(F)]: _f
        //系统自动选择"第一点"选项
指定第一个打断点:
                                   //指定打断点
指定第二个打断点: @
                                   //系统自动输入@结束命令
```

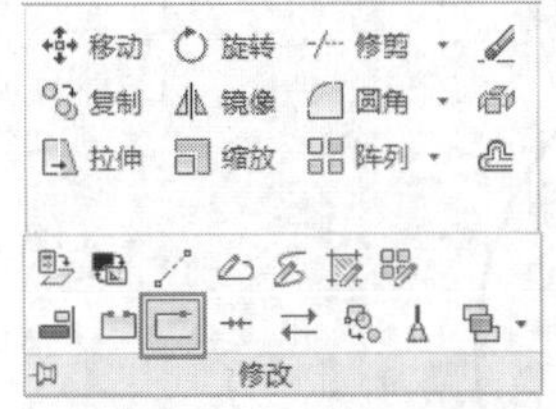


图 6-160 【修改】面板中的【打断于点】按钮

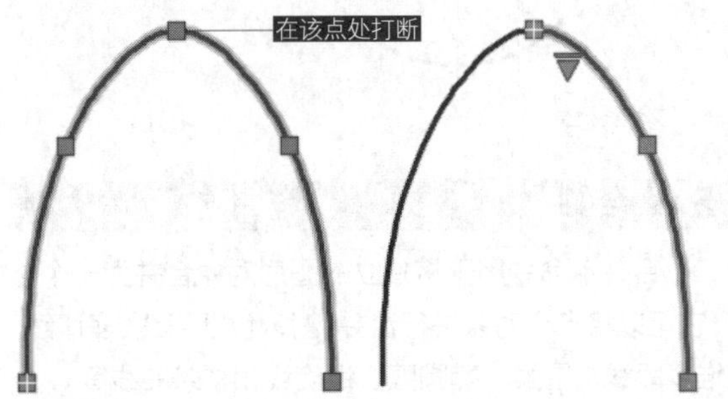


图 6-161 打断于点的图形

**操作技巧**

不能在一点打断闭合对象（如圆）。

**·初学解答 【打断于点】与【打断】命令的区别**

读者可以发现【打断于点】与【打断】的命令行操作相差无几，甚至在命令行中的代码都是"_break"。这是由于【打断于点】可以理解为【打断】命令的一种特殊情况，即第二点与第一点重合。因此，如果在执行【打断】命令时，要想让输入的第二个点和第一个点相同，那在指定第二点时在命令行输入"@"字符即可——此操作即相当于【打断于点】。

## 练习 6-15 使用打断绘制螺旋沙发

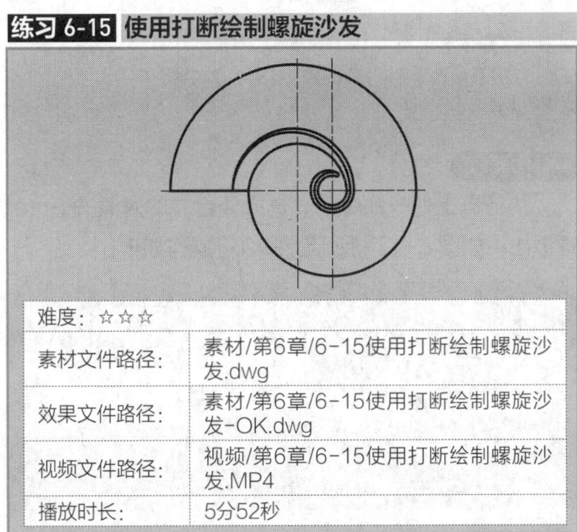

| 难度：☆☆☆ | |
|---|---|
| 素材文件路径： | 素材/第6章/6-15使用打断绘制螺旋沙发.dwg |
| 效果文件路径： | 素材/第6章/6-15使用打断绘制螺旋沙发-OK.dwg |
| 视频文件路径： | 视频/第6章/6-15使用打断绘制螺旋沙发.MP4 |
| 播放时长： | 5分52秒 |

现在的家具造型越来越时尚，因此外观不再拘泥于传统的直线造型，像本例所绘制的螺旋沙发，其平面图都是不规则的曲线，这种曲线的绘制便需要借助打断命令来调整完成。

**Step 01** 打开"第6章/6-15使用打断绘制螺旋沙发.dwg"素材文件，素材图形中已绘制好了中心线，如图6-162所示。

**Step 02** 单击【修改】面板中的【偏移】按钮，将竖直中心线向两侧各偏移1025，然后再单独向右侧偏移325，效果如图6-163所示。

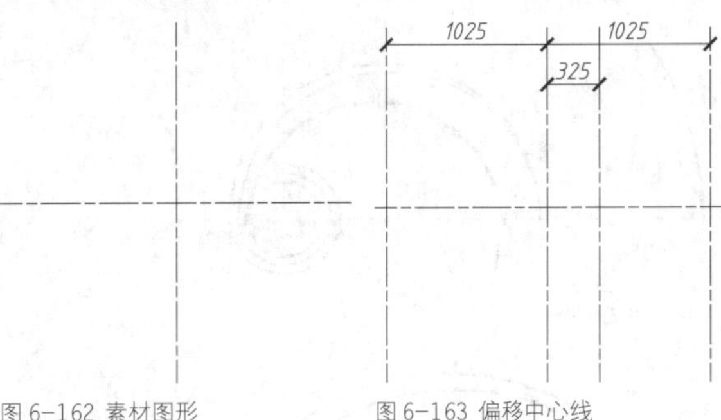


图 6-162 素材图形　　图 6-163 偏移中心线

**Step 03** 输入C执行【圆】命令，以原中心线的交点为圆心，分别绘制半径为375、505、1025的3个圆，如图6-164所示。

**Step 04** 单击空格键继续绘制圆，以375偏移辅助线与原水平中心线的交点为圆心，绘制半径为120、180、700的3个圆，如图6-165所示。

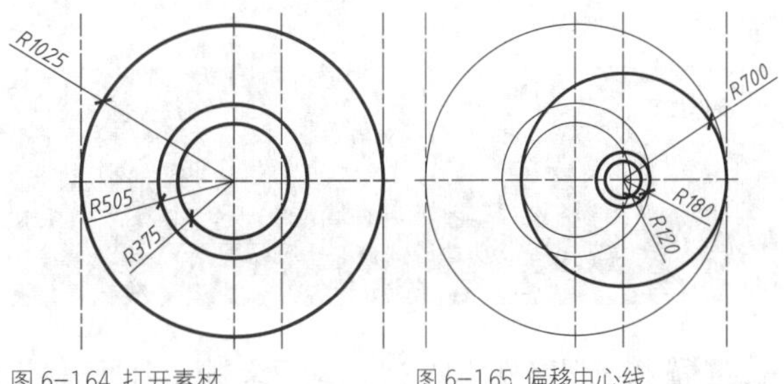


图 6-164 打开素材　　图 6-165 偏移中心线

**Step 05** 单击【修改】面板中的【修剪】按钮，修剪多余图形，将所绘圆修剪至如图6-166所示。

**Step 06** 再单击【修改】面板中的【偏移】按钮，将R505、R180的圆弧向内偏移30，如图6-167所示。

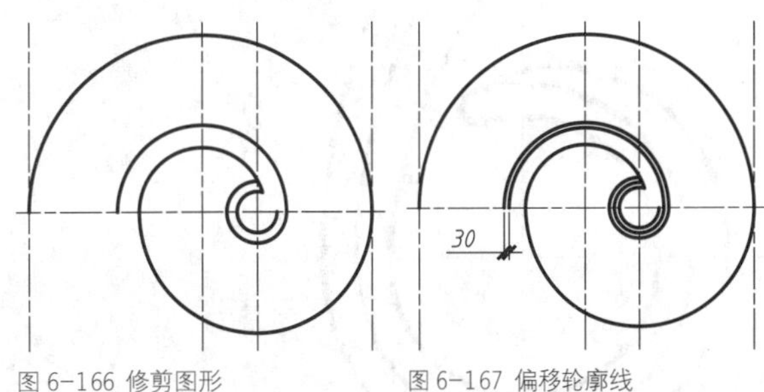


图 6-166 修剪图形　　图 6-167 偏移轮廓线

**Step 07** 选择向内偏移的圆弧，然后调整其左侧夹点，将其移动至原R505圆弧的端点上，再将右侧的夹点移动至R180的圆弧上，结果如图6-168所示。

**Step 08** 单击【修改】面板上的【打断于点】按钮，将中间的3段圆弧从它们与水平辅助线的交点处打断，结果如图6-169所示。

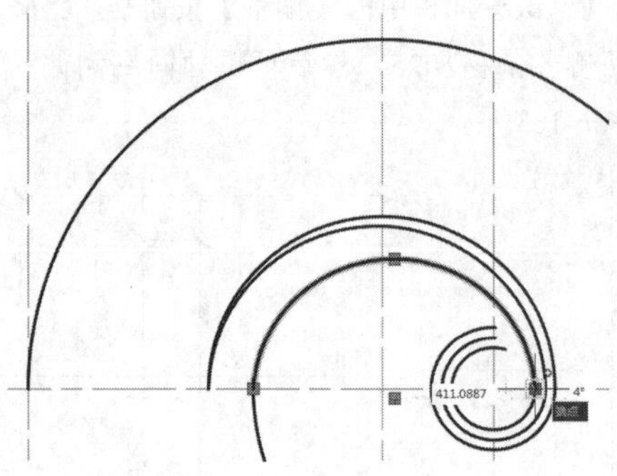

图 6-168 移动夹点

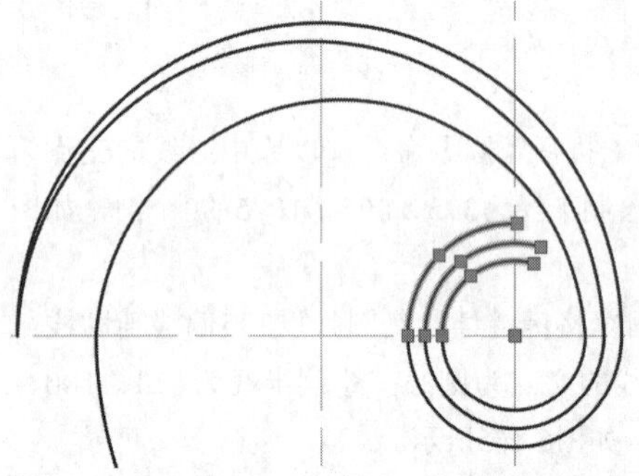
图 6-169 打断圆弧线

> **操作技巧**
>
> 如果这里不使用【打断于点】命令将圆弧从水平线交点处打断，那么接下来在调整弧线的端点时，水平线下方的弧线也会跟着变形。

**Step 09** 接着调整圆弧的端点，最后绘制一段圆弧将其相连，结果如图6-170所示。

**Step 10** 输入L执行【直线】命令，连接最外侧的水平端点，删除多余辅助线，完成螺旋沙发的绘制，如图6-171所示。

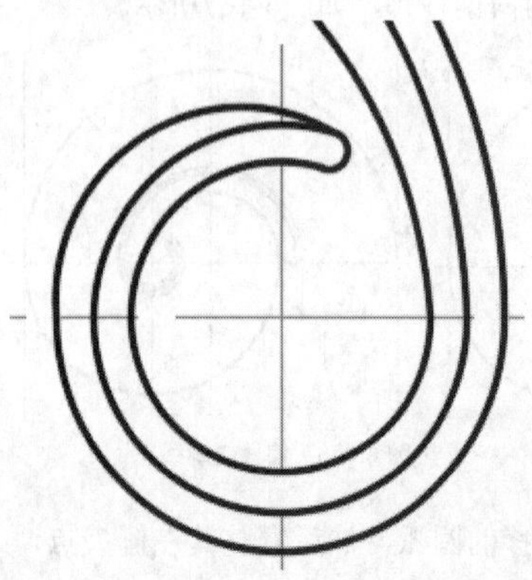
图 6-170 绘制圆弧进行连接

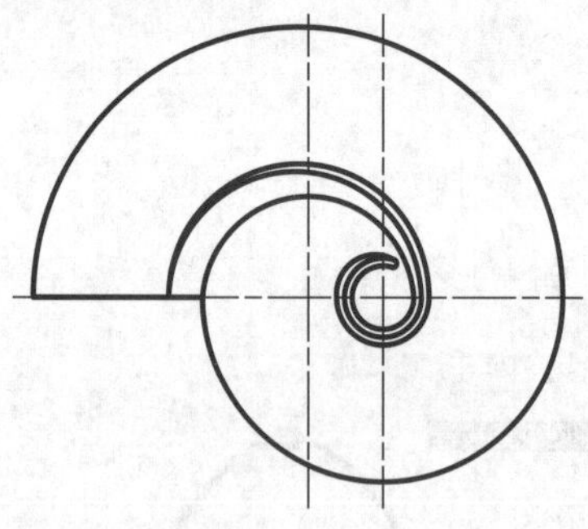
图 6-171 最终效果

## 6.5.6 合并

【合并】命令用于将独立的图形对象合并为一个整体。它可以将多个对象进行合并，对象包括直线、多段线、三维多段线、圆弧、椭圆弧、螺旋线和样条曲线等。

**•执行方式**

在 AutoCAD 2016 中【合并】命令有以下几种调用方法。

◆功能区：单击【修改】面板中的【合并】按钮，如图 6-172 所示。

◆菜单栏：执行【修改】|【合并】命令，如图 6-173 所示。

◆命令行：JOIN 或 J。

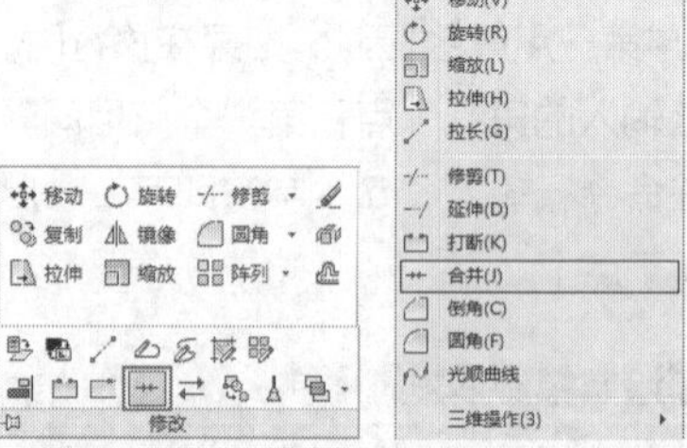

图 6-172 【修改】面板中的【合并】按钮　图 6-173 【合并】菜单命令

**•操作步骤**

执行以上任一命令后，选择要合并的对象按 Enter 键退出，如图 6-174 所示。命令行操作如下。

```
命令: _JOIN                //执行【合并】命令
选择源对象或要一次合并的多个对象: 找到 1 个
                           //选择源对象
选择要合并的对象: 找到 1 个, 总计 2 个
                           //选择要合并的对象
选择要合并的对象: ↙
                           //按Enter键完成操作
```

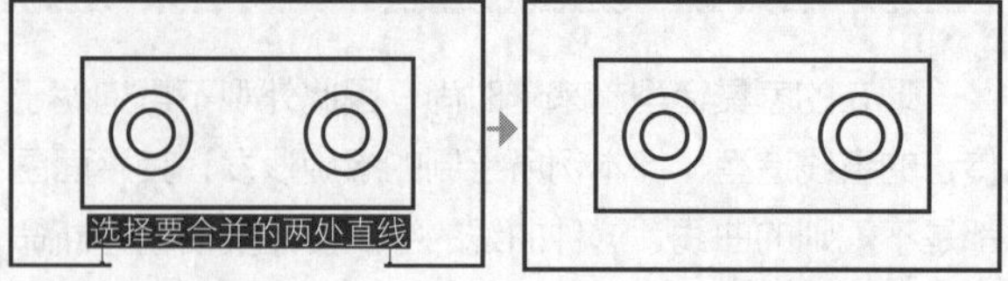

图 6-174 合并图形

**· 选项说明**

【合并】命令产生的对象类型取决于所选定的对象类型、首先选定的对象类型以及对象是否共线(或共面)。因此【合并】操作的结果与所选对象及选择顺序有关，因此本书将不同对象的合并效果总结如下。

◆直线：两直线对象必须共线才能合并，它们之间可以有间隙，如图 6-175 所示；如果选择源对象为直线，再选择圆弧，合并之后将生成多段线，如图 6-176 所示。

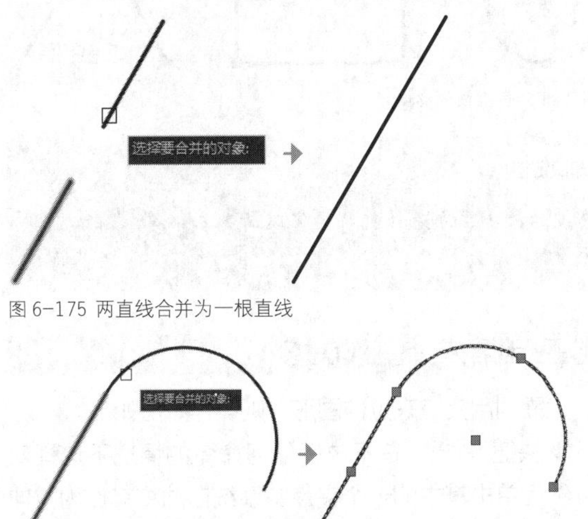


图 6-175 两直线合并为一根直线

图 6-176 直线、圆弧合并为多段线

◆多段线：直线、多段线和圆弧可以合并到源多段线。所有对象必须连续且共面，生成的对象是单条多段线，如图 6-177 所示。

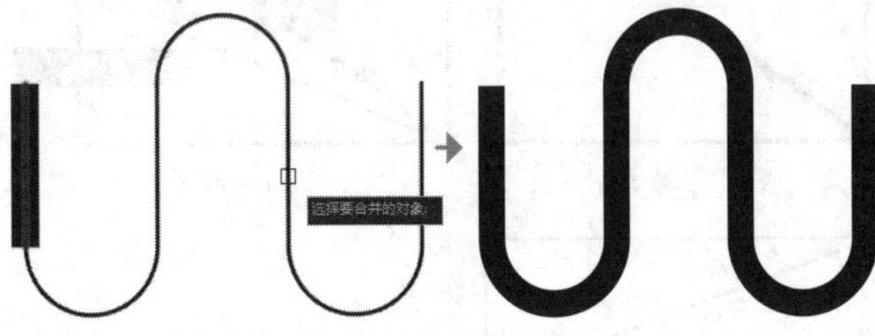


图 6-177 多段线与其他对象合并仍为多段线

◆三维多段线：所有线性或弯曲对象都可以合并到源三维多段线。所选对象必须是连续的，可以不共面。产生的对象是单条三维多段线或单条样条曲线，分别取决于用户连接到线性对象还是弯曲的对象，如图 6-178 和图 6-179 所示。

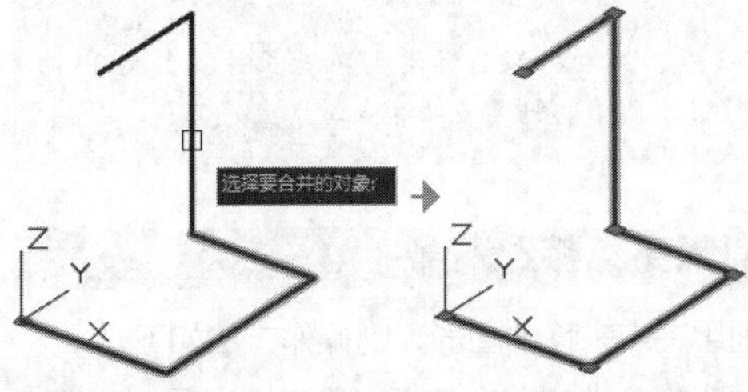


图 6-178 线性的三维多段线合并为单条多段线

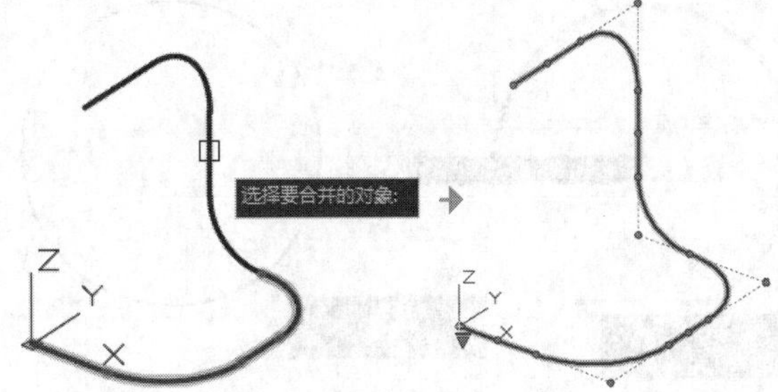


图 6-179 弯曲的三维多段线合并为样条曲线

◆圆弧：只有圆弧可以合并到源圆弧。所有的圆弧对象必须同心、同半径，之间可以有间隙。合并圆弧时，源圆弧按逆时针方向进行合并，因此不同的选择顺序，所生成的圆弧也有优弧、劣弧之分，如图 6-180 和图 6-181 所示；如果两圆弧相邻，之间没有间隙，则合并时命令行会提示是否转换为圆，选择“是（Y）”，则生成一整圆，如图 6-182 所示，选择“否（N）”，则无效果；如果选择单独的一段圆弧，则可以在命令行提示中选择“闭合（L）”，来生成该圆弧的整圆，如图 6-183 所示。

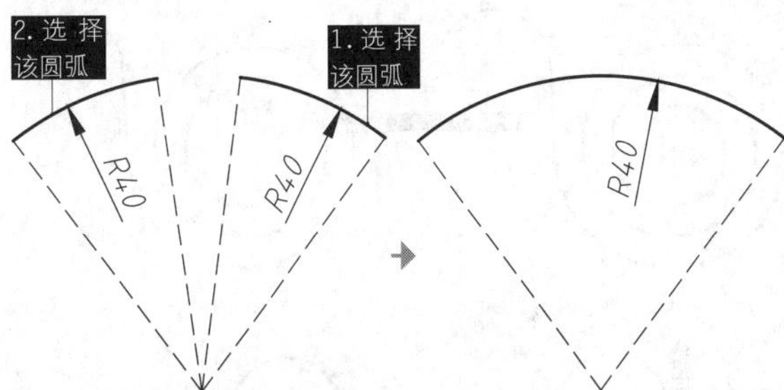


图 6-180 按逆时针顺序选择圆弧合并生成劣弧

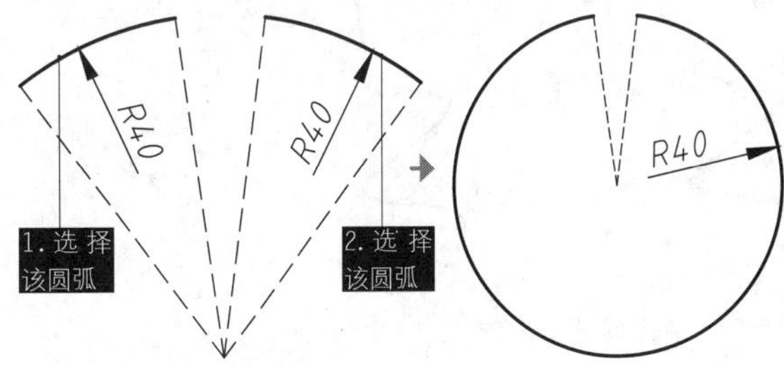


图 6-181 按顺时针顺序选择圆弧合并生成优弧

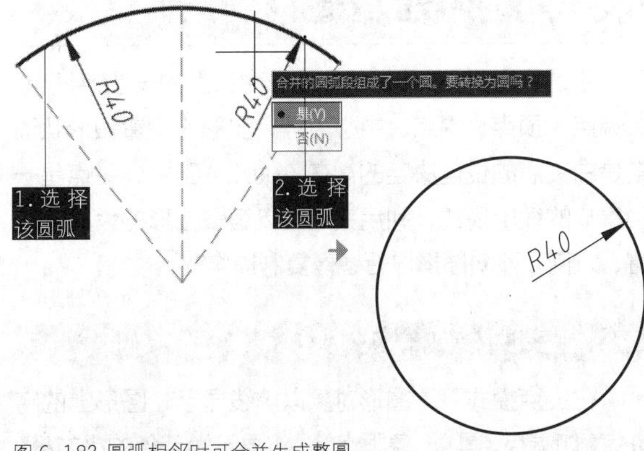


图 6-182 圆弧相邻时可合并生成整圆

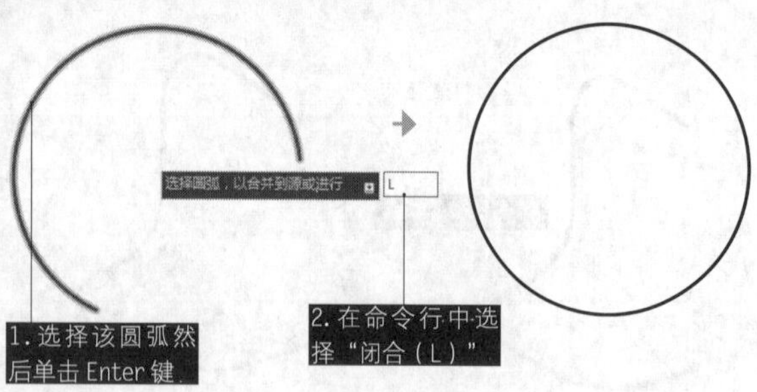

图 6-183 单段圆弧合并可生成整圆

◆椭圆弧：仅椭圆弧可以合并到源椭圆弧。椭圆弧必须共面且具有相同的主轴和次轴，它们之间可以有间隙。从源椭圆弧按逆时针方向合并椭圆弧。操作基本与圆弧一致，在此不重复介绍。

◆螺旋线：所有线性或弯曲对象可以合并到源螺旋线。要合并的对象必须是相连的，可以不共面。结果对象是单个样条曲线，如图 6-184 所示。

◆样条曲线：所有线性或弯曲对象可以合并到源样条曲线。要合并的对象必须是相连的，可以不共面。结果对象是单个样条曲线，如图 6-185 所示。

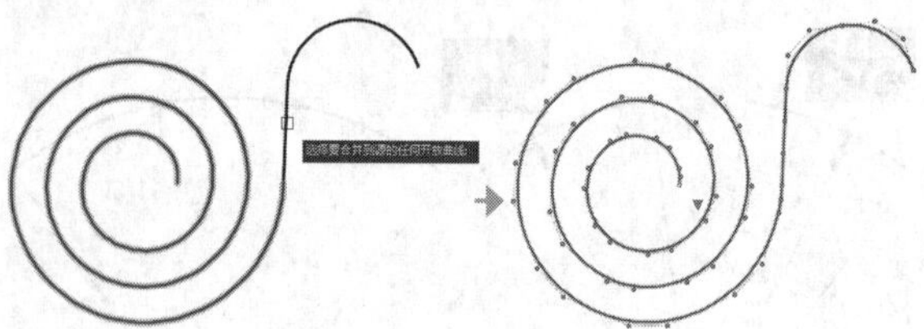
图 6-184 螺旋线的合并效果

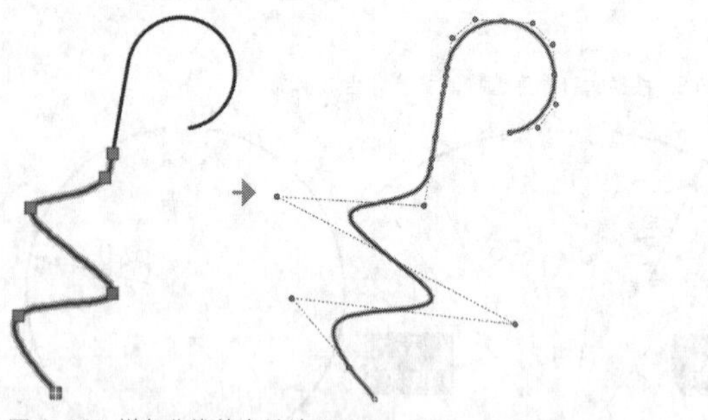
图 6-185 样条曲线的合并效果

## 6.6 通过夹点编辑图形

所谓“夹点”，是指的是图形对象上的一些特征点，如端点、顶点、中点、中心点等，图形的位置和形状通常是由夹点的位置决定的。在 AutoCAD 中，夹点是一种集成的编辑模式，利用夹点可以编辑图形的大小、位置、方向以及对图形进行镜像复制操作等。

### 6.6.1 夹点模式概述

在夹点模式下，图形对象以虚线显示，图形上的特征点（如端点、圆心、象限点等）将显示为蓝色的小方框，如图 6-186 所示，这样的小方框称为夹点。

夹点有未激活和被激活两种状态。蓝色小方框显示的夹点处于未激活状态，单击某个未激活夹点，该夹点以红色小方框显示，处于被激活状态，被称为热夹点。以热夹点为基点，可以对图形对象进行拉伸、平移、复制、缩放和镜像等操作。同时按 Shift 键可以选择激活多个热夹点。

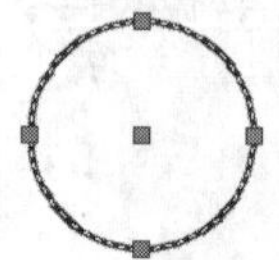 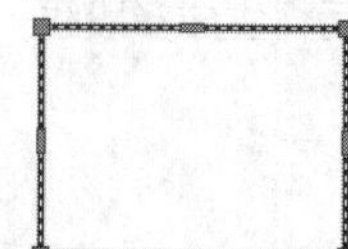 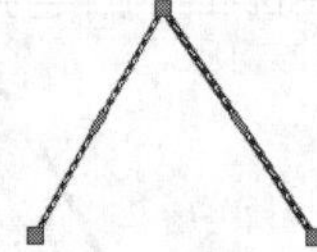
图 6-186 不同对象的夹点

**知识链接**

夹点的大小、颜色等特征的修改请见本书第4章的4.2.1小节。

### 6.6.2 利用夹点拉伸对象

如需利用夹点来拉伸图形，则操作方法如下。

◆快捷操作：在不执行任何命令的情况下选择对象，然后单击其中的一个夹点，系统自动将其作为拉伸的基点，即进入“拉伸”编辑模式。通过移动夹点，就可以将图形对象拉伸至新位置。夹点编辑中的【拉伸】与 STRETCH【拉伸】命令一致，效果如图 6-187 所示。

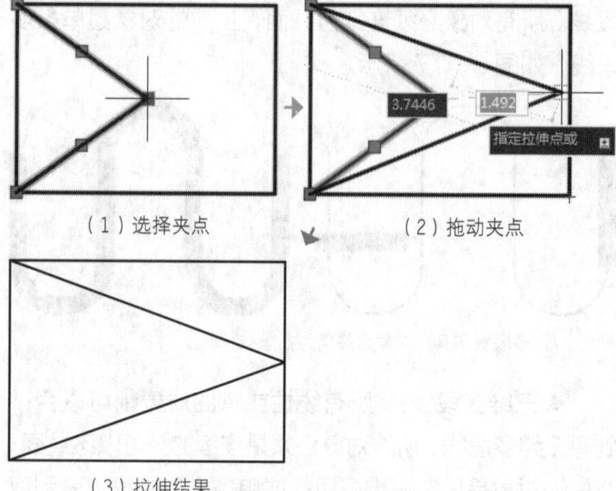

图 6-187 利用夹点拉伸对象

**操作技巧**

对于某些夹点，拖动时只能移动而不能拉伸，如文字、块、直线中点、圆心、椭圆中心和点对象上的夹点。

### 6.6.3 利用夹点移动对象

如需利用夹点来移动图形，则操作方法如下。

◆快捷操作：选中一个夹点，单击 1 次 Enter 键，即进入【移动】模式。

◆命令行：在夹点编辑模式下确定基点后，输入 MO 进入【移动】模式，选中的夹点即为基点。

通过夹点进入【移动】模式后，命令行提示如下。

```
** MOVE **
指定移动点或 [基点(B)/复制(C)/放弃(U)/退出(X)]:
```

使用夹点移动对象，可以将对象从当前位置移动到新位置，同 MOVE【移动】命令，如图 6-188 所示。

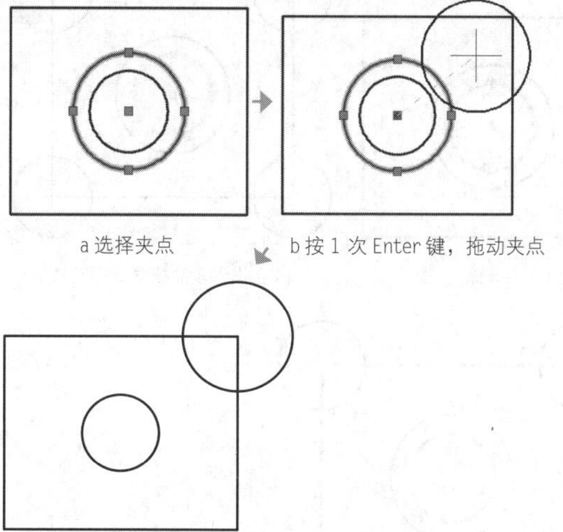

a 选择夹点　　b 按 1 次 Enter 键，拖动夹点

c 移动结果

图 6-188 利用夹点移动对象

## 6.6.4 利用夹点旋转对象

如需利用夹点来移动图形，则操作方法如下。

◆快捷操作：选中一个夹点，单击 2 次 Enter 键，即进入【旋转】模式。

◆命令行：在夹点编辑模式下确定基点后，输入 RO 进入【旋转】模式，选中的夹点即为基点。

通过夹点进入【移动】模式后，命令行提示如下。

```
** 旋转 **
指定旋转角度或 [基点(B)/复制(C)/放弃(U)/参照(R)/退出(X)]:
```

默认情况下，输入旋转角度值或通过拖动方式确定旋转角度后，即可将对象绕基点旋转指定的角度。也可以选择【参照】选项，以参照方式旋转对象。操作方法同 ROTATE【旋转】命令，利用夹点旋转对象如图 6-189 所示。

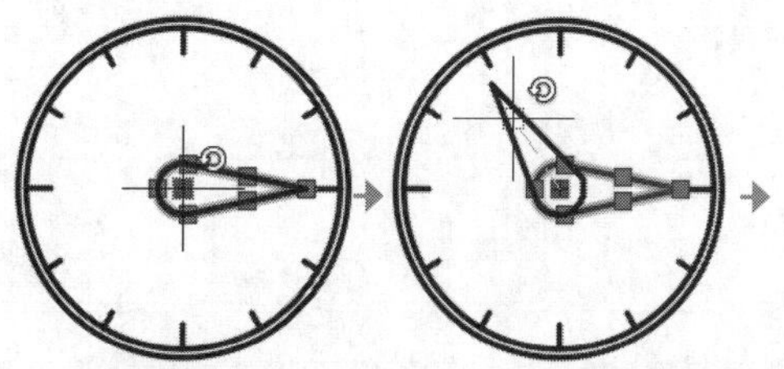

（1）选择夹点　　（2）按 2 次 Enter 键后拖动夹点

图 6-189 利用夹点旋转对象

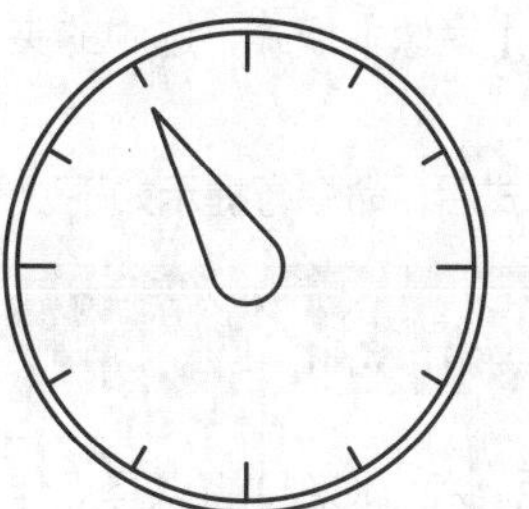

（3）旋转结果

图 6-189 利用夹点旋转对（续）

## 6.6.5 利用夹点缩放对象

如需利用夹点来移动图形，则操作方法如下。

◆快捷操作：选中一个夹点，单击 3 次 Enter 键，即进入【缩放】模式。

◆命令行：选中的夹点即为缩放基点，输入 SC 进入【缩放】模式。

通过夹点进入【缩放】模式后，命令行提示如下。

```
** 比例缩放 **
指定比例因子或 [基点(B)/复制(C)/放弃(U)/参照(R)/退出(X)]:
```

默认情况下，当确定了缩放的比例因子后，AutoCAD 将相对于基点进行缩放对象操作。当比例因子大于 1 时放大对象；当比例因子大于 0 而小于 1 时缩小对象，操作同 SCALE【缩放】命令，如图 6-190 所示。

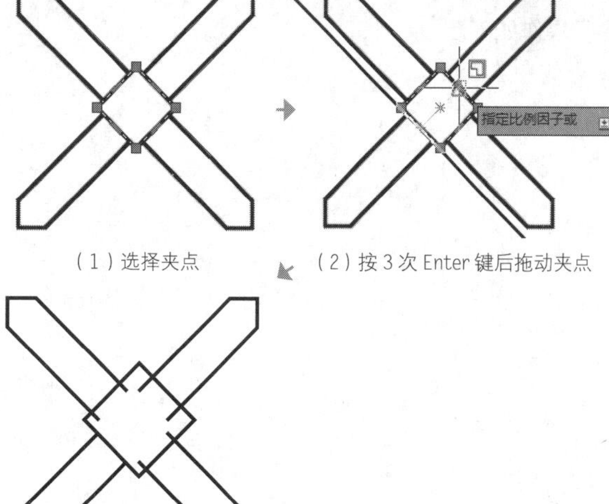


（1）选择夹点　　（2）按 3 次 Enter 键后拖动夹点

（3）缩放结果

图 6-190 利用夹点缩放对象

## 6.6.7 利用夹点镜像对象

如需利用夹点来镜像图形，则操作方法如下。

◆快捷操作：选中一个夹点，单击 4 次 Enter 键，即进入【镜像】模式。

◆命令行：输入 MI 进入【镜像】模式，选中的夹点即为镜像线第一点。

通过夹点进入【镜像】模式后，命令行提示如下。

```
** 镜像 **
指定第二点或 [基点(B)/复制(C)/放弃(U)/退出(X)]:
```

指定镜像线上的第 2 点后，AutoCAD 将以基点作为镜像线上的第 1 点，将对象进行镜像操作并删除源对象。利用夹点镜像对象如图 6-191 所示。

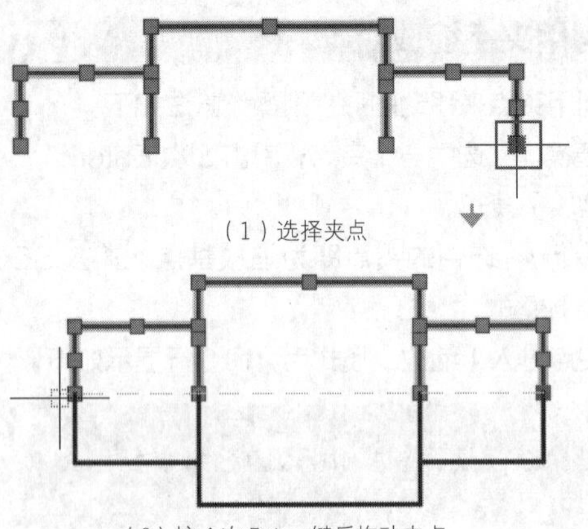

（1）选择夹点

（2）按 4 次 Enter 键后拖动夹点

图 6-191 利用夹点镜像对象

## 6.6.8 利用夹点复制对象

如需利用夹点来复制图形，则操作方法如下。

◆命令行：选中夹点后进入【移动】模式，然后在命令行中输入 C，调用"复制（C）"选项即可，命令行操作如下。

```
** MOVE **                                   //进入【移动】模式
指定移动点 或 [基点(B)/复制(C)/放弃(U)/退出(X)]:C↙
                                             //选择"复制"选项
** MOVE (多个) **                            //进入【复制】模式
指定移动点 或 [基点(B)/复制(C)/放弃(U)/退出(X)]: ↙
                              //指定放置点，并按Enter键完成操作
```

使用夹点复制功能，选定中心夹点进行拖动时需按住 Ctrl 键，复制效果如图 6-192 所示。

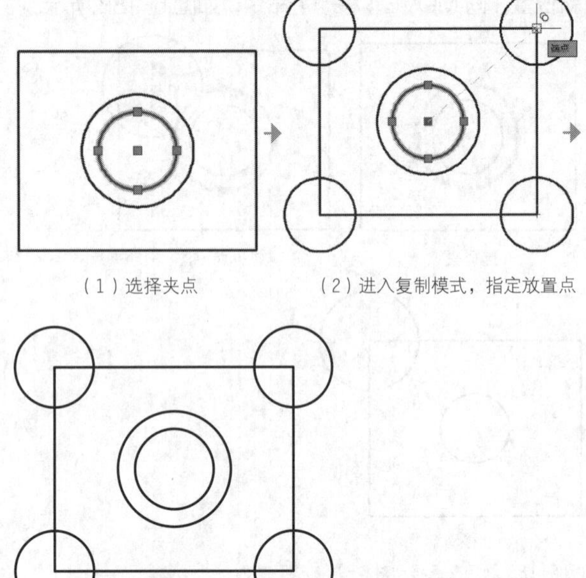

（1）选择夹点

（2）进入复制模式，指定放置点

（3）复制结果

图 6-192 夹点复制

# 第 7 章 创建图形标注

使用 AutoCAD 进行设计绘图时，首先要明确的一点就是：图形中的线条长度，并不代表物体的真实尺寸，一切数值应按标注为准。建筑施工所依据的是标注的尺寸值，因而尺寸标注是绘图中最为重要的部分。像一些成熟的设计师，在现场或无法使用 AutoCAD 的场合，会直接用笔在纸上手绘出一张草图，图不一定要画的好看，但记录的数据却力求准确。由此也可见，图形仅是标注的辅助而已。

对于不同的对象，其定位所需的尺寸类型也不同。AutoCAD 2016 包含了一套完整的尺寸标注的命令，可以标注直径、半径、角度、直线及圆心位置等对象，还可以标注引线等辅助说明。

## 7.1 尺寸标注的组成与原则

尺寸标注在 AutoCAD 中是一个复合体，以块的形式存储在图形中。在标注尺寸时需要遵循一定的规则，以避免标注混乱或引起歧义。

### 7.1.1 尺寸标注的组成

在 AutoCAD 中，一个完整的尺寸标注由“尺寸界线”“尺寸线”“尺寸箭头”和“尺寸文字”4 个要素构成，如图 7-1 所示。AutoCAD 的尺寸标注命令和样式设置，都是围绕着这 4 个要素进行的。

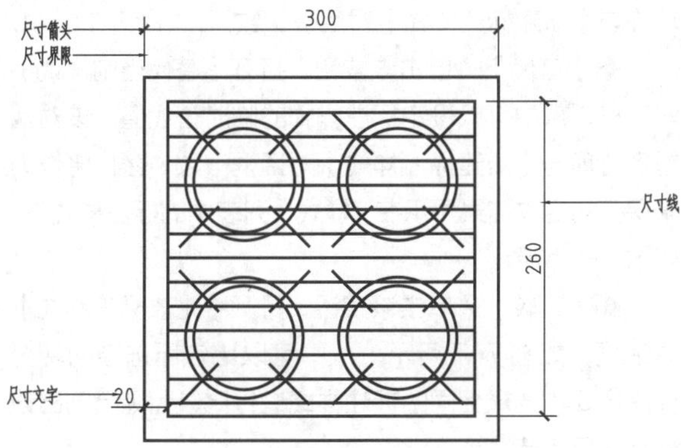


图 7-1 尺寸标注的组成要素

各组成部分的作用与含义分别如下。

◆“尺寸界线”： 也称为投影线，用于标注尺寸的界限，由图样中的轮廓线、轴线或对称中心线引出。标注时，延伸线从所标注的对象上自动延伸出来，它的端点与所标注的对象接近但并未相连。

◆“尺寸箭头”： 也称为标注符号。标注符号显示在尺寸线的两端，用于指定标注的起始位置。AutoCAD 默认使用闭合的填充箭头作为标注符号。此外，AutoCAD 还提供了多种箭头符号，以满足不同行业的需要，如建筑制图的箭头以 45° 的粗短斜线表示，而机械制图的箭头以实心三角形箭头表示等。

◆“尺寸线”： 用于表明标注的方向和范围。通常与所标注对象平行，放在两延伸线之间，一般情况下为直线，但在角度标注时，尺寸线呈圆弧形。

◆“尺寸文字”： 表明标注图形的实际尺寸大小，通常位于尺寸线上方或中断处。在进行尺寸标注时，AutoCAD 会生动生成所标注对象的尺寸数值，我们也可以对标注的文字进行修改、添加等编辑操作。

### 7.1.2 尺寸标注的原则

尺寸标注要求对标注对象进行完整、准确、清晰的标注，标注的尺寸数值真实地反映标注对象的大小。国家标准对尺寸标注做了详细的规定，要求尺寸标注必须遵守以下基本原则。

◆物体的真实大小应以图形上所标注的尺寸数值为依据，与图形的显示大小和绘图的精确度无关。

◆图形中的尺寸为图形所表示的物体的最终尺寸，如果是绘制过程中的尺寸（如在涂镀前的尺寸等），则必须另加说明。

◆物体的每一尺寸，一般只标注一次，并应标注在最能清晰反映该结构的视图上。

对建筑制图进行尺寸标注时，应遵守如下规定。

◆当图形中的尺寸以毫米为单位时，不需要标注计量单位。否则须注明所采用的单位代号或名称，如 cm（厘米）和 m（米）。

◆图形的真实大小应以图样上标注的尺寸数值为依据，与所绘制图形的大小比例及准确性无关。

◆尺寸数字一般写在尺寸线上方，也可以写在尺寸线中断处。尺寸数字的字高必须相同。

◆标注文字中的字体必须按照国家标准规定进行书写，及汉字必须使用仿宋体，数字使用阿拉伯数字或罗马数字，字母使用希腊字母或拉丁字母。各种字体的具体大小可以从 2.5、3.5、5、7、10、14 以及 20 等 7 种规格中选取。

◆图形中每一部分的尺寸应只标注一次并且标注在最能反映其形体特征的视图上。

◆图形中所标注的尺寸应为该构件在完工后的标准尺寸，否则须另加说明。

## 7.2 尺寸标注样式

【标注样式】用来控制标注的外观，如箭头样式、文字位置和尺寸公差等。在同一个 AutoCAD 文档中，可以同时定义多个不同的命名样式。修改某个样式后，就可以自动修改所有用该样式创建的对象。

绘制不同的工程图纸，需要设置不同的尺寸标注样式，要系统地了解尺寸设计和制图的知识，请参考有关机械或建筑等有关行业制图的国家规范和标准，以及其他的相关资料。

## 7.2.1 新建标注样式

同之前介绍过的【多线】命令一样，尺寸标注在AutoCAD中也需要指定特定的样式来进行下一步操作。但尺寸标注样式的内容相当丰富，涵盖了标注从箭头形状到尺寸线的消隐、伸出距离、文字对齐方式等诸多方面。因此可以通过在AutoCAD中设置不同的标注样式，使其适应不同的绘图环境，如机械标注、建筑标注等。

**·执行方式**

如果要新建标注样式，可以通过【标注样式和管理器】对话框来完成。在AutoCAD 2016中调用【标注样式和管理器】有以下几种常用方法。

◆功能区：在【默认】选项卡中单击【注释】面板下拉列表中的【标注样式】按钮，如图7-2所示。

◆菜单栏：执行【格式】|【标注样式】命令，如图7-3所示。

◆命令行：DIMSTYLE或D。

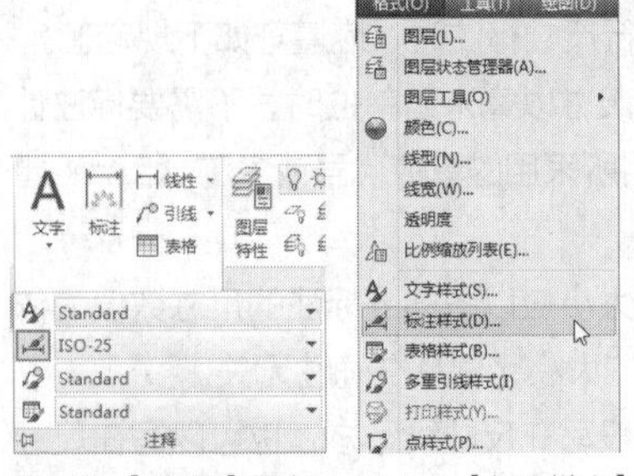


图7-2 【注释】面板中的【标注样式】按钮　图7-3 【标注样式】菜单命令

**·操作步骤**

执行上述任一命令后，系统弹出【标注样式管理器】对话框，如图7-4所示。

单击【新建】按钮，系统弹出【创建新标注样式】对话框，如图7-5所示。然后在【新样式名】文本框中输入新样式的名称，单击【继续】按钮，即可打开【新建标注样式】对话框进行新建。

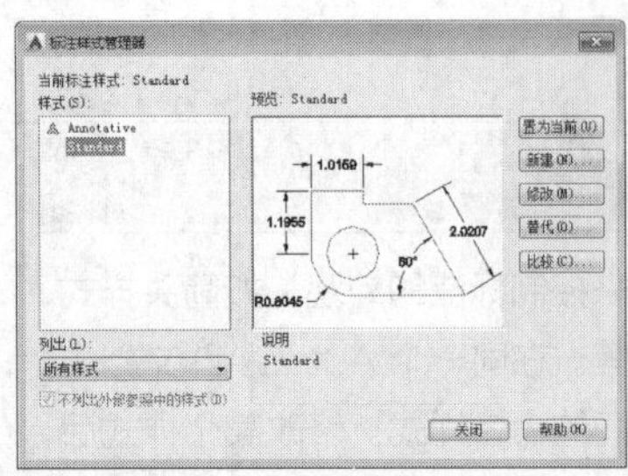


图7-4 【标注样式管理器】对话框

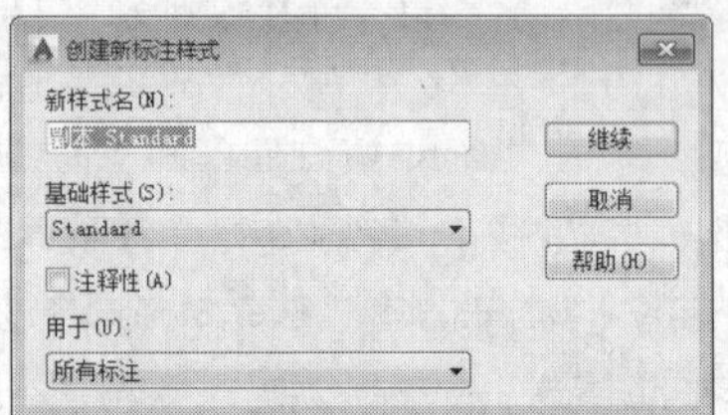


图7-5 【创建新标注样式】对话框

**·选项说明**

【标注样式管理器】对话框中各按钮的含义介绍如下。

◆【置为当前】：将在左边“样式”列表框中选定的标注样式设定为当前标注样式。当前样式将应用于所创建的标注。

◆【新建】：单击该按钮，打开【创建新标注样式】对话框，输入名称后可打开【新建标注样式】对话框，从中可以定义新的标注样式。

◆【修改】：单击该按钮，打开【修改标注样式】对话框，从中可以修改现有的标注样式。该对话框各选项均与【新建标注样式】对话框一致。

◆【替代】：单击该按钮，打开【替代当前样式】对话框，从中可以设定标注样式的临时替代值。该对话框各选项与【新建标注样式】对话框一致。替代将作为未保存的更改结果显示在“样式”列表中的标注样式下，如图7-6所示。

◆【比较】：单击该按钮，打开【比较标注样式】对话框，如图7-7所示。从中可以比较所选定的两个标注样式（选择相同的标注样式进行比较，则会列出该样式的所有特性）。

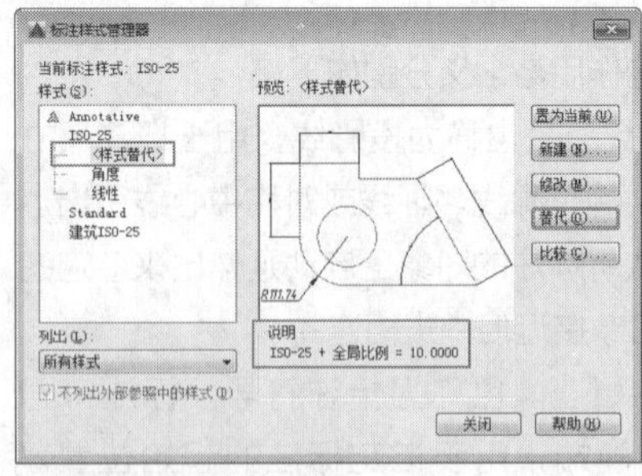


图7-6 样式替代效果

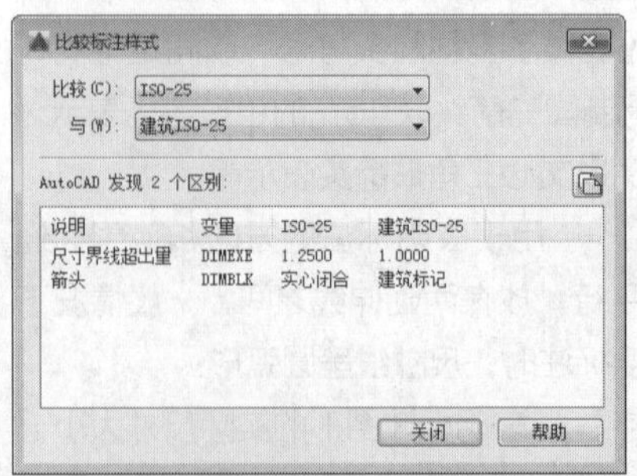


图7-7 【比较标注样式】对话框

【创建新标注样式】对话框中各按钮的含义介绍如下。

◆【基础样式】：在该下拉列表框中选择一种基础样式，新样式将在该基础样式的基础上进行修改。

◆【注释性】：勾选该【注释性】复选框，可将标注定义成可注释对象。

◆【用于】下拉列表：选择其中的一种标注，即可创建一种仅适用于该标注类型（如仅用于直径标注、线性标注等）的标注子样式，如图 7-8 所示。

设置了新样式的名称、基础样式和适用范围后，单击该对话框中的【继续】按钮，系统弹出【新建标注样式】对话框，在上方 7 个选项卡中可以设置标注中的直线、符号和箭头、文字、单位等内容，如图 7-9 所示。

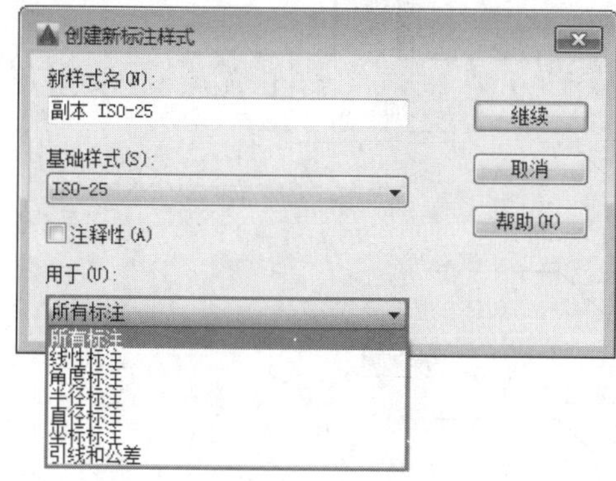


图 7-8 用于选定的标注

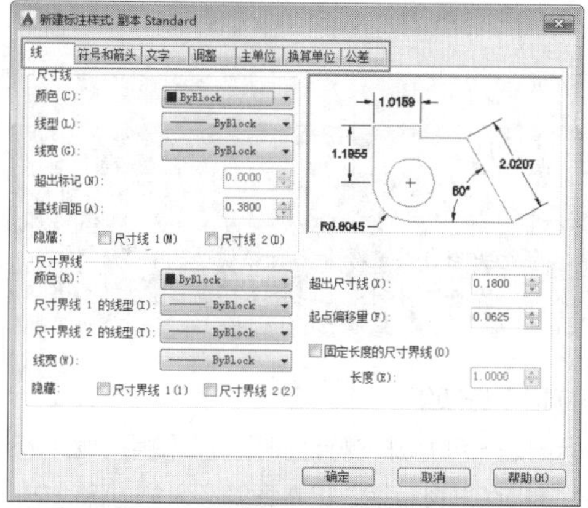


图 7-9 【新建标注样式】对话框

**设计点拨**

AutoCAD 2016中的标注按类型分的话，只有“线性标注”“角度标注”“半径标注”“直径标注”“坐标标注”“引线标注”等6个类型。

## 7.2.2 设置标注样式 ★重点★

在上文新建标注样式的介绍中，打开【新建标注样式】对话框之后的操作是最重要的，这也是本小节所要着重讲解的。在【新建标注样式】对话框中可以设置尺寸标注的各种特性，对话框中有【线】、【符号和箭头】、【文字】、【调整】、【主单位】、【换算单位】和【公差】共 7 个选项卡，如图 7-9 所示，每一个选项卡对应一种特性的设置，分别介绍如下。

### 1 【线】选项卡

切换到【新建标注样式】对话框中的【线】选项卡，如图 7-9 所示，可见【线】选项卡中包括【尺寸线】和【尺寸界线】两个选项组。在该选项卡中可以设置尺寸线、尺寸界线的格式和特性。

#### 【尺寸线】选项组

◆【颜色】：用于设置尺寸线的颜色，一般保持默认值“Byblock”（随块）即可。也可以使用变量 DIMCLRD 设置。

◆【线型】：用于设置尺寸线的线型，一般保持默认值“Byblock”（随块）即可。

◆【线宽】：用于设置尺寸线的线宽，一般保持默认值“Byblock”（随块）即可。也可以使用变量 DIMLWD 设置。

◆【超出标记】：用于设置尺寸线超出量。若尺寸线两端是箭头，则此框无效；若在对话框的【符号和箭头】选项卡中设置了箭头的形式是“倾斜”和“建筑标记”时，可以设置尺寸线超过尺寸界线外的距离，如图 7-10 所示。

◆【基线间距】：用于设置基线标注中尺寸线之间的间距。

◆【隐藏】：【尺寸线 1】和【尺寸线 2】分别控制了第一条和第二条尺寸线的可见性，如图 7-11 所示。

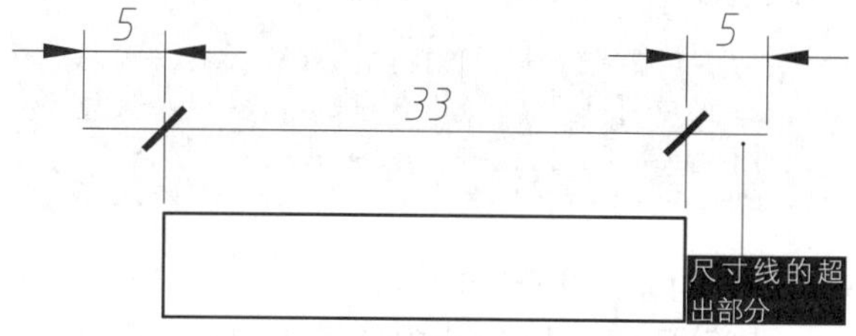


图 7-10 【超出标记】设置为 5 时的示例

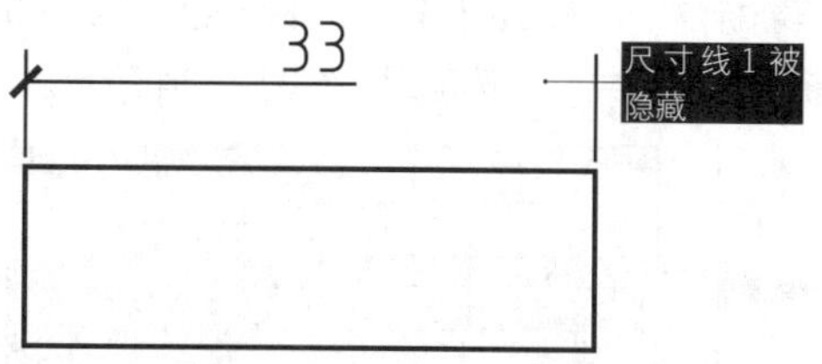


图 7-11 【隐藏尺寸线 1】效果图

#### 【尺寸界线】选项组

◆【颜色】：用于设置延伸线的颜色，一般保持默认值“Byblock”（随块）即可。也可以使用变量 DIMCLRD 设置。

◆【线型】：分别用于设置【尺寸界线 1】和【尺

寸界线2】的线型，一般保持默认值“Byblock”（随块）即可。

◆【线宽】：用于设置延伸线的宽度，一般保持默认值“Byblock”（随块）即可。也可以使用变量DIMLWD设置。

◆【隐藏】：【尺寸界线1】和【尺寸界线2】分别控制了第一条和第二条尺寸界线的可见性。

◆【超出尺寸线】：控制尺寸界线超出尺寸线的距离，如图7-12所示。

◆【起点偏移量】：控制尺寸界线起点与标注对象端点的距离，如图7-13所示。

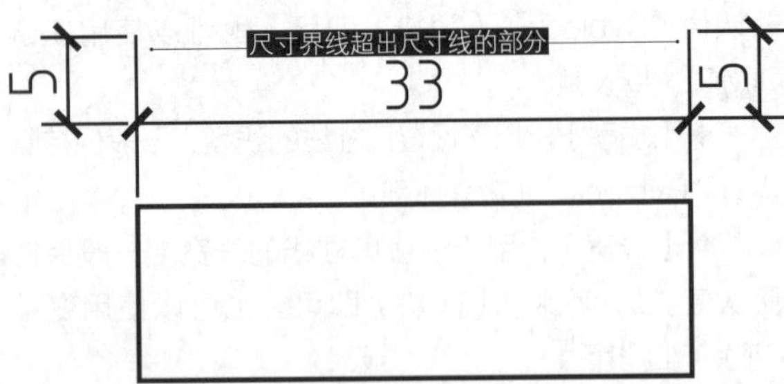


图7-12 【超出尺寸线】设置为5时的示例

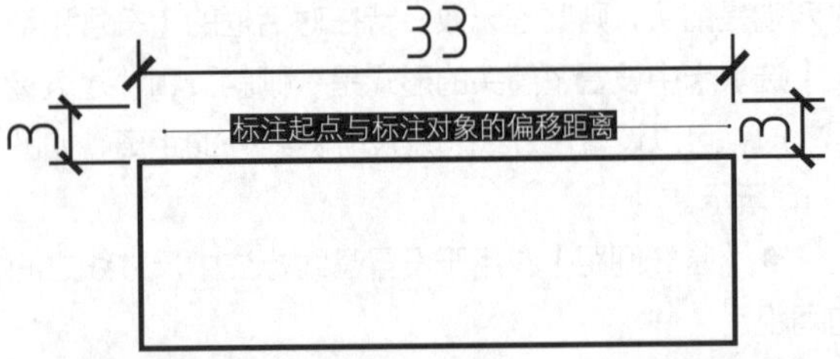


图7-13 【起点偏移量】设置为3时的示例

**设计点拨**

如果是在机械制图的标注中，为了区分尺寸标注和被标注对象，用户应使尺寸界线与标注对象不接触，因此尺寸界线的【起点偏移量】一般设置为2～3mm。

## 2 【符号和箭头】选项卡

【符号和箭头】选项卡中包括【箭头】、【圆心标记】、【折断标注】、【弧长符号】、【半径折弯标注】和【线性折弯标注】共6个选项组，如图7-14所示。

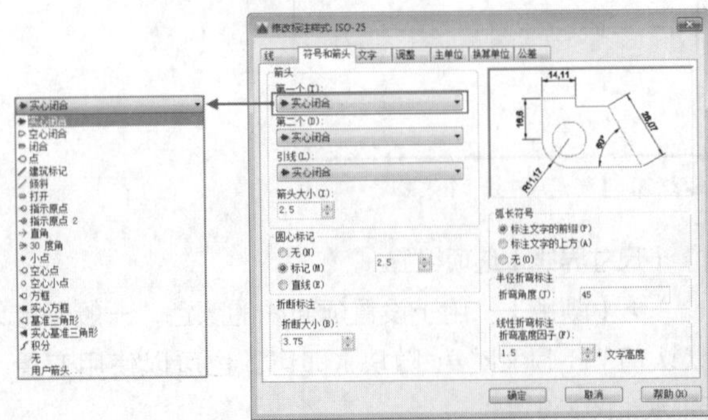

图7-14 【符号和箭头】选项卡

### 【箭头】选项组

◆【第一个】以及【第二个】：用于选择尺寸线两端的箭头样式。在建筑绘图中通常设为“建筑标注”或“倾斜”样式，如图7-15所示；机械制图中通常设为“箭头”样式，如图7-16所示。

◆【引线】：用于设置快速引线标注（命令：LE）中的箭头样式，如图7-17所示。

◆【箭头大小】：用于设置箭头的大小。

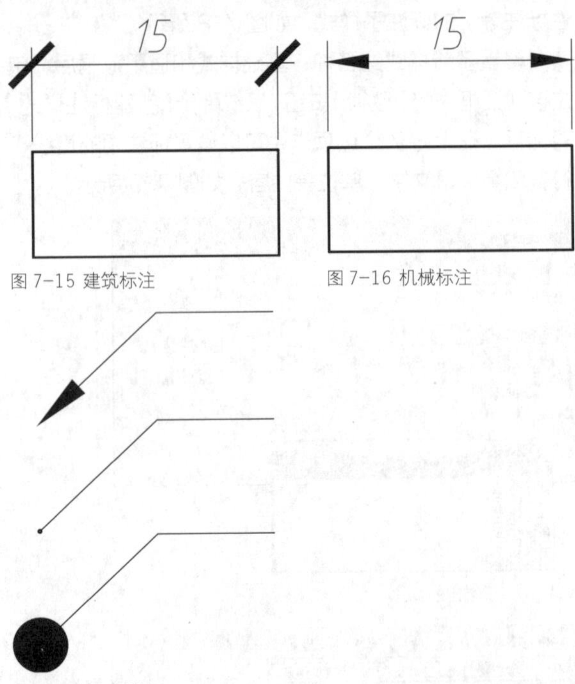


图7-15 建筑标注

图7-16 机械标注

图7-17 引线样式

**操作技巧**

Auto CAD中提供了19种箭头，如果选择了第一个箭头的样式，第二个箭头会自动选择和第一个箭头一样的样式。也可以在第二个箭头下拉列表中选择不同的样式。

### 【圆心标记】选项组

圆心标记是一种特殊的标注类型，在使用【圆心标记】（命令：DIMCENTER，见本章第7.3.15小节）时，可以在圆弧中心生成一个标注符号，【圆心标记】选项组用于设置圆心标记的样式。各选项的含义如下。

◆【无】：使用【圆心标记】命令时，无圆心标记，如图7-18所示。

◆【标记】：创建圆心标记。在圆心位置将会出现小十字架，如图7-19所示。

◆【直线】：创建中心线。在使用【圆心标记】命令时，十字架线将会延伸到圆或圆弧外边，如图7-20所示。

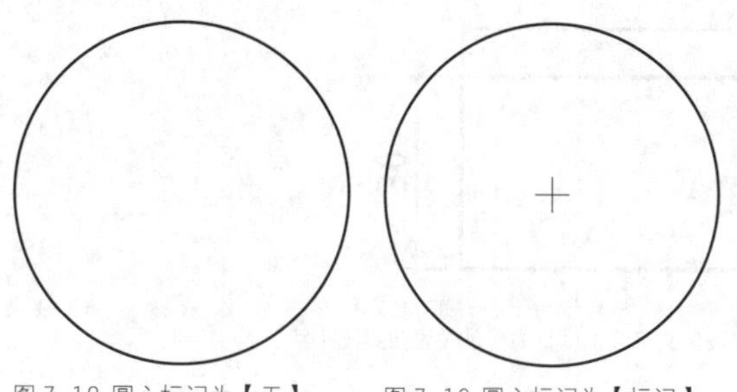

图 7-18 圆心标记为【无】　　图 7-19 圆心标记为【标记】

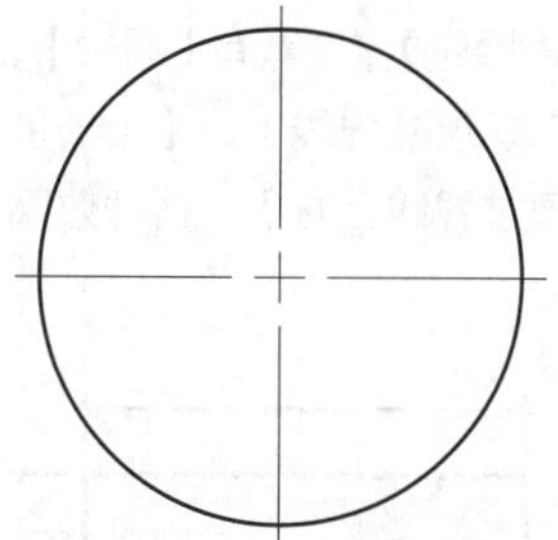

图 7-20 圆心标记为【直线】

**操作技巧**

可以取消选中【调整】选项卡中的【在尺寸界线之间绘制尺寸线】复选框，这样就能在标注直径或半径尺寸时，同时创建圆心标记，如图7-21所示。

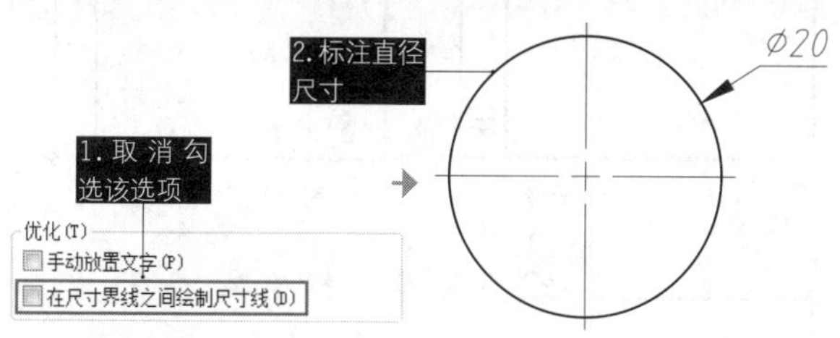


图 7-21 标注时同时创建尺寸与圆心标记

### 【折断标注】选项组

其中的【折断大小】文本框可以设置在执行DIMBREAK【标注打断】命令时标注线的打断长度。

### 【弧长符号】选项组

在该选项组中可以设置弧长符号的显示位置，包括【标注文字的前缀】、【标注文字的上方】和【无】3种方式，如图 7-22 所示。

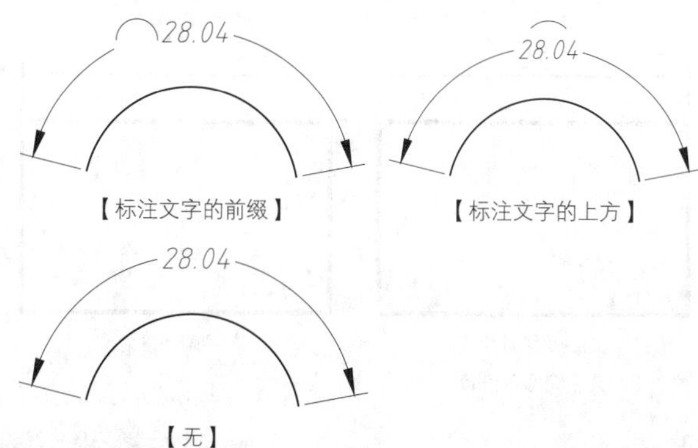


图 7-22 弧长标注的类型

### 【半径折弯标注】选项组

其中的【折弯角度】文本框可以确定折弯半径标注中，尺寸线的横向角度，其值不能大于 90°。

### 【线性折弯标注】选项组

其中的【折弯高度因子】文本框可以设置折弯标注打断时折弯线的高度。

## 3 【文字】选项卡

【文字】选项卡包括【文字外观】、【文字位置】和【文字对齐】3 个选项组，如图 7-23 所示。

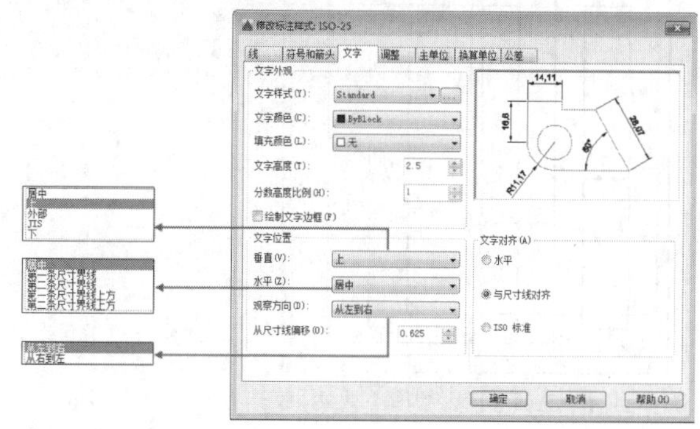


图 7-23 【文字】选项卡

### 【文字外观】选项组

◆【文字样式】：用于选择标注的文字样式。也可以单击其后的□按钮，系统弹出【文字样式】对话框，选择文字样式或新建文字样式。

◆【文字颜色】：用于设置文字的颜色，一般保持默认值“Byblock”（随块）即可。也可以使用变量DIMCLRT 设置。

◆【填充颜色】：用于设置标注文字的背景色。默认为“无”，如果图纸中尺寸标注很多，就会出现图形轮廓线、中心线、尺寸线与标注文字相重叠的情况，这时若将【填充颜色】设置为“背景”，即可有效改善图形，如图 7-24 所示。

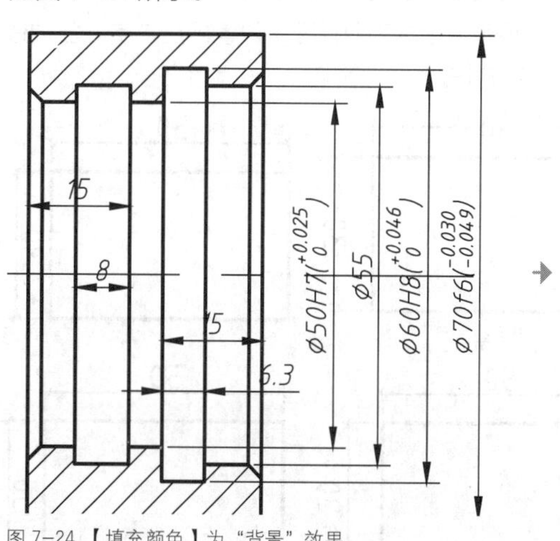


图 7-24 【填充颜色】为“背景”效果

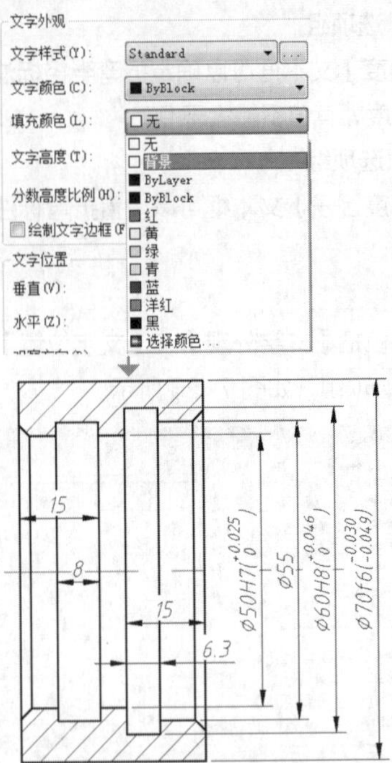


图 7-24 【填充颜色】为"背景"效果（续）

◆【文字高度】：设置文字的高度，也可以使用变量 DIMCTXT 设置。

◆【分数高度比例】：设置标注文字的分数相对于其他标注文字的比例，AutoCAD 将该比例值与标注文字高度的乘积作为分数的高度。

◆【绘制文字边框】：设置是否给标注文字加边框。

◎【文字位置】选项组

◆【垂直】：用于设置标注文字相对于尺寸线在垂直方向的位置。【垂直】下拉列表中有【置中】、【上方】、【外部】和 JIS 等选项。选择【置中】选项可以把标注文字放在尺寸线中间；选择【上】选项将把标注文字放在尺寸线的上方；选择【外部】选项可以把标注文字放在远离第一定义点的尺寸线一侧；选择 JIS 选项则按 JIS 规则（日本工业标准）放置标注文字。各种效果如图 7-25 所示。

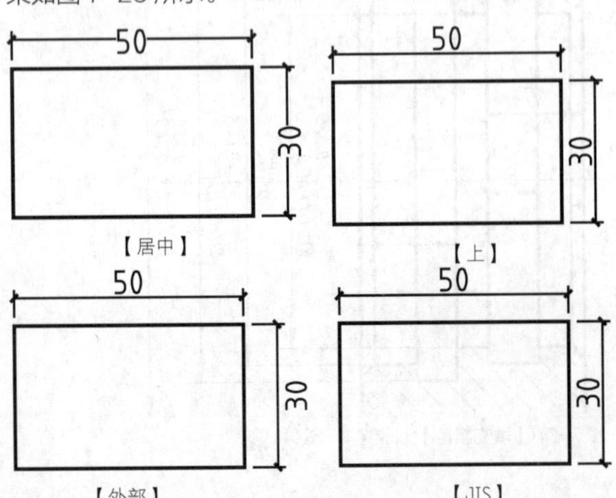


图 7-25 文字设置垂直方向的位置效果图

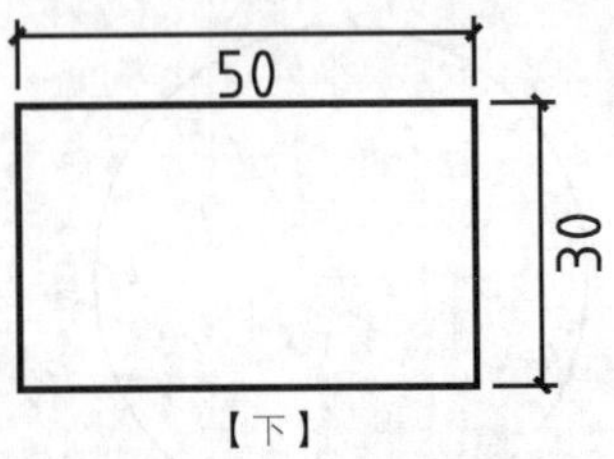


图 7-25 文字设置垂直方向的位置效果图（续）

◆【水平】：用于设置标注文字相对于尺寸线和延伸线在水平方向的位置。其中水平放置位置有【居中】、【第一条尺寸界线】、【第二条尺寸界线】、【第一条尺寸界线上方】、【第二条尺寸界线上方】，各种效果如图 7-26 所示。

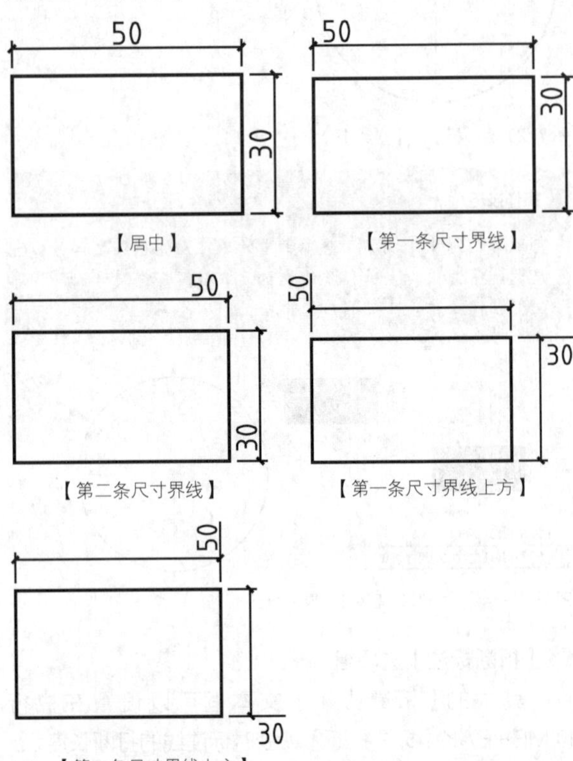


图 7-26 尺寸文字在水平方向上的相对位置

◆【从尺寸线偏移】：设置标注文字与尺寸线之间的距离，如图 7-27 所示。

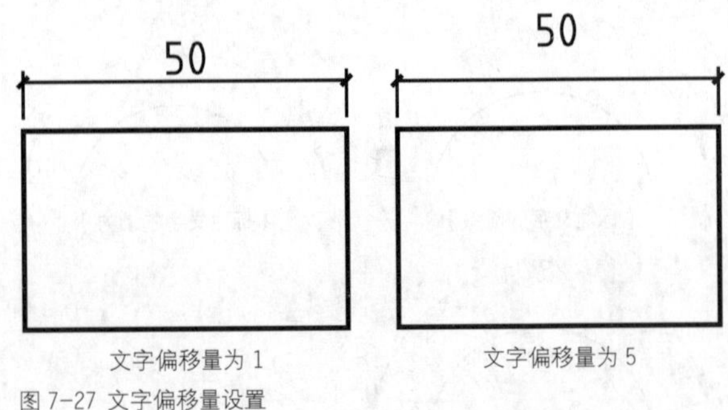


图 7-27 文字偏移量设置

◎【文字对齐】选项组

在【文字对齐】选项组中，可以设置标注文字的对齐方式，如图 7-28 所示。各选项的含义如下。

◆【水平】单选按钮：无论尺寸线的方向如何，文字始终水平放置。

◆【与尺寸线对齐】单选按钮：文字的方向与尺寸线平行。

◆【ISO 标准】单选按钮：按照 ISO 标准对齐文字。当文字在尺寸界线内时，文字与尺寸线对齐。当文字在尺寸界线外时，文字水平排列。

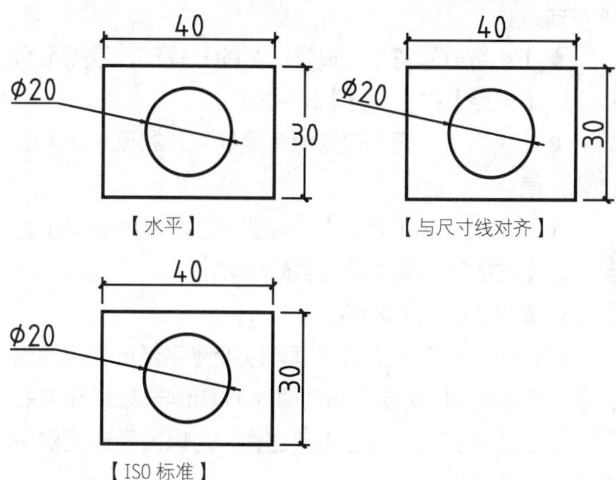


图 7-28 尺寸文字对齐方式

## 4 【调整】选项卡

【调整】选项卡包括【调整选项】、【文字位置】、【标注特征比例】和【优化】4 个选项组，可以设置标注文字、尺寸线、尺寸箭头的位置，如图 7-29 所示。

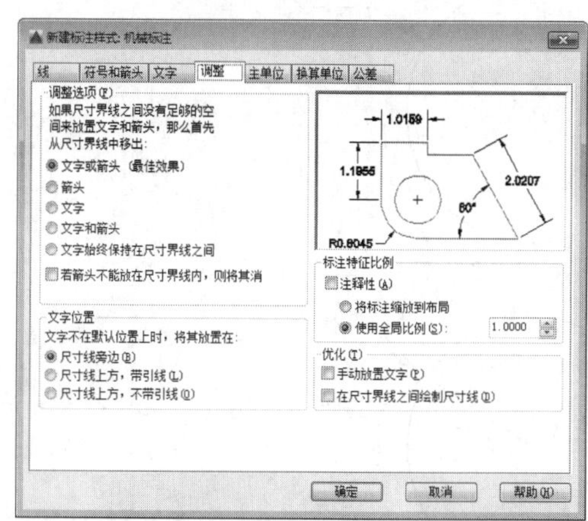


图 7-29 【调整】选项卡

◎【调整选项】选项组

在【调整选项】选项组中，可以设置当尺寸界线之间没有足够的空间同时放置标注文字和箭头时，应从尺寸界线之间移出的对象，如图 7-30 所示。各选项的含义如下。

◆【文字或箭头（最佳效果）】单选按钮：表示由系统选择一种最佳方式来安排尺寸文字和尺寸箭头的位置。

◆【箭头】单选按钮：表示将尺寸箭头放在尺寸界线外侧。

◆【文字】单选按钮：表示将标注文字放在尺寸界线外侧。

◆【文字和箭头】单选按钮：表示将标注文字和尺寸线都放在尺寸界线外侧。

◆【文字始终保持在尺寸界线之间】单选按钮：表示标注文字始终放在尺寸界线之间。

◆【若箭头不能放在尺寸界线内，则将其消除】单选按钮：表示当尺寸界线之间不能放置箭头时，不显示标注箭头。

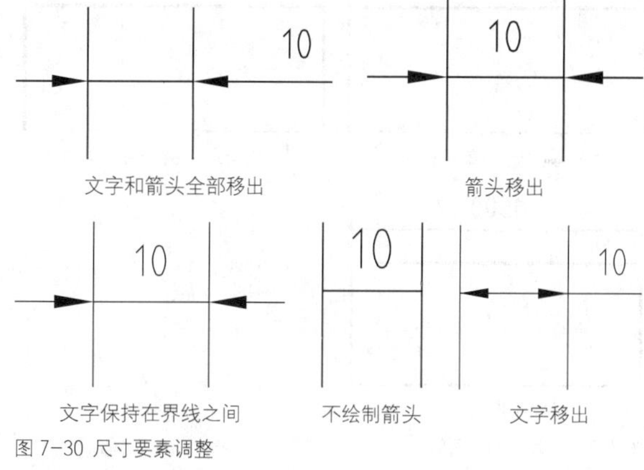


图 7-30 尺寸要素调整

◎【文字位置】选项组

在【文字位置】选项组中，可以设置当标注文字不在默认位置时应放置的位置，如图 7-31 所示。各选项的含义如下。

◆【尺寸线旁边】单选按钮：表示当标注文字在尺寸界线外部时，将文字放置在尺寸线旁边。

◆【尺寸线上方，加引线】单选按钮：表示当标注文字在尺寸界线外部时，将文字放置在尺寸线上方并加一条引线相连。

◆【尺寸线上方，不加引线】单选按钮：表示当标注文字在尺寸界线外部时，将文字放置在尺寸线上方，不加引线。

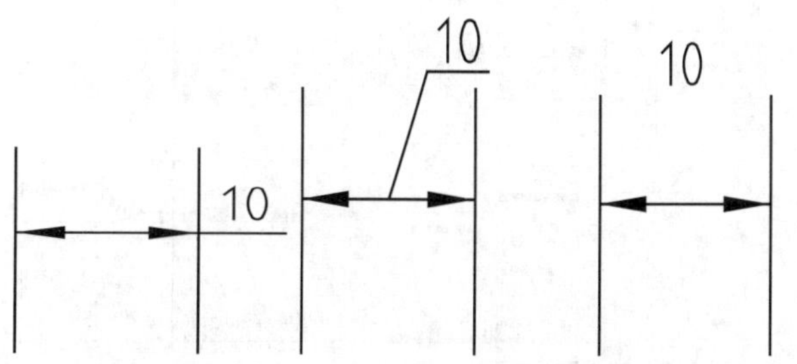


【尺寸线旁边】 【尺寸线上方，加引线】 【尺寸线上方，不加引线】

图 7-31 文字位置调整

◎【标注特征比例】选项组

在【标注特征比例】选项组中，可以设置标注尺寸的特征比例以便通过设置全局比例来调整标注的大小。各选项的含义如下。

◆【注释性】复选框：选择该复选框，可以将标注定义成可注释性对象。

◆【将标注缩放到布局】单选按钮：选中该单选按钮，可以根据当前模型空间视口与图纸之间的缩放关系设置比例。

◆【使用全局比例】单选按钮：选择该单选按钮，可以对全部尺寸标注设置缩放比例，该比例不改变尺寸的测量值，效果如图 7-32 所示。

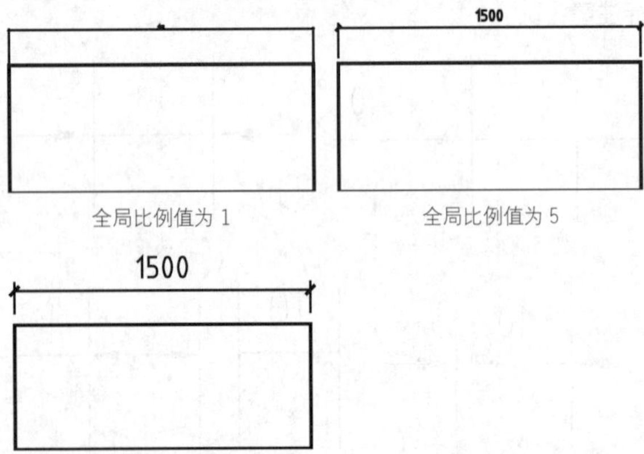


图 7-32 设置全局比例值

◎【优化】选项组

在【优化】选项组中，可以对标注文字和尺寸线进行细微调整。该选项区域包括以下两个复选框。

◆【手动放置文字】：表示忽略所有水平对正设置，并将文字手动放置在“尺寸线位置”的相应位置。

◆【在尺寸界线之间绘制尺寸线】：表示在标注对象时，始终在尺寸界线间绘制尺寸线。

**5 【主单位】选项卡**

【主单位】选项卡包括【线性标注】、【测量单位比例】、【消零】、【角度标注】和【消零】5 个选项组，如图 7-33 所示。

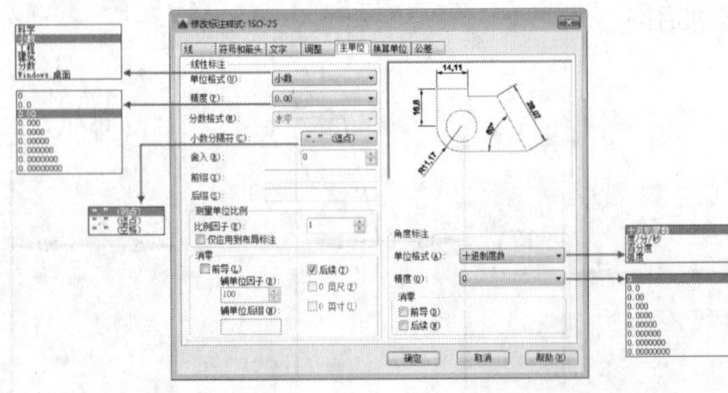

图 7-33 【主单位】选项卡

【主单位】选项卡可以对标注尺寸的精度进行设置，并能给标注文本加入前缀或者后缀等。

◎【线性标注】选项组

◆【单位格式】：设置除角度标注之外的其余各标注类型的尺寸单位，包括【科学】、【小数】、【工程】、【建筑】、【分数】等选项。

◆【精度】：设置除角度标注之外的其他标注的尺寸精度。

◆【分数格式】：当单位格式是分数时，可以设置分数的格式，包括【水平】、【对角】和【非堆叠】3 种方式。

◆【小数分隔符】：设置小数的分隔符，包括【逗点】、【句点】和【空格】3 种方式。

◆【舍入】：用于设置除角度标注外的尺寸测量值的舍入值。

◆【前缀】和【后缀】：设置标注文字的前缀和后缀，在相应的文本框中输入字符即可。

◎【测量单位比例】选项组

使用【比例因子】文本框可以设置测量尺寸的缩放比例，AutoCAD 的实际标注值为测量值与该比例的积。选中【仅应用到布局标注】复选框，可以设置该比例关系仅适用于布局。

◎【消零】选项组

该选项组中包括【前导】和【后续】两个复选框。设置是否消除角度尺寸的前导和后续零，如图 7-34 所示。

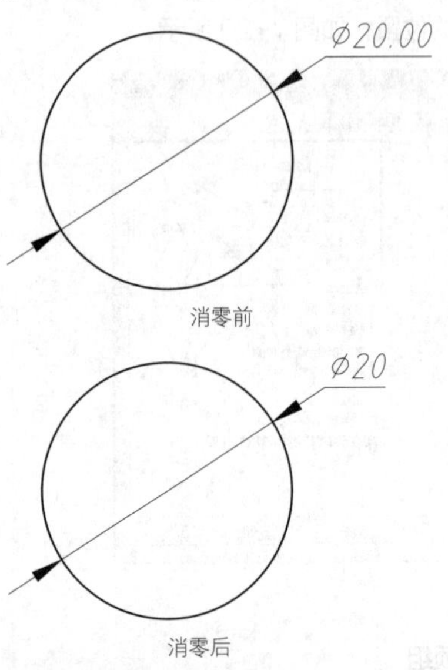


图 7-34 【后续】消零示例

◎【角度标注】选项组

◆【单位格式】：在此下拉列表框中设置标注角度时的单位。

◆【精度】：在此下拉列表框的设置标注角度的尺寸精度。

## 6 【换算单位】选项卡

【换算单位】选项卡包括【换算单位】、【消零】和【位置】3 个选项组，如图 7-35 所示。

【换算单位】可以方便地改变标注的单位，通常我们用的就是公制单位与英制单位的互换。

选中【显示换算单位】复选框后，对话框的其他选项才可用，可以在【换算单位】选项组中设置换算单位的【单位格式】、【精度】、【换算单位倍数】、【舍入精度】、【前缀】及【后缀】等，方法与设置主单位的方法相同，在此不一一讲解。

## 7 【公差】选项卡

【公差】选项卡包括【公差格式】、【公差对齐】、【消零】、【换算单位公差】和【消零】5 个选项组，如图 7-36 所示。

图 7-35 【换算单位】选项卡

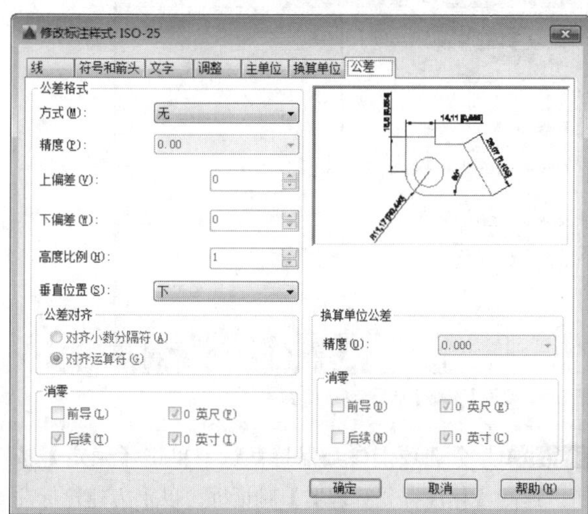


图 7-36 【公差】选项卡

【公差】选项卡可以设置公差的标注格式，其中常用功能含义如下。

◆【方式】：在此下拉列表框中有表示标注公差的几种方式，如图 7-37 所示。

◆【上偏差和下偏差】设置尺寸上偏差、下偏差值。

◆【高度比例】：确定公差文字的高度比例因子。确定后，AutoCAD 将该比例因子与尺寸文字高度之积作为公差文字的高度。

◆【垂直位置】：控制公差文字相对于尺寸文字的位置，包括【上】、【中】和【下】3 种方式。

◆【换算单位公差】：当标注换算单位时，可以设置换算单位精度和是否消零。

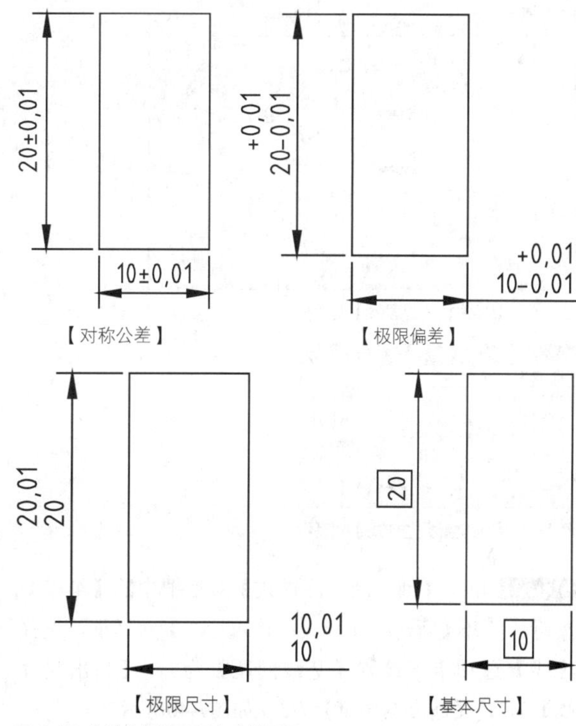


图 7-37 公差的各种表示方式效果图

## 练习 7-1 创建建筑制图标注样式

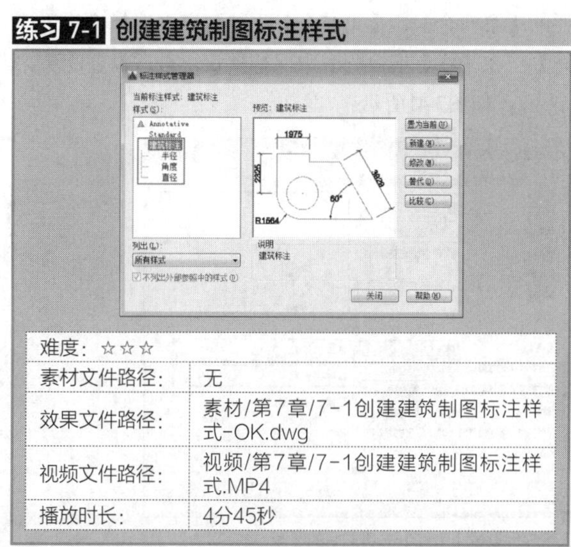


| 难度：☆☆☆ | |
|---|---|
| 素材文件路径： | 无 |
| 效果文件路径： | 素材/第7章/7-1创建建筑制图标注样式-OK.dwg |
| 视频文件路径： | 视频/第7章/7-1创建建筑制图标注样式.MP4 |
| 播放时长： | 4分45秒 |

建筑标注样式可按《房屋建筑制图统一标准》(GB/T 50001-2001)来进行设置。需要注意的是，建筑制图中的线性标注箭头为斜线的建筑标记，而半径、直径、角度标注则仍为实心箭头，因此在新建建筑标注样式时要注意分开设置。

**Step 01** 新建空白文档，单击【注释】面板中的【标注样式】按钮，打开【标注样式管理器】对话框，如图7-38所示。

**Step 02** 设置通用参数。单击【标注样式管理器】对话框中的【新建】按钮，打开【创建新标注样式】对话框，在其中输入【建筑标注】样式名，如图7-39所示。

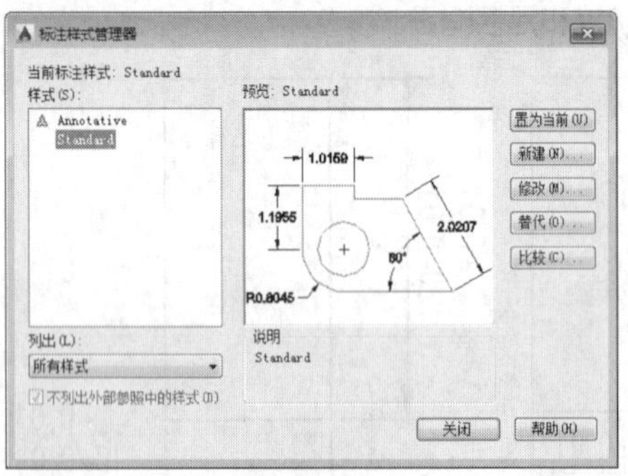

图 7-38 【标注样式管理器】对话框

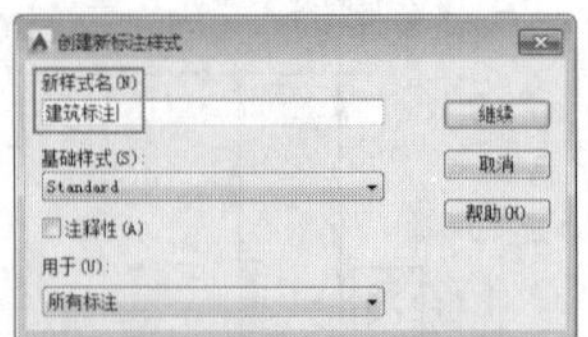

图 7-39 【创建新标注样式】对话框

**Step 03** 单击【创建新标注样式】对话框中的【继续】按钮，打开【新建标注样式：建筑标注】对话框，选择【线】选项卡，设置【基线间距】为7，【超出尺寸线】为2，【起点偏移量】为3，如图7-40所示。

**Step 04** 选择【符号和箭头】选项卡，在【箭头】参数栏的【第一个】、【第二个】下拉列表中选择【建筑标记】；在【线】下拉列表中保持默认，最后设置箭头大小为2，如图7-41所示。

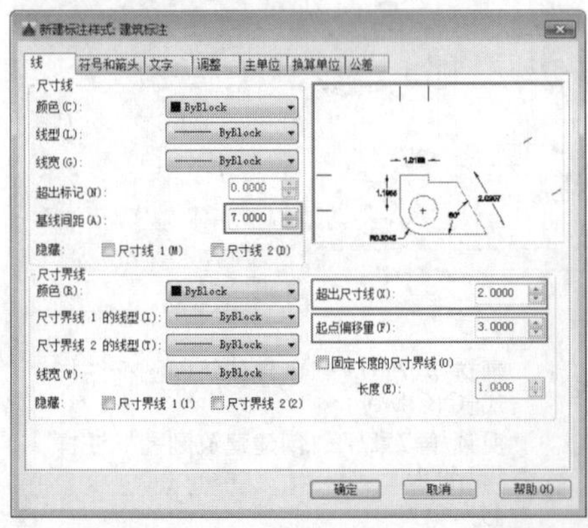

图 7-40 设置【引线】选项卡中的参数

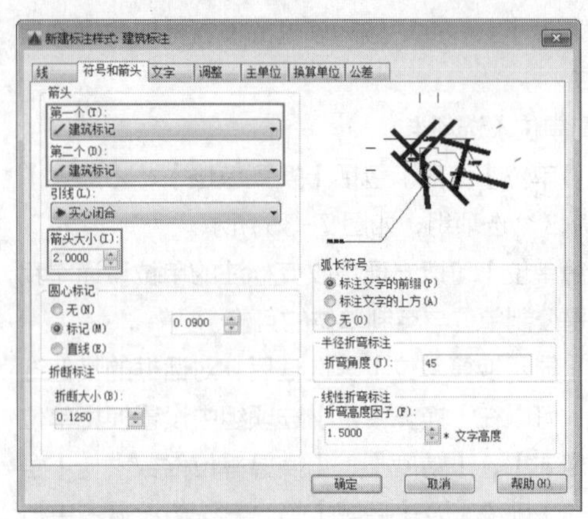

图 7-41 设置【符号和箭头】选项卡中的参数

**Step 05** 选择【文字】选项卡，设置【文字高度】为3.5，然后在文字位置区域中选择【上方】，文字对齐方式选择【与尺寸线对齐】，如图7-42所示。

**Step 06** 选择【调整】选项卡，因为建筑图往往尺寸都非常巨大，因此设置全局比例为100，如图7-43所示。

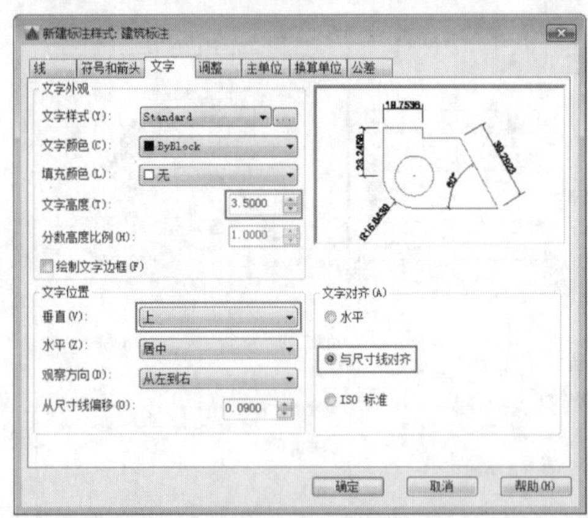

图 7-42 设置【文字】选项卡中的参数

图 7-43 设置【调整】选项卡中的参数

**Step 07** 其余选项卡参数保持默认，单击【确定】按钮，返回【标注样式管理器】对话框。以上为建筑标注的常规设置，接着再针对性地设置半径、直径、角度等标注样式。

**Step 08** 设置半径标注样式。在【标注样式管理器】对话框中选择创建好的【建筑标注】，然后单击【新建】按钮，打开【创建新标注样式】对话框，输入新样式名为“半径”，在【基础样式】下拉列表中选择【半径标注】选项，如图7-44所示。

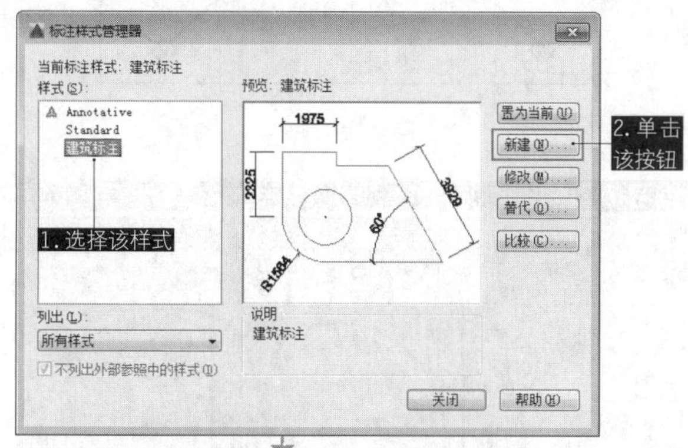


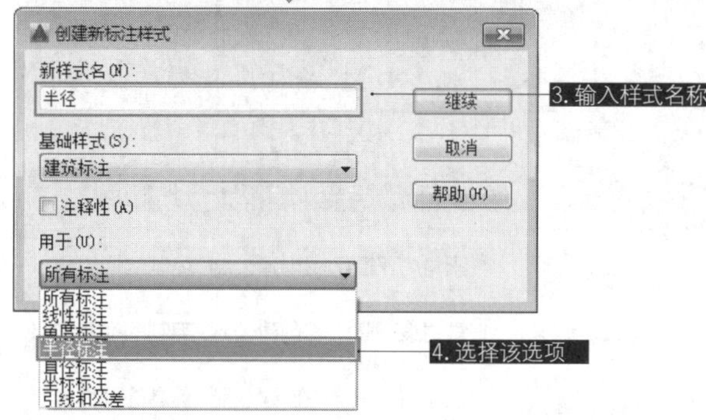


图 7-44 创建仅用于半径标注的样式

**Step 09** 单击【继续】按钮，打开【新建标注样式：建筑标注：半径】对话框，设置其中的箭头符号为【实心闭合】，文字对齐方式为【ISO标准】，其余选项卡参数不变，如图7-45所示。

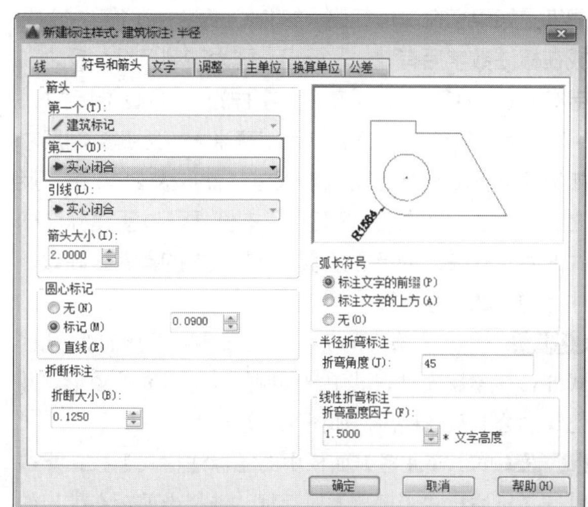


图 7-45 设置半径标注的参数

图 7-45 设置半径标注的参数（续）

**Step 10** 单击【确定】按钮，返回【标注样式管理器】对话框，可在左侧的【样式】列表框中发现在【建筑标注】下多出了一个【半径】分支，如图7-46所示。

**Step 11** 设置直径标注样式。按相同方法，设置仅用于直径的标注样式，结果如图7-47所示。

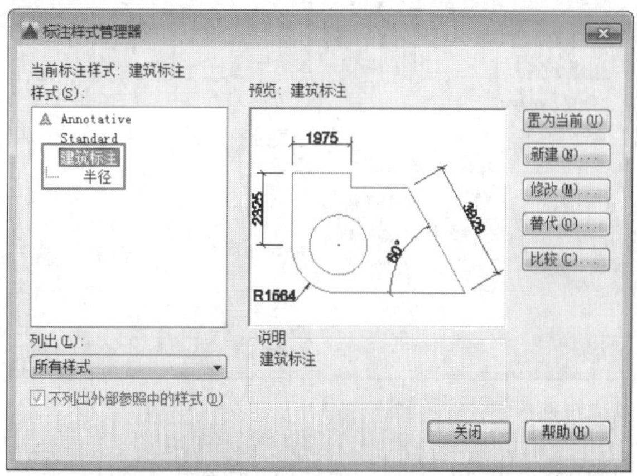


图 7-46 【标注样式管理器】对话框

图 7-47 设置直径标注的参数

**Step 12** 设置角度标注样式。按相同方法，设置仅用于角度的标注样式，结果如图7-48所示。

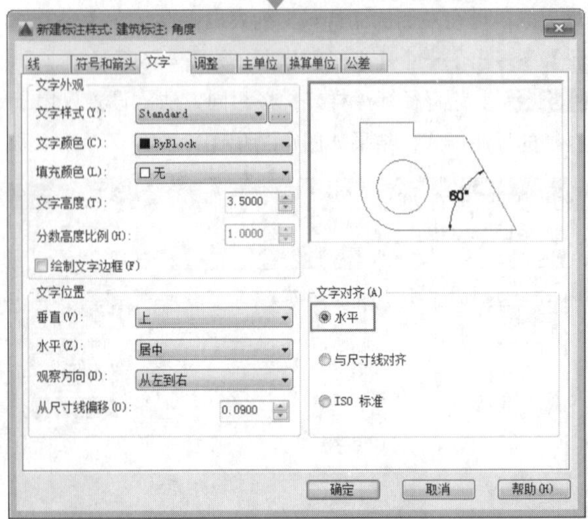


图 7-48 设置角度标注的参数

**Step 13** 设置完成之后的建筑标注样式在【标注样式管理器】中如图7-49所示，典型的标注实例如图7-50所示。

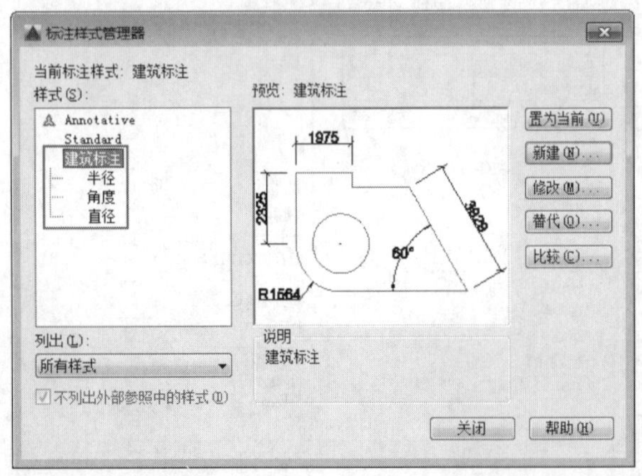


图 7-49 【标注样式管理器】对话框

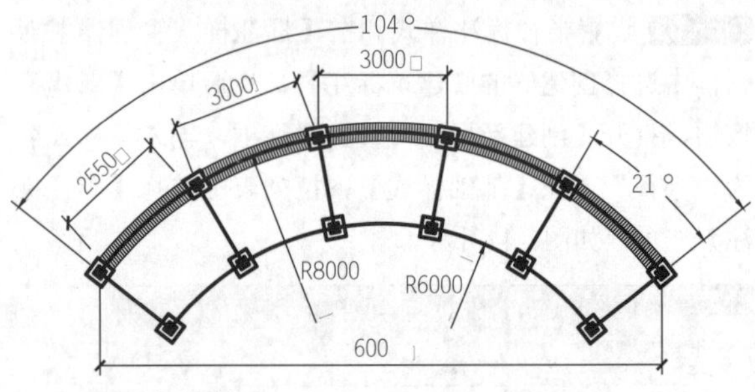


图 7-50 建筑标注样例

## 练习 7-2 创建公制－英制的换算样式 ★进阶★

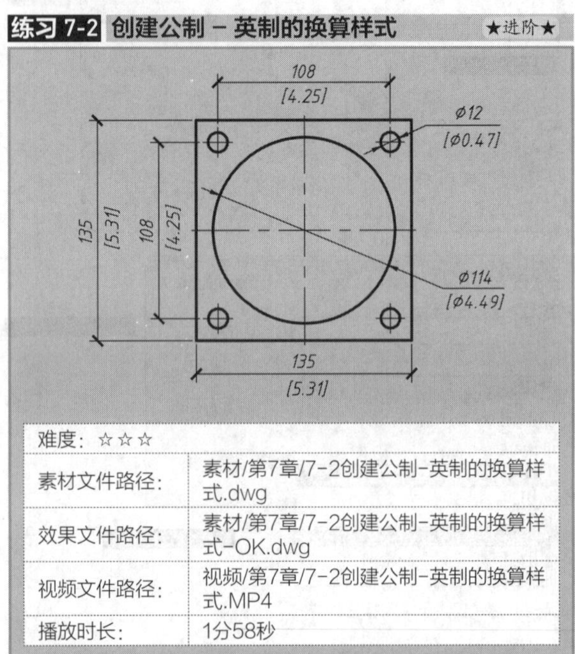


| 难度：☆☆☆ | |
|---|---|
| 素材文件路径： | 素材/第7章/7-2创建公制-英制的换算样式.dwg |
| 效果文件路径： | 素材/第7章/7-2创建公制-英制的换算样式-OK.dwg |
| 视频文件路径： | 视频/第7章/7-2创建公制-英制的换算样式.MP4 |
| 播放时长： | 1分58秒 |

在现实的设计工作中，有时会碰到一些国外设计师所绘制的图纸，或绘图发往国外。此时就必须注意图纸上所标注的尺寸是“公制”还是“英制”。一般来说，图纸上如果标有单位标记，如INCHES、in（英寸），或在标注数字后有“' ”标记，则为英制尺寸；反之，带有METRIC、mm（毫米）字样的，则为公制尺寸。

1 in（英寸）= 25.4 mm（毫米），因此英制尺寸如果换算为我国所用的公制尺寸，需放大25.4倍，反之缩小1/25.4（约0.0393）。本例便通过新建标注样式的方式，在公制尺寸旁添加英制尺寸的参考，高效、快速的完成尺寸换算。

**Step 01** 打开“第7章/7-2创建公制-英制的换算样式.dwg”素材文件，其中已绘制好一法兰零件图形，并已添加公制尺寸标注，如图7-51所示。

**Step 02** 单击【注释】面板中的【标注样式】按钮，打开【标注样式管理器】对话框，选择当前正在使用的【ISO-25】标注样式，单击【修改】按钮，如图7-52所示。

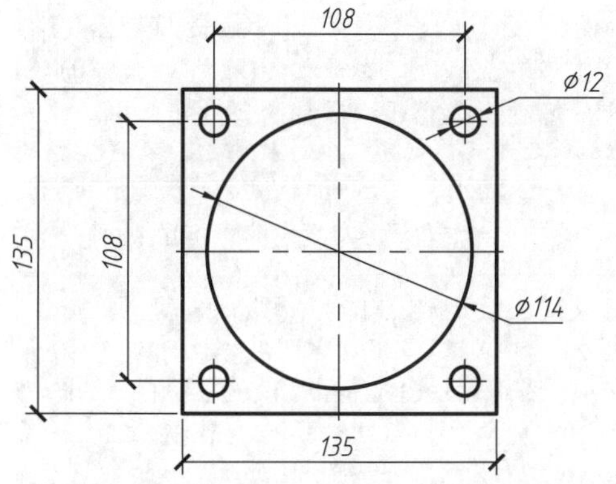


图 7-51 打开素材

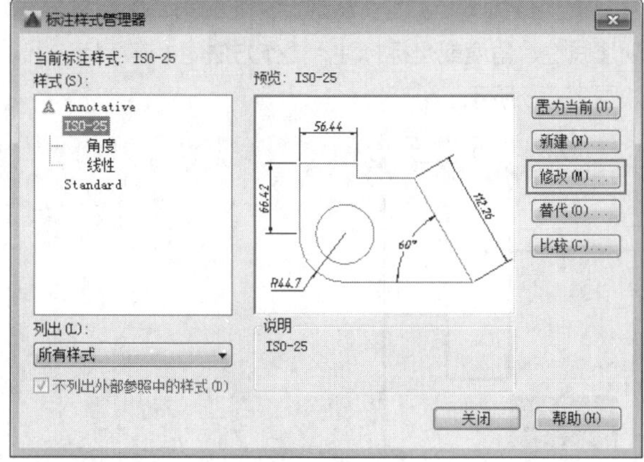


图 7-52 【标注样式管理器】对话框

**Step 03** 启用换算单位。打开【修改标注样式：ISO-25】对话框，切换到其中的【换算单位】选项卡，勾选【显示换算单位】复选框，然后在【换算单位倍数】文本框中输入0.0393701，即毫米换算至英寸的比例值，再在【位置】区域选择换算尺寸的放置位置，如图7-53所示。

**Step 04** 单击【确定】按钮，返回绘图区，可见在原标注区域的指定位置处添加了带括号的数值，该值即为英制尺寸，如图7-54所示。

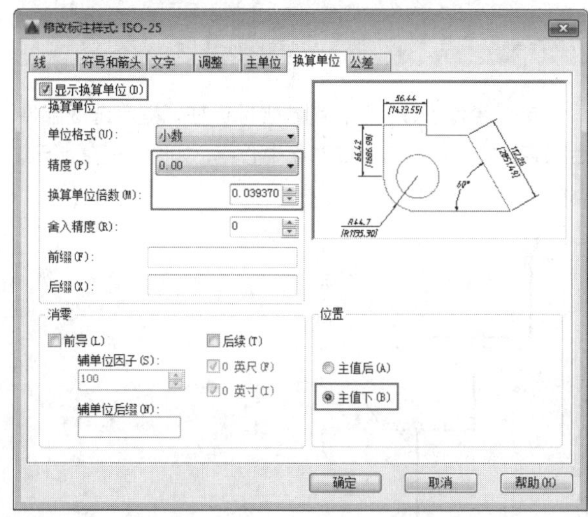


图 7-53 打开素材

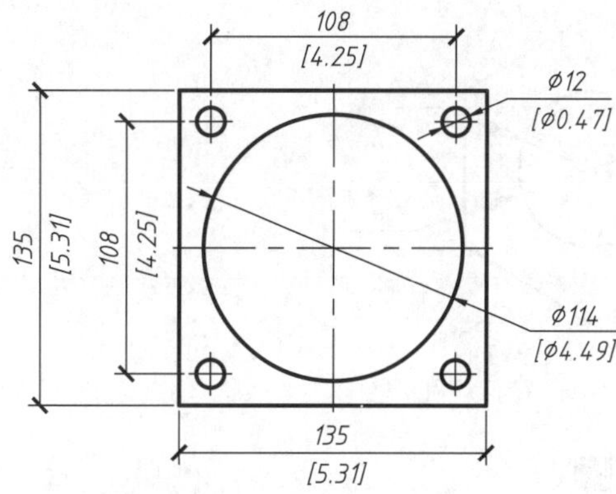


图 7-54 英制尺寸效果

## 7.3 标注的创建

为了更方便、快捷地标注图纸中的各个方向和形式的尺寸，AutoCAD 2016 提供了智能标注、线性标注、径向标注、角度标注和多重引线标注等多种标注类型。掌握这些标注方法可以为各种图形灵活添加尺寸标注，使其成为生产制造或施工的依据。

### 7.3.1 智能标注 ★重点★

【智能标注】命令为 AutoCAD 2016 的新增功能，可以根据选定的对象类型自动创建相应的标注，如选择一条线段，则创建线性标注；选择一段圆弧，则创建半径标注。可以看作是以前【快速标注】命令的加强版。

**·执行方式**

执行【智能标注】命令有以下几种方式。

◆功能区：在【默认】选项卡中，单击【注释】面板中的【标注】按钮。

◆命令行：DIM。

**·操作步骤**

使用上面任一种方式启动【智能标注】命令，将鼠标置于对应的图形对象上，就会自动创建出相应的标注，如图 7-55 所示。如果需要，可以使用命令行选项更改标注类型。具体操作命令行提示如下。

```
选择对象或指定第一个尺寸界线原点或 [角度(A)/基线(B)/连续(C)/坐标(O)/对齐(G)/分发(D)/图层(L)/放弃(U)]:
//选择图形或标注对象
```

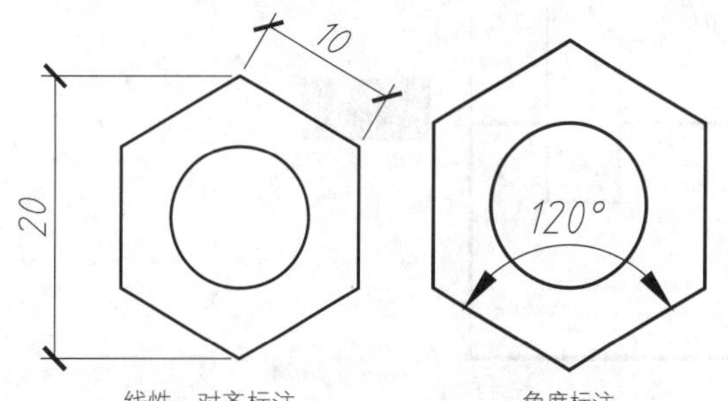


图 7-55 智能标注

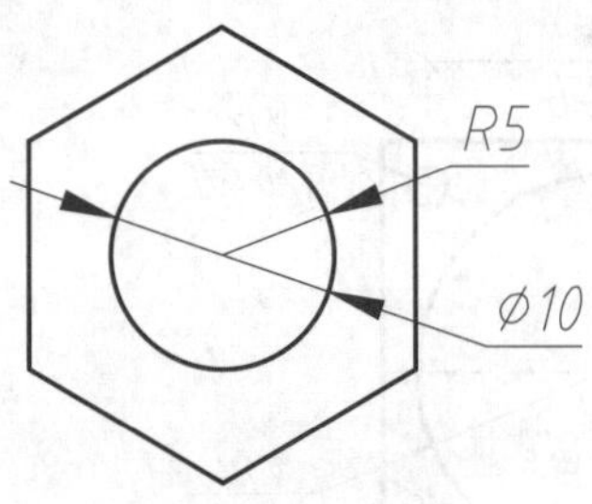

图 7-55 智能标注（续）

**·选项说明**

命令行中各选项的含义说明如下。

◆“角度（A）”：创建一个角度标注来显示 3 个点或两条直线之间的角度，操作方法同【角度标注】，如图 7-56 所示。

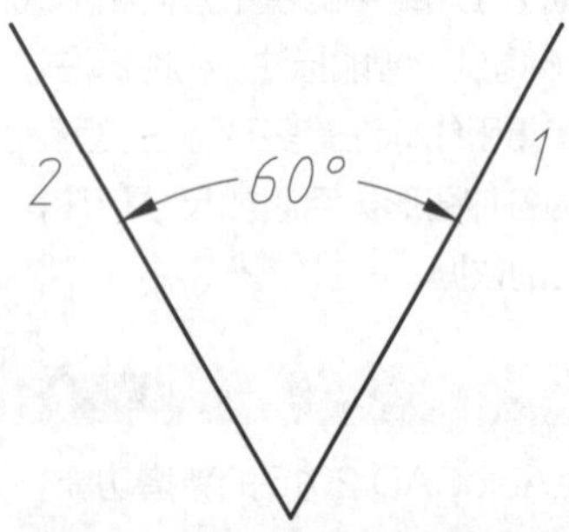

图 7-56 “角度（A）”标注尺寸

```
命令: _DIM                                //执行【智能标注】命令
选择对象或指定第一个尺寸界线原点或 [角度(A)/基线(B)/连续(C)/坐标(O)/对齐(G)/分发(D)/图层(L)/放弃(U)]:   A↙
                                          //选择“角度”选项
选择圆弧、圆、直线或 [顶点(V)]:
                                          //选择第1个对象
选择直线以指定角度的第二条边:
                                          //选择第2个对象
指定角度标注位置或 [多行文字(M)/文字(T)/文字角度(N)/放弃(U)]:                          //放置角度
```

◆“基线（B）”：从上一个或选定标准的第一条界线创建线性、角度或坐标标注，操作方法同【基线标注】，如图 7-57 所示。

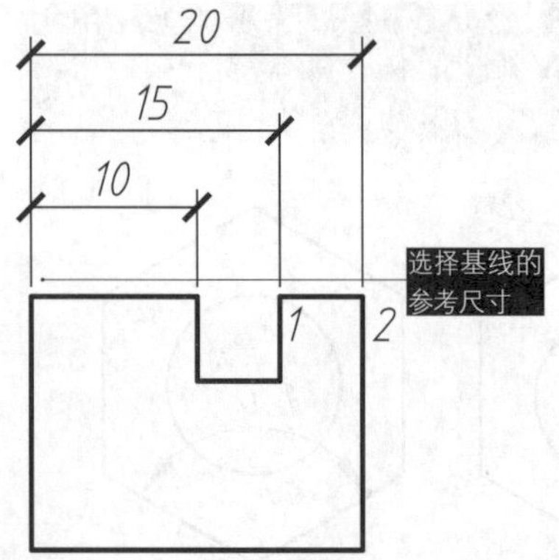

图 7-57 “基线（B）”标注尺寸

```
命令: _DIM                                //执行【智能标注】命令
选择对象或指定第一个尺寸界线原点或 [角度(A)/基线(B)/连续(C)/坐标(O)/对齐(G)/分发(D)/图层(L)/放弃(U)]:   B↙
//选择“基线”选项
当前设置: 偏移 (DIMDLI) = 3.750000   //当前的基线标注参数
指定作为基线的第一个尺寸界线原点或 [偏移(O)]:  //选择基线的参考尺寸
指定第二个尺寸界线原点或 [选择(S)/偏移(O)/放弃(U)] <选择>:
标注文字 = 20                             //选择基线标注的下一点1
指定第二个尺寸界线原点或 [选择(S)/偏移(O)/放弃(U)] <选择>:
标注文字 = 30                             //选择基线标注的下一点2
••••••下略••••••                          //按Enter键结束命令
```

◆“连续（C）”：从选定标注的第二条尺寸界线创建线性、角度或坐标标注，操作方法同【连续标注】，如图 7-58 所示。

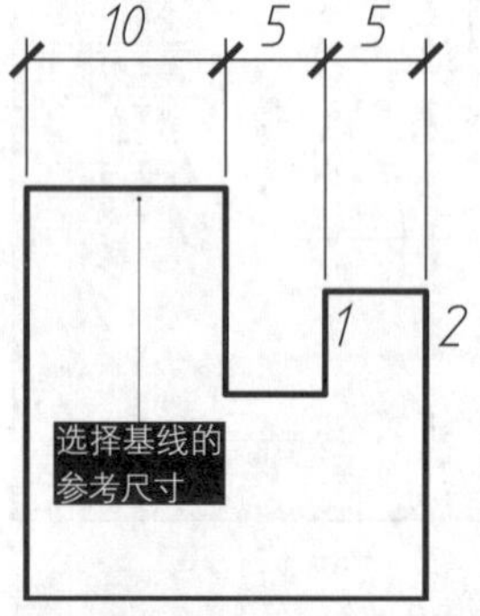

图 7-58 “连续（C）”标注尺寸

```
命令: _DIM                                //执行【智能标注】命令
选择对象或指定第一个尺寸界线原点或 [角度(A)/基线(B)/连续(C)/坐标(O)/对齐(G)/分发(D)/图层(L)/放弃(U)]:   C↙
                                          //选择“连续”选项
指定第一个尺寸界线原点以继续:
                                          //选择标注的参考尺寸
指定第二个尺寸界线原点或 [选择(S)/放弃(U)] <选择>:
标注文字 = 10                             //选择连续标注的下一点1
指定第二个尺寸界线原点或 [选择(S)/放弃(U)] <选择>:
标注文字 = 10                             //选择连续标注的下一点2
••••••下略••••••                          //按Enter键结束命令
```

◆“坐标（O）”：创建坐标标注，提示选取部件上的点，如端点、交点或对象中心点，如图 7-59 所示。

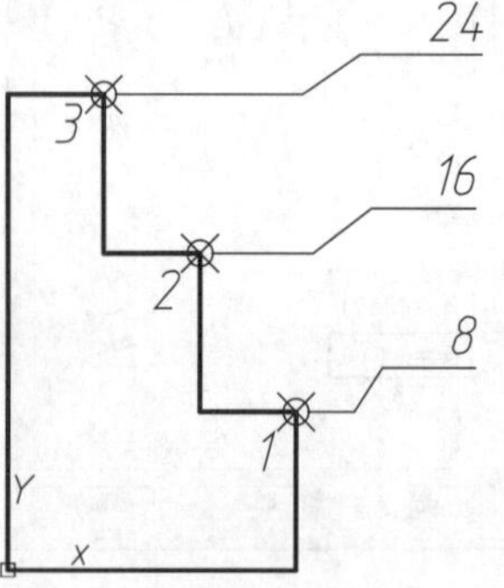

图 7-59 “坐标（O）”标注尺寸

```
命令: _DIM                         //执行【智能标注】命令
选择对象或指定第一个尺寸界线原点或[角度(A)/基线(B)/连续(C)/坐标(O)/对齐(G)/分发(D)/图层(L)/放弃(U)]:   O↙
                                   //选择"坐标"选项
指定点坐标或 [放弃(U)]:            //选择点1
指定引线端点或 [X基准(X)/Y基准(Y)/多行文字(M)/文字(T)/角度(A)/放弃(U)]:
标注文字 = 8
指定点坐标或 [放弃(U)]:            //选择点2
指定引线端点或[X基准(X)/Y基准(Y)/多行文字(M)/文字(T)/角度(A)/放弃(U)]:
标注文字 = 16
指定点坐标或 [放弃(U)]: ↙          //按Enter键结束命令
```

◆ "对齐（G）"：将多个平行、同心或同基准的标注对齐到选定的基准标注，用于调整标注，让图形看起来工整、简洁，如图 7-60 所示，命令行操作如下。

```
命令: _DIM                         //执行【智能标注】命令
选择对象或指定第一个尺寸界线原点或 [角度(A)/基线(B)/连续(C)/对齐(G)/分发(D)/图层(L)/放弃(U)]:G↙
                                   //选择"对齐"选项
选择基准标注:                      //选择基准标注10
选择要对齐的标注:找到 1 个         //选择要对齐的标注12
选择要对齐的标注:找到 1 个，总计 2 个
                                   //选择要对齐的标注15
选择要对齐的标注:↙                 //按Enter键结束命令
```

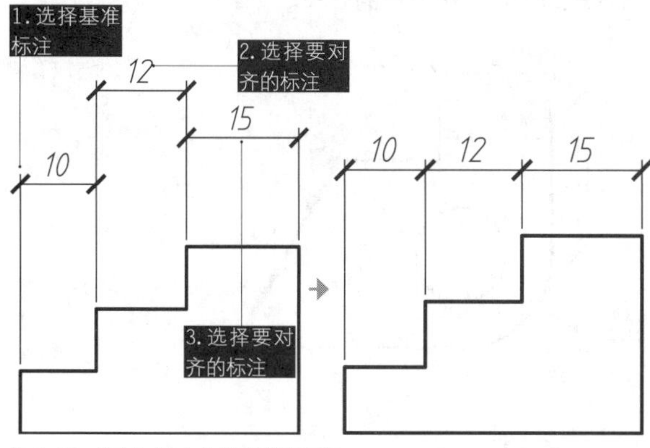


图 7-60 "对齐（G）"选项修改标注

**知识链接**

该操作也可以通过DIMSPACE【调整间距】命令来完成。详见本章第7.4.2小节。

◆ "分发（D）"：指定可用于分发一组选定的孤立线性标注或坐标标注的方法，可将标注按一定间距隔开，如图 7-61 所示。命令行操作如下。

```
命令: _DIM                         //执行【智能标注】命令
选择对象或指定第一个尺寸界线原点或 [角度(A)/基线(B)/连续(C)/对齐(G)/分发(D)/图层(L)/放弃(U)]:D↙
//选择"分发"选项
当前设置: 偏移 (DIMDLI) = 6.000000
//当前"分发"选项的参数设置，偏移值即为间距值
指定用于分发标注的方法 [相等(E)/偏移(O)] <相等>:O
                                   //选择"偏移"选项
选择基准标注或 [偏移(O)]:
                                   //选择基准标注10
选择要分发的标注或 [偏移(O)]:找到 1 个
                                   //选择要隔开的标注12
选择要分发的标注或 [偏移(O)]:找到 1 个，总计 2 个
                                   //选择要隔开的标注15
选择要分发的标注或 [偏移(O)]:↙
                                   //按Enter键结束命令
```

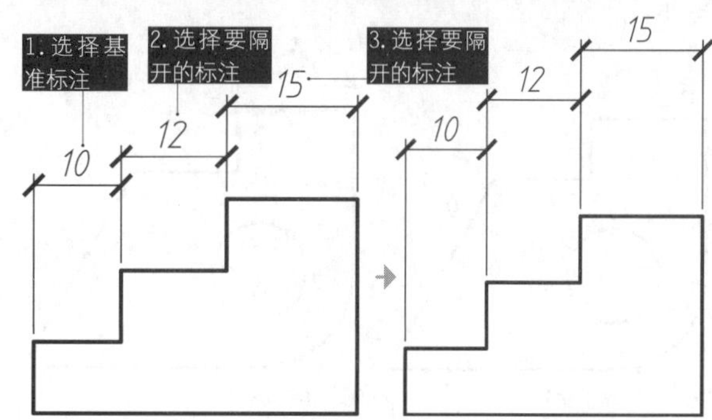


图 7-61 "分发（D）"选项修改标注

**知识链接**

该操作也可以通过DIMSPACE【调整间距】命令来完成。详见本章第7.4.2小节。

◆ "图层（L）"：为指定的图层指定新标注，以替代当前图层。输入 Use Current 或"." 以使用当前图层。

## 练习 7-3 使用智能标注注释图形 ★重点★

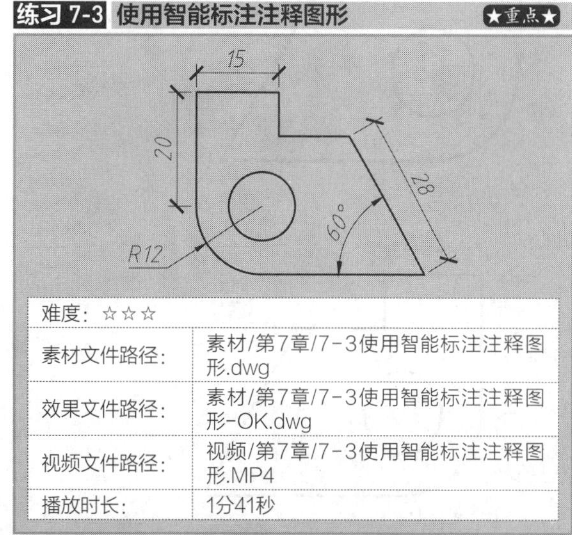


| 难度：☆☆☆ | |
|---|---|
| 素材文件路径： | 素材/第7章/7-3使用智能标注注释图形.dwg |
| 效果文件路径： | 素材/第7章/7-3使用智能标注注释图形-OK.dwg |
| 视频文件路径： | 视频/第7章/7-3使用智能标注注释图形.MP4 |
| 播放时长： | 1分41秒 |

如果读者在使用 AutoCAD 2016 之前，有用过 UG、Solidworks 或天正 CAD 等设计软件的话，那对【智能标注】命令的操作肯定不会感到陌生。传统的 AutoCAD 标注方法需要根据对象的类型来选择不同的

标注命令，这种方式效率低下，已不合时宜。因此，快速选择对象，实现无差别标注的方法就应运而生，本例便仅通过【智能标注】对图形添加标注，读者也可以使用传统方法进行标注，以此来比较二者之间的差异。

**Step 01** 打开“第7章/7-3 使用智能标注注释图形.dwg”素材文件，其中已绘制好一示例图形，如图7-62所示。

**Step 02** 标注水平尺寸。在【默认】选项卡中，单击【注释】面板上的【标注】按钮，然后移动光标至图形上方的水平线段，系统自动生成线性标注，如图7-63所示。

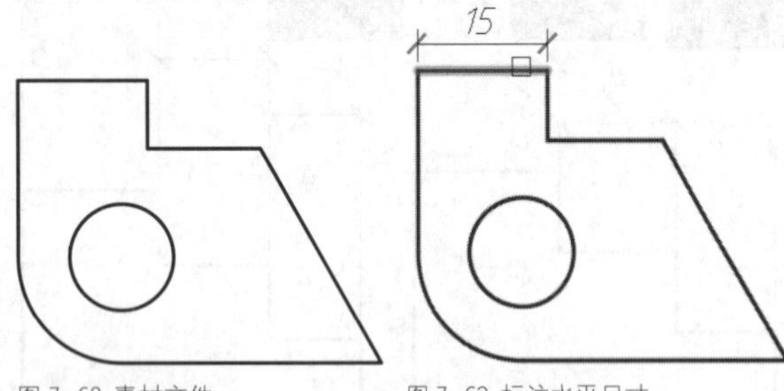


图 7-62 素材文件　　图 7-63 标注水平尺寸

**Step 03** 标注竖直尺寸。放置好上步骤创建的尺寸，即可继续执行【智能标注】命令。接着选择图形左侧的竖直线段，即可得到如图7-64所示的竖直尺寸。

**Step 04** 标注半径尺寸。放置好竖直尺寸，接着选择左下角的圆弧段，即可创建半径标注，如图7-65所示。

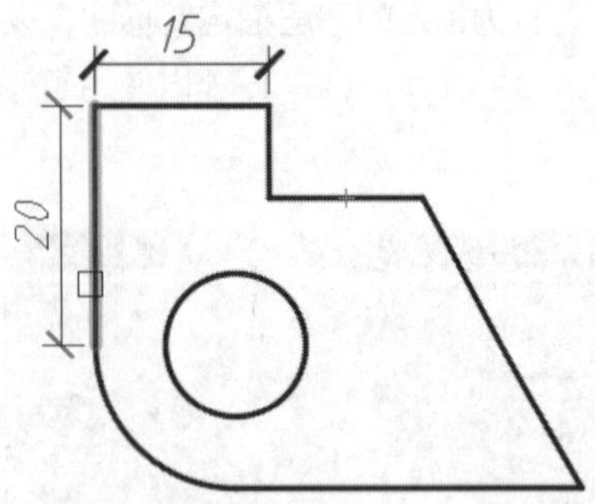


图 7-64 标注竖直尺寸

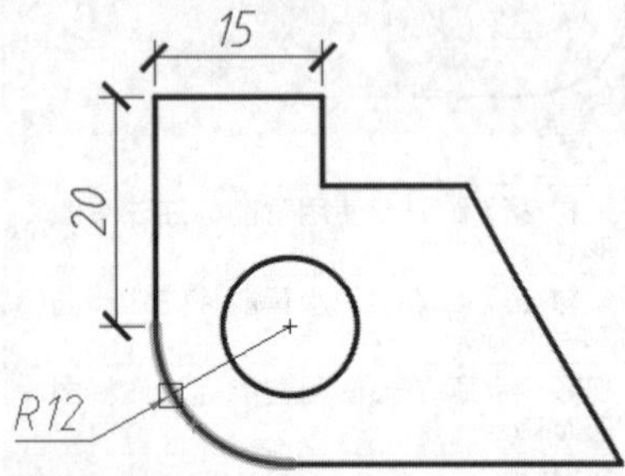


图 7-65 标注半径尺寸

**Step 05** 标注角度尺寸。放置好半径尺寸，继续执行【智能标注】命令。选择图形底边的水平线，然后不要放置标注，直径选择右侧的斜线，即可创建角度标注，如图7-66所示。

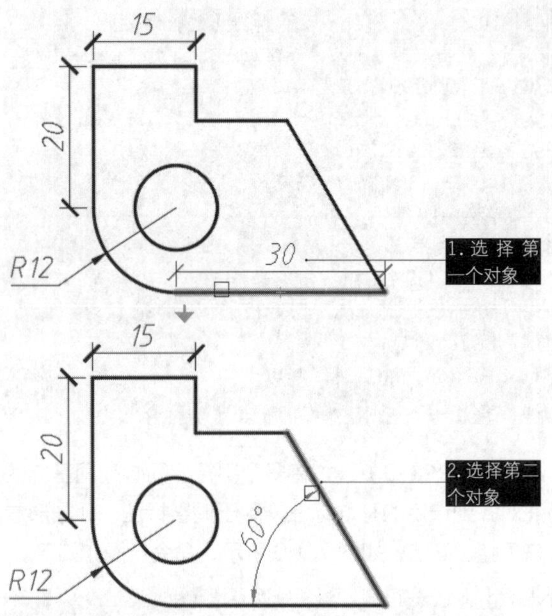


图 7-66 标注角度尺寸

**Step 06** 创建对齐标注。放置角度标注之后，移动光标至右侧的斜线，得到如图7-67所示的对齐标注。

**Step 07** 单击Enter键结束【智能标注】命令，最终标注结果如图7-68所示。读者也可自行使用【线性】、【半径】等传统命令进行标注，以比较两种方法之间的异同，来选择自己所习惯的一种。

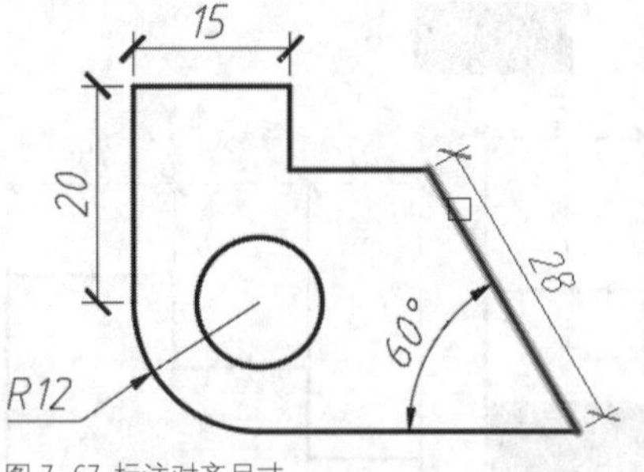


图 7-67 标注对齐尺寸

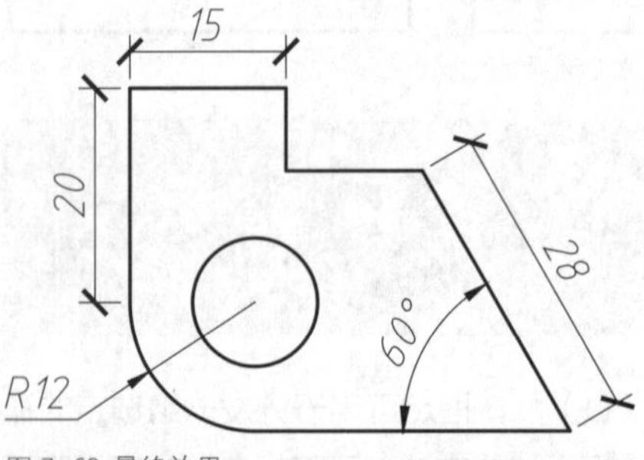


图 7-68 最终效果

## 7.3.2 线性标注 ★重点★

使用水平、竖直或旋转的尺寸线创建线性的标注尺寸。【线性标注】仅用于标注任意两点之间的水平或竖直方向的距离。

**·执行方式**

执行【线性标注】命令的方法有以下几种。

◆功能区：在【默认】选项卡中，单击【注释】面板中的【线性】按钮，如图 7-69 所示。

◆菜单栏：选择【标注】|【线性】命令，如图 7-70 所示。

◆命令行：DIMLINEAR 或 DLI。

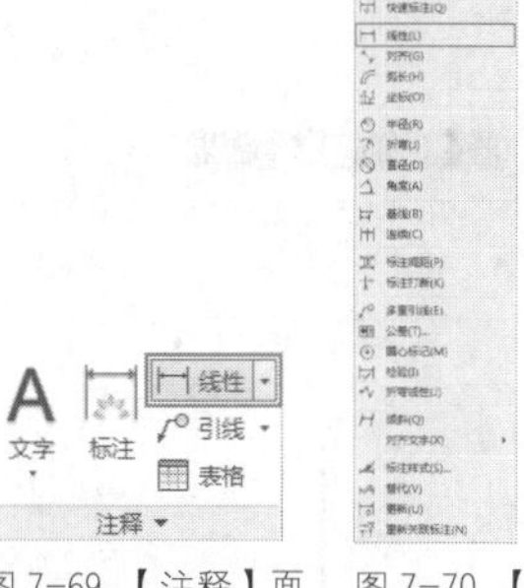

图 7-69 【注释】面板中的【线性】按钮　图 7-70 【线性】菜单命令

**·操作步骤**

执行【线性标注】命令后，依次指定要测量的两点，即可得到线性标注尺寸。命令行操作提示如下。

```
命令: _DIMLINEAR                //执行【线性标注】命令
指定第一个尺寸界线原点或 <选择对象>:
                                //指定测量的起点
指定第二条尺寸界线原点:         //指定测量的终点
指定尺寸线位置或                //放置标注尺寸，结束操作
```

**·选项说明**

执行【线性标注】命令后，有两种标注方式，即【指定原点】和【选择对象】。这两种方式的操作方法与区别介绍如下。

### 1 指定原点

默认情况下，在命令行提示下指定第一条尺寸界线的原点，并在"指定第二条尺寸界线原点"提示下指定第二条尺寸界线原点后，命令提示行如下。

```
指定尺寸线位置或[多行文字(M)/文字(T)/角度(A)/水平(H)/垂直(V)/旋转(R)]。
```

因为线性标注有水平和竖直方向两种可能，因此指定尺寸线的位置后，尺寸值才能够完全确定。以上命令行中其他选项的功能说明如下。

◆"多行文字（C）"：选择该选项将进入多行文字编辑模式，可以使用【多行文字编辑器】对话框输入并设置标注文字。其中，文字输入窗口中的尖括号（< >）表示系统测量值。

◆"文字（C）"：以单行文字形式输入尺寸文字。

◆"角度（C）"：设置标注文字的旋转角度，效果如图 7-71 所示。

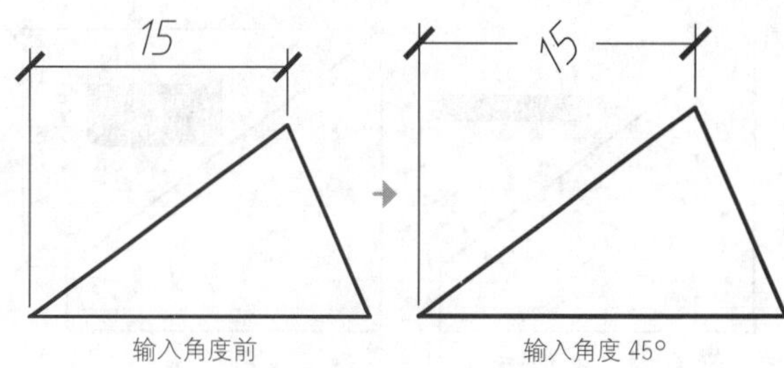


图 7-71 线性标注时输入角度效果

◆"水平和垂直（C）"：标注水平尺寸和垂直尺寸。可以直接确定尺寸线的位置，也可以选择其他选项来指定标注的标注文字内容或标注文字的旋转角度。

◆"旋转（C）"：旋转标注对象的尺寸线，测量值也会随之调整，相当于【对齐标注】。

指定原点标注的操作方法示例如图 7-72 所示，命令行的操作过程如下。

```
命令: _DIMLINEAR                //执行【线性标注】命令
指定第一个尺寸界线原点或 <选择对象>:
                                //选择矩形一个顶点
指定第二条尺寸界线原点:
                                //选择矩形另一侧边的顶点
指定尺寸线位置或
[多行文字(M)/文字(T)/角度(A)/水平(H)/垂直(V)/旋转(R)]:
                                //向上拖动指针，在合适位置
单击放置尺寸线
标注文字 = 50                   //生成尺寸标注
```

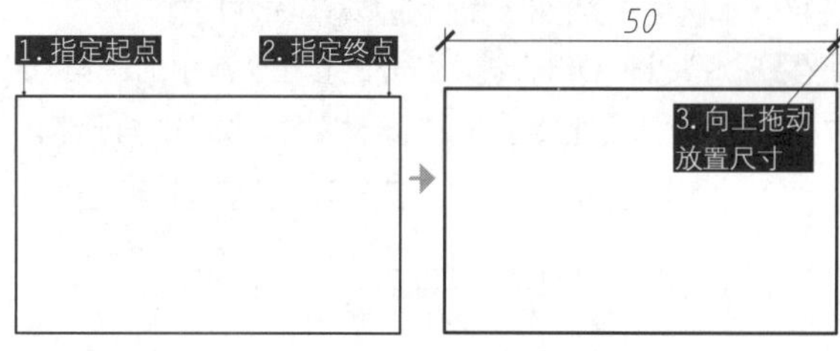


图 7-72 线性标注之【指定原点】

### 2 选择对象

执行【线性标注】命令之后，直接按 Enter 键，则要求选择标注尺寸的对象。选择了对象之后，系统便以对象的两个端点作为两条尺寸界线的起点。该标注的操作方法示例如图 7-73 所示，命令行的操作过程如下。

```
命令: _DIMLINEAR                //执行【线性标注】命令
指定第一个尺寸界线原点或 <选择对象>:↙
                                //按Enter键选择"选择对象"
选项
选择标注对象:                   //单击直线AB
指定尺寸线位置或
[多行文字(M)/文字(T)/角度(A)/水平(H)/垂直(V)/旋转(R)]:
//水平向右拖动指针，在合适位置放置尺寸线（若上下拖动，
则生成水平尺寸）
标注文字 = 30
```

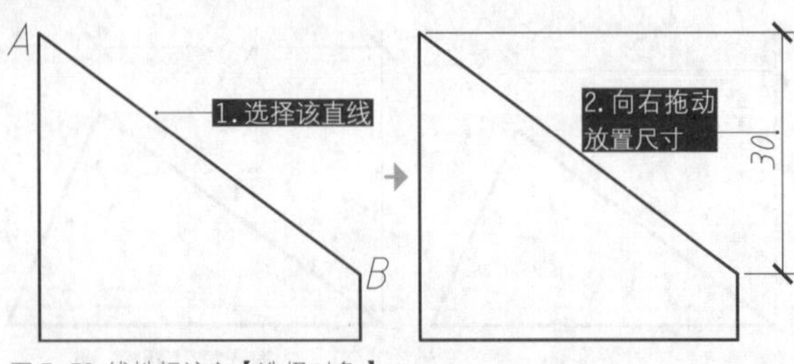


图 7-73 线性标注之【选择对象】

## 练习 7-4 标注沙发的线性尺寸 ★重点★

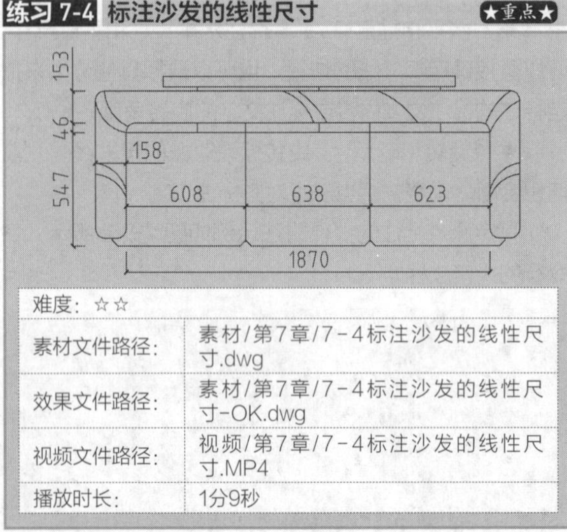


| 难度：☆☆ | |
|---|---|
| 素材文件路径： | 素材/第7章/7-4标注沙发的线性尺寸.dwg |
| 效果文件路径： | 素材/第7章/7-4标注沙发的线性尺寸-OK.dwg |
| 视频文件路径： | 视频/第7章/7-4标注沙发的线性尺寸.MP4 |
| 播放时长： | 1分9秒 |

一张设计图通常具有多种结构特征，需灵活使用AutoCAD 中提供的各种标注命令才能为其添加完整的注释。本例便先为图形添加最基本的线性尺寸。

**Step 01** 按Ctrl+O组合键，打开配套在资源中的“第7章/7-4标注沙发的线性尺寸.dwg”素材文件，如图7-74所示。

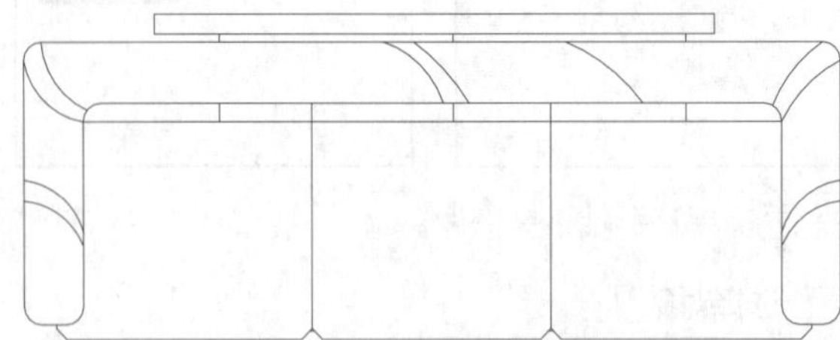

图 7-74 打开素材

**Step 02** 执行【标注】|【线性】命令，标注沙发的线性尺寸，命令行提示如下。

```
命令: _DIMLINEAR
指定第一个尺寸界线原点或 <选择对象>:
          //指定如图7-75所示的点
指定第二条尺寸界线原点:
                    //指定如图7-76所示的点
指定尺寸线位置或[多行文字(M)/文字(T)/角度(A)/水平(H)/垂直(V)/旋转(R)]:
//向下移动光标，指定尺寸线的标注位置，如图7-77所示
标注文字 = 608
                              //标注结果如图7-78所示
```

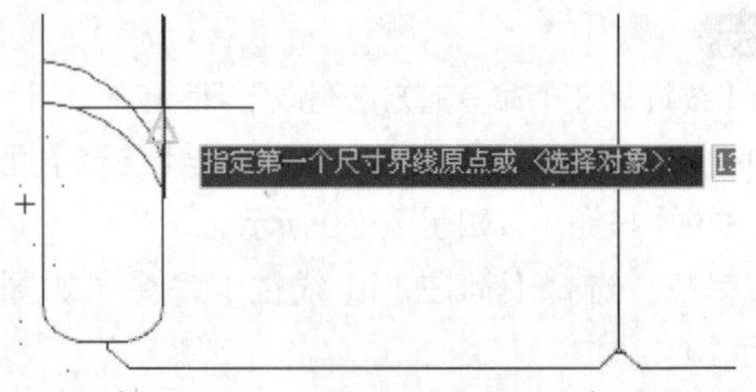


图 7-75 指定第一个尺寸界线原点

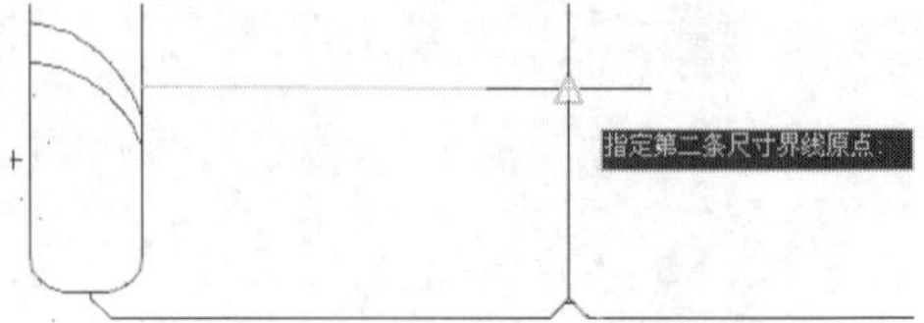


图 7-76 指定第二条尺寸界线原点

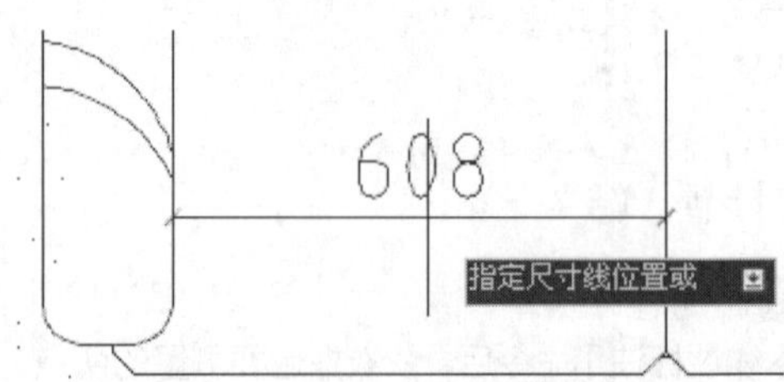


图 7-77 指定尺寸线位置

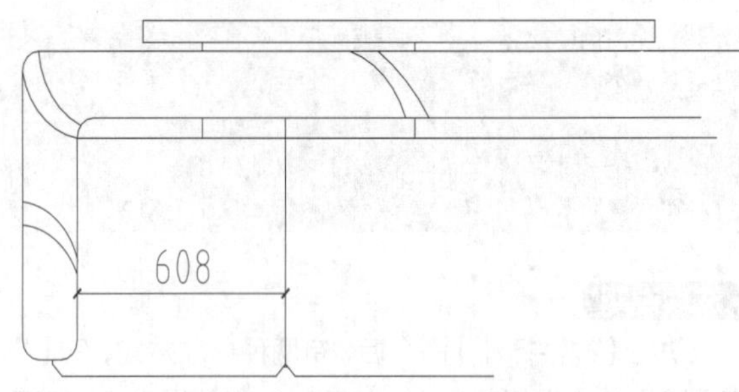


图 7-78 标注结果

**Step 03** 重复操作，继续创建其他线性尺寸标注，结果如图7-79所示。

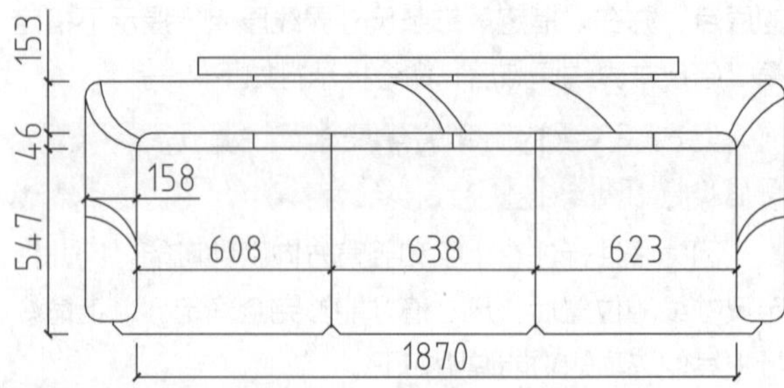


图 7-79 标注其他线性尺寸

## 7.3.3 对齐标注 ★重点★

在对直线段进行标注时，如果该直线的倾斜角度未知，那么使用【线性标注】的方法将无法得到准确的测量结果，这时可以使用【对齐标注】完成如图 7-80 所示的标注效果。

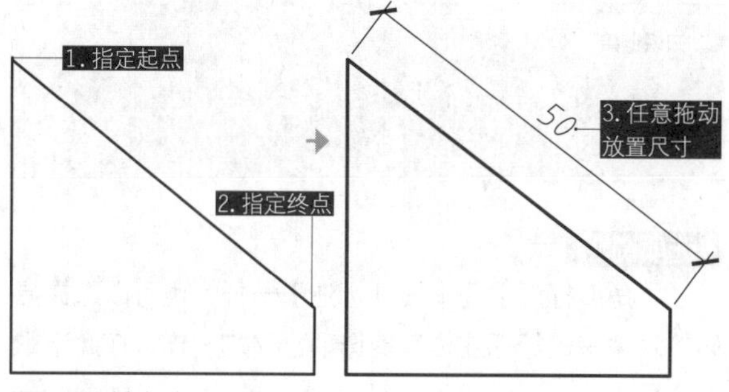


图 7-80 对齐标注

**• 执行方式**

在 AutoCAD 中调用【对齐标注】有以下几种常用方法。

◆功能区：在【默认】选项卡中，单击【注释】面板中的【对齐】按钮，如图 7-81 所示。

◆菜单栏：执行【标注】|【对齐】命令，如图 7-82 所示。

◆命令行：DIMALIGNED 或 DAL。

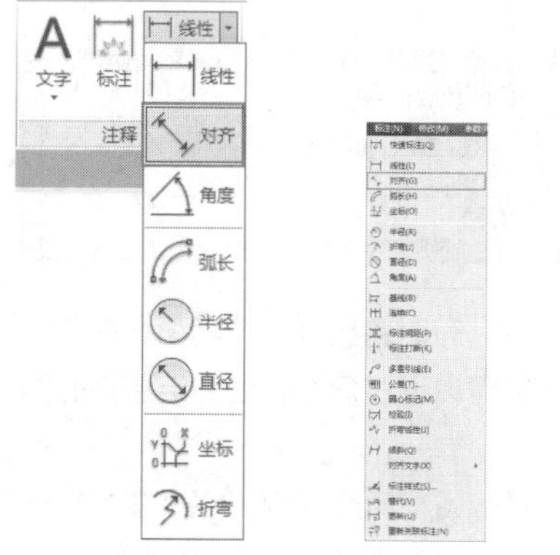


图 7-81 【注释】面板中的【对齐】按钮　图 7-82 【对齐】菜单命令

**• 操作步骤**

【对齐标注】的使用方法与【线性标注】相同，指定两目标点后就可以创建尺寸标注，命令行操作如下。

```
命令: DIMALIGNED
指定第一个尺寸界线原点或 <选择对象>:
                              //指定测量的起点
指定第二条尺寸界线原点:
                              //指定测量的终点
指定尺寸线位置或
                              //放置标注尺寸，结束操作
[多行文字(M)/文字(T)/角度(A)]:
标注文字 = 50
```

**• 选项说明**

命令行中各选项含义与【线性标注】中的一致，这里不再赘述。

**练习 7-5 标注洗漱台的对齐尺寸**

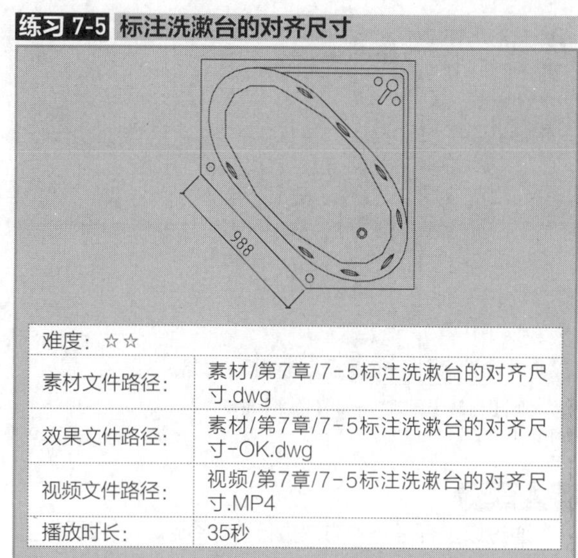


| 难度：☆☆ | |
|---|---|
| 素材文件路径： | 素材/第7章/7-5标注洗漱台的对齐尺寸.dwg |
| 效果文件路径： | 素材/第7章/7-5标注洗漱台的对齐尺寸-OK.dwg |
| 视频文件路径： | 视频/第7章/7-5标注洗漱台的对齐尺寸.MP4 |
| 播放时长： | 35秒 |

在实际制图工作中，有许多非水平、垂直的平行轮廓，这类尺寸的标注就需要用到【对齐】命令。

**Step 01** 按Ctrl+O组合键，打开配套资源中的“第7章/7-5标注洗漱台的对齐尺寸.dwg”素材文件，如图7-83所示。

**Step 02** 执行【标注】|【对齐】命令，根据命令行的提示，分别指定尺寸界线的原点以及尺寸线位置，完成对齐标注的绘制结果如图7-84所示。

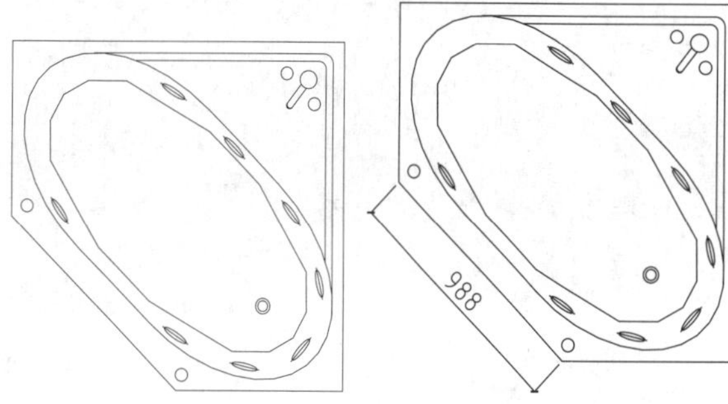


图 7-83 打开素材　图 7-84 创建对齐标注

## 7.3.4 角度标注

利用【角度】标注命令不仅可以标注两条呈一定角度的直线或 3 个点之间的夹角，选择圆弧的话，还可以标注圆弧的圆心角。

**• 执行方式**

在 AutoCAD 中调用【角度】标注有以下几种方法。

◆功能区：在【默认】选项卡中，单击【注释】面板中的【角度】按钮，如图 7-85 所示。

◆菜单栏：执行【标注】|【角度】命令，如图 7-86 所示。

◆命令行：DIMANGULAR 或 DAN。

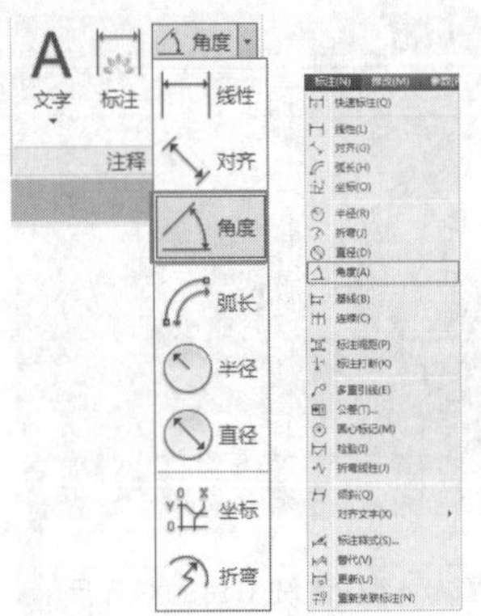


图 7-85 【注释】面板中的【角度】按钮　图 7-86 【角度】菜单命令

**·操作步骤**

通过以上任意一种方法执行该命令后，选择图形上要标注角度尺寸的对象，即可进行标注。操作示例如图7-87 所示，命令行操作过程如下。

```
命令: _DIMANGULAR
选择圆弧、圆、直线或 <指定顶点>:
                                //选择直线CO
选择第二条直线:                 //选择直线AO
指定标注弧线位置或 [多行文字(M)/文字(T)/角度(A)/象限点
(Q)]:      //在锐角内放置圆弧线，结束命令
标注文字 = 45
↙                          //单击Enter，重复【角度标注】命令
命令: _dimangular
                           //执行【角度标注】命令
选择圆弧、圆、直线或 <指定顶点>:
                           //选择圆弧AB
指定标注弧线位置或 [多行文字(M)/文字(T)/角度(A)/象限点
(Q)]:                      //在合适位置放置圆弧线，结束命令
标注文字 = 50
```

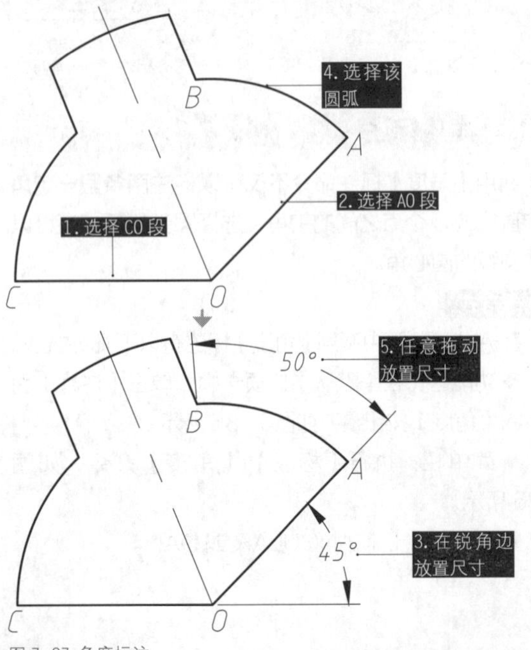


图 7-87 角度标注

> **知识链接**
>
> 【角度标注】的计数仍默认从逆时针开始算起。也可以参考本书第4章的4.1.3小节进行修改。

**·选项说明**

【角度标注】同【线性标注】一样，也可以选择具体的对象来进行标注，其他选项含义均一样，在此不重复介绍。

## 练习 7-6 标注办公桌的角度尺寸

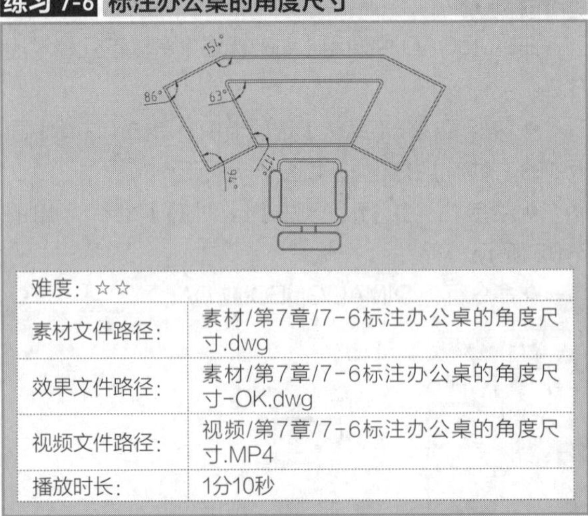


| 难度: ☆☆ | |
|---|---|
| 素材文件路径: | 素材/第7章/7-6标注办公桌的角度尺寸.dwg |
| 效果文件路径: | 素材/第7章/7-6标注办公桌的角度尺寸-OK.dwg |
| 视频文件路径: | 视频/第7章/7-6标注办公桌的角度尺寸.MP4 |
| 播放时长: | 1分10秒 |

在实际绘图工作中，有时会出现一些转角、拐角之类的特征，这部分特征可以通过角度标注并结合剖面图来进行表达。

**Step 01** 按Ctrl+O组合键，打开配套资源中的“第7章/7-6标注办公桌的角度尺寸.dwg”素材文件，如图7-88所示。

**Step 02** 执行【标注】|【角度】命令，标注办公桌轮廓的夹角，命令行提示如下。

```
命令: _DIMANGULAR
选择圆弧、圆、直线或 <指定顶点>:
                         //选择成角度的两条线的其中一条
选择第二条直线:   // 选择夹角另一条直线
指定标注弧线位置或 [多行文字(M)/文字(T)/角度(A)/象限点
(Q)]:
标注文字 = 154 //拖动鼠标，在绘图区中指定标注线的位置，
角度标注结果如图7-89所示
```

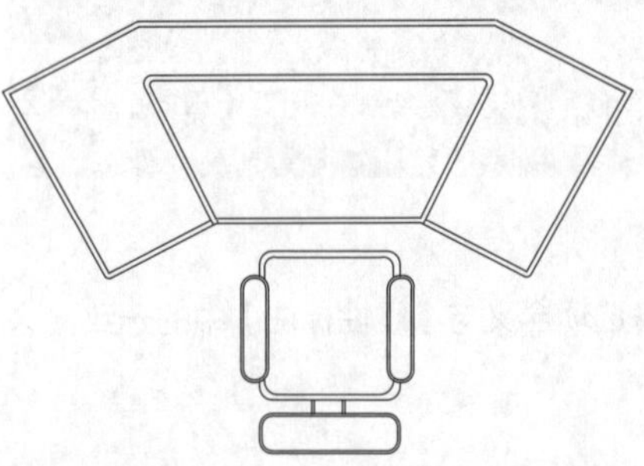

图 7-88 打开素材

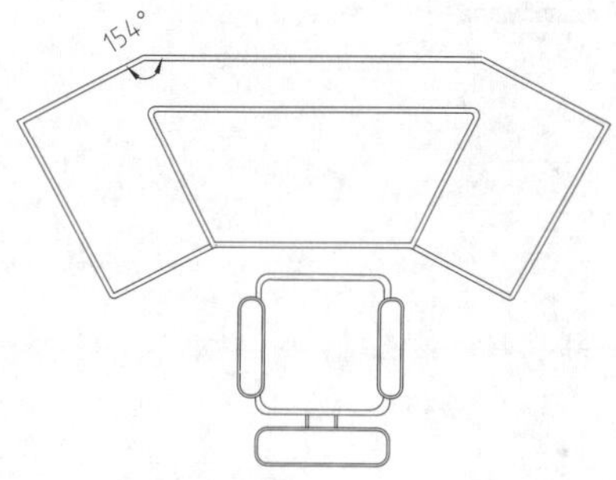


图 7-89 标注角度结果

**Step 03** 重复操作，继续标注办公桌其他的轮廓线角度，结果如图7-90所示。

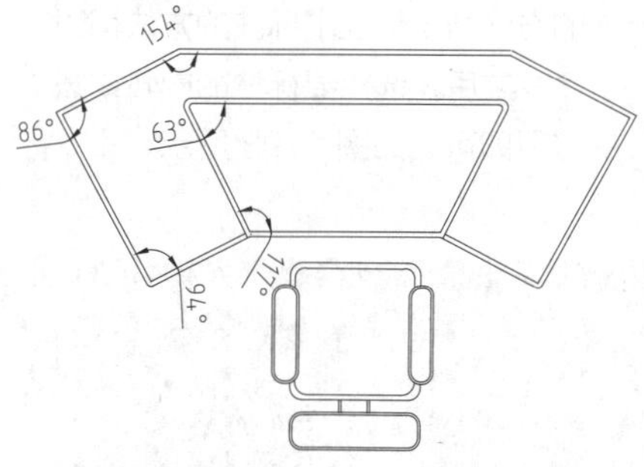


图 7-90 标注其他角度

## 7.3.5 半径标注

利用【半径标注】可以快速标注圆或圆弧的半径大小，系统自动在标注值前添加半径符号“R”。

**·执行方式**

执行【半径标注】命令的方法有以下几种。

◆功能区：在【默认】选项卡中，单击【注释】面板中的【半径】按钮，如图 7-91 所示。

◆菜单栏：执行【标注】|【半径】命令，如图 7-92 所示。

◆命令行：DIMRADIUS 或 DRA。

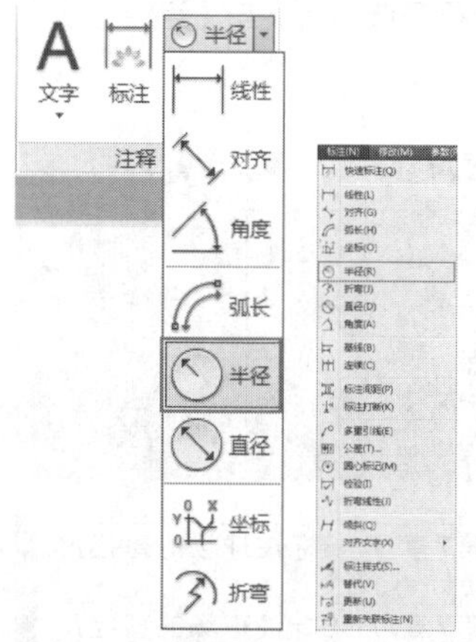


图 7-91 【注释】面板中的【半径】按钮　图 7-92 【半径】菜单命令

**·操作步骤**

执行任一命令后，命令行提示选择需要标注的对象，单击圆或圆弧即可生成半径标注，拖动指针在合适的位置放置尺寸线。该标注方法的操作示例如图 7-93 所示，命令行操作过程如下。

```
命令: _DIMRADIUS                 //执行【半径】标注命令
选择圆弧或圆:                    //单击选择圆弧A
标注文字 = 150
指定尺寸线位置或 [多行文字(M)/文字(T)/角度(A)]:
                    //在圆弧内侧合适位置放置尺寸线，结束命令
```

单击 Enter 键可重复上一命令，按此方法重复【半径】标注命令，即可标注圆弧 B 的半径。

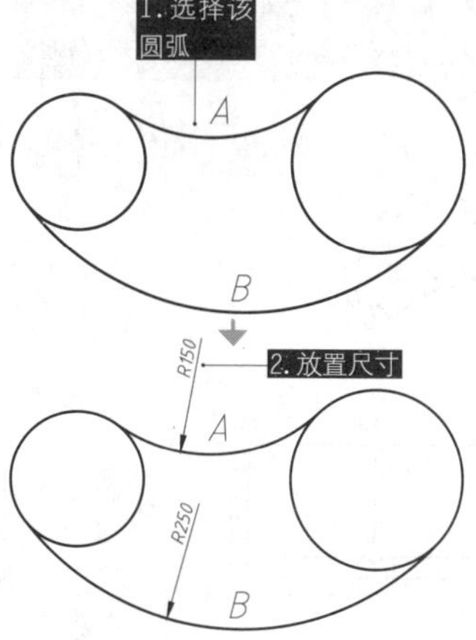


图 7-93 半径标注

**·选项说明**

【半径标注】中命令行各选项含义与之前所介绍的一致，在此不重复介绍。唯独半径标记“R”需引起注意。

在系统默认情况下，系统自动加注半径符号“R”。但如果在命令行中选择【多行文字】和【文字】选项重新确定尺寸文字时，只有在输入的尺寸文字加前缀，才能使标注出的半径尺寸有半径符号“R”，否则没有该符号。

**练习 7-7 标注茶几的半径尺寸**

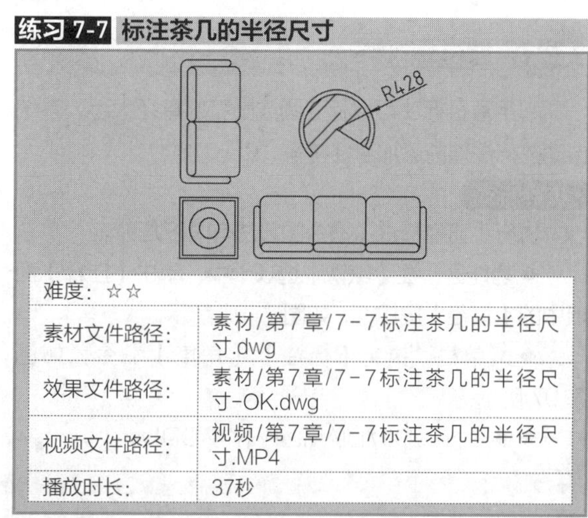


| 难度：☆☆ | |
|---|---|
| 素材文件路径： | 素材/第7章/7-7标注茶几的半径尺寸.dwg |
| 效果文件路径： | 素材/第7章/7-7标注茶几的半径尺寸-OK.dwg |
| 视频文件路径： | 视频/第7章/7-7标注茶几的半径尺寸.MP4 |
| 播放时长： | 37秒 |

【半径标注】适用于标注图纸上一些未画成整圆的圆弧和圆角。如果为一整圆，宜使用【直径标注】；而如果对象的半径值过大，则应使用【折弯标注】。

**Step 01** 按Ctrl+O组合键，打开配套资源中提供的“第7章/7-7标注茶几的半径尺寸.dwg”素材文件，结果如图7-94所示。

**Step 02** 执行【标注】|【半径】命令，标注茶几的半径，命令行提示如下。

```
命令: _DIMRADIUS
选择圆弧或圆:
//选择茶几圆形外轮廓
标注文字 = 428
指定尺寸线位置或 [多行文字(M)/文字(T)/角度(A)]:
//指定尺寸线的位置，半径标注的结果如图7-95所示
```

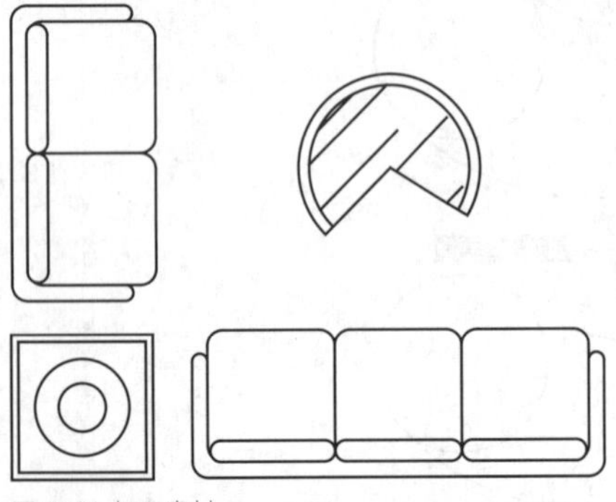

图 7-94 打开素材

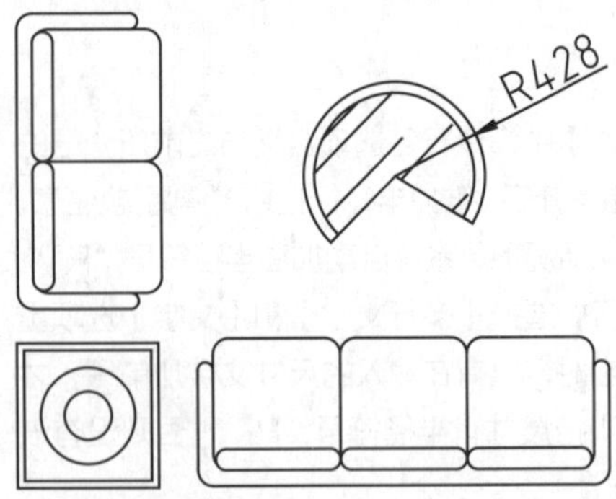


图 7-95 创建半径标注

## 7.3.6 直径标注

利用直径标注可以标注圆或圆弧的直径大小，系统自动在标注值前添加直径符号“Ø”。

**·执行方式**

执行【直径标注】命令的方法有以下几种。

◆功能区：在【默认】选项卡中，单击【注释】面板中的【直径】按钮⊘，如图7-96所示。

◆菜单栏：执行【标注】|【角度】命令，如图7-97所示。

◆命令行：DIMDIAMETER或DDI。

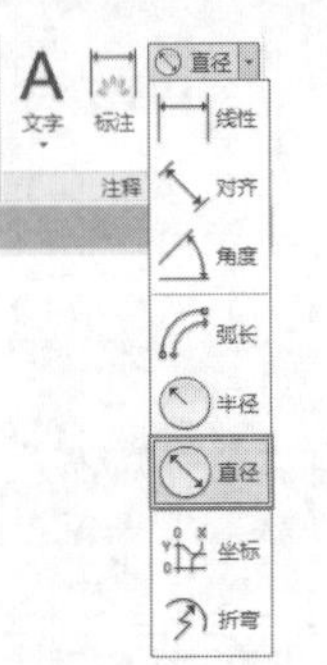


图 7-96 【注释】面板中的【直径】按钮

图 7-97 【直径】菜单命令

**·操作步骤**

【直径】标注的方法与【半径】标注的方法相同，执行【直径标注】命令之后，选择要标注的圆弧或圆，然后指定尺寸线的位置即可，如图7-98所示，命令行操作如下。

```
命令: DIMDIAMETER           //执行【直径】标注命令
选择圆弧或圆:               //单击选择圆
标注文字 = 160
指定尺寸线位置或 [多行文字(M)/文字(T)/角度(A)]:
          //在合适位置放置尺寸线，结束命令
```

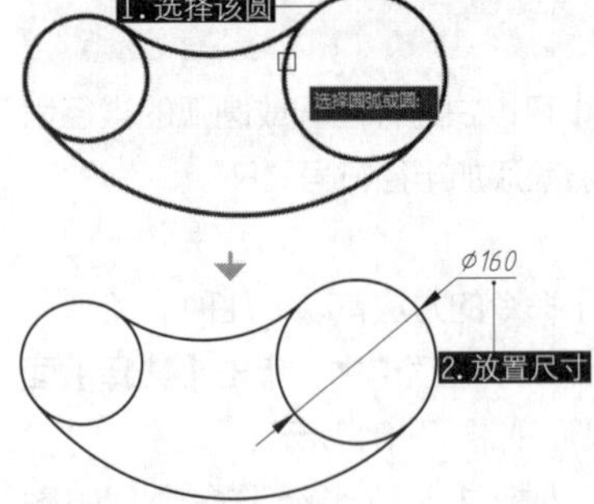


图 7-98 直径标注

**·选项说明**

【直径标注】中命令行各选项含义与【半径标注】一致，在此不重复介绍。

**练习 7-8 标注球场的直径尺寸**

| 难度：☆☆ | |
|---|---|
| 素材文件路径： | 素材/第7章/7-8标注球场的直径尺寸.dwg |
| 效果文件路径： | 素材/第7章/7-8标注球场的直径尺寸-OK.dwg |
| 视频文件路径： | 视频/第7章/7-8标注球场的直径尺寸.MP4 |
| 播放时长： | 25秒 |

图纸中的整圆一般直径用【直径标注】命令标注，而不用【半径标注】。

**Step 01** 按Ctrl+O组合键，打开配套资源中提供的“第7章/7-8标注球场的直径尺寸.dwg”素材文件，如图7-99所示。

**Step 02** 执行【标注】|【直径】命令，根据命令行的提示，选择球场中心圆作为标注对象，绘制直径标注如图7-100所示。

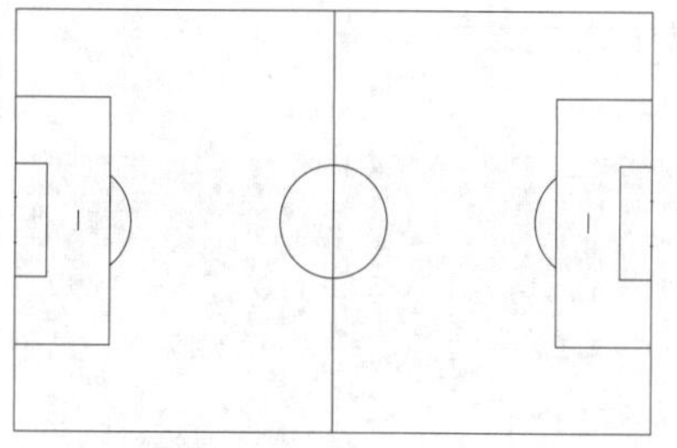

图 7-99 打开素材

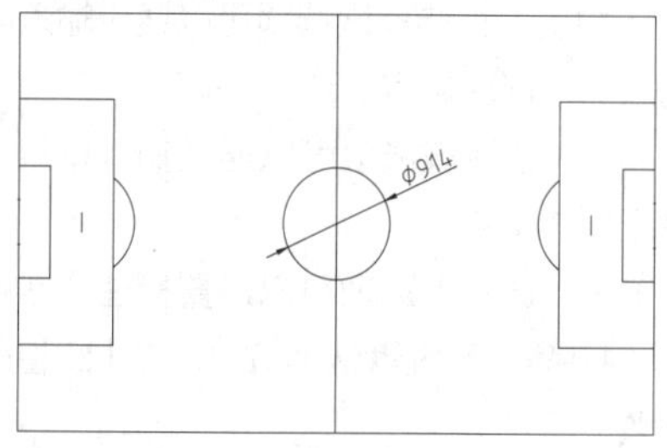


图 7-100 创建直径标注

## 7.3.7 折弯标注 ★进阶★

当圆弧半径相对于图形尺寸较大时，半径标注的尺寸线相对于图形显得过长，这时可以使用【折弯标注】。该标注方式与【半径】、【直径】标注方式基本相同，但需要指定一个位置代替圆或圆弧的圆心。

**·执行方式**

执行【折弯标注】命令的方法有以下几种。

◆功能区：在【默认】选项卡中，单击【注释】面板中的【折弯】按钮，如图 7-101 所示。

◆菜单栏：选择【标注】|【折弯】命令，如图 7-102 所示。

◆命令行：DIMJOGGED。

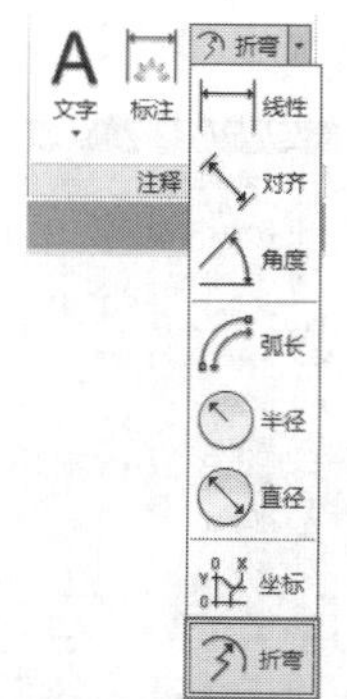


图 7-101 【注释】面板中的【折弯】按钮

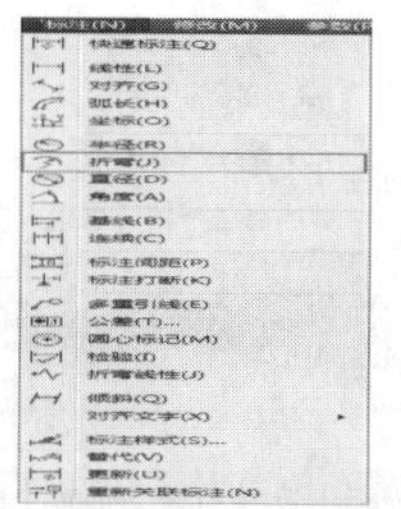

图 7-102 【折弯】菜单命令

**·操作步骤**

【折弯标注】与【半径标注】的使用方法基本相同，但需要指定一个位置代替圆或圆弧的圆心，操作示例如图 7-103 所示。命令行操作如下。

```
命令: _DIMJOGGED                          //执行【折弯】标注命令
选择圆弧或圆:                              //单击选择圆弧
指定图示中心位置:                          //指定A点
标注文字 = 250
指定尺寸线位置或 [多行文字(M)/文字(T)/角度(A)]:
指定折弯位置:                              //指定折弯位置，结束命令
```

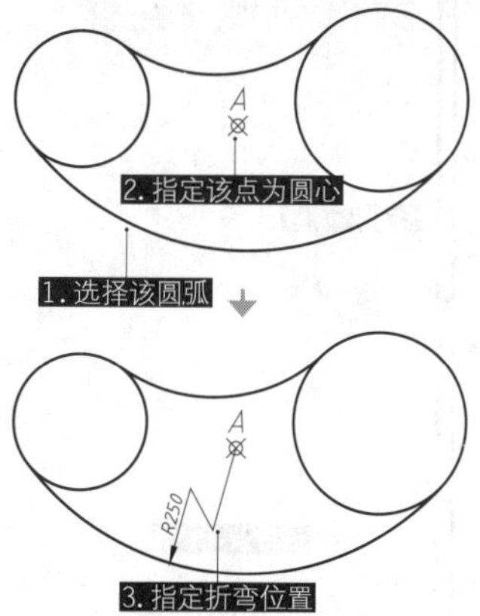


图 7-103 折弯标注

**·选项说明**

【折弯标注】中命令行各选项含义与【半径标注】一致，在此不重复介绍。

## 7.3.8 坐标标注 ★进阶★

【坐标】标注是一类特殊的引注，用于标注某些点相对于 UCS 坐标原点的 *X* 和 *Y* 坐标。

**·执行方式**

在 AutoCAD 2016 中调用【坐标】标注有以下几种常用方法。

◆功能区：在【默认】选项卡中，单击【注释】面板上的【坐标】按钮，如图 7-104 所示。

◆菜单栏：执行【标注】|【坐标】命令，如图 7-105 所示。

◆命令行：DIMORDINATE/DOR。

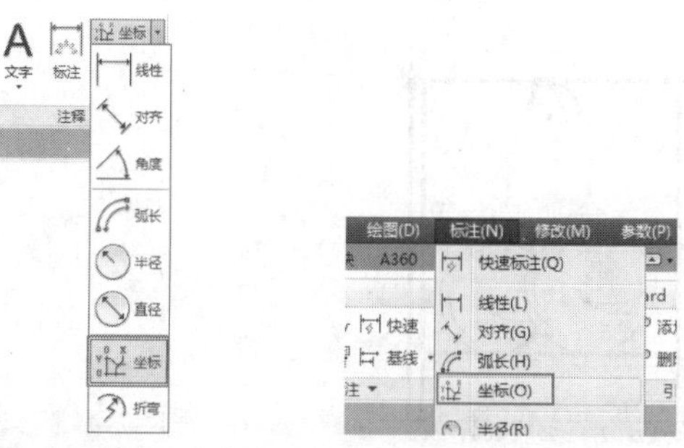


图 7-104 【注释】面板中的【坐标】按钮

图 7-105 【坐标】菜单命令

**·操作步骤**

按上述方法执行【坐标】命令后，指定标注点，即可进行坐标标注，如图 7-106 所示，命令行提示如下。

```
命令: _DIMORDINATE
指定点坐标:
指定引线端点或 [X 基准(X)/Y 基准(Y)/多行文字(M)/文字(T)/角度(A)]:
标注文字 = 100
```

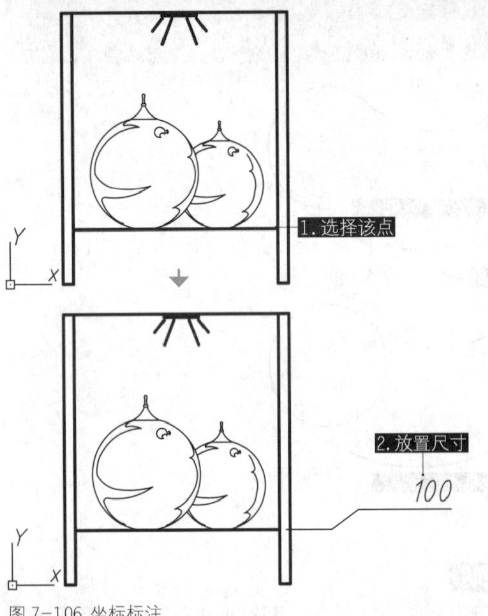


图 7-106 坐标标注

**·选项说明**

命令行各选项的含义如下。

◆指定引线端点：通过拾取绘图区中的点确定标注文字的位置。

◆“X 基准（X）”：系统自动测量所选择点的 *X* 轴坐标值并确定引线和标注文字的方向，如图 7-107 所示。

◆“Y 基准（Y）”：系统自动测量所选择点的 *Y* 轴坐标值并确定引线和标注文字的方向，如图 7-108 所示。

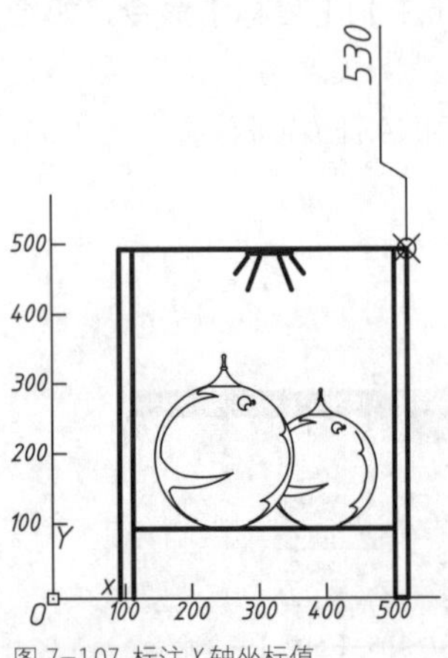


图 7-107 标注 *X* 轴坐标值

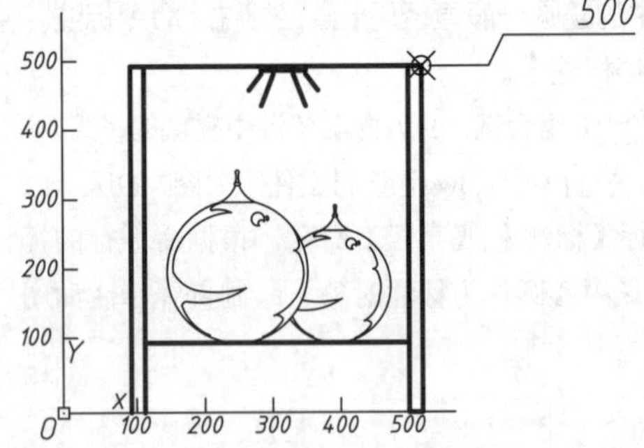


图 7-108 标注 *Y* 轴坐标值

**操作技巧**

也可以通过移动光标的方式在“X基准（X）”和“Y基准（Y）”中来回切换，光标上、下移动为*X*轴坐标；光标左、右移动为*Y*轴坐标。

◆“多行文字（M）”：选择该选项可以通过输入多行文字的方式输入多行标注文字。

◆“文字（T）”：选择该选项可以通过输入单行文字的方式输入单行标注文字。

◆“角度（A）”：选择该选项可以设置标注文字的方向与 *X*（*Y*）轴夹角，系统默认为 0°，与【线性标注】中的选项一致。

## 7.3.9 连续标注 ★重点★

【连续标注】是以指定的尺寸界线（必须以【线性】、【坐标】或【角度】标注界线）为基线进行标注，但【连续标注】所指定的基线仅作为与该尺寸标注相邻的连续标注尺寸的基线，依此类推，下一个尺寸标注都以前一个标注与其相邻的尺寸界线为基线进行标注。

**·执行方式**

在 AutoCAD 2016 中调用【连续】标注有以下几种常用方法。

◆功能区：在【注释】选项卡中，单击【标注】面板中的【连续】按钮，如图 7-109 所示。

◆菜单栏：执行【标注】|【连续】命令，如图 7-110 所示。

◆命令行：DIMCONTINUE 或 DCO。

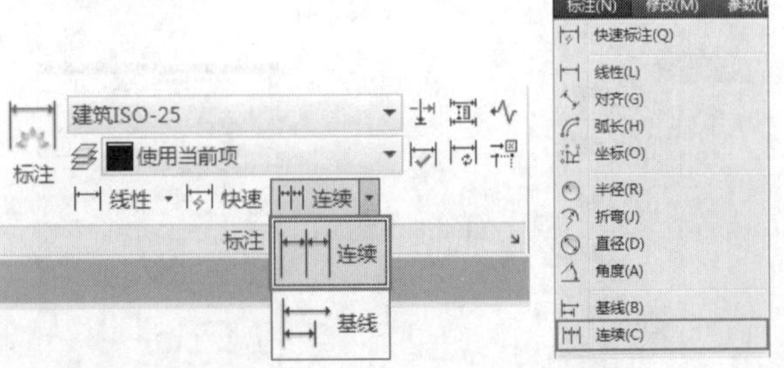


图 7-109 【标注】面板上的【连续】按钮

图 7-110 【连续】菜单命令

**·操作步骤**

标注连续尺寸前，必须存在一个尺寸界线起点。进行连续标注时，系统默认将上一个尺寸界线终点作为连续标注的起点，提示用户选择第二条延伸线起点，重复指定第二条延伸线起点，则创建出连续标。【连续】标注在进行墙体标注时极为方便注，其效果如图 7-111 所示，命令行操作如下。

```
命令: _DIMCONTINUE              //执行【连续标注】命令
选择连续标注:                    //选择作为基准的标注
指定第二个尺寸界线原点或 [选择(S)/放弃(U)] <选择>:
                        //指定标注的下一点，系统自动放置尺寸
标注文字 = 2400
指定第二个尺寸界线原点或 [选择(S)/放弃(U)] <选择>:
                        //指定标注的下一点，系统自动放置尺寸
标注文字 = 1400
指定第二个尺寸界线原点或 [选择(S)/放弃(U)] <选择>:
                        //指定标注的下一点，系统自动放置尺寸
标注文字 = 1600
指定第二个尺寸界线原点或 [选择(S)/放弃(U)] <选择>:
                        //指定标注的下一点，系统自动放置尺寸
标注文字 = 820
指定第二个尺寸界线原点或 [选择(S)/放弃(U)] <选择>:↙
                        //按Enter键完成标注
选择连续标注: *取消*↙          //按Enter键结束命令
```

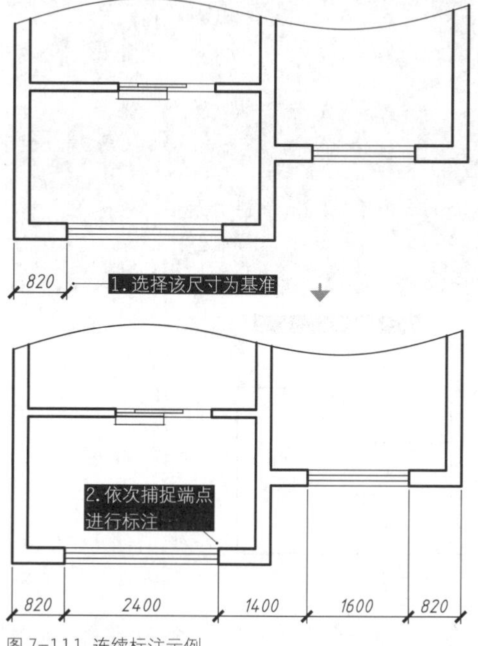


图 7-111 连续标注示例

**·选项说明**

在执行【连续标注】时，可随时执行命令行中的“选择（S）”选项进行重新选取，也可以执行“放弃（U）”命令回退到上一步进行操作。

**练习 7-9 连续标注墙体轴线尺寸**

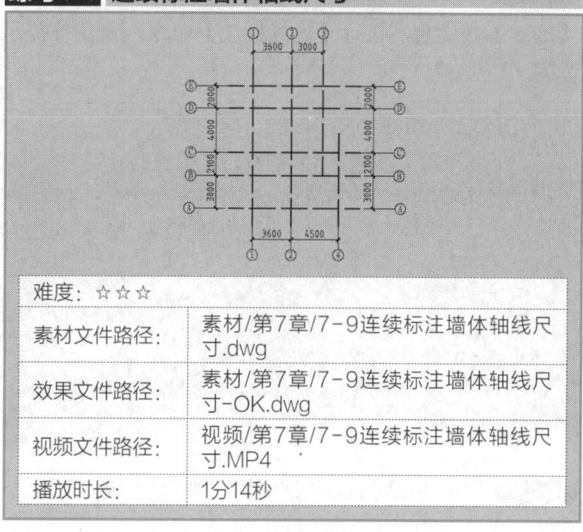


| 难度：☆☆☆ | |
|---|---|
| 素材文件路径： | 素材/第7章/7-9连续标注墙体轴线尺寸.dwg |
| 效果文件路径： | 素材/第7章/7-9连续标注墙体轴线尺寸-OK.dwg |
| 视频文件路径： | 视频/第7章/7-9连续标注墙体轴线尺寸.MP4 |
| 播放时长： | 1分14秒 |

建筑轴线是人为地在建筑图纸中为了标示构件的详细尺寸，按照一般的习惯或标准虚设的一道线（在图纸上），习惯上标注在对称界面或截面构件的中心线上，如基础、梁、柱等结构上。这类图形的尺寸标注基本采用【连续标注】，这样标注出来的图形尺寸完整、外形美观工整。

**Step 01** 按Ctrl+O组合键，打开“第7章/7-9线性标注墙体轴线尺寸.dwg”素材文件，如图7-112所示。

**Step 02** 标注第一个竖直尺寸。在命令行中输入DLI，执行【线性标注】命令，为轴线添加第一个尺寸标注，如图7-113所示。

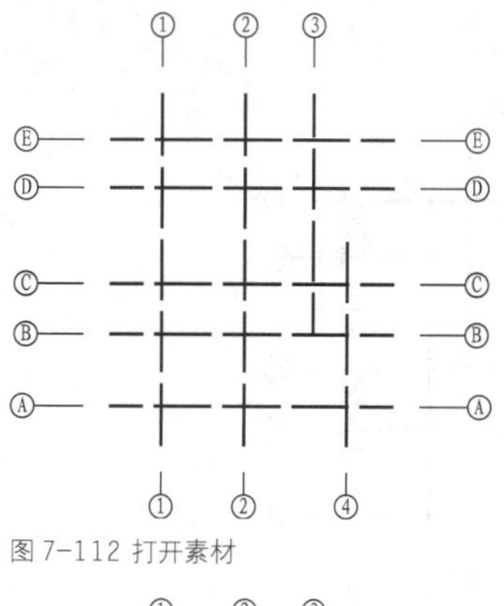

图 7-112 打开素材

图 7-113 线性标注

**Step 03** 在【注释】选项卡中，单击【标注】面板中的【连续】按钮，执行【连续标注】命令，命令行提示如下。

```
命令: DCO↙    DIMCONTINUE
                    //调用【连续标注】命令
选择连续标注:        //选择标注
指定第二条尺寸界线原点或 [放弃(U)/选择(S)] <选择>:
                    //指定第二条尺寸界线原点
标注文字 = 2100
指定第二条尺寸界线原点或 [放弃(U)/选择(S)] <选择>:
标注文字 = 4000
                    //按Esc键退出绘制，完成连续标注的结果如图7-114所示。
```

**Step 04** 用上述相同的方法继续标注轴线，结果如图7-115所示。

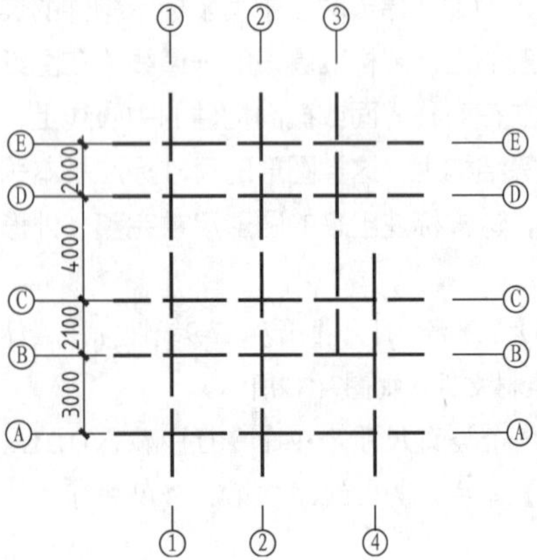

图 7-114 连续标注

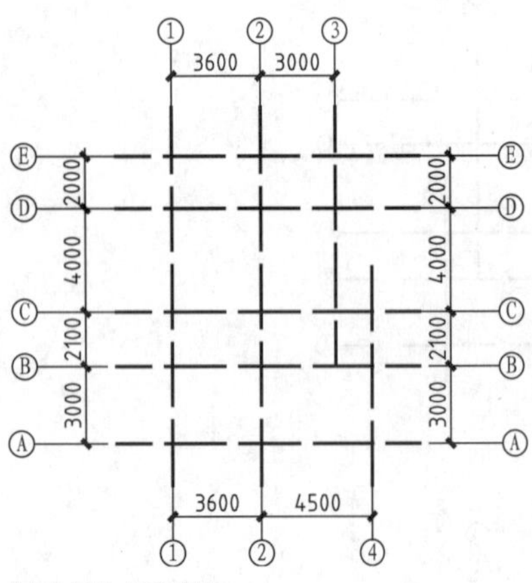


图 7-115 标注结果

## 7.3.10 基线标注 ★重点★

【基线标注】用于以同一尺寸界线为基准的一系列尺寸标注，即从某一点引出的尺寸界线作为第一条尺寸界线，依次进行多个对象的尺寸标注。

**·执行方式**

在 AutoCAD 2016 中调用【基线】标注有以下几种常用方法。

◆功能区：在【注释】选项卡中，单击【标注】面板中的【基线】按钮，如图 7-116 所示。

◆菜单栏：【标注】|【基线】命令，如图 7-117 所示。

◆命令行：DIMBASELINE 或 DBA。

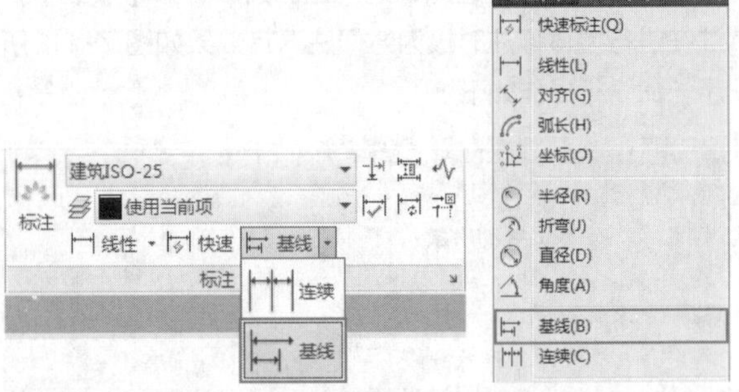


图 7-116 【标注】面板上的【基线】按钮　　图 7-117 【基线】菜单命令

**·操作步骤**

按上述方式执行【基线标注】命令后，将光标移动到第一条尺寸界线起点，单击鼠标左键，即完成一个尺寸标注。重复拾取第二条尺寸界线的终点即可以完成一系列基线尺寸的标注，如图 7-118 所示，命令行操作如下。

```
命令: _DIMBASELINE            //执行【基线标注】命令
选择基准标注:                  //选择作为基准的标注
指定第二个尺寸界线原点或 [选择(S)/放弃(U)] <选择>:
                    //指定标注的下一点，系统自动放置尺寸
标注文字 = 20
指定第二个尺寸界线原点或 [选择(S)/放弃(U)] <选择>:↙
                    //指定标注的下一点，系统自动放置尺寸
标注文字 = 30
指定第二个尺寸界线原点或 [选择(S)/放弃(U)] <选择>:↙
                    //按Enter键完成标注
选择基准标注:↙                //按Enter键结束命令
```

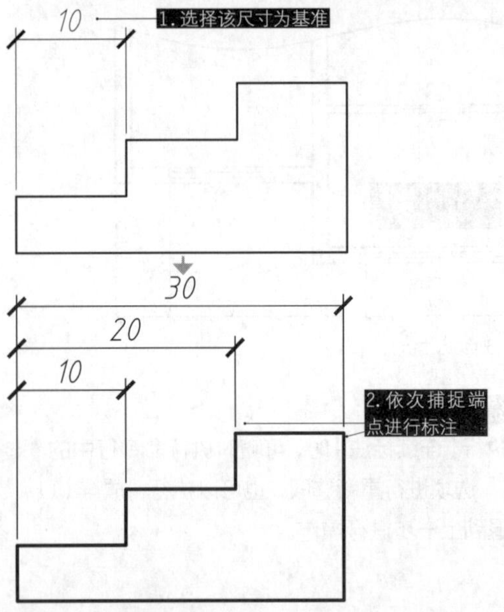


图 7-118 基线标注示例

**•选项说明**

【基线标注】的各命令行选项与【连续标注】相同，在此不重复介绍。

## 练习 7-10 创建基线角度尺寸

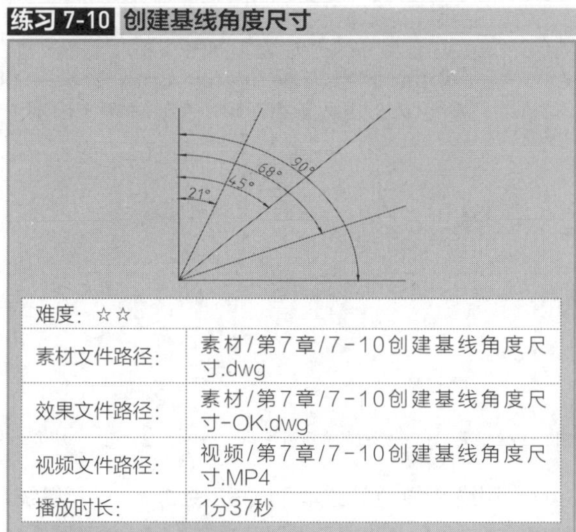


| 难度：☆☆ | |
|---|---|
| 素材文件路径： | 素材/第7章/7-10创建基线角度尺寸.dwg |
| 效果文件路径： | 素材/第7章/7-10创建基线角度尺寸-OK.dwg |
| 视频文件路径： | 视频/第7章/7-10创建基线角度尺寸.MP4 |
| 播放时长： | 1分37秒 |

**Step 01** 按Ctrl+O组合键，打开配套资源中的“第7章/7-10创建基线角度尺寸.dwg”素材文件，如图7-119所示。

**Step 02** 单击【标注】工具栏中的【角度】按钮，为图形绘制角度标注，结果如图7-120所示。

**Step 03** 选择【标注】|【基线】命令，标注其他基线角度，命令行提示如下。

```
命令: _DIMBASELINE
指定第二条尺寸界线原点或 [放弃(U)/选择(S)] <选择>:
                    //选择相邻的角度线
标注文字 = 45
指定第二条尺寸界线原点或 [放弃(U)/选择(S)] <选择>:
                    //继续选择相邻的角度线
标注文字 = 68
指定第二条尺寸界线原点或 [放弃(U)/选择(S)] <选择>:
                    //继续选择相邻的角度线
标注文字 = 90
指定第二条尺寸界线原点或 [放弃(U)/选择(S)] <选择>:
//按Esc键退出命令，绘制基线标注的结果如图7-121所示
```

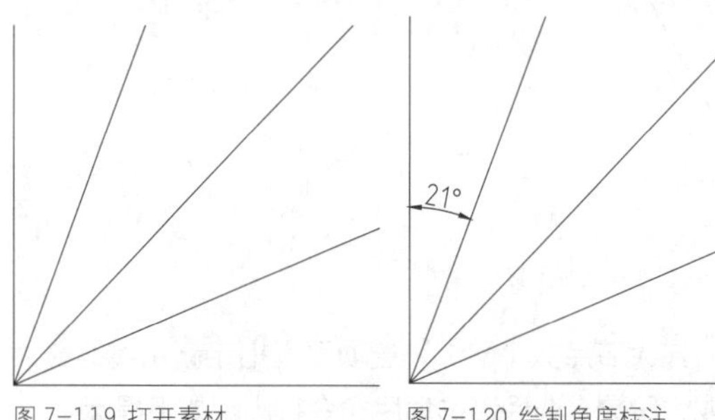


图 7-119 打开素材　　图 7-120 绘制角度标注

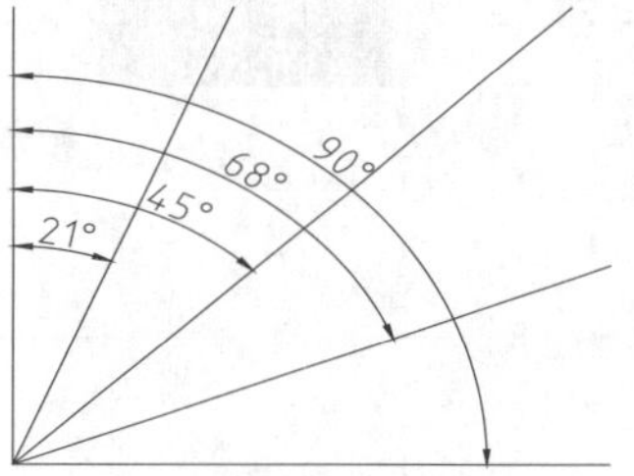


图 7-121 标注基线角度

## 7.3.11 多重引线标注 ★重点★

使用【多重引线】工具添加和管理所需的引出线，不仅能够快速地标注装配图的证件号和引出公差，而且能够更清楚地标识制图的标准、说明等内容。此外，还可以通过修改【多重引线样式】对引线的格式、类型以及内容进行编辑。因此本节便按“创建多重引线标注”和“管理多重引线样式”两部分来进行介绍。

### 1 创建多重引线标注

本小节介绍多重引线的标注方法。

**•执行方式**

在 AutoCAD 2016 中启用【多重引线】标注有以下几种常用方法。

◆功能区：在【默认】选项卡中，单击【注释】面板中的【引线】按钮，如图 7-122 所示。

◆菜单栏：执行【标注】|【多重引线】命令，如图 7-123 所示。

◆命令行：MLEADER 或 MLD。

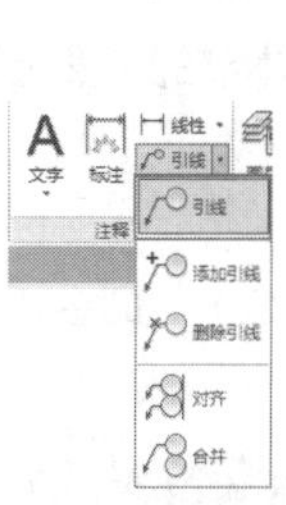

图 7-122 【注释】面板中的【引线】按钮　　图 7-123 【多重引线】标注菜单命令

**•操作步骤**

执行上述任一命令后，在图形中单击确定引线箭头位置；然后在打开的文字出入窗口中输入注释内容即可，如图 7-124 所示，命令行提示如下。

```
命令: _MLEADER                    //执行【多重引线】命令
指定引线箭头的位置或 [引线基线优先(L)/内容优先(C)/选项
(O)] <选项>:                      //指定引线箭头位置
指定引线基线的位置:
//指定基线位置，并输入注释文字，空白处单击即可结束命令
```

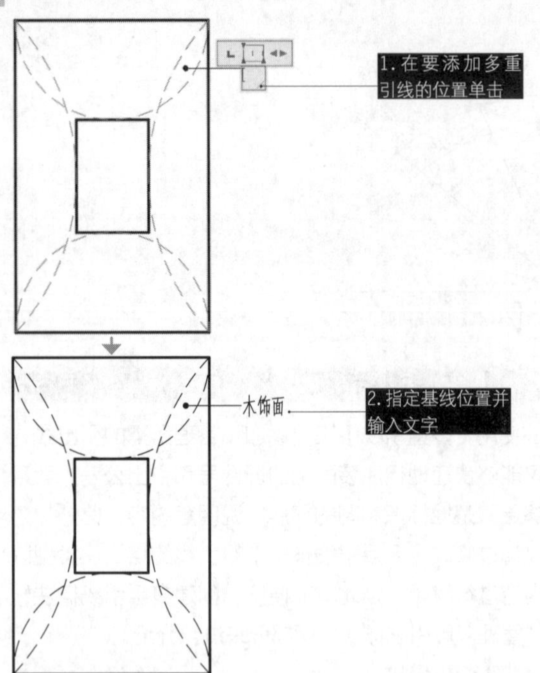

图 7-124 多重引线标注示例

**·选项说明**

命令行中各选项含义说明如下。

◆“引线基线优先（L）”：选择该选项，可以颠倒多重引线的创建顺序，为先创建基线位置（即文字输入的位置），再指定箭头位置。

◆“引线箭头优先（H）”：默认先指定箭头、再指定基线位置的方式。

◆“内容优先（L）”：选择该选项，可以先创建标注文字，再指定引线箭头来进行标注。该方式下的基线位置可以自动调整，随鼠标移动方向而定。

◆“选项（O）”：该选项含义请见本节的“熟能生巧”。

**·熟能生巧** 多重引线的类型与设置

如果执行【多重引线】中的“选项（O）”命令，则命令行出现如下提示。

```
输入选项 [引线类型(L)/引线基线(A)/内容类型(C)/最大节点数(M)/第一个角度(F)/第二个角度(S)/退出选项(X)] <退出选项>:
```

“引线类型（L）”可以设置多重引线的处理方法，其下还分有 3 个子选项，介绍如下。

◆“直线（S）”：将多重引线设置为直线形式，如图 7-125 所示，为默认的显示状态。

◆“样条曲线（P）”：将多重引线设置为样条曲线形式，如图 7-126 所示，适合在一些凌乱、复杂的图形环境中进行标注。

◆“无（N）”：创建无引线的多重引线，效果就相当于【多行文字】，如图 7-127 所示。

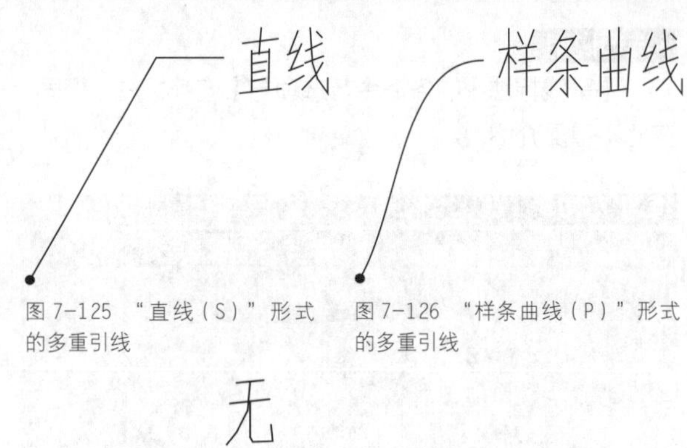

图 7-125 “直线（S）”形式的多重引线　图 7-126 “样条曲线（P）”形式的多重引线

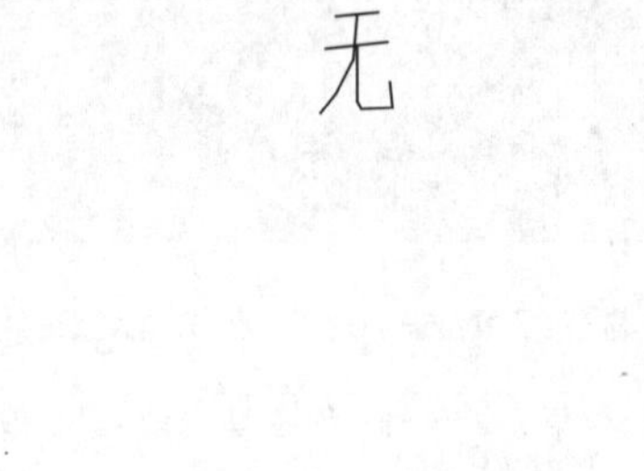

无

图 7-127 “无（N）”形式的多重引线

“引线基线（A）”选项可以指定是否添加水平基线。如果输入“是”，将提示设置基线的长度，效果同【多重引线样式管理器】中的【设置基线距离】文本框。

“内容类型（C）”选项可以指定要用于多重引线的内容类型，其下同样有 3 个子选项，介绍如下。

◆“块（B）”：将多重引线后面的内容设置为指定图形中的块，如图 7-128 所示。

◆“多行文字（M）”：将多重引线后面的内容设置为多行文字，如图 7-129 所示，为默认设置。

◆“无（N）”：指定没有内容显示在引线的末端，显示效果为一纯引线，如图 7-130 所示

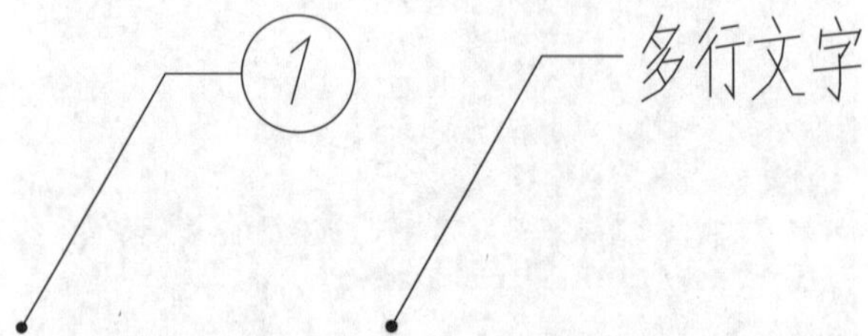

图 7-128 多重引线后接图块　图 7-129 多重引线后接多行文字

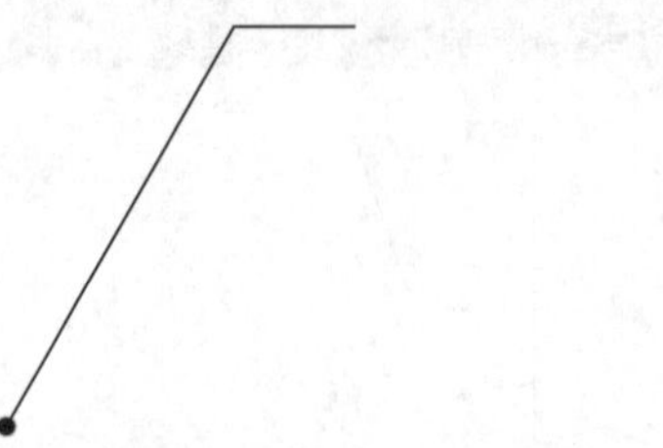
图 7-130 多重引线后不接内容

“最大节点数（M）”选项可以指定新引线的最大点数或线段数。选择该选项后命令行出现如下提示。

```
输入引线的最大节点数 <2>:                    //输入【多行引线】的节点数，默认为2，即由2条线段构成
```

所谓节点，可简单理解为在创建【多重引线】时鼠标的单击点（指定的起点即为第 1 点）。在不同的节点数显示效果如图 7-131 所示；而当选择“样条曲线（P）”形式的多重引线时，节点数即相当于样条曲线的控制点数，效果如图 7-132 所示。

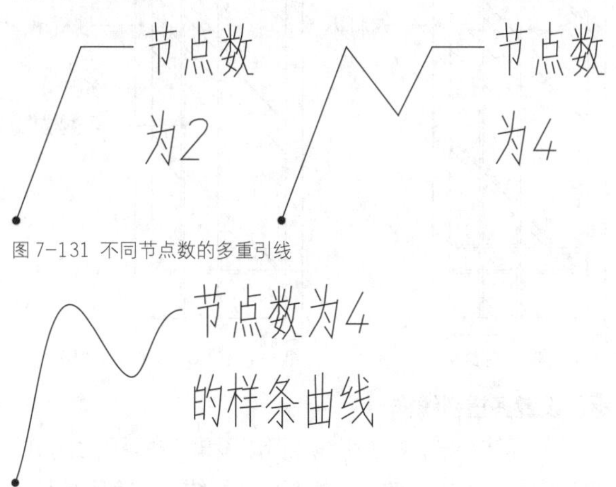


图 7-131 不同节点数的多重引线



图 7-132 样条曲线形式下的多节点引线

“第一个角度（F）”选项可以约束新引线中的第一个点的角度；“第二个角度（S）”选项则可以约束新引线中的第二个角度。这两个选项联用可以创建外形工整的多重引线，效果如图 7-133 所示。

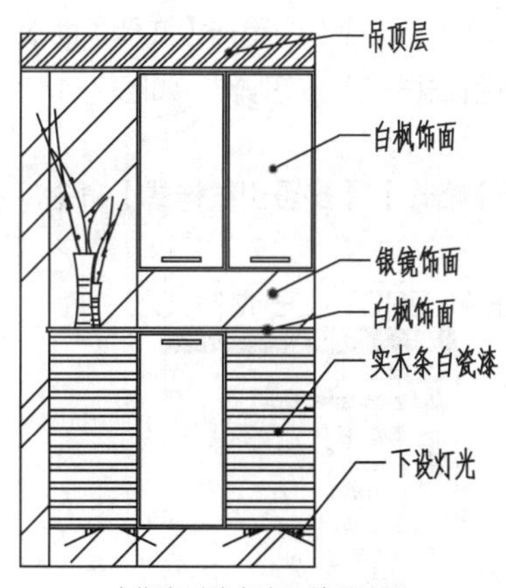


未指定引线角度，效果凌乱

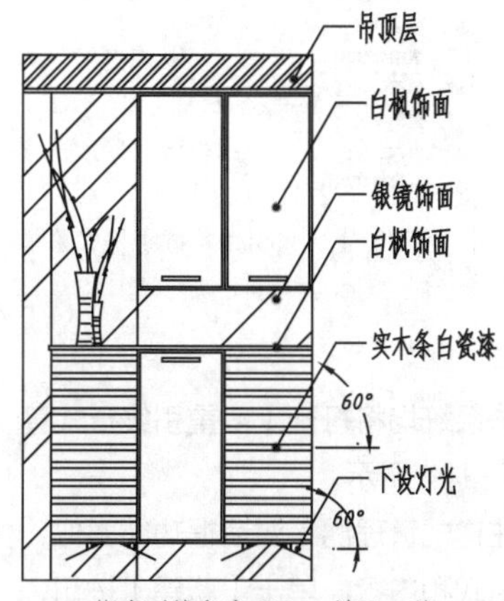


指定引线角度 60°，效果工整

图 7-133 设置多重引线的角度效果

## 练习 7-11 多重引线标注详图 ★进阶★

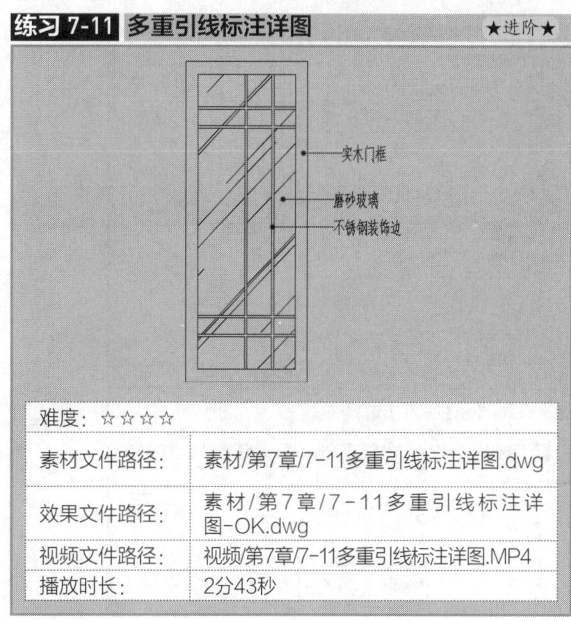


| 难度：☆☆☆☆ | |
|---|---|
| 素材文件路径： | 素材/第7章/7-11多重引线标注详图.dwg |
| 效果文件路径： | 素材/第7章/7-11多重引线标注详图-OK.dwg |
| 视频文件路径： | 视频/第7章/7-11多重引线标注详图.MP4 |
| 播放时长： | 2分43秒 |

**Step 01** 执行【格式】|【多重引线】样式命令，系统弹出图7-134所示的【多重引线样式管理器】对话框。

**Step 02** 单击【新建】按钮，系统弹出【创建新多重引线样式】对话框。设置新样式的名称，结果如图7-135所示。

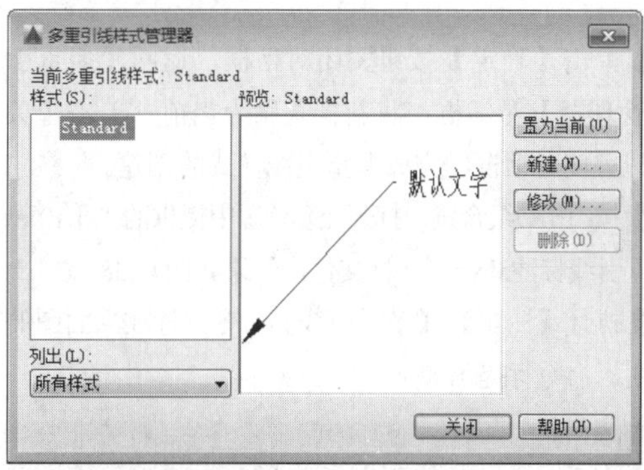


图 7-134 【多重引线样式管理器】对话框

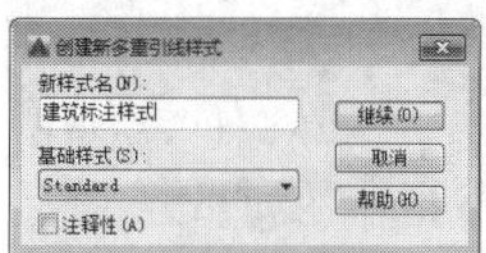


图 7-135 【创建新多重引线样式】对话框

**Step 03** 单击【继续】按钮，系统弹出【修改多重引线样式：建筑标注样式】对话框。单击切换到【引线格式】选项卡，设置箭头符号的样式和大小，结果如图7-136所示。

**Step 04** 切换到【内容】选项卡，设置文字样式，结果如图7-137所示。

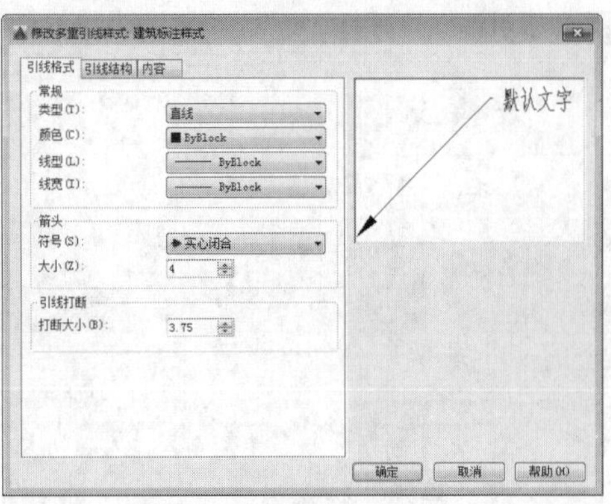


图 7-136 【引线格式】选项卡

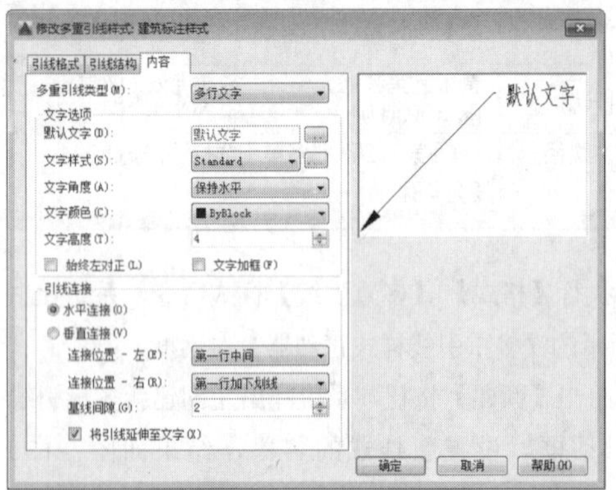


图 7-137 【内容】选项卡

**Step 05** 单击【确定】按钮关闭对话框，返回【多重引线样式管理器】对话框。将新样式置为当前，单击【关闭】按钮关闭对话框，完成多重引线样式的创建。

**Step 06** 按Ctrl+O组合键，打开配套资源中提供的“第10章\10.2.7多重引线标注.dwg”素材文件，结果如图7-138示。

**Step 07** 执行【标注】|【多重引线】命令，标注立面图的材料说明，命令行提示如下。

```
命令: _MLEADER
指定引线箭头的位置或 [引线基线优先(L)/内容优先(C)/选项(O)] <选项>:
指定引线基线的位置:
//分别指定引线箭头和基线的位置，系统弹出【文字编辑器】选项卡；在文本框中输入标注文字，如图7-139所示
```

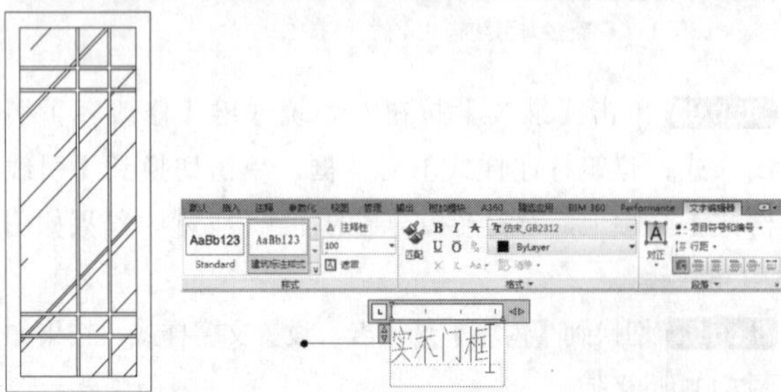


图 7-138 打开素材　图 7-139 输入标注文字

**Step 08** 在绘图区空白处单击鼠标左键关闭文字编辑器选项卡，标注结果如图7-140所示。

**Step 09** 重复操作，继续绘制其他材料说明，结果如图7-141所示。

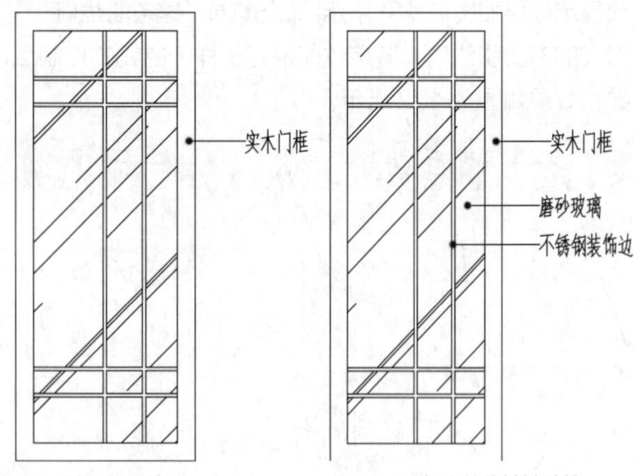


图 7-140 标注结果　图 7-141 标注其他材料说明

## 2 设置多重引线样

与标注一样，多重引线也可以设置“多重引线样式”来指定引线的默认效果，如箭头、引线、文字等特征。创建不同样式的多重引线，可以使其适用于不同的使用环境。

**• 执行方式**

在 AutoCAD 2016 中打开【多重引线样式管理器】有以下几种常用方法。

◆ 功能区：在【默认】选项卡中单击【注释】面板下拉列表中的【多重引线样式】按钮，如图 7-142 所示。

◆ 菜单栏：执行【格式】|【多重引线样式】命令，如图 7-143 所示。

◆ 命令行：MLEADERSTYLE 或 MLS。

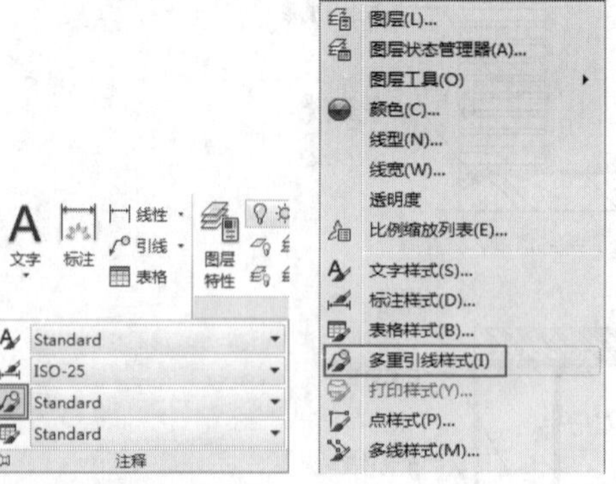


图 7-142 【注释】面板中的【多重引线样式】按钮　图 7-143 【多重引线样式】格式菜单命令

**• 操作步骤**

执行以上任意方法系统均将打开【多重引线样式管理器】对话框，如图 7-144 所示。

该对话框和【标注样式管理器】对话框功能类似，可以设置多重引线的格式和内容。单击【新建】按钮，系统弹出【创建新多重引线样式】对话框，如图 7-145

所示。然后在【新样式名】文本框中输入新样式的名称，单击【继续】按钮，即可打开【修改多重引线样式】对话框进行修改。

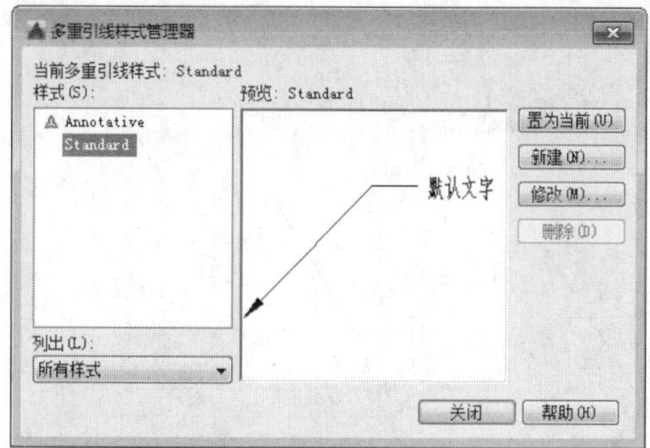


图 7-144 【多重引线样式管理器】对话框

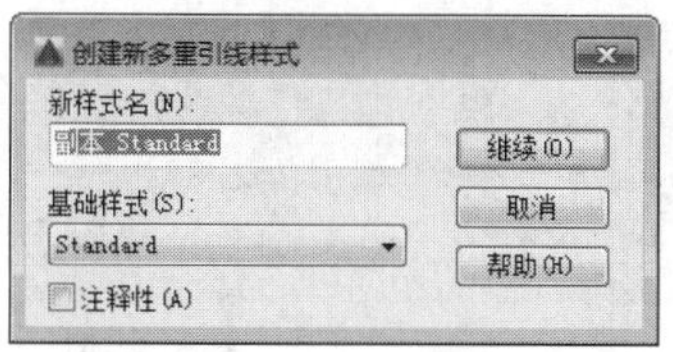


图 7-145 【创建新多重引线样式】对话框

**·选项说明**

在【修改多重引线样式】对话框中可以设置多重引线标注的各种特性，对话框中有【引线格式】、【引线结构】和【内容】3 个选项卡，如图 7-146 所示。每一个选项卡对应一种特性的设置，分别介绍如下。

图 7-146 【修改多重引线样式】对话框

### ◎【引线格式】选项卡

该选项卡如图 7-146 所示，可以设置引线的线型、颜色和类型，具体选项含义介绍如下。

◆【类型】：用于设置引线的类型，包含【直线】、【样条曲线】和【无】3 种，效果同前文介绍过的“引线类型（L）”命令行选项，见本章图 7-125~ 图 7-127。

◆【颜色】：用于设置引线的颜色，一般保持默认值“Byblock”（随块）即可。

◆【线型】：用于设置引线的线型，一般保持默认值“Byblock”（随块）即可。

◆【线宽】：用于设置引线的线宽，一般保持默认值“Byblock”（随块）即可。

◆【符号】：用于设置多重引线的箭头符号，共 19 种。

◆【大小】：用于设置箭头的大小。

◆【打断大小】：设置多重引线在用于 DIMBREAK【标注打断】命令时的打断大小。该值只有在对【多重引线】使用【标注打断】命令时才能观察到效果，值越大，则打断的距离越大，如图 7-147 所示。

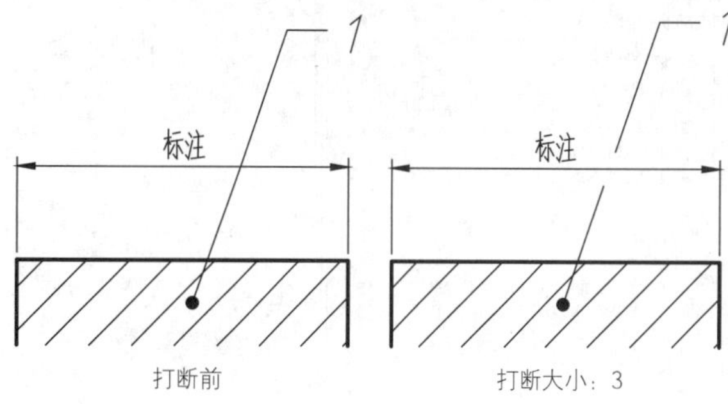


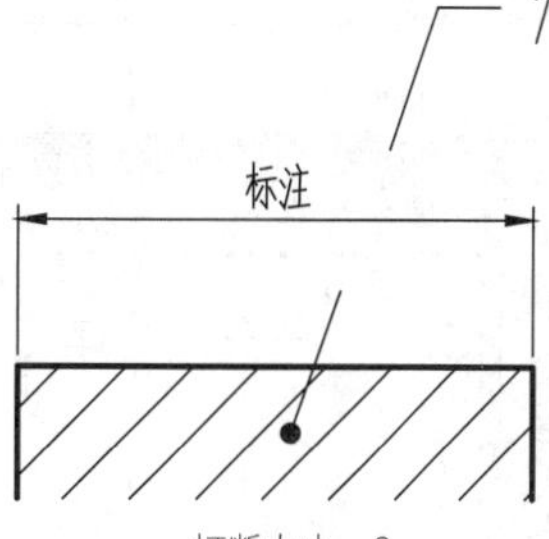


图 7-147 不同打断大小在执行【标注打断】命令后的效果

> **知识链接**
>
> 有关DIMBREAK【标注打断】命令的知识请见本章第 7.2.2节的标注打断。

### ◎【引线结构】选项卡

该选项卡如图 7-148 所示，可以设置【多重引线】的折点数、引线角度以及基线长度等，各选项具体含义介绍如下。

◆【最大引线点数】：可以指定新引线的最大点数或线段数，效果同前文介绍的“最大节点数（M）”命令行选项，见本章图 7-131。

◆【第一段角度】：该选项可以约束新引线中的第一个点的角度，效果同前文介绍的“第一个角度（F）”命令行选项。

◆【第二段角度】：该选项可以约束新引线中的第二个点的角度，效果同前文介绍的“第二个角度（S）”命令行选项。

◆【自动包含基线】：确定【多重引线】命令中是否含有水平基线。

◆【设置基线距离】：确定【多重引线】中基线的固定长度。只有勾选【自动包含基线】复选框后才可使用。

### 【内容】选项卡

【内容】选项卡如图 7-149 所示，在该选项卡中，可以对【多重引线】的注释内容进行设置，如文字样式、文字对齐等。

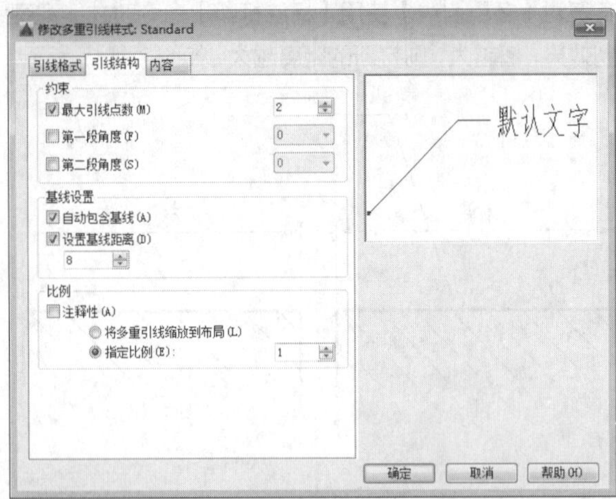


图 7-148 【引线结构】选项卡

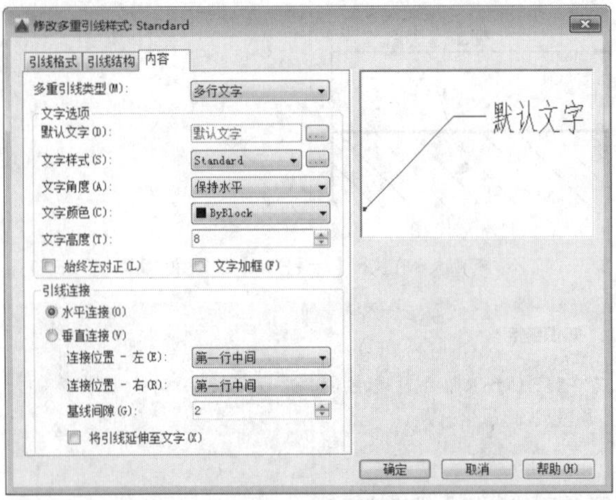

图 7-149 【内容】选项卡

◆【多重引线类型】：该下拉列表中可以选择【多重引线】的内容类型，包含【多行文字】、【块】和【无】3 个选项，效果同前文介绍过的“内容类型（C）”命令行选项，见本章图 7-128~ 图 7-130。

◆【文字样式】：用于选择标注的文字样式。也可以单击其后的按钮[...]，系统弹出【文字样式】对话框，选择文字样式或新建文字样式。

◆【文字角度】：指定标注文字的旋转角度，下有【保持水平】、【按插入】、【始终正向读取】3 个选项。【保持水平】为默认选项，无论引线如何变化，文字始终保持水平位置，如图 7-150 所示；【按插入】则根据引线方向自动调整文字角度，使文字对齐至引线，如图 7-151 所示；【始终正向读取】同样可以让文字对齐至引线，但对齐时会根据引线方向自动调整文字方向，使其一直保持从右往左的正向读取方向，如图 7-152 所示。

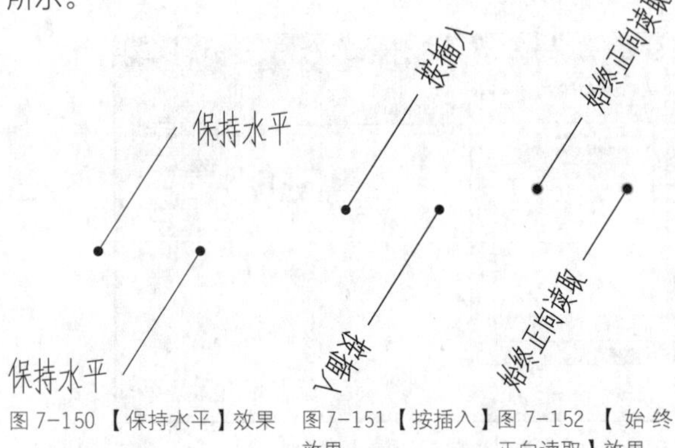


图 7-150 【保持水平】效果　图 7-151 【按插入】效果　图 7-152 【始终正向读取】效果

> **操作技巧**
>
> 【文字角度】只有在取消【自动包含基线】复选框后才会生效。

◆【文字颜色】：用于设置文字的颜色，一般保持默认值“Byblock”（随块）即可。

◆【文字高度】：设置文字的高度。

◆【始终左对正】：始终指定文字内容左对齐。

◆【文字加框】：为文字内容添加边框，如图 7-153 所示。边框始终从基线的末端开始，与文本之间的间距就相当于基线到文本的距离，因此通过修改【基线间隙】文本框中的值，就可以控制文字和边框之间的距离。

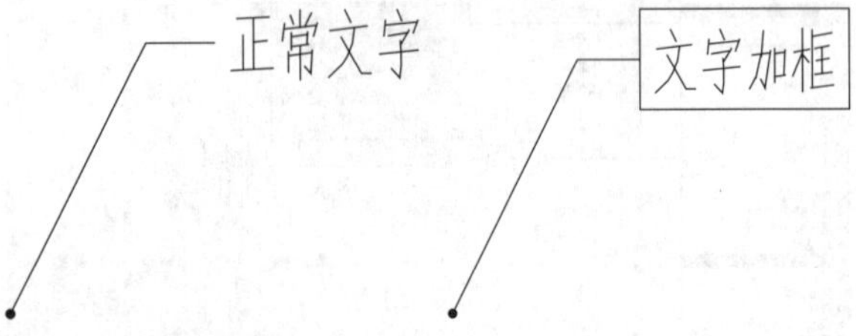

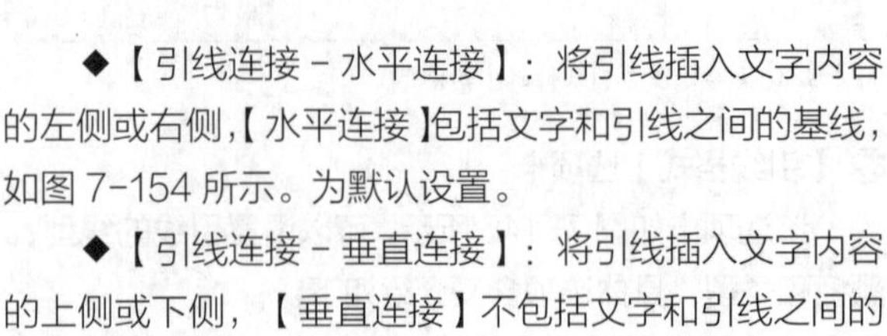

图 7-153 【文字加框】效果对比

◆【引线连接 - 水平连接】：将引线插入文字内容的左侧或右侧，【水平连接】包括文字和引线之间的基线，如图 7-154 所示。为默认设置。

◆【引线连接 - 垂直连接】：将引线插入文字内容的上侧或下侧，【垂直连接】不包括文字和引线之间的基线，如图 7-155 所示。

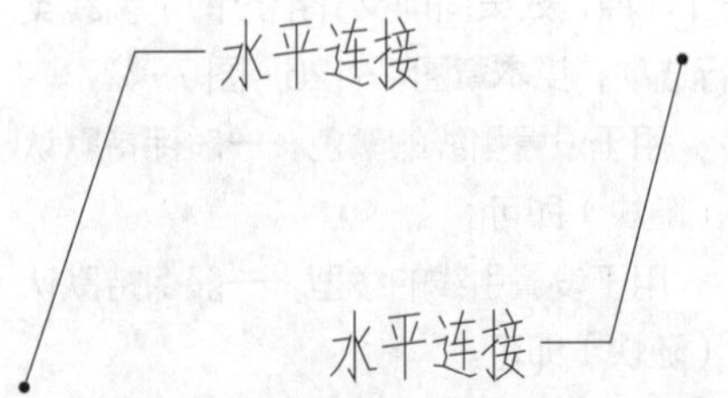


图 7-154 【水平连接】引线在文字内容左、右两侧

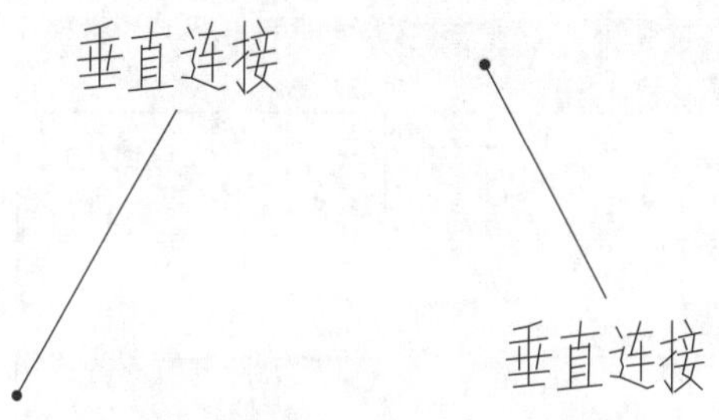


图 7-155 【垂直连接】引线在文字内容上、下两侧

**操作技巧**

【垂直连接】选项下不含基线效果。

◆【连接位置】：该选项控制基线连接文字的方式，根据【引线连接】的不同有不同的选项。如果选择的是【水平连接】，则【连接位置】有左、右之分，每个下拉列表都有 9 个位置可选，如图 7-156 所示；如果选择的是【垂直连接】，则【连接位置】有上、下之分，每个下拉列表只有 2 个位置可选，如图 7-157 所示。

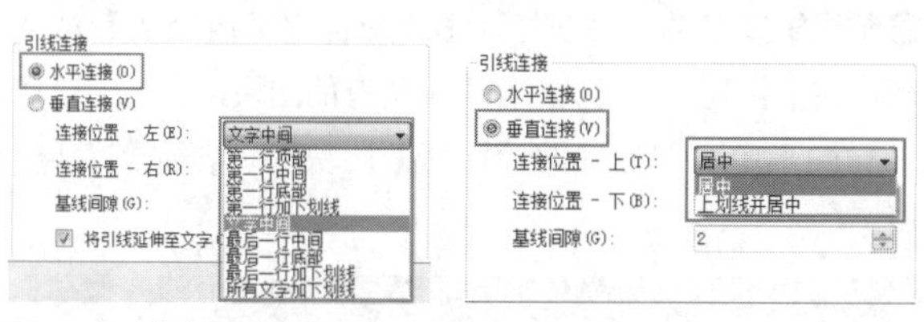


图 7-156 【水平连接】下的引线连接位置 图 7-157 【垂直连接】下的引线连接位置

**操作技巧**

【水平连接】下的9种引线连接位置如图7-158所示；【垂直连接】下的2种引线连接位置如图7-159所示。通过指定合适的位置，可以创建出适用于不同行业的多重引线，有关典例请见本章的【练习7-13】。

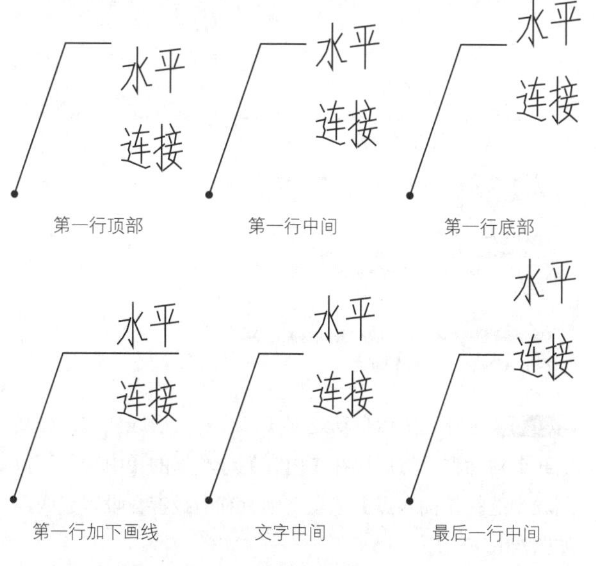


图 7-158 【水平连接】下的 9 种引线连接位置

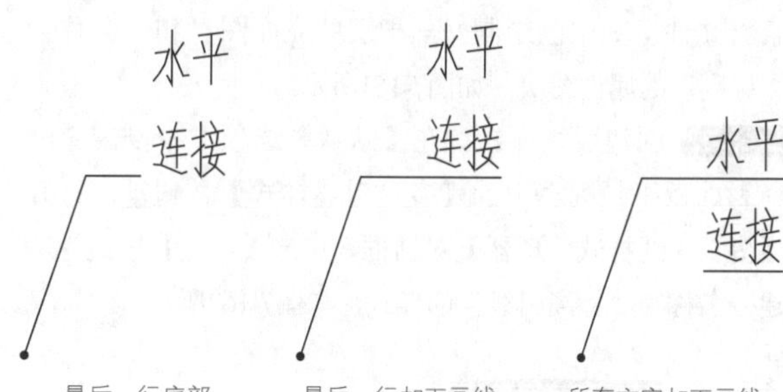


图 7-158 【水平连接】下的 9 种引线连接位置（续）

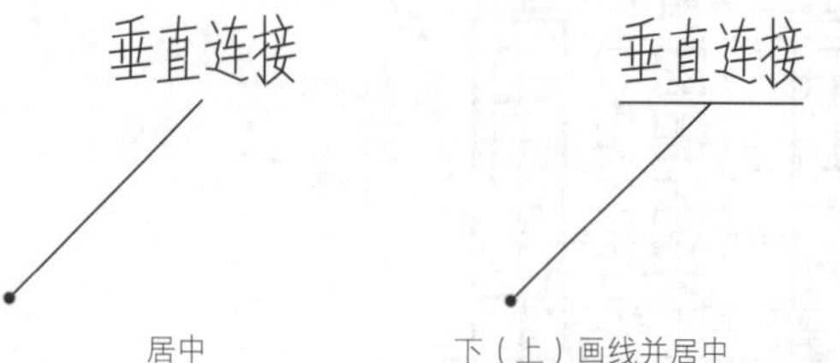


图 7-159 【垂直连接】下的 2 种引线连接位置

◆【基线间隙】：该文本框中可以指定基线和文本内容之间的距离，如图 7-160 所示。

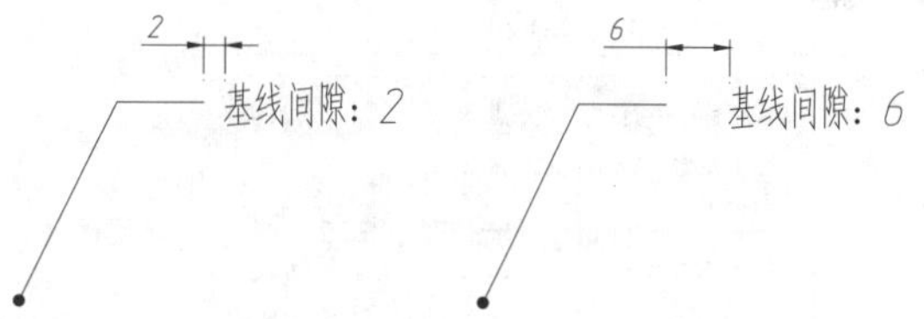


图 7-160 不同的【基线间隙】对比

## 练习 7-12 多重引线标注立面图标高 ★进阶★

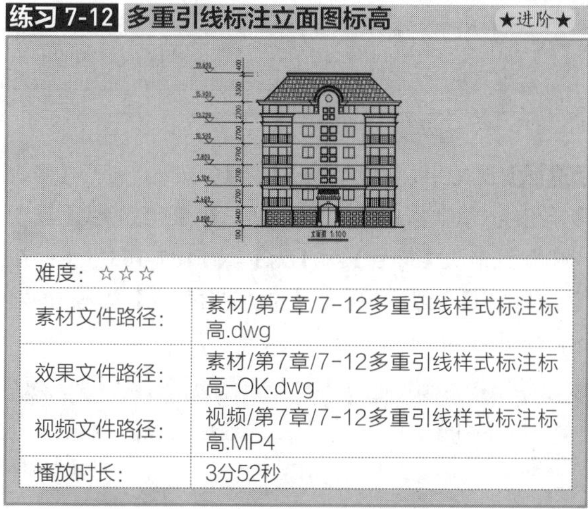

| 难度：☆☆☆ | |
|---|---|
| 素材文件路径： | 素材/第7章/7-12多重引线样式标注标高.dwg |
| 效果文件路径： | 素材/第7章/7-12多重引线样式标注标高-OK.dwg |
| 视频文件路径： | 视频/第7章/7-12多重引线样式标注标高.MP4 |
| 播放时长： | 3分52秒 |

在建筑设计中，常使用“标高”来表示建筑物各部分的高度。“标高”是建筑物某一部位相对于基准面（“标高”的零点）的竖向高度，是建筑物竖向定位的依据。在施工图中经常有一个小小的直角等腰三角形，三角形的尖端或向上或向下，上面带有数值（即所指部位的高度，单位为米），这便是标高的符号。在 AutoCAD 中，就可以灵活设置【多重引线样式】来创建专门用于标注标高的多重引线，大大提高施工图的绘制效率。

**Step 01** 打开“第7章/7-12多重引线样式标注标高.dwg”

素材文件，其中已绘制好一楼层的立面图，和一名称为“标高”的属性图块，如图7-161所示。

**Step 02** 创建引线样式。在【默认】选项卡中单击【注释】面板下拉列表中的【多重引线样式】按钮，打开【多重引线样式管理器】对话框，单击【新建】按钮，新建一名称为“标高引线”的样式，如图7-162所示。

图 7-161 打开素材

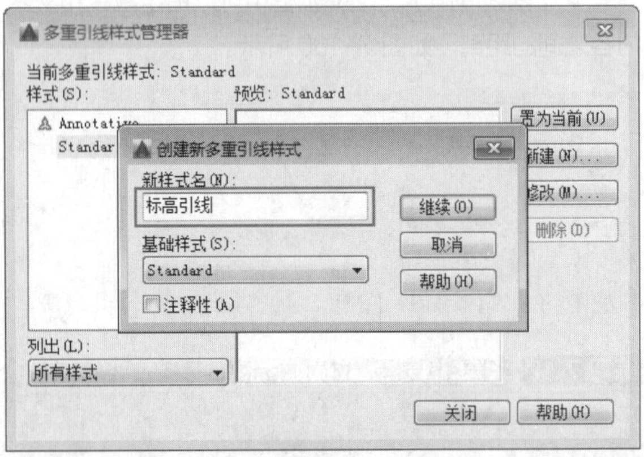

多重引线样式管理器
当前多重引线样式: Standard
样式(S):
预览: Standard
Annotative
Standard
置为当前(U)
新建(N)...
修改(M)...
删除(D)
创建新多重引线样式
新样式名(N):
标高引线
继续(O)
取消
帮助(H)
基础样式(S):
Standard
注释性(A)
列出(L):
所有样式
关闭
帮助(H)

图 7-162 新建“标高引线”样式

**Step 03** 设置引线参数。单击【继续】按钮，打开【修改多重引线样式：标高引线】对话框，在【引线格式】选项卡中设置箭头【符号】为【无】，如图7-163所示；在【引线结构】选项卡中取消【自动包含基线】复选框的勾选，如图7-164所示。

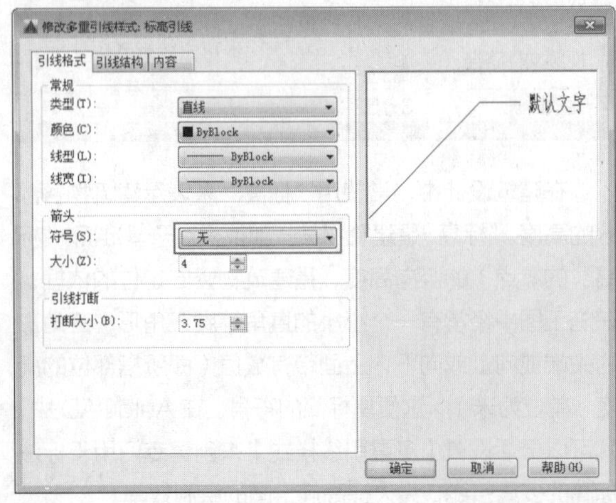


图 7-163 选择箭头【符号】为【无】

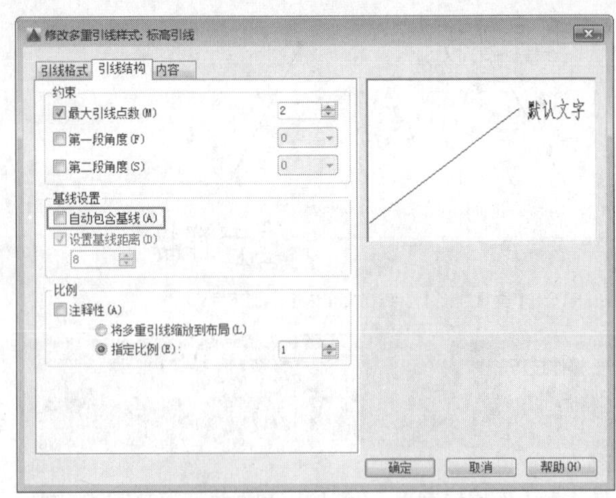


图 7-164 取消【自动包含基线】复选框的勾选

**Step 04** 设置引线内容。切换至【内容】选项卡，在【多重引线类型】下拉列表中选择【块】，然后在【源块】下拉列表中选择【用户块】，即用户自己所创建的图块，如图7-165所示。

**Step 05** 接着系统自动打开【选择自定义内容块】对话框，在下拉列表中提供了图形中所有的图块，在其中选择素材图形中已创建好的【标高】图块即可，如图7-166所示。

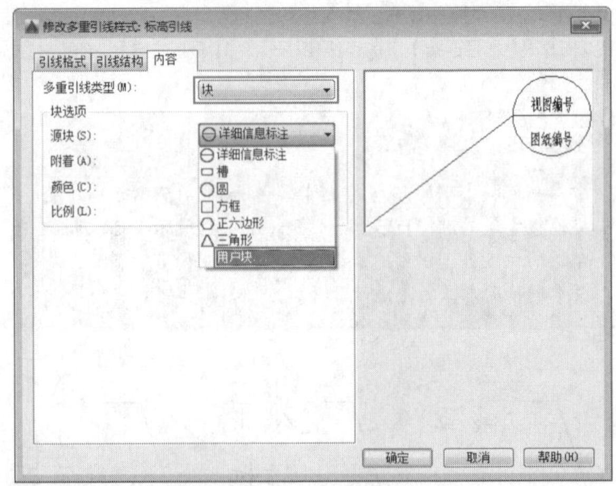


图 7-165 设置多重引线内容

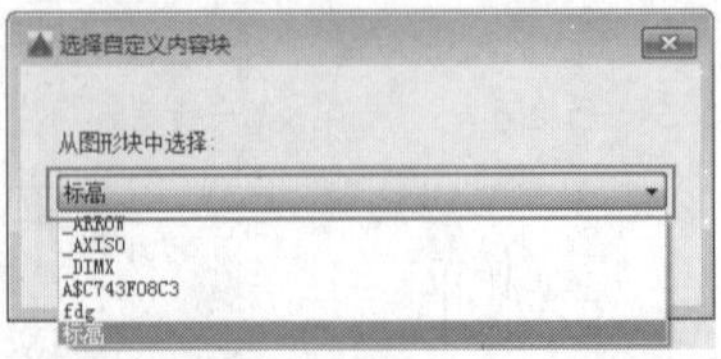

图 7-166 选择【标高】图块

**Step 06** 选择完毕后自动返回【修改多重引线样式：标高引线】对话框，然后再在【内容】选项卡的【附着】下拉列表中选择【插入点】选项，则所有引线参数设置完成，如图7-167所示。

**Step 07** 单击【确定】按钮完成引线设置，返回【多重引线样式管理器】对话框，将【标高引线】置为当前，如图7-168所示。

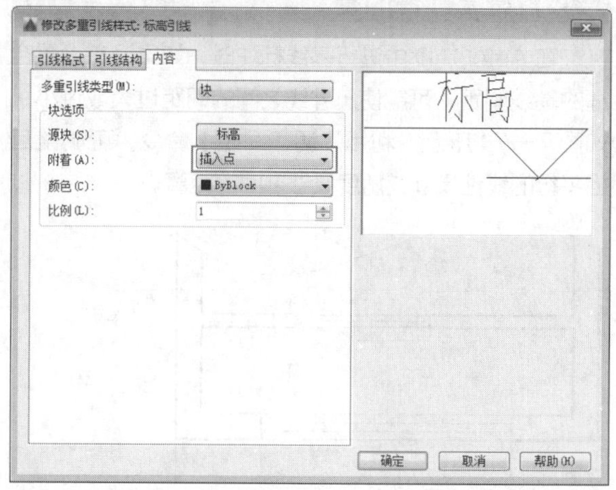


图 7-167 设置多重引线的附着点

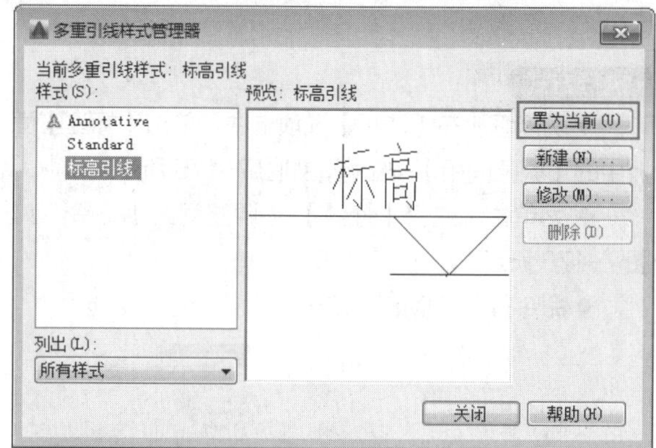


图 7-168 将【标高引线】样式置为当前

**Step 08** 标注标高。返回绘图区后，在【默认】选项卡中，单击【注释】面板上的【引线】按钮，执行【多重引线】命令，从左侧标注的最下方尺寸界线端点开始，水平向左引出第一条引线，然后单击鼠标左键放置，打开【编辑属性】对话框，输入标高值“0.000”，即基准标高，如图7-169所示。

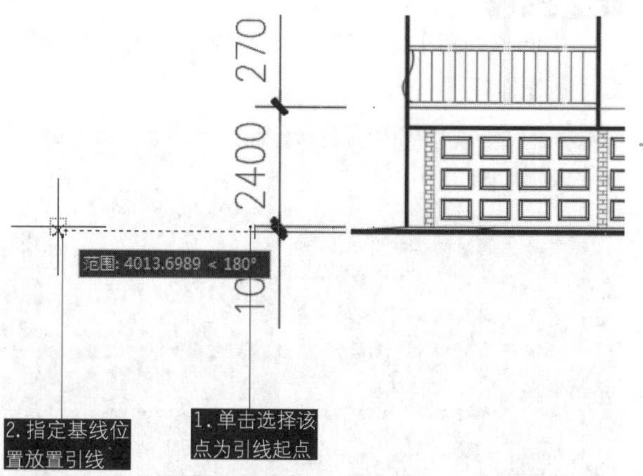


图 7-169 通过【多重引线】放置标高

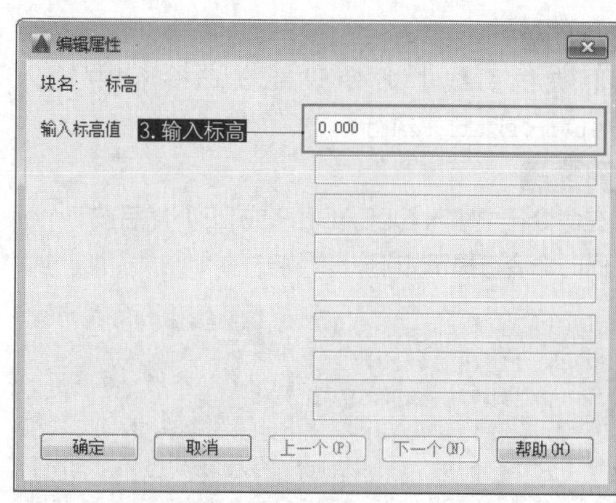


图 7-169 通过【多重引线】放置标高（续）

**Step 09** 标注效果如图7-170所示。接着按相同方法，对其余位置进行标注，即可快速创建该立面图的所有标高，最终效果如图7-171所示。

图 7-170 标注第一个标高

图 7-171 标注其余标高

## 7.3.12 快速引线标注 ★重点★

【快线引线】标注命令是 AutoCAD 常用的引线标注命令，相较于【多重引线】来说，【快线引线】是一种形式较为自由的引线标注，其结构组成如图 7-172 所示，其中转折次数可以设置，注释内容也可设置为其他类型。

**·执行方式**

【快线引线】命令只能在命令行中输入QLEADER或LE来执行。

**·操作步骤**

在命令行中输入QLEADER或LE，然后按Enter键，此时命令行提示如下。

```
命令: LE                            //执行【快速引线】命令
QLEADER
指定第一个引线点或 [设置(S)] <设置>:
                                    //指定引线箭头位置
指定下一点:                         //指定转折点位置
指定下一点:                         //指定要放置内容的位置
指定文字宽度 <0>:↙                  //输入文本宽度或保持默认
输入注释文字的第一行 <多行文字(M)>: 快速引线↙ //输入文本内容
输入注释文字的下一行:↙
            //指定下一行内容或单击Enter键完成操作
```

**·选项说明**

在命令行中输入S，系统弹出【引线设置】对话框，如图7-173所示，可以在其中对引线的注释、引出线和箭头、附着等参数进行设置。

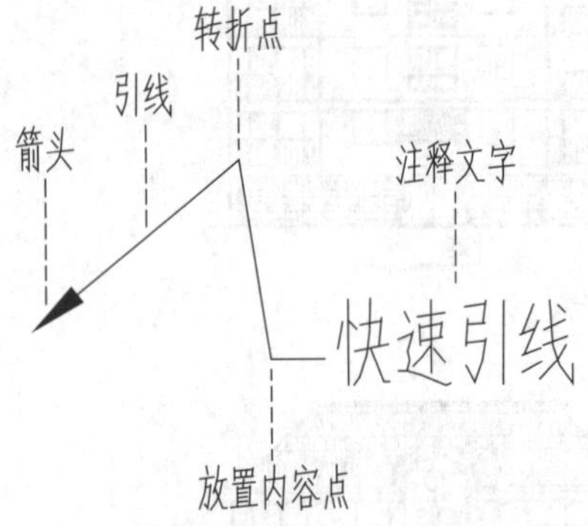


图7-172 快速引线的结构

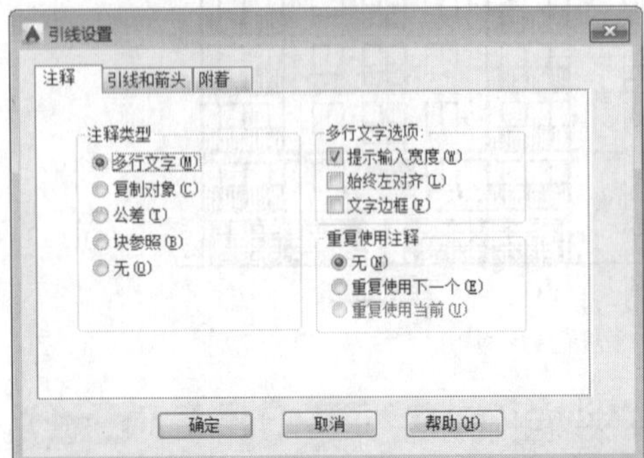


图7-173 【引线设置】对话框

## 7.4 标注的编辑

在创建尺寸标注后，如未能达到预期的效果，还可以对尺寸标注进行编辑，如修改尺寸标注文字的内容、编辑标注文字的位置、更新标注和关联标注等操作，而不必删除所标注的尺寸对象再重新进行标注。

### 7.4.1 调整标注间距

在AutoCAD中进行基线标注时，如果没有设置合适的基线间距，可能使尺寸线之间的间距过大或过小，如图7-174所示。利用【调整间距】命令，可调整互相平行的线性尺寸或角度尺寸之间的距离。

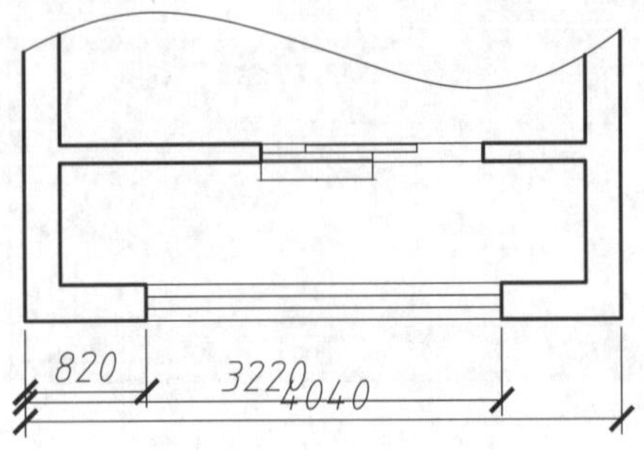


图7-174 标注间距过小

**·执行方式**

◆功能区：在【注释】选项卡中，单击【标注】面板中的【调整间距】按钮，如图7-175所示。

◆菜单栏：选择【标注】|【调整间距】命令，如图7-176所示。

◆命令行：DIMSPACE。

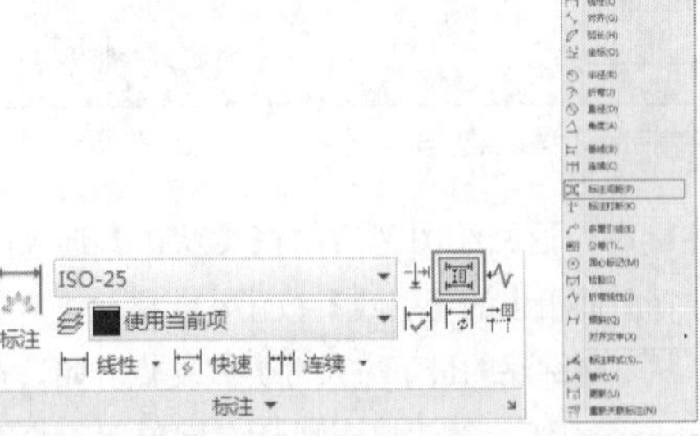


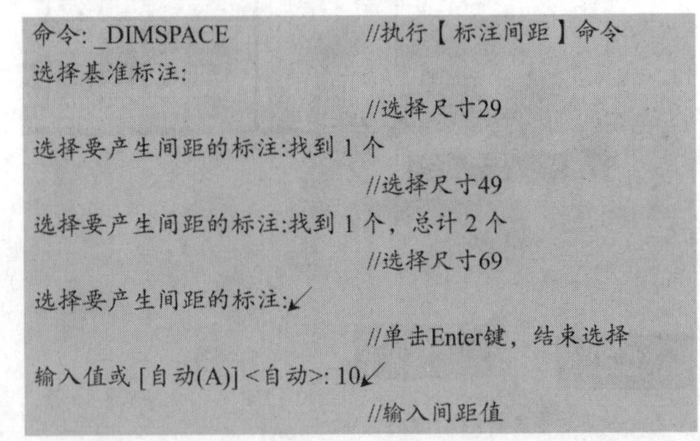

图7-175 【标注】面板中的【调整间距】按钮

图7-176 【调整间距】标注菜单命令

**·操作步骤**

【调整间距】命令的操作示例如图7-177所示，命令行操作如下。

```
命令: _DIMSPACE                     //执行【标注间距】命令
选择基准标注:
                                    //选择尺寸29
选择要产生间距的标注:找到 1 个
                                    //选择尺寸49
选择要产生间距的标注:找到 1 个，总计 2 个
                                    //选择尺寸69
选择要产生间距的标注:↙
                                    //单击Enter键，结束选择
输入值或 [自动(A)] <自动>: 10↙
                                    //输入间距值
```

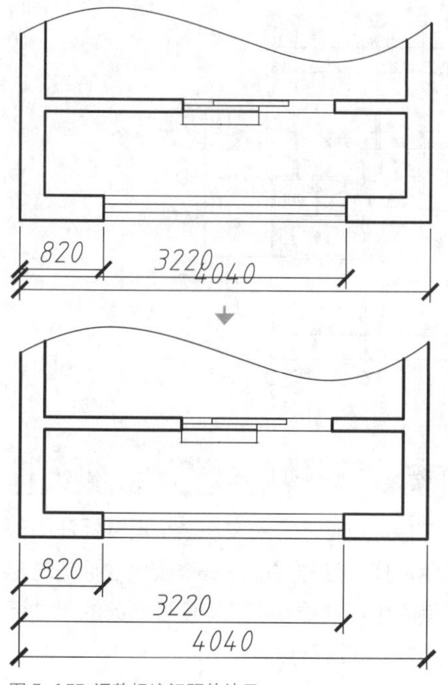


图 7-177 调整标注间距的效果

**·选项说明**

【调整间距】命令可以通过“输入值”和“自动(A)”这两种方式来创建间距，两种方式的含义解释如下。

◆ “输入值”：为默认选项。可以在选定的标注间隔开所输入的间距距离。如果输入的值为 0，则可以将多个标注对齐在同一水平线上。

◆ “自动（A）”：根据所选择的基准标注的标注样式中指定的文字高度自动计算间距。所得的间距距离是标注文字高度的 2 倍。

## 练习 7-13 调整间距优化图形

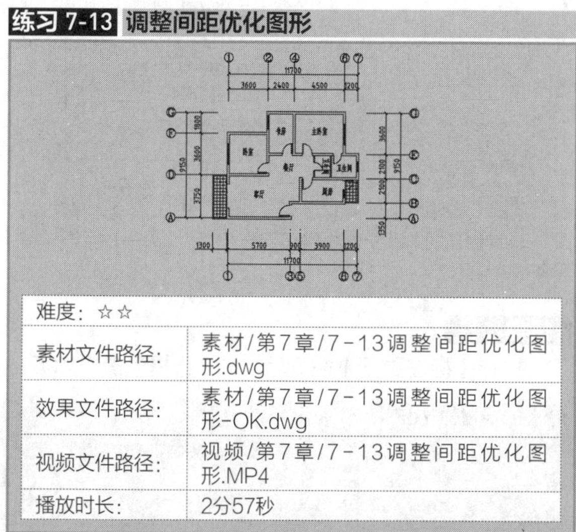

| 难度：☆☆ | |
|---|---|
| 素材文件路径： | 素材/第7章/7-13调整间距优化图形.dwg |
| 效果文件路径： | 素材/第7章/7-13调整间距优化图形-OK.dwg |
| 视频文件路径： | 视频/第7章/7-13调整间距优化图形.MP4 |
| 播放时长： | 2分57秒 |

在建筑等工程类图纸中，墙体及其轴线尺寸均需要整列或整排对齐。但是，有些时候图形会因为标注关联点的设置问题，导致尺寸移位，就需要重新将尺寸一一对齐，这在打开外来图纸时尤其常见。如果用户纯手工地去一个个调整标注，那效率十分低下，这时就可以借助【调整间距】命令来快速整理图形。

**Step 01** 打开素材文件“第7章/7-13调整间距优化图形.dwg”，如图7-178所示，图形中各尺寸出现了移位，并不工整。

**Step 02** 水平对齐底部尺寸。在【注释】选项卡中，单击【标注】面板中的【调整间距】按钮，选择左下方的阳台尺寸1300作为基准标注，然后依次选择右方的尺寸5700、900、3900和1200作为要产生间距的标注，输入间距值为0，则所选尺寸都统一水平对齐至尺寸1300处，如图7-179所示，命令行操作如下。

```
命令: _DIMSPACE
选择基准标注: /                                   //选择尺寸1300
选择要产生间距的标注:找到 1 个
                                                  //选择尺寸5700
选择要产生间距的标注:找到 1 个，总计 2 个
                                                  //选择尺寸900
选择要产生间距的标注:找到 1 个，总计 3 个
                                                  //选择尺寸3900
选择要产生间距的标注:找到 1 个，总计 4 个
                                                  //选择尺寸1200
选择要产生间距的标注:↙
                                    //单击Enter，结束选择
输入值或 [自动(A)] <自动>: 0↙
                                    //输入间距值0，得到水平排列
```

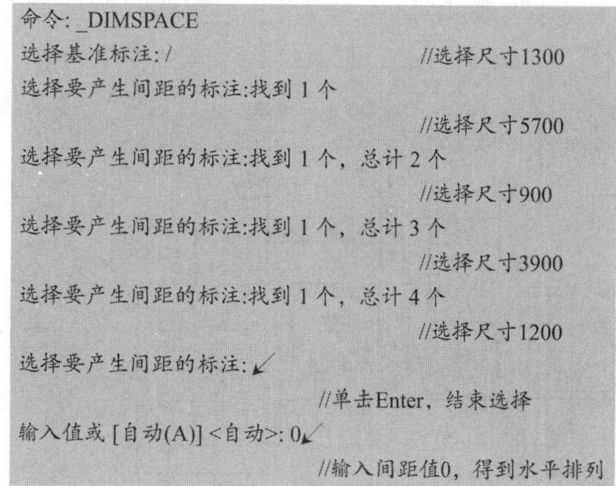


图 7-178 素材图形

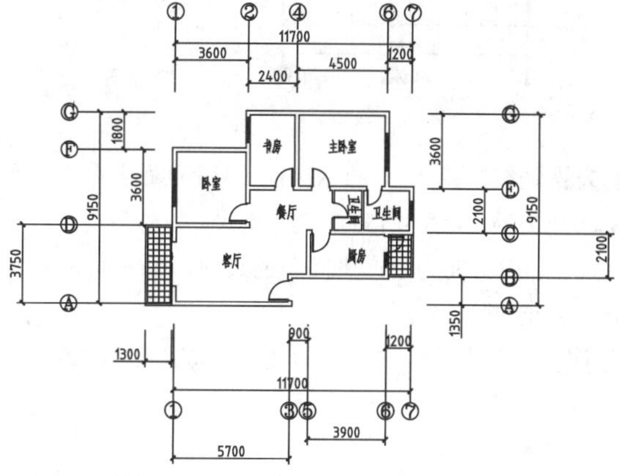


图 7-179 水平对齐尺寸

**Step 03** 垂直对齐右侧尺寸。选择右下方1350尺寸为基准尺寸，然后选择上方的尺寸2100、2100、3600，输入间距值为0，得到垂直对齐尺寸，如图7-180所示。

**Step 04** 对齐其余尺寸。按相同方法，对齐其余尺寸，最外层的总长尺寸除外，效果如图7-181所示。

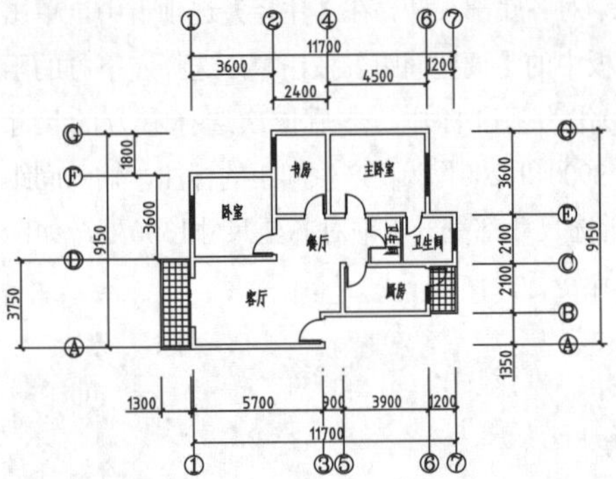


图 7-180 垂直对齐右侧尺寸

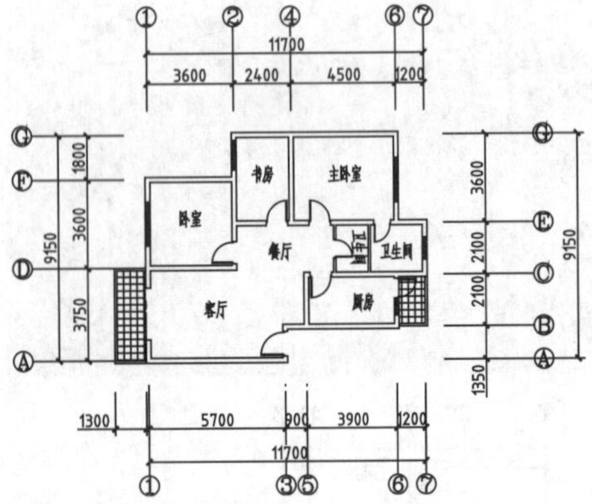


图 7-181 对齐其余尺寸

**Step 05** 调整外层间距。再次执行【调整间距】命令，仍选择左下方的阳台尺寸1300作为基准尺寸，然后选择下方的总长尺寸11700为要产生间距的尺寸，输入间距值为1300，效果如图7-182所示。

**Step 06** 按相同方法，调整所有的外层总长尺寸，最终结果如图7-183所示。

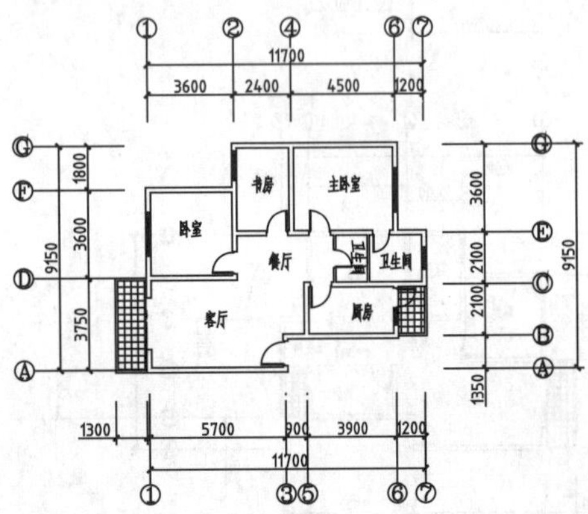


图 7-182 调整外层间距

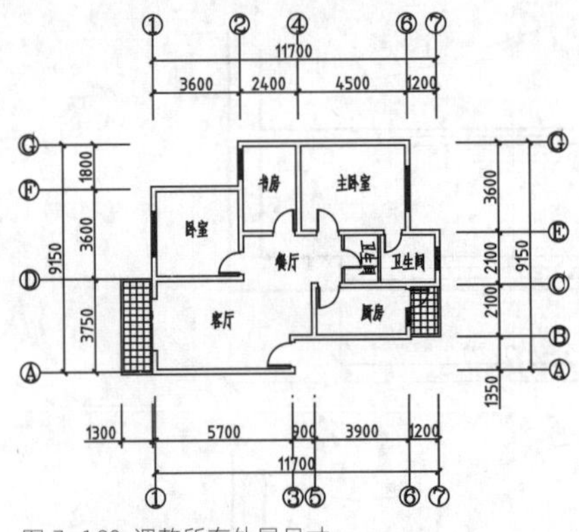


图 7-183 调整所有外层尺寸

## 7.4.2 更新标注

★进阶★

在创建尺寸标注过程中，若发现某个尺寸标注不符合要求，可采用替代标注样式的方法修改尺寸标注的相关变量，然后使用【标注更新】功能使要修改的尺寸标注按所设置的尺寸样式进行更新。

**·执行方式**

【标注更新】命令主要有以下几种调用方法。

◆功能区：在【注释】选项卡中，单击【标注】面板中的【更新】按钮，如图 7-184 所示。

◆菜单栏：选择【标注】|【更新】菜单命令，如图 7-185 所示。

◆命令行：DIMSTYLE。

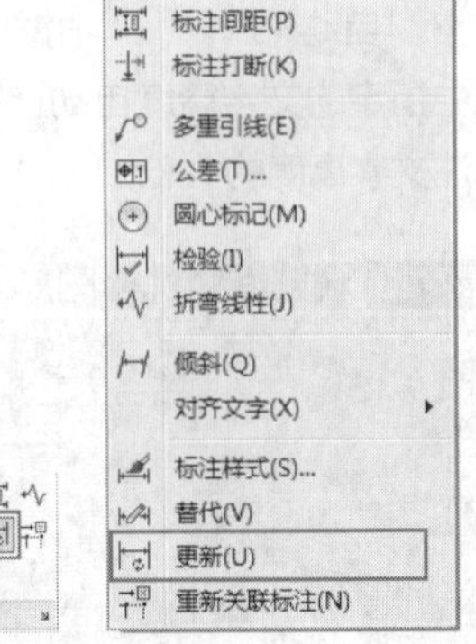


图 7-184 【标注】面板中的【更新】按钮　图 7-185 【更新】标注菜单命令

**·操作步骤**

执行【标注更新】命令后，命令行提示操作如下。

```
命令: _DIMSTYLE
                                    //调用【更新】标注命令
当前标注样式: 标注  注释性: 否
输入标注样式选项
[注释性(AN)/保存(S)/恢复(R)/状态(ST)/变量(V)/应用(A)/?] <恢复>: _apply
选择对象: 找到 1 个
```

**·选项说明**

命令行中其各选项含义如下。

◆“注释性（AN）”：将标注更新为可注释的对象。

◆“保存（S）”：将标注系统变量的当前设置保存到标注样式。

◆“状态（ST）”：显示所有标注系统变量的当前值，并自动结束 DIMSTYLE 命令。

◆“变量（V）”：列出某个标注样式或设置选定标注的系统变量，但不能修改当前设置。

◆“应用（A）”：将当前尺寸标注系统变量设置应用到选定标注对象，永久替代应用于这些地向的任何现有标注样式。选择该选项后，系统提示选择标注对象，选择标注对象后，所选择的标注对象将自动被更新为当前标注格式。

## 7.4.3 尺寸关联性 ★进阶★

尺寸关联是指尺寸对象及其标注的对象之间建立了联系，当图形对象的位置、形状、大小等发生改变时，其尺寸对象也会随之动态更新。如一个长 50、宽 30 的矩形，使用【缩放】命令将矩形等放大两倍，不仅图形对象放大了两倍，而且尺寸标注也同时放大了两倍，尺寸值变为缩放前的两倍，如图 7-186 所示。

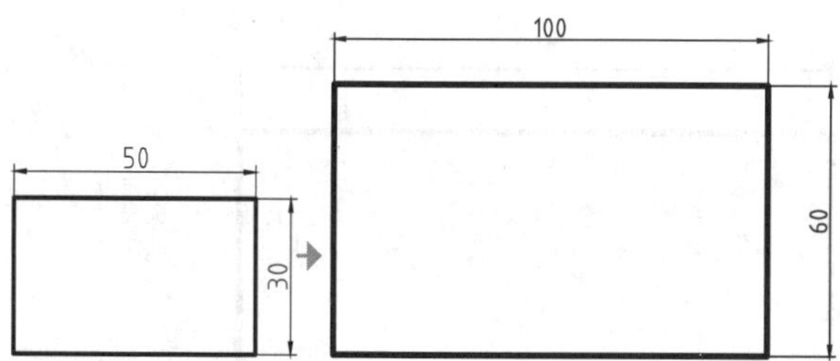


图 7-186 尺寸关联示例

### 1 尺寸关联

在模型窗口中标注尺寸时，尺寸是自动关联的，无须用户进行关联设置。但是，如果在输入尺寸文字时不使用系统的测量值，而是由用户手工输入尺寸值，那么尺寸文字将不会与图形对象关联。

**·执行方式**

对于没有关联，或已经解除了关联的尺寸对象和图形对象，重建标注关联的方法如下。

◆功能区：在【注释】选项卡中，单击【标注】面板中的【重新关联】按钮，如图 7-187 所示。

◆菜单栏：执行【标注】|【重新关联标注】命令，如图 7-188 所示。

◆命令行：DIMREASSOCIATE 或 DRE。

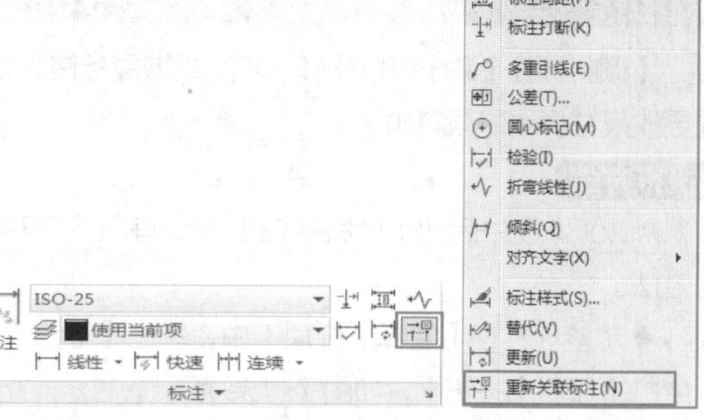


图 7-187 【标注】面板中的【重新关联】按钮

图 7-188 【重新关联标注】标注菜单命令

**·操作步骤**

执行【重新关联】命令之后，命令行提示如下。

```
命令: _DIMREASSOCIATE
                              //执行【重新关联】命令
选择要重新关联的标注 ...
选择对象或 [解除关联(D)]: 找到 1 个
                              //选择要建立关联的尺寸
选择对象或 [解除关联(D)]:
指定第一个尺寸界线原点或 [选择对象(S)] <下一个>:
                    //选择要关联的第一点
指定第二个尺寸界线原点 <下一个>:
                              //选择要关联的第二点
```

每个关联点提示旁边都会显示有一个标记，如果当前标注的定义点与几何对象之间没有关联，则标记将显示为蓝色的“╳”；如果定义点与几何对象之间已有了关联，则标记将显示为蓝色的“⊠”。

### 2 解除关联

对于已经建立了关联的尺寸对象及其图形对象，可以用【解除关联】命令解除尺寸与图形的关联性。解除标注关联后，对图形对象进行修改，尺寸对象不会发生任何变化。因为尺寸对象已经和图形对象彼此独立，没有任何关联关系了。

**·执行方式**

解除关联只有以下两种方法。

◆命令行：DIMDISASSOCIATE 或 DDA。.

◆内容选项：执行【重新关联】命令时选择其中的“解除关联（D）”选项。

**·操作步骤**

在命令行中输入 DDA 命令并按 Enter 键，执行【解除关联】命令后，命令行提示如下。

```
命令: DDA↙
DIMDISASSOCIATE
选择要解除关联的标注 ...      //选择要解除关联的尺寸
选择对象:
```

选择要解除关联的尺寸对象，按 Enter 键即可解除关联。

## 7.4.4 倾斜标注 ★进阶★

【倾斜标注】命令可以旋转、修改或恢复标注文字，并更改尺寸界线的倾斜角。

**·执行方式**

AutoCAD 中启动【倾斜标注】命令有以下 3 种常用方法。

◆功能区：在【注释】选项卡中，单击【标注】面板中的【倾斜】按钮，如图 7-189 所示。

◆菜单栏：调用【标注】|【倾斜】菜单命令，如图 7-190 所示。

◆命令行：DIMEDIT 或 DED。

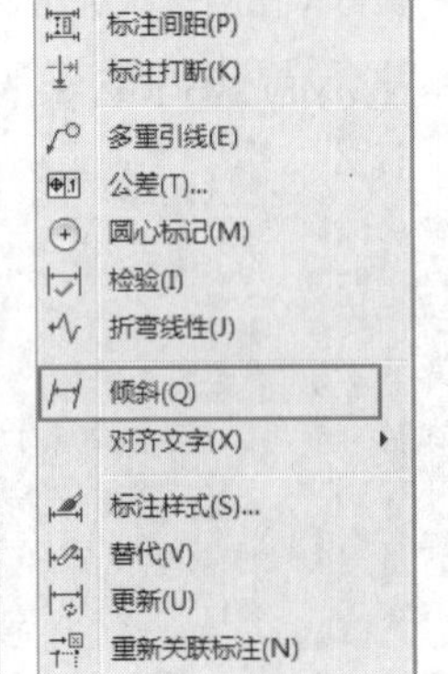


图 7-189 【标记】面板中的【倾斜】按钮　图 7-190 【倾斜】标注菜单命令

**·操作步骤**

在以前版本的 AutoCAD 中，【倾斜】命令归类于 DIMEDIT【标注编辑】命令之内，而到了 AutoCAD 2016，开始作为一个独立的命令出现在面板上。但如果还是以命令行中输入 DIMEDIT 的方式调用，则可以执行其他属于【标注编辑】的命令，此时的命令行提示如下。

```
输入标注编辑类型[默认（H）/新建（N）/旋转（R）/倾斜（O）]〈默认〉:
```

**·选项说明**

命令行中各选项的含义如下。

◆“默认（H）”：选择该选项并选择尺寸对象，可以按默认位置和方向放置尺寸文字。

◆“新建（N）”：选择该选项后，系统将打开【文字编辑器】选项卡，选中输入框中的所有内容，然后重新输入需要的内容，单击该对话框上的【确定】按钮。返回绘图区，单击要修改的标注，如图 7-191 所示，按 Enter 键即可完成标注文字的修改，结果如图 7-192 所示。

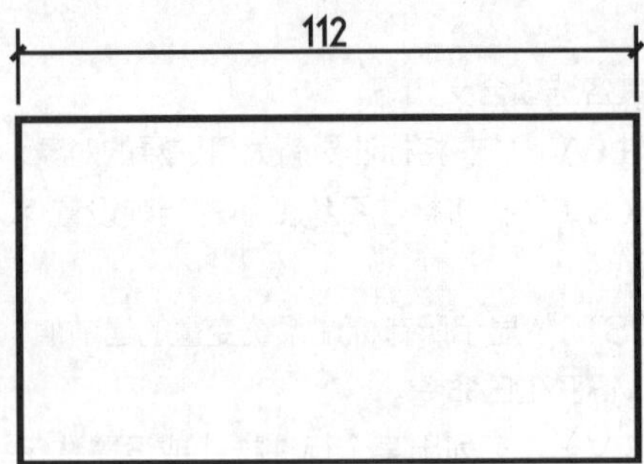


图 7-191 选择修改对象

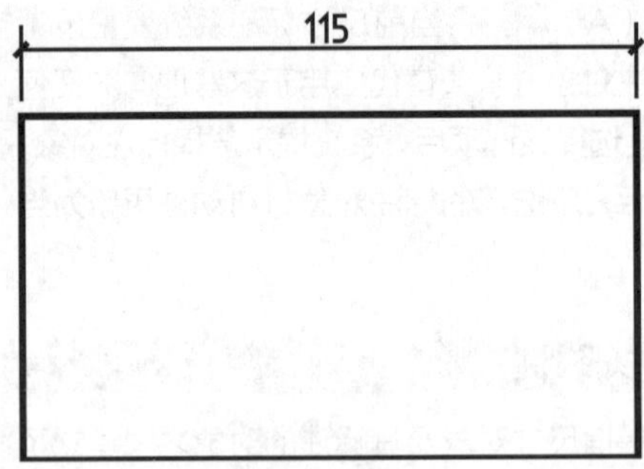


图 7-192 修改结果

◆“旋转（R）”：选择该项后，命令行提示“输入文字旋转角度：”，此时，输入文字旋转角度后，单击要修改的文字对象，即可完成文字的旋转。如图 7-193 所示为将文字旋转 30° 后的效果对比。

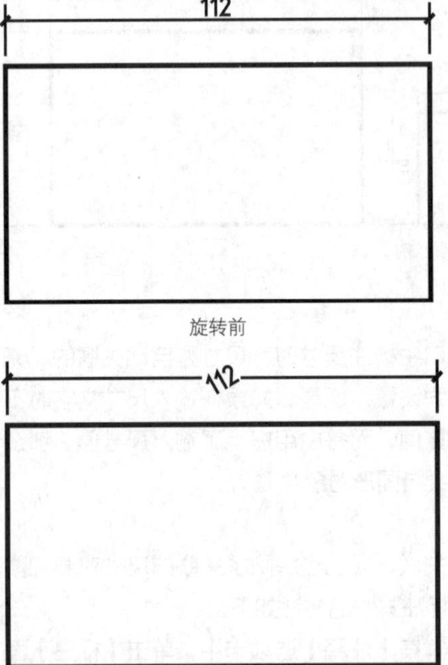


图 7-193 文字旋转效果对比

◆“倾斜（O）”：用于修改延伸线的倾斜度。选择该项后，命令行会提示选择修改对象，并要求输入倾斜角度。如图 7-194 所示为延伸线倾斜 60° 后的效果对比。

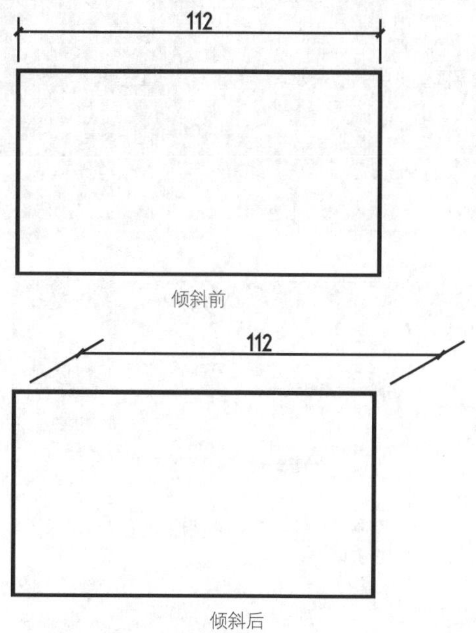


图 7-194 延伸线倾斜效果对比

> **操作技巧**
>
> 在命令行中输入DDEDIT或ED命令，也可以很方便地修改标注文字的内容。

## 7.4.5 对齐标注文字 ★进阶★

调用【对齐标注文字】命令可以调整标注文字在标注上的位置。

**·执行方式**

AutoCAD 中启动【对齐标注文字】命令有以下 3 种常用方法。

◆功能区：单击【注释】选项卡中【标注】面板中的相应按钮，【文字角度】按钮、【左对正】按钮、【居中对正】按钮、【右对正】按钮等，如图 7-195 所示。

◆菜单栏：调用【标注】|【对齐文字】菜单命令，如图 7-196 所示。

◆命令行：DIMTEDIT。

图 7-195 【标注】面板中与对齐文字有关的命令按钮

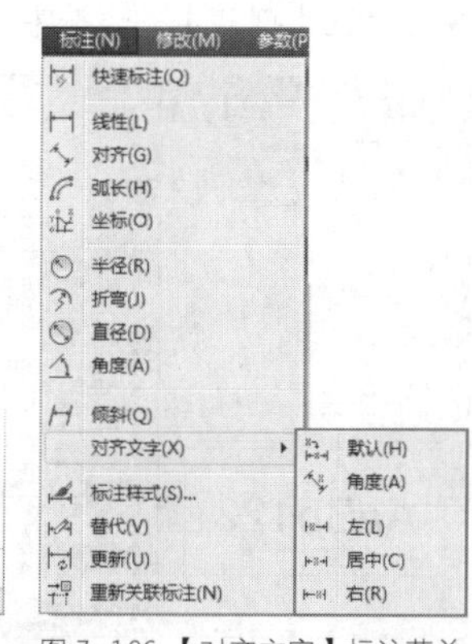


图 7-196 【对齐文字】标注菜单命令

**·操作步骤**

调用编辑标注文字命令后，命令行提示如下。

```
命令: _DIMTEDIT
选择标注:            //选择已有的标注作为编辑对象
为标注文字指定新位置或 [左对齐(L)/右对齐(R)/居中(C)/默认(H)/角度(A)]:            //指定编辑标注文字选项
标注已解除关联。     //显示编辑标注文字结果信息
```

**·选项说明**

其各选项含义如下。

◆“左对齐（L）”：将标注文字放置于尺寸线的左边，如图 7-197（A）所示。

◆“右对齐（R）”：将标注文字放置于尺寸线的右边，如图 7-197（B）所示。

◆“居中（C）”：将标注文字放置于尺寸线的中心，如图 7-197（C）所示。

◆“默认（H）”：恢复系统默认的尺寸标注位置。

◆“角度（A）”：用于修改标注文字的旋转角度，与“DIMEDIT”命令的旋转选项效果相同，如图 7-197（D）所示。

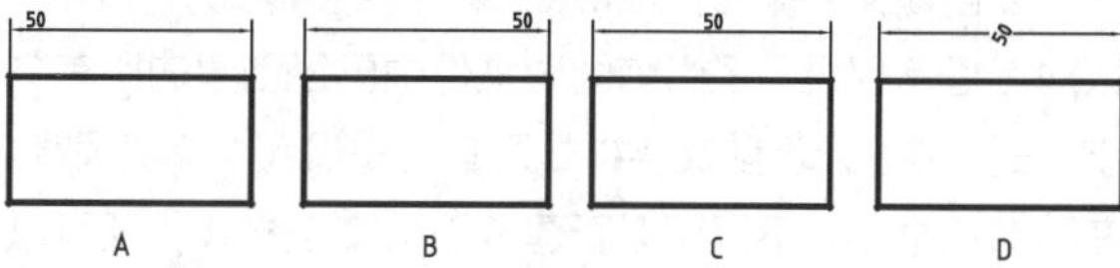


图 7-197 各种文字位置效果

## 7.4.6 翻转箭头

当尺寸界线内的空间狭窄时，可使用翻转箭头将尺寸箭头翻转到尺寸界线之外，使尺寸标注更清晰。选中需要翻转箭头的标注，则标注会以夹点形式显示，指针移到尺寸线夹点上，弹出快捷菜单，选择其中的【翻转箭头】命令即可翻转该侧的一个箭头。使用同样的操作翻转另一端的箭头，操作示例如图 7-198 所示。

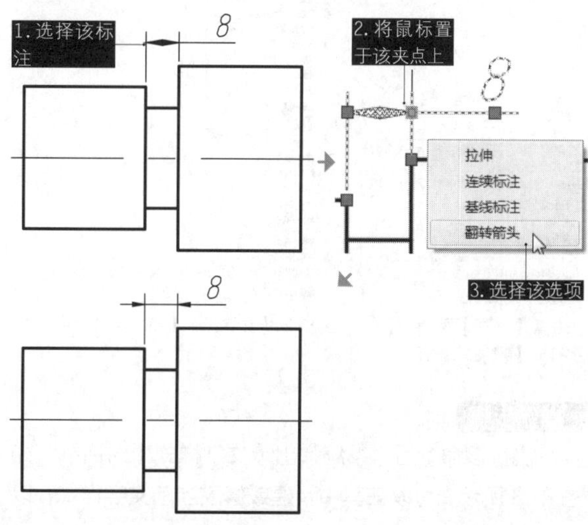


图 7-198 翻转箭头

# 第 8 章 文字和表格

文字和表格是图纸中的重要组成部分，用于注释和说明图形难以表达的特征，如平面图纸中的技术要求、明细表，施工图纸中的安装施工说明、图纸目录表等。本章介绍 AutoCAD 中文字、表格的设置和创建方法。

## 8.1 创建文字

文字注释是绘图过程中很重要的内容。我们在进行各种设计时，不仅要绘制出图形，还需要在图形中标注一些注释性的文字，这样可以对不便于表达的图形设计加以说明，使设计表达更加清晰。

### 8.1.1 文字样式的创建与其他操作

与【标注样式】一样，文字内容也可以设置【文字样式】来定义文字的外观，包括字体、高度、宽度比例、倾斜角度以及排列方式等这是对文字特性的一种描述。

#### 1 新建文字样式

要创建文字样式，首先要打开【文字样式】对话框。该对话框不仅显示了当前图形文件中已经创建的所有文字样式，并显示当前文字样式及其有关设置、外观预览。在该对话框中，不但可以新建并设置文字样式，还可以修改或删除已有的文字样式。

**·执行方式**

调用【文字样式】有以下几种常用方法。

◆功能区：在【默认】选项卡中，单击【注释】滑出面板中的【文字样式】按钮，如图 8-1 所示。

◆菜单栏：选择【格式】|【文字样式】菜单命令，如图 8-2 所示。

◆命令行：STYLE 或 ST。

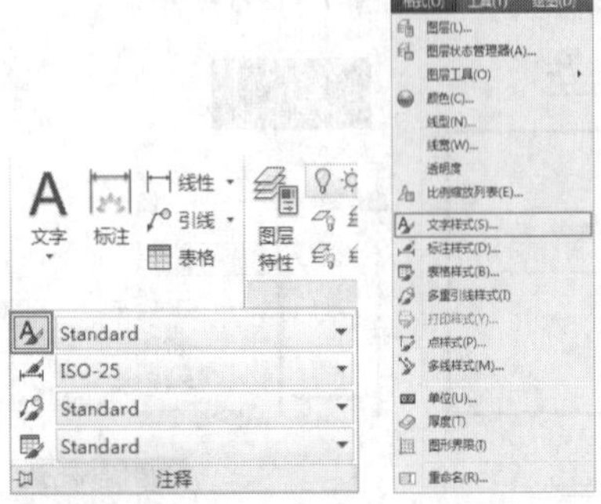

图 8-1【注释】面板中的【文字样式】按钮　图 8-2 【文字样式】格式菜单命令

**·操作步骤**

执行该命令后，系统弹出【文字样式】对话框，如图 8-3 所示，可以在其中新建或修改当前文字样式，以指定字体、高度等参数。

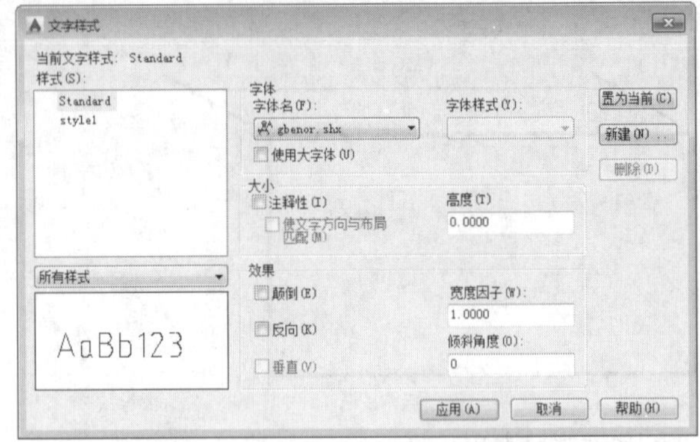

图 8-3 【文字样式】对话框

**·选项说明**

【文字样式】对话框中各参数的含义如下。

◆【样式】列表框：列出了当前可以使用的文字样式，默认文字样式为 Standard（标准）。

◆【字体名】下拉列表：在该下拉列表中可以选择不同的字体，如宋体、黑体和楷体等，如图 8-4 所示。

◆【使用大字体】复选框：用于指定亚洲语言的大字体文件，只有后缀名为 .SHX 的字体文件才可以创建大字体。

◆【字体样式】下拉列表：在该下拉列表中可以选择其他字体样式。

◆【置为当前】按钮：单击该按钮，可以将选择的文字样式设置成当前的文字样式。

◆【新建】按钮：单击该按钮，系统弹出【新建文字样式】对话框，如图 8-5 所示。在样式名文本框中输入新建样式的名称，单击【确定】按钮，新建文字样式将显示在【样式】列表框中。

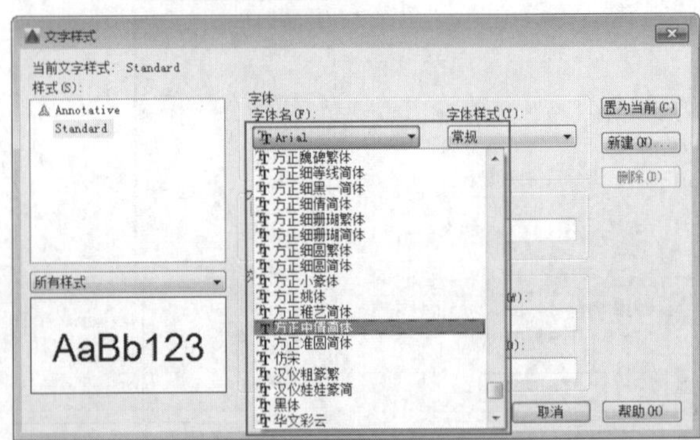

图 8-4 选择字体

图 8-5 【新建文字样式】对话框

◆【颠倒】复选框：勾选【颠倒】复选框之后，文字方向将翻转，如图 8-6 所示。

◆【反向】复选框：勾选【反向】复选框，文字的阅读顺序将与开始时相反，如图 8-7 所示。

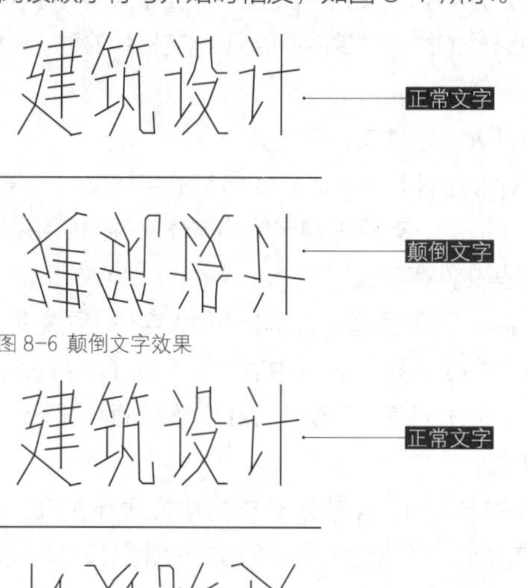


图 8-6 颠倒文字效果

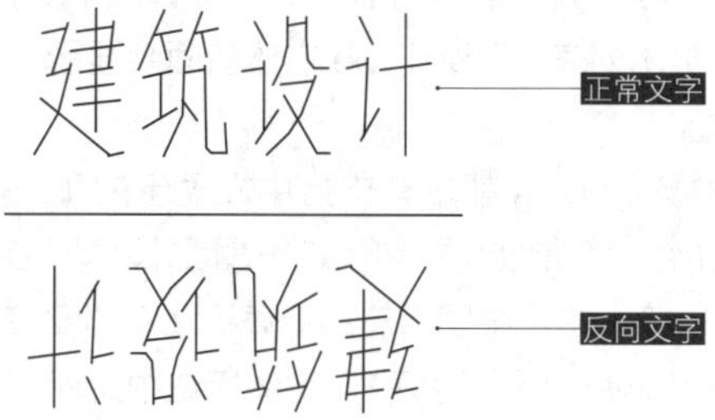

建筑设计 —— 正常文字

反向文字

图 8-7 反向文字效果

◆【高度】文本框：该参数可以控制文字的高度。

◆【宽度因子】文本框：该参数控制文字的宽度，正常情况下宽度比例为 1。如果增大比例，那么文字将会变宽。图 8-8 所示为宽度因子变为 1.5 时的效果。

◆【倾斜角度】文本框：该参数控制文字的倾斜角度，正常情况下为 0。图 8-9 所示为文字倾斜 45° 后的效果。要注意的是用户只能输入 -85° ～ 85° 的角度值，超过这个区间的角度值将无效。

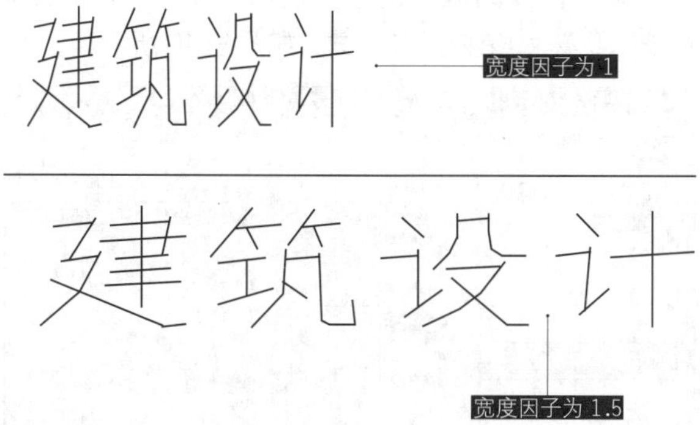

建筑设计 —— 宽度因子为 1

建筑设计

宽度因子为 1.5

图 8-8 调整宽度因子

建筑设计 —— 倾斜角度为 45

图 8-9 调整倾斜角度

**•初学解答 修改了文字样式，却无相应变化?**

在【文字样式】对话框中修改的文字效果，仅对单行文字有效果。用户如果使用的是多行文字创建的内容，则无法通过更改【文字样式】对话框中的设置来达到相应效果，如倾斜、颠倒等。

**•熟能生巧 图形中的文字显示为问号?**

打开文件后字体和符号变成了问号“？”，或有些字体不显示；打开文件时提示“缺少 SHX 文件”或“未找到字体”；出现上述字体无法正确显示的情况均是字体库出现了问题，可能是系统中缺少显示该文字的字体文件、指定的字体不支持全角标点符号或文字样式已被删除。有的特殊文字需要特定的字体才能正确显示。下面通过一个例子来介绍修复的方法。

**练习 8-1 将“???”还原为正常文字**

建筑剖面图

| 难度：☆☆☆ | |
|---|---|
| 素材文件路径： | 素材/第8章/8-1将“???”还原为正常文字.dwg |
| 效果文件路径： | 素材/第8章/8-1将“???”还原为正常文字-OK.dwg |
| 视频文件路径： | 视频/第8章/8-1将“???”还原为正常文字.MP4 |
| 播放时长： | 57秒 |

在进行实际的设计工作时，因为要经常与其他设计师进行图纸交流，所以会碰到许多外来图纸，这时就很容易碰到图纸中文字或标注显示不正常的情况。这一般都是样式出现了问题，因为计算机中没有样式所选用的字体，故显示问号或其他乱码。

**Step 01** 打开“第8章/8-1将“???”还原为正常文字.dwg”素材文件，所创建的文字显示为问号，内容不明，如图8-10所示。

**Step 02** 点选出现问号的文字，单击鼠标右键，在弹出的下拉列表中选择【特性】选项，系统弹出【特性】管理器。在【特性】管理器【文字】列表中，可以查看文字的【内容】、【样式】、【高度】等特性，并且能够修改。将其修改为【宋体】样式，如图8-11所示。

?????

图 8-10 打开素材　　图 8-11 修改文字样式

**Step 03** 文字得到正常显示，如图8-12所示。

建筑剖面图

图 8-12 正常显示的文字

**·精益求精** .shx 字体与 .ttf 字体的区别

在 AutoCAD 2016 中存在着两种类型的字体文件：.SHX 字体和 .TTF（TrueType）字体。这两类字体文件都支持英文显示，但显示中、日、韩等非 ASCII 编码的亚洲文字字体时就会出现一些问题。

当选择 .SHX 字体时，【使用大字体】复选框显亮，用户选中该复选框，然后在【大字体】下拉列表中选择大字体文件，一般使用 gbcbig.shx 大字体文件，如图 8-13 所示。

在【大小】选项组中可进行注释性和高度设置，如图 8-14 所示。其中，在【高度】文本框中键入数值可改变当前文字的高度若不进行设置，其默认值为 0.0000，并且每次使用该样式时命令行都将提示指定文字高度。

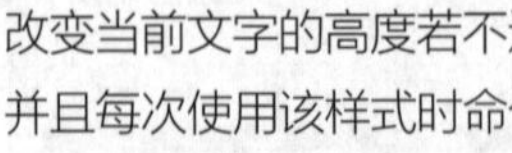

图 8-13 使用【大字体】 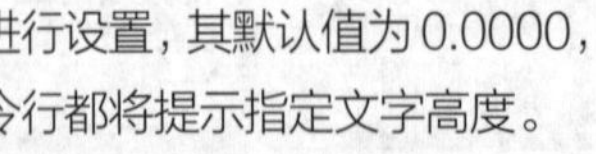　　图 8-14 设置文字高度

这两种字体的含义分别介绍如下。

◆ .SHX 字体文件

.SHX 字体是 AutoCAD 自带的字体文件，符合 AutoCAD 的标准。这种字体文件的后缀名是“.shx”，存放在 AutoCAD 的文件搜索路径下。

在【文字样式】对话框中，.SHX 字体前面会显示一个圆规形状的图标。AutoCAD 默认的 .SHX 字体文件是“txt.shx”。AutoCAD 自带的 .SHX 字体文件都不支持中文等亚洲语言字体。为了能够显示这些亚洲语言字体，一类称作大字体文件（big font）的特殊类型的 · SHX 文件被第三方开发出来。

为了在使用 · SHX 字体文件时能够正常显示中文，可以将字体设置为同时使用 · SHX 文件和大字体文件。或者在【 · SHX 字体】下拉列表框中选择需要的 · SHX 文件，用于显示英文，而在【大字体】下拉列表框中选择能够支持中文显示的大字体文件。

值得注意的是，有的大字体文件仅仅支持有限的亚洲文字字体，并不一定支持中文显示。在【大字体】下拉列表框中选择的大字体文件如果不能支持中文时，中文会无法正常显示。

◆ TrueType 字体文件

TrueType 字体是 Windows 自带的字体文件，符合 Windows 标准。支持这种字体的字体文件的后缀是“.ttf”。这些文件存放在“Windonws\Fonts\”下。

在【文字样式】对话框中取消【使用大字体】复选框，可以在【字体名】下拉列表框中显示所有的 TrueType 字体和 SHX 字体列表。TrueType 字体前面会显示一个“T”形图标。

中文版的 Windows 都带有支持中文显示的 TTF 字体文件，其中包括经常使用的字体如“宋体”“黑体”“楷体 -GB2312”等。由于中国用户的计算机几乎都安装了中文版 Windows，所以用 .TTF 字体标注中文就不会出现中文显示不正常的问题。

## 2 应用文字样式

在创建的多种文字样式中，只能有一种文字样式作为当前的文字样式，系统默认创建的文字均按照当前文字样式。因此要应用文字样式，首先应将其设置为当前文字样式。

设置当前文字样式的方法有以下两种。

◆在【文字样式】对话框的【样式】列表框中选择要置为当前的文字样式，单击【置为当前】按钮，如图 8-15 所示。

◆在【注释】面板的【文字样式控制】下拉列表框中选择要置为当前的文字样式，如图 8-16 所示。

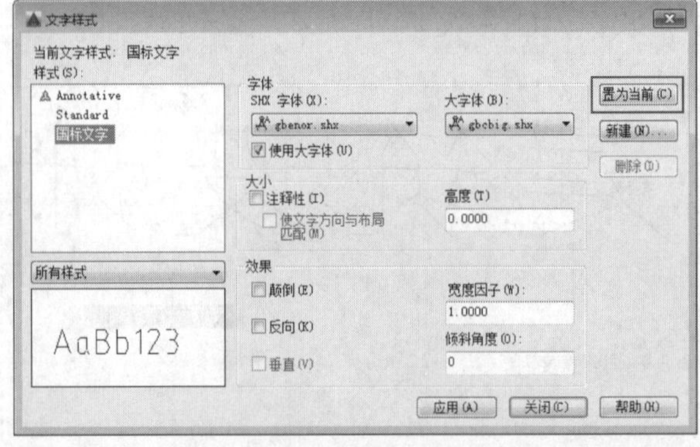


图 8-15 在【文字样式】对话框中【置为当前】

图 8-16 通过【注释】面板设置当前文字样式

### 3 重命名文字样式

有时在命名文字样式时出现错误，需对其重新进行修改，重命名文字样式的方法有以下两种。

◆在命令行输入 RENAME（或 REN）并回车，打开【重命名】对话框。在【命名对象】列表框中选择【文字样式】，然后在【项目】列表框中选择【标注】，在【重命名为】文本框中输入新的名称，如“园林景观标注”，然后单击【重命名为】按钮，最后单击【确定】按钮关闭对话框，如图 8-17 所示。

◆在【文字样式】对话框的【样式】列表框中选择要重命名的样式名，并单击鼠标右键，在弹出的快捷菜单中选择【重命名】命令，如图 8-18 所示。但采用这种方式不能重命名 STANDARD 文字样式。

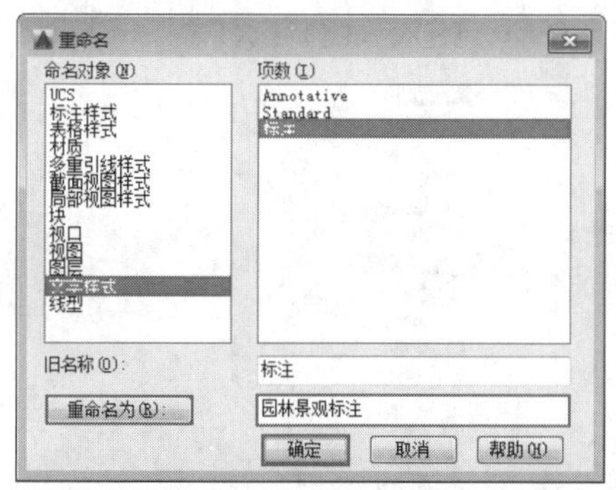


图 8-17 【重命名】对话框

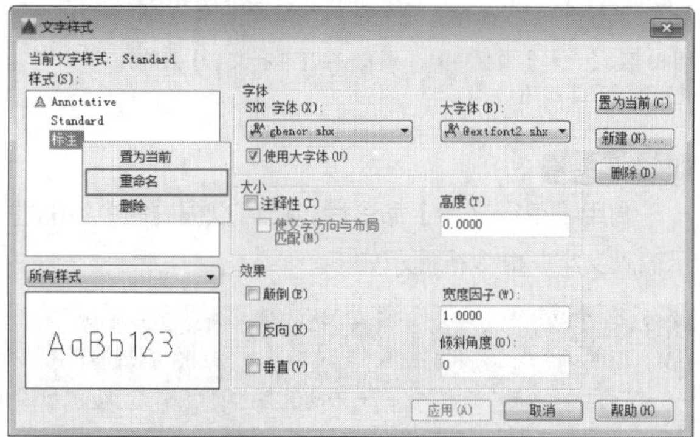


图 8-18 重命名文字样式

### 4 删除文字样式

文字样式会占用一定的系统存储空间，可以删除一些不需要的文字样式，以节约存储空间。删除文字样式的方法只有一种，即在【文字样式】对话框的【样式】列表框中选择要删除的样式名，并单击鼠标右键，在弹出的快捷菜单中选择【删除】命令，或单击对话框中的【删除】按钮，如图 8-19 所示。

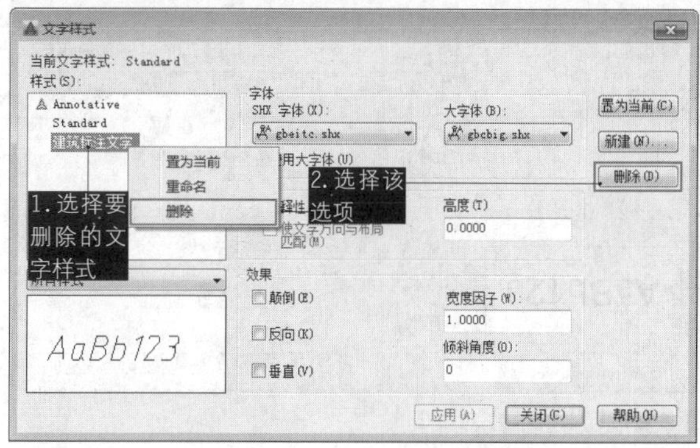


图 8-19 删除文字样式

**操作技巧**

当前的文字样式不能被删除。如果要删除当前文字样式，可以先将别的文字样式置为当前，然后再进行删除。

## 练习 8-2 创建国标文字样式

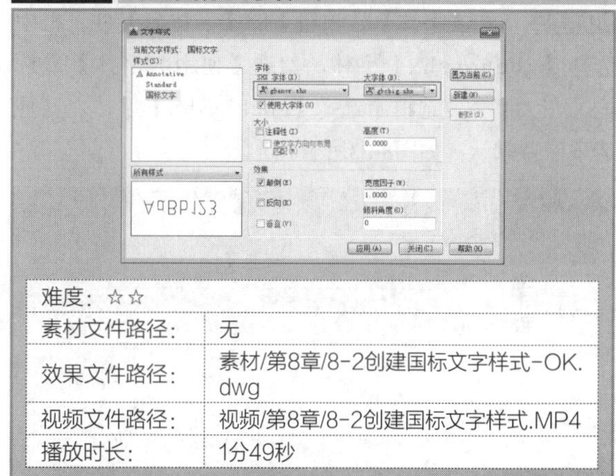

| 难度：☆☆ | |
|---|---|
| 素材文件路径： | 无 |
| 效果文件路径： | 素材/第8章/8-2创建国标文字样式-OK.dwg |
| 视频文件路径： | 视频/第8章/8-2创建国标文字样式.MP4 |
| 播放时长： | 1分49秒 |

国家标准规定了工程图纸中字母、数字及汉字的书写规范（详见 GB/T 14691-1993《技术制图 字体》）。AutoCAD 也专门提供了 3 种符合国家标准的中文字体文件，即【gbenor.shx】、【gbeitc.shx】、【gbcbig.shx】文件。其中，【gbenor.shx】、【gbeitc.shx】用于标注直体和斜体字母和数字，【gbcbig.shx】用于标注中文（需要勾选【使用大字体】复选框）。本例便创建【gbenor.shx】字体的国标文字样式。

**Step 01** 单击【快速访问】工具栏中的【新建】按钮，新建图形文件。

**Step 02** 在【默认】选项卡中，单击【注释】面板中的【文字样式】按钮，系统弹出【文字样式】对话框，如图8-20所示。

**Step 03** 单击【新建】按钮，弹出【新建文字样式】对

话框，系统默认新建【样式1】样式名，在【样式名】文本框中输入“国标文字”，如图8-21所示。

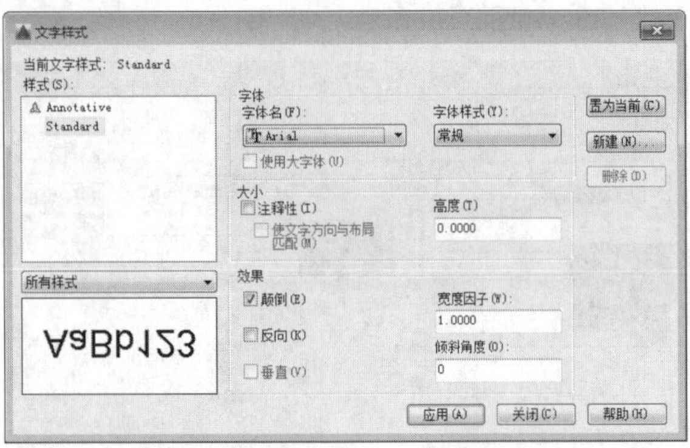


图 8-20 【文件样式】对话框

图 8-21 【新建文字样式】对话框

**Step 04** 单击【确定】按钮，在样式列表框中新增【国标文字】文字样式，如图8-22所示。

**Step 05** 单击【字体】选项组下的【字体名】列表框中选择【gbenor.shx】字体，勾选【使用大字体】复选框，在大字体复选框中选择【gbcbig.shx】字体。其他选项保持默认，如图8-23所示。

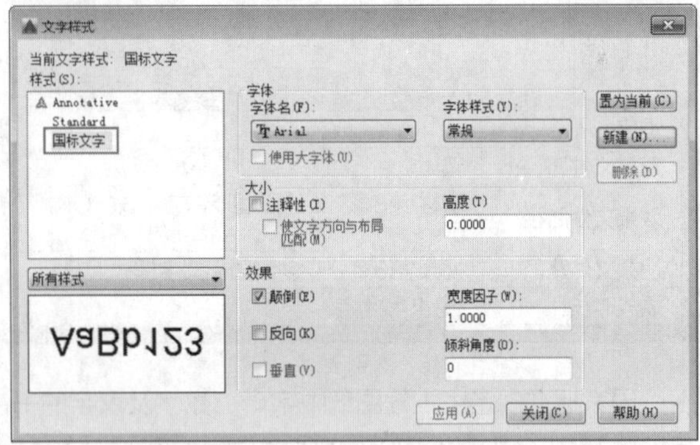


图 8-22 新增【国标文字】

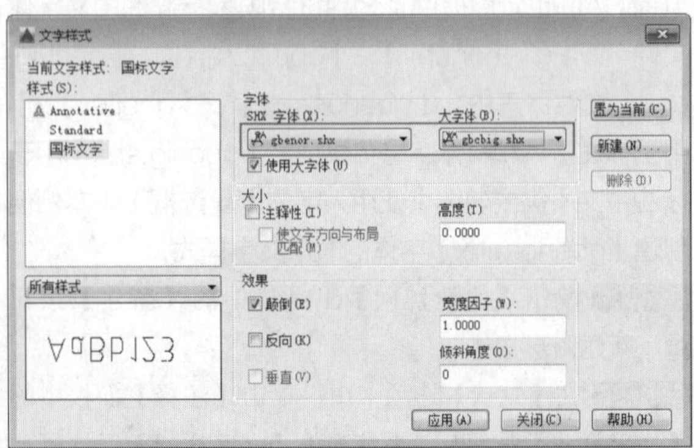


图 8-23 更改【字体名】

**Step 06** 单击【应用】按钮，然后单击【置为当前】按钮，将【国标文字】置于当前样式。

**Step 07** 单击【关闭】按钮，完成【国标文字】的创建。创建完成的样式可用于【多行文字】、【单行文字】等文字创建命令，也可以用于标注、动态块中的文字。

## 8.1.2 创建单行文字

【单行文字】是将输入的文字以“行”为单位，作为一个对象来处理。即使在单行文字中输入若干行文字，每一行文字仍是单独的对象。【单行文字】的特点就是每一行均可以独立移动、复制或编辑，因此，可以用来创建内容比较简短的文字对象，如图形标签、名称、时间等。

**·执行方式**

在 AutoCAD 2015 中启动【单行文字】命令的方法有：

◆功能区：在【默认】选项卡中，单击【注释】面板中的【单行文字】按钮A|，如图 8-24 所示。

◆菜单栏：执行【绘图】|【文字】|【单行文字】命令，如图 8-25 所示。

◆命令行：DT 或 TEXT 或 DTEXT。

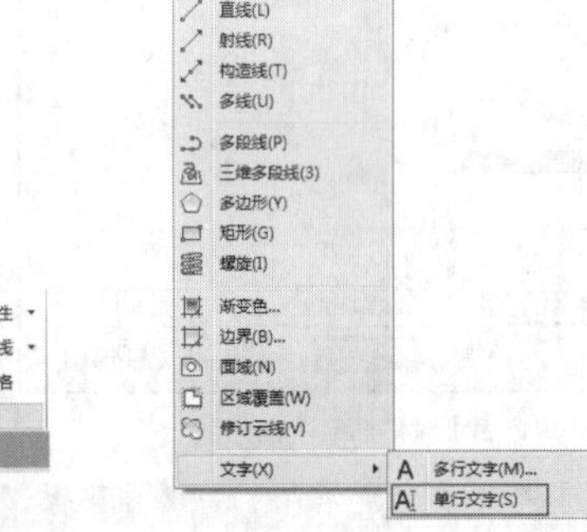


图 8-24 【注释】面板中的【单行文字】按钮　图 8-25 【单行文字】菜单命令

**·操作步骤**

调用【单行文字】命令后，就可以根据命令行的提示输入文字，命令行提示如下。

```
命令: _DTEXT                          //执行【单行文字】命令
当前文字样式: “Standard”  文字高度: 2.5000  注释性: 否
                                      //显示当前文字样式
指定文字的起点或 [对正(J)/样式(S)]:
                                      //在绘图区域合适位置任意拾取一点
指定高度 <2.5000>: 3.5↙
                                      //指定文字高度
指定文字的旋转角度 <0>:↙
                                      //指定文字旋转角度，一般默认为0
```

在调用命令的过程中，需要输入的参数有文字起点、文字高度（此提示只有在当前文字样式的字高为 0 时才显示）、文字旋转角度和文字内容。文字起点用于指定文字的插入位置，是文字对象的左下角点。文字旋转角度指文字相对于水平位置的倾斜角度。

设置完成后，绘图区域将出现一个带光标的矩形框，在其中输入相关文字即可，如图 8-26 所示。

图 8-26 输入相关文字

在输入单行文字时，按 Enter 键不会结束文字的输入，而是表示换行，且行与行之间还是互相独立存在的；在空白处单击左键则会新建另一处单行文字；只有按 Ctrl+Enter 组合键才能结束单行文字的输入。

**·选项说明**

【单行文字】命令行中各选项含义说明如下。

◆“指定文字的起点”：默认情况下，所指定的起点位置即是文字行基线的起点位置。在指定起点位置后，继续输入文字的旋转角度即可进行文字的输入。在输入完成后，按两次 Enter 键或将鼠标移至图纸的其他任意位置并单击，然后按 Esc 键即可结束单行文字的输入。

◆“对正（J）”：该选项可以设置文字的对正方式，共有 15 种方式，详见本节的“初学解答：单行文字的对正方式”。

◆“样式（S）”：选择该选项可以在命令行中直接输入文字样式的名称，也可以输入“？”，便会打开【AutoCAD 文本窗口】对话框，该对话框将显示当前图形中已有的文字样式和其他信息，如图 8-27 所示。

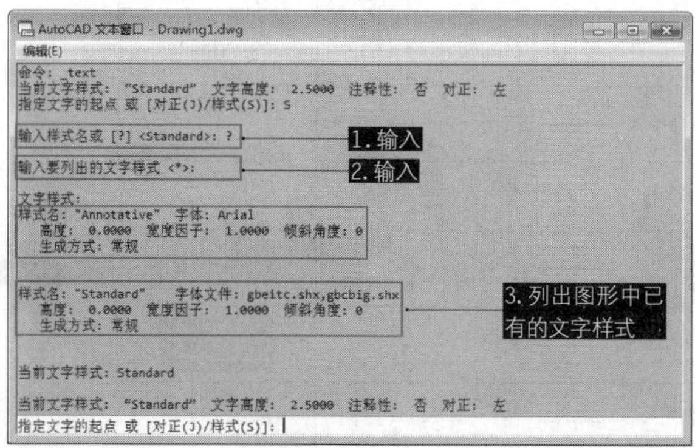


图 8-27 【AutoCAD 文本窗口】对话框

**·初学解答** 单行文字的对正方式

“对正（J）”备选项用于设置文字的缩排和对齐方式。选择该备选项，可以设置文字的对正点，命令行提示如下。

[左(L)/居中(C)/右(R)/对齐(A)/中间(M)/布满(F)/左上(TL)/中上(TC)/右上(TR)/左中(ML)/正中(MC)/右中(MR)/左下(BL)/中下(BC)/右下(BR)]:

命令行提示中主要选项如下。

◆“左（L）”：可使生成的文字以插入点为基点向左对齐。

◆“居中（C）”：可使生成的文字以插入点为中心向两边排列。

◆“右（R）”：可使生成的文字以插入点为基点向右对齐。

◆“中间（M）”：可使生成的文字以插入点为中央向两边排列。

◆“左上（TL）”：可使生成的文字以插入点为字符串的左上角。

◆“中上（TC）”：可使生成的文字以插入点为字符串顶线的中心点。

◆“右上（TR）”：可使生成的文字以插入点为字符串的右上角。

◆“左中（ML）”：可使生成的文字以插入点为字符串的左中点。

◆“正中（MC）”：可使生成的文字以插入点为字符串的正中点。

◆“右中（MR）”：可使生成的文字以插入点为字符串的右中点。

◆“左下（BL）”：可使生成的文字以插入点为字符串的左下角。

◆“中下（BC）”：可使生成的文字以插入点为字符串底线的中点。

◆“右下（BR）”：可使生成的文字以插入点为字符串的右下角。

要充分理解各对齐位置与单行文字的关系，就需要先了解文字的组成结构。

AutoCAD 为【单行文字】的水平文本行规定了 4 条定位线：顶线（Top Line）、中线（Middle Line）、基线（Base Line）、底线（Bottom Line），如图 8-28 所示。顶线为大写字母顶部所对齐的线，基线为大写字母底部所对齐的线，中线处于顶线与基线的正中间，底线为长尾小字字母底部所在的线，汉字在顶线和基线之间。系统提供了的如图 8-28 示的 13 个对齐点以及 15 种对齐方式。其中，各对齐点即为文本行的插入点，结合前文与该图，即可对单行文字的对齐有充分了解。

顶线 TL
中线 ML
基线 L
底线 BL
TC
MC
M
C
BC
TR
MR
R
BR

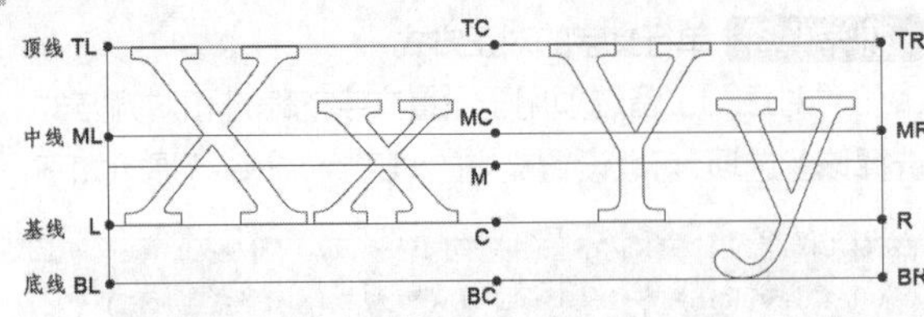

图 8-28 定位线示意图

图 8-28 中还有“对齐（A）”和“布满（F）”这两种方式没有示意，分别介绍如下。

◆ “对齐（A）”：指定文本行基线的两个端点确定文字的高度和方向。系统将自动调整字符高度使文字在两端点之间均匀分布，而字符的宽高比例不变，如图 8-29 所示。

◆ “布满（F）”：指定文本行基线的两个端点确定文字的方向。系统将调整字符的宽高比例，以使文字在两端点之间均匀分布，而文字高度不变，如图 8-30 所示。

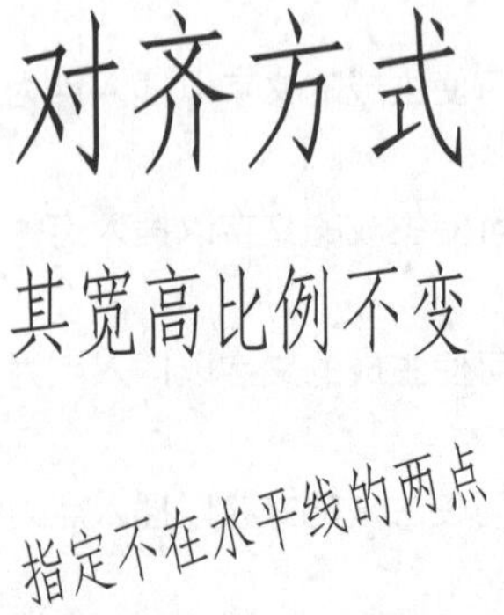

对齐方式
其宽高比例不变
指定不在水平线的两点

图 8-29 文字“对齐”方式效果

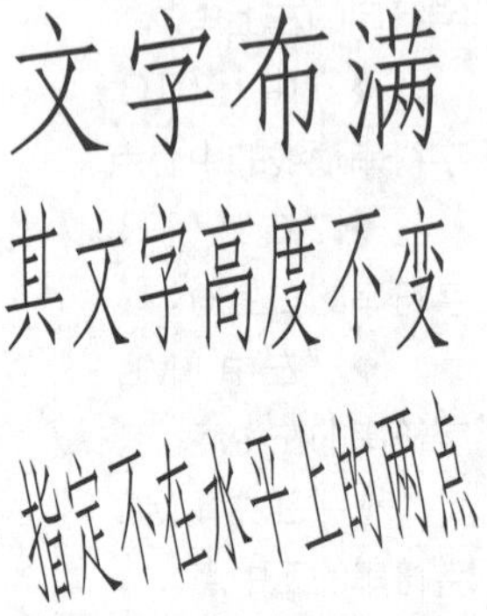

文字布满
其文字高度不变
指定不在水平上的两点

图 8-30 文字“布满”方式效果

**练习 8-3 使用单行文字注释图形**

CS
冷冻水供水管
CR
冷冻水回水管
HS
热供水管
HR
热回水管

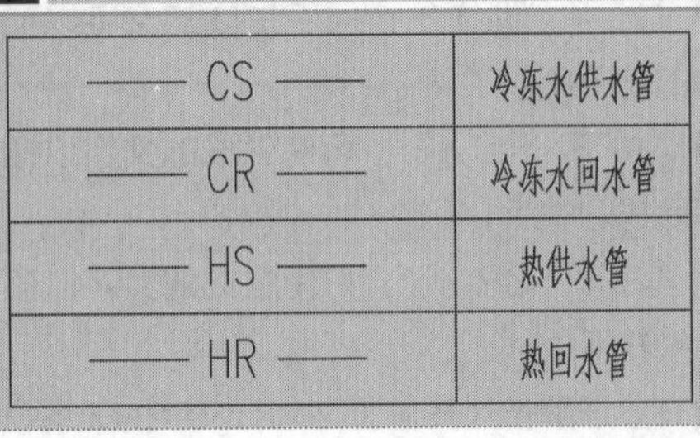

| | |
|---|---|
| 难度：☆☆ | |
| 素材文件路径： | 素材/第8章/8-3使用单行文字注释图形.dwg |
| 效果文件路径： | 素材/第8章/8-3使用单行文字注释图形-OK.dwg |
| 视频文件路径： | 视频/第8章/8-3使用单行文字注释图形.MP4 |
| 播放时长： | 2分13秒 |

单行文字输入完成后，可以不退出命令，而直接在另一个要输入文字的地方单击，同样会出现文字输入框。因此，在需要进行多次单行文字标注的图形中使用此方法，可以大大节省时间。如果要制作暖通图例，可以使用该方法。

**Step 01** 打开“第8章/8-3使用单行文字注释图形.dwg”素材文件，其中已绘制好了一暖通图例表，如图8-31所示。

**Step 02** 在【默认】选项卡中，单击【注释】面板中的【文字】下拉列表中的【单行文字】按钮A，然后根据命令行提示输入文字：“冷冻水供水管”，如图8-32所示，命令行提示如下。

```
命令: _DTEXT
当前文字样式: "Standard"  文字高度: 2.5000  注释性: 否
指定文字的起点或 [对正(J)/样式(S)]: J↙
                //选择"对正"选项
输入选项 [左(L)/居中(C)/右(R)/对齐(A)/中间(M)/布满(F)/左上(TL)/中上(TC)/右上(TR)/左中(ML)/正中(MC)/右中(MR)/左下(BL)/中下(BC)/右下(BR)]: MC↙
//选择"正中"对正方式
指定文字的中间点:
//单击右边第一行单元格的位置中心进行放置
指定高度 <2.5000>: 400↙
//指定文字高度
指定文字的旋转角度 <0>:↙
//指定文字角度。
//输入文字，按Ctrl+Enter组合键，结束命令
//单击下一框位置中心即可继续输入单行文字
命令: _text
当前文字样式: "Standard"  文字高度: 2.5000  注释性: 否
对正: 左
指定文字的中间点:
            //选择表格的左上角点
指定高度 <2.5000>: 400↙
            //输入文字高度为600
指定文字的旋转角度 <0>:↙
            //文字旋转角度为0
            //输入文字"冷冻水供水管"
```

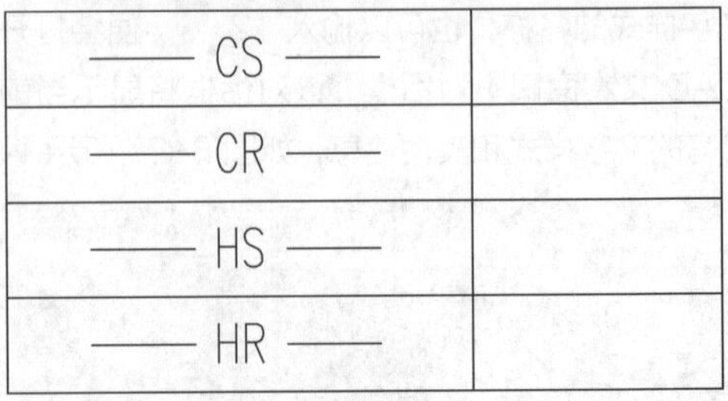

CS
CR
HS
HR

图 8-31 打开素材

CS
冷冻水供水管
2. 输入文字
1. 指定该中心点
CR
HS
HR

图 8-32 创建第一个单行文字

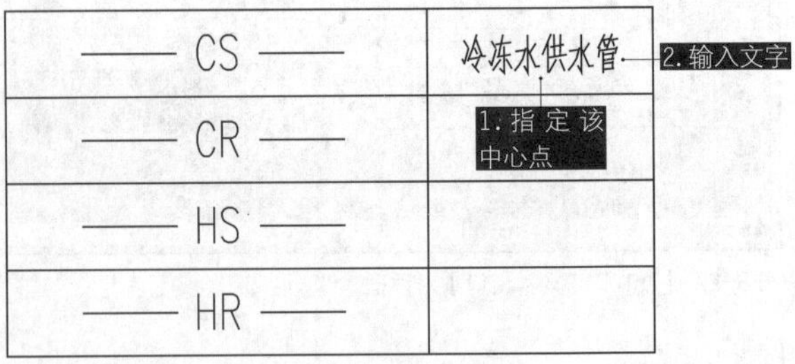

**Step 03** 输入完成后，可以不退出命令，直接在右边的框格中单击鼠标，同样会出现文字输入框，输入第二个单行文字："冷冻水回水管"，如图8-33所示。

**Step 04** 按相同方法，在各个框格中输入图例名称，效果如图8-34所示。

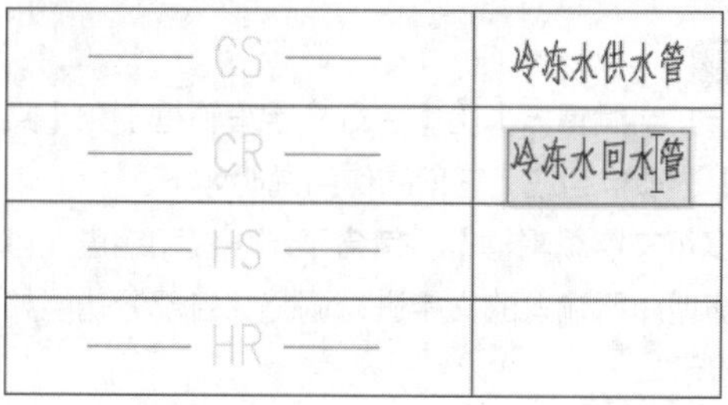

| | |
|---|---|
| —— CS —— | 冷冻水供水管 |
| —— CR —— | 冷冻水回水管 |
| —— HS —— | |
| —— HR —— | |

图 8-33 创建第二个单行文字

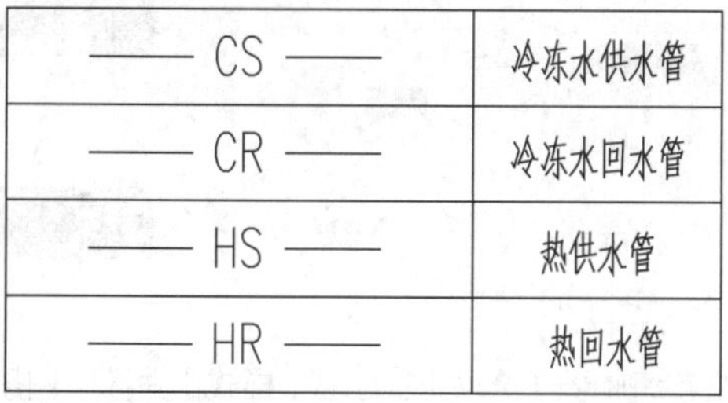

| | |
|---|---|
| —— CS —— | 冷冻水供水管 |
| —— CR —— | 冷冻水回水管 |
| —— HS —— | 热供水管 |
| —— HR —— | 热回水管 |

图 8-34 创建其余单行文字

**Step 05** 使用【移动】命令或通过夹点拖移，将各单行文字对齐，最终结果如图8-35所示。

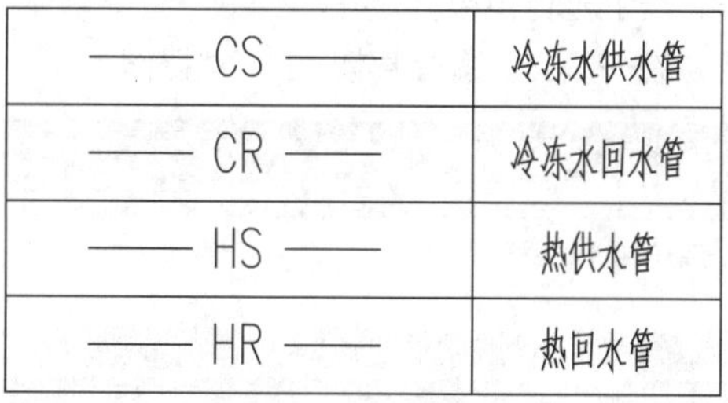

| | |
|---|---|
| —— CS —— | 冷冻水供水管 |
| —— CR —— | 冷冻水回水管 |
| —— HS —— | 热供水管 |
| —— HR —— | 热回水管 |

图 8-35 对齐所有单行文字

## 8.1.3 单行文字的编辑与其他操作

同 Word、Excel 等办公软件一样，在 AutoCAD 中，也可以对文字进行编辑和修改。本节便介绍如何在 AutoCAD 中对【单行文字】的文字特性和内容进行编辑与修改。

### 1 修改文字内容

修改文字内容的方法如下。

◆菜单栏：调用【修改】|【对象】|【文字】|【编辑】菜单命令。

◆命令行：DDEDIT 或 ED。

◆快捷操作：直接在要修改的文字上双击。

调用以上任意一种操作后，文字将变成可输入状态，如图 8-36 所示。此时可以重新输入需要的文字内容，然后按 Enter 键退出即可，如图 8-37 所示。

风管上升摇手弯及气流方向

图 8-36 可输入状态

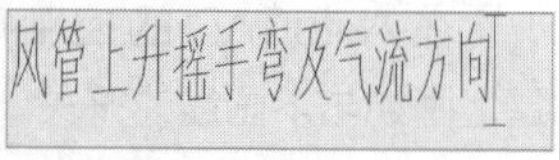

风管上升摇手弯及气流方向

图 8-37 编辑文字内容

### 2 修改文字特性

在标注的文字出现错输、漏输及多输入的状态下，可以运用上面的方法修改文字的内容。但是它仅仅能够修改文字的内容，而很多时候我们还需要修改文字的高度、大小、旋转角度、对正样式等特性。

修改单行文字特性的方法有以下 3 种。

◆功能区：在【注释】选项卡中，单击【文字】面板中的【缩放】按钮或【对正】按钮，如图 8-38 所示。

◆菜单栏：调用【修改】|【对象】|【文字】|【比例】/【对正】菜单命令，如图 8-39 所示。

◆对话框：在【文字样式】对话框中修改文字的颠倒、反向和垂直效果。

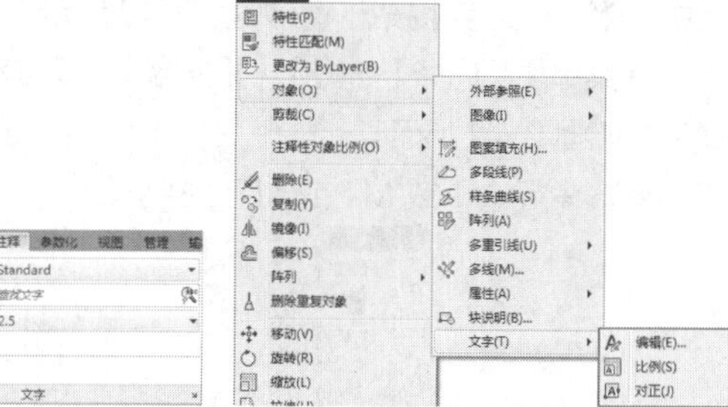


图 8-38 【文字】面板中的【缩放】按钮　图 8-39 【对正】菜单命令

### 3 单行文字中插入特殊符号

单行文字的可编辑性较弱，只能通过输入控制符的方式插入特殊符号。

AutoCAD 的特殊符号由两个百分号（%%）和一个字母构成，常用的特殊符号输入方法如表 8-1 所示。在文本编辑状态输入控制符时，这些控制符也临时显示在屏幕上。当结束文本编辑之后，这些控制符将从屏幕上消失，转换成相应的特殊符号。

表8-1 AutoCAD文字控制符

| 特殊符号 | 功 能 |
|---|---|
| %%O | 打开或关闭文字上画线 |
| %%U | 打开或关闭文字下画线 |
| %%D | 标注（°）符号 |
| %%P | 标注正负公差（±）符号 |
| %%C | 标注直径（Ø）符号 |

在 AutoCAD 的控制符中，%%O 和 %%U 分别是上画线与下画线的开关。第一次出现此符号时，可打开上画线或下画线；第二次出现此符号时，则会关掉上画线或下画线。

## 8.1.4 创建多行文字 ★重点★

【多行文字】又称为段落文字，是一种更易于管理的文字对象，可以由两行以上的文字组成，而且各行文字都是作为一个整体处理。在制图中常使用多行文字功能创建较为复杂的文字说明，如图样的工程说明或技术要求等。与【单行文字】相比，【多行文字】格式更工整规范，可以对文字进行更为复杂的编辑，如为文字添加下画线，设置文字段落对齐方式，为段落添加编号和项目符号等。

**·执行方式**

可以通过以下 3 种方法创建多行文字。

◆功能区：在【默认】选项卡中，单击【注释】面板中的【多行文字】按钮A，如图 8-40 所示。

◆菜单栏：选择【绘图】|【文字】|【多行文字】命令，如图 8-41 所示。

◆命令行：T 或 MT 或 MTEXT。

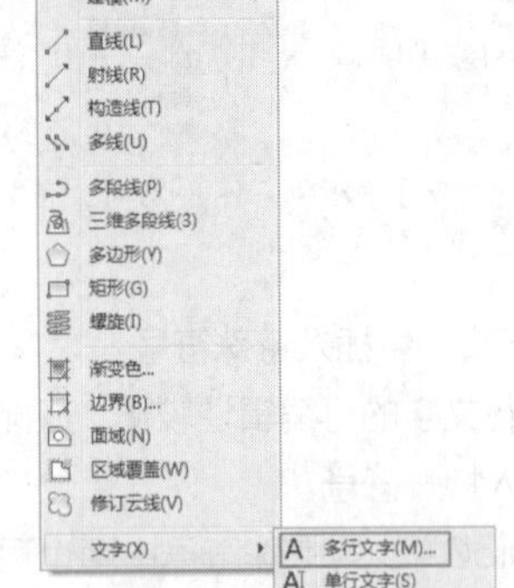


图 8-40 【注释】面板中的【多行文字】按钮　图 8-41 【多行文字】菜单命令

**·操作步骤**

调用该命令后，命令行操作如下。

```
命令: MTEXT
当前文字样式: "景观设计文字样式"  文字高度: 600  注释性: 否
指定第一角点:
//指定多行文字框的第一个角点
指定对角点或 [高度(H)/对正(J)/行距(L)/旋转(R)/样式(S)/宽度(W)/栏(C)]:
//指定多行文字框的对角点
```

在指定了输入文字的对角点之后，弹出如图 8-42 所示的【文字编辑器】选项卡和编辑框，用户可以在编辑框中输入、插入文字。

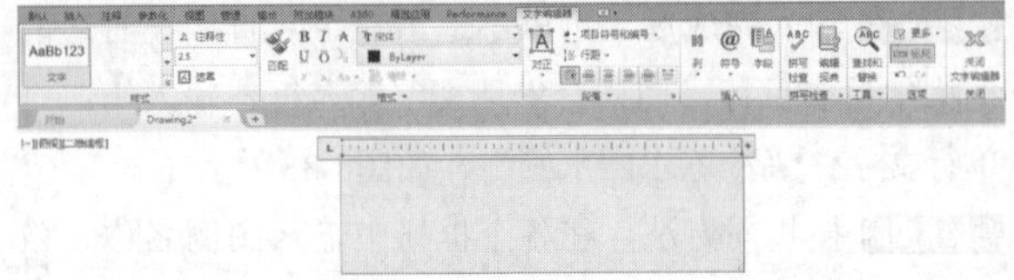

图 8-42 多行文字编辑器

**·选项说明**

【多行文字编辑器】由【多行文字编辑框】和【文字编辑器】选项卡组成，它们的作用说明如下。

◆【多行文字编辑框】：包含了制表位和缩进，可以十分快捷地对所输入的文字进行调整，各部分功能如图 8-43 所示。

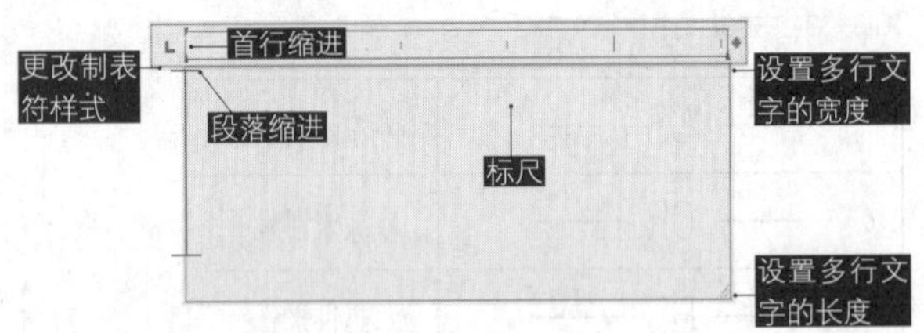


图 8-43 多行文字编辑器标尺功能

◆【文字编辑器】选项卡：包含【样式】面板、【格式】面板、【段落】面板、【插入】面板、【拼写检查】面板、【工具】面板、【选项】面板和【关闭】面板，如图 8-44 所示。在多行文字编辑框中，选中文字，通过【文字编辑器】选项卡中可以修改文字的大小、字体、颜色等，完成在一般文字编辑中常用的一些操作。

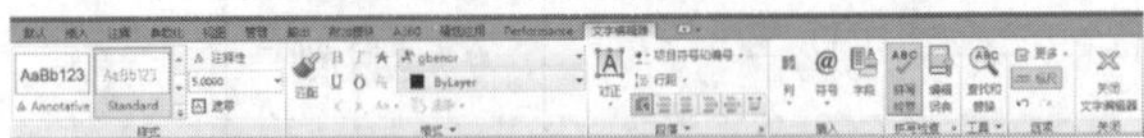

图 8-44 【文字编辑器】选项卡

**练习 8-4 创建建筑设计说明书**

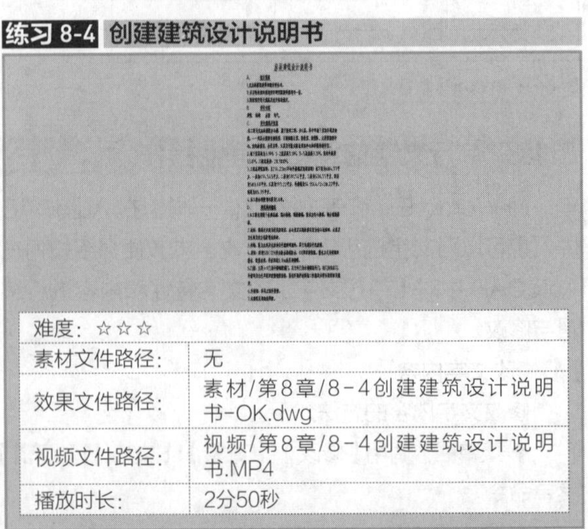

| 难度：☆☆☆ | |
|---|---|
| 素材文件路径： | 无 |
| 效果文件路径： | 素材/第8章/8-4创建建筑设计说明书-OK.dwg |
| 视频文件路径： | 视频/第8章/8-4创建建筑设计说明书.MP4 |
| 播放时长： | 2分50秒 |

在施工图纸上无法用线型或者符号表示的内容，如技术标准、质量要求等，就要用文字形式加以说明。本实例介绍创建及编辑建筑设计说明文字的操作方法。

**Step 01** 新建空白文档，调用MT【多行文字】命令，绘制说明文字标题，如图8-45所示。

房屋建筑设计说明书

图 8-45 绘制说明文字标题

**Step 02** 重复调用MT【多行文字】命令，绘制副标题，如图8-46所示。

**Step 03** 以“大写字母”样式为副标题增加数字编号，结果如图8-47所示。

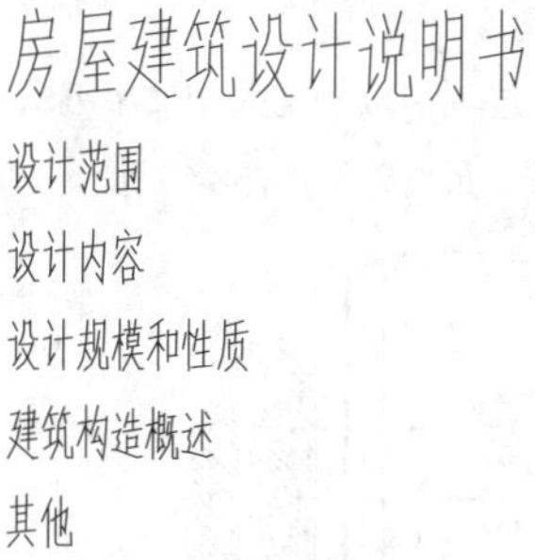

房屋建筑设计说明书

设计范围
设计内容
设计规模和性质
建筑构造概述
其他

图 8-46 绘制内容副标题

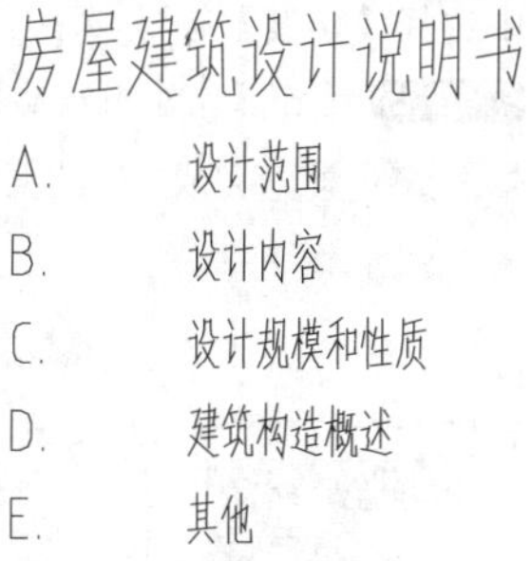

房屋建筑设计说明书

A. 设计范围
B. 设计内容
C. 设计规模和性质
D. 建筑构造概述
E. 其他

图 8-47 增加编号

**Step 04** 在副标题的后面增加正文内容，结果如图8-48所示。

**Step 05** 为副标题添加“加下画线”格式，结果如图8-49所示。

**Step 06** 对正文标题执行“居中”、加大字号以及增加行距操作，结果如图8-50所示。完成建筑设计说明书的创建。

A. 设计依据
1.克东检察院提供的设计委托书。
2.齐齐哈尔城市规划设计研究院提供规划书一份。
3.国家现行设计规范及有关标准规定。
B. 设计内容
建筑 结构 水暖 电气。
C. 设计规模及性质
本工程为克东检察院办公楼，属于新建工程，共6层，其中半地下室为车库及食堂，一至四层分别设有接待所、正副检察长室、接待室、法警队、大要案指挥中心、法经检察室、会议室等，五层为开敞式信息通讯中心和多媒体制作室。
2.地下室层高为3.9M，1-2层层高3.9M，3-5层层高3.3M，室内外高差1.50M，工程总高度：20.100M。
3.工程总建筑面积：3214.23m(不含外楼梯及雨蓬面积) 地下室为684.77平方、一层为614.545平方、二层为591.54平方、三层为536.55平方、四层为583.60平方、五层为193.22平方、外楼梯为14.11X4/2=28.22平方、雨蓬为85.35平方。
4.本工程合理使用年限为50年。
D. 建筑构造概述
1.本工程采用墙下条形基础，混合结构，现浇楼梯，预应力空心楼板，部分现浇楼板。
2.地面：楼梯及走廊为花岗岩面层，办公室及正副检察长室为仿石地面砖，水房及卫生间为灰白色防滑地面砖。
3.内墙：除卫生间及水房为白色瓷砖到顶外，其它均刷白色乳胶漆。
4.屋面：采用SBC120复合防水卷材防水，80厚苯板保温，排水方式为有组织排水，铁落水管，并在距地2.0m处采用铸管。
5.门窗：主要入口门为不锈钢玻璃门，其它外门为木制保温外门，内门为实木门，外窗均为白色单框双玻塑钢保温窗，所有外围护材料热工性能均应符合国家相关规定。
6.外墙面：参见立面外装修。
7.本建筑采用油毡保暖。

图 8-48 增加正文内容

图 8-49 操作结果

房屋建筑设计说明书

图 8-50 编辑标题样式

## 8.1.5 多行文字的编辑与其他操作 ★重点★

【多行文字】的编辑和【单行文字】编辑操作相同，在此不再赘述，本节只介绍与【多行文字】有关的其他操作。

### 1 给多行文字添加背景

有时为了使文字更清晰地显示在复杂的图形中，用户可以为文字添加不透明的背景。

双击要添加背景的多行文字，打开【文字编辑器】选项卡，单击【样式】面板上的【遮罩】按钮 遮罩，系统弹出【背景遮罩】对话框，如图 8-51 所示。

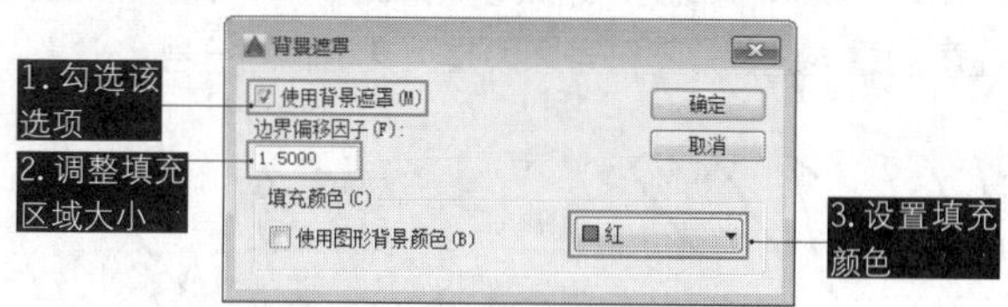


图 8-51 【背景遮罩】对话框

勾选其中的【使用背景遮盖】选项，再设置填充背景的大小和颜色即可，效果如图 8-52 所示。

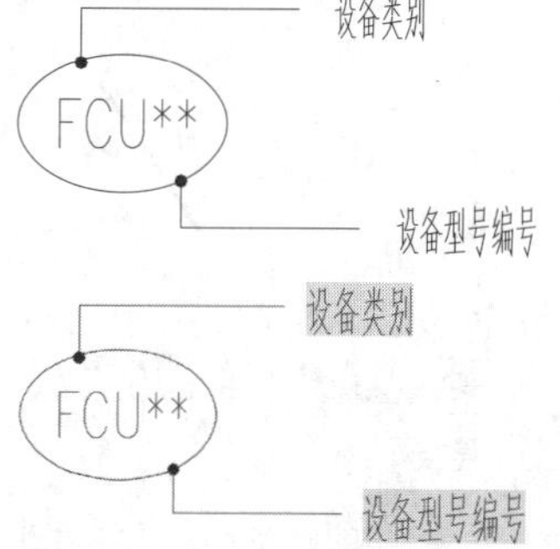


图 8-52 多行文字背景效果

### 2 在多行文字中插入特殊符号

与单行文字相比，在多行文字中插入特殊字符的方式更灵活。除了使用控制符的方法外，还有以下两种途径。

◆在【文字编辑器】选项卡中，单击【插入】面板中的【符号】按钮，在弹出列表中选择所需的符号即可，如图 8-53 所示。

◆在编辑状态下单击鼠标右键，在弹出的快捷菜单中选择【符号】命令，如图 8-54 所示，其子菜单中包括了常用的各种特殊符号。

图 8-53 【插入】面板中的【符号】按钮　图 8-54 使用快捷菜单输入特殊符号

**3 创建堆叠文字**

如果要创建堆叠文字（一种垂直对齐的文字或分数），可先输入要堆叠的文字，然后在其间使用“/”“#”或“^”分隔，再选中要堆叠的字符，单击【文字编辑器】选项卡中【格式】面板中的【堆叠】按钮，则文字按照要求自动堆叠。堆叠文字在机械绘图中应用很多，可以用来创建尺寸公差、分数等，如图 8-55 所示。需要注意的是，这些分割符号必须是英文格式的符号。

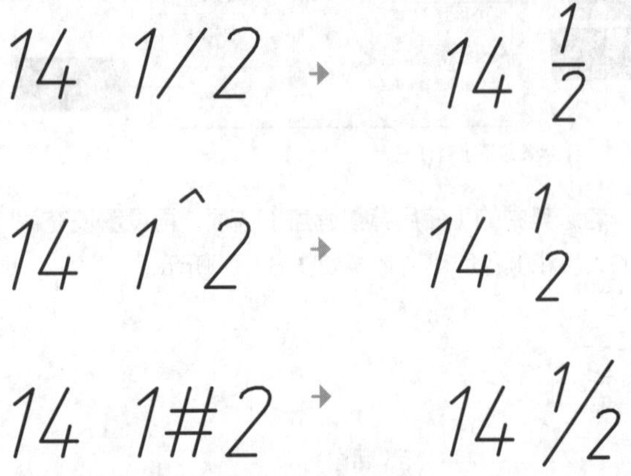


图 8-55 文字堆叠效果

**练习 8-5 编辑多行文字**

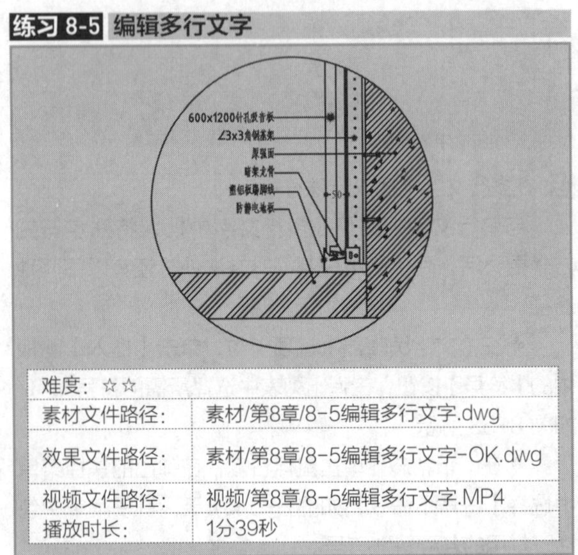


| 难度：☆☆ | |
|---|---|
| 素材文件路径： | 素材/第8章/8-5编辑多行文字.dwg |
| 效果文件路径： | 素材/第8章/8-5编辑多行文字-OK.dwg |
| 视频文件路径： | 视频/第8章/8-5编辑多行文字.MP4 |
| 播放时长： | 1分39秒 |

**Step 01** 打开“第8章/8-5 编辑多行文字.dwg”素材文件，如图8-56所示。

**Step 02** 选中多行文字，然后在命令行输入ED并按Enter键，系统弹出【文字编辑器】选项卡，进入文字编辑模式，如图8-57所示。

**Step 03** 选中各行文字，如图8-33所示，然后单击【段落】面板中的【右对齐】按钮，文字调整为右对齐，如图8-58所示。

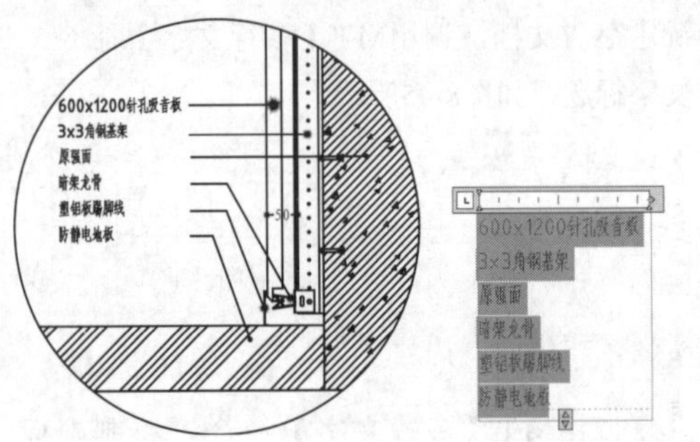


图 8-56 打开素材　　图 8-57 选中多行文字

**Step 04** 在第二行文字前单击，将光标移动到此位置，然后单击【插入】面板上的【符号】按钮，在选项列表中选择【角度】符号，添加角度符号。

**Step 05** 单击【文字编辑器】选项卡上的【关闭文字编辑器】按钮，完成文字的编辑。最终效果如图8-59所示。

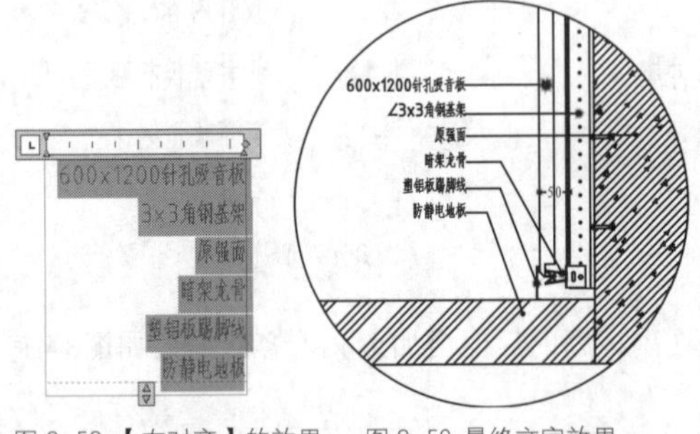


图 8-58 【右对齐】的效果　　图 8-59 最终文字效果

## 8.1.6 文字的查找与替换

在一个图形文件中往往有大量的文字注释，有时需要查找某个词语，并将其替换，如替换某个拼写上的错误，这时就可以使用【查找】命令定位至特定的词语，并进行替换。

**• 执行方式**

执行【查找】命令的方法有以下几种。

◆ 功能区：在【注释】选项卡中，于【文字】面板中的【查找】文本框中输入要查找的文字，如图 8-60 所示。

◆ 菜单栏：选择【编辑】|【查找】命令，如图 8-61 所示。

◆ 命令行：FIND。

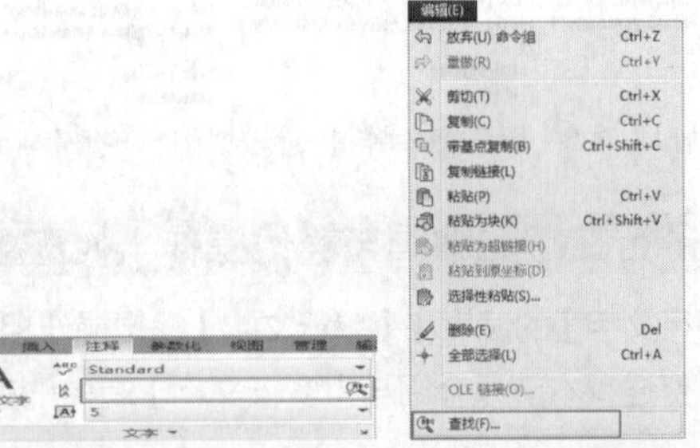

图 8-60 【文字】面板中的【查找】文本框　　图 8-61 【查找】菜单命令

**•操作步骤**

执行以上任一操作之后，弹出【查找和替换】对话框，如图 8-62 所示。然后在【查找内容】文本框中输入要查找的文字，或在【替换为】文本框中输入要替换的文本，单击【完成】按钮即可完成操作。该对话框的操作与 Word 等其他文本编辑软件一致。

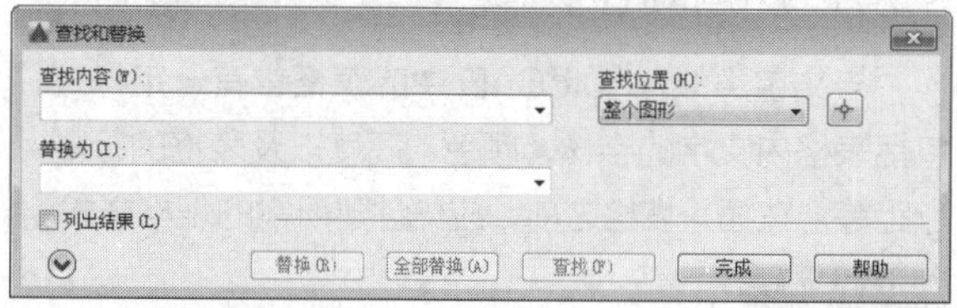


图 8-62 【查找和替换】对话框

**•选项说明**

该对话框中各选项的含义如下。

◆【查找内容】下拉列表框：用于指定要查找的内容。

◆【替换为】下拉列表框：指定用于替换查找内容的文字。

◆【查找位置】下拉列表框：用于指定查找范围是在整个图形中查找还是仅在当前选择中查找。

◆【搜索选项】选项组：用于指定搜索文字的范围和大小写区分等。

◆【文字类型】选项组：用于指定查找文字的类型。

◆【查找】按钮：输入查找内容之后，此按钮变为可用，单击即可查找指定内容。

◆【替换】按钮：用于将光标当前选中的文字替换为指定文字。

◆【全部替换】按钮：将图形中所有的查找结果替换为指定文字。

## 练习 8-6 替换文字

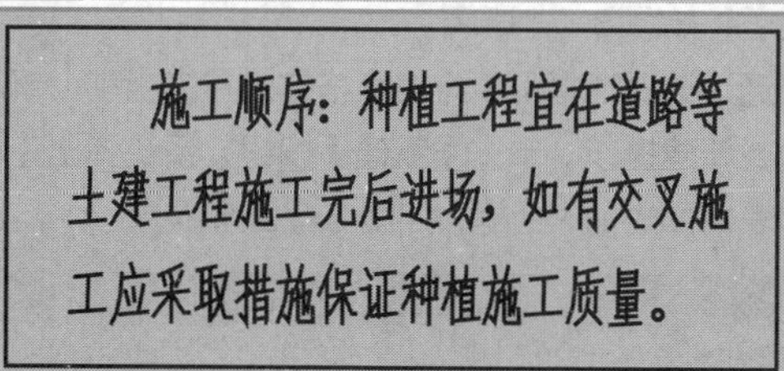

施工顺序：种植工程宜在道路等土建工程施工完后进场，如有交叉施工应采取措施保证种植施工质量。

| 难度：☆☆ | |
|---|---|
| 素材文件路径： | 素材/第8章/8-6替换文字.dwg |
| 效果文件路径： | 素材/第8章/8-6替换文字-OK.dwg |
| 视频文件路径： | 视频/第8章/8-6替换文字.MP4 |
| 播放时长： | 2分1秒 |

在实际工作中经常碰到要修改文字的情况，因此灵活使用查找与替换功能就格外方便了，本例中需要将文字中的“实施”替换为“施工”。

**Step 01** 打开“第8章/8-6替换技术要求中的文字.dwg”文件，如图8-63所示。

**Step 02** 在命令行输入FIND并按Enter键，打开【查找和替换】对话框。在【查找内容】文本框中输入“实施”，在【替换为】文本框中输入“施工”。

**Step 03** 在【查找位置】下拉列表框中选择【整个图形】选项，也可以单击该下拉列表框右侧的【选择对象】按钮，选择一个图形区域作为查找范围，如图8-64所示。

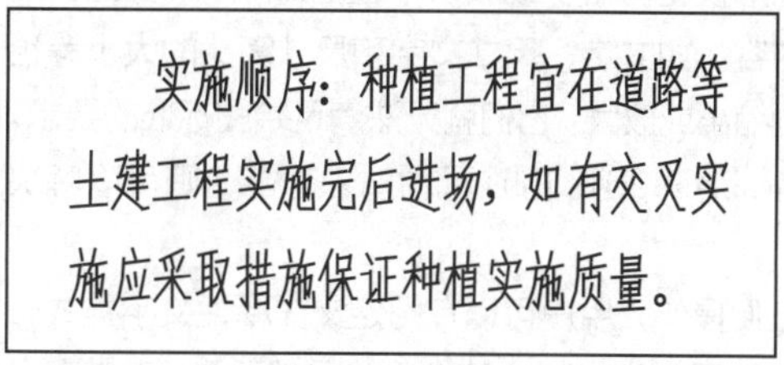

实施顺序：种植工程宜在道路等土建工程实施完后进场，如有交叉实施应采取措施保证种植实施质量。

图 8-63 打开素材

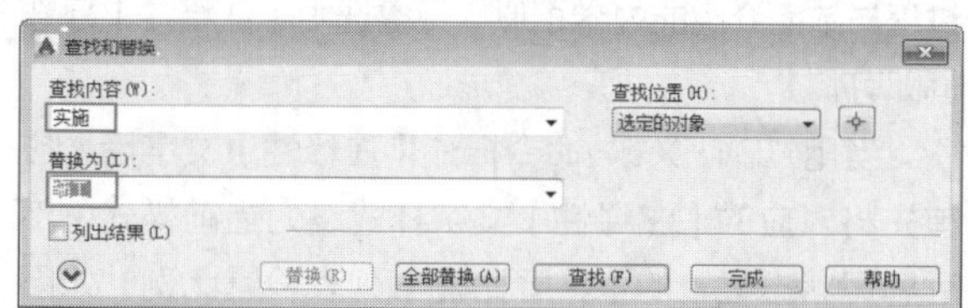


图 8-64 “查找和替换”对话框

**Step 04** 单击对话框左下角的【更多选项】按钮，展开折叠的对话框。在【搜索选项】区域取消【区分大小写】复选框，在【文字类型】区域取消【块属性值】复选框，如图8-65所示。

**Step 05** 单击【全部替换】按钮，将当前文字中所有符合查找条件的字符全部替换。在弹出的【查找和替换】对话框中单击【确定】按钮，关闭对话框，结果如图8-66所示。

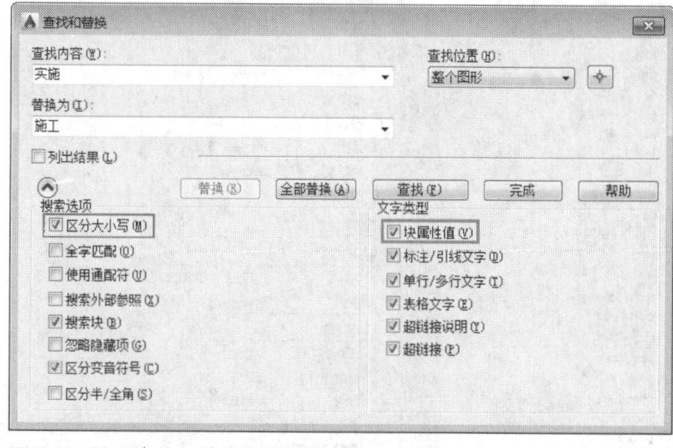


图 8-65 设置查找与替换选项

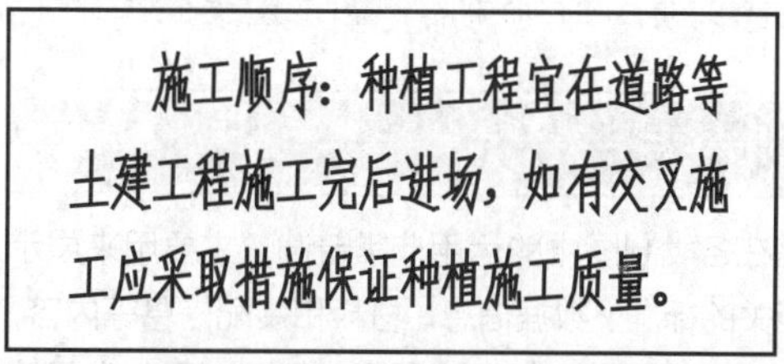

施工顺序：种植工程宜在道路等土建工程施工完后进场，如有交叉施工应采取措施保证种植施工质量。

图 8-66 替换结果

### 8.1.7 注释性文字 ★进阶★

基于 AutoCAD 软件的特点，用户可以直接按 1 : 1 比例绘制图形，当通过打印机或绘图仪将图形输出到图纸时，再设置输出比例。这样，绘制图形时就不需要考虑尺寸的换算问题，而且同一幅图形可以按不同的比例多次输出。

但这种方法存在一个问题，当以不同的比例输出图形时，图形按比例缩小或放大，这是我们所需要的。其他一些内容，如文字、尺寸文字和尺寸箭头的大小等也会按比例缩小或放大，它们就无法满足绘图标准的要求。利用 AutoCAD 2016 的注释性对象功能，则可以解决此问题。

为方便操作，用户可以专门定义注释性文字样式，用于定义注释性文字样式的命令也是 STYLE，其定义过程与前面介绍的内容相似，只需选中【注释性】复选框即可。

当用“DTEXT”命令标注【注释性】文字后，应首先将对应的【注释性】文字样式设为当前样式，然后利用状态栏上的【注释比例】列表设置比例，如图 8-67 所示，最后可以用 DTEXT 命令标注文字。

对于已经标注的非注释性文字或对象，可以通过特性窗口将其设置为注释性文字。只要通过特性面板或选择【工具】|【选项板】|【特性】或选择【修改】|【特性】，选中该文字，则可以利用特性窗口将【注释性】设为【是】，通过注释比例设置比例即可，如图 8-68 所示。

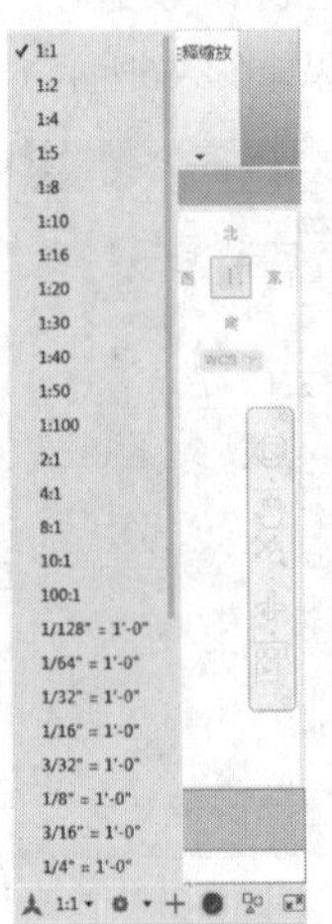

图 8-67 【注释比例】列表

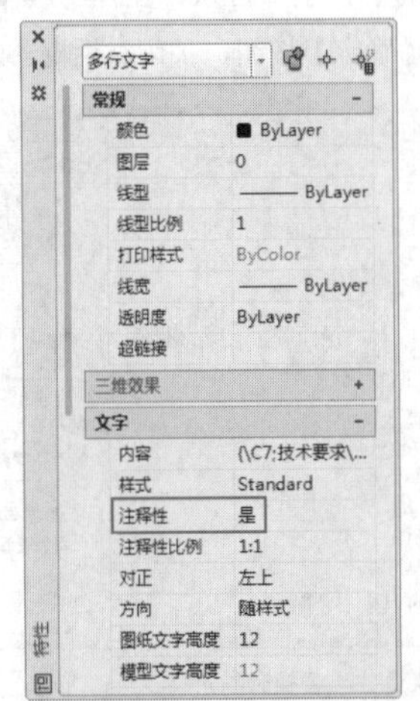

图 8-68 利用特性窗口设置文字的注释性

## 8.2 创建表格

表格在各类制图中的运用非常普遍，主要用来展示与图形相关的标准、数据信息、材料和装配信息等内容。根据不同类型的图形（如机械图形、工程图形、电子的线路图形等），对应的制图标准也不相同，这就需要设置符合产品设计要求的表格样式，并利用表格功能快速、清晰、醒目地反映设计思想及创意。使用 AutoCAD 的表格功能，能够自动地创建和编辑表格，其操作方法与 Word、Excel 相似。

### 8.2.1 表格样式的创建

与文字类似，AutoCAD 中的表格也有一定样式，包括表格内文字的字体、颜色、高度以及表格的行高、行距等。在插入表格之前，应先创建所需的表格样式。

**·执行方式**

创建表格样式的方法有以下几种。

◆功能区：在【默认】选项卡中，单击【注释】滑出面板中的【表格样式】按钮，如图 8-69 所示。

◆菜单栏：选择【格式】|【表格样式】命令，如图 8-70 所示。

◆命令行：TABLESTYLE 或 TS。

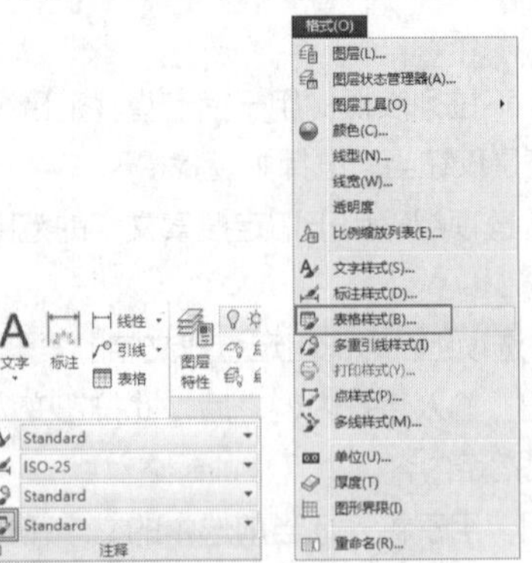

图 8-69 【注释】面板中的【表格样式】按钮　图 8-70 【表格样式】菜单命令

**·操作步骤**

执行上述任意一个命令后，系统弹出【表格样式】对话框，如图 8-71 所示。

通过该对话框可执行将表格样式置为当前、修改、删除或新建操作。单击【新建】按钮，系统弹出【创建新的表格样式】对话框，如图 8-72 所示。

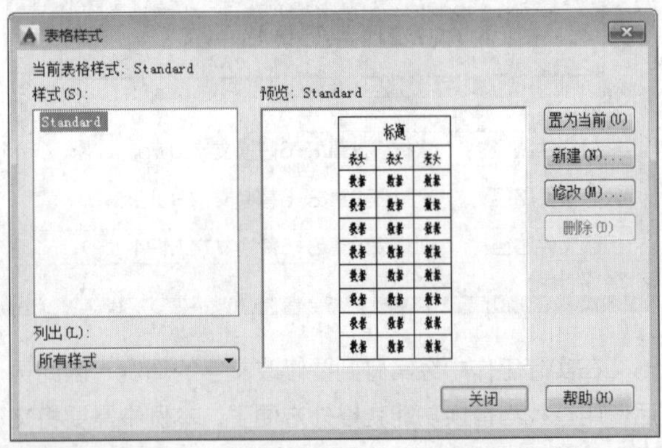

图 8-71 【表格样式】对话框

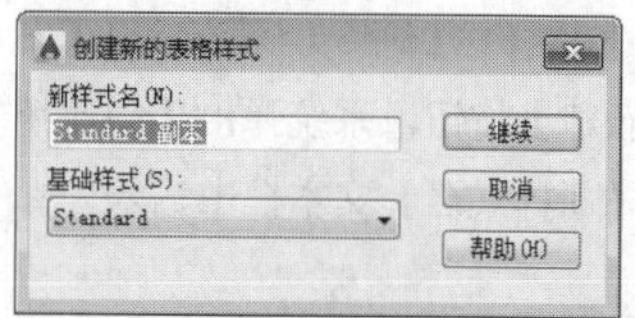

图 8-72 【创建新的表格样式】对话框

在【新样式名】文本框中输入表格样式名称，在【基础样式】下拉列表框中选择一个表格样式为新的表格样式提供默认设置，单击【继续】按钮，系统弹出【新建表格样式】对话框，如图 8-73 所示，可以对样式进行具体设置。

当单击【新建表格样式】对话框中【管理单元样式】按钮时，弹出如图 8-74 所示【管理单元样式】对话框，在该对话框里可以对单元格式进行添加、删除和重命名。

图 8-73 【新建表格样式】对话框

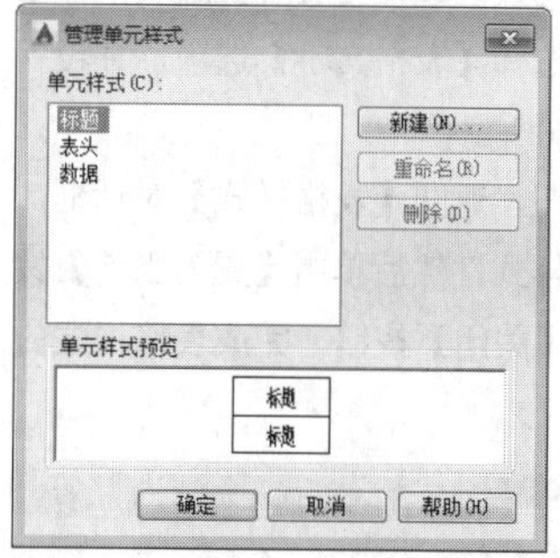

图 8-74 【管理单元样式】对话框

**·选项说明**

【新建表格样式】对话框由【起始表格】、【常规】、【单元样式】和【单元样式预览】4 个区域组成，其各选项的含义如下。

### ◎【起始表格】区域

该选项允许用户在图形中制定一个表格用作样例来设置此表格样式的格式。单击【选择表格】按钮，进入绘图区，可以在绘图区选择表格录入表格。【删除表格】按钮与【选择表格】按钮作用相反。

### ◎【常规】区域

该选项用于更改表格方向，通过【表格方向】下拉列表框选择【向下】或【向上】来设置表格方向。

◆【向下】：创建由上而下读取的表格，标题行和列都在表格的顶部。

◆【向上】：创建由下而上读取的表格，标题行和列都在表格的底部。

◆【预览框】：显示当前表格样式设置效果的样例。

### ◎【单元样式】区域

该区域用于定义新的单元样式或修改现有单元样式。

【单元样式】列表：该列表中显示表格中的单元样式。系统默认提供了【数据】、【标题】和【表头】3 种单元样式，用户如需要创建新的单元样式，可以单击右侧第一个【创建新单元样式】按钮，打开【创建新单元样式】对话框，如图 8-75 所示。在对话框中输入新的单元样式名，单击【继续】按钮创建新的单元样式。

如单击右侧第二个【管理单元样式】按钮时，则弹出如图 8-76 所示【管理单元样式】对话框，在该对话框里可以对单元格式进行添加、删除和重命名。

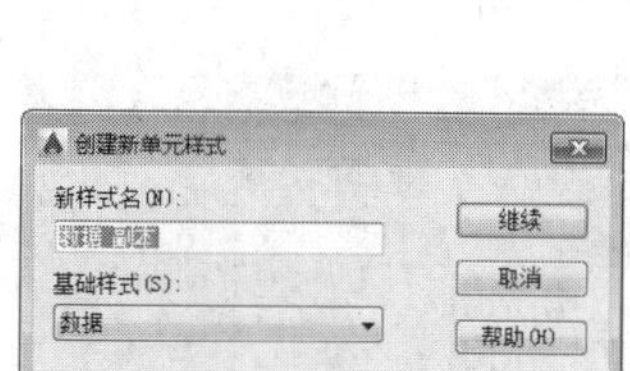

图 8-75 【创建新单元样式】对话框

图 8-76 【管理单元样式】对话框

【单元样式】区域中还有 3 个选项卡，如图 8-77 所示，各含义分别介绍如下。

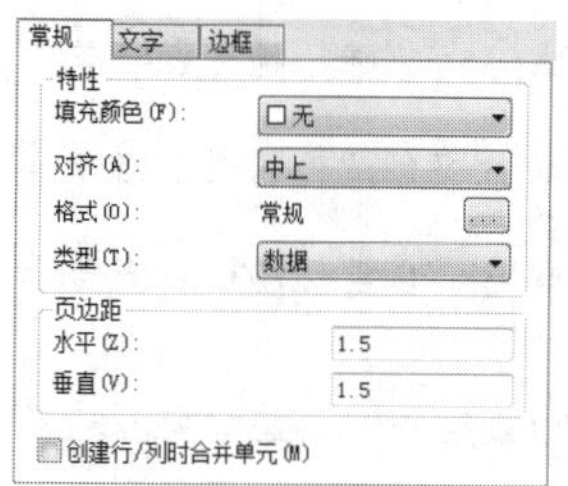

【常规】选项卡

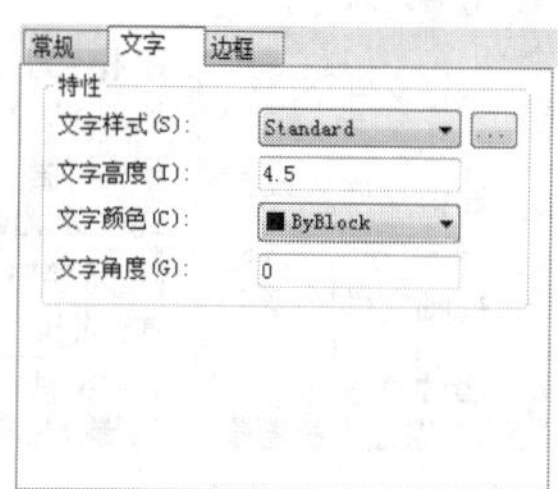

【文字】选项卡

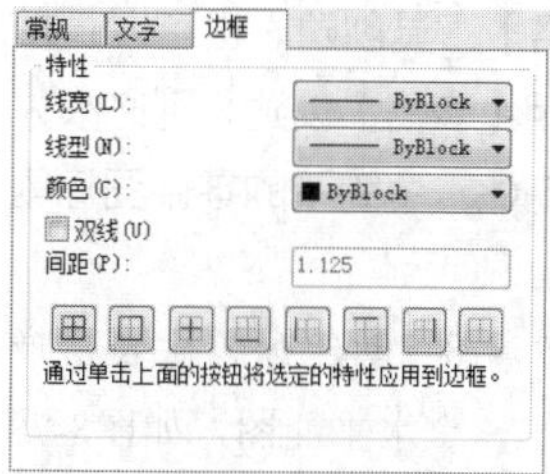

【边框】选项卡

图 8-77 【单元样式】区域中的 3 个选项卡

【常规】选项卡

◆【填充颜色】：制定表格单元的背景颜色，默认值为【无】。

◆【对齐】：设置表格单元中文字的对齐方式。

◆【水平】：设置单元文字与左右单元边界之间的距离。

◆【垂直】：设置单元文字与上下单元边界之间的距离。

【文字】选项卡

◆【文字样式】：选择文字样式，单击按钮…，打开【文字样式】对话框，利用它可以创建新的文字样式。

◆【文字角度】：设置文字倾斜角度。逆时针为正，顺时针为负。

【边框】选项卡

◆【线宽】：指定表格单元的边界线宽。

◆【颜色】：指定表格单元的边界颜色。

◆按钮⊞：将边界特性设置应用于所有单元格。

◆按钮□：将边界特性设置应用于单元的外部边界。

◆按钮⊞：将边界特性设置应用于单元的内部边界。

◆按钮▭▭▭▭：将边界特性设置应用于单元的底、左、上及下边界。

◆按钮▦：隐藏单元格的边界。

## 练习 8-7 创建标题栏表格样式

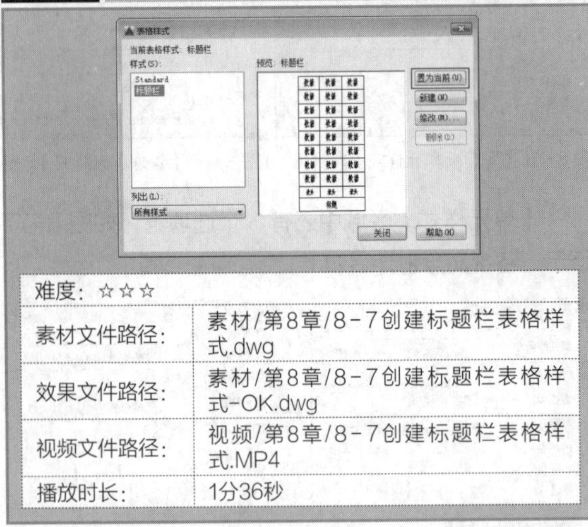

| 难度：☆☆☆ | |
|---|---|
| 素材文件路径： | 素材/第8章/8-7创建标题栏表格样式.dwg |
| 效果文件路径： | 素材/第8章/8-7创建标题栏表格样式-OK.dwg |
| 视频文件路径： | 视频/第8章/8-7创建标题栏表格样式.MP4 |
| 播放时长： | 1分36秒 |

建筑制图中的标题栏尺寸和格式已经标准化，在AutoCAD中可以使用【表格】工具创建，也可以直接使用直线进行绘制。如要使用【表格】创建，则必须先创建它的表格样式。本例便创建一个简单的零件图标题栏表格样式。

**Step 01** 打开素材文件“第8章/8-7创建标题栏表格样式.dwg”，其中已经绘制好了一个水平面图，如图8-78所示。

**Step 02** 选择【格式】|【表格样式】命令，系统弹出【表格样式】对话框，单击【新建】按钮，系统弹出【创建新的表格样式】对话框，在【新样式名】文本框中输入“标题栏”，如图8-79所示。

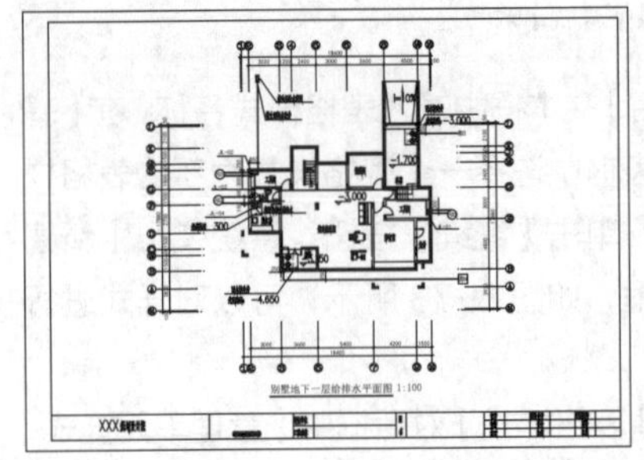

图 8-78 打开素材

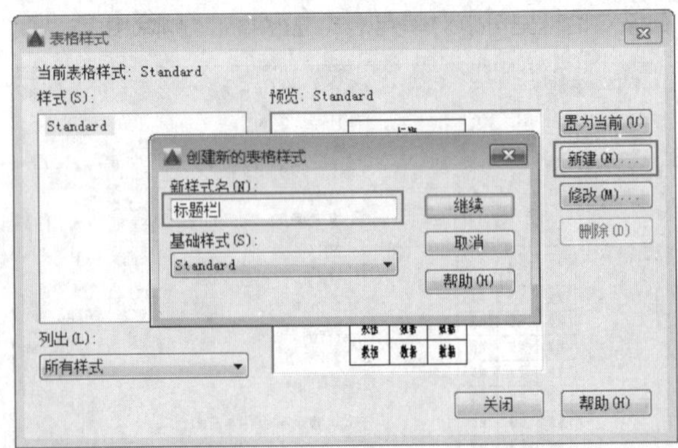


图 8-79 输入表格样式名

**Step 03** 设置表格文字样式。单击【继续】按钮，系统弹出【新建表格样式：标题栏】对话框，在【表格方向】下拉列表中选择【向上】；切换至选择【文字】选项卡，在【文字样式】下拉列表中选择【表格文字】选项，并设置【文字高度】为4，如图8-80所示。

**Step 04** 单击【确定】按钮，返回【表格样式】对话框，选择新创建的“标题栏”样式，然后单击【置为当前】按钮，如图8-81所示。单击【关闭】按钮，完成表格样式的创建。

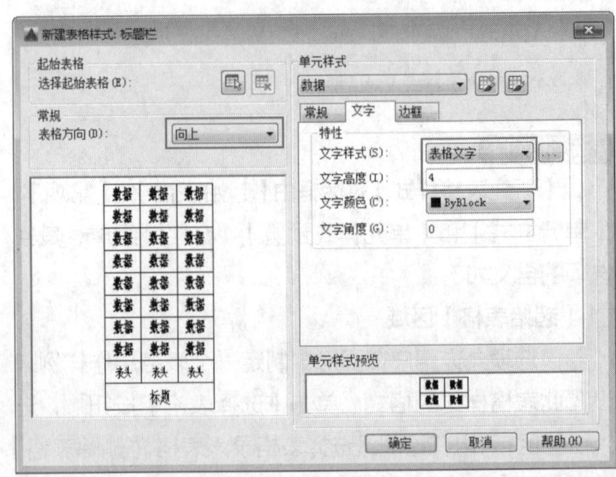


图 8-80 设置表格文字样式

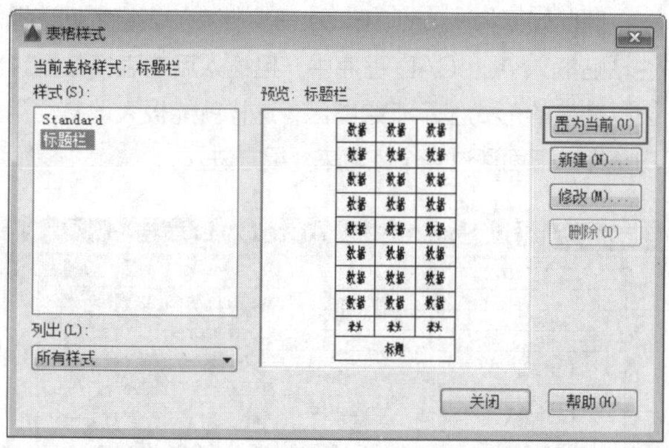


图 8-81 将“标题栏”样式置为当前

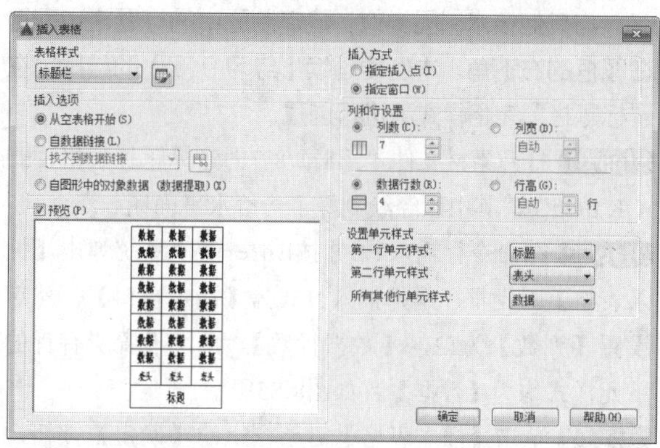


图 8-84 【插入表格】对话框

## 8.2.2 插入表格

表格是在行和列中包含数据的对象，在设置表格样式后便可以从空格或表格样式创建表格对象，还可以将表格链接至 Microsoft Excel 电子表格中的数据。

**•执行方式**

在 AutoCAD 2016 中插入表格有以下几种常用方法。

◆功能区：在【默认】选项卡中，单击【注释】面板中的【表格】按钮▦，如图 8-82 所示。

◆菜单栏：执行【绘图】|【表格】命令，如图 8-83 所示。

◆命令行：TABLE 或 TB。

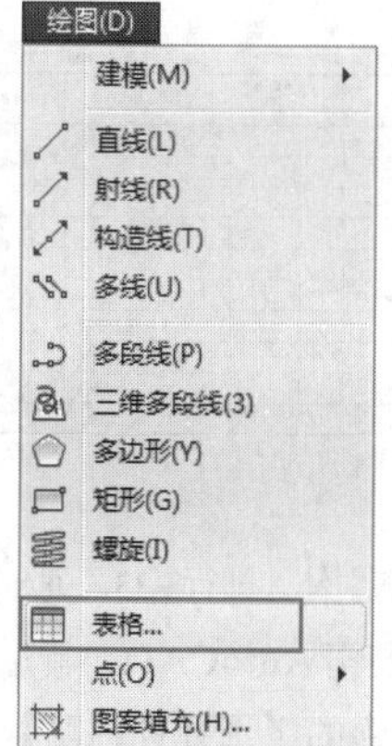


图 8-82 【注释】面板中的【表格】按钮

图 8-83 【表格】菜单命令

**•操作步骤**

通过以上任意一种方法执行该命令后，系统弹出【插入表格】对话框，如图 8-84 所示。在【插入表格】面板中包含多个选项组和对应选项。

设置好列数和列宽、行数和行高后，单击【确定】按钮，并在绘图区指定插入点，将会在当前位置按照表格设置插入一个表格，然后在此表格中添加上相应的文本信息即可完成表格的创建。

**•选项说明**

【插入表格】对话框中包含 5 大区域，各区域参数的含义说明如下。

◆【表格样式】区域：在该区域中不仅可以从下拉列表框中选择表格样式，也可以单击右侧的按钮后创建新表格样式。

◆【插入选项】区域：该区域中包含 3 个单选按钮，其中选中【从空表格开始】单选按钮可以创建一个空的表格；而选中【自数据连接】单选按钮可以从外部导入数据来创建表格，如 Excel；若选中【自图形中的对象数据（数据提取）】单选按钮则可以用于从可输出到表格或外部的图形中提取数据来创建表格。

◆【插入方式】区域：该区域中包含两个单选按钮，其中选中【指定插入点】单选按钮可以在绘图窗口中的某点插入固定大小的表格；选中【指定窗口】单选按钮可以在绘图窗口中通过指定表格两对角点的方式来创建任意大小的表格。

◆【列和行设置】区域：在此选项区域中，可以通过改变【列】、【列宽】、【数据行】和【行高】文本框中的数值来调整表格的外观大小。

◆【设置单元样式】区域：在此选项组中可以设置【第一行单元样式】、【第二行单元样式】和【所有其他单元样式】选项。默认情况下，系统均以【从空表格开始】方式插入表格。

**练习 8-8 通过表格创建标题栏**

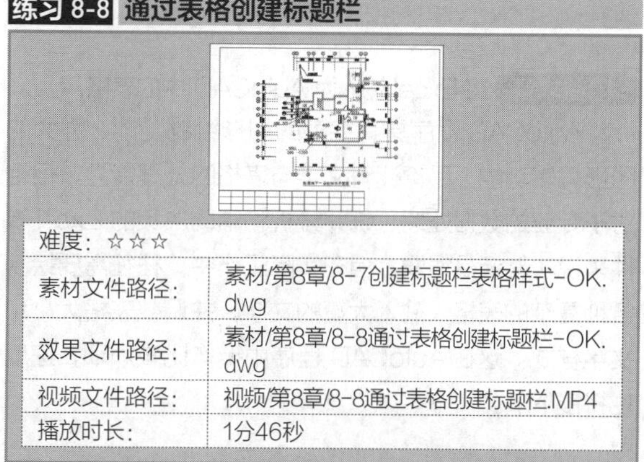

| 难度：☆☆☆ | |
|---|---|
| 素材文件路径： | 素材/第8章/8-7创建标题栏表格样式-OK.dwg |
| 效果文件路径： | 素材/第8章/8-8通过表格创建标题栏-OK.dwg |
| 视频文件路径： | 视频/第8章/8-8通过表格创建标题栏.MP4 |
| 播放时长： | 1分46秒 |

与其他技术制图类似，建筑制图中的标题栏也配置在图框的右下角。本例便延续【练习 9-7】的结果，在“标题栏”表格样式下进行创建。

**Step 01** 打开素材文件“第8章/8-7创建标题栏表格样式-OK.dwg”，其中已经绘制好了一给水平面图。

**Step 02** 在命令行输入TB并按Enter键，系统弹出【插入表格】对话框。选择插入方式为【指定窗口】，然后设置【列数】为12，【数据行数】为1，设置所有行的单元样式均为【数据】，如图8-85所示。

**Step 03** 单击【插入表格】对话框上的【确定】按钮，然后在绘图区单击确定表格左下角点，向上拖动指针，在合适的位置单击确定表格左下角点。生成的表格如图8-86所示。

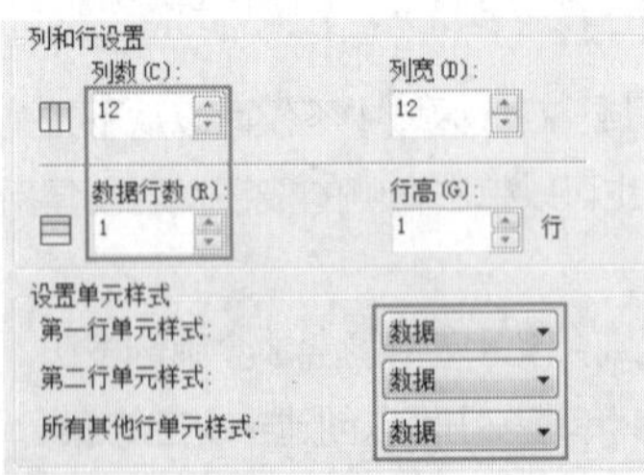


图 8-85 设置表格参数

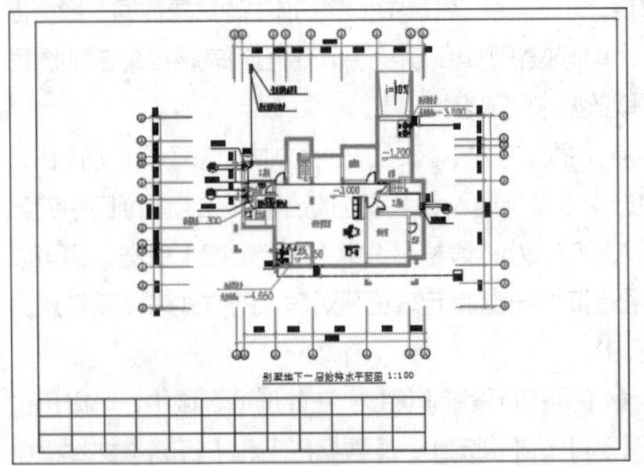

图 8-86 插入表格

> **操作技巧**
>
> 在设置行数的时候，需要看清楚对话框中输入的是【数据行数】，这里的数据行数是应该减去标题与表头的数值，即“最终行数=输入行数+2”。

**·精益求精** 将 Excel 输入为 AutoCAD 中的表格

AutoCAD 程序具有完善的图形绘制功能、强大的图形编辑功能。尽管还有文字与表格的处理能力，但相对于专业的数据处理、统计分析和辅助决策的 Excel 软件来说功能还是很弱。但在实际工作中，往往需要绘制各种复杂的表格，输入大量的文字，并调整表格大小和文字样式。这在 AutoCAD 程序中操作比较烦琐，速度也将慢下来。

因此如果将 Word、Excel 等文档中的表格数据选择性粘贴插入 AutoCAD 程序中，且插入后的表格数据也会以表格的形式显示于绘图区，这样就能极大地方便用户整理。下面通过一个练习来介绍方法。

## 练习 8-9 通过 Excel 生成 AutoCAD 表格 ★重点★

| 难度：☆☆☆ | |
|---|---|
| 素材文件路径： | 素材/第8章/8-9电气设施统计表.xls |
| 效果文件路径： | 素材/第8章/8-9电气设施统计表-OK.dwg |
| 视频文件路径： | 视频/第8章/8-9通过Excel生成AutDCAD表格.MP4 |
| 播放时长： | 1分58秒 |

如果要统计的数据过多，如电气设施的统计表，那肯定首选使用 Excel 进行处理，然后在导入 AutoCAD 中作为表格即可。而且在一般公司中，这类表格数据都由其他部门制作，设计人员无须再自行整理。

**Step 01** 打开素材文件“第8章/8-9电气设施统计表.xls”，如图8-87所示，已用Excel创建好了一电气设施的统计表格。

电 气 设 备 设 施 一 览 表

统计：姜程笑　　统计日期：2012年3月22日　　审核：罗武　　审核日期：2012年3月22日　　编号：10

| 序号 | 名称 | 规格型号 | | 重量/原值（吨/万元） | 制造/投用（时间） | 主体材质 | 操作条件 | 安装地点/使用部门 | 生产制造单位 | 备注 |
|---|---|---|---|---|---|---|---|---|---|---|
| 1 | 吸氨泵、碳化泵、浓氨泵（TH01） | MNS | 1 | | 2010、04/2010、08 | 敷铝锌板 | 交流控制（AC380V/220V） | 碳化配电室/ | 上海德力西开关有限公司 | |
| 2 | 离心机1#-3#主机、辅机控制（TH02） | MNS | 1 | | 2010、04/2010、08 | 敷铝锌板 | 交流控制（AC380V/220V） | 碳化配电室/ | 上海德力西开关有限公司 | |
| 3 | 防爆控制箱 | XBK-B24D24G | 1 | | 2010、07 | 铸铁 | 交流控制（AC220V） | 碳化值班室内/ | 新黎明防爆电器有限公司 | |
| 4 | 防爆照明（动力）配电箱 | CBP51-7KXXG | 1 | | 2010、11 | 铸铁 | 交流控制（AC380V） | 碳化二楼/ | 长城电器集团有限公司 | |
| 5 | 防爆动力（电磁）启动箱 | BXG | 1 | | 2010、07 | 铸铁 | 交流控制（AC380V） | 碳化值班室内/ | 新黎明防爆电器有限公司 | |
| 6 | 防爆照明（动力）配电箱 | CBP51-7KXXG | 1 | | 2010、11 | 铸铁 | 交流控制（AC380V） | 碳化一楼/ | 长城电器集团有限公司 | |
| 7 | 碳化循环水控制柜 | | 1 | | 2010、11 | 普通钢板 | 交流控制（AC380V） | 碳化配电室内/ | 自配控制柜 | |
| 8 | 碳化深水泵控制柜 | | 1 | | 2011、04 | 普通钢板 | 交流控制（AC380V） | 碳化配电室内/ | 自配控制柜 | |
| 9 | 防爆控制箱 | XBK-B12D12G | 1 | | 2010、07 | 铸铁 | 交流控制（AC380V） | 碳化二楼/ | 新黎明防爆电器有限公司 | |
| 10 | 防爆控制箱 | XBK-B30D30G | 1 | | 2010、07 | 铸铁 | 交流控制（AC380V） | 碳化二楼/ | 新黎明防爆电器有限公司 | |

图 8-87 打开素材

**Step 02** 将表格主体（即行3~13、列A~K），复制到剪贴板。

**Step 03** 然后打开AutoCAD，新建一空白文档，再选择【编辑】菜单中的【选择性粘贴】选项，打开【选择性粘贴】对话框，选择其中的“AutoCAD图元”选项，如图8-88所示。

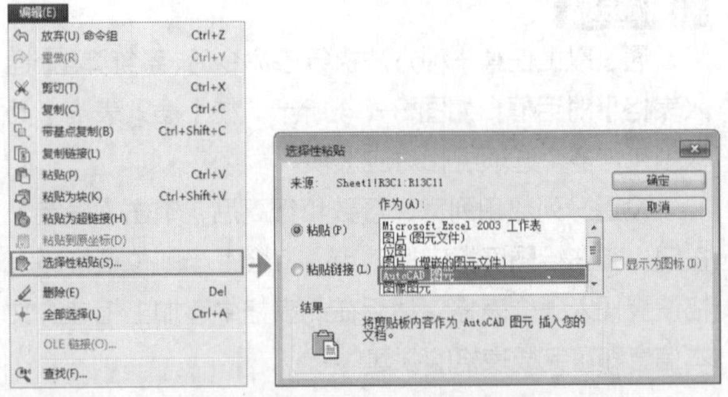

图 8-88 【选择性粘贴】对话框

**Step 04** 确定以后，表格即转化成AutoCAD 中的表格，如图8-89所示。可以编辑其中的文字，非常方便。

| 序号 | 名　称 | 规格型号 | | 重量/原值（吨/万元） | 制造/投用（时间） | 主体材质 | 操作条件 | 安装地点 / 使用部门 | 生产制造单位 | 备注 |
|---|---|---|---|---|---|---|---|---|---|---|
| 1.0000 | 吸氨泵、碳化泵、浓氨泵（TH01） | MNS | 1.0000 | | 2010.04/2010.08 | 敷铝锌板 | 交流控制（AC380V/220V） | 碳化配电室/ | 上海德力西开关有限公司 | |
| 2.0000 | 离心机1#-3#主机、辅机控制（TH02） | MNS | 1.0000 | | 2010.04/2010.08 | 敷铝锌板 | 交流控制（AC380V/220V） | 碳化配电室/ | 上海德力西开关有限公司 | |
| 3.0000 | 防爆控制箱 | XBK-B24D24G | 1.0000 | | 2010.07 | 铸铁 | 交流控制（AC220V） | 碳化值班室内/ | 新黎明防爆电器有限公司 | |
| 4.0000 | 防爆照明(动力）配电箱 | CBP51-7KXXG | 1.0000 | | 2010.11 | 铸铁 | 交流控制（AC380V） | 碳化二楼/ | 长城电器集团有限公司 | |
| 5.0000 | 防爆动力(电磁）启动箱 | BXG | 1.0000 | | 2010.07 | 铸铁 | 交流控制（AC380V） | 碳化值班室内/ | 新黎明防爆电器有限公司 | |
| 6.0000 | 防爆照明(动力）配电箱 | CBP51-7KXXG | 1.0000 | | 2010.11 | 铸铁 | 交流控制（AC380V） | 碳化一楼/ | 长城电器集团有限公司 | |
| 7.0000 | 碳化循环水控制柜 | | 1.0000 | | 2010.11 | 普通钢板 | 交流控制（AC380V） | 碳化配电室内/ | 自配控制柜 | |
| 8.0000 | 碳化深水泵控制柜 | | 1.0000 | | 2011.04 | 普通钢板 | 交流控制（AC380V） | 碳化配电室内/ | 自配控制柜 | |
| 9.0000 | 防爆控制箱 | XBK-B12D12G | 1.0000 | | 2010.07 | 铸铁 | 交流控制（AC380V） | 碳化二楼/ | 新黎明防爆电器有限公司 | |
| 10.0000 | 防爆控制箱 | XBK-B30D30G | 1.0000 | | 2010.07 | 铸铁 | 交流控制（AC380V） | 碳化二楼/ | 新黎明防爆电器有限公司 | |

图 8-89 粘贴为 AutoCAD 中的表格

## 8.2.3 编辑表格

在添加完成表格后，不仅可根据需要对表格整体或表格单元执行拉伸、合并或添加等编辑操作，而且可以对表格的表指示器进行所需的编辑，其中包括编辑表格形状和添加表格颜色等设置。

### 1 编辑表格

当选中整个表格，单击鼠标右键，弹出的快捷菜单如图 8-90 所示。可以对表格进行剪切、复制、删除、移动、缩放和旋转等简单操作，还可以均匀调整表格的行、列大小，删除所有特性替代。当选择【输出】命令时，还可以打开【输出数据】对话框，以 .csv 格式输出表格中的数据。

当选中表格后，也可以通过拖动夹点来编辑表格，其各夹点的含义，如图 8-91 所示。

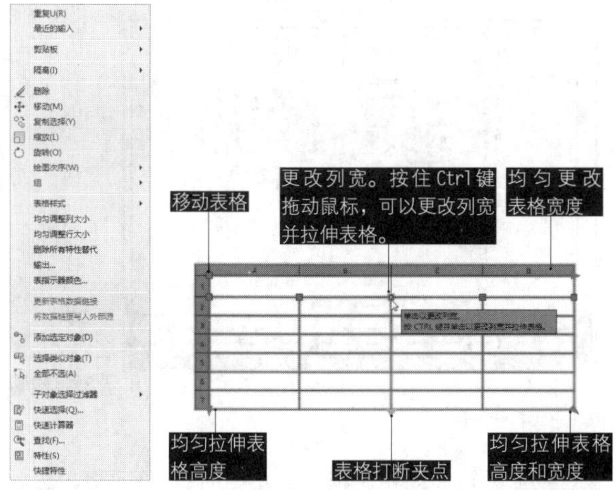


图 8-90 选中整个表格时的快捷菜单　图 8-91 选中表格时各夹点的含义

### 2 编辑表格单元

当选中表格单元时，其右键快捷菜单如图 8-92 所示。

当选中表格单元格后，在表格单元格周围出现夹点，也可以通过拖动这些夹点来编辑单元格，其各夹点的含义如图 8-93 所示。如果要选择多个单元，可以按鼠标左键并在欲选择的单元上拖动；也可以按住 Shift 键并在欲选择的单元内按鼠标左键，可以同时选中这两个单元以及它们之间的所有单元。

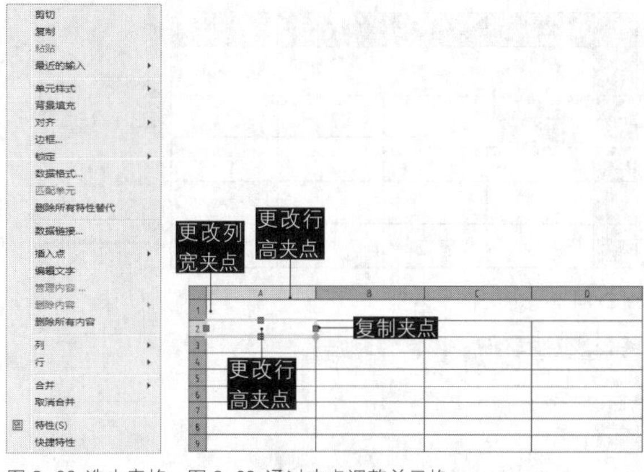


图 8-92 选中表格单元格时的快捷菜单　图 8-93 通过夹点调整单元格

## 8.2.4 添加表格内容

在 AutoCAD 2016 中，表格的主要作用就是能够清晰、完整、系统地表现图纸中的数据。表格中的数据都是通过表格单元进行添加的，表格单元不仅可以包含文本信息，而且还可以包含多个块。此外，还可以将 AutoCAD 中的表格数据与 Microsoft Excel 电子表格中的数据进行连接。

确定表格的结构之后，最后在表格中添加文字、块、公式等内容。添加表格内容之前，必须了解单元格的选中状态和激活状态。

◆ 选中状态：单元格的选中状态在上一节已经介绍，如图 8-93 所示。单击单元格内部即可选中单元格，选中单元格之后系统弹出【表格单元】选项卡。

◆ 激活状态：在单元格的激活状态，单元格呈灰底显示，并出现闪动光标，如图 8-94 所示。双击单元格可以激活单元格，激活单元格之后系统弹出【文字编辑器】选项卡。

### 1 添加数据

当创建表格后，系统会自动亮显第一个表格单元，并打开【文字格式】工具栏，此时可以开始输入文字，在输入文字的过程中，单元的行高会随输入文字的高度或行数的增加而增加。要移动到下一单元，可以按 Tab 键或是用箭头键向左、享有、向上和向下移动。通过在选中的单元中按 F2 键可以快速编辑单元格文字。

### 2 在表格中添加块

在表格中添加块和方程式需要选中单元格。选中单元格之后，系统将弹出【表格单元】选项卡，单击【插入】面板中的【块】按钮，系统弹出【在表格单元中插入块】对话框，如图 8-95 所示，浏览到块文件然后插入块。在表格单元中插入块时，块可以自动适应单元的大小，也可以调整单元以适应块的大小，并且可以将多个块插入到同一个表格单元中。

| | A | B | C | D |
|---|---|---|---|---|
| 1 | | | | |
| 2 | I | | | |
| 3 | | | | |
| 4 | | | | |
| 5 | | | | |

图 8-94 激活单元格

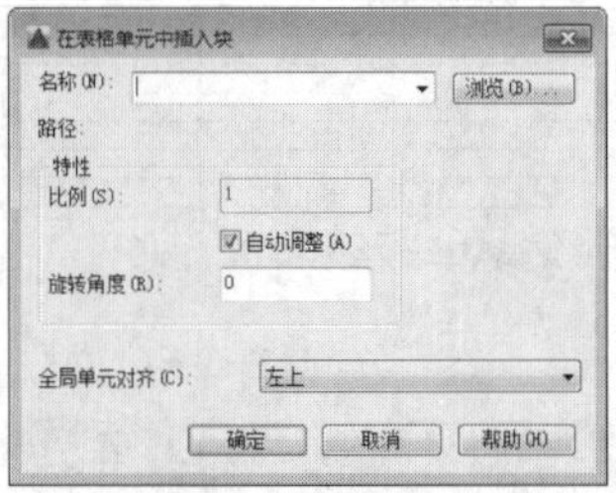


图 8-95 【在表格单元中插入块】对话框

### 3 在表格中添加方程式

在表格中添加方程式可以将某单元格的值定义为其他单元格的组合运算值。选中单元格之后，在【表格单元】选项卡中，单击【插入】面板中的【公式】按钮，弹出图8-96所示的选项，选择【方程式】选项，将激活单元格，进入文字编辑模式。输入与单元格标号相关的运算公式，如图8-97所示。该方程式的运算结果如图8-98所示。如果修改方程所引用的单元格，运算结果也随之更新。

图 8-96 【插入】面板中的【公式】按钮

| | A | B | C | D |
|---|---|---|---|---|
| 1 | | | | |
| 2 | 1 | 2 | 3 | =A2+B2+C2 |
| 3 | | | | |
| 4 | | | | |
| 5 | | | | |

图 8-97 输入方程表达式

| | | | |
|---|---|---|---|
| 1 | 2 | 3 | 6 |
| | | | |
| | | | |
| | | | |

图 8-98 方程运算结果

## 练习 8-10 填写标题栏表格

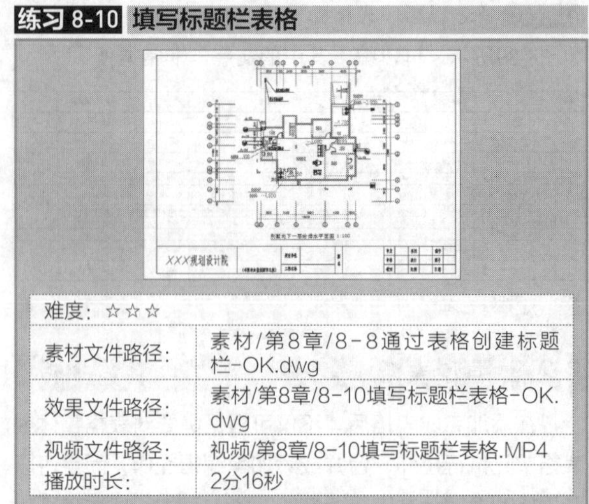


| 难度：☆☆☆ | |
|---|---|
| 素材文件路径： | 素材/第8章/8-8通过表格创建标题栏-OK.dwg |
| 效果文件路径： | 素材/第8章/8-10填写标题栏表格-OK.dwg |
| 视频文件路径： | 视频/第8章/8-10填写标题栏表格.MP4 |
| 播放时长： | 2分16秒 |

标题栏一般由更改区、签字区、其他区、名称以及代号区组成。填写的内容主要有设计单位名称、建筑单位名称、工程名称、图样代号以及设计、审核、批准者的姓名、日期等。本例延续【练习 8-8】的结果，填写已经创建完成的标题栏。

**Step 01** 打开素材文件“第8章/8-8通过表格创建标题栏-OK.dwg”，其中已经绘制好了零件图形和标题栏。

**Step 02** 选中表格，然后将其拉伸至图框的另一侧，使其覆盖整个图框下方部分，如图8-99所示。

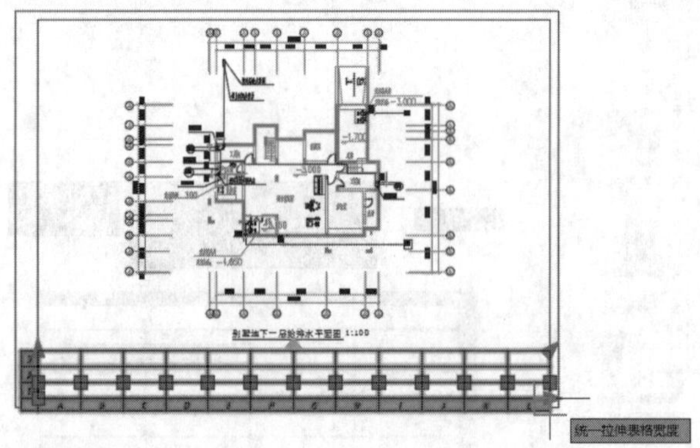


图 8-99 拉伸表格

**Step 03** 编辑标题栏。框选最左侧的3个单元格，然后单击【表格单元】选项卡中【合并】面板中的【合并全部】按钮，合并结果如图8-100所示。

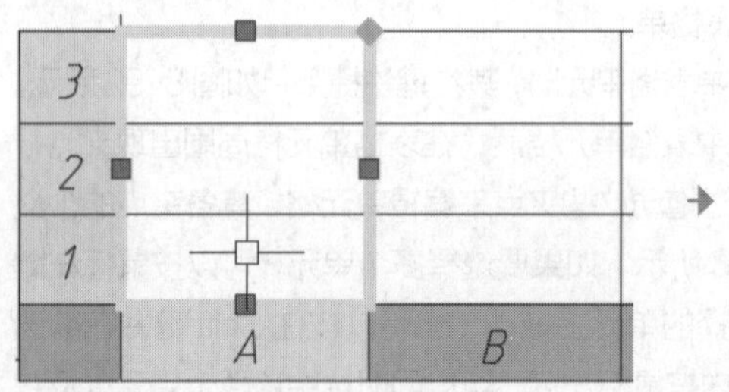


图 8-100 合并单元格

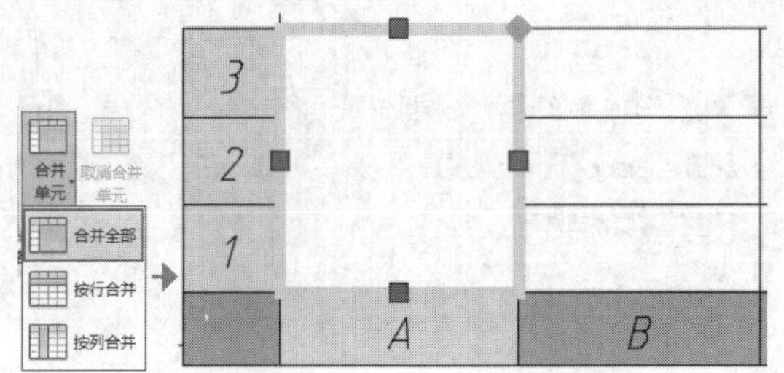


图 8-100 合并单元格（续）

**Step 04** 合并其余单元格。使用相同的方法，合并其余的单元格，最终结果如图8-101所示。

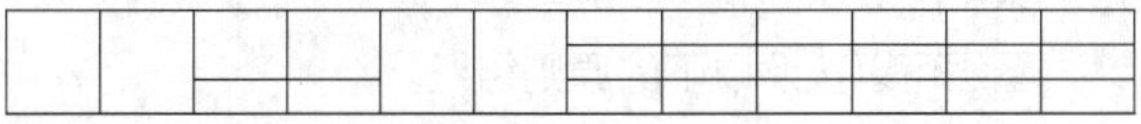

图 8-101 合并其余单元格

**Step 05** 输入文字。双击最左侧合并之后的大单元格，输入设计单位名称：“XXX规划设计院”，同时调整单元格的宽度，如图8-102所示。此时输入的文字，其样式为“标题栏”表格样式中所设置的样式。

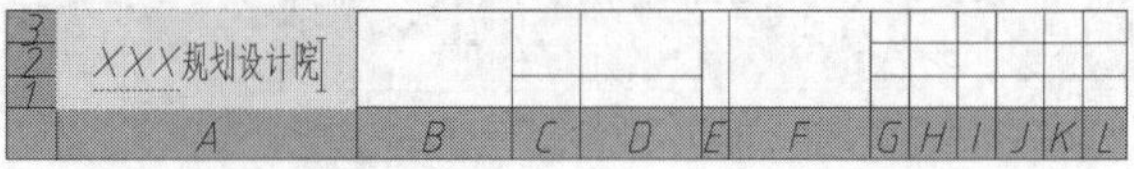

图 8-102 在单元格中输入文字

**Step 06** 按相同方法，输入其他文字，如“设计”“审核”等，如图8-103所示。

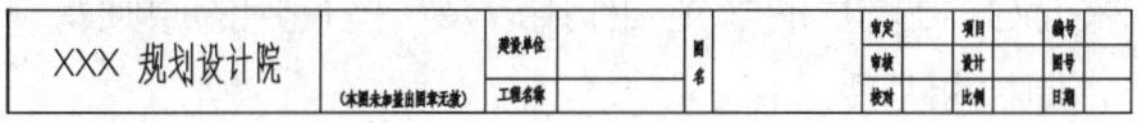

图 8-103 在其他单元格中输入文字

# 第 9 章 图层与图层特性

图层是 AutoCAD 提供给用户的组织图形的强有力工具。AutoCAD 的图形对象必须绘制在某个图层上，它可能是默认的图层，也可以是用户自己创建的图层。利用图层的特性，如颜色、线宽、线型等，可以非常方便地区分不同的对象。此外，AutoCAD 还提供了大量的图层管理功能（打开 / 关闭、冻结 / 解冻、加锁 / 解锁等），这些功能使用户在组织图层时非常方便。

## 9.1 图层概述

本节介绍图层的基本概念和分类原则，使读者对 AutoCAD 图层的含义和作用以及一些使用的原则有一个清晰的认识。

### 9.1.1 图层的基本概念

AutoCAD 图层相当于传统图纸中使用的重叠图纸。它就如同一张张透明的图纸，整个 AutoCAD 文档就是由若干透明图纸上下叠加的结果，如图 9-1 所示。用户可以根据不同的特征、类别或用途，将图形对象分类组织道不同的图层中。同一个图层中的图形对象具有许多相同的外观属性，如线宽、颜色、线型等。

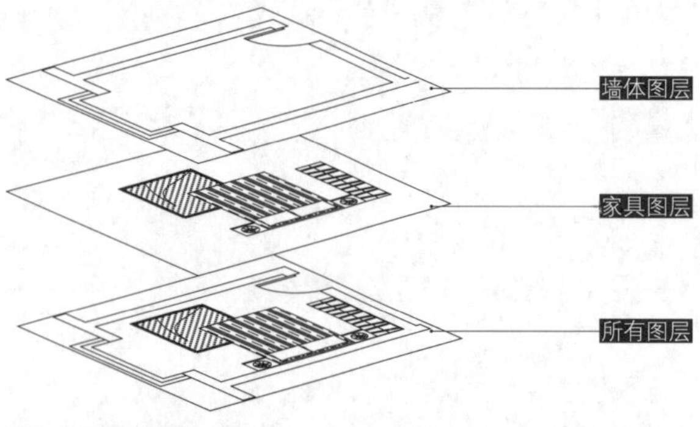


图 9-1 图层的原理

按图层组织数据有很多好处。首先，图层结构有利于设计人员对 AutoCAD 文档的绘制和阅读。不同工种的设计人员，可以将不同类型数据组织到各自的图层中，最后统一叠加。阅读文档时，可以暂时隐藏不必要的图层，减少屏幕上的图形对象数量，提高显示效率，也有利于看图。修改图纸时，可以锁定或冻结其他工种的图层，以防误删、误改他人图纸。其次，按照图层组织数据，可以减少数据冗余，压缩文件数据量，提高系统处理效率。许多图形对象都有共同的属性。如果逐个记录这些属性，那么这些共同属性将被重复记录。而按图层组织数据以后，具有共同属性的图形对象同属一个层。

### 9.1.2 图层分类原则

按照图层组织数据，将图形对象分类组织到不同的图层中，这是 AutoCAD 设计人员的一个良好习惯。在新建文档时，首先应该在绘图前大致设计好文档的图层结构。多人协同设计时，更应该设计好一个统一而又规范的图层结构，以便数据交换和共享。切忌将所有的图形对象全部放在同一个图层中。

图层可以按照以下的原则组织。

◆按照图形对象的使用性质分层。如在建筑设计中，可以将墙体、门窗、家具、绿化分在不同的层。

◆按照外观属性分层。具有不同线型或线宽的实体应当分属不同的图层，这是一个很重要的原则。如机械设计中，粗实线（外轮廓线）、虚线（隐藏线）和点画线（中心线）就应该分属 3 个不同的图层，也方便了打印控制。

◆按照模型和非模型分层。AutoCAD 制图的过程实际上是建模的过程。图形对象是模型的一部分；文字标注、尺寸标注、图框、图例符号等并不属于模型本身，是设计人员为了便于设计文件的阅读而人为添加的说明性内容。所以模型和非模型应当分属不同的图层。

## 9.2 图层的创建与设置

图层的新建、设置等操作通常在【图层特性管理器】选项板中进行。此外，用户也可以使用【图层】面板或【图层】工具栏快速管理图层。【图层特性管理器】选项板中可以控制图层的颜色、线型、线宽、透明度、是否打印等，本节仅介绍其中常用的前 3 种，后面的设置操作方法与此相同，便不再介绍。

### 9.2.1 新建并命名图层

在使用 AutoCAD 进行绘图工作前，用户宜先根据自身行业要求创建好对应的图层。AutoCAD 的图层创建和设置都在【图层特性管理器】选项板中进行。

**·执行方式**

打开【图层特性管理器】选项板有以下几种方法。

◆功能区：在【默认】选项卡中，单击【图层】面板中的【图层特性】按钮，如图 9-2 所示。

◆菜单栏：选择【格式】|【图层】命令，如图 9-3 所示。

◆命令行：LAYER 或 LA。

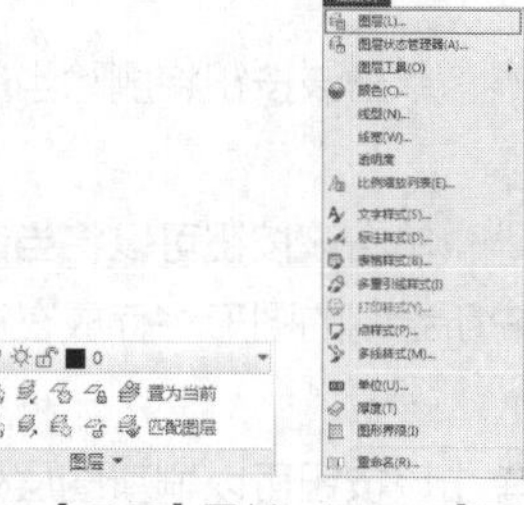

图 9-2 【图层】面板中的【图层特性】按钮　图 9-3 【图层】格式菜单命令

## ·操作步骤

执行任一命令后，弹出【图层特性管理器】选项板，如图 9-4 所示，单击对话框上方的【新建】按钮，即可新建一个图层项目。默认情况下，创建的图层会依以“图层 1”“图层 2”等按顺序进行命名，用户也可以自行输入易辨别的名称，如“轮廓线”“中心线”等。输入图层名称之后，依次设置该图层对应的颜色、线型、线宽等特性。

设置为当前的图层项目前会出现✔符号。如图 9-5 所示为将粗实线图层置为当前图层，颜色设置为红色，线型为实线，线宽为 0.3mm 的结果。

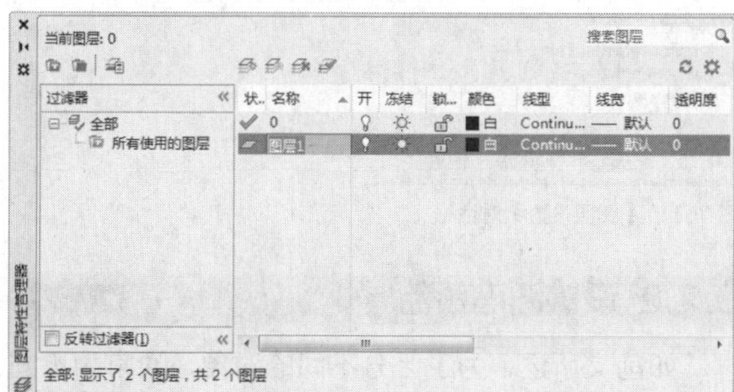

图 9-4 【图层特性管理器】选项板

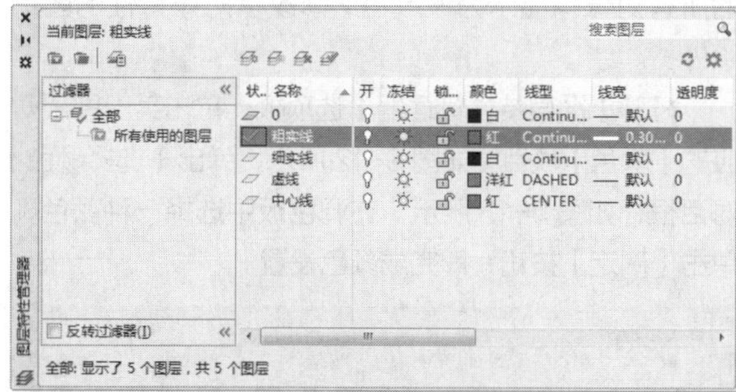

图 9-5 “粗实线”图层

**操作技巧**

图层的名称最多可以包含255个字符，并且中间可以含有空格，图层名区分大小写字母。图层名不能包含的符号有：<、>、^、“、”、;、?、*、|、,、=、’等，如果用户在命名图层时提示失败，可检查是否含有这些非法字符。

## ·选项说明

【图层特性管理器】选项板主要分为【图层树状区】与【图层设置区】两部分，如图 9-6 所示。

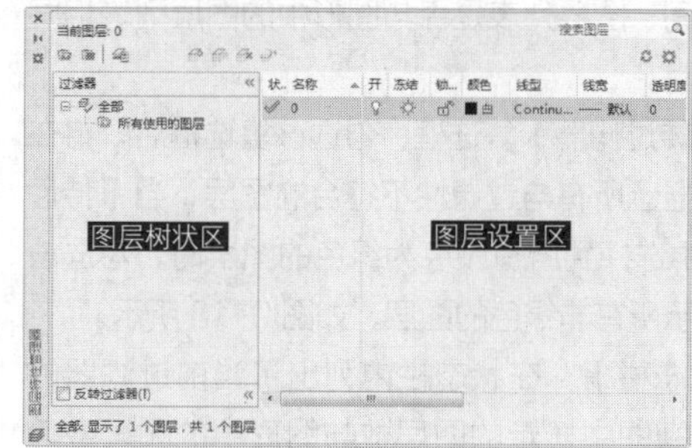


图 9-6 【图层特性管理器】选项板

### ◎ 图层树状区

【图层树状区】用于显示图形中图层和过滤器的层次结构列表，其中【全部】用于显示图形中所有的图层，而【所有使用的图层】过滤器则为只读过滤器，过滤器按字母顺序进行显示。

【图层树状区】各选项及功能按钮的作用如下。

◆【新建特性过滤器】按钮：单击该按钮将弹出如图 9-7 所示的【图层过滤器特性】对话框，此时可以根据图层的若干特性（如颜色、线宽）创建【特性过滤器】。

◆【新建组过滤器】按钮：单击该按钮可创建【组过滤器】，在【组过滤器】内可包含多个【特性过滤器】，如图 9-8 所示。

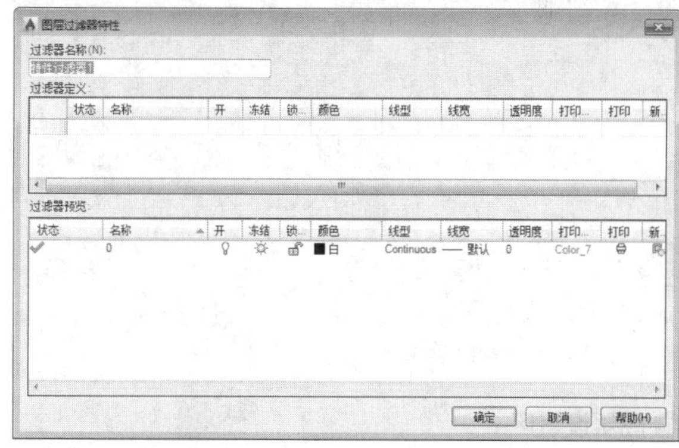

图 9-7 【图层过滤器特性】对话框

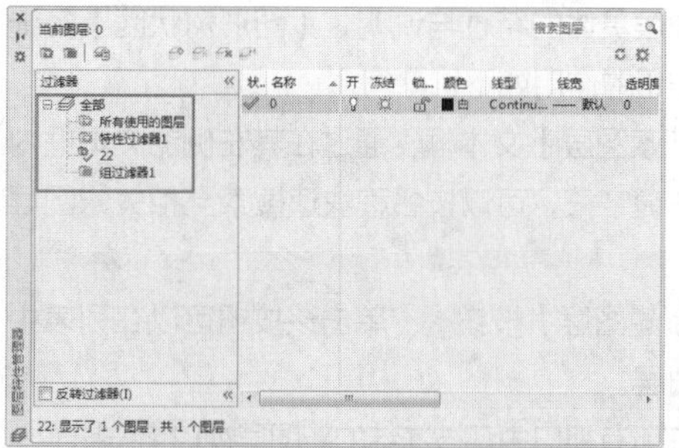

图 9-8 创建【组过滤器】

◆【图层状态管理器】按钮：单击该按钮将弹出如图 9-9 所示的【图层状态管理器】对话框，通过该对话框中的列表可以查看当前保存在图形中的图层状态、存在空间、图层列表是否与图形中的图层列表相同以及可选说明。

◆【反转过滤器】复选框：勾选该复选框后，将在右侧列表中显示所有与过滤性不符合的图层，当【特性过滤器 1】中选择到所有颜色为绿色的图层时，勾选该复选框将显示所有非绿色的图层，如图 9-10 所示。

◆【状态栏】：在状态栏内列出了当前过滤器的名称、列表视图中显示的图层数与图形中的图层数等信息。

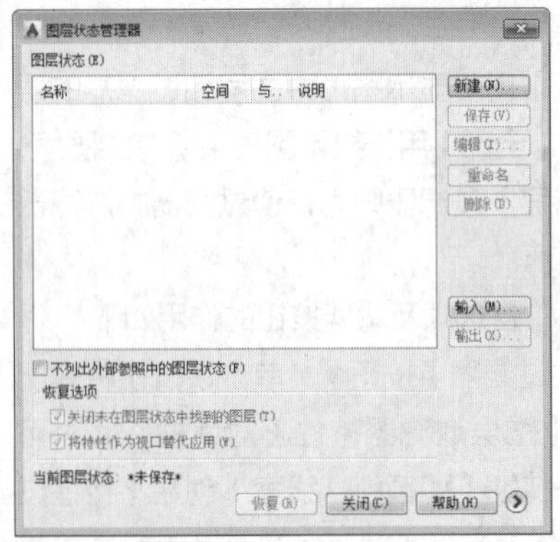

图 9-9 【图层状态管理器】对话框

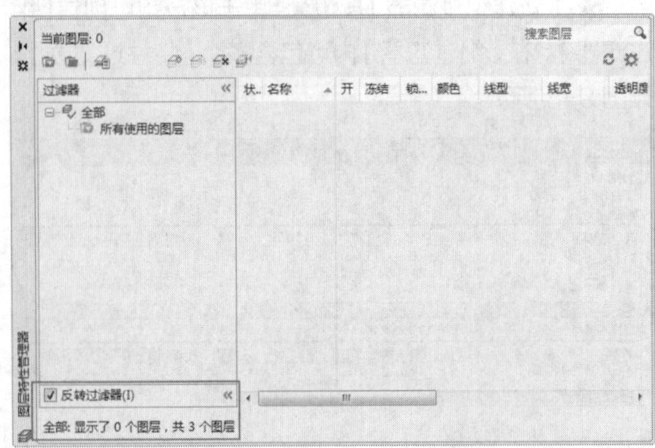

图 9-10 【反转过滤器】复选框

## 图层设置区

【图层设置区】具有搜索、创建、删除图层等功能，并能显示图层具体的特性与说明，【图形树状区】各选项及功能按钮的作用如下。

◆【搜索图层】文本框：通过在其左侧的文本框内输入搜索关键字符，可以按名称快速搜索至相关的图层列表。

◆【新建图层】按钮：单击该按钮可以在列表中新建一个图层。

◆【在所有视口中都被冻结的新图层视口】按钮：单击该按钮可以创建一个新图层，但在所有现有的布局视口中会将其冻结。

◆【删除图层】按钮：单击该按钮将删除当前选中的图层。

◆【置为当前】按钮：单击该按钮可以将当前选中的图层置为当前层，用户所绘制的图形将存放在该图层上。

◆【刷新】按钮：单击该按钮可以刷新图层列表中的内容。

◆【设置】按钮：单击该按钮将显示如图 9-11 所示的【图层设置】对话框，用于调整【新图层通知】、【隔离图层设置】以及【对话框设置】等内容。

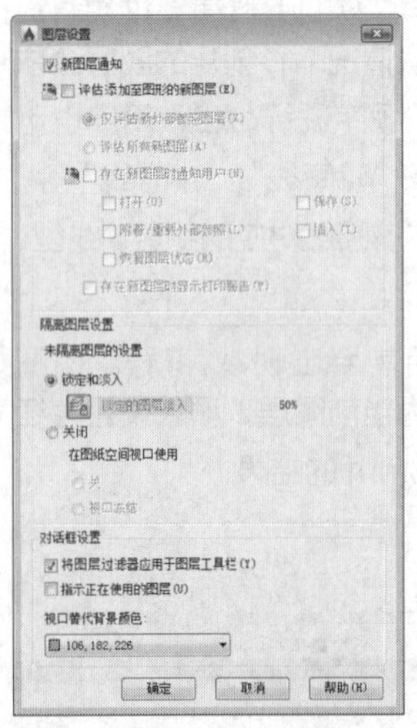

图 9-11 【图层设置】对话框

## 9.2.2 设置图层颜色 ★重点★

如前文所述，为了区分不同的对象，通常为不同的图层设置不同的颜色。设置图层颜色之后，该图层上的所有对象均显示为该颜色（修改了对象特性的图形除外）。

打开【图层特性管理器】选项板，单击某一图层对应的【颜色】项目，如图 9-12 所示，弹出【选择颜色】对话框，如图 9-13 所示。在调色板中选择一种颜色，单击【确定】按钮，即完成颜色设置。

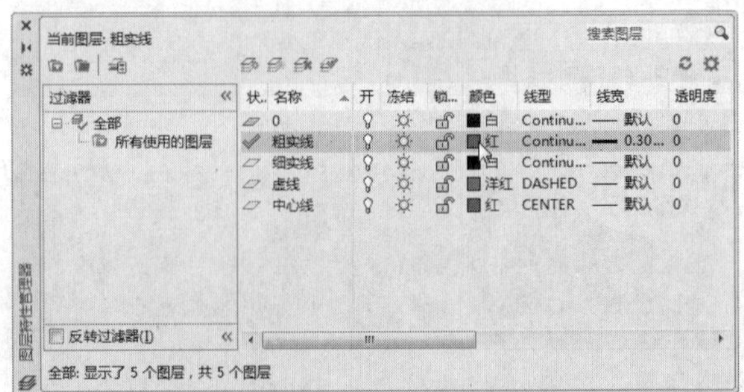

图 9-12 单击图层【颜色】项目

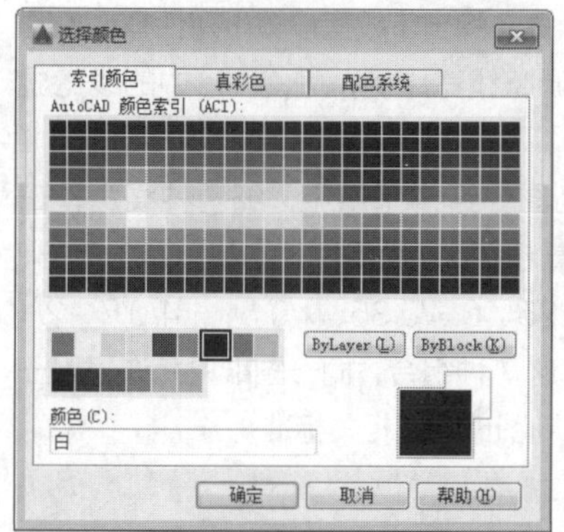


图 9-13 【选择颜色】对话框

## 9.2.3 设置图层线型 ★重点★

线型是指图形基本元素中线条的组成和显示方式，如实线、中心线、点画线等。通过线型的区别，可以直观判断图形对象的类别。在 AutoCAD 中默认的线型是实线（Continuous），其他的线型需要加载才能使用。

在【图层特性管理器】选项板中，单击某一图层对应的【线型】项目，弹出【选择线型】对话框，如图 9-14 所示。在默认状态下，【选择线型】对话框中只有 Continuous 一种线型。如果要使用其他线型，必须将其添加到【选择线型】对话框中。单击【加载】按钮，弹出【加载或重载线型】对话框，如图 9-15 所示，从对话框中选择要使用的线型，单击【确定】按钮，完成线型加载。

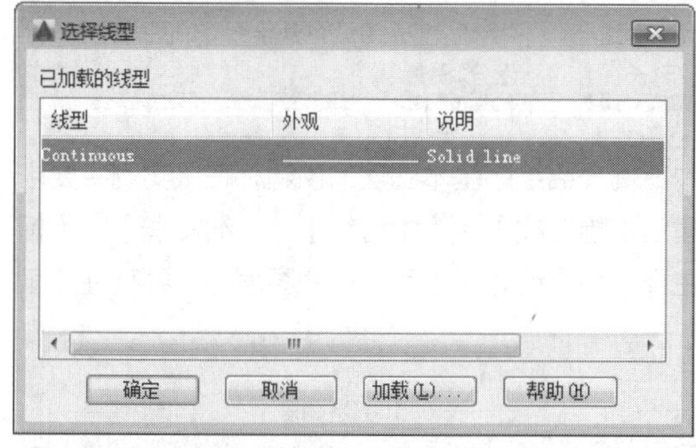


图 9-14 【选择线型】对话框

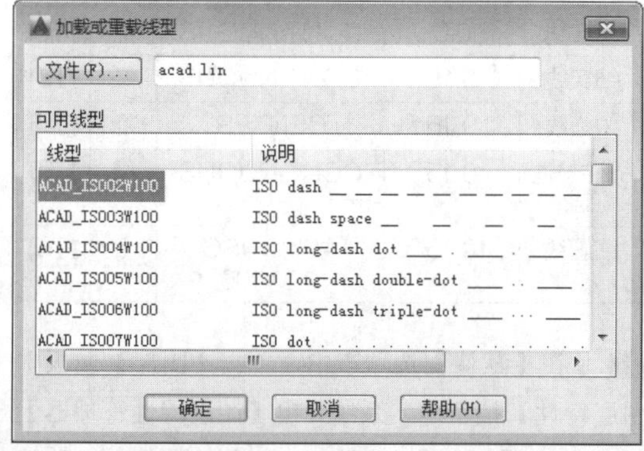


图 9-15 【加载或重载线型】对话框

### 练习 9-1 调整中心线线型比例

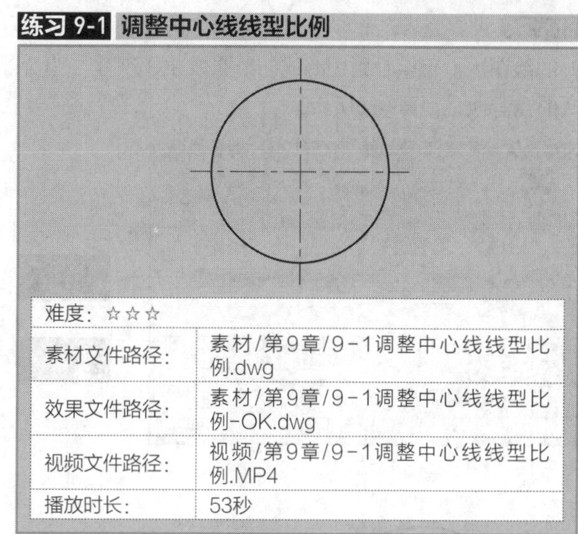

| 难度：☆☆☆ | |
|---|---|
| 素材文件路径： | 素材/第9章/9-1调整中心线线型比例.dwg |
| 效果文件路径： | 素材/第9章/9-1调整中心线线型比例-OK.dwg |
| 视频文件路径： | 视频/第9章/9-1调整中心线线型比例.MP4 |
| 播放时长： | 53秒 |

有时设置好了非连续线型（如虚线、中心线）的图层，但绘制时仍会显示出实线的效果。这通常是因为线型的【线型比例】值过大，修改数值即可显示出正确的线型效果，如图 9-16 所示。具体操作方法说明如下。

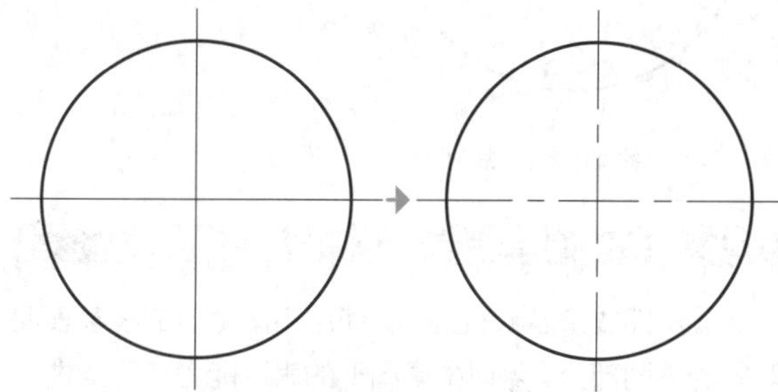

图 9-16 线型比例的变化效果

**Step 01** 打开“第9章/9-1调整中心线线型比例.dwg”素材文件，如图9-17所示，图形的中心线为实线显示。

**Step 02** 在【默认】选项卡中，单击【特性】面板中【线型】下拉列表中的【其他】按钮，如图9-18所示。

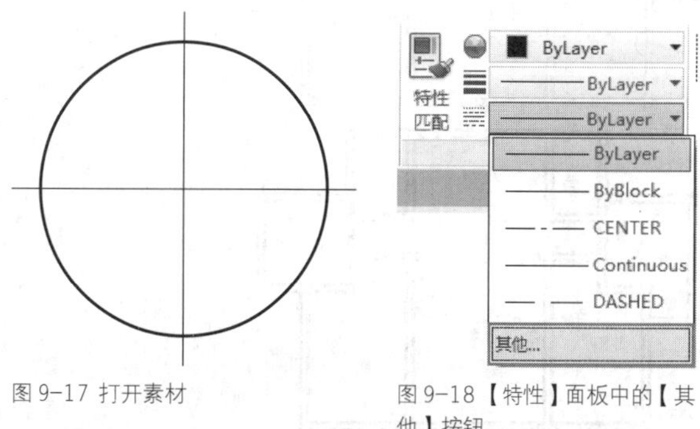


图 9-17 打开素材　　图 9-18 【特性】面板中的【其他】按钮

**Step 03** 系统弹出【线型管理器】对话框，在中间的线型列表框中选中中心线所在的图层【CENTER】，然后在右下方的【全局比例因子】文本框中输入新值为0.25，如图9-19所示。

**Step 04** 设置完成之后，单击对话框中的【确定】按钮返回绘图区，可以看到中心线的效果发生了变化，为合适的点画线，如图9-20所示。

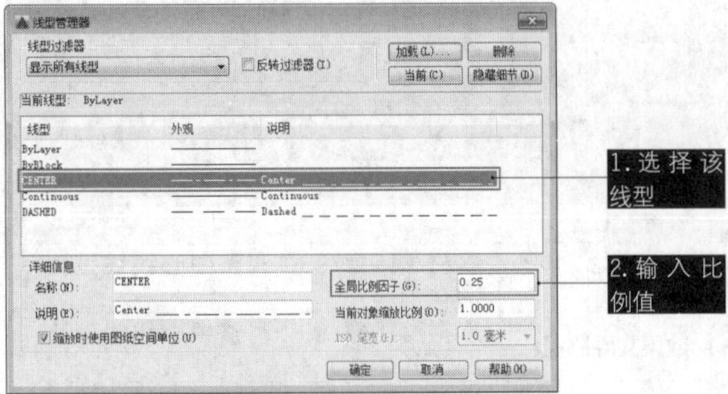


图 9-19 【线型管理器】对话框

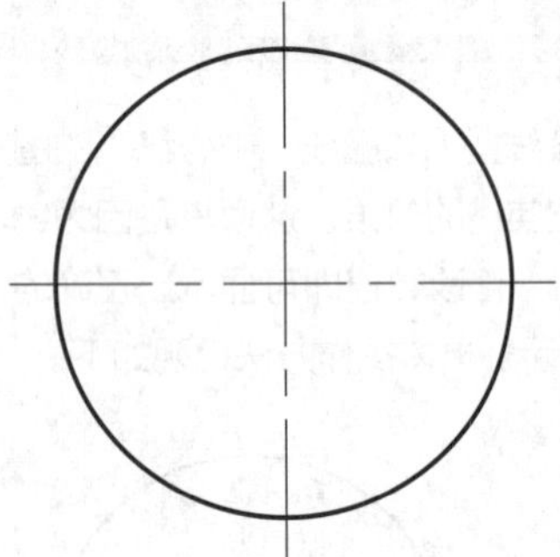

图 9-20 修改线型比例值之后的图形

## 9.2.4 设置图层线宽 ★重点★

线宽即线条显示的宽度。使用不同宽度的线条表现对象的不同部分，可以提高图形的表达能力和可读性，如图 9-21 所示。

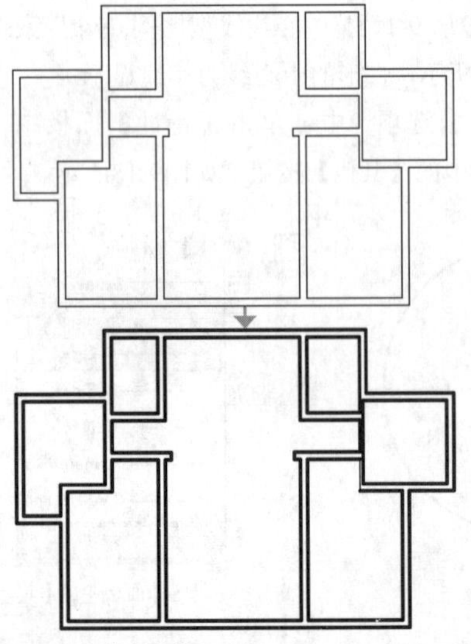

图 9-21 线宽变化

在【图层特性管理器】选项板中，单击某一图层对应的【线宽】项目，弹出【线宽】对话框，如图 9-22 所示，从中选择所需的线宽即可。

如果需要自定义线宽，在命令行中输入 LWEIGHT 或 LW 并按 Enter 键，弹出【线宽设置】对话框，如图 9-23 所示，通过调整线宽比例，可使图形中的线宽显示得更宽或更窄。

机械、建筑制图中通常采用粗、细两种线宽，在 AutoCAD 中常设置粗细比例为 2 ：1。共有 0.25/0.13、0.35/0.18、0.5/0.25、0.7/0.35、1/0.5、1.4/0.7、2/1（单位均为 mm）这 7 种组合，同一图纸只允许采用一种组合。其余行业制图请查阅相关标准。

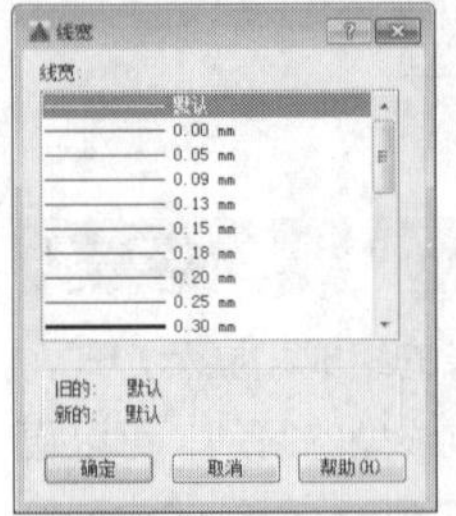

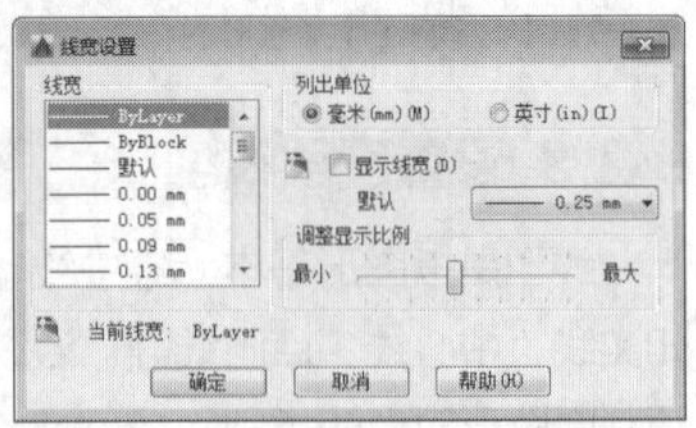

图 9-22 【线宽】对话框　图 9-23 【线宽设置】对话框

### 练习 9-2 创建绘图基本图层

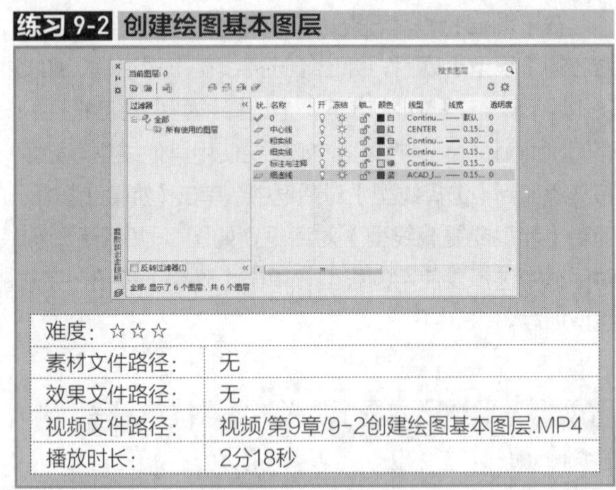

| 难度： | ☆☆☆ |
|---|---|
| 素材文件路径： | 无 |
| 效果文件路径： | 无 |
| 视频文件路径： | 视频/第9章/9-2创建绘图基本图层.MP4 |
| 播放时长： | 2分18秒 |

本案例介绍绘图基本图层的创建，在该实例中要求分别建立【粗实线】、【中心线】、【细实线】、【标注与注释】和【细虚线】层，这些图层的主要特性如表 9-1 所示。

表 9-1 图层列表

| 序号 | 图层名 | 线宽/mm | 线 型 | 颜色 | 打印属性 |
|---|---|---|---|---|---|
| 1 | 粗实线 | 0.3 | CONTINUOUS | 黑 | 打印 |
| 2 | 细实线 | 0.15 | CONTINUOUS | 红 | 打印 |
| 3 | 中心线 | 0.15 | CENTER | 红 | 打印 |
| 4 | 标注与注释 | 0.15 | CONTINUOUS | 绿 | 打印 |
| 5 | 细虚线 | 0.15 | ACAD-ISO 02W100 | 5 | 打印 |

**Step 01** 单在【默认】选项卡中，单击【图层】面板中的【图层特性】按钮。系统弹出【图层特性管理器】选项板，单击【新建】按钮，新建图层。系统默认

【图层1】的名称新建图层，如图9-24所示。

**Step 02** 此时文本框呈可编辑状态，在其中输入文字"中心线"并按Enter键，完成中心线图层的创建，如图9-25所示。

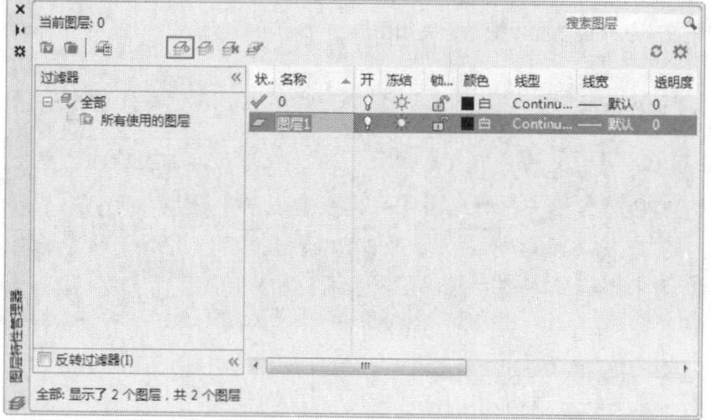

图 9-24 【图层特性管理器】选项板

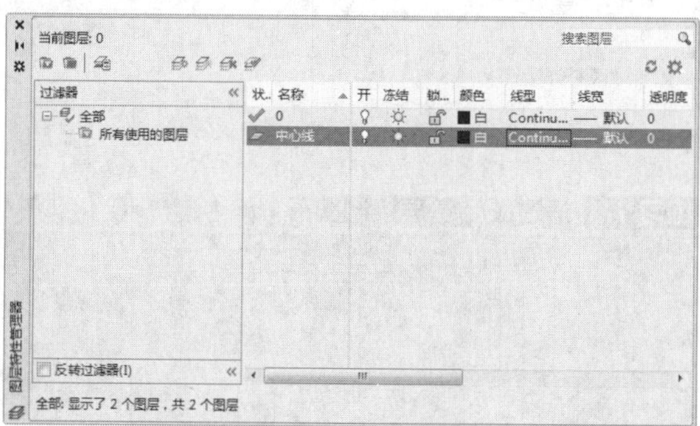

图 9-25 完成创建中心线图层

**Step 03** 单击【颜色】属性项，在弹出的【选择颜色】对话框，选择【红色】，如图9-26所示。单击【确定】按钮，返回【图层特性管理器】选项板。

**Step 04** 单击【线型】属性项，弹出【选择线型】对话框，如图9-27所示。

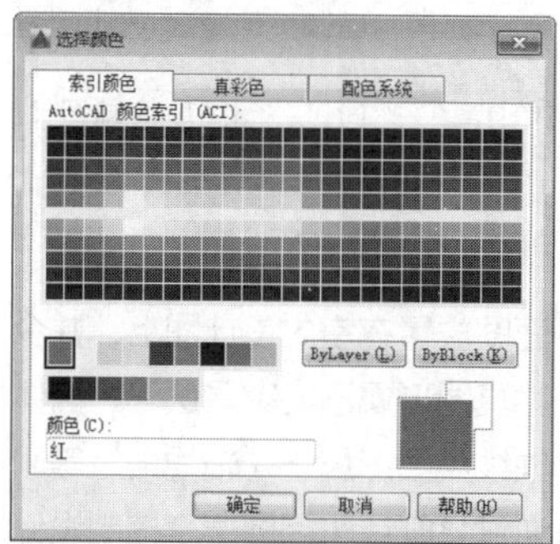

图 9-26 设置图层颜色

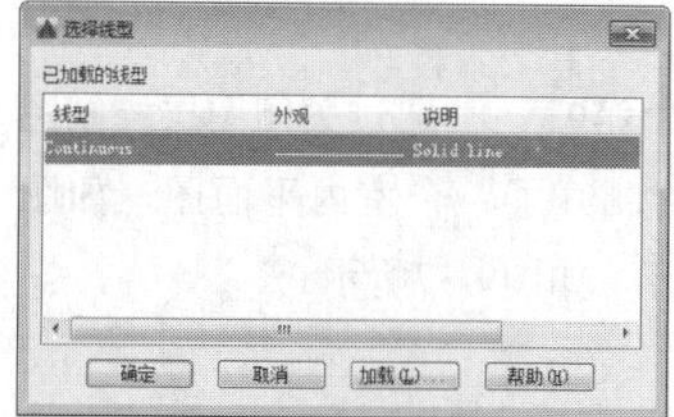

图 9-27 【选择线型】对话框

**Step 05** 在对话框中单击【加载】按钮，在弹出的【加载或重载线型】对话框中选择CENTER线型，如图9-28所示。单击【确定】按钮，返回【选择线型】对话框。再次选择CENTER线型，如图9-29所示。

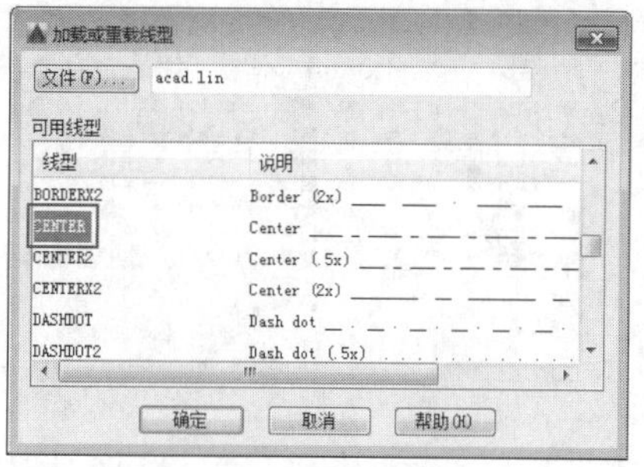

图 9-28 【加载或重载线型】对话框

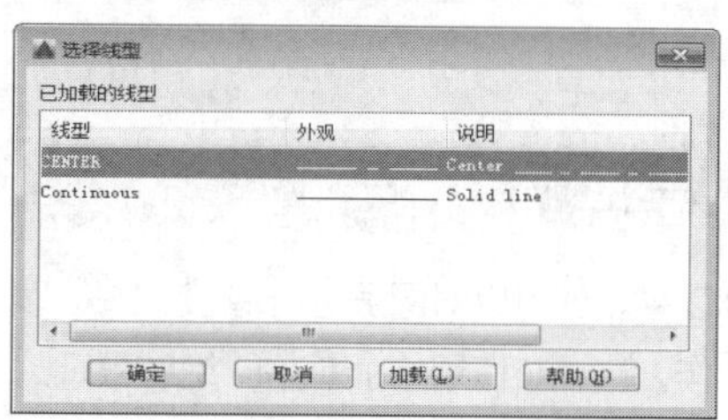

图 9-29 【选择线型】对话框

**Step 06** 单击【确定】按钮，返回【图层特性管理器】选项板。单击【线宽】属性项，在弹出的【线宽】对话框，选择线宽为0.15mm，如图9-30所示。

**Step 07** 单击【确定】按钮，返回【图层特性管理器】选项板。设置的中心线图层如图9-31所示。

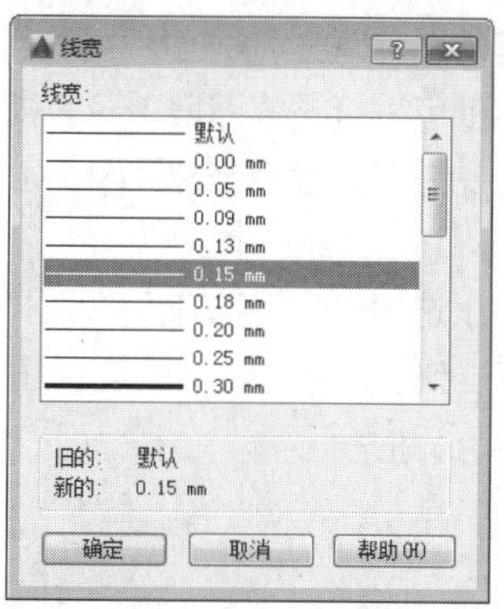

图 9-30 【线宽】对话框

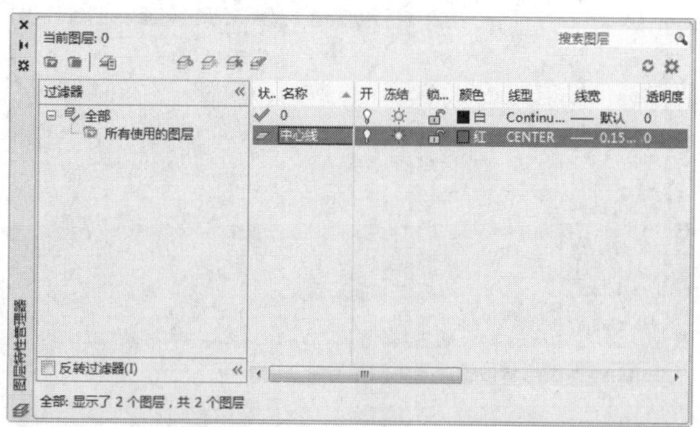

图 9-31 设置的中心线图层

**Step 08** 重复上述步骤，分别创建【粗实线】层、【细实线】层、【标注与注释】层和【细虚线】层，为各图层选择合适的颜色、线型和线宽特性，结果如图9-32所示。

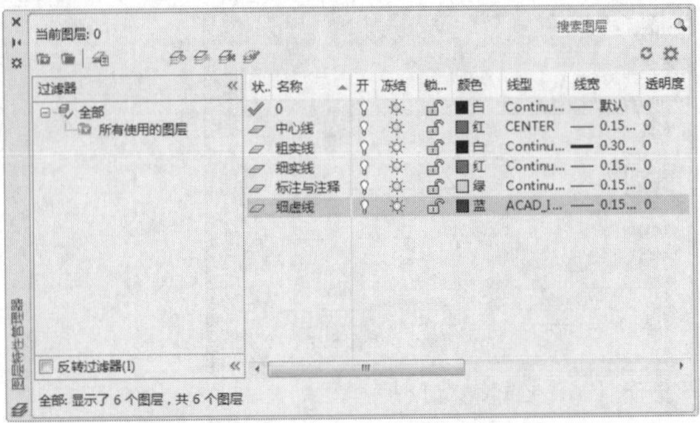


图 9-32 图层设置结果

## 9.3 图层的其他操作

在 AutoCAD 中，还可以对图层进行隐藏、冻结以及锁定等其他操作，这样在使用 AutoCAD 绘制复杂的图形对象时，就可以有效地降低误操作，提高绘图效率。

### 9.3.1 打开与关闭图层 ★重点★

在绘图的过程中可以将暂时不用的图层关闭。被关闭的图层中的图形对象将不可见，并且不能被选择、编辑、修改以及打印。在 AutoCAD 中关闭图层的常用方法有以下几种。

◆对话框：在【图层特性管理器】对话框中选中要关闭的图层，单击按钮💡即可关闭选择图层，图层被关闭后该按钮将显示为💡，表明该图层已经被关闭，如图 9-33 所示。

◆功能区：在【默认】选项卡中，打开【图层】面板中的【图层控制】下拉列表，单击目标图层按钮💡即可关闭图层，如图 9-34 所示。

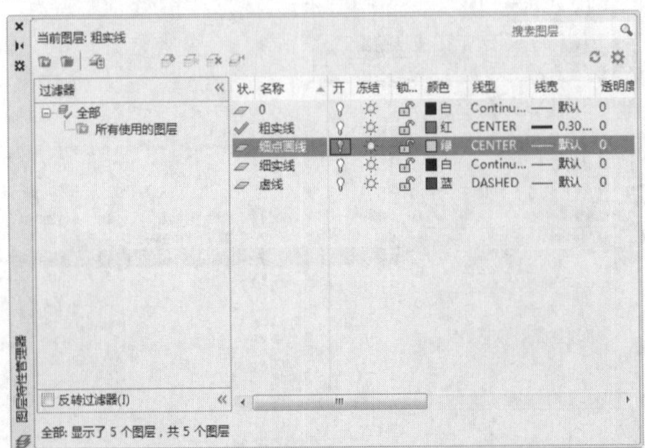


图 9-33 通过图层特性管理器关闭图层

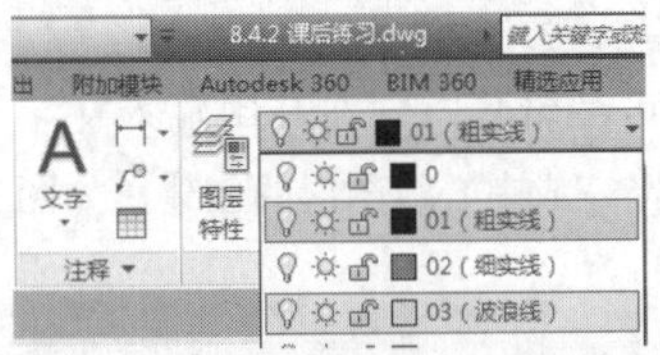


图 9-34 通过功能面板图标关闭图层

> **操作技巧**
>
> 当关闭的图层为【当前图层】时，将弹出如图9-35所示的确认对话框，此时单击【关闭当前图层】链接即可。如果要恢复关闭的图层，重复以上操作，单击图层前的【关闭】图标💡即可打开图层。

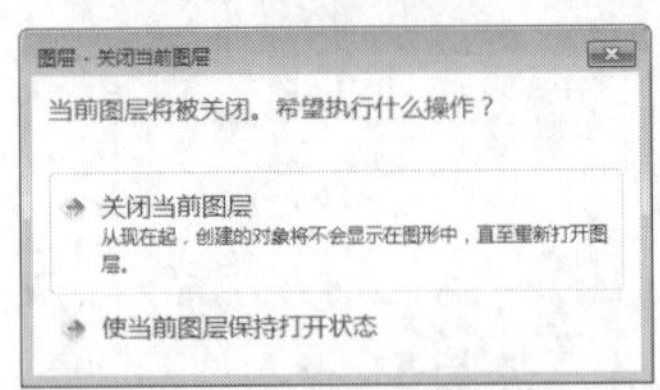


图 9-35 【图层 - 关闭当前图层】确认对话框

**练习 9-3 通过关闭图层控制图形**

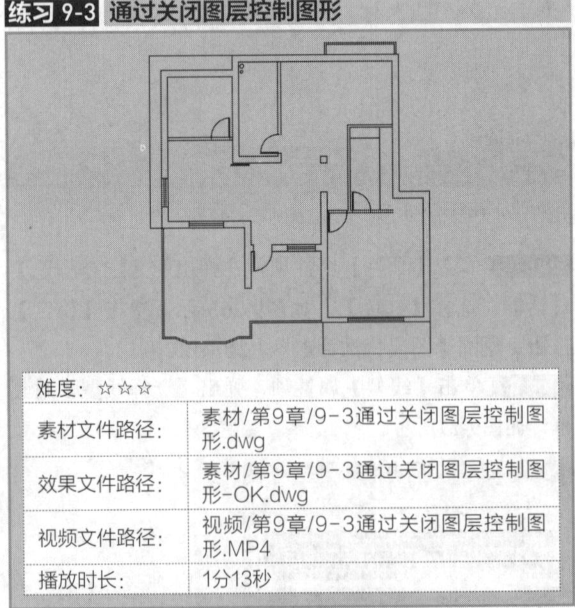

| 难度：☆☆☆ | |
|---|---|
| 素材文件路径： | 素材/第9章/9-3通过关闭图层控制图形.dwg |
| 效果文件路径： | 素材/第9章/9-3通过关闭图层控制图形-OK.dwg |
| 视频文件路径： | 视频/第9章/9-3通过关闭图层控制图形.MP4 |
| 播放时长： | 1分13秒 |

有时需要将家具平面图放置在室内设计图上，并令其分属于不同图层，如家具图形属于“家具层”、墙体图形属于“墙体层”、轴线类图形属于“轴线层”等，这样做的好处就是可以通过打开或关闭图层来控制设计图的显示，使其快速呈现仅含墙体、仅含轴线之类的图形。

**Step 01** 打开素材文件“第9章/9-3通过关闭图层控制图形.dwg”，其中已经绘制好了一个室内平面图，如图9-36所示；图层效果全开，如图9-37所示。

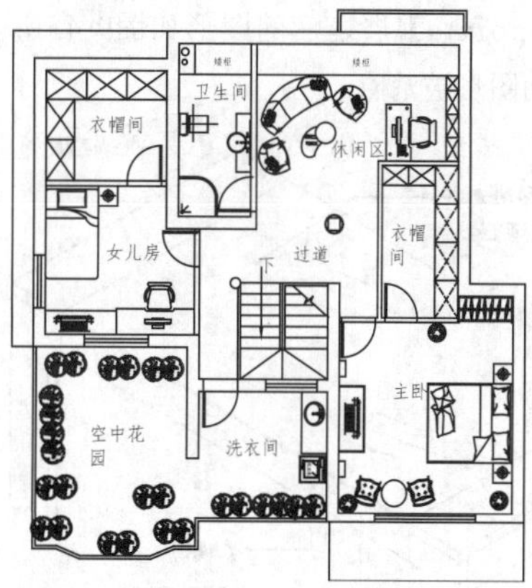


图 9-36 打开素材

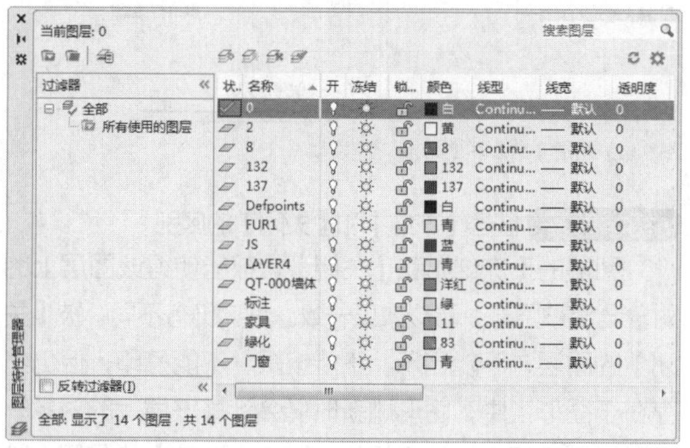


图 9-37 素材中的图层

**Step 02** 设置图层显示。在【默认】选项卡中，单击【图层】面板中的【图层特性】按钮，打开【图层特性管理器】选项板。在对话框内找到【家具】层，选中该层前的打开/关闭图层按钮，单击此按钮此时按钮变成，即可关闭【家具】层。再按此方法关闭其他图层，只保留【QT-000墙体】和【门窗】图层开启，如图9-38所示。

**Step 03** 关闭【图层特性管理器】选项板，此时图形仅包含墙体和门窗，效果如图9-39所示。

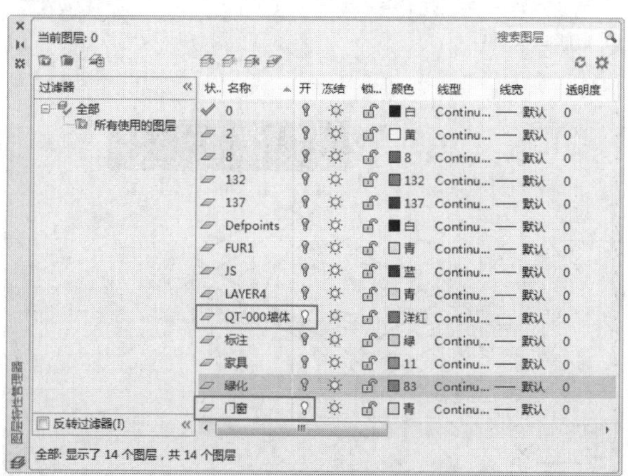


图 9-38 关闭除墙体和门窗之外的所有图层

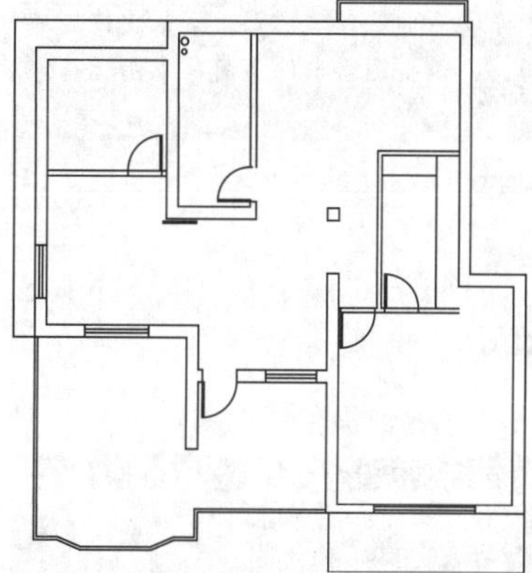

图 9-39 关闭图层效果

## 9.3.2 冻结与解冻图层 ★重点★

将长期不需要显示的图层冻结，可以提高系统运行速度，减少了图形刷新的时间，因为这些图层将不会被加载到内存中。AutoCAD 不会在被冻结的图层上显示、打印或重生成对象。

在 AutoCAD 中关闭图层的常用方法有以下几种。

◆对话框：在【图层特性管理器】对话框中单击要冻结的图层前的【冻结】按钮，即可冻结该图层，图层冻结后将显示为，如图 9-40 所示。

◆功能区：在【默认】选项卡中，打开【图层】面板中的【图层控制】下拉列表，单击目标图层按钮，如图 9-41 所示。

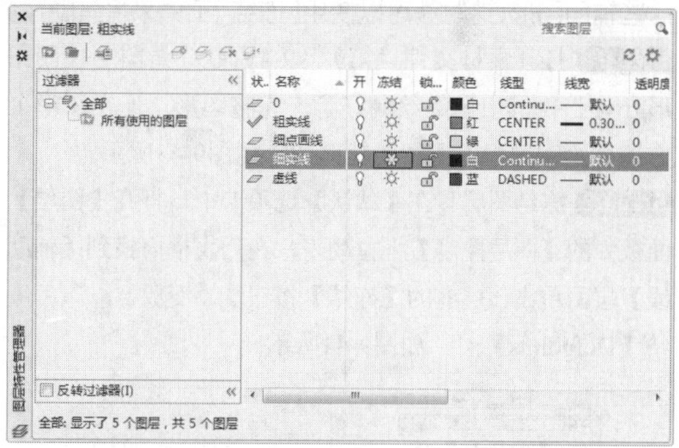


图 9-40 通过【图层特性管理器】冻结图层

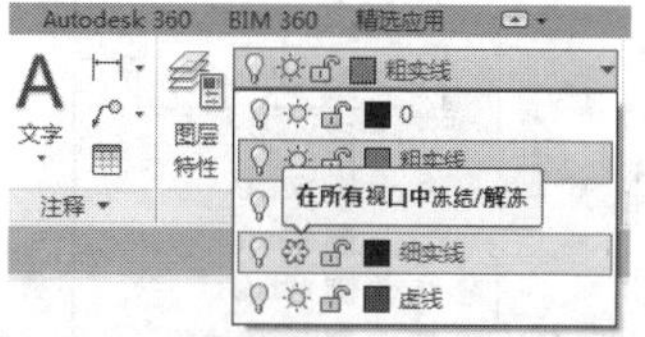


图 9-41 通过功能面板图标冻结图层

**操作技巧**

如果要冻结的图层为【当前图层】时，将弹出如图9-42所示的对话框，提示无法冻结【当前图层】，此时需要将其他图层设置为【当前图层】才能冻结该图层。如果要恢复冻结的图层，重复以上操作，单击图层前的【解冻】图标❄即可解冻图层。

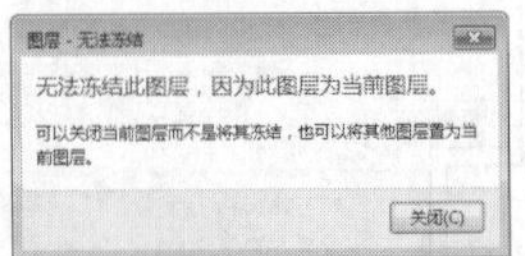


图 9-42 图层无法冻结

## 练习 9-4 通过冻结图层控制图形

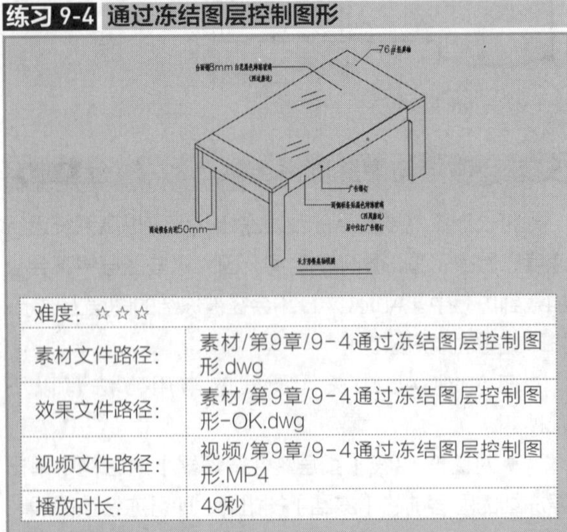

| 难度：☆☆☆ | |
|---|---|
| 素材文件路径： | 素材/第9章/9-4通过冻结图层控制图形.dwg |
| 效果文件路径： | 素材/第9章/9-4通过冻结图层控制图形-OK.dwg |
| 视频文件路径： | 视频/第9章/9-4通过冻结图层控制图形.MP4 |
| 播放时长： | 49秒 |

在使用 AutoCAD 绘图时，有时会在绘图区的空白处随意绘制一些辅助图形。待图纸全部绘制完毕后，既不想让辅助图形影响整张设计图的完整性，又不想删除这些辅助图形，这时就可以使用【冻结】工具来将其隐藏。

**Step 01** 打开素材文件“第9章/9-4通过冻结图层控制图形.dwg”，其中已经绘制好了一完整图形，但在图形上方还有绘制过程中遗留的辅助图，如图9-43所示。

**Step 02** 冻结图层。在【默认】选项卡中，打开【图层】面板中的【图层控制】下拉列表，在列表框内找到【辅助线】层，单击该层前的【冻结】按钮☼，变成❄，即可冻结【Defpoints】层，如图9-44所示。

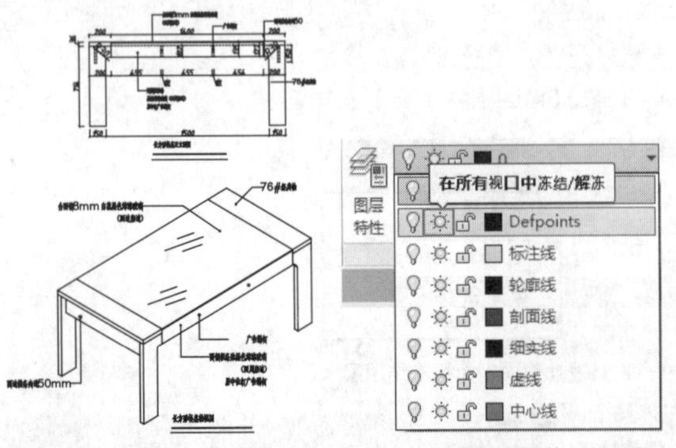


图 9-43 打开素材　　图 9-44 冻结不需要的图形图层

**Step 03** 冻结【Defpoints】层之后的图形如图9-45所示，可见上方的辅助图形被消隐。

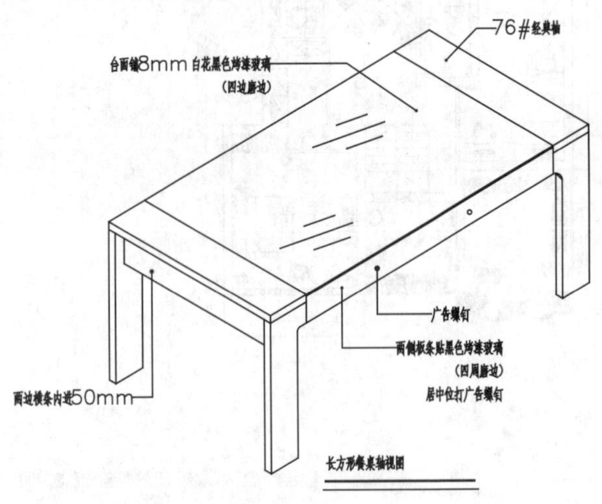


图 9-45 图层冻结之后的结果

### ·初学解答 图层【冻结】和【关闭】的区别

图层的【冻结】和【关闭】，都能使得该图层上的对象全部被隐藏，看似效果一致，其实仍有不同。被【关闭】的图层，不能显示、不能编辑、不能打印，但仍然存在于图形当中，图形刷新时仍会计算该层上的对象，可以近似理解为被“忽视”；而被【冻结】的图层，除了不能显示、不能编辑、不能打印之外，还被认为不再属于图形，图形刷新时也不会再计算该层上的对象，可以理解为被“无视”。

图层【冻结】和【关闭】的一个典型区别就是视图刷新时的处理差别，以【练习 9-4】为例，如果选择关闭【Defpoints】层，那双击鼠标中键进行【范围】缩放时，则效果如图 9-46 所示，辅助图虽然已经隐藏，但图形上方仍空出了它的区域；反之【冻结】则如图 9-47 所示，相当于删除了辅助图。

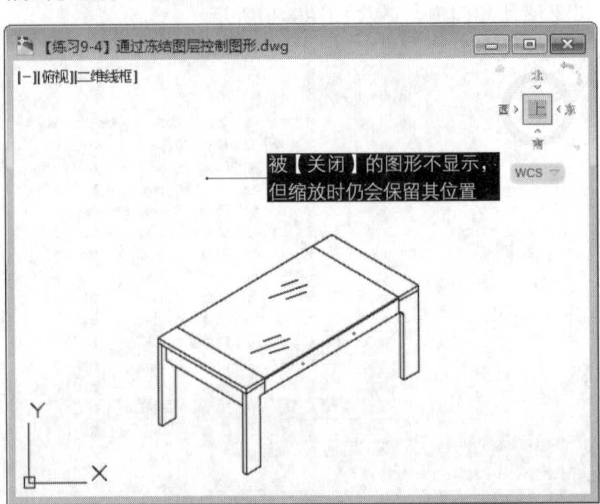


图 9-46 图层【关闭】时的视图缩放效果

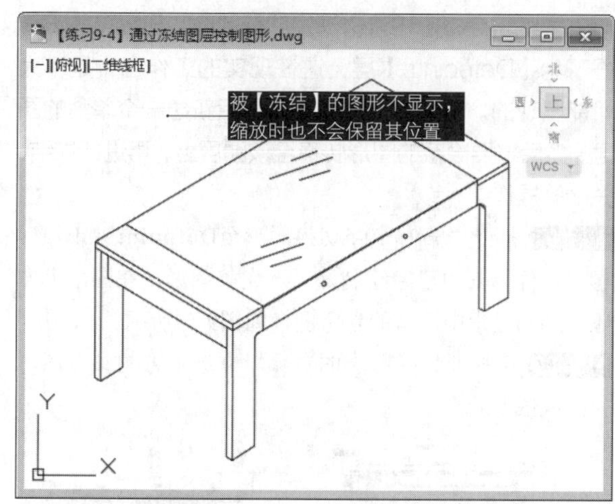


图 9-47 图层【冻结】时的视图缩放效果

## 9.3.3 锁定与解锁图层

如果某个图层上的对象只需要显示、不需要选择和编辑，那么可以锁定该图层。被锁定图层上的对象仍然可见，但会淡化显示，而且可以被选择、标注和测量，但不能被编辑、修改和删除，另外还可以在该层上添加新的图形对象。因此使用 AutoCAD 绘图时，可以将中心线、辅助线等基准线条所在的图层锁定。

锁定图层的常用方法有以下几种。

◆对话框：在【图层特性管理器】对话框中单击【锁定】图标，即可锁定该图层，图层锁定后该图标将显示为，如图 9-48 所示。

◆功能区：在【默认】选项卡中，打开【图层】面板中的【图层控制】下拉列表，单击图标即可锁定该图层，如图 9-49 所示。

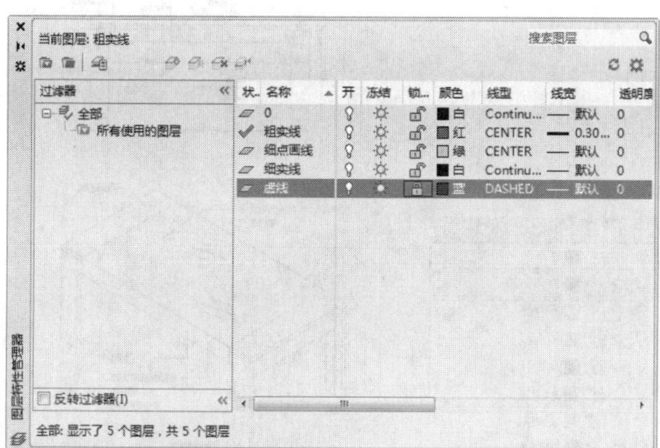


| 状. | 名称 | 开 | 冻结 | 锁.. | 颜色 | 线型 | 线宽 | 透明度 |
|---|---|---|---|---|---|---|---|---|
| | 0 | | | | 白 | Continu... | —— 默认 | 0 |
| ✓ | 粗实线 | | | | 红 | CENTER | —— 0.30... | 0 |
| | 细点画线 | | | | 绿 | CENTER | —— 默认 | 0 |
| | 细实线 | | | | 白 | Continu... | —— 默认 | 0 |
| | 虚线 | | | | 蓝 | DASHED | —— 默认 | 0 |

图 9-48 通过【图层特性管理器】锁定图层

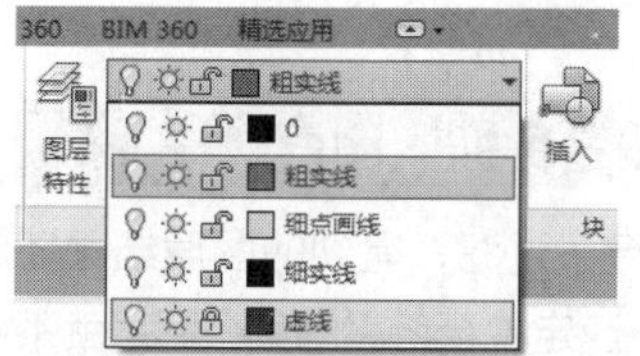


图 9-49 通过功能面板图标锁定图层

> **操作技巧**
>
> 如果要解除图层锁定，重复以上的操作单击【解锁】按钮，即可解锁已经锁定的图层。

## 9.3.4 设置当前图层 ★重点★

当前图层是当前工作状态下所处的图层。设定某一图层为当前图层之后，接下来所绘制的对象都位于该图层中。如果要在其他图层中绘图，就需要更改当前图层。

在 AutoCAD 中设置当前层有以下几种常用方法。

◆对话框：在【图层特性管理器】选项板中选择目标图层，单击【置为当前】按钮，如图 9-50 所示。被置为当前的图层在项目前会出现符号✔。

◆功能区 1：在【默认】选项卡中，单击【图层】面板中【图层控制】下拉列表，在其中选择需要的图层，即可将其设置为当前图层，如图 9-51 所示。

◆功能区 2：在【默认】选项卡中，单击【图层】面板中【置为当前】按钮，即可将所选图形对象的图层置为当前，如图 9-52 所示。

◆命令行：在命令行中输入 CLAYER 命令，然后输入图层名称，即可将该图层置为当前。

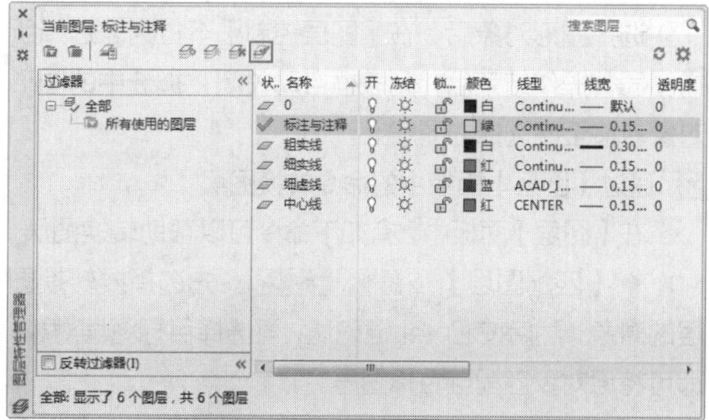


| 状. | 名称 | 开 | 冻结 | 锁.. | 颜色 | 线型 | 线宽 | 透明度 |
|---|---|---|---|---|---|---|---|---|
| | 0 | | | | 白 | Continu... | —— 默认 | 0 |
| ✓ | 标注与注释 | | | | 绿 | Continu... | —— 0.15... | 0 |
| | 粗实线 | | | | 白 | Continu... | —— 0.30... | 0 |
| | 细实线 | | | | 红 | Continu... | —— 0.15... | 0 |
| | 细虚线 | | | | 蓝 | ACAD_I... | —— 0.15... | 0 |
| | 中心线 | | | | 红 | CENTER | —— 0.15... | 0 |

图 9-50 【图层特性管理器】中【置为当前】按钮

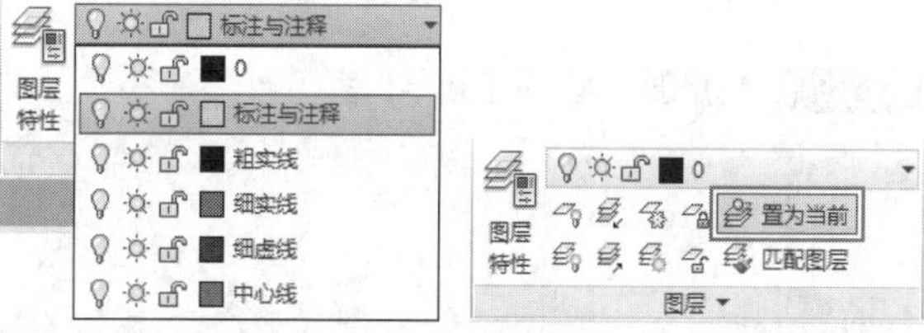


图 9-51 【图层控制】下拉列表　图 9-52 【置为当前】按钮

## 9.3.5 转换图形所在图层 ★重点★

在 AutoCAD 中还可以十分灵活地进行图层转换，即将某一图层内的图形转换至另一图层，同时使其颜色、线型、线宽等特性发生改变。

如果某图形对象需要转换图层，可以先选择该图形对象，然后单击【图层】面板中的【图层控制】下拉列

表框，选择要转换的目标图层即可，如图 9-53 所示。

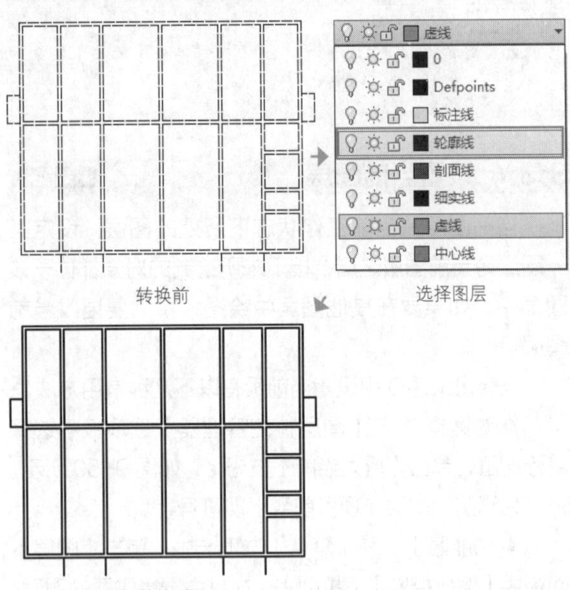


图 9-53 图层转换

绘制复杂的图形时，由于图形元素的性质不同，用户常需要将某个图层上的对象转换到其他图层上，同时使其颜色、线型、线宽等特性发生改变。除了之前所介绍的方法之外，其余在 AutoCAD 中转换图层的方法如下。

**1 通过【图层控制】列表转换图层**

选择图形对象后，在【图层控制】下拉列表选择所需图层。操作结束后，列表框自动关闭，被选中的图形对象转移至刚选择的图层上。

**2 通过【图层】面板中的命令转换图层**

在【图层】面板中，有如下命令可以帮助转换图层。

◆【匹配图层】按钮 匹配图层：先选择要转换图层的对象，然后按 Enter 键确认，再选择目标图层对象，即可将原对象匹配至目标图层。

◆【更改为当前图层】按钮：选择图形对象后单击该按钮，即可将对象图层转换为当前图层。

### 练习 9-5 切换图形至 Defpoint 层

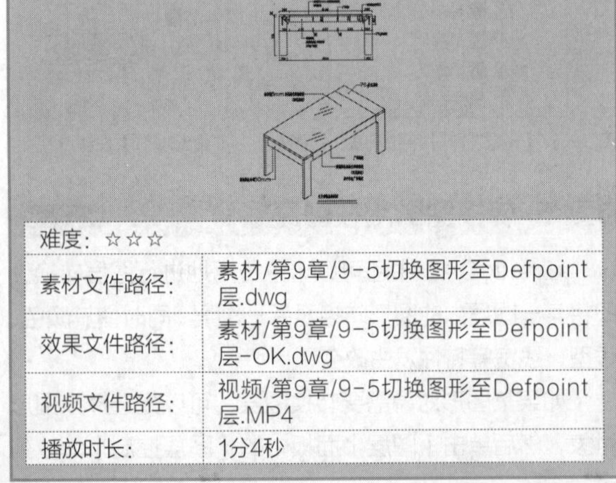

| 难度：☆☆☆ | |
|---|---|
| 素材文件路径： | 素材/第9章/9-5切换图形至Defpoint层.dwg |
| 效果文件路径： | 素材/第9章/9-5切换图形至Defpoint层-OK.dwg |
| 视频文件路径： | 视频/第9章/9-5切换图形至Defpoint层.MP4 |
| 播放时长： | 1分4秒 |

【练习 9-4】中素材遗留的辅助图，已经事先设置好了为【Defpoints】层，这在现实的工作当中是不大可能出现的。因此习惯的做法是最后新建一个单独的图层，然后将要隐藏的图形转移至该图层上，再进行冻结、关闭等操作。

**Step 01** 打开“第9章/9-5切换图形至Defpoint层.dwg”素材文件，其中已经绘制好了一完整图形，在图形上方还有绘制过程中遗留的参考图，如图9-54所示。

**Step 02** 选择要切换图层的对象。框选上方的参考图，如图9-55所示。

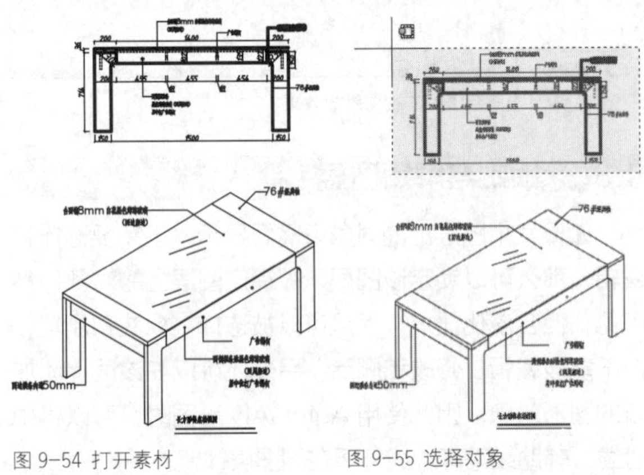

图 9-54 打开素材　　图 9-55 选择对象

**Step 03** 切换图层。然后在【默认】选项卡中，打开【图层】面板中的【图层控制】下拉列表，在列表框内选择【Defpoints】层并单击，如图9-56所示。

**Step 04** 此时图形对象由其他图层转换为【Defpoints】层，如图9-57所示。再延续【练习9-4】的操作，即可完成冻结。

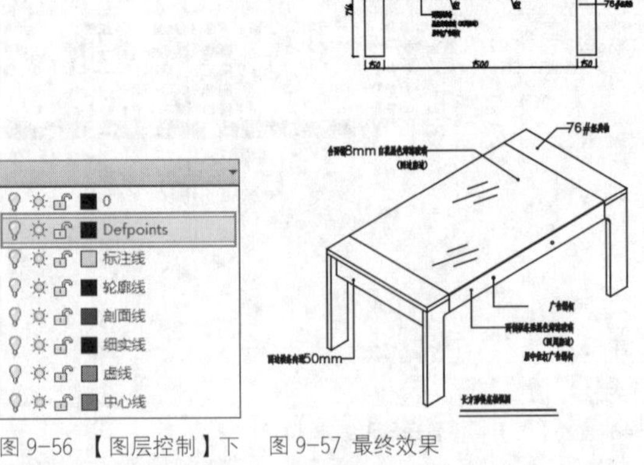


图 9-56 【图层控制】下拉列表　　图 9-57 最终效果

## 9.3.6 排序图层、按名称搜索图层

有时即便对图层进行了过滤，得到的图层结果还是很多，这时如果想要快速定位至所需的某个图层就不是一件简单的事情。这种情况就需要应用到图层排序与搜索。

### 1 排序图层

在【图层特性管理器】选项板中可以对图层进行排序，以便图层的寻找。在【图形特性管理器】选项板中，单击列表框顶部的【名称】标题，图层将以字母的顺序排列出来，如果再次单击，排列的顺序将倒过来，如图 9-58 所示。

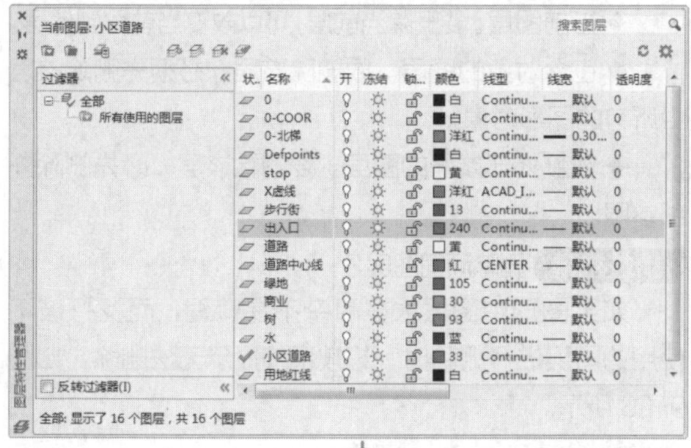

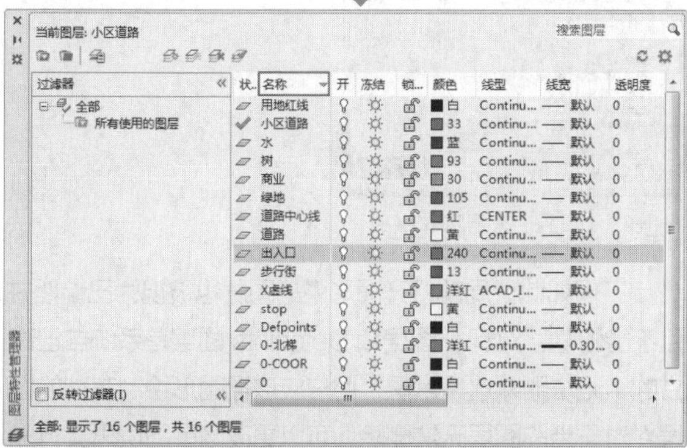

图 9-58 排序图层效果

### 2 按名称搜索图层

对于复杂且图层多的设计图纸而言，逐一查取某一图层很浪费时间，因此可以通过输入图层名称来快速地搜索图层，大大提高了工作效率。

打开【图层特性管理器】选项板，在右上角搜索图层中输入图层名称，系统则自动搜索到该图层，如图 9-59 所示。

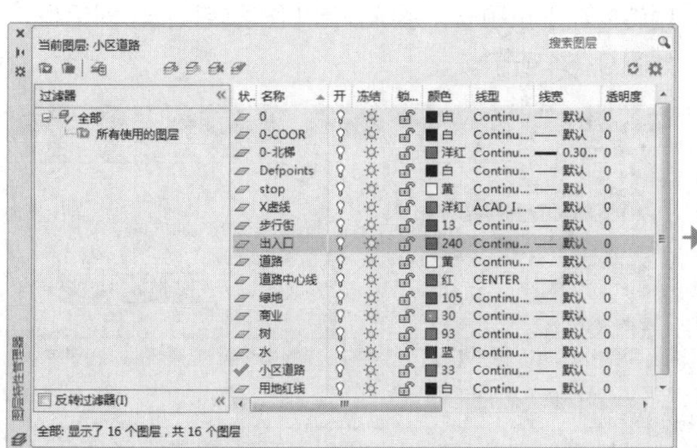

图 9-59 按名称搜索图层

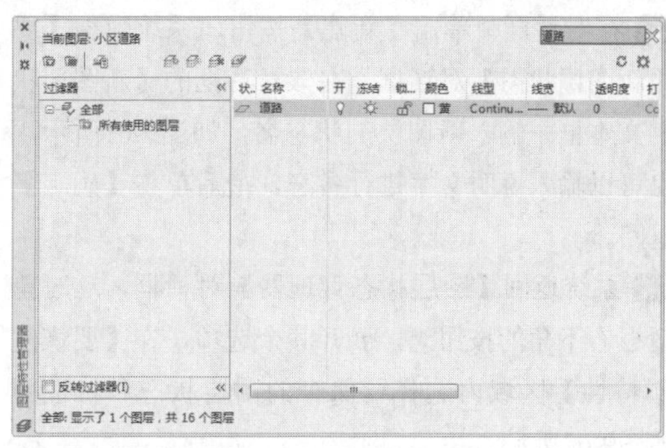

图 9-59 按名称搜索图层（续）

## 9.3.7 保存和恢复图层状态 ★进阶★

通常在编辑部分对象的过程中，可以锁定其他图层以免修改这些图层上的对象；也可以在最终打印图形前将某些图层设置为不可打印，但对草图是可以打印的；还可以暂时改变图层的某些特性，如颜色、线型、线宽和打印样式等，然后再改回来。

每次调整所有这些图层状态和特性都可能要花费很长的时间。实际上，可以保存并恢复图层状态集，也就是保存并恢复某个图形的所有图层的特性和状态，保存图层状态集之后，可随时恢复其状态。还可以将图层状态设置导出到外部文件中，然后在另一个具有完全相同或类似图层的图形中使用该图层状态设置。

### 1 保存图层状态

要保存图层状态，可以按下面的步骤进行操作。

**Step 01** 创建好所需的图层并设置好它们的各项特性。

**Step 02** 在【图层特性管理器】中单击【图层状态管理器】按钮，打开【图层状态管理器】对话框，如图9-60所示。

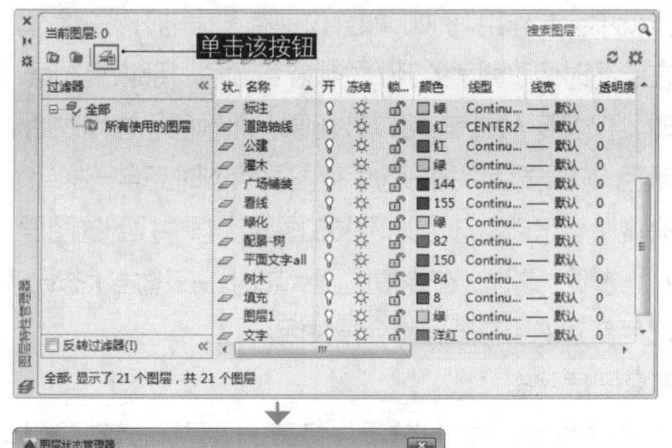


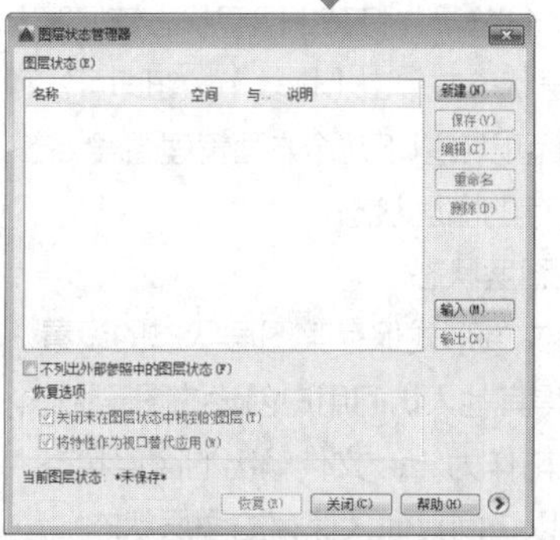

图 9-60 打开【图层状态管理器】对话框

**Step 03** 在对话框中单击【新建】按钮，系统弹出【要保存的新图层状态】对话框，在该对话框的【新图层状态名】文本框中输入新图层的状态名，如图9-61所示，用户也可以输入说明文字进行备忘。最后单击【确定】按钮返回。

**Step 04** 系统返回【图层状态管理器】对话框，这时单击对话框右下角的按钮⊙，展开其余选项，在【要恢复的图层特性】区域内选择要保存的图层状态和特性即可，如图9-62所示。

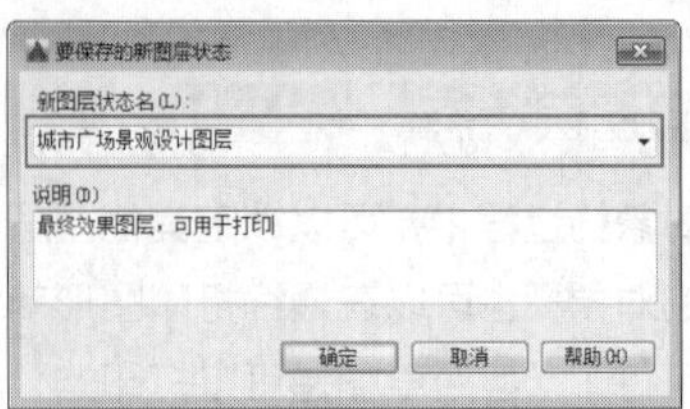


图 9-61 【要保存的新图层状态】对话框

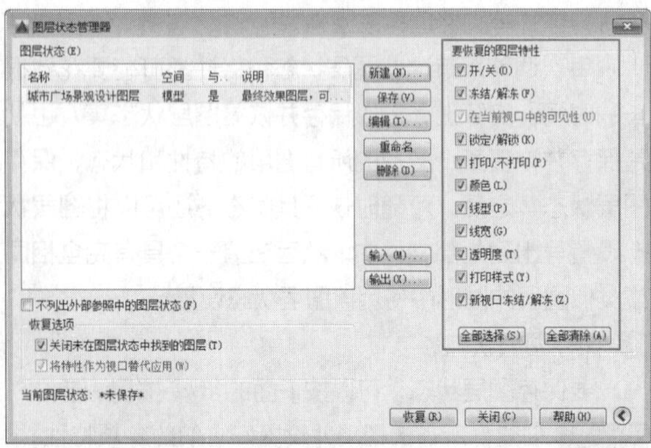


图 9-62 选择要保存的图层状态和特性

没有保存的图层状态和特性在后面进行恢复图层状态的时候就不会起作用。例如，如果仅保存图层的开/关状态，然后在绘图时修改图层的开/关状态和颜色，那恢复图层状态时，仅仅开/关状态可以被还原，而颜色仍为修改后的新颜色。如果要使得图形与保存图层状态时完全一样（就图层来说），可以勾选【关闭未在图层状态中找到的图层（T）】选项，这样，在恢复图层状态时，在图层状态已保存之后新建的所有图层都会被关闭。

### 2 恢复图层状态

要恢复图层状态，同样需先打开【图层状态管理器】对话框，然后选择图层状态并单击【恢复】按钮即可。利用【图层状态管理器】可以在以下几个方面管理图层状态。

◆恢复：恢复保存的图层状态。

◆删除：删除某图层状态。

◆输出：以.las文件形式保存某图层状态的设置。输出图层状态可以使得其他人访问用户创建的图层状态。

◆输入：输入之前作为.las文件输出的图层状态。输入图层状态使得可以访问其他人保存的图层状态。

## 9.3.8 删除多余图层

在图层创建过程中，如果新建了多余的图层，此时可以在【图层特性管理器】选项板中单击【删除】按钮将其删除，但AutoCAD规定以下4类图层不能被删除，如下所述。

◆图层0层Defpoints。

◆当前图层。要删除当前层，可以改变当前层到他层。

◆包含对象的图层。要删除该层，必须先删除该层中所有的图形对象。

◆依赖外部参照的图层。要删除该层，必先删除外部参照。

**·精益求精 删除顽固图层**

如果图形中图层太多且杂不易管理，而找打破不使用的图层进行删除时，却被系统提示无法删除，如图9-63所示。

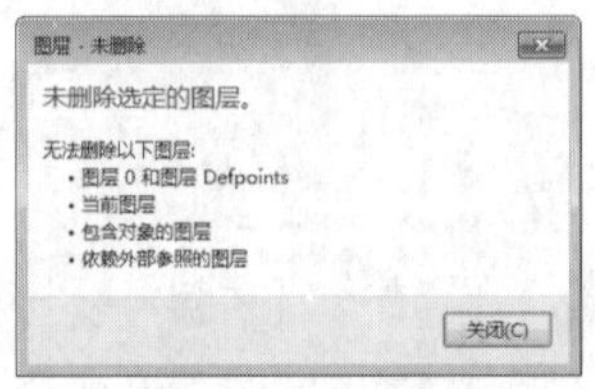


图 9-63 【图层 - 未删除】对话框

不仅如此，局部打开图形中的图层也被视为已参照并且不能删除。对于0图层和Defpoints图层是系统自己建立的，无法删除这是常识，用户应该把图形绘制在别的图层；对于当前图层无法删除，可以更改当前图层再实行删除操作；对于包含对象或依赖外部参照的图层实行移动操作比较困难，用户可以使用"图层转换"或"图层合并"的方式删除。

### 1 图层转换的方法

图层转换是将当前图像中的图层映射到指定图形或标准文件中的其他图层名和图层特性，然后使用这些贴图对其进行转换。下面介绍其操作步骤。

单击功能区【管理】选项卡【CAD标准】组面板中【图层转换器】按钮，系统弹出【图层转换器】对话框，如图9-64所示。

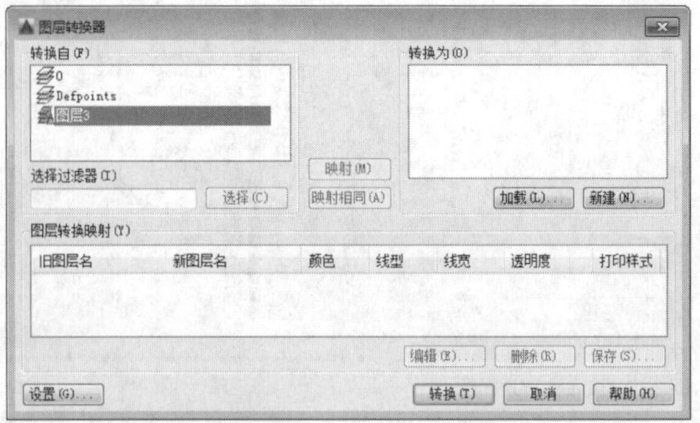


图 9-64 【图层转换器】对话框

单击对话框【转换为】功能框中【新建】按钮，系统弹出【新图层】对话框，如图 9-65 所示。在【名称】文本框中输入现有的图层名称或新的图层名称，并设置线型、线宽、颜色等属性，单击【确定】按钮。

单击对话框【设置】按钮，弹出如图 9-66 所示【设置】对话框。在此对话框中可以设置转换后图层的属性状态和转换时的请求，设置完成后单击【确定】按钮。

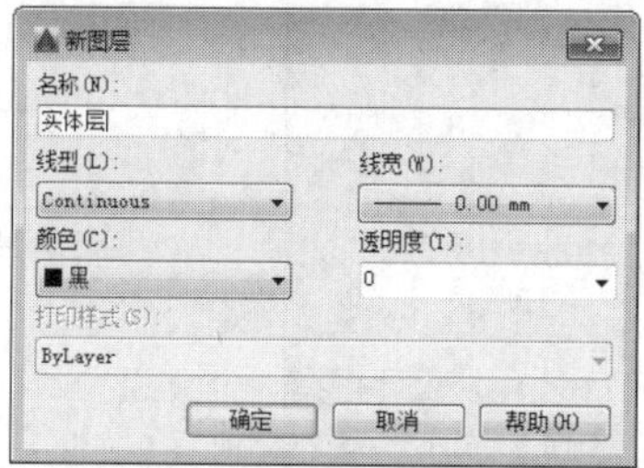

图 9-65 【新图层】对话框

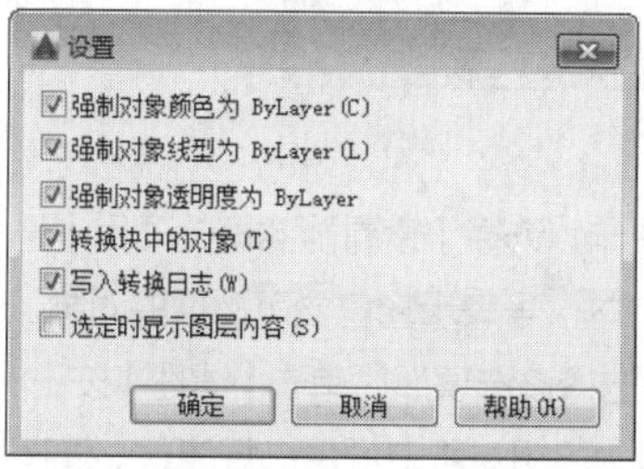

图 9-66 【设置】对话框

在【图层转换器】对话框【转换自】选项列表中选择需要转换的图层名称，在【转换为】选项列表中选择需要转换到的图层。这时激活【映射】按钮，单击此按钮，在【图层转换映射】列表中将显示图层转换映射列表，如图 9-67 所示。

映射完成后单击【转换】按钮，系统弹出【图层转换器 - 未保存更改】对话框，如图 9-68 所示，选择【仅转换】选项即可。这时打开【图层特性管理器】对话框，会发现选择的【转换自】图层不见了，这是由于转换后图层被系统自动删除，如果选择的【转换自】图层是 0 图层和 Defpoints 图层，将不会被删除。

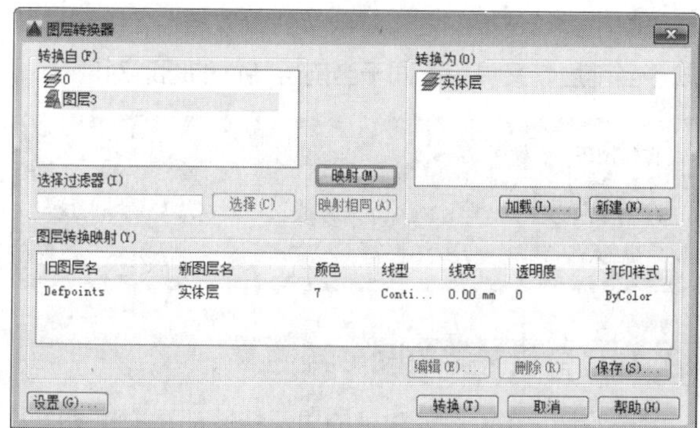

图 9-67 【图层转换器】对话框

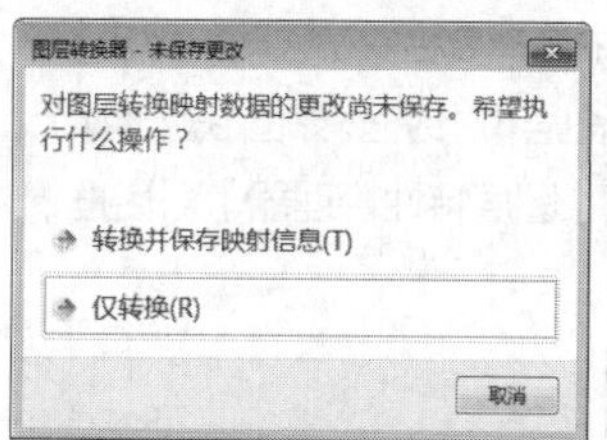

图 9-68 【图层转换器 - 未保存更改】对话框

## 2 图层合并的方法

可以通过合并图层来减少图形中的图层数。将所合并图层上的对象移动到目标图层，并从图形中清理原始图层。以这种方法同样可以删除顽固图层，下面介绍其操作步骤。

在命令行中输入 LAYMRG 并单击 Enter 键，系统提示：选择要合并的图层上的对象或［命名 (N)］。可以用鼠标在绘图区框选图形对象，也可以输入 N 并单击 Enter 键。输入 N 并单击 Enter 键后弹出【合并图层】对话框，如图 9-69 所示。在【合并图层】对话框中选择要合并的图层，单击【确定】按钮。

如需继续选择合并对象可以框选绘图区对象或输入 N 并单击 Enter 键；如果选择完毕，单击 Enter 键即可。命令行提示：选择目标图层上的对象或［名称 (N)］。可以用鼠标在绘图区框选图形对象，也可以输入 N 并单击 Enter 键。输入 N 并单击 Enter 键弹出【合并图层】对话框，如图 9-70 所示。

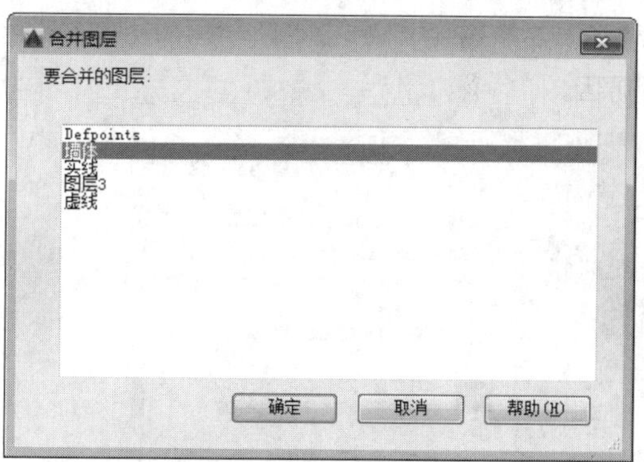

图 9-69 选择要合并的图层

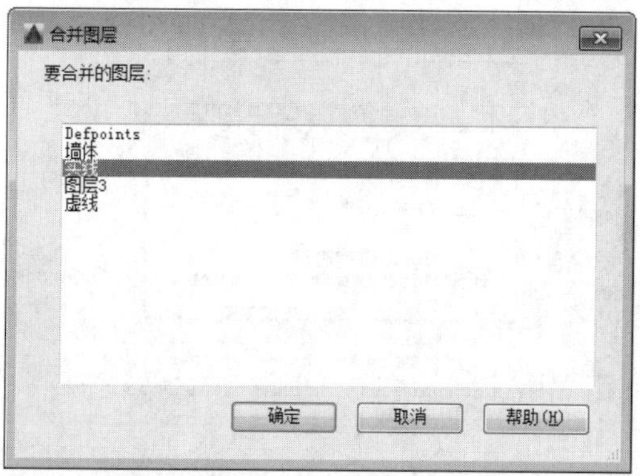

图 9-70 选择合并到的图层

在【合并图层】对话框中选择要合并的图层，单击【确定】按钮。系统弹出【合并到图层】对话框，如图9-71所示。单击【是】按钮。这时打开【图层特性管理器】对话框，图层列表中【墙体】被删除了。

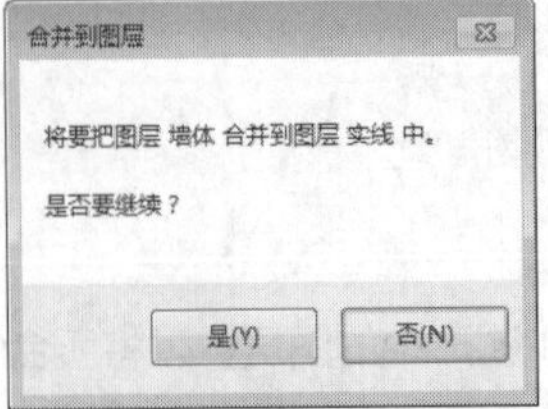


图 9-71 【合并到图层】对话框

## 9.3.9 清理图层和线型 ★进阶★

由于图层和线型的定义都要保存在图形数据库中，所有它们会增加图形的大小。因此，清除图形中不再使用的图层和线型就非常有用。当然，也可以删除多余的图层，但有时很难确定哪个图层中没有对象。而使用【清理】PURGE 命令就可以删除对正不再使用的定义，包括图层和线型。

调用【清理】命令的方法如下。

◆应用程序菜单按钮：在应用程序菜单按钮中选择【图形实用工具】，然后再选择【清理】选项，如图9-72 所示。

◆命令行：PURGE。

执行上述命令后都会打开如图 9-73 所示的【清理】对话框。在对话框的顶部，可以选择查看能清理的对象或不能清理的对象。不能清理的对象可以帮助用户分析对象不能被清理的原因。

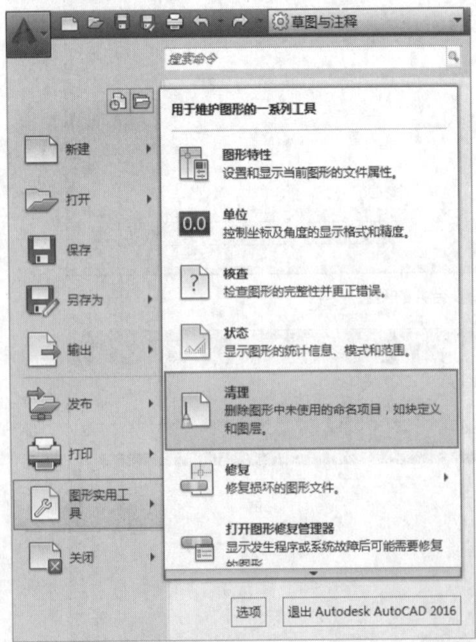


图 9-72 应用程序菜单按钮中选择【清理】

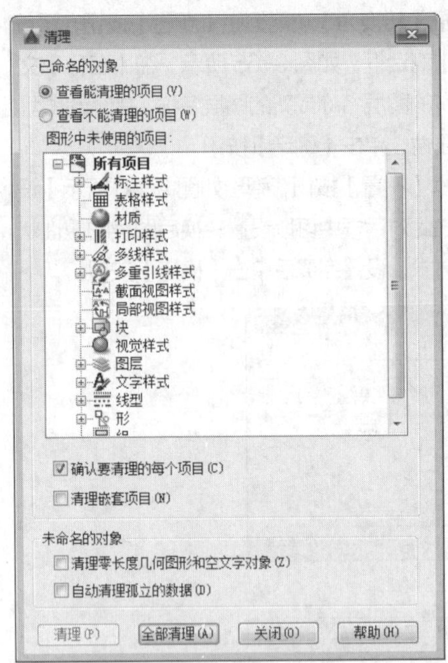


图 9-73 【清理】对话框

要开始进行清理操作，选择【查看能清理的项目】选项。每种对象类型前的“+”号表示它包含可清理的对象。要清理个别项目，只需选择该选项然后单击【清理】按钮；也可以单击【全部清理】按钮对所有项目进行清理。清理的过程中将会弹出如图 9-74 所示的对话框，提示用户是否确定清理该项目。

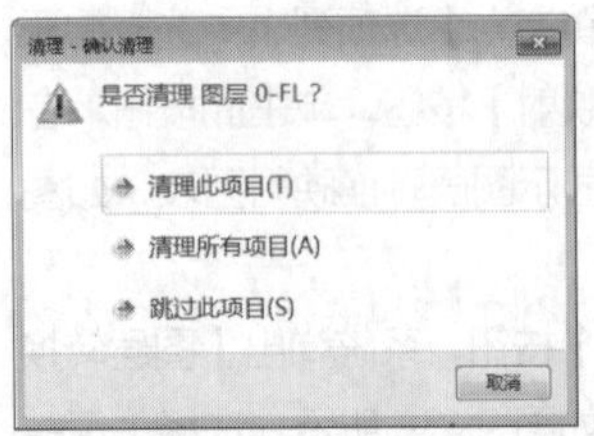


图 9-74 【清理 - 确认清理】对话框

# 9.4 图形特性设置

在用户确实需要的情况下，可以通过【特性】面板或工具栏为所选择的图形对象单独设置特性，绘制出既属于当前层，又具有不同于当前层特性的图形对象。

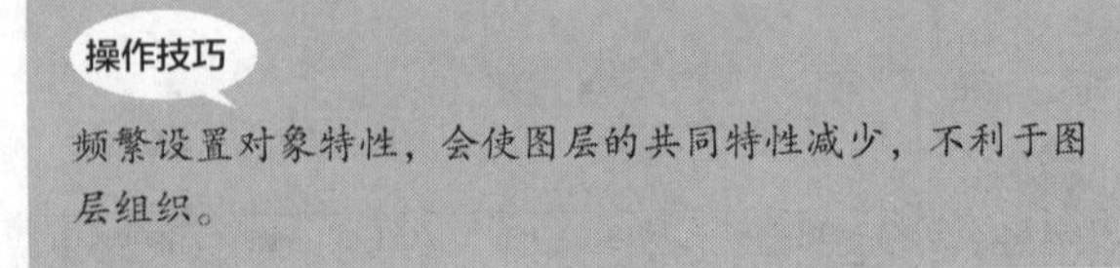
操作技巧

频繁设置对象特性，会使图层的共同特性减少，不利于图层组织。

## 9.4.1 查看并修改图形特性

一般情况下，图形对象的显示特性都是【随图层】（ByLayer），表示图形对象的属性与其所在的图层特性相同；若选择【随块】（ByBlock）选项，则对象从它所在的块中继承颜色和线型。

## 1 通过【特性】面板编辑对象属性

**·执行方式**

◆功能区：在【默认】选项卡的【特性】面板中选择要编辑的属性栏，如图 9-75 所示。

**·操作步骤**

该面板分为多个选项列表框，分别控制对象的不同特性。选择一个对象，然后在对应选项列表框中选择要修改为的特性，即可修改对象的特性。

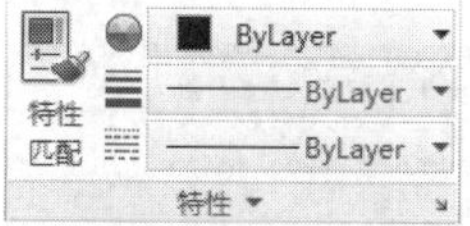


图 9-75 【特性】面板中的属性栏

**·选项说明**

默认设置下，对象颜色、线宽、线型 3 个特性为 ByLayer（随图层），即与所在图层一致，这种情况下绘制的对象将使用当前图层的特性，通过 3 种特性的下拉列表框（见图 9-76），可以修改当前绘图特性。

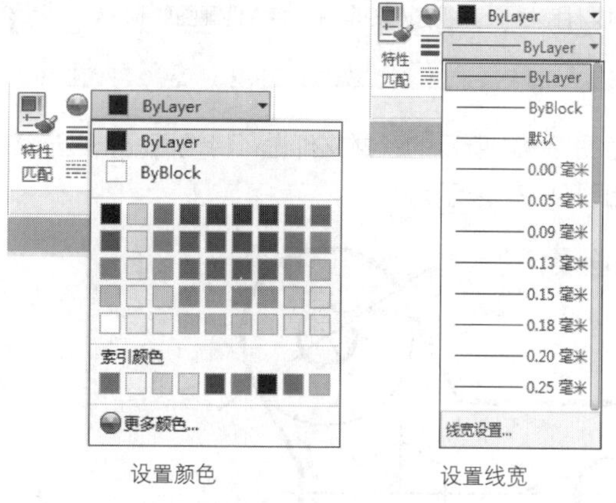


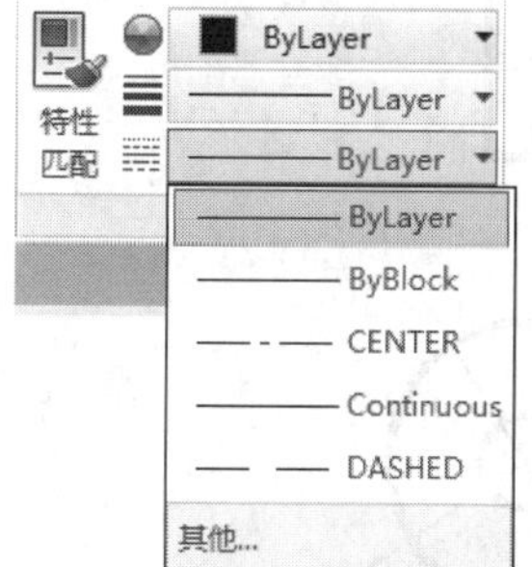


图 9-76 【特性】面板中的下拉列表

**·初学解答 Bylayer（随层）与 Byblock（随块）的区别**

图形对象有几个基本属性，即颜色、线型、线宽等，这几个属性可以控制图形的显示效果和打印效果，合理设置好对象的属性，不仅可以使图面看上去更美观、清晰，更重要的是可以获得正确的打印效果。在设置对象的颜色、线型、线宽的属性时都会看到列表中的 Bylayer（随层）、Byblock（随块）这两个选项。

Bylayer（随层）即对象属性使用它所在的图层的属性。绘图过程中通常会将同类的图形放在同一个图层中，用图层来控制图形对象的属性很方便。因此通常设置好图层的颜色、线型、线宽等，然后在所在图层绘制图形，假如图形对象属性有误，还可以调换图层。

图层特性是硬性的，不管独立的图形对象、图块、外部参照等都会分配在图层中。图块对象所属图层跟图块定义时图形所在图层和块参照插入的图层都有关系。如果图块在 0 层创建定义，图块插入哪个层，图块就属于哪个层；如果图块不在 0 层创建定义，图块无论插入到哪个层，图块仍然属于原来创建的那个图层。

Byblock（随块）即对象属性使用它所在的图块的属性。通常只有将要做成图块的图形对象才设置为这个属性。当图形对象设置为 Byblock 并被定义成图块后，我们可以直接调整图块的属性，设置成 Byblock 属性的对象属性将跟随图块设置变化而变化。

## 2 通过【特性】选项板编辑对象属性

【特性】选项板能查看和修改的图形特性只有颜色、线型和线宽，【特性】选项板则能查看并修改更多的对象特性。

**·执行方式**

在 AutoCAD 中打开对象的【特性】选项板有以下几种常用方法。

◆功能区：选择要查看特性的对象，然后单击【标准】面板中的【特性】按钮 。

◆菜单栏：选择要查看特性的对象，然后选择【修改】|【特性】命令；也可先执行菜单命令，再选择对象。

◆命令行：选择要查看特性的对象，然后在命令行中输入 PROPERTIES 或 PR 或 CH 并按 Enter 键。

◆快捷键：选择要查看特性的对象，然后按 Ctrl+1 组合键。

**·操作步骤**

如果只选择了单个图形，执行以上任意一种操作将打开该对象的【特性】选项板，如图 9-77 所示，对其中所显示的图形信息进行修改即可。

**·选项说明**

从选项板中可以看到，该选项板不但列出了颜色、线宽、线型、打印样式、透明度等图形常规属性，还增添了【三维效果】以及【几何图形】两大属性列表框，可以查看和修改其材质效果以及几何属性。

如果同时选择了多个对象，弹出的选项板则显示了这些对象的共同属性，在不同特性的项目上显示“* 多种 *”，如图 9-78 所示。在【特性】选项板中包括选项列表框和文本框等项目，选择相应的选项或输入参数，即可修改对象的特性。

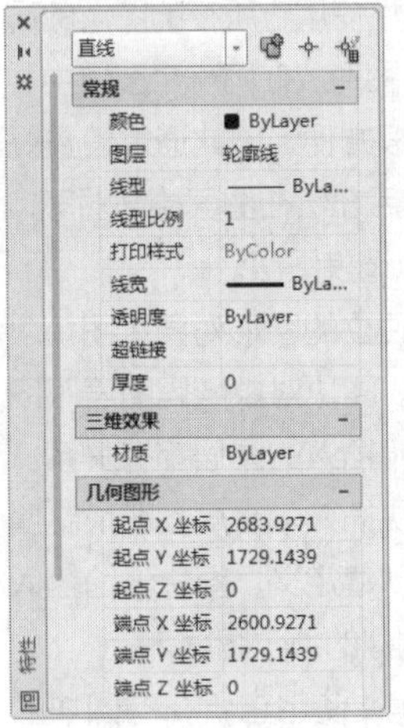


图 9-77 单个图形的【特性】选项板

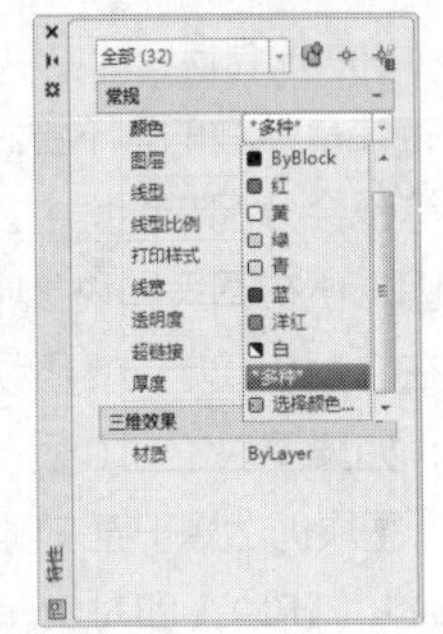

图 9-78 多个图形的【特性】选项板

## 9.4.2 匹配图形属性 ★重点★

特性匹配的功能就如同 Office 软件中的“格式刷”一样，可以把一个图形对象（源对象）的特性完全“继承”给另外一个（或一组）图形对象（目标对象），是这些图形对象的部分或全部特性和源对象相同。

在 AutoCAD 中执行【特性匹配】命令有以下两种常用方法。

◆菜单栏：执行【修改】|【特性匹配】命令。

◆功能区：单击【默认】选项卡内【特性】面板的【特性匹配】按钮，如图 9-79 所示。

◆命令行：MATCHPROP 或 MA。

特性匹配命令执行过程当中，需要选择两类对象：源对象和目标对象。操作完成后，目标对象的部分或全部特性和源对象相同。命令行输入如下所示。

```
命令：MA↙                    //调用【特性匹配】命令
MATCHPROP
选择源对象：                  //单击选择源对象
当前活动设置： 颜色 图层 线型 线型比例 线宽 透明度 厚度
打印样式 标注 文字 图案填充 多段线 视口 表格材质 阴影显
示 多重引线
选择目标对象或 [设置(S)]:
                    //光标变成格式刷形状，选择目标对象可
以立即修改其属性
选择目标对象或 [设置(S)]: ↙
        //选择目标对象完毕后单击Enter键，结束命令
```

通常，源对象可供匹配的特性很多，选择【设置】备选项，将弹出如图 9-80 所示的【特性设置】对话框。在该对话框中，可以设置哪些特性允许匹配，哪些特性不允许匹配。

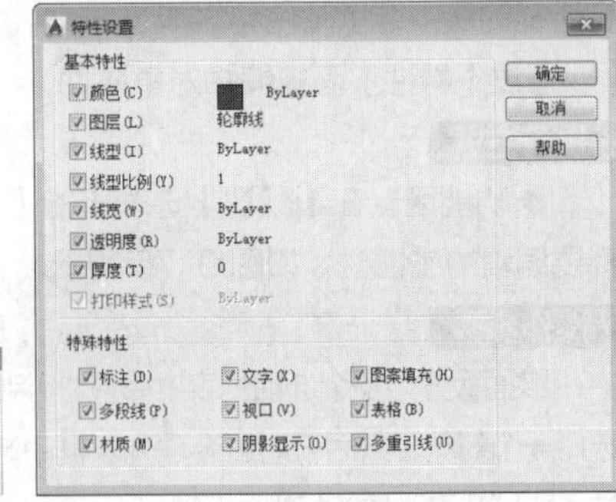


图 9-79 【特性】面板 图 9-80 【特性设置】对话框

### 练习 9-6 特性匹配图形

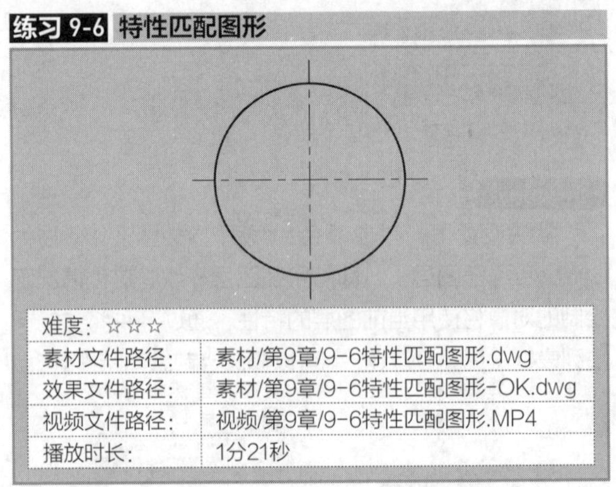

| 难度：☆☆☆ | |
|---|---|
| 素材文件路径： | 素材/第9章/9-6特性匹配图形.dwg |
| 效果文件路径： | 素材/第9章/9-6特性匹配图形-OK.dwg |
| 视频文件路径： | 视频/第9章/9-6特性匹配图形.MP4 |
| 播放时长： | 1分21秒 |

为图 9-81 所示的素材文件进行特性匹配，其最终效果如图 9-82 所示。

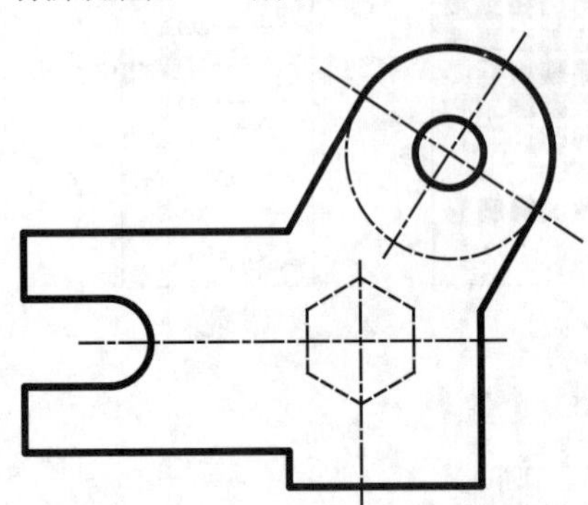

图 9-81 打开素材

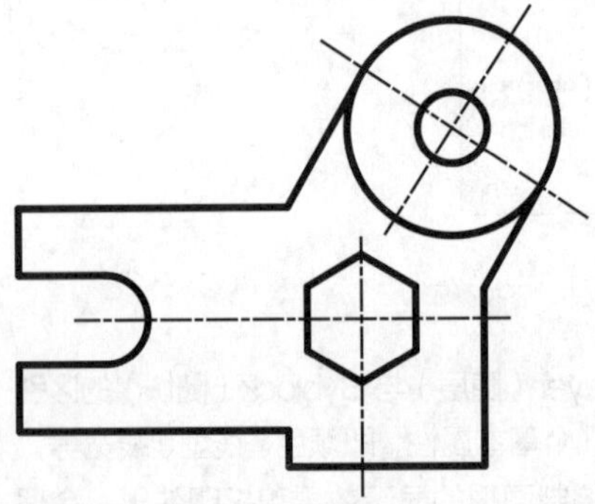

图 9-82 完成后效果

**Step 01** 单击【快速访问栏】中的打开按钮，打开“第9章/9-6特性匹配图形.dwg”素材文件，如图 9-81所示。

**Step 02** 单击【默认】选项卡中【特性】面板中的【特性匹配】按钮，选择如图 9-83所示的源对象。

**Step 03** 当鼠标由方框变成刷子时，表示源对象选择完成。单击素材图样中的六边形，此时图形效果如图 9-84所示。命令行操作如下。

```
命令：'_MATCHPROP
选择源对象：          //选择如图 9-83所示中的直线为源对象
当前活动设置： 颜色 图层 线型 线型比例 线宽 透明度 厚度 打印样式 标注 文字 图案填充 多段线 视口 表格材质 阴影显示 多重引线
选择目标对象或 [设置(S)]:
                        //选择如图 9-84所示中的六边形目标对象
```

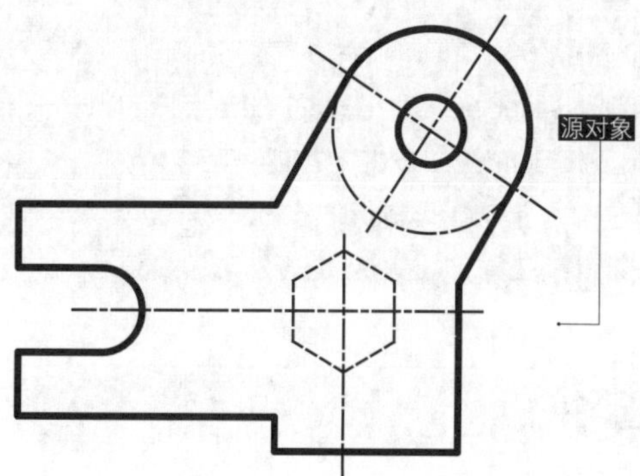

图 9-83 选择源对象

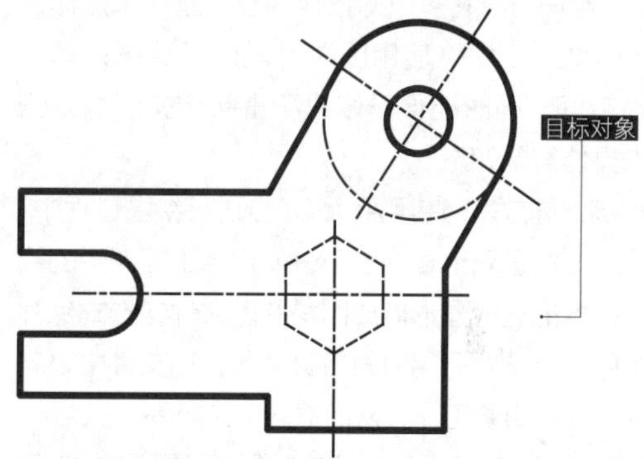

图 9-84 选择目标对象

**Step 04** 重复以上操作，继续给素材图样进行特性匹配，最后完成效果如图 9-82所示。

# 第 10 章 图块与外部参照

在实际制图中，常常需要用到同样的图形，如门、窗、家具、电器等。如果每次都重新绘制，不但浪费了大量的时间，同时也降低了工作效率。因此，AutoCAD 提供了图块的功能，用户可以将一些经常使用的图形对象定义为图块。当需要重新利用到这些图形时，只需要按合适的比例把相应的图块插入指定的位置即可。

在设计过程中，我们会反复调用图形文件、样式、图块、标注、线型等内容，为了提高 AutoCAD 系统的效率，AutoCAD 提供了设计中心这一资源管理工具，对这些资源进行分门别类的管理。

## 10.1 图块

图块是由多个对象组成的集合并具有块名。通过建立图块，用户可以将多个对象作为一个整体来操作。

在 AutoCAD 中，使用图块可以提高绘图效率、节省存储空间，同时还便于修改和重新定义图块。图块的特点具体解释如下。

◆提高绘图效率：使用 AutoCAD 进行绘图过程中，经常需绘制一些重复出现的图形，如建筑工程图中的门和窗等，如果把这些图形做成图块并以文件的形式保存在计算机中，当需要调用时再将其调入图形文件中，就可以避免大量的重复工作，从而提高工作效率。

◆节省存储空间：AutoCAD 要保存图形中的每一个相关信息，如对象的图层、线型和颜色等，都占用大量的空间，可以把这些相同的图形先定义成一个块，然后再插入所需的位置，如在绘制建筑工程图时，可将需修改的对象用图块定义，从而节省大量的存储空间。

◆为图块添加属性：AutoCAD 允许为图块创建具有文字信息的属性并可以在插入图块时指定是否显示这些属性。

### 10.1.1 内部图块

内部图块是存储在图形文件内部的块，只能在存储文件中使用，而不能在其他图形文件中使用。

**•执行方式**

调用【创建块】命令的方法如下。

◆菜单栏：执行【绘图】|【块】|【创建】命令。

◆命令行：在命令行中输入 BLOCK/B。

◆功能区：在【默认】选项卡中，单击【块】面板中的【创建块】按钮。

**•操作步骤**

执行上述任一命令后，系统弹出【块定义】对话框，如图 10-1 所示。在对话框中设置好块名称、块对象、块基点 3 个主要要素即可创建图块。

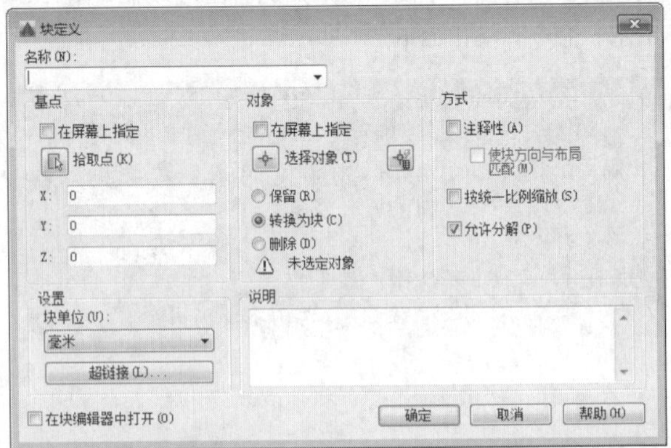


图 10-1 【块定义】对话框

**•选项说明**

该对话块中常用选项的功能介绍如下。

◆【名称】文本框：用于输入或选择块的名称。

◆【拾取点】按钮：单击该按钮，系统切换到绘图窗口中拾取基点。

◆【选择对象】按钮：单击该按钮，系统切换到绘图窗口中拾取创建块的对象。

◆【保留】单选按钮：创建块后保留源对象不变。

◆【转换为块】单选按钮：创建块后将源对象转换为块。

◆【删除】单选按钮：创建块后删除源对象。

◆【允许分解】复选框：勾选该选项，允许块被分解。

创建图块之前需要有源图形对象，才能使用 AutoCAD 创建为块。可以定义一个或多个图形对象为图块。

**练习 10-1 创建风玫瑰内部图块**

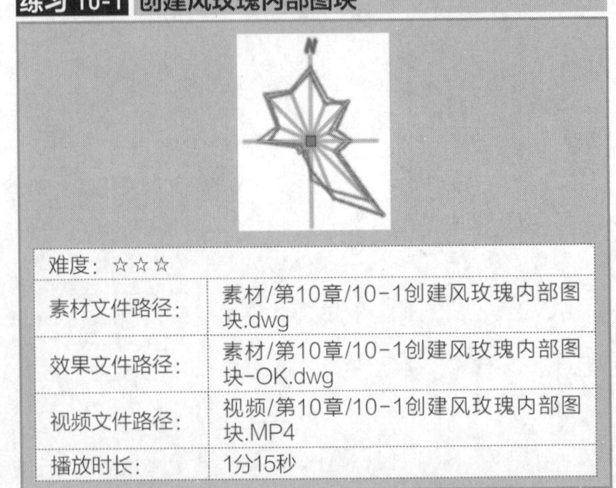


| 难度：☆☆☆ | |
|---|---|
| 素材文件路径： | 素材/第10章/10-1创建风玫瑰内部图块.dwg |
| 效果文件路径： | 素材/第10章/10-1创建风玫瑰内部图块-OK.dwg |
| 视频文件路径： | 视频/第10章/10-1创建风玫瑰内部图块.MP4 |
| 播放时长： | 1分15秒 |

“风玫瑰”图也叫风向频率玫瑰图，它是根据某一地区多年平均统计的各个风向和风速的百分数值，并按一定比例绘制，一般多用 8 个或 16 个罗盘方位表示，如图 10-2 所示，由于该图的形状形似玫瑰花朵，故名“风玫瑰”。玫瑰图上所表示风的吹向（即风的来向），是指从外面吹向地区中心的方向。

**Step 01** 打开“第10章/10-1创建风玫瑰内部图块.dwg”素材文件，如图10-3所示，已经绘制好了一风玫瑰图形。

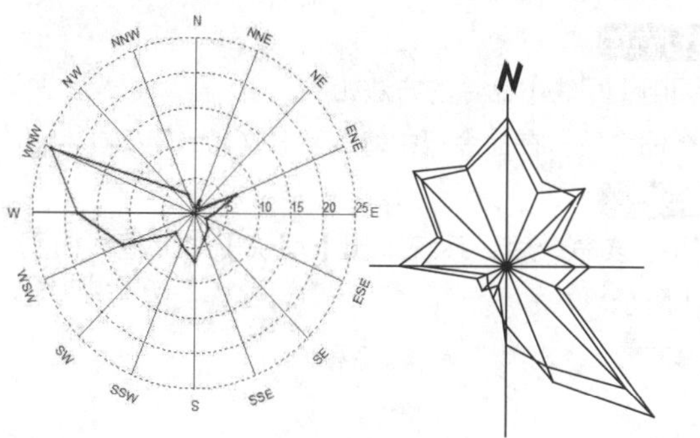


图 10-2 风玫瑰　　　　图 10-3 打开素材

**Step 02** 在命令行中输入B执行【块】命令，打开【块定义】对话框，在【名称】文本框中输入“风玫瑰”，如图10-4所示。

**Step 03** 在【对象】选项区域单击【选择对象】按钮，在绘图区选择整个图形，按空格键返回对话框。

**Step 04** 在【基点】选项区域单击【拾取点】按钮，返回绘图区指定图形各直线交点作为块的基点，如图10-5所示。

图 10-4 绘制直线

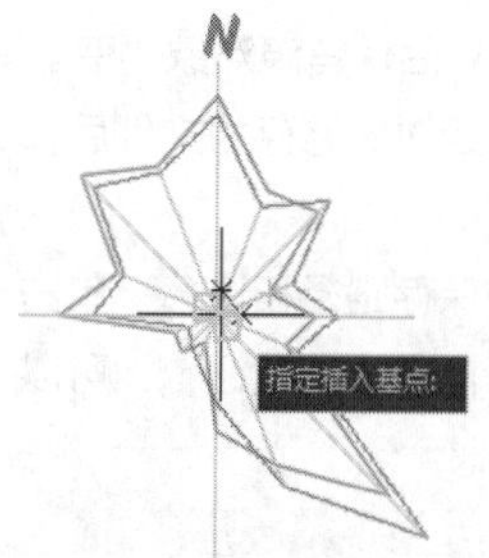


图 10-5 【块定义】对话框

**Step 05** 单击【确定】按钮，完成普通块的创建，此时图形成为一个整体，其夹点显示前后对比如图10-6所示。

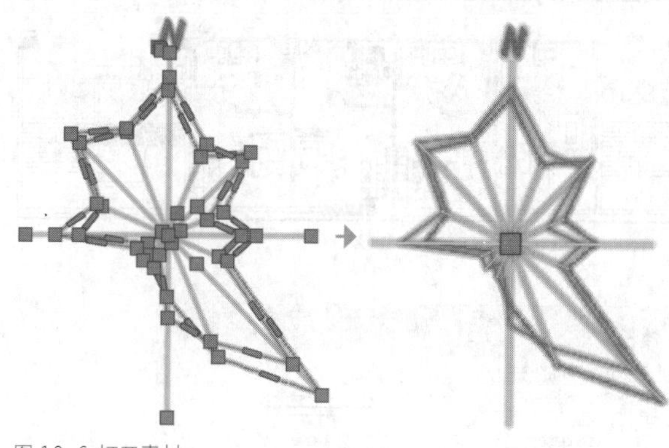


图 10-6 打开素材

**•熟能生巧** **统计文件中图块的数量**

在平面图中，都具有数量非常多的图块，若要人工进行统计则工作效率很低，且准确度不高。这时就可以使用第 3 章所学的快速选择命令来进行统计，下面通过一个例子来进行说明。

## 练习 10-2 统计平面图中的计算机数量 ★进阶★

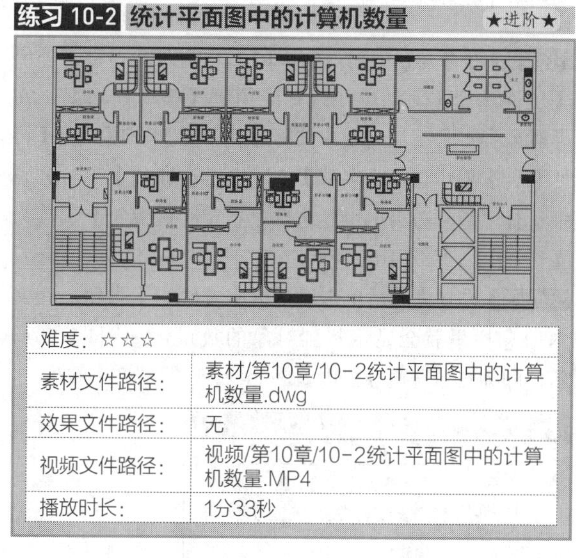

| 难度：☆☆☆ | |
|---|---|
| 素材文件路径： | 素材/第10章/10-2统计平面图中的计算机数量.dwg |
| 效果文件路径： | 无 |
| 视频文件路径： | 视频/第10章/10-2统计平面图中的计算机数量.MP4 |
| 播放时长： | 1分33秒 |

创建图块不仅可以减少平面设计图所占的内存大小，还能更快地进行布置，且事后可以根据需要进行统计。本例便根据某办公室的设计平面图，来统计所用的普通办公电脑数量。

**Step 01** 打开“第10章/10-2统计办公室中的电脑数量.dwg”素材文件，如图10-7所示。

**Step 02** 查找块对象的名称。在需要统计的图块上双击鼠标，系统弹出【编辑块定义】对话框，在块列表中显示有图块名称，如图10-8所示，为“普通办公电脑”。

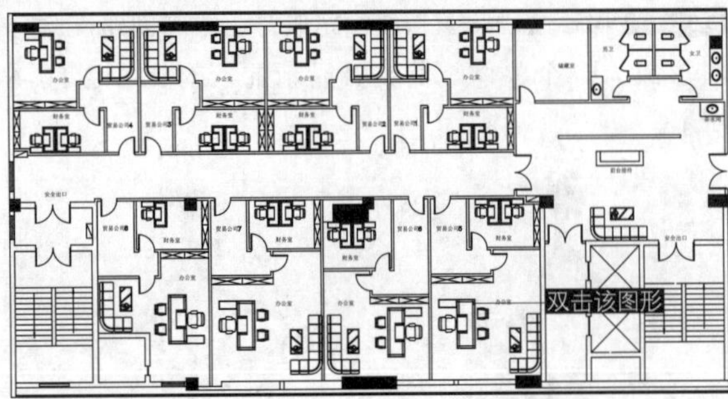


图 10-7 打开素材

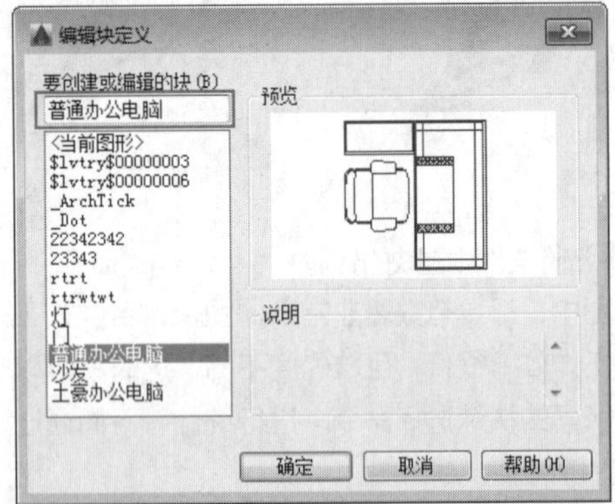


图 10-8 【编辑块定义】对话框

**Step 03** 在命令行中输入QSELECT并按Enter键，弹出【快速选择】对话框，选择应用到【整个图形】，在【对象类型】下拉列表中选择【块参照】选项，在【特性】列表框中选择【名称】选项，再在【值】下拉列表中选择“普通办公电脑”选项，指定【运算符】选项为【=等于】，如图10-9所示。

**Step 04** 设置完成后单击对话框中【确定】按钮，在文本信息栏里就会显示找到对象的数量，如图10-10所示，即为15台普通办公电脑。

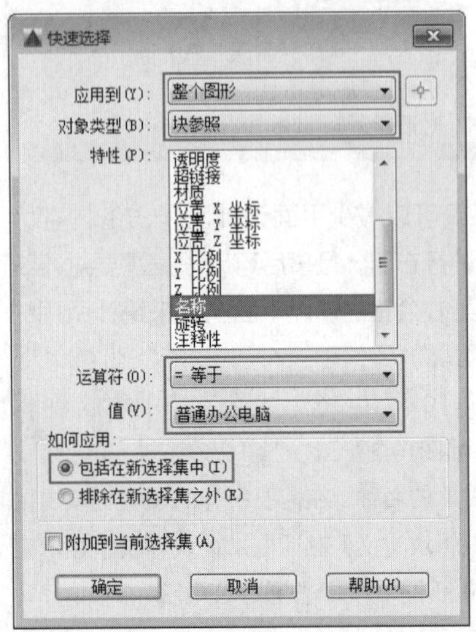


图 10-9 【快速选择】对话框

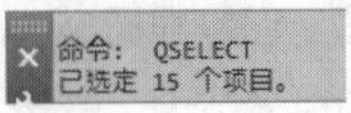

命令: QSELECT
已选定 15 个项目。

图 10-10 命令行中显示数量

## 10.1.2 外部图块

内部块仅限于在创建块的图形文件中使用，当其他文件中也需要使用时，则需要创建外部块，也就是永久块。外部图块不依赖于当前图形，可以在任意图形文件中调用并插入。使用【写块】命令可以创建外部块。

**·执行方式**

调用【写块】命令的方法如下。

◆命令行：在命令行中输入 WBLOCK/W。

**·操作步骤**

执行该命令后，系统弹出【写块】对话框，如图10-11所示。

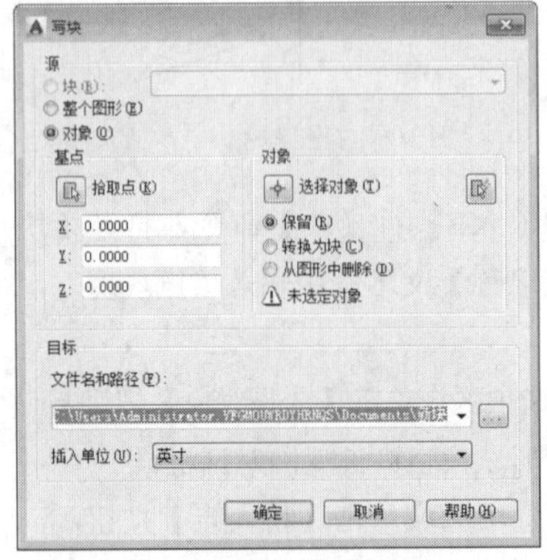


图 10-11 【写块】对话框

【写块】对话框常用选项介绍如下。

◆【块】：将已定义好的块保存，可以在下拉列表中选择已有的内部块，如果当前文件中没有定义的块，该单选按钮不可用。

◆【整个图形】：将当前工作区中的全部图形保存为外部块。

◆【对象】：选择图形对象定义为外部块。该项为默认选项，一般情况下选择此项即可。

◆【拾取点】按钮：单击该按钮，系统切换到绘图窗口中拾取基点。

◆【选择对象】按钮：单击该按钮，系统切换到绘图窗口中拾取创建块的对象。

◆【保留】单选按钮：创建块后保留源对象不变。

◆【从图形中删除】：将选定对象另存为文件后，从当前图形中删除它们。

◆【目标】：用于设置块的保存路径和块名。单击该选项组【文件名和路径】文本框右边的按钮，可以在打开的对话框中选择保存路径。

### 练习 10-3 创建办公桌外部图块

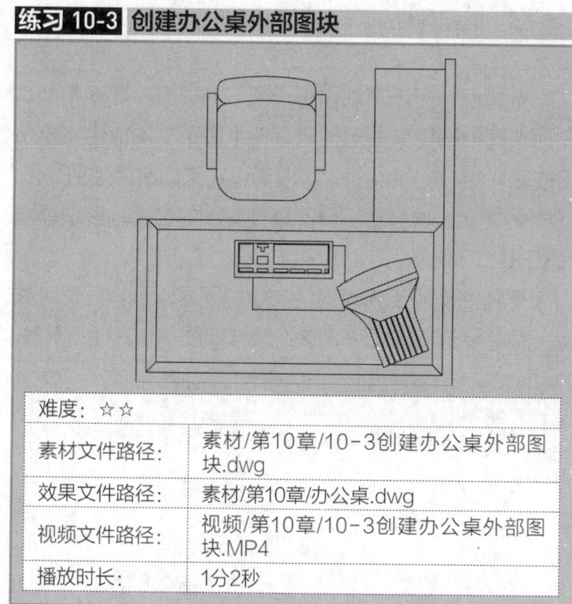

| 难度：☆☆ | |
|---|---|
| 素材文件路径： | 素材/第10章/10-3创建办公桌外部图块.dwg |
| 效果文件路径： | 素材/第10章/办公桌.dwg |
| 视频文件路径： | 视频/第10章/10-3创建办公桌外部图块.MP4 |
| 播放时长： | 1分2秒 |

本实例介绍创建办公桌外部图块的操作。首先打开办公桌图块，然后调用创建块命令，将办公桌图形创建成块，方便以后调用。

**Step 01** 单击【快速访问】工具栏中的【打开】按钮，打开“第10章/10-3创建办公桌外部图块.dwg”素材文件，其中已经创建好了一“办公桌”图块，如图10-12所示。

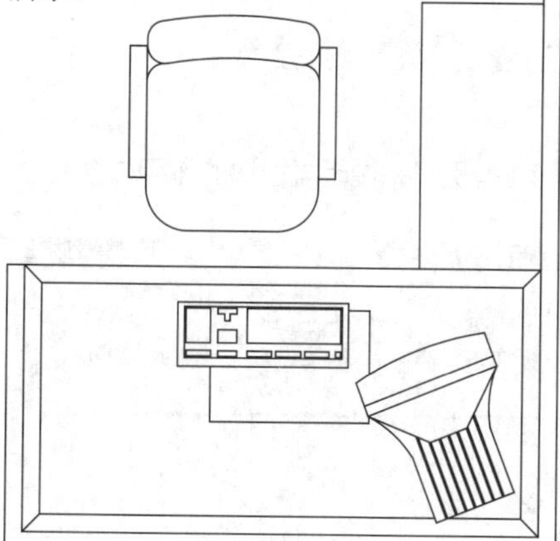

图 10-12 素材图形

**Step 02** 在命令行中输入WBLOCK，打开【写块】对话框，在【源】选项区域选择【块】复选框，然后在其右侧的下拉列表框中选择【安全阀】图块，如图10-13所示。

**Step 03** 指定保存路径。在【目标】选项区域，单击【文件和路径】文本框右侧的按钮，在弹出的对话框中选择保存路径，将其保存于桌面上，如图10-14所示。

**Step 04** 单击【确定】按钮，完成外部块的创建。

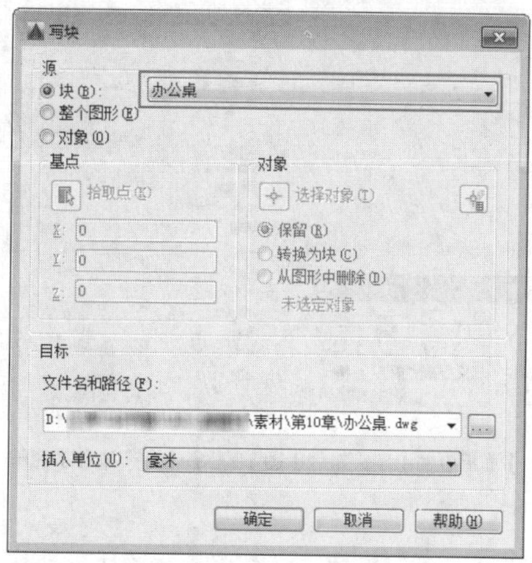


图 10-13 选择目标块

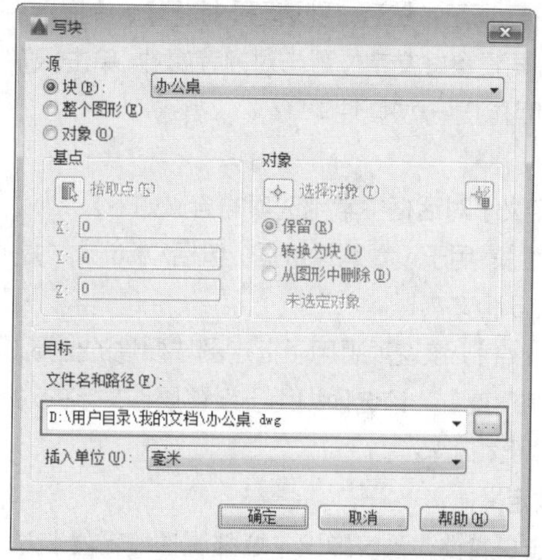


图 10-14 指定保存路径

## 10.1.3 属性块 ★重点★

图块包含的信息可以分为两类：图形信息和非图形信息。块属性是图块的非图形信息，例如，办公室工程中定义办公桌图块，每个办公桌的编号、使用者等属性。块属性必须和图块结合在一起使用，在图纸上显示为块实例的标签或说明，单独的属性是没有意义的。

### 1 创建块属性

在 AutoCAD 中添加块属性的操作主要分 3 步。

（1）定义块属性。

（2）在定义图块时附加块属性。

（3）在插入图块时输入属性值。

**• 执行方式**

定义块属性必须在定义块之前进行。定义块属性的命令启动方式有。

◆功能区：单击【插入】选项卡【属性】面板中的【定义属性】按钮，如图 10-15 所示。

◆菜单栏：单击【绘图】|【块】|【定义属性】命令，如图 10-16 所示。

◆命令行：ATTDEF 或 ATT。

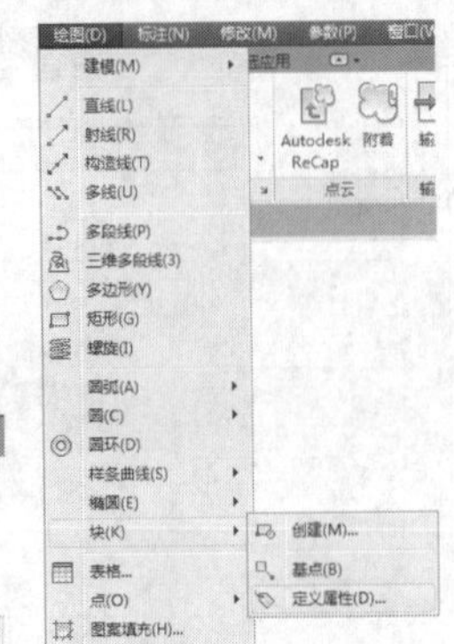


图 10-15 【属性】面板中的【定义属性】按钮

图 10-16 【定义属性】菜单命令

**·操作步骤**

执行上述任一命令后，系统弹出【属性定义】对话框，如图 10-17 所示。然后分别填写【标记】、【提示】与【默认值】，再设置好文字位置与对齐等属性，单击【确定】按钮，即可创建一块属性。

**·选项说明**

【属性定义】对话框中常用选项的含义如下。

◆【属性】：用于设置属性数据，包括“标记”“提示”“默认”3 个文本框。

◆【插入点】：该选项组用于指定图块属性的位置。

◆【文字设置】：该选项组用于设置属性文字的对正、样式、高度和旋转。

## 2 修改属性定义

直接双击块属性，系统弹出【增强属性编辑器】对话框。在【属性】选项卡的列表中选择要修改的文字属性，然后在下面的【值】文本框中输入块中定义的标记和值属性，如图 10-18 所示。

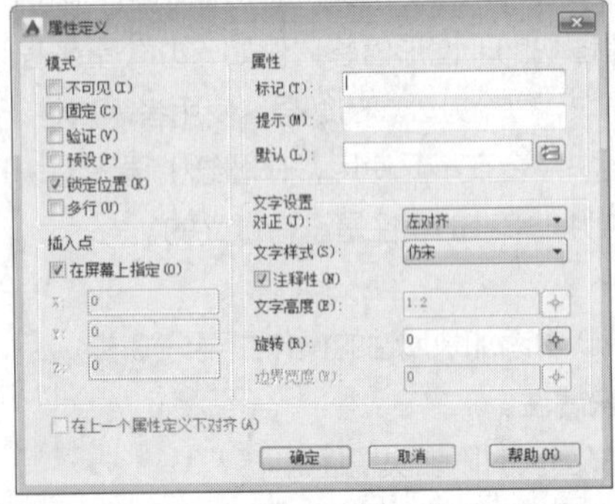


图 10-17 【属性定义】对话框

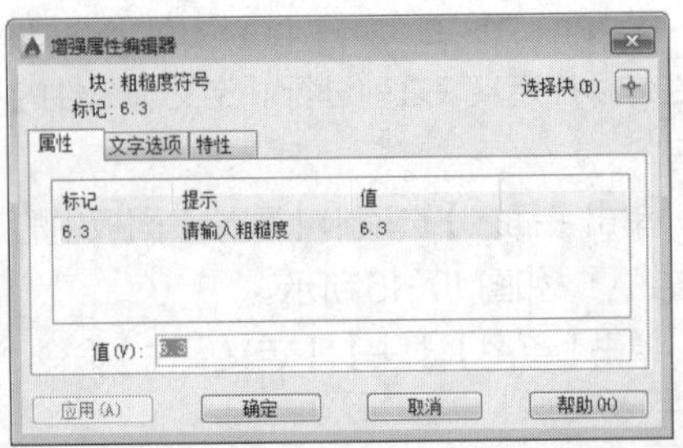


图 10-18 【增强属性编辑器】对话框

在【增强属性编辑器】对话框中，各选项卡的含义如下。

◆属性：显示了块中每个属性的标识、提示和值。在列表框中选择某一属性后，在【值】文本框中将显示出该属性对应的属性值，可以通过它来修改属性值。

◆文字选项：用于修改属性文字的格式，该选项卡如图 10-19 所示。

◆特性：用于修改属性文字的图层以及其线宽、线型、颜色及打印样式等，该选项卡如图 10-20 所示。

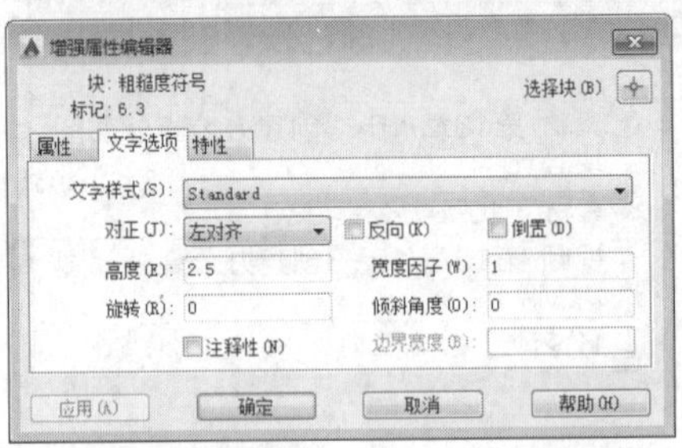


图 10-19 文字选项选项卡

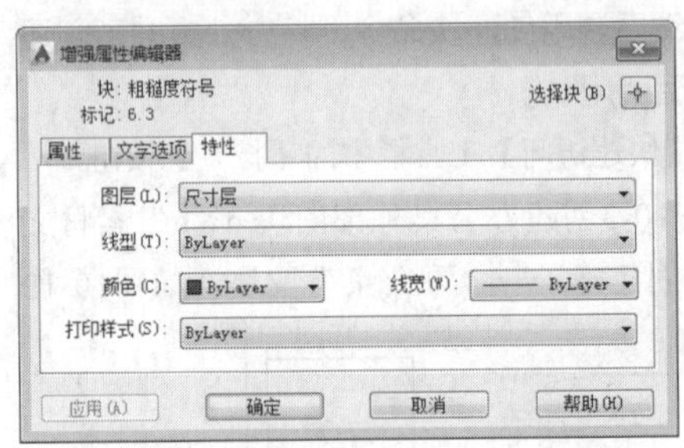


图 10-20 特性选项卡

下面通过一典型例子来说明属性块的作用与含义。

**练习 10-4 创建标高属性块** ★重点★

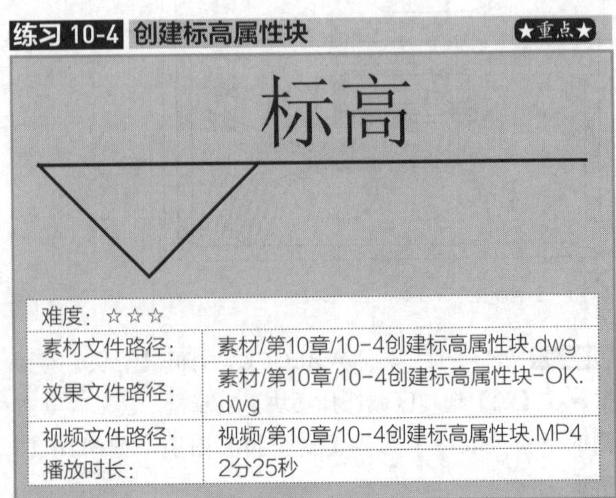


| 难度：☆☆☆ | |
|---|---|
| 素材文件路径： | 素材/第10章/10-4创建标高属性块.dwg |
| 效果文件路径： | 素材/第10章/10-4创建标高属性块-OK.dwg |
| 视频文件路径： | 视频/第10章/10-4创建标高属性块.MP4 |
| 播放时长： | 2分25秒 |

标高表示建筑物各部分的高度，是建筑物某一部位相对于基准面（标高的零点）的竖向高度，是竖向定位的依据。在施工图中经常有一个小小的直角等腰三角形，三角形的尖端或向上或向下，这是标高的符号，上面的数值则为建筑的竖向高度。标高符号在图形中形状相似，仅数值不同，因此可以创建为属性块，在绘图时直接调

用即可，具体方法如下。

**Step 01** 打开“第10章/10-4 创建标高属性块.dwg”素材文件，如图10-21所示。

**Step 02** 在【默认】选项卡中，单击【块】面板上的【定义属性】按钮，系统弹出【属性定义】对话框，定义属性参数，如图10-22所示。

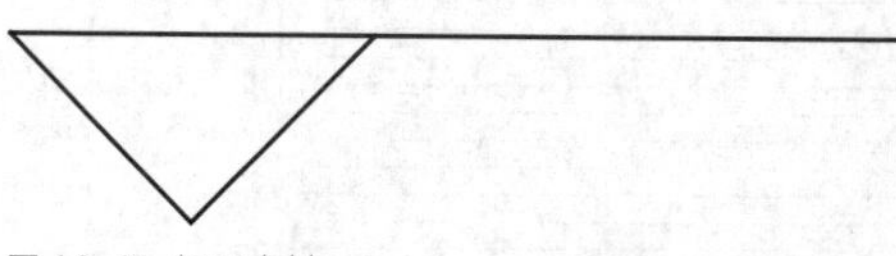

图 10-21 打开素材

图 10-22 【属性定义】对话框

**Step 03** 单击【确定】按钮，在水平线上合适位置插入属性定义，如图10-23所示。

**Step 04** 在【默认】选项卡中，单击【块】面板上的【创建】按钮，系统弹出【块定义】对话框。在【名称】下拉列表框中输入“标高”；单击【拾取点】按钮，拾取三角形的下角点作为基点；单击【选择对象】按钮，选择符号图形和属性定义，如图10-24所示。

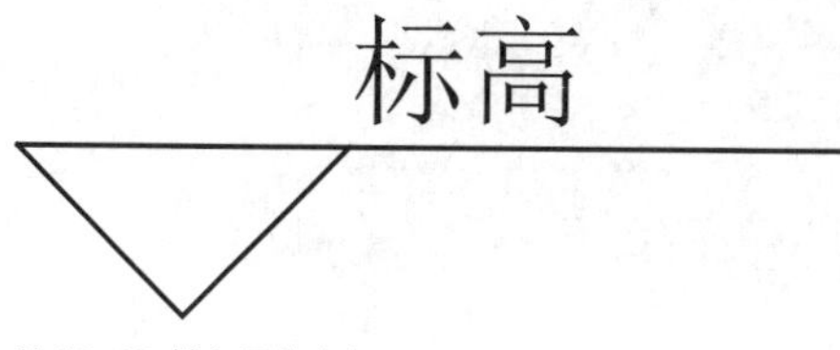


图 10-23 插入属性定义

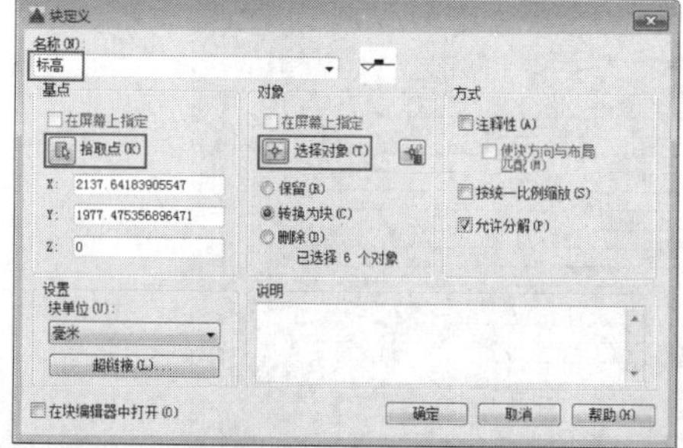

图 10-24 【块定义】对话框

**Step 05** 单击【确定】按钮，系统弹出【编辑属性】对话框，更改属性值为0.000，如图10-25所示。

**Step 06** 在单击【确定】按钮，标高符创建完成，如图10-26所示。

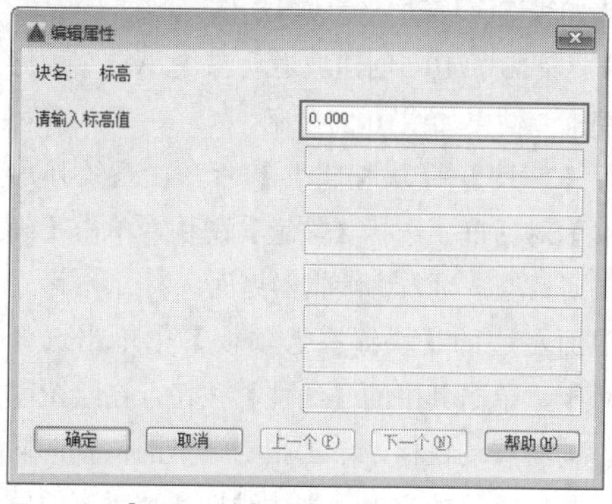

图 10-25 【编辑属性】对话框

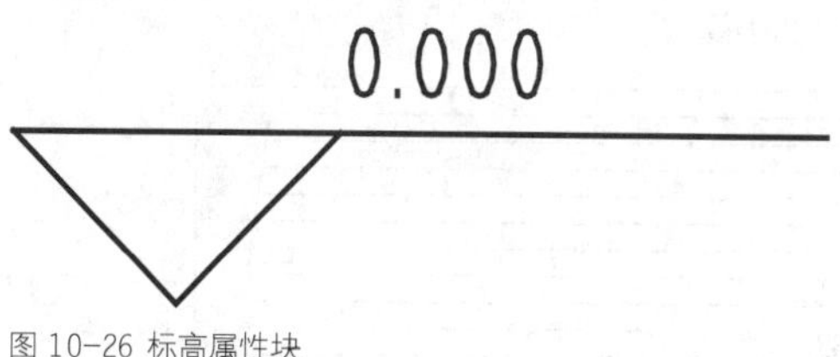


图 10-26 标高属性块

## 10.1.4 动态图块 ★重点★

在 AutoCAD 中，可以为普通图块添加动作，将其转换为动态图块，动态图块可以直接通过移动动态夹点来调整图块大小、角度，避免了频繁的参数输入或命令调用（如缩放、旋转、镜像命令等），使图块的操作变得更加轻松。

创建动态块的步骤有两步：一是往图块中添加参数，二是为添加的参数添加动作。动态块的创建需要使用【块编辑器】。块编辑器是一个专门的编写区域，用于添加能够使块成为动态块的元素。

调用【块编辑器】命令的方法如下。

◆菜单栏：执行【工具】|【块编辑器】命令。

◆命令行：在命令行中输入 BEDIT/BE。

◆功能区：在【插入】选项卡中，单击【块】面板中的【块编辑器】按钮。

### 练习 10-5 创建坡道动态块 ★重点★

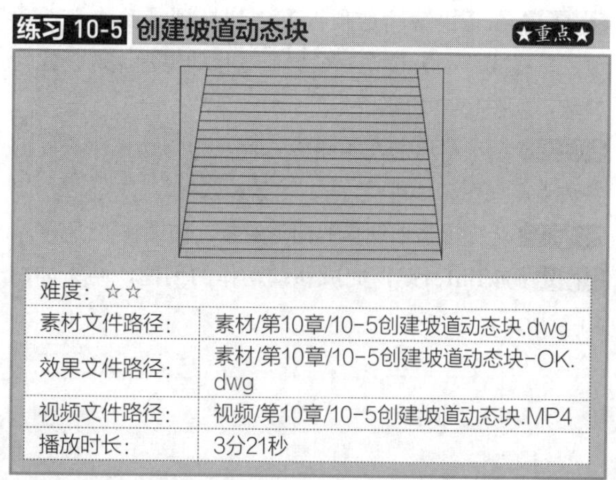

| 难度：☆☆ | |
|---|---|
| 素材文件路径： | 素材/第10章/10-5创建坡道动态块.dwg |
| 效果文件路径： | 素材/第10章/10-5创建坡道动态块-OK.dwg |
| 视频文件路径： | 视频/第10章/10-5创建坡道动态块.MP4 |
| 播放时长： | 3分21秒 |

本实例介绍创建坡道动态块的操作方法。首先调用块编辑器命令，进入块编辑器界面。在界面中可以对坡道图形创建诸如线性、移动、缩放等动作。

**Step 01** 打开“第10章/10-5创建坡道动态块.dwg”素材文件的坡道图形，结果如图10-27所示。

**Step 02** 执行【工具】|【块编辑器】命令，系统弹出【块编辑定义】对话框。选择【坡道】图块，单击【确定】按钮关闭对话框，进入块编辑器界面。

**Step 03** 在界面左边的【块编写选项板】中单击选择【参数】选项卡，单击其中的【线性】按钮，在绘图区单击其起点，向右移动鼠标，单击指定端点的位置。向下移动鼠标，指定标签的位置。创建线性参数距离的结果如图10-28所示。

图 10-27 打开素材

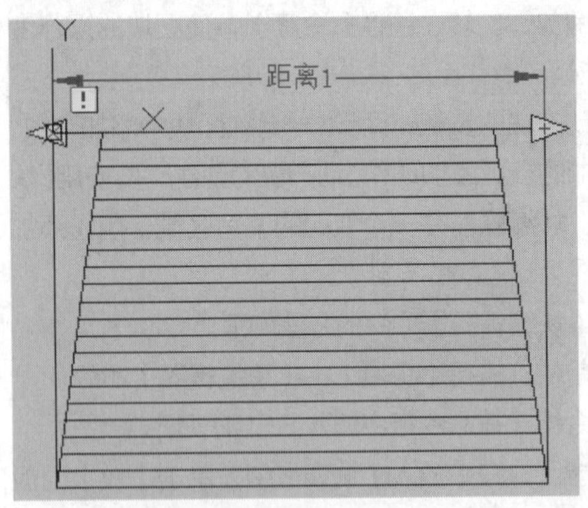

图 10-28 创建线性参数距离

**Step 04** 在【块编写选项板】中切换到【动作】选项卡，单击【移动】按钮。根据命令行的提示，选择线性参数，如图10-29所示。

**Step 05** 指定图形的左上角点，此点为与动作相关联的参数点，如图10-30所示。

**Step 06** 选择待添加动作的图形对象，如图10-31所示。

**Step 07** 按Enter键，完成移动动作的创建，结果如图10-32所示。

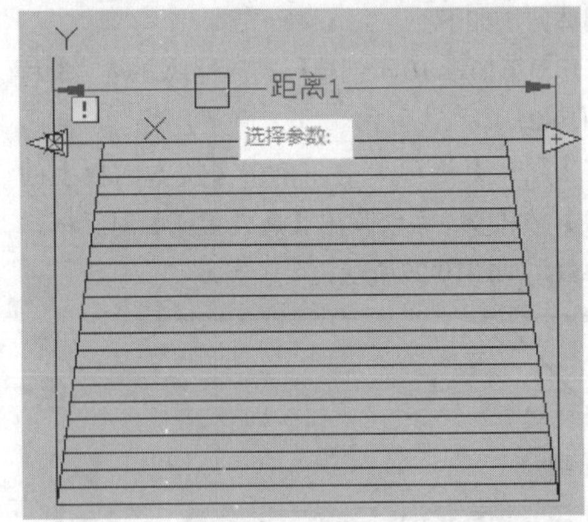

图 10-29 选择线性参数

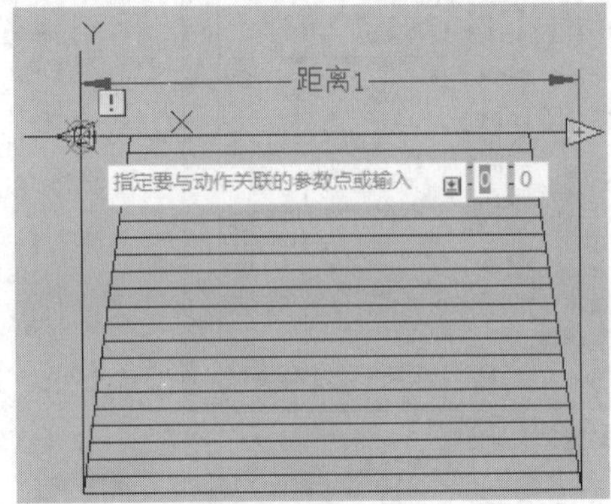

图 10-30 指定图形的左上角点

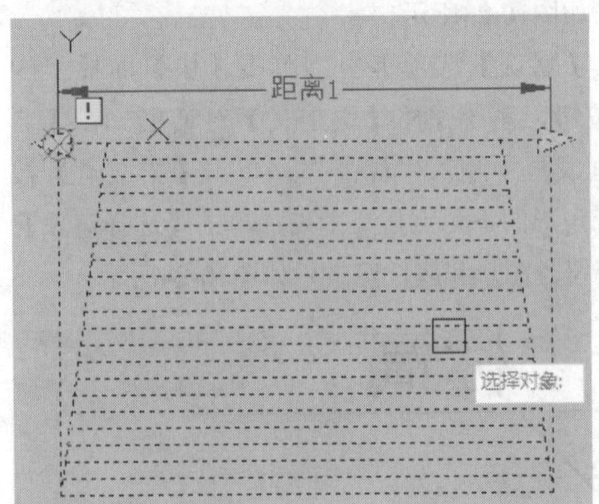

图 10-31 选择对象

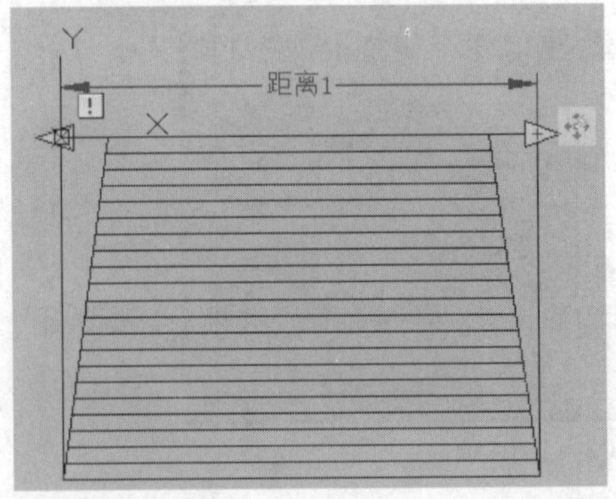

图 10-32 创建移动动作

**Step 08** 在【块编写选项板】中的【动作】选项卡里单击选择【缩放】按钮，选择线性参数。选择坡道图形为待添加动作的图形，按Enter键即可创建缩放动作，如图10-33所示。

**Step 09** 单击编辑器界面上方的【保存块】按钮，将方才所创建的动作进行保存。单击【关闭编辑器】按钮，关闭编辑器工作界面，返回绘图区。

**Step 10** 选中添加了动作的坡道图形，可以显示动作特征点，如图10-34所示。

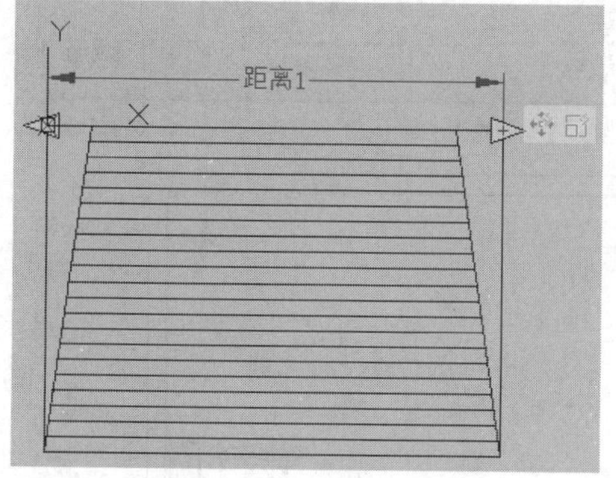

图 10-33 创建缩放动作

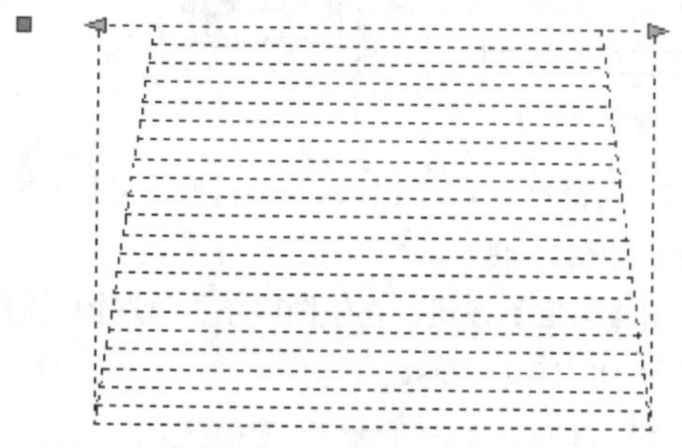
图 10-34 显示动作特征点

**Step 01** 单击激活左下角的缩放特征点，移动鼠标可以放大或缩小图形，如图10-35所示。拉动缩放点后，可以调整图形的大小，且保持图形的整体性。

**Step 02** 单击左上角的矩形夹点(移动夹点)，移动鼠标可以改变图形的位置，且保持图形的大小及整体性不变，如图10-36所示。

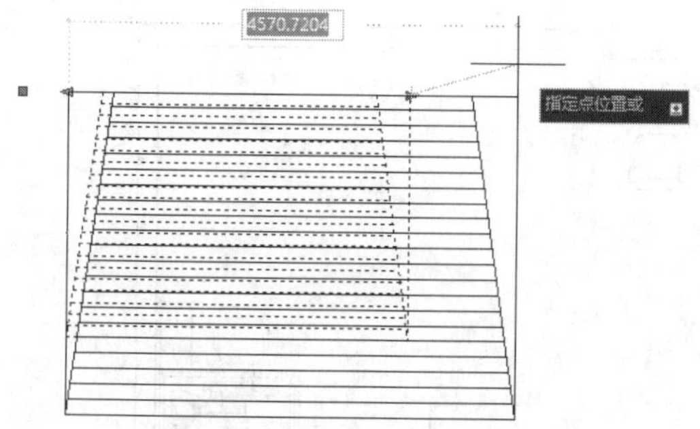

图 10-35 缩放图形

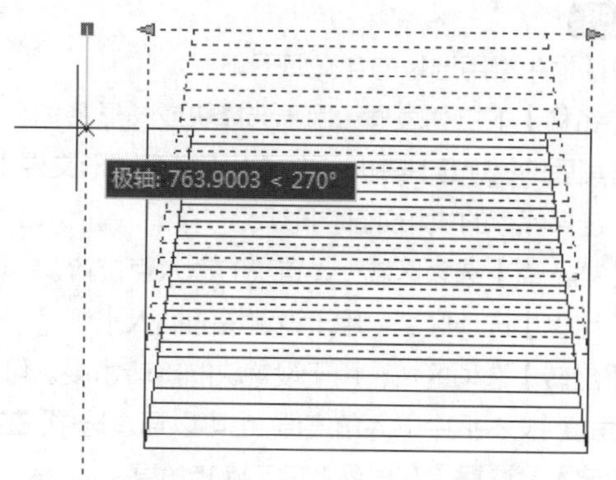

图 10-36 移动图形

## 10.1.5 插入块

块定义完成后，就可以插入与块定义关联的块实例了。

**·执行方式**

启动【插入块】命令的方式有以下几种。

◆功能区：单击【插入】选项卡【注释】面板中的【插入】按钮，如图10-37所示。

◆菜单栏：执行【插入】|【块】命令，如图10-38所示。

◆命令行：INSERT或I。

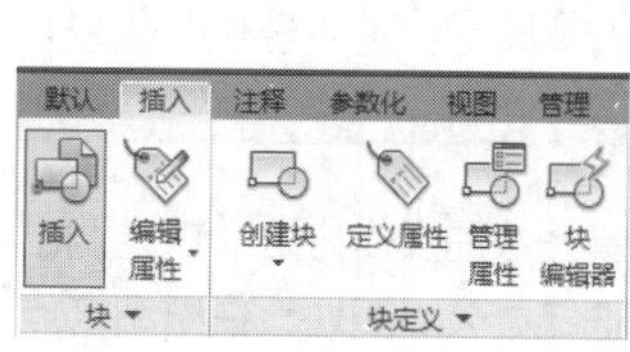

图 10-37 【注释】面板中的【插入】按钮

图 10-38 【块】插入菜单命令

**·操作步骤**

执行上述任一命令后，系统弹出【插入】对话框，如图10-39所示。在其中选择要插入的图块再返回绘图区指定基点即可。

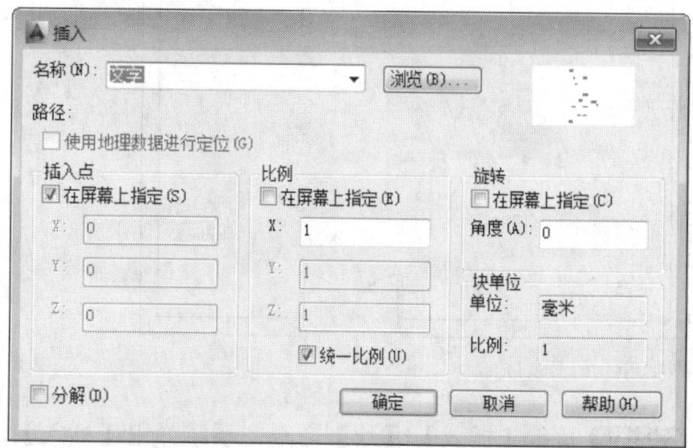

图 10-39 【插入】对话框

**·选项说明**

该对话框中常用选项的含义如下。

◆【名称】下拉列表框：用于选择块或图形名称。可以单击其后的【浏览】按钮，系统弹出【打开图形文件】对话框，选择保存的块和外部图形。

◆【插入点】选项区域：设置块的插入点位置。

◆【比例】选项区域：用于设置块的插入比例。

◆【旋转】选项区域：用于设置块的旋转角度。可直接在【角度】文本框中输入角度值，也可以通过选中【在屏幕上指定】复选框，在屏幕上指定旋转角度。

◆【分解】复选框：可以将插入的块分解成块的各基本对象。

## 练习 10-6 插入办公桌图块

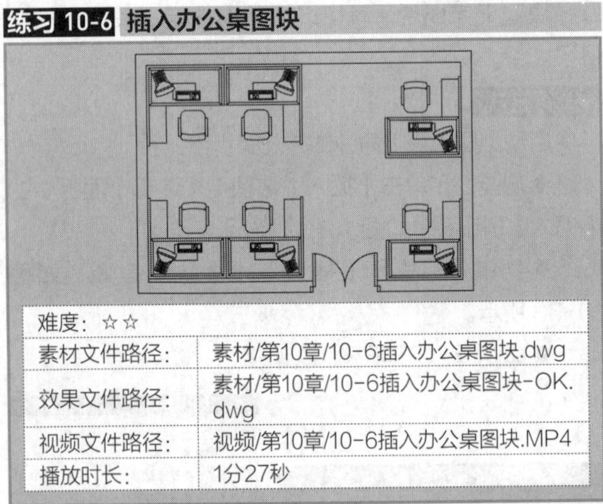

| 难度：☆☆ | |
|---|---|
| 素材文件路径： | 素材/第10章/10-6插入办公桌图块.dwg |
| 效果文件路径： | 素材/第10章/10-6插入办公桌图块-OK.dwg |
| 视频文件路径： | 视频/第10章/10-6插入办公桌图块.MP4 |
| 播放时长： | 1分27秒 |

本实例介绍插入办公桌图块的操作方法。首先调出【插入】对话框，在其中选择办公桌图块；在绘图区点取办公桌的插入点，即可完成插入办公桌图块的操作。

**Step 01** 按Ctrl+O组合键，打开配套资源中提供的“第10章/10-6 插入办公桌图块.dwg”素材文件，如图10-40所示。

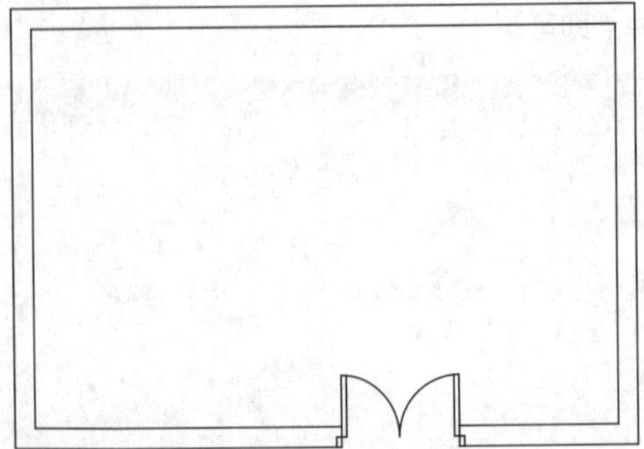

图 10-40 打开素材

**Step 02** 执行【插入】|【块】命令，系统弹出【插入】对话框。在其中选择待插入的图形文件，如图10-41所示。

**Step 03** 单击【确定】按钮，在绘图区中单击指定插入点，结果如图10-42所示。

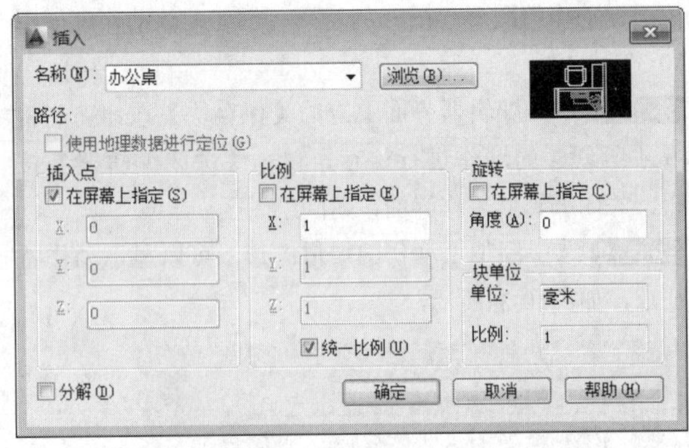


图 10-41 【插入】对话框

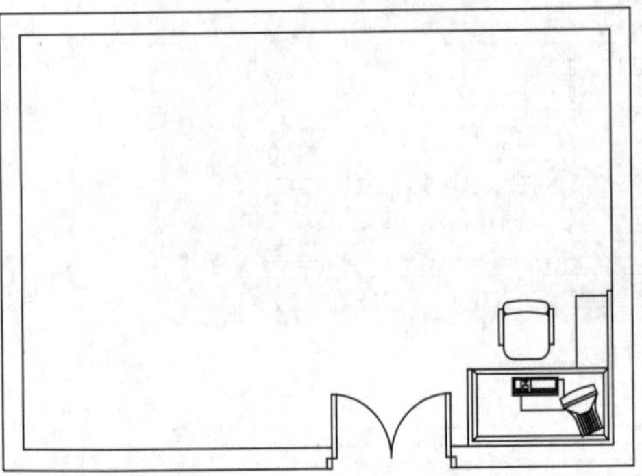

图 10-42 插入办公桌

**Step 04** 按Enter键重新调出【插入】对话框，在其中更改插入角度，如图10-43所示。

**Step 05** 单击【确定】按钮，在绘图区单击拾取图块的插入点，结果如图10-44所示。

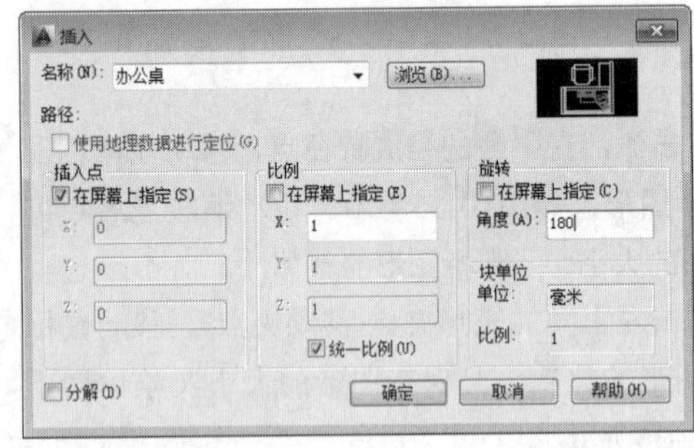


图 10-43 更改插入角度

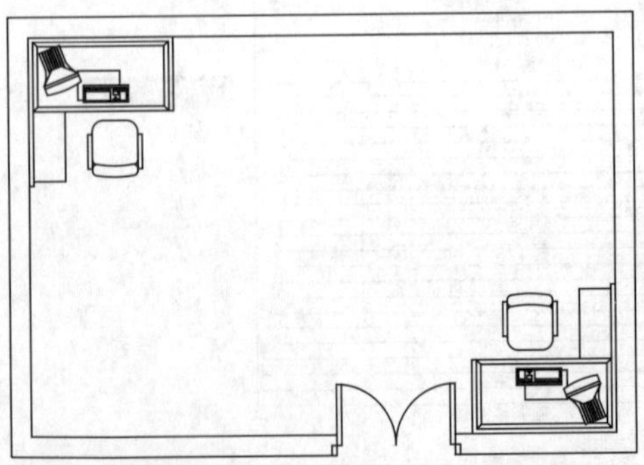

图 10-44 操作结果

**Step 06** 调用CO【复制】命令、MI【镜像】命令，镜像复制办公桌图形，完成办公室的家具布置，如图10-45所示。

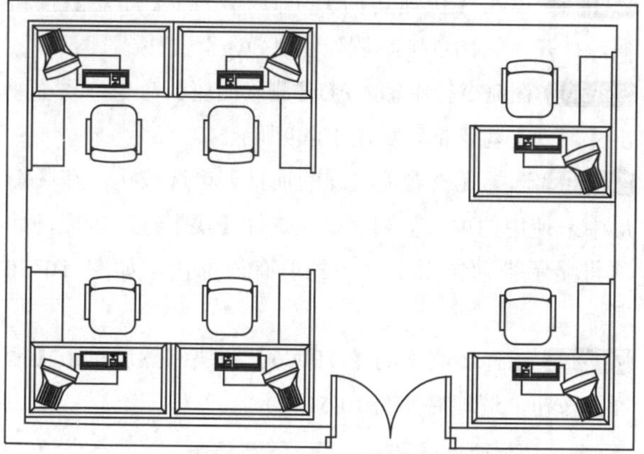

图 10-45 布置家具

## 10.2 编辑块

图块在创建完成后还可随时对其进行编辑，如重命名图块、分解图块、删除图块和重定义图块等操作。

### 10.2.1 设置插入基点

在创建图块时，可以为图块设置插入基点，这样在插入时就可以直接捕捉基点插入。但是如果创建的块事先没有指定插入基点，插入时系统默认的插入点为该图的坐标原点，这样往往会给绘图带来不便，此时可以使用【基点】命令为图形文件制定新的插入原点。

调用【基点】命令的方法如下。

- ◆菜单栏：执行【绘图】|【块】|【基点】命令。
- ◆命令行：在命令行中输入 BASE。
- ◆功能区：在【默认】选项卡中，单击【块】面板中的【设置基点】按钮。

执行该命令后，可以根据命令行提示输入基点坐标或用鼠标直接在绘图窗口中指定。

### 10.2.2 重命名图块

创建图块后，对其进行重命名的方法有多种。如果是外部图块文件，可直接在保存目录中对该图块文件进行重命名；如果是内部图块，可使用重命名命令RENAME/REN 来更改图块的名称。

调用【重命名图块】命令的方法如下。

- ◆命令行：在命令行中输入 RENAME/REN。
- ◆菜单栏：执行【格式】|【重命名】命令。

### 练习 10-7 重命名图块

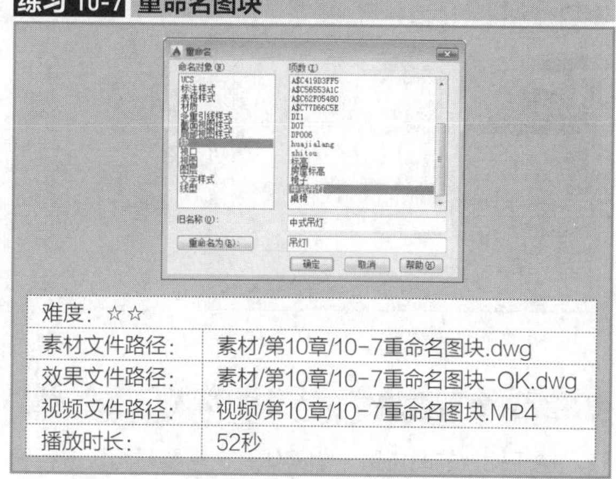

| 难度：☆☆ | |
|---|---|
| 素材文件路径： | 素材/第10章/10-7重命名图块.dwg |
| 效果文件路径： | 素材/第10章/10-7重命名图块-OK.dwg |
| 视频文件路径： | 视频/第10章/10-7重命名图块.MP4 |
| 播放时长： | 52秒 |

如果已经定义好了图块，但最后觉得图块的名称不合适，便可以通过该方法来重新定义。

**Step 01** 单击【快速访问】工具栏中的【打开】按钮，打开“第10章/10-7重命名图块.dwg”文件。

**Step 02** 在命令行中输入REN【重命名图块】命令，系统弹出【重命名】对话框，如图 10-46所示。

**Step 03** 在对话框左侧的【命名对象】列表框中选择【块】选项，在右侧的【项目】列表框中选择【中式吊灯】块。

**Step 04** 在【旧名称】文本框中显示的是该块的旧名称，在【重命名为】按钮后面的文本框中输入新名称【吊灯】，如图 10-47所示。

**Step 05** 单击【重命名为】按钮确定操作，重命名图块完成，如图 10-48所示。

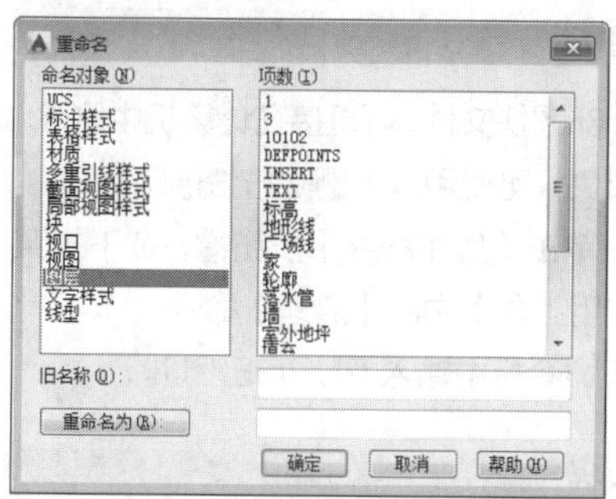


图 10-46 【重命名】对话框

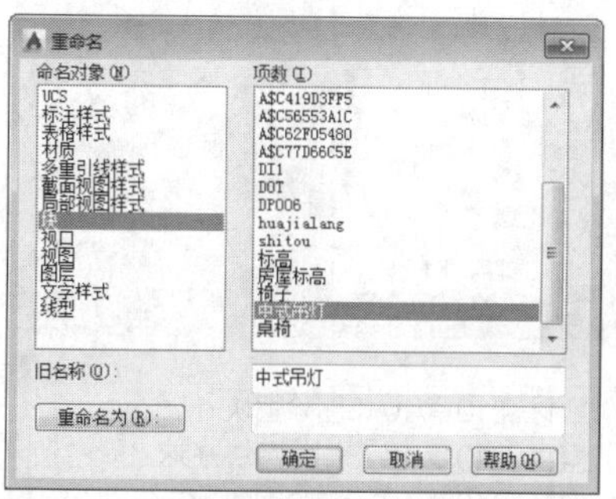


图 10-47 选择需重命名对象

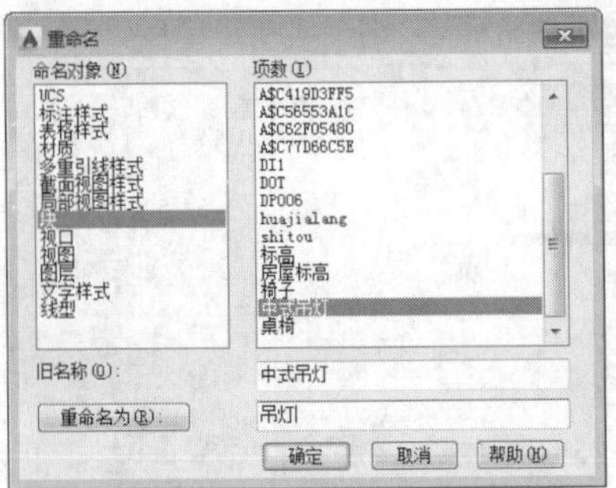


图 10-48 重命名完成效果

## 10.2.3 分解图块

由于插入的图块是一个整体，在需要对图块进行编辑时，必须先将其分解。

**·执行方式**

调用【分解图块】的命令方法如下。

◆菜单栏：执行【修改】|【分解】命令。

◆工具栏：单击【修改】工具栏中的【分解】按钮。

◆命令行：在命令行中输入 EXPLODE/X。

◆功能区：在【默认】选项卡中，单击【修改】面板中的【分解】按钮。

**·操作步骤**

分解图块的操作非常简单，执行分解命令后，选择要分解的图块，再按 Enter 键即可。图块被分解后，它的各个组成元素将变为单独的对象，之后便可以单独对各个组成元素进行编辑。

## 10.2.4 删除图块

如果图块是外部图块文件，可直接在计算机中删除；如果图块是内部图块，可使用以下删除方法删除。

◆应用程序：单击【应用程序】按钮，在下拉菜单中选择【图形实用工具】中的【清理】命令。

◆命令行：在命令行中输入 PURGE/PU。

**练习 10-8 删除图块**

| 难度：☆☆ | |
|---|---|
| 素材文件路径： | 素材/第10章/10-8删除图块.dwg |
| 效果文件路径： | 素材/第10章/10-8删除图块-OK.dwg |
| 视频文件路径： | 视频/第10章/10-8删除图块.MP4 |
| 播放时长： | 1分14秒 |

图形中如果存在用不到的图块，最好将其清除，否则过多的图块文件会占用图形的内存，使得绘图时反应变慢。

**Step 01** 单击【快速访问】工具栏中的【打开】按钮，打开“第10章/10-8删除图块.dwg”文件。

**Step 02** 在命令行中输入PU【删除图块】命令，系统弹出【清理】对话框，如图 10-49所示。

**Step 03** 选择【查看能清理的项目】单选按钮，在【图形中未使用的项目】列表框中选择【块】选项，展开此项将显示当前图形文件中的所有内部快，如图 10-50所示。

**Step 04** 选择要删除的【DP006】图块，然后单击【清理】按钮，清理后如图 10-51所示。

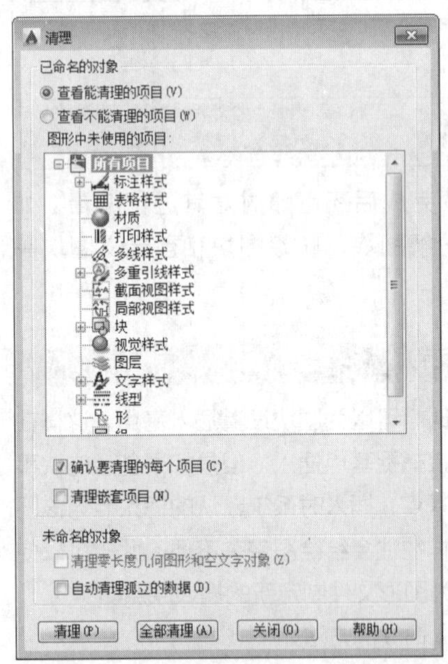


图 10-49 【清理】对话框

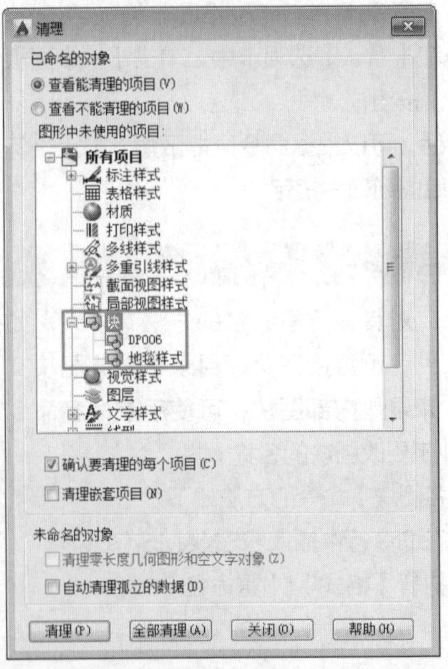


图 10-50 选择【块】选项

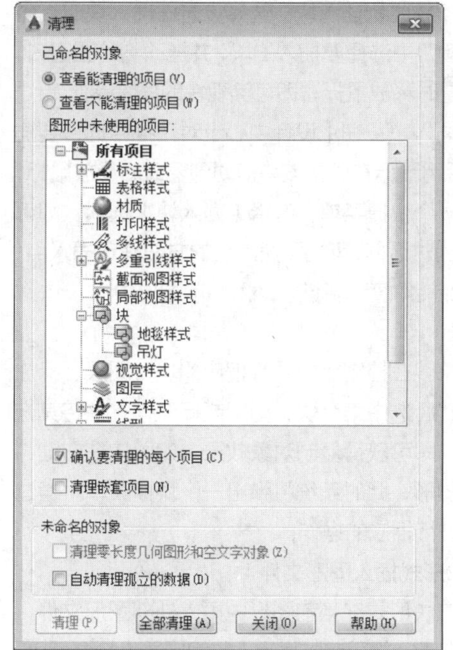


图 10-51 清理后效果

### 10.2.5 重新定义图块

通过对图块的重定义，可以更新所有与之关联的块实例，实现自动修改，其方法与定义块的方法基本相同。

其具体操作步骤如下。

**Step 01** 使用分解命令将当前图形中需要重新定义的图块分解为由单个元素组成的对象。

**Step 02** 对分解后的图块组成元素进行编辑。完成编辑后，再重新执行【块定义】命令，在打开的【块定义】对话框的【名称】下拉列表中选择源图块的名称。

**Step 03** 选择编辑后的图形并为图块指定插入基点及单位，单击【确定】按钮，在打开如图10-52所示的询问对话框中单击【重定义】按钮，完成图块的重定义。

图 10-52 【块重定义块】对话框

## 10.3 AutoCAD设计中心

AutoCAD 设计中心类似于 Windows 资源管理器，可执行对图形、块、图案填充和其他图形内容的访问等辅助操作，并在图形之间复制和粘贴其他内容，从而使设计者更好地管理外部参照、块参照和线型等图形内容。这种操作不仅可简化绘图过程，而且可通过网络资源共享来服务当前产品设计。

### 10.3.1 设计中心窗口 ★进阶★

在 AutoCAD 2016 中进入【设计中心】有以下 2 种常用方法。

**• 执行方式**

◆ 快捷键：Ctrl+2。

◆ 功能区：在【视图】选项卡中，单击【选项板】面板中的【设计中心】工具按钮。

**• 操作步骤**

执行上述任一命令后，均可打开 AutoCAD【设计中心】选项板，如图 10-53 所示。

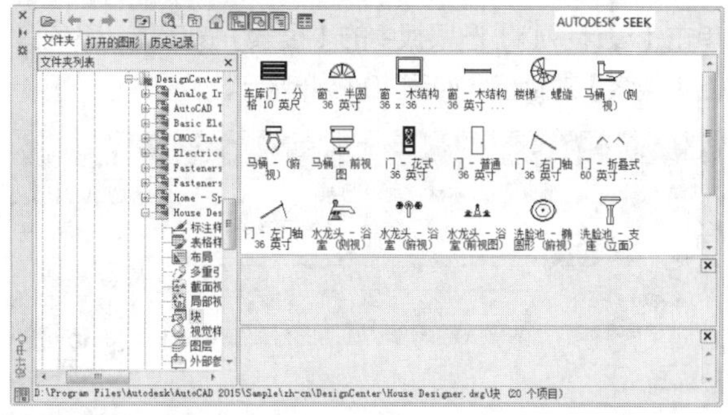


图 10-53 【设计中心】选项板

**• 选项说明**

设计中心窗口的按钮和选项卡的含义及设置方法如下所述。

**◎ 选项卡操作**

在设计中心中，可以在 4 个选项卡之间进行切换，各选项含义如下。

◆ 文件夹：指定文件夹列表框中的文件路径（包括网络路径），右侧显示图形信息。

◆ 打开的图形：该选项卡显示当前已打开的所有图形，并在右方的列表框中包括图形中的块、图层、线型、文字样式、标注样式和打印样式。

◆ 历史记录：该选项卡中显示最近在设计中心打开的文件列表。

**◎ 按钮操作**

在【设计中心】选项卡中，要设置对应选项卡中树状视图与控制板中显示的内容，可以单击选项卡上方的按钮执行相应的操作，各按钮的含义如下。

◆ 加载按钮：使用该按钮通过桌面、收藏夹等路径加载图形文件。

◆ 搜索按钮：用于快速查找图形对象。

◆ 收藏夹按钮：通过收藏夹来标记存放在本地硬盘和网页中常用的文件。

◆ 主页按钮：将设计中心返回到默认文件夹。

◆ 树状图切换按钮：使用该工具打开 / 关闭树状视图窗口。

◆预览按钮：使用该工具打开/关闭选项卡右下侧窗格。

◆说明按钮：打开或关闭说明窗格，以确定是否显示说明窗格内容。

◆视图按钮：用于确定控制板显示内容的显示格式。

## 10.3.2 设计中心查找功能 ★进阶★

使用设计中心的【查找】功能，可在弹出的【搜索】对话框中快速查找图形、块特征、图层特征和尺寸样式等内容，将这些资源插入当前图形，可辅助当前设计。单击【设计中心】选项板中的【搜索】按钮，系统弹出【搜索】对话框，如图10-54所示。

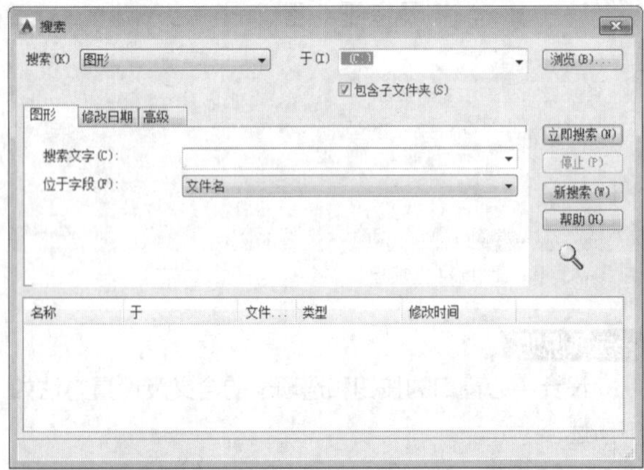


图10-54 【搜索】对话框

在该对话框指定搜索对象所在的盘符，然后在【搜索文字】列表框中输入搜索对象名称，在【位于字段】列表框中输入搜索类型，单击【立即搜索】按钮，即可执行搜索操作。另外，还可以选择其他选项卡设置不同的搜索条件。

将图形选项卡切换到【修改日期】选项卡，可指定图形文件创建或修改的日期范围。默认情况下不指定日期，需要在此之前指定图形修改日期。

切换到【高级】选项卡可指定其他搜索参数。

## 10.3.3 插入设计中心图形 ★进阶★

使用AutoCAD设计中心最终的目的是在当前图形中调入块、引用图像和外部参照，并且在图形之间复制块、图层、线型、文字样式、标注样式以及用户定义的内容等。也就是说根据插入内容类型的不同，对应插入设计中心图形的方法也不相同。

### 1 插入块

通常情况下执行插入块操作可根据设计需要确定插入方式。

◆自动换算比例插入块：选择该方法插入块时，可从设计中心窗口中选择要插入的块，并拖动到绘图窗口。移到插入位置时释放鼠标，即可实现块的插入操作。

◆常规插入块：在【设计中心】对话框中选择要插入的块，然后用鼠标右键将该块拖动到窗口后释放鼠标，此时将弹出一个快捷菜单，选择【插入块】选项，即可弹出【插入块】对话框，可按照插入块的方法确定插入点、插入比例和旋转角度，将该块插入当前图形中。

### 2 复制对象

复制对象就在控制板中展开相应的块、图层、标注样式列表，然后选中某个块、图层或标注样式并将其拖入当前图形，即可获得复制对象效果。如果按住右键将其拖入当前图形，此时系统将弹出一个快捷菜单，通过此菜单可以进行相应的操作。

### 3 以动态块形式插入图形文件

要以动态块形式在当前图形中插入外部图形文件，只需要通过右键快捷菜单，执行【块编辑器】命令即可，此时系统将打开【块编辑器】窗口，用户可以通过该窗口将选中的图形创建为动态图块。

### 4 引入外部参照

从【设计中心】对话框选择外部参照，用鼠标右键将其拖动到绘图窗口后释放，在弹出的快捷菜单中选择【附加为外部参照】选项，弹出【外部参照】对话框，可以在其中确定插入点、插入比例和旋转角度。

## 练习 10-9 使用设计中心插入图块

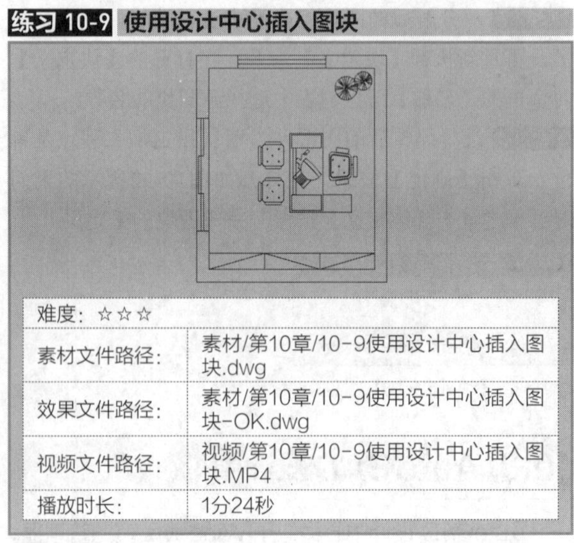

| 难度：☆☆☆ | |
|---|---|
| 素材文件路径： | 素材/第10章/10-9使用设计中心插入图块.dwg |
| 效果文件路径： | 素材/第10章/10-9使用设计中心插入图块-OK.dwg |
| 视频文件路径： | 视频/第10章/10-9使用设计中心插入图块.MP4 |
| 播放时长： | 1分24秒 |

使用设计中心插入图块的好处是可以在调入图块之前预览图块。下面以布置书房书桌为例，介绍通过设计中心插入图块的操作方法。

**Step 01** 按Ctrl+O组合键，打开配套资源中的“第10章/10-9使用设计中心插入图块.dwg”素材文件，如图10-55所示。

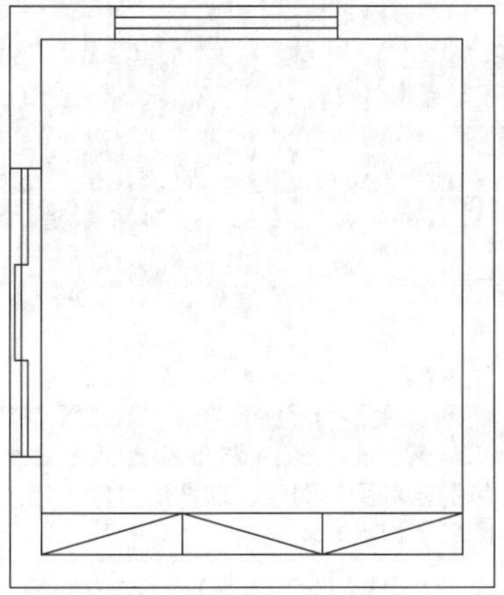

图 10-55 打开素材

**Step 02** 按Ctrl+2组合键，打开【设计中心】窗口。在左边的树状列表中选择待插入图块的“书房图块.dwg”文件，单击文件名称前的“+”符号，在弹出的下拉列表中选择【块】选项，即可在右边的窗体预览该文件所包含的所有图块，如图10-56所示。

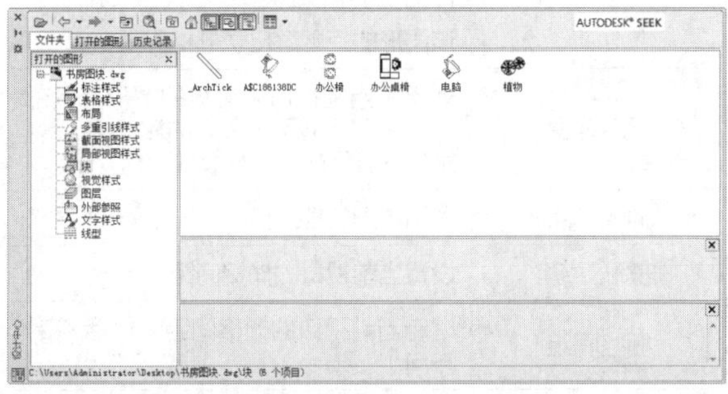

图 10-56 【设计中心】窗口

**Step 03** 单击选中待插入的图块，弹出图10-57所示的快捷菜单，在其中选择【插入块】命令。

**Step 04** 此时系统弹出【插入】对话框，在其中设置该图块的插入参数，如图10-58所示。

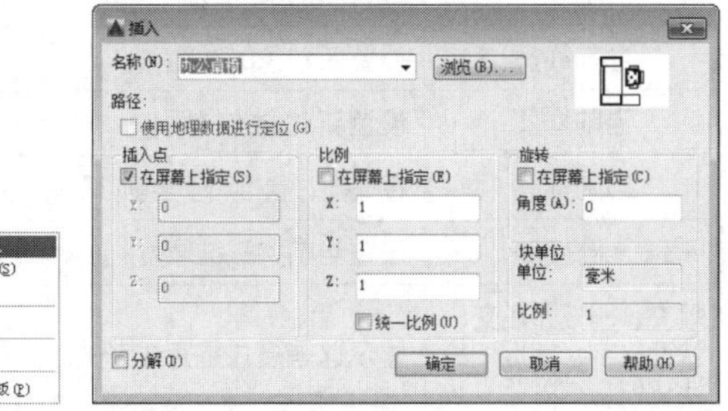


图 10-57 选择【插入块】命令　图 10-58 【插入】对话框

**Step 05** 单击【确定】按钮关闭对话框，在绘图区指定插入位置，插入图块的结果如图10-59所示。

**Step 06** 选择办公椅图形，按住鼠标左键不放，将其拖入绘图区中，插入结果如图10-60所示。

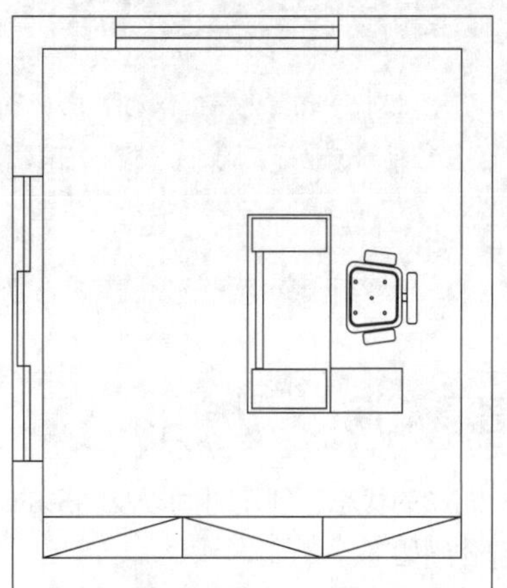

图 10-59 插入图块

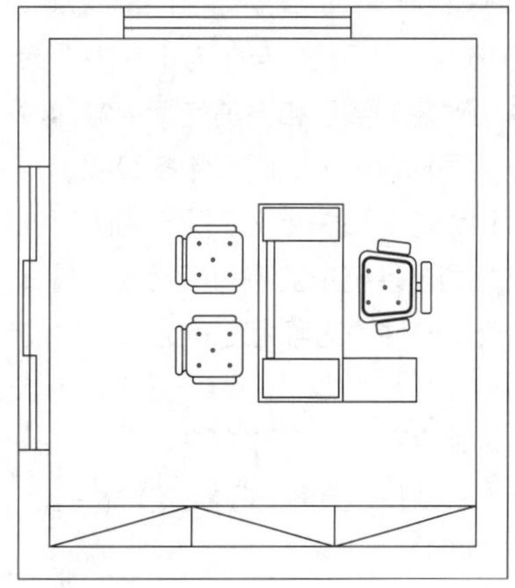

图 10-60 插入办公椅图形

**Step 07** 重复操作，继续为书房平面图插入图块，结果如图10-61所示。

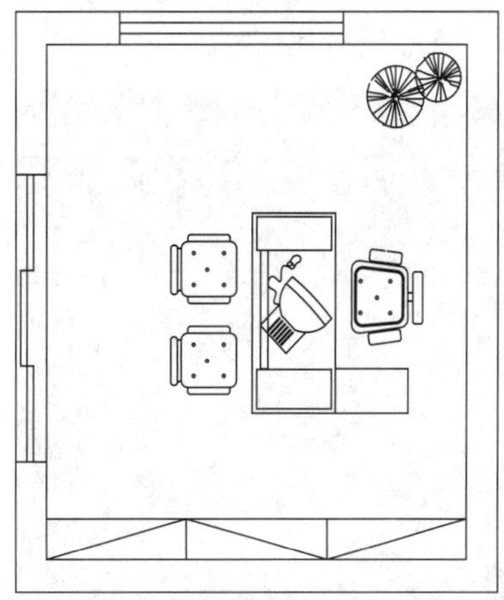

图 10-61 插入其他图块

# 第 11 章 图形信息查询

计算机辅助设计不可缺少的一个功能就是提供对图形对象的点坐标、距离、周长、面积等属性的几何查询。AutoCAD 2016 提供了查询图形对象的面积、距离、坐标、周长、体积等工具。

## 11.1 图形类信息查询

图形类信息包括图形的状态、创建时间以及图形的系统变量 3 种，分别介绍如下。

### 11.1.1 查询图形的状态

在 AutoCAD2016 中，使用 STATUS【状态】命令可以查询当前图形中对象的数目和当前空间中各种对象的类型等信息，包括图形对象（如圆弧和多段线）、非图形对象（如图层和线型）和块定义。除全局图形统计信息和设置外，还将列出系统中安装的可用内存量、可用磁盘空间量以及交换文件中的可用空间量。

**·执行方式**

执行【状态】查询命令有以下 2 种方法。

◆菜单栏：执行【工具】|【查询】|【状态】命令。

◆命令行：STATUS。

**·操作步骤**

执行该命令后，系统将弹出如图 11-1 所示的命令行窗口，该窗口中显示了捕捉分辨率、当前空间类型、布局、图层、颜色、线型、材质、图形界限、图形中对象的个数以及对象捕捉模式等 24 类信息。

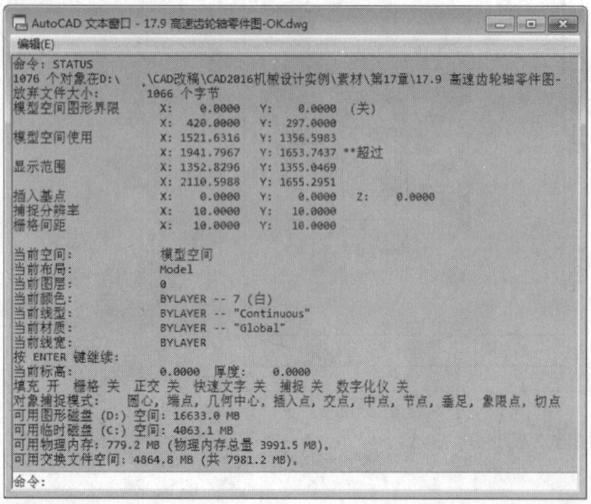

```
AutoCAD 文本窗口 - 17.9 高速齿轮轴零件图-OK.dwg
编辑(E)
命令: STATUS
1076 个对象在D:\    \CAD改稿\CAD2016机械设计实例\素材\第17章\17.9 高速齿轮轴零件图-
放弃文件大小:        1066 个字节
模型空间图形界限       X:    0.0000   Y:    0.0000  (关)
                     X:  420.0000   Y:  297.0000
模型空间使用          X: 1521.6316   Y: 1356.5983
                     X: 1941.7967   Y: 1653.7437 **超过
显示范围             X: 1352.8296   Y: 1355.0469
                     X: 2110.5988   Y: 1655.2951
插入基点             X:    0.0000   Y:    0.0000   Z:    0.0000
捕捉分辨率           X:   10.0000   Y:   10.0000
栅格间距             X:   10.0000   Y:   10.0000

当前空间:            模型空间
当前布局:            Model
当前图层:            0
当前颜色:            BYLAYER -- 7 (白)
当前线型:            BYLAYER -- "Continuous"
当前材质:            BYLAYER -- "Global"
当前线宽:            BYLAYER
按 ENTER 键继续:
当前标高:            0.0000  厚度:   0.0000
填充 开  栅格 关  正交 关  快速文字 关  捕捉 关  数字化仪 关
对象捕捉模式:   圆心, 端点, 几何中心, 插入点, 交点, 中点, 节点, 垂足, 象限点, 切点
可用图形磁盘 (D:) 空间: 16633.0 MB
可用临时磁盘 (C:) 空间: 4063.1 MB
可用物理内存: 779.2 MB (物理内存总量 3991.5 MB).
可用交换文件空间: 4864.8 MB (共 7981.2 MB).
命令:
```

图 11-1 查询状态

**·选项说明**

各查询内容的含义如表 11-1 所示。

表11-1 STATUS【状态】命令的查询内容

| 列表项 | 说 明 |
| --- | --- |
| 当前图形中的对象数 | 包括各种图形对象、非图形对象（如图层）和块定义 |
| 模型空间图形界限 | 显示由Limits【图形界限】命令定义的栅格界限。第一行显示界限左下角的X、Y坐标，它存储在系统变量LIMMIN中；第二行显示界限右上角的X、Y坐标，它存储在LIMMAX系统变量中。Y坐标值右边的注释“关”表示界限检查设置为0 |
| 模型空间使用 | 显示图形范围（包括数据库中的所有对象），可以超出栅格界限。第一行显示该范围左下角的X、Y坐标；第二行显示右上角的X、Y坐标。如果Y坐标值的右边有“超过”注释，则表明该图形的范围超出了栅格界限 |
| 显示范围 | 列出了当前视口中可见的图形范围部分。第一行显示左下角的X、Y坐标，第二行显示右上角的X、Y坐标 |
| 插入基点 | 列出图形的插入点 |
| 捕捉分辨率 | 设置当前视口的捕捉间距 |
| 栅格间距 | 指定当前视口的栅格间距（包括X和y方向） |
| 当前空间 | 显示当前激活的是模型空间还是图纸空间 |
| 当前布局 | 显示“模型”或当前布局的名称 |
| 当前图层 | 显示当前图层 |
| 当前颜色 | 设置新对象的颜色 |
| 当前线型 | 设置新对象的线型 |
| 当前线宽 | 设置新对象的线宽 |
| 当前材质 | 设置新对象的材质 |
| 当前标高 | 存储新对象相对于当前UCS的标高 |
| 厚度 | 设置当前的三维厚度 |
| 填充、栅格、正交、快速文字、捕捉和数字化仪 | 显示这些模式是开或者关 |
| 对象捕捉模式 | 显示正在运行的对象捕捉模式 |
| 可用图形磁盘 | 列出驱动器上为该程序的临时文件指定的可用磁盘空间的量 |
| 可用临时磁盘空间 | 列出驱动器上为临时文件指定的可用磁盘空间的量 |
| 可用物理内存 | 列出系统中可用安装内存 |
| 可用交换文件空间 | 列出交换文件中的可用空间 |

显然，在表 11-1 中列出的很多信息即使不用 STATUS【状态】命令也可以得到，如当前图层、颜色、线型和线宽等，这些信息可以直接在【图层】面板或特性选项板中看到。不过，一些其他的信息，如可用磁盘空间与可用内存的统计等，这些信息则很难直接观察到。

**•初学解答** STATUS【状态】命令的用途

STATUS【状态】命令最常见的用途是解决不同设计师之间但是交互问题。例如，在工作中，可以将该列表信息发送给另一个办公室中需要处理同一图形的同事，以便于同事来采取相应措施来展开协同工作。

## 11.1.2 查询系统变量

所谓系统变量就是控制某些命令工作方式的设置。命令通常用于启动活动或打开对话框，而系统变量则用于控制命令的行为、操作的默认值或用户界面的外观。

系统变量有打开或关闭模式，如【捕捉】、【栅格】或【正交】；有设定填充图案的默认比例；存储有关当前图形或程序配置的信息。可以使用系统变量来更改设置或显示当前状态。也可以在对话框中或在功能区中修改许多系统变量设置。对于一些能人来说，还可以通过二次开发程序来控制。

**•执行方式**

查询系统变量有以下 2 种方法。

◆菜单栏：执行【工具】|【查询】|【设置变量】命令。

◆命令行：SETVAR。

**•操作步骤**

执行该命令后，命令行如下所示。

```
命令: SETVAR                    //调用【设置变量】命令
输入变量名或 [?]:               //输入要查询的变量名称
```

根据命令行的提示，输入要查询的变量名称，如 ZOOMFACTOR 等，再输入新的值，即可进行更改；也可以输入问号“？”，再输入“*”来列出所有可设置的变量。

**•选项说明**

罗列出来的变量通常会非常多，而且不同的图形文件会显示出不一样的变量，因此本书便对其中常见的几种进行总结，如表 11-2 所示。

表11-2 SETVAR【设置变量】显示的变量内容与含义

| 列表项 | 说 明 |
|---|---|
| 3DCONVERSIONMODE | 用于将材质和光源定义转换为当前产品版本。<br>0：打开图形时不会发生材质或光源转换<br>1：材质和光源转换将自动发生<br>2：提示用户转换任意材质或光源 |
| 3DDWFPREC | 控制三维 DWF 或三维 DWFx 发布的精度。可输入1~6的正整数值，值越大，精度越高 |
| 3DSELECTIONMODE | 控制使用三维视觉样式时视觉上和实际上重叠的对象的选择优先级。<br>0：使用传统三维选择优先级<br>1：使用视线三维选择优先级选择三维实体和曲面 |
| ACADLSPASDOC | 控制是将 acad.lsp 文件加载到每个图形中，还是仅加载到任务中打开的第一个图形中。<br>0：仅将 acad.lsp 加载到任务中打开的第一个图形中<br>1：将 acad.lsp 加载到每一个打开的图形中 |
| ANGBASE | 将相对于当前 UCS 的基准角设定为指定值，初始值为0 |
| ANGDIR | 设置正角度的方向。0为逆时针计算；1为顺时针计算 |
| APBOX | 打开或关闭自动捕捉靶框的显示。0为关闭；1为开启 |
| APERTURE | 控制对象捕捉靶框大小 |

**•精益求精** 不同文件间的系统变量“找不同”

在使用 AutoCAD 绘图的时候，用户都有着自己的独特操作习惯，如鼠标缩放的快慢、命令行的显示大小、软件界面的布置、操作按钮的排列等。但在某些特殊情况下，如使用陌生环境的电脑、重装软件、误操作等都可能会变更已经习惯了的软件设置，让用户的操作水平大打折扣。这时就可以使用【设置变量】命令来进行对比调整，具体步骤如下。

**Step 01** 新建一个图形文件（新建文件的系统变量是默认值），或使用没有问题的图形文件。分别在两个文件中运行【SETVAR】按Enter键，单击命令行问号再按Enter键，系统弹出【AutoCAD文本窗口】，如图11-2所示。

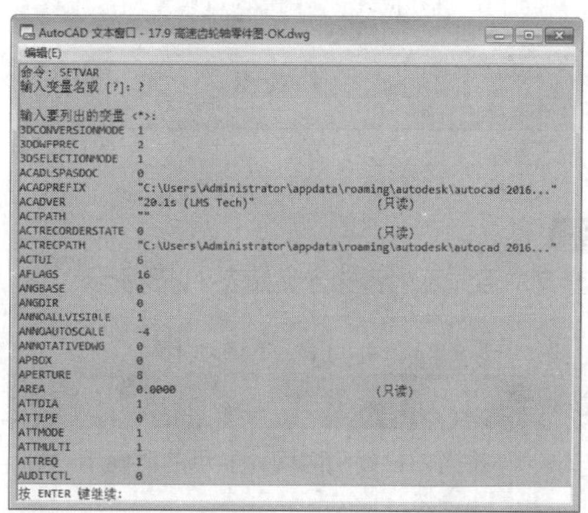


图 11-2 系统变量文本窗口

**Step 02** 框选文本窗口中的变量数据，拷贝到Excel文档中。一个位于A列，一个位于B列，比较变量中哪些不一样，这样可以大大减少查询变量的时间。

**Step 03** 在C列输入【=IF(A1=B1,0,1)】公式，下拉单元格算出所有行的值，这样不相同的单元格就会以数字1表示，相同的单元格会以0表示，如图11-3所示，再分析变量查出哪些变量有问题即可。

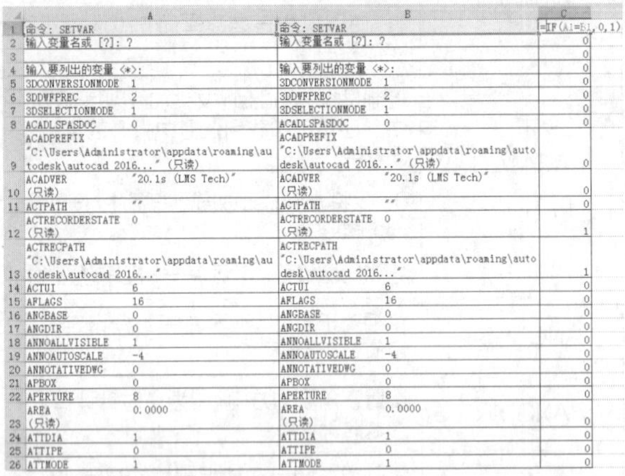

| | A | B | C |
|---|---|---|---|
| 1 | 命令：SETVAR | 命令：SETVAR | =IF(A1=B1,0,1) |
| 2 | 输入变量名或 [?]: ? | 输入变量名或 [?]: ? | 0 |
| 3 | | | 0 |
| 4 | 输入要列出的变量 <*>: | 输入要列出的变量 <*>: | 0 |
| 5 | 3DCONVERSIONMODE 1 | 3DCONVERSIONMODE 1 | 0 |
| 6 | 3DDWFPREC 2 | 3DDWFPREC 2 | 0 |
| 7 | 3DSELECTIONMODE 1 | 3DSELECTIONMODE 1 | 0 |
| 8 | ACADLSPASDOC 0 | ACADLSPASDOC 0 | 0 |
| 9 | ACADPREFIX "C:\Users\Administrator\appdata\roaming\autodesk\autocad 2016..." (只读) | ACADPREFIX "C:\Users\Administrator\appdata\roaming\autodesk\autocad 2016..." (只读) | 0 |
| 10 | ACADVER "20.1s (LMS Tech)" (只读) | ACADVER "20.1s (LMS Tech)" (只读) | 0 |
| 11 | ACTPATH "" | ACTPATH "" | 0 |
| 12 | ACTRECORDERSTATE 0 (只读) | ACTRECORDERSTATE 0 (只读) | 1 |
| 13 | ACTRECPATH "C:\Users\Administrator\appdata\roaming\autodesk\autocad 2016..." | ACTRECPATH "C:\Users\Administrator\appdata\roaming\autodesk\autocad 2016..." | 1 |
| 14 | ACTUI 6 | ACTUI 6 | 0 |
| 15 | AFLAGS 16 | AFLAGS 16 | 0 |
| 16 | ANGBASE 0 | ANGBASE 0 | 0 |
| 17 | ANGDIR 0 | ANGDIR 0 | 0 |
| 18 | ANNOALLVISIBLE 1 | ANNOALLVISIBLE 1 | 0 |
| 19 | ANNOAUTOSCALE -4 | ANNOAUTOSCALE -4 | 0 |
| 20 | ANNOTATIVEDWG 0 | ANNOTATIVEDWG 0 | 0 |
| 21 | APBOX 0 | APBOX 0 | 0 |
| 22 | APERTURE 8 | APERTURE 8 | 0 |
| 23 | AREA 0.0000 (只读) | AREA 0.0000 (只读) | 0 |
| 24 | ATTDIA 1 | ATTDIA 1 | 0 |
| 25 | ATTIPE 0 | ATTIPE 0 | 0 |
| 26 | ATTMODE 1 | ATTMODE 1 | 0 |

图 11-3 Excel变量数据列表

### 11.1.3 查询时间

【时间查询】命令用于查询图形文件的日期和时间的统计信息，如当前时间、图形的创建时间等。

**·执行方式**

调用【时间查询】命令有以下几种方法。

◆菜单栏：选择【工具】|【查询】|【时间】命令。

◆命令行：TIME。

**·操作步骤**

执行以上操作之后，系统弹出AutoCAD文本窗口，显示出时间查询结果，如图11-4所示。

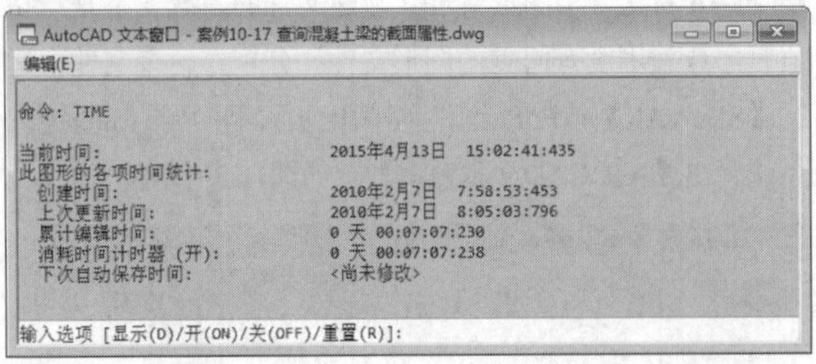

```
AutoCAD 文本窗口 - 案例10-17 查询混凝土梁的截面属性.dwg
编辑(E)

命令: TIME

当前时间:                     2015年4月13日  15:02:41:435
此图形的各项时间统计:
  创建时间:                   2010年2月7日  7:58:53:453
  上次更新时间:               2010年2月7日  8:05:03:796
  累计编辑时间:               0 天 00:07:07:230
  消耗时间计时器 (开):        0 天 00:07:07:238
  下次自动保存时间:           <尚未修改>

输入选项 [显示(D)/开(ON)/关(OFF)/重置(R)]:
```

图 11-4 时间查询结果

**·选项说明**

时间查询中各显示内容的含义如表11-3所示。

表11-3 TIME【时间】命令的查询内容

| 列表项 | 说 明 |
|---|---|
| 当前时间 | 当前日期和时间。显示的时间精确到毫秒 |
| 创建时间 | 显示该图形的创建日期和时间 |
| 上次更新时间 | 最近一次保存该图形的日期和时间 |
| 累计编辑时间 | 花费在绘图上的累计时间，不包括打印时间和修改图形但没有保存修改就退出的时间 |
| 消耗时间计时器 | 累计花费在绘图上的时间，但可以打开、关闭或重置它 |
| 下次自动保存时间 | 显示何时将自动保存该图形。在【选项】对话框的【打开和保存】选项卡下可以设置自动保存图形的时间，详见本书第2章2.5节。 |

在表11-3列出的信息中，可以把“累计编辑时间”选项看成是汽车的里程表，把“消耗时间计时器”看成是一个跑表，就好比一些汽车可以允许用户记录一段路的里程。

在图11-4文本框的末尾，可以看到“输入选项[显示(D)/开(ON)/关(OFF)/重置(R)]”的提示，该提示中各子选项的含义说明如下。

◆“显示(D)”：可以使用更新的时间重新显示列表。

◆“开(ON)/关(OFF)”：打开或关闭“消耗时间计时器”。

◆“重置(R)”：将“消耗时间计时器”重置为0。

## 11.2 对象类信息查询

对象信息包括所绘制图形的各种信息，如距离、半径、点坐标，以及在工程设计中需经常查用的面积、周长、体积等。

### 11.2.1 查询距离

查询【距离】命令主要用来查询指定两点间的长度值与角度值。

**·执行方式**

在AutoCAD 2016中调用该命令的常用方法如下。

◆功能区：单击【实用工具】面板上的【距离】工具按钮。

◆菜单栏：执行【工具】|【查询】|【距离】命令。

◆命令行：DIST或DI。

**·操作步骤**

执行上述任一命令后，单击鼠标左键逐步指定查询的两个点，即可在命令行中显示当前查询距离、倾斜角度等信息，如图11-5所示。

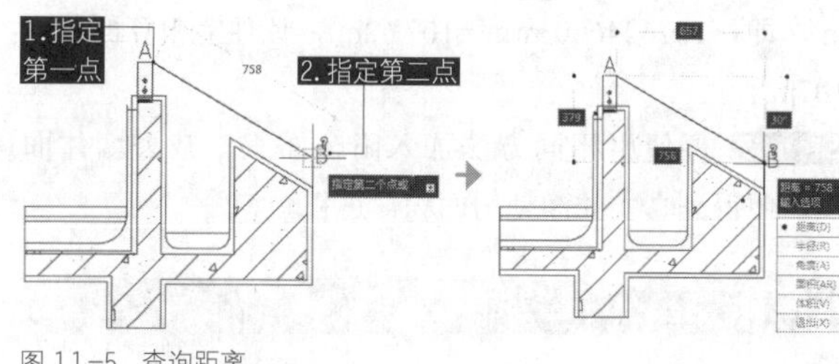

图 11-5 查询距离

## 11.2.2 查询半径

查询半径命令主要用来查询指定圆以及圆弧的半径值。

**·执行方式**

在AutoCAD 2016中调用该命令的常用方法如下。

◆功能区：单击【实用工具】面板上的【半径】工具按钮。

◆菜单栏：执行【工具】|【查询】|【半径】命令。

◆命令行：MEASUREGEOM。

**·操作步骤**

执行上述任一命令后，选择图形中的圆或圆弧，即可在命令行中显示其半径数值，如图 11-6 所示。

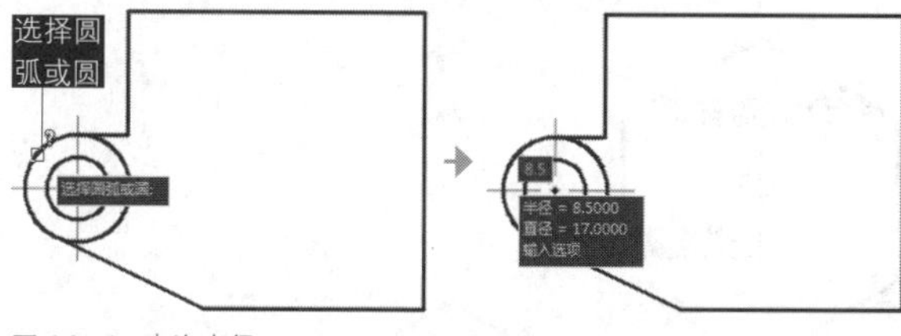

图 11-6 查询半径

## 11.2.3 查询角度

查询【角度】命令用于查询指定线段之间的角度大小。

**·执行方式**

在AutoCAD 2016中调用该命令的常用方法如下。

◆功能区：单击【实用工具】面板上的【角度】工具按钮。

◆菜单栏：执行【工具】|【查询】|【角度】命令。

◆命令行：MEASUREGEOM。

**·操作步骤**

执行上述任一命令后，单击逐步选择构成角度的两条线段或角度顶点，即可在命令行中显示其角度数值，如图 11-7 所示。

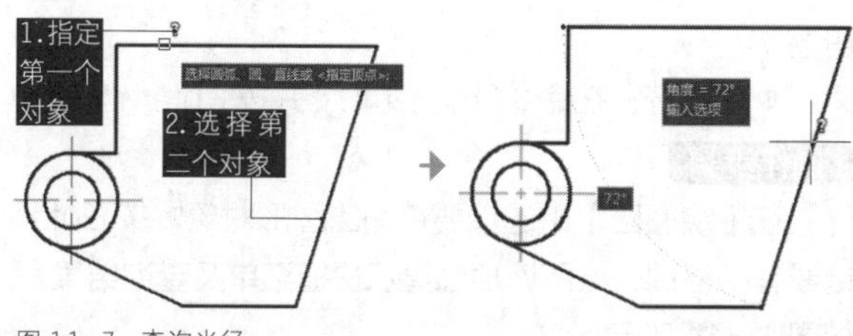

图 11-7 查询半径

## 11.2.4 查询面积及周长 ★重点★

查询【面积】命令用于查询对象面积和周长值，同时还可以对面积及周长进行加减运算。

**·执行方式**

在AutoCAD 2016中调用该命令的常用方法如下。

◆功能区：单击【实用工具】面板上的【面积】工具按钮。

◆菜单栏：执行【工具】|【查询】|【面积】命令。

◆命令行：AREA 或 AA。

**·操作步骤**

执行上述任一命令后，命令行提示如下。

指定第一个角点或 [对象(O)/增加面积(A)/减少面积(S)/退出(X)] <对象(O)>:

在【绘图区】中选择查询的图形对象，或用鼠标划定需要查询的区域后，按 Enter 键或者空格键，绘图区显示快捷菜单，以及查询结果，如图 11-8 所示。

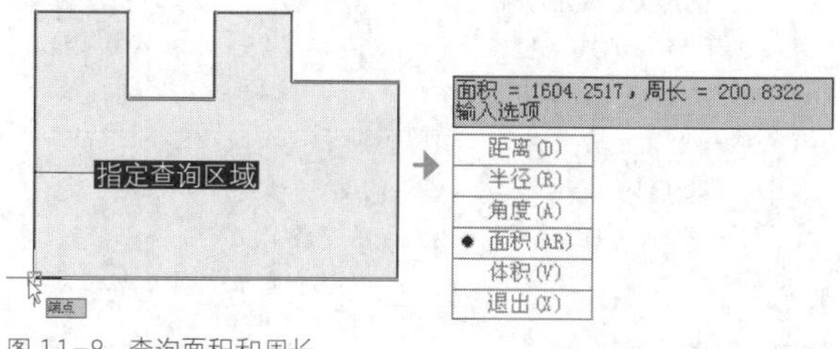

图 11-8 查询面积和周长

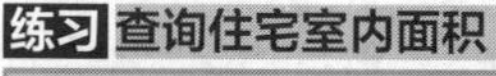

**练习 查询住宅室内面积**

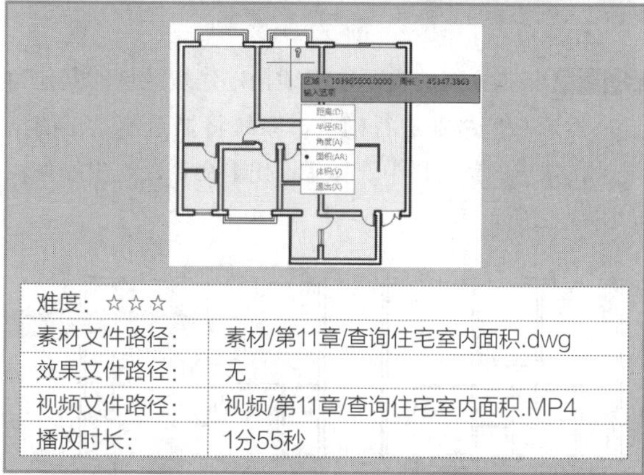

| 难度：☆☆☆ | |
|---|---|
| 素材文件路径： | 素材/第11章/查询住宅室内面积.dwg |
| 效果文件路径： | 无 |
| 视频文件路径： | 视频/第11章/查询住宅室内面积.MP4 |
| 播放时长： | 1分55秒 |

**Step 01** 使用AutoCAD绘制好室内平面图后，自然就可以通过查询方法来获取室内面积。对于时下的购房者来说，室内面积无疑是一个很重要的考虑因素，计算住宅使用面积，可以比较直观地反映住宅的使用状况，但在住宅买卖中一般不采用使用面积来计算价格。即室内面积减去墙体面积，也就是屋中的净使用面积。

**Step 02** 单击【快速访问】工具栏中的【打开】按钮，打开配套资源中提供的“第11章/查询住宅室内面积.dwg”素材文件，如图11-9所示。

**Step 03** 在【默认】选项卡中，单击【实用工具】面板中的【面积】工具按钮，当系统提示“指定第一个角点或 [对象(O)/增加面积(A)/减少面积(S)/退出(X)] <对象(O)>：”时，指定建筑区域的第一个角点，如图11-10所示。

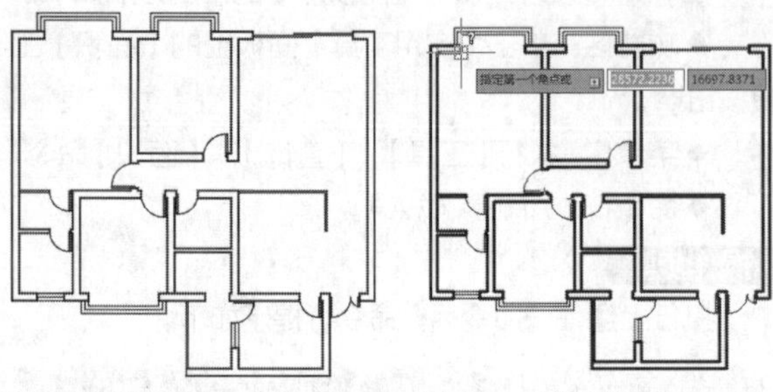

图 11-9　打开素材　　图 11-10　指定第一点

**Step 04** 当系统提示“指定下一个点或 [圆弧(A)/长度(L)/放弃(U)]：”时，指定建筑区域的下一个角点，如图11-11所示。其命令行提示如下。

```
命令: _MEASUREGEOM                        //调用【查询面积】命令
输入选项 [距离(D)/半径(R)/角度(A)/面积(AR)/体积(V)] <距离>: _area
指定第一个角点或 [对象(O)/增加面积(A)/减少面积(S)/退出(X)] <对象(O)>:          //指定第一个角点
指定下一个点或 [圆弧(A)/长度(L)/放弃(U)]:
                                          //指定另一个角点
……
指定下一个点或 [圆弧(A)/长度(L)/放弃(U)/总计(T)] <总计>:
区域 = 107624600.0000，周长 = 48780.8332
                                          //查询结果
```

**Step 05** 根据系统的提示，继续指定建筑区域的其他角点，然后按空格键进行确认，系统将显示测量出的结果，在弹出的菜单栏中选择【退出】命令，退出操作，如图11-12所示。

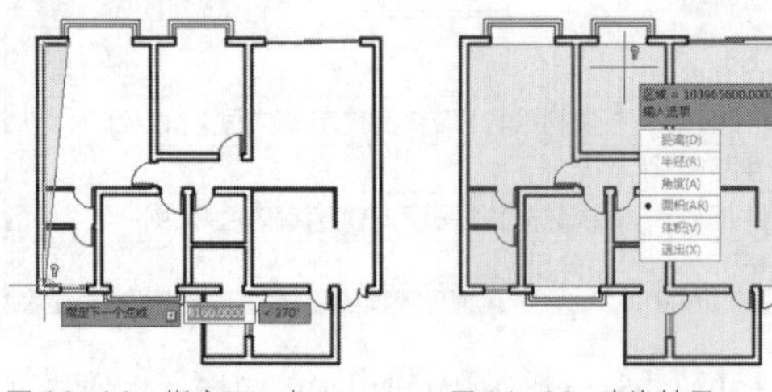

图 11-11　指定下一点　　图 11-12　查询结果

> **设计点拨**
>
> 在建筑实例中，平面图的单位为mm。因此，这里查询得到的结果，周长的单位为mm；面积的单位为$mm^2$。而$1mm^2 = 0.000001m^2$。

**Step 06** 命令行中的“区域”即为所查得的面积，而AutoCAD默认的面积单位为$mm^2$，因此需转换为常用的$m^2$，即：107624600 $mm^2$=107.62$m^2$，该住宅粗算面积为107$m^2$。

**Step 07** 再使用相同方法加入阳台面积、减去墙体面积，便得到真实的净使用面积，过程略。

## 11.2.5 查询点坐标

使用点坐标查询命令 ID，可以查询某点在绝对坐标系中的坐标值。

**·执行方式**

在 AutoCAD 2016 中调用该命令的方法如下。

◆功能区：单击【实用工具】面板【点坐标】工具按钮。

◆工具栏：单击【查询】工具栏【点坐标】按钮。

◆菜单栏：执行【工具】|【查询】|【点坐标】命令。

◆命令行：ID。

**·操作步骤**

执行命令时，只需用对象捕捉的方法确定某个点的位置，即可自动计算该点的 *X*、*Y* 和 *Z* 坐标，如图 11-13 所示。在二维绘图中，*Z* 坐标一般为 0。

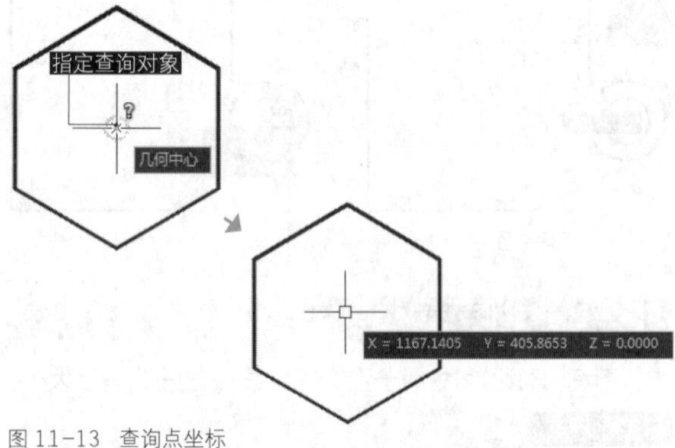


图 11-13　查询点坐标

## 11.2.6 列表查询

列表查询可以将所选对象的图层、长度、边界坐标等信息在 AutoCAD 文本窗口中列出。

**·执行方式**

调用【列表】查询命令有以下几种方法。

◆菜单栏：选择【工具】|【查询】|【列表】命令。

◆工具栏：单击【查询】工具栏【点坐标】按钮。

◆工具栏：单击【查询】工具栏上的【列表】按钮。

◆命令行：在命令行输入 LIST 并按 Enter 键。

**·操作步骤**

在【绘图区】中选择要查询的图形对象，按 Enter 键或者空格键，绘图区便会显示快捷菜单及查询结果，如图 11-14 所示。

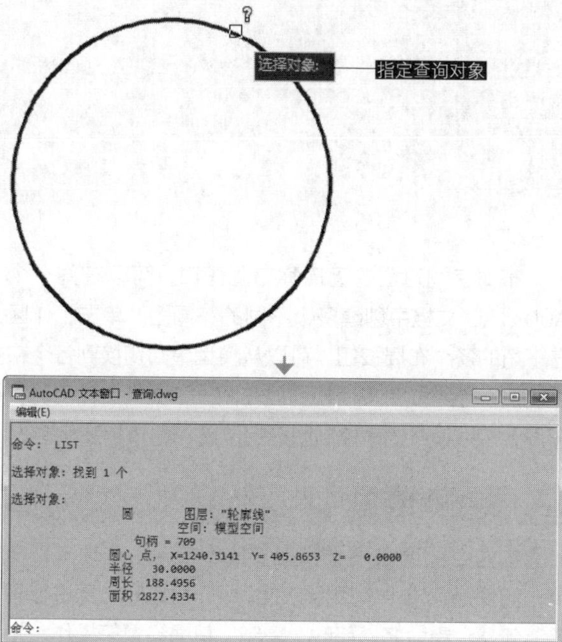

图11-14 列表查询图形对象

# 第 12 章 图形打印和输出

当完成所有的设计和制图工作之后，就需要将图形文件通过绘图仪或打印输出为图样。本章主要讲述 AutoCAD 出图过程中涉及的一些问题，包括模型空间与图样空间的转换、打印样式、打印比例设置等。

## 12.1 模型空间与布局空间

模型空间和布局空间是 AutoCAD 的两个功能不同的工作空间，单击绘图区下面的标签页，可以在模型空间和布局空间切换，一个打开的文件中只有一个模型空间和两个默认的布局空间，用户也可创建更多的布局空间。

### 12.1.1 模型空间

模型空间是设计者将自己的设计构思绘制成工程图形的空间。模型空间为用户提供了一个广阔的绘图区域，在模型空间中可以按 1:1 的比例绘图，可以确定一个绘图单位表示的是 1 毫米还是 1 英寸，或者是其他常用单位。在模型空间，用户不需要考虑绘图空间是否足够大，只需要考虑图形的正确绘制。如图 12-1 所示是在模型空间绘制的图纸。

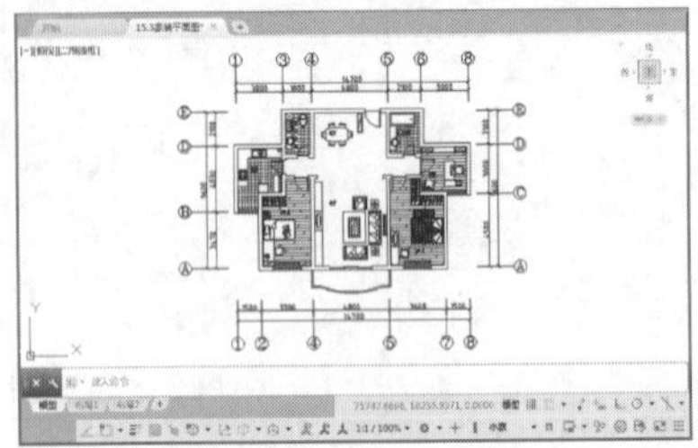

图 12-1　图纸模型空间

### 12.1.2 布局空间

图纸空间是用来将图形表达到图纸上的，模拟图纸。在进行出图时提供打印设置。图纸空间侧重于图纸的布局，图纸空间又称为“布局”。如图 12-2 所示是在图纸空间布局的图纸。

通常情况下，要考虑图纸如何布局。在图纸空间中将模型空间的图形以不同比例的视图进行搭配，再添加一些文字注释，从而形成完整的图形，直至最终输出。

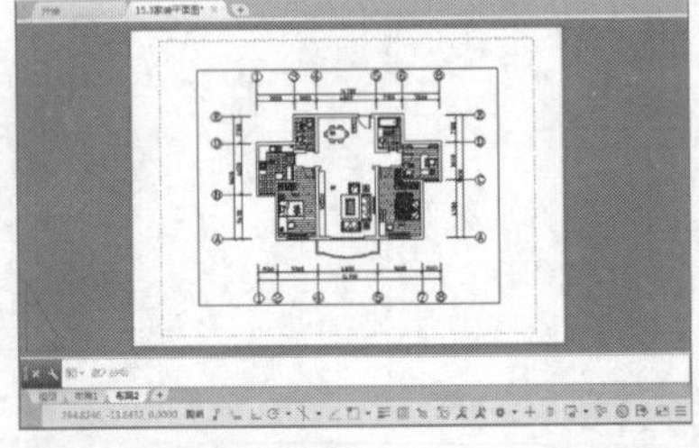

图 12-2　图纸布局空间

布局空间对应的窗口称布局窗口，可以在同一个 AutoCAD 文档中创建多个不同的布局图，单击工作区左下角的各个布局按钮，可以从模型窗口切换到各个布局窗口，当需要将多个视图放在同一张图样上输出时，布局就可以很方便地控制图形的位置，输出比例等参数。

### 12.1.3 空间管理

右击绘图窗口下【模型】或【布局】选项卡，在弹出的快捷菜单中选择相应的命令，可以对布局进行删除、新建、重命名、移动、复制、页面设置等操作，如图 12-3 所示。

**1 空间的切换**

在模型中绘制完图样后，若需要进行布局打印，可单击绘图区左下角的布局空间选项卡，即【布局 1】和【布局 2】进入布局空间，对图样打印输出的布局效果进行设置。设置完毕后，单击【模型】选项卡即可返回到模型空间，如图 12-4 所示。

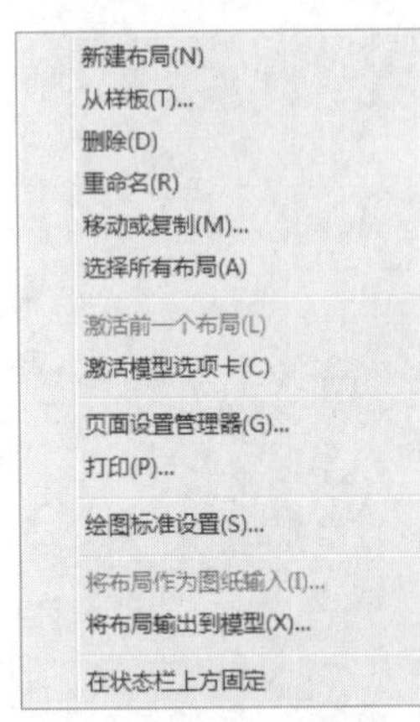


图 12-3　【布局】快捷菜单

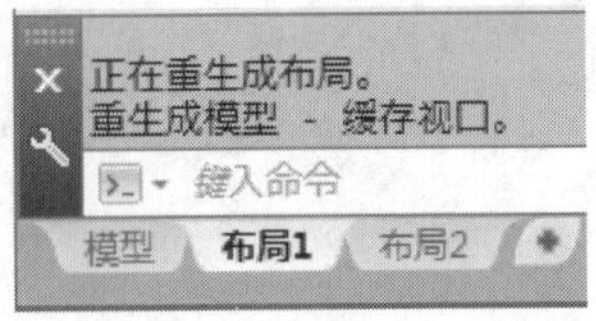


图 12-4　空间切换

**2 创建新布局**

布局是一种图纸空间环境，它模拟显示图纸页面，提供直观的打印设置，主要用来控制图形的输出，布局中所显示的图形与图纸页面上打印出来的图形完全一样。

**·执行方式**

调用【创建布局】的方法如下。

◆菜单栏：执行【工具】|【向导】|【创建布局】命令，如图 12-5 所示。

◆命令行：在命令行中输入 LAYOUT。

◆功能区：在【布局】选项卡中，单击【布局】面板中的【新建】按钮，如图 12-6 所示。

◆快捷方式：右击绘图窗口下的【模型】或【布局】选项卡，在弹出的快捷菜单中，选择【新建布局】命令。

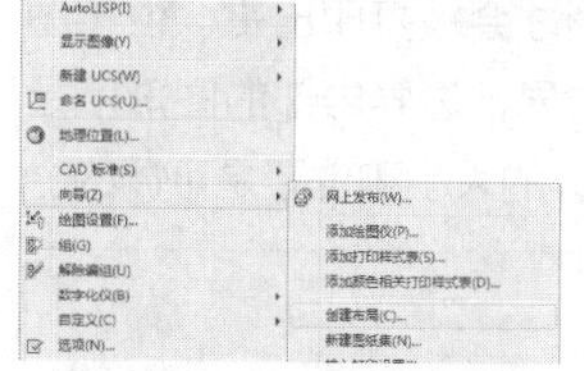

图 12-5 【菜单栏】调用【创建布局】命令

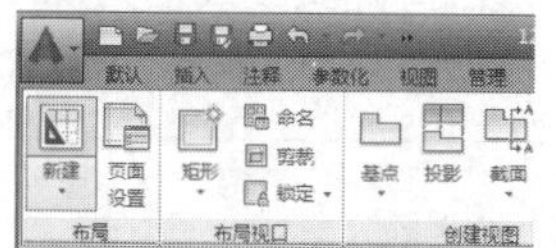

图 12-6 【功能区】调用【新建布局】命令

**·操作步骤**

【创建布局】的操作过程与新建文件相差无几，同样可以通过功能区中的选项卡来完成。下面便通过一个具体案例来进行说明。

**练习 12-1 创建新布局**

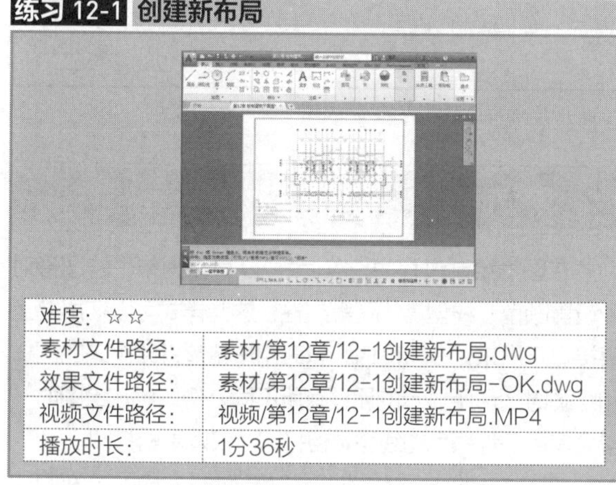

| 难度：☆☆ | |
|---|---|
| 素材文件路径： | 素材/第12章/12-1创建新布局.dwg |
| 效果文件路径： | 素材/第12章/12-1创建新布局-OK.dwg |
| 视频文件路径： | 视频/第12章/12-1创建新布局.MP4 |
| 播放时长： | 1分36秒 |

创建布局并重命名为合适的名称，可以起到快速浏览文件的作用，也能快速定位至需要打印的图纸，如立面图、平面图等。

**Step 01** 单击【快速访问】工具栏中的【打开】按钮，打开“第12章/12-1创建新布局.dwg”，如图12-7所示是【布局1】窗口显示界面。

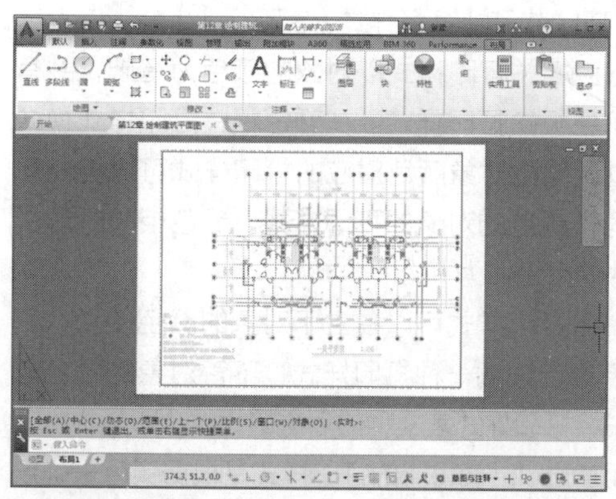

图 12-7 打开素材

**Step 02** 在【布局】选项卡中，单击【布局】面板中的【新建】按钮，新建名为【立面图布局】的布局，命令行提示如下。

```
命令: _LAYOUT
输入布局选项 [复制(C)/删除(D)/新建(N)/样板(T)/重命名(R)/另存为(SA)/设置(S)/?] <设置>: _new
输入新布局名 <布局3>: 一层平面图
```

**Step 03** 完成布局的创建，选择【一层平面图】选项卡，切换至系统图空间，效果如图12-8所示。

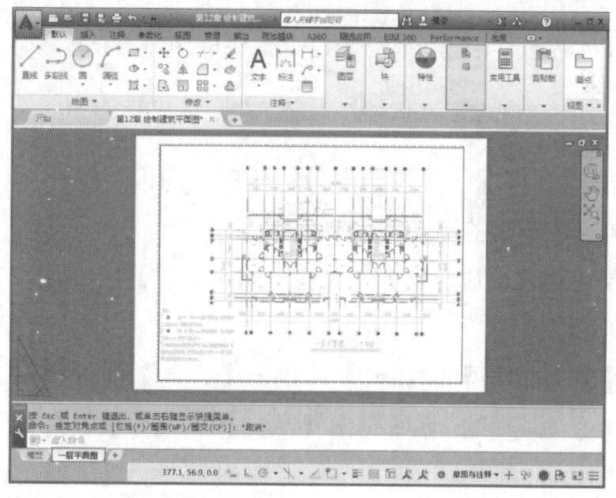

图 12-8 系统图空间

### 3 插入样板布局

在 AutoCAD 中，提供了多种样板布局供用户使用。

**·执行方式**

其创建方法如下。

◆菜单栏：执行【插入】|【布局】|【来自样式的布局】命令，如图 12-9 所示。

◆功能区：在【布局】选项卡中，单击【布局】面板中的【从样板】按钮，如图 12-10 所示。

◆快捷方式：右击绘图窗口左下方的布局选项卡，在弹出的快捷菜单中选择【来自样板】命令。

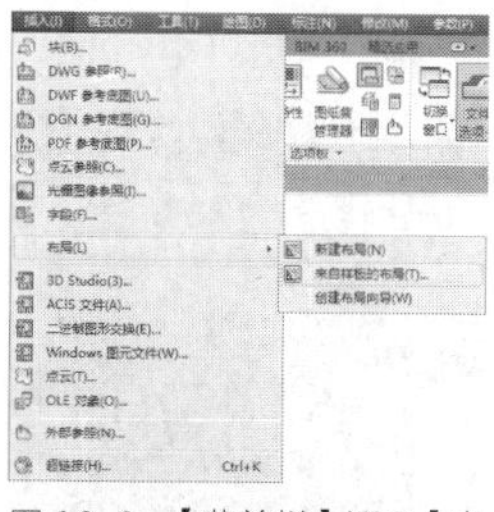

图 12-9 【菜单栏】调用【来自样板的布局】命令

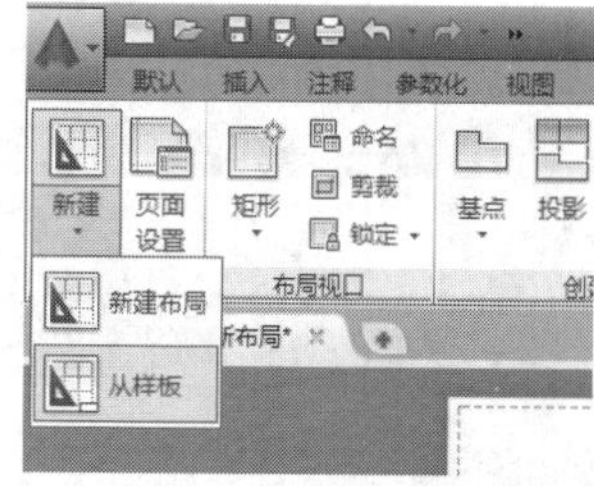


图 12-10 【功能区】调用【新建布局】命令

**·操作步骤**

执行上述命令后，系将弹出【从文件选择样板】对话框，可以在其中选择需要的样板创建布局。

**练习 12-2 插入样板布局**

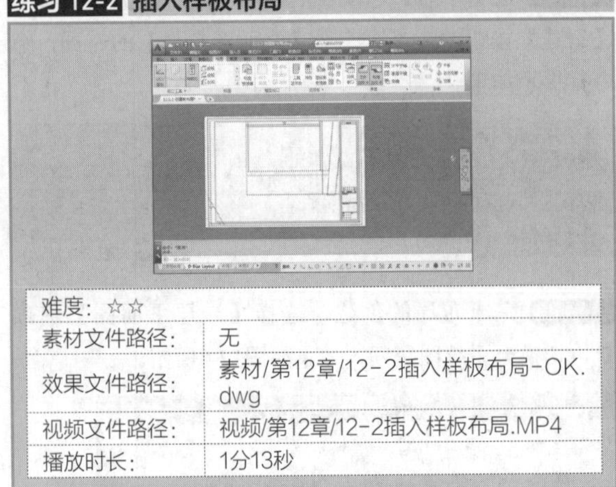

| 难度：☆☆ | |
|---|---|
| 素材文件路径： | 无 |
| 效果文件路径： | 素材/第12章/12-2插入样板布局-OK.dwg |
| 视频文件路径： | 视频/第12章/12-2插入样板布局.MP4 |
| 播放时长： | 1分13秒 |

如果需要将图纸发送至国外的客户，可以尽量采用AutoCAD中自带的英制或公制模版。

**Step 01** 单击【快速访问】工具栏中的【新建】按钮，新建空白文件。

**Step 02** 在【布局】选项卡中，单击【布局】面板中的【从样板】按钮，系统弹出【从文件选择样板】对话框，如图12-11所示。

**Step 03** 选择【Tutorial-iArch】样板，单击【打开】按钮，系统弹出【插入布局】对话框，如图12-12所示，选择布局名称后单击【确定】按钮。

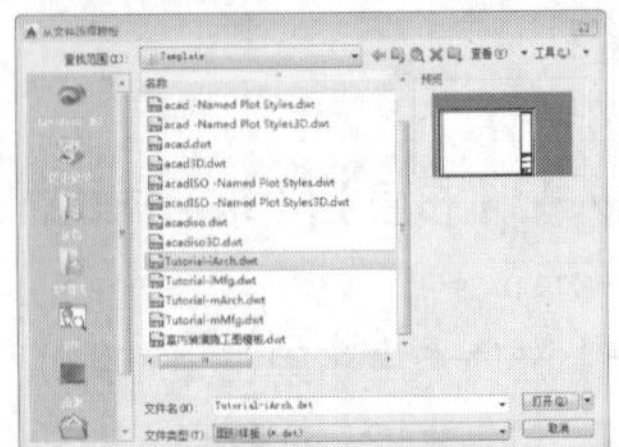

图 12-11 【从文件选择样板】对话框

图 12-12 【插入布局】对话框

**Step 04** 完成样板布局的插入，切换至新创建的【D-Size Layout】布局空间，效果如图12-13所示。

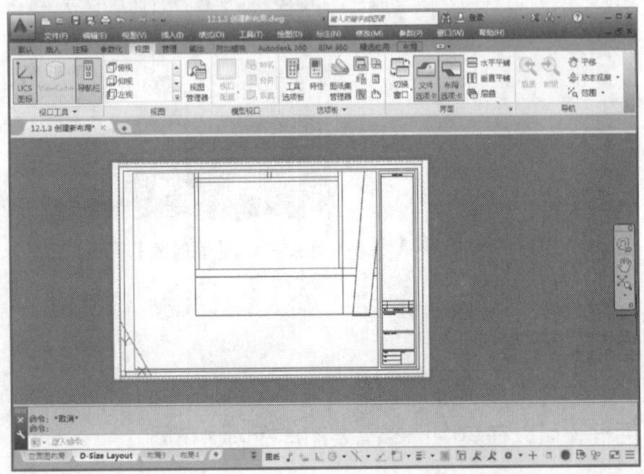

图 12-13 布局空间

**4 布局的组成**

布局图中通常存在 3 个边界，如图 12-14 所示，最外层的是纸张边界，是在【纸张设置】中的纸张类型和打印方向确定的。靠里面的是一个虚线线框打印边界，其作用就好像 Word 文档中的页边距一样，只有位于打印边界内部的图形才会被打印出来。位于图形四周的实线线框为视口边界，边界内部的图形就是模型空间中的模型，视口边界的大小和位置是可调的。

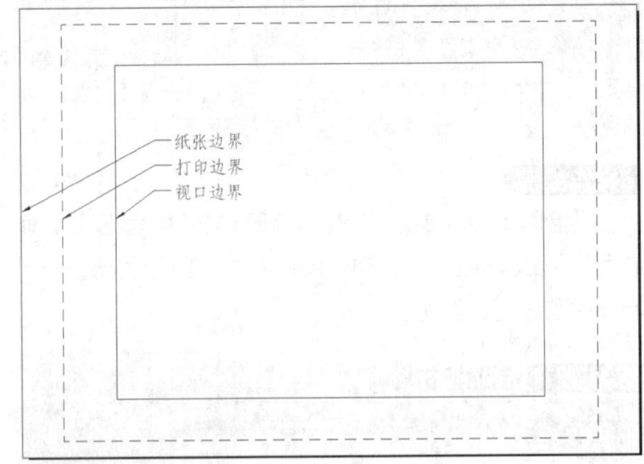


图 12-14 布局的组成

## 12.2 打印样式

在图形绘制过程中，AutoCAD 可以为单个的图形对象设置颜色、线型、线宽等属性，这些样式可以在屏幕上直接显示出来。在出图时，有时用户希望打印出来的图样和绘图时图形所显示的属性有所不同，例如，在绘图时一般会使用各种颜色的线型，但打印时仅以黑白打印。

打印样式的作用就是在打印时修改图形外观。每种打印样式都有其样式特性，包括端点、连接、填充图案，以及抖动、灰度等打印效果。打印样式特性的定义都以打印样式表文件的形式保存在 AutoCAD 的支持文件搜索路径下。

### 12.2.1 打印样式的类型

AutoCAD 中有两种类型的打印样式：【颜色相关样式（CTB）】和【命名样式（STB）】。

◆颜色相关打印样式以对象的颜色为基础，共有 255 种颜色相关打印样式。在颜色相关打印样式模式下，通过调整与对象颜色对应的打印样式可以控制所有具有同种颜色的对象的打印方式。颜色相关打印样式表文件的后缀名为“.ctb”。

◆命名打印样式可以独立于对象的颜色使用，可以给对象指定任意一种打印样式，不管对象的颜色是什么。命名打印样式表文件的后缀名为“.stb”。

简而言之，“.ctb”的打印样式是根据颜色来确定线宽的，同一种颜色只能对应一种线宽；而“.stb”则是根据对象的特性或名称来指定线宽的，同一种颜色打印出来可以有两种不同的线宽，因为它们的对象可能不一样。

## 12.2.2 打印样式的设置

使用打印样式可以多方面控制对象的打印方式，打印样式属于对象的一种特性，它用于修改打印图形的外观。用户可以设置打印样式来代替其他对象原有的颜色、线型和线宽等特性。在同一个 AutoCAD 图形文件中，不允许同时使用两种不同的打印样式类型，但允许使用同一类型的多个打印样式。例如，若当前文档使用命名打印样式时，图层特性管理器中的【打印样式】属性项是不可用的，因为该属性只能用于设置颜色打印样式。

**• 执行方式**

设置【打印样式】的方法如下。

◆ 菜单栏：执行【文件】|【打印样式管理器】命令。

◆ 命令行：在命令行中输入 STYLESMANAGER。

**• 操作步骤**

执行上述任一命令后，系统自动弹出如图 12-15 所示对话框。所有 CTB 和 STB 打印样式表文件都保存在这个对话框中。

双击【添加打印样式表向导】文件，可以根据对话框提示逐步创建新的打印样式表文件。将打印样式附加到相应的布局图，就可以按照打印样式的定义进行打印了。

图 12-15 【打印样式管理器】对话框

**• 选项说明**

在系统盘的 AutoCAD 存储目录下，可以打开如图 12-15【Plot Styles】文件夹，其中便存放着 AutoCAD 自带的 10 种打印样式（.ctp），各打印样式含义说明如下。

◆ acad.ctp：默认的打印样式表，所有打印设置均为初始值。

◆ fillPatterns.ctb：设置前 9 种颜色使用前 9 个填充图案，所有其他颜色使用对象的填充图案。

◆ grayscale.ctb：打印时将所有颜色转换为灰度。

◆ monochrome.ctb：将所有颜色打印为黑色。

◆ screening 100%.ctb：对所有颜色使用 100% 墨水。

◆ screening 75%.ctb：对所有颜色使用 75% 墨水。

◆ screening 50%.ctb：对所有颜色使用 50% 墨水。

◆ screening 25%.ctb：对所有颜色使用 25% 墨水。

**练习 12-3 添加颜色打印样式**

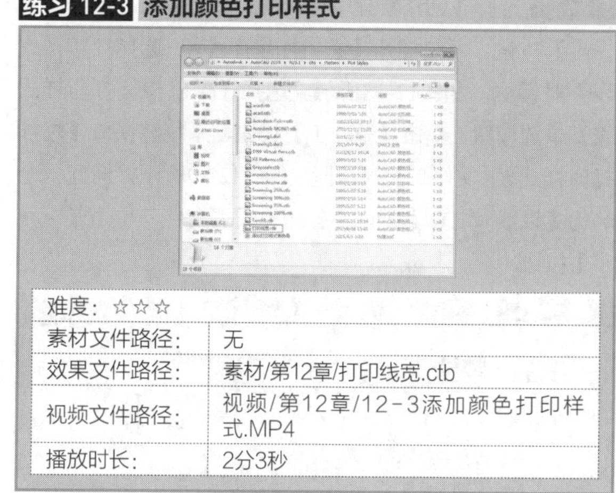

| 难度：☆☆☆ | |
|---|---|
| 素材文件路径： | 无 |
| 效果文件路径： | 素材/第12章/打印线宽.ctb |
| 视频文件路径： | 视频/第12章/12-3添加颜色打印样式.MP4 |
| 播放时长： | 2分3秒 |

使用颜色打印样式可以通过图形的颜色设置不同的打印宽度、颜色、线型等打印外观。

**Step 01** 单击【快速访问】工具栏中的【新建】按钮，新建空白文件。

**Step 02** 执行【文件】|【打印样式管理器】菜单命令，系统自动弹出如图12-16所示对话框，双击【添加打印样式表向导】图标，系统弹出【添加打印样式表】对话框，如所示，单击【下一步】按钮，系统转换成【添加打印样式表 — 开始】对话框，如图12-17所示。

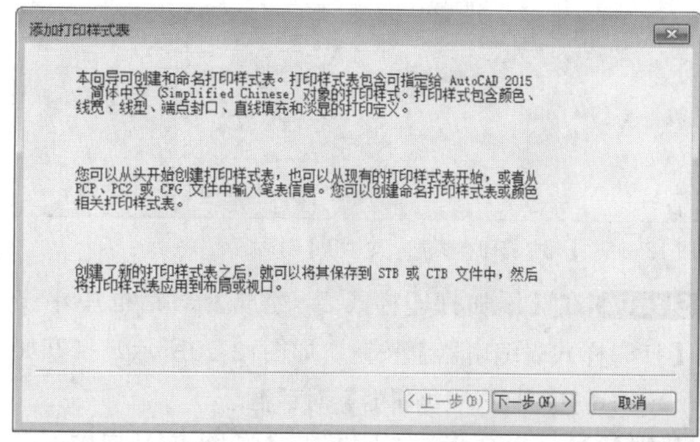


图 12-16 【添加打印样式表】对话框

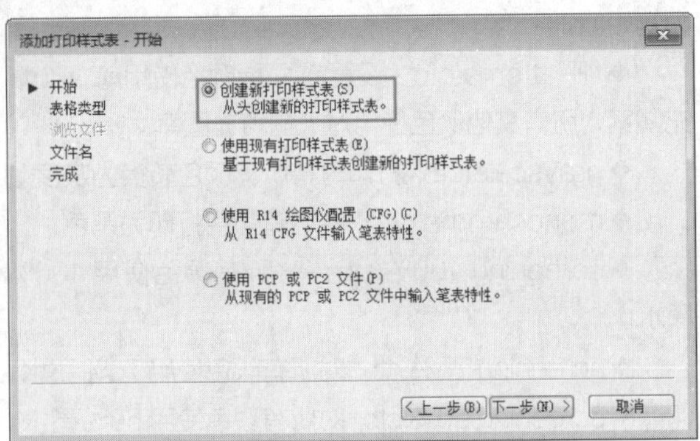
图 12-17 【添加打印样式表－开始】对话框

**Step 03** 选择【创建新打印样式表】单选按钮，单击【下一步】按钮，系统打开【添加打印样式表-选择打印样式表】对话框，如图12-18所示，选择【颜色相关打印样式表】单选按钮，单击【下一步】按钮，系统转换成【添加打印样式表-文件名】对话框，如图12-19所示，新建一个名为【以线宽打印】的颜色打印样式表文件，单击【下一步】按钮。

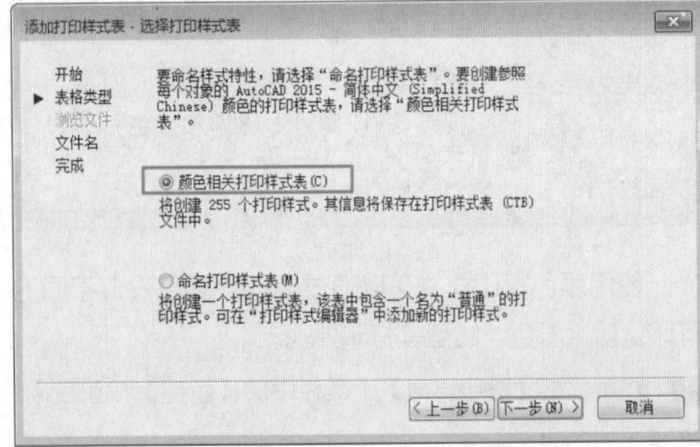
图 12-18 【添加打印样式表－选择打印样式表】对话框

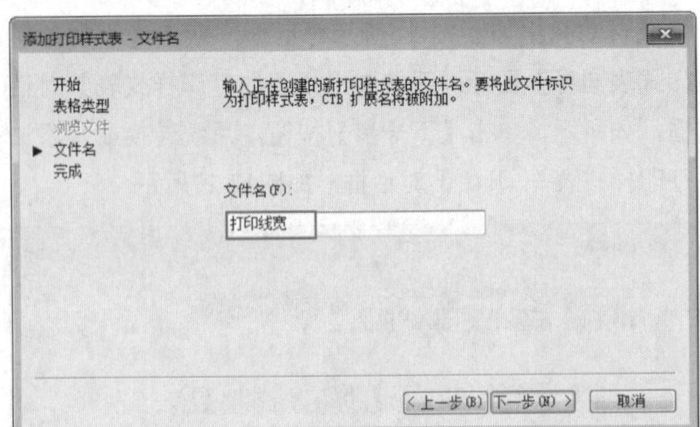
图 12-19 【添加打印样式表－文件名】对话框

**Step 04** 在【添加打印样式表-完成】对话框中单击【打印样式表编辑器】按钮，如图12-20所示，打开如所示的【打印样式表编辑器】对话框。

**Step 05** 在【打印样式表编辑器-打印线度】列表框中选择【颜色1】，单击【表格视图】选项卡中【特性】选项组的【颜色】下拉列表框中选择黑色，【线宽】下拉列表框中选择线宽0.3000mm，如图12-21所示。

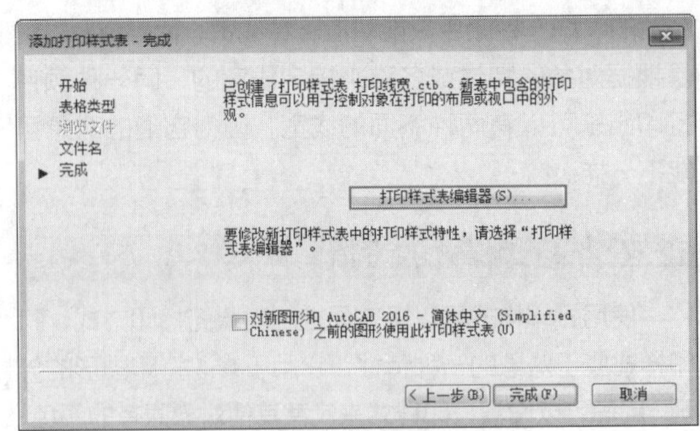
图 12-20 【添加打印样式表－完成】对话框

图 12-21 【打印样式表编辑器－打印线度】对话框

**操作技巧**

黑白打印机常用灰度区分不同的颜色，使得图样比较模糊。可以在【打印样式表编辑器-打印线度】对话框的【颜色】下拉列表框中将所有颜色的打印样式设置为“黑色”，以得到清晰的出图效果。

**Step 06** 单击【保存并关闭】按钮，这样所有用【颜色1】的图形打印时都将以线宽0.3000mm来出图，设置完成后，再选择【文件】|【打印样式管理器】，在打开的对话框中，【打印线宽】就出现在该对话框中，如图12-22所示。

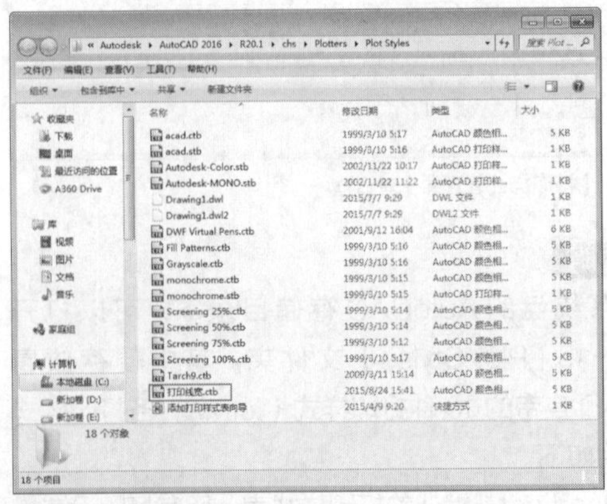
图 12-22 【打印线度】对话框

## 练习 12-4 添加命名打印样式

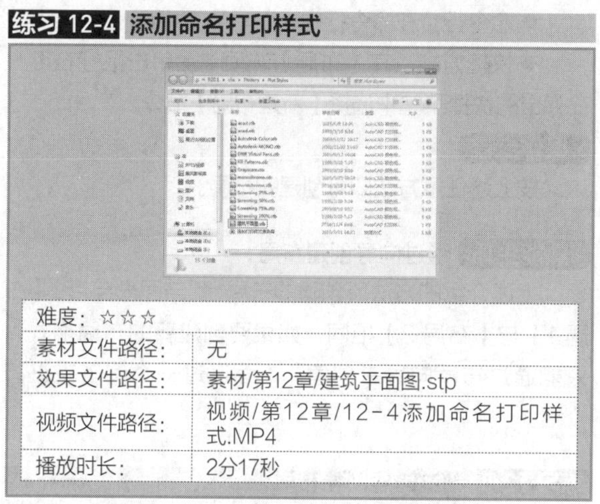

| 难度：☆☆☆ | |
|---|---|
| 素材文件路径： | 无 |
| 效果文件路径： | 素材/第12章/建筑平面图.stp |
| 视频文件路径： | 视频/第12章/12-4添加命名打印样式.MP4 |
| 播放时长： | 2分17秒 |

采用“.stb”打印样式类型，为不同的图层设置不同的命名打印样式。

**Step 01** 单击【快速访问】工具栏中的【新建】按钮，新建空白文件。

**Step 02** 执行【文件】|【打印样式管理器】菜单命令，单击系统弹出的对话框中的【添加打印样式表向导】图标，系统弹出【添加打印样式表】对话框，如图12-23所示。

**Step 03** 单击【下一步】按钮，打开【添加打印样式表-开始】对话框，选择【创建新打印样式表】单选按钮，如图12-24所示。

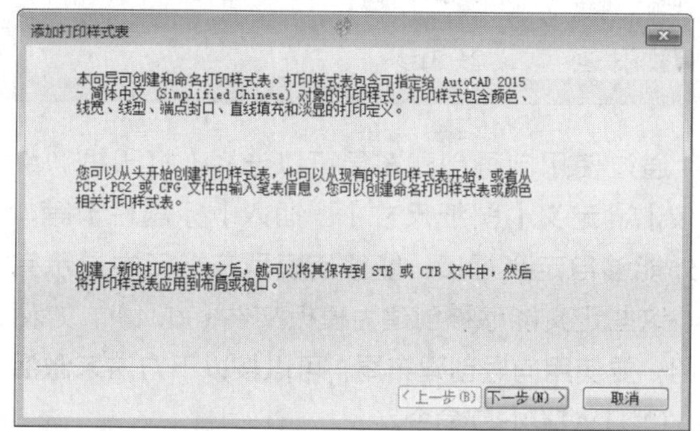


图 12-23 【添加打印样式表】对话框

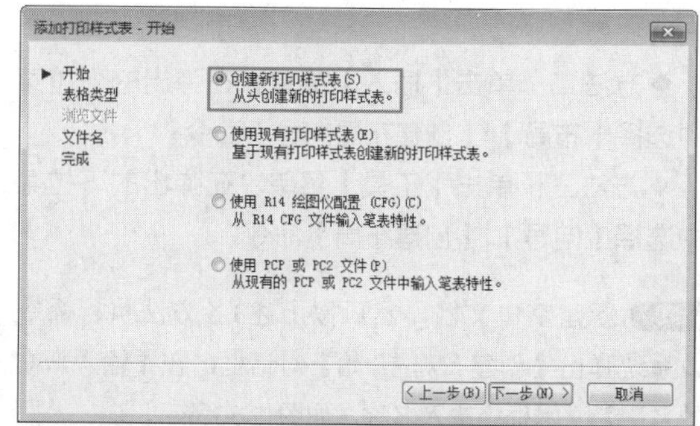


图 12-24 【添加打印样式表 - 开始】对话框

**Step 04** 单击【下一步】按钮，打开【添加打印样式表-选择打印样式表】对话框，单击【命名打印样式表】单选按钮，如图12-25所示。

**Step 05** 单击【下一步】按钮，系统打开【添加打印样式表-文件名】对话框，如图12-26所示，新建一个名为【建筑平面图】的命名打印样式表文件，单击【下一步】按钮。

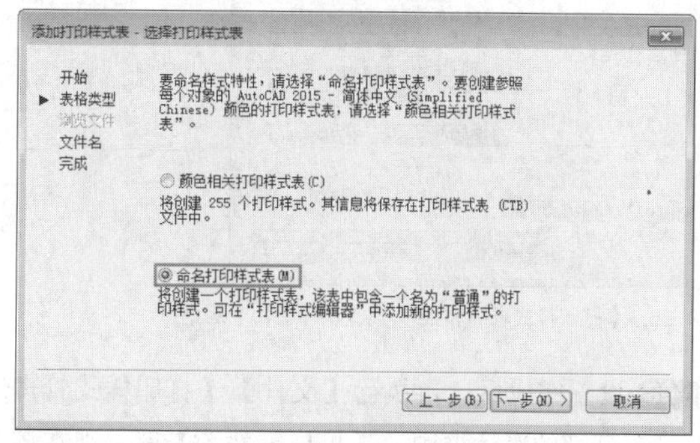


图 12-25 【添加打印样式表 - 选择打印样式表】对话框

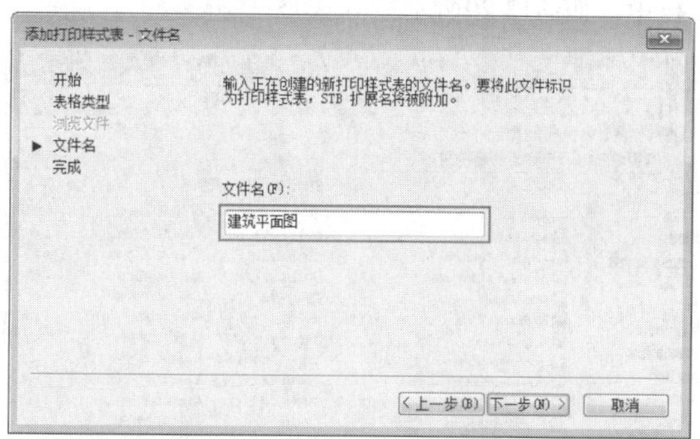


图 12-26 【添加打印样式表 - 文件名】对话框

**Step 06** 在【添加打印样式表-完成】对话框中单击【打印样式表编辑器】按钮，如图12-27所示。

**Step 07** 在打开的【打印样式表编辑器-机械零件图.stb】对话框中，在【表格视图】选项卡中，单击【添加样式】按钮，添加一个名为【粗实线】的打印样式，设置【颜色】为黑色，【线宽】为0.3mm。用同样的方法添加一个命名打印样式为【细实线】，设置【颜色】为黑色，【线宽】为0.1mm，【淡显】为30，如图12-28所示。设置完成后，单击【保存并关闭】按钮退出对话框。

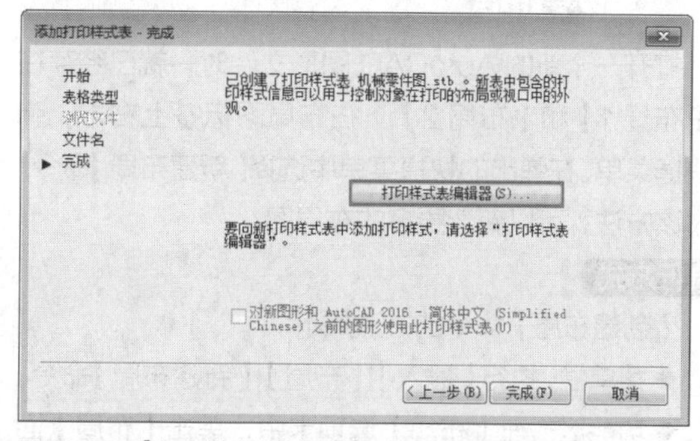


图 12-27 【打印样式表编辑器】对话框

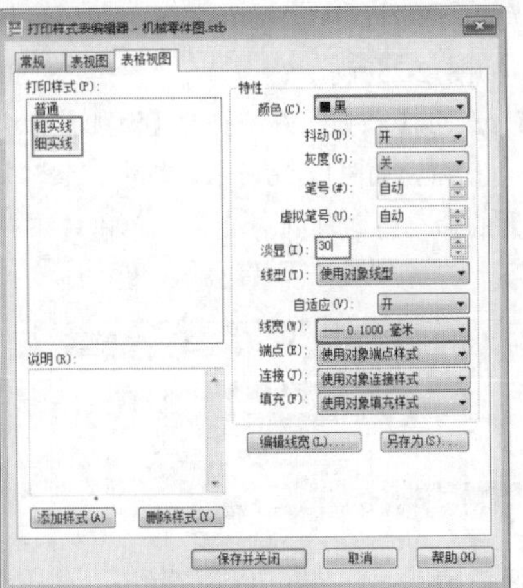
图 12-28 【打印样式表编辑器 - 机械零件 .stb】对话框

**Step 08** 设置完成后，再执行【文件】【打印样式管理器】，在打开的对话框中，【机械零件图】就出现在该对话框中，如图12-29所示。

图 12-29 添加打印样式结果

## 12.3 布局图样

在正式出图之前，需要在布局窗口中创建好布局图，并对绘图设备、打印样式、纸张、比例尺和视口等进行设置。布局图显示的效果就是图样打印的实际效果。

### 12.3.1 创建布局

打开一个新的 AutoCAD 图形文件时，就已经存在了【布局 1】和【布局 2】。在布局图标签上右击，弹出快捷菜单。在弹出的快捷菜单中选择【新建布局】命令，通过该方法，可以新建更多的布局图。

**•执行方式**

【创建布局】命令的方法如下。

◆菜单栏：执行【插入】|【布局】|【新建布局】命令。

◆功能区：在【布局】选项卡中，单击【布局】面板中的【新建】按钮。

◆命令行：在命令行中输入 LAYOUT。

◆快捷方式：在【布局】选项卡上单击鼠标右键，在弹出的快捷菜单中选择【新建布局】命令。

**•操作步骤**

按上述任意方法即可创建新布局。

**•熟能生巧 通过向导创建布局**

上述介绍的方法所创建的布局，都与图形自带的【布局 1】与【布局 2】相同，如果要创建新的布局格式，只能通过布局向导来创建。下面通过一个例子来进行介绍。

**练习 12-5 通过向导创建布局** ★进阶★

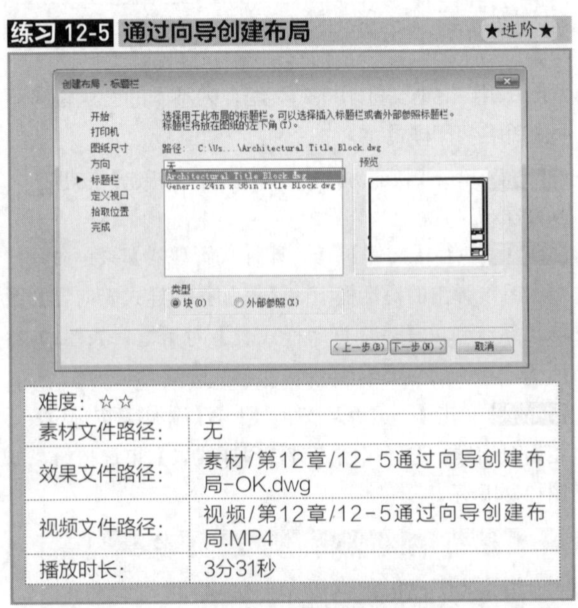

| 难度：☆☆ | |
|---|---|
| 素材文件路径： | 无 |
| 效果文件路径： | 素材/第12章/12-5通过向导创建布局-OK.dwg |
| 视频文件路径： | 视频/第12章/12-5通过向导创建布局.MP4 |
| 播放时长： | 3分31秒 |

通过使用向导创建布局可以选择【打印机 / 绘图仪】、定义【图纸尺寸】、插入【标题栏】等，其外能够自定义视口，能够使模型在视口中显示完整。这些定义能够被创建为模板文件（.dwt），方便调用。要使用向导创建布局，可以按以下方法来激活 LAYOUTWIZARD 命令。

◆方法一：在命令行中输入 LAYOUTWIZARD，按 Enter 键。

◆方法二：单击【插入】菜单，在弹出的下拉菜单中选择【布局】|【创建布局向导】命令。

◆方法三：单击【工具】菜单，在弹出的下拉菜单中选择【向导】|【创建布局】命令。

**Step 01** 新建空白文档，然后按上述3各方法执行命令后，系统弹出【创建布局-开始】对话框，在【输入新布局的名称】文本框中输入名称，如图12-30所示。

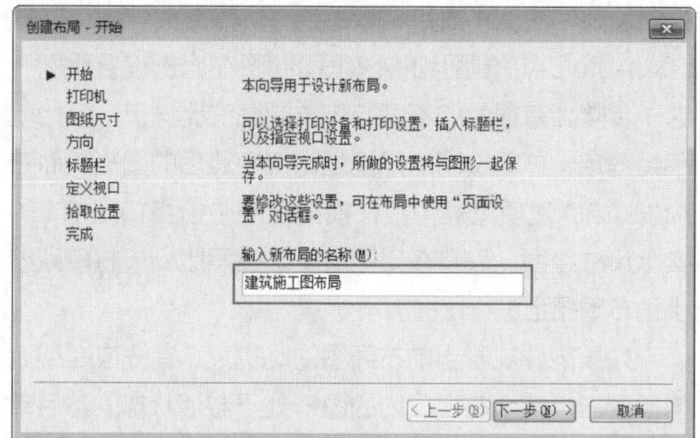

图 12-30 【创建布局 - 开始】对话框

**Step 02** 单击对话框的【下一步】按钮，系统跳转到【创建布局-打印机】对话框，在绘图仪列表中选择合适的选项，如图12-31所示。

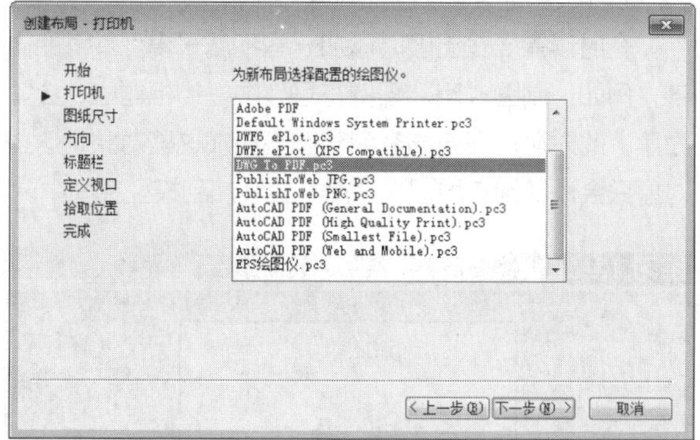

图 12-31 【创建布局 - 打印机】对话框

**Step 03** 单击对话框【下一步】按钮，系统跳转到【创建布局-图纸尺寸】对话框，在图纸尺寸下拉列表中选择合适的尺寸，尺寸根据实际图纸的大小来确定，这里选择A4图纸，如图12-32所示。并设置图形单位为【毫米】。

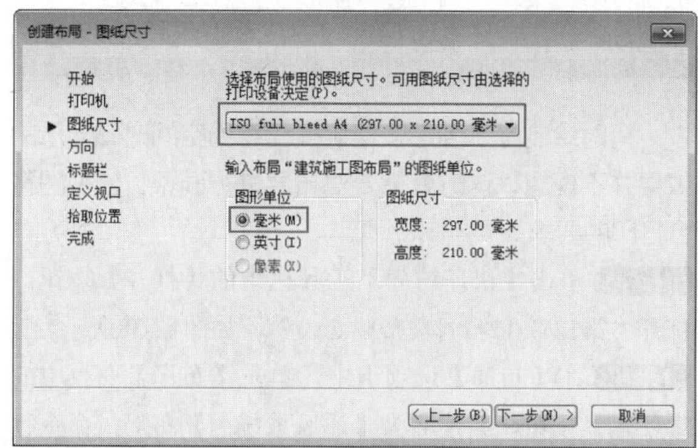

图 12-32 【创建布局 - 图纸尺寸】对话框

**Step 04** 单击对话框【下一步】按钮，系统跳转到【创建布局-方向】对话框，一般选择图形方向为【横向】，如图12-33所示。

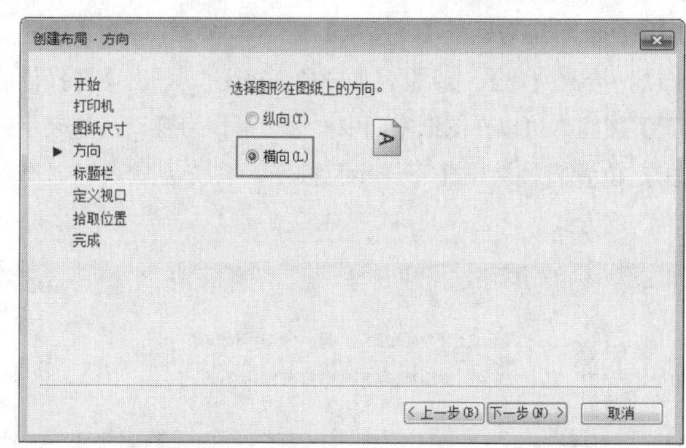

图 12-33 【创建布局 - 方向】对话框

**Step 05** 单击对话框【下一步】按钮，系统跳转到【创建布局-标题栏】对话框，如图 12-34所示，此处选择系统自带的国外版建筑图标题栏。

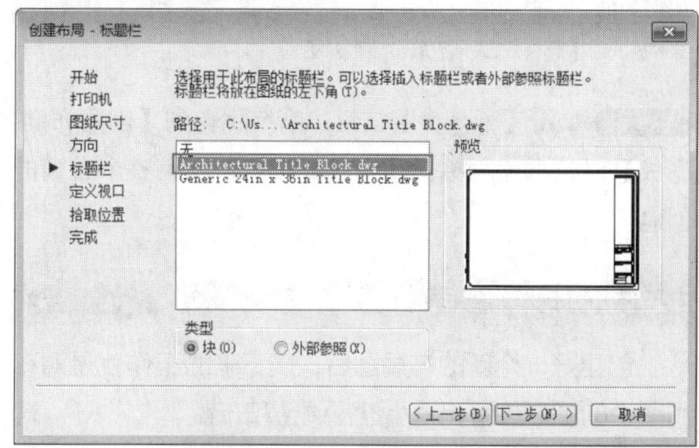

图 12-34 【创建布局 - 标题栏】对话框

**设计点拨**

*用户也可以自行创建标题栏文件，然后放至路径：C:\ Users\Administrator\AppData\Local\Autodesk\AutoCAD 2016\R20.1\chs\Template中。可以控制以图块或外部参照的方式创建布局。*

**Step 06** 单击对话框【下一步】按钮，系统跳转到【创建布局-定义视口】对话框，在【视口设置】选项框中可以设置4种不同的选项，如图12-35所示。这与【VPORTS】命令类似，在这里可以设置【阵列】视口，而在【视口】对话框中可以修改视图样式和视觉样式等。

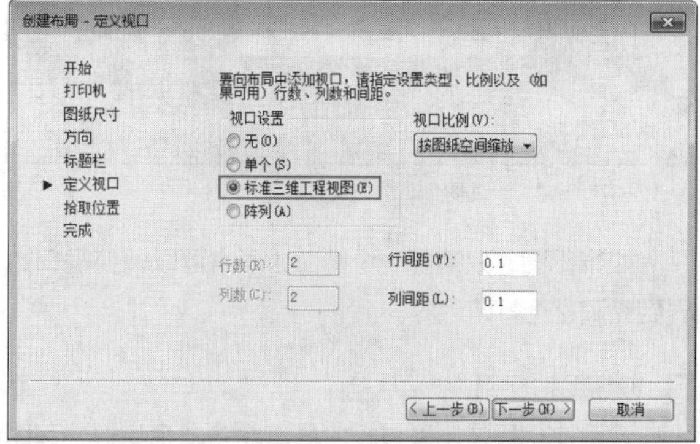

图 12-35 【创建布局 - 定义视口】对话框

**Step 07** 单击对话框【下一步】按钮，系统跳转到【创建布局-拾取位置】对话框，如图12-36所示。单击【选择位置】按钮，可以在图纸空间中框选矩形作为视口，如果不指定位置直接单击【下一步】按钮，系统会默认以“布满”的方式。

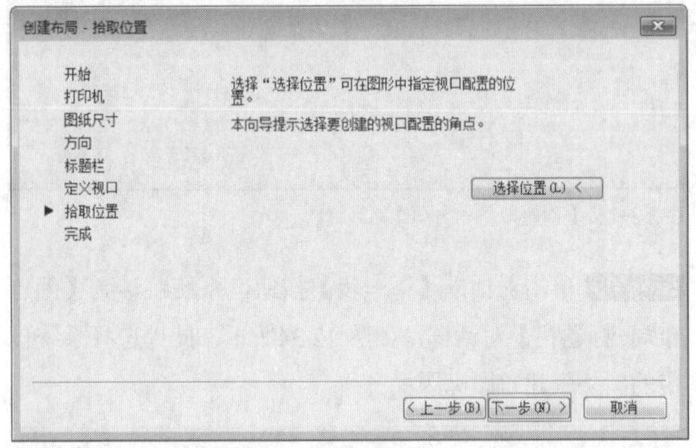


图 12-36 【创建布局 - 拾取位置】对话框

**Step 08** 单击【下一步】按钮，系统跳转到【创建布局-完成】对话框，再单击【完成】按钮，结束整个布局的创建。

## 12.3.2 调整布局 ★重点★

创建好一个新的布局图后，接下来的工作就是对布局图中的图形位置和大小进行调整和布置。

### 1 调整视口

视口的大小和位置是可以调整的，视口边界实际上是在图样空间中自动创建的一个矩形图形对象，单击视口边界，4 个角点上出现夹点，可以利用夹点拉伸的方法调整视口，如图 12-37 所示。

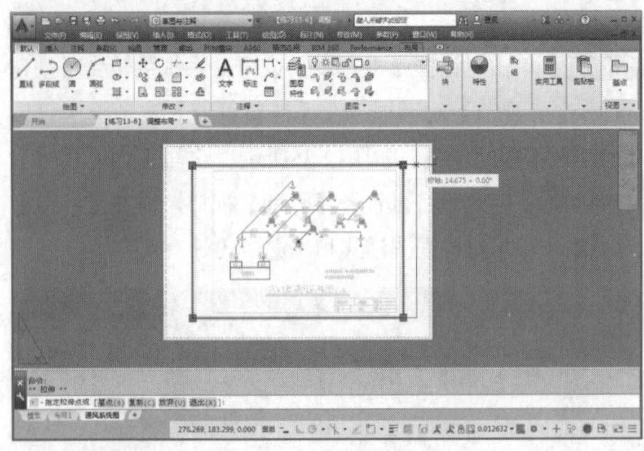

图 12-37 利用夹点调整视口

如果出图时只需要一个视口，通常可以调整视口边界到充满整个打印边界。

### 2 设置图形比例

设置比例尺是出图过程中最重要的一个步骤，该比例尺反映了图上距离和实际距离的换算关系。

AutoCAD 制图和传统纸面制图在比例设置比例尺这一步骤上有很大的不同。传统制图的比例尺一开始就已经确定，并且绘制的是经过比例换算后的图形。而在 AutoCAD 建模过程中，在模型空间中始终按照 1:1 的实际尺寸绘图。只有在出图时，才按照比例尺将模型缩小到布局图上进行出图。

如果需要观看当前布局图的比例尺，首先应在视口内部双击，使当前视口内的图形处于激活状态，然后单击工作区间右下角【图样】|【模型】切换开关，将视口切换到模式空间状态。然后打开【视口】工具栏。在该工具栏右边文本框中显示的数值，就是图样空间相对于模型空间的比例尺，同时也是出图时的最终比例。

### 3 在图样空间中增加图形对象

有时候需要在出图时添加一些不属于模型本身的内容，例如，制图说明、图例符号、图框、标题栏、会签栏等，此时可以在布局空间状态下添加这些对象，这些对象只会添加到布局图中，而不会添加到模型空间中。

**练习 12-6 调整布局**

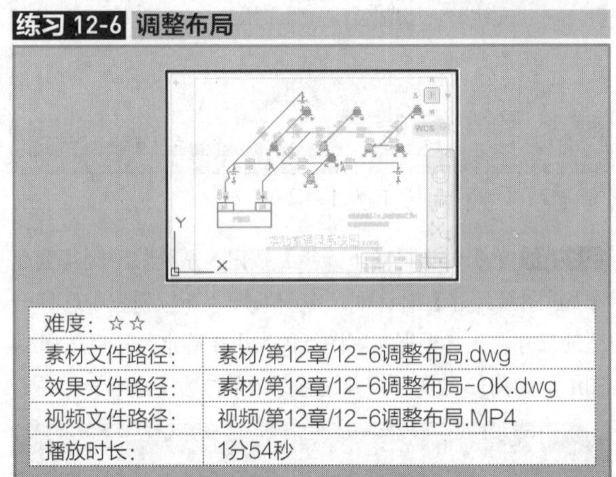

| 难度：☆☆ | |
|---|---|
| 素材文件路径： | 素材/第12章/12-6调整布局.dwg |
| 效果文件路径： | 素材/第12章/12-6调整布局-OK.dwg |
| 视频文件路径： | 视频/第12章/12-6调整布局.MP4 |
| 播放时长： | 1分54秒 |

有时绘制好了图形，但切换至布局空间时，显示的效果并不理想，这时就需要对布局进行调整，使视图符合打印的要求。

**Step 01** 单击【快速访问】工具栏中的【打开】按钮，打开“第12章/12-6调整布局.dwg”，如图12-38所示。

**Step 02** 在【布局】选项卡中，单击【布局】面板中的【新建】按钮，新建名为【通风系统图】布局，命令行提示如下。

```
输入布局选项 [复制(C)/删除(D)/新建(N)/样板(T)/重命名(R)/另存为(SA)/设置(S)/?] <设置>: _new↙
输入新布局名 <布局3>:通风系统图↙
```

**Step 03** 创建完毕后，切换至【通风系统图】布局空间，效果如图12-39所示。

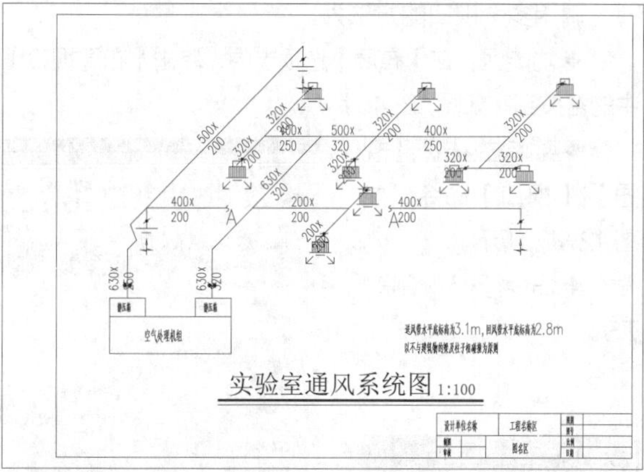


图 12-38 打开素材

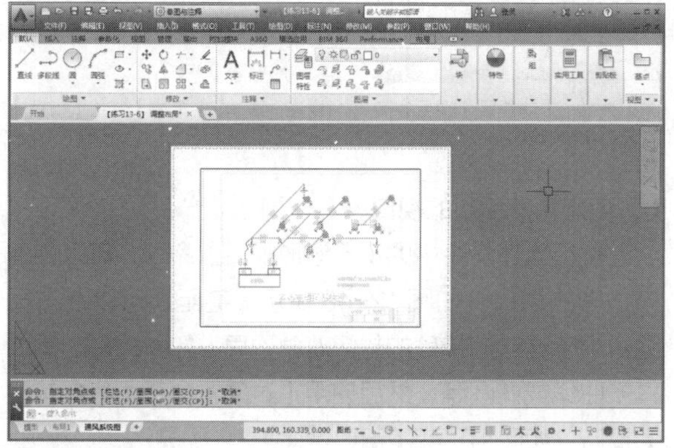

图 12-39 切换空间

**Step 04** 单击图样空间中的视口边界，4个角点上出现夹点，调整视口边界到充满整个打印边界，如图12-40所示。

**Step 05** 单击工作区右下角【图纸/模型】切换开关图纸，将视口切换到模型空间状态。

**Step 06** 在命令行输入ZOOM，调用【缩放】命令，使所有的图形对象充满整个视口，并调整图形到合适位置，如图12-41所示。

**Step 07** 完成布局的调整，此时工作区右边显示的就是当前图形的比例尺。

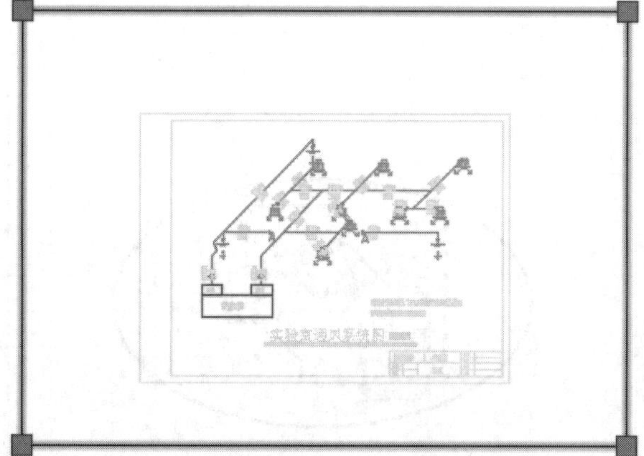

图 12-40 调整布局

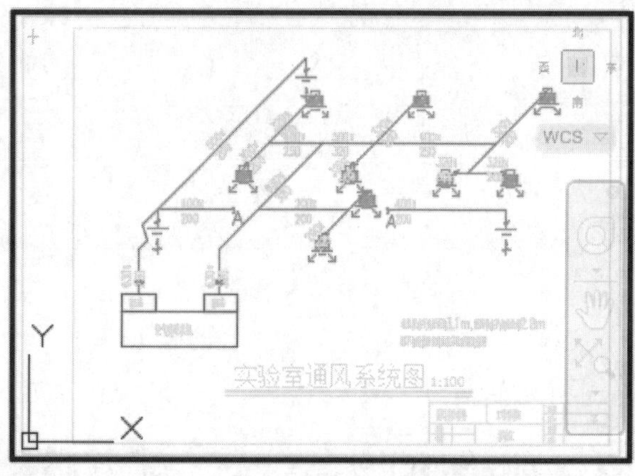


图 12-41 缩放图形

# 12.4 视口

视口是在布局空间中构造布局图时涉及的一个概念，布局空间相当于一张空白的纸，要在其上布置图形时，先要在纸上开一扇窗，让存在于里面的图形能够显示出来，视口的作用就相当于这扇窗。可以将视口视为布局空间的图形对象，并对其进行移动和调整，这样就可以在一个布局内进行不同视图的放置、绘制、编辑和打印。视口可以相互重叠或分离。

## 12.4.1 删除视口

打开布局空间时，系统就已经自动创建了一个视口，所以能够看到分布在其中的图形。

在布局中，选择视口的边界，如图 12-42 所示，按 Delete 键可删除视口，删除后，显示于该视口的图像将不可见，如图 12-43 所示。

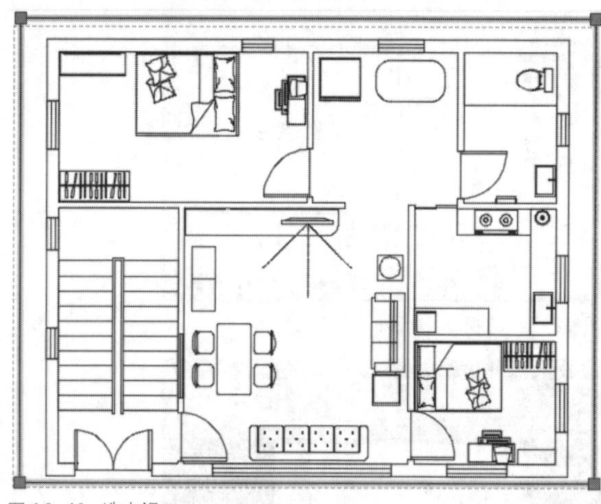

图 12-42 选中视口

图 12-43　删除视口

## 12.4.2 新建视口 ★进阶★

系统默认的视口往往不能满足布局的要求，尤其是在进行多视口布局时，这时需要手动创建新视口，并对其进行调整和编辑。

【新建视口】的方法如下。

◆功能区：在【输出】选项卡中，单击【布局视口】面板中各按钮，可创建相应的视口。

◆菜单栏：执行【视图】|【视口】命令。

◆命令行：VPORTS。

### 1 创建标准视口

执行上述命令下的【新建视口】子命令后，将打开【视口】对话框，如图 12-44 所示，在【新建视口】选项卡的【标准视口】列表中可以选择要创建的视口类型，在右边的预览窗口中可以进行预览。可以创建单个视口，也可以创建多个视口，如图 12-45 所示，还可以选择多个视口的摆放位置。

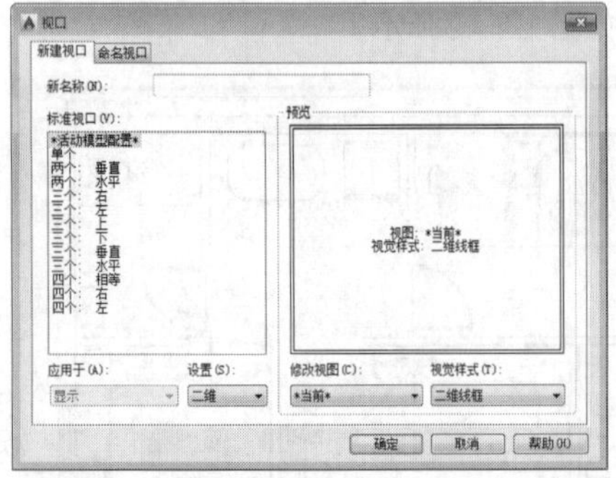
图 12-44　【视口】对话框

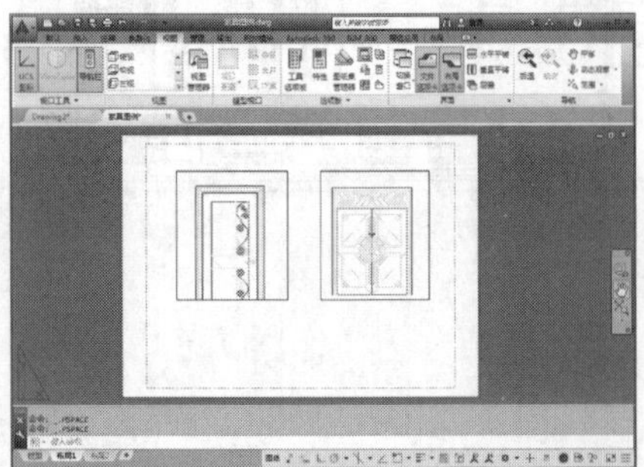
图 12-45　创建多个视口

调用多个视口的方法为。

◆功能区：在【布局】选项卡中，单击【布局视口】中的各按钮，如图 12-46 所示。

◆菜单栏：执行【视图】|【视口】命令，如图 12-47 所示。

◆命令行：VPORTS。

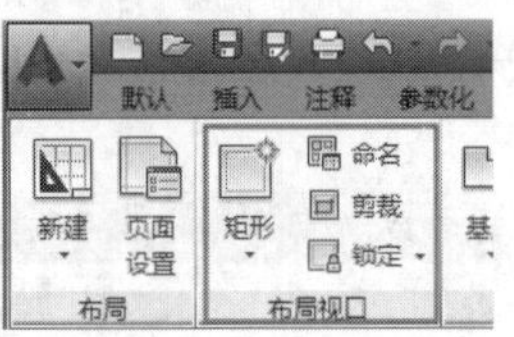

图 12-46　【功能区】调用【布局视口】命令

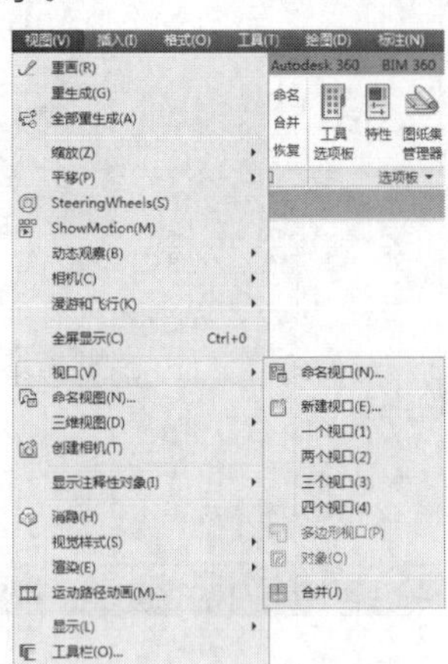

图 12-47　【菜单栏】调用【视口】命令

### 2 创建特殊形状的视口

执行上述命令中的【多边形视口】命令，可以创建多边形的视口，如图 12-48 所示。甚至还可以在布局图样中手动绘制特殊的封闭对象边界，如多边形、圆、样条曲线或椭圆等，然后使用【对象】命令，将其转换为视口，如图 12-49 所示。

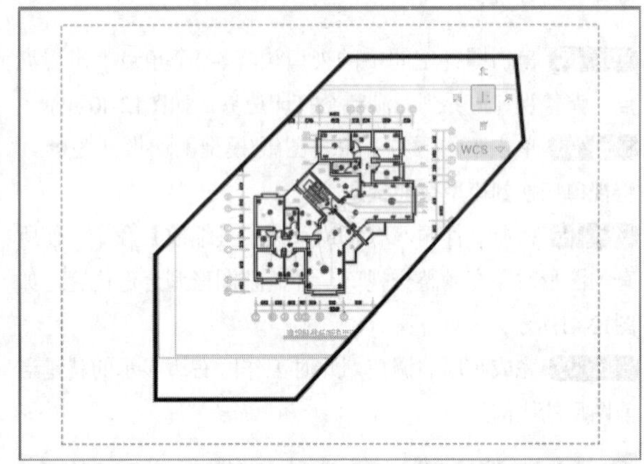
图 12-48　多边形视口

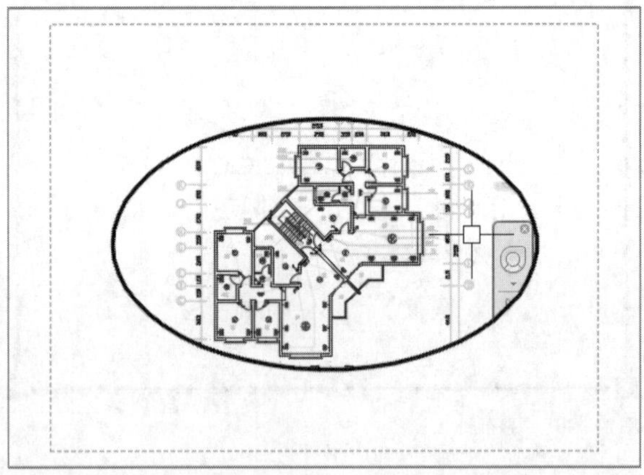
图 12-49　转换为视口

**练习 12-7 创建正六边形视口**

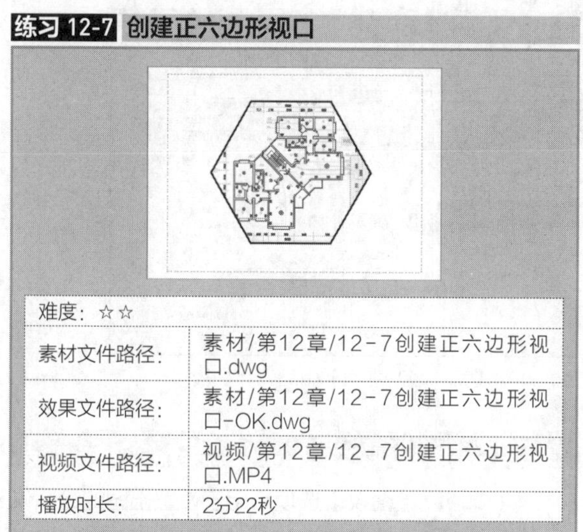

| 难度：☆☆ | |
|---|---|
| 素材文件路径： | 素材/第12章/12-7创建正六边形视口.dwg |
| 效果文件路径： | 素材/第12章/12-7创建正六边形视口-OK.dwg |
| 视频文件路径： | 视频/第12章/12-7创建正六边形视口.MP4 |
| 播放时长： | 2分22秒 |

有时为了让布局空间显示更多的内容，可以通过【视口】命令来创建多个显示窗口，也可手工绘制矩形或多边形，然后将其转换为视口。

**Step 01** 单击【快速访问】工具栏中的【打开】按钮，打开“第12章/12-7创建正六边形视口.dwg”，如图12-50所示。

**Step 02** 切换至【布局1】空间，选取默认的矩形浮动视口，按Delete键删除，此时图像将不可见，如图12-51所示。

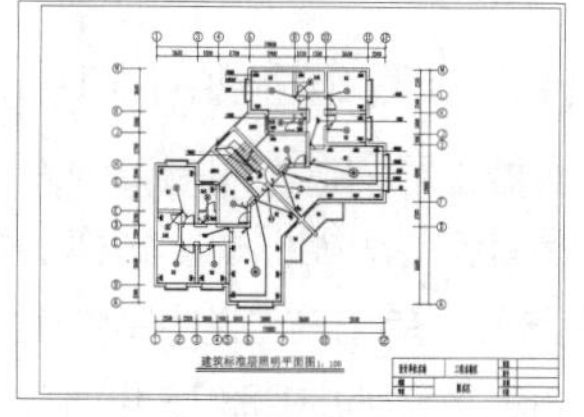

图 12-50 打开素材

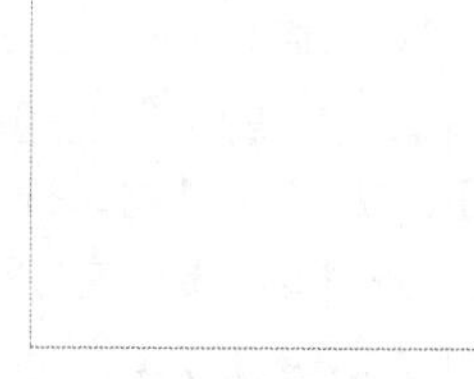

图 12-51 删除视口

**Step 03** 在【默认】选项卡中，单击【绘图】面板中的【正多边形】按钮，绘制内接于圆半径为70的正六边形，如图12-52所示。

**Step 04** 在【布局】选项卡中，单击【布局视口】面板中的【对象】按钮，选择正六边形，将正六边形转换为视口，效果如图12-53所示。

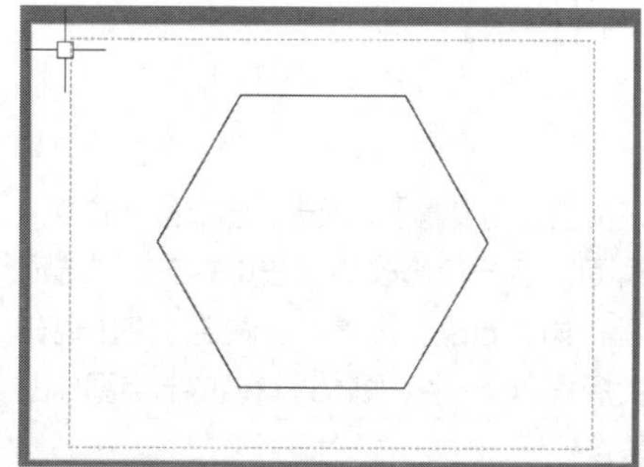

图 12-52 绘制正六边形

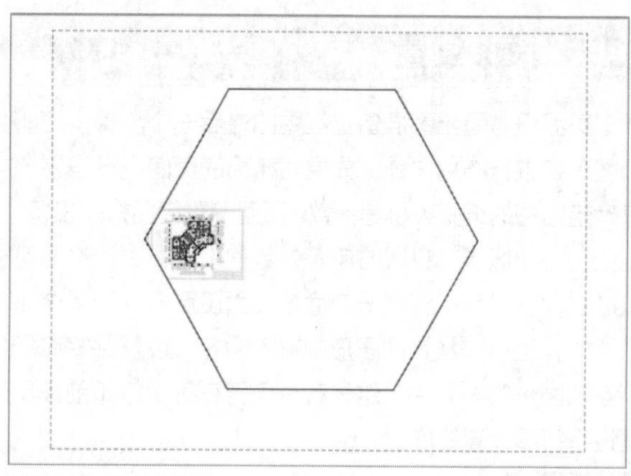

图 12-53 转换为视口

**Step 05** 单击工作区右下角的【模型/图纸空间】按钮图纸，切换为模型空间，对图形进行缩放，最终效果图如图12-54所示。

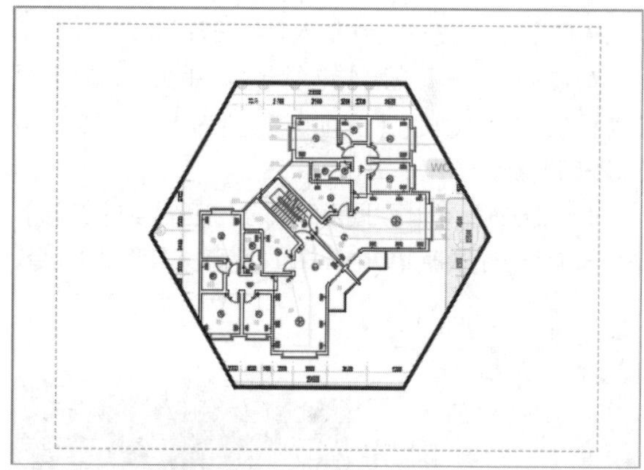

图 12-54 最终效果图

## 12.4.3 调整视口 ★进阶★

视口创建后，为了使其满足需要，还需要对视口的大小和位置进行调整，相对于布局空间，视口和一般的图形对象没什么区别，每个视口均被绘制在当前层上，且采用当前层的颜色和线型。因此可使用通常的图形编辑方法来编辑视口。例如，可以通过拉伸和移动夹点来调整视口的边界，如图 12-55 所示。

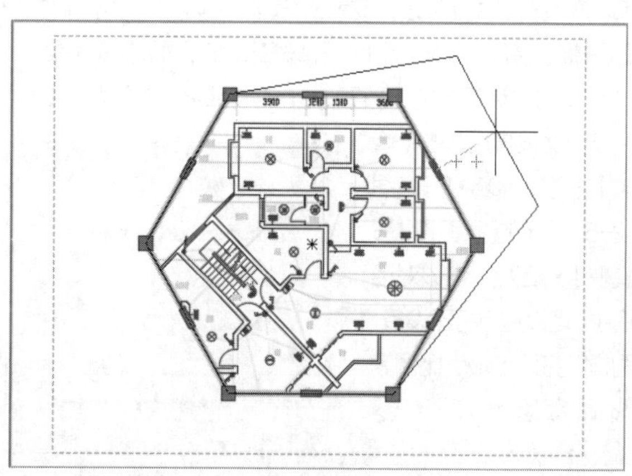

图 12-55 利用夹点调整视口

## 12.5 页面设置 ★重点★

页面设置是出图准备过程中的最后一个步骤，打印的图形在进行布局之前，先要对布局的页面进行设置，以确定出图的纸张大小等参数。页面设置包括打印设备、纸张、打印区域、打印方向等参数的设置。页面设置可以命名保存，可以将同一个命名页面设置应用到多个布局图中，也可以从其他图形中输入命名页设置并将应用到当前图形的布局中，这样就避免了在每次打印前都反复进行打印设置的麻烦。

**•执行方式**

页面设置在【页面设置管理器】对话框中进行，调用【新建页面设置】的方法如下。

◆菜单栏：执行【文件】|【页面设置管理器】命令，如图 12-56 所示。

◆命令行：在命令行中输入 PAGESETUP。

◆功能区：在【输出】选项卡中，单击【布局】面板或【打印】面板中的【页面设置管理器】按钮，如图 12-57 所示。

◆快捷方式：右击绘图窗口下的【模型】或【布局】选项卡，在弹出的快捷菜单中，选择【页面设置管理器】命令。

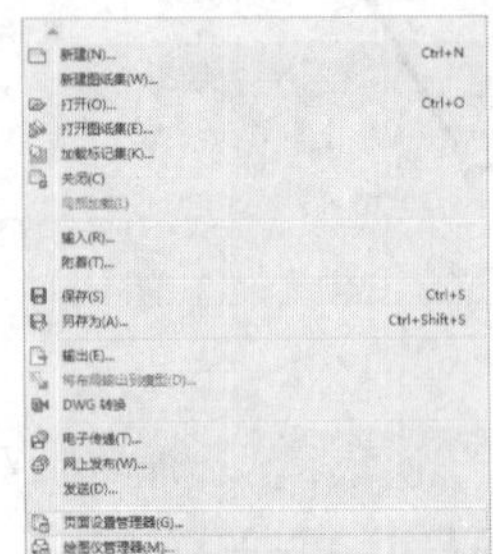

图 12-56 【菜单栏】调用【页面设置管理器】命令

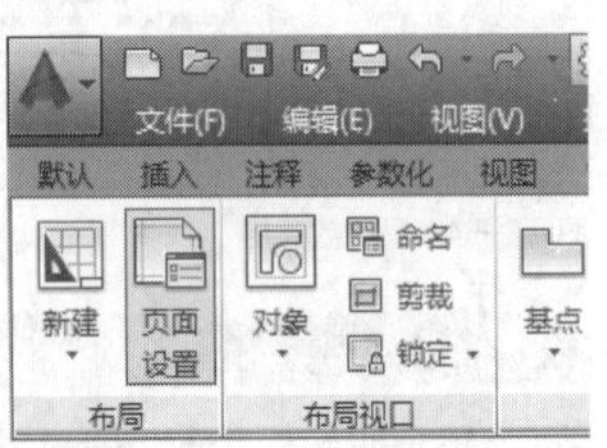


图 12-57 【功能区】调用【页面设置管理器】命令

**•操作步骤**

执行该命令后，将打开【页面设置管理器】对话框，如图 12-58 所示，对话框中显示了已存在的所有页面设置的列表。通过右击页面设置，或单击右边的工具按钮，可以对页面设置进行新建、修改、删除、重命名和当前页面设置等操作。

单击对话框中的【新建】按钮，新建一个页面，或选中某页面设置后单击【修改】按钮，都将打开如图 12-59 所示的【页面设置 - 模型】对话框。在该对话框中，可以进行打印设备、图样、打印区域、比例等选项的设置。

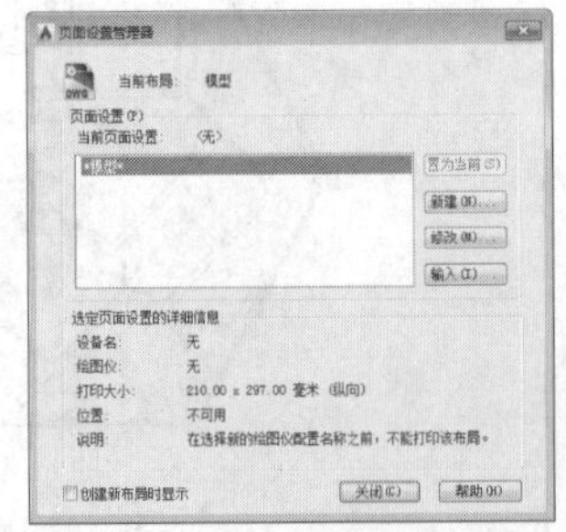

图 12-58 【页面设置管理器】对话框

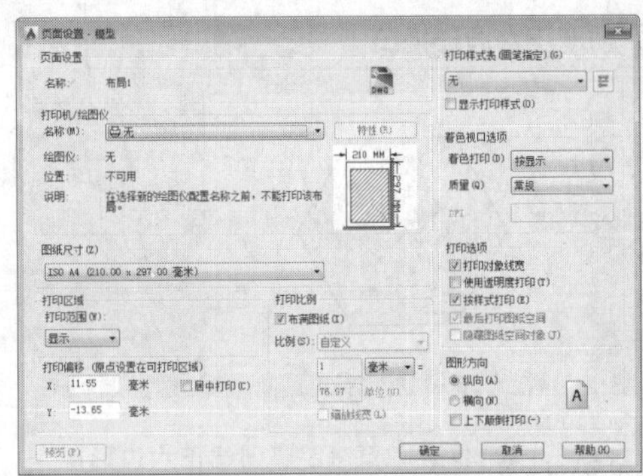

图 12-59 【页面设置 - 模型】对话框

### 12.5.1 指定打印设备 ★进阶★

【打印机 / 绘图仪】选项组用于设置出图的绘图仪或打印机。如果打印设备已经与计算机或网络系统正确连接，并且驱动程序也已经正常安装，那么在【名称】下拉列表框中就会显示该打印设备的名称，可以选择需要打印设备。

AutoCAD 将打印介质和打印设备的相关信息储存在后缀名为 *.pc3 的打印配置文件中，这些信息包括绘图仪配置设置指定端口信息、光栅图形和矢量图形的质量、图样尺寸以及取决于绘图仪类型的自定义特性。这样使得打印配置可以用于其他 AutoCAD 文档，能够实现共享，避免了反复设置。

**•执行方式**

单击功能区【输出】选项卡【打印】组面板中【打印】按钮，系统弹出【打印 - 模型】对话框，如图 12-60 所示。在对话框【打印机 / 绘图仪】功能框的【名称】下拉列表中选择要设置的名称选项，单击右边的【特性】按钮 特性(R)... ，系统弹出【绘图仪配置编辑器】对话框，如图 12-61 所示。

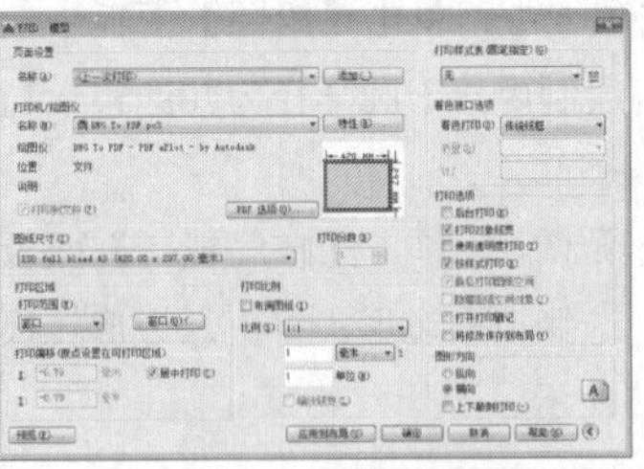

图 12-60 【打印 - 模型】对话框

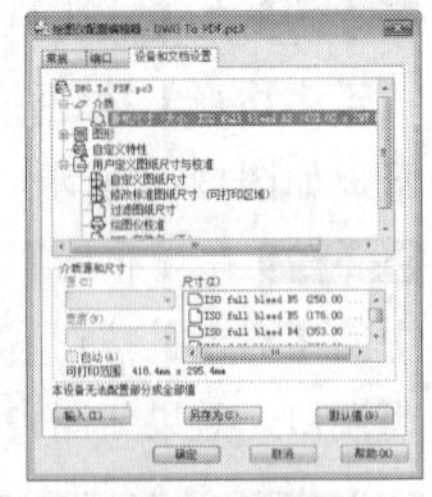

图 12-61 【绘图仪配置编辑器】对话框

**•操作步骤**

切换到【设备和文档设置】选项卡，选择各个节点，然后进行更改即可，各节点修改的方法见本节的“选项说明”。在这里，如果更改了设置，所做更改将出现在设置名旁边的尖括号 (< >) 中。修改过其值的节点图标上还会显示一个复选标记。

**• 选项说明**

对话框中共有【介质】、【图形】、【自定义特性】和【用户定义图纸尺寸与校准】这 4 个主节点，除【自定义特性】节点外，其余节点皆有子菜单。下面对各个节点进行介绍。

### ◎【介质】节点

该节点可指定纸张来源、大小、类型和目标，在点选此选项后，在【尺寸】选项列表中指定。有效的设置取决于配置的绘图仪支持的功能。对于 Windows 系统打印机，必须使用"自定义特性"节点配置介质设置。

### ◎【图形】节点

为打印矢量图形、光栅图形和 TrueType 文字指定设置。根据绘图仪的性能，可修改颜色深度、分辨率和抖动。可为矢量图形选择彩色输出或单色输出。在内存有限的绘图仪上打印光栅图像时，可以通过修改打印输出质量来提高性能。如果使用支持不同内存安装总量的非系统绘图仪，则可以提供此信息以提高性能。

### ◎【自定义特性】节点

点选【自定义特性】选项，单击【自定义特性】按钮，系统弹出【PDF 选项】对话框，如图 12-62 所示。在此对话框中可以修改绘图仪配置的特定设备特性。每一种绘图仪的设置各不相同。如果绘图仪制造商没有为设备驱动程序提供"自定义特性"对话框，则"自定义特性"选项不可用。对于某些驱动程序，如 ePLOT，这是显示的唯一树状图选项。对于 Windows 系统打印机，多数设备特有的设置在此对话框中完成。

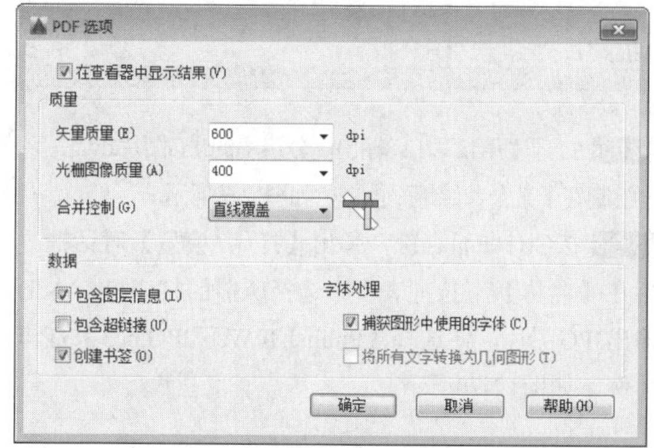


图 12-62 【PDF 选项】对话框

### ◎【用户定义图纸尺寸与校准】主节点

用户定义图纸尺寸与校准节点。将 PMP 文件附着到 PC3 文件，校准打印机并添加、删除、修订或过滤自定义图纸尺寸，具体步骤介绍如下。

**Step 01** 在【绘图仪配置编辑器】对话框中点选【自定义图纸尺寸】选项，单击【添加】按钮，系统弹出【自定义图纸尺寸-开始】对话框，如图12-63所示。

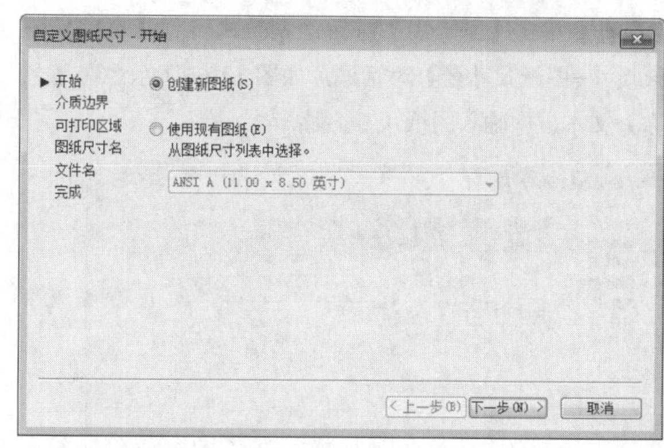


图 12-63 【自定义图纸尺寸 - 开始】对话框

**Step 02** 在对话框中选择【创建新图纸】单选项，或者选择现有的图纸进行自定义，单击【下一步】按钮，系统跳转到【自定义图纸尺寸-介质边界】对话框，如图12-64所示。在文本框中输入介质边界的宽度和高度值，这里可以设置非标准A0、A1、A2等规格的图框，有些图形需要加长打印便可在此设置。并确定单位为毫米。

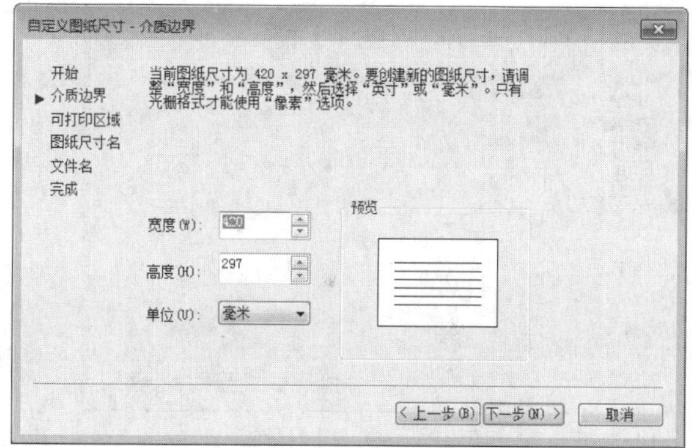


图 12-64 【自定义图纸尺寸 - 介质边界】对话框

**Step 03** 再单击【下一步】按钮，系统跳转到自定义图纸尺寸-可打印区域】对话框，如图12-65所示。在对话框中可以设置图纸边界与打印边界的距离，即设置非打印区域。大多数驱动程序与图纸边界的指定距离来计算可打印区域。

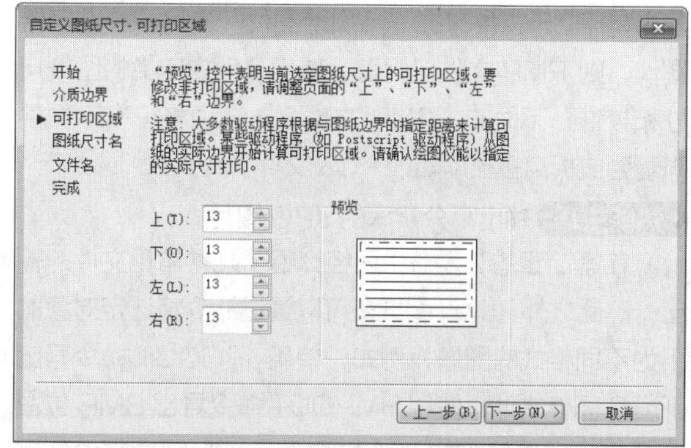


图 12-65 【自定义图纸尺寸 - 可打印区域】对话框

**Step 04** 单击【下一步】按钮，系统跳转到【自定义图纸尺寸-图纸尺寸名】对话框，如图 12-66所示。在【名称】文本框中输入图纸尺寸名称。

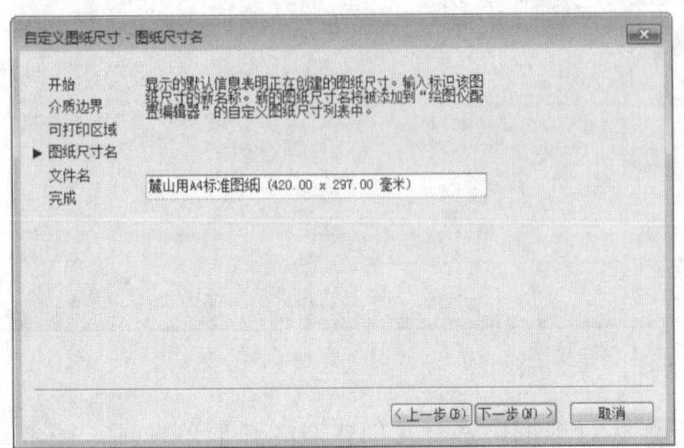


图 12-66 【自定义图纸尺寸 - 图纸尺寸名】对话框

**Step 05** 单击对话框【下一步】按钮，系统跳转到【自定义图纸尺寸-文件名】对话框，如图12-67所示。在【PMP文件名】文本框中输入文件名称。PMP文件可以跟随PC3文件。输入完成单击【下一步】按钮，再单击【完成】按钮。至此完成整个自定义图纸尺寸的设置。

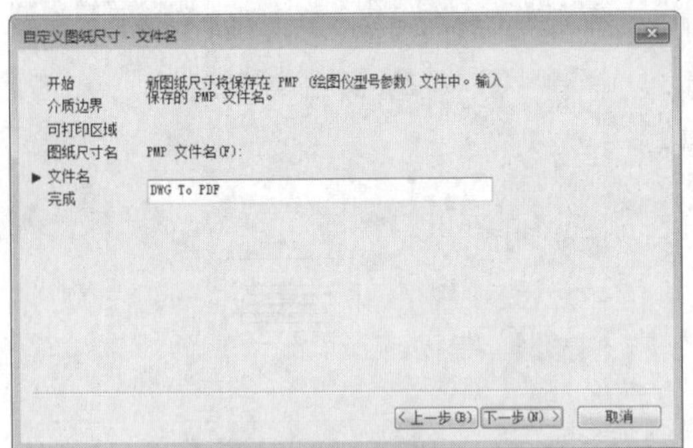


图 12-67 【自定义图纸尺寸 - 文件名】对话框

在配置编辑器中可修改标准图纸尺寸。通过节点可以访问“绘图仪校准”和“自定义图纸尺寸”向导，方法与自定义图纸尺寸方法类似。如果正在使用的绘图仪已校准过，则绘图仪型号参数 (PMP) 文件包含校准信息。如果 PMP 文件还未附着到正在编辑的 PC3 文件中，那么必须创建关联才能够使用 PMP 文件。如果创建当前 PC3 文件时在“添加绘图仪”向导中校准了绘图仪，则 PMP 文件已附着。使用“用户定义的图纸尺寸和校准”下面的“PMP 文件名”选项将 PMP 文件附着到或拆离正在编辑的 PC3 文件。

**•熟能生巧** 输出高分辨率的 JPG 图片

在第 2 章的 2.3 节中已经介绍了几种常见文件的输出，除此之外，dwg 图纸还可以通过命令将选定对象输出为不同格式的图像，例如，使用 JPGOUT 命令导出 JPEG 图像文件、使用 BMPOUT 命令导出 BMP 位图图像文件、使用 TIFOUT 命令导出 TIF 图像文件、使用 WMFOUT 命令导出 Windows 图元文件……但是导出的这些格式的图像分辨率很低，如果图形比较大，就无法满足印刷的要求，如图 12-68 所示。

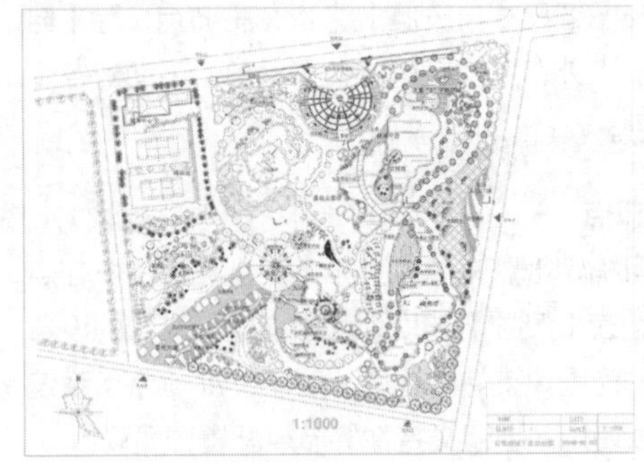

图 12-68 分辨率很低的 JPG 图片

不过，学习了指定打印设备的方法后，就可以通过修改图纸尺寸的方式，来输出高分辨率的 JPG 图片。下面通过一个例子来介绍具体的操作方法

## 练习 12-8 输出高分辨率的 JPG 图片 ★进阶★

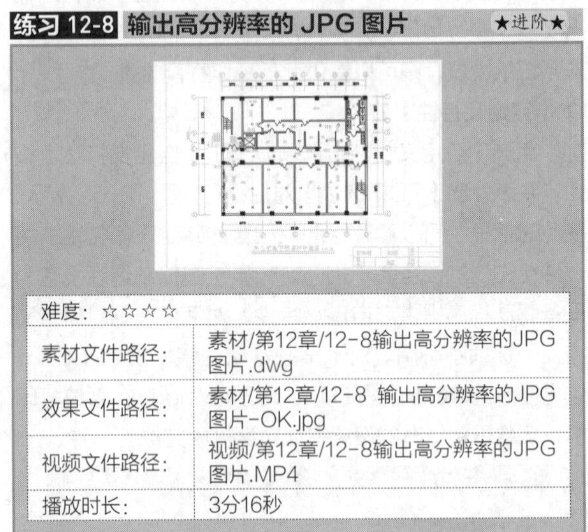

| 难度：☆☆☆☆ | |
|---|---|
| 素材文件路径： | 素材/第12章/12-8输出高分辨率的JPG图片.dwg |
| 效果文件路径： | 素材/第12章/12-8 输出高分辨率的JPG图片-OK.jpg |
| 视频文件路径： | 视频/第12章/12-8输出高分辨率的JPG图片.MP4 |
| 播放时长： | 3分16秒 |

**Step 01** 打开“第12章/12-8输出高分辨率的JPG图片.dwg”，其中绘制好了某公共绿地平面图，如图12-69所示。

**Step 02** 按Ctrl+P组合键，弹出【打印-模型】对话框。然后在【名称】下拉列表框中选择所需的打印机，本例要输出JPG图片，便选择【PublishToWeb JPG.pc3】打印机为例，如图12-70所示。

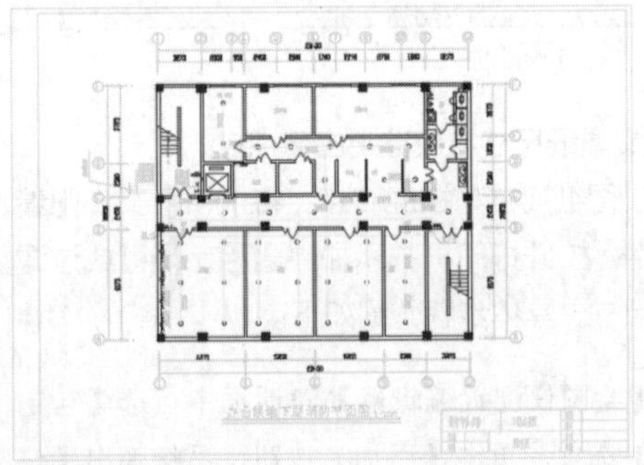

图 12-69 打开素材

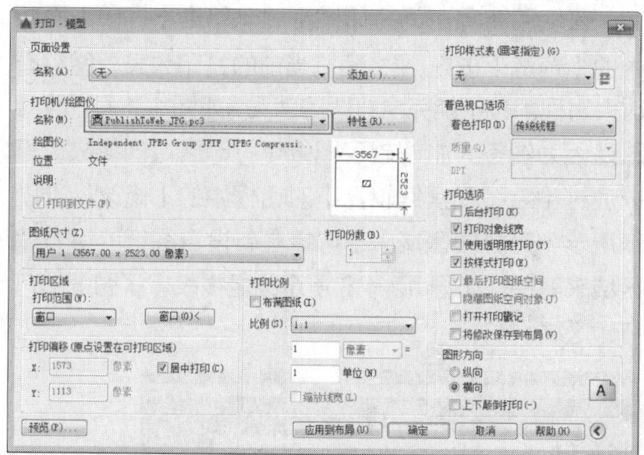

图 12-70 指定打印机

**Step 03** 单击【PublishToWeb JPG.pc3】右边的【特性】按钮 特性(R)... ，系统弹出【绘图仪配置编辑器】对话框，选择【用户定义图纸尺寸与校准】节点下的【自定义图纸尺寸】，然后单击右下方的【添加】按钮，如图12-71所示。

**Step 04** 系统弹出【自定义图纸尺寸-开始】对话框，选择【创建新图纸】单选项，然后单击【下一步】按钮，如图12-72所示。

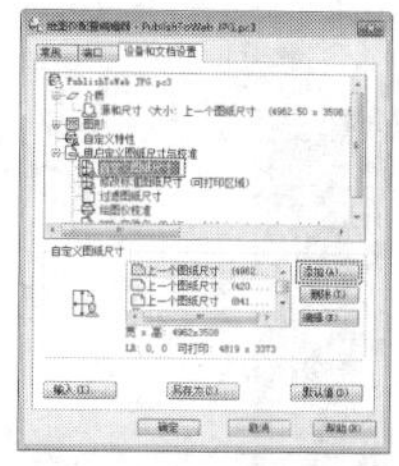
图 12-71 【绘图仪配置编辑器】对话框

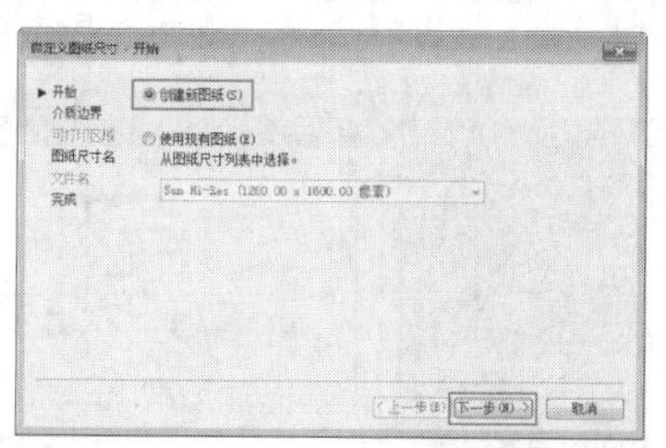
图 12-72 【自定义图纸尺寸 - 开始】对话框

**Step 05** 调整分辨率。系统跳转到【自定义图纸尺寸-介质边界】对话框，这里会提示当前图形的分辨率，可以酌情进行调整，本例修改分辨率如图12-73所示。

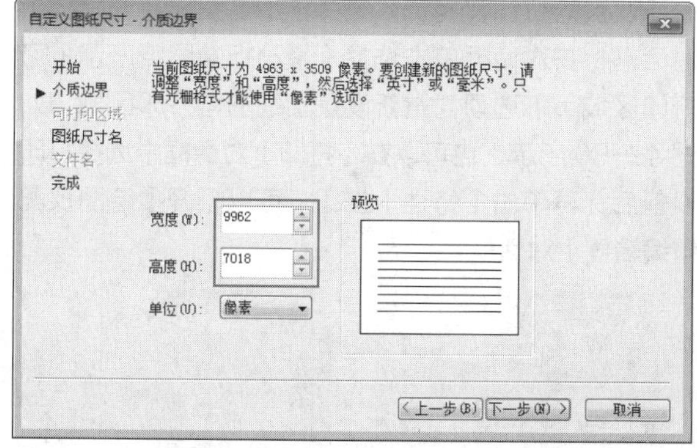

图 12-73 调整分辨率

> **操作技巧**
>
> 设置分辨率时，要注意图形的长宽比与原图一致。如果所输入的分辨率与原图长、宽不成比例，则会失真。

**Step 06** 单击【下一步】按钮，系统跳转到【自定义图纸尺寸-图纸尺寸名】对话框，在【文件名】文本框中输入图纸尺寸名称，如图12-74所示。

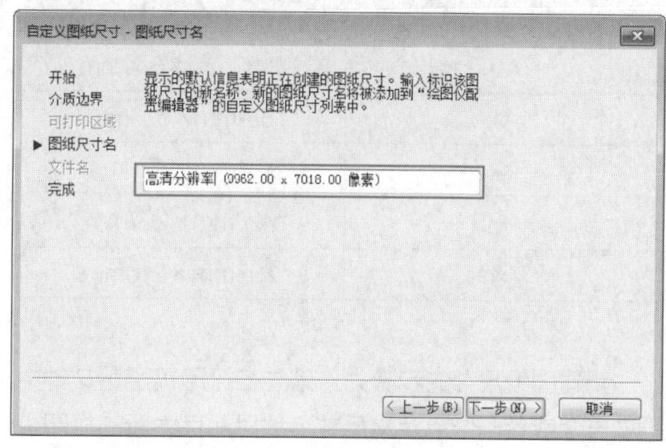

图 12-74 【自定义图纸尺寸 - 图纸尺寸名】对话框

**Step 07** 单击【下一步】按钮，再单击【完成】按钮，完成高清分辨率的设置。返回【绘图仪配置编辑器】对话框后单击【确定】按钮，再返回【打印-模型】对话框，在【图纸尺寸】下拉列表中选择刚才创建好的【高清分辨率】，如图12-75所示。

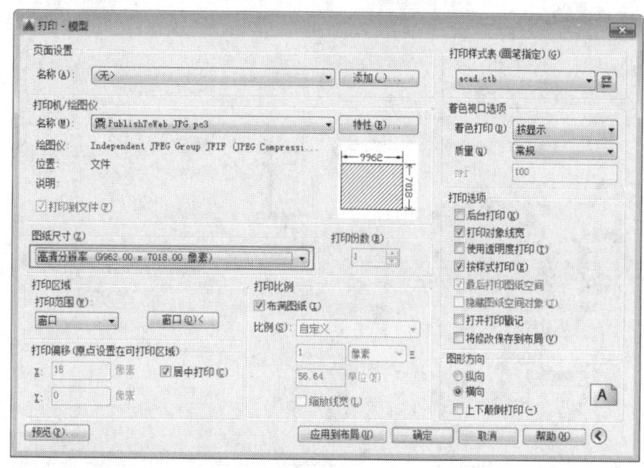

图 12-75 选择图纸尺寸（即分辨率）

**·精益求精** 将 AutoCAD 图形导入 Photoshop

对于新时期的设计工作来说，已不能再是仅靠一门软件来进行操作，无论是客户要求还是自身发展，都在逐渐向多软件互通的方向靠拢。因此使用 AutoCAD 进行设计时，就必须掌握 dwg 文件与其他主流软件（如 Word、PS、CorelDRAW）的交互。

下面通过一个例子来介绍具体的操作方法。

## 12.5.2 设定图纸尺寸 ★重点★

在【图纸尺寸】下拉列表框中选择打印出图时的纸张类型，控制出图比例。

工程制图的图纸有一定的规范尺寸，一般采用英制 A 系列图纸尺寸，包括 A0、A1、A2 等标准型号，以及 A0+、A1+ 等加长图纸型号。图纸加长的规定是：可以将边延长 1/4 或 1/4 的整数倍，最多可以延长至原尺寸的两倍，短边不可延长。各型号图纸的尺寸如表 12-1 所示。

表 12-1 标准图纸尺寸

| 图纸型号 | 长宽尺寸 |
|---|---|
| A0 | 1189mm×841mm |
| A1 | 841mm×594mm |
| A2 | 594mm×420mm |
| A3 | 420mm×297mm |
| A4 | 297mm×210mm |

新建图纸尺寸的步骤为：首先在打印机配置文件中新建一个或若干个自定义尺寸，然后保存为新的打印机配置 PC3 文件。这样，以后需要使用自定义尺寸时，只需要在【打印机/绘图仪】对话框中选择该配置文件即可。

## 12.5.3 设置打印范围 ★重点★

在使用模型空间打印时，一般在【打印】对话框中设置打印范围，如图 12-76 所示。

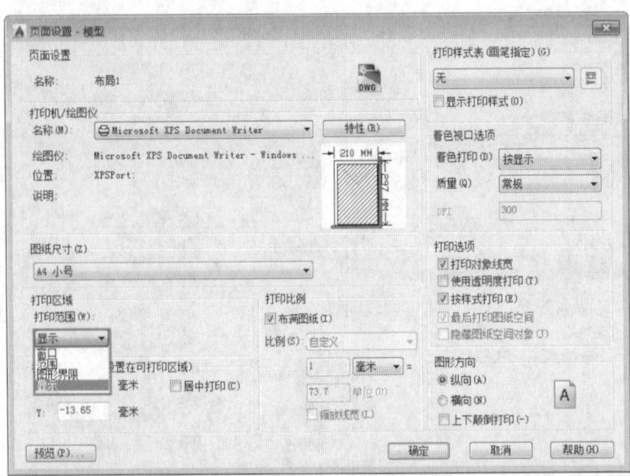

图 12-76 设置打印范围

【打印范围】下拉列表用于确定设置图形中需要打印的区域，其各选项含义如下。

◆【布局】：打印当前布局图中的所有内容。该选项是默认选项，选择该项可以精确地确定打印范围、打印尺寸和比例。

◆【窗口】：用窗选的方法确定打印区域。单击该按钮后，【页面设置】对话框暂时消失，系统返回绘图区，可以用鼠标在模型窗口中的工作区间拉出一个矩形窗口，该窗口内的区域就是打印范围。使用该选项确定打印范围简单方便，但是不能精确比例尺和出图尺寸。

◆【范围】：打印模型空间中包含所有图形对象的范围。

◆【显示】：打印模型窗口当前视图状态下显示的所有图形对象，可以通过 ZOOM 命令调整视图状态，从而调整打印范围。

在使用布局空间打印图形时，单击【打印】面板中的【预览】按钮，预览当前的打印效果。图签有时会出现部分不能完全打印的状况，如图 12-77 所示，这是因为图签大小超越了图纸可打印区域的缘故。可以通过【绘图配置编辑器】对话框中的【修改标准图纸所示（可打印区域）】选择重新设置图纸的可打印区域来解决，如图 12-78 所示的虚线表示了图纸的可打印区域。

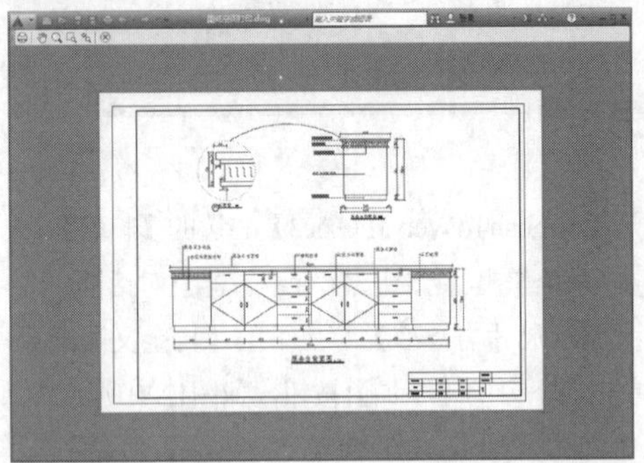

图 12-77 打印预览

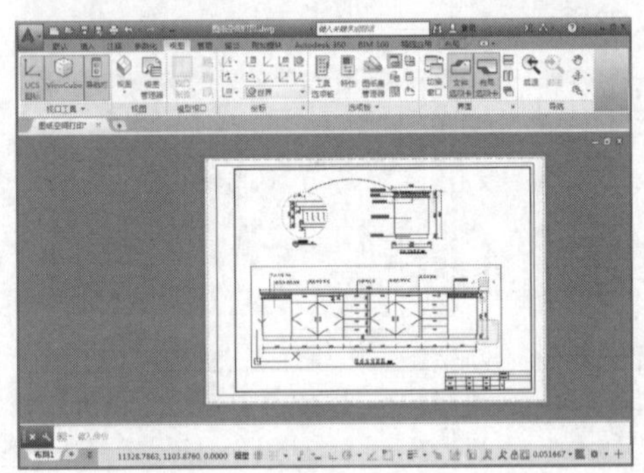

图 12-78 可打印区域

单击【打印】面板中的【绘图仪管理器】按钮，系统弹出【Plotters】对话框，如图 12-79 所示，双击所设置的打印设备。系统弹出【绘图配置编辑器】对话框，在对话框单击选择【修改标准图纸所示（可打印区域）】选项，重新设置图纸的可打印区域，如图 12-80 所示。也可以在【打印】对话框中选择打印设备后，再单击【特性】按钮，可以打开【绘图仪配置编辑器】对话框。

图 12-79 【Plotters】对话框

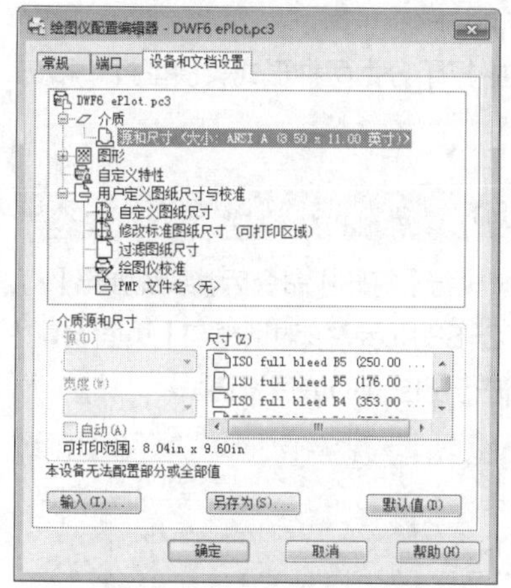

图 12-80 【绘图仪配置编辑器】对话框

在【修改标准图纸尺寸】栏中选择当前使用的图纸类型（即在【页面设置】对话框中的【图纸尺寸】列表中选择的图纸类型），如图 12-81 所示光标所在的位置（不同打印机有不同的显示）。

单击【修改】按钮弹出【自定义图纸尺寸 - 可打印区域】对话框，如图 12-82 所示，分别设置上、下、左、右页边距（可以使打印范围略大于图框即可），两次单击【下一步】按钮，再单击【完成】按钮，返回【绘图仪配置编辑器】对话框，单击【确定】按钮关闭对话框。

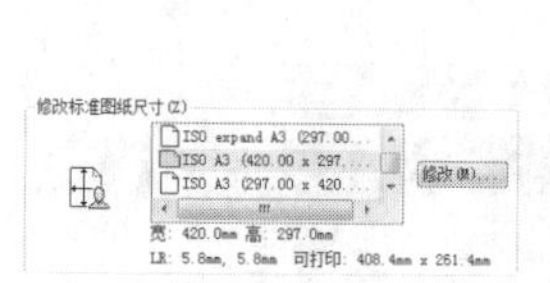

图 12-81 选择图纸类型

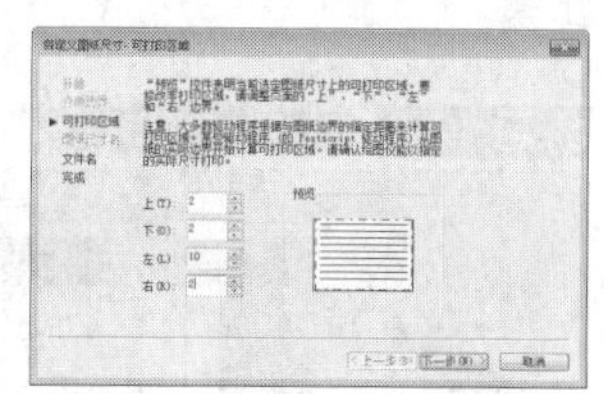

图 12-82 【自定义图纸尺寸 - 可打印区域】对话框

修改图纸可打印区域之后，此时布局如图 12-83 所示（虚线内表示可打印区域）。

在命令行中输入 LAYER，调用【图层特性管理器】命令，系统弹出【图层特性管理器】对话框，将视口边框所在图层设置为不可打印，如图 12-84 所示，这样视口边框将不会被打印。

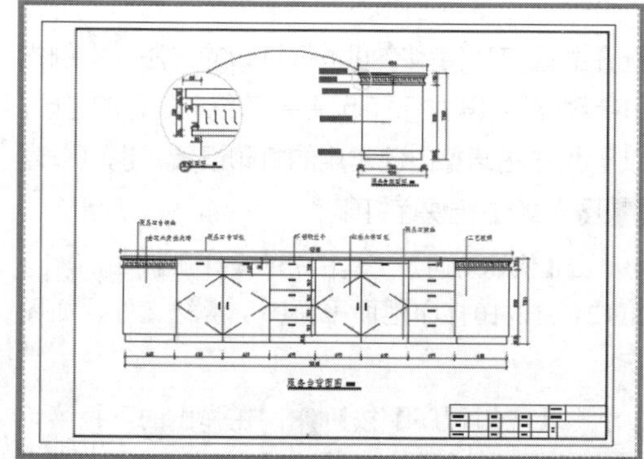

图 12-83 布局效果

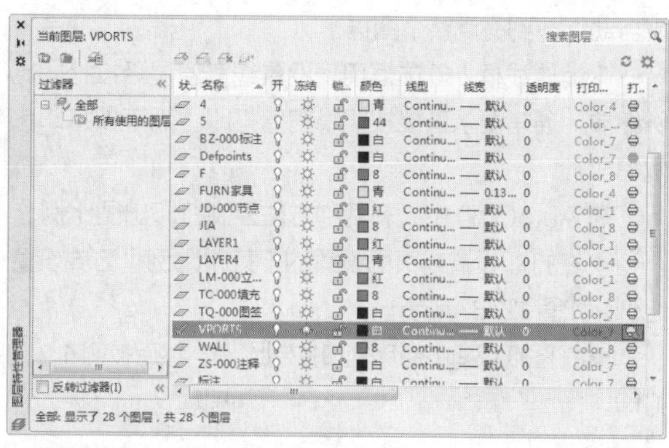

图 12-84 设置视口边框图层属性

再次预览打印效果如图 12-85 所示，图形可以正确打印。

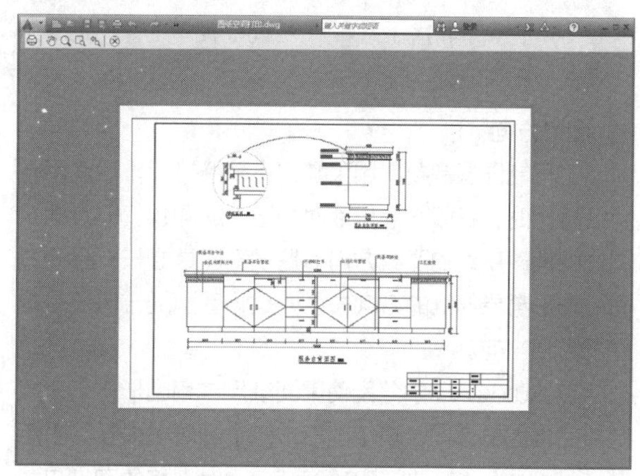

图 12-85 修改页边距后的打印效果

## 12.5.4 设置打印偏移

【打印偏移】选项组用于指定打印区域偏离图样左下角的 X 方向和 Y 方向偏移值，一般情况下，都要求出图充满整个图样，所以设置 X 和 Y 偏移值均为 0，如图 12-86 所示。

通常情况下打印的图形和纸张的大小一致，不需要修改设置。选中【居中打印】复选框，则图形居中打印。这个【居中】是指在所选纸张大小 A1、A2 等尺寸的基础上居中，也就是 4 个方向上各留空白，而不只是卷筒纸的横向居中。

## 12.5.5 设置打印比例

### 1 打印比例

【打印比例】选项组用于设置出图比例尺。在【比例】下拉列表框中可以精确设置需要出图的比例尺。如果选择【自定义】选项，则可以在下方的文本框中设置与图形单位等价的英寸数来创建自定义比例尺。

如果对出图比例尺和打印尺寸没有要求，可以直接选中【布满图样】复选框，这样 AutoCAD 会将打印区域自动缩放到充满整个图样。

【缩放线框】复选框用于设置线宽值是否按打印比例缩放。通常要求直接按照线宽值打印，而不按打印比例缩放。

在 AutoCAD 中，有两种方法控制打印出图比例。

◆在打印设置或页面设置的【打印比例】区域设置比例，如图12-87 所示。

◆在图纸空间中使用视口控制比例，然后按照1 ：1 打印。

图 12-86 【打印偏移】设置选项

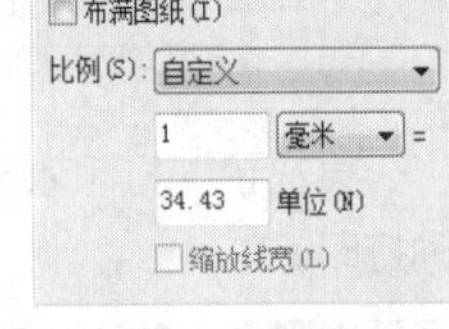


图 12-87 【打印比例】设置选项

## 2 图形方向

工程制图多需要使用大幅的卷筒纸打印，在使用卷筒纸打印时，打印方向包括两个方面的问题：一方面，图纸阅读时所说的图纸方向，是横宽还是竖长；另一方面，图形与卷筒纸的方向关系，是顺着出纸方向还是垂直于出纸方向。

在 AutoCAD 中分别使用图纸尺寸和图形方向来控制最后出图的方向。在【图形方向】区域可以看到小示意图，其中白纸表示设置图纸尺寸时选择的图纸尺寸是横宽还是竖长，字母 A 表示图形在纸张上的方向。

## 12.5.6 指定打印样式表

【打印样式表】下拉列表框用于选择已存在的打印样式，从而非常方便地用设置好的打印样式替代图形对象原有属性，并体现到出图格式中。

## 12.5.7 设置打印方向

在【图形方向】选项组中选择纵向或横向打印，选中【反向打印】复选框，可以允许在图样中上下颠倒地打印图形。

# 12.6 打印

在完成上述的所有设置工作后，就可以开始打印出图了。

调用【打印】命令的方法如下。

◆功能区：在【输出】选项卡中，单击【打印】面板中的【打印】按钮。

◆菜单栏：执行【文件】|【打印】命令。

◆命令行：PLOT。

◆快捷操作：Ctrl+P。

在 AutoCAD 中打印分为两种形式：模型打印和布局打印。

## 12.6.1 模型打印

在模型空间中，执行【打印】命令后，系统弹出【打印】对话框，如图12-88 所示，该对话框与【页面设置】对话框相似，可以进行出图前的最后设置。

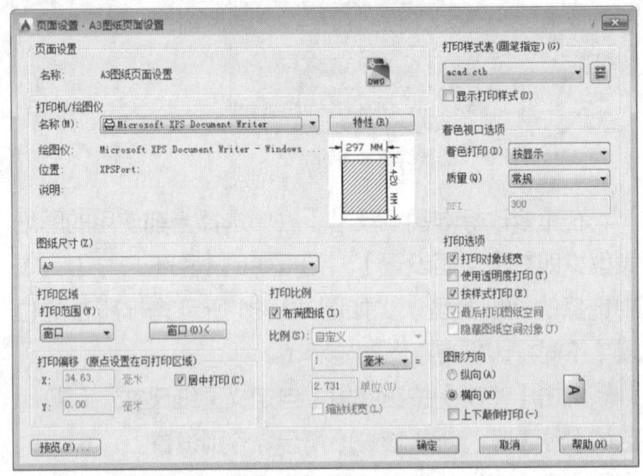


图 12-88 模型空间【打印】对话框

下面通过具体的实战来讲解模型空间打印的具体步骤。

### 练习 12-9 打印地面平面图

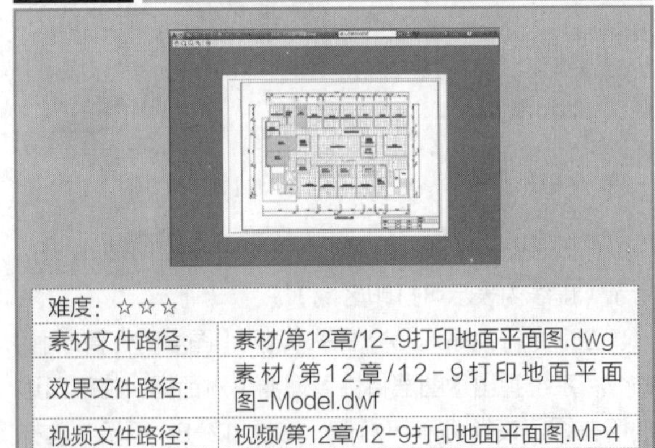

| 难度：☆☆☆ | |
|---|---|
| 素材文件路径： | 素材/第12章/12-9打印地面平面图.dwg |
| 效果文件路径： | 素材/第12章/12-9打印地面平面图-Model.dwf |
| 视频文件路径： | 视频/第12章/12-9打印地面平面图.MP4 |
| 播放时长： | 2分40秒 |

本例介绍直接从模型空间进行打印的方法。本例先设置打印参数，然后再进行打印，是基于统一规范的考虑。读者可以用此方法调整自己常用的打印设置，也可以直接从 Step 07 开始进行快速打印。

Step 01 单击【快速访问】工具栏中的【打开】按钮，打开“第12章/12-10打印地面平面图”素材文件，如图12-89所示。

Step 02 单击【应用程序】按钮，在弹出的下拉菜单中选择【打印】|【管理绘图仪】命令，系统弹出

【Plotters】对话框，如图12-90所示。

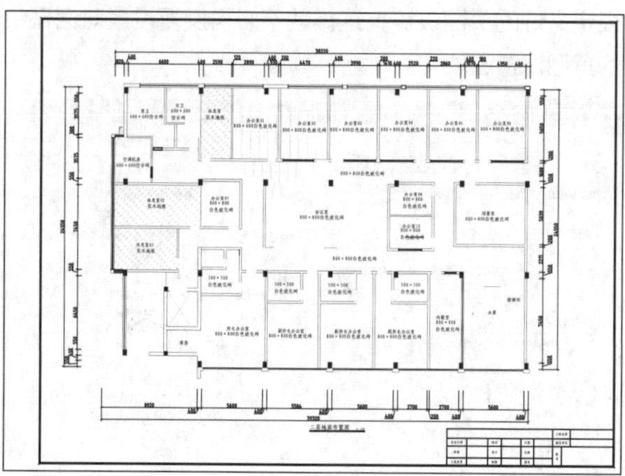

图 12-89 打开素材

图 12-90 【Plotters】对话框

**Step 03** 双击对话框中的【DWF6 ePlot】图标，系统弹出【绘图仪配置编辑器–DWF6 ePlot.pc3】对话框。在对话框中单击【设备和文档设置】选项卡。单击选择对话框中的【修改标准图纸尺寸（可打印区域）】，如图12-91所示。

**Step 04** 在【修改标准图纸尺寸】选择框中选择尺寸为【ISOA2（594.00×420.00）】，如图12-92所示。

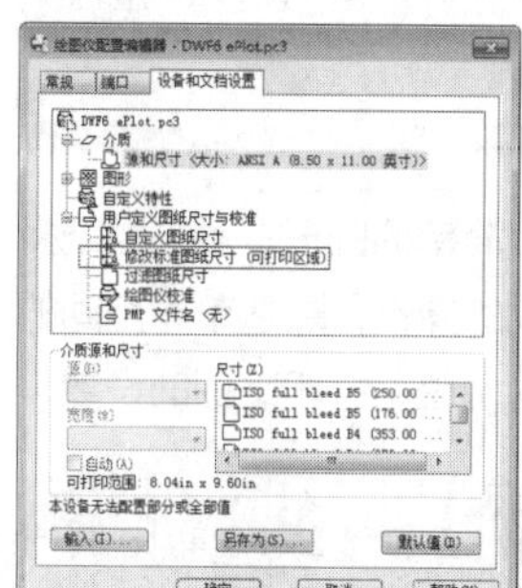

图 12-91 选择【修改标准图纸尺寸（可打印区域）】

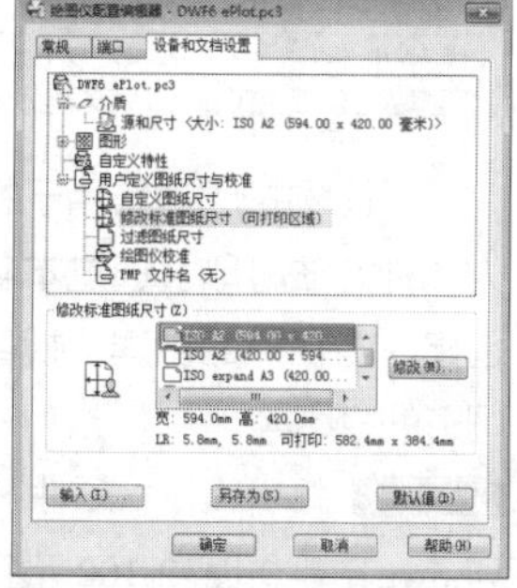

图 12-92 选择图纸尺寸

**Step 05** 单击【修改】按钮修改(M)...，系统弹出【自定义图纸尺寸–可打印区域】对话框，设置参数，如图12-93所示。

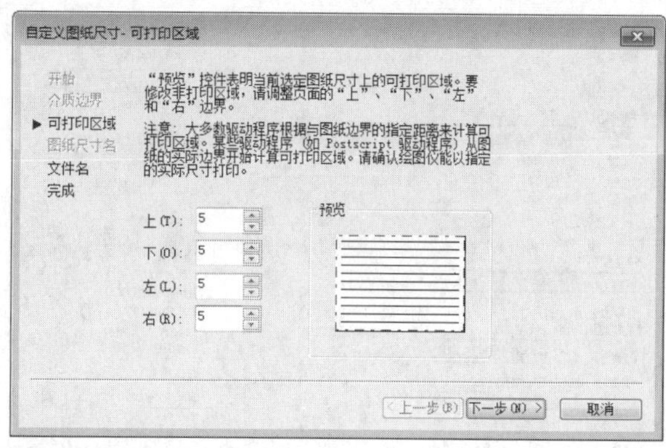

图 12-93 设置图纸打印区域

**Step 06** 单击【下一步】按钮，系统弹出【自定义尺寸–完成】对话框，如图12-94所示，在对话框中单击【完成】按钮，返回【绘图仪配置编辑器–DWF6 ePlot.pc3】对话框，单击【确定】按钮，完成参数设置。

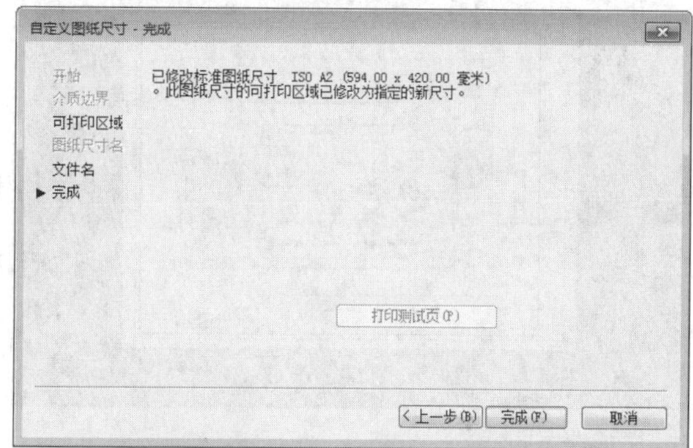

图 12-94 完成参数设置

**Step 07** 再单击【应用程序】按钮，在其下拉菜单中选择【打印】|【页面设置】命令，系统弹出【页面设置管理器】对话框，如图12-95所示。

**Step 08** 当前布局为【模型】，单击【修改】按钮，系统弹出【页面设置–模型】对话框，设置参数，如图12-96所示。【打印范围】选择【窗口】，框选整个素材文件图形。

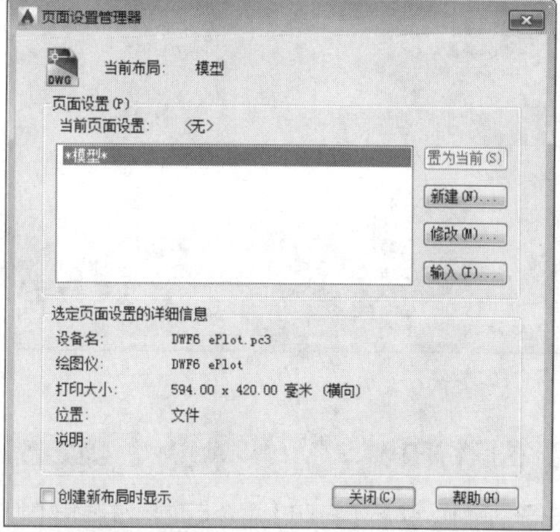

图 12-95 【页面设置管理器】对话框

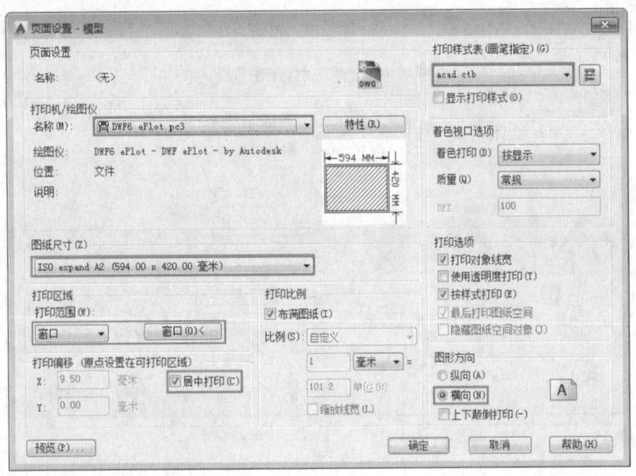
图 12-96　选择图纸尺寸

**Step 09** 单击【预览】按钮，效果如图12-97所示。

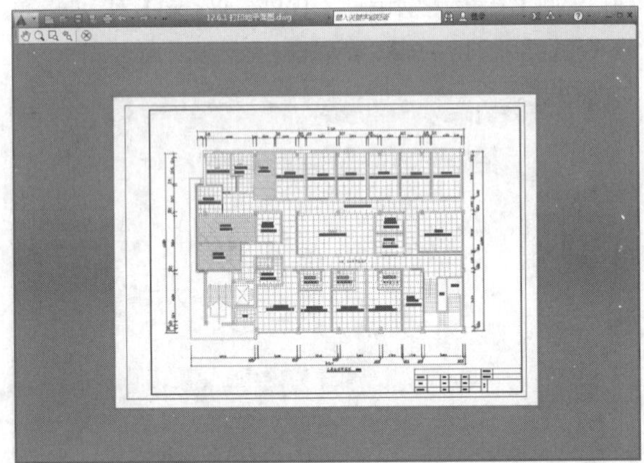
图 12-97　预览效果

**Step 10** 如果效果满意，单击鼠标右键，在弹出的快捷菜单中选择【打印】选项，系统弹出【浏览打印文件对话框】，如图12-98所示，设置保存路径，单击【保存】按钮，保存文件，完成模型打印的操作。

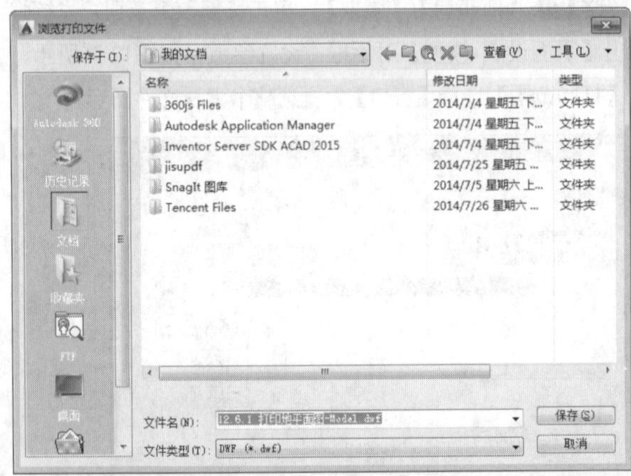
图 12-98　保存打印文件

## 12.6.2 布局打印 ★重点★

在布局空间中，执行【打印】命令后，系统弹出【打印－布局1】对话框，如图12-99所示。可以在【页面设置】选项组中的【名称】下拉列表框中直接选中已经定义好的页面设置，这样就不必再反复设置对话框中的其他设置选项了。

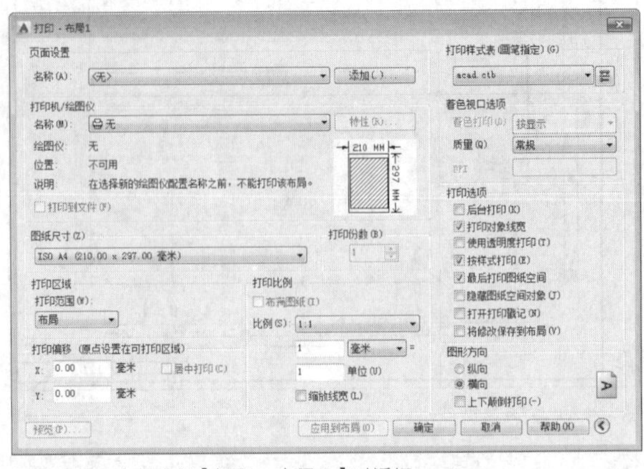
图 12-99　布局空间【打印－布局1】对话框

布局打印又分为单比例打印和多比例打印。单比例打印就是当一张图纸上多个图形的比例相同时，就可以直接在模型空间内插入图框出图了。而布局多比例打印可以对不同的图形指定不同的比例来进行打印输出。

通过下面的两个实例，来讲解单比例和多比例打印的过程，单比例打印过程同多比例打印只是打印的比例祥同，并且单比例打印视口可多可少。

### 练习 12-10 单比例打印 ★重点★

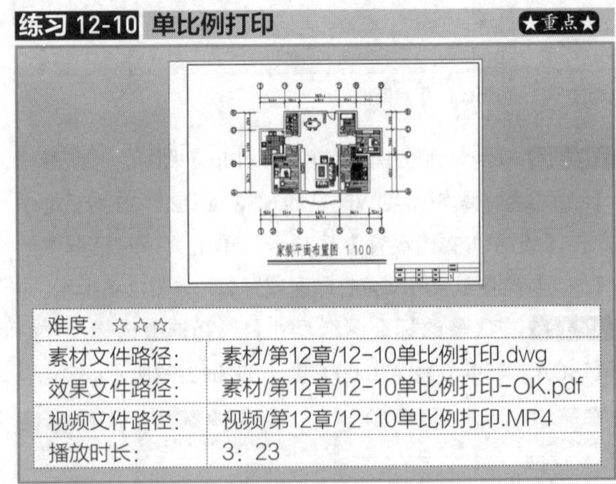


| 难度：☆☆☆ | |
|---|---|
| 素材文件路径： | 素材/第12章/12-10单比例打印.dwg |
| 效果文件路径： | 素材/第12章/12-10单比例打印-OK.pdf |
| 视频文件路径： | 视频/第12章/12-10单比例打印.MP4 |
| 播放时长： | 3：23 |

单比例打印通常用于打印简单的图形，系统图纸多为此种方法打印。通过本实战的操作，熟悉布局空间的创建、多视口的创建、视口的调整、打印比例的设置、图形的打印等。

**Step 01** 打开素材文件“第12章/12-10单比例打印.dwg”，如图12-100所示。

**Step 02** 单击绘图区下方的“布局1”标签，进入布局1操作空间；单击【修改】面板的ERASE（删除）按钮 ，将系统自动创建的视口删除，如图12-101所示。

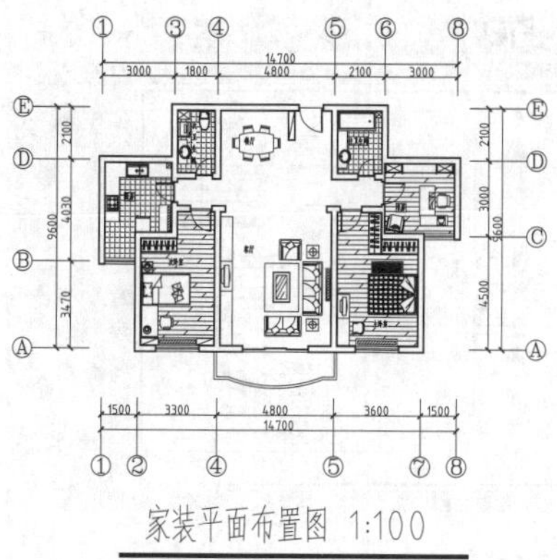


图 12-100 打开素材

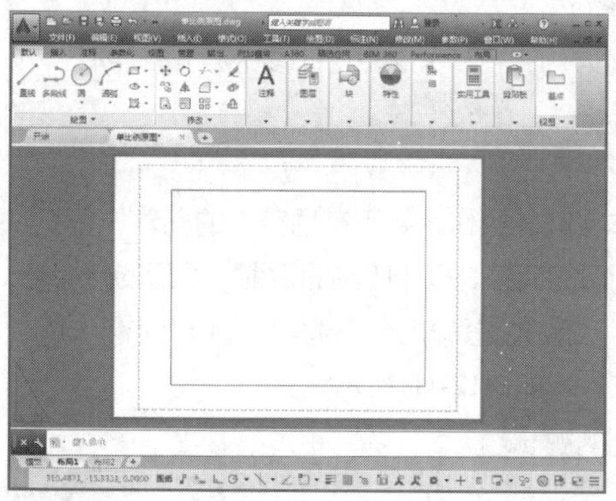

图12-101 进入布局空间

**Step 03** 将鼠标置于【布局1】标签上单击右键，弹出快捷菜单，选择【页面设置管理器】选项，如图12-102所示。

**Step 04** 在打开的【页面设置管理器】对话框中单击【新建】按钮，在弹出的【新建页面设置】设置新样式名称，结果如图12-103所示。

**Step 05** 单击【确定】按钮，打开【页面设置-布局1】对话框，设置参数如图12-104所示。

**Step 06** 单击【确定】按钮，返回【页面设置管理器】对话框，单击【置为当前】按钮，将【A3图纸页面设置】置为当前，最后单击【关闭】按钮关闭对话框返回绘图区。

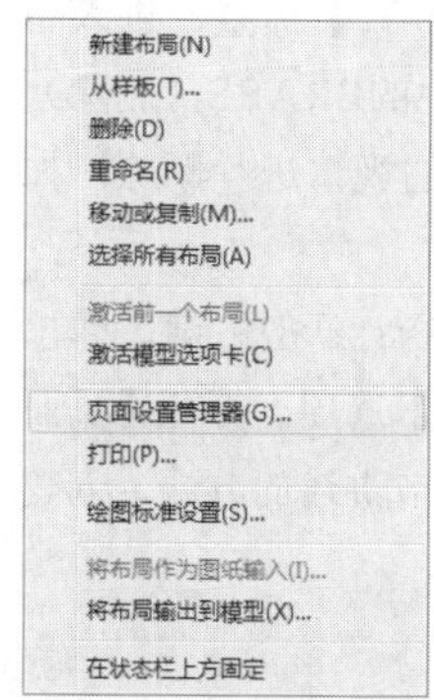


图12-102 快捷菜单

图12-103 【新建页面设置】对话框

**Step 07** 单击【块】面板中的【插入块】按钮，插入已有的【A3图签】图块，并调整图框位置，如图12-105所示。

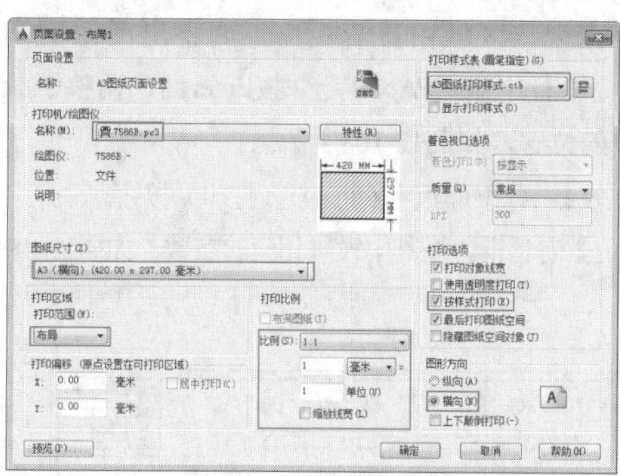

图12-104 【页面设置-布局1】对话框

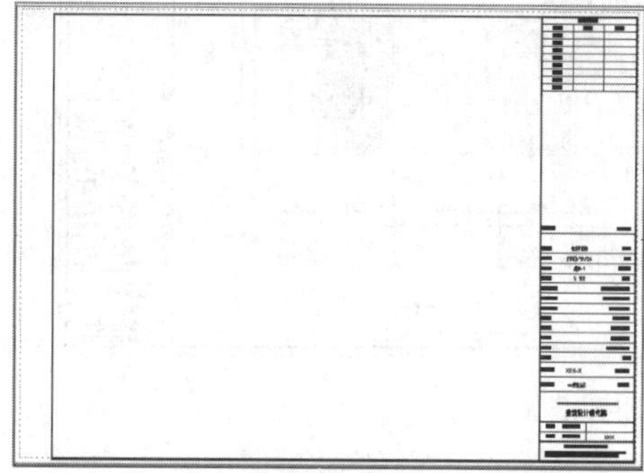

图12-105 插入A3图框

**Step 08** 新建【VPORTS】图层，设置为不可打印并置为当前图层，如图12-106所示。

**Step 09** 在命令行中输入-VPORTS（视口）命令并按Enter键，分别捕捉内框各角点，创建一个多边形视口，如图12-107所示。

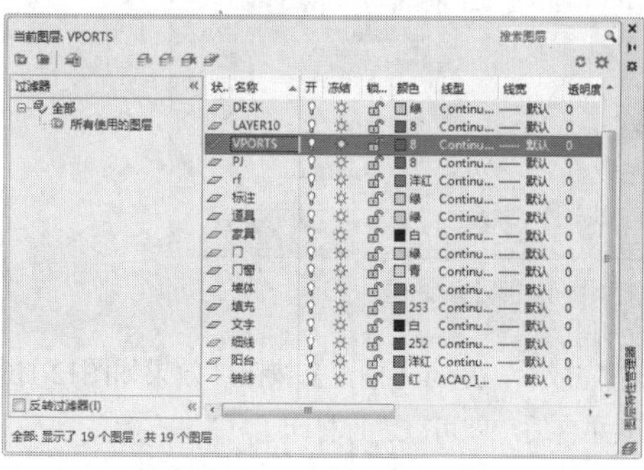

图12-106 新建“VPORTS”图层

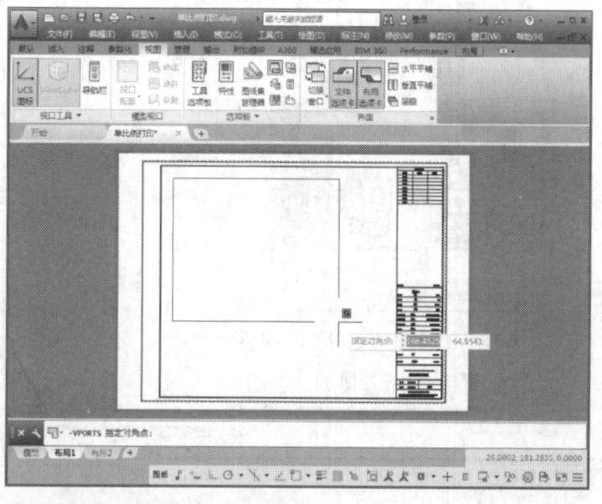

图12-107 创建多边形视口

**Step 10** 双击视口区域内激活视口，调整出图比例为1∶100；在命令行中输入PAN命令并按Enter键，调整平面图在视口中的位置，如图12-108所示。

**Step 11** 单击【打印】面板中的PLOT（打印）按钮，弹出【打印–布局1】对话框，在其中设置相应的参数，如图12-109所示。

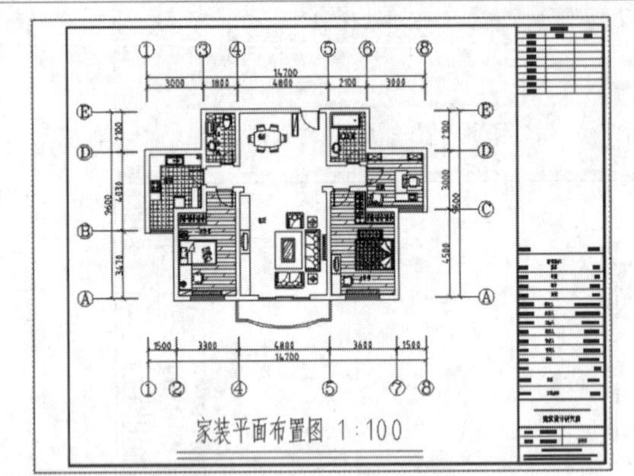


图12-108 调整出图比例

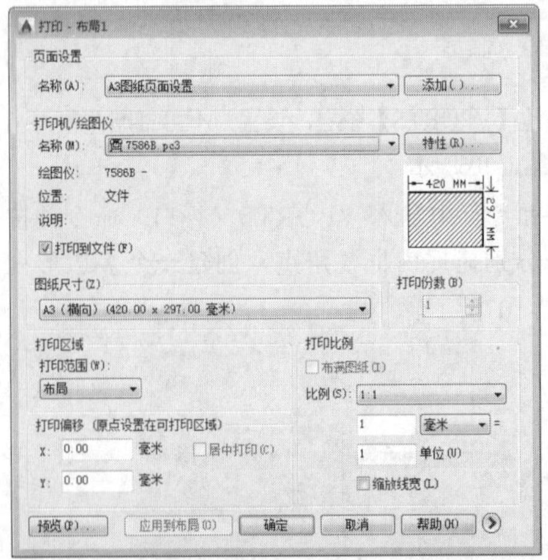


图12-109【打印–布局1】对话框

**Step 12** 设置完成后，单击【预览】按钮，效果如图12-110所示，如果效果合适，就可以进行打印了。

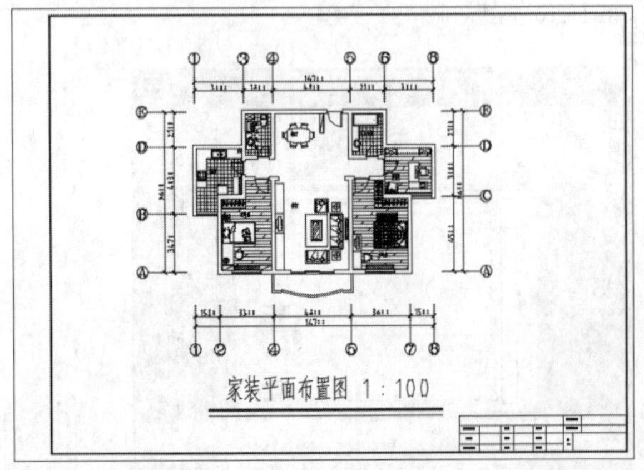


图 12-110 打印预览效果

## 练习 12-11 多比例打印 ★进阶★

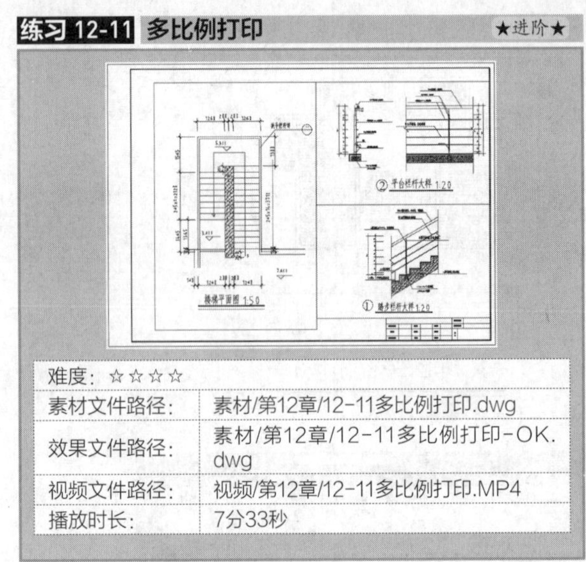

| 难度：☆☆☆☆ | |
|---|---|
| 素材文件路径： | 素材/第12章/12-11多比例打印.dwg |
| 效果文件路径： | 素材/第12章/12-11多比例打印-OK.dwg |
| 视频文件路径： | 视频/第12章/12-11多比例打印.MP4 |
| 播放时长： | 7分33秒 |

通过本实战的操作，熟悉布局空间的创建、多视口的创建、视口的调整、打印比例的设置、图形的打印等。

**Step 01** 打开配套资源中的“第12章/12-11多比例打印.dwg”文件，如图12-111所示。

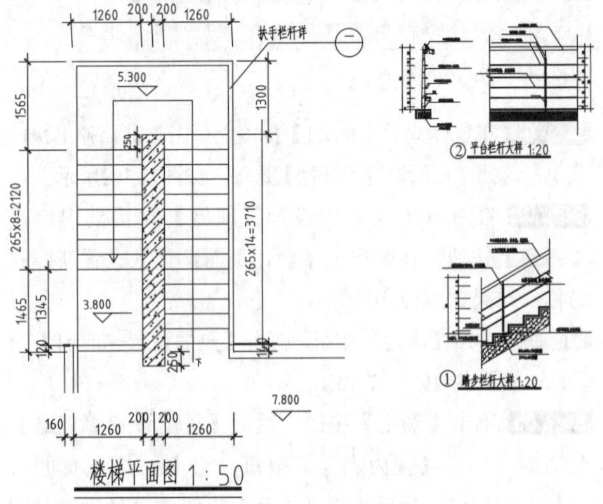


图12-111 打开文件

**Step 02** 设单击绘图区下方的【布局1】标签，进入布局1操作空间；单击【修改】面板中的ERASE（删除）按钮，将【布局1】中系统创建的视口进行删除，如图12-112所示。

**Step 03** 将鼠标置于【布局1】标签上单击右键，弹出快捷菜单，选择【页面设置管理器】选项，打开【页面设置管理器】对话框，参照前面小节讲述的方法，创建页面样式，如图12-113所示。

图12-112 进入布局空间

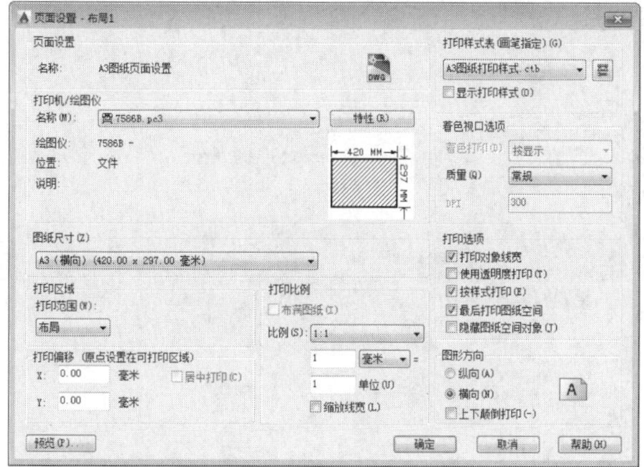

图12-113 创建页面样式

**Step 04** 单击【绘图】面板中的INSERT（插入块）按钮，插入已有的“A3图签”图块，并调整图框位置，如图12-114所示。

**Step 05** 设新建【VPORTS】图层，设置为不可打印并置为当前图层，如图12-115所示。

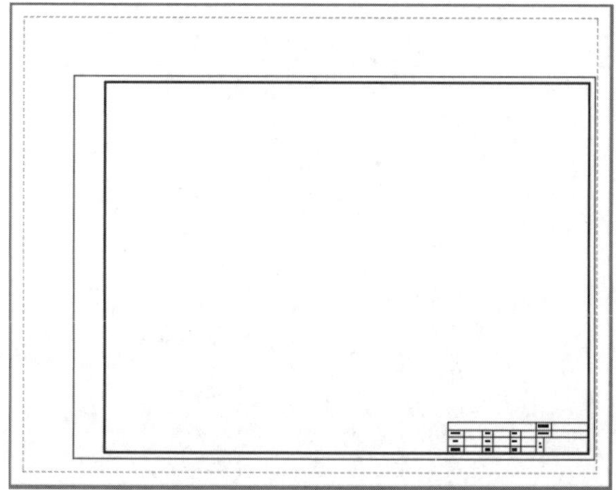

图12-114 插入A3图签

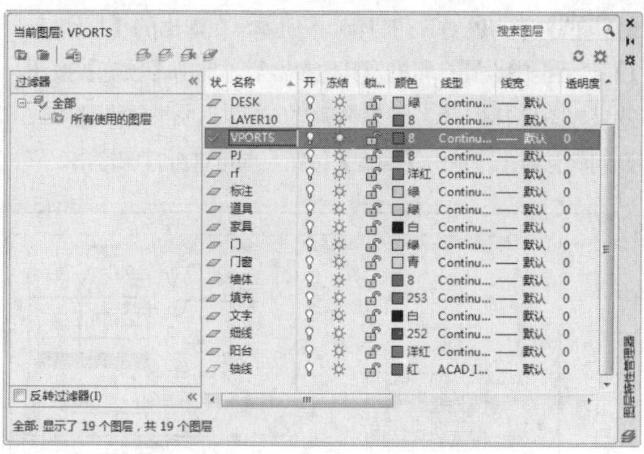

图12-115 新建图层

**Step 06** 单击【绘图】面板中的【RECTANG（矩形）】按钮，配合【对象捕捉】功能，绘制出3个矩形；在命令行中输入-VPORTS（视口）命令并按Enter键，将3个矩形转化为3个视口，如图12-116所示。

**Step 07** 双击其中一个视口区域内，激活视口，调整相应的出图比例；在命令行中输入PAN（实时平移）命令并按Enter键，调整图形的显示位置，如图12-117所示。

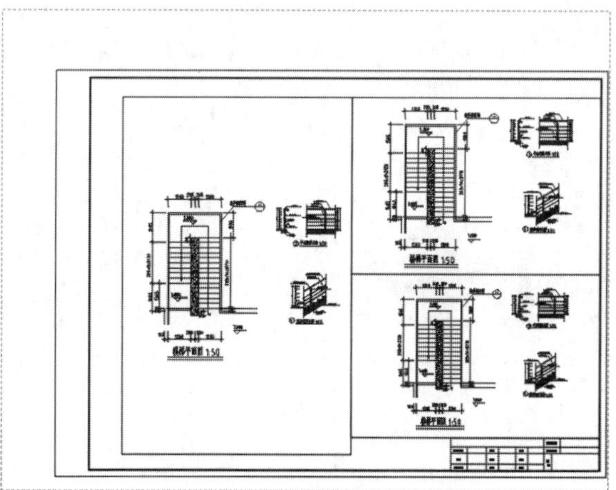

图12-116 创建视口

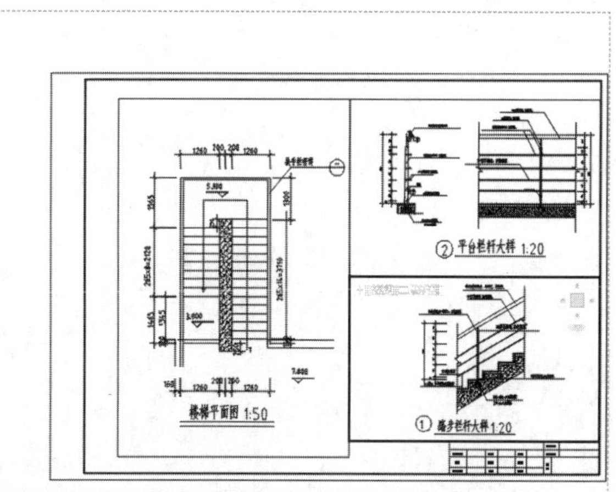

图12-117 调整出图比例

**Step 08** 单击PLOT（打印）按钮，在弹出的【打印-布局1】对话框中设置打印机及其他参数后，单击【预览】按钮，效果如图12-118所示，如果不满意，可以返回继续调整参数，直到满意为止，单击【确定】按钮，即可进行打印输出。

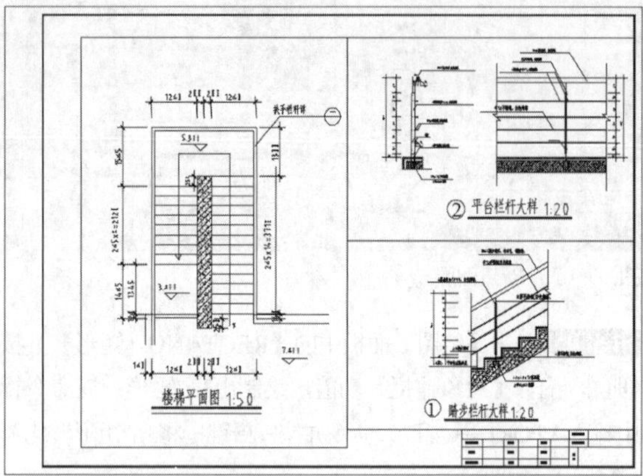


图12-118 打印预览效果

# 第 13 章 绘制建筑总平面图



建筑总平面表明整个新建建筑物所在范围内总体布置的图样，是建筑工程设计的重要步骤和内容。通常情况下，建筑总平面包含多种功能的建筑群体。

## 13.1 建筑总平面图概述

用水平投影法和相应的图例，在画有等高线或加上坐标方格网的地形图上，画出新建、拟建、原有和要拆除的建筑物、构筑物的图样称为总平面图，如图 13-1 所示。

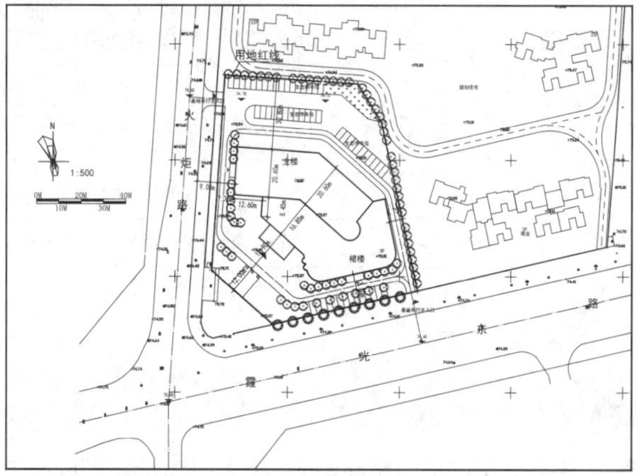


图 13-1 某地培训中心建筑总平面图

### 13.1.1 建筑总平面图的简介

总平面图表示出新建房屋的平面形状、位置、朝向及与周围地形、地物的关系等。总平面图是新建房屋定位、施工放线、土方施工及有关专业管线布置和施工总平面布置的依据。

### 13.1.2 建筑总平面图的绘制内容

建筑总平面图的绘制要遵守《总图制图标准》(GB/T 50103)的基本规定。建筑总平面图表达的内容如下。

◆新建筑物，用粗实线框表示，并在线框内，用数字表示建筑层数(例如，11F+1F 的住宅楼就表示 1 层车库层加 11 层的标准层)，并标出标高。

◆新建建筑物的定位。总平面图的主要任务是确定新建建筑物的位置，通常是利用原有建筑物、道路、坐标等来定位。

◆新建建筑物的室内外标高。我国把青岛市外的黄海海平面作为零点所测定的高度尺寸，称为绝对标高(又称为黄海高程)。在总平面图中，用绝对标高表示高度数值，单位为 m。

◆相邻有关建筑、拆除建筑的位置或范围。原有建筑用细实线框表示，并在线框内，也用数字表示建筑层数。拟建建筑物用虚线表示。拆除建筑物用细实线表示，并在其细实线上打叉。

◆附近的地形地物，如等高线、道路、水沟、河流、池塘、土坡等。

◆指北针或风向频率玫瑰图。

◆绿化规划、管道布置。

◆标注图名、比例。

◆道路(或铁路)和明沟等的起点、变坡点、转折点、终点的标高与坡向箭头。

以上内容并不是在所有总平面图上都是必需的，可根据具体情况加以选择。

### 13.1.3 建筑总平面图的绘制特点

◆绘图比例较小：总平面图所要表示的地区范围较大，除新建房物外，还要包括原有房屋和道路、绿化等总体布局。因此，在《建筑制图国家标准》中规定，总平面图的绘图比例应选用 1 ∶ 500、1 ∶ 1000、1 ∶ 2000。在具体工程中，由于国土局及有关单位提供的地形图比例常为 1 ∶ 500，故总平面图的常用绘图比例是 1 ∶ 500。另一个比较常用的是 1 ∶ 1000，因为 1m 等于 1000mm，若采用 1:1000 的比例则表示图上 1mm 代表实际 1m，换算较方便。

◆用图例表示其内容：由于总平面图绘图比例较小，图中的原有房屋、道路、绿化、桥梁边坡、围墙及新建房屋等均是用图例表示，书中列出了建筑总平面图的常用图例。图中尺寸单位为 m，注写到小数点后两位。

### 13.1.4 常用建筑总平面图图例

总平面图是用正投影的原理绘制而得的图样，主要以图例的形式表示图形。总平面图采用《总图制图标准》(GB/T 50103—2010)规定的图例，表 13-1 给出了部分常用的图例符号，画图时应严格执行该标准，若图中采用不是标准中的图例，应在总平面图下面加以说明。图线的宽度 $b$，应根据图样的复杂程度和比例，按《房屋建筑制图统一标准》(GB/T 50001—2010)中图线的有关规定执行。总平面图的坐标、标高、距离以米为单位，并至少取至小数点后两位。

表 13-1 总平面图例

| 名称 | 图例 | 说明 | 名称 | 图例 | 说明 |
|---|---|---|---|---|---|
| 新建的建筑物 | | (1) 需要时可用▲表示出入口，可在图形内右上角用点或数字表示层数。(2) 建筑物外形(一般以±0.00高度处的外墙定位轴线或外墙面线为准)用粗实线表示，需要时，地面以上的建筑用中粗实线表示，地面以下的建筑用细虚线表示 | 新建的道路 | R8 5 45.00 50.00 | "R8"表示道路转弯半径为8m；"50.00"为路面中线控制点标高；"5"表示5%，为纵向坡度；"45.00"表示变坡点间距离 |
| 原有的建筑物 | | 用细实线表示 | 原有的道路 | | |
| 计划扩建的预留地或建筑物 | | 用中粗实线表示 | 计划扩建的道路 | | |
| 拆除的建筑物 | | 用细实线表示 | 拆除的道路 | | |
| 坐标 | X 105.00 Y 425.00 | 表示测量坐标 | 桥梁 | | (1) 上图表示铁路桥，下图表示公路桥。(2) 用于旱桥时应注明 |
| | A 105.00 B 425.00 | 表示建筑坐标 | | | |
| 围墙及大门 | | 图表示实体性质的围墙，下图表示通透性质的围墙，仅表示围墙时不画大门 | 护坡 | | (1) 边坡较长时，可在一端或两端局部表示 |
| | | | 填挖边坡 | | (2) 下边线为虚线时表示填方 |
| 台阶 | | 箭头指向表示向下 | 挡土墙 | | 被挡的土在"突出"的一侧 |

# 13.2 建筑总平面图的绘制

建筑总平面图反映的是新建建筑与其周边建筑的位置关系。本节介绍建筑总平面图的绘制步骤，最终形成如图13-1所示的建筑总平面图。本节重点需要掌握的是绘图环境的设置、图形模版的创建、尺寸与文字标注以及图块的使用。熟练使用图块可以大大提高绘图速度。

## 13.2.1 设置绘图环境

在进行绘图之前需要进行一些必要的设置，相当于为正式绘图做好准备工作。设置绘图环境的主要工作有设置图层、设置文字样式、设置标注样式和保存为样板文件等。保存为样板文件是指将设置好的图层、文字样式和标注样式保存下来，这样不用每次绘图都重新设置一遍，而可以直接调用保存下来的样板文件。

### 1 设置图层

建筑总平面图主要由用地红线、新建建筑物、已建建筑物、绿化、道路、中心线、停车场、文字、标注等元素组成，因此绘制建筑总平面图时，应至少建立如表13-2所示的图层。某些建筑总平面图比较复杂，反映的内容比较多，往往事先无法全面的考虑到将要用到哪些图层，这只能先按如表13-2所示建立一些基本图层，需要时可以进行增加一个或多个图层。也可以删除某些多余的图层。但是在图纸绘制完成后，删除图层要慎重，免得把某些图形元素给删除了。

表 13-2 图层设置

| 序号 | 图层名 | 描述内容 | 线宽 | 线型 | 颜色 | 打印属性 |
|---|---|---|---|---|---|---|
| 1 | 用地红线 | 用地范围 | 默认 | CENTER | 红色 | 打印 |
| 2 | 新建建筑物 | 新建建筑物轮廓线 | 0.30mm | CONTINUOUS | 洋红色 | 打印 |
| 3 | 已建建筑物 | 已建建筑物轮廓线 | 默认 | CONTINUOUS | 黑色 | 打印 |
| 4 | 绿化 | 绿化 | 默认 | CONTINUOUS | 绿色 | 打印 |
| 5 | 道路 | 道路边线 | 默认 | CONTINUOUS | 蓝色 | 打印 |

续表

| 序号 | 图层名 | 描述内容 | 线宽 | 线型 | 颜色 | 打印属性 |
|---|---|---|---|---|---|---|
| 6 | 中心线 | 道路中心线 | 默认 | ACAD_ISO04W100 | 红色 | 打印 |
| 7 | 停车场 | 停车位线 | 默认 | CONTINUOUS | 黑色 | 打印 |
| 8 | 文字 | 图内文字、图名、比例 | 默认 | CONTINUOUS | 黑色 | 打印 |
| 9 | 标注 | 尺寸标注 | 默认 | CONTINUOUS | 绿色 | 打印 |
| 10 | 辅助 | 辅助线 | 默认 | CONTINUOUS | 黑色 | 不打印 |

**Step 01** 启动AutoCAD2016，新建一个空白图形文件。

**Step 02** 在【图层】面板中单击【图层特性】按钮，打开【图层特性管理器】对话框，如图 13-2所示。

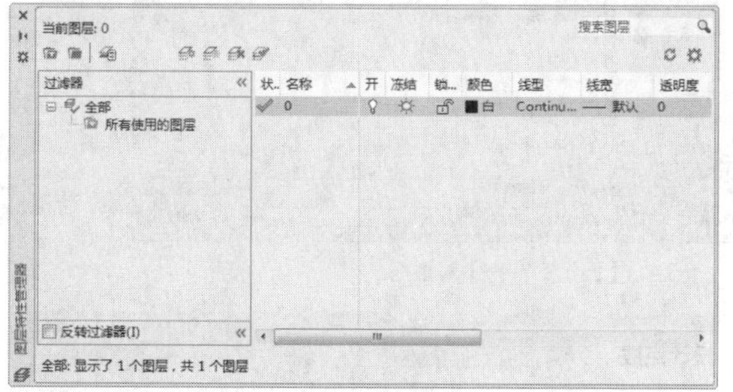

图 13-2 【图层特性管理器】对话框

**Step 03** 在【图层特性管理器】对话框中新建一个图层，命名为“用地红线”，单击【颜色】选项，将颜色设置为红色，单击【线型】选项，弹出【选择线型】对话框，在对话框中单击【加载】按钮，弹出【加载或重载线型】对话框，选中线型CENTER并按【确定】按钮，如图 13-3所示，这时将回到【选择线型】对话框，选中CENTER线型并按【确定】按钮，如图 13-4所示。设置好的“用地红线”图层如图 13-5所示。

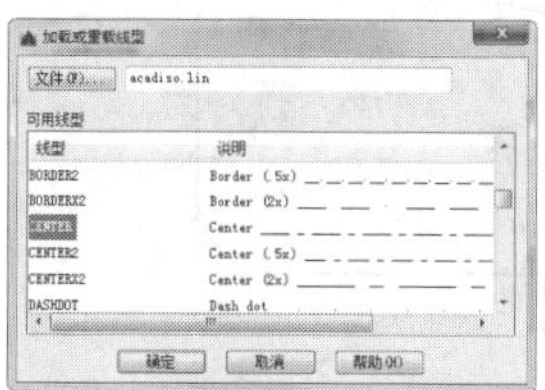

图 13-3 【加载或重载线型】对话框

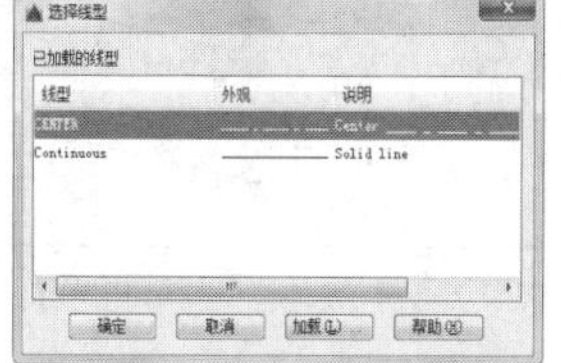

图 13-4 【选择线型】对话框

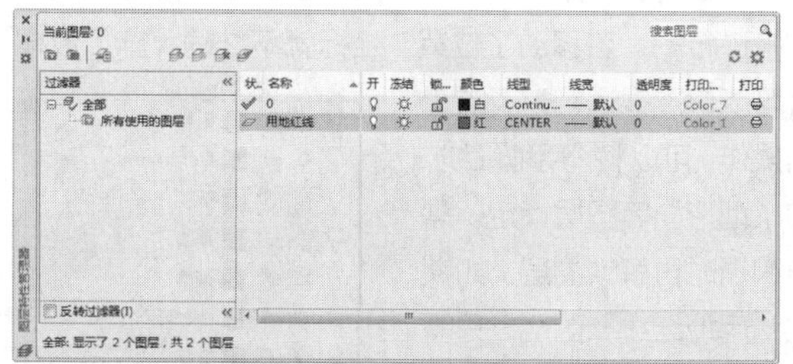

图 13-5 新建“用地红线”图层

**Step 04** 按照同样的方法，新建“新建建筑物”“已建建筑物”“绿化”“道路”“中心线”“停车场”“文字”“标注”和“辅助”等图层（绘图中，若需要增加图层可重复上述步骤来添加）。其中，“新建建筑物”图层颜色设置为洋红色，“标注”图层颜色设置为绿色，“道路”图层颜色设置为蓝色，“中心线”图层颜色设置为红色，线型设置为ACAD_ISO04W100，其余参数为软件默认值。如图 13-6所示。

**Step 05** 关闭对话框，图层设置完毕。

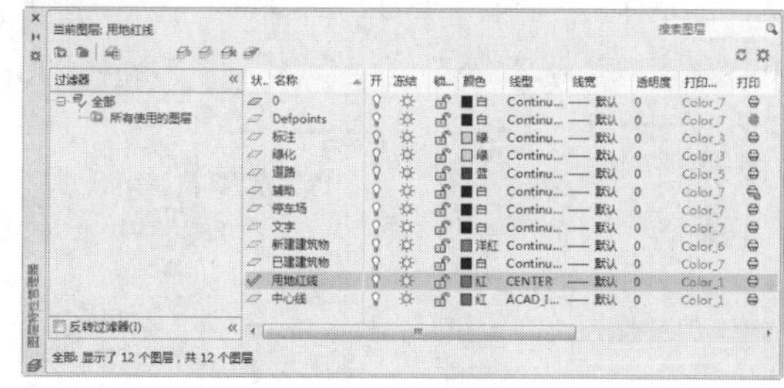

图 13-6 新建其余图层

## 2 设置文字样式

**Step 06** 单击【注释】选项卡，激活“文字”和“标注”等相关设置面板，如图 13-7所示。

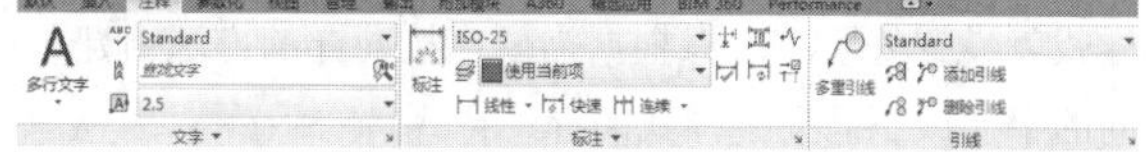

图 13-7 【注释】选项卡中的相关面板

**Step 07** 单击“文字”面板中文字样式下拉表框，单击文字样式下拉表框中的【管理文字样式...】按钮，如图 13-8所示。

**Step 08** 弹出【文字样式】对话框，在【文字样式】对话框中设置参数如图 13-9所示。单击【置为当前】和【关闭】按钮,退出对话框。

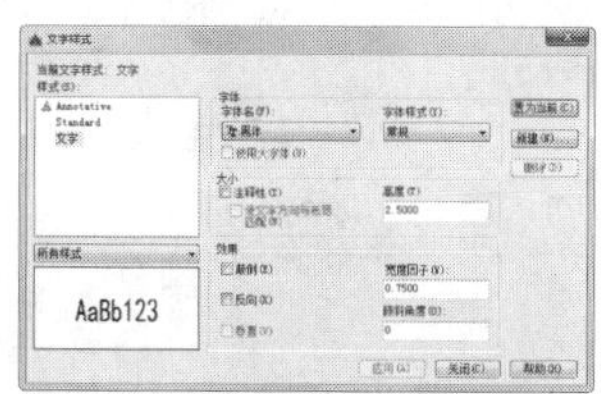

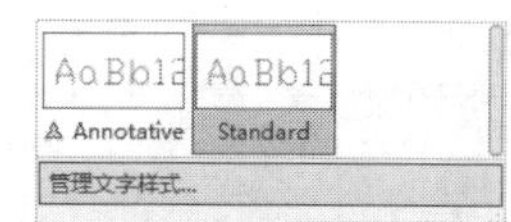


图 13-8 文字样式下拉表框

图 13-9 【文字样式】参数设置

**设计点拨**

单击文字样式下拉表框可以看到刚才新建的“文字”样式已经建立好并已经置为当前，如图 13-10所示。可以根据需要，按同样的方法新建不同的字高或字体的文字样式。

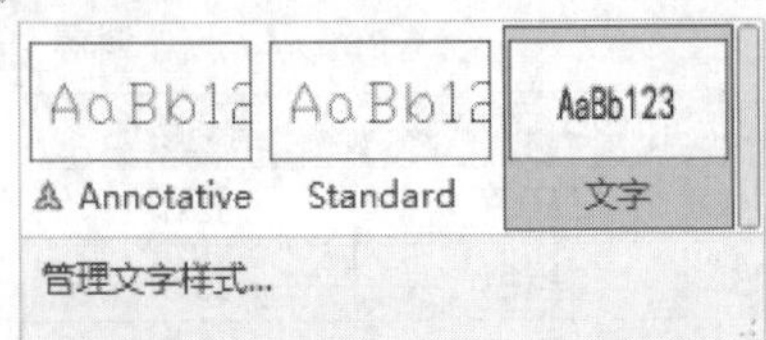


图 13-10 新建好的文字样式

## 3 设置标注样式

**Step 09** 标注样式的设置与文字样式的设置类似。单击标注样式下拉表框中的【管理标注样式...】，弹出【标注样式管理器】对话框，如图 13-11所示。

**Step 10** 单击【新建(N)...】按钮，弹出【创建新标注样式】对话框，新建样式名改为“标注”，然后单击【继续】按钮，弹出【新建标注样式：标注】对话框。箭头修改为“建筑标记”，如图 13-12所示。

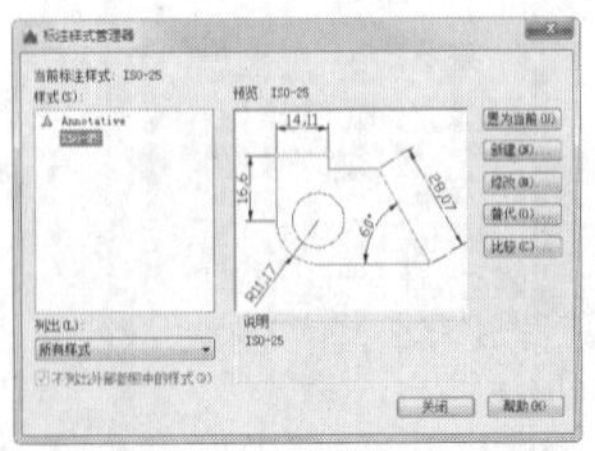

图 13-11 【标注样式管理器】对话框

图 13-12 修改箭头样式

**Step 11** 文字修改为上述新建的“文字”样式。单击图 13-13中的【确定】按钮将返回到【标注样式管理器】对话框，然后单击【置为当前】和【关闭】按钮，标注样式就设置好了。可以根据需要，按同样的方法新建不同的字高或不同文字样式的标注样式。

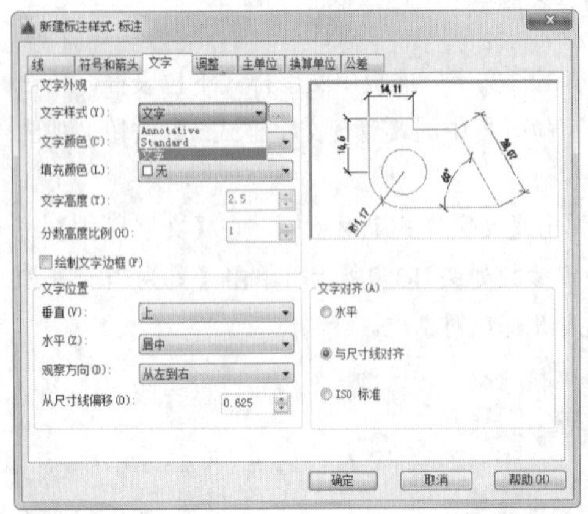


图 13-13 修改文字样式

## 4 保存为样板文件

上述可知设置绘图环境需要花费较长时间，那么是不是每次绘图都需要这样设置呢？当然不是，CAD 软件提供了创建图形模版的设置。下次绘图可以直接调用并修改上述设置好的绘图环境。具体步骤如下。

**Step 12** 按Ctrl+Shift+S组合键，弹出【图形另存为】对话框，如图 13-14所示。

**Step 13** 文件类型选择为“AutoCAD 图形样板（*.dwt）”，文件名为“绘图环境模版”，然后单击【保存】按钮。

**Step 14** 单击【确定】按钮，绘图环境模板文件建立好了。

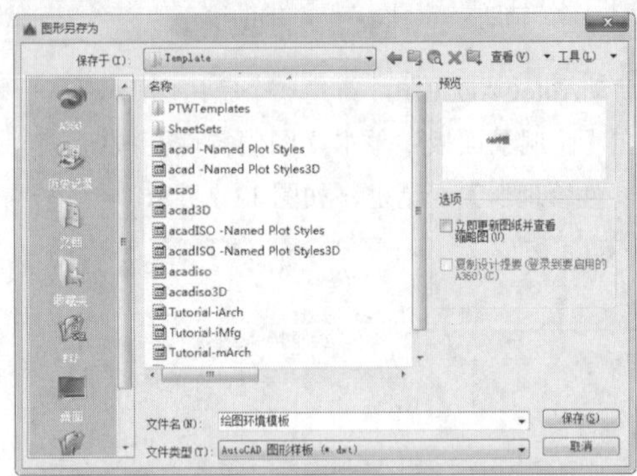


图 13-14 【图形另存为】对话框

> **设计点拨**
>
> 实际工程当中，项目建设方或国土局会提供一个用地红线图，如图 13-15所示。像这种情况，只要打开用地红线图，按照上述方法添加一些图层，设置好文字样式和标注样式即可。

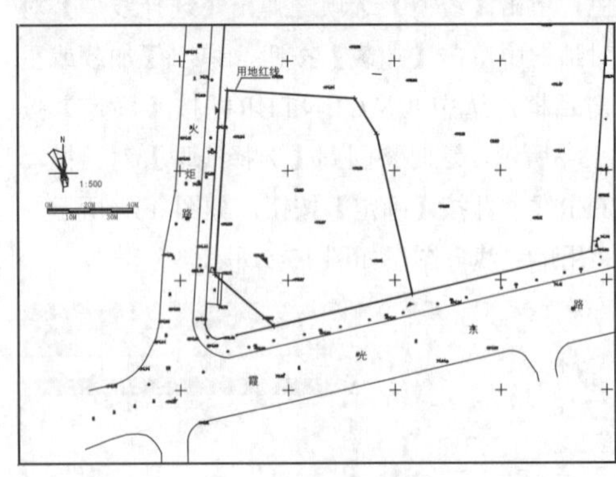


图 13-15 某地培训中心用地红线图

注意，用地红线图中包含有地形数据，整个图不可移动。因为施工放样时是按照图纸上的坐标或标注的尺寸来进行的。若移动了位置，坐标就不准确，施工放样时可能偏离很远。为了防止误操作，可以将“用地红线”和“地形”等图层锁定。需要编辑时再解锁图层。如锁定“用地红线”图层，只需单击图层下拉表框，再单击“用地红线”前面的🔓，使其变为🔒。如图 13-16所示。图层被锁定后就不能

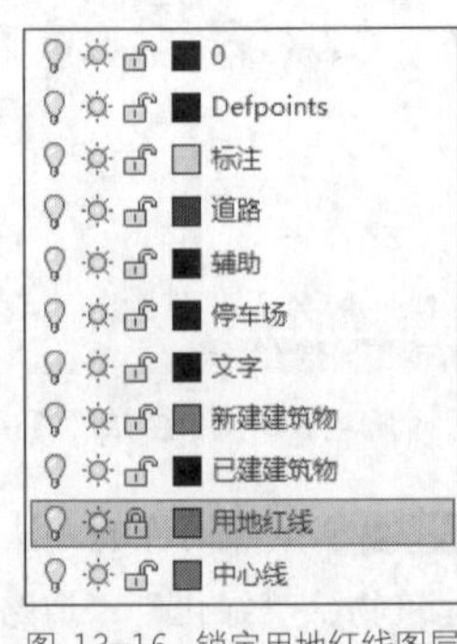


图 13-16 锁定用地红线图层

进行复制、移动等任何操作了。若需要解锁，只需再次单击🔒。可以将建设方提供的底图（这里是指用地红线图）里面的图层都锁定。

### 13.2.2 绘制建筑物

在总平面图中，建筑位置、形状、造型仅用轮廓线表示，而且新建建筑物用粗实线来绘制。轮廓线主要由直线和圆弧组成。直线分为水平（或垂直）线和非水平（或垂直）线，对于前者，比较容易，可以在正交模式下通过输入数字绘制，对于后者建议采用极坐标输入方式，本节主要讲解后者。而圆弧的绘制一般是先绘制用【圆】或【椭圆】命令绘制圆或椭圆，再结合【修剪】命令绘制。具体绘制如下。

**Step 01** 单击【图层】面板中的【图层】下拉表框，选择“新建建筑物”，将“新建建筑物”图层设置为当前图层。

**Step 02** 输入L执行【直线】命令，绘制两条直线，如图 13-17所示。建议采用极坐标方式输入，已知轮廓线的长度和角度的情况下，极坐标输入十分方便。命令行显示如下。

```
命令: L↙
LINE
指定第一个点:                          //绘图区域空白处任意一点
指定下一点或 [放弃(U)]: @36.3<-4↙
                                       //采用极坐标方式输入
指定下一点或 [放弃(U)]: @32<-40.5↙
                                       //采用极坐标方式输入
指定下一点或 [闭合(C)/放弃(U)]:↙
                                       //按Enter键结束输入
```

**Step 03** 输入O执行【偏移】命令，将刚绘制的两条直线像下偏移20.6，如图 13-18所示。

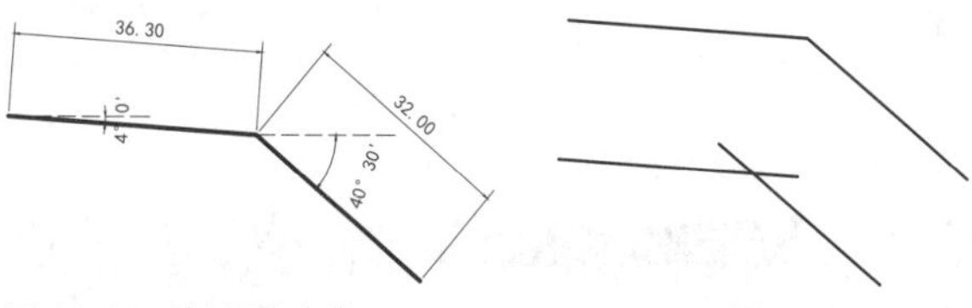


图 13-17 绘制两条直线　　图 13-18 直线偏移

**Step 04** 输入L执行【直线】命令，绘制另外两条直线。输入C执行【圆】命令，采用两点绘制圆的方式绘制一直径9.2m的圆，命令行显示如下。

```
命令: C↙
CIRCLE
指定圆的圆心或 [三点(3P)/两点(2P)/切点、切点、半径(T)]:
2P                       //采用捕捉直径的两端点来绘制圆
指定圆直径的第一个端点:
                         //捕捉图 13-19中下端端点
指定圆直径的第二个端点: 9.2↙
                         //先捕捉图 13-19图 13-20中的右侧端
点，但不要单击，因为圆的直径不是20.6，这里直接输入直
径9.2并按Enter键即可。按Enter键后结果如图 13-21所示
```

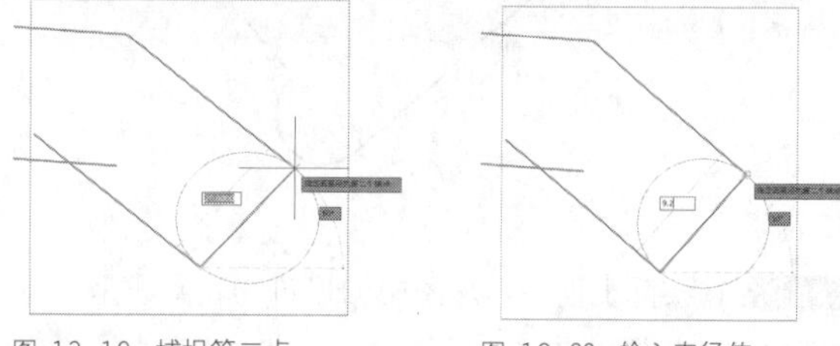

图 13-19 捕捉第二点　　图 13-20 输入直径值

**Step 05** 输入TR执行【修剪】命令，然后连续按两次Enter键，这样可以点选需要删除的部分，修剪后如图 13-22所示。这是比较实用的操作，学员应该自己多动手练习。命令行显示如下。

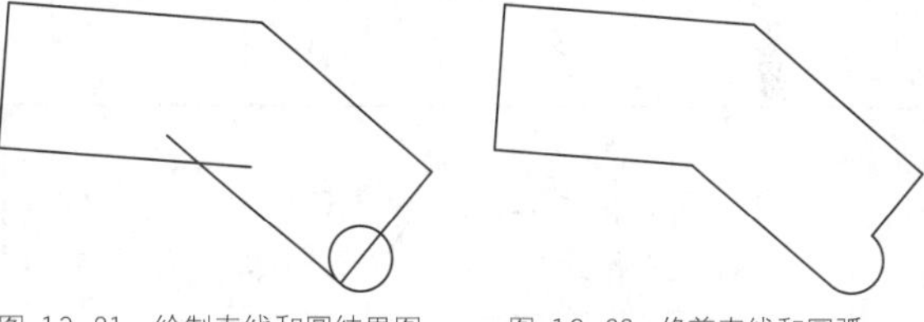

图 13-21 绘制直线和圆结果图　　图 13-22 修剪直线和圆弧

**Step 06** 总图中，一般会将建筑物轮廓线转换成多段线，这样建筑物轮廓线是一个整体，便于编辑，而且线条美观。采用PE命令转换，结果如图 13-23所示，命令行显示如下。到此，新建建筑物的外轮廓就绘制好了。

```
命令: PE↙
PEDIT
选择多段线或 [多条(M)]: m
                         //输入m，表示可选择多条线
段或弧线
选择对象: 指定对角点: 找到 7 个               //框选对象
选择对象:↙               //按Enter键确认
是否将直线、圆弧和样条曲线转换为多段线? [是(Y)/否(N)]?
<Y>                      //输入Y，转换成多段线
输入选项 [闭合(C)/打开(O)/合并(J)/宽度(W)/拟合(F)/样条曲线
(S)/非曲线化(D)/线型生成(L)/反转(R)/放弃(U)]: J↙
                         //输入J，合并线段和圆弧
合并类型 = 延伸
输入模糊距离或 [合并类型(J)] <0.0000>:
多段线已增加 6 条线段
输入选项 [闭合(C)/打开(O)/合并(J)/宽度(W)/拟合(F)/样条曲线
(S)/非曲线化(D)/线型生成(L)/反转(R)/放弃(U)]: W
指定所有线段的新宽度: 0.3↙      //将多段线设置宽带0.3mm
输入选项 [闭合(C)/打开(O)/合并(J)/宽度(W)/拟合(F)/样条曲线
(S)/非曲线化(D)/线型生成(L)/反转(R)/放弃(U)]:
                         //按Enter键结束
```

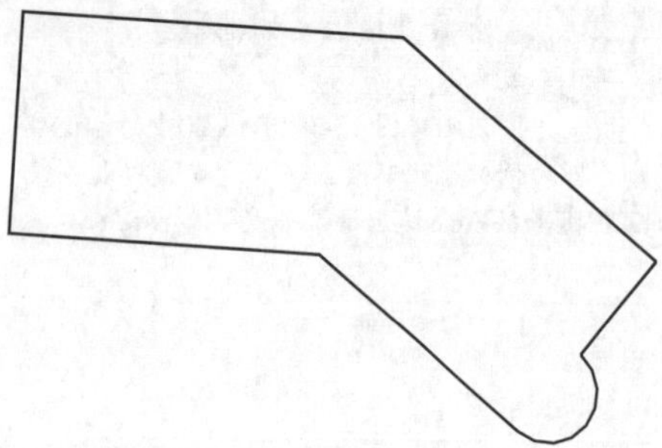

图 13-23 转换成多段线

**Step 07** 在实际工程中，总图中的建筑物轮廓线是在单体建筑图中描绘出来，然后复制过来的。或者直接将单体建筑一层平面图建成“块”，然后插入总图中，再用粗实线描绘轮廓线。

**Step 08** 将绘制好的新建建筑物轮廓线移动到用地红线图的适当位置，如图 13-24所示。总平面图绘制过程可能需要不断地用到【移动】等调整命令，直到满意为止。

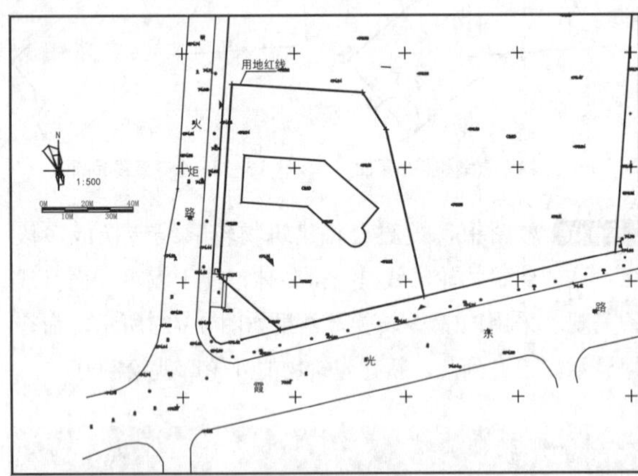


图 13-24 新建建筑物移动到合适位置

## 13.2.3 绘制小区道路

小区道路一般比较简单，由两条道路边线和道路中心线组成。道路的绘制一般先绘制道路中心线，然后再利用【偏移】命令绘制道路边线。本节只学习道路绘制的基本操作，具体工程中，需要不断移动位置等调整工作，学员可以学习视频教程中的相关内容。

**Step 01** 单击【图层】面板中的【图层】下拉表框，选择“中心线”选项，将“中心线”图层设置为当前图层。输入L执行【直线】命令，绘制两段线段如图 13-25所示。

**Step 02** 单击【修改】面板中的按钮，给刚绘制的两段直线倒圆角，圆角半径设置为9，结果如图 13-26所示，命名行显示如下。

```
命令: _FILLET
当前设置: 模式 = 修剪, 半径 = 0.0000
选择第一个对象或 [放弃(U)/多段线(P)/半径(R)/修剪(T)/多个(M)]: r
指定圆角半径 <0.0000>: 9↙                  //输入圆角半径9
选择第一个对象或 [放弃(U)/多段线(P)/半径(R)/修剪(T)/多个(M)]:                  //选择第一条直线
选择第二个对象，或按住 Shift 键选择对象以应用角点或 [半径(R)]:                  //选择第二条直线
```

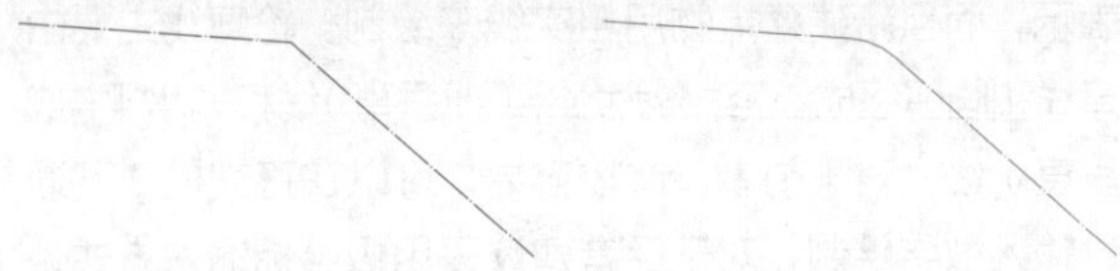

图 13-25 绘制道路中心线　　图 13-26 倒圆角

**Step 03** 将倒圆角后的道路中心线转换成多段线，操作步骤参照新建建筑物的绘制过程。输入O执行【偏移】命令，将道路中心线向两侧各偏移3m，如图13-28所示。

图 13-27 道路中心线转换成多段线　　图 13-28 多段线偏移

**Step 04** 选中刚偏移出的两条多段线，单击【图层】下拉表框，选择【道路】选项，将其切换到【道路】图层，如图13-29所示。到此，一度道路就绘制完成。复杂的道路可能还要用的【修剪】等命令。

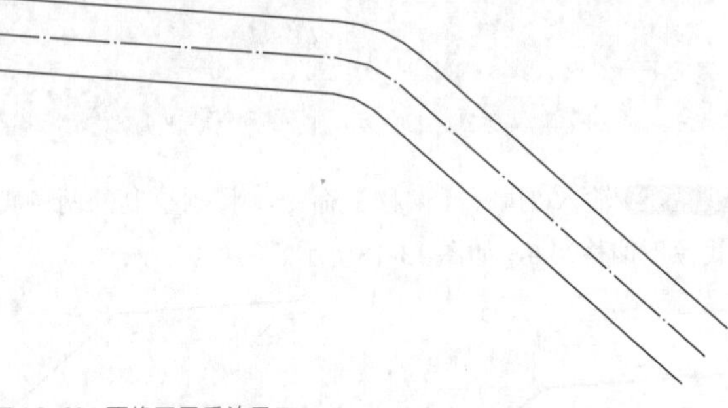

图 13-29 更换图层后效果

## 13.2.4 绘制附属裙楼

附属裙楼一般指在一个多层、高层、超高层建筑的主体底部，其占地面积大于建筑主体标准层面积的附属建筑体。其特征如下：一般指在一个多、高层建筑的主体下半部分，修建的横切面积大于建筑主体本身横切面积的低层附属建筑体。

附属裙楼的绘制方法与新建建筑物的绘制方法相似，都是绘制一个轮廓线，轮廓线无非就是线段，圆弧等基本元素。下面详细讲解其绘制过程，用到的 CAD 命令有【构造线】、【直线】、【圆角】、【偏移】、【移动】和【复制】等。下面通过两种方法介绍不规则轮廓线的

绘制。

## 方法一

采用【构造线】构建辅助线的方式来绘制。具体步骤如下。

**Step 01** 单击【图层】面板中的【图层】下拉表框，选择“辅助”选项，将“辅助”图层设置为当前图层。

**Step 02** 输入XL执行【构造线】命令，通过捕捉点1和点2、点3点4、点5和点6绘制3条构造线如图 13-30所示。

**Step 03** 输入O执行【偏移】命令，将“1-2”构造线向右偏移12.6m，将“3-4”构造线向下偏移16.85m，并删除偏移前的两条构造线（辅助线太多容易混淆，宜及时删除，若发现删除了有用的辅助线，则应补绘）。输入RO执行【旋转】命令，以点5为基点旋转-37.25°。结果如图 13-31所示。

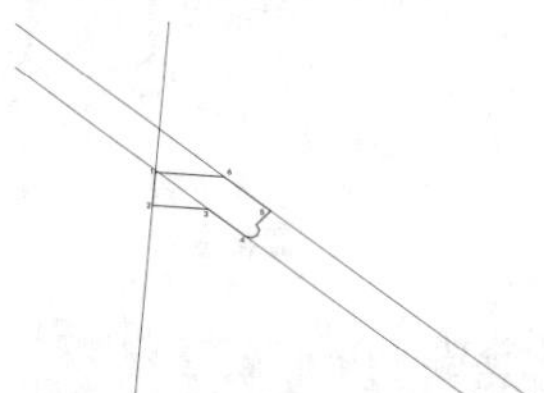

图 13-30 绘制三条构造线

图 13-31 构造线偏移与旋转

> **设计点拨**
>
> 因为“6-5”构造线是顺时针旋转，所以角度应输入负值。角度输入时度分秒应转换成度。

**Step 04** 输入如O执行【偏移】命令，将图 13-31中最右侧构造线分别向左和向右偏移34.2m和5.3m，得到构造线a和构造线b如图 13-32所示。

**Step 05** 输入如O执行【偏移】命令，通过点5绘制一条垂直构造线b的构造线，并将其向下偏移28.75m，结果如图 13-33所示。

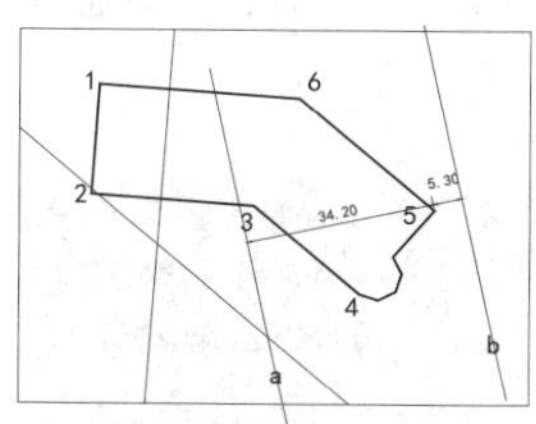


图 13-32 构造线偏移

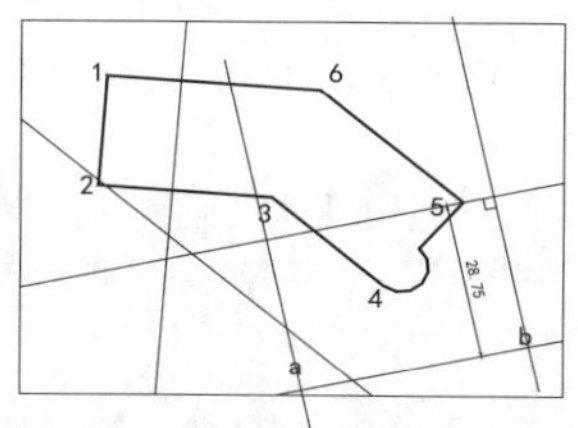


图 13-33 构造线绘制与偏移

**Step 06** 单击【图层】面板中的【图层】下拉表框，选择“新建建筑物”选项，将“新建建筑物”图层设置为当前图层。输入L执行【直线】命令，连接图 13-34所示的各交点，并删除构造线，结果如图 13-35所示。至此，裙楼的轮廓线框架已经绘制完成。

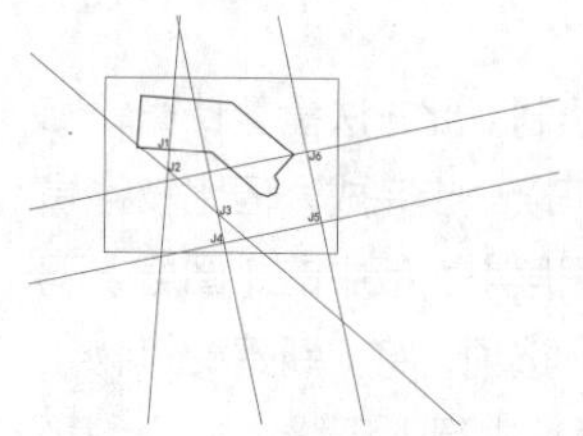

图 13-34 构造线交点图

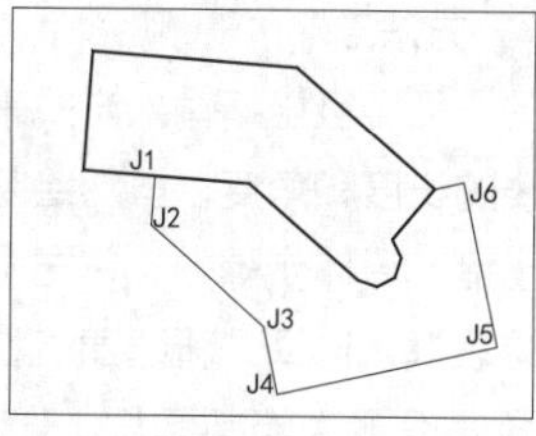


图 13-35 裙楼轮廓半成品图

**Step 07** 倒圆角。单击【修改】面板中的按钮 圆角，将图 13-35中J4和J5处倒圆角，圆角半径设置为6.2，结果如图 13-36所示。

**Step 08** 输入XL执行【构造线】命令，绘制一条通过J4和J5处圆弧上顶点的构造线，并依次向上偏移2.4m，0.5m和2.4m。结果如图 13-37所示。

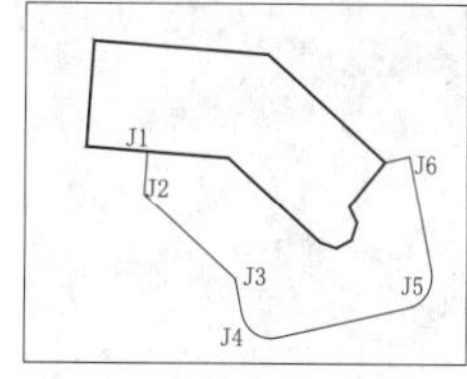


图 13-36 倒圆角

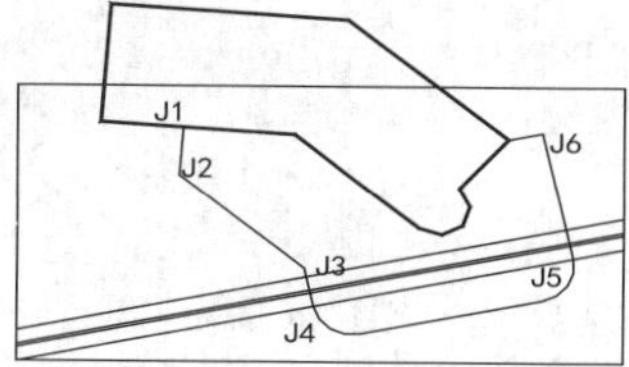


图 13-37 绘制 4 条构造线

**Step 09** 输入C执行【圆】命令，通过两点绘制圆的方式绘制两个直径2.4m的圆，如图 13-38所示。

**Step 10** 输入TR执行【修剪】命令，然后连续按两次Enter键，这样就能点选需要删除的部分，修剪后结果如图 13-39所示。

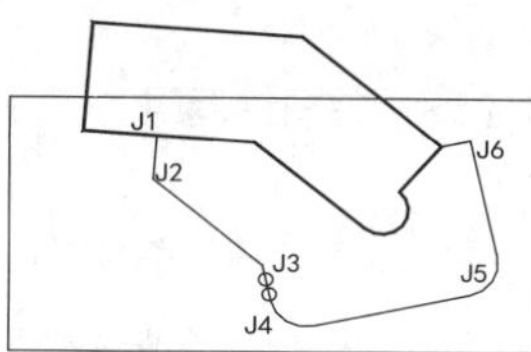


图 13-38 绘制两个小圆

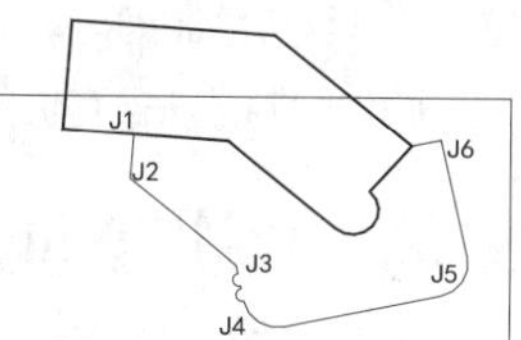


图 13-39 修剪小圆

**Step 11** 将轮廓线转为多段线。输入PE命令，参照绘制建筑物章节的内容，将裙楼轮廓线转为多段线。裙楼绘制完效果如图 13-40所示。图中上面部分是主楼，下面部分是裙楼。

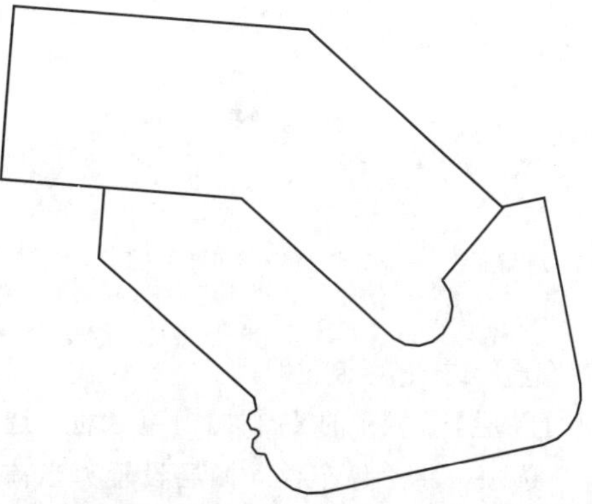

图 13-40 裙楼轮廓

### 2 方法二

采用极坐标输入方式来绘制。此方法需要计算轮廓线的长度和角度，虽然绘制可以一步完成，但比较容易出错。具体步骤为：单击【图层】面板中的【图层】下拉表框，选择“新建建筑物”选项，将“新建建筑物”图层设置为当前图层。输入 L 执行【直线】命令，第一点捕捉点 5，然后依次输入“@5.3<12.25 按 Enter 键”“@28.75<-77.75 按 Enter 键”“@40.4<192.25 按 Enter 键”“@13.05<102.25 按 Enter 键”“@25.02<139.5 按 Enter 键”“@8.45<86 按 Enter 键”和“按 Enter 键”。结果如图 13-35 所示。命令行显示如下。

```
命令: L↙
LINE
指定第一个点:                                      //捕捉点5
指定下一点或 [放弃(U)]: @5.3<12.25↙               //输入长度和角度，并按Enter键，下同
指定下一点或 [放弃(U)]: @28.75<-77.75↙
指定下一点或 [闭合(C)/放弃(U)]: @40.4<192.25↙
指定下一点或 [闭合(C)/放弃(U)]: @13.05<102.25↙
指定下一点或 [闭合(C)/放弃(U)]: @25.02<139.5↙
指定下一点或 [闭合(C)/放弃(U)]: @8.45<86↙
指定下一点或 [闭合(C)/放弃(U)]:↙            //按Enter键结束输入
```

方法二看似简单，但是必须精确计算各元素的长度和角度。绘制到图 13-35 所示的轮廓后，接下来的步骤按方法一继续绘制即可。

两种绘制方法各有优劣，都应掌握并熟练运用。

## 13.2.5 绘制停车位

小区停车位一般用一个长 5.5m，宽 2.5m 的矩形表达。根据地形，场地大小等情况可以布置成各种形式，现列举两种布置形式如图 13-41 和图 13-42 所示。第一种适应于路边较宽敞的情形，第二种适应于路边用地较窄情形。

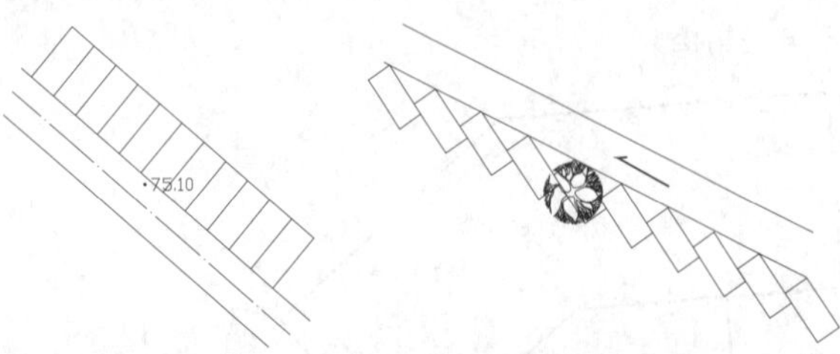


图 13-41 停车位布置形式一　　图 13-42 停车位布置形式二

下面介绍布置形式一的绘制过程。

**Step 01** 单击【图层】面板中的【图层】下拉表框，选择“停车位”选项，将“停车位”图层设置为当前图层。

**Step 02** 绘制一个停车位。输入REC执行【矩形】命令，捕捉道路边线一个最近点，绘制一个矩形，如图 13-43所示。命令行提示如下。

```
命令: REC↙
RECTANG
指定第一个角点或 [倒角(C)/标高(E)/圆角(F)/厚度(T)/宽度(W)]:
指定另一个角点或 [面积(A)/尺寸(D)/旋转(R)]: @5.5,-2.5↙
```

**Step 03** 调整停车位。输入RO执行【旋转】命令，调整上述绘制的停车位，结果如图 13-44所示。命令行提示如下。

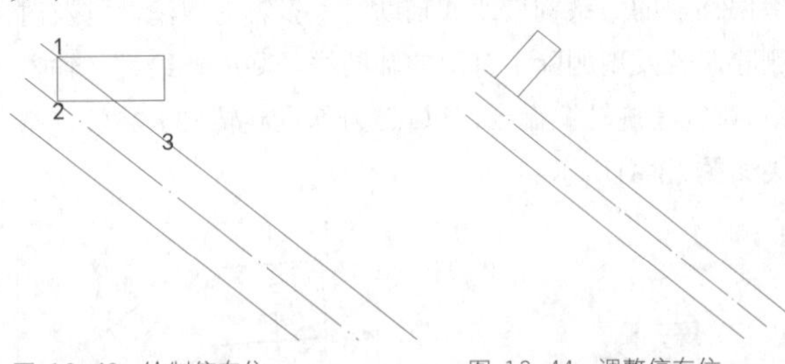


图 13-43 绘制停车位　　图 13-44 调整停车位

```
命令: RO↙                                   //输入RO，按Enter键
ROTATE
UCS 当前的正角方向: ANGDIR=逆时针 ANGBASE=0
                                              //提示选择对象
选择对象: 找到 1 个                           //选择矩形
选择对象:↙                                    //按Enter键
指定基点://提示选择基点，图中第一点
指定旋转角度，或 [复制(C)/参照(R)] <0>: r
                                              //输入r采用参照方式
指定参照角 <0>: 指定第二点:
                                              //按顺选择第一点和第二点
指定新角度或 [点(P)] <0>:
                         //选择第三点（道路边线任意点）结束
```

**Step 04** 绘制其他停车位。单击【修改】面板中的阵列·下拉列表，选择路径阵列，将停车位阵列，如果如图 13-45所示。命令行提示如下。

```
命令: _ARRAYPATH              //单击路径阵列后系统输入的命令
选择对象: 找到 1 个                      //选择停下车位
选择对象:l                               //按Enter键确认
类型 = 路径 关联 = 是
选择路径曲线:            //提示选择路径，这里选择道路边线
选择夹点以编辑阵列或 [关联(AS)/方法(M)/基点(B)/切向(T)/项目(I)/行(R)/层(L)/对齐项目(A)/z 方向(Z)/退出(X)] <退出>:
                                         //按Enter键结束阵列。
```

**Step 05** 调整停车位间距。显然图 13-45不是我们希望的间距。AutoCAD 2016可以通过夹点编辑的方法调整停车位间距。选中刚阵列出的停车位，激活夹点。单击三角形夹点，会提示输入项目间的距离，此时输入2.5并

按Enter键，结果如图 13-46所示。

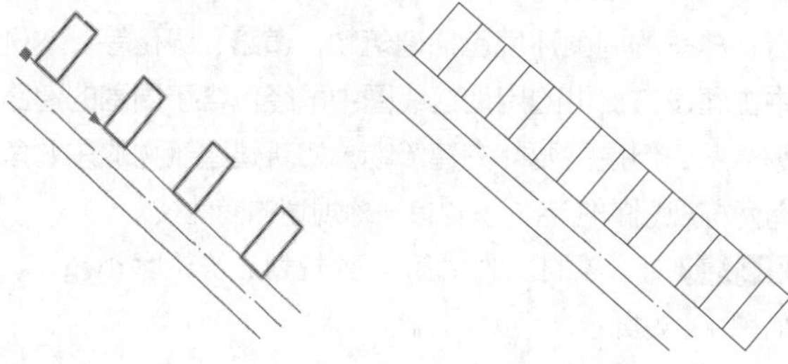

图 13-45 路径阵列　　图 13-46 夹点编辑后结果

**Step 06** 绘制好新建建筑物、小区道路、裙楼和停车位后，结果如图 13-47所示。篇幅所限，本书只讲解了一些绘制方法。具体绘制过程中，学员应按照本书讲述的方法和配套的视频勤加练习。

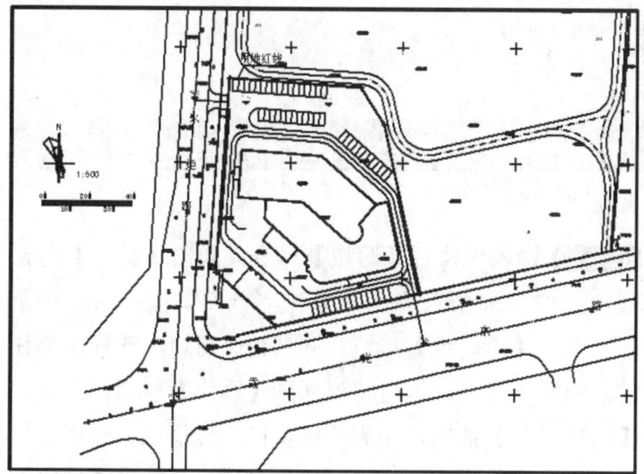

图 13-47 总平面图半成品

## 13.2.6 绘制绿地

绿地主要是草皮和树木。草皮一般用图案填充的方法。树木一般是利用一些树木“块”，也可以自己动手绘制一棵树，然后建立成“块”。

**Step 01** 单击【图层】面板中的【图层】下拉表框，选择“绿化”选项，将“绿化”图层设置为当前图层。

**Step 02** 绘制草皮的轮廓（例如，在中虚线圆圈表示的区域要绘制一片草皮，如图 13-48所示）。输入PL执行【多段线】命令，依次捕捉需要绘制草皮的轮廓线角点，如图 13-49所示。

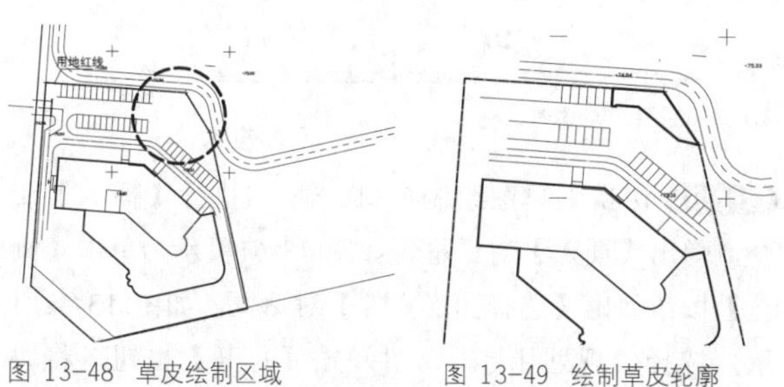

图 13-48 草皮绘制区域　　图 13-49 绘制草皮轮廓

**Step 03** 单击【绘图】面板中的 ，然后选择【图案】面板中的（GRASS图案），再单击【边界】面板中的 选择 ，选取草皮轮廓线，结果如图 13-50所示。

**Step 04** 调整填充比例。上述草皮填充效果不理想。选中刚填充的草皮，可以修改【特性】面板中的填充比例，如将“1”改为“0.1”。比例越小，填充的元素越密集。修改后填充效果如图 13-51所示。

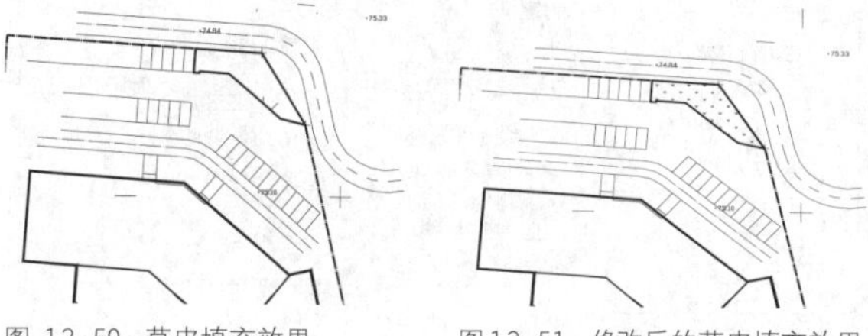

图 13-50 草皮填充效果　　图13-51 修改后的草皮填充效果

**Step 05** 树木的绘制。输入C命令执行【圆】命令，绘制3个同心圆，半径分别为0.15、1.60和1.95。结果如图 13-52所示。

**Step 06** 输入SPL命令执行【样条曲线】命令，在两个大圆之间绘制样条曲线，可以随意绘制，一般在两个圆上各取一点，两元之间任点击一点，绘制结果如图 13-53所示。

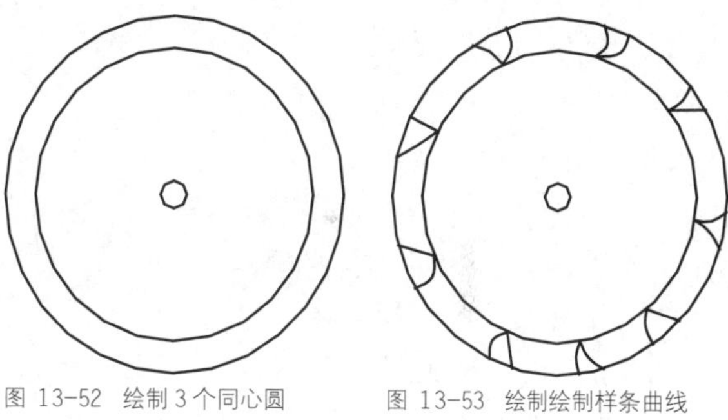

图 13-52 绘制 3 个同心圆　　图 13-53 绘制绘制样条曲线

**Step 07** 输入TR命令执行【修剪】命令，然后连续按两次Enter键，这样就能点选需要删除的部分，修剪后结果如图 13-54所示。删除中间的圆，树木便绘制完成，结果如图 13-55所示。树木种类很多，这里仅举例说明。

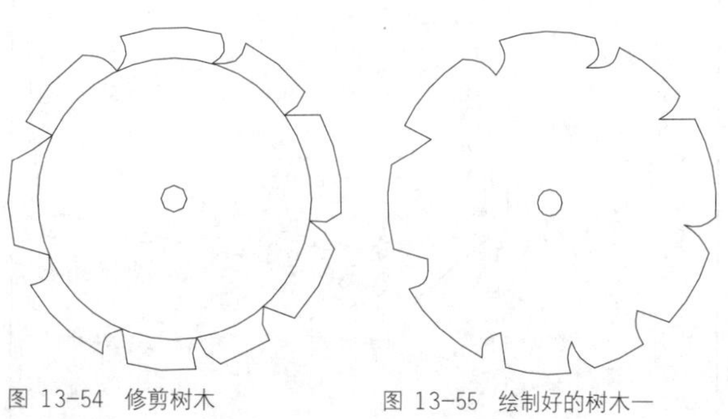

图 13-54 修剪树木　　图 13-55 绘制好的树木一

**Step 08** 建立树木块。输入B执行【创建块】命令，弹出【块定义】对话框，如图 13-56所示。单击【拾取

点】按钮，单击树木的圆心，按Enter键后将回到【块定义】对话框；单击【选择对象】按钮，选择上述绘制的树木，按Enter键后将回到【块定义】对话框，单击【确定】按钮，树木块建立完毕。

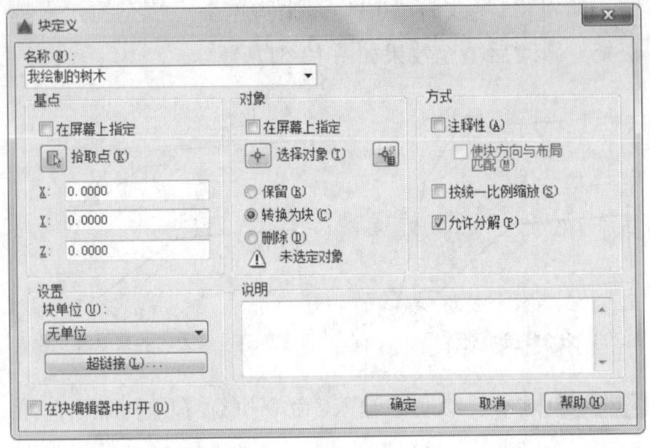

图 13-56 【块定义】对话框

**Step 09** 按相同方法绘制如图 13-57所示的树木，并建立成块。绘制时并不要求与图中所示树木完全一样，可以随意绘制，绘制时尽量绘制在一个半径不超过2.5m的圆内。

图 13-57 绘制好的树木二

**Step 10** 树木一布置间距取3.5m左右，树木二布置间距取7m左右，布置结果如图 13-58所示。

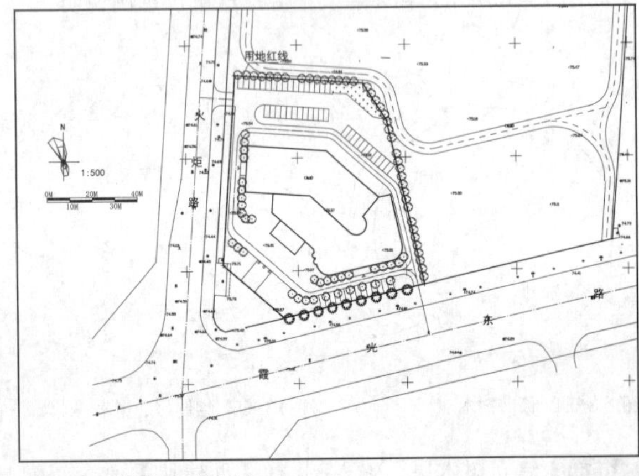

图 13-58 绿化总平面图布置

## 13.2.7 布置周围环境

总图的周围环境包括建筑物、道路、绿化等。本例中由建设方提供的用地红线图中已经包含了周围的道路等情况，但是需要补充建筑物。如新建建筑物的东北角有两栋规划的住宅，东侧有一栋规划的商业楼。

**Step 01** 打开素材文件“第13章\规划建筑轮廓.dwg”，如图 13-59所示。

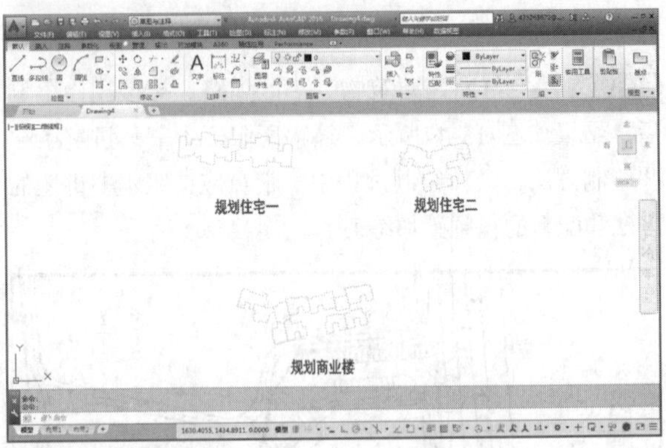


图 13-59 规划建筑轮廓

**Step 02** 输入W执行【写块】命令，弹出【写块】对话框，并将名词修改为“规划住宅一”，如图 13-60所示。单击【拾取点】按钮，回到绘图窗口，选择规划住宅一的左上角点，这时将返回到【写块】对话框。单击【选择对象】按钮，回到绘图窗口，选择规划住宅一的轮廓线，这时将返回到【写块】对话框，单击【确定】即可。

图 13-60 【写块】对话框

**Step 03** 切换到总图绘制窗口，输入I执行【插入】命令，弹出【插入】对话框，如图 13-61所示，单击【浏览】按钮弹出【选择图形文件】对话框，如图 13-62所示，选择“规划住宅一”并单击【打开】按钮，将块“规划住宅一”粘贴到总图中适当位置，如图 13-63所示。

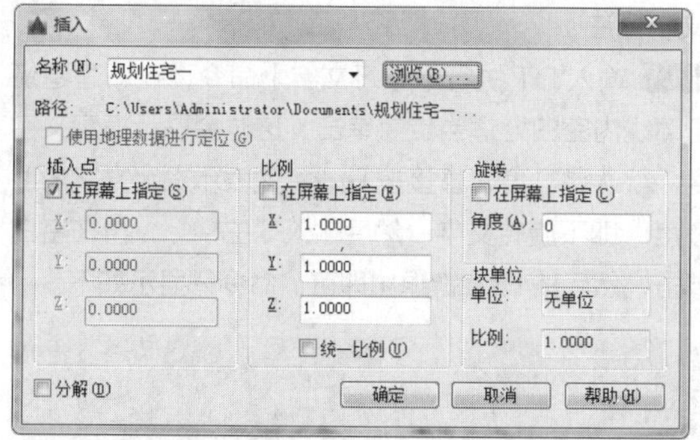


图 13-61 【插入】对话框

图 13-62 【选择图形文件】对话框

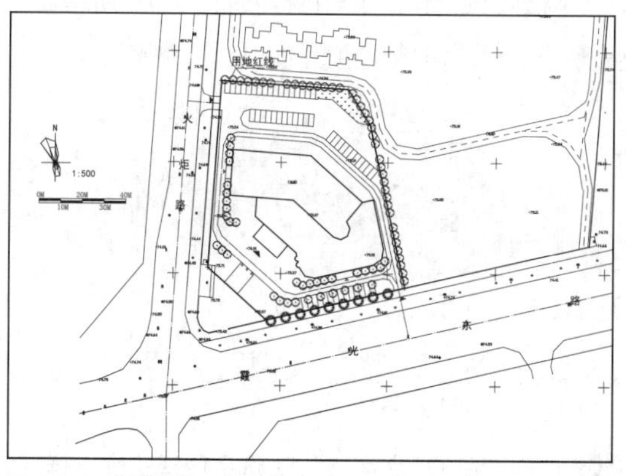

图 13-63 规划住宅一布置图

**Step 04** 同理，布置“规划住宅二”和“规划商业楼”，结果如图 13-64所示。

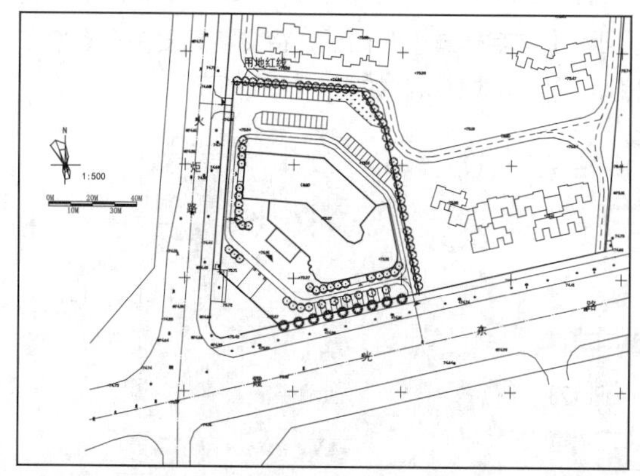

图 13-64 周围环境布置图

## 13.2.8 尺寸标注与文字说明

为了使绘制的总图更简单明了，方便阅读，尺寸标注，文字说明是很有必要的。总图中尺寸标注主要标注建筑物轮廓线的主要尺寸及其与周边道路或红线的距离等。建筑总平面图中尺寸单位一般用“m”，而后续章节将要讲述的建筑平面图等则采用“mm”为单位。总图中文字说明主要包括建筑物名称、建筑层数、建筑高度、出入口标记和标高标注等。

### 1 尺寸标注

**Step 01** 单击【注释】选项卡，激活“文字”“标注”、“引线”“表格”等注释面板，如图 13-65所示。

图 13-65 【注释】选项卡中的相关面板

**Step 02** 单击【标注】面板中的【对齐】按钮，对各个部分进行标注。在有连续标注的地方可以单击【连续】按钮，加快标注速递。标注结果如图 13-66所示。

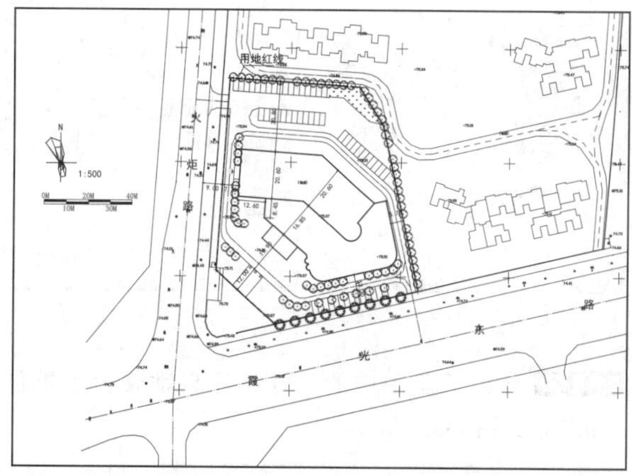

图 13-66 尺寸标注

> **设计点拨**
>
> 上图中标注样式仅显示了数字，如何将单位“m”也显示出来呢？这可以通过修改标注样式来实现，具体步骤如下。

**Step 03** 单击标注样式下拉表框中的【管理标注样式...】，弹出【标注样式管理器】对话框，如图 13-67所示。

**Step 04** 选择左边的“标注”样式，单击右边【修改】按钮，弹出【修改标注样式：标注】对话框，如图 13-68所示，选择“主单位”面板，在“后缀”设置框里输入“m”，单击【确定】按钮将返回的【标注样式管理器】对话框，单击【关闭】按钮即可。

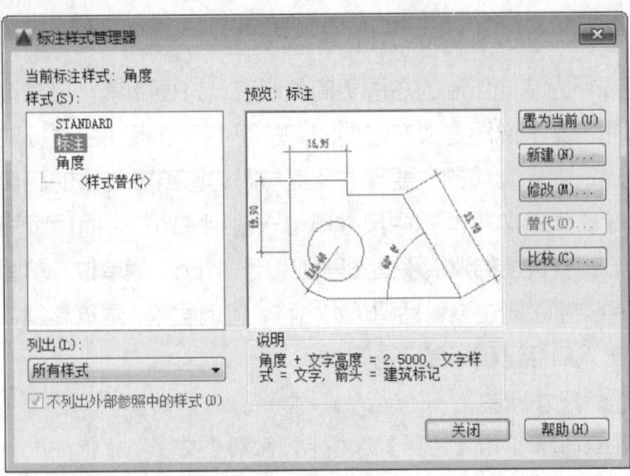


图 13-67 【标注样式管理器】对话框

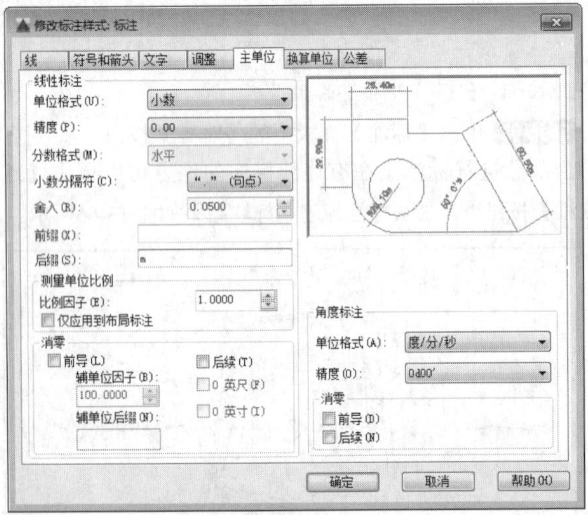


图 13-68 【修改标注样式：标注】对话框

**Step 05** 修改后总图中的尺寸标注自动带上了单位"m"，如图 13-69所示。

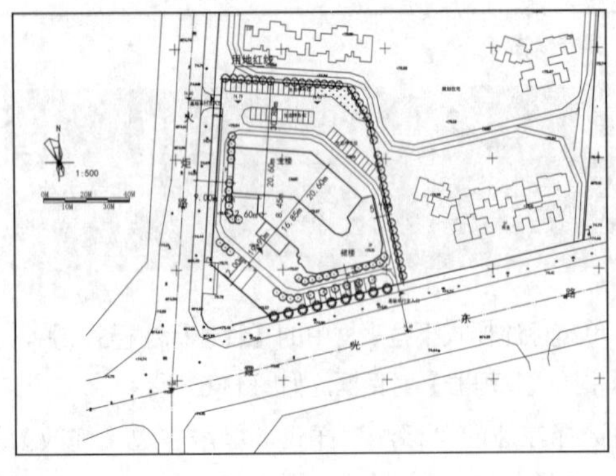

图 13-69 修改后的尺寸标注

## 2 文字说明

总图中有许多地方需要用文字来表达，如图名、比例、建筑物名称等，这些只需利用【单行文字】或【多行文字】命令即可。而标高标注和出入口标记等若利用"属性块"来表达会更方便。

### 文字标注

**Step 01** 输入 DT 执行【单行文字】命令，在新建建筑物轮廓线内空白处适当位置单击，这时会提示指定文字角度，默认是 0 度。直接按 Enter 键表示指定文字角度为 0 度，即不旋转文字。然后输入"主楼"，再在空白处单击，然后按 Esc 键退出即可。命令行显示如下。

```
命令: DT↙                                   //输入【单行文字】命令快捷键
TEXT
当前文字样式: "文字"  文字高度: 2.5000 注释性: 否 对正: 左    //绘图环境设置时设置了"文字"样式并置为了当前，所示这里可以看到当前的文字样式为我们设置的"文字"
指定文字的起点 或 [对正(J)/样式(S)]:
//可以设置文字对正方式和选择文字样式，此处不做修改
指定文字的旋转角度 <0>:↙
                                          //直接按Enter键，并输入"主楼"
```

**Step 02** 同理在裙楼轮廓线内的空白处适当位置标注文字"裙楼"。

**Step 03** 标注其他文字。为了区分主次，美化图面，像"主楼"和"裙楼"字号应大些（本例中字高为 2.5），而其他文字字高可以设置得小些，如字高取 1.5。可以参照设置绘图环境相关章节来增加文字样式。输入 STYLE 调出【文字样式】对话框如图 13-70 所示。

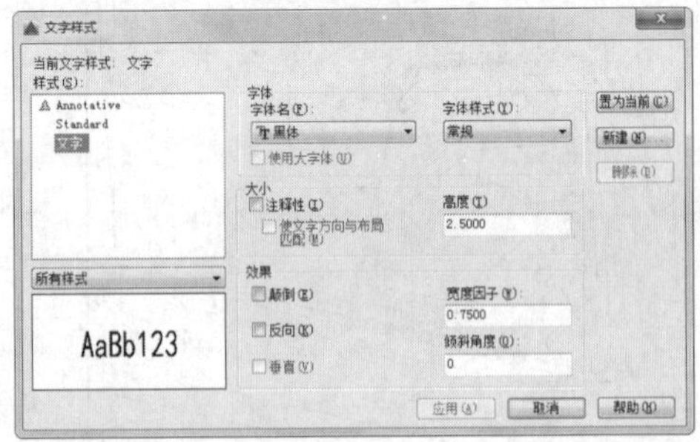


图 13-70 【文字样式】对话框

**Step 04** 选中左侧的"文字"样式(选择已建的文字样式，再新建文字样式时，新建文字样式以已建文字样式为模版，单击右侧【新建】按钮，弹出【新建文字样式】对话框，设置样式名为"文字 1.5"，单击【确定】按钮将返回到【文字样式】对话框，将文字高度由 2.5 修改为 1.5，其他参数默认，如图 13-71 所示。

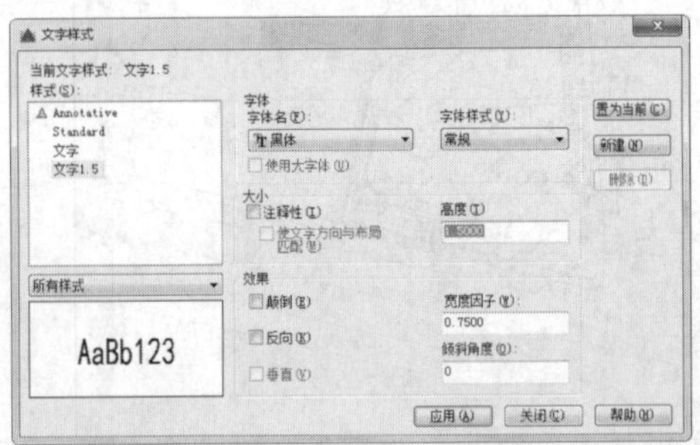


图 13-71 【文字样式】对话框参数设置

**Step 05** 在【文字样式】对话框中单击置为当前，弹出如图 13-72 所示对话框，单击“是”将返回到【文字样式】对话框，然后单击【关闭】按钮，文字样式“文字 1.5”即设置成功。

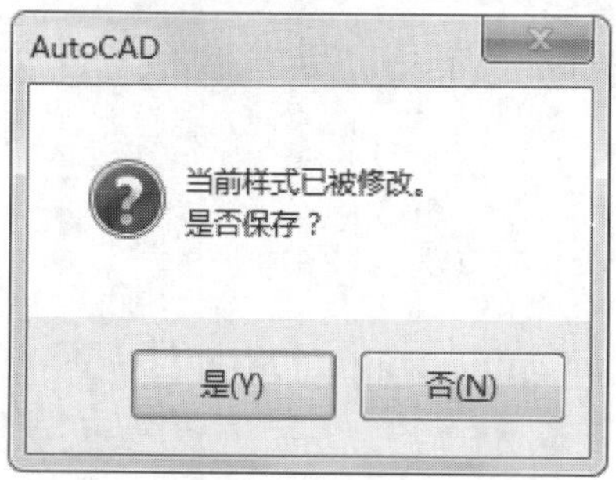


图 13-72 【AutoCAD】对话框

**Step 06** 按照步骤（1）的方法标注其他字高为 1.5 的文字。

### 标高标注

标高标注采用属性块的方式。

**Step 07** 新建一个“标高”图层，并置为当前。

**Step 08** 建立一个标高标注块。绘制一个倒立的等腰三角形，并填充为红色实心，底宽 2.5，高 1.0，如图 13-73 所示。

**Step 09** 单击【块】面板中的【块】下拉列表，单击按钮 弹出【属性定义】对话框，并设置参数如图 13-74 所示。

图 13-73 标高符号

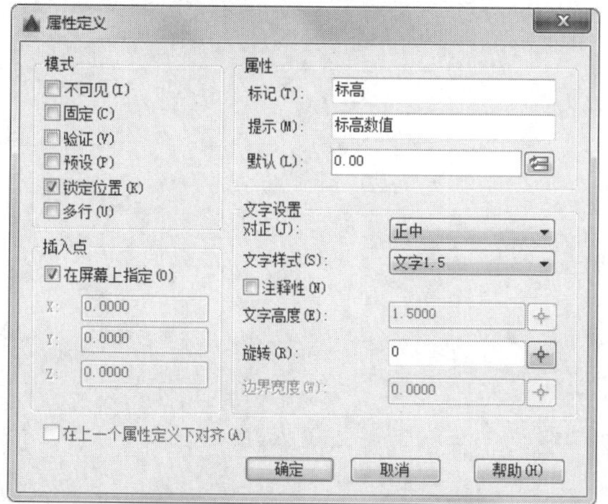


图 13-74 【属性定义】对话框

**Step 10** 单击【块】面板中按钮，弹出【块定义】对话框，设置参数如图 13-75 所示。单击【确定】按钮后弹出【编辑属性】对话框，如图 13-76 所示，“轴线标号”输入“0.00”，结果如图 13-77 所示。

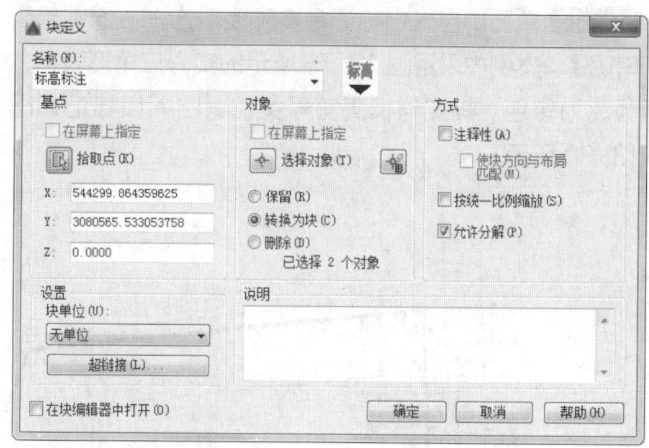


图 13-75 【块定义】对画框

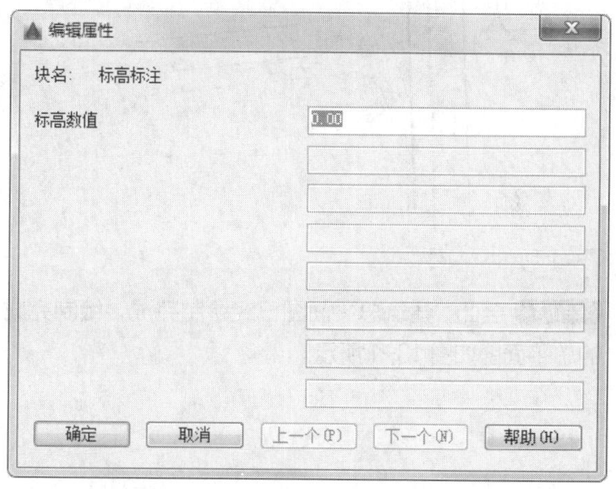


图 13-76 【编辑属性】对话框

图 13-77 转换为块

**Step 11** 将图 13-77 所示建立好的块复制到需要标注标高的位置，双击块，弹出【增强属性编辑器】对话框，修改值，如 74.60，如图 13-78 所示。单击【确定】按钮，结果如图 13-79 所示。

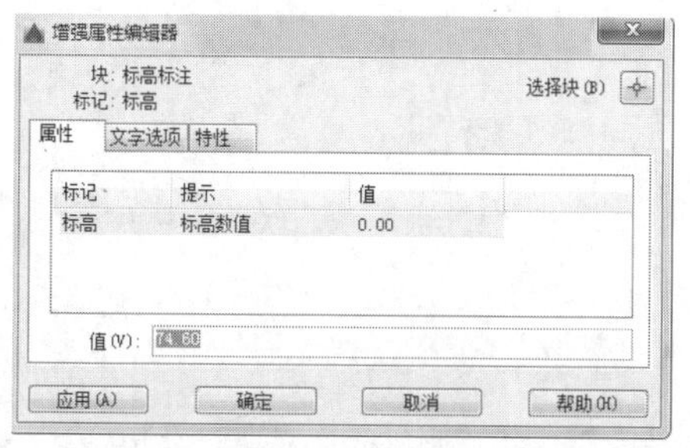


图 13-78 【增强属性编辑器】对话框

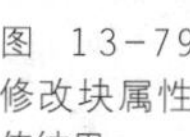


图 13-79 修改块属性值结果

**Step 12** 同理，标注其他位置的标高值。

## 出入口标记

**Step 13** 总图中出入口标记有多种表示方式，原则是简单明了。本例中采用图 13-73 所示的实心三角形表示，颜色为黑色。其实与标高符号类似。出入口标记如图 13-80 所示。

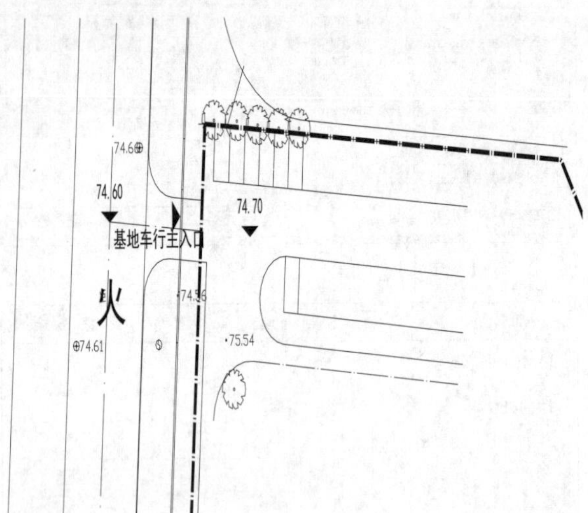


图 13-80 出入口标记

**Step 14** 至此，建筑总平面图已经绘制完成，绘制完成的总平面图如图 13-1 所示。

# 第 14 章 绘制建筑平面图

建筑平面图是反映房屋的平面形状、大小和布置的图样。本章首先介绍建筑平面图的基础知识，然后以某住宅平面图为例，详细讲解建筑平面图的绘制步骤及方法技巧。

## 14.1 建筑平面图概述

建筑平面图简称平面图，是建筑施工中比较重要的基本图。平面图是建筑物各层的水平剖切图，是一种假想在房屋的窗台以上作水平剖切后，移走房屋的上半部分，将切面以下部分向下投影，所得的水平剖面图，就称平面图。建筑平面图既表示建筑物在水平方向各部分之间的组合关系，又反映各建筑空间与围合它们的垂直构件之间的相关关系。建筑平面图的形成如图 14-1 所示。

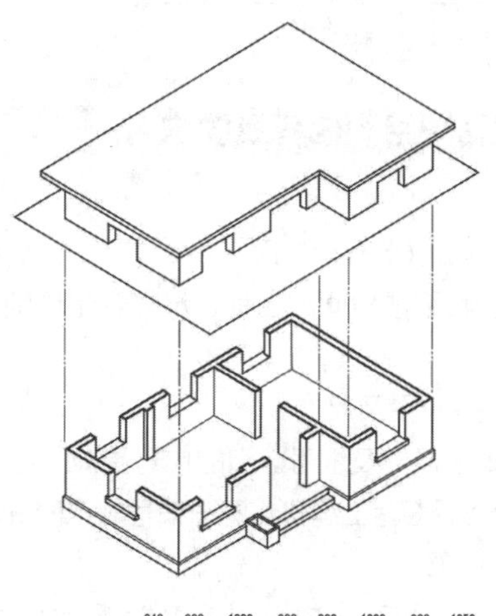

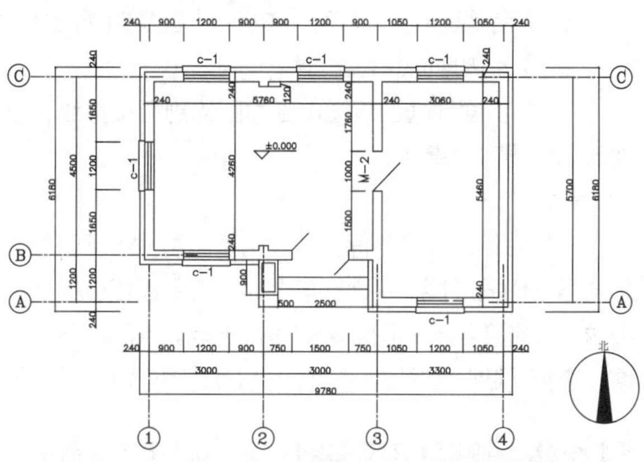

图 14-1 建筑平面图形成示意图

### ◎ 建筑平面图简介

建筑平面图主要展示的是建筑的平面形式、大小尺寸、房间布置、建筑入口、门厅及楼梯布置的情况，表明墙、柱的位置、厚度和所用材料以及门窗的类型、位置等情况。好的建筑平面图详细地介绍了建筑的规划，布置，以及墙体门窗的大小。

### ◎ 建筑平面图的意义

建筑平面图作为建筑设计、施工图纸中的重要组成部分，它反映建筑物的功能需要、平面布局及其平面的构成关系，是决定建筑立面及内部结构的关键环节。其主要反映建筑的平面形状、大小、内部布局、地面、门窗的具体位置和占地面积等情况。所以说，建筑平面图是新建建筑物的施工及施工现场布置的重要依据，也是给排水、强弱电、暖通设备等专业工程平面图和绘制管线综合图的依据。

### 14.1.1 建筑平面图分类及特点

建筑平面图有两种分类方法，一种是按工种分类，另一种是按建筑平面图反映的内容来分类。

#### 1 按工种分类

建筑平面图按工种分类一般可分为建筑施工图、结构施工图和设备施工图。用作施工使用的房屋建筑平面图，一般包括底层平面图（表示第一层房间的布置、建筑入口、门厅及楼梯等）、标准层平面图（表示中间各层的布置）、顶层平面图（房屋最高层的平面布置图）以及屋顶平面图（即屋顶平面的水平投影）。

#### 2 按其反映的内容分类

建筑平面图按照其反映的内容可分为以下 4 类。

### ◎ 底层平面图

底层平面图又称一层平面图或首层平面图。它是所有建筑平面图中首先绘制的一张图，如图 14-2 所示。绘制此图时，应将剖切平面选在房屋的一层地面与从一楼通向二楼的休息平台之间，且要尽量通过该层上所有的门窗洞。

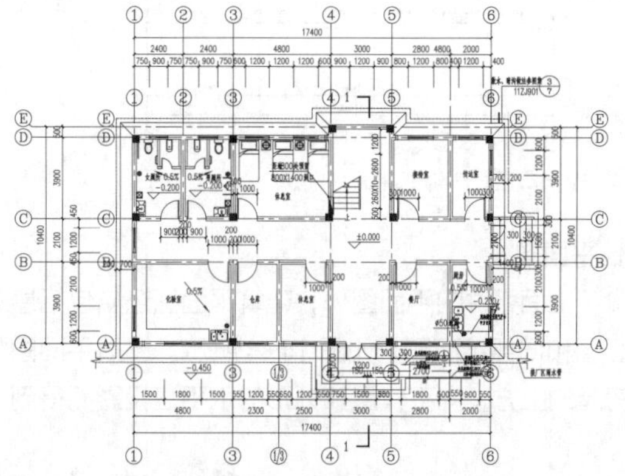

图 14-2 某污水厂综合楼一层平面图

◎ 标准层平面图

由于房屋内部平面布置的差异，对于多层建筑而言，应该每一层画一个平面图。其名称就用本身的层数来命名，例如，“二层平面图”或“四层平面图”等，如图14-3所示。但在实际的建筑设计过程中，多层建筑往往存在许多相同或相近平面布置形式的楼层，因此在实际绘图时，可将这些相同或相近的楼层合用一张平面图来表示。这张合用的图，就称为“标准层平面图”，有时也可以用其对应的楼层命名，例如，“二～六层平面图”等。

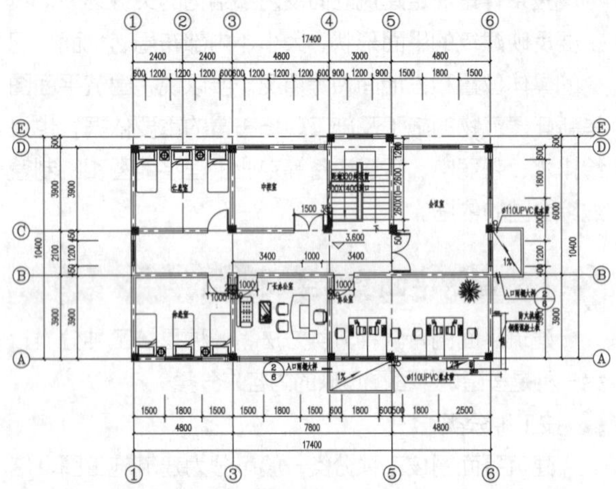



图 14-3　某污水厂综合楼二层平面图

◎ 顶层平面图

房屋最高层的平面布置图，也可用相应的楼层数命名，如图14-3所示。若顶层平面图与标准层相同，就不用单独绘制。

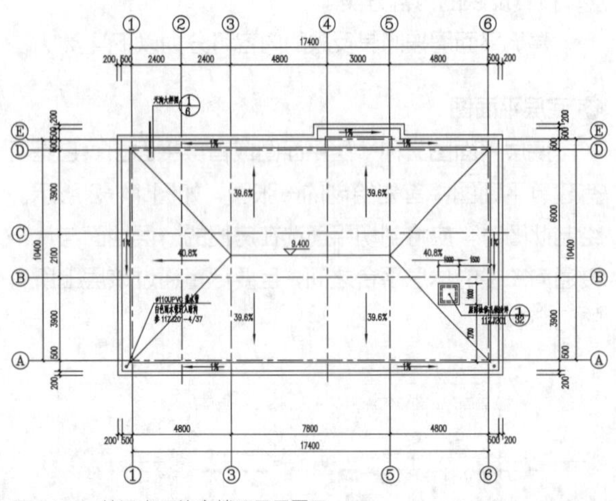



图 14-4　某污水厂综合楼顶层平面图

◎ 其他平面图

除了上面所讲的平面图外，建筑平面图还应包括屋顶平面图和局部平面图，如图14-4所示。屋顶平面图是在房屋的上方，向下作屋顶外形的水平正投影而得到的平面图。局部平面图如楼梯间平面图，卫生间平面图及屋顶水箱平面图等。

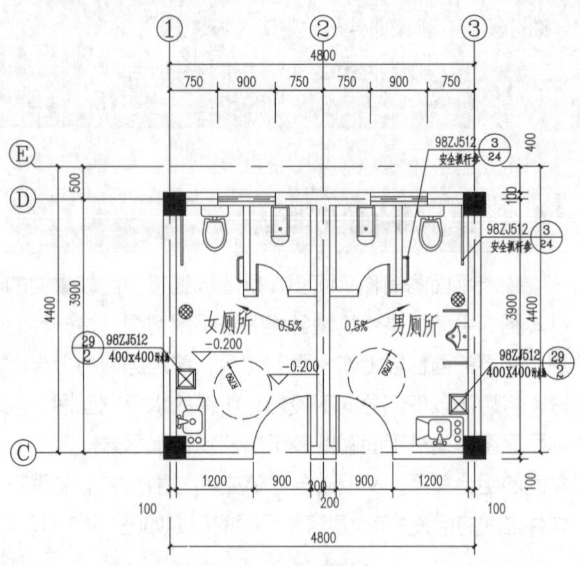



图 14-5　某污水厂综合楼卫生间平面图

## 14.1.2 建筑平面图绘制内容及要求

### 1 绘制内容

绘制内容主要包括以下6个方面。

（1）建筑物及其组成房间的名称、尺寸、定位轴线和墙壁厚等。

（2）走廊、楼梯位置及尺寸。

（3）门窗位置、尺寸及编号。门的代号是M，窗的代号是C。在代号后面写上编号，同一编号表示同一类型的门窗。如M1、C1。

（4）台阶、阳台、雨篷、散水的位置及细部尺寸。

（5）室内地面的高度。

（6）首层地面上应画出剖面图的剖切位置线，以便与剖面图对照查阅。

### 2 要求

用户在绘制建筑平面图，无论是绘制一层平面图、标准层平面图或屋顶平面图等图时，应遵循相应的绘制要求，才能使绘制的图形更加符合规范。绘制建筑平面图应遵行《建筑制图统一标准》（GB50104）。

## 14.1.3 分析建筑平面图

分析建筑平面图主要从以下6个方面考虑。

（1）了解图名，比例和朝向。

（2）了解定位轴线，轴线编号及尺寸。

（3）了解墙柱配置。

（4）了解房屋名称及用途。

（5）了解楼梯配置。

（6）了解剖切符号、散水、雨水管、台阶、坡度、门窗和索引符号。

## 14.2 建筑平面图的绘制

下面介绍图 14-2 某污水厂综合楼一层平面图的绘制过程。

### 14.2.1 设置绘图环境

在上一章中，我们已经学习过建筑总平面图的绘图环境设置，并保存好了图形样板。建筑平面图绘制前也需要先设置绘图环境，这节介绍如何调用图形样板，并修改相关设置。

#### 1 调用图形样板文件

**Step 01** 启动AutoCAD2016，新建一个空白图形文件。

**Step 02** 单击【新建】按钮，弹出【选择样板】对话框，如图 14-6所示。在选择列表中选择“绘图环境模版”，并单击【打开】按钮即可。

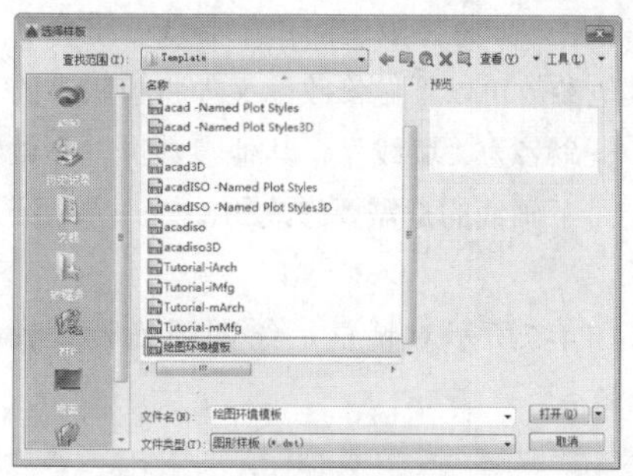

图 14-6 【选择样板】对话框

**设计点拨**

建筑总平面图一般是图上1mm代表实际1m（即比例采用1:1000或1:500），而建筑平面图一般图形按1:1绘制，出图比例一般是1:100、1:50等。但是打印出来的文字和标注字体是一样的，这就需要修改文字样式和标注样式。

#### 2 修改图层设置

图形样板中图层设置如表 14-1 所示。而绘制建；筑平面图需要用到的图层如表 14-2 所示。

表 14-1 建筑总平面图层设置

| 序号 | 图层名 | 描述内容 | 线宽 | 线型 | 颜色 | 打印属性 |
|---|---|---|---|---|---|---|
| 1 | 用地红线 | 用地范围 | 默认 | CENTER | 红色 | 打印 |
| 2 | 新建建筑物 | 新建建筑物轮廓线 | 0.30mm | CONTINUOUS | 洋红色 | 打印 |
| 3 | 已建建筑物 | 已建建筑物轮廓线 | 默认 | CONTINUOUS | 黑色 | 打印 |
| 4 | 绿化 | 绿化 | 默认 | CONTINUOUS | 绿色 | 打印 |
| 5 | 道路 | 道路边线 | 默认 | CONTINUOUS | 蓝色 | 打印 |
| 6 | 中心线 | 道路中心线 | 默认 | ACAD_ISO04W100 | 红色 | 打印 |
| 7 | 停车场 | 停车位线 | 默认 | CONTINUOUS | 黑色 | 打印 |
| 8 | 文字 | 图内文字、图名、比例 | 默认 | CONTINUOUS | 黑色 | 打印 |
| 9 | 标注 | 尺寸标注 | 默认 | CONTINUOUS | 绿色 | 打印 |
| 10 | 辅助 | 辅助线 | 默认 | CONTINUOUS | 黑色 | 不打印 |

表 14-2 建筑平面图图层设置

| 序号 | 图层名 | 描述内容 | 线宽 | 线型 | 颜色 | 打印属性 |
|---|---|---|---|---|---|---|
| 1 | 墙体 | 墙线 | 0.30mm | CONTINUOUS | 黑色 | 打印 |
| 2 | 立柱 | 立柱及立柱填充 | 默认 | CONTINUOUS | 黑色 | 打印 |
| 3 | 门窗 | 门窗线 | 默认 | CONTINUOUS | 青色 | 打印 |
| 4 | 楼梯 | 楼梯 | 默认 | CONTINUOUS | 黄色 | 打印 |
| 5 | 轴线 | 轴网 | 默认 | ACAD_ISO04W100 | 红色 | 打印 |
| 6 | 洁具 | 洁具线 | 默认 | CONTINUOUS | 蓝色 | 打印 |
| 7 | 阳台台阶 | 阳台和台阶线 | 默认 | CONTINUOUS | 黑色 | 打印 |
| 8 | 散水排水沟 | 散水和排水沟线 | 默认 | CONTINUOUS | 黑色 | 打印 |
| 9 | 文字 | 图内文字、图名、比例 | 默认 | CONTINUOUS | 黑色 | 打印 |
| 10 | 标注 | 尺寸标注 | 默认 | CONTINUOUS | 绿色 | 打印 |
| 11 | 辅助 | 辅助线 | 默认 | CONTINUOUS | 黑色 | 不打印 |

**Step 03** 重命名图层，如将模版中的“中心线”重命名为“轴线”，其他参数可以不做修改，又如将模版中的“新建建筑物”重命名为“墙线”，其他参数可以不做修改。表 14-2中带下画线的是需要修改的，修改完后结果如图 14-7所示。

**Step 04** 关闭图 14-7所示对话框，绘图环境就设置好了。

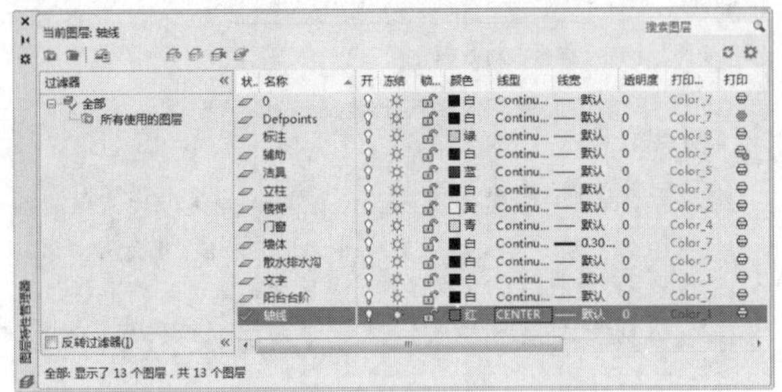

图 14-7 修改图层

## 3 修改文字样式

图形样板中文字字高为 2.5，若不修改则建筑平面图按 1:100 打印出来字体大小只有 0.025mm，根本不可能被识别。所以应修改字高为 400，这样按 1:100 打印出来字体大小为 4mm。

建筑平面图中可能用到不同字高的文字样式，如图名字高 700，标高标注字高 300，这就需要新建文字样式。下面再介绍下如何增加文字样式，巩固上一章学习的内容。

**Step 05** 输入STYLE调出【文字样式】对话框如图 14-8所示。

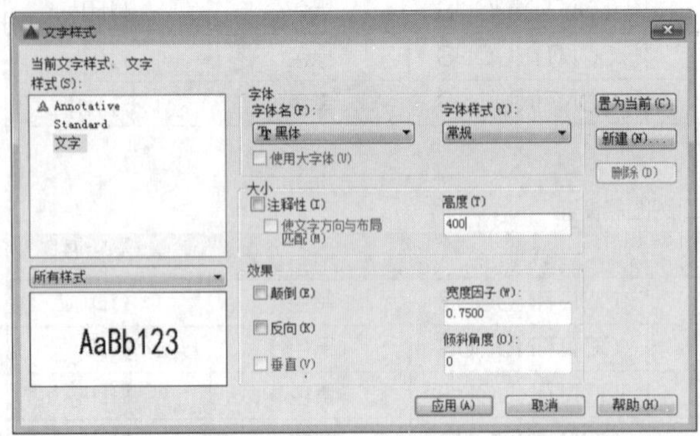

图 14-8 【文字样式】对话框

**Step 06** 选中左侧的【文字】样式（选择已建的文字样式，再新建文字样式时，新建文字样式以已建文字样式为模版），单击右侧【新建】按钮，弹出【新建文字样式】对话框，设置样式名为“文字700”，如图 14-9所示，单击【确定】按钮将返回到【文字样式】对话框，将文字高度由“400”修改为“700”，其他参数默认，如图 14-10所示。

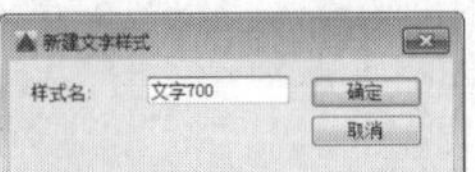

图 14-9 【新建文字样式】对话框

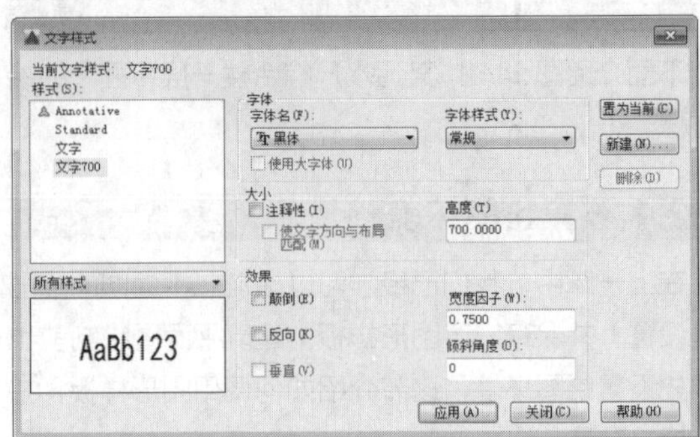

图 14-10 【文字样式】对话框参数设置

**Step 07** 在【文字样式】对话框中单击置为当前，弹出如图 14-11所示对话框，单击【是】按钮将返回到【文字样式】对话框，然后单击【关闭】按钮，文字样式“文字700”即设置成功。

**Step 08** 同理设置“文字300”。设置好文字样式后，在“注释”选项卡下，文字样式下拉列表中可以看到新建好的文字样式，如图14-12所示。其中前两个是软件默认的文字样式，一般不用。

**Step 09** 单击图 14-12中的其中一种文字样式，再在绘制区域空白处任意点单击即可将选中的文字样式置为当前。

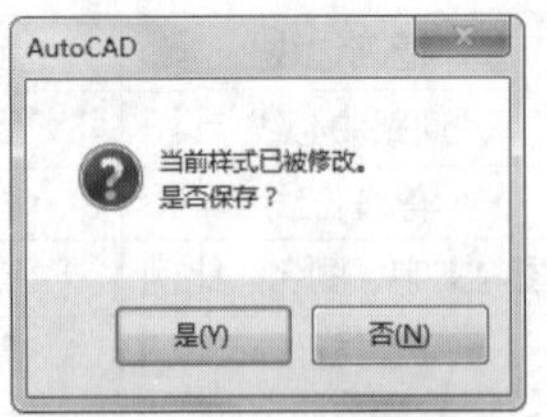


图 14-11 【AutoCAD】对话框

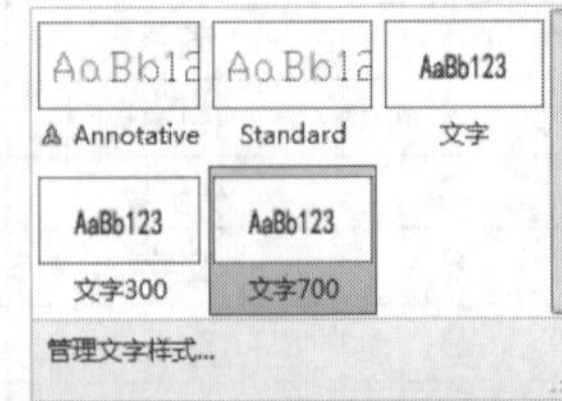


图 14-12 新建的文字样式

> **设计点拨**
>
> “置为当前”意思是新建文字标注时，文字宇高就是当前设置的“700”。这里不一定要设置为当前。

## 4 修改标注样式

标注样式中的文字高度是基于上述文字样式的，所以当文字样式修改后，标注样式中的字体样式（如字高）也会跟着改过来，如图 14-13 和图 14-14 所示。我们在绘制建筑平面图时，往往在一个模型里面即绘制平面图也绘制大样图，所以存在不同的比例。如1:100、1:50和1:20等。所以需要新建几个标注样式，对应不同的比例。下面讲解如何将图形样板中的标注样式修改为适应于1:100的标注样式，以及讲解新建1:50和1:20的标注样式。

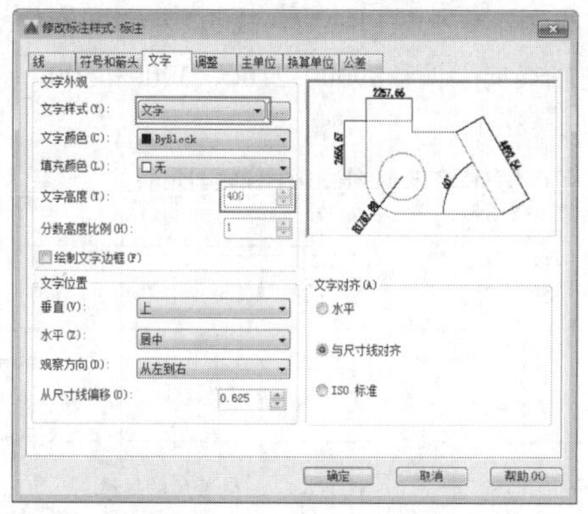

图 14-13 标注样式跟随文字样式自动变化（一）

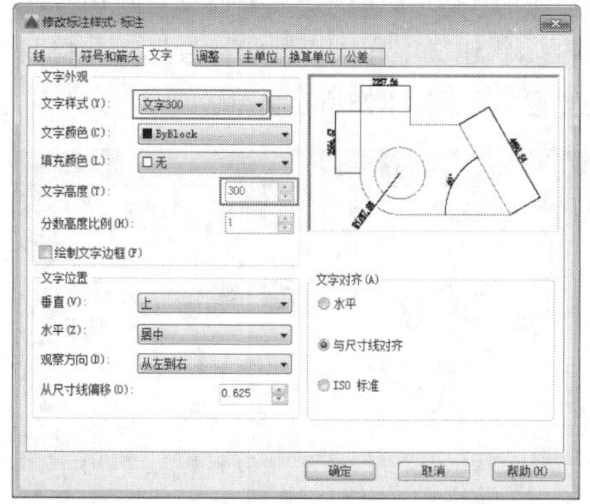

图 14-14 标注样式跟随文字样式自动变化（二）

**Step 10** 输入DISTY命令，弹出【标注样式管理器】对话框，如图 14-15所示

**Step 11** 选择左侧样式列表中的“标注”，单击鼠标右键，将其重命名为“100”，表示此标注样式将用于1: 100的图形标注，如图 14-16所示。

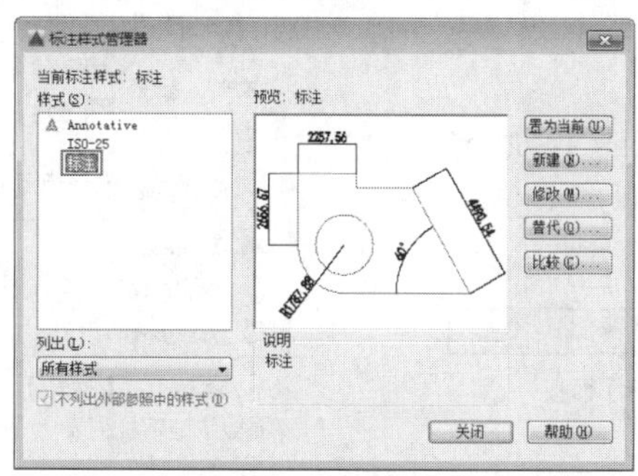

图 14-15 【标注样式管理器】对话框

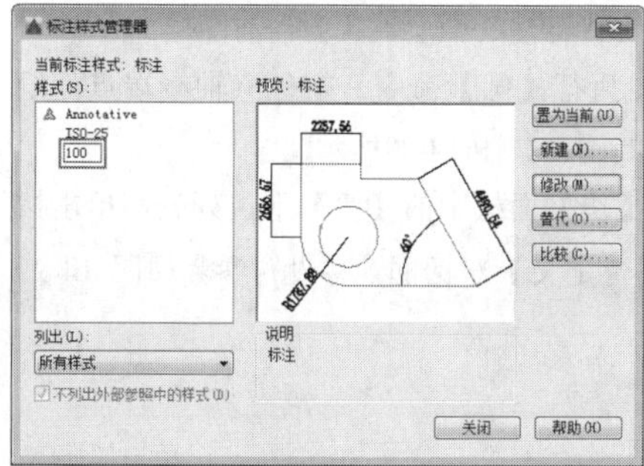

图 14-16 重命名标注样式

**Step 12** 单击右侧【修改】按钮，弹出【修改标注样式：100】对话框，将右侧的“使用全局比例”属性值由“1”改为“100”。如图 14-17所示。

**Step 13** 单击【确定】按钮将返回到【标注样式管理器】对话框，单击【关闭】按钮即可。

**Step 14** 输入DISTY命令，弹出【标注样式管理器】对话框，如图 14-18所示。

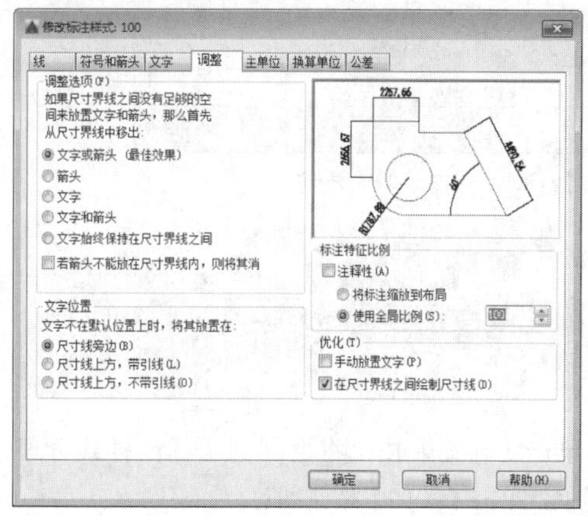

图 14-17 修改全局比例值

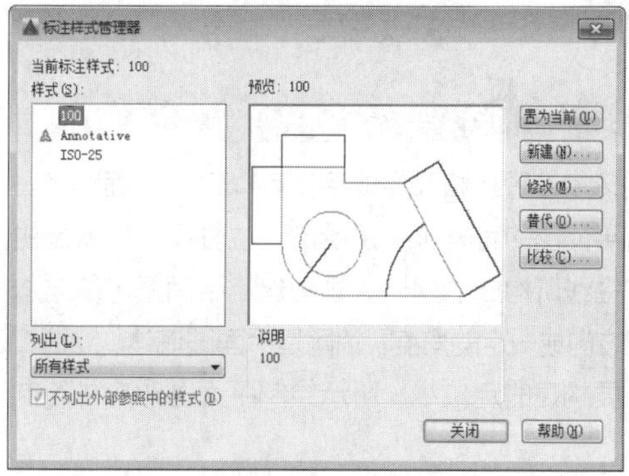

图 14-18 【标注样式管理器】对话框

**Step 15** 选择左侧样式列表中的“100”，单击右侧【新建】按钮（新建的标注样式参数基于左侧的“100”样式。），弹出【创建新标注样式】对话框，将新样式名改为“50”，如图 14-19所示。

**Step 16** 单击上述对话框右侧的【继续】按钮，弹出【新建标注样式：50】对话框，修改比例因子为0.5，如图 14-20所示。

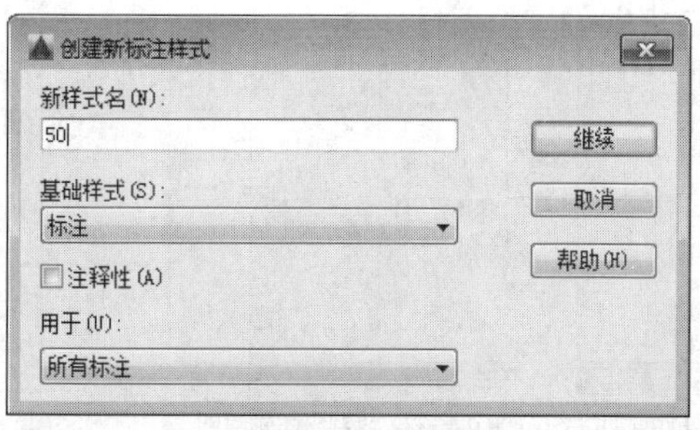


图 14-19 【创建新标注样式】对话框

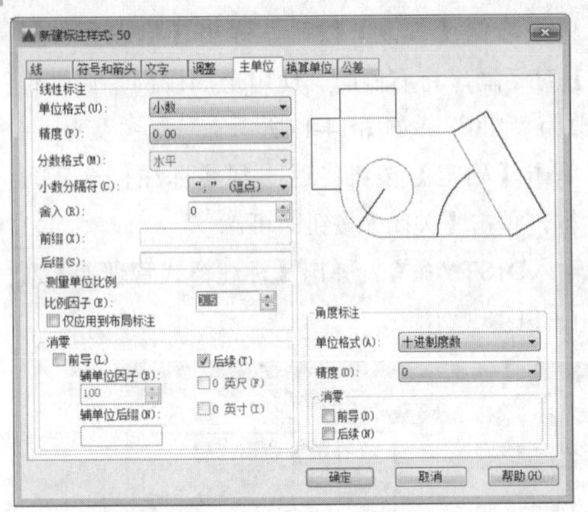
图 14-20 【新建标注样式：50】对话框

**设计点拨**

1：50相当于1：100的图放大至2倍；1：20相当于1：100的图放大至5倍。

**Step 17** 单击【确定】按钮将返回到【标注样式管理器】对话框，单击【关闭】按钮即可。

**Step 18** 同理新建一个“20”标注样式，修改比例因子为0.2。到此，标注样式修改完成。

## 14.2.2 绘制轴网

绘图环境设置或修改完成后就可以绘制平面图了。绘制建筑平面图的第一步就是绘制定位轴网。轴网是由横、竖向轴线所构成的网格。某些建筑平面图可能与水平或垂直方向成一定的角度。轴网是平面图墙体、立柱、门窗等主要构建的定位线，所示绘制平面图时应先绘制轴网。

**Step 01** 单击【图层】面板中的【图层】下拉表框，选择“轴线”，将“轴线”图层设置为当前图层。如图14-21所示。

**Step 02** 绘制第一根轴线。输入L执行【直线】命令，单击绘图区域任意一点，绘制一条长度12400的纵向轴线。

**Step 03** 输入O执行【偏移】命令，将第一根轴线依次向右偏移2400、2400、2300、2500、3000和4800。结果如图14-22所示。

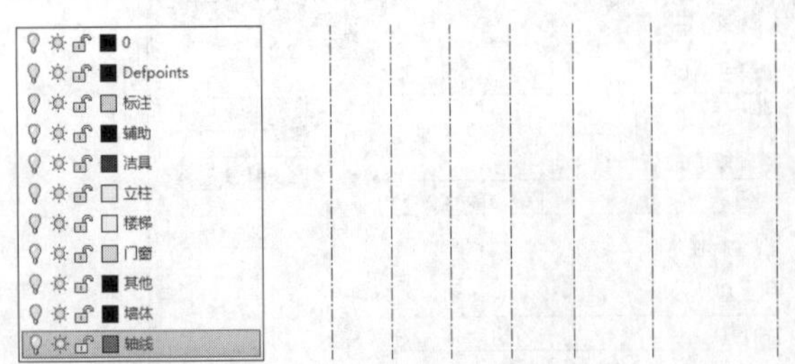

图 14-21 【图层】中的下拉表框　　图 14-22 绘制纵向轴线网

**Step 04** 同理绘制第一根横向轴线，线长19400，依次将第一根横向轴线向上偏移3900、2100、3900和500，如图14-23所示。

**Step 05** 通过夹点编辑修改轴线如图 14-24所示。

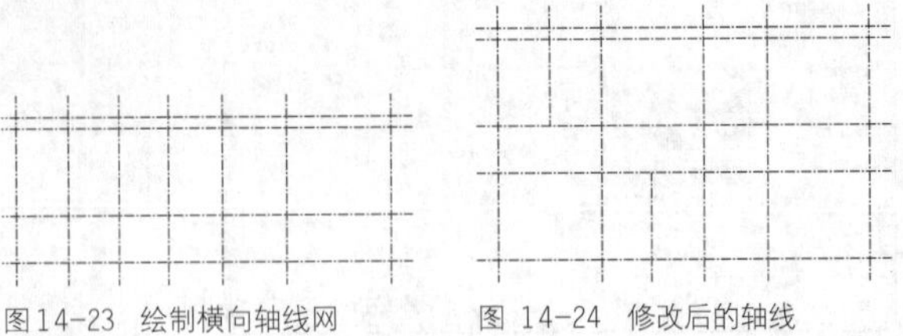
图 14-23 绘制横向轴线网　　图 14-24 修改后的轴线

**Step 06** 输入STYLE执行【文字样式】命令，弹出【文字样式】对话框。新建文字样式“轴线标号”，并将其置为当前，设置参数如图 14-25所示。

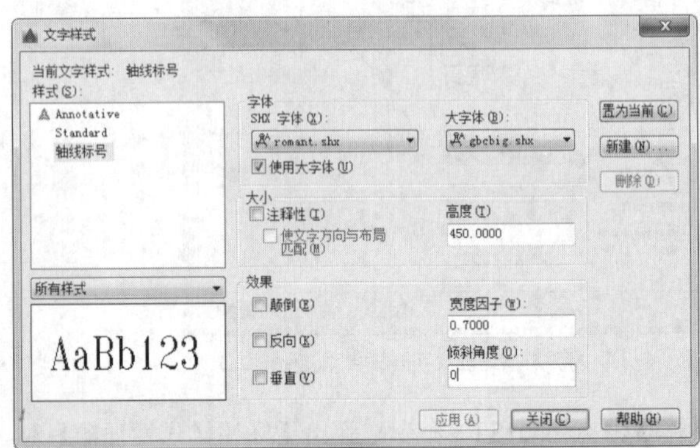
图 14-25 新建文字样式“轴线标号”

**Step 07** 单击【注释】面板中的【注释】下拉列表，如图 14-26所示，可以看到新建好的“轴线标号”样式已经置为当前，如图 14-27所示。

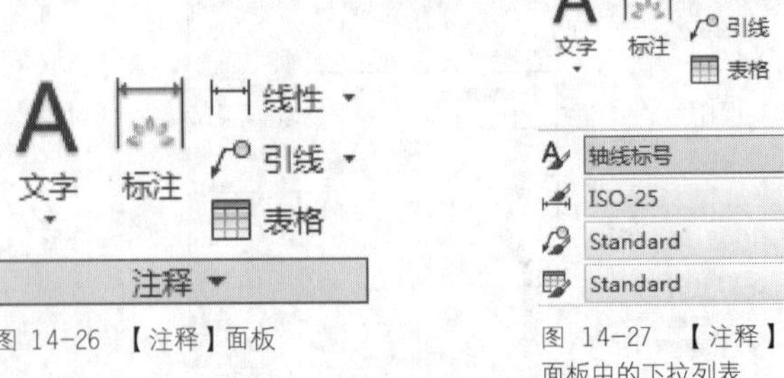

图 14-26 【注释】面板　　图 14-27 【注释】面板中的下拉列表

**Step 08** 单击【图层】面板中的【图层】下拉表框，选择“标注”，将“标注”图层设置为当前图层。

**Step 09** 输入C执行【圆】命令，在任意轴线端点处绘制直径为1600的圆，如图 14-28所示。

**Step 10** 单击【块】面板中的【块】下拉列表，单击按钮弹出【属性定义】对话框，并设置参数如图 14-29所示。

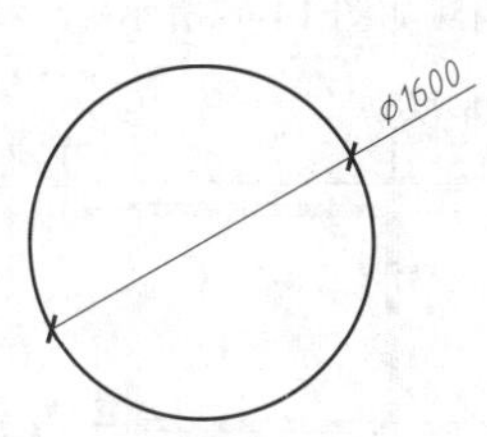


图 14-28 绘制圆

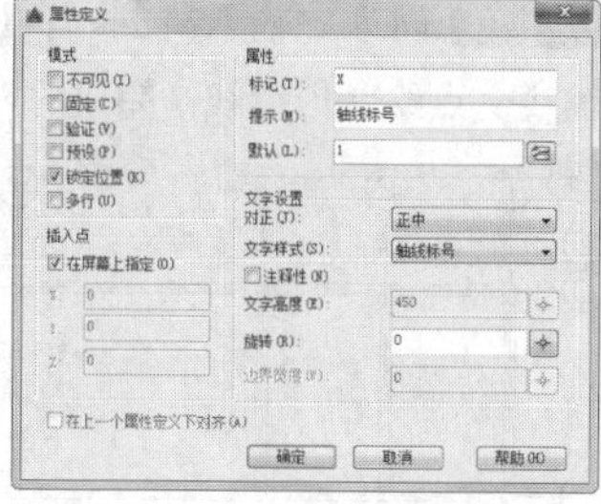

图 14-29 【属性定义】对话框

**Step 11** 单击【确定】按钮，系统自动返回绘图区要求指定属性位置，以所绘直径1600的圆圆心为放置点即可，效果如图 14-30所示。

**Step 12** 单击【块】面板中按钮 创建 ，弹出【块定义】对话框，设置参数如图 14-31所示。

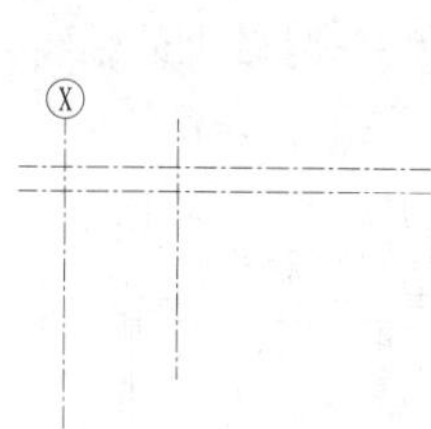

图 14-30 标注图例

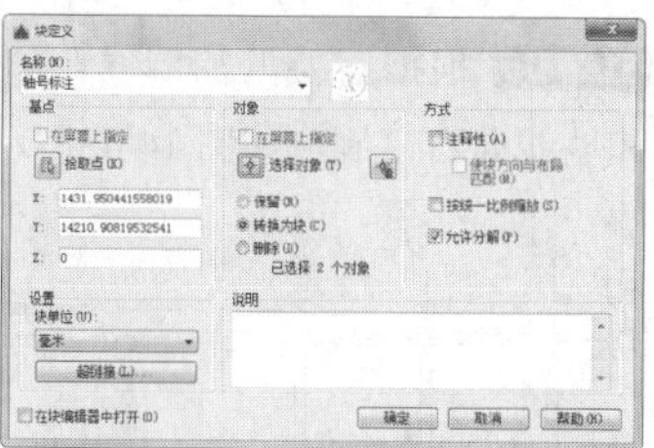

图 14-31 【块定义】对画框

**Step 13** 单击【确定】按钮将其转换为块，系统自动弹出【编辑属性】对话框，如图 14-32所示，在“轴线标号”文本框中输入“1”，即可修改轴号，结果如图 14-33所示。

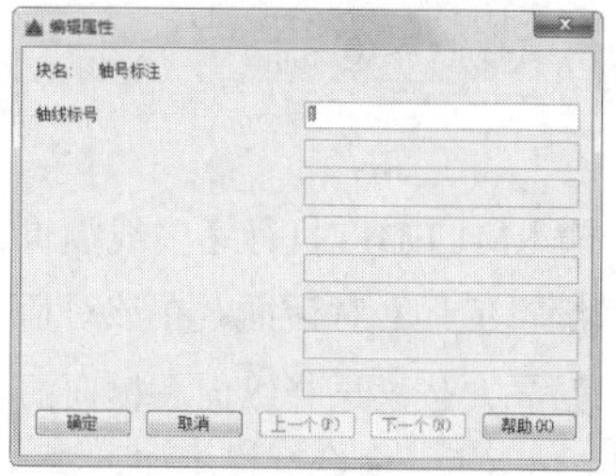

图 14-32 【编辑属性】对话框

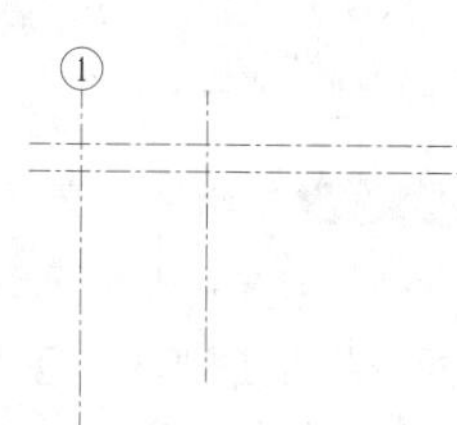

图 14-33 修改轴号

**Step 14** 讲上述建好的块复制到轴线的各端部，如图 14-34所示。

**Step 15** 修改轴号值。双击块，弹出【增强属性编辑器】对话框，修改值为“2”，如图 14-35所示。

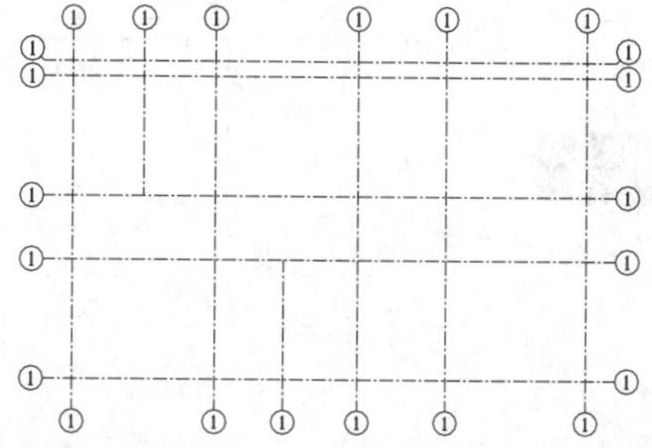

图 14-34 复制块

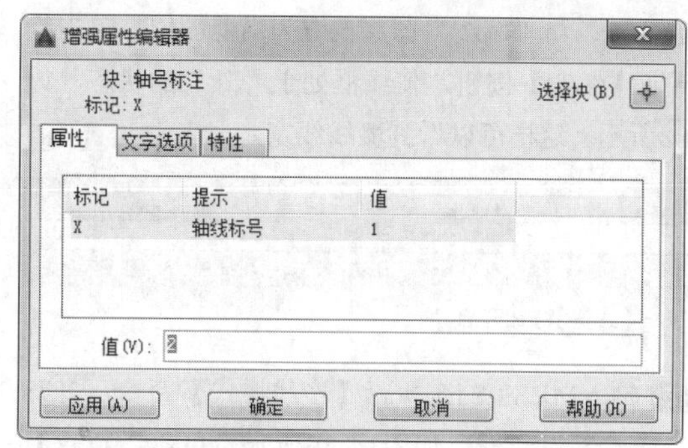


图 14-35 【增强属性编辑器】对话框

**Step 16** 单击【确定】按钮，结果如图 14-36所示，“2”号轴的值修改好了。

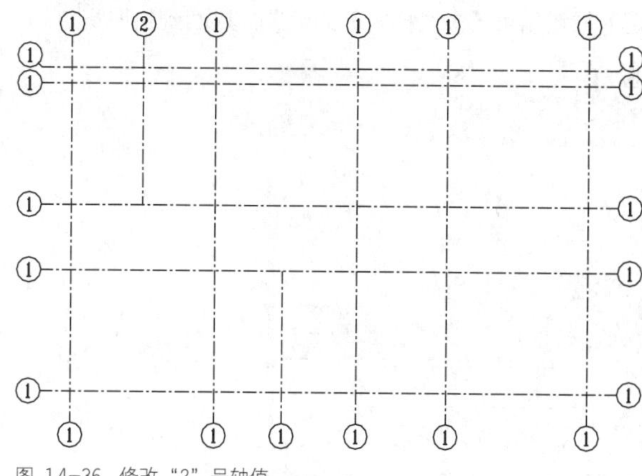

图 14-36 修改“2”号轴值

**Step 17** 按照同样的方法修改其他轴号的值，结果如图 14-37所示。

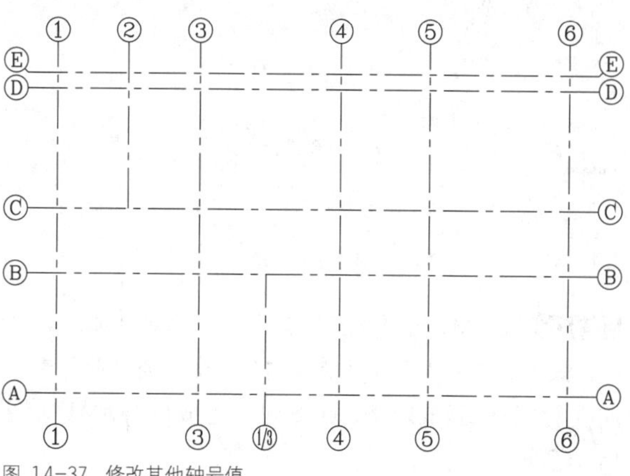

图 14-37 修改其他轴号值

## 14.2.3 绘制墙体

建筑平面图中的墙体是用一个假想的水平剖切面，沿墙体中间位置剖切所得的水平剖面图，它反映建筑的平面形状、大小和房间布置、墙的位置和墙厚等。门窗等都必须依附于墙体而存在，而墙体的绘制采用两根粗实线表示。

**Step 01** 单击【图层】面板中的【图层】下拉表框，选择“墙线”，将“墙线”图层设置为当前图层。单击绘图区下面【线宽】按钮，使线框处于“开”的状态，如图14-38所示。这样可以看到墙线线宽。

图 14-38 【线宽】按钮开启

**Step 02** 输入MLSTYLE执行【多线样式】命令，打开【多线样式】对话框，如图14-39所示。单击【新建】按钮，新建一个样式，命名为“墙线”，并单击【继续】按钮，打开【新建多线样式：墙线】对话框，如图14-40所示。将多线偏移量设置为100和-100，单击【确定】按钮结束【多线样式】的设置，返回到绘图窗口。

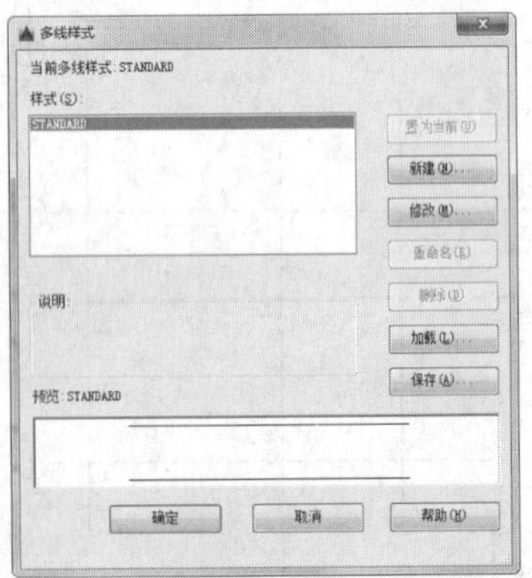


图 14-39 【多线样式】对话框

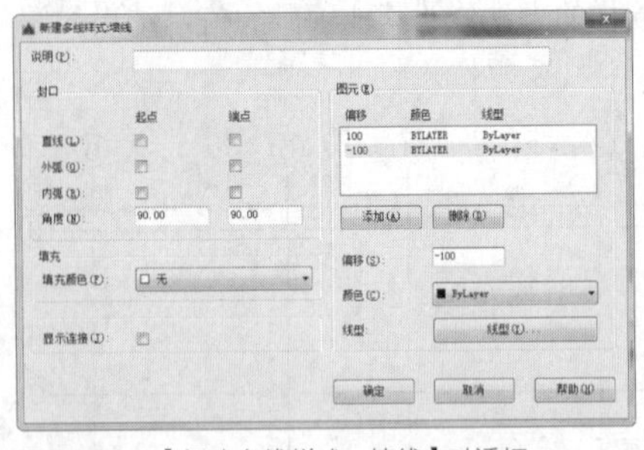


图 14-40 【新建多线样式：墙线】对话框

**Step 03** 输入ML执行【多线】命令，绘制外墙线。多线样式设为“墙线”，外墙线的各个交点通过使用对象捕捉功能捕捉轴线的交点得到。完成的外墙线如图14-41所示。

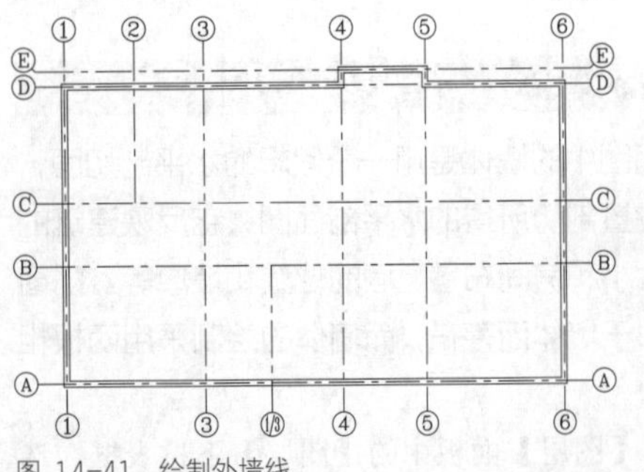


图 14-41 绘制外墙线

**Step 04** 同理，输入ML执行【多线】命令，直接捕捉轴线交点绘制内墙线。完成的内墙线如图14-42所示。

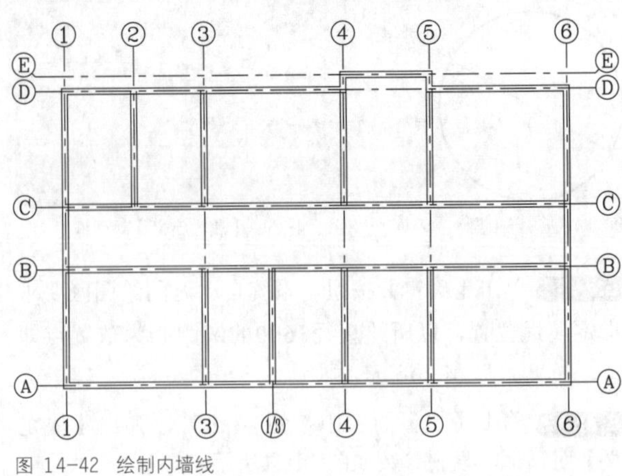


图 14-42 绘制内墙线

**Step 05** 根据需要增加墙线。如把“5”号轴上的轴线和墙线向右复制，如图14-43所示。

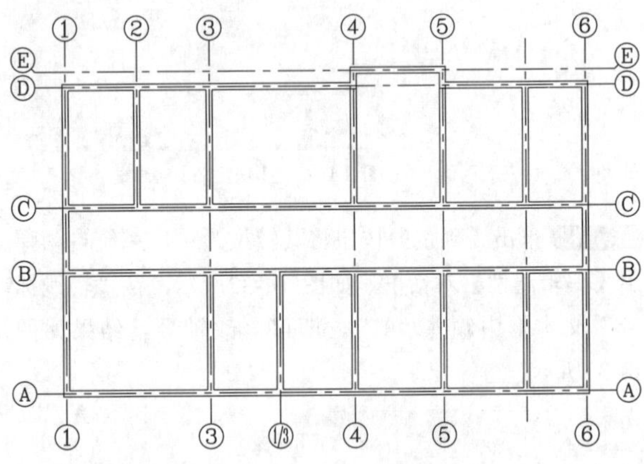


图 14-43 增加墙线

**Step 06** 编辑墙线交点。输入MLEDIT执行【多线编辑工具】命令，弹出【多线编辑工具】对话框，在该对话框中单击【T形打开】按钮╤，依次选择纵向和横向的墙线，将其打开，如图14-44所示。命令行提示如下。

```
命令: _MLEDIT
选择第一条多线:                          //选择纵向墙线
选择第二条多线:                          //选择横向墙线
选择第一条多线 或 [放弃(U)]:↙
                             //按Enter键，结束多线编辑
```

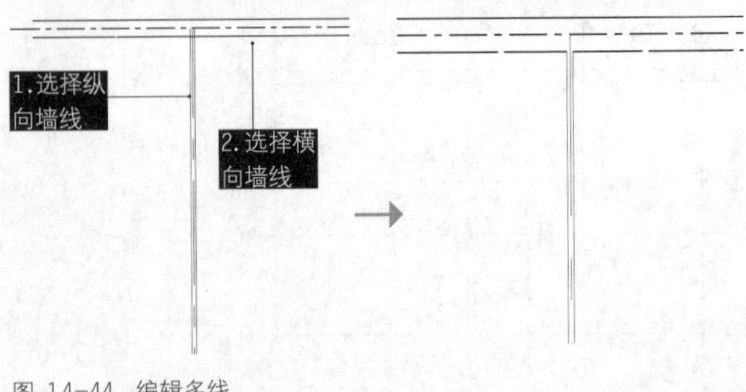


图 14-44 编辑多线

**Step 07** 按相同方法，继续修改其他墙线，结果如图 14-45所示。

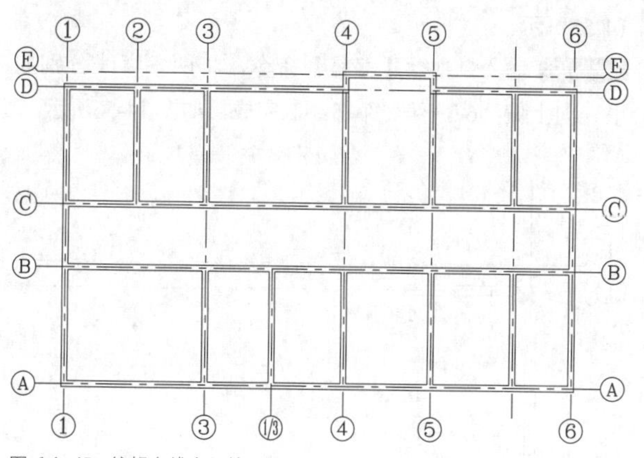


图 14-45 编辑多线交叉接口

**Step 08** 特殊交叉接口的处理如图 14-46所示。

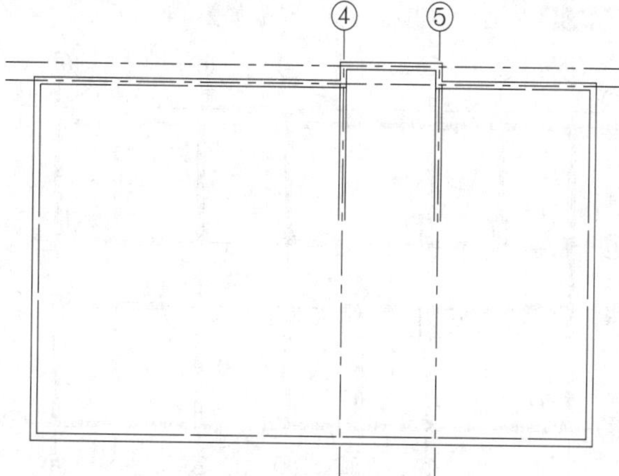


图 14-46 特殊交叉接口

**Step 09** 输入X执行【炸开】命令，选择所有将墙线，将其炸开。然后通过【修改】面板中的【修剪】命令来修改。最终修改结果如图 14-47所示。

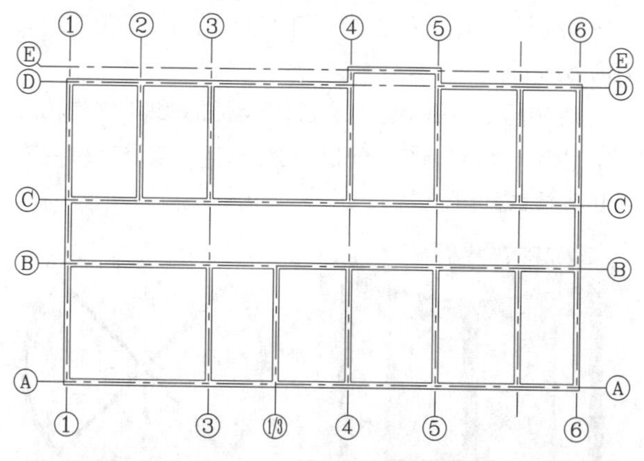


图 14-47 编辑多线特殊接口

## 14.2.4 绘制标注柱

立柱一般设置在墙体拐角或墙体相交的位置。绘制比较简单，一般先绘制一个矩形，然后利用填充命令进行实心填充。打印出来看到的效果就是一个黑色的矩形块，很容易识别。当然立柱不一定是矩形，可以是多变行、圆心或其他形状。

**Step 01** 绘制第一个立柱。单击【图层】面板中的【图层】下拉表框，选择“立柱”，将“立柱”图层设置为当前图层。输入REC执行【矩形】命令，命令行窗口显示如下。

```
命令: REC↙
RECTANG
指定第一个角点或 [倒角(C)/标高(E)/圆角(F)/厚度(T)/宽度(W)]:
                                        //捕捉左上角墙上交点
指定另一个角点或 [面积(A)/尺寸(D)/旋转(R)]: @350,-350↙
                                        //绘制一个长350、宽350的矩形
```

**Step 02** 单击【绘图】面板中的按钮，激活图案填充相关的面板，如图 14-48所示。

图 14-48 图案填充相关面板

**Step 03** 选择【图案】面板中的“SOLID”图案，再单击边界面板中的按钮 选择，然后选择刚绘制的矩形。这时填充的颜色为黑色，选择此黑色填充块，在特性面板中将其颜色选择为黄色。绘制结果如图 14-49所示。

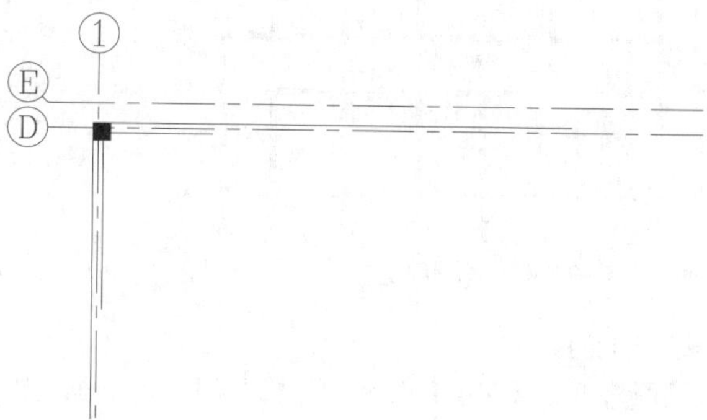


图 14-49 绘制第一个立柱

**Step 04** 绘制其他立柱。通过【复制】、【移动】等命令将第一个立柱复制到其他位置。调整后结果如图 14-50所示。

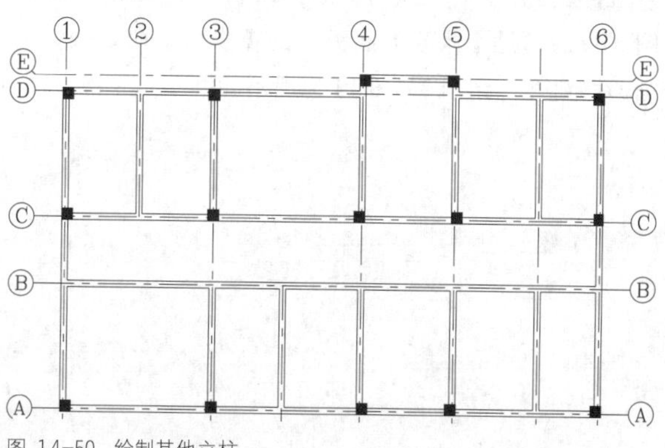


图 14-50 绘制其他立柱

## 14.2.5 绘制门窗

上述可知门窗是依附于墙体而存在的。门由两个元素表达，一个是长条形矩形，另一个是门开启时扫过的路迹（圆弧）。窗由 4 条等距线段表达。

### 1 绘制门、窗洞口

Step 01 单击【图层】面板中的【图层】下拉表框，选择“墙线”，将“墙线”图层设置为当前图层。

Step 02 输入L执行【直线】命令，绘制一根小短线，如图 14-51所示。将小短线向左移动100，再将其向左复制，复制距离900。然后通过【修改】面板中的【修剪】命令修改墙体，得到第一个门窗洞口，如图 14-52所示。

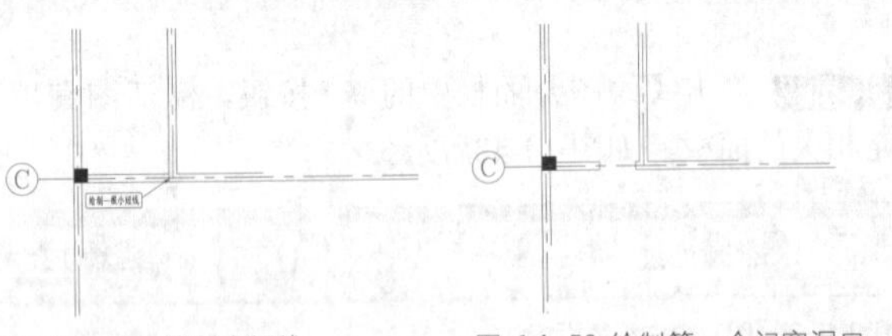

图 14-51 绘制小短线　　图 14-52 绘制第一个门窗洞口

Step 03 同理，绘制其他门窗洞口，如图 14-53所示。

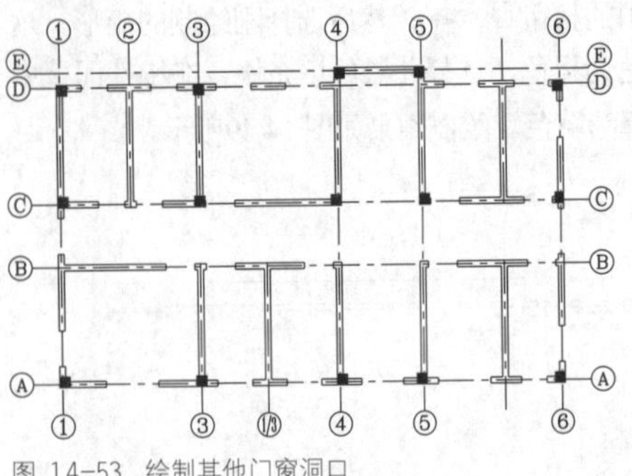

图 14-53 绘制其他门窗洞口

### 2 绘制门

Step 04 单击【图层】面板中的【图层】下拉表框，选择“门窗”，将“门窗”图层设置为当前图层。

Step 05 输入REC执行【矩形】命令，绘制长900，宽45的长条形矩形。

Step 06 以矩形右下角为圆心，绘制一个半径为900的圆。最后通过【修改】面板中的【修剪】命令来修剪圆，得到第一扇门，如图 14-54所示。

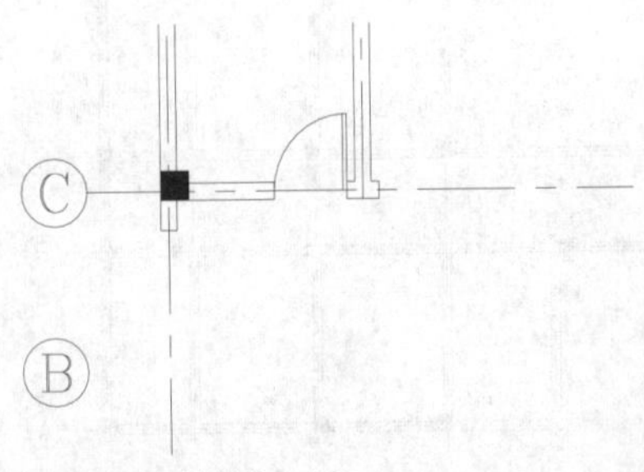

图 14-54 绘制第一扇门

### 3 绘制窗

Step 07 输入L执行【直线】命令，绘制两条直线如图 14-55所示。

Step 08 输入O执行【偏移】命令，将两条直线分别向下、向上偏移67，第一个窗绘制完成，如图 14-56所示。

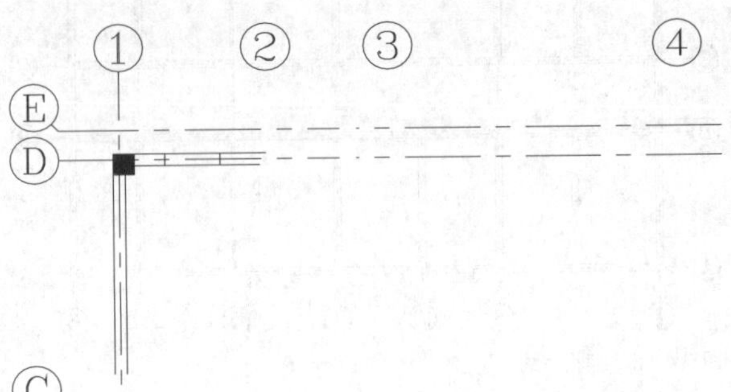

图 14-55 绘制两条线段　　图 14-56 绘制另外两条线段

Step 09 同理绘制其他门窗，结果如图 14-57所示。

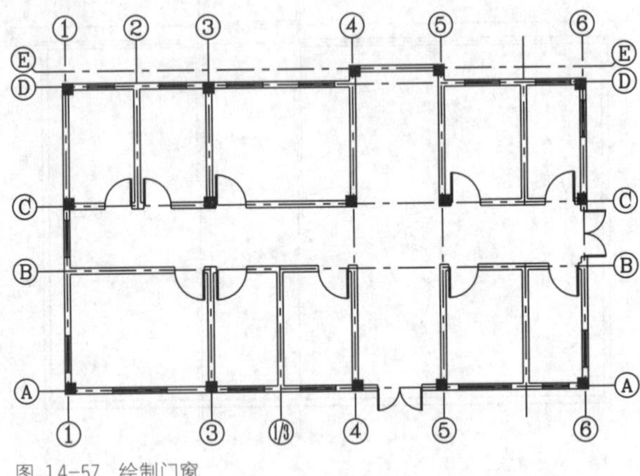

图 14-57 绘制门窗

### 4 其他门窗

除上述常见的门窗外，还有一些特殊门窗，如某些酒店大门的旋转门，双开门和阳台处的推拉门等，如图 14-58 所示。无论多么复杂的门都是由一些简单的线段和弧绘制而成。

旋转门比较复杂些，绘制时不必细究细部结构和尺寸，也不一定要与图 14-59 完全一样，按尺寸绘制主要的轮廓线即可。

图 14-58 某旋转门实物图

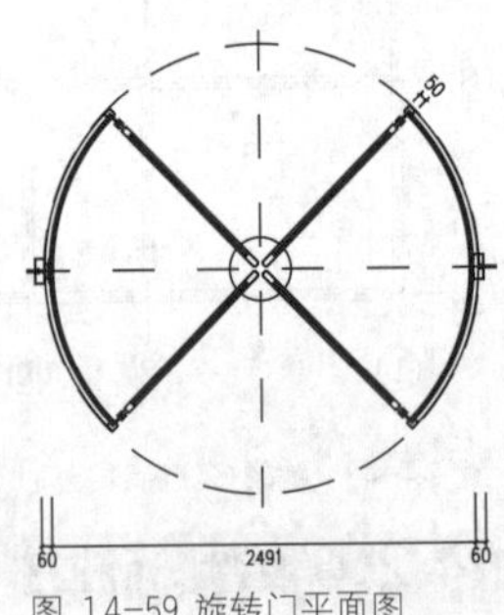



图 14-59 旋转门平面图

双开门比较容易，只需将绘制好的单开门镜像即可，如图 14-60 所示。有种双开门分为一大一小，如某些入户门，小门常闭，当需要搬运大型物件时开启大门和小门，如图 14-61 所示。可以将大门镜像，再用【缩放】命令来绘制。

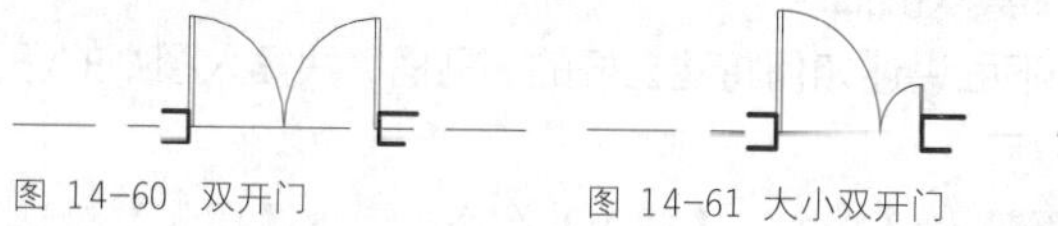

图 14-60 双开门　　图 14-61 大小双开门

推拉门采用细长的矩形表达，并用【直线】命令绘制两个箭头。如图 14-62 所示。

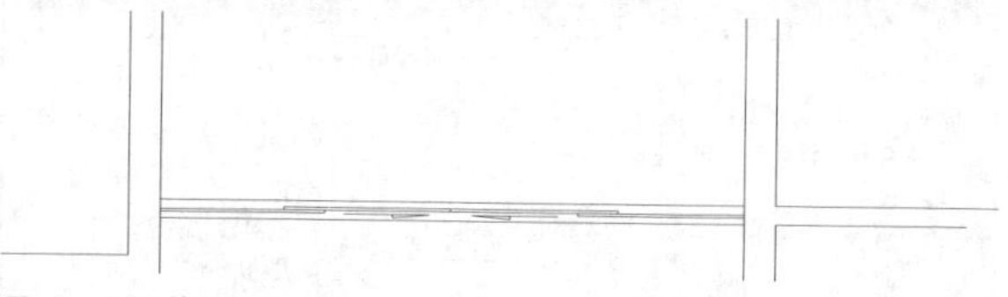

图 14-62 推拉门示例

## 14.2.6 绘制楼梯

楼梯由踏步，扶手和折断线表达。楼梯与后续讲解的台阶有些类似。这一小节先讲解首层平面图中的楼梯绘制方法。后续章节还会涉及楼梯的绘制。

**Step 01** 单击【图层】面板中的【图层】下拉表框，选择“楼梯”，将“楼梯”图层设置为当前图层。

**Step 02** 输入L执行【直线】命令，绘制楼梯踏步，最下边一根线距最下边轴线500。

**Step 03** 输入O执行【偏移】命令，偏移距离260，结果如图 14-63所示。

**Step 04** 输入L执行【直线】命令，绘制折断线和扶手。最后通过【修改】面板中的【修剪】命令完成修剪，结果如图 14-64所示。

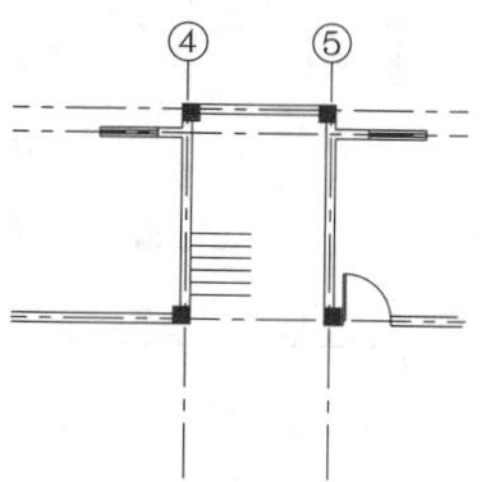


图 14-63 绘制楼梯踏步

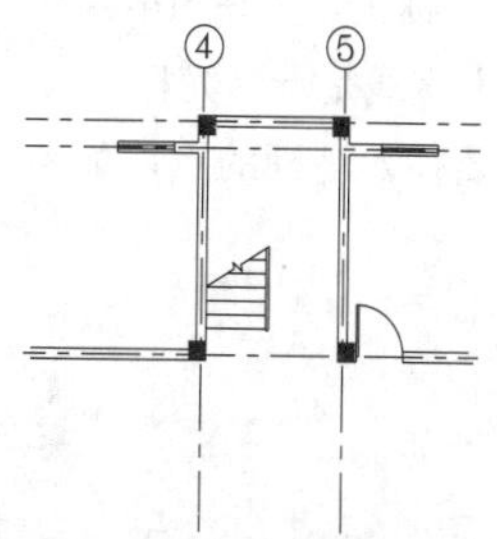


图 14-64 绘制楼梯

## 14.2.7 绘制洁具

本节以绘制马桶为例，讲解基本的绘图命令，及“写块”和“插入块”相关操作。熟练地运用“块”，可提高工作效率。平时也应多积累“块”的整理和收集。

### 洁具的绘制

**Step 01** 单击【图层】面板中的【图层】下拉表框，选择“洁具”，将“洁具”图层设置为当前图层。

**Step 02** 绘制矩形。输入REC执行【矩形】命令，绘制一个长420，宽170的矩形，如图 14-65所示。命令行窗口显示如下。

```
命令: REC↙
RECTANG
指定第一个角点或 [倒角(C)/标高(E)/圆角(F)/厚度(T)/宽度(W)]:            //绘图区域空白处任意点单击
指定另一个角点或 [面积(A)/尺寸(D)/旋转(R)]: @420,170↙
                                        //输入@420,170按Enter键即可。
```

**Step 03** 矩形倒圆角。单击【修改】面板中的按钮 圆角，执行【圆角】命令，圆角半径设置为40，绘制结果如图 14-66所示。命令行窗口显示如下。

```
命令: _FILLET
当前设置: 模式 = 修剪，半径 = 50
                                        //表示上次操作采用的半径是50
选择第一个对象或 [放弃(U)/多段线(P)/半径(R)/修剪(T)/多个(M)]: r↙        //输入“r”修改半径值
指定圆角半径 <50>: 40↙
                                        //输入半径值40
选择第一个对象或 [放弃(U)/多段线(P)/半径(R)/修剪(T)/多个(M)]:        //指定矩形交点的一条边
选择第二个对象，或按住 Shift 键选择对象以应用角点或 [半径(R)]:↙        //指定矩形交点的另一条边
↙                    //按“按Enter键”重复【圆角】命令
命令: FILLET
当前设置: 模式 = 修剪，半径 = 40↙
选择第一个对象或 [放弃(U)/多段线(P)/半径(R)/修剪(T)/多个(M)]:
选择第二个对象，或按住 Shift 键选择对象以应用角点或 [半径(R)]:
```

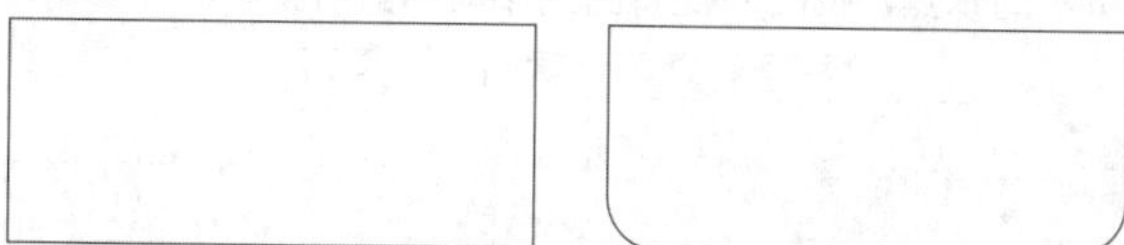

图 14-65 绘制矩形　　图 14-66 矩形倒圆角

**Step 04** 在矩形正下方绘制一个椭圆长轴420，短轴295的椭圆。椭圆顶部端点距矩形下边线65。单击【绘图】面板中的按钮，执行【椭圆】命令。绘制结果如图 14-67所示。命令行窗口显示如下。

```
命令: _ELLIPSE
指定椭圆的轴端点或 [圆弧(A)/中心点(C)]: _c
                                    //需要指定椭圆圆心
指定椭圆的中心点: FROM↙
              //输入FROM并捕捉矩形下边线的中点
基点: <偏移>: @0,-275↙
           //输入“@0,-275”，表示椭圆圆心在矩形
下边线正下方275mm处
指定轴的端点: 147.5↙                 //输入短轴半径
指定另一条半轴长度或 [旋转(R)]: 210↙
                                    //输入长轴半径
```

**Step 05** 将椭圆向外偏移35。如图 14-68所示。

**Step 06** 利用【直线】命令绘制其他细部结构，细部结构尺寸可以随意些，无关紧要。通过【修改】面板中的【修剪】命令完成修剪，此处不再赘述。绘制结果如图 14-69所示。

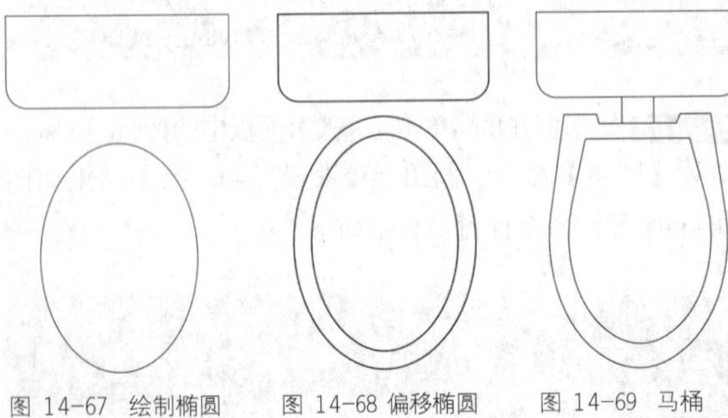

图 14-67 绘制椭圆　　图 14-68 偏移椭圆　　图 14-69 马桶

## 2 洁具块的创建

上述可知，绘制一个洁具需要花费较长时间。实际上，可以将绘制好的洁具建立成一个“块”，下次可以直接调用。网络上也好很多洁具块，可以下载直接使用。上一章中已经讲述过“块”的创建与使用，这里带领学员巩固以下“块”相关知识。下面讲述块的创建，洁具和家具都可以创建成“块”。

**Step 07** 输入W 执行【写块】命令，弹出【写块】对话框，如图 14-70所示。

**Step 08** 在文件名和路径下修改块的名字为“马桶”。单击“拾取点”，界面将回到绘图区域，捕捉如图 14-71所示的基点，按Enter键将回到【写块】对话框。

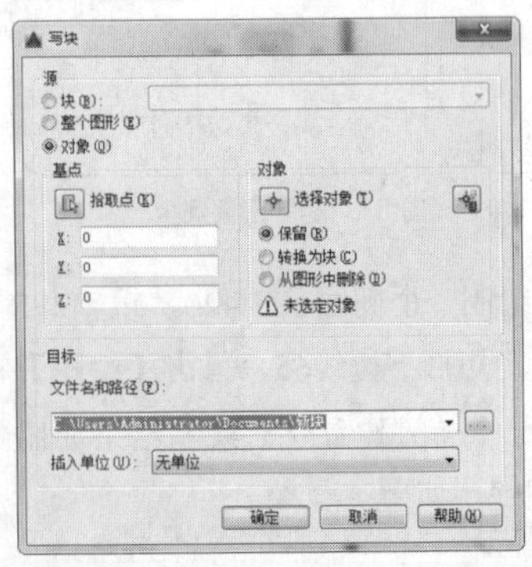


图 14-70 【写块】对话框

捕捉此基点

图 14-71 马桶基点

**Step 09** 单击【选择对象】按钮，界面将回到绘图区域，框选总个马桶，按Enter键将回到【写块】对话框。这时单击【写块】对话框中的【确定】按钮。马桶图块就建立好了。

## 3 洁具块的插入

下面讲述如何将建立好的“马桶”块插入图中的适当位置。

**Step 10** 输入I 执行【插入】命令，弹出【插入】对话框，如图 14-72所示。

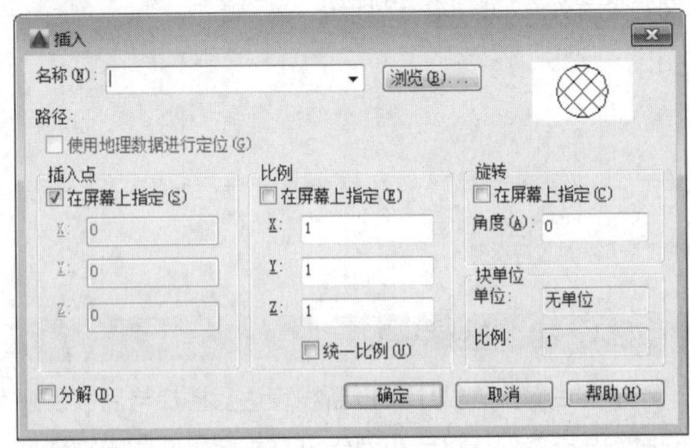


图 14-72 【插入】对话框

**Step 11** 单击【浏览】按钮，弹出【选择图形文件】对话框，如图 14-73所示。选择“马桶”并单击【打开】按钮，将返回到【插入】对话框。

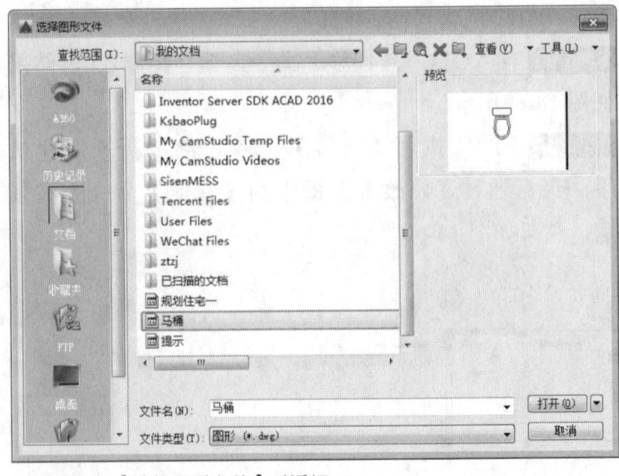


图 14-73 【选择图形文件】对话框

**Step 12** 在【插入】对话框中单击【确定】按钮，将回到绘图区域，马桶将附着在十字光标上，如图 14-74所示，要求指定插入点。图中“十”字线是十字光标。

**Step 13** 捕捉平面图卫生间中需要插入马桶的点，如图 14-75所示。

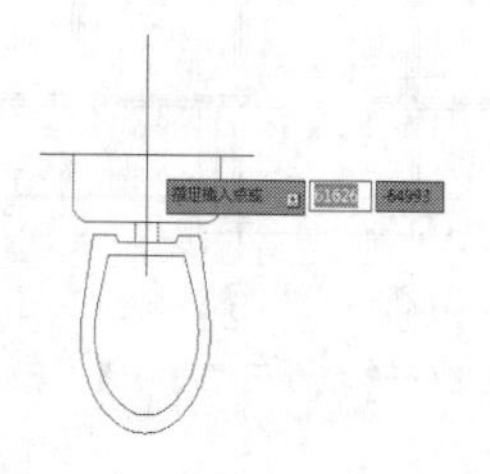

图 14-74 马桶插入要求指定插入点

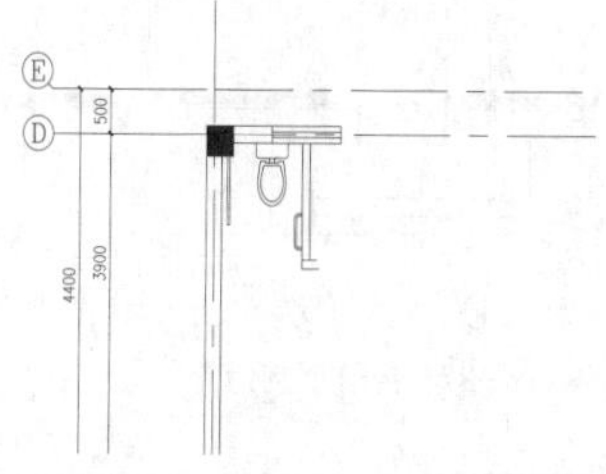

图 14-75 在卫生间插入马桶

**设计点拨**

平面图中插入位置可以随意些，位置适中即可，捕捉插入点时建议将对象捕捉模式全部打开勾选，如图 14-76所示。当然在卫生间平面图中会需要精确点，这就需要在使用"插入"之前先确定插入点，也可以使用"from"命令，临时寻找插入点。关于"from"命令在前面的章节中已经详细讲述过了，应熟加掌握。

**Step 14** 运用【插入】命令插入马桶，如图 14-77所示，已知A点及图示尺寸。可以运用"from"命令来临时捕捉马桶的插入点。命令行显示如下。

```
命令: I↙
INSERT
指定插入点或 [基点(B)/比例(S)/X/Y/Z/旋转(R)]: from
基点: <偏移>: @700,-200↙                    //墙厚200
```

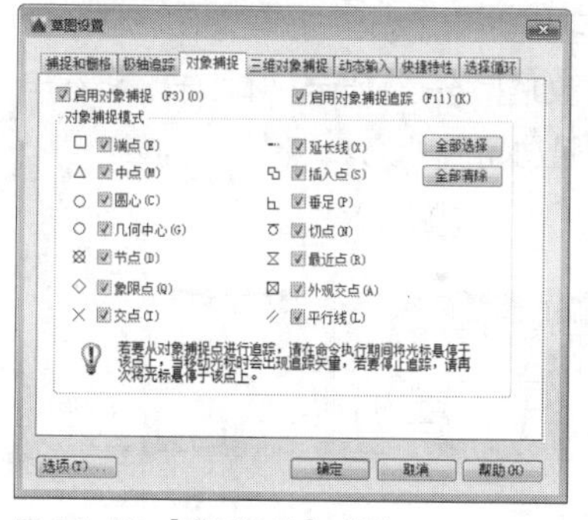

图 14-76 【草图设置】对话框

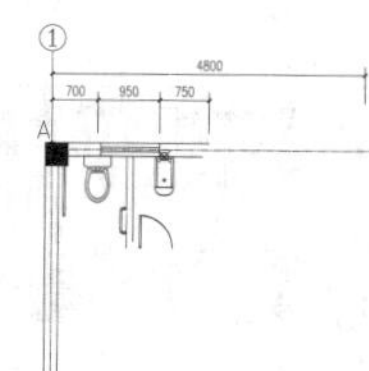

图 14-77 插入马桶用图

## 14.2.8 绘制阳台、雨篷、台阶

阳台和雨篷比较类似，在平面图中大多是矩形，部分是弧形。雨篷一般在二层平面图或二层以上的平面图才有。台阶一般在一层平面图中，因室外地坪标高与室内地坪标高不一致而设计的。

### 1 绘制雨篷

下面绘制二层平面图 B 轴处一个雨篷，阳台可参照绘制。

**Step 01** 单击【图层】面板中的【图层】下拉表框，选择"阳台台阶"，将"阳台台阶"图层设置为当前图层。

**Step 02** 输入REC执行【矩形】命令，以绘图区域中的A作为第一个角点，在命令行窗口输入"@1400，2100"作为矩形的另一个角点。如图 14-78所示。

**Step 03** 输入O执行【偏移】命令，将上述绘制的矩形向外偏移100。

**Step 04** 输入X执行【炸开】命令，将上述两个矩形炸开。删除矩形左边的长边。

**Step 05** 输入TR执行【修剪】命令，将深入墙内的矩形短边修剪掉，结果如图 14-79所示。

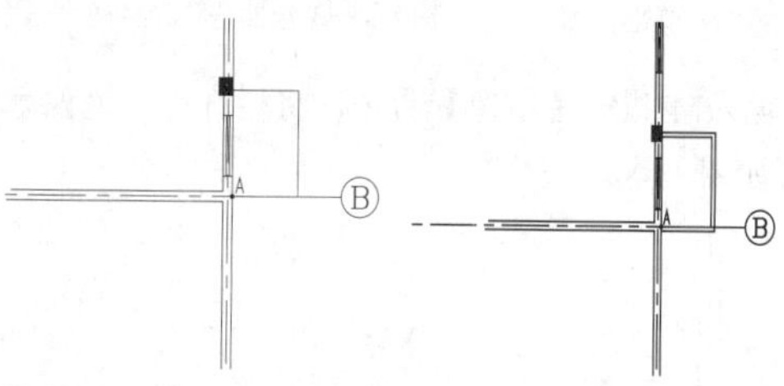

图 14-78 绘制雨篷轮廓　　图 14-79 偏移和修剪

**Step 06** 绘制坡度线。雨篷都有排水坡度，应在雨篷上面用【直线】绘制坡度线，用箭头表达坡向，用文字注明坡度大小。文字说明在建筑总平面图中已经讲述过，后续章节还会继续讲解。雨篷绘制结果如图 14-80所示。

**Step 07** 另一处雨篷绘制结果如图 14-81所示，请自行按照图中尺寸和上述方法绘制。

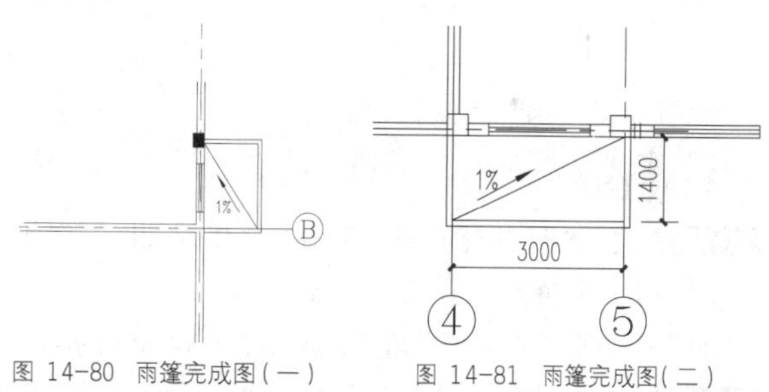


图 14-80 雨篷完成图(一)　　图 14-81 雨篷完成图(二)

### 2 绘制台阶

在图 14-57 门窗图中，两处双开门处设置台阶。下面介绍台阶的绘制过程。

#### B 轴处台阶

**Step 08** 绘制入口处平台，绘制方法和尺寸同雨篷绘制第二条。

**Step 09** 输入X执行【炸开】命令，将上述绘制的矩形炸开。删除矩形左边的长边。结果如图 14-82所示。

**Step 10** 输入O执行【偏移】命令，将矩形右边长边向右偏移300，偏移两次。

**Step 11** 输入REC执行【矩形】命令，以绘图区域中的A作为第一个角点，在命令行窗口输入"@2100，-100"作为矩形的另一个角点。如图 14-83所示。

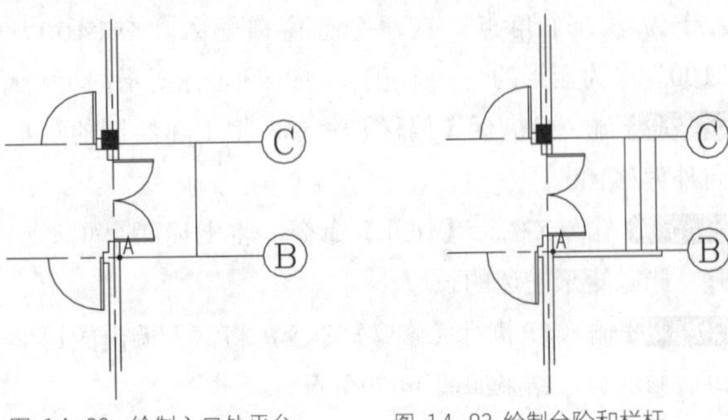


图 14-82 绘制入口处平台　　图 14-83 绘制台阶和栏杆

**Step 12** 输入MI执行【镜像】命令，将栏杆向上镜像。绘制结果如图 14-84所示。

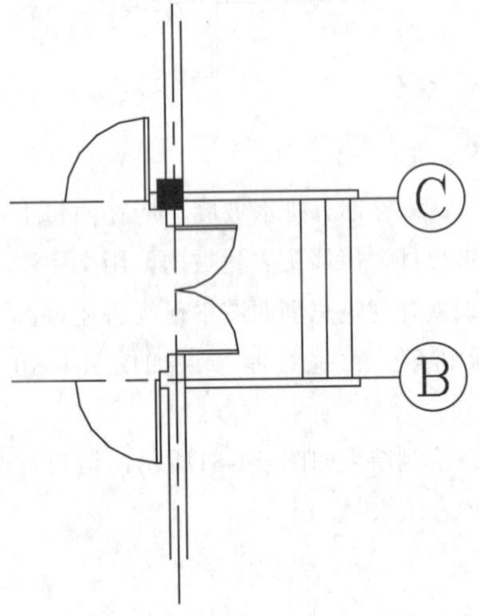


图 14-84 台阶完成图（一）

◎ 4 轴处台阶

**Step 13** 输入REC执行【矩形】命令，以绘图区域中的A作为第一个角点，在命令行窗口输入“@3200，-1500”作为矩形的另一个角点。A点如图 14-85所示。

**Step 14** 输入X执行【炸开】命令，将上述绘制矩形炸开。删除矩形上边的长边。

**Step 15** 输入O执行【偏移】命令，将矩形3条边向外偏移300，偏移两次。结果如图 14-86所示。

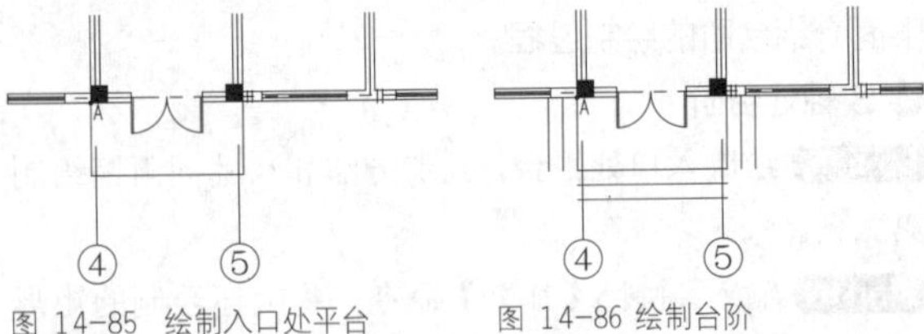


图 14-85 绘制入口处平台　　图 14-86 绘制台阶

**Step 16** 台阶倒圆角。单击【修改】面板中的按钮 圆角，执行【圆角】命令，圆角半径设置为0，绘制结果如图 14-87所示。

**Step 17** 绘制无障碍坡道。如图 14-88所示，输入O执行【偏移】命令，将a线向右偏移3750得到b线。

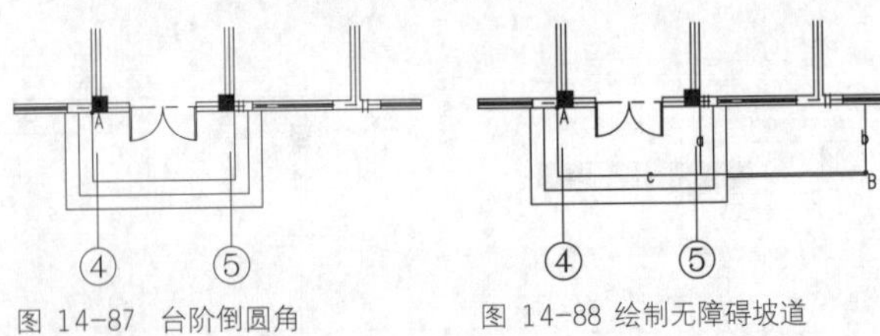


图 14-87 台阶倒圆角　　图 14-88 绘制无障碍坡道

**Step 18** 输入REC执行【矩形】命令，以绘图区域中的B作为第一个角点，在命令行窗口输入“@-3150，-50”作为矩形的另一个角点。

**Step 19** 输入TR执行【修剪】命令，以c线为裁剪边，剪除c线上边的两段线段，结果如图 14-89所示。

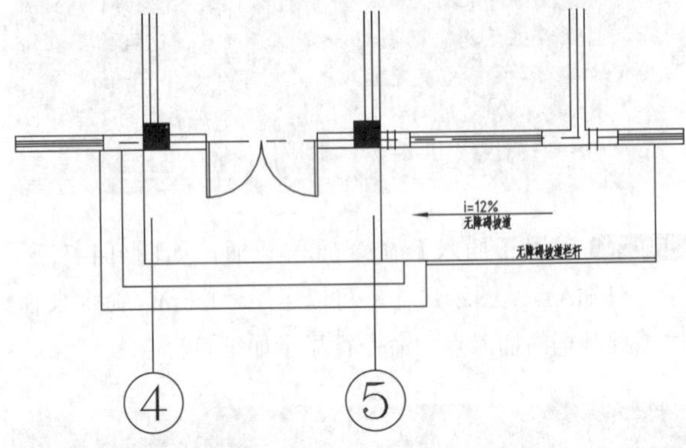


图 14-89 台阶完成图（二）

## 14.2.9 绘制散水、排水沟

通过本章的学习，到目前为止一层平面图已经整体绘制完成，半成品图如图 14-90 所示。本小节，将在半成品图的基础上绘制散水和排水沟。

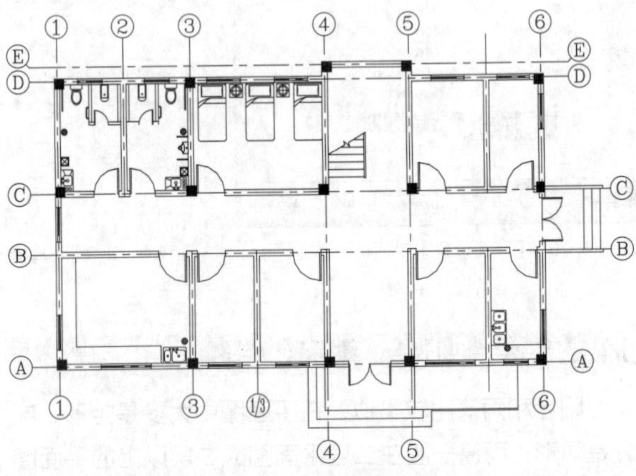


图 14-90 某污水厂综合楼一层平面图半成品图

**设计点拨**

散水，指在建筑周围铺的用以防止雨水渗入的保护层，如图 14-91所示。是为了保护墙基不受雨水侵蚀，常在外墙四周将地面做成向外倾斜的坡面，以便将屋面的雨水排至远处，称为散水，这是保护房屋基础的有效措施之一。散水外接排水沟或绿地。散水的宽度应根据土壤性质、气候条件、建筑物的高度和屋面排水形式确定，一般为600～1000mm。当屋面采用无组织排水时，散水宽度应大于檐口挑出长度200～300mm。为保证排水顺畅，一般散水的坡度为3%～5%，散水外缘高出室外地坪30～50mm。散水常用材料为混凝土、水泥砂浆、卵石、块石等。另外，在年降雨量较大的地区可采用明沟排水。明沟是将雨水导入城市地下排水管网的排水设施。一般在年降雨量为900mm以上的地区采用明沟排除建筑物周边的雨水。明沟宽一般为200左右，材料为混凝土、砖等。

图 14-91　散水实物图

下面讲述散水和排水沟的在建筑平面图中的绘制过程。

**Step 01** 单击【图层】面板中的【图层】下拉表框，选择“散水排水沟”，将“散水排水沟”图层设置为当前图层。

**Step 02** 输入PL执行【多段线】命令，线宽设置为0（下图中为粗实线，是为了便于学员看清），沿建筑物外轮廓线描边一圈。主要要沿着外墙线描绘，台阶不用描绘。

**Step 03** 输入O执行【偏移】命令，将上述描绘的闭合多段线向外偏移600。结果如图 14-92所示。

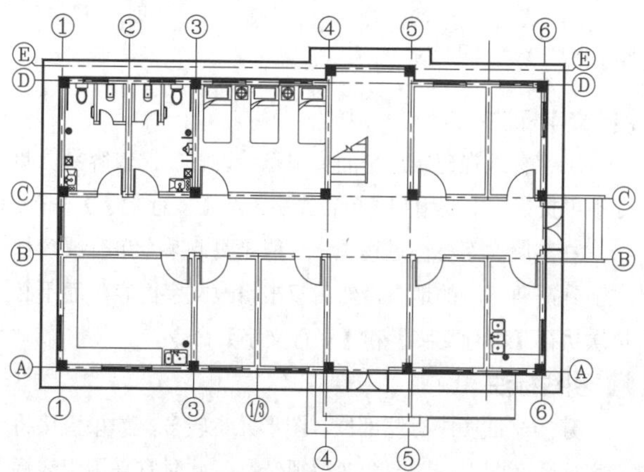

图 14-92　绘制散水线（一）

**Step 04** 删除偏移前的那条多段线。

**Step 05** 输入L执行【直线】命令，将偏移出的多段线的转角处与对应的建筑物外墙边线转角点连接，这里是各段散水的交界线。结果如图 14-93所示。

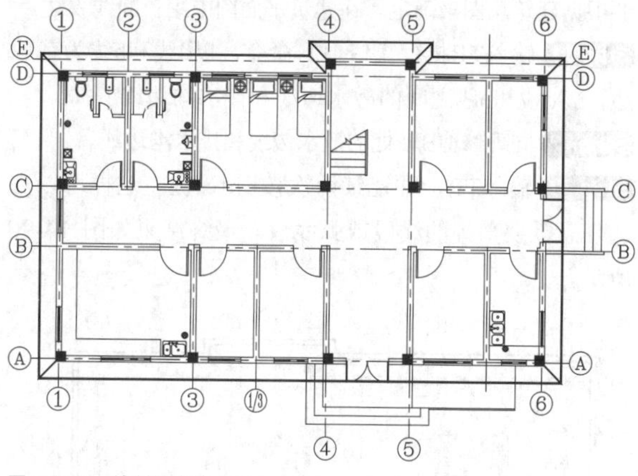

图 14-93　绘制散水线（二）

**Step 06** 如图 14-94所示，输入O执行【偏移】命令，将散水边线向外偏移200，得到排水边线。

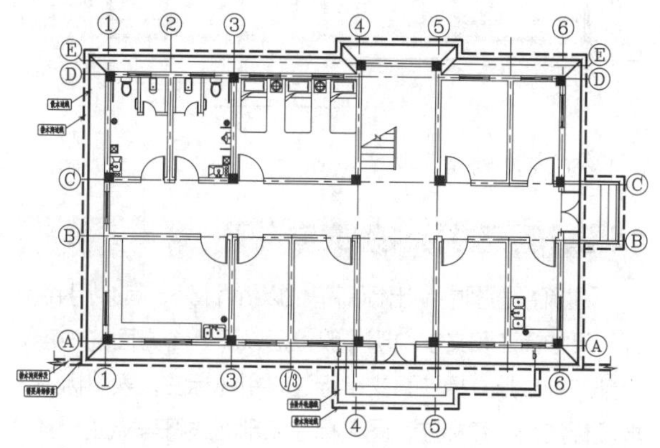

图 14-94　绘制排水沟

**Step 07** 选择排水边线，按CTRL+1组合键弹出弹性面板如图 14-95所示。在特性面板中选择“DASH”线型，输入适当的线型比例。特性面板中的修改可以看到绘图区域实时变化。

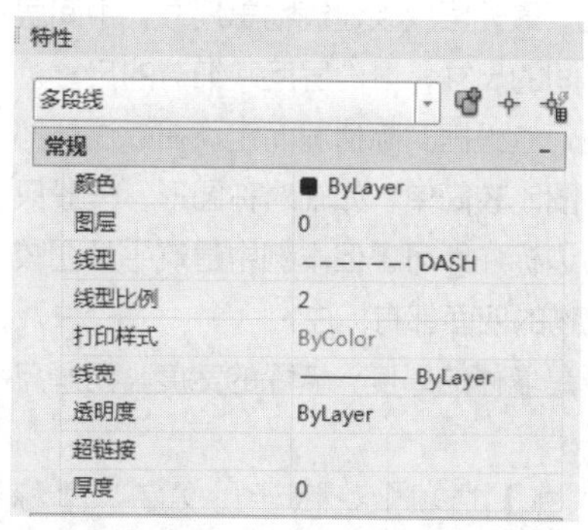


图 14-95　特性面板

**Step 08** 输入PL执行【多段线】命令，将台阶轮廓线描绘出来，并向外偏移200。

Step 09 用格式刷将上述偏移得到的线刷成虚线（排水边沟线）。

Step 10 绘制排水沟延伸段。雨水最终排往何处，一般需要根据建筑总图来确定。在建筑平面图中用折断线表达。

Step 11 输入TR执行【修剪】命令，以d线和b线为裁剪边，将d线和b线之间的散水边线和排水沟边线剪掉。

Step 12 同理修剪B轴处的散水边线和排水沟边线。

Step 13 输入TR，并连续两次按Enter键，这样可以点选任意需要剪掉的线段或弧线段。最终结果如图 14-96 所示。

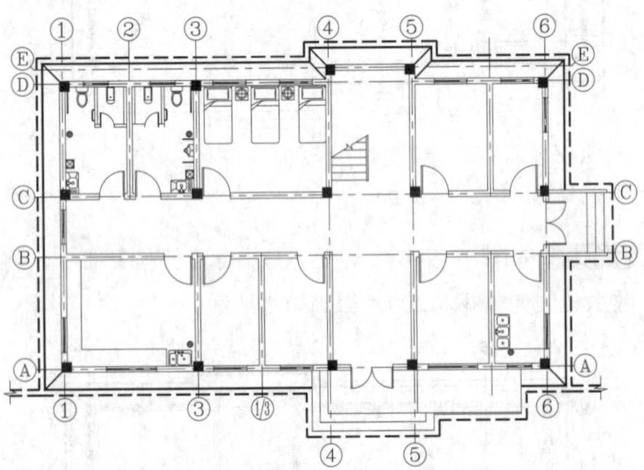

图 14-96 修剪排水沟

## 14.2.10 尺寸标注和文字说明

建筑平面图中，出标高单位以 m 计外，其余用 mm 计。尺寸标注和文字说明一般包括以下 8 个方面的内容：外部、细部尺寸标注；文字标注；引线标注；索引标注；坡度标注；标高标注；图名标注和剖面线符号标注。

### 1 外部、细部尺寸标注

尺寸标注分为外部尺寸和细部尺寸。

外部尺寸标注在轴号标注和建筑物外轮廓线之间，标注轴号时应预留外部尺寸标注的位置，上述章节中没有预留，只是为了使教材中图面更紧凑和美观。外部尺寸一般分 3 层标注，最外层反映建筑物总尺寸，中间层反映建筑物中各房间的尺寸，最内层反映细节的尺寸。但这也不是绝对的，应根据实际情况而定。在标注外部尺寸时，如果平面图比较简单，如轴对称图形，一般只在图形的下边和右边标注即可。但本例中建筑平面图较复杂，所以在建筑物的四面都有标注。

细部尺寸主要是墙体的厚度，墙垛的宽度，门洞尺寸等。

Step 01 单击【注释】选项卡，激活“文字”“标注”“引线”“表格”等注释面板。在标注下拉列表中选择“100”标注样式。如图 14-97所示。

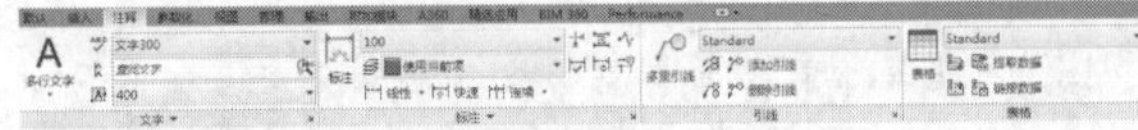

图 14-97 【注释】选项卡中的相关面板

Step 02 单击“标注”面板中的【对齐】按钮，对各个部分进行标注。在有连续标注的地方可以单击【连续】按钮，加快标注速递。

Step 03 外部尺寸标注完成结果如图 14-98所示。

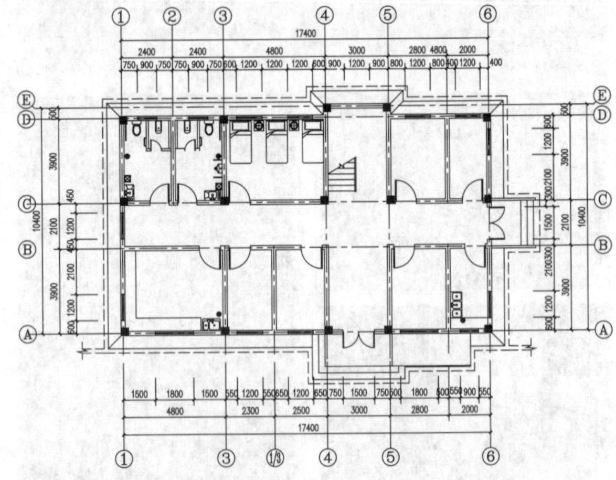

图 14-98 外部尺寸标注

Step 04 细部尺寸标注完成结构如图 14-99所示。

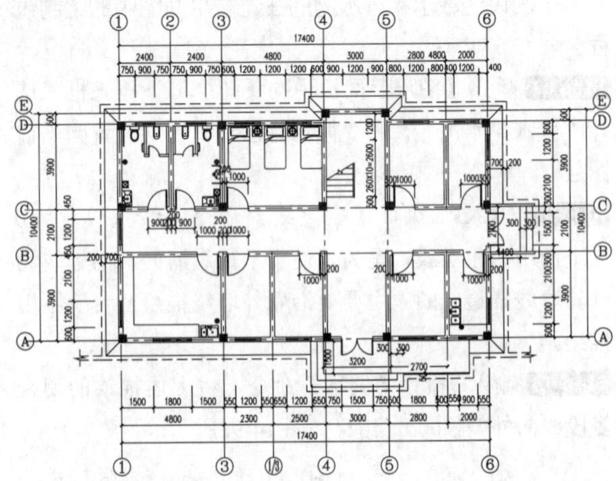

图 14-99 细部尺寸标注

### 2 文字标注

文字标注在建筑总平面图中已经讲解，比较容易，此处不再赘述。主要用到【单行文字】和【多行文字】命令。

在实际文字标注过程中，一般是复制某个单行或多行文字到需要标注的地方，然后双击修改文字内容。而不必每次执行【单行文字】和【多行文字】命令。

### 3 引线标注

建筑平面图中有些部位，图形元素较多，如果直接将文字标注在图上，图面会变得很杂乱，此时宜采用引线标注。具体步骤如下。

Step 05 输入LE执行【引线标注】命令，然后输入S，弹出【引线设置】对话框，如图 14-100所示。

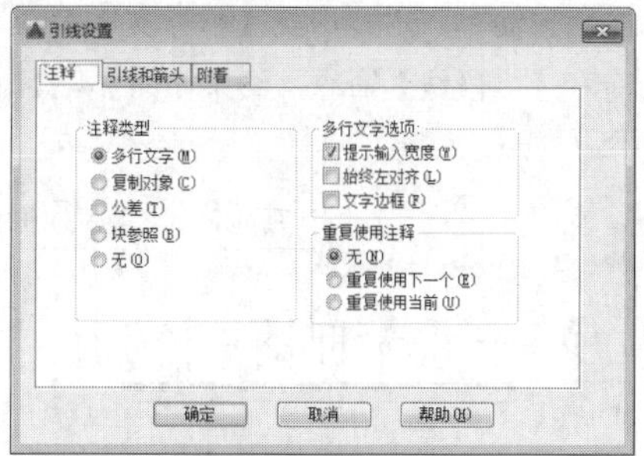


图 14-100 【引线设置】对话框

**Step 06** 修引线设置改参数。【引线设置】对话框有3个选项卡，第一个“注释”采用默认设置。第二个“引线和箭头”中，将箭头设置为“小点”，如图 14-101所示；第三个“附着”中，勾选“最后一行加下划线”，如图 14-102所示。

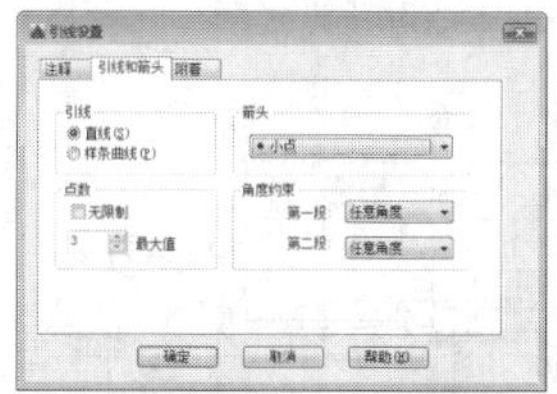

图 14-101 设置引线和箭头参数

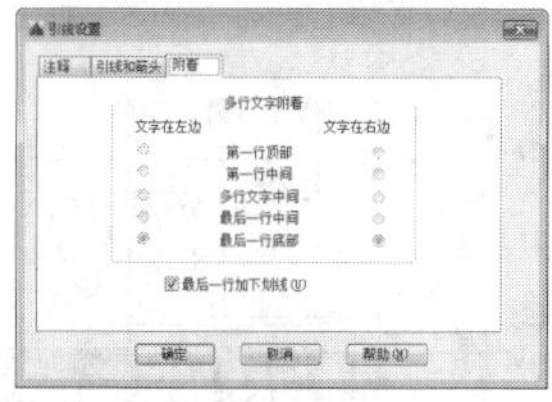

图 14-102 设置附着参数

**Step 07** 单击【确定】按钮，完成设置。这时系统要求指定第一个引线点，用鼠标在建筑平面图中需要进行引线标注的地方单击。并按提示操作。命令行显示如下。

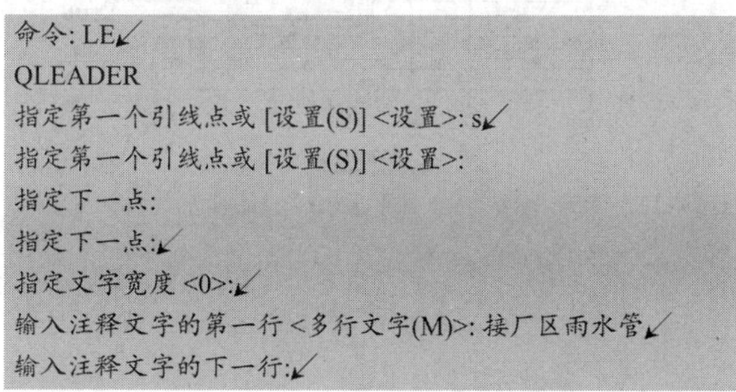

```
命令: LE↙
QLEADER
指定第一个引线点或 [设置(S)] <设置>: s↙
指定第一个引线点或 [设置(S)] <设置>:
指定下一点:
指定下一点:↙
指定文字宽度 <0>:↙
输入注释文字的第一行 <多行文字(M)>: 接厂区雨水管↙
输入注释文字的下一行:↙
```

**Step 08** 若要像图 14-104一样，文字分两行，只需将上行的文字复制到下行，再修改下行文字内容即可。

图 14-103 引线标注（一） 图 14-104 引线标注（二）

## 4 索引标注

索引符号的作用：图样中如果某一个细节的构件需要另见详图，则应以索引符号表示。如图 14-106 所示，是一个索引实例，下述其标注步骤。

**Step 09** 输入LE执行【引线标注】命令，然后输入S，弹出【引线设置】对话框，修改引线设置参数第二个选项卡“引线和箭头”中箭头参数，这里选“无”，如14-105和图14-106图所示。

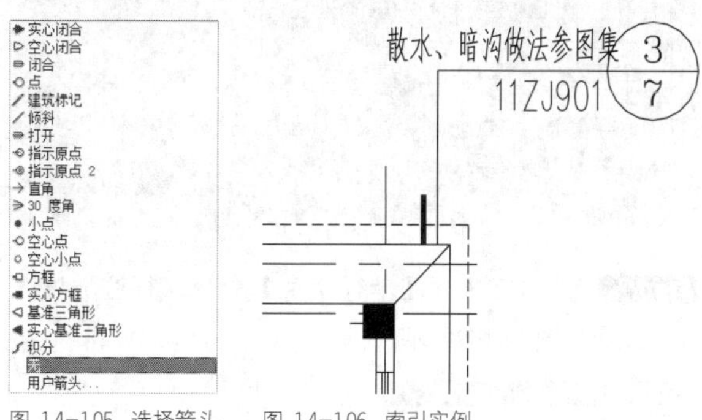


图 14-105 选择箭头为无 图 14-106 索引实例

**Step 10** 按提示操作，输入文字和选用的图集号。

**Step 11** 在引线的末端绘制一个直径500的圆，并用单行文字命令在园内标注数字。

> **设计点拨**
>
> 图 14-106中粗实线是剖断线，粗实线采用PL线绘制，线宽70mm（因为建筑平面图按1:100，则出图线宽是0.7mm）。按照索引实例中的图集号查图集11ZJ901第7页的第3个大样，如图14-10所示，可以看到散水和排水沟的做法。

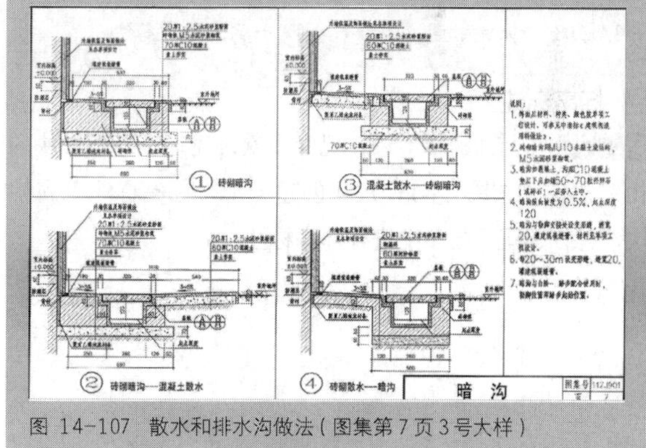


图 14-107 散水和排水沟做法（图集第 7 页 3 号大样）

## 5 坡度标注

上述章节中讲到的雨篷，以及卫生间等地方需要标注坡度。坡度标注由箭头线和单行文字表示。箭头表示坡度方向，文字表明坡度大小。

箭头标注有多种方法，如采用多段线绘制，采用填充块绘制等，这里介绍利用“引线标注”的方法绘制。请学员自己多动手尝试不用的方法。

**Step 12** 输入LE执行【引线标注】命令，然后输入S，弹出【引线设置】对话框，修改引线设置参数第二个选项卡“引线和箭头”中箭头参数，这里选“实心闭合”，如图

14-108所示。

**Step 13** 按提示进行操作，命令行提示如下。

```
命令: LE↙
QLEADER
指定第一个引线点或 [设置(S)] <设置>: s↙
指定第一个引线点或 [设置(S)] <设置>:
指定下一点:
指定下一点:↙
指定文字宽度 <1000>:↙        //直接按Enter键，不输入文字
输入注释文字的第一行 <多行文字(M)>: *取消*
                              //按Esc键取消
```

**Step 14** 输入DT执行【单行文字】命令，标注坡度大小，结果如图 14-109所示。

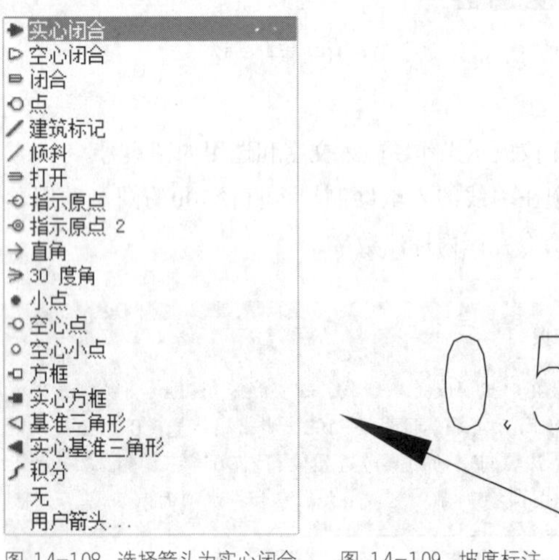


图 14-108 选择箭头为实心闭合　　图 14-109 坡度标注

## 6 标高标注

**Step 15** 在前面的章节中，已经多次讲述过标高属性块的相关知识。按图 14-110尺寸创建一个“标高标注”属性块，并在建筑平面图中进行标高标注。

## 7 图名标注

**Step 16** 图名标注比较简单，主要用到【单行文字】命令，【直线】命令和【多段线】命令，结果如图 14-111所示。

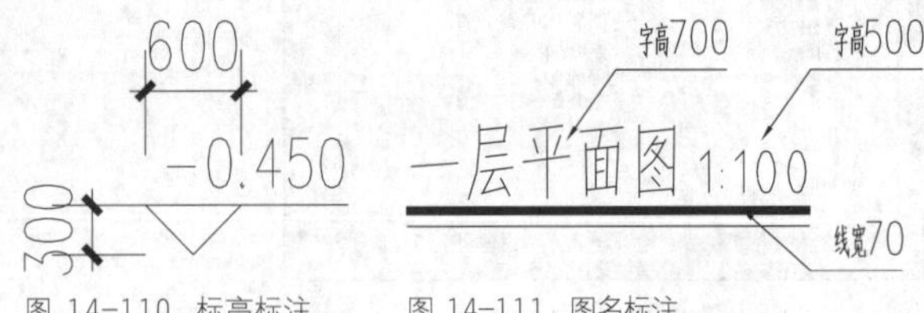


图 14-110 标高标注　　图 14-111 图名标注

## 8 剖面线符号标注

**Step 17** 剖面线符号标注如图 14-112所示的“1-1”剖面符号，在以后的章节中将会讲到剖面图的绘制。剖面线符号只有用到【多段线】命令和【单行文字】命令。多段线宽设置为70mm。

到此，建筑平面图的绘制相关知识全部讲解完成。

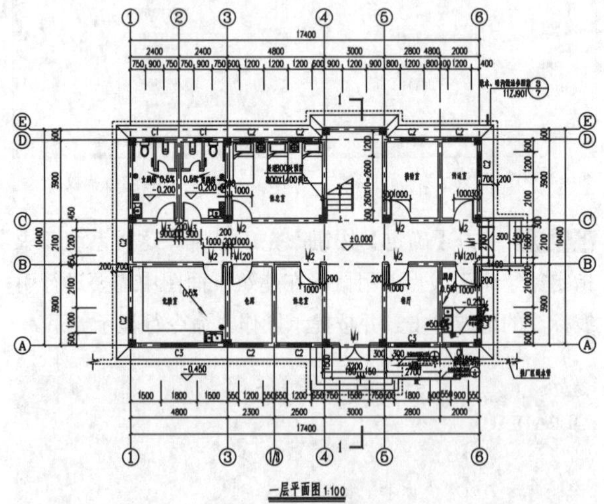


图 14-112 某污水厂综合楼一层平面图最终成品图

# 第 15 章 绘制建筑立面图

建筑立面图是反映建筑设计方案、门窗立面位置、样式与朝向、室外装饰造型及建筑结构样式等的最直观的手段，是三维模型和透视图的基础。一栋建筑的外形美观与否，主要取决于建筑的立面设计。

## 15.1 建筑立面图概述

在与建筑物立面平行的铅垂投影面上所做的投影图称为建筑立面图，简称立面图。建筑立面图主要用来表达房屋的外部造型，门窗位置及形式，墙面装修、阳台、雨篷等部分的材料和做法。如图 15-1 所示。

图 15-1 ①～⑥轴立面图

### 15.1.1 建筑立面图的形成

按投影原理形成，根据立面图的定义，立面图形成过程示意如图 15-2 所示，图片来自网络。某些平面形状曲折的建筑物，可绘制展开立面图。圆形或多边形平面的建筑物可分段展开绘制立面图，但均应在图名后加注“展开”二字。

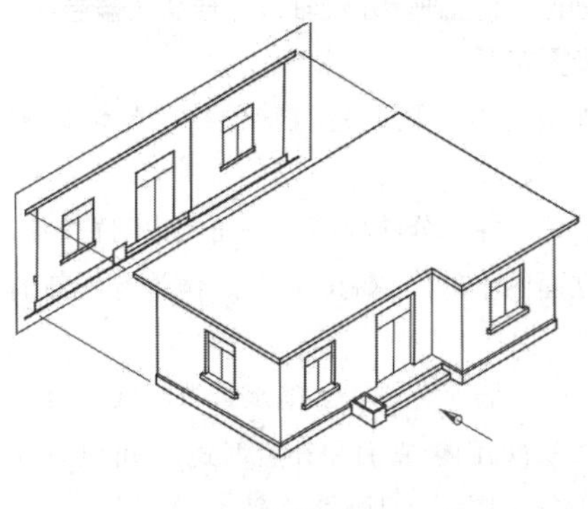

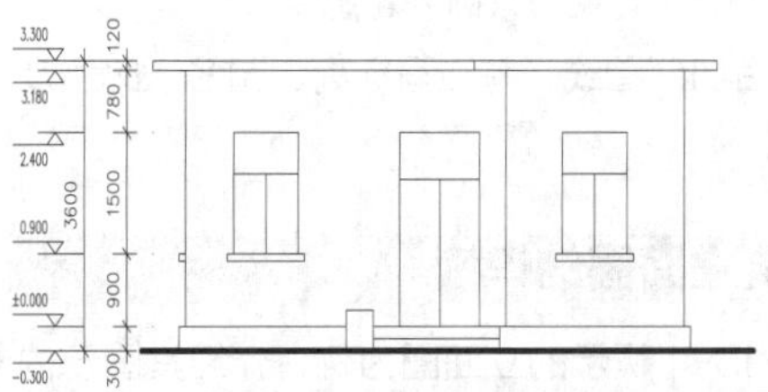


图 15-2 立面图的形成

### 15.1.2 建筑立面图的命名方式及比例

建筑立面图命名的目的是使读者一目了然地识别其立面的位置。因此，各种命名方式都围绕“明确位置”的主题进行。图 15-3 标出了建筑立面图的投影方向和名称。

下面对建筑立面图的命名方式进行介绍。

以相对主入口的位置特征来命名：当以相对主入口的位置特征来命名时，则建筑立面图称为正立面图、背立面图和左右两侧立面图。这种方式一般适用于建筑平面方正、简单且入口位置明确的情况。

以相对地理方位的特征来命名：当以相对地理方位的特征来命名时，则建筑立面图称为南立面图、北立面图、东立面图和西立面图，图 15-4 所示为建筑的北立面图。这种方式一般适用于建筑平面图规整、简单且朝向相对正南、正北偏转不大的情况。

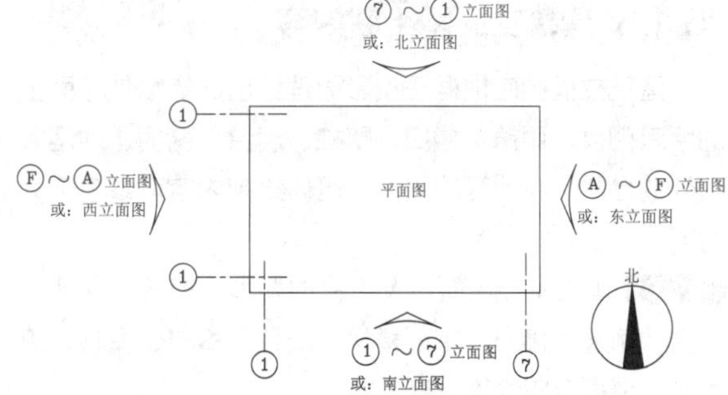


图 15-3 建筑立面图的投影方向和名称

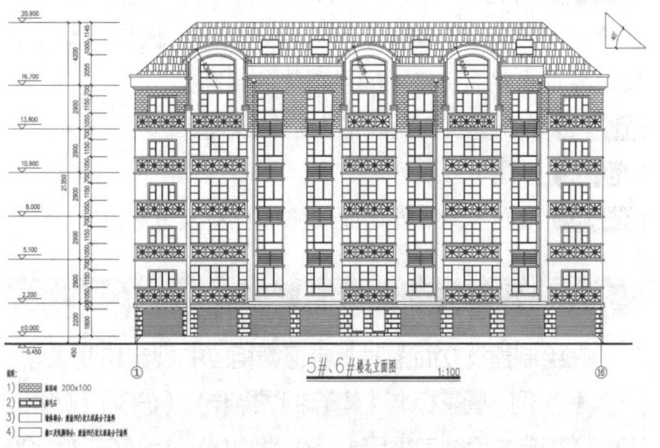

图 15-4 以建筑朝向命名

以轴线编号来命名：是指用立面图的起止定位轴线来命令名，例 1 ~ 12 立面图、A ~ F 立面图等。这种命名方式准确，便于查对，特别适用于平面较复杂的情况。根据《建筑制图标准》（GB/T 50104—2010）规定，有定位轴线的建筑物，宜根据两端定位轴线号来编注立面图名称。无定位轴线的建筑物可按平面图各面的朝向来确定名称，如图 15-5 所示的①～⑨立面图。

3 种命名方式各有特点，在绘图时应根据实际情况灵活选用，其中以轴线编号的命名方式最为常用。

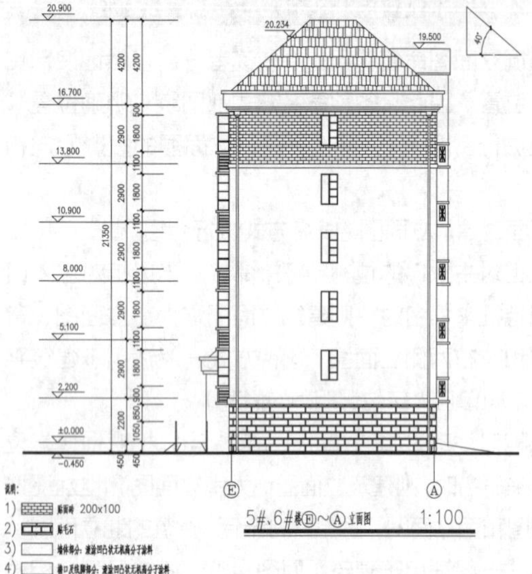


图 15-5　以轴号命名

## 15.1.3 建筑立面图绘制内容

建筑立面图应根据正投影原理绘出建筑物外墙面上的所有门窗、雨篷、檐口、壁柱、窗台、窗楣、地层入口处的台阶、花池等的投影。具体绘制内容可参考下列内容。

**Step 01** 画出室外地面线及房屋的勒脚、台阶、花池、门窗、雨篷、阳台、室外楼梯、墙柱、檐口、屋顶、雨水管、墙面分割线等内容。

**Step 02** 标注出外墙各主要部位的标高。如室外地面、台阶顶面、窗台、窗上口、阳台、雨篷、檐口、女儿墙顶、屋顶水箱间及楼梯间屋顶等的标高。

**Step 03** 注出建筑物两端的定位轴线及其编号。

**Step 04** 标注引索编号。

**Step 05** 用文字说明外墙面装修的材料及其做法。

## 15.1.4 建筑立面图绘制要求

在绘制建筑立面图时，应遵循相应的规定和要求。

◆比例：国家标准《建筑制图标准》（GB/T 5014—2010）规定立面图宜采用1: 50、1: 100、1: 150、1: 200和1: 300 等比例绘制。在绘制建筑立面图时，应根据建筑物的大小采用不同的比例，通常采用1 ：100 的比例。

◆定位轴线：一般立面图只画出两端的轴线及编号以便与平面图对照，其编号应与平面图一致。

◆图线：为增加图面层次，画图时常采用不同的线型。立面图最外边的外形轮廓用粗实线表示；室外地坪线用 1.4 倍的加粗实线（线宽为粗实线的 1.4 倍左右）表示；门窗洞口、檐口、阳台、雨篷、台阶等用中实线表示，其余的如墙面分隔线、门窗格子、雨水管以及引出线等均用细实线表示。

◆投影要求：建筑立面图中，只画出按投影方向可见的部分，不可见的部分一律不表示。

◆图例：由于比例小，按投影很难将所有细部都表达清楚，如门、窗等都是用图例来绘制的，且只画出主要轮廓线及分格线。但要注意的是，门窗框需用双线画。

◆尺寸注法：高度尺寸用标高的形式标注，主要包括建筑物室内外地坪、出入口地面、窗台、门窗洞顶部、檐口、阳台底部、女儿墙压顶及水箱顶部、进口平台面及雨篷底面等处的标高。各标高注写在立面图的左侧或右侧且排列整齐。

◆外墙装修做法：外墙面根据设计要求可选用不同的材料及做法，在图面上，多选用带有指引线的文字说明。

## 15.1.5 建筑立面图绘制方法

立面图一般应按投影关系画在平面图上方，且与平面图轴线对齐，以便识读。侧立面图或剖面图可放在所画立面图的一侧。

立面图所采用的比例一般和平面图相同。由于比例较小，所以门窗、阳台、栏杆及墙面复杂的装修可按图例绘制。为简化作图步骤，对立面图上同一类型的门窗，可详细地画一个作为代表，其余均用简单图例来表示。此外，在立面图的两端应画出定位轴线符号及其编号。

具体绘图步骤如下。

**Step 01** 画室外地坪线、两端定位辅助线、外墙轮廓线、屋顶轮廓线等。

**Step 02** 根据层高、各部分的标高和平面图中门窗洞口的尺寸，画出立面图中的门窗洞、檐口、雨篷等细部的外形轮廓。

**Step 03** 画出门扇、墙面分格线、雨水管等细部。对于相同的构造、做法(如门窗立面和开启形式)，可以只详细画出其中的一个，其余的只画外轮廓。

检查无误后加深图线，并注写标高、图名、比例及有关文字说明。

## 15.1.6 建筑立面图的识读

本节以图 15-4 所示的立面图为例，介绍其图示内容及识读步骤。

**Step 01** 了解图名及比例。从图名或轴号可得知，该图示表示房屋北向的立面图(1～16立面图)，比例为1∶100。

**Step 02** 了解立面图与平面图的对应关系。对照图 15-4底层平面图上的指北针和定位轴线编号，可以得知北立面图的左端轴线编号为 ，右端轴线编号为 ，与底层平面图相对应。

**Step 03** 了解房屋的体形和外貌特征。由图 15-4可知，该住宅楼为六层，立面造型对称布置，局部为斜坡屋顶。底层为架空层，其他位置门洞处设有阳台，墙面有雨水管。

**Step 04** 了解房屋各部分的高度尺寸及标高数值。立面图上一般应在室外地坪、阳台、檐口、门、窗、台阶等处标注标高，并沿高度方向注写某些部位的高度尺寸。从图 15-4中所注的标高可知，房屋室外地坪比室内地面低0.450m，屋顶最高处标高20.900m，由此可推算出房屋外墙的总高度为21.350m。其他主要部位的标高已在图中标出。

**Step 05** 了解门窗的形式、位置及数量。该楼底层为卷帘门，窗户以及门均为塑钢推拉窗，阳台安装铁艺栏杆。

**Step 06** 了解房屋外墙面及装修做法。从立面材料文字标注可知，六层外墙面贴面砖，底层石材饰面，其他墙面刷涂料。

## 15.2 建筑立面图的绘制

在上一章中介绍了建筑平面图的绘制，图 15-1 是与其对应的建筑立面图。本节重点讲述图 15-1 的绘制过程。

因为建筑立面图与平面尺寸是一一对应的，为了便于讲解立面图的绘制，在这里将某污水厂综合楼二层平面图和屋顶平面图也列出来，分别如图 15-6 和图 15-7 所示（上一章中重点讲解了某污水厂综合楼一层平面图。二层平面图和屋顶平面图请有兴趣的读者按照下图尺寸自己动手绘制）。

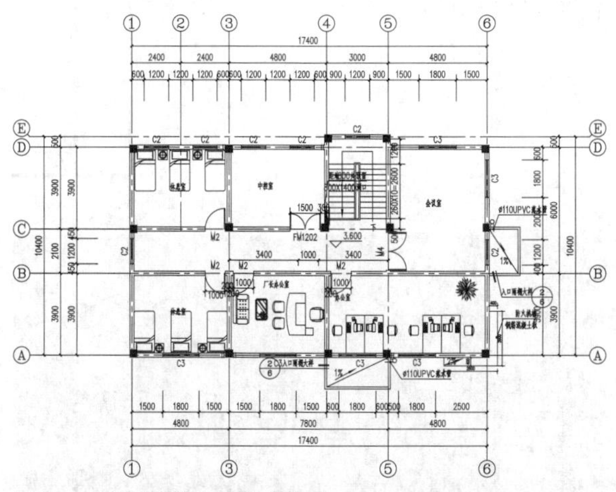

图 15-6 某污水厂综合楼二层平面图

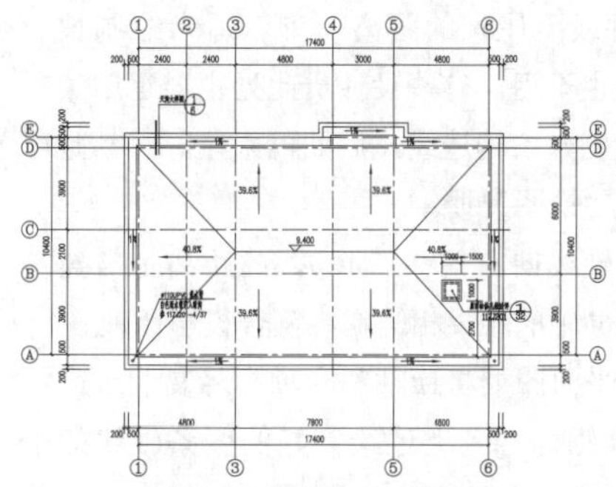

图 15-7 某污水厂综合楼屋顶平面图

### 15.2.1 设置绘图环境

因为建筑立面图和建筑平面图在同一个模型立面绘制，所示绘图环境就是建筑平面图的绘图环境。后续将要讲解的建筑剖面图也是在同一个模型里面绘制。所以只需增加适当的设置即可进行建筑立面图的绘制。例如，新增“地面线”图层、“轮廓线”图层、“填充”图层和“细线”图层等。

表 15-1 建筑立面图新增图层

| 序号 | 图层名 | 描述内容 | 线宽 | 线型 | 颜色 | 打印属性 |
|---|---|---|---|---|---|---|
| 1 | 轮廓线 | 绘制轮廓线 | 默认 | CONTINUOUS | 黑色 | 打印 |
| 2 | 地面线 | 绘制地面线 | 默认 | CONTINUOUS | 黑色 | 打印 |
| 3 | 填充 | 填充 | 默认 | CONTINUOUS | 253 | 打印 |
| 4 | 细线 | 绘制细线 | 默认 | CONTINUOUS | 黑色 | 打印 |

图层设置不宜太多也不宜太少，尽量同样属性的元素放在一个图层，例如所有的填充都放在一个图层。适当的图层分类便于后期图纸的修改，如复杂的建筑立面图需要修改轮廓线，可以通过图层控制命令，只打开轮廓线图层，方便修改，也不会对其他元素造成误操作。

上述增加的图层也只是举例而已，并不一定要按照此表设置。如果需要增加图层，也可以在绘制过程中随时增加。

### 15.2.2 绘制立面图轮廓

本节介绍建筑立面图轮廓线的绘制。通过本节学习，复习常用的 CAD 绘图命令，了解建筑立面图的轮廓线的绘制过程。学习完本节后需要重点掌握运用“from”命令来临时捕捉目标点。

#### 1 绘制地坪线、轴线及轴标号

**Step 01** 单击【图层】面板中的【图层】下拉表框，选择“轴线”，将“轴线”图层设置为当前图层。

**Step 02** 输入L执行【直线】命令，绘制一条垂直的线段。如图 15-8的1#轴线所示。线段长度取8000mm，大

概就是室外地坪线至屋顶的距离，可以适当绘制长一点，后期再修改也不迟。有些设计员此处也会运用【构造线】命令来绘制一条构造线，后期再来修剪。都是可以的，关键看你的绘图习惯。

**Step 03** 将上述轴线向右偏移17400，此距离是与建筑平面图上1#轴至6#轴的距离相等的，符合投影原理。

**Step 04** 从建筑平面图处将1#轴和6#轴标号复制过来。也可以只复制1#轴标号到上述绘制好的两条轴线的末端，然后双击右侧的轴标号，将属性值改为6即可。一般是用后面的方法。

**Step 05** 单击【图层】面板中的【图层】下拉表框，选择“地面线”，将“地面线”图层设置为当前图层。

**Step 06** 输入PL执行【多段线】命令，绘制室外地坪线。线宽取50。室外地坪线应超出轴线一定距离，因为后续还将绘制散水线。因为散水宽是600，这里建议室外地坪线超出轴线1000即可。

**Step 07** 上述绘制完成后如图 15-8所示。

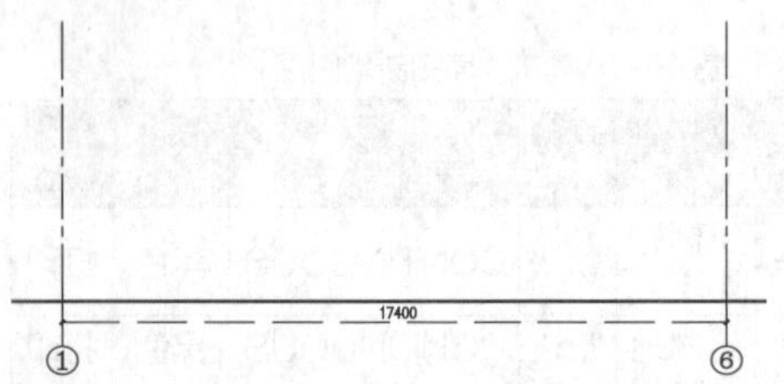


图 15-8　绘制地坪线、轴线及轴标号

## 2 绘制散水线和室内地坪线

下面复习“from”命令的使用，利用此命令快速绘制散水线和室内地坪线。

**Step 08** 单击【图层】面板中的【图层】下拉表框，选择“细线”，将“细线”图层设置为当前图层。

**Step 09** 输入PL执行【多段线】命令，线宽设置为0，利用已知点A（1#轴线与室外地坪线交点）来临时捕捉1点，如图15-9所示。

**Step 10** 依次单击2点、3点、4点完成绘制。绘制结果如图 15-9所示。命令行显示如下。

命令: PL↙
PLINE
指定起点: from
基点: <偏移>: @-700,0↙
当前线宽为 100
指定下一个点或 [圆弧(A)/半宽(H)/长度(L)/放弃(U)/宽度(W)]: w↙
指定起点宽度 <100>: 0↙
指定端点宽度 <0>:↙
指定下一个点或 [圆弧(A)/半宽(H)/长度(L)/放弃(U)/宽度(W)]: @600,450↙　　　　　　//采用极坐标输入，捕捉2点
指定下一点或 [圆弧(A)/闭合(C)/半宽(H)/长度(L)/放弃(U)/宽度(W)]: <正交 开> 17600↙
指定下一点或 [圆弧(A)/闭合(C)/半宽(H)/长度(L)/放弃(U)/宽度(W)]: <正交 关> @600,-450↙
指定下一点或 [圆弧(A)/闭合(C)/半宽(H)/长度(L)/放弃(U)/宽度(W)]:↙

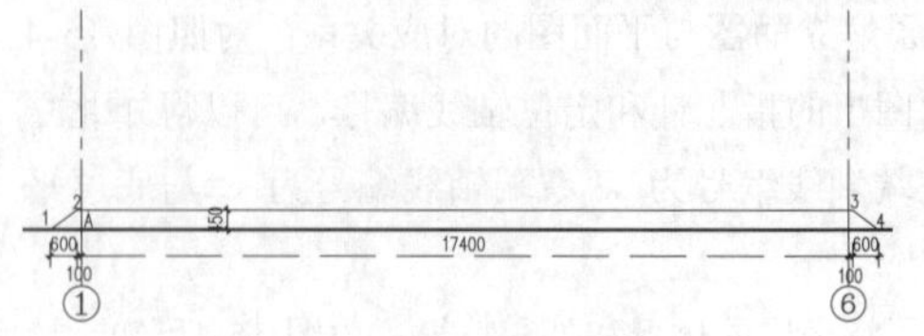


图 15-9　绘制室内地坪线和散水线

## 3 绘制立面外轮廓线

仍然采用“from”命令来绘制。

**Step 11** 单击【图层】面板中的【图层】下拉表框，选择“轮廓线”，将“轮廓线”图层设置为当前图层。

**Step 12** 输入PL执行【多段线】命令，利用已知点A（1#轴线与室外地坪线交点）来临时捕捉轮廓线的起点，如图15-10所示。

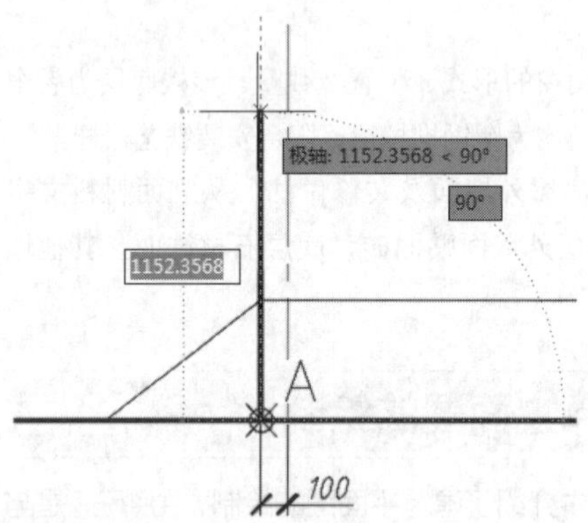


图 15-10　轴线与室外地坪线交点

**Step 13** 按F8键打开正交模式，按图15-11所示尺寸依次绘制至B点。

**Step 14** 采用极坐标输入方式绘制B点后的线线段（斜屋顶）。

**Step 15** 正交模式下继续绘制最上方屋顶线。绘制结果如图 15-12所示。命令行提示如下。

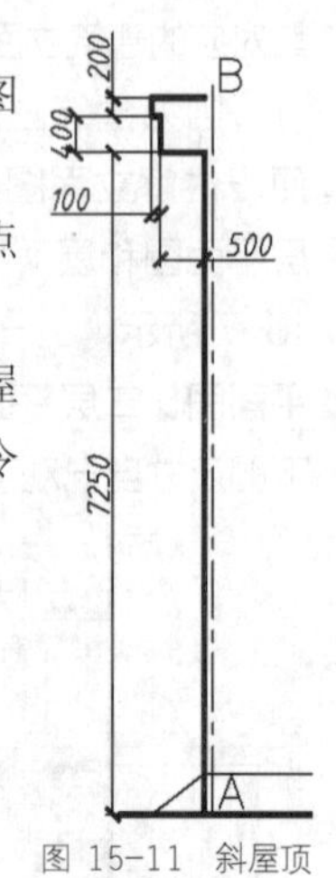


图 15-11　斜屋顶

命令: PL↙
PLINE
指定起点: from
基点: <偏移>: @-100,0↙
当前线宽为 50
指定下一个点或 [圆弧(A)/半宽(H)/长度(L)/放弃(U)/宽度(W)]: <正交 开> 7150↙
指定下一点或 [圆弧(A)/闭合(C)/半宽(H)/长度(L)/放弃(U)/宽

度(W)]: 500↙
指定下一点或 [圆弧(A)/闭合(C)/半宽(H)/长度(L)/放弃(U)/宽度(W)]: 500↙
指定下一点或 [圆弧(A)/闭合(C)/半宽(H)/长度(L)/放弃(U)/宽度(W)]: 100↙
指定下一点或 [圆弧(A)/闭合(C)/半宽(H)/长度(L)/放弃(U)/宽度(W)]: 200↙
指定下一点或 [圆弧(A)/闭合(C)/半宽(H)/长度(L)/放弃(U)/宽度(W)]: 600↙
指定下一点或 [圆弧(A)/闭合(C)/半宽(H)/长度(L)/放弃(U)/宽度(W)]: @4900,2000↙
指定下一点或 [圆弧(A)/闭合(C)/半宽(H)/长度(L)/放弃(U)/宽度(W)]: 3600↙
指定下一点或 [圆弧(A)/闭合(C)/半宽(H)/长度(L)/放弃(U)/宽度(W)]:↙

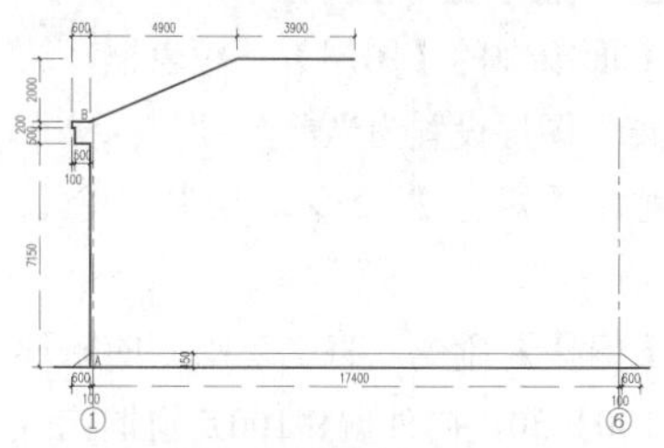

图 15-12 绘制左侧轮廓线

**设计点拨**

掌握多段线的绘制方法，可以少绘制辅助线，一步到位，极大地提高了绘图速度。当然前提是要知道各线段的尺寸，尺寸需要结合建筑平面图尺寸求得。

**Step 16** 输入MI执行【镜像】命令，选择上述绘制的轮廓线。捕捉下图所示的C点，及通过C点的垂线上的任意一点（可通过极轴方式捕捉），将上述绘制的轮廓线向右镜像。结果如图 15-13所示。

**Step 17** 输入PL执行【多段线】命令，绘制天沟轮廓线，立面轮廓完成图如图 15-14所示。

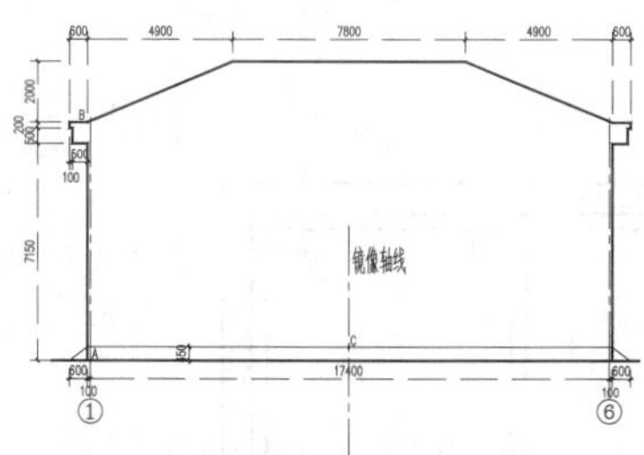


图 15-13 绘制右侧轮廓线

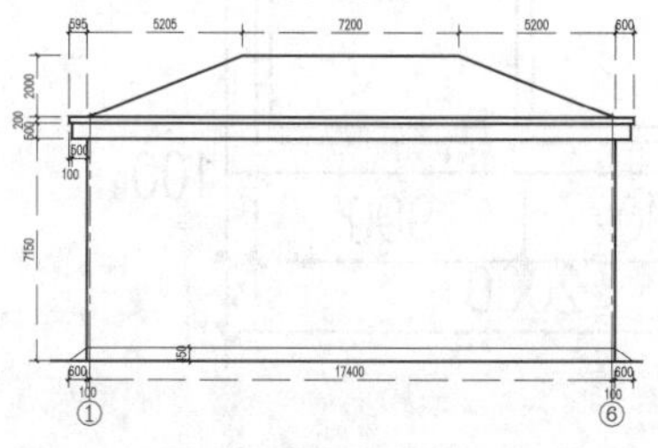

图 15-14 立面轮廓线完成图

## 15.2.3 绘制立面图构件

立面图构件有门窗、台阶、雨篷和阳台等。往往建筑立面图中有许多相同的构件，绘制时宜先绘制一个，并建立成“块”，然后将“块”复制或阵列到相应位置，所以给构件定位是最关键的。在所有的构件中门窗是最多最重要的。这里有必要先介绍下门窗的基本知识。

### ◎ 窗户尺寸知识介绍

在住宅建筑中，窗的高度为 1.5m，加上窗台高 0.9m，则窗顶距楼面 2.4m，还留有 0.4m 的结构高度。在公共建筑中，一般窗户的尺寸窗台高度为 1.0 ~ 1.8m。

窗户尺寸规范中，对于不同的材质、不同款式的窗户，其窗户尺寸规范要求也不一样。例如，铝合金推拉门窗基本的窗洞高度有 900mm、1200mm、1400mm、1500mm、1800mm、2100mm； 其基本窗洞宽度有 1200mm、1500mm、1800mm、2100mm、2400mm、2700mm、3000mm。

铝合金平开门窗户在窗户尺寸规范中规定，其基本窗洞高度有 600mm、900mm、1200mm、1400mm、1500mm、1800mm、2100mm；基本窗洞宽度有 600mm、900mm、1200mm、1500mm、1800mm、2100mm。

### ◎ 分析建筑平面图

绘制建筑立面图的构件时应详细阅读建筑平面图。其实上述绘制建立面轮廓时也是需要分析建筑平面图的，而且需要分析整套建筑平面图，这需要学员有很好的基础知识，尤其是空间想象能力才能绘制好建筑立面轮廓线，不是一时能掌握好的，需要慢慢练习，熟能生巧。

图 15-15 是一层平面图的局部，从图中可以读取到以下信息。

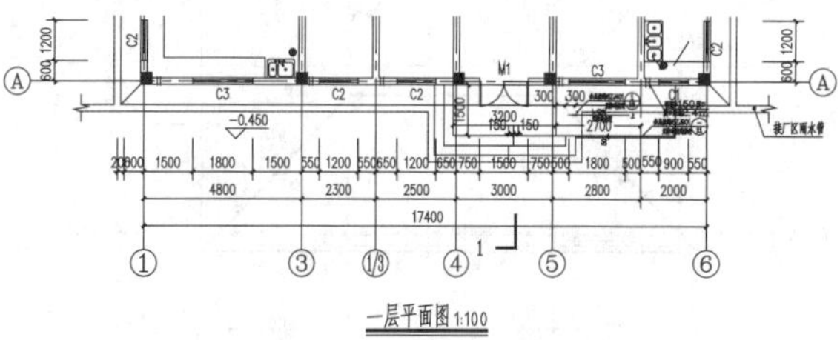


图 15-15 一层平面图局部图

◆1# 轴与 6# 轴之间的距离为 17400，这个上节已经讲述。

◆1# 轴与 6# 轴之外有 600 宽散水和 200 宽排水沟。有时候排水沟没有在立面图表达，而是选用了图集或单独出大样图。

◆一层立面上的门窗从左至右依次为：C3、C2、C2、M1、C3、C1 共计 6 个门窗。

◆门窗的平面尺寸和相对位置，如 C3 窗户的平面尺寸是 1800 且距离 1# 轴 1500。

◆M1 外有个台阶。

分析到这里就基本知道建筑立面图中的一层有哪些构件了。其实很简单，就是当你站在 M1 前面时你能看到哪些构件，能看到的都要在立面图中表达，一般用轮廓线表达即可。

图 15-16 是二层平面图的局部，从图中可以读取到以下信息。

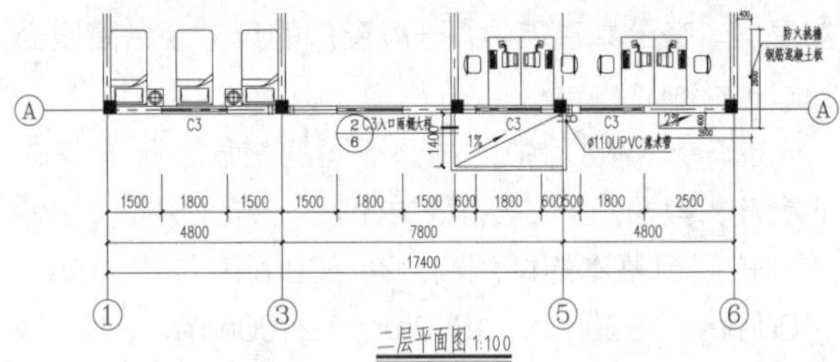

图 15-16 二层平面图局部图

◆二层立面上的门窗从左至右依次为：C3、C3、C3、C3 等共计 4 个窗。

◆门窗的平面尺寸和相对位置。

◆C3 窗下，也就是上图中的 M1（入户门）之上有个雨篷，以及其尺寸。

◆6# 轴处有个拐角的防火挑檐以及其尺寸。

上述就是建筑立面图中二层所需表达的构件。

图 15-17 是顶层平面图。从图中可以读取到哪些有用的信息呢？

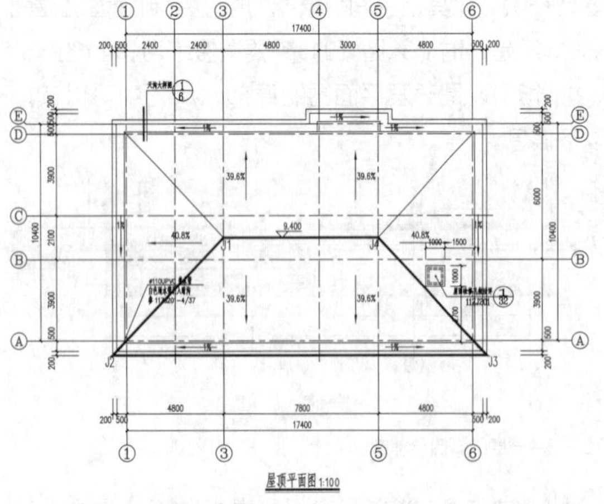

图 15-17 分析屋顶平面图

◆坡顶为坡屋顶。向四周排水。

◆屋顶最高标高为 9.400m。

◆建筑立面图上可以看到一个坡面，即下图中用粗实线标记的坡面，即顶点 J1、J2、J3、J4 围合成的区域。

◆四周有排水天沟，并知道平面尺寸（当然绘制立面还需要天沟的大样，后续将会讲解相关大样图的绘制）。

本章节的案例是 3 层建筑，若是多层或高层建筑，需要分析每层建筑平面图。当然多层或高层建筑中会有许多相同的楼层（即标准层），就只需分析一层。分析完建筑平面图即可绘制建筑立面构件了。绘制过程中可能还需要不断地去阅读建筑平面图。

## Ⅰ 绘制门窗

通过以上分析，可知建筑立面图的一层的最左侧是 C3 窗户，窗户平面尺寸为 1800，窗户左侧距离 1# 轴 1500。窗台高度，即窗户底距离室内地坪或楼板的距离取 900，这个距离是平面图没有的，需要在建筑立面图里面表达。

那么下面就绘制 C3 窗户的主要轮廓线，并建立成块，然后布置在建筑立面图的正确位置。

**Step 01** 单击【图层】面板中的【图层】下拉表框，选择“门窗”，将“门窗”图层设置为当前图层。

**Step 02** 输入REC执行【矩形】命令，绘制一个长1800，高1500的矩形。

**Step 03** 输入O执行【偏移】命令，将上述绘制的矩形向外和向内分别偏移100和50。向外偏移100是窗框花砖的轮廓，结果如图 15-18所示。

**Step 04** 输入L执行【直线】命令，如图 15-19所示，在中点处绘制一条直线，并向左右各偏移50。

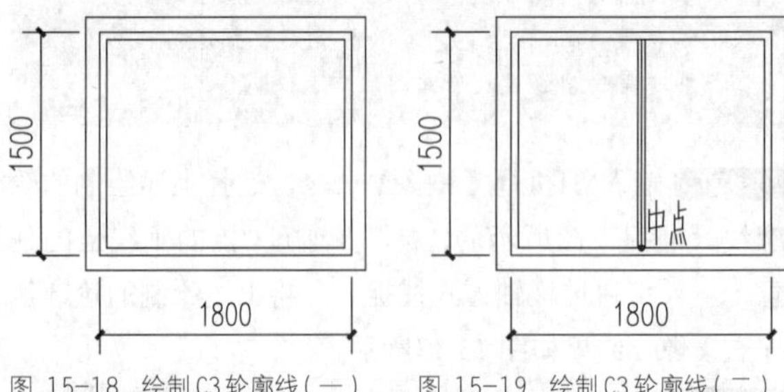


图 15-18 绘制C3轮廓线（一）　图 15-19 绘制C3轮廓线（二）

**Step 05** 输入TR并连续两次按Enter键进行修剪，得到结果如图 15-20所示。

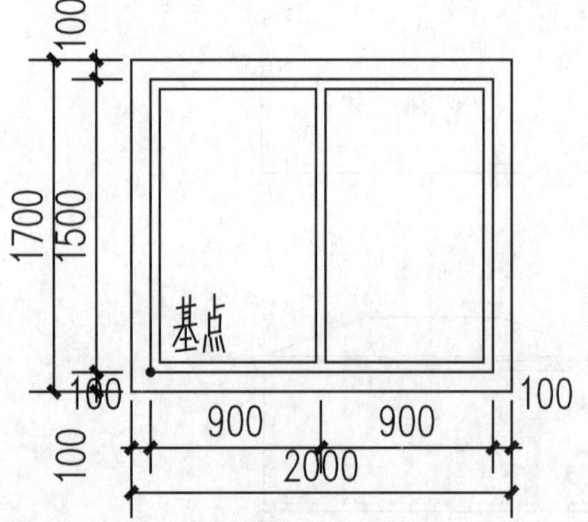


图 15-20 C3详图

**Step 06** 输入B执行【块】命令，弹出【块定义】对话框，如图 15-21所示。

**Step 07** 在【块定义】对话框设置参数，如图 15-22所示，块名称为“C3”，单击“拾取点”回到绘图窗口，点取上图中的基点，单击选择对象回到绘图窗口，选择上图并按Enter键。此时就回到【块定义】对话框。

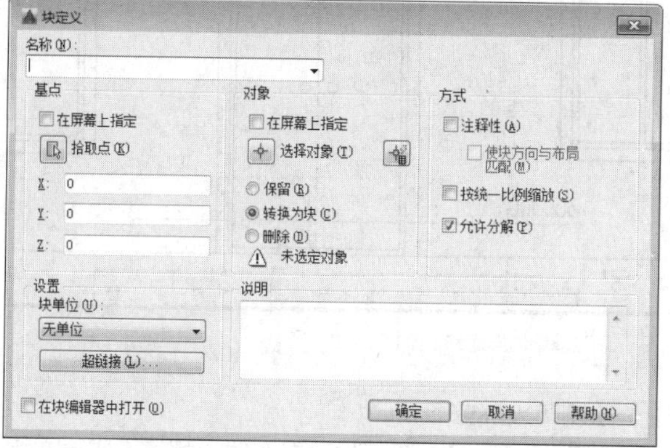


图 15-21 【块定义】对话框

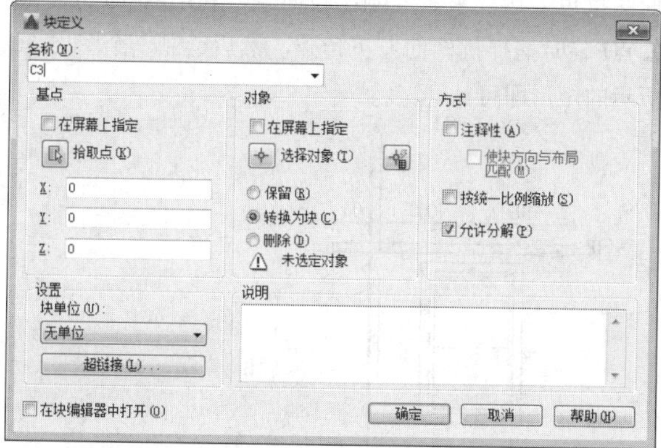


图 15-22 【块定义】对话框参数设置

**Step 08** 单击【块定义】对话框中的【确定】按钮，C3块就建立好了。

**Step 09** 将上述建立好的C3块插入建筑立面图的指定位置（也可以直接复制或移动C3块到指定位置）。输入I执行【插入块】命令，弹出【插入】对话框，如图 15-23所示。

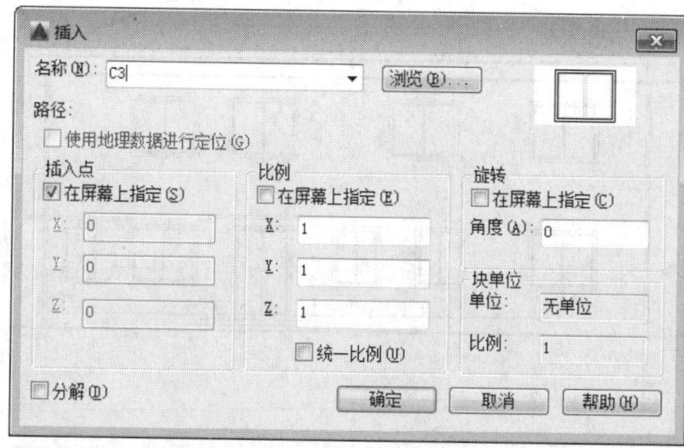


图 15-23 【插入】对话框

**Step 10** 单击【浏览】按钮，选择“C3”，可以在对话框右侧看到预览。

**Step 11** 单击【确定】按钮，“C3”就会附着在十字光标上。

**Step 12** 利用“from”将“C3”插入指定位置。插入完成图如图 15-24所示。插入块命令行提示如下。

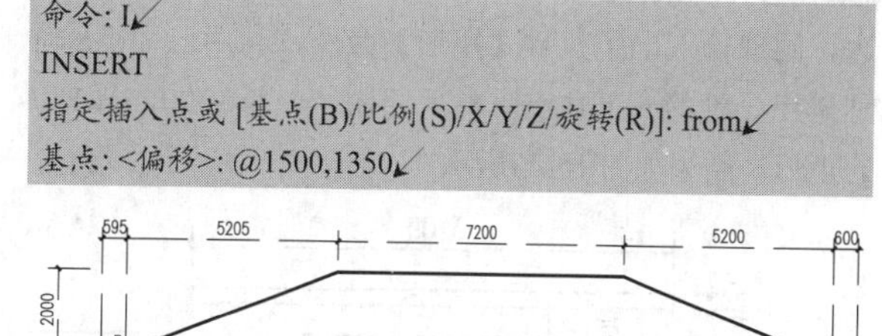

```
命令: I↙
INSERT
指定插入点或 [基点(B)/比例(S)/X/Y/Z/旋转(R)]: from↙
基点: <偏移>: @1500,1350↙
```

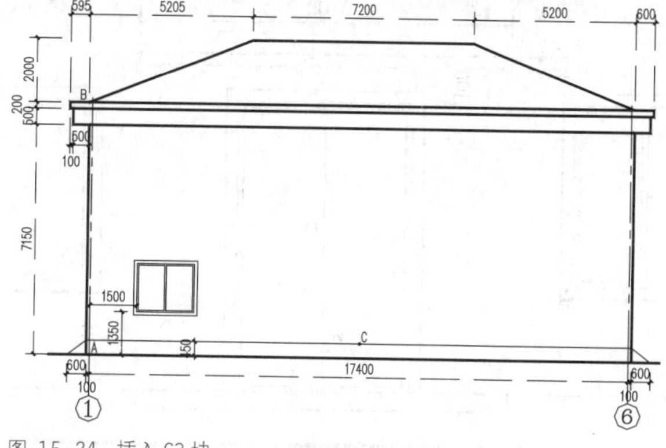


图 15-24 插入 C3 块

**Step 13** 同理，可以绘制其他门窗如图 15-25、图 15-26和图 15-27所示。

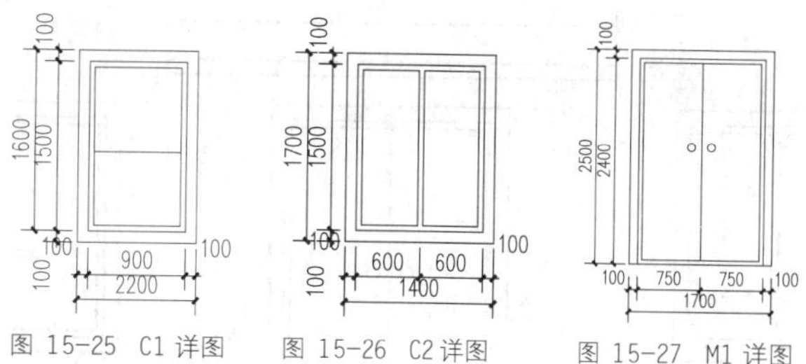


图 15-25 C1 详图　图 15-26 C2 详图　图 15-27 M1 详图

**Step 14** 布置立面门窗完成图如图 15-28所示。

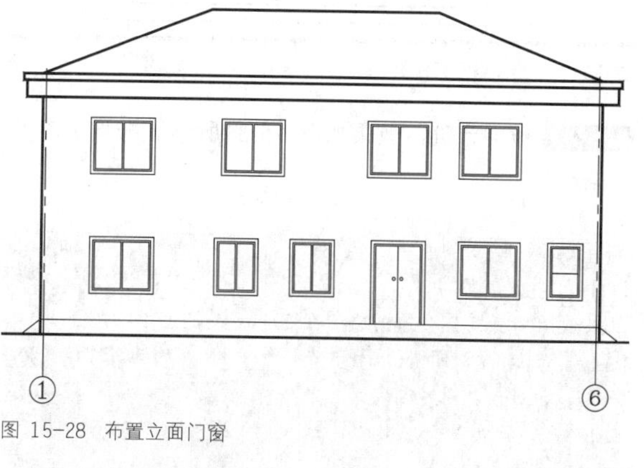


图 15-28 布置立面门窗

## 绘制雨篷和台阶

下面讲述雨棚和台阶的绘制步骤。

**Step 15** 单击【图层】面板中的【图层】下拉表框，选择“雨篷”，将“雨篷”图层设置为当前图层。

**Step 16** 雨篷在建筑立面图中用一个长条形矩形表达。输入REC执行【矩形】命令，利用已知点D来临时布置雨篷的左下角，然后绘制一个长3200，高100的矩形。

**Step 17** 台阶在建筑立面图中也用一个长条形矩形表达。同理输入REC执行【矩形】命令，利用已知点B临时捕捉台阶的左下角点，然后绘制一个长3200，高150的矩形。结果如图 15-29所示。

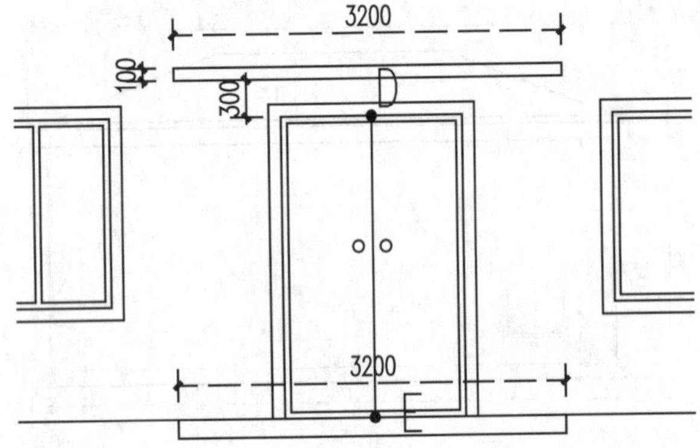

图 15-29 绘制雨篷和台阶（一）

**Step 18** 将台阶向下复制出两阶，如图 15-30所示。

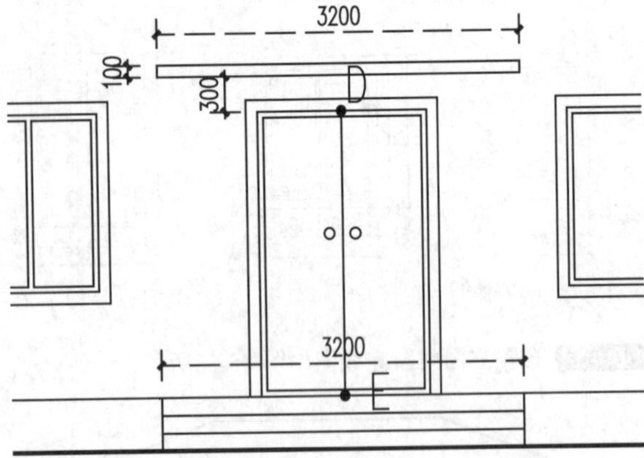

图 15-30 绘制雨篷和台阶（二）

**Step 19** 拉伸台阶，效果如图 15-31所示。拉伸命令行提示如下。

```
命令: S↙
STRETCH
以交叉窗口或交叉多边形选择要拉伸的对象...
选择对象: 指定对角点: 找到 3 个          //因为三个台阶在一起，框选时会同时选到
选择对象: 找到 1 个，删除 1 个，总计 2 个    //按Shift键，点选不需选择的对象，下同
选择对象: 找到 1 个，删除 1 个，总计 1 个
选择对象:
指定基点或 [位移(D)] <位移>:              //空白处任意点单击
指定第二个点或 <使用第一个点作为位移>: 600↙    //正交模式下输入拉伸距离300或600
```

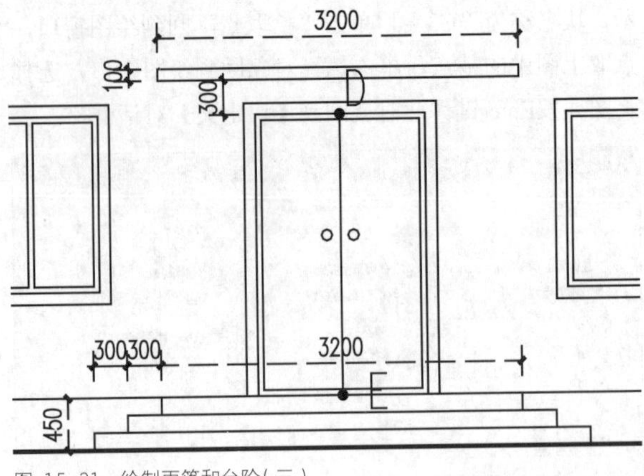

图 15-31 绘制雨篷和台阶（三）

## 2 绘制防火挑檐

**Step 20** 从二层平面图可知，有个防火挑檐，需要在立面图里也表达出来。绘制比较简单，利用图 15-32中已知点F临时捕捉挑檐的左下角点，然后绘制一个图15-30所示的矩形即可。

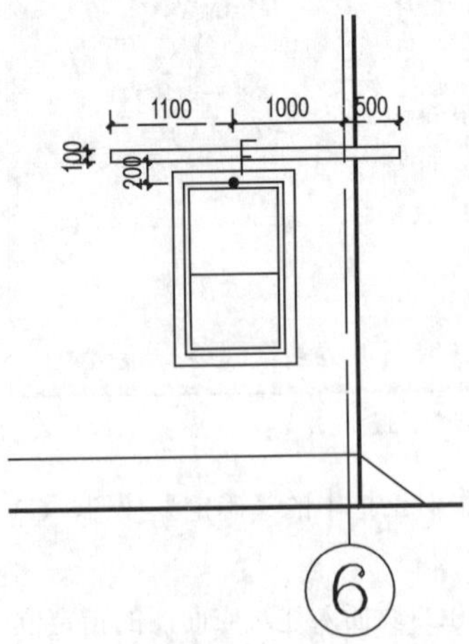

图 15-32 绘制防火挑檐

**Step 21** 立面构件绘制完成后结果如图15-33所示。

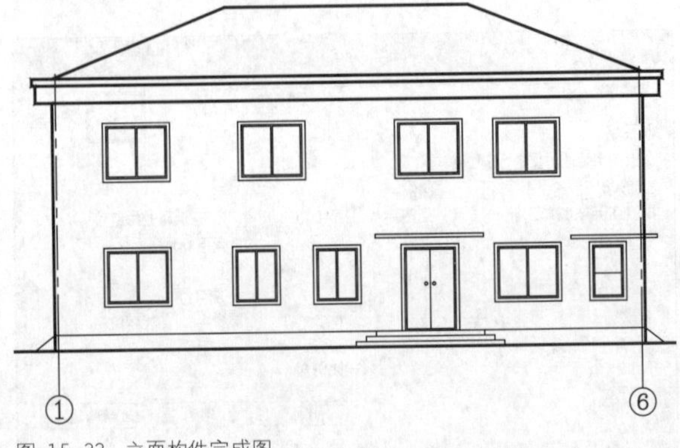

图 15-33 立面构件完成图

## 15.2.4 填充立面图

**Step 01** 输入H执行【填充】命令，并输入T进行设置。弹出【填充图案和渐变色】对话框，如图15-34所示。

**Step 02** 单击样例中的图案，弹出【填充图案选项板】对话框，如图15-35所示。可以看到西班牙屋顶的预览文件。

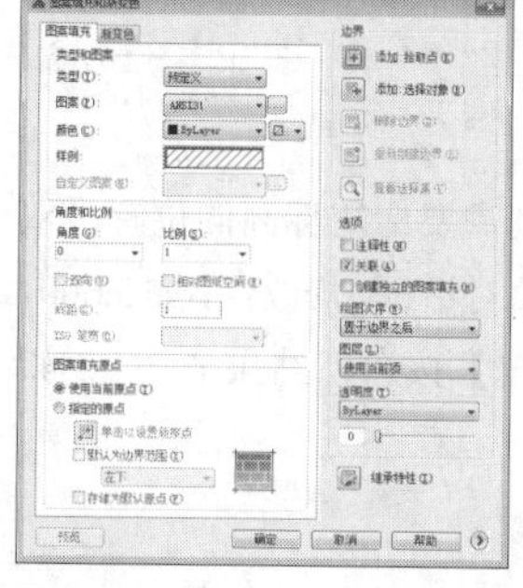
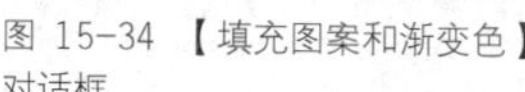

图 15-34 【填充图案和渐变色】对话框

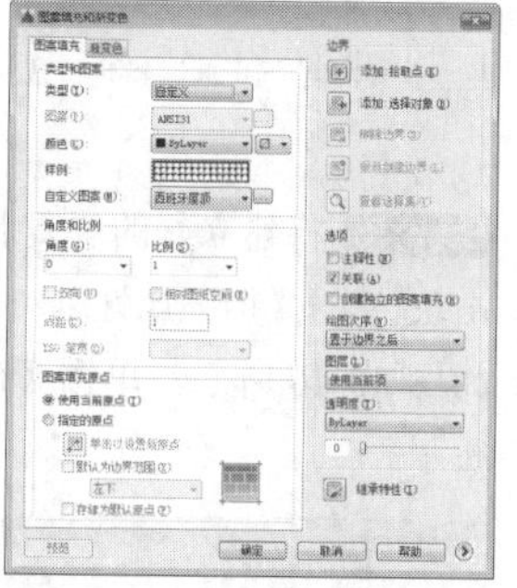

图 15-35 【填充图案选项板】对话框

**Step 03** 单击【填充图案选项板】对话框中的【确定】按钮，将回到【填充图案和渐变色】对话框。单击【填充图案和渐变色】对话框中的“拾取点”回到绘图窗口，然后在屋顶内单击。填充效果如图 15-36所示。

**Step 04** 显然图 15-36的填充比例不合适，需要修改。按Ctrl+1组合键打开特性面板，修改填充比例。最终填充结果如图 15-37所示。

图 15-36 屋顶填充

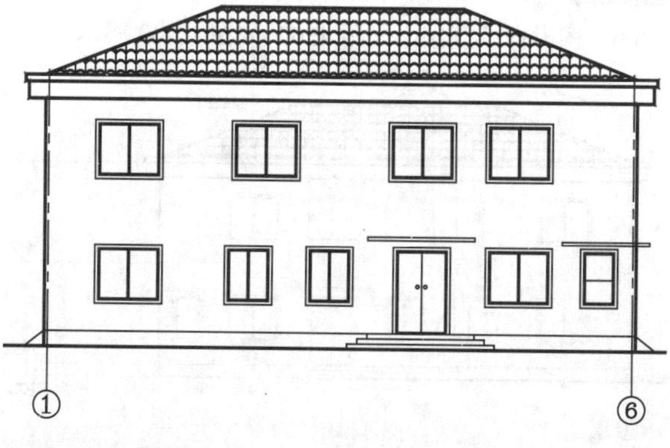

图 15-37 修改填充比例

## 15.2.5 尺寸标注与文字说明

建筑立面图中文字宜采用引线标注，尽量排列整齐，方便阅读。标高标注宜采用属性块的方式。尺寸标注既可以通过捕捉两点来标注，也可以直接输入尺寸数值，进行标注。

### 1 文字说明

**Step 01** 文字说明采用引线标注结果如图15-38所示。引线标注在上一章中已经详细讲述过，快捷命令为“LE”，此处不赘述。

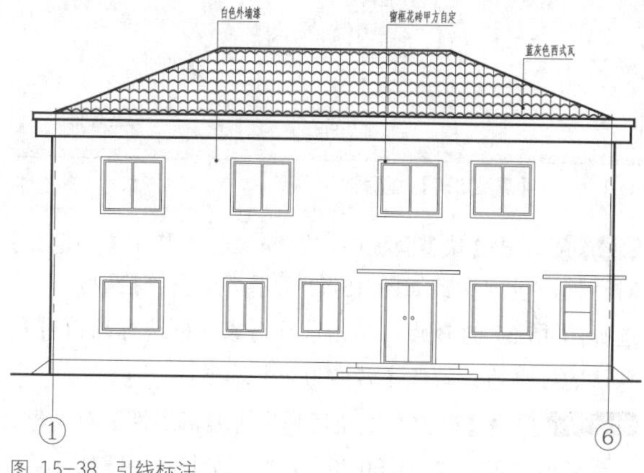


图 15-38 引线标注

### 2 标高标注

标注前宜设置标高块。虽然前面也讲述过标高块的建立，因为比较重要，这里再复习一次。

**Step 02** 输入C执行圆命令，绘制一个直径600的圆。如图 15-39所示。

**Step 03** 输入L执行【直线】命令，依次连接ABCD 4点。

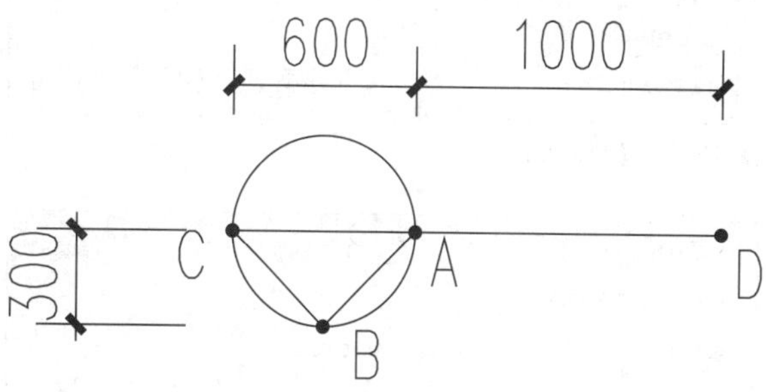


图 15-39 绘制标高符号

**Step 04** 删除辅助圆，结果如图 15-40 所示。

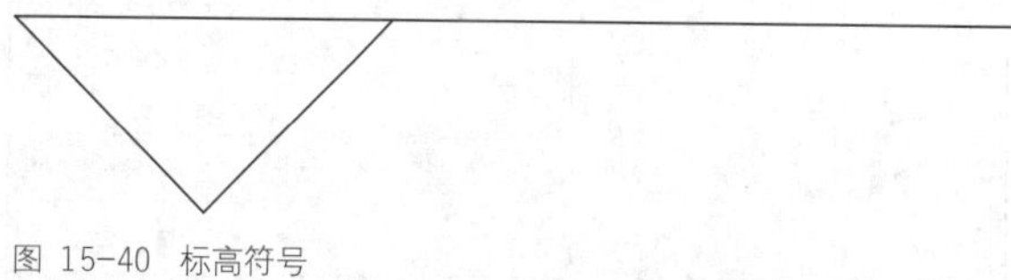

图 15-40 标高符号

**Step 05** 单击【块】面板中的【块】下拉列表，单击按钮 弹出【属性定义】对话框，并设置参数如图 15-41

所示。按【确定】按钮退出。

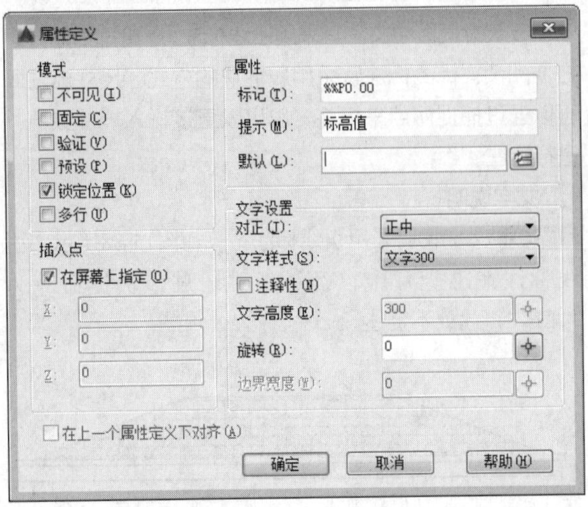

图 15-41 【属性定义】对话框

**Step 06** 单击【块】面板中按钮 创建，弹出【块定义】对话框，设置参数如图 15-42 所示。单击“拾取点”，选择图 15-37 的 B 点，单击选择对象，框选标高符号和默认的标高值。勾选【转换为块】选项。

**Step 07** 单击【确定】按钮后弹出【编辑属性】对话框，“标高值”输入“%%P0.00”，结果如图 15-43 所示。

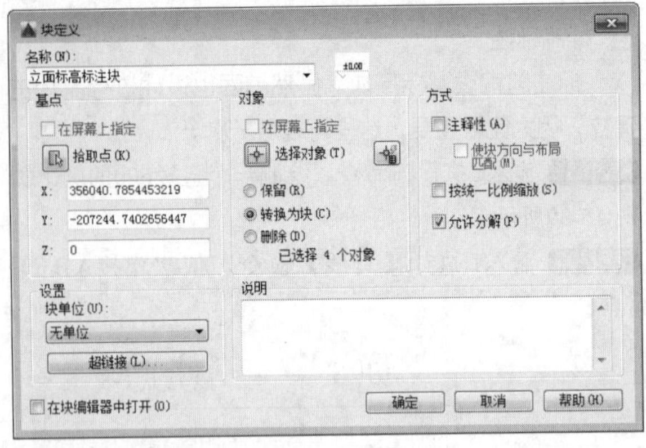

图 15-42 【块定义】对话框

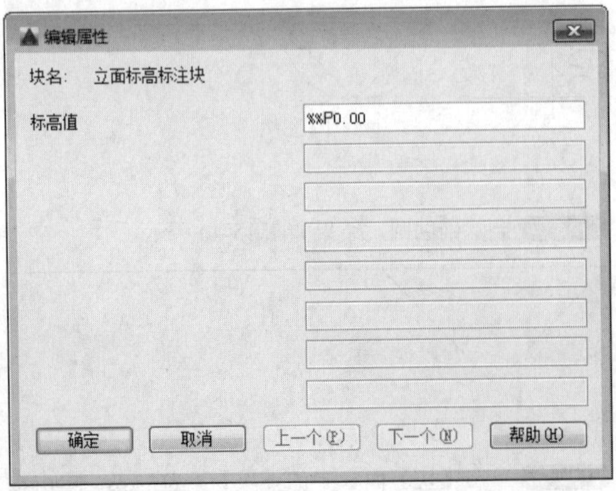

图 15-43 【编辑属性】对话框

**Step 08** 单击图 15-43 中【确定】按钮，上述所设定的默认标高值就附着在十字光标上，如图 15-44 所示。

**Step 09** 将默认标高值放在标高符号上方适当位置，如图 15-45 所示。

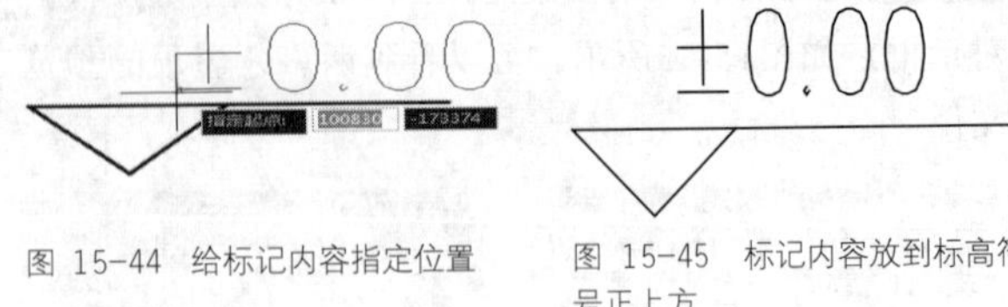

图 15-44 给标记内容指定位置　　图 15-45 标记内容放到标高符号正上方

**Step 10** 将建立好的块复制到需要标注标高的位置，双击块，弹出【增强属性编辑器】对话框，修改值，如 3.600，如图 15-46 所示。单击【确定】按钮，结果如图 15-47 所示。

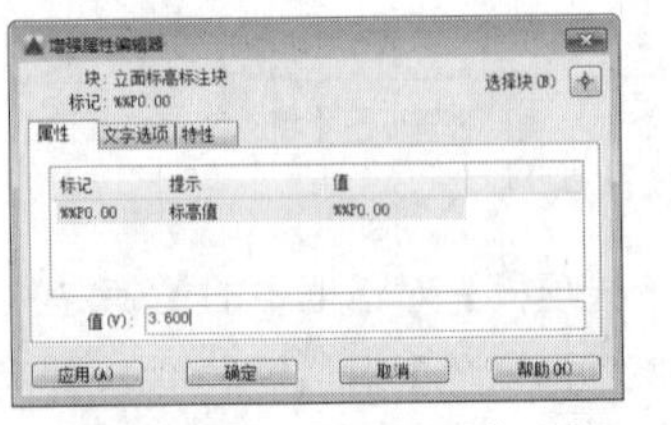

图 15-46 【增强属性编辑器】对话框 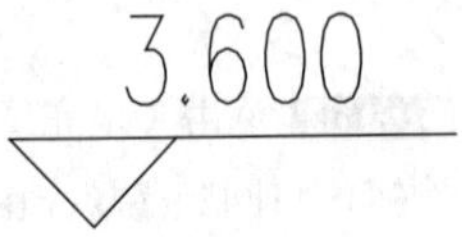　　图 15-47 修改块属性值结果

**Step 11** 输入 L 执行【直线】命令，从室内地坪线标高处引一条水平线段，线段长度应预留尺寸标注的位置。可以后期通过拉伸命令调整其长度。然后将上述建立好的标高块复制到线段上，如图 15-48 所示。

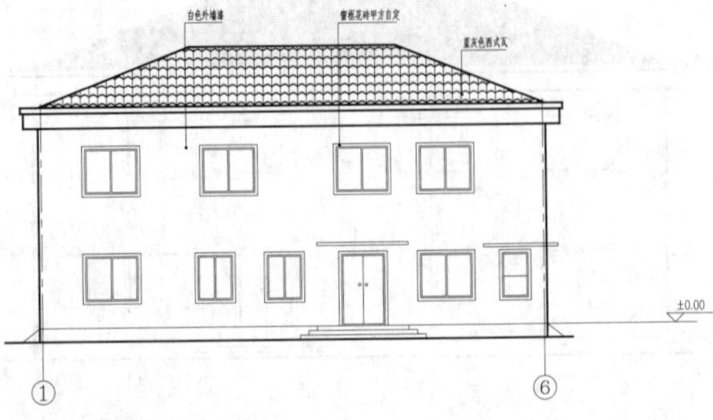
图 15-48 标高标注（一）

**Step 12** 将线段和标高块向上复制，复制间距 3600 和 7200，同时向下复制，间距 450，如图 15-49 所示。

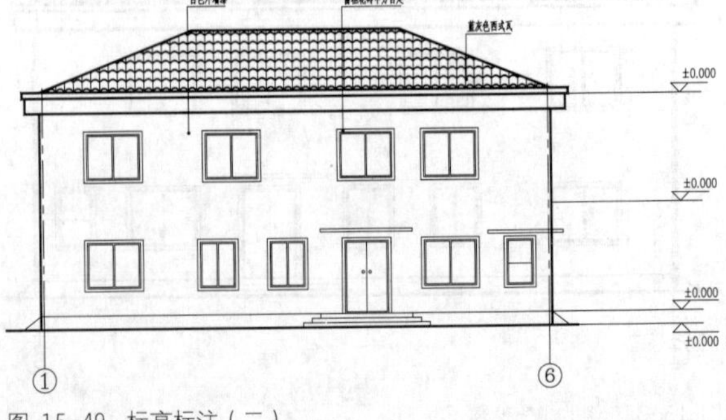
图 15-49 标高标注（二）

**Step 13** 修改标高块属性。双击标高块，修改标高值，如图 15-50 所示。

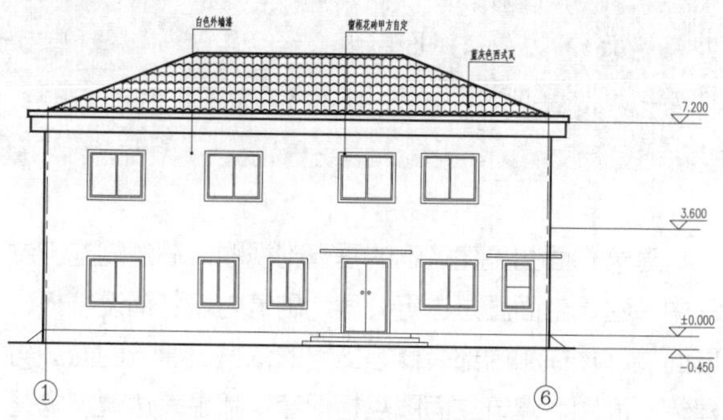


图 15-50 标高标注（三）

**Step 14** 输入 DLI 执行【线型标注】，结果如图 15-51 所示。

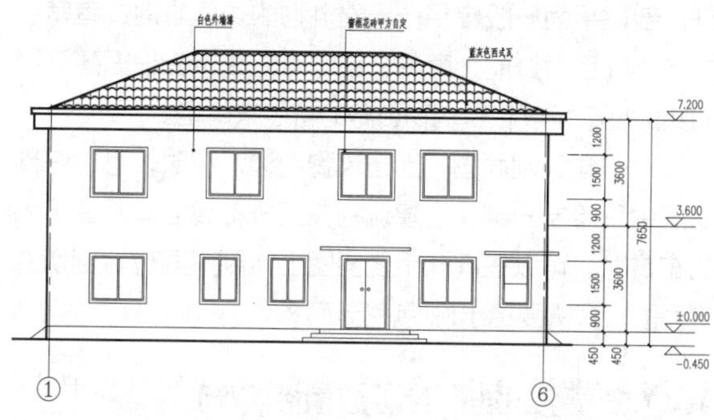


图 15-51 尺寸标注

**Step 15** 标注图名及比例如图 15-52 所示。至此，建筑立面图绘制①～⑥轴立面图绘制完成。

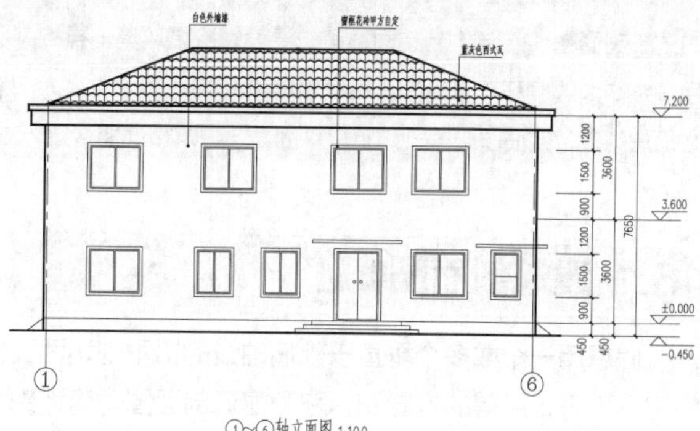


图 15-52 立面完成图

# 第 16 章 绘制建筑剖面图

上两章已经分别介绍了建筑平面图和建筑立面图的绘制。本章着重介绍建筑剖面图的基本知识和绘制方法，并绘制一幅完整的建筑剖面图。绘制建筑剖面图首先要设置绘图环境，再绘制出辅助线，然后分别绘制各种图形元素，一般情况下，墙线和楼板用多线命令或偏移命令绘制，绘制楼梯时用阵列命令能大大加快绘图效率。剖面图的标注方法与立面图的标注方法类似。同时，必须注意建筑剖面图必须和建筑总平面图、建筑平面图、建筑立面图相互对应。

## 16.1 建筑剖面图概述

假想用一个或多个垂直于外墙轴线的铅垂剖切面，将房屋剖开，所得的投影图，称为建筑剖面图，简称剖面图。剖面图用以表示房屋内部的结构或构造形式、分层情况和各部位的联系、材料及其高度等，是与平面图、立面图相互配合的不可缺少的重要图样之一。

剖面图的数量是根据房屋的具体情况和施工实际需要而决定的。剖切面一般横向，即平行于侧面，必要时也可纵向，即平行于正面。其位置应选择在能反映出房屋内部构造比较复杂与典型的部位，并应通过门窗洞的位置。若为多层房屋，应选择在楼梯间或层高不同、层数不同的部位。剖面图的图名应与平面图上所标注剖切符号的编号一致，如 1-1 剖面图、2-2 剖面图等。

剖面图中的断面，其材料图例与粉刷面层和楼、地面面层线的表示原则及方法，与平面图的处理相同。

习惯上，剖面图中可以不画出基础的大放脚。

### 16.1.1 剖面图的形成

建筑剖面图是用一个假想的平行于正立投影面或侧立投影面的竖直剖切面剖开房屋，并移动剖切面与观察者之间的部分，然后将剩余的部分作正投影所得到的投影图，即为剖面图，如图 16-1 所示。

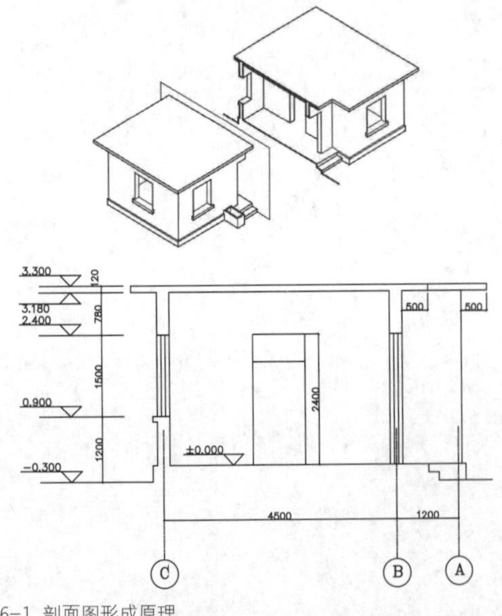


图 16-1 剖面图形成原理

建筑剖面图是建筑物的垂直剖视图。在建筑施工过程中，建筑剖面图是进行分层、砌筑内墙、铺设楼板、屋面楼、楼梯和内部装修等工程的依据。建筑剖面图与建筑平面图、建筑立面图互相配套，都是表达建筑物整体概况的基本图样。

建筑剖面图的剖切位置一般选择在内部构造复杂或具有代表性的位置，使之能够反映建筑物内部的构造特征。剖切平面一般应平行于建筑物的长度方向或者宽度方向，并且通过门、窗洞。剖切面的数量应根据建筑物的实际复杂程度和建筑物自身的特点来确定。

对于建筑剖面图，当建筑物两边对称时，可以在剖面图中只绘制一半。当建筑物在某一轴线之间具有不同的布置时，可以在同一个剖面图上绘制不同位置剖切的剖面图，只需要给出说明就行了。

### 16.1.2 剖面图的剖切位置和方向

《房屋建筑制图统一标准》中规定剖切符号由剖切位置线及剖视方向线组成，均以粗实线绘制。如图 16-2 所示。画剖切符号应注意以下几点。

**Step 01** 剖切位置线是表示剖切平面的剖切位置的。剖切位置线用两段粗实线绘制，长度6~10mm。

**Step 02** 剖视方向线是表示剖切形体后向哪个方向作投影的。剖视方向线用两段粗实线绘制，与剖切位置线垂直，长度宜为4~6mm。剖面剖切符号不宜与图面上图线相接触。

**Step 03** 剖面的剖切符号，用阿拉伯数字，按顺序由左至右、由下至上连续编排，编号应注写在剖视方向线的端部。且应将此编号标注在相应的剖面图的下方。

**Step 04** 需要转折的剖切位置线，在转折处如与其他图线发生混淆，应在转角的外侧加注与该符号相同的编号。

**Step 05** 剖面图如与被剖切图样不在同一张图纸内，可在剖切位置线的另一侧注明其所在图纸的图纸号，也可在图上集中说明。

**Step 06** 通常对下列剖面图不标注剖面剖切符号：通过门、窗洞口位置剖切房屋，所绘制的建筑平面图；通过形体（或构件配件）对称平面、中心线等位置剖切形体，所绘制的剖面图。

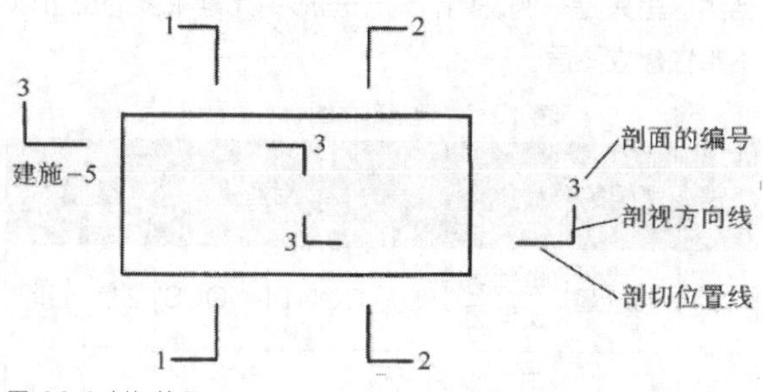


图 16-2 剖切符号

剖面图的剖切位置：在内部结构和构造比较复杂或有代表性的部位。

剖面图的数量：根据房屋的复杂程度和施工实际需要而定。两层以上的楼房一般至少要有一个楼梯间的剖面图。

剖面图的剖切位置和剖视方向，可以从底层平面图找到。

## 16.1.3 建筑剖面图绘制要求

根据《房屋建筑制图统一标准》（GB/T 50001—2010）规定，绘制建筑剖面图有以下要求。

◆定位轴线：在建筑剖面图中，除了需要绘制两端轴线及其编号外，还要与平面图的轴线对照在被剖切到的墙体处绘制轴线及其编号。

◆图线：在建筑剖面图中，凡是被剖切到的建筑构件的轮廓线一般采用粗实线(b)或中实线(0.5b)来绘制，没有被剖切到的可见构配件采用细实线(0.25b)来绘制。绘制较简单的图样时，可采用两种线宽的线宽组，其线宽比宜为 b ： 0.25b。被剖切到的构件一般应表示出该构件的材质。

◆尺寸标注：建筑剖面图应标注建筑物外部、内部的尺寸和标高。外部尺寸一般应标注出室外地坪、窗台等处的标高和尺寸，应与立面图一致，若建筑物两侧对称，可只在一边标注。内部尺寸应标注出底层地面、各层楼面与楼梯平台面的标高，室内其余部分（如门窗和设备等）标注出其位置和大小的尺寸，楼梯一般另有详图。

◆图例：建筑剖面图中的门窗都是采用图例来绘制的，具体的门窗等尺寸可查看有关建筑标准。

◆详图索引符号：一般在屋顶平面图附近有檐口、女儿墙和雨水口等构造详图，凡是需要绘制详图的地方都要标注详图符号。

◆比例：国家标准《建筑制图标准》（GB/T 50001—2010）规定，剖面图中宜采用1 ： 50、1 ： 100、1 ： 150、1 ： 200 和1 ： 300 等的比例绘制。在绘制建筑物剖面图时，应根据建筑物的大小采用不同的比例，一般采用1 ： 100 的比例，这样绘制起来比较方便。

◆材料说明：建筑物的楼地面、屋面等用多层材料构成，一般应在剖面图中加以说明。

## 16.1.4 建筑剖面图绘制步骤

**Step 01** 绘制墙、柱及其定位轴线。

**Step 02** 绘制室内底层地面、地坑、各层楼面、顶棚、屋顶(包括檐口、女儿墙、隔热层或者保温层、天窗、烟囱、水池等)、门、窗、楼梯、阳台、雨篷、流动、墙裙、踢脚板、防潮层、室外地面、散水、排水沟及其他装饰等剖切或能见到的内容。

**Step 03** 标注各部位的完成面的标高和高度方向尺寸。

◆标高内容。室内外地面、各层楼地面与楼梯平台、檐口或女儿墙顶面、高出屋面的水池顶面、烟囱顶面、楼梯间地面、电梯间顶面等处的标高。

◆高度尺寸内容。门、窗洞口(包括洞口上部和窗台)高度、层间高度及总高度(室外地面至檐口或女儿墙顶)；后两部分可以酌情绘制尺寸标注。

◆内部尺寸。地坑深度和隔断、搁板、平台、墙裙以及室内门、窗等的高度。在绘制尺寸标注时，要注意与平面图和立面图保持一致。

**Step 04** 表示楼、地面各层构造。一般可以使用引出线说明。引出线指向所说明的部位，并按其构造层次顺序，逐层加以文字说明。

**Step 05** 在需要绘制详图的地方绘制索引符号。

图 16-3所示为绘制完成的建筑剖面图。

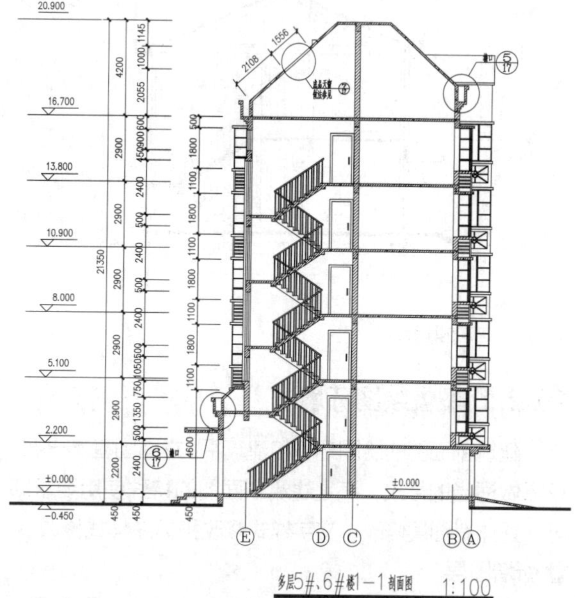


图 16-3 建筑剖面图

## 16.1.5 建筑剖面图绘制步骤与识图

建筑剖面图的绘制和识图都应遵循一定的步骤，这样能做到思维清晰，不容易出错。当然步骤也不是固定的，与设计者和建筑物的复杂程度有关。下面是基本的绘制步骤，可供参考。

◎ 绘制步骤

**Step 01** 画地坪线，定位轴线，各层的楼面线。

**Step 02** 画剖面图门窗洞口位置，楼梯平台，女儿墙，檐口及其他可见轮廓线。

**Step 03** 画各种梁的轮廓线以及断面。

**Step 04** 画楼梯和台阶以及其他可见的细节构件，并且绘出楼梯的材质。

**Step 05** 标高数字和相关注释文字。

**Step 06** 画索引符号及尺寸标注。

◎ 识图

（1）解剖切位置、投影方向和绘图比例。

（2）了解墙体的剖切情况。

（3）了解地、楼、屋面的构造。

（4）了解楼梯的形式和构造。

（5）了解其他未剖切到的可见部分。

# 16.2 建筑剖面图的绘制

这一节以图 16-4 为例，详细讲解建筑剖面图的绘制。

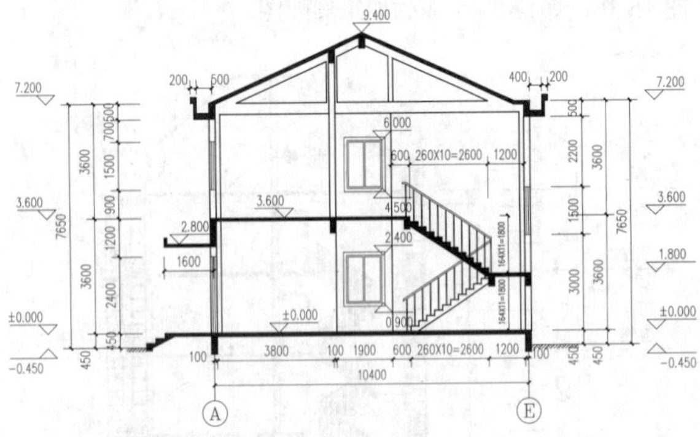


图 16-4 建筑剖面图实例

## 16.2.1 设置绘图环境

建筑剖面图的绘图环境和建筑平、立面图基本一致。只需做适当的修改，满足建筑剖面图的特殊使用要求即可。具体有图层修改、文字样式修改和标注样式修改。

◎ 新增图层

因为建筑剖面图和建筑平面图、建筑立面图在同一个模型里面绘制，所示绘图环境就是建筑平面图的绘图环境。所以只需增加适当的设置即可进行建筑立面图的绘制。例如，新增“夯实土壤”图层、“涂黑”图层。当然这里只是举例说明，对于图形中元素不多的也可以不单独建立图层。

表 16-1 建筑剖面图新增图层

| 序号 | 图层名 | 描述内容 | 线宽 | 线型 | 颜色 | 打印属性 |
|---|---|---|---|---|---|---|
| 1 | 夯实土壤 | 绘制夯实地面 | 默认 | CONTINUOUS | 黑色 | 打印 |
| 2 | 涂黑 | 用于填充被剖到的楼梯，楼面等 | 默认 | CONTINUOUS | 黑色 | 打印 |

■ 新增文字样式

在绘制建筑图时，有时局部地方图形元素密集，按照标准的文字大小来注释可能会文字重叠，影响美观。这时可以适当缩小文字，使图面看起来更美观。但一般情况下不建议这样做。

下面复习下新增文字样式的设置步骤。例如，新建一个字高 200 的文字样式。

**Step 01** 输入STYLE调出【文字样式】对话框如图 16-5 所示。

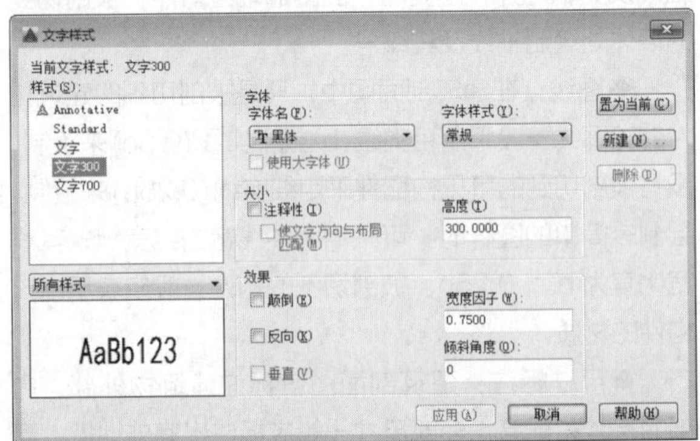


图 16-5【文字样式】对话框

**Step 02** 选中左侧的“文字300”样式（选择已建的文字样式，再新建文字样式时，新建文字样式以已建文字样式为模板），单击【新建】按钮，弹出【新建文字样式】对话框，设置样式名为“文字200”，如图 16-6 所示。

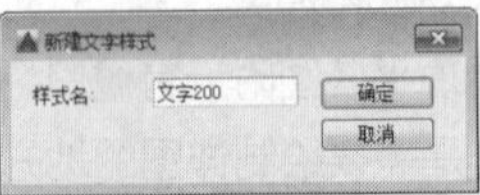


图 16-6【新建文字样式】对话框样式名设置

**Step 03** 选单击【确定】按钮将返回到【文字样式】对话框，将文字高度由“300”修改为“200”，其他参数默认，如图 16-7所示。

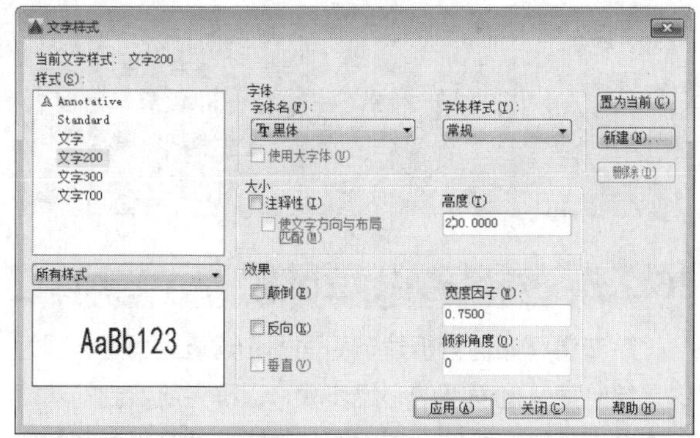

图 16-7 【文字样式】对话框参数设置

**Step 04** 在【文字样式】对话框中单击置为当前，弹出如图 16-8所示对话框，单击“是”将返回到【文字样式】对话框，然后单击【关闭】按钮，文字样式“文字200”即设置成功。

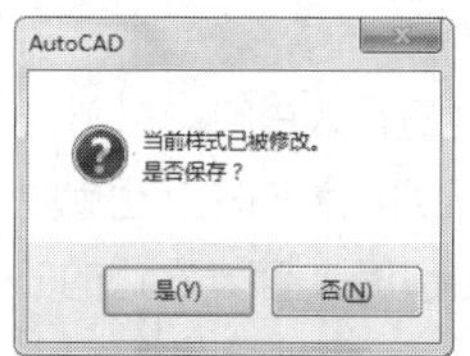


图 16-8 【AutoCAD】 对话框

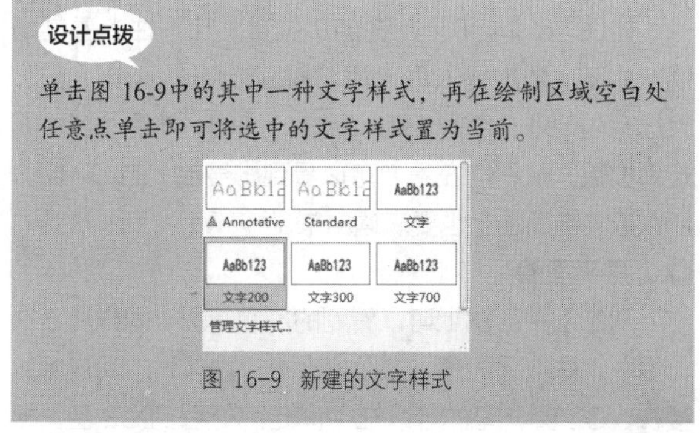

**设计点拨**

单击图 16-9中的其中一种文字样式，再在绘制区域空白处任意点单击即可将选中的文字样式置为当前。

图 16-9 新建的文字样式

## 2 新增标注样式

下面讲述新增一个字高只有 200 的标注样式。以标注局部尺寸。

**Step 05** 输入DIMSTY命令，弹出【标注样式管理器】对话框，如图 16-10所示。

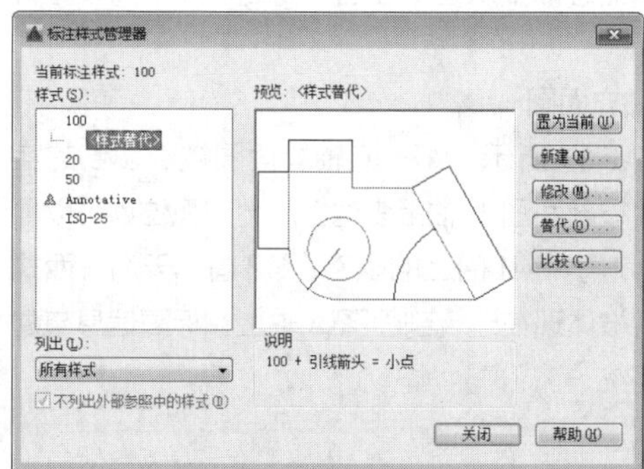

图 16-10 【标注样式管理器】对话框

**Step 06** 选择左侧样式列表中的“100”（这是建筑平面图章节中建立的标注样式，用于1:100图形的标注，字是400），单击右侧【新建】按钮（新建的标注样式参数基于左侧的“100”样式），弹出【创建新标注样式】对话框，将新样式名改为“字高200的标注”，如图 16-11所示。

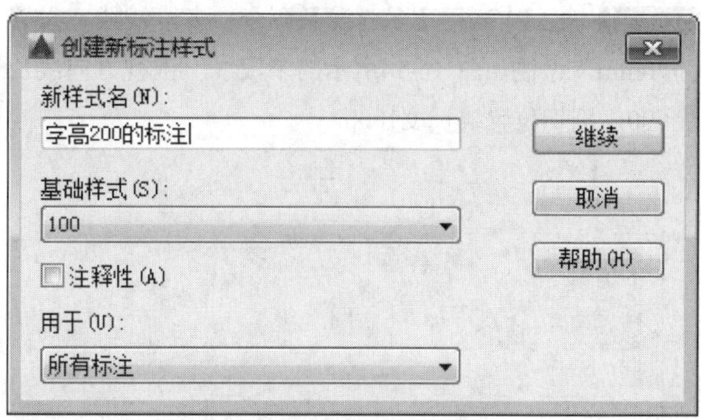


图 16-11 【创建新标注样式】对话框

**Step 07** 单击【创建新标注样式】对话框的【继续】按钮，弹出【新建标注样式：字高200的标注】对话框，如图 16-12所示。修改文字样式为“文字200”，如图 16-13所示。

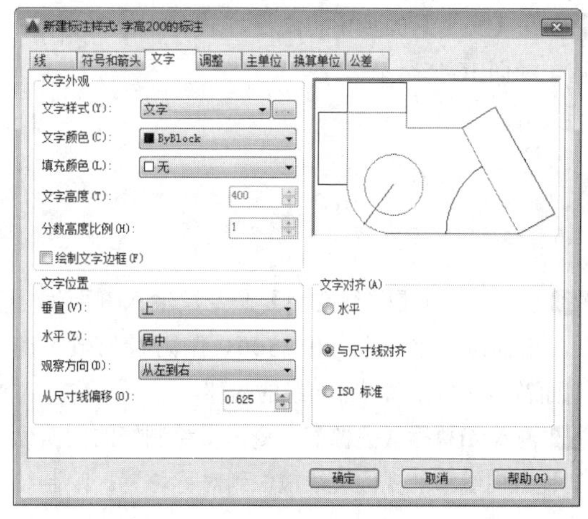

图 16-12 【新建标注样式：字高 200 的标注】对话框（一）

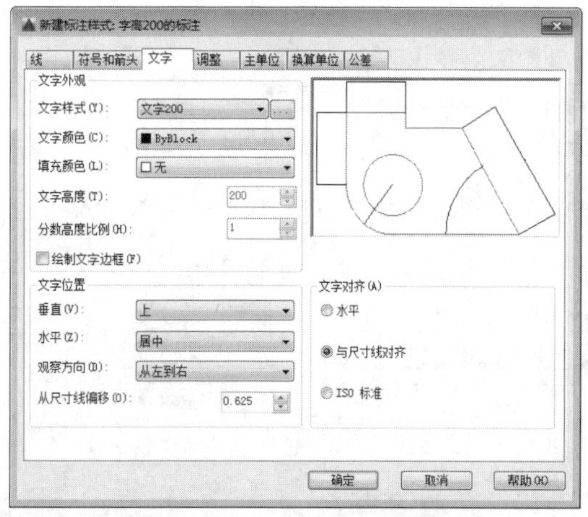

图 16-13 【新建标注样式：字高 200 的标注】对话框（二）

**Step 08** 单击【确定】按钮，按提示结束设置。

## 16.2.2 绘制剖切符号

剖面线符号在建筑平面图章节中简单讲过。这里详细讲解绘制步骤，主要是CAD运用方面的知识，剖切符号的相关知识详本章相关章节。

**Step 01** 输入PL执行【多段线】命令，多段线线宽设置为70mm，绘制如图 16-14所示的多段线。剖视方向线长度600，剖切位置线长度1000。

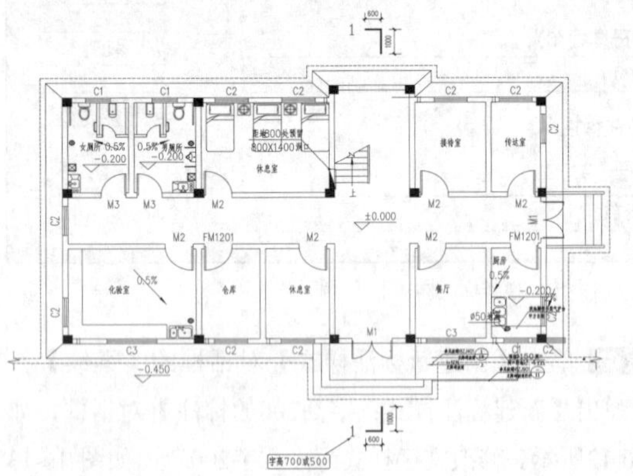

图 16-14 绘制剖切符号（一层平面图上）

**Step 02** 在【文字】面板中将文字样式“文字700”置为当前，如图 16-15所示

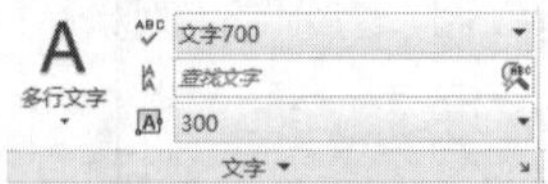


图 16-15 “文字 700”置为当前

**Step 03** 输入T执行【单行文字】命令，输入剖面编号“1”。剖面编号字高取700或500。用阿拉伯数字编号。剖面符号应写在剖视方向线的端部。

**Step 04** 输入MI执行【镜像】命令，将绘制好的剖面标号、剖视方向线和剖视位置线镜像到对称位置。绘制结果如图 16-16所示。

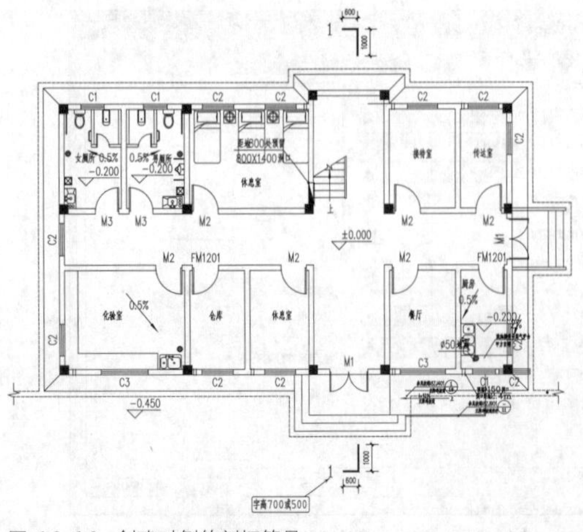

图 16-16 创建对侧的剖切符号

> **设计点拨**
>
> 实际工程运用当中，一般是直接复制一个单行文字，然后对其进行缩放，可以达到任意想要的文字高度。这里因为是针对初学者，建议多按文中讲述的方法去绘制。

## 16.2.3 分析建筑平、立面图

这节讲解如何分析建筑平面图和建筑立面图，因为这是绘制建筑剖面图的必经步骤，以确保所绘制的建筑剖面图与建筑平面图、立面图相对应。建筑平面图的建筑立面图在前面两个章节都有完整的图形，资源里面也有电子版图形文件，这节应结合前面两章的内容来学习。这里不再将上述建筑平面图、立面图板书，学员可对照前面的内容或电子图形文件来理解。建议大家在完全理解建筑平面图、立面图的基础上再来学校建筑剖面图。

### 剖切符号

如图 16-14 所示，可知剖切位置在入户门（M1）处，也就是④号轴与⑤号轴之间；剖视方向为向左，也就是假想一个铅垂剖切面沿剖切位置剖切后，移走右边的部分，然后向左作投影。

### 一层平面图

如图 16-14 所示，在剖切位置，从下往上看剖切情况如下。依次是入户大门前的三级台阶、M1 大门、大厅室内地坪、中间走廊、楼梯、墙体。注意，在中间走廊位置，从右向左看，可以看到①号轴上的 C2 窗，所以建立剖面图上也要表达出来。

### 二层平面图

从二层平面图上可以看到的剖切情况（同样从下往上看），依次是雨篷、办公室楼板、墙体、中间走廊、楼梯、C2 窗。同样可以在中间走廊处看到 C2 窗。楼梯位置上方也有 C2 窗被剖道。

### 顶层平面图

从顶层平面图看的剖切情况是，天沟、坡屋顶、天沟。一层平面图、二层平面图和顶层平面图从下往上的剖切情况对应的就是建筑剖面图从左往右的位置。建筑剖面的标高信息需要从建筑立面图得到。以下简单分析建筑立面图。

### ①～⑥轴立面图

如图 16-17 所示，①～⑥轴立面图被剖切到的实体都应在建筑剖面图 A 轴上表达。从剖切面位置可以看到台阶、M1 门、M1 门上的雨篷、C2 窗、天沟、西式瓦屋顶等将被体现在建筑剖面图 A 轴上，标高信息与建筑立面图要统一。

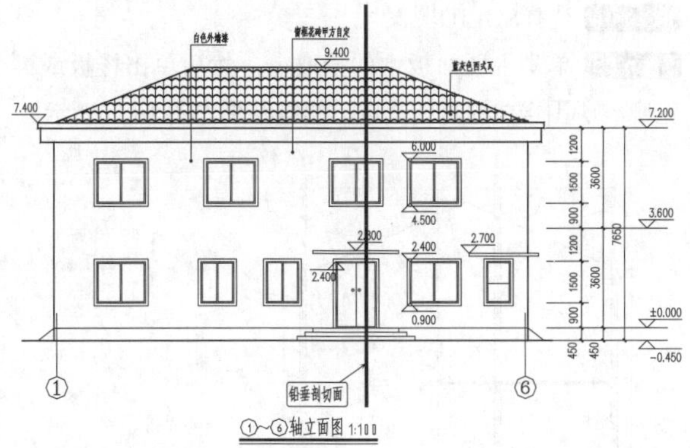


图 16-17 分析建筑立面图（一）

### ⑥～①轴立面图

如图 16-18 所示，⑥～①轴立面图被剖切到的实体都应在建筑剖面图 E 轴上表达。从剖切面位置可以看到 C2 窗、天沟、西式瓦屋顶等将被体现在建筑剖面图 E 轴上，标高信息同样要与建筑立面图统一。

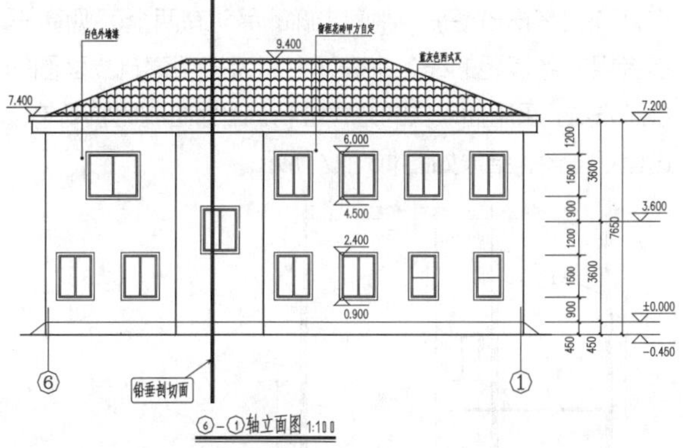


图 16-18 分析建筑立面图（二）

### Ⓔ～Ⓐ轴立面图

如图 16-19 所示，Ⓔ～Ⓐ轴立面图虽然没有被剖切面剖到，但是根据投影原理，可视部分也要在建筑剖面图中体现（细线），且标高信息同样要与建筑立面图统一。

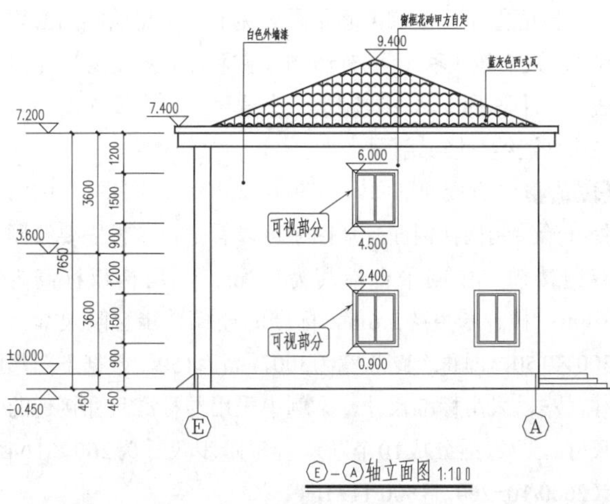


图 16-19 分析建筑立面图（三）

至此建筑立面图的大致轮廓已经讲解完毕，至于Ⓐ～Ⓔ轴立面图，因为属于剖切面右边部分（被移走了），所以在此不必分析，它与将要绘制的建筑剖面图无关。

## 16.2.4 绘制剖面轮廓

这节按照上节分析所得的结果，根据投影原理来绘制建筑剖面轮廓线。从本章开始，基本的软件使用方面的绘制步骤不会像前面的章节一样详细讲解，只讲一些必要的步骤，方法。因为这章和后续的章节都属于提高级别，已经没有必要再细致地讲解了。讲解用到的图示中都标注了尺寸，是为了方便大家识图用的，实际绘制过程中是在所有的图形绘制完成后再统一标注尺寸的。

**Step 01** 单击【图层】面板中的【图层】下拉表框，选择“轴线”，将“轴线”图层设置为当前图层。

**Step 02** 输入L执行【直线】命令，绘制一条纵向轴线，轴线长度应适当长一些，比建筑高度长1～2m即可。绘制位置在绘图区域空白处适当位置即可。

**Step 03** 输入O执行【偏移】命令，依次向右进行两次偏移，然后从平面图或立面图复制轴线标号。绘制结果如图 16-20所示。

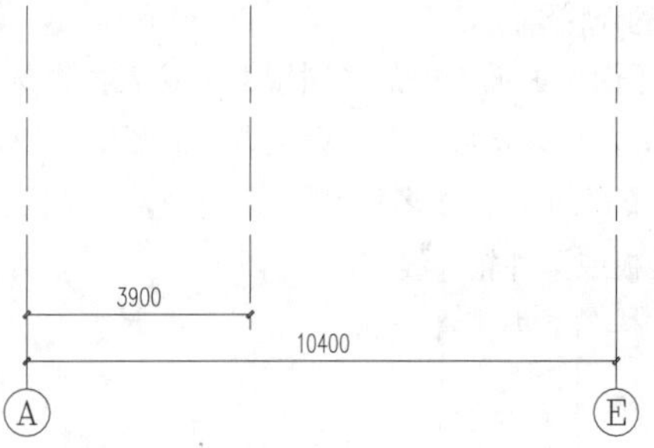


图 16-20 绘制轴线和轴号

**Step 04** 单击【图层】面板中的【图层】下拉表框，选择“涂黑”，将“涂黑”图层设置为当前图层。

**Step 05** 输入PL执行【多段线】命令，绘制建筑剖面图外轮廓如图 16-21所示。

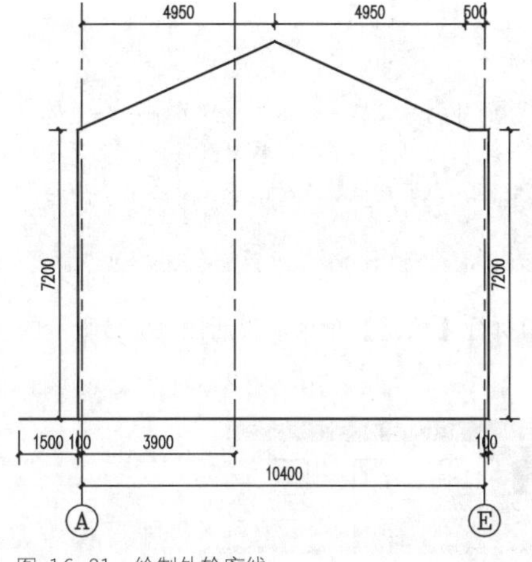


图 16-21 绘制外轮廓线

**Step 06** 输入O执行【偏移】命令，将轴线向左或向右偏移100。这是为了绘制墙线。墙线宽为200。其实这里也可以用多线命令。多线命令的讲解详建筑平面图章节。偏移结果如图 16-22所示。

**Step 07** 选中上述偏移的轴线，点图层下拉表框，将其切换到墙体图层。结果如图 16-23所示。

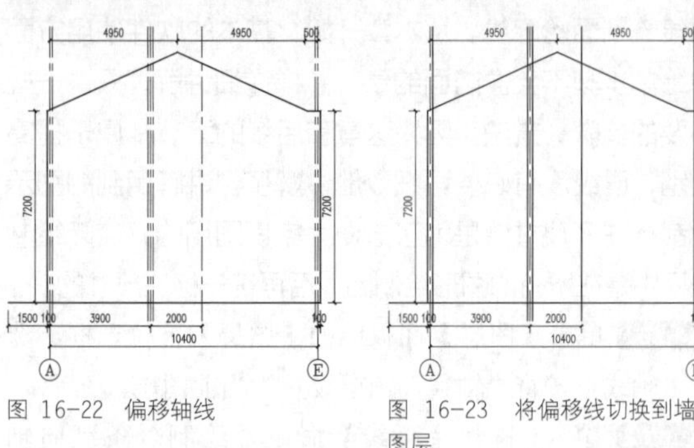

图 16-22 偏移轴线　　图 16-23 将偏移线切换到墙线图层

## 16.2.5 绘制楼板及剖断梁

这节讲述楼板和剖面梁的绘制。被剖切面剖到的楼板和梁都要求填充为黑色，其实就是断面图的原理了。因为填充是需要一个封闭的区域的，所以在填充前要绘制出楼板或梁的外轮廓线。

**Step 01** 单击【图层】面板中的【图层】下拉表框，选择"轮廓线"，将"轮廓线"图层设置为当前图层。

**Step 02** 运用【直线】、【多段线】等命令，绘制图 16-24所示的楼板或梁外轮廓线。

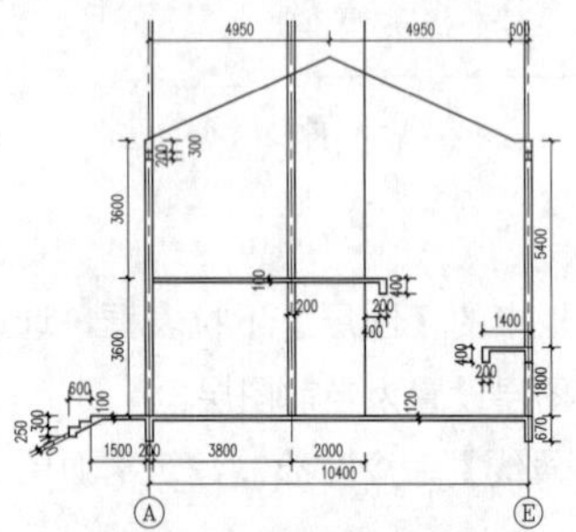

图 16-24 绘制楼板及剖断梁外轮廓线

> **设计点拨**
>
> 绘制好楼板或梁的外轮廓线后，应运用【修剪】命令，适当修剪，尽量使轮廓线内为一个完整的封闭区域，便于填充。如果难以做到，在填充拾取点时，多次单击每个小的封闭区域即可。

**Step 03** 输入H执行【填充】命令，激活图 16-25所示的面板。

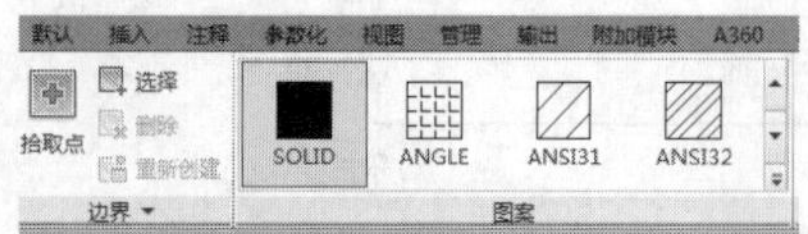


图 16-25 填充楼板及剖断梁

**Step 04** 选择SOLID图案。

**Step 05** 单击上图面板中的拾取点，然后单击楼板或梁轮廓线所围合成的封闭区域。绘制结果如图 16-26所示。

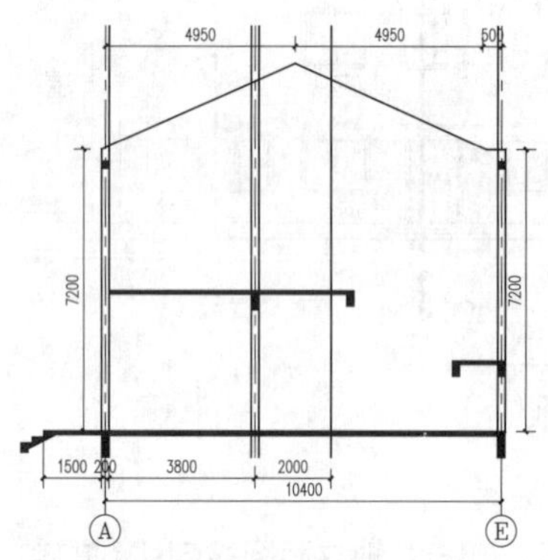

图 16-26 填充楼板及剖断梁

## 16.2.6 绘制剖面门窗

从对建筑平、立面图的分析可知，A 轴上有两个窗户，E 轴上有一个窗户；中间走廊的尽头有两个可视窗户。前者用 4 条等距的线条来表达，后者按照建筑立面图的绘制方法，采用插入块的方式绘制。因为绘制比较简单，这里不详述，结果如图 16-27 所示。

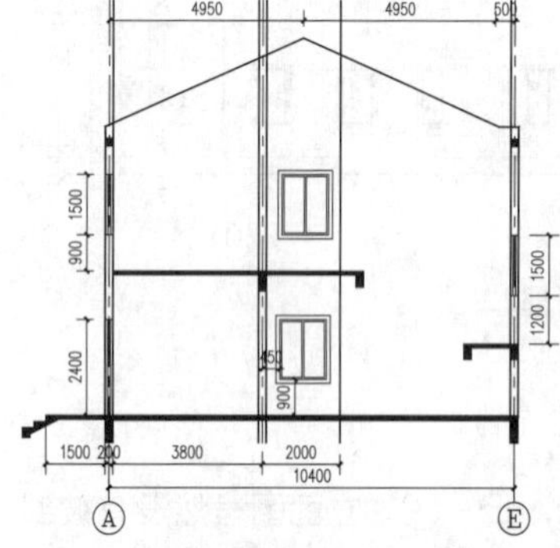

图 16-27 绘制剖面门窗

## 16.2.7 绘制剖面楼梯

剖面图中，楼梯剖面是最常见的，也是绘制时最复杂的。这节教大家如何进行分析，并利用【多段线】、【直线】、【阵列】、【复制】、【偏移】、【填充】等命令来快速绘制楼梯剖面。

**Step 01** 分析楼梯剖面。如图 16-28所示，需要在图中A处开始绘制楼梯剖面。从图中可以看出，这里需要绘制双跑楼梯，中间平台标高为1.8m，二层楼板标高为3.6m；楼梯长度为2.6m。标准的楼梯踏步台阶尺寸为300×150，即每个踏步宽为300，高为150。根据下图尺寸，难以采用标准尺寸，本例中采用与标准尺寸接近的尺寸，即每跑分成10个踏步，每踏步尺寸为260×164（2600/10=260，1800\11=164）。

**Step 02** 单击【图层】面板中的【图层】下拉表框，选择“楼梯”，将“楼梯”图层设置为当前图层。

**Step 03** 输入PL执行【多段线】命令，线宽可以设置为0。以图中A点为起点绘制一个踏步。如图 16-29所示。（为了便于看图，下图暂时把填充内容删了。）

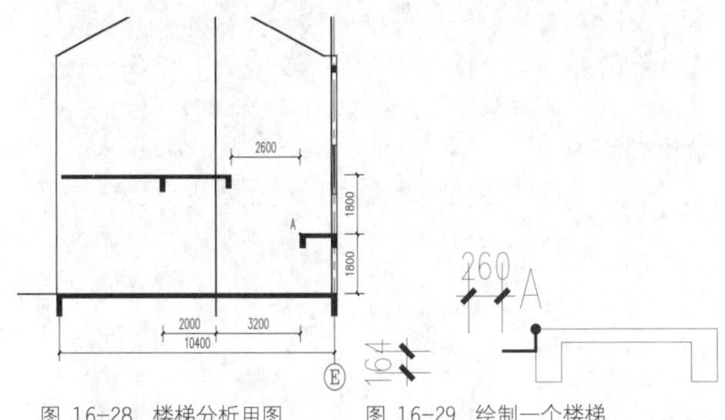


图 16-28　楼梯分析用图　　图 16-29　绘制一个楼梯

**Step 04** 绘制直线AB，并延长到C。如图 16-30所示，这是将要使用阵列命令用到的路径。

**Step 05** 输入AR执行【阵列】命令，阵列结果如图16-31所示，命令行提示如下。

```
命令: AR↙
ARRAY
选择对象: 找到 1 个
选择对象: 输入阵列类型 [矩形(R)/路径(PA)/极轴(PO)] <路径>: pa↙          //选择路径选项
类型 = 路径  关联 = 是
选择路径曲线:
选择夹点以编辑阵列或 [关联(AS)/方法(M)/基点(B)/切向(T)/项目(I)/行(R)/层(L)/对齐项目(A)/Z方向(Z)/退出(X)] <退出>:
** 项目间距 **
指定项目之间的距离:
选择夹点以编辑阵列或 [关联(AS)/方法(M)/基点(B)/切向(T)/项目(I)/行(R)/层(L)/对齐项目(A)/Z方向(Z)/退出(X)] <退出>: as↙
创建关联阵列 [是(Y)/否(N)] <是>: N↙
//此处选择不关联，阵列的各对象和路径都不是一个整体，便于后续修改，学员也可以尝试关联的效果
选择夹点以编辑阵列或 [关联(AS)/方法(M)/基点(B)/切向(T)/项目(I)/行(R)/层(L)/对齐项目(A)/Z方向(Z)/退出(X)] <退出>:↙
```

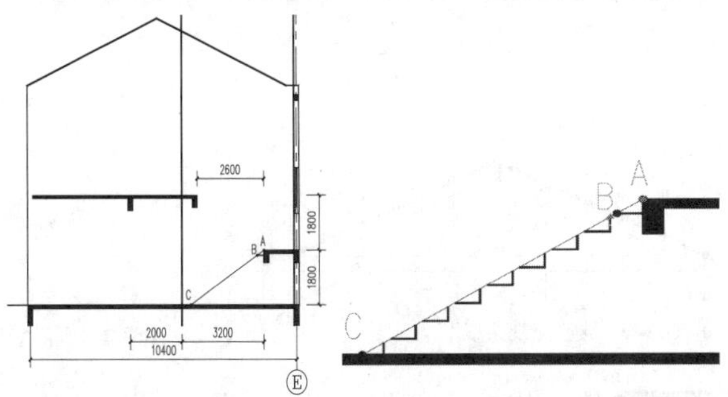


图 16-30　绘制阵列路径　　图 16-31　系统默认的阵列成果

**Step 06** 从图 16-31可以看出阵列的效果并不是想要的效果，可以通过夹点编辑的方式修改。单击图中的三角形夹点，拖到B点即可。结果如图 16-32所示。

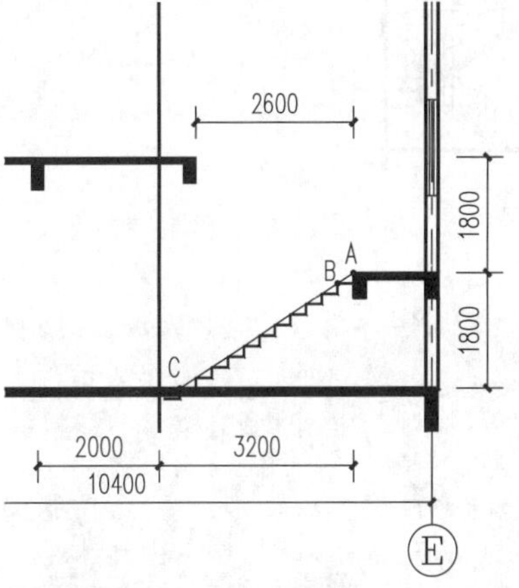


图 16-32　调整后的阵列成果

**Step 07** 输入M执行【移动】命令，将路径从A点移动到B点。如图 16-33所示。

**Step 08** 输入O执行【偏移】命令，将上述路径偏移120，并删除圆路径，结果如图 16-34所示。

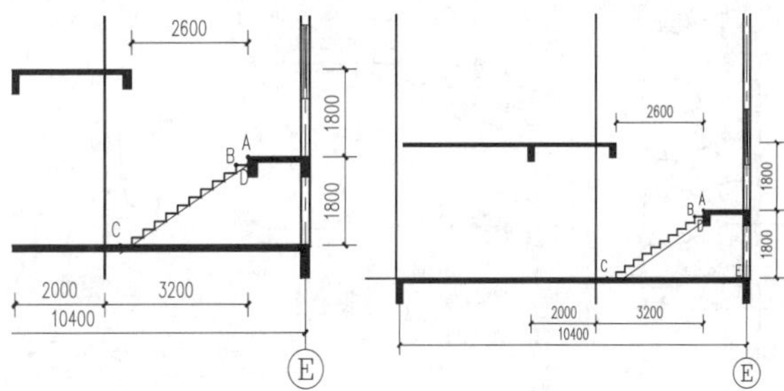


图 16-33　移动路径线　　图 16-34　偏移路径线

**Step 09** 按同样的方法，绘制第二跑楼梯，结果如图16-35所示。

**Step 10** 填充第二跑楼梯后绘制结果如图 16-36所示。

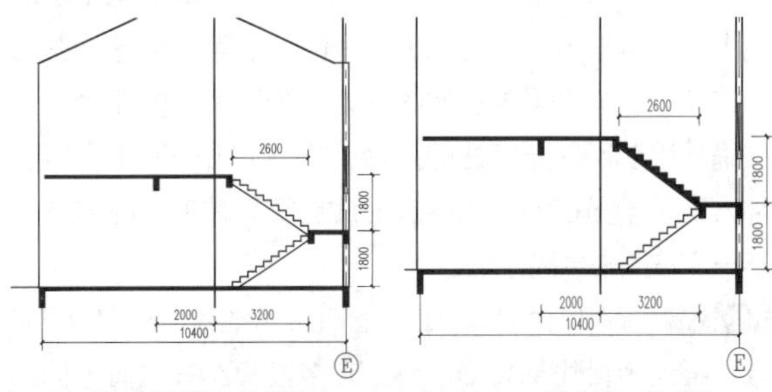


图 16-35　绘制第二跑楼梯　　图 16-36　填充第二跑楼梯

**Step 11** 绘制栏杆。栏杆的绘制比较简单，只有用到【直线】命令和【阵列】命令，绘制方法与楼梯的绘制方法类似，绘制结果如图 16-37所示。

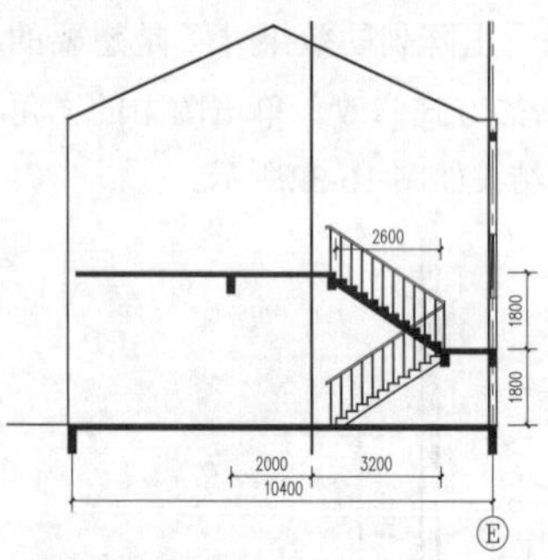


图 16-37　绘制栏杆

**设计点拨**

从剖切位置看，剖切面剖到了第二跑楼梯，没有剖到第一跑。所以第二跑需要填充，而第一跑用轮廓线表达。值得注意的是栏杆一般有标准图集，可以直接使用，在剖面图中不要求花大量时间去绘制细节部分，可以进行简化绘制，如图 16-38所示是栏杆的简易画法。画好后用索引符号写明图集号即可，如图 16-39所示，即摘自《国家建筑标准设计图集》中的栏杆做法。在绘制完建筑剖面图中的栏杆后，只需引用图集，施工员根据图集号找到对应的图纸施工，不会以建筑剖面图中的简易绘法施工。

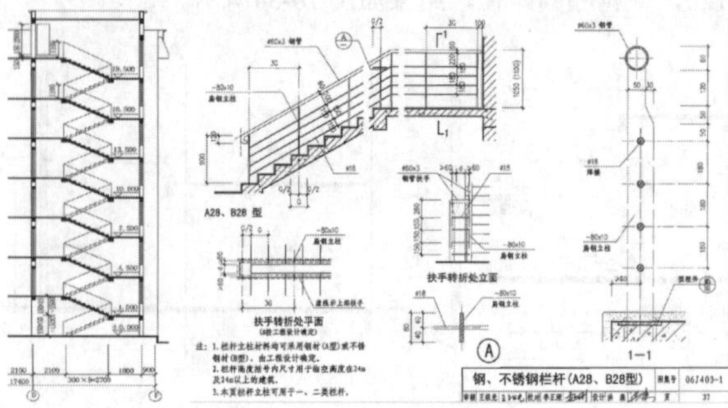

图 16-38　某楼梯栏杆简单绘法　图 16-39　某图集某栏杆详细做法图

## 16.2.8 绘制屋顶

这节讲解屋顶绘制技巧。需要用到的命令有【多段线】、【偏移】、【直线】、【修剪】等。都是一些常用的命令。学员需要掌握的是如何利用常用的命令快速准确地绘制所需要表达的内容。每种图形一般都有很多种方法，学员在练习当中应形成自己习惯的绘图方法，不一定按照书中的方法。

**Step 01** 输入PL命令，通过下图所示的A、B、C、D4点，描绘多段线ABCD。将上述多段线ABCD向下偏移100，得到现浇屋面板的厚度，再调用【直线】命令，绘制如图 16-40所示的剖断梁。

图 16-40　绘制屋顶面及屋顶剖断梁

**Step 02** 输入TR直线【修剪】命令，然后连续两次按Enter键，然后单击需要修剪的对象，修剪结果如图 16-41所示。

```
命令: TR↙
TRIM
当前设置:投影=UCS，边=无
选择剪切边...
选择对象或 <全部选择>:↙ //不选择任何对象第二次按Enter键
选择要修剪的对象，或按住 Shift 键选择要延伸的对象，或
[栏选(F)/窗交(C)/投影(P)/边(E)/删除(R)/放弃(U)]: *取消*
命令: *取消*
命令: TR
TRIM
当前设置:投影=UCS，边=无
选择剪切边...
选择对象或 <全部选择>:
选择要修剪的对象，或按住 Shift 键选择要延伸的对象，或
[栏选(F)/窗交(C)/投影(P)/边(E)/删除(R)/放弃(U)]:
...                                  //多次选择需要剪掉的图形元素
选择要修剪的对象，或按住 Shift 键选择要延伸的对象，或
[栏选(F)/窗交(C)/投影(P)/边(E)/删除(R)/放弃(U)]:↙
                                  //按Enter键结束修剪
```

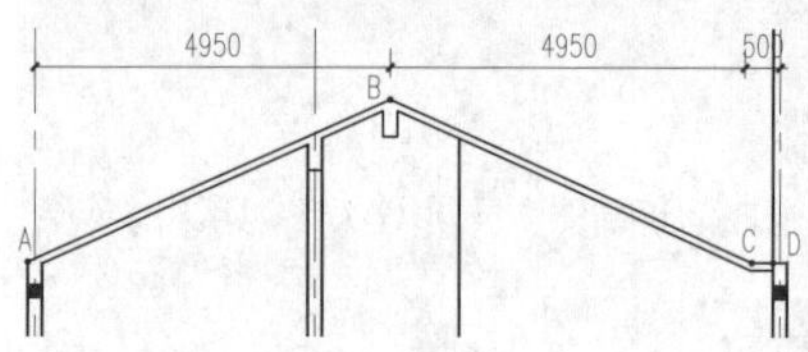


图 16-41　修剪屋顶

**Step 03** 输入H执行【填充】命令，填充屋面和剖断梁如图 16-42所示。

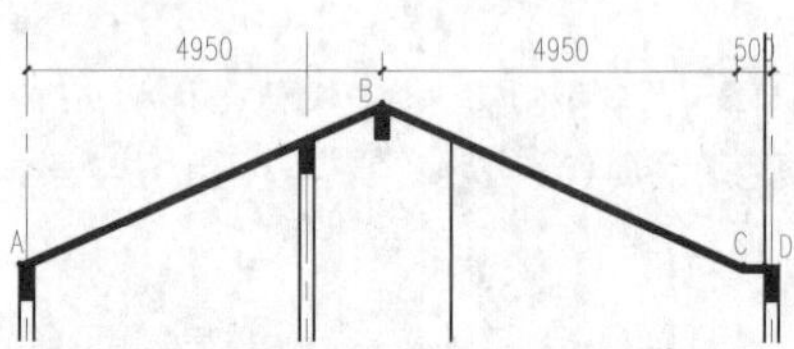


图 16-42　填充屋顶面及屋顶剖断梁

**Step 04** 绘制可视梁。运用【偏移】、【直线】等命令，绘制可视梁的外轮廓线如图 16-43所示。

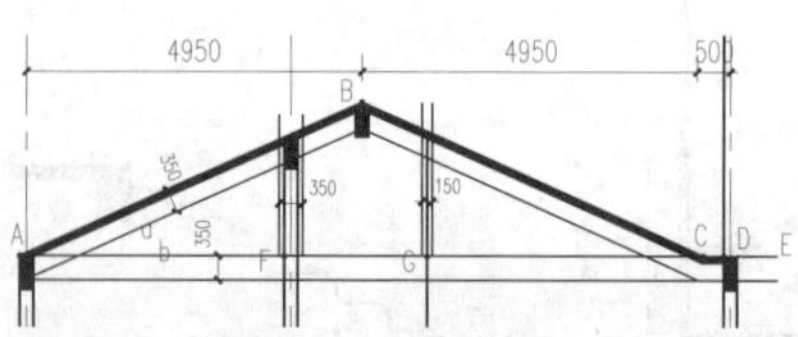


图 16-43　绘制可视梁线

**Step 05** 输入F执行【圆角】命令，选择如图 16-43所示的直线a和直线b，利用【圆角】命令可以快速修剪掉左侧多余的线条。注意圆角的半径要设置为0。【圆角】命令修剪a、b线的命令行提示如下。

```
命令: F↙
FILLET
当前设置: 模式 = 修剪, 半径 = 0
选择第一个对象或 [放弃(U)/多段线(P)/半径(R)/修剪(T)/多个(M)]: r↙
指定圆角半径 <0>: 0↙
选择第一个对象或 [放弃(U)/多段线(P)/半径(R)/修剪(T)/多个(M)]:
选择第二个对象, 或按住 Shift 键选择对象以应用角点或 [半径(R)]:
命令: FILLET
```

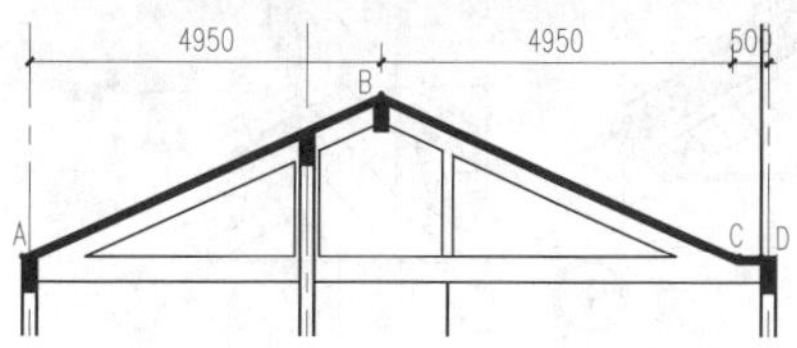


图 16-44 修剪可视梁线

**Step 06** 到此，建筑剖面图已经基本完成了。只需要绘制天沟和雨篷等西部结构。细部结构绘制如图 16-45 所示。

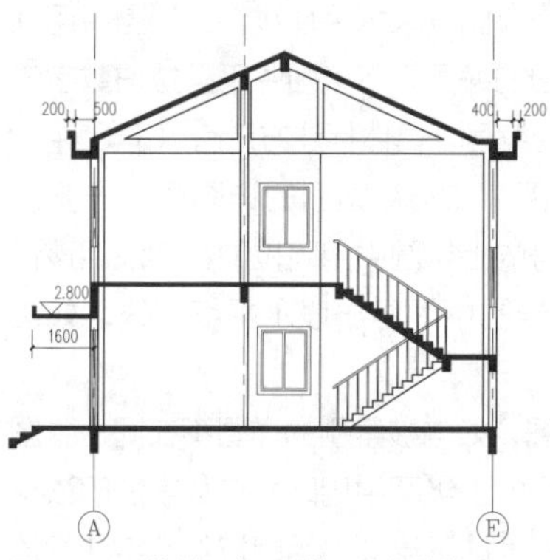


图 16-45 绘制天沟、雨篷、可视柱线

## 16.2.9 尺寸标注和文字说明

尺寸标注和文字说明已经多次讲解，这节将讲述一些特殊情况下的处理技巧。比如需要将楼梯间尺寸“2600”标注成“260×10=2600”，如标注文字重叠的处理方法。

**Step 01** 输入DLI执行【线性】标注命令，标注建筑剖面图外围尺寸，结果如图 16-46所示。

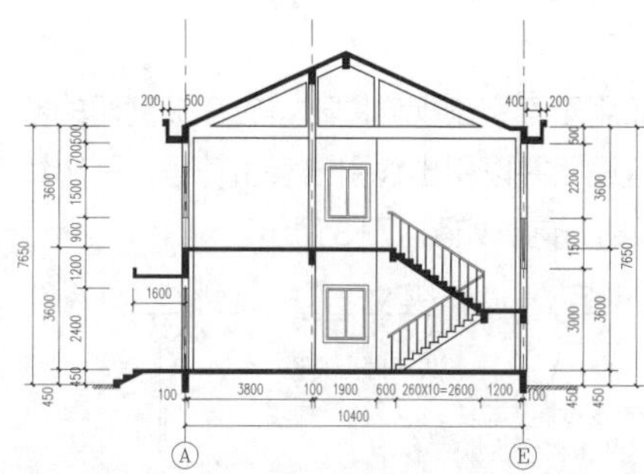


图 16-46 尺寸标注

**设计点拨**

楼梯间处特殊标注技巧如下命令行显示。

```
命令: DLI↙
DIMLINEAR
指定第一个尺寸界线原点或 <选择对象>:
指定第二条尺寸界线原点:
指定尺寸线位置或
[多行文字(M)/文字(T)/角度(A)/水平(H)/垂直(V)/旋转(R)]: t↙
                                  //输入t, 转到手动输入状态
输入标注文字 <2600>: 260×10=2600          //手动输入需要表达的内容
指定尺寸线位置或
[多行文字(M)/文字(T)/角度(A)/水平(H)/垂直(V)/旋转(R)]:
标注文字 = 2600
```

**Step 02** 标注内部尺寸，如图 16-47所示。图中标注文字有重叠，可以适当缩小标注字体的字高。

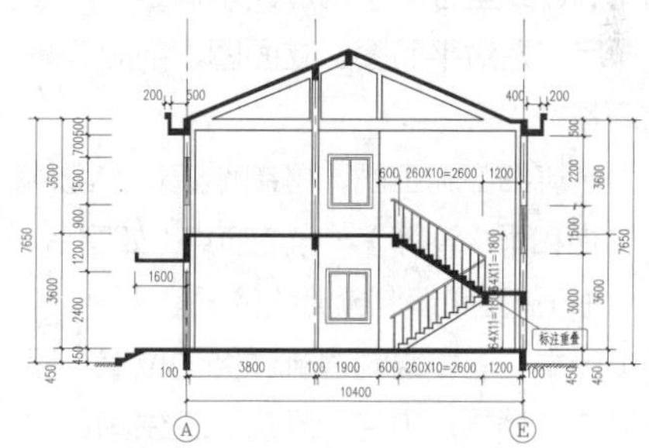


图 16-47 标注内部尺寸

**Step 03** 选中标注重叠的标注，将其切换到“字高200的标注”，结果如图 16-48所示。

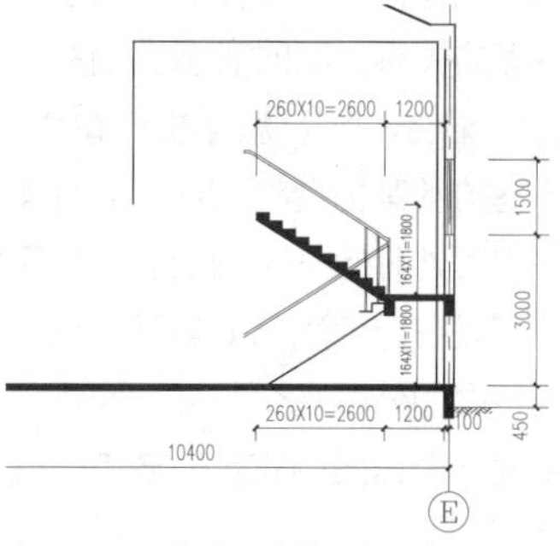


图 16-48 修改尺寸的文字大小

**Step 04** 本例中，除了图名标注以外，没有特别需要说明的文字。建筑剖面图最终完成图如图 16-49所示。

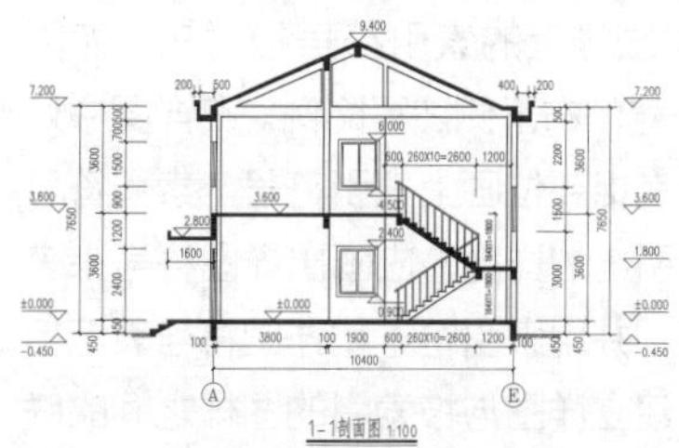


图 16-49 建筑剖面图完成图

# 第 17 章 绘制建筑详图

前面 3 章分别讲解了建筑平面图、立面图和剖面图。本章中建筑详图是指建筑细部的施工图，是建筑平面图、立面图、剖面图的补充。是对建筑的细部或构配件，用较大的比例将其形状、大小、材料和做法，按正投影图的画法详细地表示出来的图样，称为建筑详图。

## 17.1 建筑详图概述

在利用 AutoCAD 2016 绘制建筑详图之前，本节来简要介绍建筑详图绘制的基本知识、绘制步骤和方法等。

### 17.1.1 建筑详图的概念

建筑详图（简称详图）是为了满足施工需要，将建筑平面图、立面图、剖面图中的某些复杂部位用较大比例绘制而成的图样。建筑详图按正投影法绘制，由于比例较大，要做到图例、线型分明、构造关系清楚、尺寸齐全、文字说明详尽，是对平面图、立面图、剖面等基本图样的补充和深化。

建筑详图作为建筑细部施工图，是制作建筑构配件（如门窗、阳台、楼梯和雨水管等）、构造节点（如窗台、檐口和勒角等）、进行施工和编制预算的依据。

在建筑详图设计中，需要绘制建筑详图的位置一般包括室内外墙身节点、楼梯、电梯、厨房、卫生间、门窗和室内外装饰等。室内外墙身节点一般用平面和剖面表示，常用比例为 1:20。平面节点详图表示出墙、柱或构造柱的材料和构造关系。

剖面节点详图即常说的墙身详图，需要表示出墙体与室内外地坪、楼面、屋面的关系，同时表示出相关的门窗洞口、梁或圈梁、雨篷、阳台、女儿墙、檐口、散水、防潮层、屋面防水、地下室防水等构造的做法。墙身详图可以从室内外地坪、防潮层处开始一直画到女儿墙压顶。为了节省图纸空间，可以在门窗洞口处断开，也可以重点绘制地坪、中间层和屋面处的几个节点，而将中间层重复使用的节点集中到一个详图中表示。节点一般由上至下进行编号。

### 17.1.2 建筑详图中的符号

在建筑详图设计中，必须画出索引符号和详图符号。详图符号应与被索引图样上的索引符号相对应，如图 17-1 所示，在详图符号的右下侧注写比例。在详图中如需另画详图时，则在其相部位画上索引符号。索引符号用来索引详图，而索引出的详图，应画出详图符号来表示详图的位置和编号，并用索引符号和详图符号表示相互之间的对应关系，建立详图与被索引的图样之间的联系，以便相互对照查询。

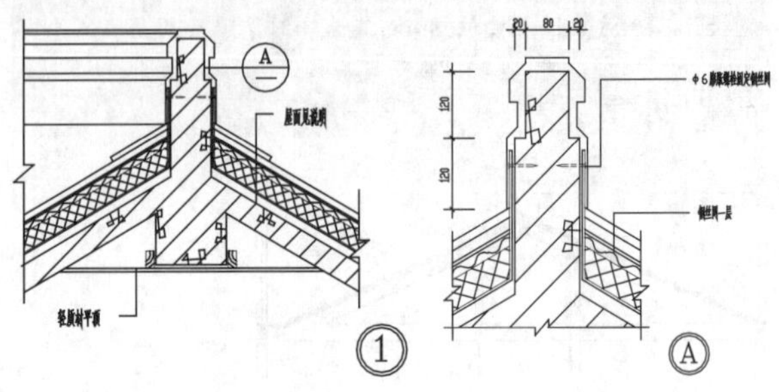

图 17-1 详图及其被索引图样

#### 1 索引符号

索引符号用一引出线指示要画详图的位置，在直线的另一端画一个细实线圆，其直径为 10mm，引出线应对准圆心，圆内过圆心画一条水平直线，上半圆中用阿拉伯数字注明该详图的编号，下半圆中用阿拉伯数字注明该详图所在图纸的编号。具体标注方法有以下 3 种。

◆索引出的详图，如与被索引的详图同在一张图纸内，应在索引符号的上半圆中用阿拉伯数字注明该详图的编号，并在下半圆中间画一段水平细实线，如图 17-2（a）所示。

◆索引出的详图，如与被索引的详图不在同一张图纸内，应在索引符号的上半圆中用阿拉伯数字注明该详图的编号，在索引符号的下半圆中用阿拉伯数字注明该详图所在图纸的编号（数字较多时，可加文字标），如图 17-2（b）所示。

◆索引出的详图，如采用标准图，应在索引符号水平直径的延长线上加注该标准图册的编号，如图 17-2（c）所示。

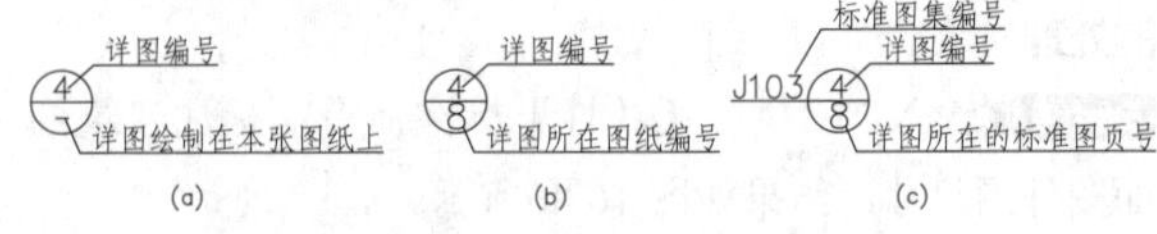

图 17-2 索引符号表示法

索引符号如用于索引剖视详图时，应在被剖切的部位绘制剖切位置线，并以引出线引出索引符号，引出线所在的一侧为投射方向，如图 17-3 所示。

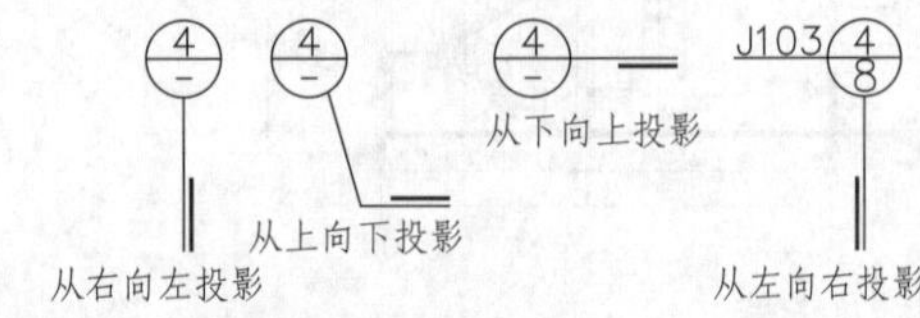

图 17-3 表示剖视详图的索引符号

**2 详图符号**

详图符号应以粗实线绘制一个直径为 14mm 的圆，当详图与被索引的图样不在同一张图纸内时，可用细实线在详图符号内画一个水平直线，圆内编号数字的含义如图 17-4 所示。

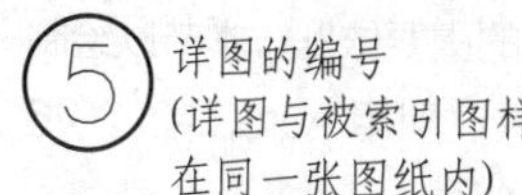


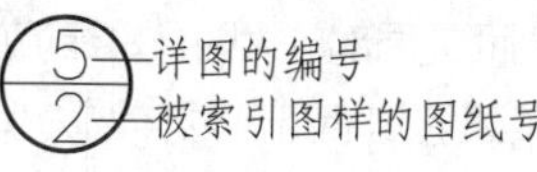


图 17-4 详图符号

## 17.1.3 建筑详图的分类

依据图示方法，建筑详图可分为剖面详图（如外墙身和楼梯间等）、平面详图（如卫生间和厨房等）、立面详图（如门窗等）、断面详图（如楼梯踏步等）等，采取哪种图示方法要根据细部构造的复杂程度而定。常用的建筑详图根据绘制部位基本上可分为 3 大类：节点详图、房间详图和构配件详图。

**1 节点详图**

节点详图用来详细表达某一节点部位的构造、尺寸、做法、材料和施工要求等。最常见的节点详图是墙身大样详图，它将外墙的檐口、屋顶、窗过梁、窗台、楼地面和勒脚等部位，按其位置集中画在一个剖面详图上，如图 17-5 所示。

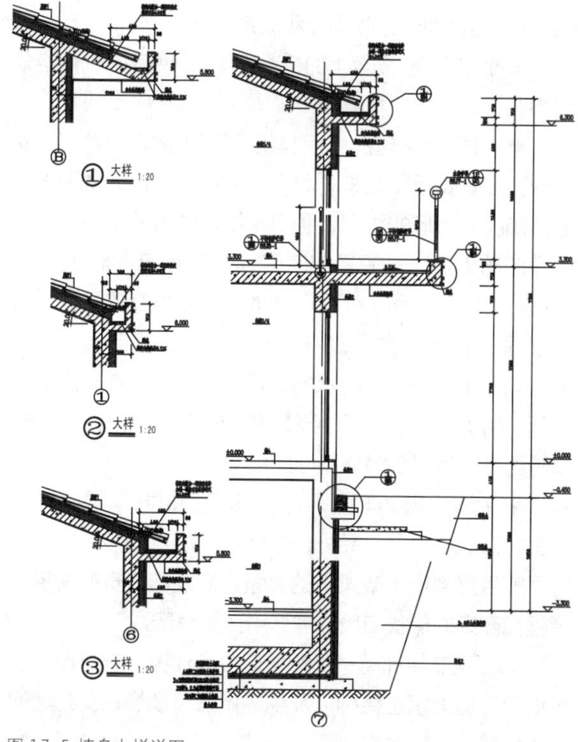


图 17-5 墙身大样详图

**2 房间详图**

有些房间的构造或固定设施都很复杂，均需用详图将某一房间用较大的比例绘制出来，如楼梯间详图、厨房详图和卫生间详图等，这种详图称为房间详图。图 17-6 所示为卫生间平面详图。

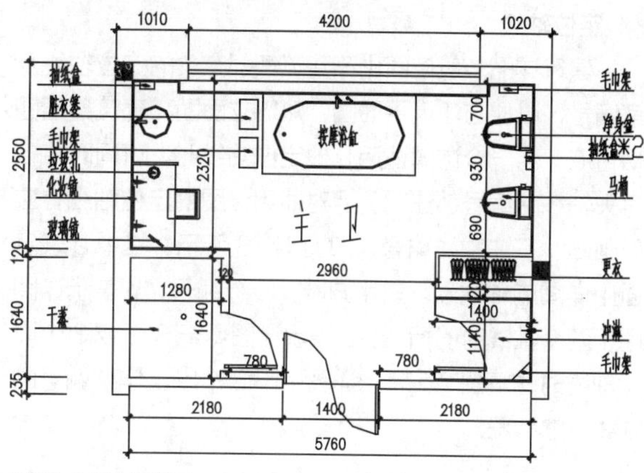


图 17-6 卫生间详图

**3 构配件详图**

表达某一构配件的形式、构造、尺寸、材料和做法的图样称为构配件详图，如门窗详图、雨篷详图和阳台详图等。

为了提高绘图效率，国家及一些地区编制了建筑构造和构配件的标准图集，如果选用这些标准图集中的做法，可用文字代号等说明所选用的型号，也可在图纸中用索引符号注明，不再另绘制详图。图 17-7 所示为某建筑的阳台详图。

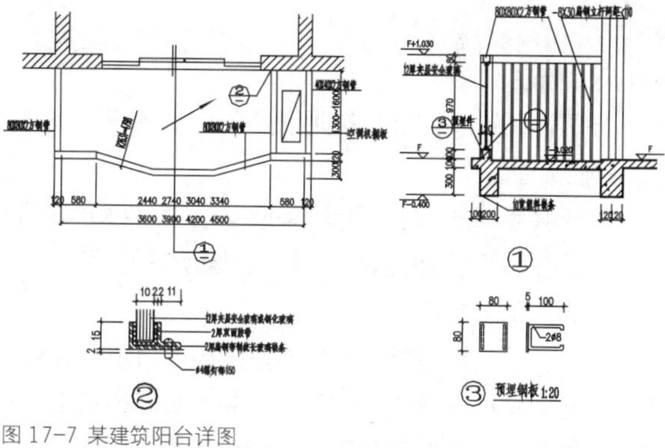

图 17-7 某建筑阳台详图

## 17.1.4 建筑详图的有关规定

建筑详图要详细、完整地表达建筑细部，还要符合《房屋建筑制图统一标准》(GB/T 50001-2001)的规定。

**1 比例与图名**

建筑详图采用较大的比例，常用的有 1 ： 50、1 ： 20、1 ： 10、1 ： 5、1 ： 2 等比例绘制。建筑详图的图名包括详图符号、编号和比例，而且要与被索引的图样上的索引符号相对应，以便对照查询。

**2 建筑详图的数量**

建筑详图应该根据清晰表达的要求，根据绘制的建筑细部构造和构配件的复杂程度，来确定详图的数量。例如，墙身节点图通常用一个剖面详图表达，楼梯间常用几个平面详图、一个剖面详图和几个节点详图来表达。

**3 定位轴线**

建筑详图一般应画出和建筑细部有关的定位轴线及其编号，以便与建筑平面图、建筑立面图和建筑剖面图相对应。当一个详图适用几根定位轴线时，可同时将各有关轴线的编号都注明，但对通用详图的定位轴线，应只画圆，不注轴线编号，如图17-8所示。其中a表示通用详图的轴线号，只用圆圈，不标编号；b表示详图用于两个轴线时的情况；c表示详图用于3个或3个以上轴线时的情况；d表示详图用于3个以上连续编号的轴线时的情况。

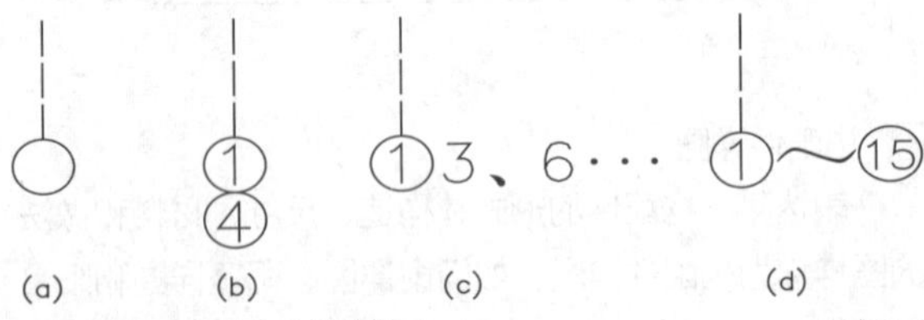

图17-8 详图上的定位轴线编号

**4 图线**

由于建筑详图反映的内容比较单一，因而一般情况下，建筑详图的图线只采用两种：粗线和细线。建筑详图的图线要求是：粗实线用于绘制建筑构配件的断面轮廓线；细实线用于绘制构配件的可见轮廓线和材料图例等。

**5 尺寸标注**

建筑详图的尺寸标注必须完整齐全，准确无误。

**6 其他标注**

对于套用标准图或通用图集的建筑构配件和建筑细部，只要注明所套用图集的名称、详图所在的页数和编号，不必再画详图。

建筑详图凡是需要再绘制详图的部位，同样要绘制索引符号。建筑详图应把所用的各种材料及其规格、各部分的做法和施工要求等用文字详尽说明。

### 17.1.5 建筑详图绘制的一般步骤

建筑详图绘制的一般步骤如下。

**Step 01** 绘制图形轮廓线，包括断面轮廓和看线。

**Step 02** 填充材料图例，包括各种材料图例的选用和填充。

**Step 03** 符号标注、尺寸标注和文字等标注，包括设计深度要求的轴线及编号、标高、索引符号、折断符号、尺寸标注和文字说明等。

## 17.2 绘制外墙剖面详图

外墙剖面详图详细地表达了建筑物的屋面、楼层、阳台、地面、檐口构造、楼板与墙的连接、门窗过梁、窗台、勒脚和散水等处构造的情况，外墙剖面详图实际上是建筑剖面的局部放大图，是建筑施工的重要依据。本节以绘制某建筑物墙身剖面详图为例，讲述利用AutoCAD 2016绘制外墙剖面详图的操作步骤和方法。

### 17.2.1 外墙剖面详图的图示内容及规定画法

外墙剖面详图包括的图示内容及规定画法如下。

**1 定位轴线、详图符号和比例**

外墙剖面详图上所标注的定位轴线编号应与其他图中所表示的部位一致，其详图符号也要和相应的索引符号对应。在绘制多层建筑物墙身剖面详图时，若各层的情况相同，则可绘制出底层、顶层和一个中间层来表示。

在绘图时，往往在窗洞中间处用折断符号断开，成为几个节点详图的组合。有时，也可不画整个墙身的详图，而是把各个节点的详图分别单独绘制。

在外墙详图上，应标出绘图时采用的比例，绘图比例通常标注在相应详图符号的后面。

**2 墙身厚度与定位轴线的关系**

外墙剖面详图上要表明墙身的厚度与定位轴线的关系。

**3 外墙与其他部分的构造和联系**

根据各节点在外墙上的位置不同，其所表示的内容分别如下。

◆底层节点详图：分别表示了室外散水、勒脚、室内地面、踢脚板和墙脚防潮层的形状和构造。从勒脚部分可知房屋外墙的防潮、防水和排水的做法。外（内）墙身的防潮层，一般是在底层室内地面下60mm左右（指一般刚性地面）处，以防地下水对墙身的侵蚀。在外墙面，离室外地面300～500mm高度范围内（或窗台以下），用坚硬防水的材料做成勒脚。在勒脚的外地面，用1：2的水泥砂浆抹面，做出2%坡度的散水，以防雨水或地面水对墙基础的侵蚀。

◆中间层节点详图：用以表示门、窗过梁（或圈梁）、窗台的形状和构造，另外还有楼板与墙身连接的情况，可了解各层楼板（或梁）的搁置方向及与墙身的关系。窗框和窗扇的形状和尺寸需另用详图表示。

◆顶层节点详图：又称檐口节点详图，它是用来表示檐口处屋面承重结构以及结构做法、顶棚、女儿墙的形状和构造、排水方法等。

**4 标高**

在外墙剖面详图中，一般应标注出各部位的标高、高度尺寸和墙身凸出部分的细部尺寸。图中标高注写有两个数字时，有括号的数字表示在新一层的标高。

### 5 图例和文字说明

在外墙详图中，可用图例或文字说明来表示楼地面及屋顶所用的建筑材料，包括材料间的混合比、施工厚度和做法、墙身内外表面装修的断面形式、厚度及所用的材料等。

## 17.2.2 绘制某别墅外墙剖面详图

本节以绘制某别墅外墙剖面详图为例，讲述外墙剖面详图的绘制方法、操作步骤和技巧。绘制别墅外墙剖面详图的最终效果如图 17-9 所示。

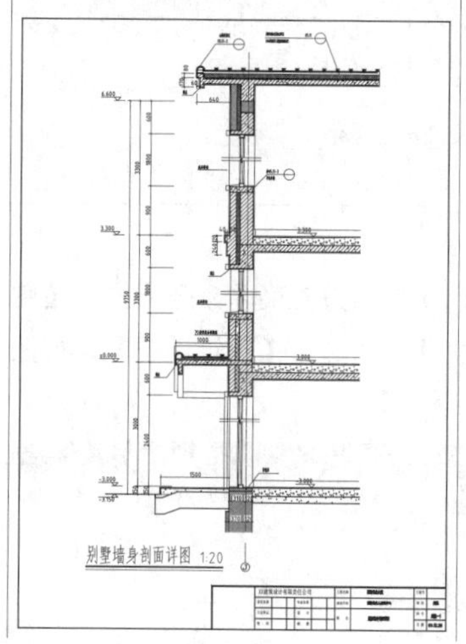


图 17-9 别墅墙身剖面详图

### 1 绘图区的设置

**Step 01** 新建文件。启动AutoCAD 2016应用程序，单击快速访问工具栏中的New（新建）按钮，打开【选择样板】对话框，如图17-10所示。选择“acadiso.dwt”选项，单击【打开】按钮，即可新建一个样板文件。

**Step 02** 设置绘图单位。在命令行中输入UNITS（单位）命令并按Enter键，弹出【图形单位】对话框，在【长度】选项组里的【类别】下拉列表中选择“小数”。在【精度】下拉列表框中选择0.00，如 图17-11所示。

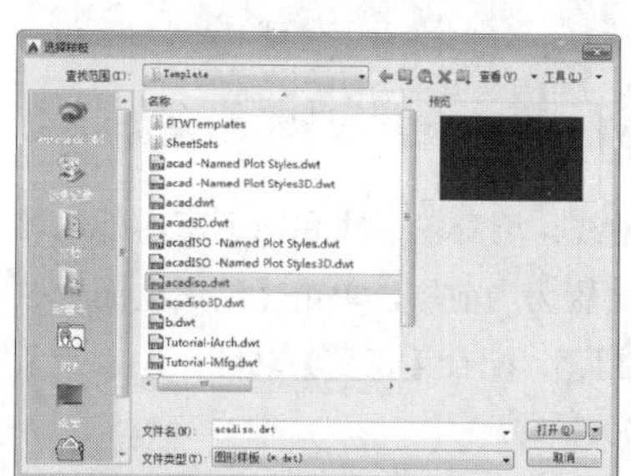

图 17-10 【选择样板】对话框

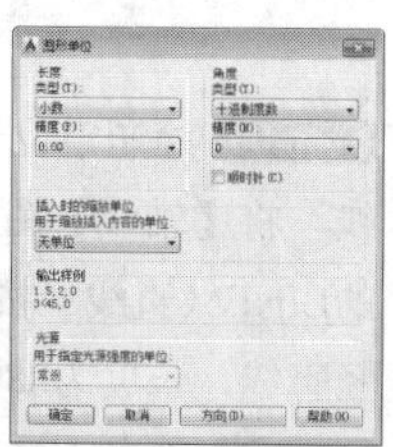

图 17-11 【图形单位】对话框

**Step 03** 设置图形界限。在命令行中输入LIMITS（图形界限）命令并按Enter键，设置绘图区域执行ZOOM（缩放）命令，完成观察范围的设置。其命令行提示如下。

```
命令: LIMITS
重新设置模型空间界限:
指定左下角点或 [开(ON)/关(OFF)] <0.0000, 0.0000>:↙
//直接按Enter键接受默认值
指定右上角点 <420.0000, 297.0000>:420000, 297000↙
//输入右上角坐标“420000, 297000”后按Enter键完成绘图范围的设置
```

### 2 设置图层

由图 17-9 所示可知，该别墅详图主要由轴线、尺寸标注、文字标注、断面轮廓线、可见轮廓线等元素组成，因此绘制详图时，需建立如表 17-1 所示的图层。

表 17-1 图层设置

| 序号 | 图层名 | 线宽 | 线型 | 颜色 | 打印属性 |
|---|---|---|---|---|---|
| 1 | 轴线 | 默认 | ACAD_IS004W100 | 红色 | 打印 |
| 2 | 断面轮廓线 | 默认 | 实线 | 黑色 | 打印 |
| 3 | 可见轮廓线 | 默认 | 实线 | 洋红 | 打印 |
| 4 | 图案填充 | 默认 | 实线 | 8色 | 打印 |
| 5 | 尺寸标注 | 默认 | 实线 | 绿色 | 打印 |
| 6 | 文字标注 | 默认 | 实线 | 黑色 | 打印 |

**Step 04** 单击【图层】面板中的LAYER（图层特性）按钮，弹出【图层特性管理器】对话框，单击对话框中的【新建图层】按钮，创建剖面图所需要的图层，并为每一个图层定义名称、颜色、线型、线宽，设置好的图层效果如图17-12所示。

**Step 05** 单击【图层】面板中的【线型】按钮，弹出【线型管理器】对话框，单击【显示细节】按钮，打开详细信息选项组，输入【全局比例因子】为20，然后单击【确定】按钮，如图17-13所示。

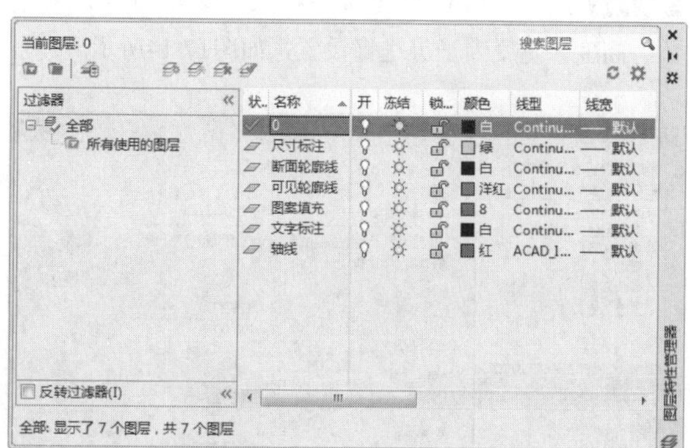

图 17-12 设置的图层

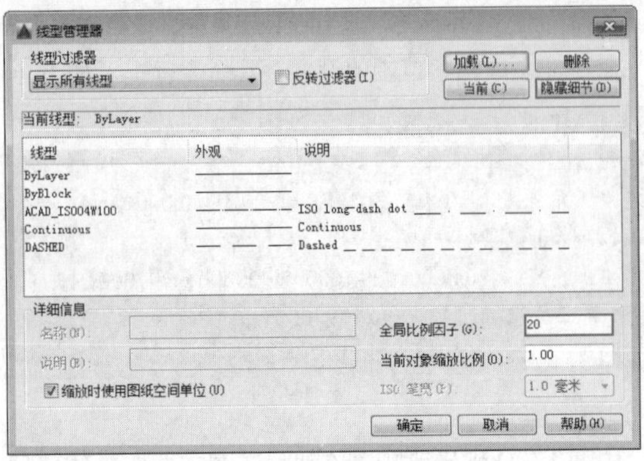

图 17-13 设置线型比例

## 3 设置文字、标注样式

别墅详图上的文字由尺寸文字、标高文字、图内文字、图内文字说明、剖切符号文字、图名文字、轴线符号等组成。根据建筑制图标准，该平面图文字样式的设置如表 17-2 所示。

表 17-2 文字样式

| 文字样式名 | 打印到图纸上的文字高度 | 图形文字高度（文字样式高度） | 宽度因子 | 字体 |
|---|---|---|---|---|
| 图内文字 | 3.5 | 70 | 1 | gbenor.shx，gbcbig.shx |
| 图名 | 5 | 100 | | gbenor.shx，gbcbig.shx |
| 尺寸文字 | 3.5 | 70 | | gbenor.shx，gbcbig.shx |
| 轴号文字 | 5 | 100 | | Complex.shx |

**Step 06** 执行【格式】|【文字样式】菜单命令，对字体、高度、宽度因子等进行设置，如图17-14所示。

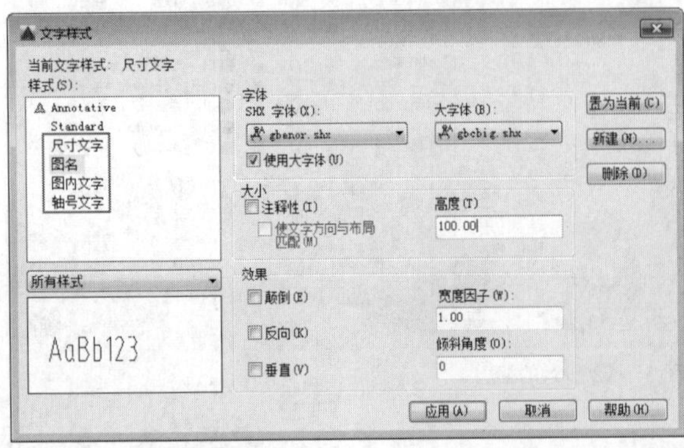


图 17-14 设置图内【文字样式】

**Step 07** 执行【格式】|【标注样式】菜单命令，创建【建筑详图-10】标注样式，单击【继续】按钮，弹出【新建标注样式】对话框，然后分别在各选项卡中设置相应的参数，如表 17-3所示。

表 17-3 【建筑详图 -10】标注样式的参数设置

| 【线】选项卡 | 【符号和箭头】选项卡 | 【文字】选项卡 | 【调整】选项卡 |
|---|---|---|---|
|  | 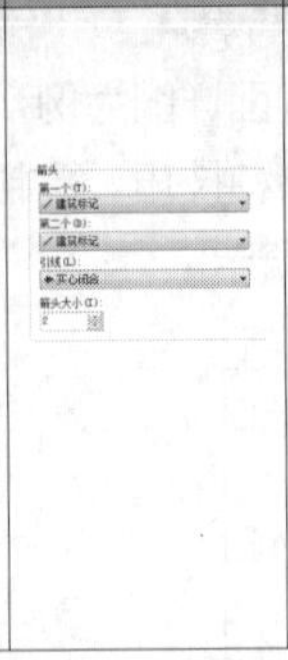 | 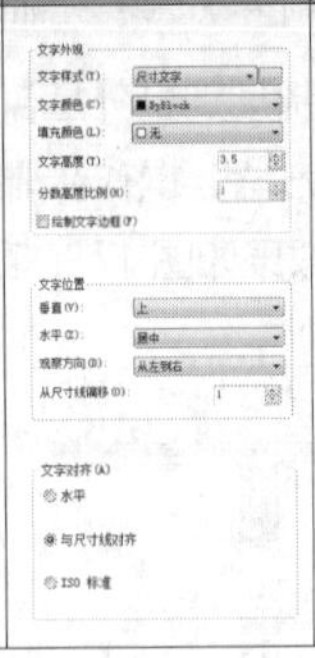 |  |

**Step 08** 执行【文件】|【另存为】菜单命令，弹出【图形另存为】对话框，文件名定义为【建筑详图】，如图17-15所示。

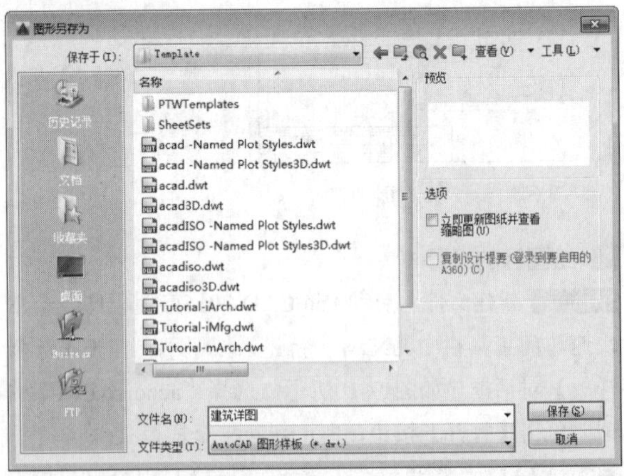


图 17-15 保存样板文件

> **设计点拨**
>
> 设计图纸比例与线型比例、图形文字高度、标注特性比例相联系，因此当设计图纸比例变换时，线型比例、标注特性比例和图形文字高度相应的做出调整。

**Step 09** 绘制定位轴线、墙身轮廓线和地下室内外地坪线。将【轴线】图层置为当前层，单击【绘图】面板中的LINE（直线）按钮，配合【正交】功能，绘制一条竖直线，长度为8800。

**Step 10** 单击【修改】面板中的OFFSET（偏移）按钮，将竖直线向左偏移310，将竖直线向右偏移120，将偏移生成的直线改到【断面轮廓线】图层上。

**Step 11** 单击【绘图】面板中的LINE（直线）按钮，

在定轴线下端绘制一条水平直线作为地下室内地坪线。单击【修改】面板中的OFFSET（偏移）按钮，偏移距离为20，生成地下室外的地坪线。单击【修改】面板中的【TRIM（修剪）】按钮，将地下室内外多出的直线进行修剪，完成效果与具体尺寸如图17-16所示。

**Step 12** 下面绘制外墙剖面图的轮廓，首先绘制出外墙剖面图的大致轮廓线，包括绘制楼面线、顶棚线、柱、梁、楼板外轮廓线。

**Step 13** 绘制楼面线和屋面板下边缘线。单击【修改】面板中的OFFSET（偏移）按钮，根据别墅设计参数，将地下室内地坪线向上偏移，生成楼面线、顶棚线和屋面板下边缘线，效果如图17-17所示。

**Step 14** 绘制顶棚线。单击“修改”面板中的OFFSET（偏移）按钮，将顶层的楼面线向上偏移生成顶棚线；单击激活顶棚线的夹点，通过夹点编辑将夹点拖到墙身轮廓线的左侧。单击【绘图】面板中的LINE（直线）按钮，绘制直线；单击【修改】面板中的TRIM（修剪）按钮，将顶棚线以上的墙身轮廓线进行修剪，效果如图17-18所示。

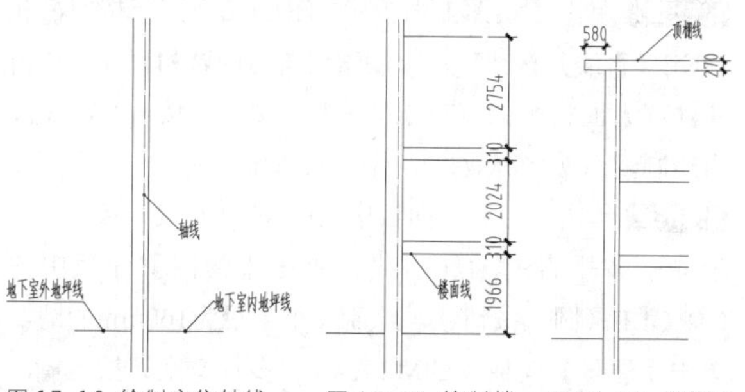


图 17-16 绘制定位轴线、墙身轮廓线和地下室内外地坪线　图 17-17 绘制楼面线和屋面板下边缘线　图 17-18 绘制顶棚线

**Step 15** 绘制负一层外墙剖面节点。单击【修改】面板中的OFFSET（偏移）按钮，生成墙身剖面下部节点的辅助线。单击“绘图”面板中LINE（直线）按钮，绘制斜向剖面线。

**Step 16** 单击【修改】面板中的TRIM（修剪）按钮，将辅助线进行修剪，效果如图17-19所示。

**Step 17** 单击【绘图】面板中的HATCH（图案填充）按钮，对墙身剖面进行图案填充。单击【修改】面板中的ERASE（删除）按钮，将辅助线进行删除，效果如图17-20所示。

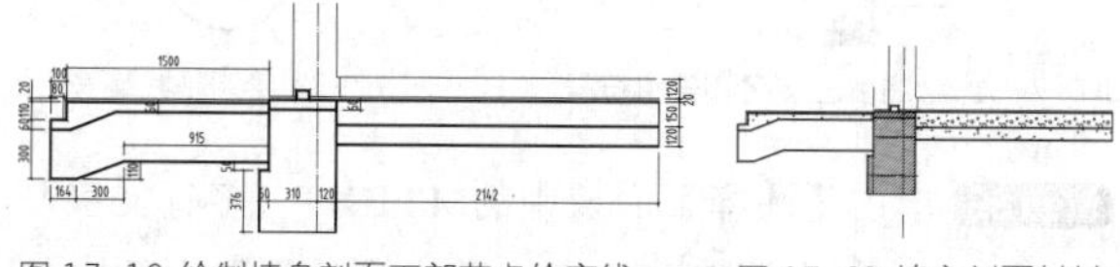

图 17-19 绘制墙身剖面下部节点轮廓线　图 17-20 填充剖面材料

**Step 18** 绘制首层剖面节点。单击【修改】面板中的OFFSET（偏移）按钮，生成首层剖面节点的辅助线。单击“绘图”面板中的ARC（圆弧）按钮，绘制剖面圆弧轮廓线。单击“修改”面板中的TRIM（修剪）按钮，将辅助线进行修剪。单击“修改”面板中的ERASE（删除）按钮，将多余的辅助线进行删除，效果如图17-21所示。

**Step 19** 单击“绘图”面板中的HATCH（图案填充）按钮，对墙身剖面进行图案填充。单击“修改”面板中的ERASE（删除）按钮，将辅助线进行删除，效果如图17-22所示。

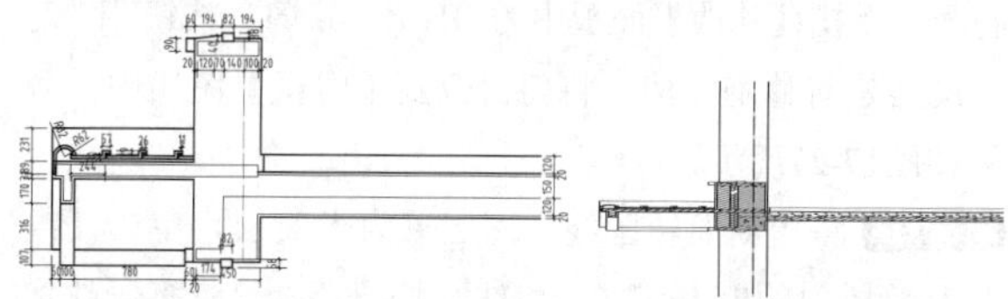

图 17-21 绘制首层剖面节点轮廓线　图 17-22 填充剖面材料

**Step 20** 绘制二层剖面节点。单击【修改】面板中的OFFSET（偏移）按钮，生成二层剖面节点的辅助线。单击【修改】面板中的TRIM（修剪）按钮，将辅助线进行修剪。单击【修改】面板中的ERASE（删除）按钮，将多余的辅助线进行删除，效果如图17-23所示。

**Step 21** 单击【绘图】面板中的HATCH（图案填充）按钮，对墙身剖面进行图案填充；单击【修改】面板中的ERASE（删除）按钮，将辅助线进行删除，效果如图17-24所示。

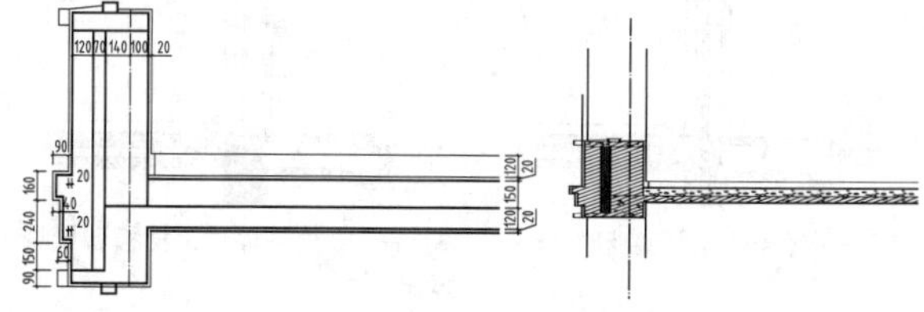

图 17-23 绘制二层剖面节点的轮廓线　图 17-24 填充剖面材料

**Step 22** 绘制顶棚节点。单击【修改】面板中的OFFSET（偏移）按钮，生成顶棚剖面节点的辅助线；单击【修改】面板中的TRIM（修剪）按钮，将辅助线进行修剪；单击“修改”面板中的ERASE（删除）按钮，将多余的辅助线进行删除，效果图17-25所示。

**Step 23** 单击【绘图】面板中的HATCH（图案填充）按钮，对墙身剖面进行图案填充。单击【修改】面板中的ERASE（删除）按钮，将辅助线进行删除，效果如图17-26所示。

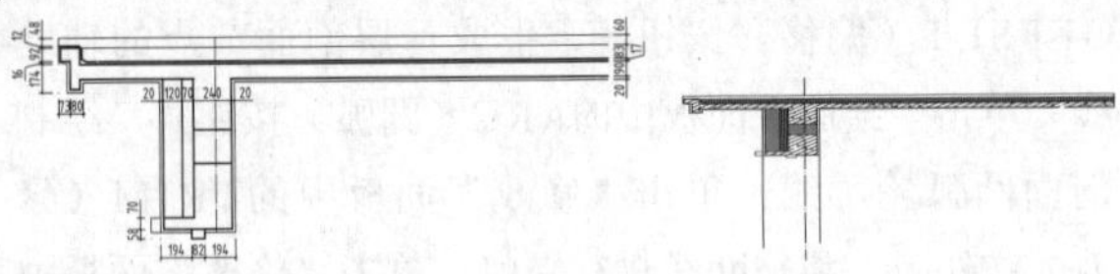

图 17-25 绘制顶剖面节点辅助线　　图 17-26 填充剖面材料

**Step 24** 绘制剖面门窗和加粗剖面。单击【修改】面板中的OFFSET（偏移）按钮，生成剖面门窗、窗套和折断符号的辅助线。

**Step 25** 单击【绘图】面板中的LINE（直线）按钮和【修改】面板中的OFFSET（偏移）按钮，绘制出折断符号。单击【修改】面板中的TRIM（修剪）按钮，对辅助线进行修剪。然后将门窗改到【门窗】图层中，效果如图17-27所示。

**Step 26** 将“断面轮廓线”图层置为当前层，单击【绘图】面板中的PLINE（多段线）按钮，设置多段线宽为8，配合“对象捕捉”功能和“正交”功能，对剖切到的墙线、楼板和梁等进行加粗，效果如图17-28所示。

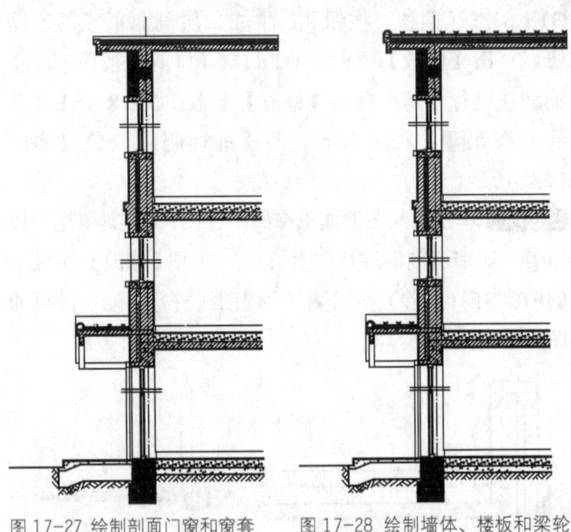

图 17-27 绘制剖面门窗和窗套　　图 17-28 绘制墙体、楼板和梁轮廓线

**Step 27** 尺寸标注、标高标注和文本标注。外墙剖面详图应注明各部分的标高、高度尺寸和细部尺寸。将【尺寸标注】图层置为当前层，单击DIMSTYLE（标注样式）按钮，参考之前的设定方法在弹出【标注样式管理器】对话框中修改标注样式。单击DIMLINEAR（线性）按钮和DIMCONTINUE（连续）按钮，标注各部分尺寸，效果如图17-29所示。

**Step 28** 单击【绘图】面板中的LINE（直线）按钮，绘制出标高符号。单击【注释】面板中的MTEXT（多行文字）按钮，在标高符号上方绘制出标高数字。

**Step 29** 单击【修改】面板中的COPY（复制）按钮，复制标高符号和数字到需要标高外墙剖面详图位置。然后双击标高数字，对标高数字进行修改，效果如图17-30所示。

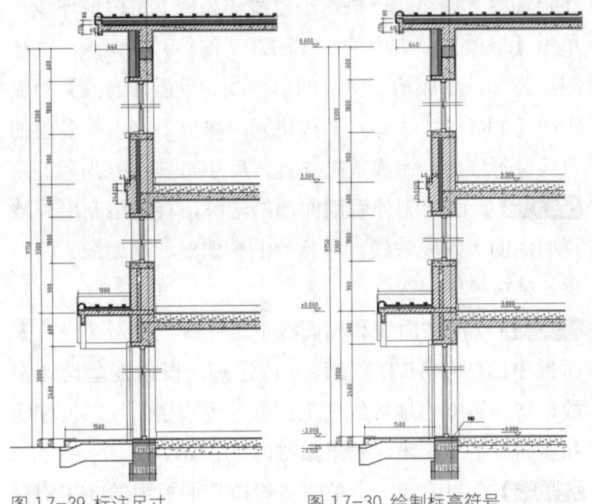

图 17-29 标注尺寸　　图 17-30 绘制标高符号

**Step 30** 将【文字标注】图层置为当前层，单击【注释】面板中的MLEADERSTYLE（多重引线样式）按钮，在弹出的【多重引线样式管理器】对话框中设置多重引线样式。单击MLEADER（多重引线）按钮，标注引出文字说明。

**Step 31** 单击【绘图】面板中CIRCLE（圆）按钮和LINE（直线）按钮，绘制索引符号的圆和直径。单击【注释】面板中的MTEXT（多行文字）按钮，在圆内绘制索引文字，效果如图17-31所示。

**Step 32** 单击【绘图】面板中的LINE（直线）按钮，绘制一条垂直的轴线引线；单击【绘图】面板中的CIRCLE（圆）按钮，绘制一个半径为160mm的圆。单击【注释】面板中的MTEXT（多行文字）按钮，在圆中心绘制轴线编号文字，效果如图17-32所示。

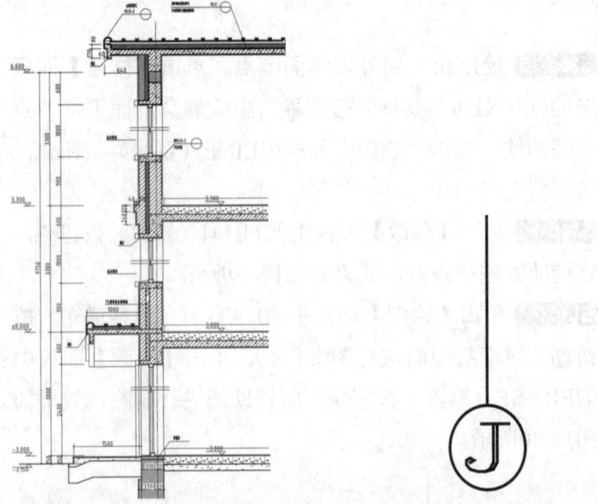


图 17-31 绘制引出文字和索引符号　　图 17-32 绘制轴线编号

**Step 33** 单击【注释】面板中的MTEXT（多行文字）按钮，绘制出图名和比例。单击【绘图】面板中的PLINE（多段线）按钮，绘制出图名和比例下方下画线。

**Step 34** 单击【修改】面板中的OFFSET（偏移）按钮偏移下画线，再单击【修改】面板中的EXPLODE（分解）按钮，将第二根下画线进行分解，效果如图17-33所示。

**Step 35** 插入图框和标题栏。图形绘制完成后就要插入图框和标题栏，根据图形大小和比例，绘制一个A2竖向图框和标题栏，接着插入图框到别墅墙身剖面详图中，并调整平面图到图框中合适位置。然后对标题栏中的文字进行修改，效果如图17-34所示。

别墅墙身剖面详图 1:20

图 17-33 绘制图名和比例

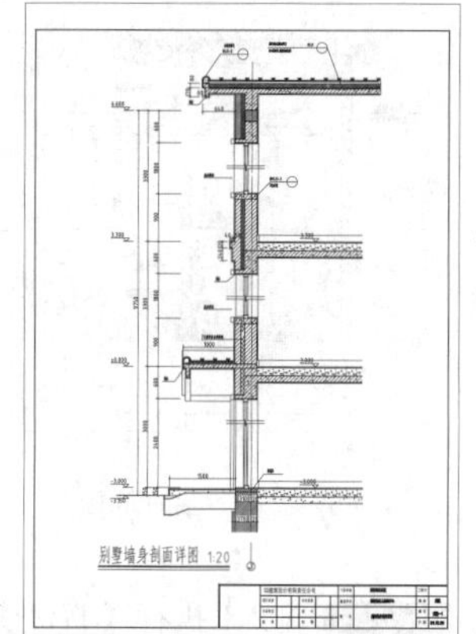

图 17-34 插入图框和标题栏

## 17.3 相关建筑详图的绘制

建筑详图包含内容丰富，如墙身详图、楼梯详图（已叙）、阳台详图、阳台栏杆详图、门窗详图、空调支架详图、卫生间详图和檐口详图（可包含着墙身详图里面）等。本节介绍几个具有代表性的详图的绘制。

### 17.3.1 绘制门窗详图

除有特殊要求或现场制作门窗外，门窗基本已经产品化，有固定尺寸的成品门窗。本节主要指后者。因此在建筑详图中只需绘制门窗外轮廓，门窗形式，推拉方向或开启方向的即可。

如图 17-35、图 17-36 和图 17-37 所示，运用【矩形】、【偏移】和【直线】等常用命令即可绘制完成。标注必要的尺寸即可。

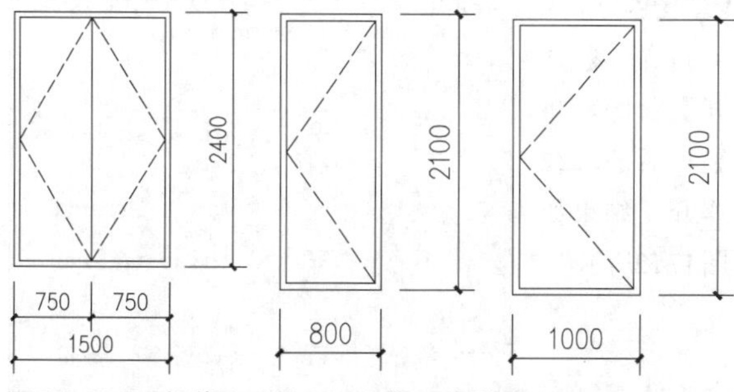


图 17-35 双开门详图　图 17-36 单开开门详图

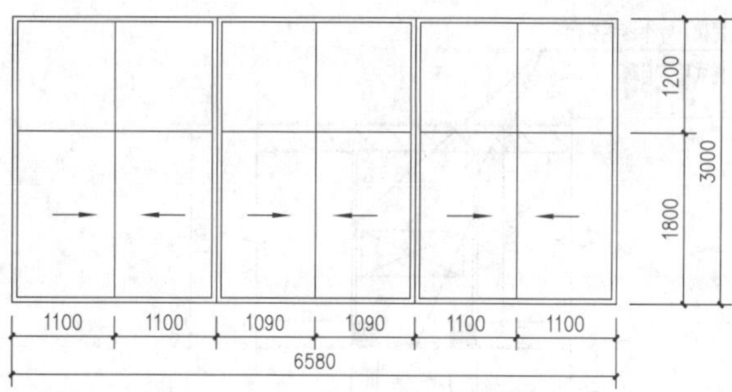


图 17-37 某仓库窗详图

### 17.3.2 绘制空调支架详图

空调支架有多种形式，图 17-38 和图 17-39 是角钢支架，用膨胀螺栓固定于外墙上。因其容易锈蚀，影响市容，安全性低而被逐渐淘汰。图 17-40 和图 17-41 是成品空调支架，是成品钢构件，确定同上。图 17-42 是空调机位，由建筑专业设计，一般设有栏杆或百叶，空调直接放置在空调机位上，目前常用这种方式。

图 17-38 空调角钢支架

图 17-39 空调支架安装实物图

图 17-40 成品空调支架

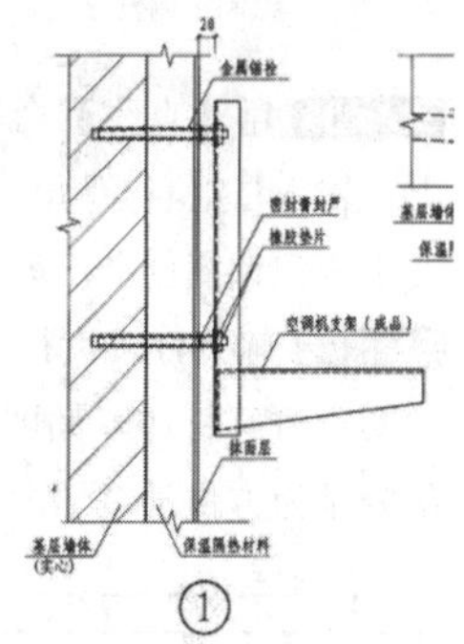

图 17-41 成品支架详图

图 17-42 空调机位实物图

下面以图 17-43 介绍空调机位详图的绘制过程。

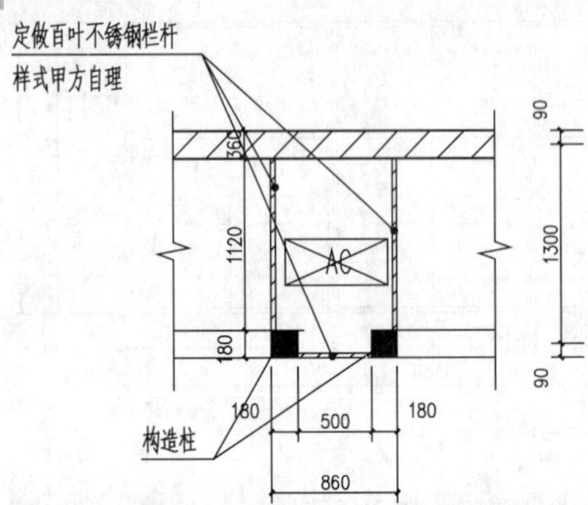


图 17-43 空调机位详图

**Step 01** 绘制建筑元素。可以直接从建筑平面图复制，加上折断符号；也可以利用【直线】和【填充】命令绘制。空调机位净尺寸长1120，宽860，如图17-44所示。

**Step 02** 利用【直线】和【填充】命令绘制沿空调机位四周绘制百叶窗。百叶窗宽度60，如图17-45所示。

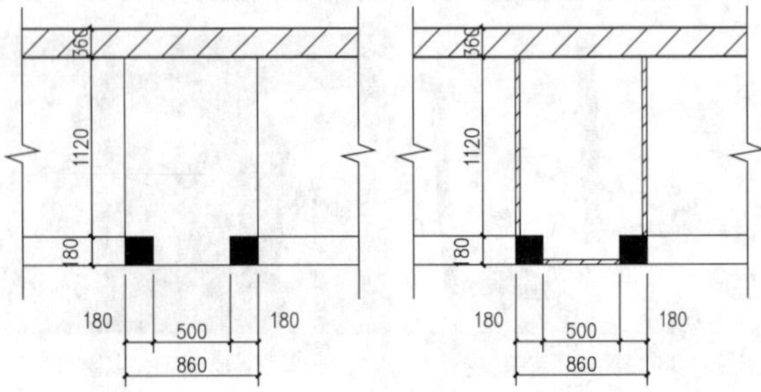


图 17-44 绘制空调机位　　图 17-45 绘制百叶窗

**Step 03** 用【直线】命令绘制空调通用图例在空调机位上。输入DT执行【单行文字】命令，创建“AC”单行文字与空调图例上，如图17-475所示。

**Step 04** 输入DLI执行【线性标注】命令，对上述绘制的图形进行标注，如图17-476所示。上述图中已经标注部分是为方便学员学习提前标注的。

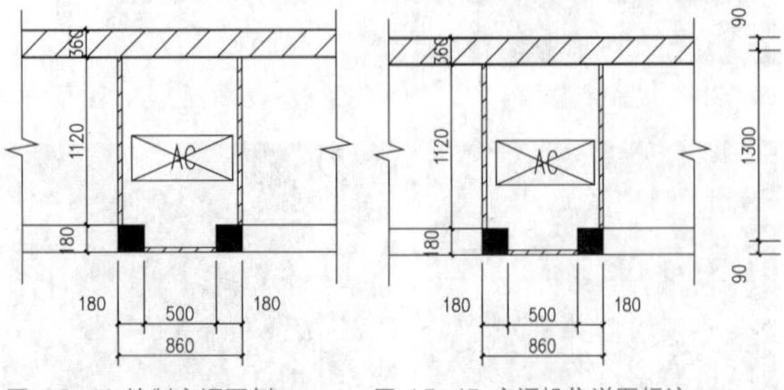


图 17-46 绘制空调图例　　图 17-47 空调机位详图标注

**Step 05** 输入LE执行【引线】标注，进行多重标注，结果如图 17-43所示。

## 17.3.3 绘制卫生间详图

卫生间详图是相对较复杂的详图之一，相当于绘制一个简单的建筑平面图。如果是绘制公共卫生间，需考虑方便残疾人使用的设施，采用《建筑无障碍设施 05ZJ301》。卫生器具一般利用【块】命令绘制，器具详图可引用《公共厨房卫生间设施 98ZJ512》等标准图集。

下面以图 17-48 为例介绍某公共卫生间详图的绘制过程。

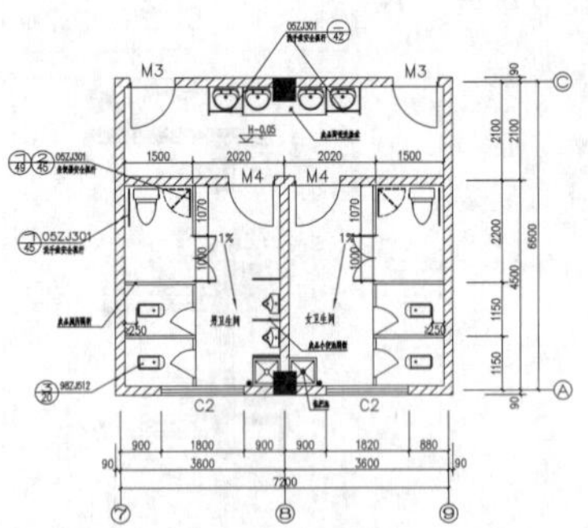


图 17-48 某公共卫生间详图

**Step 01** 输入L执行【直线】命令，绘制轴网，可用中心线图层或辅助图层。

**Step 02** 绘制轴标号属性块，具体绘制方法详前面相关章节。结果如图 17-49所示。

**Step 03** 输入ML执行【多线】命令，绘制墙线。结果如图 17-50所示。墙厚设置为180。

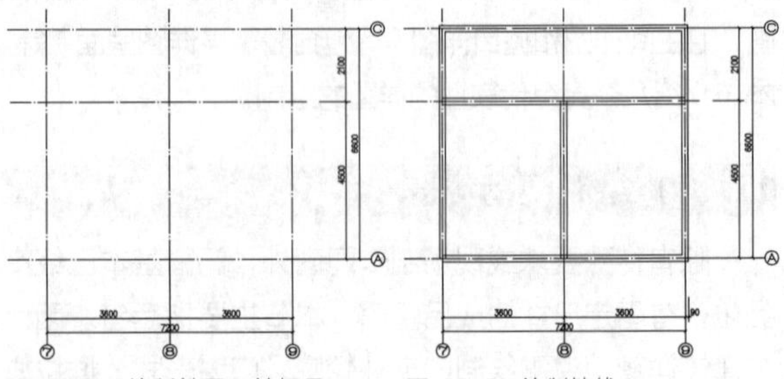

图 17-49 绘制轴网及轴标号　　图 17-50 绘制墙线

**Step 04** 编辑墙线交点。输入MLEDIT执行【多线编辑工具】命令，弹出【多线编辑工具】对话框，如图 17-51所示。对墙线交点进行编辑。

**Step 05** 输入X执行【炸开】命令，将编辑后的墙线炸开。结果如图 17-52所示。

图 17-51 【多线编辑工具】对话框

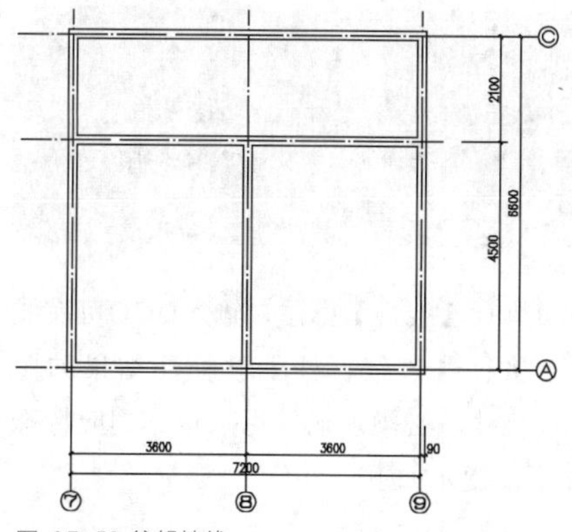

图 17-52 编辑墙线

**Step 06** 同理绘制蹲便器隔墙（墙厚60）和小便器隔断（墙厚30），如图 17-53所示。

**Step 07** 输入REC执行【矩形】命令，输入H执行【填充】命令，绘制立柱，结果如图 17-54所示。

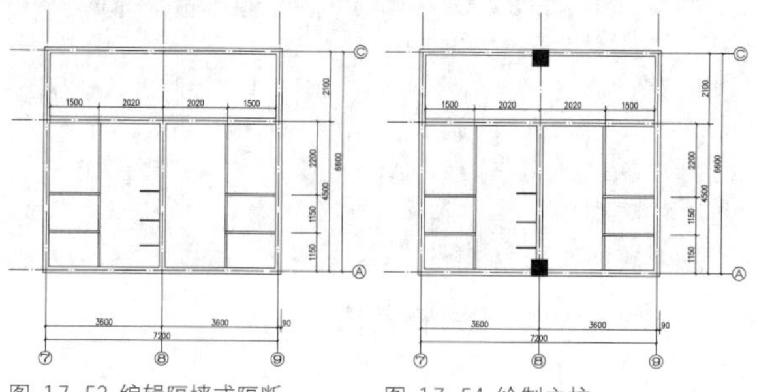

图 17-53 编辑隔墙或隔断　　图 17-54 绘制立柱

**Step 08** 输入L执行【直线】命令绘制门窗洞口定位短线，输入TR执行【修剪】命令修剪洞口，结果如图 17-55所示。

**Step 09** 输入H执行【填充】命令，对墙体进行填充，结果如图 17-56所示。

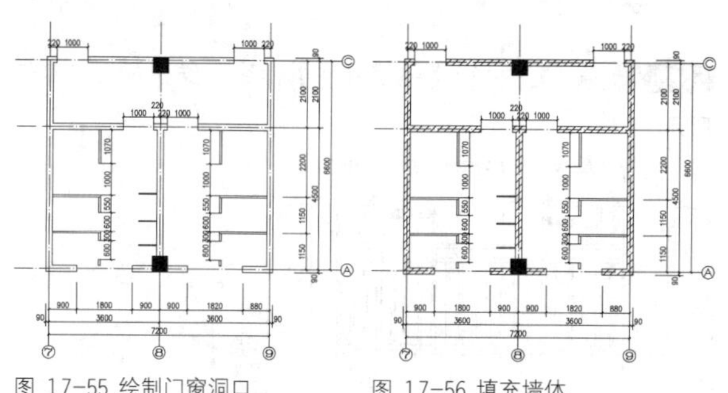

图 17-55 绘制门窗洞口　　图 17-56 填充墙体

**Step 10** 输入L执行【直线】，输入C执行【圆】命令绘制门窗，如图 17-57所示。

**Step 11** 输入I执行【插入】命令，插入洁具和地漏。洁具包括坐便器、蹲便器、小便器、洗手盆和拖布池等，效果如图 17-58所示。洁具块可从网络下载，也可按照相关图集描绘轮廓并建立成块。洁具一般不需要定位，安装工人一般根据现场定位或根据图集尺寸定位。

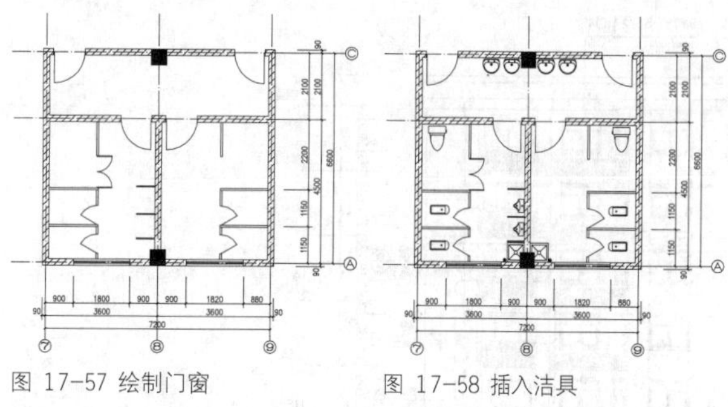

图 17-57 绘制门窗　　图 17-58 插入洁具

**Step 12** 利用【直线】和【圆弧】等命令绘制无障碍设施。主要是供残疾人使用的安全抓杆，如图17-59所示。

**Step 13** 输入DLI执行【线性】标注，输入DCO可在线性标注的基础上执行【连续标注】。标注结果如图 17-60所示。

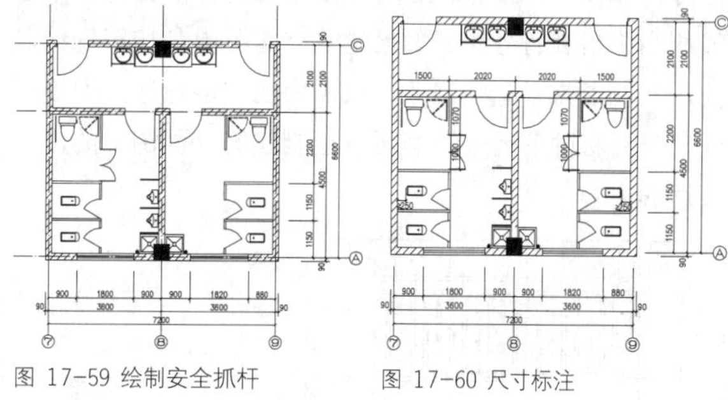

图 17-59 绘制安全抓杆　　图 17-60 尺寸标注

**Step 14** 输入DT执行【单行文字】命令，进行文字标注。主要是门窗编号，必要的房间名称，等等。结果如图 17-61所示。

**Step 15** 输入LE执行【引线标注】，对成品隔断，成品陶瓷面盆等进行标注，结果如图 17-62所示。

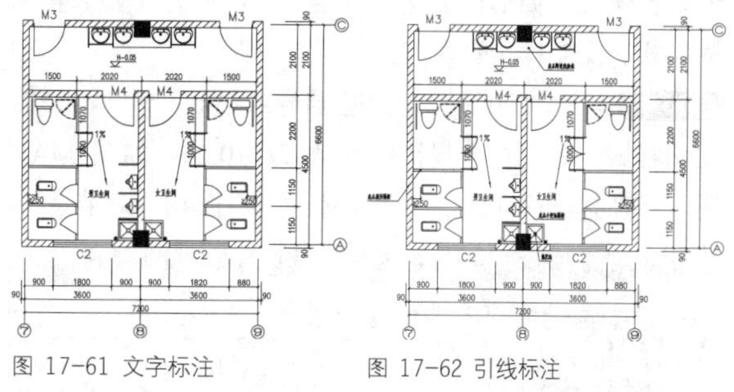

图 17-61 文字标注　　图 17-62 引线标注

## 17.3.4 绘制阳台栏杆详图

由于比例的限制，在建筑立面图中往往只能表达整体风格，对于栏杆等详细尺寸和做法难以表达。因此需要单独绘制栏杆大样，而在立面图中仅标注大样引用符号。

图 17-63 中有 3 处标注了栏杆大样引用。

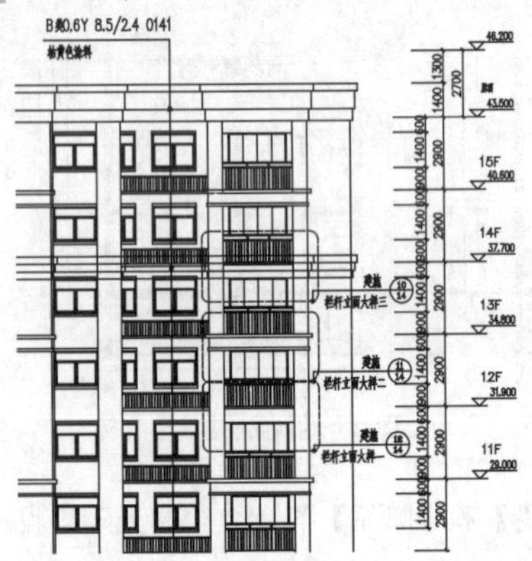


图 17-63 建筑立面局部图

以下讲解栏杆立面大样一的具体绘制过程。

**Step 01** 从立面图复制阳台栏杆。输入TR执行【修剪】命令，以图 17-64中的虚线为裁剪边进行修剪。图中虚线相当于折断符号线。如果建筑立面图中是按正确绘制的，复制过来后无须修改，只需增加文字标注，引线标注，尺寸标注等内容，必要时绘制建筑立面图中的没有表达的内容。

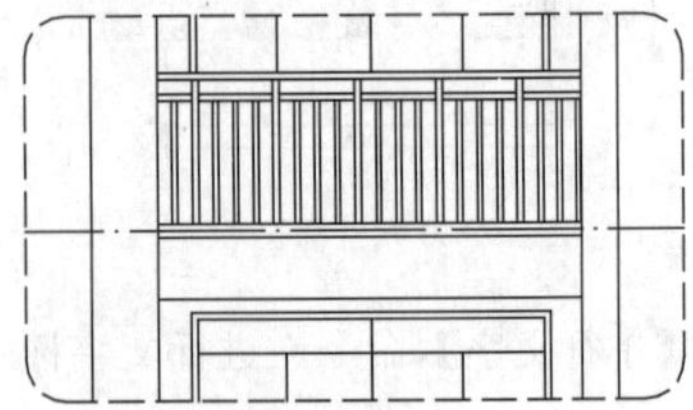

图 17-64 从立面图复制栏杆立面大样一

**Step 02** 新建标注样式等内容。栏杆大样拟采用1：25的比例绘制。图 17-64是从建筑立面图复制过来，无须调整比例（即图形仍然是1：1绘制），但是需要调整标注样式、文字样式等内容。

**Step 03** 以1：100的比例为基础样式新建一个1：25的比例样式，只需将全局比例由1修改为0.25，如图 17-65所示。新建标注样式的步骤具体详见前面相关章节。

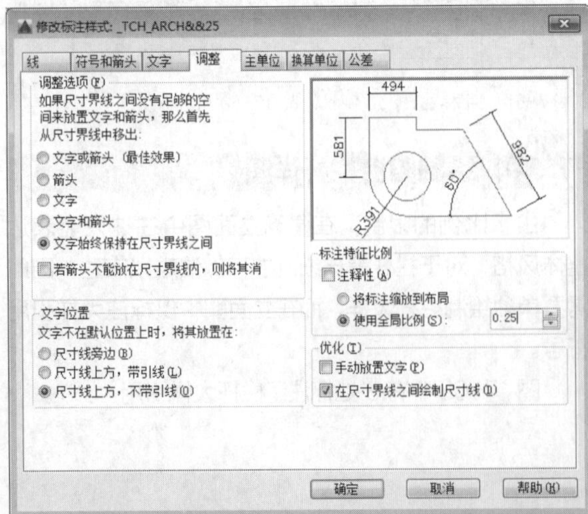


图 17-65 使用全局比例 0.25

> **设计点拨**
>
> 为所有标注样式设置设定一个比例，这些设置指定了大小、距离或间距，包括文字和箭头大小。该缩放比例并不更改标注测量值。

**Step 04** 输入DLI执行【线性】标注，输入DCO可在线性标注的基础上执行【连续标注】。标注结果如图 17-66所示。有些尺寸，必须现场采用确定，则应特殊标注。特殊标注命令提示如下。

```
命令: DLI↙
DIMLINEAR
指定第一个尺寸界线原点或 <选择对象>:
指定第二条尺寸界线原点;
创建了无关联的标注;
指定尺寸线位置或
[多行文字(M)/文字(T)/角度(A)/水平(H)/垂直(V)/旋转(R)]: t↙
\\输入“t”执行输入文字选项
输入标注文字 <246>: 现场尺寸↙
指定尺寸线位置或
[多行文字(M)/文字(T)/角度(A)/水平(H)/垂直(V)/旋转(R)]:
标注文字 = 246                                    \\图上的尺寸
“246”被修改为“现场尺寸”
```

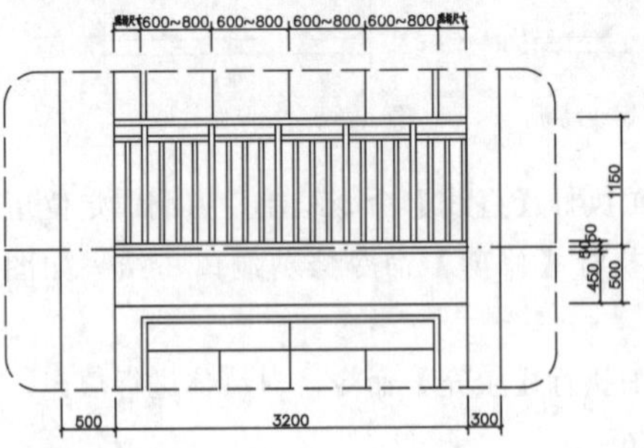


图 17-66 尺寸标注

**Step 05** 输入LE执行【引线标注】命令，结果如图 17-67所示。

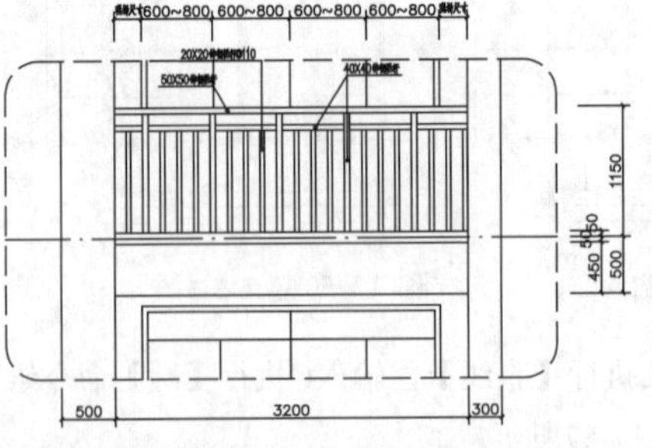


图 17-67 引线标注

**Step 06** 标高标注和绘制图名，结果如图 17-68所示。图中有C-C剖面符号，表示需要单独绘制C-C剖面大样，用以表达栏杆的剖面形式。

**Step 07** 绘制C-C剖面图。绘制方法与上述基本相同，这里不再详述，结果如图 17-69所示。

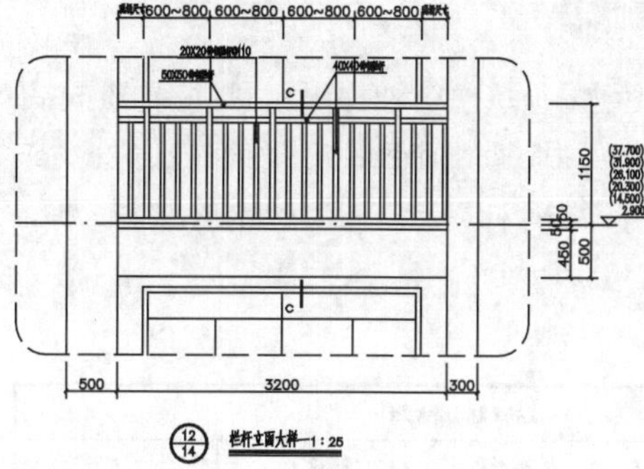


图 17-68 栏杆立面大样一完成图

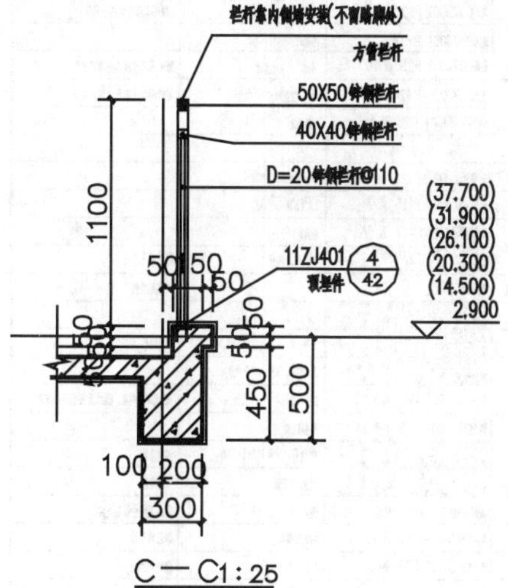


图 17-69 C-C 剖面图完成图

Step 08 同理绘制另外两个栏杆大样，结果如图 17-70 和图 17-71所示。

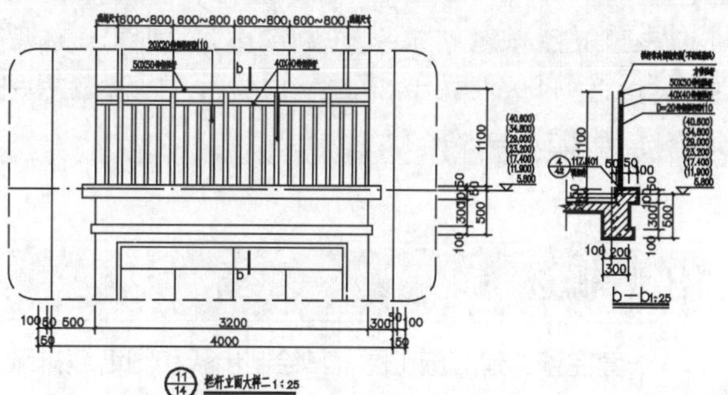


图 17-70 栏杆立面大样二完成图

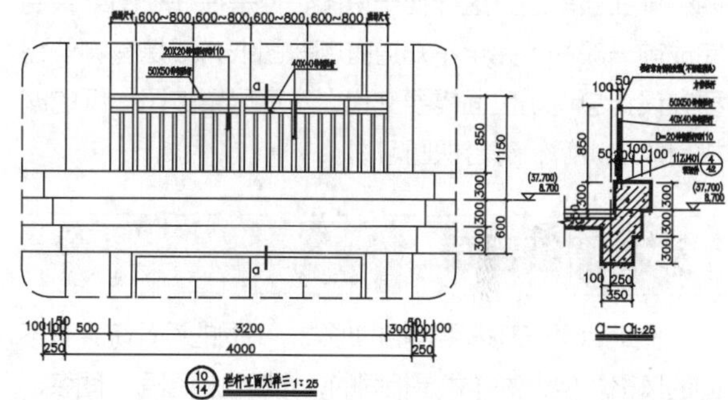


图 17-71 栏杆立面大样三完成图

# 第 18 章 住宅楼建筑施工图的绘制

本章以某 11 层住宅楼实例工程为例讲解一套完整的建筑施工图的绘制过程及注意事项。一套住宅楼建筑施工图包括图纸目录、门窗表及门窗大样图、建筑设计总说明、一层平面图、标准层平面图、屋顶平面图、立面图、剖面图和相关详图。上述这些图纸的绘制方法在前面的章节中都已经详细讲述过，所以本章只作比较粗略的介绍，旨在让学员对建筑施工图有个整体的认知和把握，也是对前面章节的一次复习。

## 18.1 概述

一套完整的建筑施工图，其绘制步骤和图纸编排顺序是不完全相同的。例如，往往将图纸目录和设计总说明编排在最前面，这样便于识图，但是往往在图纸绘制完成前一般并不完全不知道有哪些图纸，或是有哪些需要在设计总说明里面需要交代。本章尽量按照图纸的编排目录来讲解，符合识图习惯。

## 18.2 图纸目录

图纸目录一般采用表格的形式，不同的设计院会有不同的风格，但大体样式是相同的，一般包括图号、图名、图幅和备注等内容。在一套施工图中一般位于图纸封面或扉页后面。图号指的图纸顺序，图幅指图纸的大小，如图 18-1 中第一张图是“建筑施工设计统一说明”，为 2# 图纸（即 A2 图纸），没有需要备注的内容；第二张图是“建筑构造做法表，门窗及住宅户型明细表”，为 2# 图纸（即 A2 图纸），没有需要备注的内容。建筑构造做法表如图 18-2 所示，门窗说明如图 18-3 所示。

需要说明的是有些图纸无法使用标准尺寸的图幅，就需要加大图纸，如图 18-1 中第 4 至第 12 张图都采用了 A2 加长型图幅。

图纸目录

| 图号 | 图名 | 图幅 | 备注 | 图号 | 图名 | 图幅 | 备注 |
|---|---|---|---|---|---|---|---|
| 本设计图纸 | | | | | | | |
| 1 | 建筑施工设计统一说明 | 2# | | 16 | 节点大样图 | 2# | |
| 2 | 建筑构造做法表，门窗及住宅户型明细表 | 2# | | | | | |
| 3 | 建筑节能设计说明（二） | 2# | | | | | |
| 4 | 一层平面图 | 2#+1/4 | | | | | |
| 5 | 二层平面图 | 2#+1/4 | | | | | |
| 6 | 三层平面图 | 2#+1/4 | | | | | |
| 7 | 四~十层平面图 | 2#+1/4 | | | | | |
| 8 | 十一层平面图 | 2#+1/4 | | | | | |
| 9 | 太阳能集热器屋顶安装平面图 | 2#+1/4 | | | | | |
| 10 | 屋顶层平面图 | 2#+1/4 | | | | | |
| 11 | ㉕—① 轴立面图 | 2#+1/4 | | | | | |
| 12 | ①—㉕ 轴立面图 | 2#+1/4 | | | | | |
| 13 | Ⓔ—Ⓐ 轴立面图<br>1—1 剖面图 | 2# | | | | | |
| 14 | 楼梯平面大样图 | 2# | | | | | |
| 15 | 门窗大样图 厨房、卫生间大样图 | 2# | | | | | |

图 18-1 图纸目录

室内外建筑构造用料做法表

| 编号 | | 名称 | 构造及做法 | 使用位置 | 备注 |
|---|---|---|---|---|---|
| 地面 | 地面 1✓ | 陶瓷地砖地面 | 选用05ZJ001 P10 地 20 | 走道、其他房间 | 地砖规格及颜色由用户自理 |
| | 地面 2✓ | 防滑地砖地面 | 选用05ZJ001 P19 地 56 | 厨房、卫生间、电梯厅 | 地砖规格及颜色由用户自理 |
| | 地面 3✓ | 大理石地面 | 选用05ZJ001 P10 地 21 | 门廊、底层出入口 | 规格及颜色由用户自理 |
| | 地面4 ✓ | 水泥砂浆地面 | 选用05ZJ001 P7 地3 | 楼梯间 | |
| 楼面 | 楼面 1✓ | 陶瓷地砖楼面 | 选用05ZJ001 P25 楼 10 | 走道、其他房间 | 地砖规格及颜色由用户自理 |
| | 楼面 2✓ | 防滑地砖楼面 | 选用05ZJ001 P32 楼 33 | 厨房、卫生间、电梯厅 | 地砖规格及颜色由用户自理 |
| | 楼面 3✓ | 水泥砂浆地面 | 选用05ZJ001 P23 楼 1 | 楼梯间 | |
| | | | | | |
| 屋面 | 屋面 1✓ | 防水屋面 | 选用05ZJ001 P122 屋 46 | 不上人楼平屋面、雨篷 | |
| | 屋面 2✓ | 防水隔热屋面 | 选用05ZJ001 P115 屋 7 | 上人平屋面 | |
| | 屋面 3 | 防水屋面 | 选用05ZJ211 P127 屋 56 | 坡屋面 | |
| 外墙 | 外墙 1✓ | 涂料外墙面<br>复层涂料外墙面 | 选用05ZJ001 P70 外墙 24<br>面层详见 05ZJ001 P94 涂 27 | 二层以上部分 | 颜色见立面 |
| | 外墙 2 | 陶瓷面砖防水外墙面 | 选用05ZJ001 P67 外墙 14 | | 颜色见立面 |
| | 外墙 3 | 保温外墙面 | 选用05ZJ001 P71 外墙 26<br>面层详见 05ZJ001 P94 涂 27 | | |
| | 窗台 ✓ | 外墙涂料 | 选用98ZJ901 P23 -3<br>面层详见 05ZJ001 P94 涂 27 | 全部 | 白色涂料 |
| 内墙 | 内墙 1✓ | 乳胶漆内墙面 | 基层选用05ZJ001 P46 内墙 5<br>面层详见 05ZJ001 P93 涂 23 | 除厨房、卫生间外其他房间 | |
| | 内墙 2✓ | 釉面瓷砖 | 选用05ZJ001 P47 内墙 10 | 厨房、卫生间 内墙面 | 铺砌至吊顶底、规格及颜色由甲方定 |
| | 内墙 3 | 大理石面 | 选用05ZJ001 P48 内墙 14 | 电梯门套 | |
| 顶棚 | 顶 1 ✓ | 乳胶漆面 | 基层详见 05ZJ001 P75 顶 3<br>面层详见 05ZJ001 P93 涂 23 | 除厨房、卫生间外其他房间 | 白色涂料 |
| | 顶 2 ✓ | 乳胶漆面 | 基层详见 05ZJ001 P75 顶 4<br>面层详见 05ZJ001 P93 涂 23 | 厨房、卫生间 | 白色涂料 |
| | 顶 3 ✓ | 铝合金扣板吊顶 | 基层详见 05ZJ001 P82 顶 19 | 卫生间 | 规格及颜色由甲方定 |
| 踢脚 | 踢 1 ✓ | 面砖踢脚 | 选用05ZJ001 P37 踢 19 | 凡地砖地面 | 颜色同地面 |
| | 踢 2 ✓ | 水泥砂浆面 | 选用05ZJ001 P35 踢 5 | 凡水泥地面 | 颜色同地面 |
| 油漆 | 漆 1 ✓ | 瓷漆（木材面） | 选用05ZJ001 P87 涂 2 | 普通木门 | |
| | 漆 2 ✓ | 调合漆（金属面） | 选用05ZJ001 P90 涂 12 | 所有金属构件 | |
| 水池 | 水池 1✓ | 有机防水涂料防水 | 选用05ZJ001 P139 水池 3 | 屋顶水池四壁 | 水池内壁无菌处理由专业厂家负责<br>需经检疫部门，检验合格方可使用 |
| 楼梯踏步✓ | | 陶瓷地砖面 | 选用05ZJ001 P25 楼 10 | 一层大堂楼梯 | 楼梯栏杆05ZJ401 Y/12 9/28 6/29 7/30<br>踏步防滑做法详见 |
| 楼梯踏步✓ | | 水泥砂浆面 | 选用05ZJ001 P23楼 2 | 其他楼梯 | 楼梯栏杆05ZJ401 Y/11 9/28 6/29 1/30<br>踏步防滑做法详见 |
| 阳台内侧<br>栏板内侧 ✓ | | 水泥砂浆面 | 选用05ZJ001 P63 外墙 2 涂23 | | 白色涂料 |
| 空调机 搁板 ✓ | | 涂料外墙面<br>复层涂料外墙面 | 选用05ZJ001 P70 外墙 24<br>面层详见 05ZJ001 P94 涂 27 | 详见飘窗大样 | 白色涂料 |
| 窗套 | | 涂料外墙面<br>复层涂料外墙面 | 选用05ZJ001 P70 外墙 24<br>面层详见 05ZJ001 P94 涂 27 | 其他房间 | 做法详见98ZJ901 [illegible] |

附 注：本表有 ✓ 均为选取项

注：1. 其余部分未详尽之处，参见 <<中南建筑配件图集>>05ZJ001 建筑构造用料做法 .

2. 各层管井 、水泵房、 水箱间的地面及墙面中水泥砂浆掺水重5%防水剂.

3. 本表所立装修做法仅供施工及二次装修参考. （二次装修荷载不应大于本表所述做法荷载）

4. 凡顶棚有明管处均须做吊顶，吊顶高度跟修管线标高由二次装修定.

图 18-2 建筑构造做法表

门窗说明

| |
|---|
| 1. 门窗外框尺寸均为洞口尺寸 |
| 2. 技术条件： (DBJ 02-2006) |
| 地区分类：二类； 安装高度：10m<h≤40m； |
| 基本风压：0.75 KN/m²； 抗风压分级：3级 (2.36 KN/m²)； |
| 水密性分级： 4级 (450 Pa) |
| 气密性不低于10Pa标准压力差下每米接缝空气渗出量≤2.0 m³/h·m； |
| 每平方米门窗面积空气渗出量≤6.0 m³/h·m². |
| 3. 所有安装节点参见 98ZJ641 - 61， 98ZJ721 - 130 |
| 4. 木门拼接节点图参见 98ZJ601 - 6 |
| 5. 所有组合窗拼接节点图参见 98ZJ721-116-2 |
| 6. “ * ”表示采用安全玻璃（钢化玻璃） |

图 18-3 门窗说明

## 18.3 门窗表及门窗大样图

建筑图中门窗较多，一般采用列表形式，不容易出错也方便统计材料等，便于造价员及材料员做统计工作。门窗表如图 18-4 所示。门窗大样在前面的章节已经比较详细地讲述过，绘制过程也不难，只需用到一些简单的命令如【直线】、【线性标注】和【单行文字】等，所以这里不讲述绘制步骤。门窗大样如图 18-5 所示。

| 门窗表 | | | | | | | | | | | | | |
|---|---|---|---|---|---|---|---|---|---|---|---|---|---|
| 类别 | 设计编号 | 门洞尺寸 (mm) | 数量 | | | | | | 图集选用 | | | 备注 |
| | | | 1层 | 2层 | 3-10层 | 11层 | 屋面 | 合计 | 图集名称 | 页次 | 选用型号 | |
| 木门 | M1 | 700X2100 | 6 | 6 | 6X8=48 | 6 | | 66 | 98ZJ681 | 26 | GJM308 | 高级实木门 |
| 铝合门 | M2 | 3000X2380 | 3 | | | | | | 建施 | 13 | M2 | 专业厂家制定安装 |
| 木门 | M3 | 900X2100 | 12 | 12 | 12X8=96 | 12 | | 132 | 98ZJ681 | 3 | GJM101 | 高级实木门 |
| | M4 | 800X2100 | 6 | 6 | 6X8=48 | 6 | | 66 | 98ZJ681 | 3 | GJM101 | |
| | M5 | 1000X2100 | | | | | 9 | 9 | 98ZJ601 | 1 | M21-0721 | 普通木门 |
| 铝合金门 | TLM-1 | 2700X2500 | 6 | 6 | 6X8=48 | 6 | | 66 | 建施 | 13 | TLM-1 | 专业厂家制定安装 |
| 防火门 | 丙FM | 500X1500 | 6 | 6 | 6X8=48 | 6 | | 66 | | | 丙FM | |
| | 乙FM | 1000X2100 | 6 | 6 | 6X8=48 | 6 | | 66 | | | 乙FM | |
| | 甲FM | 1200X2100 | | | | | 3 | 3 | | | 甲FM | |
| 钢质防火门 | GZM | 1000X2100 | 6 | 6 | 6X8=48 | 6 | | 66 | | | GZM | |
| 凸窗 | C1 | 1500X2000 | 2 | 2 | 2X8=16 | 2 | | 22 | 建施 | 13 | C1 | 距离地面或楼面 500mm |
| | | | | | | | | | | | | |
| | C2 | 1800X2000 | 6 | 6 | 6X8=48 | 6 | | 66 | 建施 | 13 | C2 | |
| 铝合金窗 | C3 | 1000X1700 | 6 | 6 | 6X8=48 | 6 | | 66 | 建施 | 13 | C3 | 距离地面或楼面 1000mm |
| | C4 | 600X900 | 6 | 6 | 6X8=48 | 6 | | 66 | 建施 | 13 | C4 | 距离地面或楼面 1650mm |
| | C5 | 3000X1500 | 3 | | | | | 3 | 建施 | 13 | C5 | 距离地面或楼面 1000mm |
| | C6 | 1200X800 | | | | 3 | | 3 | 建施 | 13 | C6 | |
| | C7 | 1700X1200 | | | 3X8=24 | | | 24 | 建施 | 13 | C7 | |
| 幕墙 | MQ1 | 1200X6400 | | | | 3 | | 3 | 建施 | 13 | MQ1 | 专业厂家制定安装 |

图 18-4 门窗表

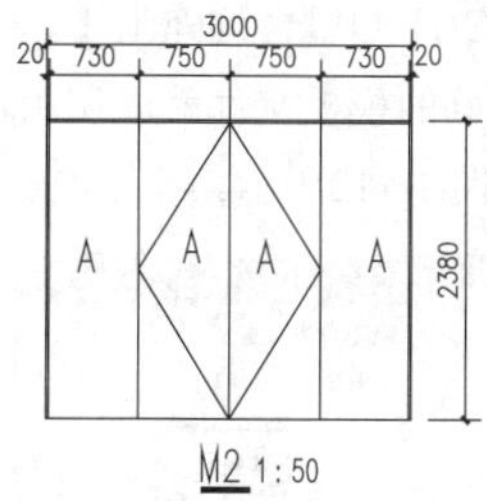


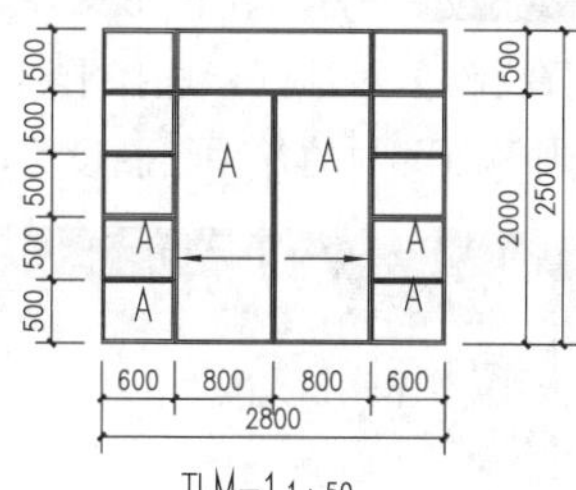


图 18-5 门窗大样

# 建筑施工设计统一说明

一、 工程概况:

| | | |
|---|---|---|
| 1. 工程名称: 某小区 2.3#楼 | 7、建筑分类: 二类 | 13、建筑工程等级: Ⅱ级 |
| 2. 建设地点: XXX | 8、耐火等级: 二级 | 14、工程性质: 新建工程 |
| 3. 建筑层数和高度: 十一层 /高 33.3 m(屋面板 ) | 9、屋面防水等级: Ⅱ级 | |
| 4. 总建筑面积: 5043 m² | 10、总户数: 66户 | |
| 5. 建筑基底面积: 465m² | 11、抗震设防烈度: 7度 | |
| 6. 结构类型: 剪力墙 | 12、设计使用年限: 50年(主体结构 ) | |

二. 设计依据:

1. 已批准的初步设计文件.
2. 甲方提供的设计任务委托书.
3. 地形现状测量图.
4. 国家、海南省现行有关规范和规定.

(1)《工程建设标准强制性条文》房屋建筑部分(2002年版).
(2)《民用建筑设计通则》GB50352-2005.
(3)《高层民用建筑设计防火规范》GB50045-95.
(4)《城市道路和建筑物无障碍设计规范》(JGJ50-2001).
(5)《住宅建筑规范》(GB50368-2005).
(6)《住宅设计规范》(GB50096-1999).

三. 尺寸及设计标高 :

1. 本工程设计图纸中全部尺寸(除注明者外 )以毫米为单位,标高以米为单位.
2. 建筑物室内 ±0.00相当于当地海拔高程绝对标高详总图, 各子项应按总图定位坐标及相关尺寸放线, 并经规划验线批准后方可施工.

四. 墙体:

1. ±0.000以下墙体见结施. ±0.000以上墙体均采用加气混凝土, 外墙厚 200, 内墙厚 100. 加气混凝土砌块容重≤ 800kg/m³, 加气混凝土块墙体应按施工验收规范的要求进行砌筑. 墙体与柱等部位的拉接做法详结施. 墙体构造做法详??????? 有关图纸.
2. 所有墙体在 -0.06标高处做 20厚1:2防水水泥砂浆(掺水重 5%的防水剂 )防潮层一道
3. 构造柱,芯柱及圈梁 ,过梁的大小 ,位置 ,配筋详见结施 所有门垛除注明者外均为100.
4. 管道穿墙处,应采用岩棉紧密填实空隙. 所有电缆井及管道井应在管线安装后用 C20 细石混凝土封堵密封缝 .
5. 填充墙体上小于300x300的管道留洞,可采用凿孔安装,安装后应采用1 : 3水泥砂浆封堵
6. 厨房,卫生间等用水房间隔墙根部浇筑150高 C20混凝土, 厚度同墙厚. 浇筑前楼板须清洗干净, 使之与楼板严密结合, 防止渗漏水.
7. 内外墙体不同材料交接处, 墙体与梁板交接处以及暗埋管线沿线, 须在找平层中附300宽钢丝网, 再做表面装修.

五.楼地面:

1.除特别注明外 ,楼地面标高为建筑完成面标高,屋面标高为结构板面地面门口高差大于15mm时做法应以斜坡过渡.
2.所有厨房、卫生间、阳台的楼地面标高与相应房间之楼地面标高结构板面平齐, 建筑完成面高差20.
3.凡需排水房间的楼地面施工必须注意按设计做好排水坡 ,不得出现倒坡或局部积水坡度不小于1%,坡向一般从门口坡向地漏
4.所有阳台均设晒衣架 ,做法详见98ZJ411 (2a/45) 阳台有组织排水详见98ZJ411 (1/60)、(2/60).
5.管道竖井应在每层楼板处采用耐火极限不低于1.5小时的砼封堵.
6.底层地面分格缝做法参见05ZJ001 P5 第 21条.

六. 屋面构造 :

1. 本工程平屋面除图纸注明者外均按<<屋面工程技术规范>>(GB50345-2004)要求施工 .
2. 本工程采用平屋面,要求一次浇灌,振捣密实,不留施工缝 ,面层做法见有关图纸 .
3. 卷材防水在屋面泛水、檐沟和凸出屋面结构的连接处,必须附加一层卷材,雨水口周围应再加铺一层防水卷材 凡受雨水管滴溅的局部屋面,均应铺设水簸箕 ,详见05ZJ201页 32大样C.
4. 屋面、女儿墙泛水参见05ZJ201页 10大样. 5. 雨水口做法参见 05ZJ201页 34,
6. 女儿墙出水口做法参见 05ZJ201页 11做法6. 雨水管配件组合见 05ZJ201页 32大样2和 4.
8. 屋面保护层, 找平层分格缝布置参见05ZJ201页 26.7. 屋面保温层排汽做详见 05ZJ201页 25大样.
9. 屋面、女儿墙砼构造柱参见 05ZJ201页 19大样. 10. 屋面分格缝做法参见 05ZJ201页 27,应严格按施工规范施工

七、门窗工程 :

1. 本工程所有外门窗均采用90、100系列本色铝合金门窗框料, 无色透明玻璃(种类见门窗表).
   建筑物的下列部位使用玻璃时必须是钢化玻璃(安全玻璃):
   a) 面积大于1.5m²的窗玻璃或玻璃底边离最终装饰面小于500mm的落地窗; b) 倾斜装配窗、各类天棚(含天窗、采光顶)、吊顶;
   c) 室内隔断、浴室围护和屏风; d) 楼梯、阳台、平台走廊的栏板和中庭内栏板;
2. 玻璃厚度、断面系列及构造由生产厂家提供加工图纸及质量标准, 并配齐五金零件. 但型材壁厚不得小于以下尺寸: 门结构型材壁厚≥2.0mm, 窗结构型材壁厚≥1.4mm, 其它型材壁厚≥1.0mm. 加工前应核对好数量及洞口尺寸, 经设计和使用单位认可后方可施工安装.

图 18-7 建筑总说明具体内容(一)

## 18.4 建筑设计总说明

建筑设计总说明或同一说明，不一定是文字说明，可以有多种形式，如采用标高说明，图例说明等。建筑设计总说明的具体内容如图 18-7、图 18-8 和图 18-9 所示。一张图纸不够时可用多张图纸。建筑设计总说明中工程概况是最重要的内容，是对一栋建筑的整体情况介绍。

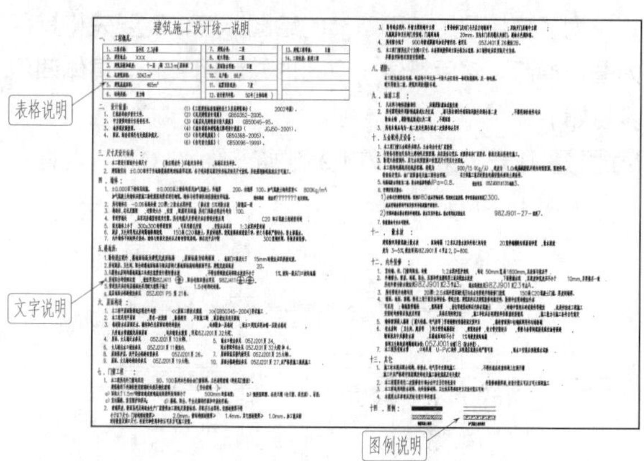


图 18-6 建筑总说明表达形式

3. 除特殊注明外, 外窗立樘距墙中立樘 ; 管井检修门及内门与开启方向墙面平 ; 双向开门居墙中立樘 ;
   凡属厨房和卫生间门安装时, 门扇离地高 20mm, 室内木门采用樟木夹板门, 刷柚木色调和漆.
4. 所有窗台低于 900的窗或飘窗均加设护窗栏杆, 做详见 05ZJ401页 26做法2B.
5. 本工程门窗所注尺寸为洞口尺寸, 本套图纸提供的立面分格为示意图, 加工制作时应以实际尺寸为准, 并根据实际情况预留安装缝隙.

八、消防:

本工程为高层住宅楼, 每层每个单元为一个防火分区设有一部封闭楼梯间, 及一部电梯. 耐火等级为二级. 建筑四周设消防车道.

九、 油漆工程 :

1. 凡木料与砌体接触部位 ,应满涂防腐油或氟化钠 .
2. 所有露明铁件用防锈底漆或红丹打底 ,刷与所在部位外墙面相同颜色的调合漆二度 ,不露明部位铁件均应除油去锈 ,刷防锈底漆或红丹二道 ,不刷面漆 .
3. 所有木制品均为一底二度灰色调合漆或二次装修部分另详 .

十、五金配件及设备:

1. 本工程门窗五金配件应配齐, 五金均由专业厂家提供 .
2. 与设备有密切关系的土建构件及预留洞, 应在设备订货后, 对照样本和厂家要求, 核准无误后再进行施工.
3. 除消火栓留洞外, 其它水电预留洞口位置及尺寸详见专业图纸.
4. 本工程的电梯选用有机房客梯, 荷载为 900/15 (Kg/人) ,速度为 1.0m电梯机房及井道内的预留洞、预埋件等, 待设备定货后, 由厂家根据有关施工图作出详图, 在主体施工前及时提出电梯安装必须的土建条件.
5. 电梯坑防水等级为二级, 防水砼抗渗等级MPa=0.8. 做法详见 05ZJ001页135地防3.
6. 空调安装及排水:
   1) 分体式空调管线穿墙, 预埋Ø80成品穿墙套管, 预埋时注意坡道, 管中距楼地面距离2300.
   成品穿墙套管的平面定位详单体建施平面设计.
   2) 空调冷凝水排水管沿外墙明装, 排水至室外散水, 排水管用材及做法见 98ZJ901-27-说明7.
7. 信报箱由专业公司提供.

十一、 散水坡 :

建筑物四周做混凝土散水坡 . 纵向每隔 12米以及散水坡和外墙之间均设 20宽伸缩缝缝内填沥青砂浆 ,散水坡坡度为 3~5%,做法详见98ZJ901页 4节点 2, D=800.

十二、内外装修 :

1. 室内墙、柱、门窗的阳角、均做 1:2水泥砂浆护角线 ,每边 50mm宽高1800mm,其表面与抹灰平 .
2. 外墙窗台、窗眉、雨篷、阳台、压顶和突出腰线等上面应做流水坡度 ,下面做滴水线 ,其深度和宽度应不小于 10mm,并要整齐一致 .
   所有外窗台防水做法见98ZJ901 页23 节点3; 滴水线做法见98ZJ901 页23 节点A.
3. 所有管道井内壁均用 20厚1:2.5水泥砂浆抹面交通厅内各水电管道井的检修门浇筑 150高C20混凝土门槛, 厚度同墙厚.
4. 墙面, 地面, 顶棚, 梁柱上用于固定各种设备, 管线支架, 建筑配件以及建筑装修的固定件, 除图中注明的做法外亦可采用 : 钢制胀管螺栓 ,塑料胀管 ,射钉等暗装材料以代替在混凝土 ,砖墙中预埋木砖或铁件等做法 .此类作法在工程施工安装时均须保证强度及牢固 ,具体采用何种方法 ,施工单位应会同建设单位根据经济情况 ,施工能力与施工条件自行商定 .
5. 墙体留洞嵌入箱柜 (消火栓箱、电气柜等 )穿透墙壁时待箱柜固定洞中后 ,箱柜背面洞口钉钢板网再作内墙粉刷 .
6. 有水房间 (卫生间、厨房等 )的立管穿越楼板时 ,须预埋套管 ,待立管安装好后 ,管壁与套管间填沥青麻丝油膏嵌缝 ,
   墙面抹灰中应掺防水剂 .其楼地面均以不小于 1%的坡度坡向地漏 .
   贴邻卫生间的房间隔墙面加设: 05ZJ001内墙18(防水砂浆).
7. 本工程所有雨水管 ,口均采用 U-PVC构件,应特别注意接头的严密可靠 ,雨水口安装后须做灌水试验 .

十三、其他:

1. 施工时本图应配合结构、给排水、电气等专业图纸施工. 不得任意在承重结构上打洞开槽 .
   施工中应严格遵守国家颁发的有关施工验收规范及有关规定.
2. 本工程需要进行二次装修设计部分由甲方另行委托设计. 外装修须做样板, 经设计院认可后方可大面积施工 .
3. 本工程选用的防水材料、内外装修材料、卫生洁具等须经甲方及设计院认可的 .
4. 本说明未尽事项应及时与设计单位联系 .

十四、 图例:

图 18-8 建筑总说明具体内容(二)

## 18.5 住宅楼一层平面图的绘制

住宅楼一层平面图的绘制同“建筑平面图的绘制”章节，遵循其绘制步骤。一般先设置绘图环境或调用并修改绘图环境，然后按步骤绘制轴网、墙体、柱子、门窗等。

### 18.5.1 设置绘图环境

为了直接利用前面章节的绘图环境，需要先将其存为图形模版，然后新建一个图形并调用模版。具体调用步骤如下。

**Step 01** 打开“第14章/14.2 建筑平面图-OK”素材文件，如图 18-9所示。

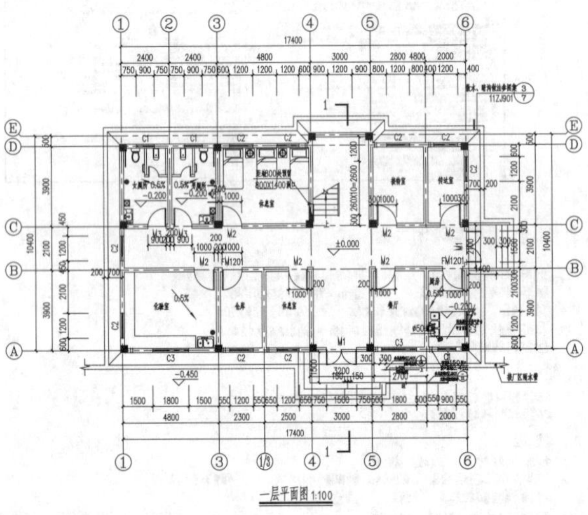

图 18-9 打开建筑平面图

**Step 02** 按Ctrl+Shift+S组合键，弹出【图形另存为】对话框，如图 18-10所示。文件名设置为“建筑图绘图环境模版”，文件类型选择“dwt”。

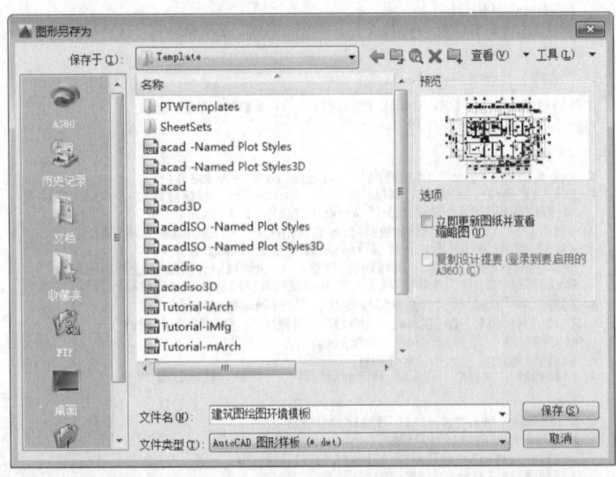

图 18-10 【图形另存为】对话框

**Step 03** 单击【保存】按钮，弹出【样板选项】对话框，可以在说明里注明“建筑图通用的绘图模版”等字样，然后单击【确定】按钮，如图 18-11所示。

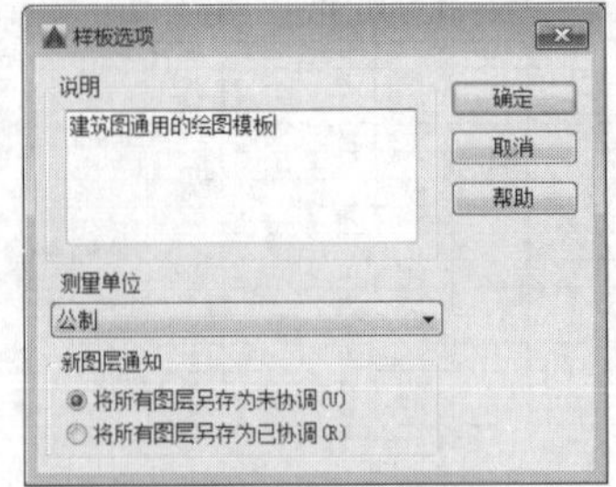

图 18-11 【样板选项】对话框

**Step 04** 新建一个图形文件。按Ctrl+O组合键弹出【选择文件】对话框，选择上述建立好的模板文件就能调用到平面图中的各种绘图设置，如图 18-12所示。

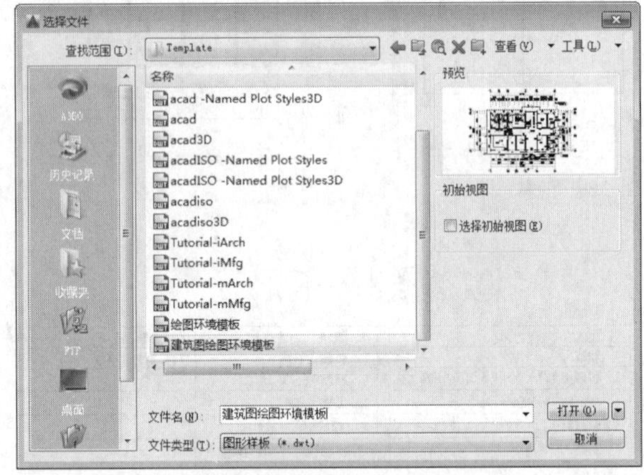

图 18-12 【选择文件】对话框

### 18.5.2 绘制轴网、墙体、柱子

轴网用【偏移】命令，墙体可用【双线】命令，柱子可用【矩形】或【多段线】加【填充】命令。具体绘制步骤如下。

**Step 01** 新建一空白图形，指定上步骤创建的模板为图形样板，并删除多余图形。

**Step 02** 单击【图层】面板中的【图层】下拉表框，选择“中心线”，将“中心线”图层设置为当前图层。

**Step 03** 输入L执行【直线】命令，绘制正交的两段线段（1号轴和A轴上）。线段长度可以适当长些，后期可修改或调整（一般用【拉伸】命令）。

**Step 04** 输入O执行【偏移】命令，按图 18-13所示的尺寸将上述线段偏移。

**Step 05** 输入CO执行【复制】命令，在模板里复制轴号块到轴网端点并双击修改块的属性值。轴号宜距离轴网适当距离，便于标注尺寸。尺寸标注可以边绘制边标注，也可以最后标注。轴网绘制结果如图 18-13所示。

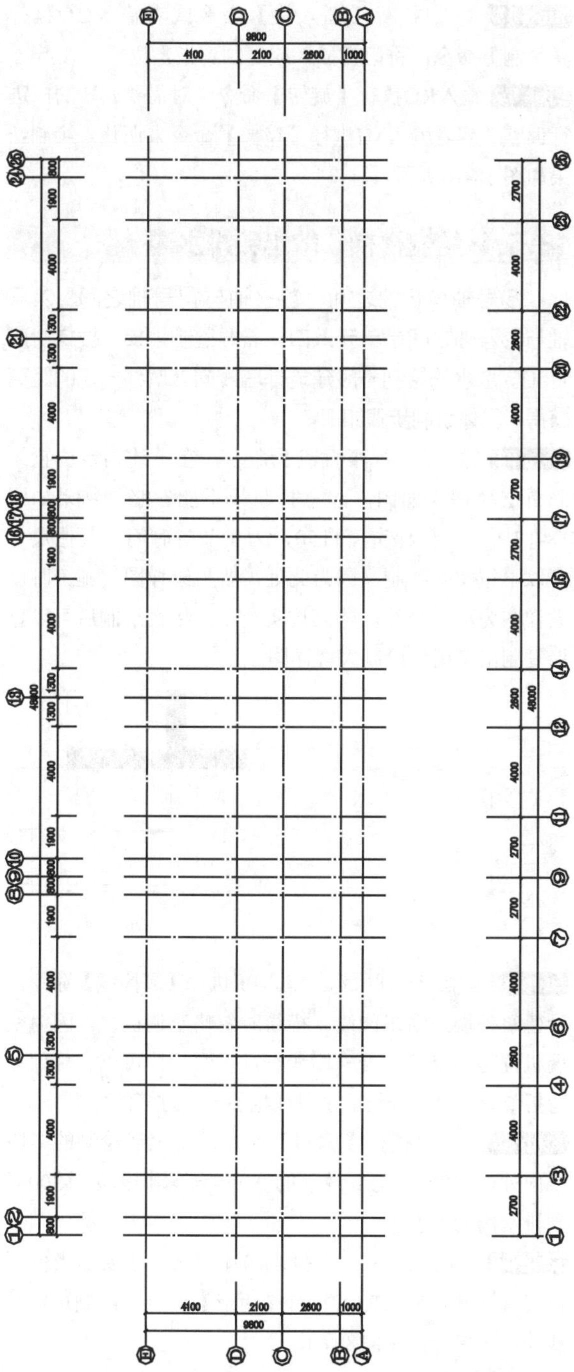

图 18-13 绘制轴网

**设计点拨**

在绘制过程中会遇到需要增加隔墙的情况，可以边在轴网里增加。边增加边修剪，避免轴网过于复杂。

**Step 06** 输入ML执行【多线】命令，绘制外墙线。墙线设置宽度为200。若已知门窗尺寸，可以提前预留好门窗洞口，若不知则应先绘制实体墙线，后期再绘制门窗洞口。

**Step 07** 输入L执行【直线】命令，或输入REC执行【矩形】命令，绘制封闭的柱子或承重墙区域。绘制的封闭区域线与墙线重合没有关系。

**Step 08** 输入H执行【填充】命令，对上述封闭区域执行填充命令。绘制结果如图 18-14所示。

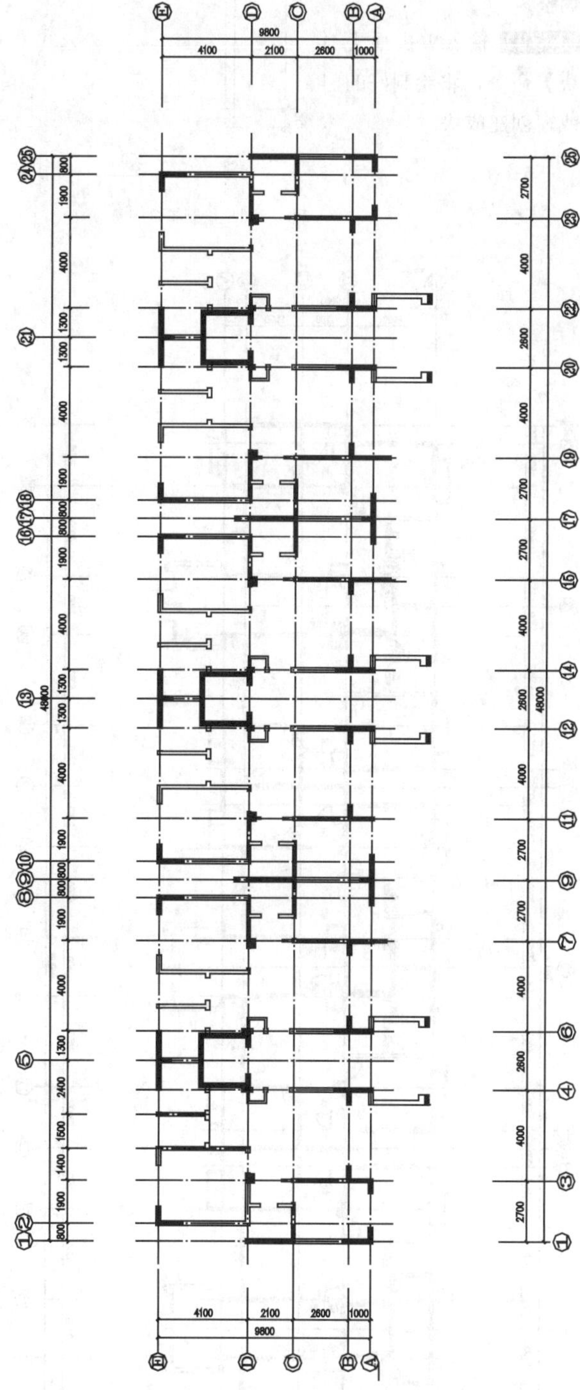


图 18-14 绘制墙体和柱子（或承重墙）

### 18.5.3 绘制门窗、空调机位

对于相似的门或窗较多时，宜采用块的方式绘制。用块的方式不但可以提高效率，而且方便修改。例如，要修改 M1 门垛的尺寸，只要双击 M1 门块，进入块编辑模式，修改尺寸，那么 M1 门可以统一修改。

**Step 01** 用【直线】和【圆弧】绘制单个门或窗，如图

18-15所示。不同尺寸的门或窗可通过【拉伸】命令调整。

**Step 02** 输入W执行【写块】命令，将绘制好的门或窗创建成块。

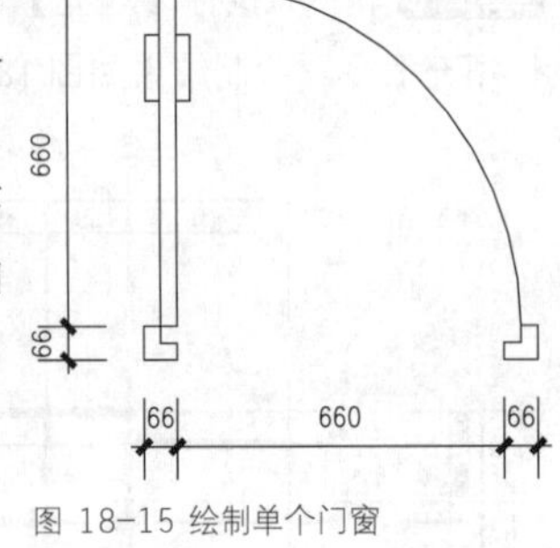

图 18-15 绘制单个门窗

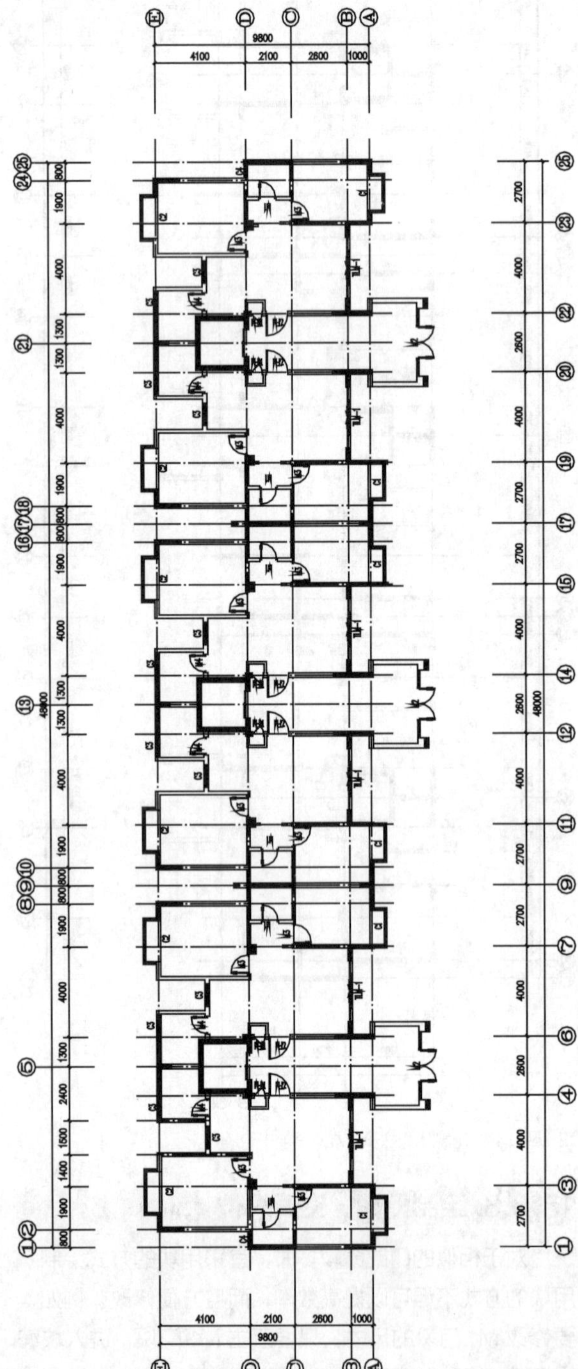
图 18-16 绘制门窗和空调机位

**Step 03** 输入I执行【插入块】命令或者输入CO执行【复制】命令，将门窗插入或复制到指定位置。

**Step 04** 输入RO执行【旋转】命令，对需要旋转的门进行调整。或者输入MI执行【镜像】命令来调整。绘制结果如图 18-16所示。

## 18.5.4 绘制楼梯、散水和排水沟

⑤号轴与⑥轴之间、⑬号轴与⑭号轴之间、㉑号轴与㉒号轴之间是单元入口，需要绘制楼梯。楼梯宽度1150。散水的绘制一般建筑外墙线向外偏移一定的距离获得。具体绘制步骤如下。

**Step 01** 输入L执行【直线】命令，在上述指定位置绘制首层楼梯平面图。注意折断线不能省略。结果如图18-17所示。楼梯宽度1150，为了节省时间，其他尺寸可以不按实际绘制，因为此处需要另绘详图，施工时以大样图为准。当然，建议按实绘制，按实绘制后可以直接复制出来用来绘制大样详图。

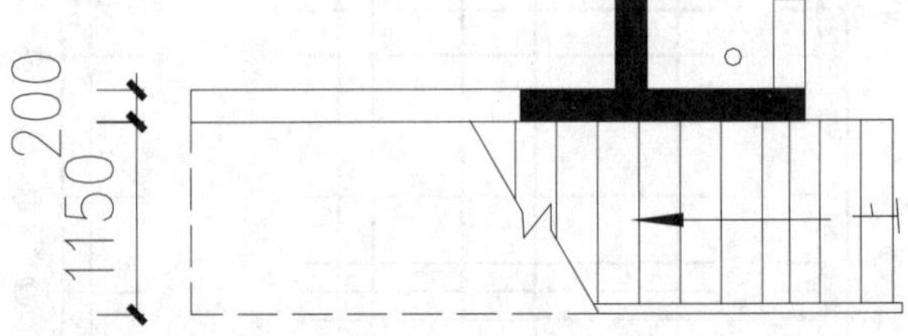

图 18-17 绘制首层楼梯平面图

**Step 02** 如图 18-18所示，输入PL执行【多段线】命令，沿建筑外墙描绘多段线。描绘时忽略空调机位，因为空调机位是悬空的。若外墙线有过多弯折，可以忽略部分弯折部分，这样描绘的多段线也不会有过多的弯折。

**Step 03** 输入O执行【偏移】命令，将上述绘制的多段线向外偏移800，得到散水的宽度，继续向外偏移300得到排水沟的宽度。

**Step 04** 绘制沉沙井。若排水沟比较长，需要适当位置设置沉沙井。输入REC执行【矩形】命令，绘制矩形沉沙井。结果如图 18-18所示。

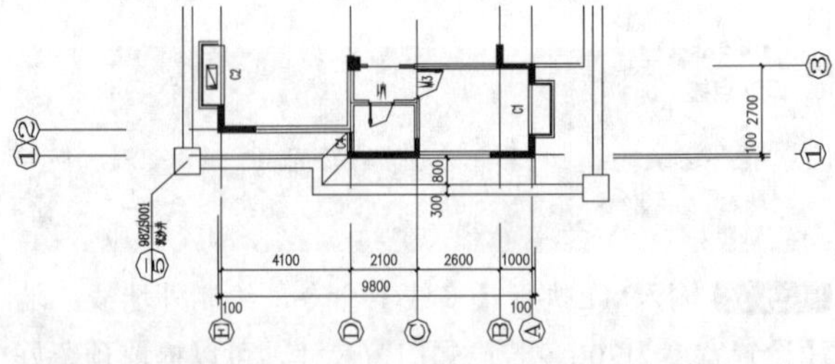

图 18-18 绘制散水和排水沟

**Step 05** 楼梯、散水和排水沟完成图如图 18-19所示。

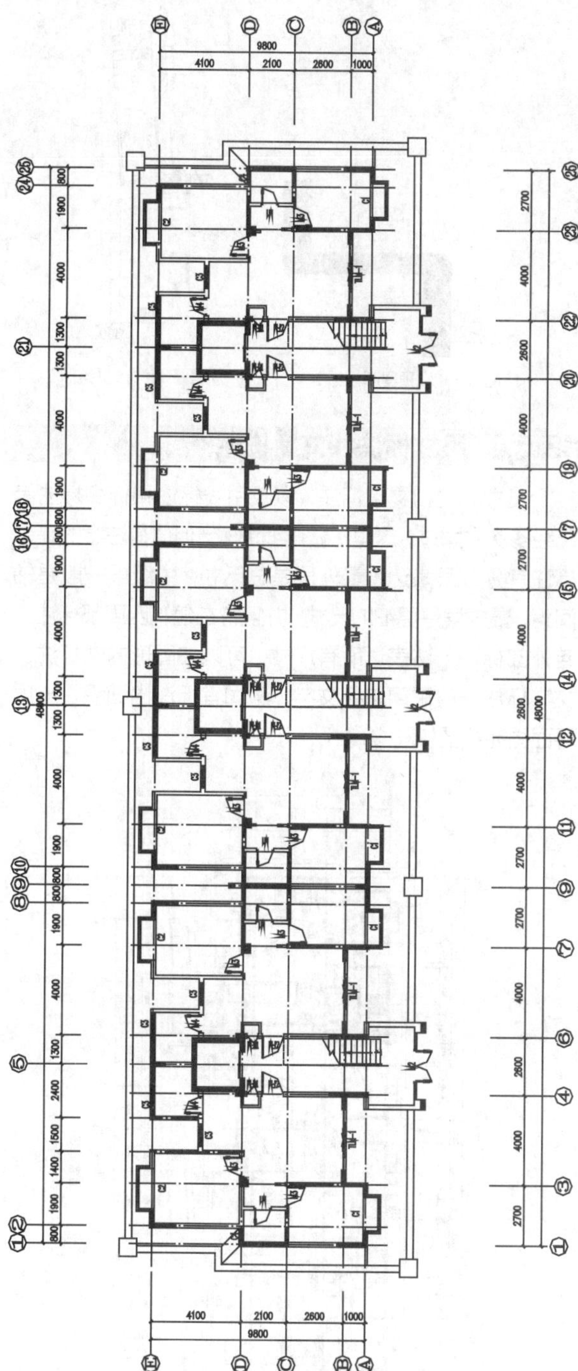


图 18-19 楼梯、散水和排水沟完成图

## 18.5.5 布置设施

布置设施主要指卫生间洁具布置、厨房洗涤盆及灶具等布置、空调布置和电梯布置等。洁具和厨房器具一般采用“插入块”进行布置，插入方法跟门窗布置同理。其他数量较少的设施布置可视情况建成块，也可不建。

**Step 01** 输入I执行【插入块】命令，布置坐便器，淋浴器和洗脸盆。具体的定位尺寸和细节做法将在大样图立面体现。

**Step 02** 输入L执行【直线】命令，绘制洗脸盆处的台面线和水管井，绘制结果如图 18-20所示。

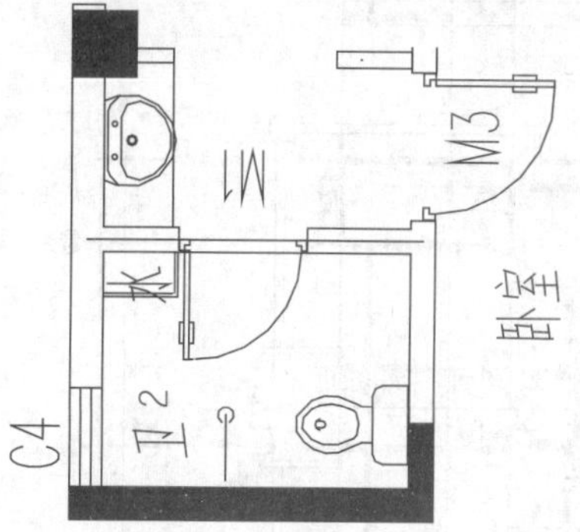


图 18-20 布置卫生间设施

**Step 03** 同理，布置厨房的洗涤盆和灶台。用【直线】命令绘制L形台面，及水管井和烟道，如图18-21所示。

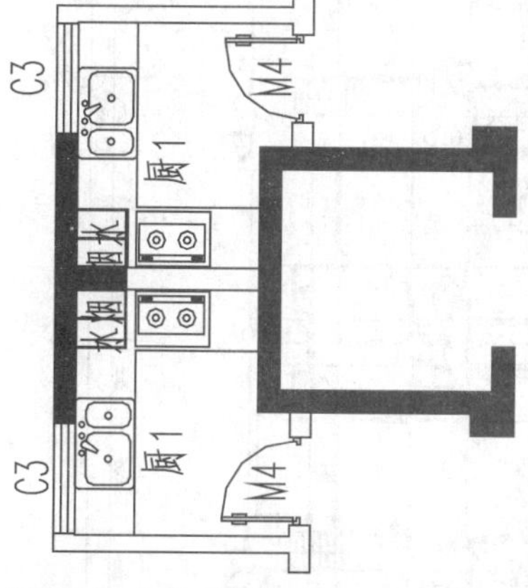


图 18-21 布置厨房设施

**Step 04** 布置空调。空调可用图 18-22所示的图样表达。输入REC执行【矩形】命令，绘制矩形。

**Step 05** 输入L执行【直线】命令，绘制矩形对角线。

**Step 06** 输入DT执行【单行文字】命令，输入AC，及空调英文字母的缩写。

**Step 07** 利用【矩形】和直线命令绘制电梯，如图18-23所示。

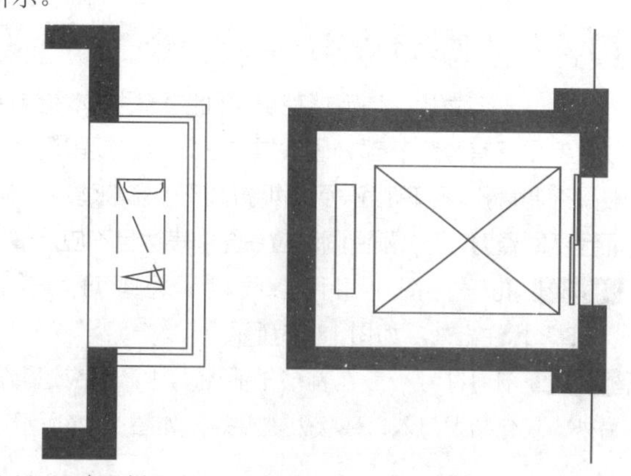

图 18-22 布置空调　　图 18-23 布置电梯

**Step 08** 设置布置结果完成图如图 18-24所示。

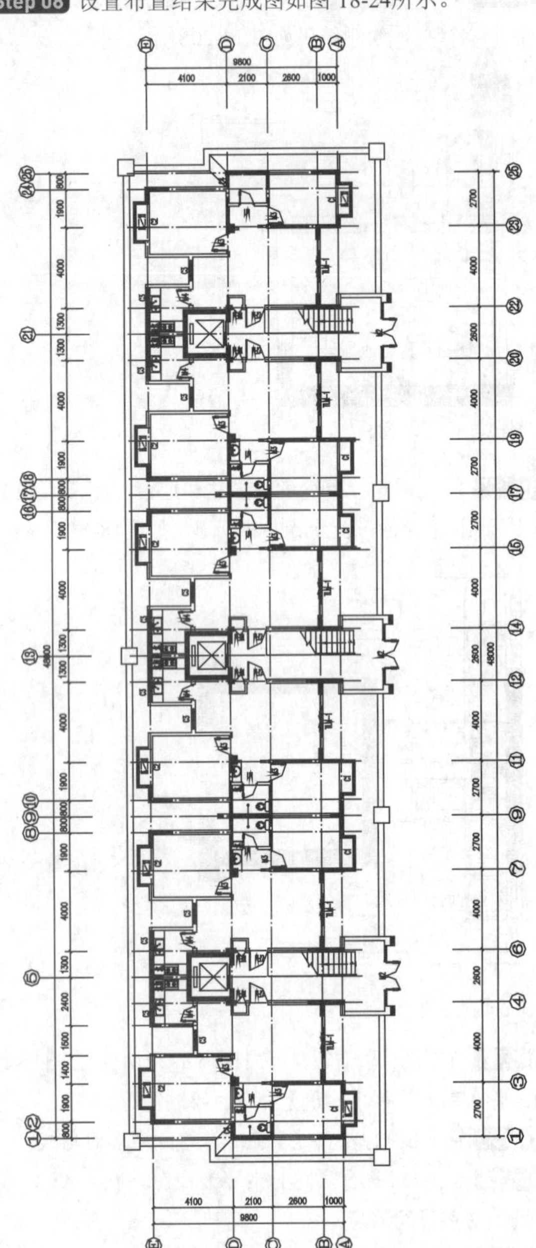

图 18-24 设置布置完成图

## 18.5.6 其他细节绘制

到上一节为止，住宅楼首层平面图已经基本绘制完成，但是还有些细节部分也很重要。如墙体预留洞，一般是空调管孔。若不预留，到后期打洞不但影响建筑安全，而且费时费力，所以预留洞口应在图中表达且不应遗漏。

**Step 01** 孔洞在图中用两条线段示意即可，并用“KD”标注出来，如图 18-25所示。

**Step 02** 剖面符号一般在首层平面图表达，不应遗漏。另外，还包括大门入口残疾人坡度等，如图 18-26所示。

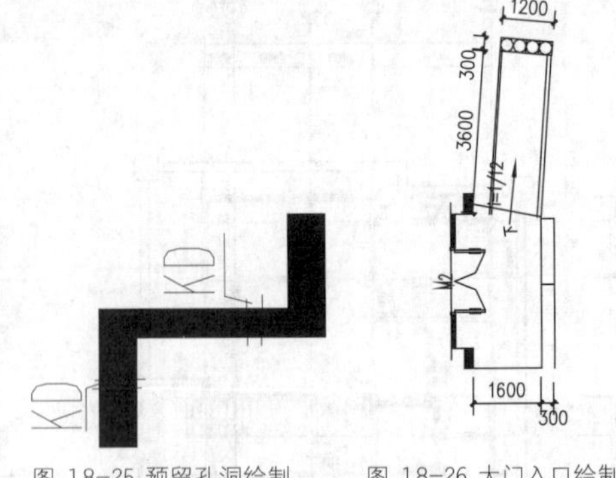

图 18-25 预留孔洞绘制　　图 18-26 大门入口绘制

## 18.5.7 尺寸标注和文字说明

尺寸标注和文字标注，以及引线标注和标高标注等已经多次讲解过，这里不做详细讲解。但值得注意的是，标注宜分 3 层表达，最外层是总尺寸，中级层一般是轴间距，最内层是更细的尺寸。并且宜在建筑四周都标注。若外部标注无法表达所有尺寸，可以在图形内部标注。文字标注一般采用单行文字，房间宜标注出面积。一层平面图完成图如图 18-27 所示。

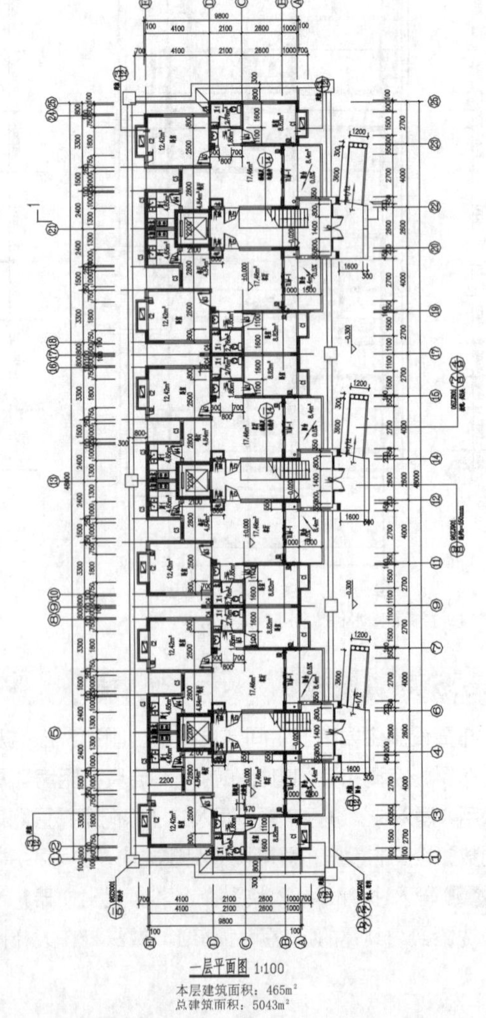


图 18-27 一层平面图完成图

## 18.6 住宅楼二层及标准层平面图的绘制

二层平面图与一层平面图有许多相似的地方，没有必要像绘制一层平面图的步骤来绘制二层平面图图。可以直接将一层平面图布置图复制一份，然后通过修改形成二层平面图。

**Step 01** 输入CO执行【复制】命令，复制一层平面图至适当位置。

**Step 02** 双击图名，先将“一层平面图”修改为“二层平面图”。

**Step 03** 输入E执行【删除】命令，删除散水、排水沟及残疾人坡道等一层平面图特有的图形元素。

**Step 04** 删除残疾人坡道后，入户大门修改为C5窗，如图18-28所示。

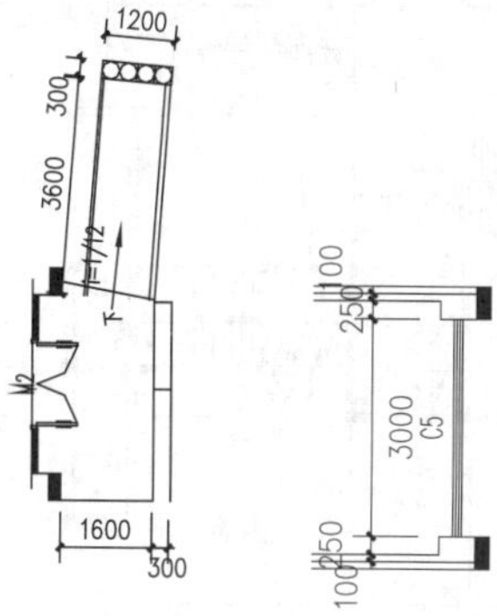


图 18-28 修改入口图形

**Step 05** 修改楼梯平面图。使用【直线】和【偏移】命令修改楼梯平面图如图 18-29所示。

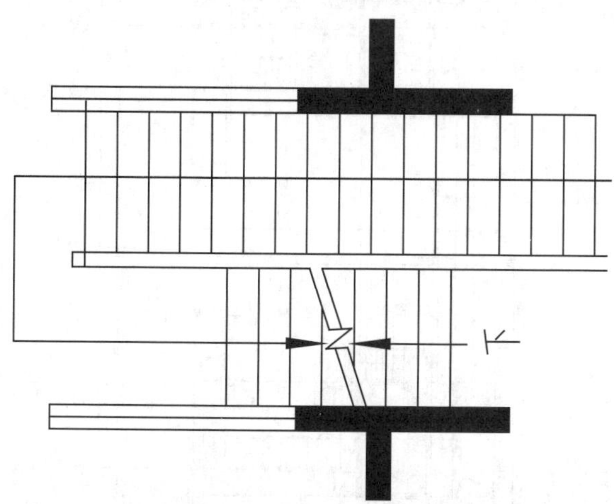

图 18-29 二层楼梯平面图

> **设计点拨**
>
> 对于相似度较大的图形，宜直接复制并对其进行修改。删除图形元素总是比添加图形元素要高效得多。

**Step 06** 修改其他差别之处，如删除剖面图符号等。修改后结果如图 18-30所示。

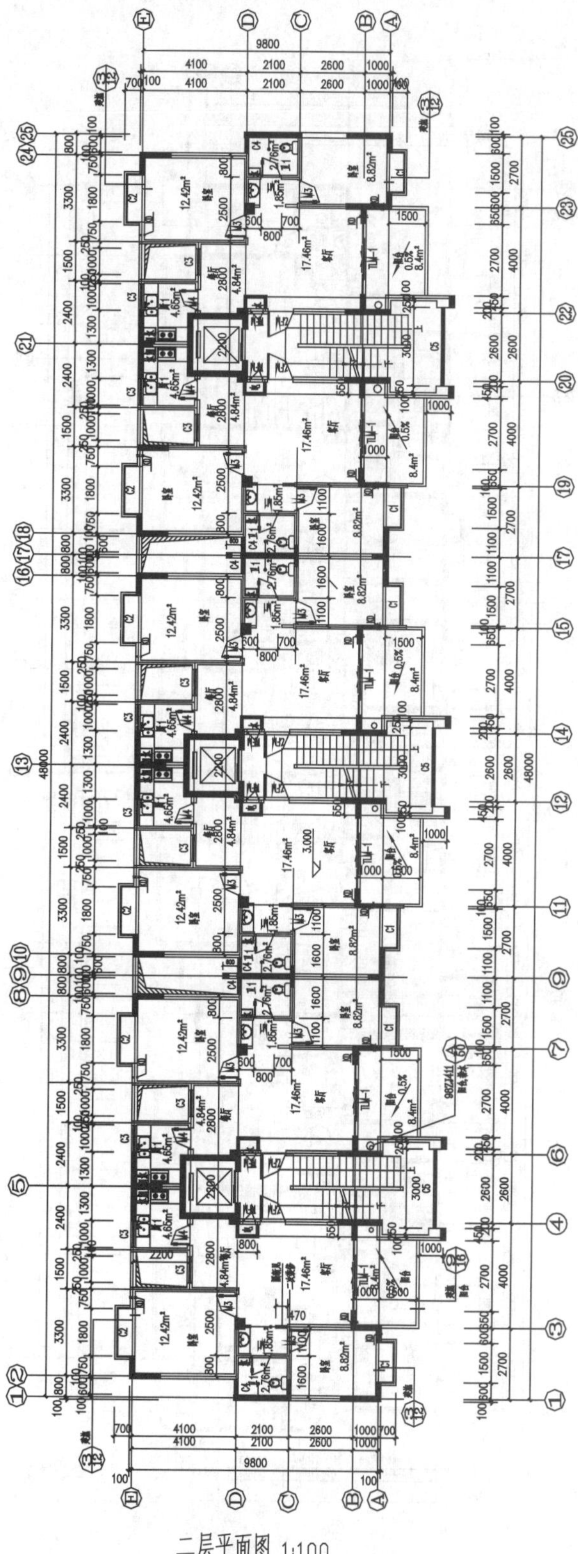


图 18-30 二层平面图完成图

**Step 07** 同理复制二层平面图，通过修改来绘制标准层平面图。结果如图 18-31所示。原则上只要有不同之处就应该单独绘制一层平面图。只有完全相同的楼层才用

标准层来表达。此处标准层平面图也可命名为“三～十一层平面图”。

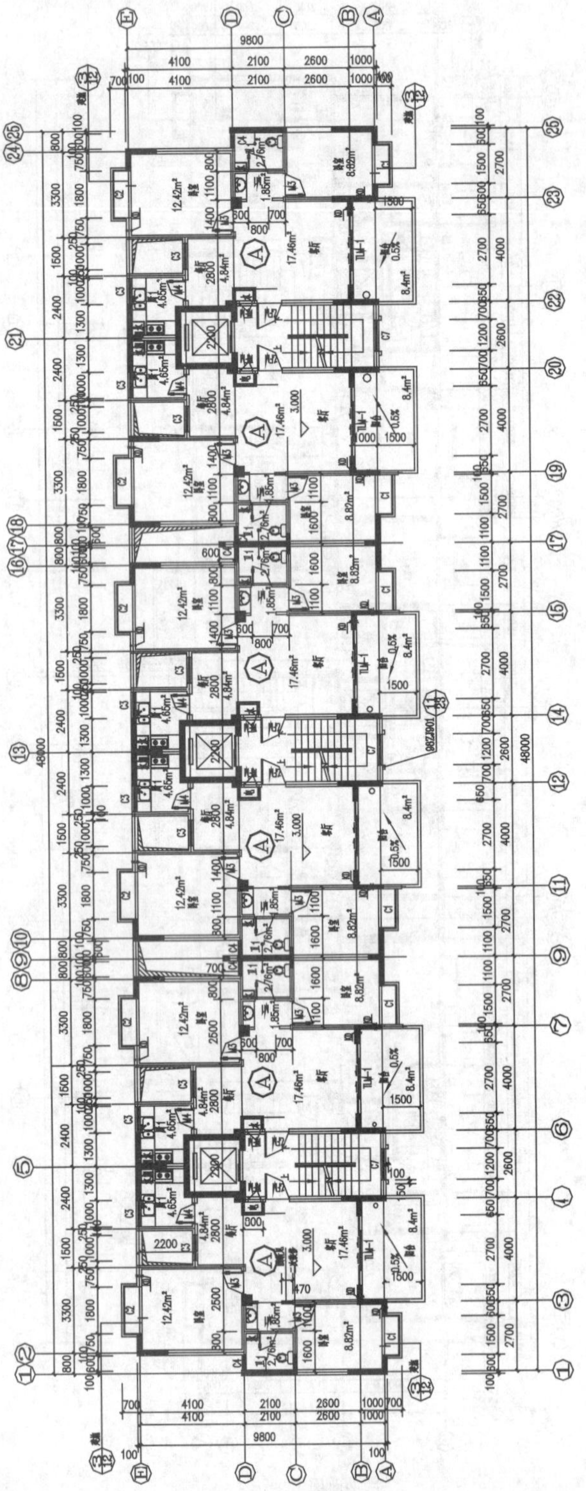

标准层平面图 1:100

本层建筑面积：452m²

图 18-31 标准层平面图完成图

## 18.7 住宅楼屋顶平面图的绘制

屋顶平面图与其他楼层区别较大，宜重新绘制，但是轴网、轴号及部分尺寸标注都可以从相关平面图处复制。建筑外轮廓、立柱、通向屋顶的楼梯等都可参照前面的章节绘制。绘制步骤如下。

**Step 01** 从首层平面图或其他平面图复制轴网、轴号及尺寸标注，并作适当的调整。

**Step 02** 绘制轮廓和屋顶楼梯等，结果如图 18-32所示。由于涉及一些建筑知识和雨水排放相关知识，此处不作分步介绍。学员掌握绘图知识，并能按图 18-32描绘出来即可。

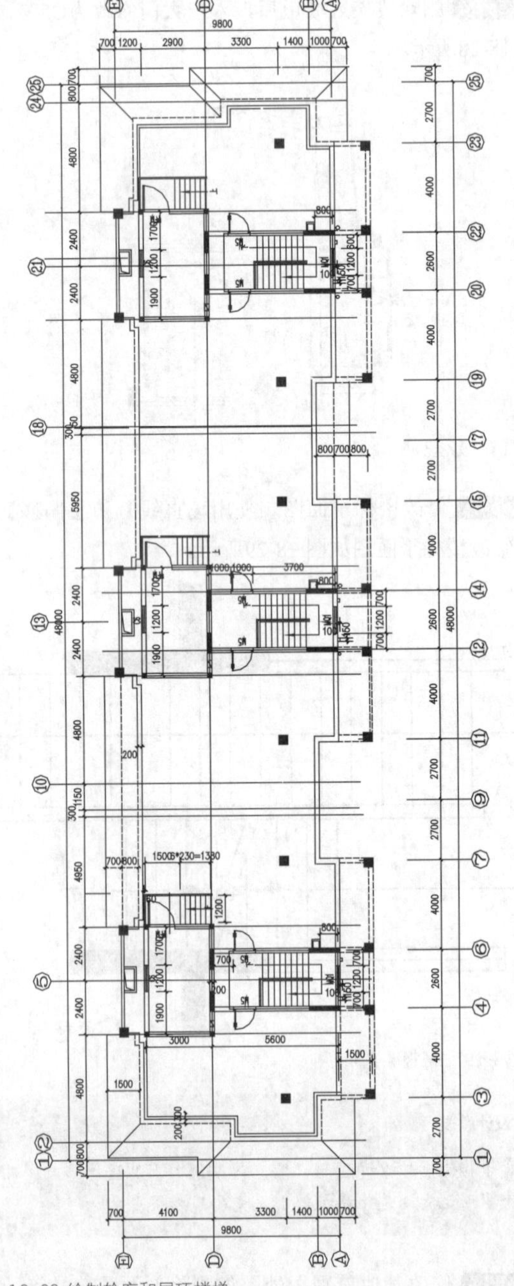

图 18-32 绘制轮廓和屋顶楼梯

**Step 03** 输入H执行【填充】命令。本例中，屋顶中间为平屋顶，周围为坡屋顶，填充前应确保所填充的区域是一个封闭的区域或多个封闭的区域。屋顶填充结果如图 18-33所示。

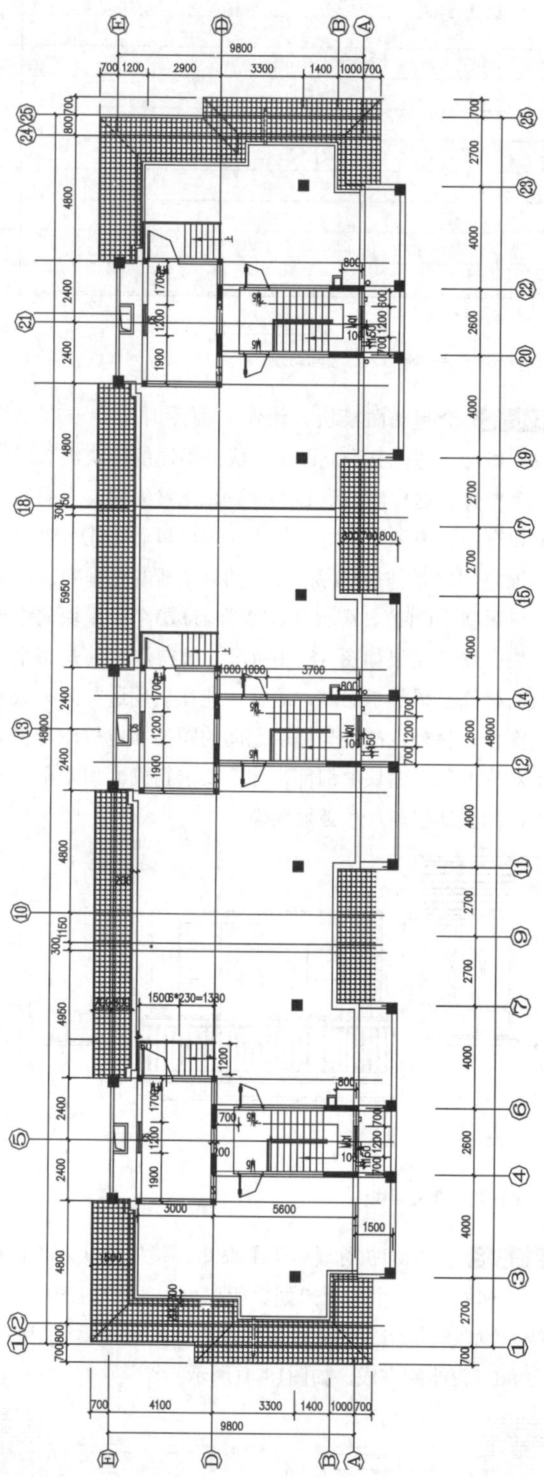


图 18-33 屋顶填充结果

**设计点拨**

执行填充命令前，宜将填充区域内的图形元素如雨水管等提前绘制好，如图 18-34所示。这样填充内容不会覆盖填充区域内的图形。若已经填充，然后需要在填充区域内增加图形或书写文字标注时则需要执行【修剪】命令，以文字或图形边界为裁剪边进行修剪。文字的外围需要绘制一个矩形框作为裁剪边，裁剪完成后可以删除矩形框，如图 18-35所示。

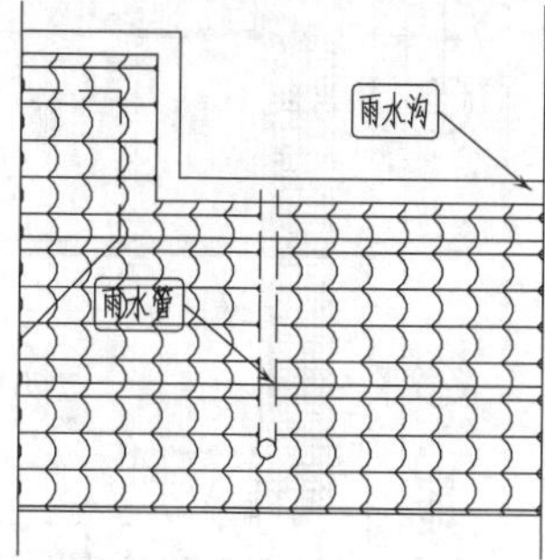


图 18-34 绘制雨水管

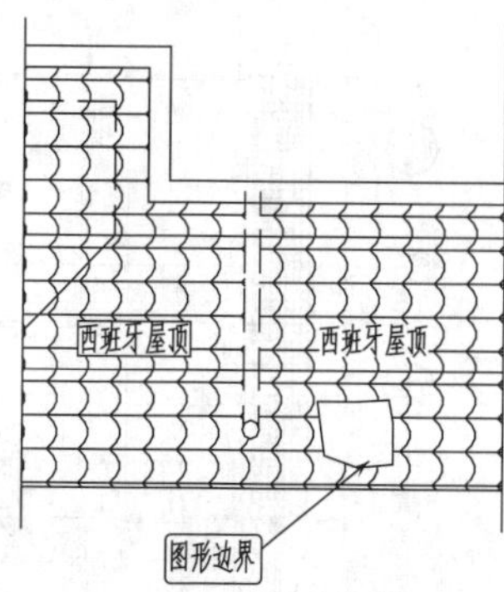


图 18-35 编辑填充区域

**Step 04** 输入DT执行【单行文字】命令，进行必要是文字说明。

**Step 05** 绘制大样标注。屋顶局部大样选用平屋面图集05ZJ201，引用标注如图 18-36和图 18-37所示。前者表示引用图集一个大样，后者表示引用图集多个大样。屋顶平面图完成结果如图 18-38所示。

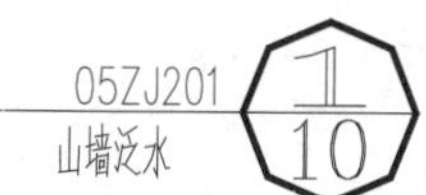


图 18-36 大样引用标注 1

图 18-37 大样引用标注 2

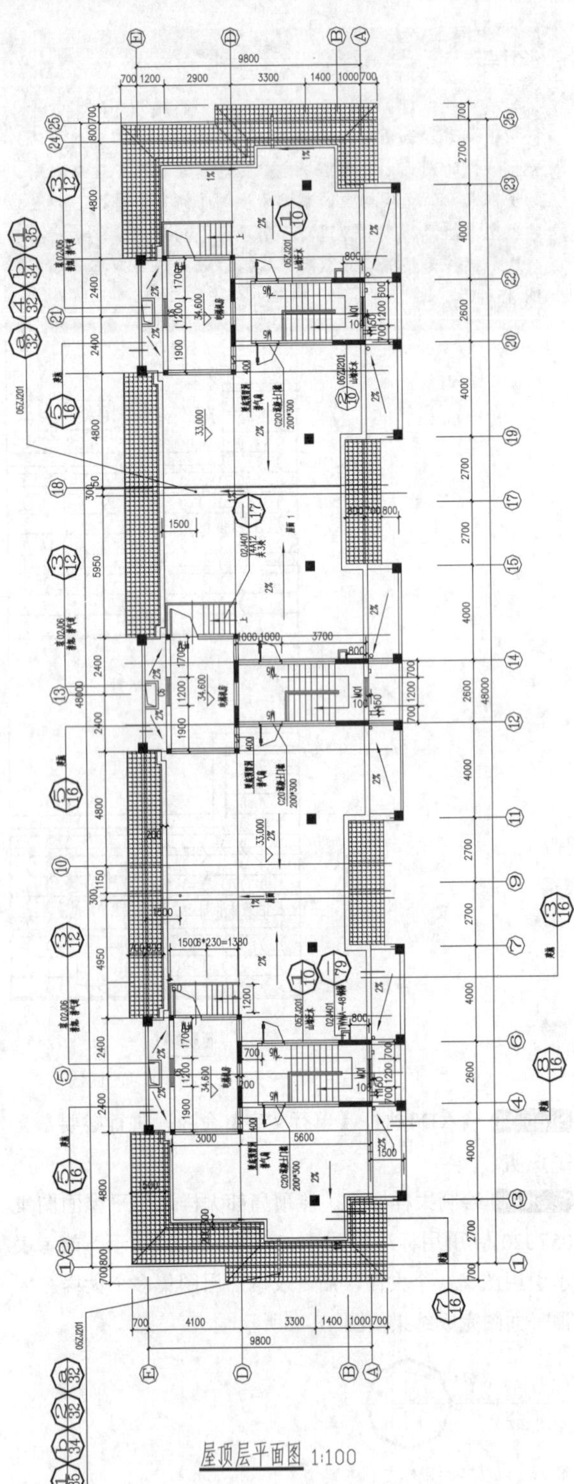


图 18-38 屋顶平面图完成图

## 18.8 住宅楼立面图的绘制

立面图中标准层完全一致，可以通过阵列或复制来完成；首层或首层及二层、顶层需要单独绘制。另外，本例中住宅为 3 个相同的单元，可以先绘制一个单元，然后复制到第二单元和第三单元。

1 ~ 25 轴立面图的绘制步骤如下。

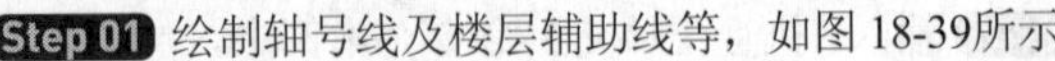

**Step 01** 绘制轴号线及楼层辅助线等，如图 18-39所示。

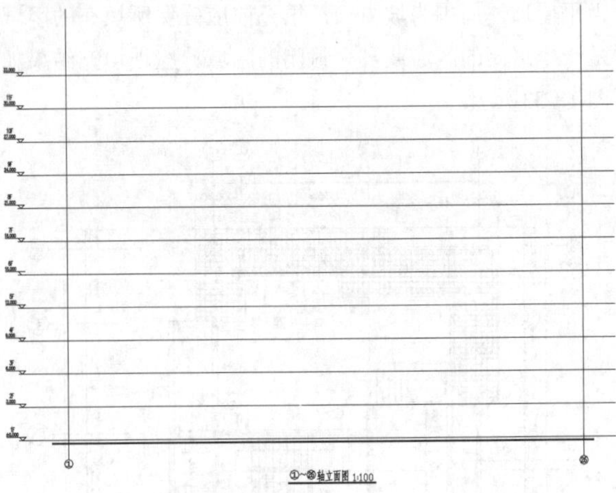

图 18-39 绘制轴号线及楼层辅助线

**Step 02** 绘制立面模块。绘制立面图时一定要有“模块”概念，即把整个立面图看成是不同的模块组装成的一个整体。这样能做到心中有数，化繁为简。立面模块主要有门、窗和阳台等。从平面图可以看出①号轴至㉕号轴之间，是按照C1窗、阳台和C7窗重复排列的。所以可以将“C1窗、阳台和C7窗”看成3个小模块的组合模块。绘制结果如图 18-40所示。值得注意的是每个模块的标高必须等于层高，这样才能在后期进行阵列或复制操作。另外，模块与模块之间的距离和定位应与平面图对应。每个模块的细部尺寸不要求精确，但是框架尺寸，如上述层高尺寸必须准确。

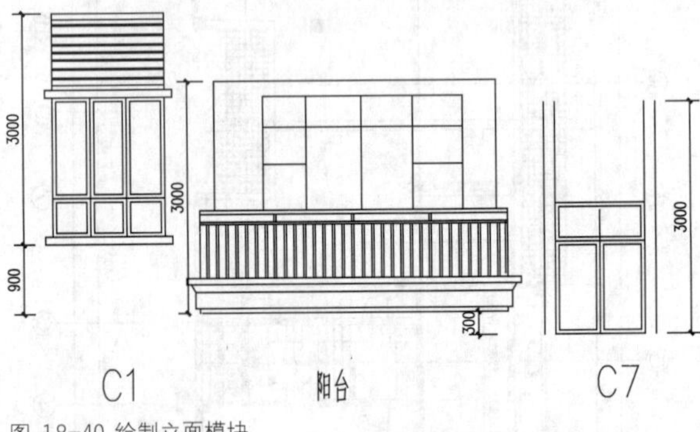


图 18-40 绘制立面模块

**Step 03** 输入MI执行【镜像】命令，镜像模块。本例中是一梯两户，3个单元户型。所以可以以C7窗的中心轴线为镜像轴将C1窗和阳台镜像至右边，这样第二户的阳台和C1窗绘制完成，如图18-41所示。

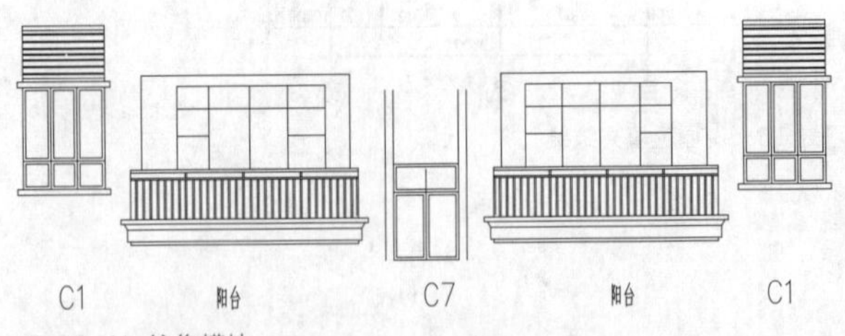


图 18-41 镜像模块

**Step 04** 输入W执行【创建块】命令，将上述“C1-阳台-C7-阳台-C1”模块创建成块，可以命名为“标准层模块”。

**Step 05** 输入CO执行【复制】命令，或者输入ARRAY执行【阵列】命令，将“标准层模块”复制到其他楼层。结果如图 18-42所示。到此，立面图绘制工作已完成近半。

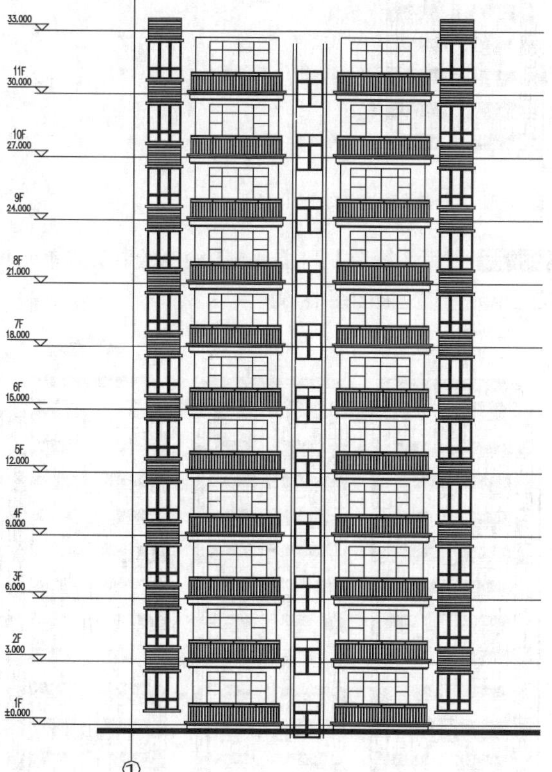


图 18-42 阵列标准层模块

**Step 06** 标准层模块的修改。如果已经将标准层模块绘制好，并已经阵列，甚至已经完成其他操作，然后发现标准层模块有错误或需要调整，可以直接双击标准层模块进行修改，如调整图 18-41中最右侧C1窗与阳台的距离。调整后结果如图 18-45所示。通过编辑块可以快速修改模块，只需选择相同模块中的任意块进行修改，则相同的模块均同时修改，这便是块的优点所在。注意，本步骤不是必要步骤，只是教大家一种绘图方法。如果这些调整工作能在建立块之前完成，那么就不需要在后期调整了。

**Step 07** 双击标准层模块，弹出【编辑块定义】对话框，如图 18-43所示，选择“标准层模块”并按【确定】按钮。

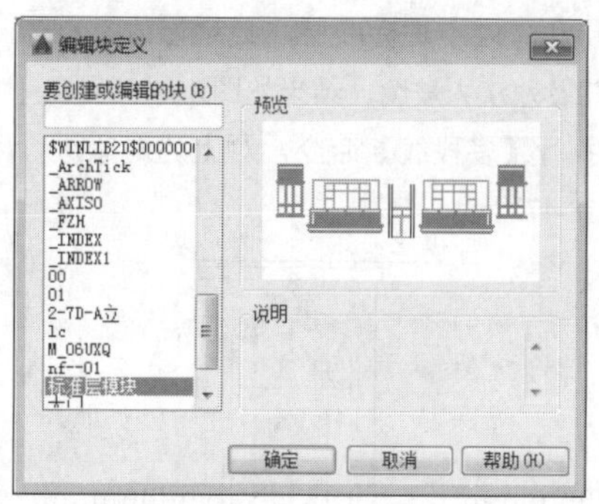


图 18-43 【编辑块定义】对话框

**Step 08** 上述按【确定】按钮后将进入块的修改绘图界面，进行必要的修改操场，结果如图 18-44所示。

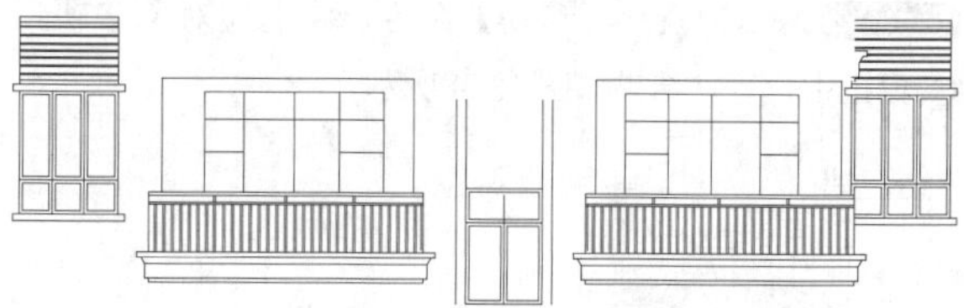

图 18-44 修改标注模块

**Step 09** 关闭块编辑器，则标准层模块做了相应的修改，结果如图 18-45所示。

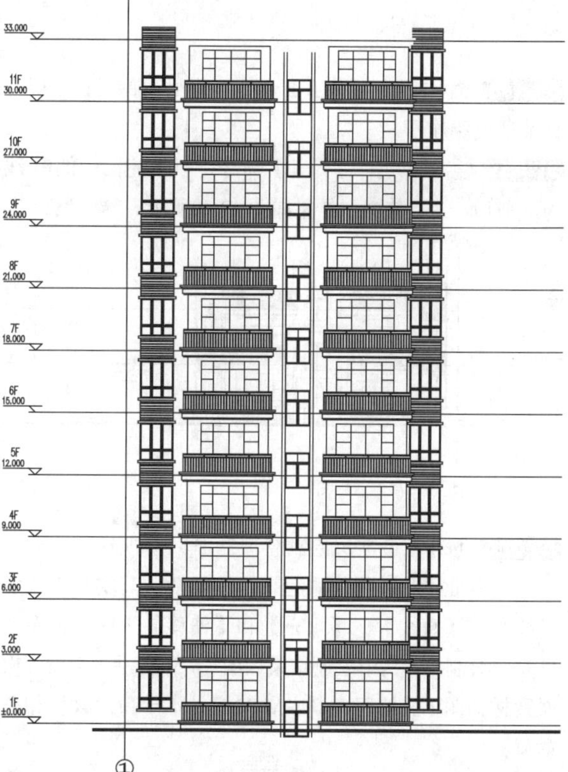


图 18-45 修改标注模块后

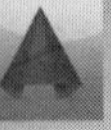


**Step 10** 因为首层和二层不是标准层，必须修改。首先绘制单元入户大门及残疾人坡度，结果如图 18-46所示。

**Step 11** 输入PL执行【多段线】命令，对上述对象进行描边。结果如图 18-47所示。

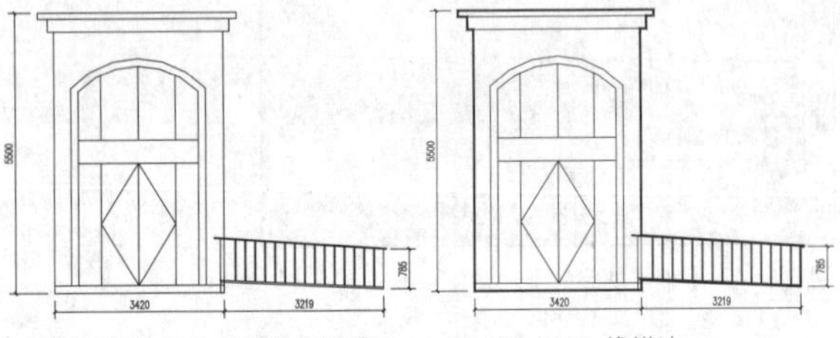


图 18-46 绘制入户大门和残疾人坡度栏杆　图 18-47 PL线描边

**Step 12** 输入M执行【移动】命令，将上述对象移动到C7窗正中位置，结果如图 18-48所示。

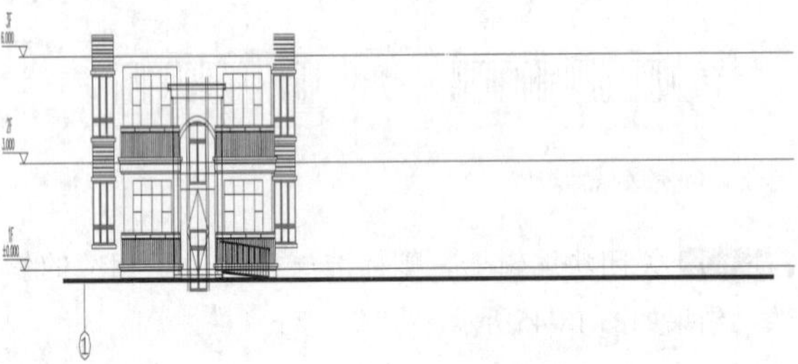

图 18-48 首层大门定位

**Step 13** 输入X执行【炸开】命令，将上述首层和二层的标准层模块炸开。

**Step 14** 输入TR执行【修剪】命令，以上述图中的PL线为裁剪边，进行修剪，结果如图 18-49所示。

图 18-49 首层及二层修剪后图

**Step 15** 继续在最顶层绘制屋顶立面。屋顶样式不一，由建筑专业设计，往往看起来比较复杂，其实只需【多段线】、【直线】、【填充】和【偏移】等简单命令即可完成绘制。本例中绘制结果如图 18-50所示。学员应根据素材描图，勤练习。其中MQ1窗见本章窗户大样相关章节。

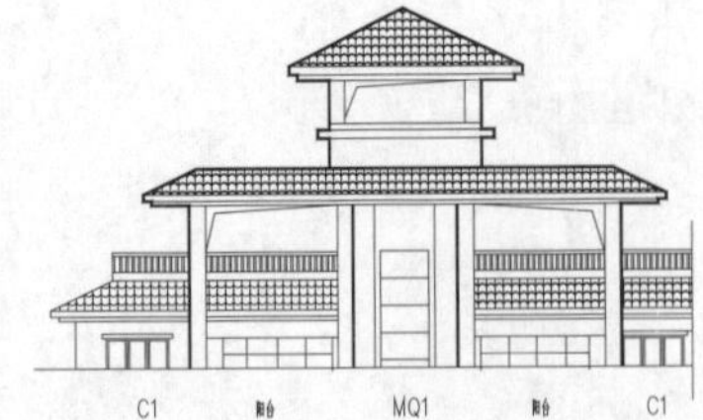


图 18-50 屋顶立面

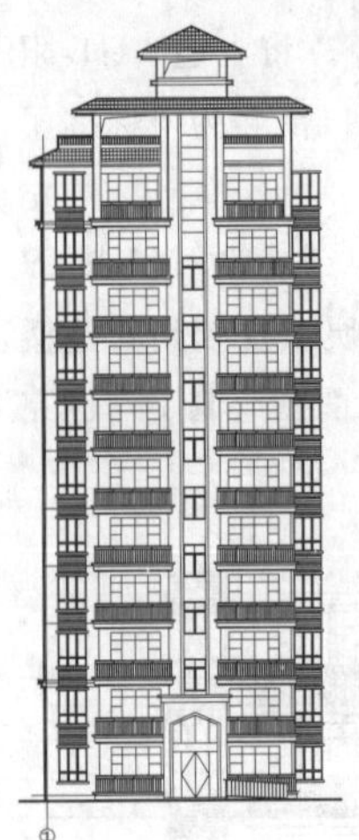

图 18-51 第一单元建筑立面图

**Step 16** 补充绘制其他细部，如1号轴左侧的外墙轮廓线等，第一单元的立面图如图 18-51所示。

**Step 17** 利用【镜像】和【复制】命令绘制第二单元和第三单元建筑立面如图 18-52所示。

图 18-52 住宅楼立面半成品图

**Step 18** 图形标注。主要包含尺寸标注、文字标注、标高标注、引线标注和大样标注等，已经多次讲解，此处不再赘述。住宅楼立面最终结果如图18-53所示。

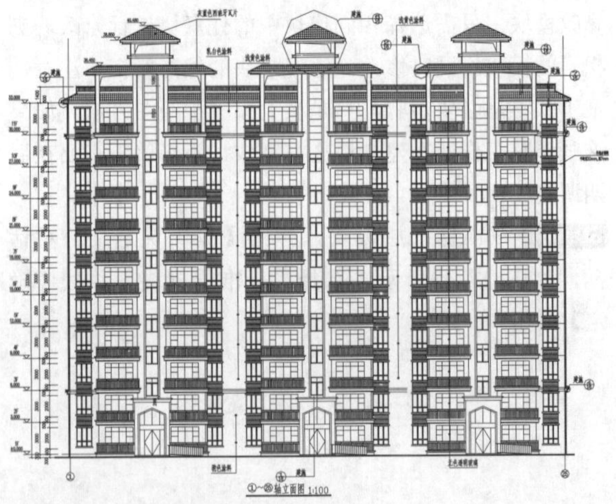

图 18-53 住宅楼立面完成图

**Step 19** 参照同样的方法绘制㉕号～①号轴立面图和Ⓔ～Ⓐ轴立面图，结果如图 18-54和图 18-55所示。

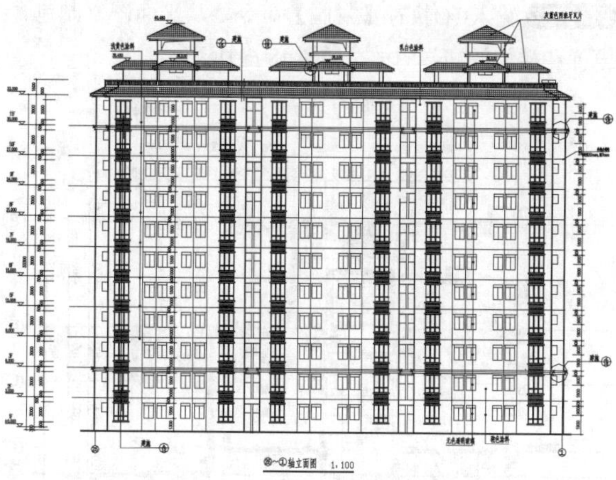

图 18-54 ㉕～①号轴立面图

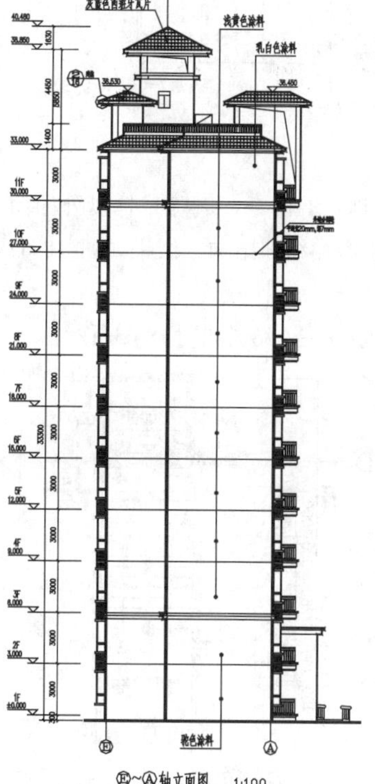


图 18-55 Ⓔ号～Ⓐ号轴立面图

## 18.9 住宅楼剖面图的绘制

住宅相对来说是比较简单的建筑，剖面图一般只需绘制楼梯剖面图即可。如首层平面图所示的剖面符号在单元的楼梯及电梯处。其中最难的部分楼梯剖面的绘制方法已经讲述过，所以本节将不详细讲解绘制步骤。住宅楼剖面图的绘制步骤大致可分为以下几步。

**Step 01** 绘制剖面墙线及剖断梁板等，如图 18-56所示。图中尺寸标注一般是在图形绘制完成后再标注的，也可根据个人绘图习惯边绘制图形边标注。

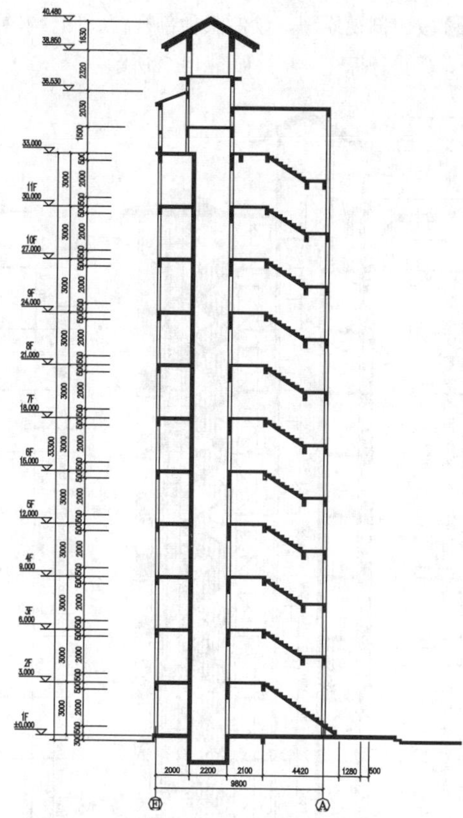

图 18-56 剖面墙线及剖断梁板图

**Step 02** 绘制门窗。对于楼梯平台的门及电梯井两边的水电管井的门可以创建成块，利用立面图所述“模块”概念绘制。绘制结果如图 18-57所示。

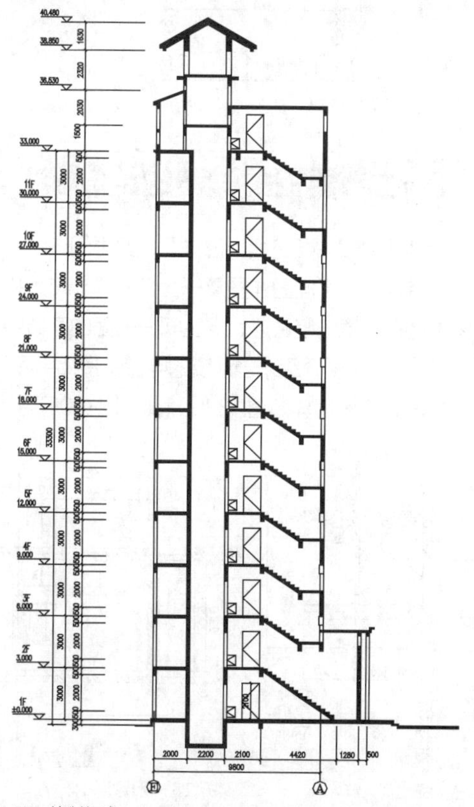

图 18-57 绘制门窗

**Step 03** 按照剖视原理，绘制其他剖视窗、阳台及楼梯栏杆等，并进行标注，结果如图 18-58所示。

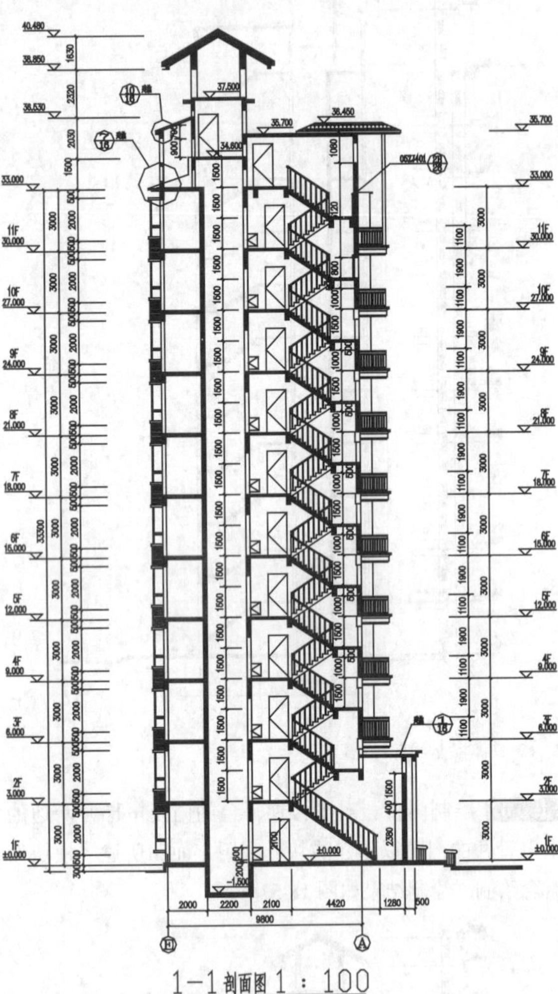


图 18-58 住宅剖面完成图

## 18.10 住宅楼相关详图的绘制

住宅楼的详图主要包括门窗详图、卫生间详图、厨房详图、电梯及楼梯平面图详图及一些必要的节点大样。其中门窗详图在本章已经讲述，卫生间在前面的章节中也重点讲述过。本节主要介绍未曾涉及的电梯及楼梯平面大样。

卫生间和厨房大样如图 18-59 和图 18-60 所示。

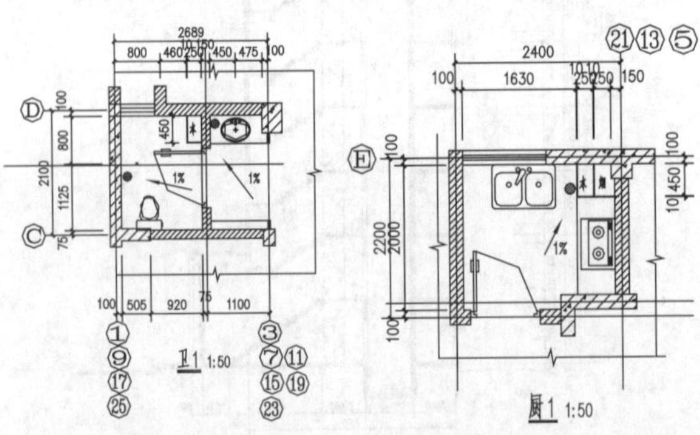


图 18-59 卫生间大样　　图 18-60 厨房大样

以下介绍标准层楼梯及电梯井平面图放大图的绘制步骤。

**Step 01** 输入CO执行【复制】命令，从平面图复制包含电梯和楼梯的局部图样，如图 18-61所示。

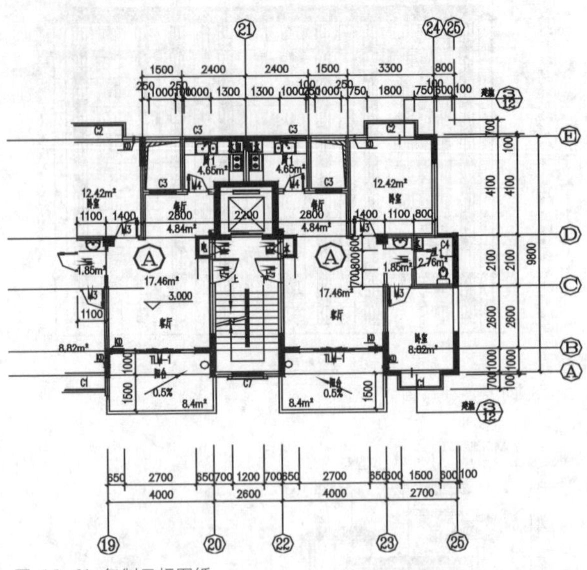

图 18-61 复制目标图纸

**Step 02** 输入E执行【删除】命令，删除目标以外的图形，并根据需要调整或增加细部结构。结果如图 18-62 所示。

**Step 03** 尺寸标注和文字标注，结果如图 18-63所示。

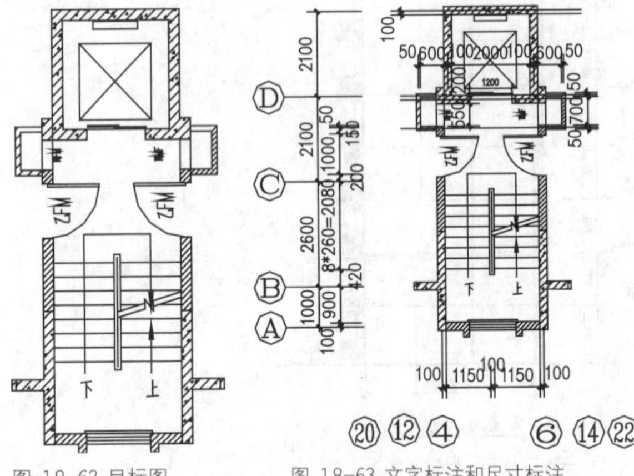

图 18-62 目标图　　图 18-63 文字标注和尺寸标注

# 第 19 章 办公楼建筑施工图的绘制

上一章以一个住宅楼工程实例讲述了住宅楼建筑施工图的绘制，本节以一栋办公楼工程实例继续进行讲解，巩固上一章学的绘制方法，并提高 AutoCAD 制图能力。同样，本章不会细致讲解每一步的绘制过程，重在介绍其中遇到注意事项。绘图环境可以沿用上一章的，因此本章将省略设置绘图环境的讲解。

## 19.1 概述

如图 19-1 所示，本例工程实例是一栋四层的综合办公楼。由于每层的功能不一样，所以每层的布置都不一样，但是每一层的建筑结构大体相似。所以可以通过复制首层施工图来绘制其他楼层，并进行必要的修改。

图 19-1 办公楼正立面图

## 19.2 办公楼一层平面图的绘制

一层办公楼是绘制其他楼层的基础图纸，必须从无到有细心绘制，尺寸不能出错。一层平面图与其他楼梯最大的不同是大门和大厅。绘制方法可参考前述各章节内容。

### 19.2.1 绘制轴网、墙体及柱子

轴网、墙体及柱子的尺寸由建筑专业设计，尺寸必须符合建筑模数的规定。轴网、墙体及柱子决定了建筑图的整体框架，绘制方法比较容易。绘制步骤如下。

**Step 01** 将“中心线”置为当前图层。

**Step 02** 输入L执行【直线】命令，绘制轴网如图19-2所示。

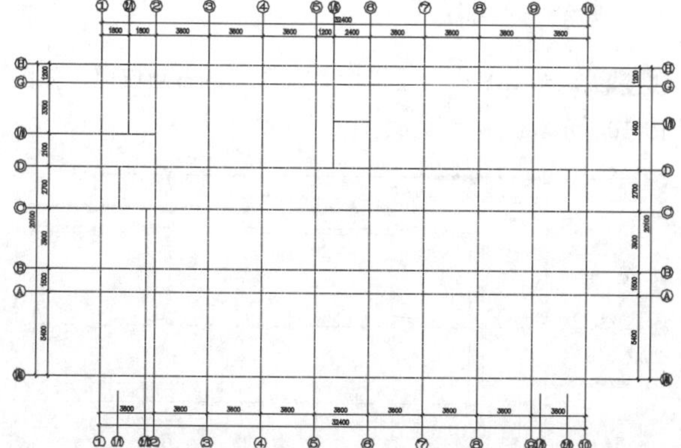

图 19-2 绘制轴网

**Step 03** 绘制立柱，输入REC执行【矩形】命令，绘制立柱断面轮廓；输入H执行【填充】命令，填充立柱断面。立柱定位可以用“from”命令或【移动】等命令。结果如图 19-3所示。值得注意的是立柱的断面几何中心并不一定是轴网的交点，这由建筑专业设计。

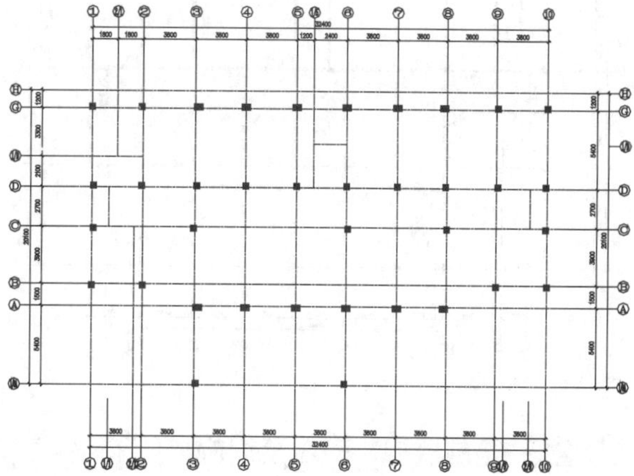

图 19-3 绘制立柱

**Step 04** 绘制墙体，墙体绘制可采用多种方法。可以用ML【双线】命令绘制，再用CAD自带的编辑功能进行墙体相交处的编辑。也可以利用O【偏移】命令对轴线进行偏移获得，再用TR【修剪】命令进行必要的修剪。具体操作可参考前述章节。结果如图 19-4所示。

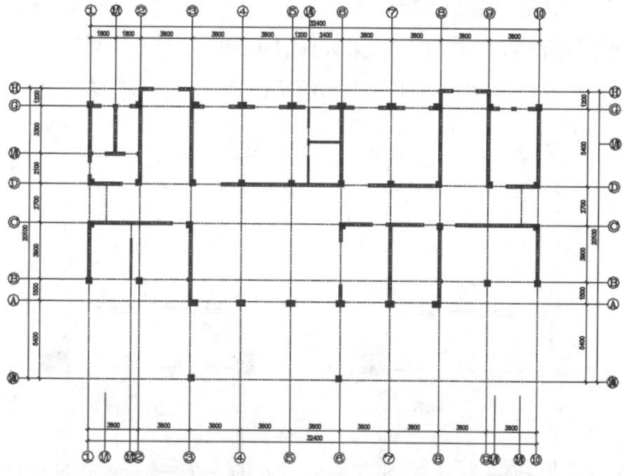

图 19-4 绘制墙体

**设计点拨**

从图 19-4可以看出，本建筑A轴下方是大门，C、D轴之间是走廊，③、⑥号轴之间是大厅。轴号及尺寸标注可以在绘制完轴网之后提前标注好，也可以在图形绘制完成后统

一标注，在绘制过程中，可以用DI命令测量所绘的尺寸是否正确。

## 19.2.2 绘制门窗

图 19-4 中在绘制墙体时已经预留了门洞，若没有，则应先绘制门洞。门洞绘制即再垂直墙体的方向绘制小短线，并以短线为裁剪边进行裁剪。门窗可以创建块并插入块的方式绘制，绘制结果如图 19-5 所示。

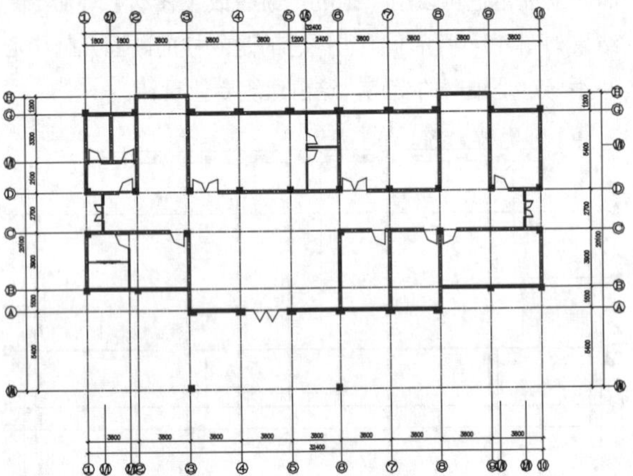

图 19-5 绘制门窗

## 19.2.3 绘制楼梯、散水及设施

②、③号轴之间（Ⓓ、Ⓖ轴之间），⑧、⑨号轴之间（Ⓓ、Ⓖ轴之间）各有一楼梯。楼梯踏步可用【直线】和【偏移】命令绘制；散水可以利用 PL 线描绘建筑外轮廓线，然后利用【偏移】命令进行偏移获得；散水沟则可以利用散水线进行偏移获得；大门处坡道可以用【圆】命令结合【修剪】命令完成绘制；设施利用创建块和插入块命令绘制。绘制过程如下。

**Step 01** 绘制楼梯，结果如图 19-6所示。注意折断符号不能省略。图 19-6表示从②号和⑧号墙可沿楼梯上楼。

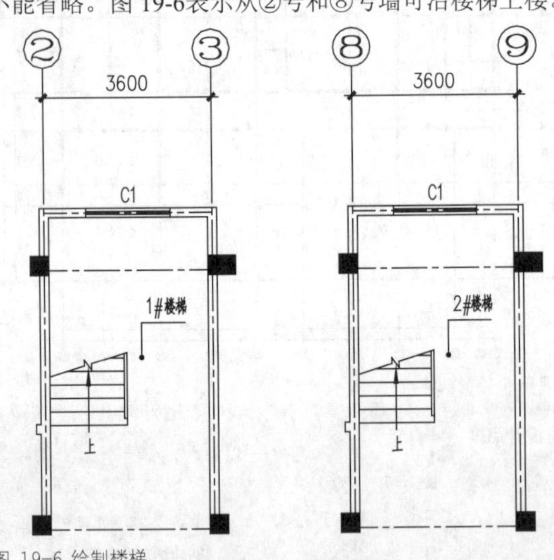


图 19-6 绘制楼梯

**Step 02** 输入PL执行【多段线】命令，描绘建筑外墙边线，结果如图 19-7所示。

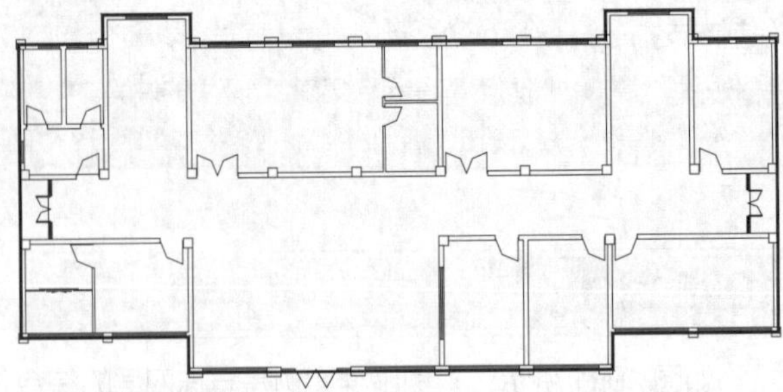

图 19-7 绘制建筑外轮廓线

**Step 03** 输入O执行【偏移】命令，依次将多段线向外偏移800和300得到散水线和排水沟，结果如图 19-8所示。

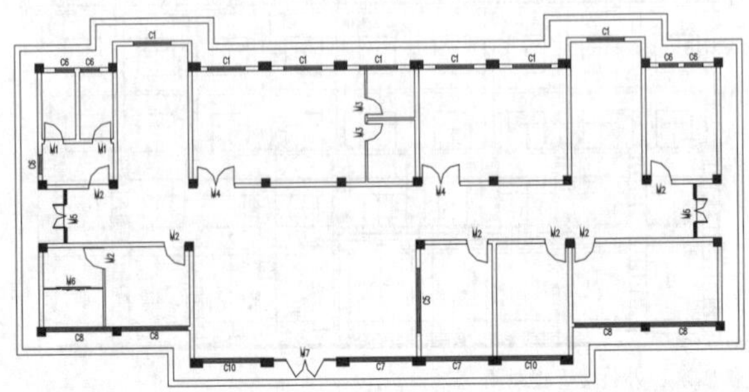

图 19-8 绘制散水和排水沟

**Step 04** 绘制大门坡道，因为左右侧坡道相互对称，只需绘制一个并【镜像】即可。坡道宽度为4m，弧线可以通过绘制大半径圆并修剪获得。本例中弧半径为13.8m。结果如图 19-9所示。

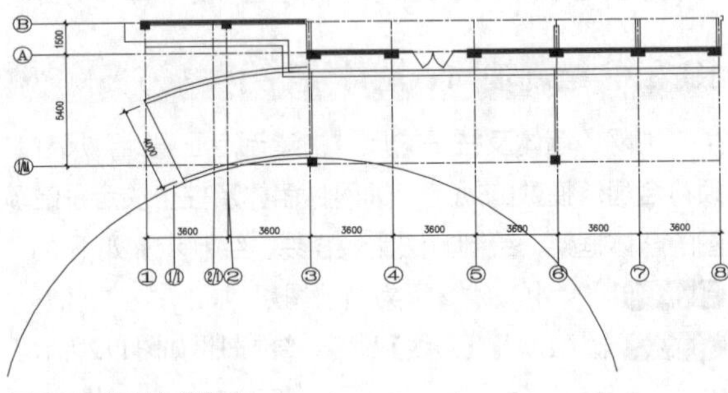

图 19-9 绘制左侧坡道

**Step 05** 输入MI执行【镜像】命令，得右侧坡道，如图 19-10所示。

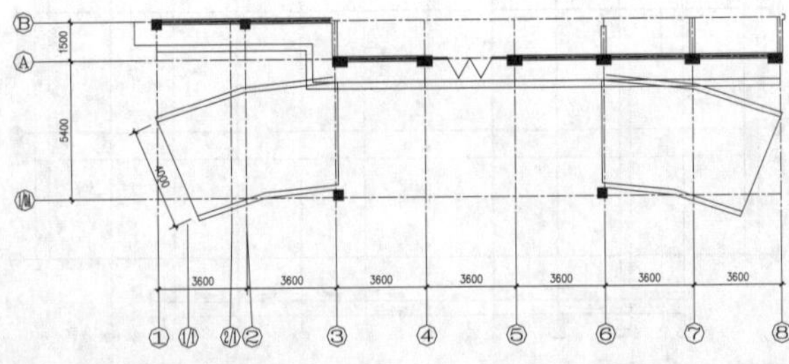

图 19-10 镜像坡道

**Step 06** 输入TR执行【修剪】命令，选择散水线、排水沟线和坡道线，进行修剪，结果如图 19-11所示。

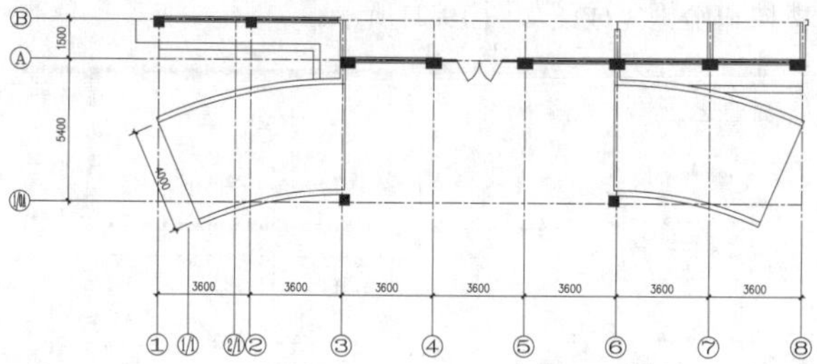

图 19-11 修剪坡道

**Step 07** 绘制踏步，③、⑥号轴之间及Ⓒ、Ⓓ轴之间（右侧）有进入一层室内的踏步，可用【直线】命令绘制，绘制完成结果如图 19-12所示。

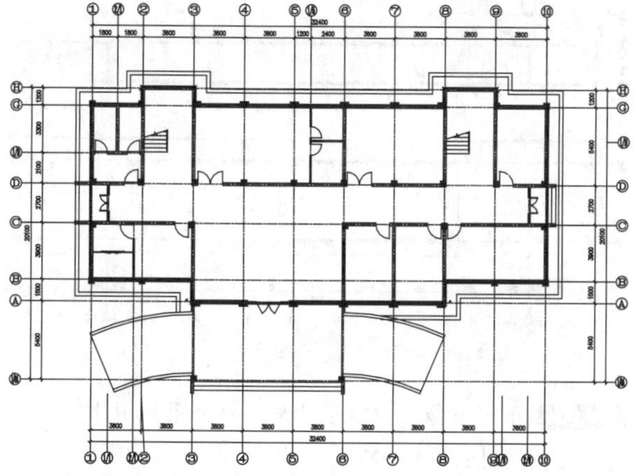

图 19-12 绘制踏步完成图

**Step 08** 输入I执行【插入】命令，布置设施。前提是计算机里面要有设施块，这要平时绘图时不断积累块库，也可以从网站下载块。布置设施结果如图 19-13所示。

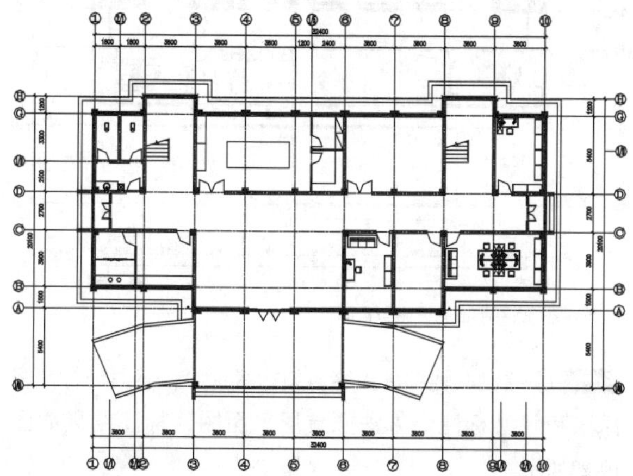

图 19-13 布置设施

## 19.2.4 尺寸标注和文字说明

尺寸标注一般分 3 层，图 19-13 中已经标注了两层，只需标注最里层标注即其他细部尺寸。文字标注主要各门窗的编号，各房间的名称等。另外还有一些必要的引线标注，如引用某个图集。

**Step 01** 输入DLI执行【线性】标注（坡道宽的标注需用【对齐】标注，坡道弧线需要用【半径】命令标注），标注结果如图 19-14所示。细部尺寸表达各门洞的定位及宽带尺寸等内容。

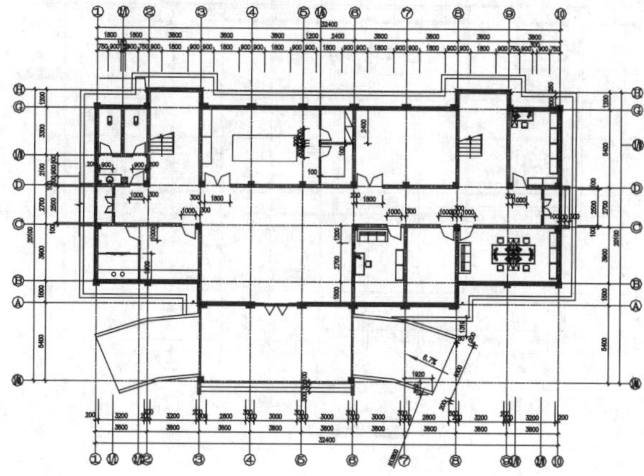

图 19-14 尺寸标注

**Step 02** 输入DT执行【单行】文字命令，标注门窗编号，房间名称等内容，结果如图 19-15所示。

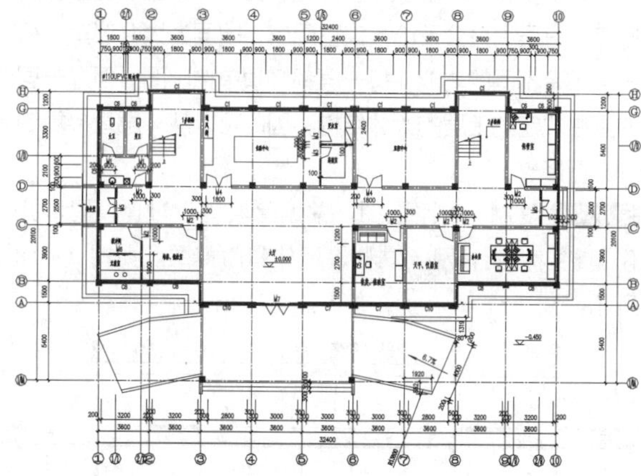

图 19-15 文字标注

**Step 03** 散水和排水沟，坡道及台阶都有标准图集可以利用，可以直接引用标准图集。可以从上一章复制标注内容进行修改，进行引用图集标注，结果如图 19-16所示。

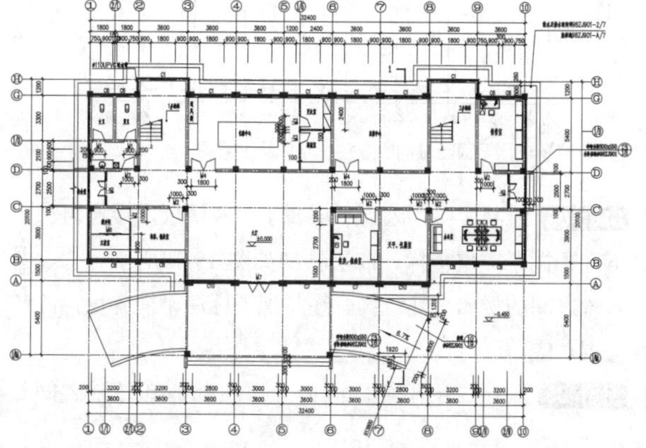

图 19-16 引线标注

**Step 04** 绘制图名并在图名下可以进行特别说明，绘制剖面符号即可完成一层平面图的绘制，结果如图 19-17所示。

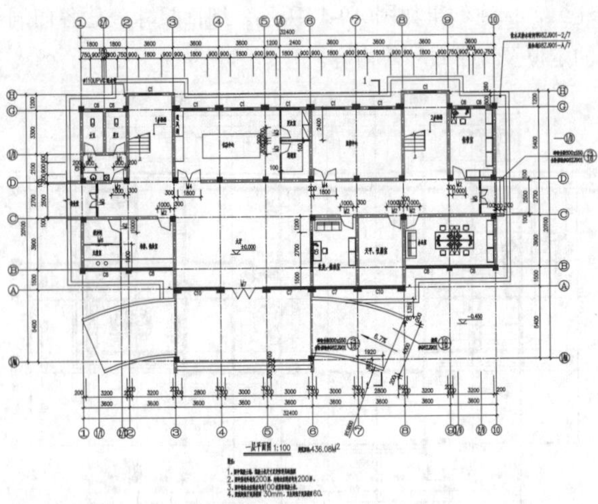
图 19-17 一层平面图完成图

## 19.3 办公楼二~四层平面图的绘制

建筑的使用功能决定了其建筑构造，本例二层为办公用房，三层为办公及小会议室用房，四层为大会议室。每一层都有不同的功能，每一层都必须单独出图。但是一层的立柱决定的上层的大体结构，因此可以从一层直接复制并进行修改。

**Step 01** 复制一层平面图，并删除坡道，布置设置，并作调整，得到轴网、立柱、墙体和门窗图，如图 19-18所示。

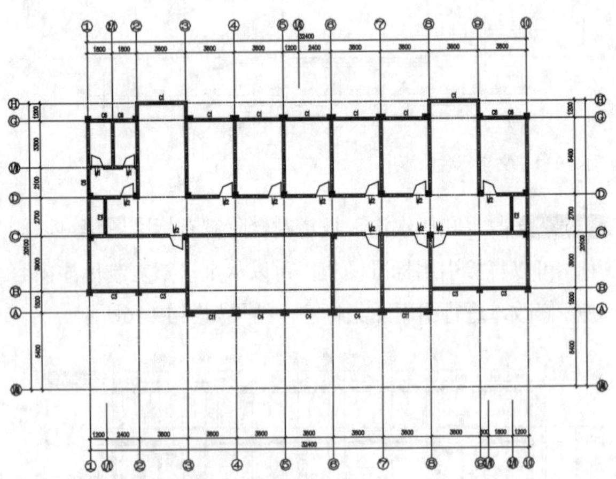
图 19-18 二层平面图轴网、立柱、墙体和门窗图

**Step 02** 绘制楼梯，因为二层属于中间楼层，楼梯可上可下，不同于一层楼梯，二层楼梯如图 19-19所示。②、③号轴之间的楼梯与其一样。注意上下标注不能弄反，应与一层对应。

**Step 03** 绘制二层雨篷。因为一层在③、⑥号轴之间是大门，所以对于二层来说即是雨篷的位置。雨篷的绘制可以参考散水的绘制方法。绘制结果如图 19-20所示。楼梯和雨篷完成图如图 19-21所示。

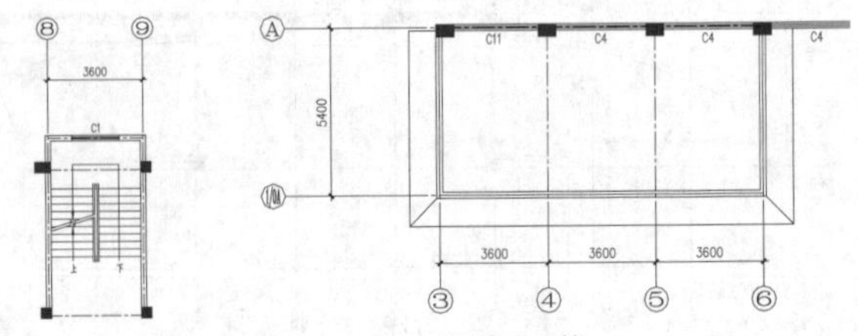
图 19-19 二层平面图楼梯　图 19-20 二层平面图雨篷

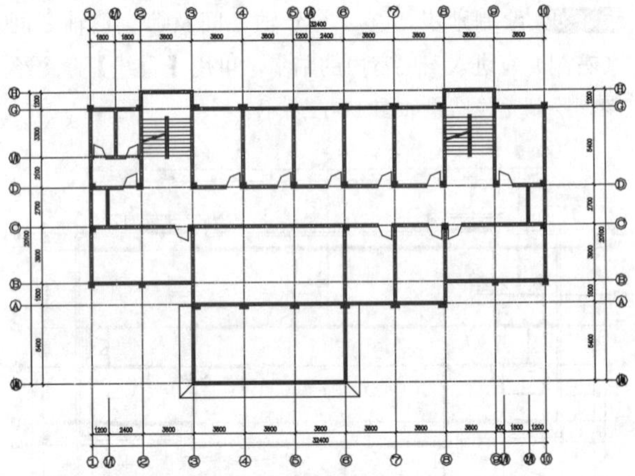
图 19-21 二层平面图楼梯及雨篷完成图

**Step 04** 布置设施，主要是沙发、办公桌和卫生间洁具等，布置结果如图 19-22所示。

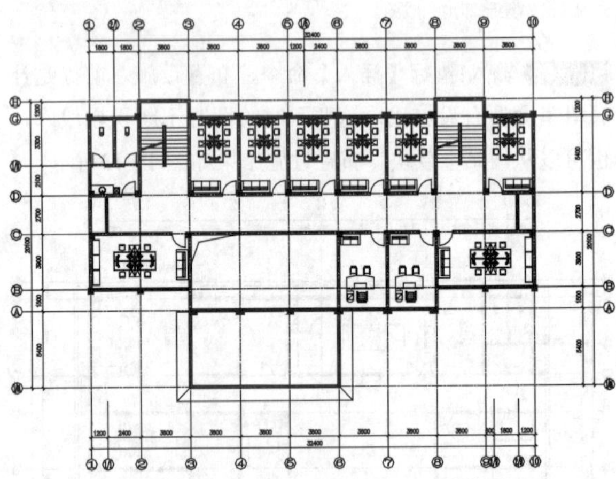
图 19-22 二层平面图设施布置图

**Step 05** 绘制其他细部内容，如落水管等，然后进行文字标注和尺寸标注，方法同首层平面图，标注结果如图 19-23所示。

**Step 06** 同理绘制三层平面图和四层平面图，主要是设施布置不同，其他均可复制一层或二层平面图并进行删减即可，结果如图 19-24所示。

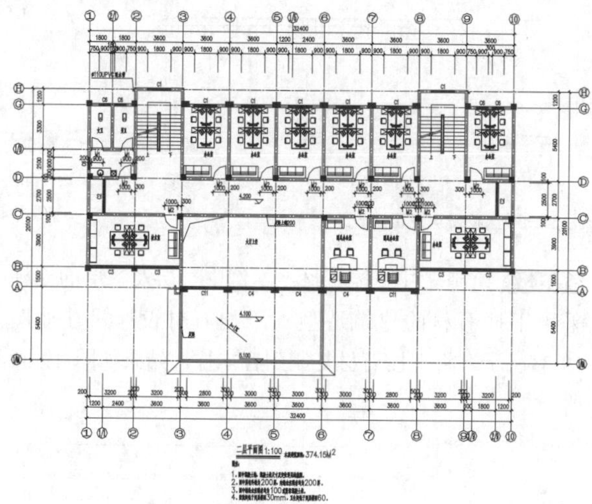

图 19-23 二层平面图设施布置图

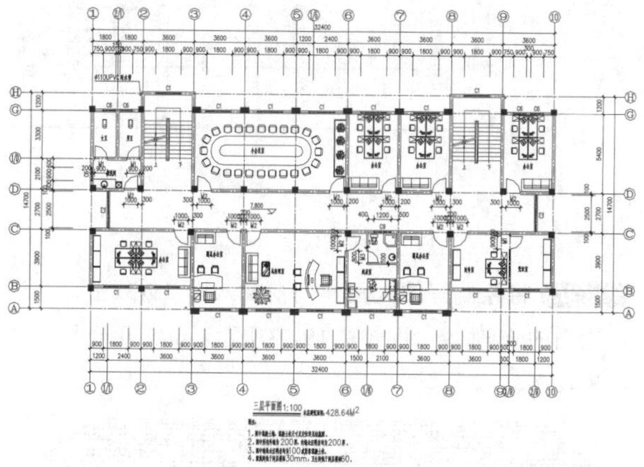

图 19-24 三层平面图

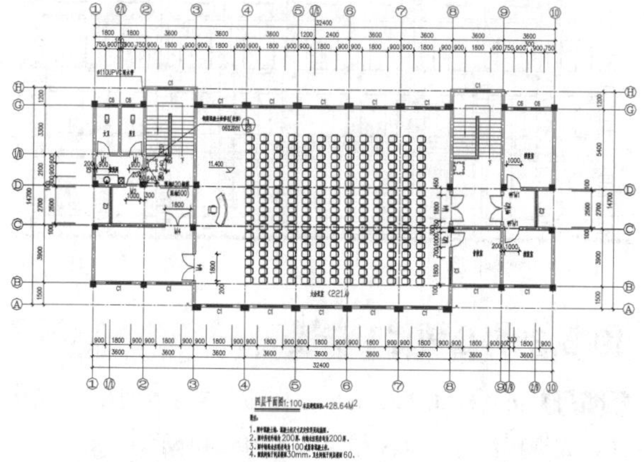

图 19-25 四层平面图

## 19.4 办公楼屋顶平面图的绘制

顶层平面图因其功能不同普通的楼层，所以建筑构造也不一样，需要单独绘制，但是也可以利用首层轴网。本例为钢筋混凝土现浇坡屋顶。主要利用直线绘制天沟、屋顶水箱和坡度线等。

**Step 01** 复制轴网，绘制坡度线及天沟，天沟宽度700mm。天沟绘制方法可参考一层平面图散水和排水沟的绘制方法。绘制结果如图 19-26所示。

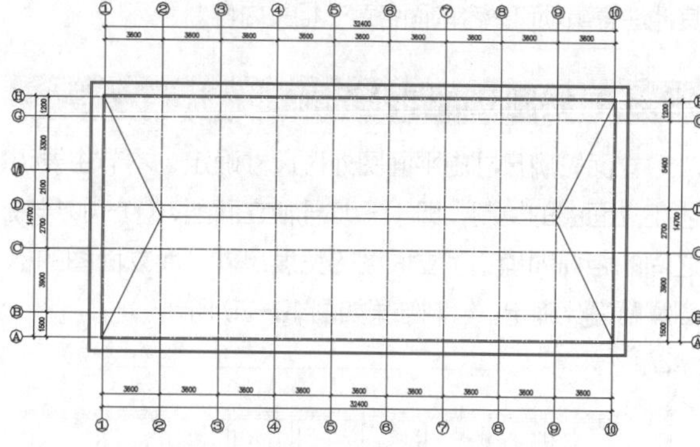

图 19-26 绘制屋顶坡面线及天沟

**Step 02** 根据上图将屋顶分为4个排水区域，并用【圆】命令绘制4根De110雨水管，用文字和箭头标注坡度，结果如图 19-27所示。

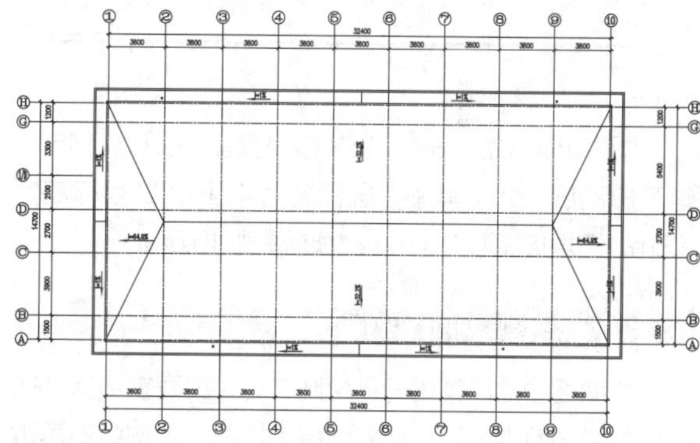

图 19-27 排水分区及雨水管布置图

**Step 03** 输入REC执行【矩形】命令，按Ctrl+L组合键将矩形线型修改为虚线。

**Step 04** 进行文字和尺寸标注，结果如图 19-28所示。

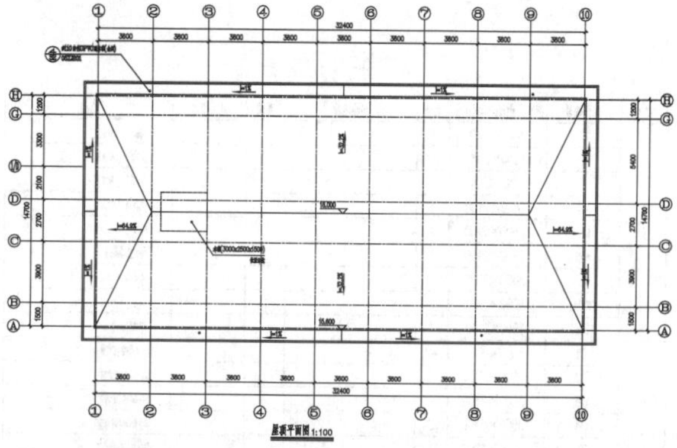

图 19-28 屋顶平面图

## 19.5 办公楼立面图的绘制

办公楼立面图的绘制必须遵循投影原理，与平面图中门窗、立柱等图形的尺寸及位置一一对应。平面图中没有反映的内容如标高等信息需在立面图中表达准确。立面图中由于比例尺的限制难以辨识的局部区域可用大样标注。其他注意事项可参考前面各章节相关内容。

## 19.5.1 绘制立面图外轮廓

立面轮廓尺寸由平面图外形尺寸确定，本节主要讲述正立面图的绘制，即①～⑩号轴立面图，①～⑩号轴之间的距离即确定了立面图的宽度尺寸。而立面图的标高需要设计确定。绘制结果如图 19-29 所示。

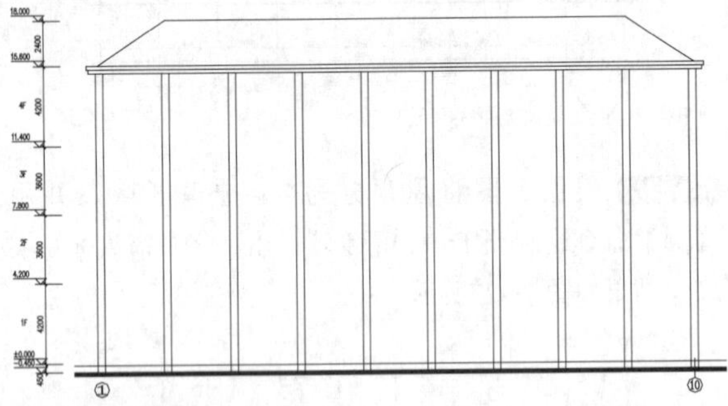

图 19-29 绘制立面轮廓

图中粗实线指地面线，室内地坪标高比室外高0.45m。建筑总高度 18m，其中首层标高为 4.2m，二层标高为 7.8m，三层标高为 11.4m，屋顶标高为 15.6m。

## 19.5.2 绘制立面门窗

立面图中的门窗是简化绘制方式，主要表达其外轮廓尺寸。一般需要另行绘制门窗大样图，本例中不再讲述门窗大样的绘制，但需绘制门窗的尺寸表，如表 19-1 所示。立面图中的门窗外轮廓尺寸需按照表 19-1 所示来绘制。从平面图可看出立面图中应表达的门窗，然后查表，绘制门窗，建立成块后插入立面图中。

表 19-1 门窗表

| 类型 | 设计编号 | 洞口尺寸(mm×mm) | 数量 | 图集名称 | 页次 | 选用型号 | 备注 |
|---|---|---|---|---|---|---|---|
| 门 | M1 | 900×2100 | 9 | | | | 夹板门，甲方定 |
| | M2 | 1000×2100 | 32 | | | | 夹板门，甲方定 |
| | M3 | 800×2100 | 3 | | | | 塑钢门，甲方定 |
| | M4 | 1800×2100 | 5 | | | | 夹板门，甲方定 |
| | M5 | 2500×2100 | 2 | | | | 全玻门 |
| | M6 | 2850×2100 | 1 | | | | 铝合金推拉门 |
| | M7 | 3000×2100 | 1 | | | | 全玻门 |
| | 甲FM1 | 1000×2100 | 2 | | | | 甲级防火门 |
| | 甲FM2 | 1800×2100 | 1 | | | | 甲级防火门 |
| 窗 | C1 | 1800×1800 | 47 | | | | 铝合金中空玻璃窗 |
| | C2 | 2500×1800 | 6 | | | | 铝合金中空玻璃窗 |
| | C3 | 3200×2300 | 4 | | | | 铝合金中空玻璃窗 |
| | C4 | 3000×2300 | 2 | | | | 铝合金中空玻璃窗 |
| | C5 | 3000×1800 | 1 | | | | 铝合金中空玻璃窗 |
| | C6 | 900×1800 | 20 | | | | 铝合金中空玻璃窗 |
| | C7 | 3000×3200 | 2 | | | | 铝合金中空玻璃窗 |
| | C8 | 3200×3200 | 4 | | | | 铝合金中空玻璃窗 |
| | C9 | 1200×600 | 1 | | | | 铝合金中空玻璃窗 |
| | C10 | 2800×3200 | 2 | | | | 铝合金中空玻璃窗 |
| | C11 | 2800×2300 | 2 | | | | 铝合金中空玻璃窗 |

**Step 01** 绘制正立面图中有大门和雨篷，如图 19-30所示。从一层平面图中可知，大门正立面图中从左至右依次是C10、M7和C7。

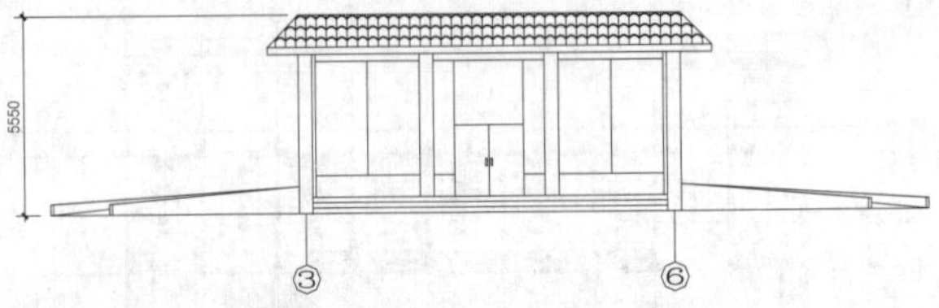


图 19-30 大门及坡道正立面图

**Step 02** 绘制立柱干挂石材。本例中一层及二层的立柱采用干挂石材的建筑造型。干挂石材设计尺寸如图 19-31所示。将干挂石材复制到各立柱，结果如图 19-32 所示。

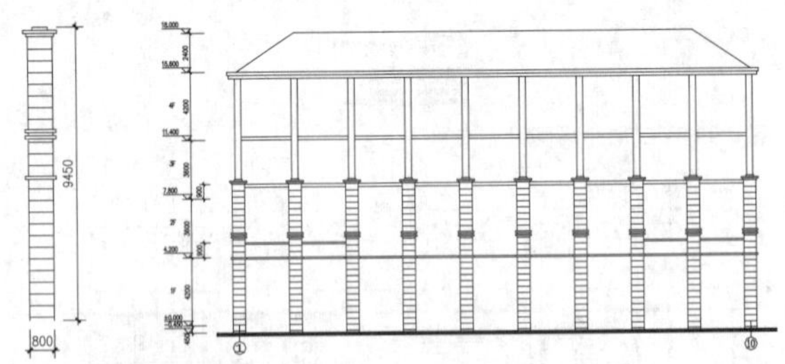


图 19-31 干挂石材图　图 19-32 干挂石材布置图

**Step 03** 将绘制好的大门和门窗插入图 19-32中，并进行适当的修剪，结果如图 19-33所示。其中填充采用西班牙式瓦。

图 19-33 门窗图

## 19.5.3 办公楼立面标注

**Step 01** 立面标注主要是尺寸标注、文字标注、引线标注、大样标注等。标注结果如图 19-34所示。

图 19-34 正立面图

**Step 02** 北立面图绘制完成图如图 19-35所示。除大门及雨篷外，背立面图和正立面图很相似。

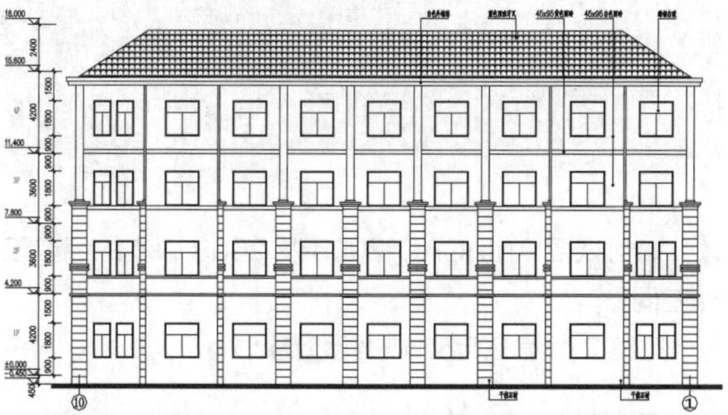

图 19-35 背立面图

**Step 02** 本例中两个侧立面图完全相同，只需绘制一个侧立面图即可，如图 19-36所示。

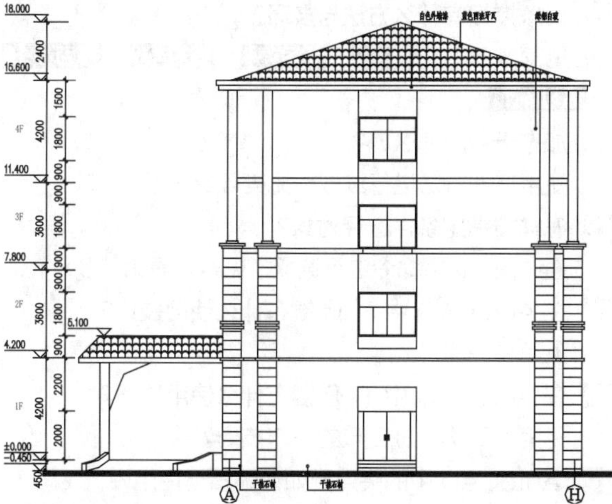

图 19-36 侧立面图

## 19.6 办公楼剖面图绘制

从一层平面图可知剖面符号在⑦、⑧号轴之间，剖视方向从右向左。按此剖视所成图形与侧立面图有相似之处。此剖面并没有剖到楼梯，楼梯是以大样图的形式绘制的。

从上面的分析可知，此剖面与侧立面图相似，所以剖面图轮廓可以直接利用侧立面图进行加工，如图 19-37 所示。

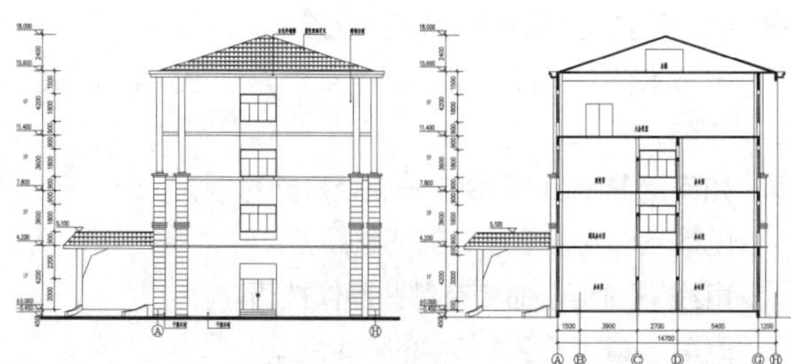

图 19-37 侧立面图与剖面图对比图

**Step 01** 复制侧立面图，并删除不需要的图形部分，如图 19-38所示。因为雨篷部分内容没有被剖切面剖到，所以侧立面图和剖面图中此部分内容完全一致。

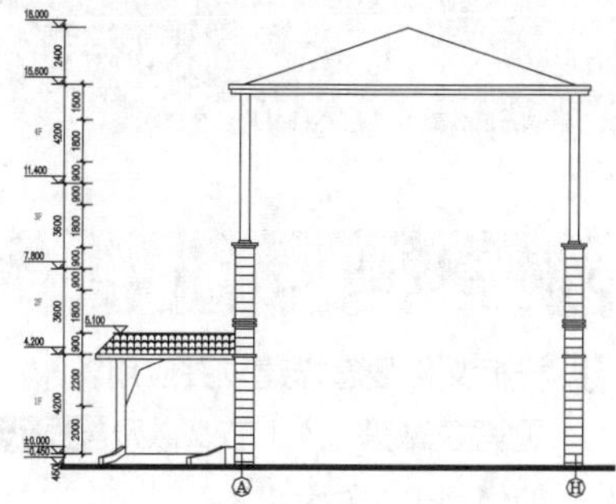

图 19-38 复制侧立面图并修改图

**Step 02** 绘制剖断梁板，结果如图 19-39所示。

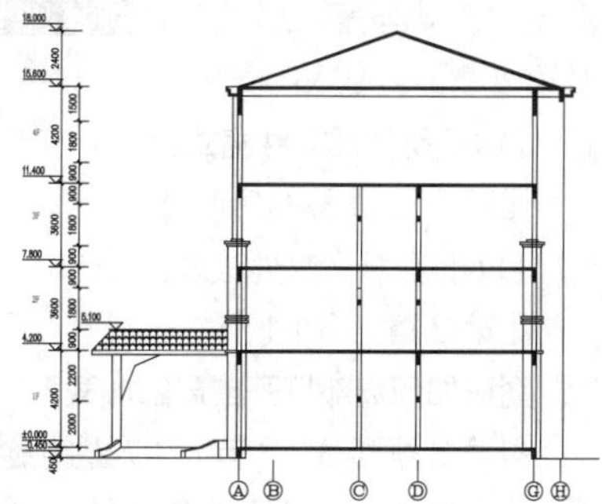

图 19-39 绘制剖断梁板

**Step 03** 绘制门窗和屋顶水箱，并以建筑外墙为裁剪边修剪干挂石材，结果如图 19-40所示。

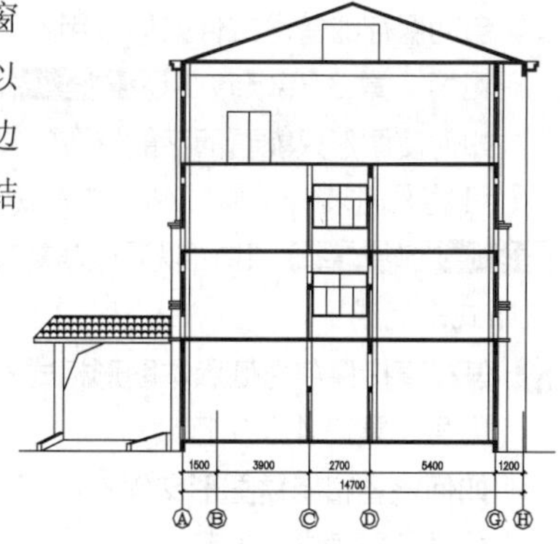

图 19-40 绘制门窗和屋顶水箱

**Step 04** 进行文字和尺寸标注，结果如图 19-41所示。

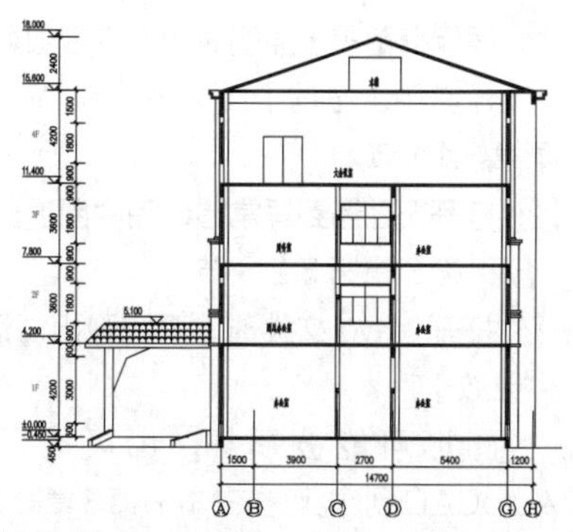

图 19-41 文字和尺寸标注

# 附录1——AutoCAD常见问题索引

## 文件管理类

**1 样板文件要怎样建立并应用？**

见第 3 章第 3.4.1 节，以及练习 3-8 。

**2 如何减少文件大小？**

将图形转换为图块，并清楚多余的样式（如图层、标注、文字的 样式）可以有效减少文件大小。见第 10 章 10.1.1 节与第 10.1.2 节，练习 10-1 与练习 10-2，以及第 9 章的第 9.3.9 节。

**3 DXF 是什么文件格式？**

见第 3 章第 3.1.1 节。

**4 DWL 是什么文件格式？**

见第 3 章第 3.1.1 节。

**5 图形如何局部打开或局部加载？**

见第 3 章第 3.1.3 节，以及练习 3-1。

**6 什么是 AutoCAD 的自动保存功能？**

见第 3 章第 3.2.1 节。

**7 自动保存的备份文件如何应用？**

见第 3 章 3.2.2 节，以及练习 3-4。

**8 如何使图形只能看而不能修改？**

可将图形输出为 DWF 或者 PDF，见第 3 章的练习 3-6与练习 3-7。也可以通过常规文件设置为“只读”的方式来完成。

**9 怎样直接保存为低版本图形格式？**

见第 4 章第 4.6.6 节。

**10 如何核查和修复图形文件？**

见第 3 章第 3.2.3 节。

**11 如何让 AutoCAD 只能打开一个文件？**

见第 4 章第 4.6.4 节。

**12 误保存覆盖了原图时如何恢复数据？**

开使用【撤销】工具或 .bak 文件来恢复。见第 3 章第 3.1.1 节。

**13 打开旧图遇到异常错误而中断退出怎么办？**

见第 3 章第 3.2.3 节。

**14 打开 .dwg 文件时，系统弹出对话框提示【图形文件无效】？**

图形可能被损坏，也可能是由更高版本的 AutoCAD 创建。可参考本书第 3 章第 3.1.4 节与第 3.2.4 节处理。

**15 如何恢复 AutoCAD 2005 及 2008 版本的经典工作空间？**

见第 2 章第 2.5.5 节与练习 2-6

## 绘图编辑类

**16 什么是对象捕捉？**

见第 4 章第 4.3 节。

**17 对象捕捉有什么方法与技巧？**

见第 4 章的练习 4-7、练习 4-8、练习 4-9、练习 4-10与练习 4-11。

**18 加选无效时怎么办？**

使用其他方法进行选取，见第 4 章第 4.5 节。

**19 怎样按指定条件选择对象？**

通过快速选择命令进行选取，见第 4 章第 4.5.8 节。

**20 在 AutoCAD 中 Shift 键有什么使用技巧？**

见第 4 章第 4.4.3 节。

**21 在 AutoCAD 中 TAB 键有什么使用技巧？**

见第 3 章第 3.3.2 节的操作技巧。

**22 AutoCAD 中的夹点要如何编辑与使用？**

见第 6 章第 6.6.2~6.6.7 节。

**23 为什么拖动图形时不显示对象？**

见第 5 章第 5.3.1 节的初学解答。

**24 多段线有什么操作技巧？**

见第 5 章第 5.4.2 节与第 5.4.3 节，以及练习 5-11、练习 5-12。

**25 如何使变得粗糙的图形恢复平滑？**

输入 RE 即可，见第 2 章第 2.4.5 节。

**26 复制图形粘贴后总是离得很远怎么办？**

可使用带基点复制（Ctrl+Shift+C）命令。

**27 如何测量带弧线的多线段长度？**

可以使用 LIST 或其他测量命令，见第 11 章第 11.2.1 节。

**28 如何用 Break 命令在一点处打断对象？**

见第 6 章第 6.5.5 节的初学解答。

**29 直线（Line）命令有哪些操作技巧？**

见第 5 章第 5.2.1 节中的熟能生巧。

**30 如何快速绘制直线？**

见第 5 章第 5.2.1 节中的初学解答。

**31** **偏移（Offset）命令有哪些操作技巧？**

见第 6 章第 6.3.2 节的选项说明。

**32** **镜像（Mirror）命令有哪些操作技巧？**

见第 6 章第 6.3.3 节的选项说明与初学解答。

**33** **修剪（Trim）命令有哪些操作技巧？**

见第 6 章第 6.1.1 节的熟能生巧。

**34** **设计中心（Design Center）有哪些操作技巧？**

见第 10 章的第 10.3.2 节与第 10.3.3 节。

**35** **OOPS 命令与 UNDO 命令有什么区别？**

见第 6 章第 6.1.3 节的初学解答。

**36** **为什么有些图形无法分解？**

见第 6 章第 6.5.4 节的精益求精。

**37** **在 AutoCAD 中如何统计图块数量？**

见第 10 章第 10.1.1 节的熟能生巧，以及**练习 10-2**。

**38** **内部图块与外部图块的区别？**

见第 10 章第 10.1.1 节与第 10.1.2 节。

**39** **如何让图块的特性与被插入图层一样？**

见第 10 章第 10.1.5 节

**40** **图案填充（HATCH）时找不到范围怎么解决？**

见第 5 章第 5.8.1 节的初学解答

**41** **填充时未提示错误且填充不了？**

见第 5 章第 5.8.1 节的熟能生巧。

**42** **如何创建无边界的图案填充？**

见第 5 章第 5.8.1 节的精益求精与**练习 5-19**。

**43** **怎样使用 MTP 修饰符？**

见第 4 章第 4.4.4 节，与**练习 4-8**。

**44** **怎样使用 FROM 修饰符？**

见第 4 章第 4.4.3 节，与**练习 4-7**。

**45** **如何测量某个图元的长度？**

使用查询命令来完成，见第 11 章的第 11.2.1 节。

**46** **如何查询二维图形的面积？**

使用查询命令来完成，见第 11 章第 11.2.4 节，与**练习 11-1**。

## 图形标注类

**47** **字体无法正确显示？**

文字样式问题，见第 8 章第 8.1.1 节，与**练习 8-1**。

**48** **为什么修改了文字样式，但文字没发生改变？**

见第 8 章第 8.1.1 节的初学解答。

**49** **怎样查找和替换文字？**

见第 8 章第 8.1.6 节和**练习 8-6**。

**50** **控制镜像文字以镜像方式显示文字？**

见第 6 章第 6.3.3 节的初学解答。

**51** **如何快速调出特殊符号？**

见第 8 章第 8.1.5 节的第 2 部分。

**52** **如何快速标注零件序号？**

可先创建一个多重引线，然后使用【阵列】、【复制】等命令创建大量副本。

**53** **如何快速对齐多重引线？**

见第 7 章第 7.4.10 节的第 3 部分，以及**练习 7-12**。

**54** **图形单位从英寸转换为毫米？**

见第 7 章第 7.2.2 节的第 6 部分，以及**练习 7-2**。

**55** **如何编辑标注？**

双击标注文字既可进行编辑，也可查阅第 7 章第 7.4 节。

**56** **如何修改尺寸标注的关联性？**

见第 7 章第 7.4.6 节。

**57** **复制图形时标注出现异常？**

把图形连同标注从一张图复制到另一张图，标注尺寸线移位，标注文字数值变化。这是标注关联性的问题，见第 7 章第 7.4.6 节。

## 系统设置类

**58** **绘图时没有虚线框显示怎么办？**

见第 5 章第 5.3.1 节的初学解答。

**59** **为什么鼠标中键不能用作平移了？**

将系统变量 MBUTTONPAN 的值重新指定为 1 即可。

**60** **如何控制坐标格式？**

直角坐标与极轴坐标见第 4 章第 4.1.2 节与第 4.1.3 节；十字光标的动态输入框坐标见第 4 章第 4.6.10 节。

**61** **如何命令别名与快捷键？**

见第 2 章第 2.3.4 节。

**62** **如何往功能区中添加命令按钮？**

见第 2 章第 2.3.4 节，以及**练习 2-4**。

**63** **如何灵活使用动态输入功能？**

见第 4 章第 4.2.1 节。

**64** **选择的对象不显示夹点？**

可能是限制了夹点的显示数量，见第 4 章第 4.2.23 节。

**65** **如何设置经典工作空间？**

见第 2 章第 2.5.5 节，以及**练习 2-6**。

**66** **如何设置自定义的个性工作空间？**

见第 2 章第 2.5.4 节，以及**练习 2-5**。

**67** **怎样在标题栏中显示出文件的完整保存路径？**

见第 2 章第 2.2.5 节，以及**练习 2-1**。

**68** **怎样调整 AutoCAD 的界面颜色？**

见第 4 章第 4.2.2 节与第 4.2.5 节。

69 模型和布局选项卡不见了怎么办?

见第 4 章第 4.2.6 节中的第 1 部分。

70 如何将图形全部显示在绘图区窗口?

单击状态栏中的【全屏显示】按钮即可，见第 2 章第 2.2.11 节中的第 5 部分。

## 视图与打印类

71 为什么找不到视口边界?

视口边界与矩形、直线一样，都是图形对象，如果没有显示的话可以考虑是对应图层被关闭或冻结，开启方式见第 9 章第 9.3.1 节与第 9.3.2 节，以及练习 9-3、练习 9-4。

72 如何在布局中创建非矩形视口?

见第 12 章第 12.4.2 节，以及练习 12-6。

73 如何删除顽固图层?

见第 9 章第 9.3.8 节与第 9.3.9 节。

74 AutoCAD 的图层到底有什么用处?

图层可以用来更好的控制图形，见第 9 章的第 9.1.1 节。

75 设置图层时有哪些注意事项?

设置图层时要理解它的分类原则，见第 9 章的第 9.1.2 节。

76 Bylayer（随层）与 Byblock（随块）的区别?

见第 9 章第 9.4.1 节的初学解答。

77 如何快速控制图层状态?

可在【图层特性管理器】中进行统一控制，见第 9 章第 9.2.1 节。

78 如何使用向导创建布局?

见第 12 章第 12.3.1 节的熟能生巧，以及练习 12-5。

79 如何输出高清的 JPG 图片?

见第 12 章第 12.5.2 节的熟能生巧，以及练习 12-8。

80 如何将 AutoCAD 文件导入 Photoshop？

见第 12 章第 12.5.2 节的精益求精。

81 如何批处理打印图纸?

批处理打印图纸的方法与 DWF 文件的发布方法一致，只需更换打印设备即可输出其他格式的文件。可以参考第 3 章第 3.3.2 节与练习 3-6。

82 文本打印时显示为空心?

将 TEXTFILL 变量设置为 1。

83 有些图形能显示却打印不出来?

图层作为图形有效管理的工具，对每个图层有是否打印的设置。而且系统自行创建的图层，如 Defpoints 图层就不能被打印也无法更改。详见第 9 章第 9.2 节。

## 程序与应用类

84 如何处理复杂表格?

可通过 Excel 导入 AutoCAD 的方法来处理复杂的表格，详见第 8 章第 8.2.2 节的精益求精，以及练习 8-9。

85 重新加载外部参照后图层特性改变

将 VISRETAIN 的值重置为 1。

86 图纸导入显示不正常?

可能是参照图形的保存路径发生了变更，详见第 10 章第 10.3.4 节。

87 怎样让图像边框不打印?

可将边框对象移动至 Defpoints 层，或设置所属图层为不打印样式，见第 9 章第 9.2 节。

88 附加工具 Express Tools 和 AutoLISP 实例安装

在安装 AutoCAD 2016 软件时勾选即可。

89 AutoCAD 图形导入 Word 的方法

直接粘贴、复制即可，但要注意将 AutoCAD 中的背景设置为白色。也可以使用 BetterWMF 小软件来处理。

90 AutoCAD 图形导入 CorelDRAW 的方法

见第 12 章第 12.5.2 节的精益求精。

# 附录2——AutoCAD行业知识索引

**1 民用建筑主要由哪些部分构造而成?**

建筑的组成部分主要有基础、墙、楼地层、楼梯等，详见第 1 章第 1.1 节。

**2 从事建筑设计时应注意哪些设计原则?**

见第 1 章第 1.1.2 节。

**3 建筑图纸有哪些分类?**

建筑的主要图纸包括总平面图、平面图、立面图、剖面图及详图等，详见第 1 章第 1.22 节。

**4 建筑制图有哪些需要注意的制图规范?**

见第 1 章的第 1.4 节。

**5 什么是建筑总平面图?**

建筑总平面表明整个新建建筑物所在范围内总体布置的图样，是建筑工程设计的重要步骤和内容，更多具体信息请参见第 13 章。

**6 什么是建筑平面图?**

建筑平面图是反映房屋的平面形状、大小和布置的图样，绘制特点与方法请参见第 14 章。

**7 什么是建筑立面图?**

建筑立面图是反映建筑设计方案、门窗立面位置、样式与朝向、室外装饰造型及建筑结构样式等的最直观的手段，是三维模型和透视图的基础，详见第 15 章。

**8 什么是建筑剖面图?**

假想用一个或多个垂直于外墙轴线的铅垂剖切面，将房屋剖开，所得的投影图，称为建筑剖面图，简称剖面图，详见第 16 章。

**9 什么是建筑详图?** 杂部位用较大比例绘制而成的图样，详见第 17 章。

**10 楼梯图形的快捷绘制方法?**

可通过正交功能快速绘制，参考第 4 章第 4.2.4 节，以及**练习 4-5**。

**11 如何将随手绘制的图形调整至标准的尺寸位置?**

可结合 from 和拉伸命令进行操作，详见第 4 章第 4.4.3 节和**练习 4-7**。

**12 比例尺有什么快捷绘制方法?**

可以通过点样式来进行绘制，参见第 5 章第 5.1.1 节和**练习 5-1**。

**13 建筑物外形轮廓的绘制方法和技巧?**

见第 5 章第 5.2.1 节的**练习 5-4**。

**14 建筑设计中三视图的投影规则是什么?**

即“长对正、宽相等、高平齐”，可用【构造线】、【射线】等命令绘制表示，见第 5 章第 5.2.3 节的初学解答。

**15 如何根据三视图投影规则绘图?**

见第 5 章第 5.2.2 节中的**练习 5-5**。

**16 照明平面图中的电路连线绘制方法?**

可使用圆弧命令进行绘制，详见第 5 章第 5.3.2 节，以及**练习 5-8**。

**17 楼梯的平面图中指引符号的绘制方法?**

可使用多段线进行绘制，灵活调整线宽创建箭头，详见第 5 章第 5.4.2 节，以及**练习 5-11**。

**18 窗帘的绘制方法?**

可使用多段线进行绘制，见第 5 章第 5.4.3 节，以及**练习 5-12**。

**19 如何快速绘制建筑平面图中的墙体轮廓线?**

可通过多线进行绘制，设置好多线样式后可快速绘制符合要求的墙体轮廓线。详见第 5 章第 5.5 节，以及**练习 5-13**和**练习 5-14**。

**20 绘制好的墙体多线首尾都有多余部分，如何修剪?**

多线不能使用修剪命令进行编辑，需使用单独的多线编辑工具。详见第 5 章第 5.5.4 节，以及**练习 5-15**。

**21 立面窗的绘制方法?**

见第 5 章第 5.6.1 节，以及**练习 5-16**。

**22 中式花格窗的绘制方法?**

见第 5 章第 5.6.2 节，以及**练习 5-17**。

**23 如何对无封闭边界的区域进行填充?**

见第 5 章第 5.8.1 节中的精益求精，以及**练习 5-19**。

**24 如何将家具缩放至特定的大小?**

可通过【参照缩放】命令来完成，详见第 6 章第 6.2.3 节，以及**练习 6-4**。

**25 如何让快速修改中心线，让其冒头?**

可通过【拉长】命令来完成，见第 6 章第 6.2.5 节，以及**练习 6-6**。

**26 窗户对于住房有何意义? 在平面图上如何表达?**

见第 6 章第 6.3.2 节，以及**练习 6-8**。

**27 在立面图中如何快速创建窗户图形?**

见第 6 章第 6.4.1 节，以及**练习 6-10**。

**28 建筑制图的标注样式有哪些国家标准?**

建筑制图的标注样式可按《房屋建筑制图统一标准》（GB/T 50001 - 2001）来进行设置，详见第7章第7.2.2节，以及【练习7-1】。

**29 如何使用智能标注命令标注图形**

见第7章第7.3.1节，以及**练习7-3**。

**30 建筑制图中哪些情况下适用连续标注？**

可以用于标注建筑图中的轴线，详见第7章第7.3.9节，以及**练习7-9**。

**31 建筑制图中的引线标注有何技巧？**

见第7章第7.3.11节的初学解答，以及**练习7-11**。

**32 建筑立面图中标高的标注方法**

见第7章第7.3.12节，以及**练习7-12**。

**33 如果图形中尺寸繁多，相互交错，要如何让图纸变得清晰起来？**

可使用【标注打断】命令进行调整，详见第7章的第7.4.1节，以及**练习7-13**。

**34 图纸中图名文字显示不了，如何修改？**

可参考第8章第8.1.1节，以及**练习1-8**进行修正。

**35 建筑制图中的文字标准有哪些？**

国家标准规定了工程图纸中字母、数字及汉字的书写规范，详见《技术制图 字体》（GB/T 14691-1993）。

**36 如何快速标注表格内的注释文字？**

可使用【单行文字】进行标注，见第8章第8.1.2小节，以及**练习8-3**。

**37 如何快速创建图纸的标题栏？**

见第8章第8.2.1节，以及**练习8-7**与第8.2.2节的**练习8-8**。

**38 如何借助Excel创建AutoCAD的表格？**

见第8章第8.2.2节中的精益求精，以及**练习8-9**。

**39 如何创建可编辑文字的标高图块？**

见第10章第10.1.3节，以及**练习10-4**。

**40 什么是风玫瑰？**

"风玫瑰"图也叫风向频率玫瑰图，它是根据某一地区多年平均统计的各个风向和风速的百分数值，详见第10章10.1.1节中，以及**练习10-1**。

**41 大样图的多比例打印方法？**

见第12章的第12.6.2节，以及**练习12-11**。

**42 用地红线图在实际工程设计中的应用。**

见第13章第13.2.1节中图13-14下的设计点拨。

**43 如何在标注中添加尺寸单位后缀？**

见第13章第13.2.8节中图13-66下的设计点拨。

**44 散水在建筑结构中的作用与绘制方法？**

见第14章第14.2.9节中图14-90下的设计点拨。

**45 如何在设计图中快速创建剖切符号？**

见第16章第16.2.2节中的设计点拨。

**46 剖面图中楼板与剖面梁的填充技巧？**

见第16章第16.2.5节中的设计点拨。

**47 剖面图中楼梯栏杆的快捷绘制方法，以及对应的施工方法？**

可绘制简易图形表示，然后注明引用的图集编号，详见第16章第16.2.7节中图16-37下的设计点拨。

**48 详图中设计图纸比例与图纸要素的对应关系？**

设计图纸比例与线型比例、图形文字高度、标注特性比例相联系，详见第17章第17.2.8节中图17-15下的设计点拨。

**49 绘制平面图过程中，如果需要添加隔墙，该如何绘制？**

可以边在轴网里增加，详见第18章第18.5.2节中图18-13下的设计点拨。

**50 对大型图纸进行快速修改的技巧？**

见第18章第18.6节中图18-29下的设计点拨。

**51 填充图形如果覆盖了原来的内容，该如何修整？**

见第18章第18.7节中的设计点拨。

# 附录3——AutoCAD命令快捷键索引

## CAD常用快捷键命令

| L | 直线 | A | 圆弧 |
|---|---|---|---|
| C | 圆 | T | 多行文字 |
| XL | 射线 | B | 块定义 |
| E | 删除 | I | 块插入 |
| H | 填充 | W | 定义块文件 |
| TR | 修剪 | CO | 复制 |
| EX | 延伸 | MI | 镜像 |
| PO | 点 | O | 偏移 |
| S | 拉伸 | F | 倒圆角 |
| U | 返回 | D | 标注样式 |
| DDI | 直径标注 | DLI | 线性标注 |
| DAN | 角度标注 | DRA | 半径标注 |
| OP | 系统选项设置 | OS | 对象捕捉设置 |
| M | MORE | SC | 比例缩放 |
| P | PAN | Z | 局部放大 |
| Z+E | 显示全图 | Z+A | 显示全屏 |
| MA | 属性匹配 | AL | 对齐 |
| Ctrl+1 | 修改特性 | Ctrl+S | 保存文件 |
| Ctrl+Z | 放弃 | Ctrl+C<br>Ctrl+V | 复制<br>粘贴 |
| F3 | 对象捕捉开关 | F8 | 正交开关 |

### 1 绘图命令

PO, *POINT（点）

L, *LINE（直线）

XL, *XLINE（射线）

PL, *PLINE（多段线）

ML, *MLINE（多线）

SPL, *SPLINE（样条曲线）

POL, *POLYGON（正多边形）

REC, *RECTANGLE（矩形）

C, *CIRCLE(圆)

A, *ARC(圆弧)

DO, *DONUT（圆环）

EL, *ELLIPSE（椭圆）

REG, *REGION（面域）

MT, *MTEXT（多行文本）

T, *MTEXT（多行文本）

B, *BLOCK（块定义）

I, *INSERT（插入块）

W, *WBLOCK（定义块文件）

DIV, *DIVIDE（等分）

ME,*MEASURE(定距等分)

H, *BHATCH（填充）

### 2 修改命令

CO, *COPY（复制）

MI, *MIRROR（镜像）

AR, *ARRAY（阵列）

O, *OFFSET（偏移）

RO, *ROTATE（旋转）

M, *MOVE（移动）

E, DEL 键 *ERASE（删除）

X, *EXPLODE（分解）

TR, *TRIM（修剪）

EX, *EXTEND（延伸）
S, *STRETCH（拉伸）
LEN, *LENGTHEN（直线拉长）
SC, *SCALE（比例缩放）
BR, *BREAK（打断）
CHA, *CHAMFER(倒角）
F, *FILLET（倒圆角）
PE, *PEDIT（多段线编辑）
ED, *DDEDIT（修改文本）

**3 视窗缩放**

P, *PAN（平移）
Z＋空格＋空格，* 实时缩放
Z, * 局部放大
Z+P, * 返回上一视图
Z + E, 显示全图
Z+W, 显示窗选部分

**4 尺寸标注**

DLI, *DIMLINEAR（直线标注）
DAL, *DIMALIGNED（对齐标注）
DRA, *DIMRADIUS（半径标注）
DDI, *DIMDIAMETER（直径标注）
DAN, *DIMANGULAR（角度标注）
DCE, *DIMCENTER（中心标注）
DOR, *DIMORDINATE（点标注）
LE, *QLEADER（快速引出标注）
DBA, *DIMBASELINE（基线标注）
DCO, *DIMCONTINUE（连续标注）
D, *DIMSTYLE（标注样式）
DED, *DIMEDIT（编辑标注）
DOV, *DIMOVERRIDE(替换标注系统变量）
DAR,(弧度标注，CAD2006)
DJO，（折弯标注，CAD2006）

**5 对象特性**

ADC, *ADCENTER（设计中心“Ctrl + 2”）
CH, MO *PROPERTIES(修改特性“Ctrl + 1”）
MA, *MATCHPROP（属性匹配）
ST, *STYLE（文字样式）
COL, *COLOR（设置颜色）
LA, *LAYER（图层操作）
LT, *LINETYPE（线形）
LTS, *LTSCALE（线形比例）
LW, *LWEIGHT （线宽）
UN, *UNITS（图形单位）
ATT, *ATTDEF（属性定义）
ATE, *ATTEDIT（编辑属性）
BO, *BOUNDARY（边界创建，包括创建闭合多段线和面域）
AL, *ALIGN（对齐）
EXIT, *QUIT（退出）
EXP, *EXPORT（输出其他格式文件）
IMP, *IMPORT（输入文件）
OP,PR *OPTIONS（自定义 CAD 设置）
PRINT, *PLOT（打印）
PU, *PURGE（清除垃圾）
RE, *REDRAW（重新生成）
REN, *RENAME（重命名）
SN, *SNAP（捕捉栅格）
DS, *DSETTINGS（设置极轴追踪）
OS, *OSNAP（设置捕捉模式）
PRE, *PREVIEW（打印预览）
TO, *TOOLBAR（工具栏）
V, *VIEW（命名视图）
AA, *AREA（面积）
DI, *DIST（距离）
LI, *LIST（显示图形数据信息）

**6 常用 Ctrl 快捷键**

Ctrl + 1 *PROPERTIES(修改特性）
Ctrl + 2 *ADCENTER（设计中心）
Ctrl + O *OPEN（打开文件）
Ctrl + N、M *NEW（新建文件）
Ctrl + P *PRINT（打印文件）
Ctrl + S *SAVE（保存文件）
Ctrl + Z *UNDO（放弃）
Ctrl + X *CUTCLIP（剪切）
Ctrl + C *COPYCLIP（复制）
Ctrl + V *PASTECLIP（粘贴）
Ctrl + B *SNAP（栅格捕捉）
Ctrl + F *OSNAP（对象捕捉）
Ctrl + G *GRID（栅格）
Ctrl + L *ORTHO（正交）
Ctrl + W *（对象追踪）
Ctrl + U *（极轴）

**7 常用功能键**

F1 *HELP（帮助）
F2 *（文本窗口）
F3 *OSNAP（对象捕捉）
F7 *GRIP（栅格）
F8 正交